2024 개정판 박문각 자격[illegible] ...술에 끝

...ERIES 단끝

단끝 전기기능사

필기 과년도 기출문제집

기출문제(2007~2023)와 해설 수록

정용걸 편저

CBT 복원 기출문제

상세한 해설로 완벽대비

제2판

전기분야 최다 조회수 100만 뷰

박문각

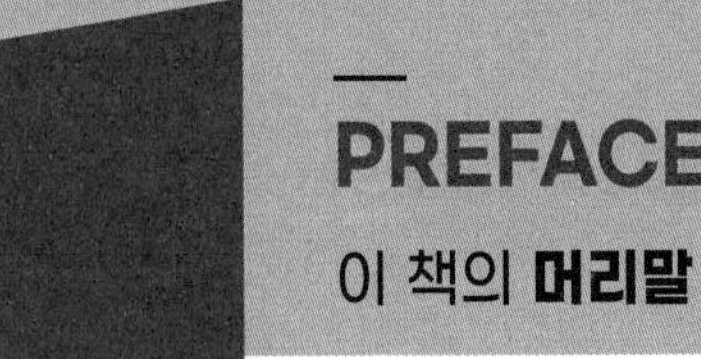

PREFACE

이 책의 **머리말**

전기는 오늘날 모든 분야에서 경제 발달의 원동력이 되고 있습니다. 특히 컴퓨터와 반도체 기술 등의 발전과 동시에 전기를 이용하는 기술이 진보함에 따라 정보화 사회, 고도산업 사회가 진전될수록 전기는 인류문화를 창조해 나가는 주역으로 그 중요성을 더해 가고 있습니다.

전기는 우리의 일상생활에 있어서도 쓰이지 않는 곳을 찾아보기 힘들 정도로 생활과 밀접한 관계가 있고, 국민의 생명과 재산을 보호하는 데에도 보이지 않는 곳에서 큰 역할을 하고 있습니다. 한마디로 현대사회에 있어 전기는 우리의 생활에서 의 · 식 · 주와 같은 필수적인 존재가 되었고, 앞으로 그 쓰임새는 더욱 많아질 것이 확실합니다.

이러한 시대의 흐름과 더불어 전기분야에 대한 관심은 매우 높아졌지만, 쉽게 입문하는 것에 대한 두려움이 함께 존재하는 것도 사실입니다. 이는 초보자에게는 전기가 이해하기 쉽지 않은 난해한 학문이라는 사실 때문입니다.

전기기능사 과목인 제1과목 전기이론, 제2과목 전기기기, 제3과목 전기설비로 구성하여 사전 지식이 없더라도 체계적으로 공부할 수 있도록 하였으며, 기출문제를 상세한 해설과 함께 수록하여 수험생들이 더 쉽게 공부할 수 있도록 하였습니다.

아무쪼록 이 책을 통하여 수험생들이 전기기능사 합격의 기쁨을 누릴 수 있기를 바라며, 전기계열의 종사자로써 이 사회의 훌륭한 전기인이 되기를 기원합니다.

저자 정용걸

동영상 교육사이트

무지개평생교육원 http://www.mukoom.com
유튜브채널 '전기왕정원장'

GUIDE
시험 안내

시행처 : 한국산업인력공단

검정기준

등급	검정기준
기사	해당 국가기술자격의 종목에 관한 공학적 기술이론 지식을 가지고 설계 · 시공 · 분석 등의 업무를 수행할 수 있는 능력 보유
산업기사	해당 국가기술자격의 종목에 관한 기술기초이론 지식 또는 숙련기능을 바탕으로 복합적인 기초기술 및 기능업무를 수행할 수 있는 능력 보유
기능사	해당 국가기술자격의 종목에 관한 숙련기능을 가지고 제작 · 제조 · 조작 · 운전 · 보수 · 정비 · 채취 · 검사 또는 작업관리 및 이에 관련되는 업무를 수행할 수 있는 능력 보유

시험과목, 검정방법, 합격기준

구분		시험과목	검정방법	합격기준
전기기사	필기	• 전기자기학 • 전력공학 • 전기기기 • 회로이론 및 제어공학 • 전기설비기술기준	객관식 4지 택일형, 과목당 20문항 (과목당 30분)	과목당 40점 이상, 전과목 평균 60점 이상 (100점 만점 기준)
	실기	전기설비 설계 및 관리	필답형 (2시간 30분)	60점 이상 (100점 만점 기준)
전기 산업기사	필기	• 전기자기학 • 전력공학 • 전기기기 • 회로이론 • 전기설비기술기준	객관식 4지 택일형, 과목당 20문항 (과목당 30분)	과목당 40점 이상, 전과목 평균 60점 이상 (100점 만점 기준)
	실기	전기설비 설계 및 관리	필답형(2시간)	60점 이상 (100점 만점 기준)
전기 기능사	필기	• 전기이론 • 전기기기 • 전기설비	객관식 4지택일형 (60문항)	60점 이상 (100점 만점 기준)
	실기	전기설비작업	작업형 (5시간 정도, 전기설비작업)	60점 이상 (100점 만점 기준)

GUIDE
시험 안내

전기기능사 필기 합격 공부방법

1 초보이론 무료강의

전기기능사의 기초가 부족한 수험생이 필수로 숙지를 하셔야 중도에 포기하지 않고 전기기능사 취득을 하실 수 있습니다.

2 전기이론

전기기능사 필기 시험과목 중 난이도가 제일 높은 과목으로 20문항 중 10문항 득점을 목표로 공부

3 전기기기

전기기능사 필기 시험과목 중 난이도가 중간 정도 과목으로 20문항 중 12문항 득점을 목표로 공부

4 전기설비

전기기능사 필기 시험과목 중 난이도가 제일 낮은 과목으로 20문항 중 17문항 득점을 목표로 공부

초보이론 무료동영상 시청방법

유튜브 '전기왕정원장' → 재생목록 → 전기기능사의 정석 :
초보이론I을 클릭하셔서 시청하시기 바랍니다.

CONTENTS

이 책의 **차례**

기출문제 및 해설

CONTENTS

이 책의 **차례**

2016년

기출문제 및 해설

2007년

2008년

2009년

2010년

2011년

2012년

2013년

2014년

기출문제 및 해설

CONTENTS

이 책의 **차례**

제 1 과목

전기이론

(2007~2016)
기출문제 및 해설

제 1 과목

전기이론 2007년 기출문제

2007년 1회 기출문제

01

$r=3[\Omega]$, $\omega L=8[\Omega]$, $\frac{1}{\omega C}=4[\Omega]$ RLC 직렬회로의 임피던스는 몇 $[\Omega]$인가?

① 5 ② 8.5
③ 12.4 ④ 15

해설
RLC 직렬회로 $Z=R+j\omega L-j\frac{1}{\omega C}$이므로
$Z=3+j(8-4)=3+j4=\sqrt{3^2+4^2}=5[\Omega]$

02

유도기전력과 관계되는 사항으로 옳은 것은?

① 쇄교 자속이 1.6승에 비례한다.
② 쇄교 자속의 시간의 변화에 비례한다.
③ 쇄교 자속에 반비례한다.
④ 쇄교 자속에 비례한다.

해설
유기기전력 $e=-N\frac{d\phi}{dt}[V]$

03

전류의 열작용과 관계가 있는 법칙은?

① 키르히호프의 법칙
② 줄의 법칙
③ 플레밍의 법칙
④ 전류 옴의 법칙

해설
전기에너지를 열에너지로 변환한 법칙을 줄의 법칙이라고 하며 열량 $Q=I^2R$과 같다.

04

1[μF]의 콘덴서에 100[V]의 전압을 가할 때 충전 전하량은 몇 [C]인가?

① 1×10^{-4} ② 1×10^{-5}
③ 1×10^{-8} ④ 1×10^{-10}

해설
전압 $V=\frac{Q}{C}$
전하량 $Q=CV=1\times10^{-6}\times100=1\times10^{-4}$[C]이 된다.

05

3[F]과 6[F]의 콘덴서를 병렬로 접속했을 때 합성 정전용량은 몇 [F]인가?

① 2 ② 4
③ 6 ④ 9

해설
콘덴서의 병렬 연결의 경우 저항의 직렬 연결과 같다.
$C_0=3+6=9$[F]

정답 01 ① 02 ② 03 ② 04 ① 05 ④

06

RL 직렬회로의 시정수 τ[s]는 어떻게 되는가?

① $\frac{R}{L}$　② $\frac{L}{R}$

③ RL　④ $\frac{1}{RL}$

해설

RL 직렬회로의 시정수 $\tau=\frac{L}{R}$[sec]

07

무한장 직선 도체에 전류를 통할 때 10[cm] 떨어진 점의 자계의 세기가 2[AT/m]라면 전류의 크기는 약 몇 [A]인가?

① 1.26　② 2.16　③ 2.84　④ 3.14

해설

무한장 직선의 자계의 세기 $H=\frac{I}{2\pi r}$[AT/m]

전류 $I=H\times 2\pi r=2\times 2\pi\times 10\times 10^{-2}=1.26$[A]

08

복소수 $3+j4$의 절대값은 얼마인가?

① 2　② 4　③ 5　④ 7

해설

$3+j4$의 절대값은 $\sqrt{3^2+4^2}=5$

09

다음 중 자기저항의 단위에 해당되는 것은?

① [Ω]　② [Wb/AT]

③ [H/m]　④ [AT/Wb]

해설

자기저항 $R=\frac{F}{\phi}=\frac{NI}{\phi}$[AT/Wb]

10

전선에 안전하게 흘릴 수 있는 최대 전류를 무슨 전류라 하는가?

① 과도전류　② 전도전류

③ 허용전류　④ 맥동전류

해설

전선의 굵기를 산정할 때 가장 중요한 조건은 허용전류가 된다.

11

전기와 자기의 요소를 서로 대칭되게 나타내지 않은 것은?

① 전계 - 자계　② 전속 - 자속

③ 유전율 - 투자율　④ 전속밀도 - 자기량

해설

전속밀도와 대칭되는 것은 자속밀도가 된다.

12

기전력이 1.5[V]이고 내부저항이 0.1[Ω]인 전지 10개를 직렬 연결하고 2[Ω]의 저항을 가진 전구에 연결할 경우 전구에 흐르는 전류는 몇 [A]인가?

① 2　② 3

③ 4　④ 5

해설

전지의 직렬 연결의 경우 전류 $I=\frac{V}{R+r}=\frac{15}{2+1}=5$[A]

1.5[V]의 전지 10개를 직렬로 연결하면 전압은 $10\times 1.5=15$[V]

또한 내부저항이 0.1[Ω]인 전지 10개를 직렬로 연결하면 합성 저항은 $0.1\times 10=1$[Ω]이 된다.

정답 06 ② 07 ① 08 ③ 09 ④ 10 ③ 11 ④ 12 ④

13

그림과 같은 회로에서 합성저항은 몇 [Ω]인가?

① 6.6
② 7.4
③ 8.7
④ 9.4

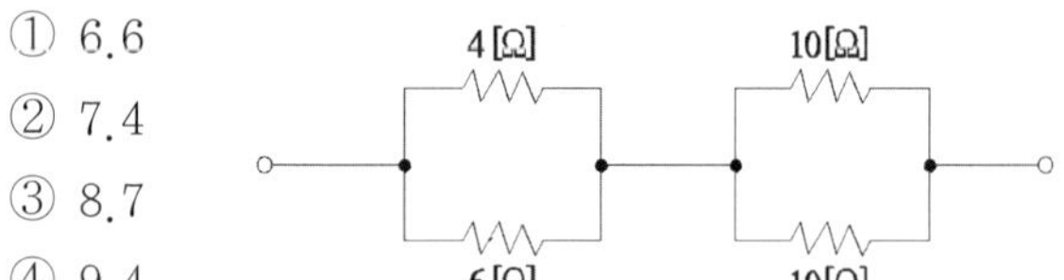

해설

먼저 4[Ω]과 6[Ω]이 병렬 연결되었을 경우 합성 저항 $R_1 = \frac{4\times6}{4+6} = 2.4[\Omega]$이며 10[Ω]과 10[Ω]이 병렬 연결되었을 경우 합성 저항 $R_2 = \frac{10}{2} = 5[\Omega]$이다.

그러므로 합성저항 $R_0 = 2.4+5 = 7.4[\Omega]$이다.

14

대칭 3상 교류의 성형 결선에서 선간전압이 220[V]일 때 상전압은 몇 [V]인가?

① 73　② 127
② 172　③ 380

해설

Y(성형) 결선의 경우 선전류 I_l과 상전류 I_p는 일정하다. 반면, 선간전압 V_l의 경우 상전압 V_p보다 $\sqrt{3}$배 크다.

$$V_p = \frac{V_l}{\sqrt{3}} = \frac{220}{\sqrt{3}} = 127[\text{V}]$$

15

저항 100[Ω]에 부하에서 10[kW]의 전력이 소비되었다면 이때 흐르는 전류는 몇 [A]인가?

① 1　② 2
③ 5　④ 10

해설

전력 $P = I^2R[\text{W}]$이므로

전류 $I = \sqrt{\frac{P}{R}} = \sqrt{\frac{10\times10^3}{100}} = 10[\text{A}]$

16

100[V], 100[W] 필라멘트의 저항은 몇 [Ω]인가?

① 1　② 10
③ 100　④ 1,000

해설

전력 $P = \frac{V^2}{R}[\text{W}]$, 저항 $R = \frac{V^2}{P} = \frac{100^2}{100} = 100[\Omega]$

17

자장 내에 있는 도체에 전류를 흘리면 힘(전자력)이 작용하는데, 이 힘의 방향을 어떤 법칙으로 정하는가?

① 플레밍의 오른손 법칙
② 플레밍의 왼손 법칙
③ 렌츠의 법칙
④ 앙페르의 오른나사 법칙

해설

자장 내에 있는 도체에 전류를 흘리면 힘이 작용하는데 그 힘의 방향을 결정하는 것은 플레밍의 왼손 법칙이다.

18

자체 인덕턴스 40[mH]의 코일에서 0.2초 동안에 10[A]의 전류가 변화하였다. 코일에 유도되는 기전력은?

① 1　② 2
③ 3　④ 4

해설

유도 법칙에 대한 기전력

$$e = \left|-L\frac{di}{dt}\right| = 40\times10^{-3}\times\frac{10}{0.2} = 2[\text{V}]$$

정답 13 ② 14 ② 15 ④ 16 ③ 17 ② 18 ②

19

일반적인 경우 교류를 사용하는 전기난로의 전압과 전류의 위상에 대한 설명으로 옳은 것은?

① 전압과 전류는 동상이다.
② 전압이 전류보다 90도 앞선다.
③ 전류가 전압보다 90도 앞선다.
④ 전류가 전압보다 60도 앞선다.

해설

전기난로의 경우 저항부하이므로 저항과 전류의 위상차는 동상이다.

20

콘덴서의 정전용량이 커질수록 용량 리액턴스의 값은 어떻게 되는가?

① 무한대로 접근한다.
② 커진다.
③ 작아진다.
④ 변화하지 않는다.

해설

용량 리액턴스 $X_c = \frac{1}{wC}$이므로 용량 리액턴스는 정전용량에 반비례한다.

2007년 2회 기출문제

01

다음 전기 중 화학당량에 대한 설명 중 옳지 않은 것은?

① 전기 화학당량의 단위는 [g/C]이다.
② 화학당량은 원자량을 원자가로 나눈 값이다.
③ 전기 화학당량은 화학당량에 비례한다.
④ 1[g] 당량을 석출하는 데 필요한 전기량은 물질에 따라 다르다.

해설

전기 화학당량이란 1[C]의 전하로 석출하는 물질의 양을 말한다.

02

전기장의 세기에 대한 단위로 맞는 것은?

① [m/V] ② [V/m^2]
③ [V/m] ④ [m^2/V]

해설

전계의 세기 $E=\frac{F}{Q}$[N/C]=[V/m]

03

$e = 100\sin\left(377t - \frac{\pi}{5}\right)$[V]의 파형의 주파수는 약 몇 [Hz]인가?

① 50 ② 60
③ 80 ④ 100

해설

$\omega = 2\pi f = 377$ $f = \frac{\omega}{2\pi} = \frac{377}{2\pi} = 60$[Hz]

정답 19 ① 20 ③ / 01 ④ 02 ③ 03 ②

04

선간전압이 210[V], 선전류 10[A]의 Y-Y 회로가 있다. 상전압과 상전류는 각각 얼마인가?

① 121[V], 5.77[A]　　② 121[V], 10[A]
③ 210[V], 5.77[A]　　④ 210[V], 10[A]

해설

Y결선의 경우 선전류 I_l과 상전류 I_p는 같다.
반면 선간전압 V_l의 경우 상전압 V_P보다 $\sqrt{3}$ 배 크다.

$V_P = \frac{210}{\sqrt{3}} = 121[V]$

$I_p = I_\ell = 10[A]$

05

10^{-2}[F]의 콘덴서에 100[V]의 전압을 가할 때 충전되는 전하는 몇 [C]인가?

① 0.1　　② 1
③ 1.5　　④ 2

해설

전하량 $Q = CV = 10^{-2} \times 100 = 1[C]$

06

어떤 물질이 정상 상태보다 전자의 수가 많거나 적어져 전기를 띠는 현상을 무엇이라 하는가?

① 방전　　② 전기량
③ 대전　　④ 하전

해설

어떤 물질이 정상 상태보다 전자의 수가 많거나 적어져 전기를 띠는 현상을 대전이라 한다.

07

$i = I_m \sin\omega t$[A]인 교류의 실효값은?

① $\frac{I_m}{\sqrt{2}}$　　② $\frac{2}{\pi} I_m$
③ I_m　　④ $\sqrt{2}\, I_m$

해설

정현파 전류의 실효값 $I = \frac{I_m}{\sqrt{2}}$

08

히스테리시스 곡선이 횡축과 만나는 점의 값은 무엇을 나타내는가?

① 자속밀도　　② 자화력
③ 보자력　　④ 잔류자기

해설

히스테리시스 곡선에서 횡축과 만나는 점은 보자력, 종축과 만나는 점은 잔류자기가 된다.

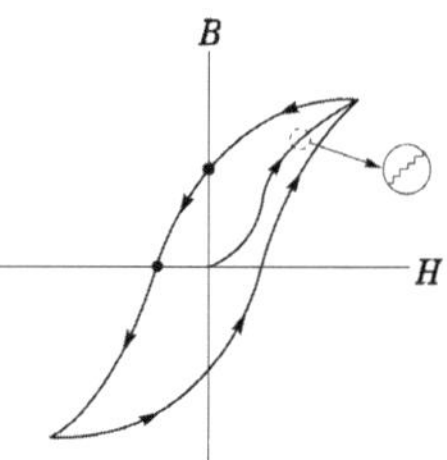

09

자체 인덕턴스 0.2[H]의 코일에 전류가 0.01초 동안에 3[A]로 변화하였을 때 이 코일에 유도되는 기전력은?

① 40　　② 50
③ 60　　④ 70

해설

코일에 유도되는 기전력 $e = \left[-L\frac{di}{dt}\right] = 0.2 \times \frac{3}{0.01} = 60[V]$

정답 04 ② 05 ② 06 ③ 07 ① 08 ③ 09 ③

10

다음 중 반도체로 만든 PN 접합은 주로 무슨 작용을 하는가?

① 증폭작용　　② 발진작용
③ 정류작용　　④ 변조작용

해설

반도체의 PN 접합은 정류작용을 한다.

11

다음 중 무효전력의 단위는 어느 것인가?

① [W]　　② [Var]
③ [kW]　　④ [VA]

해설

- 피상전력 P_a[VA]
- 유효전력 P[W]
- 무효전력 P_r[Var]

12

전하의 성질에 대한 설명 중 옳지 못한 것은?

① 전하는 가장 안전한 상태를 유지하려 하는 성질이 있다.
② 같은 종류의 전하끼리는 흡인하고, 다른 종류의 전하끼리는 반발한다.
③ 낙뢰는 구름과 지면 사이에 모인 전기가 한꺼번에 방전되는 현상이다.
④ 대전체의 영향으로 비대전체에 전기가 유도된다.

해설

전하는 같은 종류끼리는 서로 반발하고, 다른 종류의 경우 흡인한다.

13

다음 (1)과 (2)에 들어갈 내용으로 알맞은 것은?

> "배율기는 (1)의 측정범위를 넓히기 위한 목적으로 사용하는 것으로써 (2)로 접속하는 저항기를 말한다."

① (1) 전압계 (2) 병렬
② (1) 전류계 (2) 병렬
③ (1) 전압계 (2) 직렬
④ (1) 전류계 (2) 직렬

해설

배율기란 전압계의 측정범위를 넓히기 위하여 전압계에 직렬로 저항을 접속하여 측정한다.

14

$R=100[\Omega]$, $C=318[\mu\text{F}]$의 병렬 회로에 주파수 $f=60[\text{Hz}]$, 크기 $V=200[\text{V}]$의 사인파 전압을 가할 때 콘덴서에 흐르는 전류 I_c값은 약 얼마인가?

① 24　　② 31
③ 41　　④ 55

해설

병렬의 경우 전압이 일정하다.

전류 $I=\dfrac{V}{Z}=\dfrac{V}{X_c}=\dfrac{V}{\dfrac{1}{2\pi fC}}=\dfrac{200}{\dfrac{1}{2\pi\times60\times318\times10^{-6}}}=23.9[\Omega]$

15

자기 인덕턴스 10[mH]의 코일에 50[Hz], 314[V]의 교류 전압을 가했을 때 몇 [A]의 전류가 흐르는가?

① 10　　② 31.4
③ 62.8　　④ 100

정답 10 ③ 11 ② 12 ② 13 ③ 14 ① 15 ④

해설

L만의 회로에서 임피던스 $Z=X_L$

유도 리액턴스 $X_L=2\pi fL$

전류 $I=\frac{V}{Z}=\frac{V}{X_L}=\frac{V}{2\pi fL}=\frac{314}{2\pi\times50\times10\times10^{-3}}=100$[A]

16

$R=6[\Omega]$, $X_c=8[\Omega]$일 때 임피던스 $Z=6-j8[\Omega]$으로 표시되는 것은 일반적으로 어떤 회로인가?

① RL 직렬회로 ② RL 병렬회로

③ RC 병렬회로 ④ RC 직렬회로

17

다음 중 전류와 자장의 세기와의 관계는 어떤 법칙과 관계가 있는가?

① 패러데이의 법칙 ② 플레밍의 왼손 법칙

③ 비오-사바르 법칙 ④ 플레밍의 오른손 법칙

해설

전류와 자장의 세기에 관계되는 법칙의 경우 비오-사바르 법칙이다.

$dH=\frac{Idl\sin\theta}{4\pi r^2}$[AT/m]

18

정전용량 $C_1=120[\mu F]$, $C_2=30[\mu F]$가 직렬로 접속되어 있을 때의 합성 정전용량은 몇 $[\mu F]$인가?

① 14 ② 24

③ 50 ④ 150

해설

콘덴서의 직렬 연결의 경우 저항의 병렬 연결의 방법과 같다.

$C=\frac{C_1C_2}{C_1+C_2}=\frac{120\times30}{120+30}=24[\mu F]$

19

가장 일반적인 저항기로 세라믹 봉에 탄소계의 저항체를 구워 붙이고, 여기에 나선형으로 홈을 파서 원하는 저항값을 만든 저항기는?

① 금속피막 저항기 ② 탄소피막 저항기

③ 가변 저항기 ④ 어레이 저항기

20

자속밀도 0.5[Wb/m^2]의 자장 안에서 자장과 직각 방향으로 20[cm]의 도체를 놓고 이것에 10[A]의 전류를 흘릴 때 도체가 50[cm] 운동한 경우 한 일은 몇 [J]인가?

① 0.5 ② 1

③ 1.5 ④ 5

해설

도체가 운동한 일 $W=F\times l=IBl\sin90°\times l$

$=10\times0.5\times0.2\times\sin90°\times0.5=0.5$[J]

정답 16 ④ 17 ③ 18 ② 19 ② 20 ①

2007년 3회 기출문제

01

자기회로의 누설계수를 나타낸 식은?

① $\frac{\text{누설자속} + \text{유효자속}}{\text{전자속}}$

② $\frac{\text{누설자속}}{\text{전자속}}$

③ $\frac{\text{누설자속}}{\text{유효자속}}$

④ $\frac{\text{누설자속} + \text{유효자속}}{\text{유효자속}}$

02

자체 인덕턴스 20[mH]의 코일에 20[A]의 전류의 전류를 흘릴 때 저장 에너지는 몇 [J]인가?

① 2 ② 4 ③ 6 ④ 8

해설

코일의 에너지 $W = \frac{1}{2}LI^2 = \frac{1}{2} \times 20 \times 10^{-3} \times 20^2 = 4[\text{J}]$

03

평행한 두 도체에 같은 방향의 전류를 흘렸을 때 두 도체 사이에 작용하는 힘은 어떻게 되는가?

① 반발력이 작용한다.

② 힘은 0이다.

③ 흡인력이 작용한다.

④ $\frac{I}{2\pi r}$의 힘이 작용한다.

해설

평행한 두 도체에 작용하는 힘 $F = \frac{2I_1 I_2}{r} \times 10^{-7}$

이때의 전류 방향이 같을 경우 흡인력, 다를 경우 반발력이 작용한다.

04

세 변의 저항 $R_a = R_b = R_c = 15[\Omega]$인 Y결선 회로가 있다. 이것과 등가인 △결선 회로의 각 변의 저항은 몇 [Ω]인가?

① 5 ② 10

③ 25 ④ 45

해설

Y → △로 등가 변환할 경우 저항값은 3배가 된다.

$R = 15 \times 3 = 45[\Omega]$

05

선간전압이 380[V]인 전원에 $Z = 8 + j6$의 부하를 Y결선 접속했을 때 선전류는 약 몇 [A]인가?

① 12 ② 22

③ 28 ④ 38

해설

전류 $I = \frac{V_p}{Z} = \frac{\frac{380}{\sqrt{3}}}{\sqrt{6^2 + 8^2}} = 22[\text{A}]$

Y결선의 경우 선전류 I_l의 경우 상전류 I_p와 같다.

06

권수 200회의 코일에 5[A]의 전류가 흘러서 0.025[Wb]의 자속이 코일을 지난다고 하면, 이 코일에 자체 인덕턴스는 몇 [H]인가?

① 2 ② 1

③ 0.5 ④ 0.1

해설

인덕턴스 $L = \frac{N\phi}{I} = \frac{200 \times 0.025}{5} = 1[\text{H}]$

정답 01 ④ 02 ② 03 ③ 04 ④ 05 ② 06 ②

07

기전력 1.5[V], 내부저항 0.1[Ω]인 전지 10개를 직렬로 연결하여 2[Ω]의 저항을 가진 전구에 연결할 때 전구에 흐르는 전류는 몇 [A]인가?

① 2 ② 3
③ 4 ④ 5

해설

전지의 직렬 연결의 경우

전류 $I=\frac{V}{R+r}=\frac{15}{2+1}=5$[A]

1.5[V]의 전지 10개를 직렬로 연결하면 전압은

$10\times1.5=15$[V]

또한 내부저항이 0.1[Ω]인 전지 10개를 직렬로 연결하면 합성 저항은 $0.1\times10=1$[Ω]이 된다.

08

저항 4[Ω], 유도 리액턴스 8[Ω], 용량 리액턴스 5[Ω]이 직렬로 된 회로에서의 역률은 얼마인가?

① 0.8 ② 0.7
③ 0.6 ④ 0.5

해설

$R-L-C$ 직렬 회로의 임피던스

$Z=R+j(X_L-X_c)=4+j(8-5)=4+j3$[Ω]

역률 $\cos\theta=\frac{R}{Z}=\frac{4}{\sqrt{4^2+3^2}}=0.8$

09

1[cal]는 약 몇 [J]인가?

① 0.24 ② 0.4186
③ 2.4 ④ 4.186

해설

1[J]=0.24[cal]

1[cal]= $\frac{1}{0.24}$ = 4.2[J]

10

히스테리시스 곡선이 횡축과 만나는 점은?

① 보자력 ② 기자력
③ 잔류자기 ④ 포화특성

해설

히스테리시스 곡선의 횡축과 만나는 점은 보자력이며, 종축과 만나는 점은 잔류자기이다.

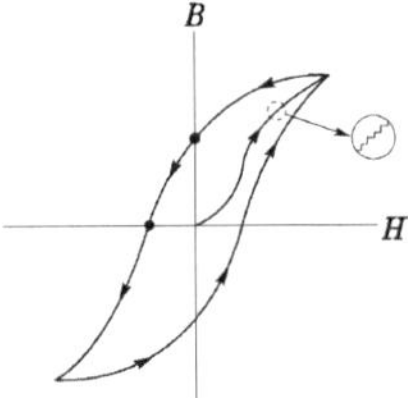

11

"전류가 전압에 비례하고 저항에 반비례한다."는 다음 중 어느 것과 가장 관계가 있는가?

① 키르히호프의 제1법칙
② 키르히호프의 제2법칙
③ 옴의 법칙
④ 중첩의 원리

해설

옴의 법칙 $I=\frac{V}{R}$[A]

12

반지름 5[cm], 권수 10회인 원형 코일에 15[A]의 전류가 흐르면 코일 중심의 자장의 세기는 약 몇 [AT/m]인가?

① 1,300 ② 1,500
③ 1,700 ④ 1,400

해설

원형 코일 중심의 자장의 세기

$H=\frac{NI}{2a}=\frac{10\times15}{2\times5\times10^{-2}}=1,500$[AT/m]

정답 07 ④ 08 ① 09 ④ 10 ① 11 ③ 12 ②

13

교류 100[V]의 최대값은 약 몇 [V]인가?

① 90　② 100
③ 111　④ 141

해설
정현파 교류의 최대값
$V_m = \sqrt{2}\,V = \sqrt{2} \times 100 = 141[\mathrm{V}]$

14

비사인파의 일반적인 구성이 아닌 것은?

① 삼각파　② 고조파
③ 기본파　④ 직류분

해설
비정현파의 경우 = 기본파 + 고조파 + 직류분

15

10[V/m]의 전장에 어떤 전하를 놓으면 0.1[N]의 힘이 작용한다. 이 전하량은 몇 [C]인가?

① 10^2　② 10^{-4}
③ 10^{-2}　④ 10^4

해설
힘 $F = QE[\mathrm{N}]$
전하량 $Q = \frac{F}{E} = \frac{0.1}{10} = 10^{-2}[\mathrm{C}]$

16

저항 R_1, R_2를 병렬로 접속하면 합성 저항은?

① $R_1 + R_2$　② $\frac{1}{R_1 + R_2}$
③ $\frac{R_1 R_2}{R_1 + R_2}$　④ $\frac{R_1 + R_2}{R_1 R_2}$

해설
저항의 직렬 연결의 경우 합성 저항 $R_0 = R_1 + R_2$
저항의 병렬 연결의 경우 합성 저항 $R_0 = \frac{R_1 R_2}{R_1 + R_2}$

17

투자율 μ의 단위는?

① [AT/m]　② [Wb/m²]
③ [AT/Wb]　④ [H/m]

18

원자핵의 구속력을 벗어나서 물질 내에서 자유로이 이동할 수 있는 것은?

① 중성자　② 양자
③ 분자　④ 자유전자

해설
자유전자란 최외각 전자가 원자핵과의 결합력이 약해져 외부의 자극에 의해 쉽게 궤도를 일탈한 것을 말한다.

19

그림에서 2[Ω]의 저항에 흐르는 전류는 몇 [A]인가?

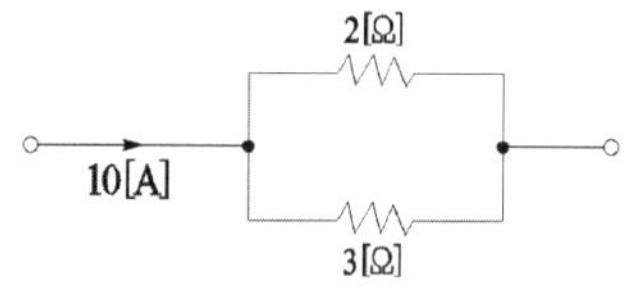

① 3　② 4
③ 5　④ 6

해설
전류의 분배법칙을 적용하면
$I_1 = \frac{R_2}{R_1 + R_2} I = \frac{3}{2+3} \times 10 = 6[\mathrm{A}]$

정답 13 ④ 14 ① 15 ③ 16 ③ 17 ④ 18 ④ 19 ④

20

다음 중 전류의 발열 작용에 관한 법칙과 가장 관계가 있는 것은?

① 옴의 법칙
② 패러데이 법칙
③ 줄의 법칙
④ 키르히호프의 법칙

해설

줄의 법칙의 열량의 경우 I^2R에 비례한다.

2007년 4회 기출문제

01

전류에 의한 자기장의 방향을 결정하는 법칙은?

① 앙페르의 오른나사 법칙
② 플레밍의 오른손 법칙
③ 플레밍의 왼손 법칙
④ 렌츠의 전자유도 법칙

해설

앙페르의 오른나사 법칙은 직선 도체에 전류가 흐르면 자계가 형성이 되어 도체에 수직인 평면상에서 오른나사의 진행하는 방향으로 전류가 흐를 때 나사를 돌리는 방향으로 자계가 발생한다.

02

$L-C$ 병렬 회로에 E[V]의 전압을 가할 때 전 전류가 0이 되려면 주파수 f[Hz]는?

① $f=2\pi\sqrt{LC}$
② $f=\dfrac{1}{2\pi\sqrt{LC}}$
③ $f=\dfrac{\sqrt{LC}}{2\pi}$
④ $f=\dfrac{2\pi}{\sqrt{LC}}$

해설

$L-C$ 병렬에서의 전류가 0이 될 경우는 임피던스가 무한대가 되어야 한다.
이것은 $X_L=X_C$가 된다는 것을 말하며 이것을 공진이라 한다.
이때의 공진 주파수 $f=\dfrac{1}{2\pi\sqrt{LC}}$[Hz]이다.

정답 20 ③ / 01 ① 02 ②

03

강자성체의 투자율에 대한 설명으로 옳은 것은?

① 투자율은 매질의 두께에 비례한다.
② 투자율은 자화력에 따라서 크기가 달라진다.
③ 투자율이 큰 것은 자속이 통하기 어렵다.
④ 투자율은 자속 밀도에 반비례한다.

해설

강자성체의 투자율은 자화력의 크기에 따라 달라진다.

04

2[C]의 전기량이 두 점 사이를 이동하여 48[J]의 일을 하였을 때, 이 두 점 사이의 전위차는 몇 [V]인가?

① 12 ② 24
③ 48 ④ 64

해설

에너지 $W = QV$[J]

전위차 $V = \frac{W}{Q} = \frac{48}{2} = 24$[V]

05

그림과 같은 회로에서 $R-C$ 임피던스는?

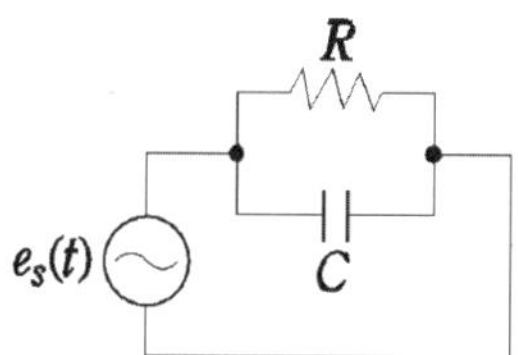

① $\frac{1}{\sqrt{\frac{1}{R^2}+\left(\frac{1}{\omega C}\right)^2}}$ ② $\frac{1}{\sqrt{\frac{1}{R^2}+(\omega C)^2}}$

③ $\sqrt{\frac{1}{R^2}+(\omega C)^2}$ ④ $\sqrt{R^2+\left(\frac{1}{\omega C}\right)^2}$

해설

어드미턴스 $Y = \frac{1}{R} + j\omega C$

임피던스 $Z = \frac{1}{Y} = \frac{1}{\frac{1}{R}+j\omega C} = \frac{1}{\sqrt{\left(\frac{1}{R}\right)^2+(\omega C)^2}}$

06

4[Ω], 6[Ω], 8[Ω]의 3개 저항을 병렬 접속할 때 합성 저항은 약 몇 [Ω]인가?

① 1.8 ② 2.5
③ 3.6 ④ 4.5

해설

저항의 병렬 연결의 경우 합성 저항

$R_0 = \frac{1}{R_1} + \frac{1}{R_2} + \frac{1}{R_3} = \frac{1}{\frac{1}{4}+\frac{1}{6}+\frac{1}{8}} = 1.8$[Ω]

07

다음 중 자기차폐와 가장 관계가 깊은 것은?

① 상자성체
② 강자성체
③ 반자성체
④ 비투자율이 1인 자성체

해설

자기차폐란 전기기기의 일부 또는 전부를, 이것을 둘러싼 외계와 자기적으로 차폐하는 것으로써, 강자성체와 관계가 깊다.

08

구리선의 길이를 2배, 반지름을 $\frac{1}{2}$로 할 때 저항은 몇 배가 되는가?

① 2 ② 4 ③ 6 ④ 8

정답 03 ② 04 ② 05 ② 06 ① 07 ② 08 ④

해설

저항 $R=\rho\frac{l}{A}[\Omega]=\rho\frac{l}{\pi a^2}$

새로운 저항 $R'=\rho\frac{2l}{\pi\left(\frac{a}{2}\right)^2}=2^3\rho\frac{l}{\pi a^2}=8R$

09

다음은 연축전지에 대한 설명이다. 옳지 않은 것은?

① 전해액은 황산을 물에 섞어서 비중을 1.2~1.3 정도로 사용한다.
② 충전 시 양극은 PbO로 되고 음극은 $PbSO_4$로 된다.
③ 방전 전압의 한계는 1.8[V]로 하고 있다.
④ 용량은 방전 전류×방전시간으로 표시하고 있다.

해설

연축전지의 충전 시 양극은 PbO_2이며 음극은 Pb로 된다.

10

최대값이 10[A]인 교류 전류의 평균값은 약 몇 [A]인가?

① 0.2 ② 0.5
③ 3.14 ④ 6.37

해설

교류 전류의 평균값

$I_{av}=\frac{2I_m}{\pi}=\frac{2\times 10}{\pi}=6.37$[A]

11

다음 중 전자력 작용을 응용한 대표적인 것은?

① 전동기 ② 전열기
③ 축전기 ④ 전등

해설

전동기의 경우 전자력 작용을 응용한 대표적인 기계이다.

12

4[Wh]는 몇 [J]인가?

① 3,600 ② 5,200
③ 7,200 ④ 14,400

해설

1[J] = 1[W · s]
4[Wh]= 4[W×3,600s]= 4×3,600[W · s]= 14,400[W · s]

13

평형 3상 교류 회로에서 △결선을 할 때 선전류 I_l과 상전류 I_p의 관계 중 옳은 것은?

① $I_l=I_p$ ② $I_l=2I_p$
③ $I_l=\sqrt{3}I_p$ ④ $I_l=3I_p$

해설

△결선의 경우 상전압 V_p와 선간전압 V_l은 같다.
하지만 상전류 I_p가 선전류 I_l보다 $\sqrt{3}$배 작다.

14

두 콘덴서 C_1, C_2를 직렬로 접속하고 양단에 E[V]의 전압을 가할 때 C_1에 걸리는 전압은?

① $\frac{C_1}{C_1+C_2}E$ ② $\frac{C_2}{C_1+C_2}E$
③ $\frac{C_1+C_2}{C_1}E$ ④ $\frac{C_1+C_2}{C_2}E$

해설

콘덴서를 직렬로 접속할 경우 C_1에 걸리는 전압

$E_1=\frac{C_2}{C_1+C_2}E$[V]가 된다.

정답 09 ② 10 ④ 11 ① 12 ④ 13 ③ 14 ②

15

$R=5[\Omega]$, $L=2$[H]인 직렬 회로의 시상수는 몇 [sec]인가?

① 0.1　　② 0.2
③ 0.3　　④ 0.4

해설

$R-L$ 직렬 회로의 시상수

$\tau=\frac{L}{R}=\frac{2}{5}=0.4$[sec]가 된다.

16

전압 1.5[V], 내부 저항 0.2[Ω]의 전지 5개를 직렬로 접속하면 전 전압은 몇 [V]인가?

① 0.2　　② 1.0
③ 5.7　　④ 7.5

해설

전지의 직렬 접속에서의 기전력 $E_0=nE=5\times1.5=7.5$[V]가 된다.

17

100[μF]의 콘덴서에 1,000[V]의 전압을 가하여 충전한 뒤 저항을 통하여 방전시키면 저항에 발생하는 열량은 몇 [cal]인가?

① 3　　② 5
③ 12　　④ 43

해설

콘덴서 에너지 $W=\frac{1}{2}CV^2=\frac{1}{2}\times100\times10^{-6}\times1{,}000^2=50$[J]

열량 $Q=0.24W=0.24\times50=12$[cal]

18

히스테리시스 손은 최대 자속 밀도의 몇 승에 비례하는가?

① 1.1　　② 1.6
③ 2.6　　④ 3.2

해설

히스테리시스 손은 최대 자속 밀도에 1.6승에 비례한다.

19

$R=10$[kΩ], $C=5$[μF]의 직렬 회로에 110[V]의 직류 전압을 인가했을 때 시상수(τ)는?

① 5[ms]　　② 50[ms]
③ 1[sec]　　④ 2[sec]

해설

$R-C$ 직렬 회로의 시상수

$\tau=RC$[sec]

$\tau=10\times10^3\times5\times10^{-6}=0.05$[sec]$=50$[msec]

20

감은 횟수 200회의 코일 P와 300회 코일 S를 가까이 놓고 P에 1[A]의 전류를 흘릴 때 S와 쇄교하는 자속이 4×10^{-4}[Wb]이었다면 이들 코일의 상호 인덕턴스는?

① 0.12[H]　　② 0.12[mH]
③ 1.2×10^{-4}[H]　　④ 1.2×10^{-4}[mH]

해설

상호 인덕턴스 $M=\frac{N_2\phi_2}{I_1}=\frac{300\times4\times10^{-4}}{1}=0.12$[H]

정답 15 ④ 16 ④ 17 ③ 18 ② 19 ② 20 ①

제 1 과목

전기이론 2008년 기출문제

2008년 1회 기출문제

01

200[μF]의 콘덴서를 충전하는 데 9[J]의 일이 필요하였다. 충전 전압은 몇 [V]인가?

① 200 ② 300
③ 450 ④ 900

해설

콘덴서의 충전되는 에너지 $W=\frac{1}{2}CV^2$

$\therefore V=\sqrt{\frac{W\times 2}{C}}$

$V=\sqrt{\frac{9\times 2}{200\times 10^{-6}}}=300[\text{V}]$

02

길이 10[cm]의 도선이 자속 밀도 1[Wb/m^2]의 평등 자장 안에서 자속과 수직 방향으로 3[sec] 동안에 12[m]를 이동하였다. 이때 유도되는 기전력은 몇 [V]인가?

① 0.1 ② 0.2
③ 0.3 ④ 0.4

해설

3초 동안 12[m] 이동하였으므로

속도 $v=\frac{s}{t}=\frac{12}{3}=4$[m/sec]

도체의 기전력 $e=Blv\sin\theta[\text{V}]$

$=1\times 0.1\times 4\times \sin 90°$

$=0.4$

03

무한히 긴 평형 2직선이 있다. 이들 도선에 같은 방향으로 일정한 전류가 흐를 때 상호간에 작용하는 힘은?

① 흡인력이며 r이 클수록 작아진다.
② 반발력이며 r이 클수록 작아진다.
③ 흡인력이며 r이 클수록 커진다.
④ 반발력이며 r이 클수록 커진다.

해설

평행하는 두 도체의 사이에 작용하는 힘 $F=\frac{2I_1I_2}{r}\times 10^{-7}$이 되며, 두 도체의 전류의 방향이 같을 경우 흡인력이, 전류의 방향이 다를 경우 반발력이 작용한다.

04

교류 회로에서 전압과 전류의 위상차를 θ[rad]이라 할 때 $\cos\theta$를 회로의 무엇이라 하는가?

① 전압변동률 ② 파형률
③ 효율 ④ 역률

05

10[Ω]의 저항에 2[A]의 전류가 흐를 때 저항의 단자 전압은 얼마인가?

① 5 ② 10 ③ 15 ④ 20

해설

$V=IR[\text{V}]$

$V=10\times 2=20[\text{V}]$

정답 01 ② 02 ④ 03 ① 04 ④ 05 ④

06

전기장에 대한 설명으로 옳지 않은 것은?

① 대전된 무한장 원통의 내부 전기장은 0이다.
② 대전된 구의 내부 전기장은 0이다.
③ 대전된 도체 내부의 전하 및 전기장은 모두 0이다.
④ 도체 표면의 전기장은 그 표면에 평행이다.

해설

전기력선의 성질

- 전기력선은 정전하에서 출발하여 부전하에 그친다.
- 전기력선의 밀도는 전계의 세기와 같다.
- 전기력선은 등전위면과 직교한다.

07

그림과 같은 4개의 콘덴서를 직·병렬로 접속한 회로가 있다. 이 회로의 합성 정전용량은? (단, $C_1=2[\mu F]$, $C_2=4[\mu F]$, $C_3=3[\mu F]$, $C_4=1[\mu F]$이다.)

① $1[\mu F]$
② $2[\mu F]$
③ $3[\mu F]$
④ $4[\mu F]$

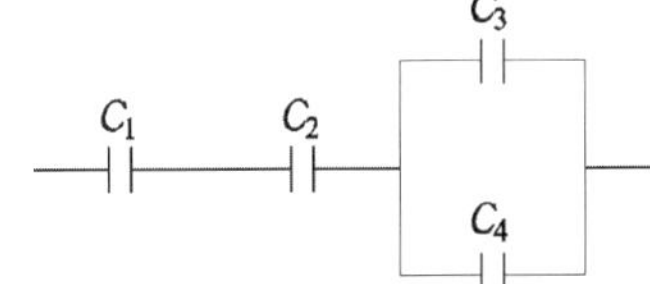

해설

콘덴서의 직렬 연결의 경우 저항의 병렬 연결과 같다.

$$C_0=\frac{1}{\frac{1}{C_1}+\frac{1}{C_2}+\frac{1}{C_3+C_4}}=\frac{1}{\frac{1}{2}+\frac{1}{4}+\frac{1}{3+1}}=1[\mu F]$$

08

옴의 법칙을 바르게 설명한 것은?

① 전류의 크기는 도체의 저항에 비례한다.
② 전류의 크기는 도체의 저항에 반비례한다.
③ 전압은 전류에 반비례한다.
④ 전압은 전류의 제곱에 비례한다.

해설

옴의 법칙에서 $I=\frac{V}{R}$이므로 전류의 크기는 도체의 저항에 반비례한다.

09

유전율이 ϵ의 유전체 내에 있는 전하의 Q[C]에서 나오는 전기력선의 수는?

① Q　　② $\frac{Q}{\epsilon_0}$
③ $\frac{Q}{\epsilon}$　　④ $\frac{Q}{\epsilon_s}$

해설

가우스의 법칙에 따라 Q의 전하에서는 Q의 전속이 나오며 $\frac{Q}{\epsilon}$개의 전기력선이 나온다.

10

다음 중 자기저항의 단위는?

① [A/Wb]　　② [AT/m]
③ [AT/Wb]　　④ [AT/H]

해설

자기저항 $R_m=\frac{F}{\phi}=\frac{NI}{\phi}$[AT/Wb]

11

유도기전력은 자신의 발생 원인이 되는 자속의 변화를 방해하려는 방향으로 발생한다. 이것을 유도기전력에 관한 무슨 법칙이라 하는가?

① 옴(Ohm)의 법칙
② 렌츠(Lenz)의 법칙
③ 쿨롱(Coulomb)의 법칙
④ 앙페르(Ampere)의 법칙

정답 06 ④ 07 ① 08 ② 09 ③ 10 ③ 11 ②

해설

전자유도에 발생하는 기전력은 자속의 변화를 방해하는 방향으로 전류가 발생하는데 이것을 렌츠의 법칙(Lenz's law)이라 한다.

12

전선에서 길이 1[m], 단면적 1[mm²]을 기준으로 고유저항은 어떻게 나타내는가?

① [Ω] ② [Ω · m]
③ [Ω/m] ④ [Ω · mm²/m]

해설

고유저항이란 단위 체적당의 저항을 나타낸다.

- 연동선의 고유저항은 $\frac{1}{58}$[Ω · mm²/m]이며,
- 경동선의 고유저항은 $\frac{1}{55}$[Ω · mm²/m]이다.

13

어떤 도체에 10[V]의 전위를 주었을 때 1[C]의 전하가 축적되었다면 이 도체의 정전용량은 몇 [F]인가?

① 0.1[μF] ② 0.1[F]
③ 0.1[pF] ④ 10[F]

해설

전기량 $Q=CV$

$$C=\frac{Q}{V}=\frac{1}{10}=0.1[\text{F}]$$

14

평형 3상 교류회로의 Y회로로부터 △회로로 등가 변환하기 위해서는 어떻게 하여야 하는가?

① 각 상의 임피던스를 3배로 한다.
② 각 상의 임피던스를 $\sqrt{3}$ 배로 한다.
③ 각 상의 임피던스를 $\frac{1}{\sqrt{3}}$ 배로 한다.
④ 각 상의 임피던스를 $\frac{1}{3}$ 배로 한다.

해설

Y → △로 등가 변환할 경우 임피던스는 3배가 된다.

15

8[Ω]의 용량 리액턴스에 어떤 교류 전압을 가하면 10[A]의 전류가 흐른다. 여기에 어떤 저항을 직렬로 접속하여 같은 전압을 가하면 8[A]로 감소되었다. 저항은 몇 [Ω]인가?

① 6 ② 8
③ 10 ④ 12

해설

8[Ω]의 용량 리액턴스에 10[A]의 전류가 흐를 경우 전원 전압은 $V=8\times10=80$[V]가 된다.
여기에 저항 R[Ω]을 직렬로 연결할 경우 임피던스에 의해 전류가 흐르므로

$Z=\frac{V}{I}=\frac{80}{8}=10[\Omega]$이 되며

$Z=R-jX_c$에서

$10=R-j8=\sqrt{R^2+8^2}$ 이므로

$R=\sqrt{10^2-8^2}=6[\Omega]$이 된다.

16

100[V], 5[A]의 전열기를 사용하여 2[l]의 물 20[℃]를 100[℃]로 올리는 데 필요한 시간[sec]는 약 얼마인가? (단, 열량은 전부 유효하게 사용된다.)

① 1.33×10^3 ② 1.34×10^4
③ 1.35×10^5 ④ 1.36×10^6

해설

$Q=0.24Pt=0.24I^2Rt=0.24\frac{V^2}{R}t=Cm(\theta_2-\theta_1)$에서

$0.24VIt=Cm(\theta_2-\theta_1)$이므로 여기서 시간을 구한다.

$$t=\frac{Cm(\theta_2-\theta_1)}{0.24VI}=\frac{1\times2,000(100-20)}{0.24\times100\times5}=1.33\times10^3$$

정답 12 ④ 13 ② 14 ① 15 ① 16 ①

17

다음 중 논리식을 간소화시키는 방법은?

① 카르노도에 의한 방법
② 논리 연산자 법
③ 진리도 법
④ 2진수 법

해설

카르노도를 사용하여 논리식을 간소화시킨다.

18

반도체로 만든 PN접합은 무슨 작용을 하는가?

① 증폭작용　② 발진작용
③ 정류작용　④ 변조작용

해설

다른 종류의 반도체 사이에 P-N 접합에 정류작용이 생긴다.

19

망간 건전지의 양극으로 무엇을 사용하는가?

① 아연판　② 구리판
③ 탄소막대　④ 묽은 황산

해설

망간 건전지
- 양극의 재료는 탄소막대
- 전해액으로는 염화암모니아(NH_4Cl)
- 음극의 재료는 아연판

20

$R_1 = 3[\Omega]$, $R_2 = 5[\Omega]$, $R_3 = 5[\Omega]$의 저항 3개를 그림과 같이 병렬로 접속한 회로에 30[V]의 전압을 가하였다면 이때 R_2 저항에 흐르는 전류[A]는 얼마인가?

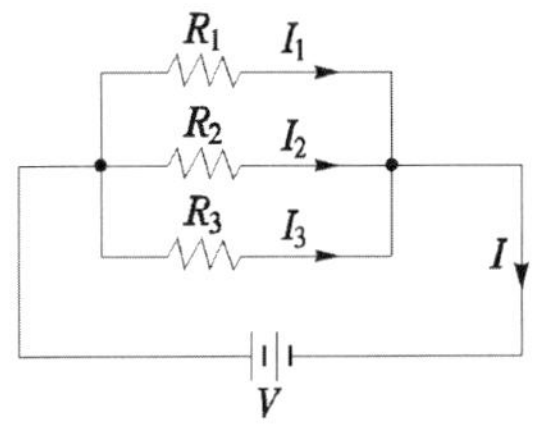

① 6　② 10
③ 15　④ 20

해설

병렬 연결의 경우 전압이 일정하므로 R_2에는 30[V]의 전압이 걸린다.

그러므로 전류 $I = \frac{30}{5} = 6$[A]가 흐른다.

정답 17 ① 18 ③ 19 ③ 20 ①

2008년 2회 기출문제

01

유전체 중 유전율이 가장 큰 것은?

① 공기 ② 수정
③ 운모 ④ 고무

해설

진공에서의 비 유전율
- 공기 $\epsilon_s = 1$
- 수정 $\epsilon_s = 3.6$
- 운모 $\epsilon_s = 6.7$
- 고무 $\epsilon_s = 2.0$

02

다음 중 전기력선의 성질로 틀린 것은?

① 전기력선은 양전하에서 나와 음전하에 끝난다.
② 전기력선의 접선 방향이 그 점의 전장의 방향이다.
③ 전기력선의 밀도는 전기장의 크기를 나타낸다.
④ 전기력선은 서로 교차한다.

해설

전기력선의 성질
- 전기력선의 밀도는 전계의 세기와 같다.
- 전기력선은 불연속이다.
- 전기력선은 전위가 높은 곳에서 낮은 곳으로 향한다.
- 대전, 평형 시 전하는 표면에만 분포한다.
- 전기력선은 도체 표면에 수직한다.
- 전하는 뾰족한 부분일수록 많이 모이려는 성질이 있다.
- 전기력선은 서로 반발하는 성질이 있어서 교차하지 않는다.

03

다음 중 자석의 일반적인 성질에 대한 설명으로 틀린 것은?

① N극과 S극이 있다.
② 자력선은 N극에서 S극으로 향한다.
③ 자력이 강할수록 자기력선 수가 많다.
④ 자석은 고온이 되면 자력이 증가한다.

해설

자석의 성질을 살펴보면 다음과 같다.
자석은 N극과 S극이 존재하며, 서로 같은 극끼리는 반발하고, 다른 극끼리는 당기는 성질을 가지고 있다. 또한 자력선은 N극에서 S극으로 들어가며, 자력선이 강할수록 자력선의 수가 많다. 고온이 되면 자력이 감소하며, 저온이 되면 자력은 증가한다.

04

0.2[F] 콘덴서와 0.1[F] 콘덴서를 병렬로 연결하여 40[V]의 전압을 가할 때 0.2[F]의 콘덴서에 축적되는 전하는?

① 2 ② 45
③ 8 ④ 12

해설

병렬 연결이므로 전압이 일정하다.

$C = \frac{Q}{V}$ $\quad \therefore Q = CV = 0.2 \times 40 = 8[\mathrm{C}]$

05

각속도 $\omega = 377$[rad/sec]인 사인파 교류의 주파수는 약 몇 [Hz]인가?

① 30 ② 60
③ 90 ④ 120

정답 01 ③ 02 ④ 03 ④ 04 ③ 05 ②

해설

각속도 $\omega = 2\pi f$[rad/sec]

$$f = \frac{\omega}{2\pi} = \frac{377}{2\pi} = 60[\text{Hz}]$$

06

기전력이 50[V], 내부저항 $r = 5[\Omega]$인 전원이 있다. 이 전원에 부하를 연결하여 얻을 수 있는 최대 전력은 몇 [W]인가?

① 50 ② 75
③ 25 ④ 125

해설

전력 $P = \frac{V^2}{4R}$에서 $P = \frac{50^2}{4 \times 5} = 125$[W]가 된다.

07

주파수 100[Hz]의 주기는 몇 초인가?

① 0.05 ② 0.02
③ 0.01 ④ 0.1

해설

$T = \frac{1}{f}$[sec], $T = \frac{1}{100} = 0.01$[sec]

08

평균 길이 40[cm]의 환상 철심에 200회 코일을 감고, 여기에 5[A]의 전류를 흘렸을 때 철심 내의 자기장의 세기는 몇 [AT/m]인가?

① 25×10^2[AT/m]
② 2.5×10^2[AT/m]
③ 200[AT/m]
④ 8,000[AT/m]

해설

환상 솔레노이드 내부 자계의 세기 H

$H = \frac{NI}{l} = \frac{NI}{2\pi a}$[AT/m]에서

$H = \frac{NI}{l} = \frac{200 \times 5}{40 \times 10^{-2}} = 25 \times 10^2$[AT/m]

09

자체 인덕턴스 40[mH]와 90[mH]인 두 개의 코일이 있다. 양 코일에 누설 자속이 없다고 하면 상호 인덕턴스는 몇 [mH]인가?

① 20 ② 40
③ 50 ④ 60

해설

상호 인덕턴스 $M = k\sqrt{L_1 L_2}$

여기서 누설 자속이 없다고 하면 결합계수 $k = 1$이 된다.

$M = 1 \times \sqrt{40 \times 90} = \sqrt{3,600} = 60$[mH]

10

자기장의 세기에 대한 설명이 잘못된 것은?

① 단위 자극에 작용하는 힘과 같다.
② 자속밀도에 투자율을 곱한 것과 같다.
③ 수직 단면의 자력선 밀도와 같다.
④ 단위 길이당 기자력과 같다.

해설

자계의 세기와 자속밀도는 다음과 같은 관계식을 갖는다.

자속밀도 $B = \mu_0 \mu_s H$[Wb/m²]

정답 06 ④ 07 ③ 08 ① 09 ④ 10 ②

11

전선의 체적이 일정하고 길이를 2배로 늘리면 저항은 몇 배가 되는가?

① $\frac{1}{2}$　　② 2
③ 4　　④ $\frac{1}{4}$

해설

저항 $R=\rho\frac{l}{A}[\Omega]$에서 길이를 늘리면 부피가 일정하므로 면적은 줄어들게 된다.
즉, 길이가 2배가 되면 단면적은 $\frac{1}{2}$배가 되므로 $R'=\rho\frac{2l}{\frac{1}{2}A}$가 된다.
그러므로 저항은 4배가 된다.

12

P형 반도체의 설명 중 틀린 것은?

① 불순물은 4가 원소이다.
② 다수 반송자는 정공이다.
③ 불순물은 억셉터(acceptor)이다.
④ 정공 및 전자의 이동으로 전도가 된다.

해설

P형 반도체의 불순물은 3가 원소이다.

13

5[μF]의 콘덴서를 1,000[V]로 충전하면 축적되는 에너지는 몇 [J]인가?

① 2.5　　② 4
③ 1　　④ 10

해설

축적되는 에너지 $W=\frac{1}{2}CV^2$
$W=\frac{1}{2}\times5\times10^{-6}\times1{,}000^2=2.5[\mathrm{J}]$

14

비정현파를 여러 개의 정현파 합으로 표시하는 방법은?

① 키르히호프의 법칙　　② 노튼의 정리
③ 푸리에 분석　　④ 테일러의 분석

해설

푸리에 급수는 비정현파를 해석할 경우 사용된다.

15

다음 회로에서 10[Ω]에 걸리는 전압은 몇 [V]인가?

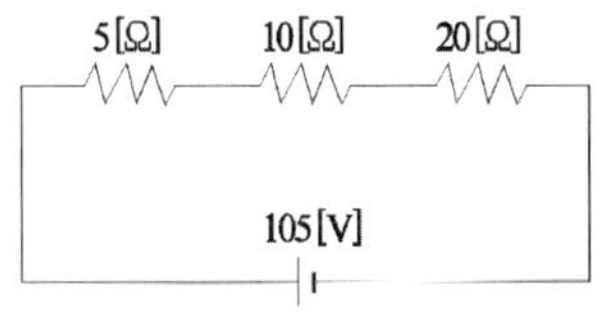

① 2　　② 10
③ 20　　④ 30

해설

분배 법칙에 따라
$V_{10}=\frac{R_{10}}{R_5+R_{10}+R_{20}}\times V=\frac{10}{5+10+20}\times105=30[\mathrm{V}]$

16

전기 분해하여 금속 표면에 산화 피막을 만들어 이것을 유전체로 이용한 것은?

① 마일러 콘덴서
② 마이카 콘덴서
③ 전해 콘덴서
④ 세라믹 콘덴서

해설

전해 콘덴서는 유전체를 산화 피막으로 만들어 비교적 큰 용량을 만들 수가 있다.

정답 11 ③　12 ①　13 ①　14 ③　15 ④　16 ③

17

자극의 세기가 20[Wb]이고 길이가 15[cm]인 막대자석의 자기 모멘트는 몇 [Wb·m]인가?

① 0.45 ② 1.5
③ 3.0 ④ 6.0

해설

자기 모멘트 $M = m \times l = 20 \times 15 \times 10^{-2} = 3$[Wb·m]

18

유전율의 단위는?

① [H/m] ② [V/m]
③ [C/m^2] ④ [F/m]

해설

유전율의 단위는 [F/m]가 된다.

19

10[Ω]의 저항회로에 $e = 100\sin\left(377t + \frac{\pi}{3}\right)$[V]의 전압을 가했을 때 $t = 0$에서의 순시 전류는 몇 [A]인가?

① $5\sqrt{3}$ ② 5
③ $5\sqrt{2}$ ④ 6

해설

순시 전류 $i = \frac{e}{R}$

$i = \frac{e}{R} = \frac{100\sin\left(377t + \frac{\pi}{3}\right)}{10} = 10\sin\left(377t + \frac{\pi}{3}\right)$[A]

$t = 0$이므로 $i = 10\sin\frac{\pi}{3} = 5\sqrt{3}$[A]가 된다.

20

권선 수 50인 코일에 5[A]의 전류가 흘렀을 때 10^{-3}[Wb]의 자속이 코일에 전체 쇄교하였다면 이 코일의 자체 인덕턴스는 몇 [mH]인가?

① 10 ② 20
③ 30 ④ 40

해설

자기 인덕턴스 $L = \frac{N\phi}{I}$[H]

$\therefore L = \frac{50 \times 10^{-3}}{5} \times 10^3 = 10$[mH]

정답 17 ③ 18 ④ 19 ① 20 ①

2008년 3회 기출문제

01

A-B 사이의 콘덴서의 합성 정전용량은 얼마인가?

① 1[C]
② 1.2[C]
③ 2[C]
④ 2.4[C]

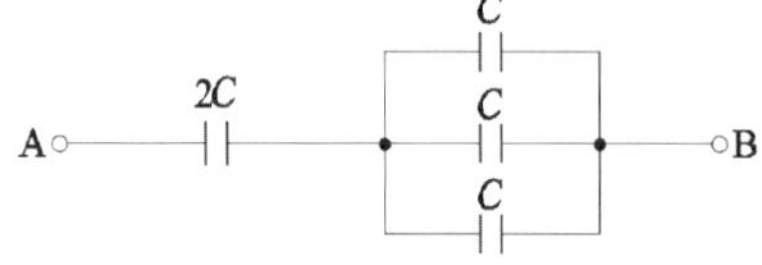

해설

콘덴서의 직병렬 연결이므로

$C_0 = \frac{2C \times 3C}{2C + 3C} = 1.2[C]$

02

200[V]에서 1[kW]의 전력을 소비하는 전열기를 100[V]에서 사용하면 소비전력은 몇 [W]인가?

① 150　② 250
③ 400　④ 1,000

해설

$P = \frac{V^2}{R}$ 이므로 $P \propto V^2$ 이 된다.

$1{,}000 : 200^2 = P : 100^2$ 이 되므로 $P = 250$[W]가 된다.

03

어떤 도체에 t초 동안에 Q[C]의 전기량이 이동하면 이때 흐르는 전류[A]는?

① $I = Q \cdot t$[A]　② $I = Q^2 \cdot t$[A]
③ $I = \frac{t}{Q}$[A]　④ $I = \frac{Q}{t}$[A]

해설

전기량 $Q = I \cdot t$[C], $I = \frac{Q}{t}$[A]

04

전하의 성질을 잘못 설명한 것은?

① 같은 종류의 전하는 흡인하고 다른 종류의 진하는 반발한다.
② 대전체에 들어 있는 전하를 없애려면 접지시킨다.
③ 대전체의 영향으로 비대전체에 전기가 유도된다.
④ 전하의 가장 안정한 상태를 유지하려는 성질이 있다.

해설

전하의 경우 같은 종류일 경우 반발하며, 다른 종류의 경우 흡인한다.

05

주기적인 구형파 신호의 성분은 어떻게 되는가?

① 성분분석이 불가능하다.
② 직류분만으로 합성된다.
③ 무수히 많은 주파수의 합성이다.
④ 교류 합성을 갖지 않는다.

해설

구형파의 경우 무수히 많은 주파수 성분을 포함하게 된다.

06

코일의 자체 인덕턴스는 어느 것에 따라 변화하는가?

① 투자율　② 유전율
③ 도전율　④ 저항율

해설

자기 인덕턴스 $L = \frac{\mu A N^2}{l}$[H]이므로 L은 투자율에 따라 변화한다.

정답 01 ② 02 ② 03 ④ 04 ① 05 ③ 06 ①

07

진공중의 투자율 μ_0[H/m]는?

① 6.33×10^{4}　② 8.55×10^{-12}
③ $4\pi\times10^{-7}$　④ 9×10^{9}

08

0.02[μF]의 콘덴서에 12[μC]의 전하를 공급하면 몇 [V]의 전위차를 나타내는가?

① 600　② 900　③ 1,200　④ 2,400

해설

전하량 $Q=CV$

$V=\dfrac{Q}{C}=\dfrac{12\times10^{-6}}{0.02\times10^{-6}}=\dfrac{12}{0.02}=600$[V]

09

줄(Joule)의 법칙에서 발열량 계산식을 옳게 표시한 것은?

① $H=0.24I^2R$　② $H=0.024I^2Rt$
③ $H=0.024I^2R^2$　④ $H=0.24I^2Rt$

해설

줄의 법칙 $Q=0.24\,I^2Rt$[cal]

10

3[Ω]의 저항 5개, 7[Ω]의 저항 3개, 114[Ω]의 저항 1개가 있다. 이들을 모두 직렬로 접속할 경우 합성 저항은 몇 [Ω]인가?

① 120　② 130　③ 150　④ 160

해설

직렬일 때의 합성 저항

$R_0=(3\times5)+(7\times3)+(114\times1)=150$[Ω]

11

그림을 테브낭 등가회로로 고칠 때 개방전압 V'와 저항 R'는?

① 20[V], 5[Ω]
② 30[V], 8[Ω]
③ 15[V], 12[Ω]
④ 10[V], 1.2[Ω]

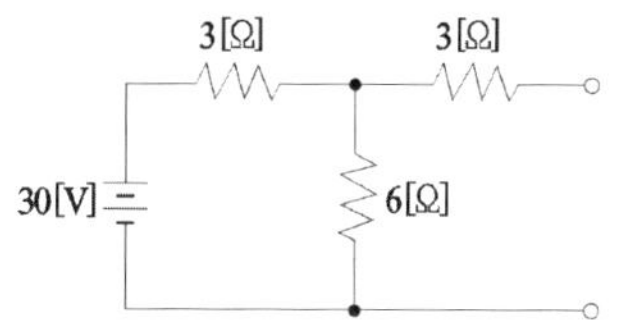

해설

- 저항 $R'=3+\dfrac{3\times6}{3+6}=5$[Ω](임피던스를 구할 때 전압원 단락, 전류원 개방)
- 개방전압 $V'=30\times\dfrac{6}{3+6}=20$[V]

12

5[Wh]는 몇 [J]인가?

① 720　② 1,800　③ 7,200　④ 18,000

해설

1[W·s] = 1[J]

5[W·h] = 5×3,600 = 18,000[W·s]

13

자기력선의 설명 중 맞는 것은?

① 자기력선은 자석의 N극에서 시작하여 S극에서 끝난다.
② 자기력선 상호간에 교차한다.
③ 자기력선은 자석의 S극에서 시작하여 N극에서 끝난다.
④ 자기력선은 가시적으로 보인다.

해설

자기력선은 N극에서 S극으로 끝난다.
자기력선은 상호간에 교차하지 않는다.

정답 07 ③ 08 ① 09 ④ 10 ③ 11 ① 12 ④ 13 ①

14

어떤 전압계의 측정 범위를 10배로 하려면 배율기의 저항을 전압계 내부저항의 몇 배로 하여야 하는가?

① 10 ② $\frac{1}{10}$

③ 9 ④ $\frac{1}{9}$

해설

배율기의 측정 전압 $V_0 = V\left(\frac{R_m}{r}+1\right)$[V]

배율을 m이라 하면

$m = \frac{V_0}{V} = \left(\frac{R_m}{r}+1\right)$

$\therefore R_m = r(m-1) = r(10-1) = 9r$

15

저항 3[Ω], 유도 리액턴스 4[Ω]의 직렬회로에 교류 100[V]를 가할 때 흐르는 전류와 위상각은 얼마인가?

① 14.3[A], 37°

② 14.3[A], 53°

③ 20[A], 37°

④ 20[A], 53°

해설

$I = \frac{V}{Z} = \frac{100}{\sqrt{3^2+4^2}} = 20$[A]

위상차 $\theta = \tan^{-1}\frac{X}{R} = \tan^{-1}\frac{4}{3} = 53.13°$

16

전압 220[V] 1상 부하 $Z = 8 + j6$[Ω]의 △회로에서 선전류는 몇 [A]인가?

① 22 ② $22\sqrt{3}$

③ 11 ④ $\frac{22}{\sqrt{3}}$

해설

△결선의 경우 선간전압 V_l은 상전압 V_p와 같다.

하지만 선전류 $I_l = \sqrt{3}I_p$[A]가 된다.

$I_p = \frac{V}{Z} = \frac{220}{\sqrt{8^2+6^2}} = 22$[A]

$I_l = 22 \times \sqrt{3}$[A]

17

$e = 141\sin\left(120\pi t - \frac{\pi}{3}\right)$인 파형의 주파수는 몇 [Hz]인가?

① 120 ② 60

③ 30 ④ 15

해설

각속도 $w = 2\pi f = 120\pi$

$f = 60$[Hz]

18

최대값이 10[A]인 교류 전류의 평균값은 약 몇 [A]인가?

① 3.34 ② 4.43

③ 5.65 ④ 6.37

해설

정현파 교류의 평균값 $I_{av} = \frac{2I_m}{\pi}$[A]

$I_{av} = \frac{2\times10}{\pi} = 6.37$[A]

정답 14 ③ 15 ④ 16 ② 17 ② 18 ④

19

질산은을 전기분해할 때 직류 전류를 10시간 흘렸더니 음극에 120.87[g]의 은이 부착하였다. 이때의 전류는 약 몇 [A]인가? (단, 은의 전기 화학당량 $K=0.001118$[g/C]이다.)

① 1　　② 2
③ 3　　④ 4

해설

페러데이의 전기 분해 법칙에서 석출량 $W=KQ=KIt$[g]이 된다.

$$I=\frac{W}{Kt}=\frac{120.87}{0.001118\times10\times60\times60}=3[\text{A}]$$

20

자기력선의 설명 중 맞는 것은?

① 플레밍의 왼손 법칙
② 플레밍의 오른손 법칙
③ 앙페르의 오른나사 법칙
④ 렌쯔의 법칙

해설

전류가 흐르면 자계가 형성되며, 도체가 수직인 평면상에 오른나사가 진행하는 방향으로 자계가 발생하는데, 이것을 앙페르의 오른나사 법칙이라 한다.

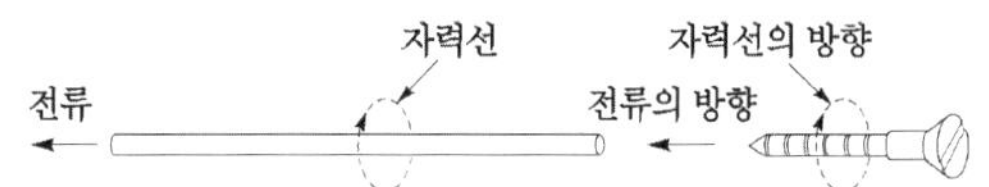

2008년 4회 기출문제

01

전류에 의해 발생되는 자장의 크기는 전류의 크기와 전류가 흐르고 있는 도체와 고찰하려는 점까지의 거리에 의해 결정된다. 이러한 관계를 무슨 법칙이라 하는가?

① 비오-사바르의 법칙　② 플레밍의 법칙
③ 쿨롱의 법칙　④ 패러데이의 법칙

해설

전류에 의해 발생되는 자장의 크기는 전류의 크기와 전류가 흐르고 있는 도체와의 고찰하려는 점까지의 거리에 의해 결정되는 관계식은 비오-사바르의 법칙이다.

$$dH=\frac{Idl\sin\theta}{4\pi r^2}[\text{AT/m}]$$

02

다음 중 삼각파의 파형률은 약 얼마인가?

① 1　　② 1.15
③ 1.414　　④ 1.732

해설

파형률과 파고율

	구형파	3각파	정현파
파형률	1	1.15	1
파고율	1	1.732	1.414

$$\text{파형률}=\frac{\text{실효값}}{\text{평균값}}\qquad \text{파고율}=\frac{\text{최대값}}{\text{실효값}}$$

03

2[C]의 전기량이 2점간을 이동하여 12[J]의 일을 했을 때 2점간의 전위차[V]는?

① 6　　② 12
③ 24　　④ 144

정답 19 ③ 20 ③ / 01 ① 02 ② 03 ①

해설

에너지 $W = QV$

전위차 $V = \frac{W}{Q} = \frac{12}{2} = 6[\text{V}]$

04

2[μF]과 3[μF]의 직렬회로에서 3[μF]의 양단에 60[V]의 전압이 가해졌다면 이 회로의 전 전기량은 몇 [μC]인가?

① 60 ② 180 ③ 240 ④ 360

해설

전기량 $Q = CV[\text{C}]$이 되므로

$Q = 3\times10^{-6}\times60 = 180\times10^{-6}[\text{C}]$

05

Y-Y 결선 회로에서 선간전압이 200[V]일 때 상전압은 약 몇 [V]인가?

① 100 ② 115 ③ 120 ④ 135

해설

Y결선의 경우 선전류 I_l과 상전류 I_p는 같다.

하지만 선간전압 V_l은 상전압에 $\sqrt{3}\,V_p$가 된다.

$V_p = \frac{V_l}{\sqrt{3}} = \frac{200}{\sqrt{3}} = 115[\text{V}]$

06

10[Ω]과 15[Ω]의 병렬 회로에서 10[Ω]에 흐르는 전류가 3[A]이라면 전체 전류[A]는?

① 2 ② 3 ③ 4 ④ 5

해설

전체 전류를 I라 하면 3[Ω]에 흐르는 전류

$3 = \frac{15}{10+15}\times I$

$\therefore I = \frac{25}{15}\times3 = 5[\text{A}]$

07

공기 중 자장의 세기 20[AT/m]인 곳에 8×10^{-3}[Wb]의 자극을 놓으면 작용하는 힘[N]은?

① 0.16 ② 0.32

③ 0.43 ④ 0.56

해설

힘 $F = mH[\text{N}]$

$F = 8\times10^{-3}\times20 = 0.16[\text{N}]$

08

자기저항의 단위는?

① [Wb/m^2] ② [Wb]

③ [AT] ④ [AT/Wb]

해설

자기저항 $R_m = \frac{F}{\phi} = \frac{NI}{\phi}[\text{AT/Wb}]$

09

자기 히스테리시스 곡선의 횡축과 종축은 어느 것을 나타내는가?

① 자기장의 크기와 자속밀도
② 투자율과 자속밀도
③ 투자율과 잔류자기
④ 자기장의 크기와 보자력

해설

히스테리시스 곡선의 종축은 자속밀도를 나타내며, 횡축은 자계의 세기를 나타낸다.

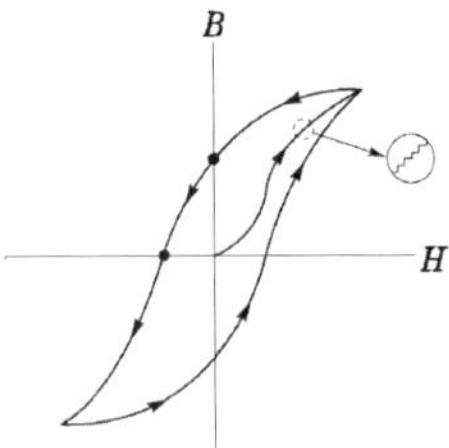

정답 04 ② 05 ② 06 ④ 07 ① 08 ④ 09 ①

10

$e = 141.4\sin 100\pi t$[V]의 교류전압이 있다. 이 교류의 실효값은 몇 [V]인가?

① 100　② 110　③ 141　④ 282

해설

$e = 141.4\sin 100t$[V]의 최대값은 141.4[V]이므로

정현파에서의 실효값$= \frac{V_m}{\sqrt{2}} = \frac{141.4}{\sqrt{2}} = 100$[V]

11

전기력선의 성질 중 옳지 않은 것은?

① 음전하에서 출발하여 양전하에서 끝나는 선을 전기력선이라 한다.
② 전기력선의 접선 방향은 그 접점에서의 전기장의 방향이다.
③ 전기력선의 밀도는 전기장의 크기를 나타낸다.
④ 전기력선은 서로 교차하지 않는다.

해설

전기력선의 성질

- 전기력선의 밀도는 전계의 세기와 같다.
- 전기력선은 불연속이다.
- 전기력선은 전위가 높은 곳에서 낮은 곳으로 향한다.
- 대전, 평형 시 전하는 표면에만 분포한다.
- 전기력선은 도체 표면에 수직한다.
- 전하는 뾰족한 부분일수록 많이 모이려는 성질이 있다.
- 전기력선은 양전하에서 출발하여 음전하에 끝난다.

12

줄의 법칙에서 발생하는 열량의 계산식으로 옳은 것은?

① $H = 0.24RI^2t$[cal]　② $H = 0.024RI^2t$[cal]
③ $H = 0.24RI^2$[cal]　④ $H = 0.024RI^2$[cal]

해설

줄의 법칙 $Q = 0.24Pt = 0.24I^2Rt$

13

니켈의 원자가는 2이고 원자량은 58.70이다. 이때 화학당량의 값은?

① 29.35　② 58.70　③ 60.70　④ 117.4

해설

화학당량 $= \frac{원자량}{원자가} = \frac{58.7}{2} = 29.35$

14

고유저항 ρ의 단위로 맞는 것은?

① [Ω]　② [Ω·m]
③ [AT/Wb]　④ [Ω^{-1}]

해설

고유저항의 단위는 [Ω·m]가 된다.

15

1회 감은 코일에 지나가는 자속이 1/100[sec] 동안에 0.3[Wb]에서 0.5[Wb]로 증가했다면 유도기전력[V]는?

① 5　② 10　③ 20　④ 40

해설

유도기전력 $e = \left| -N\frac{d\phi}{dt} \right|$[V]

$\phi = 0.5 - 0.3 = 0.2$[Wb]

$e = 1 \times \frac{0.2}{\frac{1}{100}} = 20$[V]

16

저항 5[Ω], 유도 리액턴스 30[Ω], 용량 리액턴스 18[Ω]인 RLC 직렬회로에 130[V]의 교류 전압을 가할 때 흐르는 전류[A]는?

① 10[A], 유도성　② 10[A], 용량성
③ 5.9[A], 유도성　④ 5.9[A], 용량성

정답 10 ① 11 ① 12 ① 13 ① 14 ② 15 ③ 16 ①

해설

전류 $I=\frac{V}{Z}$[A], $I=\frac{130}{\sqrt{5^2+12^2}}=\frac{130}{13}=10$[A]

여기서 $Z=R+j(X_L-X_c)$가 된다.

$Z=5+j(30-18)=5+j12[\Omega]$ 이 경우는 유도성

17

키르히호프의 법칙을 맞게 설명한 것은?

① 제1법칙은 전압에 관한 법칙이다.

② 제1법칙은 전류에 관한 법칙이다.

③ 제1법칙은 회로망의 임의의 한 폐회로 중 전압강하의 대수합과 기전력의 대수합은 같다.

④ 제2법칙은 회로망에 유입하는 전류의 합은 유출하는 전류의 합과 같다.

해설

제1법칙 → 전류 평형의 법칙 : 임의의 한 접속점에 들어오는 전류의 합은 흘러나가는 전류의 합과 같다. 이는 전류의 연속성을 나타내는 법칙으로써 키르히호프 제1법칙 또는 전류 법칙(KCL : kirchhoff's current law)이라 한다.

18

3상 기전력을 2개의 전력계 W_1, W_2로 측정해서 W_1의 지시값이 P_1, W_2의 지시값이 P_2라면 3상 전력은 어떻게 표현되는가?

① P_1-P_2　　② $3(P_1-P_2)$

③ P_1+P_2　　④ $3(P_1+P_2)$

해설

2전력계법의 유효전력 : P_1+P_2

2전력계법의 무효전력 : $\sqrt{3}(P_1-P_2)$

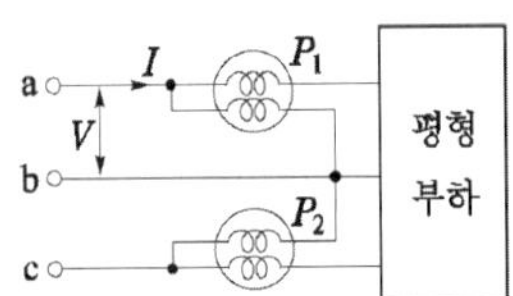

19

두 콘덴서 C_1, C_2가 병렬로 접속되어 있을 때의 합성 정전용량은?

① C_1+C_2　　② $\frac{1}{C_1}+\frac{1}{C_2}$

③ $\frac{C_1C_2}{C_1+C_2}$　　④ $\frac{C_1+C_2}{C_1C_2}$

해설

콘덴서의 병렬연결은 저항의 직렬연결과 같다.

$C_0=C_1+C_2$

20

전선의 길이를 2배로 늘리면 저항은 몇 배가 되는가?

① 1　　② 2

③ 4　　④ 8

해설

저항 $R=\rho\frac{l}{A}[\Omega]$에서 길이를 늘리면 부피가 일정하므로 면적은 줄어들게 된다.

즉 길이가 2배가 되면 단면적은 $\frac{1}{2}$배가 되므로

$R'=\rho\frac{2l}{\frac{1}{2}A}$가 된다. 그러므로 저항은 4배가 된다.

정답 17 ② 18 ③ 19 ① 20 ③

제 1 과목

전기이론 2009년 기출문제

2009년 1회 기출문제

01

비오-사바르의 법칙은 어떤 관계를 나타낸 것인가?

① 기전력과 회전력 ② 기자력과 자화력
③ 전류와 자장의 세기 ④ 전압과 전장의 세기

해설

비오-사바르의 법칙은 전류에 의해 발생되는 자장의 크기는 전류의 크기와 전류가 흐르고 있는 도체와의 고찰하려는 점까지의 거리에 의해 결정된다는 것으로 관계식은 다음과 같다.

$dH=\frac{I\,dl\sin\theta}{4\pi r^2}$[AT/m]

02

다음 중 저 저항 측정에 사용되는 브리지는?

① 휘이스톤 브리지 ② 비인 브리지
③ 맥스웰 브리지 ④ 캘빈더블 브리지

해설

저항 및 접지저항 측정법

- 저 저항 측정법 : 켈빈더블 브리지법
- 중 저항 측정법 : 휘이스톤 브리지법

03

파형률은 어느 것인가?

① $\frac{\text{평균값}}{\text{실효값}}$ ② $\frac{\text{실효값}}{\text{최대값}}$
③ $\frac{\text{실효값}}{\text{평균값}}$ ④ $\frac{\text{최대값}}{\text{실효값}}$

해설

파형률과 파고율

- 파형률= $\frac{\text{실효값}}{\text{평균값}}$
- 파고율= $\frac{\text{최대값}}{\text{실효값}}$

04

패러데이의 법칙에서 전기 분해에 의해 석출되는 물질의 양은 전해액을 통과한 무엇과 비례하는가?

① 총 전해질 ② 총 전류
③ 총 전압 ④ 총 전기량

해설

패러데이의 전기 분해 법칙의 경우 석출되는 물질은 통과한 전기량에 비례한다.

05

1[Ah]는 몇 [C]인가?

① 7,200 ② 3,600
③ 120 ④ 60

해설

$Q=It=1\times3{,}600=3{,}600$[C]

정답 01 ③ 02 ④ 03 ③ 04 ④ 05 ②

06

반도체의 특징이 아닌 것은?

① 전기적 전도성은 금속과 절연체의 중간적 성질을 가지고 있다.
② 일반적으로 온도가 상승함에 따라 저항은 감소한다.
③ 매우 낮은 온도에서 절연체가 된다.
④ 불순물이 섞이면 저항이 증가한다.

해설

반도체란 도체와 부도체의 중간적인 성질을 지닌 물질을 말한다.

07

Y결선에서 상전압이 220[V]이면 선간전압은 약 몇 [V]인가?

① 110 ② 220 ③ 380 ④ 440

해설

Y결선의 경우 $I_l = I_p$로 전류가 일정하다
전압의 경우 선간전압 $V_l = \sqrt{3}\,V_p$가 된다.
그러므로 $V_l = \sqrt{3} \times 220 = 380$[V]가 된다.

08

기전력 4[V], 내부저항 0.2[Ω]의 전지 10개를 직렬로 접속하고 두 극 사이에 부하저항을 접속하였더니 4[A]의 전류가 흘렀다. 이때의 외부저항은 몇 [Ω]이 되겠는가?

① 6 ② 7 ③ 8 ④ 9

해설

기전력이 4[V]인 전지를 10개 직렬로 연결하였으므로 전압은 40[V]가 된다.

전류 $I = \dfrac{4 \times 10}{R + 0.2 \times 10} = 4$[A]가 되므로

저항 $R = \dfrac{4 \times 10}{4} - (0.2 \times 10) = 8$[Ω]이다.

09

저항 9[Ω], 용량리액턴스 12[Ω]의 직렬 회로의 임피던스는 몇 [Ω]인가?

① 3 ② 15
③ 21 ④ 32

해설

직렬 회로의 임피던스 $Z = \sqrt{R^2 + X^2}$
$\therefore Z = \sqrt{9^2 + 12^2} = 15$[Ω]

10

2[Ω]의 저항과 3[Ω]의 저항을 직렬로 접속할 때 합성 컨덕턴스는 몇 [℧]인가?

① 5 ② 2.5
③ 1.5 ④ 0.2

해설

합성 저항 $R_0 = 2 + 3 = 5$[Ω]

컨덕턴스 $G = \dfrac{1}{R}$

$\therefore \dfrac{1}{5} = 0.2$[℧]

11

비유전율이 큰 산화티탄 등을 유전체로 사용한 것으로 극성이 없으며 가격에 비해 성능이 우수하여 널리 사용되고 있는 콘덴서의 정류는?

① 마일러 콘덴서 ② 마이카 콘덴서
③ 전해 콘덴서 ④ 세라믹 콘덴서

해설

극성이 없으며, 가격은 저렴하며, 성능이 우수해 널리 사용되는 콘덴서는 세라믹 콘덴서이다.

정답 06 ④ 07 ③ 08 ③ 09 ② 10 ④ 11 ④

12

최대값이 V_m[V]인 사인파 교류에서 평균값 V_a[V] 값은?

① $0.557\,V_m$　② $0.637\,V_m$
③ $0.707\,V_m$　④ $0.866\,V_m$

해설

정현파의 경우 실효값은 $\frac{V_m}{\sqrt{2}}$ 이며,

평균값은 $\frac{2V_m}{\pi}$ 이다.

13

출력 P[kVA]의 단상변압기 전원 2대를 V결선할 때의 3상 출력[kVA]은?

① P　② $\sqrt{3}\,P$
③ $2P$　④ $3P$

해설

V결선의 출력 $P_V = \sqrt{3}P_n$

$\therefore P_n$: 변압기 1대 용량[kVA]

14

비사인파의 일반적인 구성이 아닌 것은?

① 삼각파　② 고조파
③ 기본파　④ 직류분

해설

비정현파의 구성은 기본파, 고조파, 직류분으로 구성된다.

15

규격이 같은 축전지 2개를 병렬로 연결하였다. 다음 설명 중 옳은 것은?

① 용량과 전압이 모두 2배가 된다.
② 용량과 전압이 모두 1/2배가 된다.
③ 용량은 불변이고 전압은 2배가 된다.
④ 용량은 2배가 되고 전압은 불변이다.

해설

축전지를 병렬로 연결할 경우 용량은 2배, 전압 일정
축전지를 직렬로 연결할 경우 용량은 일정, 전압은 2배

16

플레밍의 왼손 법칙에서 엄지손가락이 뜻하는 것은?

① 자기력선속의 방향　② 힘의 방향
③ 기전력의 방향　④ 전류의 방향

해설

풀레밍의 왼손 법칙(전동기)

- 엄지 : 운동의 방향(힘)
- 인지 : 자속의 방향
- 중지 : 전류의 방향

엄지 손가락 F
둘째 손가락 B
가운데 손가락 I

17

전류를 계속 흐르게 하려면 전압을 연속적으로 만들어주는 어떤 힘이 필요하게 되는데, 이 힘을 무엇이라 하는가?

① 자기력　② 전자력
③ 기전력　④ 전기장

해설

기전력이란 전하를 이동시켜 연속적으로 전위를 발생시켜 전류를 흐르게 해주는 것을 말한다.

정답 12 ② 13 ② 14 ① 15 ④ 16 ② 17 ③

18

다음 중 일반적으로 온도가 높아지면 전도율이 커져서 온도계수가 부(-)의 값을 가지는 것이 아닌 것은?

① 구리 ② 반도체
③ 탄소 ④ 전해액

해설
구리의 경우 온도가 높아지면 저항값이 증가하는 (+)온도계수를 갖고 있다.

19

자체 인덕턴스 4[H]의 코일에 18[J]의 에너지가 저장되어 있다. 이때 코일에 흐르는 전류는 몇 [A]인가?

① 1 ② 2
③ 3 ④ 6

해설
코일의 에너지 $W=\frac{1}{2}LI^2$

$$I=\sqrt{\frac{W\times2}{L}}=\sqrt{\frac{18\times2}{4}}=3[\text{A}]$$

20

30[μF]과 40[μF]의 콘덴서를 병렬로 접속한 다음 100[V]의 전압을 가했을 때 전 전하량은 몇 [C]인가?

① 17×10^{-4} ② 34×10^{-4}
③ 56×10^{-4} ④ 70×10^{-4}

해설
병렬 접속이므로 합성 정전용량
$C=C_1+C_2=30+40=70[\mu\text{F}]$
전하량 $Q=CV=70\times10^{-6}\times100=70\times10^{-4}[\text{C}]$

2009년 2회 기출문제

01

물질에 따라 자석에 반발하는 물체를 무엇이라 하는가?

① 비자성체 ② 상자성체
③ 반자성체 ④ 가역성체

해설
- 상자성체의 경우 자석을 가까이 하면 붙는 물체이다.
- 반자성체의 경우 자석을 가까이 하면 반발하는 물체이다.

02

전기장에 대한 설명으로 옳지 않은 것은?

① 대전(帶電)된 무한장 원통의 내부 전기장은 0이다.
② 대전된 구(球)의 내부 전기장은 0이다.
③ 대전된 도체내부의 전하(電荷) 및 전기장은 모두 0이다.
④ 도체 표면의 전기장은 그 표면에 평행이다.

해설
전기력선의 성질
- 전기력선의 밀도는 전계의 세기와 같다.
- 전기력선은 불연속이다.
- 전기력선은 전위가 높은 곳에서 낮은 곳으로 향한다.
- 대전, 평형 시 전하는 표면에만 분포한다.
- 전기력선은 도체 표면에 수직한다.
- 전하는 뾰족한 부분일수록 많이 모이려는 성질이 있다.

03

$V=100\sin wt+100\cos wt$의 실효값[V]은?

① 100[V] ② 141[V] ③ 172[V] ④ 200[V]

해설
실효값 $=\sqrt{V_1^2+V_2^2}=\sqrt{\left(\frac{100}{\sqrt2}\right)^2+\left(\frac{100}{\sqrt2}\right)^2}=100[\text{V}]$

정답 18 ① 19 ③ 20 ④ / 01 ③ 02 ④ 03 ①

04

다음 중 도전율의 단위는?

① [Ω·m] ② [℧·m]
③ [Ω/m] ④ [℧/m]

해설

도전율 σ[℧/m]

05

그림과 같은 회로에 흐르는 유효분 전류[A]는?

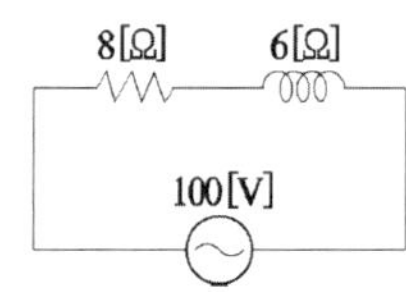

① 4[A] ② 6[A]
③ 8[A] ④ 10[A]

해설

$R-L$ 직렬회로

유효분 전류 $I\cos\theta$[A], 무효분 전류 $I\sin\theta$[A]

$I=\frac{V}{Z}=\frac{100}{\sqrt{8^2+6^2}}=10$[A], $\cos\theta=\frac{R}{Z}=\frac{8}{\sqrt{8^2+6^2}}=0.8$

유효분 전류 $I_{유}=10\times0.8=8$[A]

06

자체 인덕턴스 L_1, L_2, 상호 인덕턴스 M의 코일을 같은 방향으로 직렬 연결한 경우 합성 인덕턴스는?

① L_1+L_2+M ② L_1+L_2-M
③ L_1+L_2-2M ④ L_1+L_2+2M

해설

같은 방향으로 코일을 연결한 경우 가동 결합이 된다.

$L=L_1+L_2+2M$[H]

07

1[kWh]는 몇 [kcal]인가?

① 860[kcal] ② 2,400[kcal]
③ 4,800[kcal] ④ 8,600[kcal]

해설

열량 $Q=0.24W=0.24\times10^3\times3,600\times10^{-3}=864$[kcal]

08

반지름 25[cm], 권수 10의 원형 코일에 10[A]의 전류를 흘릴 때 코일 중심의 자장의 세기는 몇 [AT/m]인가?

① 32[AT/m] ② 65[AT/m]
③ 100[AT/m] ④ 200[AT/m]

해설

원형 코일 중심의 자장의 세기 $H=\frac{NI}{2a}$[AT/m]

$H=\frac{10\times10}{2\times0.25}=200$[AT/m]

09

100[μF]의 콘덴서에 1,000[V]의 전압을 가하여 충전한 뒤 저항을 통하여 방전시키면 저항에 발생하는 열량은 몇 [cal]인가?

① 3[cal] ② 5[cal]
③ 12[cal] ④ 43[cal]

해설

콘덴서의 에너지 $W=\frac{1}{2}CV^2$[J], 1[J]$=0.24$[cal]

$W=\frac{1}{2}\times100\times10^{-6}\times1,000^2=50$[J]

열량 $Q=0.24W=0.24\times50=12$[cal]

정답 04 ④ 05 ③ 06 ④ 07 ① 08 ④ 09 ③

10

2[C]의 전기량이 두 점 사이를 이동하여 48[J]의 일을 하였다면 이 두 점 사이의 전위차는 몇 [V]인가?

① 12[V]　② 24[V]
③ 48[V]　④ 64[V]

해설

$W = QV[\text{J}]$, $V = \frac{W}{Q}[\text{V}]$

$\therefore V = \frac{48}{2} = 24[\text{V}]$

11

교류회로에서 유효전력을 P, 무효전력을 P_r, 피상전력을 P_a라 하면 역률 $\cos\theta$를 구하는 식은?

① $\frac{P}{P_a}$　② $\frac{P_a}{P}$
③ $\frac{P}{P_r}$　④ $\frac{P_r}{P}$

해설

$\cos\theta = \frac{P}{P_a}$, $\sin\theta = \frac{P_r}{P_a}$

12

4[Ω], 6[Ω], 8[Ω]의 3개 저항을 병렬로 접속할 때 합성저항은 약 몇 [Ω]인가?

① 1.8[Ω]　② 2.5[Ω]
③ 3.6[Ω]　④ 4.5[Ω]

해설

저항의 병렬연결

$$R_0 = \frac{1}{\frac{1}{R_1}+\frac{1}{R_2}+\frac{1}{R_3}} = \frac{1}{\frac{1}{4}+\frac{1}{6}+\frac{1}{8}} = 1.8[\Omega]$$

13

3상 전원에서 한 상에 고장이 발생하였다. 이때 3상 부하에 3상 전력을 공급할 수 있는 결선 방법은?

① Y결선　② △결선
③ 단상결선　④ V결선

해설

△-△ 결선 중 1대가 고장날 경우 V-V 결선이 가능하다.

14

용량이 45[Ah]인 납축전지에서 3[A]의 전류를 연속하여 얻는다면 몇 시간 동안 축전지를 이용할 수 있는가?

① 10시간　② 15시간
③ 30시간　④ 45시간

해설

시간 $h = \frac{\text{용량}}{\text{전류}} = \frac{45}{3} = 15[\text{시간}]$

15

0.02[μF], 0.03[μF] 2개의 콘덴서를 병렬로 접속할 때의 합성용량은 몇 [μF]인가?

① 0.05[μF]　② 0.012[μF]
③ 0.06[μF]　④ 0.016[μF]

해설

콘덴서의 병렬연결은 저항의 직렬연결과 같다.

$C_0 = C_1 + C_2 = 0.02\times10^{-6} + 0.03\times10^{-6} = 0.05[\mu\text{F}]$

정답 10 ② 11 ① 12 ① 13 ④ 14 ② 15 ①

16

평행판 전극에 일정 전압을 가하면서 극판의 간격을 2배로 하면 내부 전기장의 세기는 몇 배가 되는가?

① 4배로 커진다.

② $\frac{1}{2}$배로 작아진다.

③ 2배로 커진다.

④ $\frac{1}{4}$배로 작아진다.

해설

평행판 전극의 전계의 세기는 극판의 간격 d와 반비례하므로 $\frac{1}{2}$배가 된다.

전계 $E=\frac{V}{d}$

17

자기 인덕턴스 10[mH]인 코일에 50[Hz], 314[V]의 교류전압을 가했을 때 몇 [A]의 전류가 흐르는가? (단, 코일의 저항은 없는 것으로 하며 π = 3.14로 계산한다.)

① 10[A] ② 31.4[A]

③ 62.8[A] ④ 100[A]

해설

$$I=\frac{V}{Z}=\frac{V}{X_L}=\frac{314}{2\pi fL}=\frac{314}{2\pi\times50\times10\times10^{-3}}=100[\text{A}]$$

18

다음 중 불평등 전장에서 국부적인 방전 방식은?

① 불꽃 ② 아크

③ 글로브 ④ 코로나

해설

공기 중에 절연이 부분적으로 파괴되어 국부적인 방전 방식은 코로나 현상이라 한다.

19

전류에 의해 만들어지는 자기장의 자력선의 방향을 간단하게 알아보는 법칙은?

① 앙페르의 오른나사의 법칙

② 플레밍의 오른손 법칙

③ 플레밍의 왼손 법칙

④ 렌츠의 법칙

해설

전류가 흐르면 자계가 형성되며, 도체가 수직인 평면상에 오른나사가 진행하는 방향으로 자계가 발생하는데, 이것을 앙페르의 오른나사 법칙이라 한다.

20

그림의 휘스톤 브리지의 평형조건은?

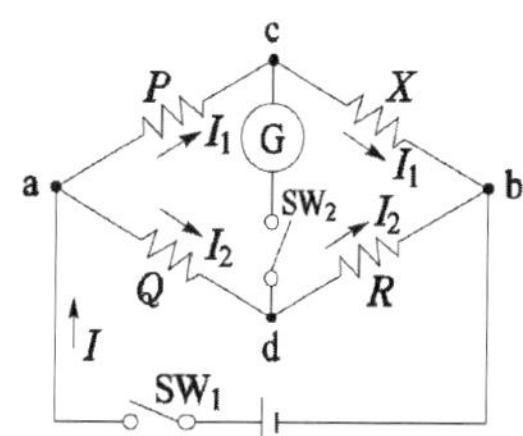

① $X=\frac{Q}{P}R$ ② $X=\frac{P}{Q}R$

③ $X=\frac{Q}{R}P$ ④ $X=\frac{P^2}{R}Q$

해설

$PR=XQ$를 브리지의 평형조건이라 한다.

$X=\frac{P}{Q}R$

정답 16 ② 17 ④ 18 ④ 19 ① 20 ②

2009년 3회 기출문제

01

△-△ 평형 회로에서 $E=200$[V], 임피던스 $Z=3+j4[\Omega]$일 때 상전류 I_p[A]는 얼마인가?

① 30[A] ② 40[A]
③ 50[A] ④ 66.7[A]

해설
△결선의 경우 선간전압과 상전압이 같다.
그러므로 상전류 $I_p=\frac{V}{Z}=\frac{200}{\sqrt{3^2+4^2}}=40$[A]

02

다음 중 자기장 내에서 같은 크기 m[Wb]의 자극이 존재할 때 자기장의 세기가 가장 큰 물질은?

① 초합금 ② 페라이트
③ 구리 ④ 니켈

03

다음 중 콘덴서가 가지고 있는 특성 및 기능으로 옳지 않은 것은?

① 전기를 저장하는 특성이 있다.
② 상호 유도작용의 특성이 있다.
③ 직류 전류를 차단하고 교류 전류를 통과시키려는 목적으로 사용된다.
④ 공진회로를 이루어 어느 특정한 주파수만을 취급하거나 통과시키는 곳 등에 사용된다.

해설
유도작용이라는 것은 L만의 고유 특징이다.

04

다음 중 콘덴서 접속법에 대한 설명으로 알맞은 것은?

① 직렬로 접속하면 용량이 커진다.
② 병렬로 접속하면 용량이 적어진다.
③ 콘덴서는 직렬 접속만 가능하다.
④ 직렬로 접속하면 용량이 적어진다.

해설
콘덴서의 직렬 접속은 저항의 병렬 접속과 같다(용량 감소).
콘덴서의 병렬 접속은 저항의 직렬 접속과 같다(용량 증가).

05

공기 중에서 반지름 10[cm]인 원형 도체에 1[A]의 전류가 흐르면 원의 중심에서 자기장의 크기는 몇 [AT/m]인가?

① 5[AT/m] ② 10[AT/m]
③ 15[AT/m] ④ 20[AT/m]

해설
원형 코일의 자기장의 세기 $H=\frac{NI}{2a}=\frac{1}{2\times 0.1}=5$[AT/m]

06

공기 중에 10[μC]과 20[μC]를 1[m] 간격으로 놓을 때 발생되는 정전력[N]은?

① 1.8[N] ② 2×10^{-10}[N]
③ 200[N] ④ 98×10^{9}[N]

해설
쿨롱의 법칙 $F=\frac{Q_1Q_2}{4\pi\epsilon_0 r^2}=9\times 10^9\times\frac{Q_1Q_2}{r^2}$[N]

$F=9\times 10^9\times\frac{10\times 10^{-6}\times 20\times 10^{-6}}{1^2}=1.8$[N]

정답 01 ② 02 ③ 03 ② 04 ④ 05 ① 06 ①

07

전압계의 측정 범위를 넓히기 위한 목적으로 전압계에 직렬로 접속하는 저항기를 무엇이라 하는가?

① 전위차계(potential meter)
② 분압기(voltage divider)
③ 분류기(shunt)
④ 배율기(multiplier)

해설

배율기는 전압계의 측정 범위를 넓히기 위한 목적으로 전압계에 직렬로 접속하는 저항기를 말한다.

08

저항 8[Ω]과 유도 리액턴스 6[Ω]이 직렬로 접속된 회로에 200[V]의 교류 전압을 인가하는 경우 흐르는 전류[A]와 역률[%]은 각각 얼마인가?

① 20[A], 80[%]　② 10[A], 60[%]
③ 20[A], 60[%]　④ 10[A], 80[%]

해설

전류 $I=\dfrac{V}{Z}=\dfrac{200}{\sqrt{8^2+6^2}}=20[A]$

역률 $\cos\theta=\dfrac{R}{Z}=\dfrac{8}{\sqrt{8^2+6^2}}=0.8$

09

"회로에 접속점에서 볼 때, 접속점에서 흘러오는 전류의 합은 흘러나가는 전류의 합과 같다."라고 할 때 정의되는 법칙은?

① 키르히호프의 제1법칙
② 키르히호프의 제2법칙
③ 플레밍의 오른손 법칙
④ 암페어의 오른나사 법칙

해설

제1법칙 → 전류 평형의 법칙 : 임의의 한 접속점에 들어오는 전류의 합은 흘러나가는 전류의 합과 같다. 이는 전류의 연속성을 나타내는 법칙으로써 키르히호프 제1법칙 또는 전류 법칙(KCL : kirchhoff's current law)이라 한다.

10

비사인파의 일반적인 구성이 아닌 것은?

① 삼각파　② 고조파
③ 기본파　④ 직류분

해설

비정현파의 구성요소 = 기본파 + 고조파 + 직류분

11

평형 3상 교류 회로의 Y회로로부터 △회로로 등가 변환하기 위해서는 어떻게 하여야 하는가?

① 각 상의 임피던스를 3배로 한다.
② 각 상의 임피던스를 $\sqrt{3}$ 배로 한다.
③ 각 상의 임피던스를 $\dfrac{1}{\sqrt{3}}$ 배로 한다.
④ 각 상의 임피던스를 $\dfrac{1}{3}$ 배로 한다.

해설

Y → △로 등가 변환할 경우 임피던스는 3배가 된다.
이때의 전류는 1/3배가 된다.

12

$A_1=a_1+jb_1$, $A_2=a_2+jb_2$인 두 벡터의 차 A를 구하는 식은?

① $(a_1-a_2)+j(b_1-b_2)$
② $(a_1+a_2)-j(b_1+b_2)$
③ $(a_1-b_1)+j(a_2-b_2)$
④ $(a_1-b_1)-j(a_2-b_2)$

정답 07 ④ 08 ① 09 ① 10 ① 11 ① 12 ①

해설

실수는 실수끼리 허수는 허수끼리 계산한다.

$A=(a_1-a_2)+j(b_1-b_2)$

13

20[℃]의 물 100[l]를 2시간 동안에 40[℃]로 올리기 위하여 사용할 전열기의 용량은 약 몇 [kW]이면 되겠는가? (단, 이 전열기의 효율은 60[%]라 한다.)

① 1.938[kW] ② 3.876[kW]
③ 1,938[kW] ④ 3,876[kW]

해설

열량 $Q=cm\theta \quad Q=860\eta Pt$

여기서,

c : 비열(물의 비열은), m : 질량, θ : 온도차

$P=\frac{cm(\theta_1-\theta_2)}{860t\eta}=\frac{1\times100\times(40-20)}{860\times2\times0.6}=1.938$[kW]

14

다음 중 전력량 1[J]과 같은 것은?

① 1[cal] ② 1[W・s]
③ 1[kg・m] ④ 1[N・m]

해설

$J=P\cdot t$[W・s]

15

전지(battery)에 관련 사항이다. 감극제(depolarizer)는 어떤 작용을 막기 위해 사용되는가?

① 분극작용 ② 방전
③ 순환전류 ④ 전기분해

해설

전지의 감극제는 전지의 분극작용을 막기 위해 사용되는 것이다.

16

0.25[H]와 0.23[H]의 자체 인덕턴스를 직렬로 접속할 때 합성 인덕턴스의 최대값은 약 몇 [H]인가?

① 0.48[H] ② 0.96[H] ③ 4.8[H] ④ 9.6[H]

해설

인덕턴스의 직렬 접속 시 결합계수가 1일 때 합성 인덕턴스

$L_0=L_1+L_2+2M$

$=L_1+L_2+2k\sqrt{L_1\cdot L_2} \quad (k=1)$

$=0.25+0.23+2\times1\times\sqrt{0.25\times0.23}=0.96$[H]

17

두 코일이 있다. 한 코일에 매초 전류가 150[A]의 비율로 변할 때 다른 코일에 60[V]의 기전력이 발생하였다면, 두 코일의 상호 인덕턴스는 몇 [H]인가?

① 0.4[H] ② 2.5[H] ③ 4.0[H] ④ 25[H]

해설

기전력 $e=M\frac{di}{dt}$

상호 인덕턴스 $M=\frac{dt}{di}e=\frac{1}{150}\times60=0.4$[H]

18

그림과 같은 회로에서 합성 저항은 몇 [Ω]인가?

① 6.6[Ω]
② 7.4[Ω]
③ 8.7[Ω]
④ 9.4[Ω]

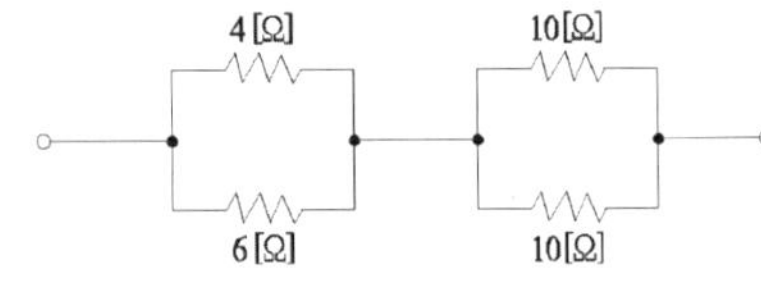

해설

먼저 4[Ω]과 6[Ω]이 병렬 연결되었을 경우 합성 저항은 $R_1=\frac{4\times6}{4+6}=2.4$[Ω]이며, 10[Ω]과 10[Ω]이 병렬 연결되었을 경우 합성 저항은 $R_2=\frac{10}{2}=5$[Ω]이다.

그러므로 합성 저항 $R_0=2.4+5=7.4$[Ω]이다.

정답 13 ① 14 ② 15 ① 16 ② 17 ① 18 ②

19

비정현파를 여러 개의 정현파의 합으로 표시하는 방법은?

① 중첩의 원리 ② 노튼의 정리
③ 푸리에 분석 ④ 테일러의 분석

해설
푸리에 분석은 비정현파를 여러 개의 정현파 합으로 표시하는 방법이다.

20

다음 중 자기력선(line of magnetic force)에 대한 설명으로 옳지 않은 것은?

① 자석의 N극에서 시작하여 S극에서 끝난다.
② 자기장의 방향은 그 점의 통과하는 자기력선의 방향으로 표시한다.
③ 자기력선은 상호간에 교차한다.
④ 자기장의 크기는 그 점에서의 자기력선의 밀도를 나타낸다.

해설
자기력선의 성질
- 자기력선은 N극에서 S극으로 끝난다.
- 자기력선은 상호간에 교차하지 않는다.

2009년 4회 기출문제

01

비유전율이 9인 물질의 유전율은 약 얼마인가?

① 80×10^{-12}[F/m] ② 80×10^{-8}[F/m]
③ 1×10^{-12}[F/m] ④ 1×10^{-8}[F/m]

해설
유전율 $\epsilon=\epsilon_0\epsilon_s=8.855\times10^{-12}\times9=7.97\times10^{-11}$[F/m]
$=80\times10^{-12}$[F/m]

02

$R-L$ 직렬 회로에서 전압과 전류의 위상차 $\tan\theta$는?

① $\dfrac{L}{R}$ ② ωRL
③ $\dfrac{\omega L}{R}$ ④ $\dfrac{R}{\omega L}$

해설
$R-L$ 직렬 회로의 전압과 전류의 위상차
$\tan^{-1}\dfrac{허수}{실수}=\tan^{-1}\dfrac{\omega L}{R}$

03

어느 교류전압의 순시값이 $v=311\sin(120\pi t)$[V]라고 하면 이 전압의 실효값은 약 몇 [V]인가?

① 180[V] ② 220[V]
③ 440[V] ④ 622[V]

해설
정현파의 실효값 $V=\dfrac{V_m}{\sqrt{2}}=\dfrac{311}{\sqrt{2}}=220$[V]

정답 19 ③ 20 ③ / 01 ① 02 ③ 03 ②

04

평형 3상 성형 결선에 있어서 선간전압(V_L)과 상전압(V_P)의 관계는?

① $V_L = V_P$　　② $V_L = \frac{1}{\sqrt{3}} V_P$

③ $V_L = \sqrt{2}\, V_P$　　④ $V_L = \sqrt{3}\, V_P$

해설

Y결선(성형)의 경우

- 선전류 I_l은 상전류 I_P와 같다.
- 선간전압 V_l의 경우 상전압 V_P보다 $\sqrt{3}$배 크다.

05

0.2[℧]의 컨덕턴스 2개를 직렬로 연결하여 3[A]의 전류를 흘리려면 몇 [V]의 전압을 인가하면 되는가?

① 1.2[V]　　② 7.5[V]

③ 30[V]　　④ 60[V]

해설

저항 R과 컨덕턴스 G와는 서로 반비례한다.

여기서 전압 $V = IR = \frac{I}{G} = \frac{3}{0.1} = 30$[V]가 된다.

06

반지름 5[cm], 권선 수 100회인 원형 코일에 15[A]의 전류가 흐르면 코일 중심의 자장의 세기는 몇 [AT/m]인가?

① 750[AT/m]　　② 3,000[AT/m]

③ 15,000[AT/m]　　④ 22,500[AT/m]

해설

원형 코일 중심의 자계의 세기

$H = \frac{NI}{2a} = \frac{100 \times 15}{2 \times 5 \times 10^{-2}} = 15{,}000$[AT/m]

07

물체의 온도상승 및 열전달 방법에 대한 설명으로 옳은 것은?

① 비열이 작은 물체에 열을 주면 쉽게 온도를 올릴 수 있다.

② 열전달 방법 중 유체가 열을 받아 물체와 같이 이동하는 것이 복사이다.

③ 일반적으로 물체는 열을 방출하면 온도가 증가한다.

④ 질량이 큰 물체에 열을 주면 쉽게 온도를 올릴 수 있다.

해설

일반적으로 비열이 작은 물체에 열을 주면 쉽게 온도를 올릴 수 있다.

08

그림과 같은 회로 AB에서 본 합성저항은 몇 [Ω]인가?

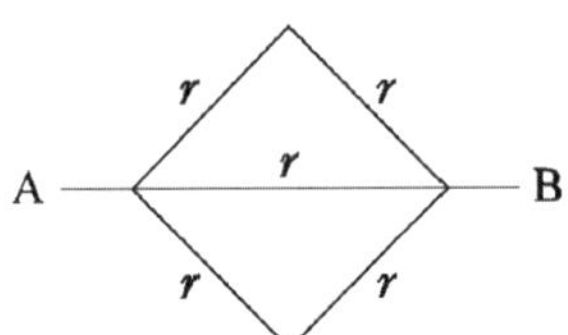

① $\frac{r}{2}$　　② r

③ $\frac{3}{2}r$　　④ $2r$

해설

$R = \frac{1}{\frac{1}{2r} + \frac{1}{r} + \frac{1}{2r}} = \frac{r}{2}$

정답 04 ④　05 ③　06 ③　07 ①　08 ①

09

묽은 황산(H_2SO_4) 용액에 구리(Cu)와 아연(Zn)판을 넣으면 전지가 된다. 이때 양극(+)에 대한 설명으로 옳은 것은?

① 구리판이며 수소 기체가 발생한다.
② 구리판이며 산소 기체가 발생한다.
③ 아연판이며 산소 기체가 발생한다.
④ 아연판이며 수소 기체가 발생한다.

해설

양극(+)은 구리판이며 수소 기체가 발생한다.

10

인가된 전압의 크기에 따라 저항이 비직선적으로 변하는 소자로, 고압 송전용 피뢰침으로 사용되어 왔고 계전기 접점 보호 장치에 사용되는 반도체 소자는?

① 서미스터 ② CdS
③ 바리스터 ④ 트라이액

해설

반도체의 과전압 보호 소자는 바리스터이다.

11

발전기의 유도전압의 방향을 나타내는 법칙은?

① 플레밍의 오른손 법칙
② 플레밍의 왼손 법칙
③ 렌츠의 법칙
④ 암페어의 오른나사 법칙

해설

발전기의 유도전압의 방향을 나타내는 법칙은 플레밍의 오른손 법칙이 되며 전동기의 경우는 플레밍의 왼손 법칙이다.

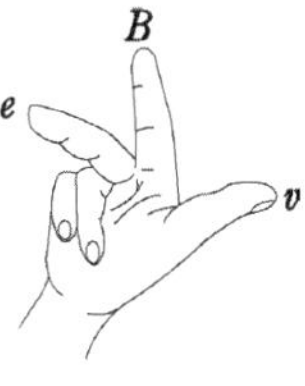

12

단상 전력계 2대를 사용하여 3상 전력을 측정하고자 한다. 두 전력계의 지시값이 각각 P_1, P_2[W]이었다. 3상 전력 P[W]를 구하는 식으로 옳은 것은?

① $P=3\times P_1\times P_2$ ② $P=P_1-P_2$
③ $P=P_1\times P_2$ ④ $P=P_1+P_2$

해설

2전력계의 유효전력 $P=P_1+P_2$[W]
무효전력 $P_r=\sqrt{3}(P_1-P_2)$[Var]

13

진공 속에서 1[m]의 거리를 두고 10^{-3}[Wb]와 10^{-5}[Wb]의 자극이 놓여 있다면 그 사이에 작용하는 힘[N]은?

① $4\pi\times10^{-5}$[N] ② $4\pi\times10^{-4}$[N]
③ 6.33×10^{-5}[N] ④ 6.33×10^{-4}[N]

해설

두 전하 사이에 작용하는 힘

$$F=\frac{m_1m_2}{4\pi\mu_0r^2}=6.33\times10^4\times\frac{m_1m_2}{r^2}$$

$$=6.33\times10^4\times\frac{10^{-3}\times10^{-5}}{1}=6.33\times10^{-4}[\text{N}]$$

14

일반적으로 절연체를 서로 마찰시키면 이들 물체는 전기를 띠게 된다. 이와 같은 현상은?

① 분극(polarization) ② 대전(electrification)
③ 정전(electrostatic) ④ 코로나(corona)

해설

절연체를 서로 마찰시키면 이들 물체는 전기를 띠고, 가벼운 물체를 끌어당기게 되는데 이와 같은 현상을 대전이라 한다.

정답 09 ① 10 ③ 11 ① 12 ④ 13 ④ 14 ②

15

표면 전하 밀도 δ[C/m^2]로 대전된 도체 내부의 전속 밀도는 몇 [C/m^2]인가?

① $\epsilon_0 E$ ② 0
③ δ ④ $\dfrac{E}{\epsilon_0}$

해설
도체 내부의 전계의 세기는 존재하지 않으므로 전계 $E=0$이 된다.
전계와 전속밀도는 다음과 같은 관계를 갖는다.
$D=\epsilon E$가 되므로 $D=0$이 된다.

16

유전체 내에서 크기가 같고 극성이 반대인 한 쌍의 전하를 가지는 원자는?

① 분극자 ② 전자
③ 원자 ④ 쌍극자

해설
유전체 내의 크기가 같고 극성이 정 부의 한 쌍의 전하를 전기쌍극자(electric dipole)라 한다.

17

평균값이 220[V]인 교류 전압의 최대값은 약 몇 [V]인가?

① 110[V] ② 346[V]
③ 381[V] ④ 691[V]

해설
정현파의 평균값 $V_{av}=\dfrac{2V_m}{\pi}$

최대값 $V_m=\dfrac{\pi}{2}\times \text{평균값}=\dfrac{\pi}{2}\times 220=346[V]$

18

기전력 E, 내부저항 r인 전지 n개를 직렬로 연결하여 이것에 외부저항 R을 직렬 연결하였을 때 흐르는 전류[A]는?

① $I=\dfrac{E}{nr+R}$[A] ② $I=\dfrac{nE}{r+R}$[A]
③ $I=\dfrac{nE}{r+Rn}$[A] ④ $I=\dfrac{nE}{nr+R}$[A]

해설
전지의 직렬 연결 시 전류 $I=\dfrac{nE}{nr+R}$[A]

19

전하를 축적하는 작용을 하기 위해 만들어진 전기소자는?

① free electron ② resistance
③ condenser ④ magnet

해설
콘덴서(condenser)의 경우 전하가 갖는 에너지를 축적할 수 있는 능력을 가진 전기소자이다.

20

환상 솔레노이드 내부의 자기장의 세기에 관한 설명으로 옳은 것은?

① 자장의 세기는 권수에 반비례한다.
② 자장의 세기는 권수, 전류, 평균 반지름과는 관계가 없다.
③ 자장의 세기는 평균 반지름에 비례한다.
④ 자장의 세기는 전류에 비례한다.

해설
환상 솔레노이드 내부의 자장의 세기 $H=\dfrac{NI}{2\pi r}$[AT/m]

정답 15 ② 16 ④ 17 ② 18 ④ 19 ③ 20 ④

제 1 과목

전기이론 2010년 기출문제

2010년 1회 기출문제

01

그림과 같은 회로를 고주파 브리지로 인덕턴스를 측정하였더니 그림 (a)는 40[mH], 그림 (b)는 24[mH]이었다. 이 회로의 상호 인덕턴스 M은?

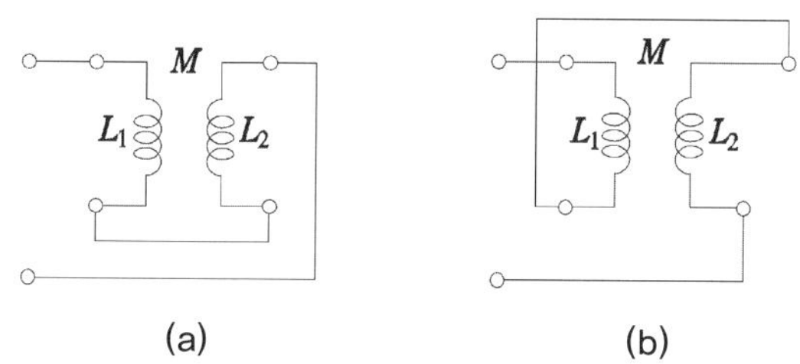

(a) (b)

① 2[mH] ② 4[mH]
③ 6[mH] ④ 8[mH]

해설

상호 인덕턴스 M은

(a) 가동결합 $40 = L_1 + L_2 + 2M$

(b) 차동결합 $24 = L_1 + L_2 - 2M$

(a), (b)로부터 $M = \frac{1}{4}(40-24) = 4[\text{mH}]$

02

길이 1[m]인 도선의 저항값이 20[Ω]이었다. 이 도선을 고르게 2[m]로 늘렸을 때 저항값은?

① 10[Ω] ② 40[Ω]
③ 80[Ω] ④ 140[Ω]

해설

저항 $R = \rho \frac{l}{A}[\Omega]$, $A = 2\pi r = 2r$

길이가 2배가 되고 부피는 그대로이므로 지름은 1/2배가 된다.

$R' = \frac{2}{\frac{1}{2}} = 4$배 $R' = 4 \times 20 = 80[\Omega]$

03

어떤 회로에 $v = 200\sin\omega t$의 전압을 가했더니 $i = 50\sin\left(\omega t + \frac{\pi}{2}\right)$의 전류가 흘렀다. 이 회로는?

① 저항회로 ② 유도성회로
③ 용량성회로 ④ 임피던스회로

해설

$v = 200\sin\omega t$는 $i = 50\sin\left(\omega t + \frac{\pi}{2}\right)$보다 위상이 90° 느리다.

이것은 전류가 전압보다 위상이 90° 앞선다는 것을 의미한다. 그러므로 이 회로는 용량성만의 회로가 된다.

04

전하 및 전기력선에 대한 설명으로 틀린 것은?

① 전하에는 양(+)전하와 음(−)전하가 있다.
② 비유전율이 큰 물질일수록 전기력은 커진다.
③ 대전체의 전하를 없애려면 대전체와 대지를 도선으로 연결하면 된다.
④ 두 전하 사이에 작용하는 전기력선은 전하의 크기에 비례하고 두 전하 사이의 거리의 제곱에 반비례한다.

해설

힘 $F = \frac{Q_1 Q_2}{4\pi\epsilon r}$[N]이며, 여기서 전기력 $F \propto \frac{1}{\epsilon_0 \epsilon_s}$의 관계가 있으므로, 비유전율이 클수록 전기력은 작아진다.

정답 01 ② 02 ③ 03 ③ 04 ②

05

공기 중에서 자속밀도 2[Wb/m^2]의 평등 자계 내에 5[A]의 전류가 흐르고 있는 길이 60[cm]의 직선 도체를 자계의 방향에 대하여 60°의 각을 이루도록 놓았을 때 이 도체에 작용하는 힘은?

① 약 1.7[N]　② 약 3.2[N]
③ 약 5.2[N]　④ 약 8.6[N]

해설

도체에 작용하는 힘

$F=BIl\sin\theta=2\times5\times0.6\times\sin60°=5.19[\text{N}]$

06

$R=4[\Omega]$, $X=3[\Omega]$인 $R-L-C$ 직렬 회로에 5[A]의 전류가 흘렀다면 이때의 전압은?

① 15[V]　② 20[V]
③ 25[V]　④ 125[V]

해설

$R-L-C$ 직렬 회로

$I=\dfrac{V}{Z}[\text{A}]$　　$V=I\cdot Z=5\times\sqrt{4^2+3^2}=25[\text{V}]$

07

$R=10[\Omega]$, $C=220[\mu\text{F}]$의 병렬 회로에 $f=60[\text{Hz}]$, $V=100[\text{V}]$의 사인파 전압을 가할 때 저항 R에 흐르는 전류[A]는?

① 0.45[A]　② 6[A]
③ 10[A]　④ 22[A]

해설

$R=\dfrac{V}{I}$,　$I=\dfrac{V}{R}[\text{A}]$

R에 흐르는 전류 $I=\dfrac{100}{10}=10[\text{A}]$

병렬의 경우 전압이 일정하다.

08

주위 온도 0[℃]에서의 저항이 20[Ω]인 연동선이 있다. 주위 온도가 50[℃]로 되는 경우 저항은? (단, 0[℃]에서 연동선의 온도계수 $\alpha_0=4.3\times10^{-3}$이다.)

① 약 22.3[Ω]　② 약 23.3[Ω]
③ 약 24.3[Ω]　④ 약 25.3[Ω]

해설

온도계수 $R_2=R_1[1+\alpha_1(T_2-T_1)]$

$=20[1+4.3\times10^{-3}\times(50-0)]=24.3[\Omega]$

09

대칭 3상 교류를 올바르게 설명한 것은?

① 3상의 크기 및 주파수가 같고 상차가 60°의 간격을 가진 교류
② 3상의 크기 및 주파수가 각각 다르고 상차가 60°의 간격을 가진 교류
③ 동시에 존재하는 3상의 크기 및 주파수가 같고 상차가 120°의 간격을 가진 교류
④ 동시에 존재하는 3상의 크기 및 주파수가 같고 상차가 90°의 간격을 가진 교류

해설

3상 교류란 크기 및 주파수는 서로 같고 서로 120°의 위상차를 갖는다.

10

길이 5[cm]의 균일한 자로에 10회의 도선을 감고 1[A]의 전류를 흘릴 때 자로의 자장의 세기[AT/m]는?

① 5[AT/m]　② 50[AT/m]
③ 200[AT/m]　④ 500[AT/m]

해설

솔레노이드의 자장의 세기

$H=\dfrac{NI}{l}=\dfrac{10}{5\times10^{-2}}\times1=200[\text{AT/m}]$

정답 05 ③　06 ③　07 ③　08 ③　09 ③　10 ③

11

내부 저항이 0.1[Ω]인 전지 10개를 병렬 연결하면, 전체 내부 저항은?

① 0.01[Ω] ② 0.05[Ω]
③ 0.1[Ω] ④ 1[Ω]

해설

동일 크기의 전지를 병렬 연결할 경우 합성저항

$R = \frac{r}{n} = \frac{0.1}{10} = 0.01[\Omega]$

12

그림에서 a-b 간의 합성 정전용량은 10[μF]이다. C_x의 정전용량은?

① 3[μF]
② 4[μF]
③ 5[μF]
④ 6[μF]

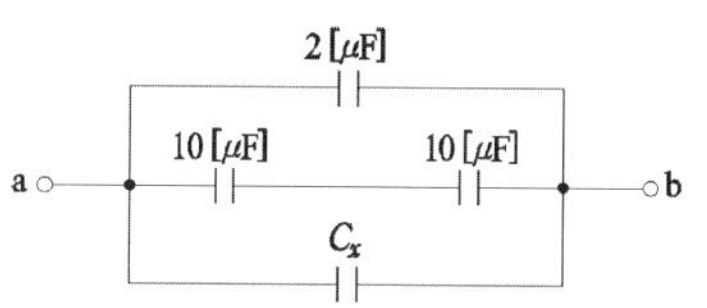

해설

콘덴서를 직렬로 연결할 경우 정전용량은 저항의 병렬연결과 같으며, 콘덴서를 병렬로 연결할 경우 정전용량은 저항의 직렬연결과 같다.

직렬연결의 정전용량을 C_a라 하고, 병렬연결의 저항을 C_b라고 한다면

$C_a = \frac{C_1 \times C_2}{C_1 + C_2}$[F], $C_b = C_1 + C_2$

$C_{ab} = 10 = 2 + \frac{10 \times 10}{10 + 10} + C_x$

$C_x = 3[\mu F]$

13

어느 회로 소자에 일정한 크기의 전압으로 주파수를 증가시키면서 흐르는 전류를 관찰하였다. 주파수를 2배로 하였더니 전류의 크기가 2배로 되었다. 이 회로의 소자는?

① 저항 ② 코일
③ 콘덴서 ④ 다이오드

해설

저항만의 회로에서는 주파수는 무관하다.

코일만의 회로에서 임피던스 $Z = wL$

여기서 전류 $I = \frac{V}{Z} = \frac{V}{wL}$ 즉, 전류와는 반비례한다.

콘덴서만의 회로에서의

임피던스 $Z = \frac{1}{wC}$ $I = \frac{V}{Z} = \frac{V}{\frac{1}{wC}} = wCV$

즉, 전류와는 비례한다.

14

서로 다른 종류의 안티몬과 비스무트의 두 금속을 접속하여 여기에 전류를 통하면, 줄열 외에 그 접점에서 열을 발생 또는 흡수가 일어난다. 이와 같은 현상은?

① 제3금속의 법칙 ② 제어벡 효과
③ 페르미 효과 ④ 펠티어 효과

해설

- 제어벡 효과 : 서로 다른 종류의 두 금속 접속점 간에 온도차를 주면 열기전력이 발생하는 현상
- 펠티어 효과 : 서로 다른 두 종류의 금속에 전류를 흘리면 금속의 접합점에서 열의 발생 또는 흡수가 일어나는 현상
- 톰슨 효과 : 동일한 종류의 두 금속에 전류를 흘리면 금속의 접합점에서 열의 발생 또는 흡수가 일어나는 현상

15

1[eV]는 몇 [J]인가?

① 1.602×10^{-19}[J] ② 1×10^{-10}[J]
③ 1[J] ④ 1.16×10^{4}[J]

해설

1[eV]는 1.602×10^{-19}[J]이다.

정답 11 ① 12 ① 13 ③ 14 ④ 15 ①

16

용량이 250[kVA]인 단상 변압기 3대를 △결선으로 운전 중 1대가 고장나서 V결선으로 운전하는 경우 출력은 약 몇 [kVA]인가?

① 144[kVA]　② 353[kVA]
③ 433[kVA]　④ 525[kVA]

해설

V 결선 시 출력 $P_V = \sqrt{3}P_n = \sqrt{3} \times 250 = 433$[kVA]

17

히스테리시스 곡선의 ㉠ 가로축(횡축)과 ㉡ 세로축(종축)은 무엇을 나타내는가?

① ㉠ 자속밀도　㉡ 투자율
② ㉠ 자기장의 세기　㉡ 자속밀도
③ ㉠ 자화의 세기　㉡ 자기장의 세기
④ ㉠ 자기장의 세기　㉡ 투자율

해설

히스테리시스 곡선의 횡축은 보자력(자기장의 세기), 종축과 만나는 점은 잔류자기(자속밀도)를 나타낸다.

18

PN접합 다이오드의 대표적 응용 작용은?

① 증폭 작용　② 발진 작용
③ 정류 작용　④ 변조 작용

해설

PN접합 다이오드의 가장 큰 특징은 정류 작용을 한다.

19

플레밍의 왼손 법칙에서 엄지손가락이 나타내는 것은?

① 자장　② 전류
③ 힘　④ 기전력

해설

풀레밍의 왼손 법칙(전동기)
- 엄지 : 운동의 방향(힘)
- 인지 : 자속의 방향
- 중지 : 전류의 방향

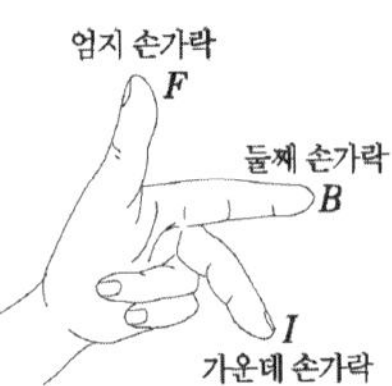

20

비사인파 교류의 일반적인 구성이 아닌 것은?

① 기본파　② 직류분
③ 고조파　④ 삼각파

해설

비정현파 교류의 구성은 기본파 + 고조파 + 직류분이 된다.

정답 16 ③ 17 ② 18 ③ 19 ③ 20 ④

2010년 2회 기출문제

01

5마력을 와트[W] 단위로 환산하면?

① 4,300[W] ② 3,730[W]
③ 1,317[W] ④ 17[W]

해설
마력[HP]의 경우 746[W]이므로
$5 \times 746 = 3,730$[W]

02

주로 정전압 다이오드로 사용되는 것은?

① 터널 다이오드
② 제너 다이오드
③ 쇼트키베리어 다이오드
④ 바렉터 다이오드

해설
정전압 정류에 사용되는 다이오드는 제너 다이오드이다.

03

어떤 전지에서 5[A]의 전류가 10분간 흘렀다면 이 전지에서 나온 전기량은?

① 0.83[C] ② 50[C]
③ 250[C] ④ 3,000[C]

해설
전기량 $Q = I \cdot t = 5 \times 10 \times 60 = 3,000$[C]

04

10[Ω]의 저항 회로에 $e = 100\sin\left(377t + \frac{\pi}{3}\right)$[V]의 전압을 가했을 때 $t = 0$에서의 순시전류는?

① 5[A] ② $5\sqrt{3}$[A]
③ 10[A] ④ $10\sqrt{3}$[A]

해설
$$I = \frac{e}{R} = \frac{100\sin\left(377t + \frac{\pi}{3}\right)}{10} = 10\sin\left(377t + \frac{\pi}{3}\right)[\text{A}]$$
$t = 0$이므로 $10\sin\frac{\pi}{3} = 10\sin 60° = 5\sqrt{3}$

05

△결선의 전원에서 선전류가 40[A]이고 선간전압이 220[V]일 경우 상전류는?

① 13[A] ② 23[A]
③ 69[A] ④ 120[A]

해설
△결선의 경우 상전압 V_p와 선간전압 V_l은 같다.
하지만 선전류 $I_l = \sqrt{3}I_p$가 된다.
$$I_p = \frac{I_l}{\sqrt{3}} = \frac{40}{\sqrt{3}} = 23.09[\text{A}]$$

06

기전력 50[V], 내부저항 5[Ω]인 전원이 있다. 이 전원에 부하를 연결하여 얻을 수 있는 최대전력은?

① 125[W] ② 250[W]
③ 500[W] ④ 1,000[W]

해설
최대전력 $P_{max} = \frac{V^2}{4R} = \frac{50^2}{4 \times 5} = 125[\text{W}]$

정답 01 ② 02 ② 03 ④ 04 ② 05 ② 06 ①

07

전력량의 단위는?

① [C]　　② [W]
③ [W・s]　　④ [Ah]

해설

전력량 $W=P\times t$[W・s]

08

1[Ω・m]는?

① 10^3[Ω・cm]　　② 10^6[Ω・cm]
③ 10^3[Ω・mm^2/m]　　④ 10^6[Ω・mm^2/m]

해설

1[Ω・m]= 10^6[Ω・mm^2/m]

09

납축전지의 전해액은?

① 염화암모늄 용액　　② 묽은 황산
③ 수산화칼륨　　④ 염화나트륨

해설

$$\underset{(양극)}{PbO_2} + \underset{(전해액)}{2H_2SO_4} + \underset{(음극)}{Pb} \underset{충전}{\overset{방전}{\rightleftarrows}} \underset{(양극)}{PbSO_4} + \underset{(전해액)}{2H_2O}$$

납축전지의 전해액은 $2H_2SO_4$(황산)을 사용한다.

10

종류가 다른 두 금속을 접합하여 폐회로를 만들고 두 접합점의 온도를 다르게 하면 이 폐회로에 기전력이 발생하여 전류가 흐르게 되는데 이 현상을 지칭하는 것은?

① 줄의 법칙(Joule's law)
② 톰슨 효과(Thomson effect)
③ 펠티어 효과(Peltier effect)
④ 제어벡 효과(Seebeck effect)

해설

서로 다른 두 종류의 금속을 접합하여 온도차를 주면 기전력이 발생하는 현상을 제어벡 효과라 한다.

11

$Z_1=2+j11[\Omega]$, $Z_2=4-j3[\Omega]$의 직렬회로에서 교류전압이 100[V]를 가할 때 합성 임피던스는?

① 6[Ω]　　② 8[Ω]
③ 10[Ω]　　④ 14[Ω]

해설

직렬일 경우 합성 임피던스 $Z_0=Z_1+Z_2$

$Z_0=(2+j11)+(4-j3)=6+j8=\sqrt{6^2+8^2}=10[\Omega]$

12

비투자율이 1인 환상 철심 중의 자장의 세기가 H[AT/m]이었다. 이때 비투자율이 10인 물질로 바꾸면 철심의 자속밀도[Wb/m^2]는?

① $\frac{1}{10}$로 줄어든다.　　② 10배 커진다.
③ 50배 커진다.　　④ 100배 커진다.

해설

자속밀도 $B=\mu_0\mu_s H$이므로 자속밀도는 비투자율과 비례한다. 그러므로 10배 커진다.

13

선택지락계전기(selective ground relay)의 용도는?

① 다회선에서 지락고장 회선의 선택
② 단일회선에서 지락전류의 방향의 선택
③ 단일회선에서 지락사고 지속시간의 선택
④ 단일회선에서 지락전류의 대소의 선택

정답 07 ③ 08 ④ 09 ② 10 ④ 11 ③ 12 ② 13 ①

해설

선택지락계전기(SGR)의 경우 다회선에서 지락고장 회선을 선택한다.

14

다음 중 반자성체는?

① 안티몬 ② 알루미늄
③ 코발트 ④ 니켈

해설

반자성체 : 은(Ag), 구리(Cu), 비스무트(Bi), 물(H_2O), 안티몬(sb)

15

$R=4[\Omega]$, $X_L=8[\Omega]$, $X_C=5[\Omega]$가 직렬로 연결된 회로에 100[V]의 교류를 가했을 때 흐르는 ㉠ 전류와 ㉡ 임피던스는?

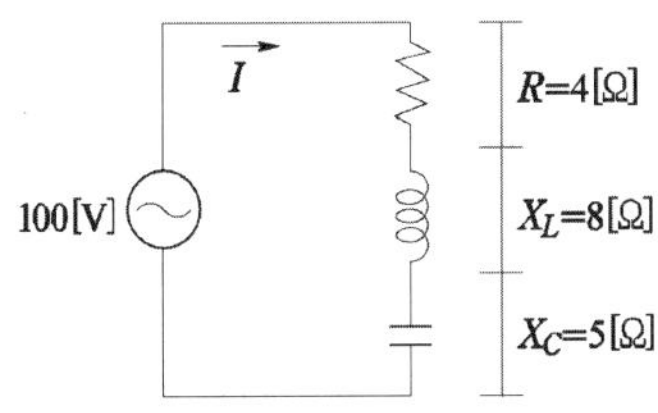

① ㉠ 5.9[A], ㉡ 용량성
② ㉠ 5.9[A], ㉡ 유도성
③ ㉠ 20[A], ㉡ 용량성
④ ㉠ 20[A], ㉡ 유도성

해설

전류 $I=\frac{V}{Z}=\frac{100}{\sqrt{R^2+(X_L-X_c)^2}}=\frac{100}{\sqrt{4^2+(8-5)^2}}=\frac{100}{5}$

$=20[A]$

합성 임피던스 $Z=R+j(X_L-X_c)=4+j(8-5)$

$=4+j3[\Omega]$ (유도성)

16

정전 흡인력에 대한 설명 중 옳은 것은?

① 정전 흡인력은 전압의 제곱에 비례한다.
② 정전 흡인력은 극판 간격에 비례한다.
③ 정전 흡인력은 극판 면적의 제곱에 비례한다.
④ 정전 흡인력은 쿨롱의 법칙으로 직접 계산된다.

해설

정전력 $W=\frac{1}{2}CV^2$이므로 전압의 제곱에 비례한다.

17

세 변의 저항 $R_a=R_b=R_c=15[\Omega]$인 Y결선 회로가 있다. 이것과 등가인 △결선 회로의 각 변 저항은?

① $\frac{15}{\sqrt{3}}[\Omega]$ ② $\frac{15}{3}[\Omega]$
③ $15\sqrt{3}[\Omega]$ ④ $45[\Omega]$

해설

Y → △로 등가 변환할 경우 저항은 3배가 된다.

$15\times3=45[\Omega]$

18

플레밍의 왼손 법칙에서 전류의 방향을 나타내는 손가락은?

① 약지 ② 중지
③ 검지 ④ 엄지

해설

플레밍의 왼손 법칙(전동기)
- 엄지 : 운동의 방향
- 검지 : 자속의 방향
- 중지 : 전류의 방향

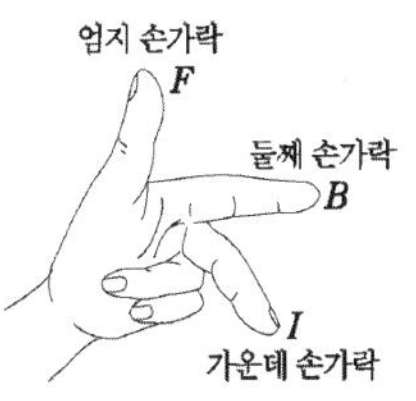

정답 14 ① 15 ④ 16 ① 17 ④ 18 ②

19

비유전율 2.5의 유전체 내부의 전속밀도가 2×10^{-6} [C/m²]되는 점의 전기장의 세기는?

① 18×10^4[V/m] ② 9×10^4[V/m]
③ 6×10^4[V/m] ④ 3.6×10^4[V/m]

해설

전속밀도 $D=\epsilon E=\epsilon_0\epsilon_s E$이므로

전기장의 세기 $E=\dfrac{D}{\epsilon_0\epsilon_s}=\dfrac{2\times10^{-6}}{8.855\times10^{-12}\times2.5}=9\times10^4$[V/m]

20

자체 인덕턴스 20[mH]의 코일에 30[A]의 전류를 흘릴 때 저축되는 에너지는?

① 1.5[J] ② 3[J]
③ 9[J] ④ 18[J]

해설

코일의 에너지 $W=\dfrac{1}{2}LI^2=\dfrac{1}{2}\times0.02\times30^2=9$[J]

2010년 3회 기출문제

01

전류의 발열 작용에 관한 법칙으로 가장 알맞은 것은?

① 옴의 법칙 ② 패러데이의 법칙
③ 줄의 법칙 ④ 키르히호프의 법칙

해설

열량 $Q=0.24Pt$[cal]
줄의 법칙은 전기적 에너지를 열 에너지로 변화한 것을 나타낸 것으로 이 열 에너지는 전등, 전기용접, 전열기 등에 자주 이용이 된다.

02

1[μF], 3[μF], 6[μF]의 콘덴서 3개를 병렬로 연결할 때 합성 정전용량은?

① 1.5[μF] ② 5[μF]
③ 10[μF] ④ 18[μF]

해설

콘덴서의 병렬 연결의 경우 저항의 직렬 연결과 같다.
합성 정전용량 $C_0=C_1+C_2+C_3=1+3+6=10$[μF]

03

$R-L$ 직렬회로의 시정수 τ[s]는?

① $\dfrac{R}{L}$[s] ② $\dfrac{L}{R}$[s]
③ RL[s] ④ $\dfrac{1}{RL}$[s]

해설

$R-L$ 직렬회로의 시정수 $\tau=\dfrac{L}{R}$[sec]

정답 19 ② 20 ③ / 01 ③ 02 ③ 03 ②

04

전기저항 25[Ω]에 50[V]의 사인파 전압을 가할 때 전류의 순시값은? (단, 각속도 $\omega=377$[rad/sec]이다.)

① $2\sin 377t$[A] ② $2\sqrt{2}\sin 377t$[A]
③ $4\sin 377t$[A] ④ $4\sqrt{2}\sin 377t$[A]

해설

순시값 전류 $i=\frac{e}{R}=\frac{50\sqrt{2}\sin 377t}{25}=2\sqrt{2}\sin 377t$[A]

$e=\sqrt{2}V\sin\omega t$[V]

05

1.5[V]의 전위차로 3[A]의 전류가 3분 동안 흘렀을 때 한 일은?

① 1.5[J] ② 13.5[J]
③ 810[J] ④ 2,430[J]

해설

[J]=[W・sec]

$W=P\cdot t=VI\times t=1.5\times 3\times 3\times 60=810$[J]

06

진공 중에 10^{-6}[C], 10^{-4}[C]의 두 점전하가 1[m]의 간격을 두고 놓여 있다. 두 전하 사이에 작용하는 힘은?

① 9×10^{-2}[N] ② 18×10^{-2}[N]
③ 9×10^{-1}[N] ④ 18×10^{-1}[N]

해설

쿨롱의 법칙 $F=\frac{Q_1Q_2}{4\pi\epsilon_0 r^2}[\text{N}]=9\times 10^9\times\frac{Q_1Q_2}{r^2}$

$=9\times 10^9\times\frac{1\times 10^{-6}\times 1\times 10^{-4}}{1^2}=9\times 10^{-1}$[N]

07

동선의 길이를 2배로 늘리면 저항은 처음의 몇 배가 되는가? (단, 동선의 체적은 일정하다.)

① 2배 ② 4배
③ 8배 ④ 16배

해설

저항 $R=\rho\frac{l}{A}$[Ω] $A=2\pi r=2r$

길이가 2배가 되고 부피는 그대로이므로 지름은 1/2배가 된다.

$R'=\frac{2}{\frac{1}{2}}=4$배

08

저항 2[Ω]과 3[Ω]을 직렬로 접속했을 때의 합성 컨덕턴스는?

① 0.2[℧] ② 1.5[℧]
③ 5[℧] ④ 6[℧]

해설

저항 $R=\frac{1}{G}$[Ω]의 관계와 같으므로

합성 저항 $R_0=2+3=5$[Ω]

합성 컨덕턴스 $G_0=\frac{1}{R_0}=\frac{1}{5}=0.2$[℧]

09

두 개의 자체 인덕턴스를 직렬로 접속하여 합성 인덕턴스를 측정하였더니 95[mH]이었다. 한 쪽 인덕턴스를 반대로 접속하여 측정하였더니 합성 인덕턴스가 15[mH]로 되었다. 두 코일의 상호 인덕턴스는?

① 20[mH] ② 40[mH]
③ 80[mH] ④ 160[mH]

정답 04 ② 05 ③ 06 ③ 07 ② 08 ① 09 ①

해설

인덕턴스의 가동결합 $95 = L_1 + L_2 + 2M$

인덕턴스의 차동결합 $15 = L_1 + L_2 - 2M$

여기서 M을 상호 인덕턴스라 한다면

$M = \frac{1}{4}(95-15) = 20[\text{mH}]$

10

계전기 접점의 불꽃 소거용 등으로 사용되는 것은?

① 서미스터 ② 바리스터

③ 터널 다이오드 ④ 제너다이오드

해설

바리스터의 경우 과전압에 대한 회로보호용으로써 개폐 시 발생되는 아크등으로부터 접점을 보호한다.

11

저항 300[Ω]의 부하에서 90[kW]의 전력이 소비되었다면 이때 흐르는 전류는?

① 약 3.3[A] ② 약 17.3[A]

③ 약 30[A] ④ 약 300[A]

해설

소비전력 $P = I^2R[\text{W}]$

$I = \sqrt{\frac{P}{R}} = \sqrt{\frac{90\times10^3}{300}} = 17.32[\text{A}]$

12

진공 중에서 비유전율의 ϵ_r 의 값은?

① 1 ② 6.33×10^4

③ 8.855×10^{-12} ④ 9×10^9

해설

진공에서의 유전율 $\epsilon(\epsilon_0\epsilon_s)$는 ϵ_0와 같다.

즉, 공기 중의 비유전율 $\epsilon_r = 1$이 된다.

13

전도도(conductivity)의 단위는?

① [Ω·m] ② [℧·m] ③ [Ω/m] ④ [℧/m]

14

각 주파수 $\omega = 100\pi$[rad/s]일 때 주파수 f[Hz]는?

① 50[Hz] ② 60[Hz]

③ 300[Hz] ④ 360[Hz]

해설

각 주파수 $\omega = 2\pi f[\text{rad/s}]$

$$f = \frac{\omega}{2\pi} = \frac{100\pi}{2\pi} = 50[\text{Hz}]$$

15

$R = 4[\Omega]$, $\frac{1}{\omega C} = 36[\Omega]$을 직렬로 접속한 회로에 $v = 120\sqrt{2}\sin\omega t + 60\sqrt{2}\sin(3\omega t + \phi_3) + 30\sqrt{2}\sin(5\omega t + \phi_5)$[V]를 인가했을 때 흐르는 전류의 실효값은 약 몇 [A]인가?

① 3.3[A] ② 4.8[A]

③ 3.6[A] ④ 6.8[A]

해설

$I = \frac{V}{Z}[\text{A}]$

$$I_1 = \frac{V_1}{Z} = \frac{120}{\sqrt{4^2+36^2}} = 3.31[\text{A}]$$

$$I_3 = \frac{V_3}{Z} = \frac{60}{\sqrt{4^2+(\frac{36}{3})^2}} = \frac{60}{12.65} = 4.74[\text{A}]$$

$$I_5 = \frac{V_5}{Z} = \frac{30}{\sqrt{4^2+(\frac{36}{5})^2}} = \frac{30}{8.24} = 3.64[\text{A}]$$

실효값 전류 $I_0 = \sqrt{I_1^2 + I_3^2 + I_5^2} = \sqrt{3.31^2 + 4.74^2 + 3.64^2}$

$= 6.83[\text{A}]$

정답 10 ② 11 ② 12 ① 13 ④ 14 ① 15 ④

16

200[V]의 3상 3선식 회로에 $R=4[\Omega]$, $X_L=3[\Omega]$의 부하 3조를 Y결선했을 때 부하전류는?

① 약 11.5[A] ② 약 23.1[A]
③ 약 28.6[A] ④ 약 40[A]

해설

Y결선의 경우 선전류 I_l은 상전류 I_p와 같다.
반면 선간전압 V_l은 상전압 V_p보다 $\sqrt{3}$배 크다.

즉, $I_p=\frac{V_p}{Z}=\frac{\frac{200}{\sqrt{3}}}{\sqrt{4^2+3^2}}=23.1[A]$

17

단면적 4[cm^2], 자기 통로의 평균 길이 50[cm], 코일 감은 횟수 1,000회, 비투자율 2,000인 환상 솔레노이드가 있다. 이 솔레노이드의 자기 인덕턴스는? (단, 진공 중의 투자율 μ_0는 $4\pi\times10^{-7}$이다.)

① 약 2[H] ② 약 20[H]
③ 약 200[H] ④ 약 2,000[H]

해설

인덕턴스

$L=\frac{\mu SN^2}{l}=\frac{4\pi\times10^{-7}\times2{,}000\times4\times10^{-4}\times1{,}000^2}{50\times10^{-2}}=2.01[H]$

18

황산구리 용액에 10[A]의 전류를 60분간 흘린 경우 이때 석출되는 구리의 양은? (단, 구리의 전기화학당량은 0.3293×10^{-3}[g/C]이다.)

① 약 1.97[kg] ② 약 5.93[kg]
③ 약 7.82[kg] ④ 약 11.86[kg]

해설

패러데이의 전기 분해 법칙

석출량 $W=KQ=KIt[g]$

$=0.3293\times10^{-3}\times10\times60\times60=11.8548[g]$

여기서,

K : 전기화학당량[g/C], Q : 전기량, t : 시간[sec]

19

어느 자기장에 의하여 생기는 자기장의 세기를 1/2로 하려면 자극으로부터의 거리를 몇 배로 하여야 하는가?

① $\sqrt{2}$ 배 ② $\sqrt{3}$ 배
③ 2배 ④ 3배

해설

자기장의 세기 $H=\frac{m}{4\pi\mu_0 r^2}$[AT/m]

자기장의 세기 $H\propto\frac{1}{r^2}$에 관계를 갖으며

자기장의 세기를 $\frac{1}{2}$로 하려면 자극의 세기는 $\sqrt{2}$배를 한다.

20

3상 선간전압이 13,200[V], 선전류가 800[A], 역률이 80[%] 부하의 소비전력은?

① 약 4,878[kW] ② 약 8,448[kW]
③ 약 14,632[kW] ④ 약 25,344[kW]

해설

3상의 소비전력 $P=\sqrt{3}\,VI\cos\theta$

$=\sqrt{3}\times13{,}200\times800\times0.8\times10^{-3}$

$=14{,}632[kW]$

정답 16 ② 17 ① 18 ④ 19 ① 20 ③

2010년 4회 기출문제

01

전기 분해에 의해서 구리를 정제하는 경우, 음극에서 구리 1[kg]을 석출하기 위해서는 200[A]의 전류를 약 몇 시간[h] 흘려야 하는가? (단, 전기화학당량은 0.3293×10^{-3}[g/C]이다.)

① 2.11[h]　② 4.22[h]
③ 8.44[h]　④ 12.65[h]

해설

패러데이의 전기 분해 법칙 $W = KQ = KIt$[g]

$t = \frac{W}{KI} = \frac{1,000}{0.3293 \times 10^{-3} \times 200} = 15,183.72$[s]

시간 $h = \frac{15,183.72}{3,600} = 4.22$[h]

02

도체가 운동하는 경우 유도기전력의 방향을 알고자 할 때 유용한 법칙은?

① 렌츠의 법칙
② 플레밍의 오른손 법칙
③ 플레밍의 왼손 법칙
④ 비오-사바르의 법칙

해설

플레밍의 오른손 법칙은 도체가 운동하는 경우 유도기전력의 방향을 알고자 할 때 유용한 법칙으로 엄지는 도체의 운동의 방향, 검지는 자속, 중지는 기전력의 방향을 나타낸다.

03

어떤 도체에 1[A]의 전류가 1분간 흐를 때 도체를 통과하는 전기량은?

① 1[C]　② 60[C]
③ 1,000[C]　④ 3,600[C]

해설

전기량 $Q = I \times t = 1 \times 60 = 60$[C]

04

성형 결선에서 상전압이 115[V]인 대칭 3상 교류의 선간전압은?

① 약 100[V]　② 약 150[V]
③ 약 200[V]　④ 약 250[V]

해설

Y(성형) 결선의 경우 선전류 I_l은 상전류 I_p와 같다.
반면 선간전압 V_l의 경우 상전압 V_p보다 $\sqrt{3}$배 크다.
$V_l = \sqrt{3}\,V_p = \sqrt{3} \times 115 = 200$[V]

05

100[V]에서 5[A]가 흐르는 전열기에 120[V]를 가하면 흐르는 전류는?

① 4.1[A]　② 6.0[A]
③ 7.2[A]　④ 8.4[A]

해설

$I = \frac{V}{R} = \frac{120}{20} = 6$[A]

$R = \frac{100}{5} = 20[\Omega]$

06

주파수 100[Hz]의 주기는?

① 0.01[sec]　② 0.6[sec]
③ 1.7[sec]　④ 6,000[sec]

해설

주기 $T \propto \frac{1}{f}$　$T = \frac{1}{100} = 0.01$[sec]

정답 01 ② 02 ② 03 ② 04 ③ 05 ② 06 ①

07

자체 인덕턴스가 40[mH]와 90[mH]인 두 개의 코일이 있다. 두 코일 사이에 누설자속이 없다고 하면 상호 인덕턴스는?

① 50[mH] ② 60[mH] ③ 65[mH] ④ 130[mH]

해설

상호 인덕턴스 $M=k\sqrt{L_1L_2}$ 이다. 여기서 누설자속이 없다고 가정하면 결합계수 $k=1$이 되므로
$M=1\times\sqrt{40\times90}=\sqrt{3,600}=60$[mH]가 된다.

08

물질 중의 자유전자가 과잉된 상태란?

① (−)대전 상태 ② 발열상태
③ 중성상태 ④ (+)대전 상태

해설

중성 물체에 외부에서 자유전자가 주어진 상태를 (−)대전 상태라 한다.

09

임피던스 $Z=6+j8[\Omega]$에서 컨덕턴스는?

① 0.06[℧] ② 0.08[℧] ③ 0.1[℧] ④ 1.0[℧]

해설

컨덕턴스 $G=\frac{1}{R}[℧]$

어드미턴스 $Y=G+jB=\frac{1}{Z}$

$$=\frac{1}{6+j8}=\frac{6-j8}{(6+j8)(6-j8)}=0.06-j0.08[℧]$$

10

등전위면과 전기력선의 교차 관계는?

① 30°로 교차한다. ② 45°로 교차한다.
③ 직각으로 교차한다. ④ 교차하지 않는다.

해설

전기력선의 성질
- 전기력선은 정전하에서 출발하여 부전하에 그친다.
- 전기력선의 밀도는 전계의 세기와 같다.
- 전기력선은 등전위면과 직교한다.

11

최대값이 200[V]인 사인파 교류의 평균값은?

① 약 70.7[V] ② 약 100[V]
③ 약 127.3[V] ④ 약 141.4[V]

해설

정현파의 평균값 $V_{av}=\frac{2V_m}{\pi}=\frac{2\times200}{\pi}=127.32$[V]

12

두 금속을 접속하여 여기에 전류를 통하여, 줄열 외에 접점에서 열의 발생 또는 흡수가 일어나는 현상은?

① 펠티어 효과 ② 제어벡 효과
③ 홀 효과 ④ 줄 효과

해설

서로 다른 두 종류의 금속을 접합하여, 이 두 금속의 접합점에 전류를 흘려주면 접점에서 열의 발생 또는 흡수가 일어나는 현상을 펠티어 효과라 한다.

13

공기 중에서 자기장의 세기가 100[AT/m]인 점에 8×10^{-2}[Wb]의 자극을 놓을 때 이 자극에 작용하는 기자력은?

① 8×10^{-4}[N] ② 8[N]
③ 125[N] ④ 1,250[N]

해설

기자력 $F=mH=8\times10^{-2}\times100=8$[N]

정답 07 ② 08 ① 09 ① 10 ③ 11 ③ 12 ① 13 ②

14

교류 회로에서 전압과 전류의 위상차를 θ[rad]라 할 때 $\cos\theta$는?

① 전압 변동률　② 왜곡률
③ 효율　④ 역률

해설
역률이란 전압과 전류의 위상차라고 할 수가 있다.

15

$R-L$ 직렬회로에서 $R=20[\Omega]$, $L=10[H]$인 경우 시정수 τ는?

① 0.005[s]　② 0.5[s]
③ 2[s]　④ 200[s]

해설
$R-L$ 직렬회로에서의 시정수 $\tau=\frac{L}{R}=\frac{10}{20}=0.5[s]$

16

정전용량(electrostatic capacity)의 단위를 나타낸 것으로 틀린 것은?

① $1[pF]=10^{-12}[F]$　② $1[nF]=10^{-7}[F]$
③ $1[\mu F]=10^{-6}[F]$　④ $1[mF]=10^{-3}[F]$

해설
$1[mF]=10^{-3}[F]$, $1[\mu F]=10^{-6}[F]$, $1[nF]=10^{-9}[F]$, $1[pF]=10^{-12}[F]$

17

길이 2[m]의 균일한 자로에 8,000회의 도선을 감고 10[mA]의 전류를 흘릴 때 자로의 자장의 세기는?

① 4[AT/m]　② 16[AT/m]
③ 40[AT/m]　④ 160[AT/m]

해설
도선의 자장의 세기 $H=\frac{NI}{l}=\frac{8,000\times10\times10^{-3}}{2}=40[AT/m]$

18

도체의 전기저항에 대한 설명으로 옳은 것은?

① 길이와 단면적에 비례한다.
② 길이와 단면적에 반비례한다.
③ 길이에 비례하고 단면적에 반비례한다.
④ 길이에 반비례하고 단면적에 비례한다.

해설
$R=\rho\frac{l}{A}[\Omega]$

19

공기 중에서 3×10^{-5}[C]과 8×10^{-5}[C]의 두 전하를 2[m]의 거리에 놓을 때 그 사이에 작용하는 힘은?

① 2.7[N]　② 5.4[N]
③ 10.8[N]　④ 24[N]

해설
두 전하 사이에 작용하는 힘

$$F=\frac{Q_1Q_2}{4\pi\epsilon_0 r^2}=9\times10^9\times\frac{Q_1Q_2}{r^2}$$

$$=9\times10^9\times\frac{3\times10^{-5}\times8\times10^{-5}}{2^2}=5.4[N]$$

20

자기저항의 단위는?

① [AT/m]　② [Wb/AT]
③ [AT/Wb]　④ [Ω/AT]

해설
전기저항 $R=\frac{V}{I}[\Omega]$

자기저항 $R_m=\frac{F}{\phi}=\frac{NI}{\phi}[AT/Wb]$

정답 14 ④ 15 ② 16 ② 17 ③ 18 ③ 19 ② 20 ③

제1과목 전기이론 2011년 기출문제

2011년 1회 기출문제

01

다음 중 자기저항의 단위에 해당하는 것은?

① [Ω] ② [Wb/AT]
③ [H/m] ④ [AT/Wb]

해설

$R_m = \frac{F}{\phi} = \frac{NI}{\phi}$[AT/Wb]

02

콘덴서 용량 0.001[F]과 같은 것은?

① 10[μF] ② 1,000[μF]
③ 10,000[μF] ④ 100,000[μF]

해설

0.001[F] = 1,000[μF]
1[μF] = 10^{-6}[F]

03

단상 전압 220[V]에 소형 전동기를 접속하였더니 2.5[A]의 전류가 흘렀다. 이때의 역률 75[%]이었다. 이 전동기의 소비전력[W]은?

① 187.5[W] ② 412.5[W]
③ 545.5[W] ④ 714.5[W]

해설

단상의 전력 $P = VI\cos\theta = 220 \times 2.5 \times 0.75 = 412.5$[W]

04

3상 교류회로에 2개의 전력계 W_1, W_2로 측정해서 W_1의 지시값이 P_1, W_2의 지시값이 P_2라고 하면 3상 전력은 어떻게 표현되는가?

① $P_1 - P_2$ ② $3(P_1 - P_2)$
③ $P_1 + P_2$ ④ $3(P_1 + P_2)$

해설

2전력계법 $P = P_1 + P_2$

$$\cos\theta = \frac{P_1 + P_2}{2\sqrt{P_1^2 + P_2^2 - P_1 P_2}}$$

05

회전자가 1초에 30회전을 하면 각속도는?

① 30π[rad/s] ② 60π[rad/s]
③ 90π[rad/s] ④ 120π[rad/s]

해설

각속도 $\omega = 2\pi f = 2\pi \times 30 = 60\pi$

06

다음 중 저항값이 클수록 좋은 것은?

① 접지저항 ② 절연저항
③ 도체저항 ④ 접촉저항

해설

절연저항값이 크다는 것은 누설전류가 작다는 것을 의미한다.

정답 01 ④ 02 ② 03 ② 04 ③ 05 ② 06 ②

07

정현파 교류의 왜형률(distortion factor)은?

① 0 ② 0.1212
③ 0.2273 ④ 0.4834

08

20[A]의 전류를 흘렸을 때 전력이 60[W]인 저항에 30[A]를 흘리면 전력은 몇 [W]가 되겠는가?

① 80 ② 90
③ 120 ④ 135

해설

$P = VI = I^2R = \frac{V^2}{R}$[W]에서 $P \propto I^2$

$20^2 : 30^2 = 60 : P'$

$20^2 \times P' = 30^2 \times 60$

$P' = \frac{30^2 \times 60}{20^2} = 135$[W]

09

서로 가까이 나란히 있는 두 도체에 전류가 반대방향으로 흐를 때 각 도체 간에 작용하는 힘은?

① 흡인한다.
② 반발한다.
③ 흡인과 반발을 되풀이한다.
④ 처음에는 흡인하다가 나중에는 반발한다.

해설

평행도선에 작용하는 힘

$F = \frac{\mu_0 I_1 I_2}{2\pi r} = \frac{2I_1 I_2}{r} \times 10^{-7}$[N/m]

- 동일방향 : 흡입력
- 반대방향 : 반발력

10

다음 설명 중에서 틀린 것은?

① 코일은 직렬로 연결할수록 인덕턴스가 커진다.
② 콘덴서는 직렬로 연결할수록 용량이 커진다.
③ 저항은 병렬로 연결할수록 저항치가 작아진다.
④ 리액턴스는 주파수의 함수이다.

해설

인덕턴스의 직렬 연결 $L_1 = L_1 + L_2 \pm 2M$

콘덴서의 직렬 연결 $C_0 = \frac{C}{n}$

11

패러데이의 전자 유도 법칙에서 유도 기전력의 크기는 코일을 지나는 (㉠)의 매초 변화량과 코일의 (㉡)에 비례한다.

① ㉠ 자속 ㉡ 굵기 ② ㉠ 자속 ㉡ 권수
③ ㉠ 전류 ㉡ 권수 ④ ㉠ 전류 ㉡ 굵기

해설

$e = -N\frac{d\phi}{dt}$

12

10[Ω]의 저항 5개를 가지고 얻을 수 있는 가장 작은 합성저항값은?

① 1[Ω] ② 2[Ω]
③ 4[Ω] ④ 5[Ω]

해설

$R_{직} = 5 \times 10 = 50$[Ω]

$R_{병} = \frac{10}{5} = 2$[Ω]

정답 07 ① 08 ④ 09 ② 10 ② 11 ② 12 ②

13

전류의 열작용과 관계가 있는 법칙은 어느 것인가?

① 옴의 법칙
② 키르히호프의 법칙
③ 줄의 법칙
④ 플레밍의 오른손 법칙

14

부하의 결선방식에서 Y결선에서 △결선으로 변환하였을 때의 임피던스는?

① $Z_\Delta = \sqrt{3}\,Z_Y$　② $Z_\Delta = \frac{1}{\sqrt{3}}Z_Y$
③ $Z_\Delta = 3Z_Y$　④ $Z_\Delta = \frac{1}{3}Z_Y$

해설

- $\Delta \rightarrow$ Y $\frac{1}{3}$배 : $Z_Y = \frac{Z_\Delta}{3}$
- Y $\rightarrow \Delta$ 3배 : $Z_\Delta = 3Z_Y$

15

3[μF], 4[μF], 5[μF]의 3개의 콘덴서를 병렬로 연결된 회로의 합성 정전용량은 얼마인가?

① 1.2[μF]　② 3.6[μF]
③ 12[μF]　④ 36[μF]

해설

콘덴서의 병렬 연결의 경우 저항의 직렬 연결과 같다.

$C_0 = C_1 + C_2 + C_3$

$3+4+5=12$[μF]

16

평균 반지름 r[m]의 환상 솔레노이드에 I[A]의 전류가 흐를 때, 내부 자계가 H[AT/m]이었다. 권수 N은?

① $\frac{HI}{2\pi r}$　② $\frac{2\pi r}{HI}$
③ $\frac{2\pi r H}{I}$　④ $\frac{I}{2\pi r H}$

해설

환상 솔레노이드의 자계의 세기 $H = \frac{NI}{2\pi r}$[AT/m]

$N = \frac{2\pi r H}{I}$

17

자속의 변화에 의한 유도기전력의 방향 결정은?

① 렌츠의 법칙　② 패러데이의 법칙
③ 앙페르의 법칙　④ 줄의 법칙

해설

- 유도기전력의 크기 : 패러데이의 법칙
- 유도기전력의 방향 : 렌츠의 법칙

18

패러데이 법칙과 관계없는 것은?

① 전극에서 석출되는 물질의 양은 통과한 전기량에 비례한다.
② 전해질이나 전극이 어떤 것이라도 같은 전기량이면 항상 같은 화학당량의 물질을 석출한다.
③ 화학당량이란 $\frac{\text{원자량}}{\text{원자가}}$을 말한다.
④ 석출되는 물질의 양은 전류의 세기와 전기량의 곱으로 나타낸다.

해설

석출량 $W = KQ = KIt$[g]

정답 13 ③ 14 ③ 15 ③ 16 ③ 17 ① 18 ④

19

P-N 접합 정류기는 무슨 작용을 하는가?

① 증폭작용 ② 제어작용
③ 정류작용 ④ 스위치작용

해설

P-N 접합 정류기는 정류작용을 한다.

20

컨덕턴스 $G[\mho]$, 저항 $R[\Omega]$, 전압 V[V], 전류를 I[A]라 할 때 G와의 관계가 옳은 것은?

① $G=\dfrac{R}{V}$ ② $G=\dfrac{I}{V}$
③ $G=\dfrac{V}{R}$ ④ $G=\dfrac{V}{I}$

해설

$$R=\frac{V}{I}$$

$$G=\frac{1}{R}=\frac{I}{V}$$

2011년 2회 기출문제

01

동일한 용량의 콘덴서 5개를 병렬로 접속하였을 때의 합성 용량을 C_p라고 하고, 5개를 직렬로 접속하였을 때의 합성 용량을 C_s라 할 때 C_p와 C_s의 관계는?

① $C_p=5C_s$ ② $C_p=10C_s$
③ $C_p=25C_s$ ④ $C_p=50C_s$

해설

콘덴서의 직·병렬 연결

$$C_{병}=C_p=5C,\ C_{직}=C_s=\frac{C}{5}$$

$$\frac{C_s}{C_p}=\frac{\frac{C}{5}}{5C}\qquad C_p=25C_s$$

02

전류에 의한 자계의 세기와 관계가 있는 법칙은?

① 옴의 법칙 ② 렌츠의 법칙
③ 키르히호프의 법칙 ④ 비오-사바르의 법칙

해설

전류에 의한 자계의 세기

- 암페어의 주회적분 법칙 $\int Hdl=\Sigma I$
- 비오사바르의 법칙 $dH=\dfrac{I\cdot dl\cdot\sin\theta}{4\pi r^2}$

03

어떤 3상 회로에서 선간전압이 200[V], 선전류 25[A], 3상 전력이 7[kW]였다. 이때의 역률은?

① 약 60[%] ② 약 70[%]
③ 약 80[%] ④ 약 90[%]

정답 19 ③ 20 ② / 01 ③ 02 ④ 03 ③

해설

3상의 전력 $P=\sqrt{3}\,V_l\,I_l\cos\theta$

$$\cos\theta=\frac{P}{\sqrt{3}\,V_l\,I_l}=\frac{7{,}000}{\sqrt{3}\times200\times25}\times100=80[\%]$$

04

교류 기기나 교류 전원의 용량을 나타낼 때 사용되는 것과 그 단위가 바르게 나열된 것은?

① 유효전력 – [VAh]
② 무효전력 – [W]
③ 피상전력 – [VA]
④ 최대전력 – [Wh]

해설

- 유효전력[W]
- 무효전력[Var]
- 피상전력[VA]

05

부하의 전압과 전류를 측정하기 위한 전압계와 전류계의 접속방법으로 옳은 것은?

① 전압계 : 직렬, 전류계 : 병렬
② 전압계 : 직렬, 전류계 : 직렬
③ 전압계 : 병렬, 전류계 : 직렬
④ 전압계 : 병렬, 전류계 : 병렬

해설

전압계는 병렬 연결하고, 전류계는 직렬 연결한다.

06

어떤 콘덴서에 1,000[V]의 전압을 가하였더니 5×10^{-3}[C]의 전하가 축적되었다. 이 콘덴서의 용량은?

① 2.5[μF]　② 5[μF]
③ 250[μF]　④ 5,000[μF]

해설

$Q=CV$[C]

$$C=\frac{Q}{V}=\frac{5\times10^{-3}}{1{,}000}=5\times10^{-6}[\text{F}]=5[\mu\text{F}]$$

07

다음 회로에서 a, b 간의 합성 저항은?

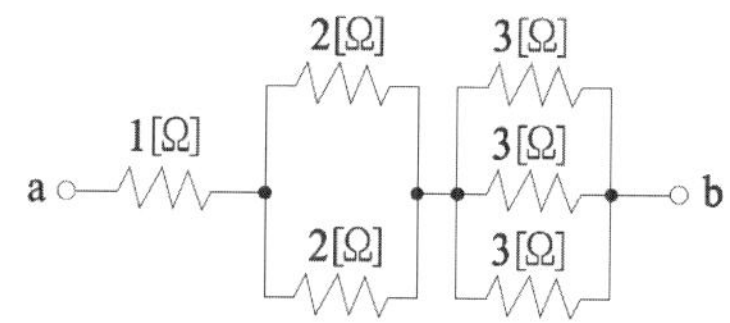

① 1[Ω]　② 2[Ω]
③ 3[Ω]　④ 4[Ω]

해설

합성 저항

- 2옴의 병렬 연결의 저항 $R_2=\frac{2}{n}=\frac{2}{2}=1[\Omega]$
- 3옴의 병렬 연결의 저항 $R_3=\frac{3}{n}=\frac{3}{3}=1[\Omega]$
- 합성 저항 $R_0=1+1+1=3[\Omega]$

08

$v=V_m\sin(\omega t+30°)$[V], $i=I_m\sin(\omega t-30°)$[A]일 때 전압을 기준으로 할 때 전류의 위상차는?

① 60° 뒤진다.　② 60° 앞선다.
③ 30° 뒤진다.　④ 30° 앞선다.

해설

위상차 $v=V_m\sin(\omega t+30°)$

$i=I_m\sin(\omega t-30°)$

$\theta=30°-(-30°)=60°$

정답 04 ③ 05 ③ 06 ② 07 ③ 08 ①

09

자체 인덕턴스 0.1[H]의 코일에 5[A]의 전류가 흐르고 있다. 축적되는 전자 에너지는?

① 0.25[J] ② 0.5[J]
③ 1.25[J] ④ 2.5[J]

해설

코일에 축적되는 에너지 $W = \frac{1}{2}LI^2[J]$

$\frac{1}{2} \times 0.1 \times 5^2 = 1.25[J]$

10

니켈의 원자가는 2.0이고 원자량은 58.70이다. 이때 화학당량의 값은?

① 117.4 ② 60.70
③ 56.70 ④ 29.35

해설

화학당량 $K = \frac{원자량}{원자가} = \frac{58.7}{2} = 29.35$

11

3분 동안에 180,000[J]의 일을 하였다면 전력은?

① 1[kW] ② 30[kW]
③ 1,000[kW] ④ 3,240[kW]

해설

$W = Pt[J]$

$P = \frac{W}{t} = \frac{180,000}{3 \times 60} = 1,000[W] = 1[kW]$

12

서로 다른 종류의 안티몬과 비스무트의 두 금속을 접속하여 여기에 전류를 통하면, 그 접점에서 열의 발생 또는 흡수가 일어난다. 줄열과 달리 전류의 방향에 따라 열의 흡수와 발생이 다르게 나타나는 이 현상은?

① 펠티어 효과 ② 제어벡 효과
③ 제3금속의 법칙 ④ 열전 효과

해설

서로 다른 두 종류의 금속에 전류를 통하면, 그 접점에서 열의 발생 또는 흡수가 일어나는 효과를 펠티어 효과라 한다.

13

권수가 200인 코일에서 0.1초 사이에 0.4[Wb]의 자속이 변화한다면, 코일에 발생되는 기전력은?

① 8[V] ② 200[V]
③ 800[V] ④ 2,000[V]

해설

$e = |N\frac{d\phi}{dt}| = 200 \times \frac{0.4}{0.1} = 800[V]$

14

1[Ω · m]와 같은 것은?

① $1[\mu\Omega \cdot cm]$ ② $10^6[\Omega \cdot mm^2/m]$
③ $10^2[\Omega \cdot mm]$ ④ $10^4[\Omega \cdot cm]$

해설

$1[\Omega \cdot m] = 1[\Omega \cdot m \times \frac{m}{m}]$

$= 1[\Omega \cdot m^2/m] = 1[\Omega \cdot (10^3)^2 mm/m]$

$= 10^6[\Omega \cdot mm^2/m]$

15

전압 220[V], 전류 10[A], 역률 0.8인 3상 전동기 사용 시 소비전력은?

① 약 1.5[kW] ② 약 3.0[kW]
③ 약 5.2[kW] ④ 약 7.1[kW]

정답 09 ③ 10 ④ 11 ① 12 ① 13 ③ 14 ② 15 ②

해설

3상의 소비전력

$P = \sqrt{3}\ VI\cos \times 10^{-3}$[kW]

$= \sqrt{3} \times 220 \times 10 \times 0.8 \times 10^{-3} = 3.04$[kW]

16

평균 반지름이 10[cm]이고 감은 횟수 10회인 원형 코일에 20[A]의 전류를 흐르게 하면 코일 중심의 자기장의 세기는?

① 10[AT/m] ② 20[AT/m]
③ 1,000[AT/m] ④ 2,000[AT/m]

해설

원형 코일 중심의 자계의 세기

$H = \frac{NI}{2a} = \frac{10 \times 20}{2 \times 0.1} = 1{,}000$[AT/m]

17

$R-L-C$ 직렬 공진 회로에서 최소가 되는 것은?

① 저항값 ② 임피던스값
③ 전류값 ④ 전압값

해설

- 직렬 공진의 경우 : 임피던스가 최소가 되며, 전류는 최대가 된다.
- 병렬 공진의 경우 : 임피던스가 최대가 되며, 전류는 최소가 된다.

18

기본파의 3[%]인 제3고조파와 4[%]인 제5고조파, 1[%]인 제7고조파를 포함하는 전압파의 왜형율은?

① 약 2.7[%] ② 약 5.1[%]
③ 약 7.7[%] ④ 약 14.1[%]

해설

왜형률 $V_3 = 3[\%]$, $V_5 = 4[\%]$, $V_7 = 1[\%]$

왜형률 $= \frac{\sqrt{V_3^2 + V_5^2 + V_7^2}}{V_1} \times 100 = \frac{\sqrt{3^2 + 4^2 + 1^2}}{100} \times 100$

$= 5.1[\%]$

19

진성 반도체인 4가의 실리콘에 N형 반도체를 만들기 위하여 첨가하는 것은?

① 게르마늄 ② 갈륨
③ 인듐 ④ 안티몬

해설

4가 실리콘을 N형 반도체로 만들기 위해 첨가하는 것

• N : 안티몬 • P : 인듐

20

자기 인덕턴스에 축적되는 에너지에 대한 설명으로 가장 옳은 것은?

① 자기 인덕턴스 및 전류에 비례한다.
② 자기 인덕턴스 및 전류에 반비례한다.
③ 자기 인덕턴스에 비례하고 전류의 제곱에 비례한다.
④ 자기 인덕턴스에 반비례하고 전류의 제곱에 반비례한다.

해설

자기 인덕턴스에 축적되는 에너지 $W = \frac{1}{2}LI^2$[J]

정답 16 ③ 17 ② 18 ② 19 ④ 20 ③

2011년 3회 기출문제

01

저항 $R = 15[\Omega]$, 자체 인덕턴스 $L = 35[mH]$, 정전용량 $C = 300[\mu F]$의 직렬회로에서 공진 주파수 f_r는 약 몇 [Hz]인가?

① 40 ② 50 ③ 60 ④ 70

해설

공진 주파수

$$f_r = \frac{1}{2\pi\sqrt{LC}} = \frac{1}{2\pi \times \sqrt{35\times10^{-3}\times300\times10^{-6}}} = 50[\text{Hz}]$$

02

그림과 같은 회로에서 4[Ω]에 흐르는 전류[A]값은?

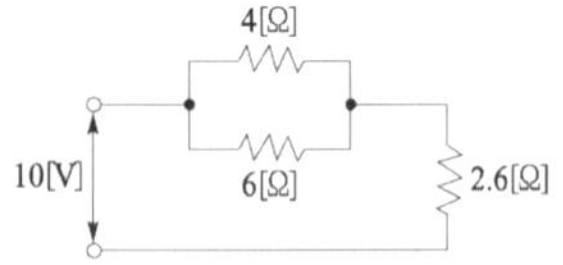

① 0.6 ② 0.8 ③ 1.0 ④ 1.2

해설

$$I_0 = \frac{V}{R} = \frac{10}{\frac{4\times6}{4+6}+2.6} = 2[\text{A}]$$

$$I_1 = \frac{6}{4+6}\times2 = 1.2[\text{A}]$$

03

"같은 전기량에 의해서 여러 가지 화합물이 전해될 때 석출되는 물질의 양은 그 물질의 화학당량에 비례한다."는 이 법칙은?

① 렌츠의 법칙 ② 패러데이의 법칙
③ 앙페르의 법칙 ④ 줄의 법칙

해설

석출되는 물질의 양은 그 물질의 화학당량에 비례한다는 것은 패러데이의 법칙이다.

$W = KQ = KIt[\text{J}]$

04

용량을 변화시킬 수 있는 콘덴서는?

① 바리콘 콘덴서 ② 마일러 콘덴서
③ 전해 콘덴서 ④ 세라믹 콘덴서

해설

용량을 변화시킬 수 있는 콘덴서는 바리콘 콘덴서이다.

05

상호 유도 회로에서 결합계수 k는? (단, M은 상호 인덕턴스, L_1, L_2는 자기 인덕턴스이다.)

① $k = M\sqrt{L_1L_2}$ ② $k = \sqrt{M\times L_1L_2}$

③ $k = \dfrac{M}{\sqrt{L_1L_2}}$ ④ $k = \sqrt{\dfrac{L_1L_2}{M}}$

해설

상호 인덕턴스 $M = k\sqrt{L_1L_2}$

$$k = \frac{M}{\sqrt{L_1L_2}}$$

06

일반적으로 교류전압계의 지시값은?

① 최대값 ② 순시값
③ 평균값 ④ 실효값

해설

일반적인 교류전압계의 지시값은 실효값이다.

정답 01 ② 02 ④ 03 ② 04 ① 05 ③ 06 ④

07

$+Q_1$[C], $-Q_2$[C]의 전하가 진공 중에서 r[m]의 거리에 있을 때 이들 사이에 작용하는 정전기력 F[N]는?

① $F = 0.9 \times 10^{-9} \times \dfrac{Q_1 Q_2}{r^2}$

② $F = 9 \times 10^{-9} \times \dfrac{Q_1 Q_2}{r^2}$

③ $F = 9 \times 10^{9} \times \dfrac{Q_1 Q_2}{r^2}$

④ $F = 90 \times 10^{9} \times \dfrac{Q_1 Q_2}{r^2}$

해설

$F = \dfrac{-Q_1 \cdot Q_2}{4\pi\epsilon_0 r^2} = 9 \times 10^9 \times \dfrac{Q_1 Q_2}{r^2}$ (흡인력)

08

교류회로에서 코일과 콘덴서를 병렬로 연결한 상태에서 주파수가 증가하면 어느 쪽이 전류가 잘 흐르는가?

① 코일
② 콘덴서
③ 코일과 콘덴서에 같이 흐른다.
④ 모두 흐르지 않는다.

해설

병렬의 경우 전압이 일정하다.

$I_L = \dfrac{V}{Z} = \dfrac{V}{\omega L} = \dfrac{V}{2\pi f L}$[A]

$I_C = \dfrac{V}{Z} = \dfrac{V}{\dfrac{1}{\omega C}} = \omega CV = 2\pi f CV$[A]

09

어떤 회로에 50[V]의 전압을 가하니 $8 + j6$[Ω]의 전류가 흘렀다면 이 회로의 임피던스[Ω]는?

① $3 - j4$　　② $3 + j4$
③ $4 - j3$　　④ $4 + j3$

해설

임피던스 $Z = \dfrac{V}{I} = \dfrac{50}{8+j6} = \dfrac{50(8-j6)}{(8+j6)(8-j6)} = 4 - j3$

10

전하의 성질에 대한 설명 중 옳지 않은 것은?

① 같은 종류의 전하는 흡인하고 다른 종류의 전하끼리는 반발한다.
② 대전체에 들어 있는 전하를 없애려면 접지시킨다.
③ 대전체의 영향으로 비대전체에 전기가 유도된다.
④ 전하는 가장 안정한 상태를 유지하려는 성질이 있다.

해설

같은 종류의 전하는 반발하고 다른 종류의 전하끼리는 흡인한다.

11

다음 중 저항의 온도계수가 부(−)의 특성을 가지는 것은?

① 경동선　　② 백금선
③ 텅스텐　　④ 서미스터

해설

(−)온도계수의 특징을 가지는 것(온도가 증가하면 저항값은 내려가는 성질) : 서미스터

12

금속 내부를 지나는 자속의 변화로 금속 내부에 생기는 맴돌이 전류를 작게 하려면 어떻게 하여야 하는가?

① 두꺼운 철판을 사용한다.
② 높은 전류를 가한다.
③ 얇은 철판을 성층하여 사용한다.
④ 철판 양면에 절연지를 부착한다.

정답 07 ③ 08 ② 09 ③ 10 ① 11 ④ 12 ③

해설

맴돌이 전류 손(와전류손)을 감소시키기 위해 얇은 철판을 성층하여 사용한다.

13

반지름 5[cm], 권수 100회인 원형 코일에 15[A]의 전류가 흐르면 코일 중심의 자장의 세기는 몇 [AT/m]인가?

① 750　　② 3,000
③ 15,000　　④ 22,500

해설

원형 코일 중심의 자계의 세기

$H = \frac{NI}{2a} = \frac{100 \times 15}{2 \times 5 \times 10^{-2}} = 15,000$[AT/m]

14

0.2[H]인 자기 인덕턴스에 5[A]의 전류가 흐를 때 축적되는 에너지[J]는?

① 0.2　② 2.5　③ 5　④ 10

해설

인덕턴스에 축적되는 에너지

$W = \frac{1}{2}LI^2 = \frac{1}{2} \times 0.2 \times 5^2 = 2.5$[J]

15

1대의 출력이 100[kVA]인 단상 변압기 2대로 V결선하여 3상 전력을 공급할 수 있는 최대전력은 몇 [kvA]인가?

① 100　　② $100\sqrt{2}$
③ $100\sqrt{3}$　　④ 200

해설

V결선의 출력

$P_V = \sqrt{3}P_n = \sqrt{3} \times 100 = 100\sqrt{3}$

16

비정현파가 발생하는 원인과 거리가 먼 것은?

① 자기포화　　② 옴의 법칙
③ 히스테리시스　　④ 전기자반작용

해설

비정현파가 발생하는 원인으로 자기포화와 히스테리시스, 전기자반작용 등이다.

17

누설자속이 발생되기 어려운 경우는 어느 것인가?

① 자로에 공극이 있는 경우
② 자로의 자속밀도가 높은 경우
③ 철심이 자기포화되어 있는 경우
④ 자기회로의 자기저항이 작은 경우

해설

누설자속이 발생하기 쉬운 경우
- 자로에 공극이 있는 경우
- 자로의 자속밀도가 높은 경우
- 철심이 자기포화되어 있는 경우
- 자기회로의 자기저항이 큰 경우

18

다음은 전기력선의 성질이다. 틀린 것은?

① 전기력선은 서로 교차하지 않는다.
② 전기력선은 도체의 표면에 수직이다.
③ 전기력선의 밀도는 전기장의 크기를 나타낸다.
④ 같은 전기력선은 서로 끌어당긴다.

해설

전기력선의 성질
- 전기력선은 서로 교차하지 않는다.
- 전기력선은 도체 표면의 수직이다.
- 전기력선은 서로 반발한다.

정답 13 ③ 14 ② 15 ③ 16 ② 17 ④ 18 ④

19

평형 3상 회로에서 1상의 소비전력이 P라면 회로의 전체 소비전력은?

① P ② $2P$
③ $3P$ ④ $\sqrt{3}P$

해설

3상 회로의 전체 소비전력 $W=3P$

20

접지저항이나 전해액저항 측정에 쓰이는 것은?

① 휘스톤 브리지 ② 전위차계
③ 콜라우시 브리지 ④ 메거

해설

접지저항이나 전해액저항 측정에 사용되는 방법은 콜라우시 브리지법이다.

2011년 4회 기출문제

01

전기력선의 성질을 설명한 것으로 옳지 않은 것은?

① 전기력선의 방향은 전기장의 방향과 같으며, 전기력선의 밀도는 전기장의 크기와 같다.
② 전기력선은 도체 내부에 존재한다.
③ 전기력선은 등전위면 수직으로 출입한다.
④ 전기력선은 양전하에서 음전하로 이동한다.

해설

전기력선의 성질
- 전기력선의 방향은 전장의 방향과 같다.
- 전기력선은 도체 내부에 존재하지 않는다.
- 전기력선의 밀도는 전기장의 크기와 같다.
- 전기력선은 등전위면의 수직이다.
- 전기력선은 양전하에서 음전하로 이동한다.

02

$e=141\sin(120\pi t-\frac{\pi}{3})$인 파형의 주파수는 몇 [Hz]인가?

① 10 ② 15 ③ 30 ④ 60

해설

$\omega=2\pi f$

$f=\frac{\omega}{2\pi}=\frac{120\pi}{2\pi}=60[\text{Hz}]$

03

표면 전하밀도 σ[C/m^2]로 대전된 도체 내부의 전속밀도는 몇 [C/m^2]인가?

① $\epsilon_0 E$ ② 0 ③ σ ④ $\frac{E}{\epsilon_0}$

해설

도체 내부의 전속밀도는 0이다.

정답 19 ③ 20 ③ / 01 ② 02 ④ 03 ②

04

자극의 세기 4[Wb], 자축의 길이 10[cm]의 막대자석이 100[AT/m]의 평등 자장 내에서 20[N·m]의 회전력을 받았다면 이때 막대자석과 자장과의 이루는 각도는?

① 0° ② 30°
③ 60° ④ 90°

해설

$T = MH\sin\theta = mlH\sin\theta$

$\sin\theta = \frac{T}{mlH} = \frac{20}{4\times0.1\times100} = \frac{1}{2}$

$\therefore\ \theta = 30°$

05

그림과 같은 회로에서 a, b 간에 E[V]의 전압을 가하여 일정하게 하고, 스위치 S를 닫았을 때의 전 전류 I[A]가 닫기 전 전류의 3배가 되었다면 저항 R_x의 값은 약 몇 [Ω]인가?

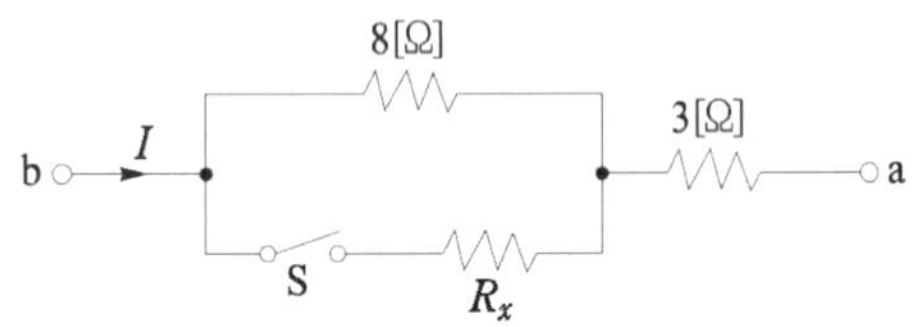

① 727[Ω]
② 27[Ω]
③ 0.73[Ω]
④ 0.27[Ω]

해설

$I = \frac{E}{R}$

$\frac{E}{\frac{8\times R_x}{8+R_x}+3} = \frac{3E}{8+3}$

$\therefore\ R_x = 0.73[\Omega]$

06

대칭 3상 △결선에서 선전류와 상전류와의 위상 관계는?

① 상선류가 $\frac{\pi}{6}$[rad] 앞선나.
② 상전류가 $\frac{\pi}{6}$[rad] 뒤진다.
③ 상전류가 $\frac{\pi}{3}$[rad] 앞선다.
④ 상전류가 $\frac{\pi}{3}$[rad] 뒤진다.

해설

△결선

- $V_l = V_p$
- $I_l = \sqrt{3}I_p$
- I_l는 I_p보다 위상이 30° 뒤진다.

07

전류와 자속에 관한 설명 중 옳은 것은?

① 전류와 자속은 항상 폐회로를 이룬다.
② 전류와 자속은 항상 폐회로를 이루지 않는다.
③ 전류는 폐회로이나 자속은 아니다.
④ 자속은 폐회로이나 전류는 아니다.

해설

전류와 자속은 항상 폐회로를 이룬다.

08

1[Ah]는 몇 [C]인가?

① 7,200 ② 3,600
③ 1,200 ④ 60

해설

$Q = It = 1\times3{,}600 = 3{,}600$[C]

정답 04 ② 05 ③ 06 ① 07 ① 08 ②

09

$R=10[\Omega]$, $X_L=15[\Omega]$, $X_c=15[\Omega]$의 직렬회로에 100[V]의 교류전압을 인가할 때 흐르는 전류[A]는?

① 6　② 8
③ 10　④ 12

해설

$R-L-C$ 직렬

$Z=R+j\left(\omega L-\dfrac{1}{\omega C}\right)=10+j(15-15)=10[\Omega]$

$I=\dfrac{V}{Z}=\dfrac{V}{R}=\dfrac{100}{10}=10[\text{A}]$

10

전장 중에 단위정전하를 놓을 때 여기에 작용하는 힘과 같은 것은?

① 전하　② 전장의 세기
③ 전위　④ 전속

해설

전장의 세기란 임의 점에 단위정전하를 놓을 때 작용하는 힘을 말한다.

11

전압계 및 전류계의 측정 범위를 넓히기 위하여 사용하는 배율기와 분류기의 접속 방법은?

① 배율기는 전압계와 병렬접속, 분류기는 전류계와 직렬접속
② 배율기는 전압계와 직렬접속, 분류기는 전류계와 병렬접속
③ 배율기 및 분류기 모두 전압계와 전류계에 직렬접속
④ 배율기 및 분류기 모두 전압계와 전류계에 병렬접속

해설

- 배율기 : 전압계와 저항을 직렬연결
- 분류기 : 전류계와 저항을 병렬연결

12

다음 설명의 (㉠), (㉡)에 들어갈 내용으로 옳은 것은?

> "히스테리시스 곡선에서 종축과 만나는 점은 (㉠)이고, 횡축과 만나는 점은 (㉡)이다."

① ㉠ 보자력　㉡ 잔류자기
② ㉠ 잔류자기　㉡ 보자력
③ ㉠ 자속밀도　㉡ 자기저항
④ ㉠ 자기저항　㉡ 자속밀도

해설

히스테리시스 곡선의 경우
- 종축 : 잔류자기
- 횡축 : 보자력

13

자체 인덕턴스가 0.01[H]인 코일에 100[V], 60[Hz]의 사인파 전압을 가할 때 유도 리액턴스는 약 몇 [Ω]인가?

① 3.77　② 6.28　③ 12.28　④ 37.68

해설

유도성 리액턴스

$X_L=\omega L=2\pi fL=2\pi\times 60\times 0.01=3.77[\Omega]$

14

황산구리($CuSO_4$)의 전해액에 2개의 동일한 구리판을 넣고 전원을 연결하였을 때 구리판의 변화를 옳게 설명한 것은?

① 2개의 구리판 모두 얇아진다.
② 2개의 구리판 모두 두터워진다.
③ 양극 쪽은 얇아지고, 음극 쪽은 두터워진다.
④ 양극 쪽은 두터워지고, 음극 쪽은 얇아진다.

정답 09 ③ 10 ② 11 ② 12 ② 13 ① 14 ③

해설
전기분해 : 양극판의 구리판이 녹아 음극판에 달라붙게 된다.

15

비사인파 교류의 일반적인 구성이 아닌 것은?

① 기본파 ② 직류분
③ 고조파 ④ 삼각파

해설
비사인파 교류의 구성요소
비사인파 = 직류분 + 기본파 + 고조파

16

2전력계법으로 3상 전력을 측정하였더니 전력계의 지시값이 $P_1=$450[W], $P_2=$450[W]이었다. 이 부하의 전력[W]은 얼마인가?

① 450[W] ② 900[W]
③ 1,350[W] ④ 1,560[W]

해설
2전력계법 $P=P_1+P_2=450+450=900$[W]

17

콘덴서에 V[V]의 전압을 가해서 Q[C]의 전하를 충전할 때 저장되는 에너지는 몇 [J]인가?

① $2QV$ ② $2QV^2$
③ $\frac{1}{2}QV$ ④ $\frac{1}{2}QV^2$

해설
콘덴서에 저장되는 에너지
$W=\frac{1}{2}CV^2=\frac{Q^2}{2C}=\frac{1}{2}QV$[J]

18

1[Ω], 2[Ω], 3[Ω]의 저항 3개를 이용하여 합성 저항을 2.2[Ω]으로 만들고자 할 때 접속 방법을 옳게 설명한 것은?

① 저항 3개를 직렬로 접속한다.
② 저항 3개를 병렬로 접속한다.
③ 2[Ω]과 3[Ω]의 저항을 병렬로 연결한 다음 1[Ω]의 저항을 직렬로 접속한다.
④ 1[Ω]과 2[Ω]의 저항을 병렬로 연결한 다음 3[Ω]의 저항을 직렬로 접속한다.

해설
2[Ω]과 3[Ω]의 저항을 병렬로 연결한 다음 1[Ω]의 저항을 직렬로 접속한다.
$R_0=1+\frac{2\times3}{2+3}=2.2[\Omega]$

19

1.5[kW]의 전열기를 정격 상태에서 30분간 사용할 때의 발열량은 몇 [kcal]인가?

① 648 ② 1,290 ③ 1,500 ④ 2,700

해설
열량 $Q=0.24Pt=0.24\times1{,}500\times30\times60\times10^{-3}=648$[kcal]

20

공기 중 +1[Wb]의 자극에서 나오는 자력선의 수는 몇 개인가?

① 6.33×10^4 ② 7.958×10^5
③ 8.855×10^3 ④ 1.256×10^6

해설
자력선수 $=\frac{m}{\mu_0}=\frac{1}{4\pi\times10^{-7}}=7.958\times10^5$
자속선수 $=m$

정답 15 ④ 16 ② 17 ③ 18 ③ 19 ① 20 ②

제 1 과목 전기이론 2012년 기출문제

2012년 1회 기출문제

01

각속도 $\omega=300$[rad/sec]인 사인파 교류의 주파수 [Hz]는 얼마인가?

① $\frac{70}{\pi}$ ② $\frac{150}{\pi}$
③ $\frac{180}{\pi}$ ④ $\frac{360}{\pi}$

해설

$\omega=2\pi f$에서

주파수 $f=\frac{\omega}{2\pi}=\frac{300}{2\pi}=\frac{150}{\pi}$[Hz]

02

R_1, R_2, R_3의 저항 3개를 직렬 접속했을 때의 합성 저항값은?

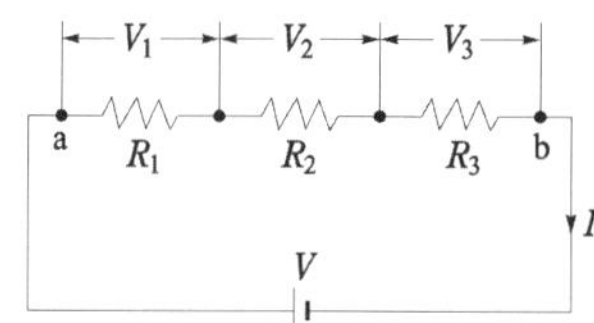

① $R=R_1+R_2\cdot R_3$
② $R=R_1\cdot R_2+R_3$
③ $R=R_1\cdot R_2\cdot R_3$
④ $R=R_1+R_2+R_3$

해설

저항의 직렬연결에서 합성저항
$R=R_1+R_2+R_3$

03

10[A]의 전류로 6시간 방전할 수 있는 축전지의 용량은?

① 2[Ah] ② 15[Ah]
③ 30[Ah] ④ 60[Ah]

해설

축전지 용량 $Q=I\cdot t=10\times6=60$[Ah]

04

감은 횟수 200회의 코일 P와 300회의 코일 S를 가까이 놓고 P에 1[A]의 전류를 흘릴 때 S와 쇄교하는 자속이 4×10^{-4}[Wb]이었다면 이들 코일 사이의 상호 인덕턴스는?

① 0.12[H] ② 0.12[mH]
③ 0.08[H] ④ 0.08[mH]

해설

$N_1=200$, $N_2=300$
$I_1=1$[A], $\phi_2=4\times10^{-4}$
$MI_1=N_2\phi_2$에서 상호 인덕턴스
$M=\frac{N_2\phi_2}{I_1}=\frac{300\times4\times10^{-4}}{1}=0.12$[H]

정답 01 ② 02 ④ 03 ④ 04 ①

05

그림과 같은 평형 3상 △회로를 등가 Y결선으로 환산하면 각 상의 임피던스는 몇 [Ω]이 되는가? (단, Z=12[Ω]이다.)

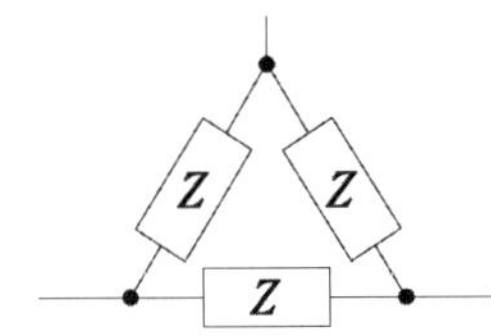

① 48[Ω] ② 36[Ω]
③ 4[Ω] ④ 3[Ω]

해설

	△ → Y	Y → △
• 임피던스 :	1/3배	3배가 된다.
• 선 전 류 :	1/3배	3배가 된다.
• 소비전력 :	1/3배	3배가 된다.

$Z_Y = \frac{Z_\triangle}{3} = \frac{12}{3} = 4[\Omega]$

06

3상 교류를 Y결선하였을 때 선간전압과 상전압, 선전류와 상전류의 관계를 바르게 나타낸 것은?

① 상전압 = $\sqrt{3}$ 선간전압
② 선간전압 = $\sqrt{3}$ 상전압
③ 선전류 = $\sqrt{3}$ 상전류
④ 상전류 = $\sqrt{3}$ 선전류

해설

㉠ Y결선
$V_l = \sqrt{3}\,V_p$
$I_l = I_p$

㉡ △결선
$V_l = V_p$
$I_l = \sqrt{3}\,I_p$

V_l : 선간전압, V_p : 상전압, I_l : 선전류, I_p : 상전류

07

"회로에 흐르는 전류의 크기는 저항에 (㉠)하고, 가해진 전압에 (㉡)한다." ( )에 알맞은 내용을 바르게 나열한 것은?

① ㉠ 비례 ㉡ 비례
② ㉠ 비례 ㉡ 반비례
③ ㉠ 반비례 ㉡ 비례
④ ㉠ 반비례 ㉡ 반비례

해설

옴의 법칙에서 전류 $I = \frac{V}{R}$ 전류의 크기는 전압에 비례하고 저항에 반비례한다.

08

다음 중 파형률을 나타낸 것은?

① $\frac{\text{실효값}}{\text{평균값}}$ ② $\frac{\text{최대값}}{\text{실효값}}$
③ $\frac{\text{평균값}}{\text{실효값}}$ ④ $\frac{\text{실효값}}{\text{최대값}}$

해설

파형률 $= \frac{\text{실효값}}{\text{평균값}}$, 파고율 $= \frac{\text{최대값}}{\text{실효값}}$

09

다음 중 1[J]과 같은 것은?

① 1[cal] ② 1[W・s]
③ 1[kg・m] ④ 1[N・m]

해설

전력 : $P = VI = I^2R = \frac{V^2}{R}$[W]

전력량 : $W = P \cdot t = VI \cdot t = I^2R \cdot t = \frac{V^2}{R}t$[J]

열량 : $H = 0.24W = 0.24Pt$

$= 0.24VIt = 0.24I^2Rt = 0.24 \cdot \frac{V^2}{R}t$[cal]

정답 05 ③ 06 ② 07 ③ 08 ① 09 ②

10

자체 인덕턴스 2[H]의 코일에 25[J]의 에너지가 저장되어 있다면 코일에 흐르는 전류는?

① 2[A] ② 3[A]
③ 4[A] ④ 5[A]

해설

인덕턴스 에너지 $W=\frac{1}{2}LI^2$에서 $I^2=\frac{2W}{L}$

전류 $I=\sqrt{\frac{2\cdot W}{L}}=\sqrt{\frac{2\times 25}{2}}=5$[A]

11

다음 중에서 자석의 일반적인 성질에 대한 설명으로 틀린 것은?

① N극과 S극이 있다.
② 자력선은 N극에서 나와 S극으로 향한다.
③ 자력이 강할수록 자기력선의 수가 많다.
④ 자석은 고온이 되면 자력이 증가한다.

해설

자석은 고온이 되면 자력이 감소한다.

12

브리지 회로에서 미지의 인덕턴스 L_x를 구하면?

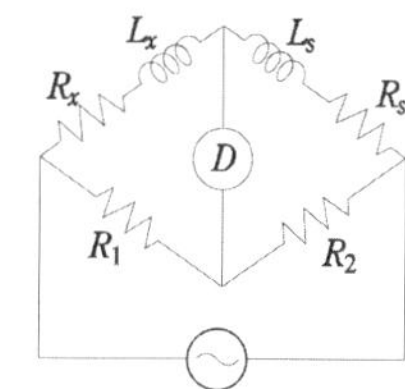

① $L_x=\frac{R_2}{R_1}L_s$ ② $L_x=\frac{R_1}{R_2}L_s$

③ $L_x=\frac{R_s}{R_1}L_s$ ④ $L_x=\frac{R_1}{R_s}L_s$

해설

브리지 평형상태에서

$R_1(R_s+j\omega L_s)=R_2\cdot(R_x+j\omega L_x)$

$R_1\cdot R_s+j\omega L_sR_1=R_2\cdot R_x+j\omega L_xR_2$

$R_1\cdot R_s=R_2R_x$, $L_sR_1=L_x\cdot R_2$

$L_x=\frac{R_1}{R_2}\times L_s$

13

기전력 1.5[V], 내부저항 0.2[Ω]인 전지 5개를 직렬로 접속하여 단락시켰을 때의 전류[A]는?

① 1.5[A] ② 2.5[A]
③ 6.5[A] ④ 7.5[A]

해설

$I=\frac{n\cdot E}{\frac{n}{m}r+R}$[A] ($n$: 직렬연결수, m : 병렬연결수)

($n=5$, $m=1$, $R=0$)

$I=\frac{5\times 1.5}{\frac{5}{1}\times 0.2+0}=7.5$[A]

14

플레밍의 오른손 법칙에서 셋째 손가락의 방향은?

① 운동 방향 ② 자속밀도의 방향
③ 유도기전력의 방향 ④ 자력선의 방향

해설

$e=vBl\sin\theta$[V]

- 첫째 손가락 : 운동 방향
- 둘째 손가락 : 자속밀도 방향
- 셋째 손가락 : 유도기전력 방향

정답 10 ④ 11 ④ 12 ② 13 ④ 14 ③

15

비정현파의 실효값을 나타낸 것은?

① 최대파의 실효값
② 각 고조파의 실효값의 합
③ 각 고조파의 실효값의 합의 제곱근
④ 각 고조파의 실효값의 제곱의 합의 제곱근

해설

$v=\sqrt{2}V_1\cdot\sin\omega t+\sqrt{2}V_2\cdot\sin2\omega t+\sqrt{2}V_3\cdot\sin3\omega t+....$

$V=\sqrt{V_1^2+V_2^2+V_3^2+......}$

16

C_1, C_2를 직렬로 접속한 회로에 C_3를 병렬로 접속하였다. 이 회로의 합성 정전용량[F]은?

① $C_3+\dfrac{1}{\dfrac{1}{C_1}+\dfrac{1}{C_2}}$　② $C_1+\dfrac{1}{\dfrac{1}{C_2}+\dfrac{1}{C_3}}$

③ $\dfrac{C_1+C_2}{C_3}$　④ $C_1+C_2+\dfrac{1}{C_3}$

해설

$\dfrac{C_1\cdot C_2}{C_1+C_2}=\dfrac{1}{\dfrac{1}{C_1}+\dfrac{1}{C_2}}$

$C=C_3+\dfrac{1}{\dfrac{1}{C_1}+\dfrac{1}{C_2}}$

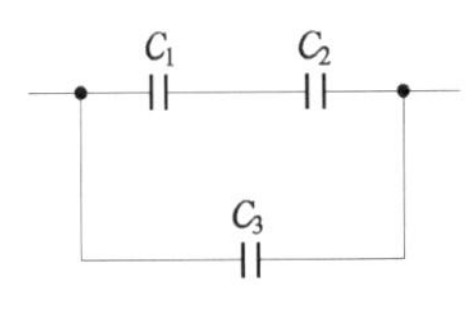

17

두 개의 서로 다른 금속의 접속점에 온도차를 주면 열기전력이 생기는 현상은?

① 홀 효과　② 줄 효과
③ 압전기 효과　④ 제어벡 효과

해설

- 열 → 전기 : 제어벡 효과
- 전기 → 열 : 펠티어 효과(종류가 다를 때)
- 전기 → 열 : 톰슨 효과(종류가 같을 때)

18

진공 중에서 같은 크기의 두 자극을 1[m] 거리에 놓았을 때, 그 작용하는 힘은? (단, 자극의 세기는 1[Wb]이다.)

① 6.33×10^4[N]　② 8.33×10^4[N]
③ 9.33×10^5[N]　④ 9.09×10^9[N]

해설

쿨롱의 법칙

$F=\dfrac{m_1\cdot m_2}{4\pi\mu_0 r^2}=6.33\times10^4\times\dfrac{m^2}{r^2}=6.33\times10^4\times\dfrac{1^2}{1^2}$

$=6.33\times10^4$[N]

19

$Z_1=5+j3[\Omega]$과 $Z_2=7-j3[\Omega]$이 직렬 연결된 회로에 $V=36$[V]를 가한 경우의 전류[A]는?

① 1[A]　② 3[A]
③ 6[A]　④ 10[A]

해설

합성 임피던스　$Z=Z_1+Z_2=(5+7)+j(3-3)=12[\Omega]$

전류　$I=\dfrac{V}{Z}=\dfrac{36}{12}=3$[A]

20

2[C]의 전기량이 이동을 하여 10[J]의 일을 하였다면 두 점 사이의 전위차는 몇 [V]인가?

① 0.2[V]　② 0.5[V]
③ 5[V]　④ 20[V]

해설

전하를 이동 시 에너지　$W=Q\cdot V$

전위차　$V=\dfrac{W}{Q}=\dfrac{10}{2}=5$[V]

정답 15 ④ 16 ① 17 ④ 18 ① 19 ② 20 ③

2012년 2회 기출문제

01

100[kVA] 단상변압기 2대를 V결선하여 3상 전력을 공급할 때의 출력은?

① 17.3[kVA] ② 86.6[kVA]
③ 173.2[kVA] ④ 346.8[KVA]

해설

V결선 출력 $P_V = \sqrt{3}P_n = \sqrt{3}\times 100 = 173.2$[kVA]

02

어떤 정현파 교류의 최대값이 $V_m = 220$[V]이면 평균값 V_a는?

① 약 120.4[V] ② 약 125.4[V]
③ 약 127.3[V] ④ 약 140.1[V]

해설

실효값 $V = \dfrac{V_m}{\sqrt{2}}$

평균값 $V_{av} = \dfrac{2}{\pi}V_m = \dfrac{2}{\pi}\times 220 = 140.1$[V]

03

어떤 콘덴서에 전압 20[V]를 가할 때 전하 800[μC]이 축적되었다면 이때 축적되는 에너지는?

① 0.008[J] ② 0.16[J]
③ 0.8[J] ④ 160[J]

해설

축적된 에너지 $W = \dfrac{1}{2}CV^2 = \dfrac{Q^2}{2C} = \dfrac{1}{2}QV$[J]에서

$W = \dfrac{1}{2}QV = \dfrac{1}{2}\times 800\times 10^{-6}\times 20 = 8\times 10^{-3}$[J]

04

진공 중에 두 자극 m_1, m_2를 r[m]의 거리에 놓았을 때 작용하는 힘 F의 식으로 옳은 것은?

① $F = \dfrac{1}{4\pi\mu_o}\times\dfrac{m_1 m_2}{r}$[N]

② $F = \dfrac{1}{4\pi\mu_o}\times\dfrac{m_1 m_2}{r^2}$[N]

③ $F = 4\pi\mu_o\times\dfrac{m_1 m_2}{r}$[N]

④ $F = 4\pi\mu_o\times\dfrac{m_1 m_2}{r^2}$[N]

해설

- 정전계 $F = \dfrac{Q_1 Q_2}{4\pi\epsilon_0 r^2}$
- 정자계 $F = \dfrac{m_1 m_2}{4\pi\mu_0 r^2}$

05

220[V]용 100[W] 전구와 200[W] 전구를 직렬로 연결하여 220[V]의 전원에 연결하면?

① 두 전구의 밝기가 같다.
② 100[W]의 전구가 더 밝다.
③ 200[W]의 전구가 더 밝다.
④ 두 전구 모두 안 켜진다.

해설

직렬연결에서 전류가 일정하므로 저항이 큰 값이 전력이 크므로 저항이 큰 값인 전구의 밝기가 크다.

$P_1 = I^2R_1$[W], $P_2 = I^2R_2$[W]에서

$R_1 = \dfrac{V^2}{P_1} = \dfrac{220^2}{100} = 484[\Omega]$, $R_2 = \dfrac{V^2}{P_2} = \dfrac{220^2}{200} = 161.33[\Omega]$

따라서, $R_1 > R_2$이므로 $P_1 > P_2$가 되어 100[W]가 200[W]보다 밝다.

정답 01 ③ 02 ④ 03 ① 04 ② 05 ②

06

2개의 코일을 서로 근접시켰을 때 한 쪽 코일의 전류가 변화하면 다른 쪽 코일에 유도 기전력이 발생하는 현상을 무엇이라고 하는가?

① 상호 결합　② 자체 유도
③ 상호 유도　④ 자체 결합

해설

$e_2 = -M\dfrac{di_1}{dt}$

07

어떤 전지에서 5[A]의 전류가 10분간 흘렀다면 이 전지에서 나온 전기량은?

① 0.83[C]　② 50[C]
③ 250[C]　④ 3,000[C]

해설

$Q = ne = I \cdot t = C \cdot V$[C]

$Q = I \cdot t = 5 \times 10 \times 60 = 3{,}000$[A・s]

08

"물질 중의 자유전자가 과잉된 상태"란?

① (−) 대전상태　② (+) 대전상태
③ 발열상태　④ 중성상태

해설

중성 물체에 외부에서 자유전자가 주어진 상태를 (−) 대전상태라 한다.

09

$R = 4[\Omega]$, $\omega L = 3[\Omega]$의 직렬회로에 $V = 100\sqrt{2}\sin\omega t + 30\sqrt{2}\sin 3\omega t$[V]의 전압을 가할 때 전력은 약 몇 [W]인가?

① 1,170[W]　② 1,563[W]
③ 1,637[W]　④ 2,116[W]

해설

$P = I^2 R$

$I_1 = \dfrac{V_1}{Z_1} = \dfrac{V_1}{\sqrt{R^2 + (\omega L)^2}} = \dfrac{100}{\sqrt{4^2 + 3^2}} = 20[A]$

$I_3 = \dfrac{V_3}{Z_3} = \dfrac{V_3}{\sqrt{R^2 + (3\omega L)^2}} = \dfrac{30}{\sqrt{4^2 + (3\times 3)^2}} = 3.05[A]$

$I = \sqrt{I_1^2 + I_3^2} = \sqrt{20^2 + 3.05^2} = 20.23[A]$

전력 $P = I^2 R = 20.23^2 \times 4 = 1{,}637[W]$

10

그림의 브리지 회로에서 평형이 되었을 때의 C_X는?

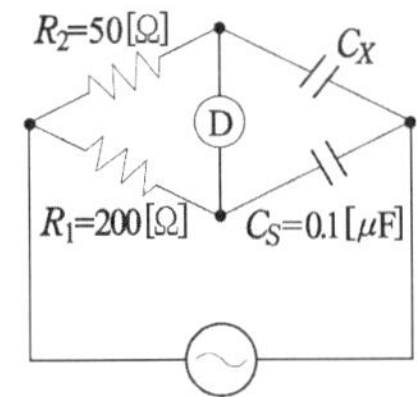

① 0.1[μF]　② 0.2[μF]
③ 0.3[μF]　④ 0.4[μF]

해설

브리지 평형 상태에서

$R_1 \times \dfrac{1}{j\omega C_X} = R_2 \times \dfrac{1}{j\omega C_S}$　　$\dfrac{R_1}{C_X} = \dfrac{R_2}{C_S}$

$C_X = \dfrac{R_1}{R_2} \times C_S = \dfrac{200}{50} \times 0.1 = 0.4$

11

기전력이 V_0, 내부저항이 $r[\Omega]$인 n개의 전지를 직렬 연결하였다. 전체 내부저항은 얼마인가?

① $\dfrac{r}{n}$　② nr
③ $\dfrac{r}{n^2}$　④ nr^2

정답 06 ③ 07 ④ 08 ① 09 ③ 10 ④ 11 ②

해설

전지를 직렬과 병렬 연결 시 전체 내부저항

$R_0 = \frac{n}{m}r$ (n : 직렬연결수, m : 병렬연결수)

$R_0 = \frac{n}{1} \times r = nr$

12

△ 결선인 3상 유도 전동기의 상전압(V_p)과 상전류(I_p)를 측정하였더니 각각 200[V], 30[A]이었다. 이 3상 유도전동기의 선간전압(V_l)과 선전류(I_l)의 크기는 각각 얼마인가?

① $V_l = 200$[V], $I_l = 30$[A]

② $V_l = 200\sqrt{3}$[V], $I_l = 30$[A]

③ $V_l = 200\sqrt{3}$[V], $I_l = 30\sqrt{3}$[A]

④ $V_l = 200$[V], $I_l = 30\sqrt{3}$[A]

해설

△결선

$V_l = V_p$ $\quad I_l = \sqrt{3} I_p$

Y결선

$V_l = \sqrt{3} V_p$ $\quad I_l = I_p$

$V_l = 200$[V], $I_l = \sqrt{3} \times 30$[A]

(V_l : 선간전압, V_p : 상전압, I_l : 선전류, I_p : 상전류)

13

용량을 변화시킬 수 있는 콘덴서는?

① 바리콘 콘덴서 ② 전해 콘덴서

③ 마일러 콘덴서 ④ 세라믹 콘덴서

14

자기 인덕턴스가 200[mH], 450[mH]인 두 코일의 상호 인덕턴스는 60[mH]이다. 두 코일의 결합계수는?

① 0.1 ② 0.2

③ 0.3 ④ 0.4

해설

상호 인덕턴스 $M = k\sqrt{L_1 L_2}$

결합계수 $k = \frac{M}{\sqrt{L_1 L_2}} = \frac{60}{\sqrt{200 \times 450}} = 0.2$

15

그림의 병렬 공진회로에서 공진 임피던스 Z_0[Ω]은?

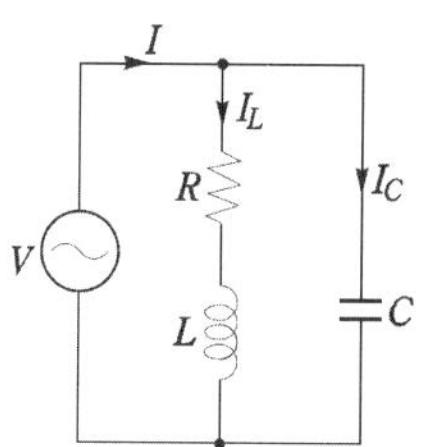

① $\frac{L}{CR}$ ② $\frac{CL}{R}$

③ $\frac{R}{CL}$ ④ $\frac{CR}{L}$

해설

일반적인 공진 시 어드미턴스 $Y = \frac{C}{L}R$

임피던스 $Z = \frac{1}{Y} = \frac{L}{CR}$

16

자기력선에 대한 설명으로 옳지 않은 것은?

① 자석의 N극에서 시작하여 S극에서 끝난다.

② 자기장의 방향은 그 점을 통과하는 자기력선의 방향으로 표시한다.

③ 자기력선은 상호간에 교차한다.

④ 자기장의 크기는 그 점에 있어서의 자기력선의 밀도를 나타낸다.

해설

자기력선은 서로 교차하지 않는다.

정답 12 ④ 13 ① 14 ② 15 ① 16 ③

17

줄의 법칙에서 발열량 계산식을 옳게 표시한 것은?

① $H = I^2R[cal]$
② $H = I^2R^2t[cal]$
③ $H = I^2R^2[cal]$
④ $H = 0.24I^2Rt[cal]$

해설

전력 $P = VI = I^2R = \frac{V^2}{R}$[W]

전력량 $W = P \cdot t = VI \cdot t = I^2Rt = \frac{V^2}{R}t$[J]

열량 $H = 0.24W = 0.24Pt$

$= 0.24VIt = 0.24I^2Rt = 0.24\frac{V^2}{R}t[cal]$

18

플레밍의 왼손 법칙에서 전류의 방향을 나타내는 손가락은?

① 엄지
② 검지
③ 중지
④ 약지

해설

전동기의 경우 전류방향을 나타내는 것은 중지이다.

- 엄지 : 힘의 방향
- 검지 : 자속밀도의 방향
- 중지 : 전류의 방향

19

자속밀도 $B = 0.2[\text{Wb/m}^2]$의 자장 내에 길이 2[m], 폭 1[m], 권수 5회의 구형 코일이 자장과 30°의 각도로 놓여 있을 때 코일이 받는 회전력은? (단, 이 코일에 흐르는 전류는 2[A]이다.)

① $\sqrt{\frac{3}{2}}$ [N・m]
② $\frac{\sqrt{3}}{2}$ [N・m]
③ $2\sqrt{3}$ [N・m]
④ $\sqrt{3}$ [N・m]

해설

평면 코일의 회전력

$T = NBSI\cos\theta = NBabI\cos\theta$

$= 5 \times 0.2 \times 2 \times 1 \times 2 \times \cos 30° = 2\sqrt{3}$ [N・m]

20

직류 250[V]의 전압에 두 개의 150[V]용 전압계를 직렬로 접속하여 측정하면 각 계기의 지시값 V_1, V_2는 각각 몇 [V]인가? (단, 전압계 V_1, V_2의 내부저항은 각각 6[kΩ], 4[kΩ]이다.)

① $V_1 = 250$, $V_2 = 150$
② $V_1 = 150$, $V_2 = 100$
③ $V_1 = 100$, $V_2 = 150$
④ $V_1 = 150$, $V_2 = 250$

해설

전압 분배 법칙에 의해 구한다.

$V_1 = \frac{R_1}{R_1 + R_2} \times V = \frac{6}{6+4} \times 250 = 150[V]$

$V_2 = \frac{R_2}{R_1 + R_2} \times V = \frac{4}{6+4} \times 250 = 100[V]$

정답 17 ④ 18 ③ 19 ③ 20 ②

2012년 3회 기출문제

01

정전용량 C_1, C_2가 병렬 접속되어 있을 때의 합성 정전용량은?

① $C_1 + C_2$　② $\frac{1}{C_1} + \frac{1}{C_2}$

③ $\frac{C_1 C_2}{C_1 + C_2}$　④ $\frac{1}{C_1 + C_2}$

해설

- 콘덴서 병렬 연결 시 합성 정전용량 $C = C_1 + C_2$
- 콘덴서 직렬 연결 시 합성 정전용량 $C = \frac{C_1 C_2}{C_1 + C_2}$

02

전압계의 측정 범위를 넓히는 데 사용되는 기기는?

① 배율기　② 분류기

③ 정압기　④ 정류기

해설

- 배율기 : 전압의 측정 범위를 확대하기 위하여 저항을 직렬로 연결한다.
- 분류기 : 전류의 측정 범위를 확대하기 위하여 저항을 병렬로 연결한다.

03

$L = 0.05$[H]의 코일에 흐르는 전류가 0.05[sec] 동안에 2[A]가 변했다. 코일에 유도되는 기전력[V]은?

① 0.5[V]　② 2[V]

③ 10[V]　④ 25[V]

해설

$L = 0.05[H]$

$v = \left| -L\frac{di}{dt} \right| = 0.05 \times \frac{2}{0.05} = 2[V]$

04

어떤 도체의 길이를 n배로 하고 단면적을 $\frac{1}{n}$로 하였을 때의 저항은 원래 저항보다 어떻게 되는가?

① n배로 된다.　② n^2배로 된다.

③ $\sqrt{n}$ 배로 된다.　④ $\frac{1}{n}$로 된다.

해설

저항 $R = \rho\frac{l}{S}$

길이와 단면적이 변한 경우 $R' = \rho \times \frac{nl}{\frac{S}{n}} = n^2 \rho \frac{l}{S} = n^2 R$

05

5[mH]의 코일에 220[V], 60[Hz]의 교류를 가할 때 전류는 약 몇 [A]인가?

① 43[A]　② 58[A]

③ 87[A]　④ 117[A]

해설

$I = \frac{V}{Z} = \frac{V}{\omega L} = \frac{V}{2\pi f L} = \frac{220}{2\pi \times 60 \times 5 \times 10^{-3}} = 117[A]$

06

1상의 $R = 12[\Omega]$, $X_L = 16[\Omega]$을 직렬로 접속하여 선간전압 200[V]의 대칭 3상교류 전압을 가할 때의 역률은?

① 60[%]　② 70[%]

③ 80[%]　④ 90[%]

해설

$R-L$ 직렬

임피던스 $Z = R + j\omega L = R + jX_L = 12 + j16$

역률 $\cos\theta = \frac{R}{Z} = \frac{R}{\sqrt{R^2 + X_L^2}} = \frac{12}{\sqrt{12^2 + 16^2}} = 0.6$

정답 01 ① 02 ① 03 ② 04 ② 05 ④ 06 ①

07

전류에 의해 만들어지는 자기장의 자기력선 방향을 간단하게 알아내는 방법은?

① 플레밍의 왼손 법칙
② 렌츠의 자기유도 법칙
③ 앙페르의 오른나사 법칙
④ 패러데이의 전자유도 법칙

해설

앙페르의 오른나사 법칙

08

다음 중 1차 전지에 해당하는 것은?

① 망간 건전지 ② 납축 전지
③ 니켈카드뮴 전지 ④ 리튬 이온 전지

해설

1차 전지 : 방전한 뒤 충전으로 본래의 상태로 되돌릴 수 없는 비가역적 화학반응을 하는 전지를 말한다.
(예 망간 건전지, 알카리 건전지 등)

09

자기회로의 길이 l[m], 단면적 A[m^2], 투자율 μ[H/m]일 때 자기저항 R[AT/Wb]을 나타내는 것은?

① $R=\frac{\mu l}{A}$[AT/Wb] ② $R=\frac{A}{\mu l}$[AT/Wb]
③ $R=\frac{\mu A}{l}$[AT/Wb] ④ $R=\frac{l}{\mu A}$[AT/Wb]

해설

- 전기저항 $R=\rho\frac{l}{A}=\frac{l}{kA}$
- 자기저항 $R_m=\frac{l}{\mu A}$

10

2[Ω]의 저항에 3[A]의 전류를 1분간 흘릴 때 이 저항에서 발생하는 열량은?

① 약 4[cal] ② 약 86[cal]
③ 약 259[cal] ④ 약 1,080[cal]

해설

- 전력 $P=VI=I^2R=\frac{V^2}{R}$[W]
- 전력량 $W=P\cdot t=VI\cdot t=I^2R\cdot t=\frac{V^2}{R}\cdot t$[J]
- 열량 $H=0.24W=0.24Pt=0.24VIt=0.24I^2Rt=0.24\frac{V^2}{R}t$
$=0.24I^2Rt=0.24\times3^2\times2\times60=259$[cal]

11

2개의 자극 사이에 작용하는 힘의 세기는 무엇에 반비례하는가?

① 전류의 크기 ② 자극 간의 거리의 제곱
③ 자극의 세기 ④ 전압의 크기

해설

쿨롱의 법칙 $F=\frac{m_1m_2}{4\pi\mu_0r^2}$

2개의 자극 사이에 작용하는 힘은 자극 간의 거리의 제곱에 반비례한다.

12

그림과 같이 I[A]의 전류가 흐르고 있는 도체의 미소 부분 Δl의 전류에 의해 이 부분이 r[m] 떨어진 점 P의 자기장 ΔH[A/m]는?

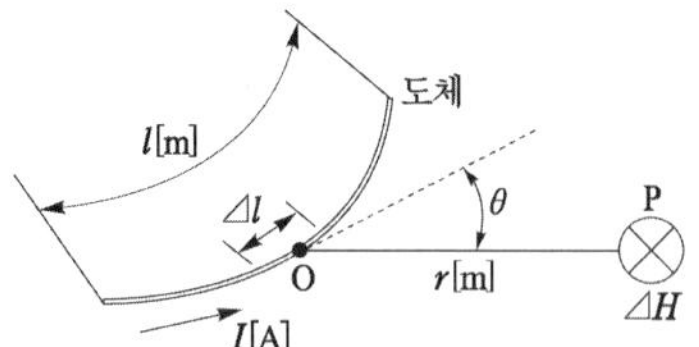

정답 07 ③ 08 ① 09 ④ 10 ③ 11 ② 12 ④

① $\Delta H = \dfrac{I^2 \Delta l \sin\theta}{4\pi r^2}$

② $\Delta H = \dfrac{I \Delta l^2 \sin\theta}{4\pi r}$

③ $\Delta H = \dfrac{I^2 \Delta l \sin\theta}{4\pi r}$

④ $\Delta H = \dfrac{I \Delta l \sin\theta}{4\pi r^2}$

해설

비오사바르 법칙 $\Delta H = \dfrac{I\Delta l \sin\theta}{4\pi r^2}$[AT/m]

13

회로에서 검류계의 지시가 0일 때 저항 X는 몇 [Ω] 인가?

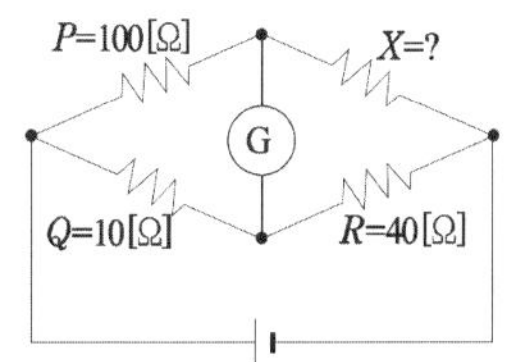

① 10[Ω]　② 40[Ω]
③ 100[Ω]　④ 400[Ω]

해설

브리지 평형상태에서

$100 \times 40 = 10X$

$X = \dfrac{100 \times 40}{10} = 400[\Omega]$

14

$e = 100\sqrt{2}\sin\left(100\pi t - \dfrac{\pi}{3}\right)$[V]인 정현파 교류전압의 주파수는 얼마인가?

① 50[Hz]　② 60[Hz]
③ 100[Hz]　④ 314[Hz]

해설

$e = 100\sqrt{2}\sin\left(100\pi t - \dfrac{\pi}{3}\right)$[V]

각주파수 $\omega = 2\pi f$

주파수 $f = \dfrac{\omega}{2\pi} = \dfrac{100\pi}{2\pi} = 50$[Hz]

15

그림은 실리콘 제어소자인 SCR을 통전시키기 위한 회로도이다. 바르게 된 회로는?

①

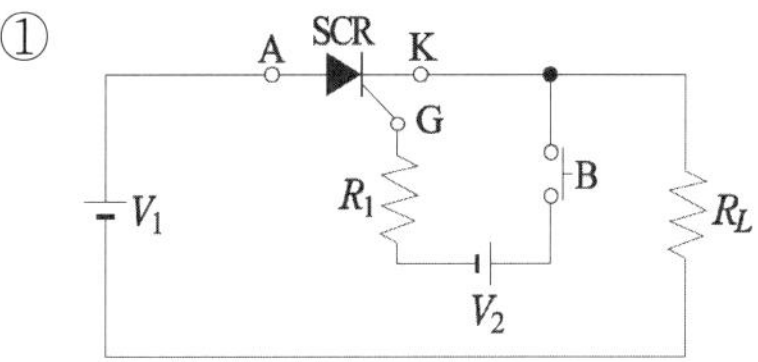

②

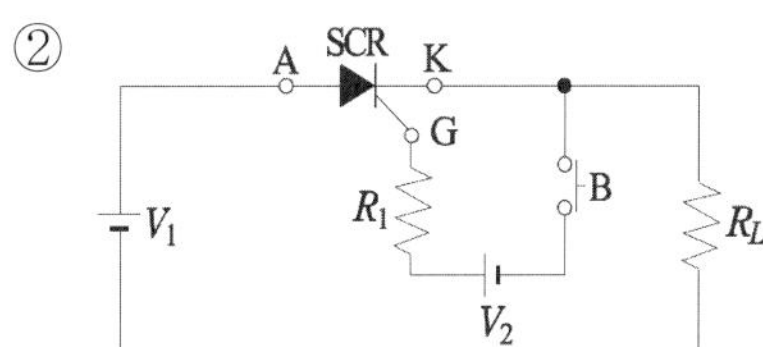

③

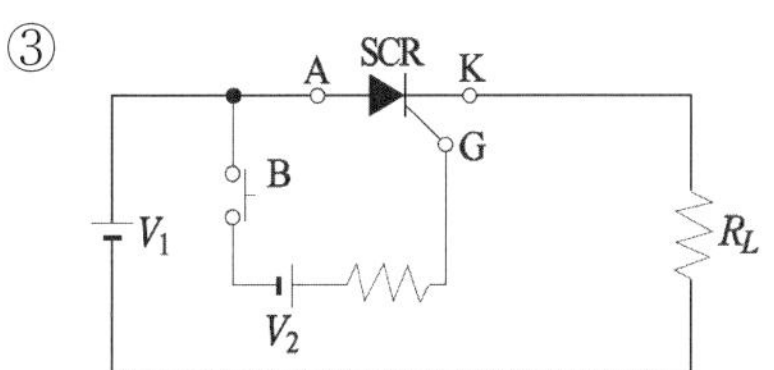

④

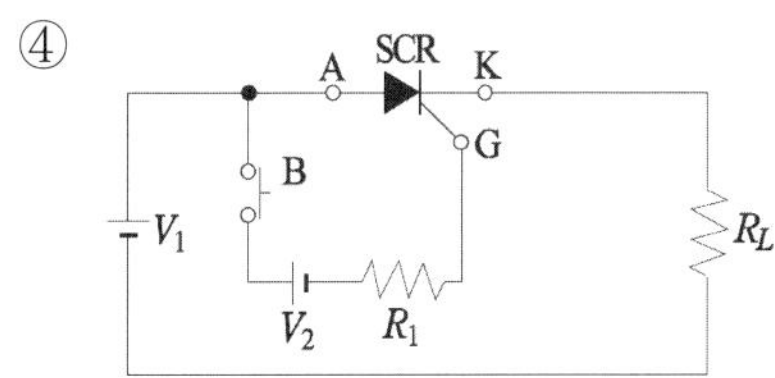

정답 13 ④ 14 ① 15 ②

16

5[Ω], 10[Ω], 15[Ω]의 저항을 직렬로 접속하고 전압을 가하였더니 10[Ω]의 저항 양단에 30[V]의 전압이 측정되었다. 이 회로에 공급되는 전전압은 몇 [V]인가?

① 30[V] ② 60[V]
③ 90[V] ④ 120[V]

해설

$V_2 = IR_2$에서 $I = \frac{V_2}{R_2} = \frac{30}{10} = 3$[A]

전체 저항 $R_t = 5+10+15 = 30$[Ω]

전전압 $V = IR_t = 3 \times 30 = 90$[V]

17

전계의 세기 50[V/m], 전속밀도 100[C/m²]인 유전체의 단위 체적에 축적되는 에너지는?

① 2[J/m³] ② 250[J/m³]
③ 2,500[J/m³] ④ 5,000[J/m³]

해설

$E = 50$[V/m], 전속밀도 100[C/m²]

축적되는 에너지 밀도 $w = \frac{1}{2}\epsilon E^2 = \frac{D^2}{2\epsilon} = \frac{1}{2}ED$[J/m³]

$w = \frac{1}{2}ED = \frac{1}{2} \times 50 \times 100 = 2,500$[J/m³]

18

자화력(자기장의 세기)을 표시하는 식과 관계가 되는 것은?

① NI ② μIl
③ $\frac{NI}{\mu}$ ④ $\frac{NI}{l}$

해설

자계의 세기 $H = \frac{NI}{l}$[AT/m]

19

평형 3상 △결선에서 선간전압 V_l과 상전압 V_p와의 관계가 옳은 것은?

① $V_l = \frac{1}{\sqrt{3}} V_p$ ② $V_l = \frac{1}{3} V_p$
③ $V_l = V_p$ ④ $V_l = \sqrt{3}\, V_p$

해설

△결선	Y결선
$V_l = V_p$ $I_l = \sqrt{3}\, I_p$	$V_l = \sqrt{3}\, V_p$ $I_l = I_p$

여기서,
V_l : 선간전압, V_p : 상전압, I_l : 선전류, I_p : 상전류

20

"PN 접합의 순방향 저항은 (㉠), 역방향 저항은 매우 (㉡). 따라서 (㉢)작용을 한다." ( ) 안에 들어갈 말로 옳은 것은?

① ㉠ 크고, ㉡ 크다, ㉢ 정류
② ㉠ 작고, ㉡ 크다, ㉢ 정류
③ ㉠ 작고, ㉡ 작다, ㉢ 검파
④ ㉠ 작고, ㉡ 크다, ㉢ 검파

정답 16 ③ 17 ③ 18 ④ 19 ③ 20 ②

2012년 4회 기출문제

01

평형 3상 Y결선에서 상전류 I_p와 선전류 I_l과의 관계는?

① $I_l = 3I_p$　② $I_l = \sqrt{3}\,I_p$

③ $I_l = I_p$　④ $I_l = \frac{1}{3}I_p$

해설

△결선	Y결선
$V_l = V_p$ $I_l = \sqrt{3}\,I_p$	$V_l = \sqrt{3}\,V_p$ $I_l = I_p$

02

그림과 같이 C=2[μF]의 콘덴서가 연결되어 있다. A점과 B점 사이의 합성 정전용량은 얼마인가?

① 1[μF]

② 2[μF]

③ 4[μF]

④ 8[μF]

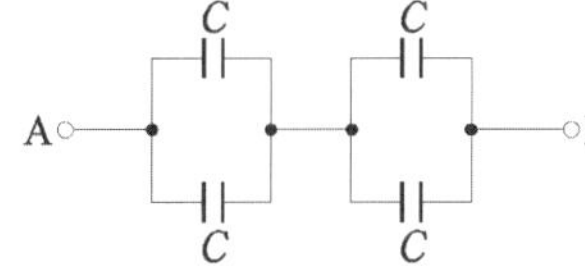

해설

$C_{AB} = \frac{2C}{2} = C = 2[\mu\text{F}]$

03

다음 설명 중 틀린 것은?

① 앙페르의 오른나사 법칙 : 전류의 방향을 오른나사가 진행하는 방향으로 하면, 이때 발생되는 자기장의 방향은 오른나사의 회전 방향이 된다.

② 렌츠의 법칙 : 유도 기전력은 자신의 발생 원인이 되는 자속의 변화를 방해하려는 방향으로 발생한다.

③ 패러데이의 전자 유도 법칙 : 유도 기전력의 크기는 코일을 지나는 자속의 매초 변화량과 코일의 권수에 비례한다.

④ 쿨롱의 법칙 : 두 자극의 사이에 작용하는 자력의 크기는 양 자극의 세기의 곱에 비례하며, 자극 간의 거리의 제곱에 비례한다.

해설

쿨롱의 법칙 $F = \frac{m_1 m_2}{4\pi\mu_0 r^2}$[정자계]

쿨롱의 법칙에 의하여 두 자극 사이에 작용하는 힘은 양 자극의 세기의 곱에 비례하며 자극 간의 거리의 제곱에 반비례한다.

04

200[V], 40[W]의 형광등에 정격 전압이 가해졌을 때 형광등 회로에 흐르는 전류는 0.42[A]이다. 이 형광등의 역률[%]은?

① 37.5　② 47.6

③ 57.5　④ 67.5

해설

단상 전력 $P = VI\cos\theta$

역률 $\cos\theta = \frac{P}{VI} = \frac{40}{200 \times 0.42} = 0.476 = 47.6[\%]$

05

자체 인덕턴스가 각각 L_1, L_2[H]인 두 원통 코일이 서로 직교하고 있다. 두 코일 사이의 상호 인덕턴스[H]는?

① $L_1 + L_2$　② $L_1 L_2$

③ 0　④ $\sqrt{L_1 L_2}$

정답 01 ③ 02 ② 03 ④ 04 ② 05 ③

06

다음 전압과 전류의 위상차는 어떻게 되는가?

$$v = \sqrt{2}\,V\sin(\omega t - \frac{\pi}{3})\text{[V]},$$
$$i = \sqrt{2}\,I\sin(\omega t - \frac{\pi}{6})\text{[A]}$$

① 전류가 $\frac{\pi}{3}$만큼 앞선다.

② 전압이 $\frac{\pi}{3}$만큼 앞선다.

③ 전압이 $\frac{\pi}{6}$만큼 앞선다.

④ 전류가 $\frac{\pi}{6}$만큼 앞선다.

해설

실효값 전압 $V\angle -\frac{\pi}{3} = V\angle -60°$

실효값 전류 $I\angle -\frac{\pi}{6} = I\angle -30°$

위상차 $\theta = |-60-(-30°)| = 30°$

전압이 30° 뒤지므로 전류는 30° 앞선다.

07

1[kWh]는 몇 [J]인가?

① 3.6×10^6　② 860
③ 10^3　④ 10^6

해설

전력량 $W=P\cdot t$[W·s]

$W=1[\text{kWh}]=1[10^3\text{W}\cdot 3{,}600\text{s}]=3{,}600\times10^3[\text{W}\cdot\text{s}]$
$=3.6\times10^6[\text{J}]$

08

다음 중 복소수의 값이 다른 것은?

① $-1+j$　② $-j(1+j)$
③ $\dfrac{(-1-j)}{j}$　④ $j(1+j)$

해설

$j=\sqrt{-1}$,　$j^2=-1$

① $Z=-1+j$

② $Z=-j(1+j)=-j+1$

③ $Z=\dfrac{(-1-j)}{j}=\dfrac{-1-j}{j}\times\dfrac{-j}{-j}=\dfrac{j-1}{1}$

④ $Z=j(1+j)=j-1$

09

열의 전달 방법이 아닌 것은?

① 복사　② 대류
③ 확산　④ 전도

해설

열에너지의 전달 조건 : 대류, 전도, 복사

10

비정현파 종류에 속하는 직사각형파의 전개식에서 기본파의 진폭[V]은? (단, V_m =20[V], T=10[ms])

① 23.47[V]　② 24.47[V]
③ 25.47[V]　④ 26.47[V]

해설

직사각형파의 기본파의 진폭

$V_1=\dfrac{4V_m}{\pi}=\dfrac{4\times20}{\pi}=25.47[\text{V}]$

11

다음은 정전 흡인력에 대한 설명이다. 옳은 것은?

① 정전 흡인력은 전압의 제곱에 비례한다.
② 정전 흡인력은 극판 간격에 비례한다.
③ 정전 흡인력은 극판 면적의 제곱에 비례한다.
④ 정전 흡인력은 쿨롱의 법칙으로 직접 계산한다.

정답 06 ④ 07 ① 08 ② 09 ③ 10 ③ 11 ①

해설

정전 에너지 $W=\frac{1}{2}CV^2=\frac{\epsilon s V^2}{2d}$[J] $(C=\frac{\epsilon s}{d})$

정전 흡인력 $F=\frac{W}{d}=\frac{\epsilon s V^2}{2d^2}$[N]

12

그림의 회로에서 모든 저항값은 2[Ω]이고, 전체전류 I는 6[A]이다. I_1에 흐르는 전류는?

① 1[A]
② 2[A]
③ 3[A]
④ 4[A]

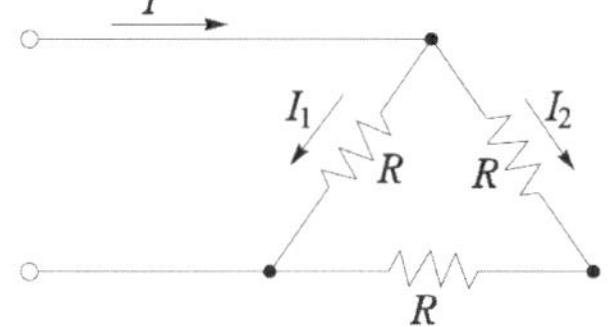

해설

저항 R과 $2R$이 병렬연결이므로

$$I_1=\frac{2R}{R+2R}\times I=\frac{2}{3}\times I=\frac{2}{3}\times 6=4[A]$$

13

1[cm]당 권선수가 10인 무한 길이 솔레노이드에 1[A]의 전류가 흐르고 있을 때 솔레노이드 외부 자계의 세기[AT/m]는?

① 0 ② 10 ③ 100 ④ 1,000

해설

무한장 솔레노이드의 자계의 세기

- 내부 : $H=\frac{N}{l}I=nI$[AT/m]
- 외부 : $H=0$

14

전기장(電氣場)에 대한 설명으로 옳지 않은 것은?

① 대전된 무한장 원통의 내부 전기장은 0이다.
② 대전된 구(球)의 내부 전기장은 0이다.
③ 대전된 도체 내부의 전하 및 전기장은 모두 0이다.
④ 도체 표면의 전기장은 그 표면에 평행하다.

해설

전기장은 도체 표면(등전위)에 수직이다.

15

다음 중 전동기의 원리에 적용되는 법칙은?

① 렌츠의 법칙
② 플레밍의 오른손 법칙
③ 플레밍의 왼손 법칙
④ 옴의 법칙

해설

- 플레밍의 오른손 법칙 : 발전기
- 플레밍의 왼손 법칙 : 전동기

16

그림과 같은 회로에서 a, b 간에 E[V]의 전압을 가하여 일정하게 하고, 스위치 S를 닫았을 때의 전전류 I[A]가 닫기 전 전류의 3배가 되었다면 저항 R_x의 값은 약 몇 [Ω]인가?

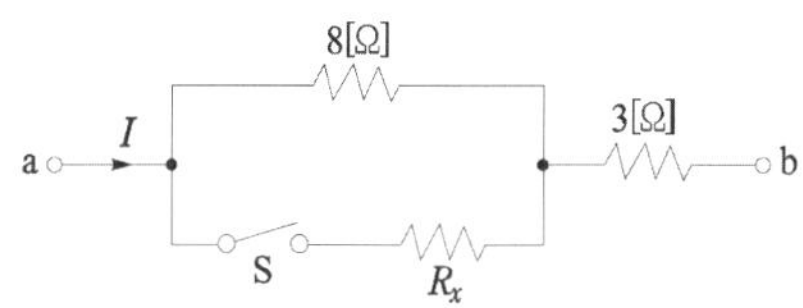

① 0.73 ② 1.44
③ 2.16 ④ 2.88

해설

- S를 닫기 전 전류 $I_1=\frac{E}{8+3}=\frac{E}{11}$
- S를 닫은 후 전류 $I_2=\frac{E}{\frac{8\cdot R_x}{8+R_x}+3}$

$I_2=3I_1$에서

$$\frac{E}{\frac{8\cdot R_x}{8+R_x}+3}=\frac{3E}{11} \qquad \therefore R_x=0.73[\Omega]$$

정답 12 ④ 13 ① 14 ④ 15 ③ 16 ①

17

어떤 도체에 5초간 4[C]의 전하가 이동했다면 이 도체에 흐르는 전류는?

① 0.12×10^3[mA] ② 0.8×10^3[mA]
③ 1.25×10^3[mA] ④ 8×10^3[mA]

해설

$Q = ne = It = CV$

$I = \frac{Q}{t} = \frac{4}{5} = 0.8[A] = 0.8 \times 10^3[mA]$

18

내부 저항이 0.1[Ω]인 전지 10개를 병렬 연결하면, 전체 내부 저항은?

① 0.01[Ω] ② 0.05[Ω]
③ 0.1[Ω] ④ 1[Ω]

해설

$R_0 = \frac{n}{m} r = \frac{1}{10} \times r = \frac{1 \times 0.1}{10} = 0.01[\Omega]$

(n : 직렬 연결수, m : 병렬 연결수)

19

저항 $R = 6[\Omega]$, 용량성 리액턴스 $X_c = 8[\Omega]$이 직렬로 접속되어 회로에 $I = 10$[A]의 전류가 흐른다면 전압[V]은?

① $60 + j80$ ② $60 - j80$
③ $100 + j150$ ④ $100 - j150$

해설

$Z = R - \frac{1}{j\omega C} = R - jX_c = 6 - j8$, $I = 10[A]$

$V = Z \cdot I = (6 - j8) \times 10 = 60 - j80$

20

저항 R_1, R_2의 병렬회로에서 R_2에 흐르는 전류가 I일 때 전 전류는?

① $\frac{R_1 + R_2}{R_1} I$ ② $\frac{R_1 + R_2}{R_2} I$
③ $\frac{R_1}{R_1 + R_2} I$ ④ $\frac{R_2}{R_1 + R_2} I$

해설

$I = \frac{R_1}{R_1 + R_2} \times I_0$

전전류 $I_0 = \frac{R_1 + R_2}{R_1} \times I$

정답 17 ② 18 ① 19 ② 20 ①

제1과목 전기이론 2013년 기출문제

2013년 1회 기출문제

01

100[V]의 교류 전원에 선풍기를 접속하고 입력과 전류를 측정하였더니 500[W], 7[A]였다. 이 선풍기의 역률은?

① 0.61　② 0.71
③ 0.81　④ 0.91

해설

전력 $P = VI\cos\theta$에서

역률 $\cos\theta = \frac{P}{VI} = \frac{500}{100\times 7} = 0.71$

02

정전용량이 같은 콘덴서 10개가 있다. 이것을 병렬 접속할 때의 값은 직렬 접속할 때의 값보다 어떻게 되는가?

① $\frac{1}{10}$로 감소한다.　② $\frac{1}{100}$로 감소한다.
③ 10배로 증가한다.　④ 100배로 증가한다.

해설

$\frac{C_{병}}{C_{직}} = \frac{10C}{\frac{C}{10}} = 10^2$[배]

03

환상철심의 평균자로길이 l[m], 단면적 A[m^2], 비투자율 μ_s, 권수 N_1, N_2인 두 코일의 상호 인덕턴스는?

① $\frac{2\pi\mu_s l N_1 N_2}{A}\times 10^{-7}$[H]

② $\frac{AN_1N_2}{2\pi\mu_s l}\times 10^{-7}$[H]

③ $\frac{4\pi\mu_s AN_1N_2}{l}\times 10^{-7}$[H]

④ $\frac{4\pi^2\mu_s N_1N_2}{Al}\times 10^{-7}$[H]

해설

자기(자체) 인덕턴스 $L = \frac{\mu AN^2}{l}$[H]

상호 인덕턴스 $M = \frac{\mu AN_1N_2}{l} = \frac{4\pi\mu_s AN_1N_2}{l}\times 10^{-7}$[H]

04

다음이 설명하는 것은?

> "금속 A와 B로 만든 열전쌍과 접점 사이에 임의의 금속 C를 연결해도 C의 양 끝에 접점의 온도를 똑같이 유지하면 이 회로의 열기전력은 변화하지 않는다."

① 제어벡 효과　② 톰슨 효과
③ 제3금속의 법칙　④ 펠티어 법칙

해설

제3금속의 법칙

금속 A와 B로 만든 열전쌍과 접점 사이에 임의의 금속 C를 연결해도 C의 양 끝에 접점의 온도를 똑같이 유지하면 이 회로의 열기전력은 변화하지 않는다.

정답 01 ② 02 ④ 03 ③ 04 ③

05

전류에 의해 발생되는 자기장에서 자력선의 방향을 간단하게 알아내는 법칙은?

① 오른나사의 법칙　② 플레밍의 왼손 법칙
③ 주회적분의 법칙　④ 줄의 법칙

해설
전류에 의한 자력선의 방향을 알아내는 법칙은 오른나사 법칙이다.

06

키르히호프의 법칙을 이용하여 방정식을 세우는 방법으로 잘못된 것은?

① 키르히호프의 제1법칙을 회로망의 임의의 한 점에 적용한다.
② 각 폐로에서 키르히호프의 제2법칙을 적용한다.
③ 각 회로의 전류를 문자로 나타내고 방향을 가정한다.
④ 계산결과 전류가 +로 표시된 것은 처음에 정한 방향과 반대방향을 나타낸다.

해설
계산결과 전류가 +로 표시된 것은 처음에 정한 방향과 같은 방향을 나타낸다.

07

1차 전지로 가장 많이 사용되는 것은?

① 니켈-카드뮴전지　② 연료전지
③ 망간건전지　④ 납축전지

해설
- 1차 전지 : 망간전지, 알칼라인 전지 등
- 2차 전지 : 니켈-카드뮴, 리튬이온, 니켈-수소, 리튬폴리머 등

08

절연체 중에서 플라스틱, 고무, 종이, 운모 등과 같이 전기적으로 분극 현상이 일어나는 물체를 특히 무엇이라 하는가?

① 도체　② 유전체
③ 도전체　④ 반도체

09

그림의 회로에서 전압 100[V]의 교류전압을 가했을 때 전력은?

① 10[W]
② 60[W]
③ 100[W]
④ 600[W]

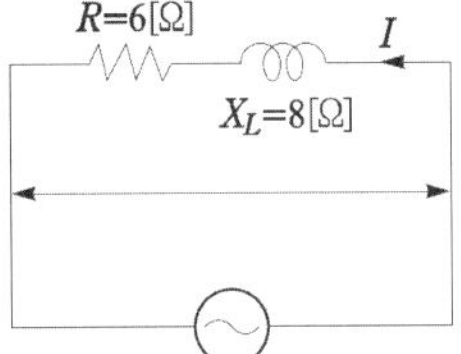

해설
직렬회로의 전력

$$P = I^2R = \left(\frac{V}{Z}\right)^2 R = \left(\frac{100}{10}\right)^2 \times 6 = 600[\text{W}]$$

$$(Z = R + jX_L = 6 + j8 = \sqrt{6^2 + 8^2} = 10[\Omega])$$

10

Y-Y 결선 회로에서 선간전압이 200[V]일 때 상전압은 약 몇 [V]인가?

① 100[V]　② 115[V]
③ 120[V]　④ 135[V]

해설
Y결선

$$V_l = \sqrt{3}\,V_P, \quad V_P = \frac{V_l}{\sqrt{3}} = \frac{200}{\sqrt{3}} = 115[\text{V}], \quad I_l = I_P$$

정답 05 ① 06 ④ 07 ③ 08 ② 09 ④ 10 ②

11

저항과 코일이 직렬 연결된 회로에서 직류 220[V]를 인가하면 20[A]의 전류가 흐르고, 교류 V=220[V]를 인가하면 I=10[A]의 전류가 흐른다. 이 코일의 리액턴스[Ω]는?

① 약 19.05[Ω] ② 약 16.06[Ω]
③ 약 13.06[Ω] ④ 약 11.04[Ω]

해설

$R-L$ 직렬회로

직류 $V=220[V]$, $I=20[A]$,

$R=\frac{V}{I}=\frac{220}{20}=11[\Omega]$

교류 $V=220[V]$, $I=10[A]$

$R-L$ 직렬 $Z=R+j\omega L=\sqrt{R^2+(\omega L)^2}$

$Z=\frac{V}{I}=\frac{220}{10}=22[\Omega]$

$22=\sqrt{R^2+(\omega L)^2}$ $22=\sqrt{11^2+(\omega L)^2}$ $22^2-11^2=(\omega L)^2$

$\omega L=\sqrt{22^2-11^2}=19.05$

12

100[V], 300[W]의 전열선의 저항값은?

① 약 0.33[Ω] ② 약 3.33[Ω]
③ 약 33.3[Ω] ④ 약 333[Ω]

해설

전력 $P=\frac{V^2}{R}$에서

저항 $R=\frac{V^2}{P}=\frac{100^2}{300}=\frac{100}{3}=33.3[\Omega]$

13

RLC 직렬회로에서 전압과 전류가 동상이 되기 위한 조건은?

① $L=C$ ② $\omega LC=1$
③ $\omega^2 LC=1$ ④ $(\omega LC)^2=1$

해설

공진조건 $(\omega L=\frac{1}{\omega C})$ $\omega^2 LC=1$

14

자석에 대한 성질을 설명한 것으로 옳지 못한 것은?

① 자극은 자석의 양 끝에서 가장 강하다.
② 자극이 가지는 자기량은 항상 N극이 강하다.
③ 자석에는 언제나 두 종류의 극성이 있다.
④ 같은 극성의 자석은 서로 반발하고, 다른 극성은 서로 흡인한다.

해설

자극이 가지는 자기량은 N극과 S극이 같다.

15

다음 중 자장의 세기에 대한 설명으로 잘못된 것은?

① 자속밀도에 투자율을 곱한 것과 같다.
② 단위자극에 작용하는 힘과 같다.
③ 단위 길이당 기자력과 같다.
④ 수직 단면의 자력선 밀도와 같다.

해설

자속밀도 $B=\mu H$

자장의 세기 $H=\frac{B}{\mu}$이므로 자장의 세기는 자속밀도를 투자율로 나눈 값과 같다.

정답 11 ① 12 ③ 13 ③ 14 ② 15 ①

16

14[C]의 전기량이 이동해서 560[J]의 일을 했을 때 기전력은 얼마인가?

① 40[V] ② 140[V]
③ 200[V] ④ 240[V]

해설

Q[C]의 전기량 이동 시 에너지[일] $W=Q\cdot V$[J]에서

기전력 $V=\frac{W}{Q}=\frac{560}{14}=40[V]$

17

1개의 전자 질량은 약 몇 [kg]인가?

① 1.679×10^{-31} ② 9.109×10^{-31}
③ 1.67×10^{-27} ④ 9.109×10^{-27}

해설

전자

- 전하량 $e=1.602\times10^{-19}$[C]
- 질량 $m=9.109\times10^{-31}$

18

평등자장 내에 있는 도선에 전류가 흐를 때 자장의 방향과 어떤 각도로 되어 있으면 작용하는 힘이 최대가 되는가?

① 30° ② 45°
③ 60° ④ 90°

해설

플레밍의 왼손 법칙(전동기)에서 도선에 작용하는 힘

$F=IBl\sin\theta$[N]

$\theta=0°$: 최소, $\theta=90°$: 최대

19

반도체로 만든 PN접합은 무슨 작용을 하는가?

① 정류 작용 ② 발진 작용
③ 증폭 작용 ④ 변조 작용

20

$V=200$[V], $C_1=10[\mu F]$, $C_2=5[\mu F]$인 2개의 콘덴서가 병렬로 접속되어 있다. 콘덴서 C_1에 축적되는 전하[μC]는?

① 100[μC] ② 200[μC]
③ 1,000[μC] ④ 2,000[μC]

해설

병렬연결 = 전압일정

$Q_1=C_1V=10\times10^{-6}\times200=2{,}000\times10^{-6}=2{,}000[\mu C]$

$Q_2=C_2V=5\times10^{-6}\times200=1{,}000\times10^{-6}=1{,}000[\mu C]$

정답 16 ① 17 ② 18 ④ 19 ① 20 ④

2013년 2회 기출문제

01

히스테리시스 곡선에서 가로축과 만나는 점과 관계있는 것은?

① 보자력 ② 잔류자기
③ 자속밀도 ④ 기자력

해설

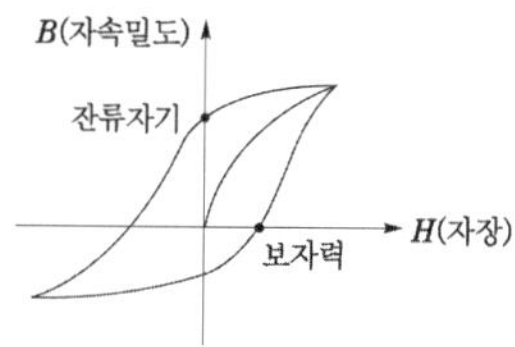

히스테리시스 곡선에서
가로축과 만나는 점은 보자력이고,
세로축과 만나는 점은 잔류자기이다.

02

1[Ah]는 몇 [C]인가?

① 1,200 ② 2,400
③ 3,600 ④ 4,800

해설

전기량

$Q = ne = It = CV$

$Q = It = 1[\text{Ah}] = 1 \times 3{,}600[\text{A} \cdot \text{sec}] = 3{,}600$

03

[VA]는 무엇의 단위인가?

① 피상전력 ② 무효전력
③ 유효전력 ④ 역률

해설

• 피상전력 [VA] • 유효전력 [W] • 무효전력 [Var]

04

정전용량이 10[μF]인 콘덴서 2개를 병렬로 했을 때의 합성 정전용량은 직렬로 했을 때의 합성 정전용량보다 어떻게 되는가?

① $\frac{1}{4}$로 줄어든다. ② $\frac{1}{2}$로 줄어든다.
③ 2배로 늘어난다. ④ 4배로 늘어난다.

해설

콘덴서 $\frac{C_{병}}{C_{직}} = \frac{2C}{\frac{C}{2}} = 2^2$

05

납축전지의 전해액으로 사용되는 것은?

① H_2SO_4 ② $2H_2O$
③ PbO_2 ④ $PbSO_4$

해설

$$\underset{(양극)}{PbO_2} + \underset{(전해액)}{2H_2SO_4} + \underset{(음극)}{Pb} \underset{충전}{\overset{방전}{\rightleftarrows}} \underset{(양극)}{PbSO_4} + \underset{(전해액)}{2H_2O} + \underset{(음극)}{PbSO_4}$$

납축전지의 전해액은 묽은황산(H_2SO_4)이다.

06

그림과 같이 공기 중에 놓인 2×10^{-8}[C]의 전하에서 2[m] 떨어진 점 P와 1[m] 떨어진 점 Q와의 전위차는?

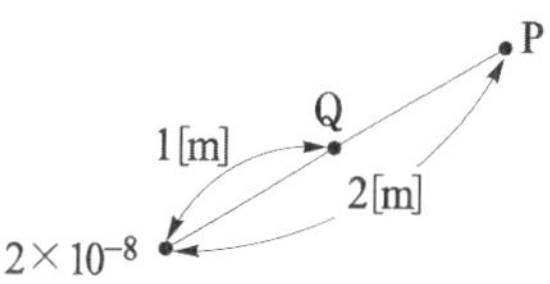

① 80[V] ② 90[V]
③ 100[V] ④ 110[V]

정답 01 ① 02 ③ 03 ① 04 ④ 05 ① 06 ②

해설

전위차 $V=V_1-V_2=\frac{Q}{4\pi\epsilon_1 r_1}-\frac{Q}{4\pi\epsilon_0 r_2}=\frac{Q}{4\pi\epsilon_0}\left(\frac{1}{r_1}-\frac{1}{r_2}\right)$

$=9\times10^9\times2\times10^{-8}\left(\frac{1}{1}-\frac{1}{2}\right)=9\times10=90[\text{V}]$

07

어떤 사인파 교류전압의 평균값이 191[V]이면 최대값은?

① 150[V] ② 250[V]
③ 300[V] ④ 400[V]

해설

- 정현파(사인파)의 실효값 $V=\frac{V_m}{\sqrt{2}}$
- 정현파(사인파)의 평균값 $V_{ab}=\frac{2}{\pi}V_m$ 에서

최대값 $V_m=\frac{\pi}{2}\times V_{ab}=\frac{\pi}{2}\times191=300[\text{V}]$

08

Δ 결선 시 V_l(선간전압), V_P(상전압), I_l(선전류), I_P(상전류)의 관계식으로 옳은 것은?

① $V_l=\sqrt{3}\,V_P,\ I_l=I_P$
② $V_l=V_P,\ I_l=\sqrt{3}\,I_P$
③ $V_l=\frac{1}{\sqrt{3}}V_P,\ I_l=I_P$
④ $V_l=V_P,\ I_l=\frac{1}{\sqrt{3}}I_P$

해설

- Δ결선 $V_l=V_P,\quad I_l=\sqrt{3}\,I_P$
- Y결선 $V_l=\sqrt{3}\,V_p,\ I_l=I_p$

09

변압기 2대를 V결선했을 때의 이용률은 몇 [%]인가?

① 57.7[%] ② 70.7[%]
③ 86.6[%] ④ 100[%]

해설

V결선 • 출력 $=\sqrt{3}P_a$

• 이용률 $=\frac{\sqrt{3}P_a}{2P_a}=\frac{\sqrt{3}}{2}=86.6[\%]$

• 출력비 $=\frac{\sqrt{3}P_a}{3P_a}=\frac{\sqrt{3}}{3}=57.7[\%]$

10

50회 감은 코일과 쇄교하는 자속이 0.5[sec] 동안 0.1[Wb]로 변화하였다면 기전력의 크기는?

① 5[V] ② 10[V]
③ 12[V] ④ 15[V]

해설

기전력 $e=\left|-N\frac{d\phi}{dt}\right|=50\times\frac{0.1}{0.5}=10[\text{V}]$

11

$i_1=8\sqrt{2}\sin\omega t$, $i_2=4\sqrt{2}\sin(\omega t+180°)$[A]과의 차에 상당한 전류의 실효값은?

① 4[A] ② 6[A]
③ 8[A] ④ 12[A]

해설

전류의 실효값

$i_1=8\sqrt{2}\sin\omega t,\ i_2=4\sqrt{2}\sin(\omega t+180°),\ I=\frac{I_m}{\sqrt{2}}$

$I_1=8\angle0°,\ I_2=4\angle180°$

$I=I_1-I_2=8\angle0°-4\angle180°=12[\text{A}]$

정답 07 ③ 08 ② 09 ③ 10 ② 11 ④

12

제어벡 효과에 대한 설명으로 틀린 것은?

① 두 종류의 금속을 접속하여 폐회로를 만들고, 두 접속 점에 온도의 차이를 주면 기전력이 발생하여 전류가 흐른다.
② 열기전력의 크기와 방향은 두 금속 점의 온도차에 따라서 정해진다.
③ 열전쌍(열전대)은 두 종류의 금속을 조합한 장치이다.
④ 전자 냉동기, 전자 온풍기에 응용된다.

해설

- 제어벡 효과 : 열 → 전기 발생
- 펠티어 효과 : 전기 → 열 발생

13

그림과 같은 비사인파의 제3고조파 주파수는?
(단, V=20[V], T=10[ms]이다.)

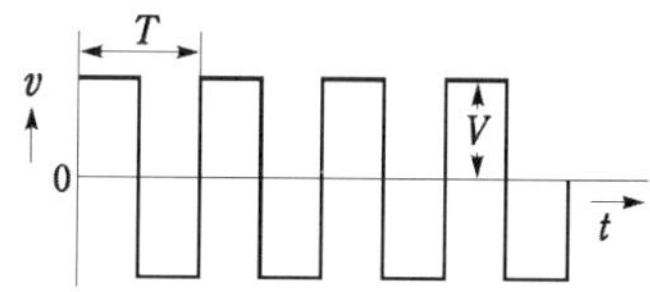

① 100[Hz]　② 200[Hz]
③ 300[Hz]　④ 400[Hz]

해설

비정현파 교류

$f_1 = \frac{1}{T} = \frac{1}{10 \times 10^{-3}} = 100[\text{Hz}]$

$f_3 = 3 \times f_1 = 3 \times 100 = 300[\text{Hz}]$

14

Q_1으로 대전된 용량 C_1의 콘덴서에 용량 C_2를 병렬 연결할 경우 C_2가 분배받는 전기량은?

① $\frac{C_1 + C_2}{C_2} Q_1$　② $\frac{C_1}{C_1 + C_2} Q_1$
③ $\frac{C_1 + C_2}{C_1} Q_1$　④ $\frac{C_2}{C_1 + C_2} Q_1$

해설

콘덴서의 병렬연결에서

전압 $V = \frac{Q_1 + Q_2}{C_1 + C_2} = \frac{Q_1 + 0}{C_1 + C_2} = \frac{Q_1}{C_1 + C_2}[\text{V}]$

콘덴서 C_1이 분배받는 전기량 $Q_1 = C_1 V = \frac{C_1}{C_1 + C_2} \times Q_1[\text{C}]$

콘덴서 C_2이 분배받는 전기량 $Q_2 = C_2 V = \frac{C_2}{C_1 + C_2} \times Q_1[\text{C}]$

15

반지름 50[cm], 권수 10[회]인 원형 코일에 0.1[A]의 전류가 흐를 때, 이 코일 중심의 자계의 세기 H는?

① 1[AT/m]　② 2[AT/m]
③ 3[AT/m]　④ 4[AT/m]

해설

원형 코일 중심의 자계의 세기

$H = \frac{NI}{2r} = \frac{10 \times 0.1}{2 \times 0.5} = 1[\text{AT/m}]$

16

리액턴스가 10[Ω]인 코일에 직류전압 100[V]를 하였더니 전력 500[W]를 소비하였다. 이 코일의 저항은 얼마인가?

① 5[Ω]　② 10[Ω]
③ 20[Ω]　④ 25[Ω]

해설

전력 $P = \frac{V^2}{R}$

저항 $R = \frac{V^2}{P} = \frac{100^2}{500} = 20[\Omega]$

정답 12 ④ 13 ③ 14 ④ 15 ① 16 ③

17

도체가 자기장에서 받는 힘의 관계 중 틀린 것은?

① 자기력선속 밀도에 비례
② 도체의 길이에 반비례
③ 흐르는 전류에 비례
④ 도체가 자기장과 이루는 각도에 비례(0°~90°)

해설
플레밍의 왼손 법칙
$F = IBl\sin\theta$ (도체의 길이에 비례한다.)

18

임피던스 $Z_1 = 12 + j16[\Omega]$과 $Z_2 = 8 + j24[\Omega]$이 직렬로 접속된 회로에 전압 $V = 200$[V]를 가할 때 이 회로의 흐르는 전류[A]는?

① 2.35[A] ② 4.47[A]
③ 6.02[A] ④ 10.25[A]

해설
전류 $Z_0 = Z_1 + Z_2 = (12+8) + j(16+24) = 20 + j40$
$I = \frac{V}{Z} = \frac{200}{\sqrt{20^2 + 40^2}} = 4.47$[A]

19

자력선의 성질을 설명한 것이다. 옳지 않은 것은?

① 자력선은 서로 교차하지 않는다.
② 자력선은 N극에서 나와 S극으로 향한다.
③ 진공 중에서 나오는 자력선의 수는 m개다.
④ 한 점의 자력선 밀도는 그 점의 자장의 세기를 나타낸다.

해설
자기력선의 성질
- 자력선수 $= \frac{m}{\mu_0}$
- 자속선수 $= m$

20

100[V]의 전위차로 가속된 전자의 운동 에너지는 몇 [J]인가?

① 1.6×10^{-20}[J]
② 1.6×10^{-19}[J]
③ 1.6×10^{-18}[J]
④ 1.6×10^{-17}[J]

해설
에너지 $W = QV = eV = 1.602 \times 10^{-19} \times 100 = 1.602 \times 10^{-17}$[J]

정답 17 ② 18 ② 19 ③ 20 ④

2013년 3회 기출문제

01

저항의 병렬접속에서 합성저항을 구하는 설명으로 옳은 것은?

① 연결된 저항을 모두 합하면 된다.
② 각 저항값의 역수에 대한 합을 구하면 된다.
③ 저항값의 역수에 대한 합을 구하고 다시 그 역수를 취하면 된다.
④ 각 저항값을 모두 합하고 저항 숫자로 나누면 된다.

해설

저항의 연결 방법

- 직렬 $R = R_1 + R_2$
- 병렬 $R = \dfrac{1}{\dfrac{1}{R_1} + \dfrac{1}{R_2}}$

02

2분간에 876,000[J]의 일을 하였다. 그 전력은 얼마인가?

① 7.3[kW] ② 29.2[kW]
③ 73[kW] ④ 438[kW]

해설

- 전력 $P = VI = I^2R = \dfrac{V^2}{R}$[W]
- 전력량 $W = P \cdot t = VIt = I^2Rt = \dfrac{V^2}{R}t$[J]
- 열량 $H = 0.24W = 0.24Pt$

∴ 전력 $P = \dfrac{W}{t} = \dfrac{876{,}000}{2 \times 60} = 7{,}300$[W] $= 7.3$[kW]

03

정전용량 C_1, C_2를 병렬로 접속하였을 때의 합성정전용량은?

① $C_1 + C_2$ ② $\dfrac{1}{C_1 + C_2}$
③ $\dfrac{1}{C_1} + \dfrac{1}{C_2}$ ④ $\dfrac{C_1 C_2}{C_1 + C_2}$

해설

- 콘덴서 직렬연결 시 합성용량 $C = \dfrac{C_1 C_2}{C_1 + C_2}$
- 콘덴서 병렬연결 시 합성용량 $C = C_1 + C_2$

04

R[Ω]인 저항 3개가 Δ 결선으로 되어 있는 것을 Y결선으로 환산하면 1상의 저항[Ω]은?

① $\dfrac{1}{3}R$ ② $\dfrac{1}{3R}$
③ $3R$ ④ R

해설

임피던스 변환

$\Delta \rightarrow$ Y

- 선전류 $\dfrac{1}{3}$배
- 소비전력 $\dfrac{1}{3}$배
- 임피던스 $\dfrac{1}{3}$배

Y $\rightarrow \Delta$

- 선전류 3배
- 소비전력 3배
- 임피던스 3배

05

다음 중 강자성체에 포함되지 않는 것은 어느 것인가?

① 철 ② 코발트
③ 니켈 ④ 텅스텐

해설

- 강자성체 : 코발트, 니켈, 철

정답 01 ③ 02 ① 03 ① 04 ① 05 ④

06

어느 회로의 전류가 다음과 같을 때, 이 회로에 대한 전류의 실효값은?

$$i=3+10\sqrt{2}\sin\left(\omega t-\frac{\pi}{6}\right)+5\sqrt{2}\sin\left(\omega t-\frac{\pi}{3}\right)[A]$$

① 11.6[A] ② 23.2[A]
③ 32.2[A] ④ 48.3[A]

해설

전류의 실효값 $I=\sqrt{I_0^2+I_1^2+I_3^2}=\sqrt{3^2+10^2+5^2}=11.6[A]$

07

(가), (나)에 들어갈 내용으로 알맞은 것은?

> 2차 전지의 대표적인 것으로 납축전지가 있다. 전해액의 비중은 약 (가) 정도의 (나)을 사용한다.

① (가) 1.15~1.21 (나) 묽은 황산
② (가) 1.25~1.36 (나) 질산
③ (가) 1.01~1.15 (나) 질산
④ (가) 1.23~1.26 (나) 묽은 황산

08

100[V]의 전압계가 있다. 이 전압계를 써서 200[V]의 전압을 측정하려면 최소 몇 [Ω]의 저항을 외부에 접속해야 하는가? (단, 전압계의 내부저항은 5,000[Ω]이다.)

① 10,000 ② 5,000
③ 2,500 ④ 1,000

해설

배율기

$V_2=V_1\left(1+\frac{R_m}{R}\right)$ $200=100\left(1+\frac{R_m}{5,000}\right)$

$1=\frac{R_m}{5,000}$ $R_m=5,000$

09

최대값이 110[V]인 사인파 교류 전압이 있다. 평균값은 약 몇 [V]인가?

① 30[V] ② 70[V]
③ 100[V] ④ 110[V]

해설

정현파(사인파)의 실효값 $V=\frac{V_m}{\sqrt{2}}$

정현파(사인파)의 평균값 $V_{av}=\frac{2}{\pi}V_m=\frac{2}{\pi}\times 110=70[V]$

10

단위 길이당 권수 100회의 무한장 솔레노이드에 10[A]의 전류가 흐를 때 솔레노이드 내부의 자장[AT/m]은?

① 10 ② 100
③ 1,000 ④ 10,000

해설

무한장 솔레노이드의 자장의 세기

$H=\frac{NI}{l}=nI[AT/m]=100\times 10=1,000[AT/m]$

11

정전기 발생 방지책으로 틀린 것은?

① 대전 방지제의 사용
② 접지 및 보호구의 착용
③ 배관 내 액체의 흐름 속도 제한
④ 대기의 습도를 30° 이하로 하여 건조함을 유지

해설

건조할 경우 정전기가 많이 발생한다.

정답 06 ① 07 ④ 08 ② 09 ② 10 ③ 11 ④

12

$R=4[\Omega]$, $X_L=15[\Omega]$, $X_c=12[\Omega]$의 RLC 직렬회로에 100[V]의 교류 전압을 가할 때 전류와 전압의 위상차는 약 얼마인가?

① 0° ② 37° ③ 53° ④ 90°

해설

$R-L-C$ 직렬회로

$$Z=Z_1+Z_2+Z_3=R+j\omega L-j\frac{1}{\omega C}=4+j15-j12=4+j3$$

$$=\sqrt{4^2+3^2}\angle\tan^{-1}\frac{3}{4}=5\angle 36.87°$$

13

비오-사바르(Biot-Savart)의 법칙과 가장 관계가 깊은 것은?

① 전류가 만드는 자장의 세기
② 전류와 전압의 관계
③ 기전력과 자계의 세기
④ 기전력과 자속의 변화

해설

비오사바르 법칙 $\Delta H=\frac{I\Delta l\sin\theta}{4\pi r^2}$

14

2전력계법에 의해 평형 3상 전력을 측정하였더니 전력계가 각각 800[W], 400[W]를 지시하였다면, 이 부하의 전력은 몇 [W]인가?

① 600[W] ② 800[W]
③ 1,200[W] ④ 1,600[W]

해설

2전력계법

$P_1=VI\cos(30°-\theta)$, $P_2=VI\cos(30°+\theta)$

$P=P_1+P_2=\sqrt{3}\,VI\cos\theta=800+400=1,200[W]$

$$\cos\theta=\frac{P_1+P_2}{2\sqrt{P_1^2+P_2^2-P_1P_2}}$$

15

20[Ω], 30[Ω], 60[Ω]의 저항 3개를 병렬로 접속하고 여기에 60[V]의 전압을 가했을 때, 이 회로에 흐르는 전체 전류는 몇 [A]인가?

① 3[A] ② 6[A]
③ 30[A] ④ 60[A]

해설

전류

$$I=I_1+I_2+I_3=\frac{V}{R_1}+\frac{V}{R_2}+\frac{V}{R_3}=\frac{60}{20}+\frac{60}{30}+\frac{60}{60}=6[A]$$

16

자석의 성질로 옳은 것은?

① 자석은 고온이 되면 자력이 증가한다.
② 자기력선에는 고무줄과 같은 장력이 존재한다.
③ 자력선은 자석 내부에서도 N극에서 S극으로 이동한다.
④ 자력선은 자성체는 투과하고, 내자성체는 투과하지 못한다.

17

N형 반도체의 주반송자는 어느 것인가?

① 억셉터 ② 전자
③ 도우너 ④ 정공

해설

- N형 반도체의 주반송자는 전자
- P형 반도체의 주반송자는 정공

정답 12 ② 13 ① 14 ③ 15 ② 16 ② 17 ②

18

자속밀도 B[Wb/m^2]되는 균등한 자계 내에 길이 l[m]의 도선을 자계에 수직인 방향으로 운동시킬 때 도선에 e[V]의 기전력이 발생한다면 이 도선의 속도 [m/s]는?

① $Ble\sin\theta$ ② $Ble\cos\theta$
③ $\dfrac{Bl\sin\theta}{e}$ ④ $\dfrac{e}{Bl\sin\theta}$

해설

플레밍의 오른손 법칙(발전기)

- $e = vBl\sin\theta$[V]
- $v = \dfrac{e}{Bl\sin\theta}$

19

전선에 일정량 이상의 전류가 흘러서 온도가 높아지면 절연물을 열화하여 절연성을 극도로 약화시킨다. 그러므로 도체에는 안전하게 흘릴 수 있는 최대 전류가 있다. 이 전류를 무엇이라 하는가?

① 줄 전류 ② 불평형 전류
③ 평형 전류 ④ 허용 전류

20

코일이 접속되어 있을 때, 누설 자속이 없는 이상적인 코일 간의 상호 인덕턴스는?

① $M = \sqrt{L_1 + L_2}$
② $M = \sqrt{L_1 - L_2}$
③ $M = \sqrt{L_1 L_2}$
④ $M = \sqrt{\dfrac{L_1}{L_2}}$

해설

상호 인덕턴스 $M = k\sqrt{L_1 L_2}$
이상적인 경우 $k=1$, $\therefore M = \sqrt{L_1 L_2}$

2013년 4회 기출문제

01

그림에서 a–b 간의 합성 정전용량은?

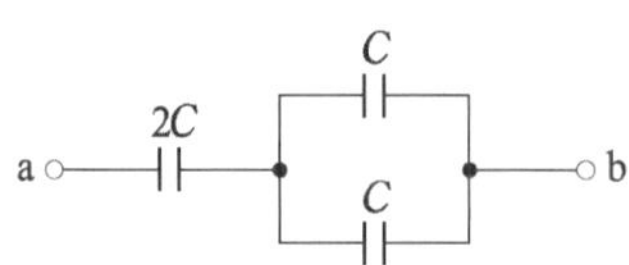

① C ② $2C$
③ $3C$ ④ $4C$

해설

C와 C가 병렬연결이므로 $2C$가 된다. 등가회로를 그리면

$C_{ab} = \dfrac{2C}{2} = C$

02

묽은 황산(H_2SO_4) 용액에 구리(Cu)와 아연(Zn)판을 넣으면 전지가 된다. 이때 양극(+)에 대한 설명으로 옳은 것은?

① 구리판이며 수소 기체가 발생한다.
② 구리판이며 산소 기체가 발생한다.
③ 아연판이며 산소 기체가 발생한다.
④ 아연판이며 수소 기체가 발생한다.

해설

- 양극 – 구리 • 음극 – 아연

수소이온은 구리에 부착하여 +전기를 구리에게 주고, 수소가스가 발생한다.

정답 18 ④ 19 ④ 20 ③ / 01 ① 02 ①

03

자기저항의 단위는?

① AT/m ② Wb/m
③ AT/Wb ④ Ω/AT

해설

자기저항 $R_m = \frac{l}{\mu S}$

$R_m = \frac{F}{\phi} = \frac{NI}{\phi}$[AT/Wb]

04

역률 0.8, 유효전력 4,000[kW]인 부하의 역률을 100[%]로 하기 위한 콘덴서의 용량[kVA]은?

① 3,200 ② 3,000
③ 2,800 ④ 2,400

해설

역률 개선용 콘덴서 용량

$Q = P\times(\tan\theta_1 - \tan\theta_2) = P\times\left(\frac{\sin\theta_1}{\cos\theta_1} - \frac{\sin\theta_2}{\cos\theta_2}\right)$

$= 4{,}000\times\left(\frac{0.6}{0.8} - \frac{0}{1}\right) = 3{,}000$[kVA]

05

$i = I_m \sin\omega t$[A] 정현파 교류에서 ωt가 몇 °일 때 순시값과 실효값이 같게 되는가?

① 90° ② 60°
③ 45° ④ 0°

해설

정현파의 순시값 $i = I_m \sin\omega t$[A]

정현파의 실효값 $I = \frac{I_m}{\sqrt{2}}$

$I_m \sin\omega t = \frac{I_m}{\sqrt{2}}$ $\sin\omega t = \frac{1}{\sqrt{2}}$ $\theta = \omega t = 45°$

06

다음 중 가장 무거운 것은?

① 양성자의 질량과 중성자의 질량의 합
② 양성자의 질량과 전자의 질량의 합
③ 원자핵의 질량과 전자의 질량의 합
④ 중성자의 질량과 전자의 질량의 합

해설

- 양성자의 질량 $m = 1.673\times10^{-27}$[kg]
- 중성자의 질량 $m = 1.673\times10^{-27}$[kg]
- 전자의 질량 $m = 9.109\times10^{-31}$[kg]
- 원자핵=양성자+중성자

07

발전기의 유도 전압의 방향을 나타내는 법칙은?

① 패러데이의 법칙
② 렌츠의 법칙
③ 오른나사의 법칙
④ 플레밍의 오른손 법칙

해설

- 발전기 : 플레밍의 오른손 법칙
- 전동기 : 플레밍의 왼손 법칙

정답 03 ③ 04 ② 05 ③ 06 ③ 07 ④

08

Y-Y 평형 회로에서 상전압 V_P가 100[V], 부하 $Z=8+j6[\Omega]$이면 선전류 I_l의 크기는 몇 [A]인가?

① 2　② 5
③ 7　④ 10

해설

Y결선

$V_l=\sqrt{3}\,V_P,\quad I_l=I_P$

$I_l=I_P=\frac{V_P}{Z}=\frac{100}{\sqrt{8^2+6^2}}=10[A]$

09

전기장의 세기에 관한 단위는?

① H/m　② F/m
③ AT/m　④ V/m

해설

- 전기장의 세기 E[V/m]
- 자기장의 세기 H[AT/m]

10

반지름 0.2[m], 권수가 50회의 원형 코일이 있다. 코일 중심의 자기장의 세기가 850[AT/m]이었다면 코일에 흐르는 전류의 크기는?

① 0.68[A]　② 6.8[A]
③ 10[A]　④ 20[A]

해설

원형 코일 중심의 자계의 세기

$H=\frac{NI}{2a}$

$I=\frac{2aH}{N}=\frac{2\times0.2\times850}{50}=6.8[A]$

11

같은 저항 4개를 그림과 같이 연결하여 a-b 간에 일정전압을 가했을 때 소비전력이 가장 큰 것은 어느 것인가?

①

②
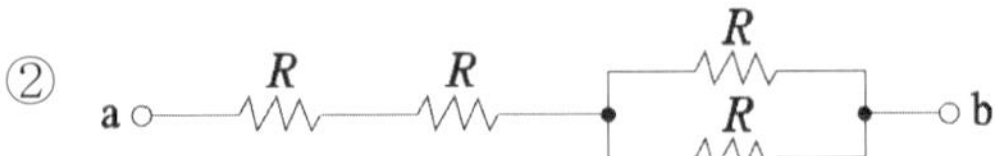

③
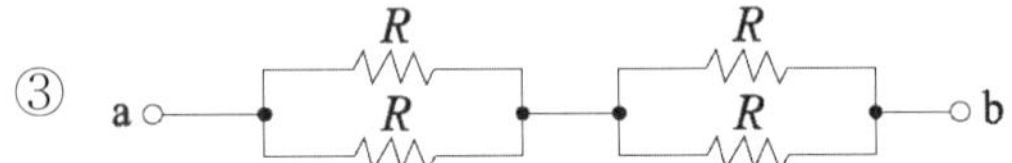

④
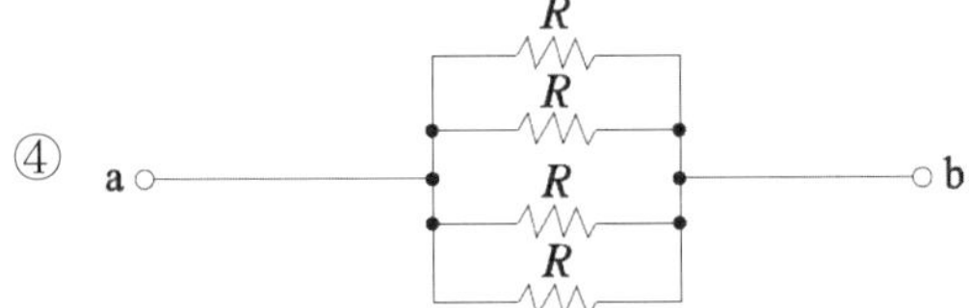

해설

전력 $P=\frac{V^2}{R}$

① $R_0=4R$

② $R_0=2R+\frac{R}{2}=\frac{5}{2}R$

③ $R_0=\frac{R}{2}+\frac{R}{2}=R$

④ $R_0=\frac{R}{4}$

전력이 가장 큰 경우는 저항이 가장 작은 경우이므로

12

자체 인덕턴스 L_1, L_2, 상호 인덕턴스 M인 두 코일을 같은 방향으로 직렬 연결한 경우 합성 인덕턴스는?

① L_1+L_2+M　② L_1+L_2-M
③ L_1+L_2+2M　④ L_1+L_2-2M

해설

인덕턴스의 직렬 연결

- $L=L_1+L_2+2M$(가동코일형)
- $L=L_1+L_2-2M$(차동결합)

정답 08 ④　09 ④　10 ②　11 ④　12 ③

13

저항이 9[Ω]이고, 용량 리액턴스가 12[Ω]인 직렬회로의 임피던스[Ω]는?

① 3[Ω] ② 15[Ω]
③ 21[Ω] ④ 108[Ω]

해설

$R-C$ 직렬회로

$Z=R-j\frac{1}{\omega C}=9-j12=\sqrt{9^2+12^2}=15[\Omega]$

14

전기력선의 성질 중 맞지 않는 것은?

① 전기력선은 양(+)전하에서 나와 음(-)전하에서 끝난다.
② 전기력선의 접선방향이 전장의 방향이다.
③ 전기력선은 도중에 만나거나 끊어지지 않는다.
④ 전기력선은 등전위면과 교차하지 않는다.

해설

전기력선과 등전위면에 수직이다.

15

10[℃], 5,000[g]의 물을 40[℃]로 올리기 위하여 1[kW]의 전열기를 쓰면 몇 분이 걸리게 되는가? (단, 여기서 효율은 80[%]라고 한다.)

① 약 13분 ② 약 15분
③ 약 25분 ④ 약 50분

해설

열량 $H=0.24W=0.24Pt$

$H=mC\Delta T$

$H=mC\Delta T=0.24W=0.24Pt\eta$

$t=\frac{mC\Delta T}{0.24P\eta}=\frac{5,000\times1\times(40-10)}{0.24\times1,000\times0.8}\times\frac{1}{60}=13[\text{분}]$

16

교류에서 파형률은?

① $\text{파형률}=\frac{\text{최대값}}{\text{실효값}}$

② $\text{파형률}=\frac{\text{실효값}}{\text{평균값}}$

③ $\text{파형률}=\frac{\text{평균값}}{\text{실효값}}$

④ $\text{파형률}=\frac{\text{최대값}}{\text{평균값}}$

해설

- $\text{파형률}=\frac{\text{실효값}}{\text{평균값}}$
- $\text{파고율}=\frac{\text{최대값}}{\text{실효값}}$

17

전류계의 측정범위를 확대시키기 위하여 전류계와 병렬로 접속하는 것은?

① 분류기 ② 배율기
③ 검류계 ④ 전위차계

해설

- 분류기 = 전류의 측정범위를 확대시키기 위해 저항을 병렬로 연결
- 배율기 = 전압의 측정범위를 확대시키기 위해 저항을 직렬로 연결

정답 13 ② 14 ④ 15 ① 16 ② 17 ①

18

대칭 3상 전압에 Δ 결선으로 부하가 구성되어 있다. 3상 중 한 선이 단선되는 경우, 소비되는 전력은 끊어지기 전과 비교하여 어떻게 되는가?

① $\frac{3}{2}$ 으로 증가한다.
② $\frac{2}{3}$ 로 줄어든다.
③ $\frac{1}{3}$ 로 줄어든다.
④ $\frac{1}{2}$ 로 줄어든다.

해설

$P_{\Delta} = 3 \times \frac{V^2}{R}$ [W]

한 선 단선 시 $P_X = \frac{V^2}{\frac{2}{3}R} = \frac{1}{2}P_{\Delta}$, $R_0 = \frac{R \times 2R}{R+2R} = \frac{2}{3}R$

19

전선의 길이를 4배로 늘렸을 때, 처음의 저항값을 유지하기 위해서는 도선의 반지름을 어떻게 해야 하는가?

① $\frac{1}{4}$ 로 줄인다.
② $\frac{1}{2}$ 로 줄인다.
③ 2배로 늘린다.
④ 4배로 늘린다.

해설

저항 $R = \rho\frac{l}{A} = \rho\frac{l}{\pi a^2} = \rho \times \frac{4\ell}{\pi \times (2a)^2}$

20

$R = 15$[Ω]인 RC 직렬회로에 60[Hz], 100[V]의 전압을 가하니 4[A]의 전류가 흘렀다면 용량 리액턴스[Ω]는?

① 10
② 15
③ 20
④ 25

해설

$R-C$ 직렬

$Z = R - j\frac{1}{\omega C} = R - jX_c$

$Z = \frac{V}{I} = \sqrt{R^2 + X_c^2}$

$\frac{100}{4} = \sqrt{15^2 + X_c^2}$

$X_c = \sqrt{25^2 - 15^2} = 20$[Ω]

정답 18 ④ 19 ③ 20 ③

제 1 과목

전기이론 2014년 기출문제

2014년 1회 기출문제

01

$i=3\sin\omega t+4\sin(3\omega t-\theta)$[A]로 표시되는 전류의 등가 사인파 최대값은?

① 2A ② 3A
③ 4A ④ 5A

해설

고조파의 차수가 다르고, $i=I_m\sin\omega t$에서 I_m은 최대값이므로, $I_m=\sqrt{I_{m1}^2+I_{m3}^2}$

$\therefore I_m=\sqrt{3^2+4^2}=5$

02

4×10^{-5}[C]과 6×10^{-5}[C]의 두 전하가 자유공간에 2[m]의 거리에 있을 때 그 사이에 작용하는 힘은?

① 5.4[N], 흡입력이 작용한다.
② 5.4[N], 반발력이 작용한다.
③ 7/9[N] 흡인력이 작용한다.
④ 7/9[N], 반발력이 작용한다.

해설

진공 중 두 점전하 사이에 작용하는 힘은

$F=9\times10^9\times\dfrac{Q_1Q_2}{r^2}$

$\therefore F=9\times10^9\times\dfrac{4\times10^{-5}\times6\times10^{-5}}{2^2}=5.4$[N]

(전하의 부호가 같으므로 반발력이 작용한다.)

03

출력 P[kVA]의 단상변압기 2대를 V결선한 때의 3상 출력[kVA]은?

① P ② $\sqrt{3}P$
③ $2P$ ④ P

해설

V결선 시 출력은 1대 용량의 $\sqrt{3}$배

$\therefore P_V=\sqrt{3}P$[kVA]

04

30[μF]과 40[μF]의 콘덴서를 병렬로 접속한 후 100[V]의 전압을 가했을 때 전 전하량은 몇 [C]인가?

① 17×10^{-4} ② 34×10^{-4}
③ 56×10^{-4} ④ 70×10^{-4}

해설

병렬 접속이므로

합성 정전용량 $C=C_1+C_2=30+40=70[\mu\text{F}]$

$\therefore Q=CV=70\times10^{-6}\times100=70\times10^{-4}$

05

그림에서 평형 조건이 맞는 식은?

① $C_1R_1=C_2R_2$
② $C_1R_2=C_2R_1$
③ $C_1C_2=R_1R_2$
④ $\dfrac{1}{C_1C_2}=R_1R_2$

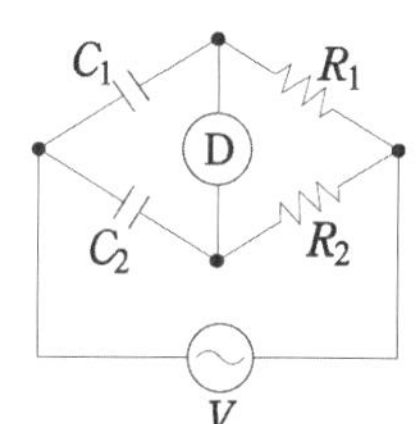

정답 01 ④ 02 ② 03 ② 04 ④ 05 ①

해설

브리지 평형 상태는 서로 마주보고 있는 대각선의 저항의 곱이 같으면 된다.

$R_2 \times \frac{1}{j\omega C_1} = R_1 \times \frac{1}{j\omega C_2}$

$\frac{R_2}{C_1} = \frac{R_1}{C_2}$에서 $R_1 C_1 = R_2 C_2$

06

공기 중에서 $+m$[Wb]의 자극으로부터 나오는 자기력선의 총 수를 나타낸 것은?

① m　② $\frac{\mu_0}{m}$

③ $\frac{m}{\mu_0}$　④ μ_0

해설

가우스의 법칙 : m[Wb]의 자하에서는 m개의 자속과 $\frac{m}{\mu_0}$개의 자기력선이 나온다.

자속선수 $= m$, 자기력선수 $= \frac{m}{\mu_0}$

07

단상전력계 2대를 사용하여 2전력계법으로 3상 전력을 측정하고자 한다. 두 전력계의 지시값이 각각 P_1, P_2[W]이었다. 3상 전력 P[W]를 구하는 식으로 옳은 것은?

① $P = \sqrt{3}(P_1 \times P_2)$　② $P = P_1 - P_2$

③ $P = P_1 \times P_2$　④ $P = P_1 + P_2$

해설

유효전력 $P = P_1 + P_2$[W], 무효전력 $P = \sqrt{3}(P_1 - P_2)$[Var]

역률 $\cos\theta = \frac{P_1 + P_2}{2\sqrt{P_1^2 + P_2}}$

08

전류의 발열작용과 관계가 있는 것은?

① 줄의 법칙　② 키르히호프의 법칙

③ 옴의 법칙　④ 플레밍의 법칙

해설

줄의 법칙 : 도체에 흐르는 전류에 의하여 단위 시간에 발생하는 열량은 I^2R에 비례한다.

09

24[C]의 전기량이 이동해서 144[J]의 일을 했을 때 기전력은?

① 2[V]　② 4[V]

③ 6[V]　④ 8[V]

해설

$V = \frac{W}{Q} = \frac{144}{24} = 6$[V]

10

자체 인덕턴스가 L_1, L_2인 두 코일을 직렬로 접속하였을 때 합성 인덕턴스를 나타내는 식은? (단, 두 코일 간의 상호 인덕턴스는 M이다.)

① $L_1 + L_2 \pm M$　② $L_1 - L_2 \pm M$

③ $L_1 + L_2 \pm 2M$　④ $L_1 - L_2 \pm 2M$

해설

두 코일을 직렬로 접속하였을 경우 합성 인덕턴스 L_0는

$L_0 = L_1 + L_2 \pm 2M$

(M의 부호는 가동 결합이면 +, 차동 결합이면 -이다.)

정답 06 ③　07 ④　08 ①　09 ③　10 ③

11

기전력 1.5[V], 내부 저항이 0.2[Ω]인 전지 5개를 직렬로 연결하고 이를 단락하였을 때의 단락 전류[A]는?

① 1.5　　② 4.5
③ 7.5　　④ 15

해설

건전지 5개를 직렬로 접속할 경우 전압은 연결 개수의 배수로 증가하며, 내부저항은 직렬로 5개가 연결된 것이 된다.

$$I=\frac{m\cdot E}{\frac{m}{m}r+R}=\frac{1.5\times 5}{\frac{5}{1}\times 0.2+0}=7.5[\text{A}]$$

12

전자석의 특징으로 옳지 않은 것은?

① 전류의 방향이 바뀌면 전자석의 극도 바뀐다.
② 코일을 감은 횟수가 많을수록 강한 전자석이 된다.
③ 전류를 많이 공급하면 무한정 자력이 강해진다.
④ 같은 전류라도 코일 속에 철심을 넣으면 더 강한 전자석이 된다.

해설

전류가 일정 이상 증가하면 철심이 자기포화가 되어 자력이 더 이상 증가하지 못하고 그 상태를 유지하게 된다.

13

다음 중 비유전율이 가장 큰 것은?

① 종이　　② 염화비닐
③ 운모　　④ 산화티탄자기

해설

- 종이 : 2~2.6
- 염화비닐 : 3~3.5
- 운모 : 5.5~6.6
- 산화티탄자기 : 115~5,000

14

코일의 자체 인덕턴스(L)와 권수(N)의 관계로 옳은 것은?

① $L\propto N$　　② $L\propto N^2$
③ $L\propto N^3$　　④ $L\propto 1/N$

해설

$L=\frac{N^2}{R_m}$에서 자기 저항이 일정한 경우 인덕턴스는 $L\propto N^2$

15

어떤 저항(R)에 전압(V)을 가하니 전류(I)가 흘렀다. 이 회로의 저항(R)을 20[%] 줄이면 전류(I)는 처음의 몇 배가 되는가?

① 0.8　　② 0.88
③ 1.25　　④ 2.04

해설

옴의 법칙에서 $I=\frac{V}{R}$, 전압이 일정하다고 가정하면, 전류와 저항은 반비례하므로

$$\therefore\ I\propto\frac{1}{(1-0.2)R}=\frac{1}{0.8R}=1.25\frac{1}{R}$$

16

도면과 같이 공기 중에 놓인 2×10^{-8}[C]의 전하에서 2[m] 떨어진 점 P와 1[m] 떨어진 점 Q와의 전위차는 몇 [V]인가?

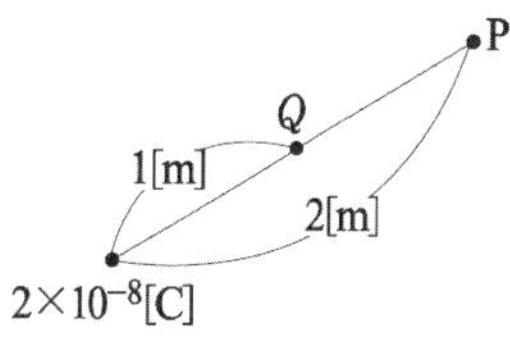

① 80[V]　　② 90[V]
③ 100[V]　　④ 110[V]

정답 11 ③ 12 ③ 13 ④ 14 ② 15 ③ 16 ②

해설

$$V_{QP} = V_Q - V_P = \frac{Q}{4\pi\epsilon_0}\left(\frac{1}{r_Q} - \frac{1}{r_P}\right)$$

$$= 9\times10^9 \times 2\times10^{-8} \times \left(\frac{1}{1} - \frac{1}{2}\right) = 90[\text{V}]$$

17

200[V], 500[W]의 전열기를 220[V] 전원에 사용하였다면 이때의 전력은?

① 400[W]　② 500[W]
③ 550[W]　④ 605[W]

해설

전력은 전압의 자승에 비례하므로 전력 $P = \frac{V^2}{R}$ 에서 전압의 자승에 비례하므로 비례식으로 계산하면

$200^2 : 220^2 = 500 : P'$

$$P' = \frac{220^2 \times 500}{200^2} = 605[\text{W}]$$

18

2[F], 4[F], 6[F]의 콘덴서 3개를 병렬로 접속했을 때의 합성 정전용량은 몇 [F]인가?

① 1.5　② 4
③ 8　④ 12

해설

병렬 합성용량 $C_T = C_1 + C_2 + C_3 = 2+4+6 = 12[\text{F}]$

19

$\frac{\pi}{6}$[rad]는 몇 도인가?

① 30°　② 45°
③ 60°　④ 90°

해설

π[rad]$= 180°$이므로　$\therefore \theta = \frac{\pi}{6} = \frac{180}{6} = 30°$

20

그림과 같이 R_1, R_2, R_3의 저항 3개를 직·병렬 접속되었을 때 합성저항은?

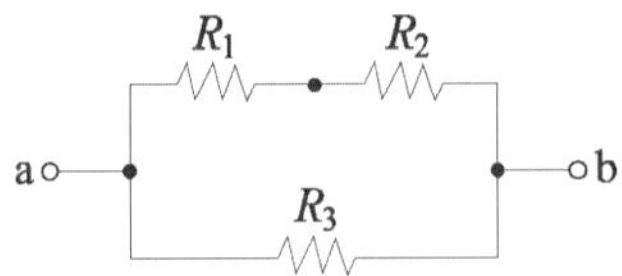

① $R = \frac{(R_1+R_2)R_3}{R_1+R_2+R_3}$

② $R = \frac{(R_2+R_2)R_1}{R_1+R_2+R_3}$

③ $R = \frac{(R_1+R_3)R_2}{R_1+R_2+R_3}$

④ $R = \frac{R_1R_2R_3}{R_1+R_2+R_3}$

해설

저항의 직·병렬 접속 시 합성저항

$\therefore R = \frac{(R_1+R_2)R_3}{R_1+R_2+R_3}[\Omega]$

정답 17 ④　18 ④　19 ①　20 ①

2014년 2회 기출문제

01

어떤 회로의 소자에 일정한 크기의 전압으로 주파수를 2배로 증가시켰더니 흐르는 전류의 크기가 1/2로 되었다. 이 소자의 종류는?

① 저항 ② 코일
③ 콘덴서 ④ 다이오드

해설

코일에서의 전류 $I_l = \frac{V}{\omega L} = \frac{V}{2\pi f L} \propto \frac{1}{f}$

∴ 주파수가 2배가 되면 전류는 $\frac{1}{2}$배가 된다.

02

다음 중 자기작용에 관한 설명으로 틀린 것은?

① 기자력의 단위는 AT를 사용한다.
② 자기회로의 자기저항이 작은 경우는 누설 자속이 거의 발생되지 않는다.
③ 자기장 내에 있는 도체에 전류를 흘리면 힘이 작용하는데, 이 힘을 기전력이라 한다.
④ 평행한 두 도체 사이에 전류가 동일한 방향으로 흐르면 흡인력이 작용한다.

해설

전자력 : 자장 내에 있는 도체에 전류를 흘리면 작용하는 힘

03

어떤 콘덴서에 V[V]의 전압을 가해서 Q[C]의 전하를 충전할 때 저장되는 에너지[J]는?

① $2QV$ ② $2QV^2$
③ $\frac{1}{2}QV$ ④ $\frac{1}{2}QV^2$

해설

콘덴서에 저장되는 에너지 $W = \frac{1}{2}CV^2 = \frac{Q^2}{2C} = \frac{1}{2}QV$[J]

04

회로에서 a-b 단자 간의 합성저항[Ω]값은?

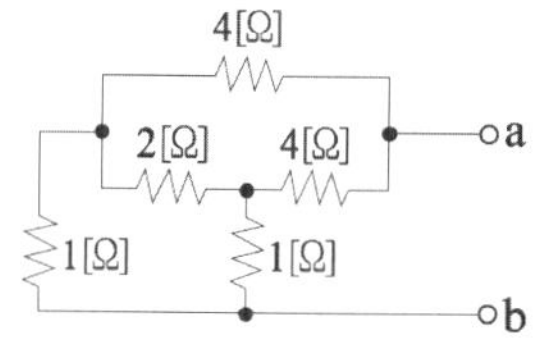

① 1.5 ② 2
③ 2.5 ④ 4

해설

ab 간의 합성저항 $R_{ab} = 1.6 + \frac{1.8}{2} = 2.5$[Ω]

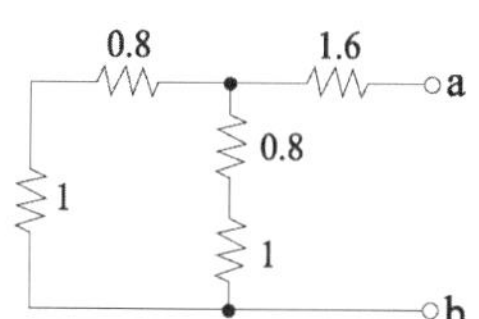

05

선간전압 210[V], 선전류 10[A]의 Y결선 회로가 있다. 상전압과 상전류는 각각 얼마인가?

① 121[V], 5.77[A] ② 121[V], 10[A]
③ 210[V], 5.77[A] ④ 210[V], 10[A]

해설

Y결선에서 선간전압은 상전압에 비해 $\sqrt{3}$배 크고, 상전류와 선전류는 같다.

$V_p = \frac{210}{\sqrt{3}} = 121$[V], $I_p = I_l = 10$[A]

정답 01 ② 02 ③ 03 ③ 04 ③ 05 ②

06

Δ 결선으로 된 부하에 각 상의 전류가 10[A]이고 각 상의 저항이 4[Ω], 리액턴스가 3[Ω]이라 하면 전체 소비전력은 몇 [W]인가?

① 2,000 ② 18,000
③ 1,500 ④ 1,200

해설

$P = 3I^2R = 3\times 10^2 \times 4 = 1{,}200[\mathrm{W}]$

07

교류회로에서 무효전력의 단위는?

① W ② VA
③ Var ④ V/m

해설

유효전력 : W, 피상전력 : VA, 무효전력 : Var

08

도체가 운동하여 자속을 끊었을 때 기전력의 방향을 알아내는 데 편리한 법칙은?

① 렌츠의 법칙 ② 패러데이의 법칙
③ 플레밍의 왼손 법칙 ④ 플레밍의 오른손 법칙

해설

플레밍의 오른손 법칙
- 엄지 손가락 : 도체의 운동방향
- 검지 손가락 : 자속의 방향
- 중지 손가락 : 기전력의 방향

09

진공 중에서 10^{-4}[C]과 10^{-8}[C]의 두 전하가 10[m]의 거리에 놓여 있을 때, 두 전하 사이에 작용하는 힘 [N]은?

① 9×10^{2} ② 1×10^{4}
③ 9×10^{-5} ④ 1×10^{-8}

해설

진공 중 두 점전하 사이에 작용하는 힘

$$F = \frac{1}{4\pi\epsilon_0}\cdot\frac{Q_1Q_2}{r^2} = 9\times10^9\times\frac{10^{-4}\times10^{-8}}{10^2} = 9\times10^{-5}[\mathrm{N}]$$

10

진공 중의 두 점전하 Q_1[C], Q_2[C]가 거리 r[m] 사이에서 작용하는 정전력[N]의 크기를 옳게 나타낸 것은?

① $9\times10^9\times\frac{Q_1Q_2}{r^2}$

② $6.33\times10^4\times\frac{Q_1Q_2}{r^2}$

③ $9\times10^9\times\frac{Q_1Q_2}{r}$

④ $6.33\times10^4\times\frac{Q_1Q_2}{r}$

해설

진공 중 두 점전하 사이에서 작용하는 힘

$$F = \frac{1}{4\pi\epsilon_0}\cdot\frac{Q_1Q_2}{r^2} = 9\times10^9\times\frac{Q_1Q_2}{r^2}[\mathrm{N}]$$

11

두 코일의 자체 인덕턴스를 L_1[H], L_2[H]라 하고 상호 인덕턴스를 M이라 할 때, 두 코일을 자속이 동일한 방향과 역방향이 되도록 하여 직렬로 각각 연결하였을 경우, 합성 인덕턴스의 큰 쪽과 작은 쪽의 차는?

① M ② $2M$ ③ $4M$ ④ $8M$

해설

코일을 직렬로 연결 시 합성 인덕턴스 $L = L_1 + L_2 \pm 2M$[H]
큰 쪽과 작은 쪽의 차

$\therefore\ L = L_1 + L_2 + 2M - (L_1 + L_2 - 2M) = 4M$

정답 06 ④ 07 ③ 08 ④ 09 ③ 10 ① 11 ③

12

그림과 같은 자극 사이에 있는 도체에 전류(I)가 흐를 때 힘은 어느 방향으로 작용하는가?

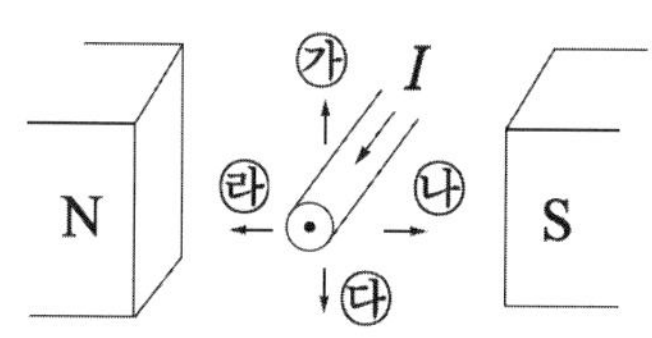

① ㉮ ② ㉯ ③ ㉰ ④ ㉱

해설

플레밍의 왼손 법칙
- 엄지 손가락 : 힘(F)의 방향
- 검지 손가락 : 자속(B)의 방향
- 중지 손가락 : 전류(I)의 방향

13

반지름 r[m], 권수 N회의 환상 솔레노이드에 I[A]의 전류가 흐를 때, 그 내부의 자장의 세기 H[AT/m]는 얼마인가?

① $\frac{NI}{r^2}$ ② $\frac{NI}{2\pi}$
③ $\frac{NI}{4\pi r^2}$ ④ $\frac{NI}{2\pi r}$

해설

평균 반지름 r[m]인 환상 솔레노이드의 자장의 세기

$H = \frac{N \cdot I}{2\pi r}$[AT/m]

14

묽은황산(H_2SO_4) 용액에 구리(Cu)와 아연(Zn)판을 넣었을 때 아연판은?

① 음극이 된다.
② 수소기체를 발생한다.
③ 양극이 된다.
④ 황산아연으로 변한다.

해설

(−)극 : 아연판 $Zn \rightarrow Zn^{2+} + 2e^-$
(+)극 : 구리판 $2H^+ + 2e^- \rightarrow H_2$

15

정전용량이 같은 콘덴서 10개가 있다. 이것을 직렬 접속할 때의 값은 병렬 접속할 때의 값보다 어떻게 되는가?

① $\frac{1}{10}$로 감소한다.
② $\frac{1}{100}$로 감소한다.
③ 10배로 증가한다.
④ 100배로 증가한다.

해설

직렬 합성 용량 : $C_s = \frac{1}{n}C$

병렬 합성 용량 : $C_p = nC$

$\therefore \frac{C_s}{C_p} = \frac{\frac{C}{n}}{nC} = \frac{1}{n^2}$

콘덴서의 개수는 $\frac{1}{n^2}$가 되므로, 콘덴서가 10개인 경우 $\frac{1}{100}$로 감소한다.

16

그림에서 폐회로에 흐르는 전류는 몇 [A]인가?

5[Ω] 3[Ω]
15[V] + − 5[V] + −

① 1 ② 1.25
③ 2 ④ 2.5

해설

전원의 극성이 반대이므로 $I = \frac{E}{R} = \frac{15-5}{5+3} = 1.25$[A]

정답 12 ① 13 ④ 14 ① 15 ② 16 ②

17

그림의 브리지 회로에서 평형이 되었을 때의 C_x는?

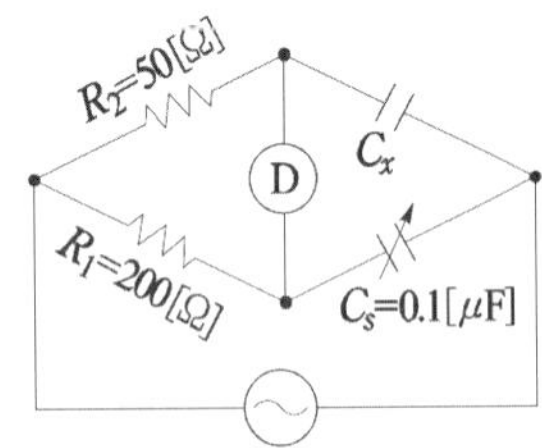

① 0.1[μF]
② 0.2[μF]
③ 0.3[μF]
④ 0.4[μF]

해설

브리지 회로가 평형일 시 $\frac{R_1}{C_x} = \frac{R_2}{C_s}$

$\therefore C_x = \frac{R_1 C_s}{R_2} = \frac{200 \times 0.1}{50} = 0.4[\mu c]$

18

서로 다른 종류의 안티몬과 비스무트의 두 금속을 접속하여 여기에 전류를 통하면, 그 접점에서 열의 발생 또는 흡수가 일어난다. 줄열과 달리 전류의 방향에 따라 열의 흡수와 발생이 다르게 나타나는 이 현상은?

① 펠티어 효과　② 제어벡 효과
③ 제3금속의 법칙　④ 열전 효과

해설

펠티어 효과 : 서로 다른 두 종류의 도체를 결합하고 전류를 흐르도록 할 때, 한 쪽의 접점은 발열하여 온도가 상승하고 다른 쪽의 접점에서는 흡열하여 온도가 낮아지는 현상

19

비사인파 교류회로의 전력성분과 거리가 먼 것은?

① 맥류성분과 사인파와의 곱
② 직류성분과 사인파와의 곱
③ 직류성분
④ 주파수가 같은 두 사인파의 곱

해설

푸리에 급수 : 진폭을 달리하는 무수히 많은 성분을 갖는 비정현파를 무수히 많은 정현항과 여현항의 합으로 표현하는 방법을 말한다.

20

동일 전압의 전지 3개를 접속하여 각각 다른 전압을 얻고자 한다. 접속방법에 따라 몇 가지의 전압을 얻을 수 있는가? (단, 극성은 같은 방향으로 설정한다.)

① 1가지 전압　② 2가지 전압
③ 3가지 전압　④ 4가지 전압

해설

극성이 같은 방향이므로 모두 직렬, 모두 병렬, 2개는 병렬 1개는 직렬 총 3가지 전압을 얻을 수 있다.

정답　17 ④　18 ①　19 ①　20 ③

2014년 3회 기출문제

01

단면적 5[cm^2], 길이 1[m], 비투자율 10^3인 환상 철심에 600회의 권선을 감고 이것에 0.5[A]의 전류를 흐르게 한 경우 기자력은?

① 100[AT] ② 200[AT]
③ 300[AT] ④ 400[AT]

해설

기자력 : $F = N \cdot I = 600 \times 0.5 = 300$[AT]

02

어떤 물질이 정상 상태보다 전자수가 많아져 전기를 띠게 되는 현상을 무엇이라 하는가?

① 충전 ② 방전
③ 대전 ④ 분극

해설

대전현상 : 절연체를 서로 마찰시키면 이들 물체는 전기를 띠게 되고, 가벼운 물체를 끌어당기게 되는 현상을 말한다.

03

다음 물질 중 강자성체로만 짝지어진 것은?

① 철, 니켈, 아연, 망간
② 구리, 비스무트, 코발트, 망간
③ 철, 구리, 니켈, 아연
④ 철, 니켈, 코발트

해설

강자성체 : 철(Fe), 니켈(Ni), 코발트(Co)

04

공기 중에서 5[cm] 간격을 유지하고 있는 2개의 평행 도선에 각각 10[A]의 전류가 동일한 방향으로 흐를 때 도선 1[m]당 발생하는 힘의 크기[N/m]는?

① 4×10^{-4} ② 2×10^{-5}
③ 4×10^{-5} ④ 2×10^{-4}

해설

$$F = \frac{\mu_0 I_1 I_2}{2\pi r} = \frac{2I^2}{r}\times10^{-7} = \frac{2\times10^2}{5\times10^{-2}}\times10^{-7} = 4\times10^{-4}[\text{N/m}]$$

05

정격전압에서 1[kW]의 전력을 소비하는 저항에 정격의 90[%] 전압을 가했을 때, 전력은 몇 [W]가 되는가?

① 630[W] ② 780[W]
③ 810[W] ④ 900[W]

해설

전력 $P = \frac{V^2}{R}$에서 전력은 전압의 자승에 비례한다.
정격전압 $V = 100$[%]일 때 전력 $P = 1$[kW]$= 1{,}000$[W],
정격전압 $V' = 90$[%]일 때 전력 P'라고 하면,
$100^2 : 90^2 = 1{,}000 : P'$
$$P' = \frac{90^2 \cdot 1{,}000}{100^2} = 810[\text{W}]$$

06

기전력 1.5[V], 내부저항 0.1[Ω]인 전지 4개를 직렬로 연결하고 이를 단락했을 때의 단락전류[A]는?

① 10 ② 12.5
③ 15 ④ 17.5

해설

$$I = \frac{m \cdot E}{\frac{m}{m}r + R} = \frac{4\times1.5}{\frac{4}{1}\times0.1+0} = 15[\text{A}]$$

정답 01 ③ 02 ③ 03 ④ 04 ① 05 ③ 06 ③

07

RL 직렬회로에서 임피던스(Z)의 크기를 나타내는 식은?

① $R^2+X_L^2$ ② $R^2-X_L^2$
③ $\sqrt{R^2+X_L^2}$ ④ $\sqrt{R^2-X_L^2}$

해설

$R-L$ 직렬회로에서 임피던스
$Z=R+j\omega L=R+jX_L=\sqrt{R^2+X_L^2}\,[\Omega]$

08

그림에서 $C_1=1[\mu\text{F}]$, $C_2=2[\mu\text{F}]$, $C_3=2[\mu\text{F}]$일 때 합성 정전용량은 몇 $[\mu\text{F}]$인가?

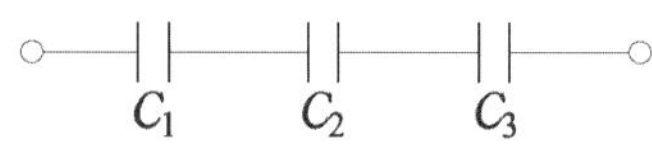

① $\frac{1}{2}$ ② $\frac{1}{5}$
③ 3 ④ 5

해설

직렬연결의 정전용량
$$C=\frac{1}{\frac{1}{C_1}+\frac{1}{C_2}+\frac{1}{C_3}}=\frac{1}{\frac{1}{1}+\frac{1}{2}+\frac{1}{2}}=\frac{1}{2}[\mu\text{F}]$$

09

자기회로에 기자력을 주면 자로에 자속이 흐른다. 그러나 기자력에 의해 발생되는 자속 전부가 자기회로 내를 통과하는 것이 아니라, 자로 이외의 부분을 통과하는 자속도 있다. 이와 같이 자기회로 이외 부분을 통과하는 자속을 무엇이라 하는가?

① 종속자속 ② 누설자속
③ 주자속 ④ 반사자속

해설

누설자속 : 자기회로에 자속이 한정되지 않고 그 이외의 곳에 자속이 누출되는 것

10

비사인파의 일반적인 구성이 아닌 것은?

① 순시파 ② 고조파
③ 기본파 ④ 직류분

해설

비정현파 교류의 구성 : 직류분, 기본파, 고조파

11

다음 중 도전율을 나타내는 단위는?

① Ω ② Ω · m
③ ℧ · m ④ ℧/m

해설

$\sigma=\frac{1}{\rho}[℧/\text{m}]$ (ρ : 저항률)

12

정전용량이 같은 콘덴서 2개를 병렬로 연결하였을 때의 합성 정전용량은 직렬로 접속하였을 때의 몇 배인가?

① 1/4 ② 1/2
③ 2 ④ 4

해설

병렬 합성용량 $C_P=2C$
직렬 합성용량 $C_s=\frac{C}{2}$
$$\therefore\ \frac{C_P}{C_s}=\frac{2C}{\frac{C}{2}}=2^2=4$$

정답 07 ③ 08 ① 09 ② 10 ① 11 ④ 12 ④

13

$e = 200\sin(100\pi t)$[V]의 교류 전압에서 $t = \dfrac{1}{600}$초일 때, 순시값은?

① 100[V] ② 173[V]
③ 200[V] ④ 346[V]

해설

$e = E_m \sin\omega t = 200\sin\left(100\pi \times \dfrac{1}{600}\right) = 100[\mathrm{V}]$

14

자체 인덕턴스가 100[H]가 되는 코일에 전류를 1초 동안 0.1[A]만큼 변화시켰다면 유도기전력[V]은?

① 1[V] ② 10[V]
③ 100[V] ④ 1,000[V]

해설

$e = L\dfrac{dI}{dt}$에서 $e = 100 \times \dfrac{0.1}{1} = 10[\mathrm{V}]$

15

Y결선에서 선간전압 V_L과 상전압 V_p의 관계는?

① $V_L = V_p$ ② $V_L = \dfrac{1}{3}V_p$
③ $V_L = \sqrt{3}\,V_p$ ④ $V_L = 3\,V_p$

해설

Y결선 : $V_l = \sqrt{3}\,V_p \angle 30°$
(선간전압은 각 상전압에 비해 크기가 $\sqrt{3}$ 배이며, 위상은 30° 빠르다.)

16

단상 100[V], 800[W], 역률 80[%]인 회로의 리액턴스는 몇 [Ω]인가?

① 10 ② 8 ③ 6 ④ 2

해설

피상전력 $P_a = \dfrac{P}{\cos\theta} = \dfrac{800}{0.8} = 1{,}000[\mathrm{VA}]$

전류 $I = \dfrac{P_a}{V} = \dfrac{1{,}000}{100} = 10[\mathrm{A}]$

무효전력 $P_r = I^2X = P_a\sin\theta = 1{,}000 \times \sqrt{1-0.8^2} = 600[\mathrm{Var}]$

∴ 리액턴스 $X = \dfrac{P_r}{I^2} = \dfrac{600}{10^2} = 6[\Omega]$

17

자기력선에 대한 설명으로 옳지 않은 것은?

① 자기장의 모양을 나타낸 선이다.
② 자기력선이 조밀할수록 자기력이 세다.
③ 자석의 N극에서 나와 S극으로 들어간다.
④ 자기력선이 교차된 곳에서 자기력이 세다.

해설

자력선의 성질 중에서 자기력선은 상호간에 교차하지 않는다.

18

$R[\Omega]$인 저항 3개가 △결선으로 되어 있는 것을 Y결선으로 환산하면 1상의 저항[Ω]은?

① $\dfrac{R}{3}$ ② R
③ $3R$ ④ $\dfrac{1}{R}$

해설

세 임피던스 값이 모두 동일할 때 Δ결선을 Y결선으로 변경하면 1상의 저항은 1/3배가 된다.

정답 13 ① 14 ② 15 ③ 16 ③ 17 ④ 18 ①

19

$\omega L=5[\Omega]$, $1/\omega C=25[\Omega]$의 LC 직렬회로에서 100[V]의 교류를 가할 때 전류[A]는?

① 3.3[A], 유도성 ② 5[A], 유도성
③ 3.3[A], 용량성 ④ 5[A], 용량성

해설

$Z=X_c-X_L=25-5=20[\Omega]$(용량성)

$\therefore\ I=\frac{V}{Z}=\frac{100}{20}=5[A]$

20

전기장 중에 단위 전하를 놓았을 때 그것이 작용하는 힘은 어느 값과 같은가?

① 전장의 세기 ② 전하
③ 전위 ④ 전위차

해설

1[C] : 진공 중에서 동일한 전하를 1[m] 거리에 놓고 작용하는 힘의 크기 9×10^9이 되었을 때 이 전하의 크기

2014년 4회 기출문제

01

일반적으로 온도가 높아지게 되면 전도율이 커져서 온도계수가 부(−)의 값을 가지는 것이 아닌 것은?

① 구리 ② 반도체 ③ 탄소 ④ 전해액

해설

구리의 경우는 온도가 상승하면 저항값이 증가하는 특성을 나타낸다.

02

전류에 의한 자기장의 세기를 구하는 비오-사바르의 법칙을 옳게 나타낸 것은?

① $\Delta H=I\Delta l\sin\theta/4\pi r^2$[AT/m]
② $\Delta H=I\Delta l\sin\theta/4\pi r$[AT/m]
③ $\Delta H=I\Delta l\cos\theta/4\pi r$[AT/m]
④ $\Delta H=I\Delta l\cos\theta/4\pi r^2$[AT/m]

해설

비오-사바르의 법칙(전류와 자장의 세기의 관계를 나타내는 법칙)

도선에 전류 I[A]가 흐를 때, 도선상의 미소길이 Δl 부분에 흐르는 전류에 의하여 거리 r만큼 떨어진 점 P에서의 자계의 세기 dH는 $dH=\frac{Idl\sin\theta}{4\pi r^2}$[AT/m]가 된다.

(θ : Δl과 거리 r이 이루는 각)

03

교류 전력에서 일반적으로 전기기기의 용량을 표시하는 데 쓰이는 전력은?

① 피상전력 ② 유효전력
③ 무효전력 ④ 기전력

정답 19 ④ 20 ① / 01 ① 02 ① 03 ①

해설

전기기기의 용량을 표시할 때에는 피상전력[VA]을 사용한다.

04

인덕턴스 0.5[H]에 주파수가 60[Hz]이고 전압이 220[V]인 교류전압이 가해질 때 흐르는 전류는 약 몇 [A]인가?

① 0.59 ② 0.87
③ 0.97 ④ 1.17

해설

교류회로에서 전류 $I=\frac{V}{Z}$,

여기서 L만의 회로이므로 $Z=X_L=2\pi fL$

임피던스를 구하면 $Z=2\times\pi\times60\times0.5\fallingdotseq188.5[\Omega]$

$\therefore I=\frac{220}{Z}=\frac{220}{188.5}\fallingdotseq1.17$

05

코일의 성질에 대한 설명으로 틀린 것은?

① 공진하는 성질이 있다.
② 상호유도작용이 있다.
③ 전원 노이즈 차단기능이 있다.
④ 전류의 변화를 확대시키려는 성질이 있다.

해설

코일은 전류의 변화를 감소시키려는 성질을 지니고 있다.

06

Δ 결선에서 선전류가 $10\sqrt{3}$[A]이면 상전류는?

① 5[A] ② 10[A]
③ $10\sqrt{3}$[A] ④ 30[A]

해설

Δ결선 : 선간전압 = 상전압, 선전류 = $\sqrt{3}\times$상전류

선전류를 I_l, 상전류를 I_p일 때 $I_l=\sqrt{3}I_p$이므로

$\therefore I_p=\frac{I_l}{\sqrt{3}}=\frac{10\sqrt{3}}{\sqrt{3}}=10[A]$

07

권선수 100회 감은 코일에 2[A]의 전류가 흘렀을 때 50×10^{-3}[Wb]의 자속이 코일에 쇄교되었다면 자기 인덕턴스는 몇 [H]인가?

① 1.0 ② 1.5
③ 2.0 ④ 2.5

해설

n 권수, 코일의 인덕턴스 L, 자속 ϕ[Wb], 전류를 I[A]라고 하면 $L=\frac{n\phi}{I}$

$\therefore L=\frac{100\times50\times10^{-3}}{2}=2.5[H]$

08

평행한 두 도선 간의 전자력은?

① 거리 r에 비례한다.
② 거리 r에 반비례한다.
③ 거리 r^2에 비례한다.
④ 거리 r^2에 반비례한다.

해설

두 도선 간의 길이당 힘 $F=\frac{2i_1i_2\times10^{-7}}{r}$ 에서 $\therefore F\propto\frac{1}{r}$

09

임의의 폐회로에서 키르히호프의 제2법칙을 가장 잘 나타낸 것은?

① 기전력의 합 = 합성저항의 합
② 기전력의 합 = 전압강하의 합
③ 전압강하의 합 = 합성저항의 합
④ 합성저항의 합 = 회로 전류의 합

해설

키르히호프의 제2법칙 : 전압법칙

임의의 폐회로에서 전압강하의 총합은 기전력의 합과 같다.

정답 04 ④ 05 ④ 06 ② 07 ④ 08 ② 09 ②

10

200[V]의 교류전원에 선풍기를 접속하고 전력과 전류를 측정하였더니 600[W], 5[A]이었다. 이 선풍기의 역률은?

① 0.5 ② 0.6
③ 0.7 ④ 0.8

해설
$P = VI\cos\theta$

$\therefore \cos\theta = \frac{P}{VI} = \frac{600}{200 \times 5} = 0.6$

11

그림에서 단자 A-B 사이의 전압은 몇 [V]인가?

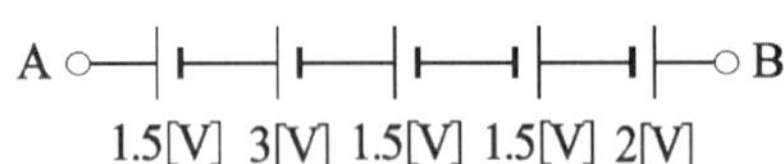

① 1.5 ② 2.5
③ 6.5 ④ 9.5

해설
전지가 연결된 방향에 주의하여 계산하면
$1.5 + 3 + 1.5 + (-1.5) + (-2) = 2.5$[V]이다.

12

공기 중에서 m[Wb]의 자극으로부터 나오는 자력선의 총수는 얼마인가? (단, μ는 물체의 투자율이다.)

① m ② μm
③ m/μ ④ μ/m

해설
공기 중에서 m[Wb]의 자극으로부터 나오는 총 자력수 m/μ

13

일반적으로 절연체를 서로 마찰시키면 이들 물체는 전기를 띠게 된다. 이와 같은 현상은?

① 분극 ② 정전
③ 대전 ④ 코로나

해설
대전현상 : 절연체가 전기를 띠게 되는 현상으로, 원래 물질은 양전하와 음전하의 수가 같아 전기적으로 중성이나 외부의 영향으로 전하량의 평형이 깨질 때 발생한다.

14

자속밀도 0.5[Wb/m^2]의 자장 안에 자장과 직각으로 20[cm]의 도체를 놓고 이것에 10[A]의 전류를 흘릴 때 도체가 50[cm] 운동한 경우의 한 일은 몇 [J]인가?

① 0.5 ② 1
③ 1.5 ④ 5

해설
힘 $F = IBl\sin\theta = 10 \times 0.5 \times 0.2 \times \sin 90° = 1$[N]

$\therefore W = F \times L = 1 \times 0.5 = 0.5$[J]

15

전구를 점등하기 전의 저항과 점등한 후의 저항을 비교하면 어떻게 되는가?

① 점등 후의 저항이 크다.
② 점등 전의 저항이 크다.
③ 변동 없다.
④ 경우에 따라 다르다.

해설
일반적으로 도체가 가열되어 온도가 높아지면 저항이 증가하는데, 전구를 점등하면 필라멘트가 고열이 되어 저항이 증가한다.

정답 10 ② 11 ② 12 ③ 13 ③ 14 ① 15 ①

16

5[Wh]는 몇 [J]인가?

① 720 ② 1,800
③ 7,200 ④ 18,000

해설

1[J] = 1[W・S]

5[Wh] = 5[W・3,600S] = 5×3,600 = 18,000[J]

17

2개의 저항 R_1, R_2를 병렬 접속하면 합성 저항은?

① $\frac{1}{R_1}+R_2$ ② $\frac{R_1}{R_1+R_2}$
③ $\frac{R_1R_2}{R_1+R_2}$ ④ $\frac{R_2}{R_1+R_2}$

해설

저항의 병렬연결

$\frac{1}{R}=\frac{1}{R_1}+\frac{1}{R_2}$

$R_T=\frac{R_1\cdot R_2}{R_1+R_2}[\Omega]$

18

진공 중에서 같은 크기의 두 자극을 1m 거리에 놓았을 때 작용하는 힘이 6.33×10⁴[N]이 되는 자극의 단위는?

① 1[N] ② 1[J]
③ 1[Wb] ④ 1[C]

해설

진공 중에서 동일한 자하(자극)를 1[m] 거리에 놓았을 때 작용하는 힘의 크기가 6.33×10^4[N]이 되었을 때 이때 자하의 크기를 1[Wb]이라 한다.

19

납축전지가 완전히 방전되면 음극과 양극은 무엇으로 변하는가?

① $PbSO_4$ ② PbO_2
③ H_2SO_4 ④ Pb

해설

PbO_2 + $2H_2SO_4$ + Pb $\xrightarrow{방전}$ $PbSO_4$ + $2H_2O$ + $PbSO_4$
(+극) 전해액 (−극) (+극) (−극)

납축전지의 전해액으로 묽은황산($2H_2SO_4$)을 사용한다.

20

다음 전압 파형의 주파수는 약 몇 [Hz]인가?

$$e=100\sin\left(377t-\frac{\pi}{5}\right)[V]$$

① 50 ② 60
③ 80 ④ 100

해설

$e=V_m\sin(\omega t-\theta)$에서 $\omega=2\pi f$

$\therefore\ f=\frac{\omega}{2\pi}=\frac{377}{2\pi}\fallingdotseq 60$[Hz]

정답 16 ④ 17 ③ 18 ③ 19 ① 20 ②

제1과목 전기이론 2015년 기출문제

2015년 1회 기출문제

01

그림의 단자 1-2에서 본 노튼 등가회로의 개방단 컨덕턴스는 몇 [℧]인가?

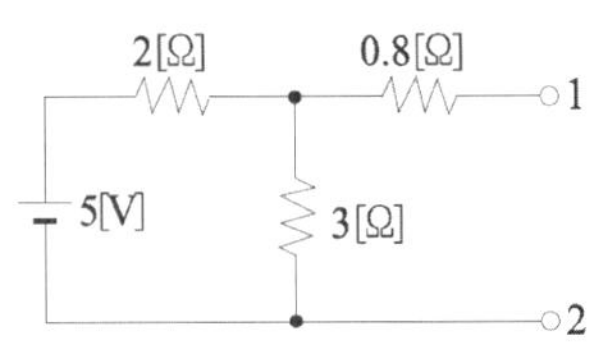

① 0.5　　② 1

③ 2　　④ 5.8

해설

이상적인 전압원의 내부저항은 0이고, 이상적인 전류원의 내부저항은 ∞이므로

전압원을 단락하고 1, 2에서

합성저항을 구하면 $R = 0.8 + \frac{2\times3}{2+3} = 2[\Omega]$

컨덕턴스 $G = \frac{1}{R} = \frac{1}{2} = 0.5[℧]$

02

$e = 100\sin\left(314t - \frac{\pi}{6}\right)$[V]인 파형의 주파수는 약 몇 [Hz]인가?

① 40　　② 50

③ 60　　④ 80

해설

$e = V_m \sin\omega t$[V], 각 주파수 $\omega = 2\pi f$에서

주파수 $f = \frac{\omega}{2\pi} = \frac{314}{2\pi} = 50$[Hz]

03

비정현파의 실효값을 나타낸 것은?

① 최대파의 실효값

② 각 고조파의 실효값의 합

③ 각 고조파의 실효값의 합의 제곱근

④ 각 고조파의 실효값의 제곱의 합의 제곱근

해설

비정현파의 푸리에 급수에 의한 전개

$v = \sqrt{2}\,V_1 \sin\omega t + \sqrt{2}\,V_2 \sin2\omega t + \sqrt{2}\,V_3 \sin3\omega t + \cdots$

비정현파 교류의 실효값

$V = \sqrt{V_1^2 + V_2^2 + V_3^2 + \cdots}$

04

평균 반지름이 r[m]이고, 감은 횟수가 N인 환상 솔레노이드에 전류 I[A]가 흐를 때 내부의 자기장의 세기 H[AT/m]는?

① $H = \frac{NI}{2\pi r}$　　② $H = \frac{NI}{2r}$

③ $H = \frac{2\pi r}{NI}$　　④ $H = \frac{2r}{NI}$

해설

자기장의 세기

(환상 솔레노이드) $H = \frac{NI}{2\pi r}$[AT/m]

(무한장 솔레노이드 내부) $H = nI$[AT/m]

(무한장 솔레노이드 외부) $H = 0$[AT/m]

(무한장 직선) $H = \frac{I}{2\pi r}$[AT/m]

(원형 코일 중심) $H = \frac{NI}{2r}$[AT/m]

정답 01 ① 02 ② 03 ④ 04 ①

05

어떤 도체의 길이를 2배로 하고 단면적을 1/3로 했을 때의 저항은 원래 저항의 몇 배가 되는가?

① 3배 ② 4배
③ 6배 ④ 9배

해설

$R=\rho\frac{l}{A}$, $R'=\rho\frac{2l}{\frac{1}{3}A}$, $R'=(2\times3)\times\rho\frac{l}{A}=6R$

06

기전력이 V_0[V], 내부저항이 r[Ω]인 n개의 전지를 직렬연결하였다. 전체 내부저항을 옳게 나타낸 것은?

① $\frac{r}{n}$ ② nr
③ $\frac{r}{n^2}$ ④ nr^2

해설

전지의 직렬연결 : 전류 $I=\frac{nE}{nr+R}$

전지의 병렬연결 : 전류 $I=\frac{E}{\frac{r}{m}+R}$

(r : 내부저항, R : 부하저항)

직렬연결이므로 내부저항 nr

07

공기 중에서 자속밀도 3[Wb/m^2]의 평등 자장 속에 길이 10[cm]의 직선 도선을 자장의 방향과 직각으로 놓고 여기에 4[A]의 전류를 흐르게 하면 이 도선이 받는 힘은 몇 [N]인가?

① 0.5 ② 1.2
③ 2.8 ④ 4.2

해설

플레밍의 왼손 법칙에서 선전류에 작용하는 힘

$F=IBl\sin\theta[\text{N}]=4\times3\times10\times10^{-2}\times\sin(90°)=1.2[\text{N}]$

08

정전용량 C[μF]의 콘덴서에 충전된 전하가 $q=\sqrt{2}\,Q\sin\omega t$[C]와 같이 변화하도록 하였다면 이때 콘덴서에 흘러들어가는 전류의 값은?

① $i=\sqrt{2}\,\omega Q\sin\omega t$
② $i=\sqrt{2}\,\omega Q\cos\omega t$
③ $i=\sqrt{2}\,\omega Q\sin(\omega t-60°)$
④ $i=\sqrt{2}\,\omega Q\cos(\omega t-60°)$

해설

전류 $i=\frac{dq}{dt}=\frac{d}{dt}(\sqrt{2}\,Q\sin wt)=\sqrt{2}\,wQ\cos wt$[A]

09

4[F]와 6[F]의 콘덴서를 병렬접속하고 10[V]의 전압을 가했을 때 축적되는 전하량 Q[C]는?

① 19 ② 50
③ 80 ④ 100

해설

콘덴서의 병렬 접속일 때 합성정전용량

$C=C_1+C_2=4+6=10$[F]

전하량 $Q=CV=10\times10=100$[C]

10

회로망의 임의의 접속점에 유입되는 전류는 $\sum I=0$이라는 법칙은?

① 쿨롱의 법칙
② 패러데이의 법칙
③ 키르히호프의 제1법칙
④ 키르히호프의 제2법칙

정답 05 ③ 06 ② 07 ② 08 ② 09 ④ 10 ③

해설

• 키르히호프의 제1법칙(전류법칙)
임의의 한 접속점에 들어오는 전류의 합은 흘러 나가는 전류의 합과 같다(즉 Σ유입전류 = Σ유출전류).

• 키르히호프의 제2법칙(전압법칙)
임의의 회로망 속의 폐회로에 들어 있는 저항에 생기는 전압 강하의 합은 그 폐회로 속에 들어 있는 기전력의 합과 같다(즉 Σ전압강하 = Σ기전력).

11

자체 인덕턴스가 각각 160[mH], 250[mH]의 두 코일이 있다. 두 코일 사이의 상호 인덕턴스가 150[mH]이면 결합계수는?

① 0.5　② 0.62　③ 0.75　④ 0.86

해설

상호 인덕턴스 $M = k\sqrt{L_1 L_2}$, 결합계수 : k

$150 = k\sqrt{160 \times 250}$, $k = \dfrac{150}{\sqrt{40,000}} = 0.75$

12

저항이 10[Ω]인 도체에 1[A]의 전류를 10분간 흘렸다면 발생하는 열량은 몇 [kcal]인가?

① 0.62　② 1.44　③ 4.46　④ 6.24

해설

열량 $H = 0.24I^2Rt$, (시간 $t = 10$분$= 10 \times 60 = 600$[s])

$H = 0.24 \times 1^2 \times 10 \times 600 = 1,440$[cal]$= 1.44$[kcal]

13

히스테리시스손은 최대 자속밀도 및 주파수의 각각 몇 승에 비례하는가?

① 최대자속밀도 : 1.6, 주파수 : 1.0
② 최대자속밀도 : 1.0, 주파수 : 1.6
③ 최대자속밀도 : 1.0, 주파수 : 1.0
④ 최대자속밀도 : 1.6, 주파수 : 1.6

해설

• 히스테리시스손 ($P_h = \eta f B_m^{1.6}$[W/m³]) : 최대자속밀도의 1.6승, 주파수의 1.0승에 비례
• 와류손 ($P_e = kf^2 B_m^2$[W/m³]) : 최대자속밀도의 2승, 주파수의 2승에 비례

14

유효전력의 식으로 옳은 것은?
(단, E는 전압, I는 전류, θ는 위상각이다.)

① $EI\cos\theta$　② $EI\sin\theta$
③ $EI\tan\theta$　④ EI

해설

유효전력 $P = EI\cos\theta$[W]
무효전력 $P_r = EI\sin\theta$[Var]
피상전력 $P = EI$[VA]

15

전원과 부하가 다같이 △ 결선된 3상 평형회로가 있다. 상전압이 200[V], 부하 임피던스가 $Z = 6 + j8$[Ω]인 경우 선전류는 몇 [A]인가?

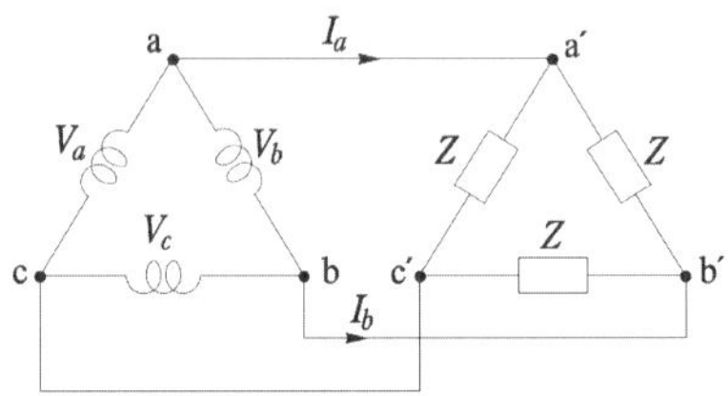

① 20　② $\dfrac{20}{\sqrt{3}}$
③ $20\sqrt{3}$　④ $10\sqrt{3}$

해설

△결선 : $V_p = V_l$, $I_l = \sqrt{3}I_p$
임피던스 크기 $Z = \sqrt{6^2 + 8^2} = 10$
상전류 : $I_p = \dfrac{V_P}{Z} = \dfrac{200}{10} = 20$
선전류 : $I_l = \sqrt{3}I_P = 20\sqrt{3}$

정답　11 ③　12 ②　13 ①　14 ①　15 ③

16

다음 회로의 합성 정전용량[μF]은?

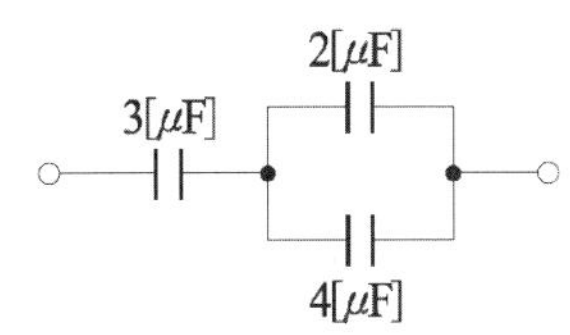

① 5 ② 4
③ 3 ④ 2

해설

- 콘덴서 병렬연결 : $C_0 = C_2 + C_3 = 2 + 4 = 6[\mu F]$
- 콘덴서 직렬연결 : $\frac{C_1 \times C_0}{C_1 + C_0} = \frac{3 \times 6}{3+6} = 2[\mu F]$

17

물질에 따라 자석에 반발하는 물체를 무엇이라 하는가?

① 비자성체 ② 상자성체
③ 반자성체 ④ 가역성체

해설

- 상자성체 : 자석을 가까이 하면 붙는 물체
- 반자성체 : 자석을 가까이 하면 반발하는 물체

18

그림의 병렬 공진 회로에서 공진 주파수 f_0[Hz]는?

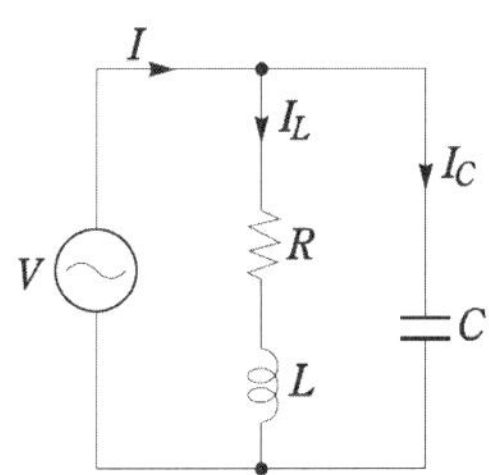

① $f_0 = \frac{1}{2\pi}\sqrt{\frac{R}{L} - \frac{1}{LC}}$

② $f_0 = \frac{1}{2\pi}\sqrt{\frac{L^2}{R^2} - \frac{1}{LC}}$

③ $f_0 = \frac{1}{2\pi}\sqrt{\frac{1}{LC} - \frac{L}{R}}$

④ $f_0 = \frac{1}{2\pi}\sqrt{\frac{1}{LC} - \frac{R^2}{L^2}}$

해설

일반적인 공진에서 공진 주파수

$f = \frac{1}{2\pi}\sqrt{\frac{1}{LC} - \frac{R^2}{L^2}}$

19

전기장의 세기 단위로 옳은 것은?

① H/m ② F/m
③ AT/m ④ V/m

해설

- 전기장의 세기 : E[V/m]
- 자기장의 세기 : H[AT/m]

20

전기전도도가 좋은 순서대로 도체를 나열한 것은?

① 은 → 구리 → 금 → 알루미늄
② 구리 → 금 → 은 → 알루미늄
③ 금 → 구리 → 알루미늄 → 은
④ 알루미늄 → 금 → 은 → 구리

해설

전기전도도는 전기가 통하기 쉬운 정도를 나타내는 값으로 전기 저항의 역수 20°C에서 전기전도도는 다음과 같다.
은 61.4[MS/m], 구리 59[MS/m], 금 45.5[MS/m], 알루미늄 37.4[MS/m]

정답 16 ④ 17 ③ 18 ④ 19 ④ 20 ①

2015년 2회 기출문제

01

다음 ( ) 안에 들어갈 알맞은 내용은?

> "자기 인덕턴스 1[H]는 전류의 변화율이 1[A/s]일 때, ( )가(이) 발생할 때의 값이다."

① 1[N]의 힘 ② 1[J]의 에너지
③ 1[V]의 기전력 ④ 1[Hz]의 주파수

해설

인덕턴스 L의 기전력 $e=\left|-L\frac{di}{dt}\right|$ 에서 $L=1$[H],

$\frac{di}{dt}$[A/S]=1이므로 $e=\left|-L\frac{di}{dt}\right|=1\times1=1$[V]

02

Q[C]의 전기량이 도체를 이동하면서 한 일을 W[J]이라 했을 때 전위차 V[V]를 나타내는 관계식으로 옳은 것은?

① $V=QW$ ② $V=\frac{W}{Q}$

③ $V=\frac{Q}{W}$ ④ $V=\frac{1}{QW}$

해설

Q[C]의 전기량을 이동 시 에너지 $W=QV$[J]에서

전위차 $V=\frac{W}{Q}$[J/C]

03

단면적 A[m^2], 자로의 길이 l[m], 투자율 μ, 권수 N회인 환상 철심의 자체 인덕턴스(H)는?

① $\frac{\mu AN^2}{l}$ ② $\frac{AlN^2}{4\pi\mu}$

③ $\frac{4\pi AN^2}{l}$ ④ $\frac{\mu lN^2}{A}$

해설

단면적 A[m^2], 길이 l[m], 투자율 μ, 권수 N일 때

$LI=N\phi$에서

인덕턴스 $L=\frac{N\phi}{I}=\frac{N}{I}\times\frac{F}{R_m}$, 자기저항 $R_m=\frac{l}{\mu A}$

기자력 $F=NI$를 대입하면

인덕턴스 $L=\frac{\mu AN^2}{l}$

04

자기회로에 강자성체를 사용하는 이유는?

① 자기저항을 감소시키기 위하여
② 자기저항을 증가시키기 위하여
③ 공극을 크게 하기 위하여
④ 주자속을 감소시키기 위하여

해설

자기저항 $R_m=\frac{l}{\mu A}=\frac{l}{\mu_o\mu_s A}$에서 강자성체를 사용하면 자기저항이 감소한다.

- 상자성체 : $\mu_s>1$
- 강자성체 : $\mu_s\gg1$
- 역자성체 : $\mu_s<1$

05

4[Ω]의 저항에 200[V]의 전압을 인가할 때 소비되는 전력은?

① 20[W] ② 400[W]
③ 2.5[kW] ④ 10[kW]

해설

저항에서 소비전력 $P=VI=I^2R=\frac{V^2}{R}$[W]에서

저항과 전압이 주어졌으므로

전력 $P=\frac{V^2}{R}=\frac{200^2}{4}=10,000$[W]$=10$[kW]

정답 01 ③ 02 ② 03 ① 04 ① 05 ④

06

6[Ω]의 저항과 8[Ω]의 용량성 리액턴스의 병렬회로가 있다. 이 병렬회로의 임피던스는 몇 [Ω]인가?

① 1.5　② 2.6
③ 3.8　④ 4.8

해설

$R=6,\ X_C=\frac{1}{wc}=8[\Omega]$

$Y=Y_1+Y_2=\frac{1}{R}+jwc=\frac{1}{R}+j\frac{V}{\frac{1}{wc}}=\frac{1}{R}+j\frac{1}{XC}=\frac{1}{6}+j\frac{1}{8}$

임피던스 $Z=\frac{1}{Y}=\frac{1}{\sqrt{(\frac{1}{6})^2+(\frac{1}{8})^2}}=4.8[\Omega]$

07

평형 3상 교류 회로에서 △부하의 한 상의 임피던스가 $Z_\triangle$일 때, 등가 변환한 Y부하의 한 상의 임피던스 Z_Y는 얼마인가?

① $Z_Y=\sqrt{3}Z_\triangle$　② $Z_Y=3Z_\triangle$
③ $Z_Y=\frac{1}{\sqrt{3}}Z_\triangle$　④ $Z_Y=\frac{1}{3}Z_\triangle$

해설

(1) △결선에서 → Y결선으로 변경할 때
- 임피던스 : $\frac{1}{3}$배
- 선전류 : $\frac{1}{3}$
- 소비전력 : $\frac{1}{3}$

  임피던스 : $Z_Y=\frac{Z_\triangle}{3}$

(2) Y결선에서 → △결선으로 변경할 때
- 임피던스 : 3배
- 선전류 : 3배
- 소비전력 : 3배

  임피던스 : $Z_\triangle=3Z_Y$

08

다음 중 전동기의 원리에 적용되는 법칙은?

① 렌츠의 법칙　② 플레밍의 오른손 법칙
③ 플레밍의 왼손 법칙　④ 옴의 법칙

해설

- 플레밍의 왼손 법칙 = 전동기 (전기에너지 → 기계에너지)
  $F=IBl\sin\theta$[V]
- 플레밍의 오른손 법칙 = 발전기 (기계에너지 → 전기에너지)
  $e=vBl\sin\theta$[V]

09

1[eV]는 몇 [J]인가?

① 1　② 1×10^{-10}
③ 1.16×10^4　④ 1.602×10^{-19}

해설

1[eV]

$W=Q\cdot V$(전자의 전하량 e) $=eV=1.602\times10^{-19}$[CV]
$=1.602\times10^{-19}$[J]

전자의 전하량 $e=1.602\times10^{-19}$[C]

전자의 질량 $m=9.109\times10^{-31}$[kg]

10

평행한 왕복 도체에 흐르는 전류에 의한 작용력은?

① 흡인력　② 반발력
③ 회전력　④ 작용력이 없다.

해설

평행한 도선 간 전류 간에 작용하는 힘

$F=\frac{\mu_0 I_1 I_2}{2\pi r}$[N/m]

- 동일방향 : 흡입력
- 반대방향(왕복도체) : 반발력

정답 06 ④ 07 ④ 08 ③ 09 ④ 10 ②

11

저항 50[Ω]인 전구에 $e = 100\sqrt{2}\sin wt$[V]의 전압을 가할 때 순시전류[A]의 값은?

① $\sqrt{2}\sin wt$
② $2\sqrt{2}\sin wt$
③ $5\sqrt{2}\sin wt$
④ $10\sqrt{2}\sin wt$

해설

저항 50[Ω]

$e = 100\sqrt{2}\sin wt$[V]

$i = \frac{e}{R} = \frac{100\sqrt{2}\sin wt}{50} = 2\sqrt{2}\sin wt$[A]

12

진공 중에서 같은 크기의 두 자극을 1[m] 거리에 놓았을 때 그 작용하는 힘이 6.33×10^4[N]이 되는 자극 세기의 단위는?

① 1[Wb]
② 1[C]
③ 1[A]
④ 1[W]

해설

정자계 내에서 쿨롱의 법칙

$F = \frac{m_1 m_2}{4\pi\mu_o r^2} = 6.33 \times 10^4 \times \frac{m^2}{r^2}$에서

힘 6.33×10^4[N], 거리 1[m]를 대입하면

$6.33 \times 10^4 = 6.33 \times 10^4 \times \frac{m^2}{1^2}$, $m^2 = 1$

자극의 세기 $m = 1$[Wb]

13

사인과 교류전압을 표시한 것으로 잘못된 것은? (단, θ은 회전각이며, w는 각속도이다.)

① $v = V_m \sin\theta$
② $v = V_m \sin wt$
③ $v = V_m \sin 2\pi t$
④ $v = V_m \sin\frac{2\pi}{T}t$

해설

정현파(사인파)의 순시값

$v = V_m \sin wt = V_m \sin\theta = V_m \sin 2\pi ft = V_m \sin 2\pi\left(\frac{1}{T}\right)t$[V]

각수파수 $w = 2\pi f = 2\pi\left(\frac{1}{T}\right)$ $(f = \frac{1}{T},\ wt = \theta)$

14

공기 중 자장의 세기가 20[AT/m]인 곳에 8×10^{-3}[Wb]의 자극을 놓으면 작용하는 힘[N]은?

① 0.16
② 0.32
③ 0.43
④ 0.56

해설

자계의 세기 $H = \frac{F}{m}$에서

힘 $F = mH = 8 \times 10^{-3} \times 20 = 0.16$[N]

15

평등자계 B[Wb/m²] 속을 V[m/s]의 속도를 가진 전자가 움직일 때 받는 힘[N]은?

① $B^2 eV$
② $\frac{eV}{B}$
③ BeV
④ $\frac{BV}{e}$

해설

자계 내에서 로렌츠힘

$F = qvB$(전자의 전하량 e를 대입하면)$= evB$[N]

16

$R = 8$[Ω], $L = 19.1$[mH]의 직렬회로에 5[A]가 흐르고 있을 때 인덕턴스(L)에 걸리는 단자 전압의 크기는 약 몇 [V]인가? (단, 주파수는 60[Hz]이다.)

① 12
② 25
③ 29
④ 36

정답 11 ② 12 ① 13 ③ 14 ① 15 ③ 16 ④

해설

저항 $R=8[\Omega]$, 인덕턴스 $L=19.1$[mH]인 $R-L$ 직렬회로에서 유도성 리액턴스 $X_L=wL=2\pi fL=2\pi\times60\times19.1\times10^{-3}=7.2[\Omega]$

인덕턴스에 걸리는 전압 $V_L=X_L\times I=7.2\times5=36$[V]

17

무효전력에 대한 설명으로 틀린 것은?

① $P=VI\cos\theta$로 계산된다.
② 부하에서 소모되지 않는다.
③ 단위로는 Var를 사용한다.
④ 전원과 부하 사이를 왕복하기만 하고 부하에 유효하게 사용되지 않는 에너지이다.

해설

유효전력과 무효전력
유효전력 $P=VI\cos\theta$[W]
무효전력 $P_r=VI\sin\theta$[Var]

18

두 금속을 접속하여 여기에 전류를 흘리면, 줄열 외에 그 접점에서 열의 발생 또는 흡수가 일어나는 현상은?

① 줄 효과　　② 홀 효과
③ 제어벡 효과　　④ 펠티어 효과

해설

(1) 전기 → 열
- 톰슨 효과(금속의 종류가 같을 때)
- 펠티어 효과(금속의 종류가 다를 때)

(2) 열 → 전기 : 제어벡 효과

19

전지의 전압강하 원인으로 틀린 것은?

① 국부작용　　② 산화작용
③ 성극작용　　④ 자기방전

해설

- 국부작용 : 전지의 극판은 전해액 등에 불순금속이 있으면 이것이 음극면에 부착하여 납과의 사이에 국부전지를 구성하고 국부적 방전전류를 발생하여 극판의 용량을 소모하는 현상
- 성극작용 : 전지 양극에 부하를 접속하여 전류를 꺼내면 음극에서 발생한 수소 가스가 거품으로 되어서 표면에 붙기 때문에 동판과 용액과의 접촉 면적이 감소하여 전지의 내부 저항이 증가하는 현상
- 자기방전 : 전지가 보유하는 전기량이 외부 회로에 대한 유효한 일에 사용되지 않고 자연히 없어지는 현상

20

실효값 5[A], 주파수 f[Hz], 위상 60°인 전류의 순시값 i[A]를 수식으로 옳게 표현한 것은?

① $i=5\sqrt{2}\sin\left(2\pi ft+\frac{\pi}{2}\right)$
② $i=5\sqrt{2}\sin\left(2\pi ft+\frac{\pi}{3}\right)$
③ $i=5\sin\left(2\pi ft+\frac{\pi}{2}\right)$
④ $i=5\sin\left(2\pi ft+\frac{\pi}{3}\right)$

해설

전류의 실효값 $I=5$[A], 각주파수 $\omega=2\pi f$

$\theta=60°$($I=\frac{I_m}{\sqrt{2}}$에서 전류의 최대값, $I_m=\sqrt{2}I=\sqrt{2}\times5$)을 대입하면

$i=I_m\sin(\omega t+\theta)=5\sqrt{2}\sin(\omega t+60°)=5\sqrt{2}\sin(\omega t+\frac{\pi}{3})$

$=5\sqrt{2}\sin(2\pi ft+\frac{\pi}{3})$[A]

정답 17 ① 18 ④ 19 ② 20 ②

2015년 3회 기출문제

01

콘덴서의 정전용량에 대한 설명으로 틀린 것은?

① 전압에 반비례한다.
② 이동 전하량에 비례한다.
③ 극판의 넓이에 비례한다.
④ 극판의 간격에 비례한다.

해설

콘덴서의 정전용량

- $V_c = Z \cdot I = \frac{1}{wc} \cdot I$[V]
- $Q = C \cdot V$[C]
- $C = \frac{\epsilon A}{d}$[F] (콘덴서 정전용량은 극판의 간격에 반비례)

02

전류에 의해 만들어지는 자기장의 자력선 방향을 간단하게 알아내는 방법은?

① 플레밍의 왼손 법칙
② 렌츠의 자기유도 법칙
③ 앙페르의 오른나사 법칙
④ 패러데이의 전자유도 법칙

03

그림과 같은 RL 병렬회로에서 $R = 25[\Omega]$, $\omega L = \frac{100}{3}[\Omega]$일 때, 200[V]의 전압을 가하면 코일에 흐르는 전류 I_L[A]은?

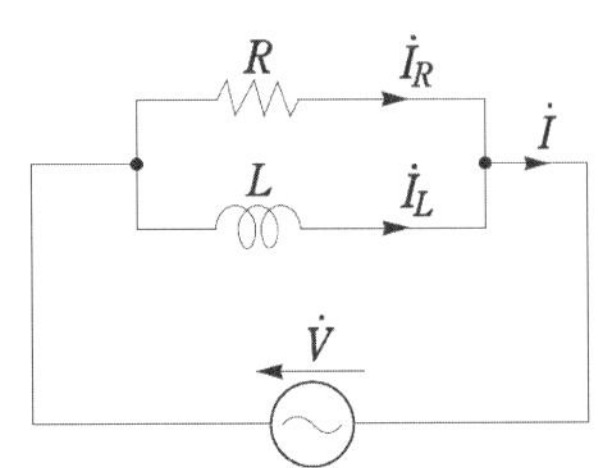

① 3.0　　② 4.8
③ 6.0　　④ 8.2

해설

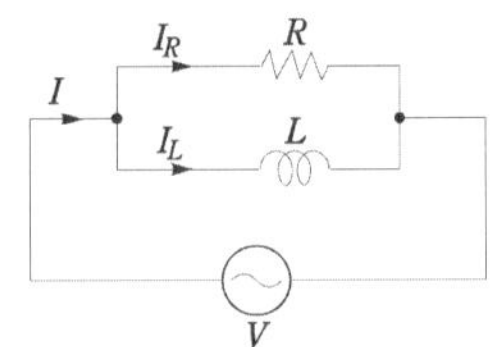

그림과 같은 RL 병렬회로에서 전압일정

$I_R = \frac{V}{Z} = \frac{V}{R} = \frac{200}{25} = 8$[A]

$I_L = \frac{V}{2} = \frac{V}{wL} = \frac{200}{\frac{100}{3}} = 6$[A]

04

그림과 같은 회로의 저항값이 $R_1 > R_2 > R_3 > R_4$일 때 전류가 최소로 흐르는 저항은?

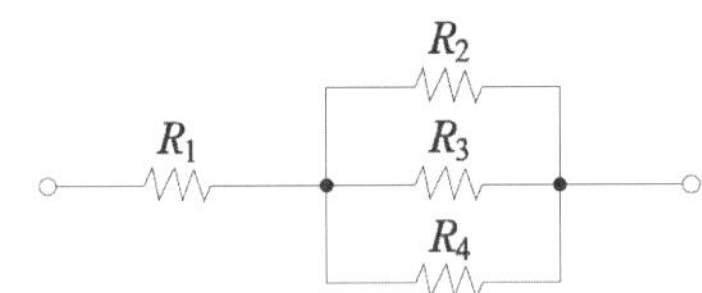

① R_1　　② R_2
③ R_3　　④ R_4

해설

$R_1 > R_2 > R_3 > R_4$

$I_1 = I_2 + I_3 + I_4$

$I_2 = \frac{V}{R_2}$, $I_3 = \frac{V}{R_3}$,

$I_4 = \frac{V}{R_4}$

$R_2 > R_3 > R_4$

$I_2 < I_3 < I_4$

I2 R2
I1 R1 I3 R3
I4 R4
V

정답　01 ④　02 ③　03 ③　04 ②

05

그림에서 a-b 간의 합성저항은 c-d 간의 합성저항보다 몇 배인가?

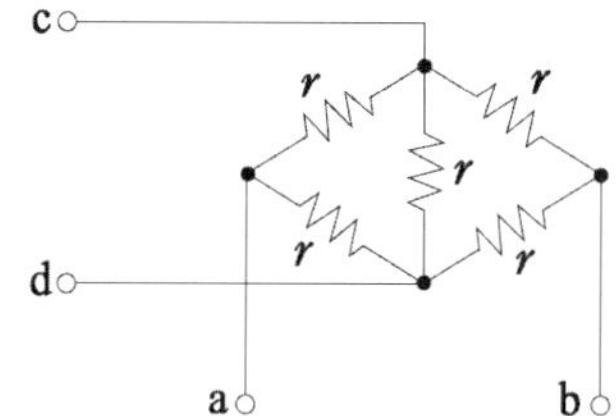

① 1배
② 2배
③ 3배
④ 4배

해설

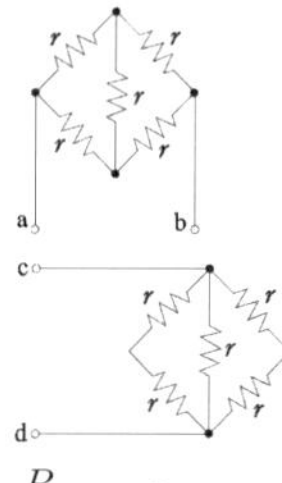

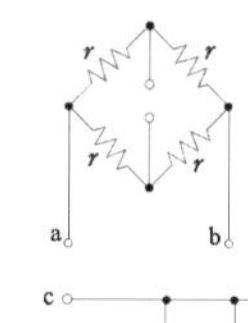

$R_{ab} = \dfrac{2r}{2} = r$

$R_{cd} = \dfrac{r}{2}$

$\dfrac{R_{ab}}{R_{cd}} = \dfrac{r}{\dfrac{r}{2}} = 2$배

06

20분간에 876,000[J]의 일을 할 때 전력은 몇 [kW]인가?

① 0.73 ② 7.3
③ 73 ④ 730

해설

$P = VI = I^2R = \dfrac{V^2}{R}$[W]

$W = Pt = VIt = I^2Rt = \dfrac{V^2}{R}t$[J]

$P = \dfrac{W}{t} = \dfrac{876,000}{20 \times 60} \times 10^{-3}$[kW]$= 0.73$[kW]

07

RL 직렬회로에 교류전압 $v = V_m \sin\theta$[V]를 가했을 때 회로의 위상각 θ를 나타낸 것은?

① $\theta = \tan^{-1}\dfrac{R}{\omega L}$

② $\theta = \tan^{-1}\dfrac{\omega L}{R}$

③ $\theta = \tan^{-1}\dfrac{1}{R\omega L}$

④ $\theta = \tan^{-1}\dfrac{R}{\sqrt{R^2 + (\omega L)^2}}$

해설

R L

$Z = Z_1 + Z_2 = R + j\omega L$

$= \sqrt{R^2 + (\omega L)^2} \angle \tan^{-1}\dfrac{\omega L}{R}$

08

권수가 150인 코일에서 2초간에 1[Wb]의 자속이 변화한다면, 코일에 발생되는 유도 기전력의 크기는 몇 [V]인가?

① 50 ② 75
③ 100 ④ 150

해설

$dt = 2, \quad d\phi = 1$[Wb]

$e = \left| -N\dfrac{d\phi}{tt} \right| = 150 \times \dfrac{1}{2} = 75$[V]

정답 05 ② 06 ① 07 ② 08 ②

09

평형 3상 교류회로에서 Y결선할 때 선간전압(V_l)과 상전압(V_p)의 관계는?

① $V_l = V_p$ ② $V_l = \sqrt{2}\, V_p$

③ $V_l = \sqrt{3}\, V_p$ ④ $V_l = \dfrac{1}{\sqrt{3}} V_p$

해설

Y결선

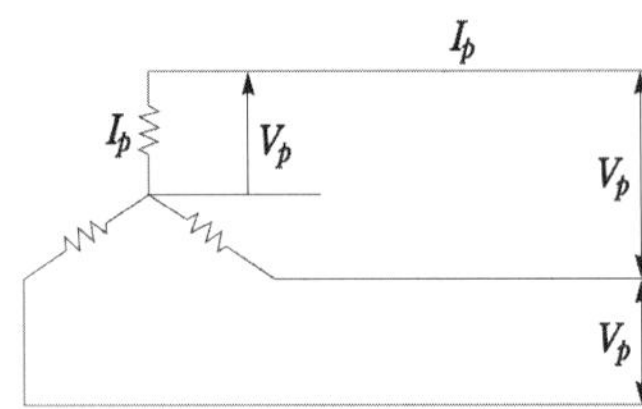

$V_l = \sqrt{3}\, V_p$

$I_l = I_p$

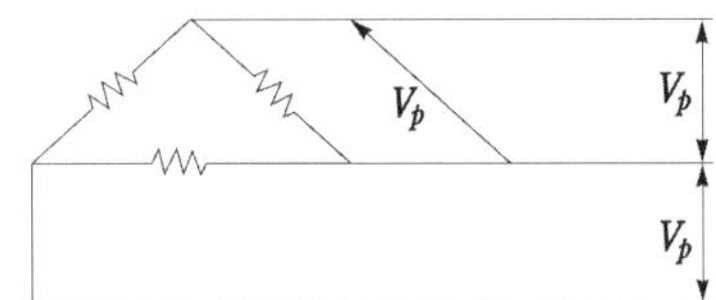

$V_l = V_p$

$I_l = \sqrt{3}\, I_p$

10

정전에너지 W[J]를 구하는 식으로 옳은 것은? (단 C는 콘덴서용량[μF], V는 공급전압[V]이다.)

① $W = \dfrac{1}{2} CV^2$ ② $W = \dfrac{1}{2} CV$

③ $W = \dfrac{1}{2} C^2 V$ ④ $W = 2CV^2$

해설

$$W = \frac{1}{2}CV^2 = \frac{Q^2}{2C} = \frac{1}{2}QV[\text{J}]$$

11

$R = 5[\Omega]$, $L = 30$[mH]의 RL 직렬회로에 $V = 200$[V], $f = 60$[Hz]의 교류전압을 가할 때 전류의 크기는 약 몇 [A]인가?

① 8.67 ② 11.42

③ 16.17 ④ 21.25

해설

R L

$$Z = Z_1 + Z_2 = R + j\omega L = 5 + j11.3$$

$$(\omega L = 2\pi f L = 2\pi \times 60 \times 30 \times 10^{-3} = 11.3)$$

$$I = \frac{V}{Z} = \frac{200}{(5 + j11.3)} = \frac{200}{\sqrt{5^2 + 11.3^2}} = 16.17[\text{A}]$$

12

원자핵의 구속력을 벗어나서 물질 내에서 자유로이 이동할 수 있는 것은?

① 중성자 ② 양자

③ 분자 ④ 자유전자

13

복소수에 대한 설명으로 틀린 것은?

① 실수부와 허수부로 구성된다.

② 허수를 제곱하면 음수가 된다.

③ 복소수는 $A = a + jb$의 형태로 표시한다.

④ 거리와 방향을 나타내는 스칼라 양으로 표시한다.

해설

$Z = 3 + j4$, $j = \sqrt{-1}$ $j^2 = -1$

14

자기 인덕턴스가 각각 L_1과 L_2의 2개의 코일이 직렬로 가동접속되었을 때, 합성 인덕턴스는? (단, 자기력선에 의한 영향을 서로 받는 경우이다.)

① $L = L_1 + L_2 - M$ ② $L = L_1 + L_2 - 2M$

③ $L = L_1 + L_2 + M$ ④ $L = L_1 + L_2 + 2M$

정답 09 ③ 10 ① 11 ③ 12 ④ 13 ④ 14 ④

해설

자기 인덕턴스 직렬연결 가동결합에서 합성 인덕턴스

$L = L_1 + L_2 + 2M$

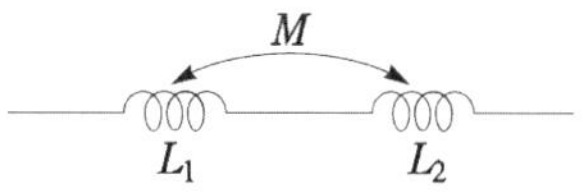

15

2전력계법으로 3상 전력을 측정할 때 지시값이 $P_1 = 200$[W], $P_2 = 200$[W]일 때 부하전력[W]은?

① 200 ② 400
③ 600 ④ 800

해설

$P = P_1 + P_2 = 200 + 200 = 400$

16

1[cm]당 권선수가 10인 무한 길이 솔레노이드에 1[A]의 전류가 흐르고 있을 때 솔레노이드 외부 자계의 세기[AT/m]는?

① 0 ② 5
③ 10 ④ 20

해설

무한장 솔레노이드

• 내부 : $H = \frac{NI}{l} = \frac{N}{l} I = nI$[AT/m]

• 외부 : $H = 0$

17

저항이 있는 도선에 전류가 흐르면 열이 발생한다. 이와 같이 전류의 열작용과 가장 관계가 깊은 법칙은?

① 패러데이의 법칙 ② 키르히호프의 법칙
③ 줄의 법칙 ④ 옴의 법칙

18

다음 중 1[V]와 같은 값을 갖는 것은?

① 1[J/C] ② 1[Wb/m]
③ 1[Ω/m] ④ 1[A · sec]

해설

$W = Q \cdot V$, $V = \frac{W}{Q}$[J/C]

19

등전위면과 전기력선의 교차 관계는?

① 직각으로 교차한다. ② 30°로 교차한다.
③ 45°로 교차한다. ④ 교차하지 않는다.

해설

전기력선은 등전위면(또는 표면)에 수직

20

전기분해를 통하여 석출되는 물질의 양은 통과한 전기량 및 화학당량과 어떤 관계인가?

① 전기량과 화학당량에 비례한다.
② 전기량과 화학당량에 반비례한다.
③ 전기량에 비례하고 화학당량에 반비례한다.
④ 전기량에 반비례하고 화학당량에 비례한다.

해설

$w = KQ = KIt$[g]

정답 15 ② 16 ① 17 ③ 18 ① 19 ① 20 ①

2015년 4회 기출문제

01

3[kW]의 전열기를 정격 상태에서 20분간 사용하였을 때의 열량은 몇 [kcal]인가?

① 430　② 520
③ 610　④ 860

해설

$P = VI = I^2 R = \frac{V^2}{R} t[\text{W}]$

$W = Pt = VIt = I^2 Rt = \frac{V^2}{R} t[\text{J}]$

$H = 0.24W = 0.24Pt = 0.24VIt = 0.24I^2 Rt = 0.24\frac{V^2}{R} t[\text{cal}]$

$H = 0.24Pt = 0.24 \times 3 \times 10^3 \times 20 \times 60[\text{cal}] \times 10^{-3}[\text{kcal}]$
$= 864[\text{kcal}]$

02

가정용 전등 전압이 200[V]이다. 이 교류의 최대값은 몇 [V]인가?

① 70.7　② 86.7
③ 141.4　④ 282.8

해설

가정용 전등 = 정현파 = 교류

실효값 : $V = \frac{V_m}{\sqrt{2}}$

평균값 : $V_{av} = \frac{2}{\pi} V_m$

최대값 : $V_m = \sqrt{2} V = \sqrt{2} \times 200 = 282.8$

03

Y결선의 전원에서 각 상전압이 100[V]일 때 선간전압은 약 몇 [V]인가?

① 100　② 150
③ 173　④ 195

해설

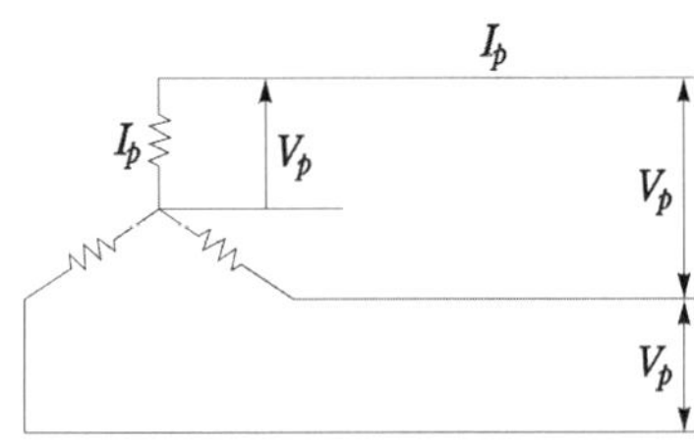

$V_l = \sqrt{3} V_p$

$I_l = I_p$

V_l은 V_p보다 유상이 30° 앞선다.

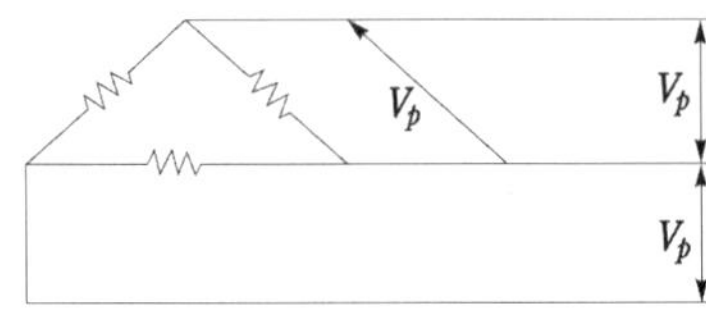

$V_l = V_p$

$I_l = \sqrt{3} I_p$

I_l는 I_p보다 유상이 30° 뒤진다.

$V_l = \sqrt{3} V_p = \sqrt{3} \times 100 = 100\sqrt{3}$

04

"전류의 방향과 자장의 방향은 각각 나사의 진행 방향과 회전 방향에 일치한다"와 관계가 있는 법칙은?

① 플레밍의 왼손 법칙
② 앙페르의 오른나사 법칙
③ 플레밍의 오른손 법칙
④ 키르히호프의 법칙

05

$I = 8 + j6$[A]로 표시되는 전류의 크기 I는 몇 [A]인가?

① 6　② 8　③ 10　④ 12

해설

$I = 8 + j6 = \sqrt{8^2 + 6^2} \angle \tan^{-1}\frac{6}{8} = 10\angle 36.87°[\text{A}]$

정답 01 ④ 02 ④ 03 ③ 04 ② 05 ③

06

삼각파 전압의 최대값이 V_m일 때 실효값은?

① V_m　② $\frac{V_m}{\sqrt{2}}$
③ $\frac{2V_m}{\pi}$　④ $\frac{V_m}{\sqrt{3}}$

해설

- 삼각파의 실효값 : $V=\frac{V_m}{\sqrt{3}}$
- 삼각파의 평균값 : $V_{av}=\frac{V_m}{2}$

07

$L_1 \cdot L_2$ 두 코일이 접속되어 있을 때, 누설자속이 없는 이상적인 코일 간의 상호 인덕턴스는?

① $M=\sqrt{L_1+L_2}$　② $M=\sqrt{L_1-L_2}$
③ $M=\sqrt{L_1L_2}$　④ $M=\sqrt{\frac{L_1}{L_2}}$

해설

$M=k\sqrt{L_1 \cdot L_2}$ $(k=1)=\sqrt{L_1 \cdot L_2}$ (이상적인 결합일 때 결합계수 $k=1$)

08

10[Ω]의 저항과 R[Ω]의 저항이 병렬로 접속되고 10[Ω]의 전류가 5[A], R[Ω]의 전류가 2[A]이면 저항 R[Ω]은?

① 10　② 20
③ 25　④ 30

해설

$V=5\times10=50[V]$
(병렬연결에서 전압일정)
$R=\frac{V}{I}=\frac{50}{2}=25[\Omega]$

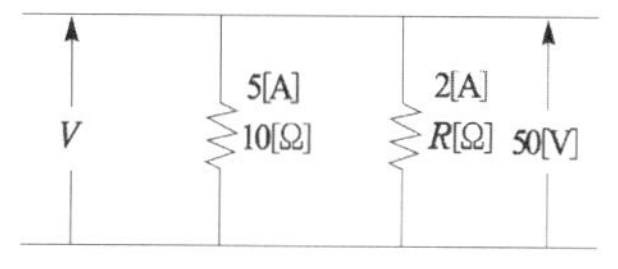

09

비유전율이 큰 산화티탄 등을 유전체로 사용한 것으로 극성이 없으며 가격에 비해 성능이 우수하여 널리 사용되고 있는 콘덴서의 종류는?

① 전해 콘덴서　② 세라믹 콘덴서
③ 마일러 콘덴서　④ 마이카 콘덴서

10

저항 8[Ω]과 코일이 직렬로 접속된 회로에 200[V]의 교류 전압을 가하면 20[A]의 전류가 흐른다. 코일의 리액턴스는 몇 [Ω]인가?

① 2　② 4　③ 6　④ 8

해설

coil : R–L 직렬

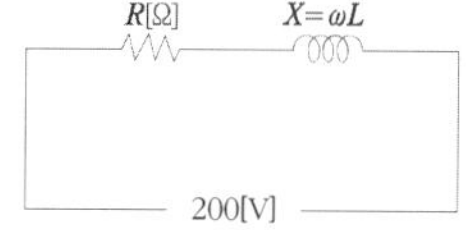

$Z=\frac{V}{I}=\frac{200}{20}=10$ ································· (1)

$Z=R+j\omega L=R+jXL$ ···························· (2)

(1) = (2) 에서 $\sqrt{R^2+X_L^2}=10$

$\sqrt{8^2+X_L^2}=10$

$X_L=6$

11

쿨롱의 법칙에서 2개의 점전하 사이에 작용하는 정전력의 크기는?

① 두 전하의 곱에 비례하고 거리에 반비례한다.
② 두 전하의 곱에 반비례하고 거리에 비례한다.
③ 두 전하의 곱에 비례하고 거리의 제곱에 비례한다.
④ 두 전하의 곱에 비례하고 거리의 제곱에 반비례한다.

정답 06 ④　07 ③　08 ③　09 ②　10 ③　11 ④

해설

쿨롱의 법칙 : $F=\dfrac{Q_1 \cdot Q_2}{4\pi\varepsilon r^2}$

12

대칭 3상 △결선에서 선전류와 상전류와의 위상 관계는?

① 상전류가 $\dfrac{\pi}{3}$[rad] 앞선다.

② 상전류가 $\dfrac{\pi}{3}$[rad] 뒤진다.

③ 상전류가 $\dfrac{\pi}{6}$[rad] 앞선다.

④ 상전류가 $\dfrac{\pi}{6}$[rad] 뒤진다.

13

$m_1=4\times10^{-5}$[Wb], $m_2=6\times10^{-3}$[Wb], $r=$ 10[cm]이면, 두 자극 m_1, m_2 사이에 작용하는 힘은 약 몇 [N]인가?

① 1.52　② 2.4
③ 24　④ 152

해설

$$F=\frac{m_1 \cdot m_2}{4\pi\mu_0 r^2}=6.33\times10^4\times\frac{m_1 \cdot m_2}{r^2}$$

$$=6.33\times10^4\times\frac{4\times10^{-5}\times6\times10^{-3}}{0.1^2}=1.521[\text{N}]$$

14

다음 중 큰 값일수록 좋은 것은?

① 접지저항　② 절연저항
③ 도체저항　④ 접촉저항

15

$R=6[\Omega]$, $X_C=8[\Omega]$일 때 임피던스 $Z=6-j8[\Omega]$으로 표시되는 것은 일반적으로 어떤 회로인가?

① RC 직렬회로　② RL 직렬회로
③ RC 병렬회로　④ RL 병렬회로

해설

R　L

$$Z=Z_1+Z_2=R+jwL=R+jX_L$$

R　C

$$Z=Z_1+Z_2=R-j\frac{1}{wC}=R-jX_C=6-j8$$

16

다음 설명 중에서 틀린 것은?

① 리액턴스는 주파수의 함수이다.
② 콘덴서는 직렬로 연결할수록 용량이 커진다.
③ 저항은 병렬로 연결할수록 저항값이 작아진다.
④ 코일은 직렬로 연결할수록 인덕턴스가 커진다.

해설

① 리액턴스 : $X_L=wL=2\pi fL$, $X_C=\dfrac{1}{\omega C}=\dfrac{1}{2\pi fc}$

② 콘덴서 직렬연결 시 정전용량 :

$C=\dfrac{C_1 \cdot C_2}{C_1+C_2}$(직렬연결 시 합성 정전용량 감소)

17

자체 인덕턴스 40[mH]의 코일에 10[A]의 전류가 흐를 때 저장되는 에너지는 몇 [J]인가?

① 2　② 3　③ 4　④ 8

해설

$$W=\frac{1}{2}LI^2=\frac{1}{2}\times40\times10^{-3}\times10^2=2[\text{J}]$$

정답 12 ③ 13 ① 14 ② 15 ① 16 ② 17 ①

18

RLC 병렬공진회로에서 공진주파수는?

① $\frac{1}{\pi\sqrt{LC}}$　　② $\frac{1}{\sqrt{LC}}$

③ $\frac{2\pi}{\sqrt{LC}}$　　④ $\frac{1}{2\pi\sqrt{LC}}$

해설

RLC 직렬공진과 병렬공진의 공진주파수 : $f=\frac{1}{2\pi\sqrt{Lc}}$

19

$i=I_m\sin\omega t$[A]인 사인파 교류에서 ωt가 몇 도일 때 순시값과 실효값이 같게 되는가?

① 30°　　② 45°

③ 60°　　④ 90°

해설

$i=I_m\cdot\sin\omega t$[A]

실효값 $I=\frac{I_m}{\sqrt{2}}$, 평균값 $I_{av}=\frac{2I_m}{\pi}$,

순시값 $i=I_m\cdot\sin\omega t$[A]

순시값과 실효값이 같을 때 $I_m\sin\omega t=\frac{I_m}{\sqrt{2}}$에서

$\therefore \omega t=\theta=45°$

20

전기분해를 하면 석출되는 물질의 양은 통과한 전기량에 관계가 있다. 이것을 나타낸 법칙은?

① 옴의 법칙　　② 쿨롱의 법칙

③ 앙페르의 법칙　　④ 패러데이의 법칙

해설

패러데이의 법칙

$W=KQ=KIt$[g]

정답 18 ④ 19 ② 20 ④

전기이론 2016년 기출문제

2016년 1회 기출문제

01

기전력 120[V], 내부저항(r)이 15[Ω]인 전원이 있다. 여기에 부하저항(R)을 연결하여 얻을 수 있는 최대 전력(W)은? (단, 최대전력 전달 조건은 $r=R$이다.)

① 100 ② 140
③ 200 ④ 240

해설

최대전력 공급 조건 $r=R$에서 전체 전류 I

$I=\frac{V}{R+r}=\frac{120}{15+15}=\frac{120}{30}=4$[A]

최대전력 $P=I^2R=4^2\times15=240$[W]이다.

02

자기 인덕턴스에 축적되는 에너지에 대한 설명으로 가장 옳은 것은?

① 자기 인덕턴스 및 전류에 비례한다.
② 자기 인덕턴스 및 전류에 반비례한다.
③ 자기 인덕턴스와 전류의 제곱에 반비례한다.
④ 자기 인덕턴스에 비례하고 전류의 제곱에 비례한다.

해설

자기 인덕턴스에 축적되는 에너지 $W=\frac{1}{2}LI^2$[J]

축적 에너지는 자기 인덕턴스(L)에 비례하고, 전류(I)의 제곱에 비례한다.

03

권수 300회의 코일에 6[A]의 전류가 흘러서 0.05[Wb]의 자속이 코일을 지난다고 하면, 이 코일의 자체 인덕턴스는 몇 [H]인가?

① 0.25 ② 0.35
③ 2.5 ④ 3.5

해설

자체 인덕턴스의 관계식 $LI=N\phi$에서

$L=\frac{N\phi}{I}=\frac{300\times0.05}{6}=2.5$[H]

04

RL 직렬회로에서 서셉턴스는?

① $\frac{R}{R^2+X_L^2}$ ② $\frac{X_L}{R^2+X_L^2}$

③ $\frac{-R}{R^2+X_L^2}$ ④ $\frac{-X_L}{R^2+X_L^2}$

해설

RL 직렬회로에서 임피던스 $Z=R+jX_L$

어드미턴스 $Y=\frac{1}{Z}=\frac{1}{R+jX_L}=\frac{R-jX_L}{R^2+X_L^2}=G+jB$

컨덕턴스 $G=\frac{R}{R^2+X_L^2}$, 서셉턴스 $B=\frac{-X_L}{R^2+X_L^2}$

$G=\frac{R}{R^2+X_L^2}$, $B=\frac{-X_L}{R^2+X_L^2}$로 나타낸다.

정답 01 ④ 02 ④ 03 ③ 04 ④

05

전류에 의한 자기장과 직접적으로 관련이 없는 것은?

① 줄의 법칙
② 플레밍의 왼손 법칙
③ 비오-사바르의 법칙
④ 앙페르의 오른나사 법칙

해설

① 줄의 법칙 : $R[\Omega]$의 저항에 I[A]의 전류를 t초 동안 흘릴 때 저항에서 소비되는 전력량(에너지)을 나타내는 법칙이다. $W=Pt=I^2Rt$[J]
② 플레밍의 왼손 법칙 : 도체가 자기장에서 받고 있는 힘의 방향을 알 수 있으며 전동기 회전의 원리가 된다.
③ 비오-사바르의 법칙 : 전류가 생성하는 자기장이 전류에 수직이고 전류에서의 거리의 역제곱에 비례한다는 물리 법칙이다. 또한 자기장이 전류의 세기, 방향, 길이에 연관이 있음을 알려준다.
④ 앙페르의 오른나사 법칙 : 전류의 방향을 오른나사가 진행하는 방향으로 하면, 이때 발생되는 자기장의 방향은 오른나사의 회전방향이 된다.

06

$C_1=5[\mu F]$, $C_2=10[\mu F]$의 콘덴서를 직렬로 접속하고 직류 30[V]를 가했을 때 C_1의 양단의 전압[V]은?

① 5　　② 10
③ 20　　④ 30

해설

콘덴서의 직렬연결에서 전압분배

$$V_1=\frac{\frac{1}{C_1}}{\frac{1}{C_1}+\frac{1}{C_2}}=\frac{C_2}{C_1+C_2}\times V=\frac{10}{5+10}\times 30=20[V]$$

07

3상 교류회로의 선간전압이 13,200[V], 선전류가 800[A], 역률 80[%] 부하의 소비전력은 약 몇 [MW]인가?

① 4.88　　② 8.45
③ 14.63　　④ 25.34

해설

• 3상전력

$$P=\sqrt{3}\,V_l I_l\cos\theta=\sqrt{3}\times 13{,}200\times 800\times 0.8$$
$$=14{,}632{,}365.22[W]\fallingdotseq 14.63[MW]$$

08

1[Ω · m]는 몇 [Ω · cm]인가?

① 10^2　　② 10^{-2}
③ 10^6　　④ 10^{-6}

해설

1[Ω · m]$=1\times 10^2$[Ω · cm]이다.

09

자체인덕턴스가 1[H]인 코일에 200[V], 60[Hz]의 사인파 교류 전압을 가했을 때 전류와 전압의 위상차는? (단, 저항성분은 무시한다.)

① 전류는 전압보다 위상이 $\frac{\pi}{2}$[rad]만큼 뒤진다.
② 전류는 전압보다 위상이 π[rad]만큼 뒤진다.
③ 전류는 전압보다 위상이 $\frac{\pi}{2}$[rad]만큼 앞선다.
④ 전류는 전압보다 위상이 π[rad]만큼 앞선다.

해설

• R만의 회로에서 전압과 전류는 동상이다.
• L만의 회로에서 전류가 전압보다 $\frac{\pi}{2}$[rad]만큼 뒤진다.
• C만의 회로에서 전류가 전압보다 $\frac{\pi}{2}$[rad]만큼 앞선다.

정답 05 ① 06 ③ 07 ③ 08 ① 09 ①

10

알칼리 축전지의 대표적인 축전지로 널리 사용되고 있는 2차 전지는?

① 망간전지 ② 산화은전지
③ 페이퍼전지 ④ 니켈카드뮴전지

해설

2차전지 : 납축전지, 니켈카드뮴, 니켈수소축전지, 리튬이온전지, 리튬이온폴리머전지
2차전지를 물질에 따라 구분하면 다음과 같다.

- 산성계 : 납축전지
- 알칼리계 : 니켈카드뮴, 니켈아연, 니켈수소
- 리듐계 : 리튬이온/폴리머

11

파고율, 파형률이 모두 1인 파형은?

① 사인파 ② 고조파
③ 구형파 ④ 삼각파

해설

- 파형률 : 파형의 기울기 정도(=실효값/평균값)
- 파고율 : 파형의 날카로운 정도(=최대값/실효값)

파형	최대값	실효값	평균값	파형률	파고율
구형파 (직사각형파)	V_m	V_m	V_m	1	1
사인파 (정현파)	V_m	$\frac{V_m}{\sqrt{2}}$	$\frac{2V_m}{\pi}$	1.11	1.414
삼각파	V_m	$\frac{V_m}{\sqrt{3}}$	$\frac{V_m}{2}$	1.155	1.732

12

황산구리($CuSO^4$) 전해액에 2개의 구리판을 넣고 전원을 연결하였을 때 음극에서 나타나는 현상으로 옳은 것은?

① 변화가 없다.
② 구리판이 두터워진다.
③ 구리판이 얇아진다.
④ 수소 가스가 발생한다.

해설

- 양극 : 산화반응 → 구리판이 얇아짐
- 음극 : 환원반응 → 구리판이 두꺼워짐

13

두 종류의 금속 접합부에 전류를 흘리면 전류의 방향에 따라 줄열 이외의 열이 흡수 또는 발생하는 현상이 생긴다. 이러한 현상을 무엇이라 하는가?

① 제어벡 효과 ② 페란티 효과
③ 펠티어 효과 ④ 초전도 효과

해설

① 제어벡 효과 : 다른 종류의 금속으로 된 폐회로의 두 접합점의 온도가 다르면 전기가 발생하는 현상
② 페란티 효과 : 송전 선로가 경부하 또는 무부하로 되었을 때 선로 분포 커패시턴스로 인한 충전 전류의 영향이 크고, 그로 인한 수전단 전압이 송전단 전압보다 높아지는 현상
④ 초전도 효과 : 금속, 합금, 화합물 등의 전기저항이 어느 온도 이하에서 0이 되는 현상

14

자극 가까이에 물체를 두었을 때 자화되는 물체와 자석이 그림과 같은 방향으로 자화되는 자성체는?

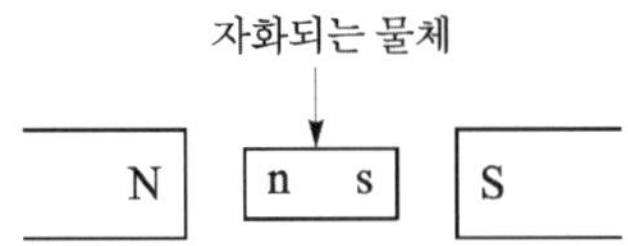

① 상자성체 ② 반자성체
③ 강자성체 ④ 비자성체

정답 10 ④ 11 ③ 12 ② 13 ③ 14 ②

해설

- 상자성체 : 자석에 접근시킬 때 반대의 극이 생겨 서로 당기는 금속(공기, 주석, 산소, 백금, 알루미늄)
- 강자성체 : 상자성체 중 자화강도가 큰 금속 (니켈, 코발트, 철)
- 반자성체 : 자석에 접근시킬 때 같은 극이 생겨 서로 반발하는 금속(비무스트, 탄소, 인, 금, 은, 구리, 안티몬)

15

다이오드의 정특성이란 무엇을 말하는가?

① PN 접합면에서의 반송자 이동 특성
② 소신호로 동작할 때의 전압과 전류의 관계
③ 다이오드를 움직이지 않고 저항률을 측정한 것
④ 직류전압을 걸었을 때 다이오드에 걸리는 전압과 전류의 관계

해설

다이오드 정특성 : 다이오드에 정방향 바이어스를 걸을 때와 역방향 바이어스를 걸 때의 전압과 전류의 특성

16

공기 중에 10[μC]과 20[μC]를 1[m] 간격으로 놓을 때 발생되는 정전력[N]은?

① 1.8　② 2.2
③ 4.4　④ 6.3

해설

쿨롱의 법칙

$$F = 9\times10^9\frac{Q_1Q_2}{r^2}[\mathrm{N}] = 9\times10^9\times\frac{10\times10^{-6}\times20\times10^{-6}}{1^2}$$
$$= 1.8[\mathrm{N}]$$

17

200[V], 2[kW]의 전열선 2개를 같은 전압에서 직렬로 접속한 경우의 전력은 병렬로 접속한 경우의 전력보다 어떻게 되는가?

① $\frac{1}{2}$배로 줄어든다.　② $\frac{1}{4}$로 줄어든다.
③ 2배로 증가된다.　④ 4배로 증가된다.

해설

$P = \frac{V^2}{R} = \frac{200^2}{R}$에서 $R = \frac{40,000}{2,000} = 20[\Omega]$

직렬연결 $P_1 = \frac{V^2}{R} = \frac{200^2}{20+20} = \frac{40,000}{40} = 1,000[\mathrm{W}]$

병렬연결 $P_2 = \frac{V_2}{R} = \frac{200^2}{(20/2)} = \frac{40,000}{10} = 4,000[\mathrm{W}]$

전열선의 소비전력 : 직렬연결한 경우가 병렬연결한 경우보다 $\frac{1}{4}$로 작아진다.

18

"회로의 접속점에서 볼 때, 접속점에 흘러 들어오는 전류의 합은 흘러 나가는 전류의 합과 같다."라고 정의되는 법칙은?

① 키르히호프의 제1법칙
② 키르히호프의 제2법칙
③ 플레밍의 오른손 법칙
④ 앙페르의 오른나사 법칙

해설

- 키르히호프의 제1법칙(전류의 법칙)
  회로의 한 점에서 : Σ유입전류 $=$ Σ유출전류,
  $I_1 + I_2 + I_3 \cdots I_n = 0$
- 키르히호프의 제2법칙(전압의 법칙)
  임의의 폐회로에서의 기전력 총합은 회로소자에서 발생하는 전압강하의 총합과 같다.
  $E_1 + E_2 + E_3 \cdots = R_1I_1 + R_2I_2 + R_3I_3 \cdots$

정답 15 ④ 16 ① 17 ② 18 ①

19

그림과 같은 회로에서 저항 R_1에 흐르는 전류는?

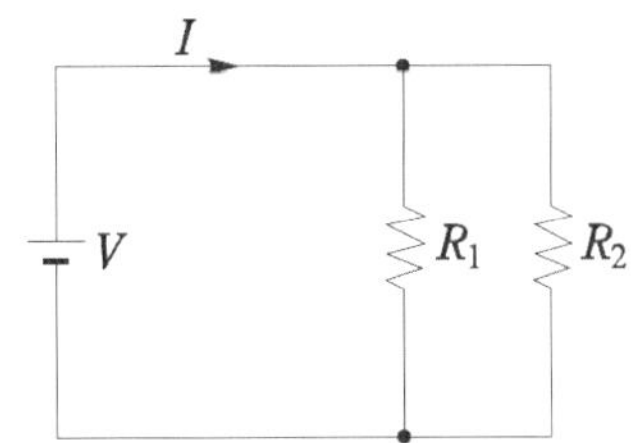

① $(R_1 + R_2)I$　② $\frac{R_2}{R_1 + R_2}I$

③ $\frac{R_1}{R_1 + R_2}I$　④ $\frac{R_1 R_2}{R_1 + R_2}I$

해설

저항의 병렬연결에서 분배 전류는

$I_1 = \frac{R_2}{R_1 + R_2} \times I$

20

동일한 저항 4개를 접속하여 얻을 수 있는 최대 저항값은 최소 저항값의 몇 배인가?

① 2　② 4

③ 8　④ 16

해설

최대 저항값(직렬연결) : $R_1 = 4R$

최소 저항값(병렬연결) : $R_2 = \frac{R}{4}$, $\frac{R_1}{R_2} = \frac{4R}{\frac{R}{4}} = 16$배

2016년 2회 기출문제

01

다음 (　　) 안의 알맞은 내용으로 옳은 것은?

> "회로에 흐르는 전류의 크기는 저항에 (㉮)하고, 가해진 전압에 (㉯)한다."

① ㉮ 비례, ㉯ 비례

② ㉮ 비례, ㉯ 반비례

③ ㉮ 반비례, ㉯ 비례

④ ㉮ 반비례, ㉯ 반비례

해설

옴의 법칙 : $I = \frac{V}{R}$[A]에서 전류는 저항에 반비례하고 전압에 비례한다.

02

초산은($AgNO_3$) 용액에 1[A]의 전류를 2시간 동안 흘렸다. 이때 은의 석출량[g]은? (단, 은의 전기 화학당량은 1.1×10^{-3}[g/c]이다.)

① 5.44　② 6.08

③ 7.92　④ 9.84

해설

패러데이 법칙 :

$W = KQ = KIt = 1.1 \times 10^{-3} \times 1 \times 2 \times 3{,}600 = 7.92[g]$

03

평균 반지름이 10[cm]이고 감은 횟수 10회의 원형 코일에 5[A]의 전류를 흐르게 하면 코일 중심의 자장의 세기[AT/m]는?

① 250　② 500　③ 750　④ 1,000

정답 19 ② 20 ④ / 01 ③ 02 ③ 03 ①

해설

원형 코일 중심의 자계세기 : $H=\frac{NI}{2r}=\frac{10\times 5}{2\times 0.1}=250$[AT/m]

04

3[V]의 기전력으로 300[C]의 전기량이 이동할 때 몇 [J]의 일을 하게 되는가?

① 1,200　② 900
③ 600　④ 100

해설

어떤 도체에 Q[C]의 전기량이 이동할 때 에너지 :
$W=V\times Q=3\times 300=900$[J]

05

충전된 대전체를 대지(大地)에 연결하면 대전체는 어떻게 되는가?

① 방전한다.
② 반발한다.
③ 충전이 계속된다.
④ 반발과 흡인을 반복한다.

해설

대전체를 지구에 도선으로 연결하는 것을 접지라고 하고, 접지를 하면 대전체에 들어있는 전하가 방전이 된다.

06

반자성체 물질의 특색을 나타낸 것은? (단, μ_s는 비투자율이다.)

① $\mu_s>1$　② $\mu_s\gg 1$
③ $\mu_s=1$　④ $\mu_s<1$

해설

물체의 자화 정도에 따른 분류

- 강자성체($\mu s\gg 1$) : 상자성체 중 자화강도가 큰 물질(니켈, 코발트, 철)
- 상자성체($\mu s>1$) : 자석에 접근시킬 때 반대의 극이 생겨 서로 당기는 금속(공기, 주석, 산소, 백금, 알루미늄)
- 반자성체($\mu s<1$) : 자석에 접근시킬 때 같은 극이 생겨 서로 반발하는 금속(비스무트, 탄소, 인, 금, 은, 구리, 안티몬, 아연, 납, 수은)

07

비사인파 교류회로의 전력에 대한 설명으로 옳은 것은?

① 전압의 제3고조파와 전류의 제3고조파 성분 사이에서 소비전력이 발생한다.
② 전압의 제2고조파와 전류의 제3고조파 성분 사이에서 소비전력이 발생한다.
③ 전압의 제3고조파와 전류의 제5고조파 성분 사이에서 소비전력이 발생한다.
④ 전압의 제5고조파와 전류의 제7고조파 성분 사이에서 소비전력이 발생한다.

해설

- 비정현파의 소비전력 :
$P=P_1+P_2+P_3+\cdots$
$=V_1I_1\cos\theta_1+V_2I_2\cos\theta_2+V_3I_3\cos\theta_3+\cdots$

08

2[μF], 3[μF], 5[μF]인 3개의 콘덴서가 병렬로 접속되었을 때의 합성 정전용량[μF]은?

① 0.97　② 3
③ 5　④ 10

해설

- 콘덴서 병렬접속에서 합성 정전용량 : $C=C_1+C_2+\cdots$
$\therefore C=C_1+C_2+C_3=2+3+5=10[\mu F]$
- 콘덴서 직렬접속에서 합성 정전용량 : $\frac{1}{C}=\frac{1}{C_1}+\frac{1}{C_2}+\cdots$

정답 04 ② 05 ① 06 ④ 07 ① 08 ④

09

PN 접합 다이오드의 대표적인 작용으로 옳은 것은?

① 정류작용 ② 변조작용
③ 증폭작용 ④ 발진작용

해설

- 다이오드 : 전류를 한 방향으로만 흐르게 하고, 그 역방향으로 흐르지 못하게 하는 성질을 가진 반도체 소자(semiconductor device)의 명칭

10

$R=2[\Omega]$, $L=10[\text{mH}]$, $C=4[\mu\text{F}]$으로 구성되는 직렬 공진회로의 L과 C에서의 전압 확대율은?

① 3 ② 6
③ 16 ④ 25

해설

선택도, 전압 확대율 $Q=\frac{\omega L}{R}=\frac{\frac{1}{\omega C}}{R}=\frac{1}{R}\sqrt{\frac{L}{C}}$ 에서

전압 확대율

$$Q=\frac{1}{R}\sqrt{\frac{L}{C}}=\frac{1}{2}\times\sqrt{\frac{10\times10^{-3}}{4\times10^{-6}}}=\frac{1}{2}\sqrt{2.5\times10^{3}}=25$$

11

최대눈금 1[A], 내부저항 10[Ω]의 전류계로 최대 101[A]까지 측정하려면 몇 [Ω]의 분류기가 필요한가?

① 0.01 ② 0.02
③ 0.05 ④ 0.1

해설

분류기 : 전류계의 측정 범위를 넓히기 위해 저항을 전류계와 병렬로 연결한 계기

$I_2=I_1\left(1+\frac{R}{R_m}\right)$에서 $101=1\left(1+\frac{10}{R_m}\right)$

$R_m=0.1$

12

전력과 전력량에 관한 설명으로 틀린 것은?

① 전력은 전력량과 다르다.
② 전력량은 와트로 환산된다.
③ 전력량은 칼로리 단위로 환산된다.
④ 전력은 칼로리 단위로 환산할 수 없다.

해설

- 전력 : $P=VI=I^2R=\frac{V^2}{R}$[W]
- 전력량(에너지) : $W=Pt=VIt=I^2Rt=\frac{V^2}{R}t$[J]
- 열량 : $H=0.24W$[cal]

13

전자 냉동기는 어떤 효과를 응용한 것인가?

① 제어벡 효과 ② 톰슨 효과
③ 펠티어 효과 ④ 줄 효과

해설

① 제어벡 효과 : 서로 다른 종류의 금속으로 이루어진 폐회로에서 두 접점의 온도가 다르면 전기가 발생하는 현상
② 톰슨 효과 : 균질한 도체에 온도 차이가 있을 때 거기에 전류를 흘리면 발열이나 흡열이 일어나는 현상
③ 펠티어 효과 : 두 종류의 도체를 결합하고 전류를 흐르도록 할 때, 한쪽의 접점은 발열하여 온도가 상승하고 다른 쪽의 접점에서는 흡열하여 온도가 낮아지는 현상
④ 줄 효과 : 도체에 전류를 흘렸을 때 그 전기 저항 때문에 일어나는 열 에너지의 증가하는 현상

14

자속밀도가 2[Wb/m^2]인 평등 자기장 중에 자기장과 30°의 방향으로 길이 0.5[m]인 도체에 8[A]의 전류가 흐르는 경우 전자력[N]은?

① 8 ② 4 ③ 2 ④ 1

정답 09 ① 10 ④ 11 ④ 12 ② 13 ③ 14 ②

해설

플레밍의 왼손 법칙에서 전전류에 작용하는 힘

$F = IBl\sin\theta = 8\times2\times0.5\times\sin30 = 8\times\frac{1}{2} = 4$[N]

(F : 도선이 받는 힘, B : 자속 밀도(자기장의 세기), I : 전류, l : 코일의 길이)

15

어떤 3상 회로에서 선간전압이 200[V], 선전류 25[A], 3상 전력이 7[kW]이었다. 이때의 역률은 약 얼마인가?

① 0.65 ② 0.73
③ 0.81 ④ 0.97

해설

3상 전력 $P = \sqrt{3}\,V_l I_l \cos\theta$ 에서

역률 $\cos\theta = \frac{P}{\sqrt{3}\,V_l I_l} = \frac{7,000}{\sqrt{3}\times200\times25} = 0.81$

16

3상 220[V], △ 결선에서 1상의 부하가 $Z = 8 + j6$[Ω]이면 선전류[A]는?

① 11 ② $22\sqrt{3}$
③ 22 ④ $\frac{22}{\sqrt{3}}$

해설

상전류 $I_P = \frac{V_P}{Z} = \frac{220}{8+j6} = \frac{220}{\sqrt{8^2+6^2}} = \frac{220}{10} = 22$[A]이고,

△결선에서 선전류는 상전류보다 $\sqrt{3}$배 크므로 $22\sqrt{3}$[A]가 된다.

17

환상솔레노이드에 감겨진 코일의 권회수를 3배로 늘리면 자체 인덕턴스는 몇 배로 되는가?

① 3 ② 9
③ $\frac{1}{3}$ ④ $\frac{1}{9}$

해설

자체(자기) 인덕턴스는 권수의 제곱에 비례하므로 권회수를 3배로 하면 인덕턴스는 9배가 된다.

$L = \frac{\mu AN^2}{l}$[H]

18

$+Q_1$[C]과 $-Q_2$[C]의 전하가 진공 중에서 r[m]의 거리에 있을 때 이들 사이에 작용하는 정전기력 F[N]는?

① $F = 9\times10^{-7}\times\frac{Q_1Q_2}{r^2}$

② $F = 9\times10^{-9}\times\frac{Q_1Q_2}{r^2}$

③ $F = 9\times10^{9}\times\frac{Q_1Q_2}{r^2}$

④ $F = 9\times10^{10}\times\frac{Q_1Q_2}{r^2}$

해설

쿨롱의 법칙에 의하여 진공 중에 두 Q_1, Q_2[C]의 전하가 있을 때 받는 힘

$F = \frac{Q_1Q_2}{4\pi\varepsilon_0 r^2} = 9\times10^9\times\frac{Q_1Q_2}{r^2}$

정답 15 ③ 16 ② 17 ② 18 ③

19

다음에서 나타내는 법칙은?

> "유도 기전력은 자신이 발생 원인이 되는 자속의 변화를 방해하려는 방향으로 발생한다."

① 줄의 법칙
② 렌츠의 법칙
③ 플레밍의 법칙
④ 패러데이의 법칙

해설

- 패러데이의 전자유도법칙 : $e = -N\dfrac{d\phi}{dt}$[V]
- 렌츠의 자기유도법칙 : 유도 기전력의 방향은 그 기전력에 의해 흐르는 전류가 만드는 자속에 의해 원래의 자속 변화를 방해하는 방향으로 일어난다.

20

임피던스 $Z = 6 + j8[\Omega]$에서 서셉턴스[℧]는?

① 0.06 ② 0.08
③ 0.6 ④ 0.8

해설

$Y = \dfrac{1}{Z} = \dfrac{1}{6+j8} = \dfrac{6-j8}{(6+j8)(6-j8)} = \dfrac{6-j8}{36+64} = \dfrac{6-j8}{100}$

$= 0.06 - j0.08$

$Y = G + jB$에서 저항 $R = 0.06$, 리액턴스 $X = 0.08$

(Y : 어드미턴스, G : 컨덕턴스, B : 서셉턴스)

2016년 3회 기출문제

01

$R_1[\Omega]$, $R_2[\Omega]$, $R_3[\Omega]$의 저항 3개를 직렬 접속했을 때의 합성저항[Ω]은?

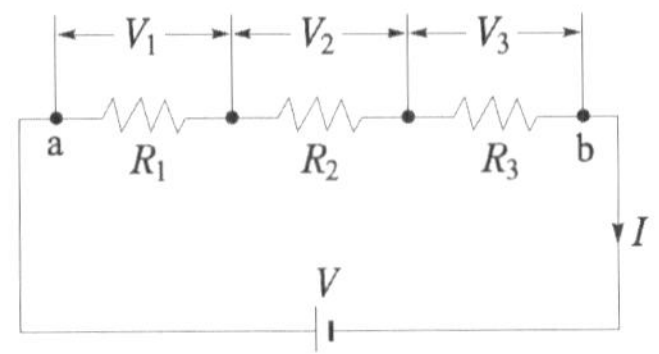

① $R = \dfrac{R_1 \cdot R_2 \cdot R_3}{R_1 + R_2 + R_3}$

② $R = \dfrac{R_1 + R_2 + R_3}{R_1 \cdot R_2 \cdot R_3}$

③ $R = R_1 \cdot R_2 \cdot R_3$

④ $R = R_1 + R_2 + R_3$

해설

R_1, R_2, R_3의 저항을

직렬접속 시 합성저항은 $R = R_1 + R_2 + R_3[\Omega]$

병렬접속 시 합성저항은 $\dfrac{1}{R} = \dfrac{1}{R_1} + \dfrac{1}{R_2} + \dfrac{1}{R_3}$에서

합성저항 $R = \dfrac{R_1R_2R_3}{R_1R_2 + R_2R_3 + R_3R_1}[\Omega]$

02

정상상태에서의 원자를 설명한 것으로 틀린 것은?

① 양성자와 전자의 극성은 같다.
② 원자는 전체적으로 보면 전기적으로 중성이다.
③ 원자를 이루고 있는 양성자의 수는 전자의 수와 같다.
④ 양성자 1개가 지니는 전기량은 전자 1개가 지니는 전기량과 크기가 같다.

정답 19 ② 20 ② / 01 ④ 02 ①

해설

① 양성자(+)와 전자(−)의 극성은 반대이다.

②, ③ 원자에는 같은 수의 양성자(+)와 전자(−)가 존재하므로 전기적으로 중성이다.

④ 양성자 전기량 : $+1.602\times10^{-19}$[C], 전자의 전기량 -1.602×10^{-19}[C]

03

2전력계법으로 3상 전력을 측정할 때 지시값이 $P_1=$ 200[W], $P_2=$200[W]이었다. 부하전력[W]은?

① 600　　② 500

③ 400　　④ 300

해설

2전력계법

전력 : $P=P_1+P_2=200+200=400$[W]

역률 : $\cos\theta=\dfrac{P_1+P_2}{2\sqrt{P_1^2+P_2^2-P_1P_2}}$

04

0.2[℧]의 컨덕턴스 2개를 직렬로 접속하여 3[A]의 전류를 흘리려면 몇 [V]의 전압을 공급하면 되는가?

① 12　　② 15

③ 30　　④ 45

해설

컨덕턴스 2개 직렬연결에서 합성컨덕턴스

$G=\dfrac{G_0}{2}=\dfrac{0.2}{2}=0.1[\Omega]$

- 저항 $R=\dfrac{1}{G}=\dfrac{1}{0.1}=10[\Omega]$
- 전압 $V=IR=3\times10=30$[V]

05

어떤 교류회로의 순시값이 $v=\sqrt{2}\,V\sin\omega t$[V]인 전압에서 $\omega t=\dfrac{\pi}{6}$[rad]일 때 $100\sqrt{2}$[V]이면 이 전압의 실효값[V]은?

① 100　　② $100\sqrt{2}$

③ 200　　④ $200\sqrt{2}$

해설

순시전압 $v(t)=\sqrt{2}\,V\sin\omega t$[V]에서

$\omega t=\dfrac{\pi}{6}=30°$일 때 $v(t)=100\sqrt{2}$를 대입하면

$100\sqrt{2}=\sqrt{2}\,V\sin30°\cdot\dfrac{1}{2}=100\sqrt{2}$[V]

$100\sqrt{2}=\sqrt{2}\,V\times\dfrac{1}{2}$에서 $V=200$[V]

06

다음은 어떤 법칙을 설명한 것인가?

> 전류가 흐르려고 하면 코일은 전류의 흐름을 방해한다. 또, 전류가 감소하면 이를 계속 유지하려고 하는 성질이 있다.

① 쿨롱의 법칙　　② 렌츠의 법칙

③ 패러데이의 법칙　　④ 플레밍의 왼손 법칙

해설

② 렌츠의 법칙 : 전자기유도의 방향에 관한 법칙으로 전자유도작용에 의해 회로에 발생하는 기전력은 자속의 변화를 방해하는 방향으로 나타난다.

① 쿨롱의 법칙 : $F=\dfrac{Q_1Q_2}{4\pi\epsilon r^2}$[N]

③ 패러데이의 전자유도법칙 : 코일을 관통하는 자속을 변화시킬 때 코일에 유도기전력이 발생하는 현상

$$e=-N\frac{d\Phi}{dt}[\text{V}]$$

④ 플레밍의 왼손 법칙 : 도체가 자기장에서 받고 있는 힘의 방향을 알 수 있으며 전동기 회전의 원리가 된다.

정답 03 ③ 04 ③ 05 ③ 06 ②

07

그림과 같은 RC 병렬회로의 위상각 θ는?

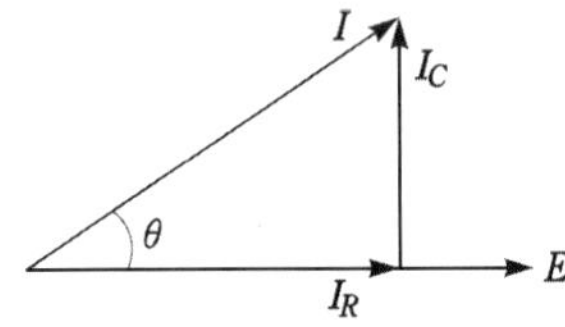

① $\tan^{-1}\frac{\omega C}{R}$ ② $\tan^{-1}\omega CR$

③ $\tan^{-1}\frac{R}{\omega C}$ ④ $\tan^{-1}\frac{1}{\omega CR}$

해설

직렬연결과 병렬연결의 위상각

	직렬회로	병렬회로
RL	$\theta=\tan^{-1}\frac{\omega L}{R}$	$\theta=\tan^{-1}\frac{R}{\omega L}$
RC	$\theta=\tan^{-1}\frac{\frac{1}{\omega C}}{R}$	$\theta=\tan^{-1}\omega CR$
RLC	$\theta=\tan^{-1}\frac{\omega L-\frac{1}{\omega C}}{R}$	$\theta=\tan^{-1}\left(\omega C-\frac{1}{\omega L}\right)\cdot R$

08

진공 중에 10[μC]과 20[μC]의 점전하를 1[m]의 거리로 놓았을 때 작용하는 힘[N]은?

① 18×10^{-1} ② 2×10^{-2}

③ 9.8×10^{-9} ④ 98×10^{-9}

해설

쿨롱의 법칙 :

$$F=\frac{1}{4\pi\epsilon_0}\cdot\frac{Q_1Q_2}{r^2}=9\times10^9\frac{Q_1Q_2}{r^2}$$

$$=9\times10^9\frac{10\times10^{-6}\times20\times10^{-6}}{1\times1^2}=18\times10^{-1}[\text{N}]$$

09

그림과 같은 회로에서 a-b 간에 E[V]의 전압을 가하여 일정하게 하고, 스위치 S를 닫았을 때의 전전류 I[A]가 닫기 전 전류의 3배가 되었다면 저항 R_X의 값은 약 몇 [Ω]인가?

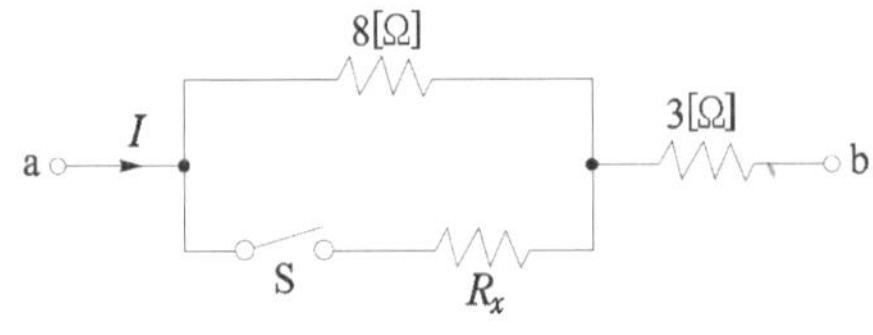

① 0.73 ② 1.44

③ 2.16 ④ 2.88

해설

직・병렬의 저항회로에서 스위치를 닫지 않았을 때

$R_1=8+3=11[\Omega]$

전류 $I=\frac{V}{R}$에서 전류가 3배가 되면 저항은 $\frac{1}{3}$배가 된다.

이때 저항 $R_2=\frac{R_1}{3}=\frac{11}{3}[\Omega]$

그러므로 저항을 계산하면

$\frac{11}{3}=\frac{8\times R_X}{8+R_X}+3$, $\frac{2}{3}=\frac{8\times R_X}{8+R_X}$, $16+2R_X=24R_X$

저항 $R_X=\frac{16}{22}\fallingdotseq0.73[\Omega]$

10

공기 중에서 m[Wb]의 자극으로부터 나오는 자속수는?

① m ② $\mu_0 m$

③ $\frac{1}{m}$ ④ $\frac{m}{\mu_0}$

해설

- 자속선수 $=m$
- 자력선수 $=\frac{m}{\mu_0}$

정답 07 ② 08 ① 09 ① 10 ①

11

평형 3상 회로에서 1상의 소비전력이 P[W]라면, 3상 회로 전체 소비전력[W]은?

① $2P$　② $\sqrt{2}P$
③ $3P$　④ $\sqrt{3}P$

해설

3상전력이므로, 3상전력 $P_3 = 3P$[W]

12

영구자석의 재료로서 적당한 것은?

① 잔류자기가 적고 보자력이 큰 것
② 잔류자기와 보자력이 모두 큰 것
③ 잔류자기와 보자력이 모두 작은 것
④ 잔류자기가 크고 보자력이 작은 것

해설

- 영구자석 재료의 조건 : 보자력(H_c), 잔류자기(B_r)는 클 것, 히스테리시스 곡선 면적이 크다.
- 전자석 재료의 조건 : 보자력(H_c)은 작고, 잔류자기(B_r)는 클 것, 히스테리시스 곡선 면적이 작다.

13

1차 전지로 가장 많이 사용되는 것은?

① 니켈·카드뮴전지　② 연료전지
③ 망간전지　④ 납축전지

해설

- 1차 전지 : 재사용이 안 되는 전지(망간전지, 알카라인 전지 등)
- 2차 전지 : 재사용 할 수 있는 전지(납축전지, 니켈카드뮴, 니켈수소축전지, 리튬이온전지, 리튬이온폴리머전지 등)

14

플레밍의 왼손 법칙에서 전류의 방향을 나타내는 손가락은?

① 엄지　② 검지
③ 중지　④ 약지

해설

플레밍의 왼손 법칙 : 도체가 자기장에서 받고 있는 힘의 방향을 알 수 있으며 전동기 회전의 원리가 된다.
힘 $F = IBl\sin\theta$[N]
엄지는 힘(F)의 방향, 검지는 자기장(B) 방향, 중지는 전류(I) 방향

15

3[kW]의 전열기를 1시간 동안 사용할 때 발생하는 열량[kcal]은?

① 3　② 180
③ 860　④ 2,580

해설

열량 $H = 0.24Pt = 0.24\times3\times10^3\times1\times3{,}600 = 2{,}592{,}000$[cal]
$= 2{,}592$[kcal]

16

어느 회로의 전류가 다음과 같을 때, 이 회로에 대한 전류의 실효값[A]은?

$$i = 3 + 10\sqrt{2}\sin\left(\omega t - \frac{\pi}{6}\right) + 5\sqrt{2}\sin\left(3\omega t - \frac{\pi}{3}\right)[A]$$

① 11.6　② 23.2
③ 32.2　④ 48.3

해설

왜형파 전류의 실효값
$I = \sqrt{I_0^2 + I_1^2 + I_3^2} = \sqrt{3^2 + 10^2 + 5^2} = 11.6$[A]

정답 11 ③ 12 ② 13 ③ 14 ③ 15 ④ 16 ①

17

다음 설명 중 틀린 것은?

① 같은 부호의 전하끼리는 반발력이 생긴다.
② 정전유도에 의하여 작용하는 힘은 반발력이다.
③ 정전용량이란 콘덴서가 전하를 축적하는 능력을 말한다.
④ 콘덴서에 전압을 가하는 순간은 콘덴서는 단락상태가 된다.

해설

- 정전유도에서 발생하는 힘은 같은 부호의 전하끼리는 반발하고, 다른 부호의 전하끼리는 흡입한다.
- 정전유도에서 유도되는 전하는 부호가 반대이므로 정전유도에 의하여 작용하는 힘은 흡입력이다.

18

비유전율 2.5의 유전체 내부의 전속밀도가 2×10^{-6} [C/m^2]되는 점의 전기장 세기는 약 몇 [V/m]인가?

① 18×10^4　② 9×10^4
③ 6×10^4　④ 3.6×10^4

해설

전속밀도 $D=\epsilon E$에서

전기장의 세기 $E=\dfrac{D}{\epsilon}=\dfrac{D}{\epsilon_0\epsilon_s}=\dfrac{2\times10^{-6}}{8.855\times10^{-12}\times2.5}$

$=9\times10^4$[V/m]

19

전력량 1[Wh]와 그 의미가 같은 것은?

① 1[C]　② 1[J]
③ 3,600[C]　④ 3,600[J]

해설

전력량(에너지) $W=Pt$[J]이므로

1[Wsec] = 1[J]

1[Wh] = 1[W] × 3,600[sec] = 1 × 3,600[Wsec] = 3,600[J]

20

전기력선에 대한 설명으로 틀린 것은?

① 같은 전기력선은 흡입한다.
② 전기력선은 서로 교차하지 않는다.
③ 전기력선은 도체의 표면에 수직으로 출입한다.
④ 전기력선은 양전하의 표면에서 나와서 음전하의 표면에서 끝난다.

해설

①, ② 전기력선은 서로 반발하여 교차하지 않는다.
③ 기력선은 도체의 표면(또는 등전위면)에 수직으로 출입한다.
④ 전기력선은 양(+)전하의 표면에서 나와서 음(−)전하의 표면으로 들어간다.

정답 17 ② 18 ② 19 ④ 20 ①

제 2 과목

전기기기

(2007~2016) 기출문제 및 해설

제2과목

전기기기 2007년 기출문제

2007년 1회 기출문제

01

3상 변압기의 병렬 운전 시 병렬운전이 불가능한 결선 조합은?

① △-△와 Y-Y ② △-△와 △-Y
③ △-Y와 △-Y ④ △-△와 △-△

해설
3상 변압기의 경우 병렬 운전 시 각 위상이 같아야 한다. 즉 홀수의 경우 각 변위가 달라져 병렬 운전이 불가능하다.

02

동기조상기를 부족여자로 운전하면 어떻게 되는가?

① 콘덴서로 작용한다.
② 리액터로 작용한다.
③ 여자 전압의 이상 상승이 발생한다.
④ 일부 부하에 대하여 뒤진 역률을 보상한다.

해설
동기조상기를 부족여자로 운전할 경우 리액터 작용을 하며 과여자로 운전할 경우 콘덴서 작용을 한다.

03

50[kW]의 농형 유도 전동기를 기동하려고 할 때 다음 중 가장 적당한 기동 방법은?

① 분상 기동법 ② 기동보상기법
③ 권선형 기동법 ④ 슬립 부하 기동법

해설
용량이 큰 농형 유도 전동기의 기동의 경우 기동보상기법을 사용한다.

04

직류 전동기의 회전 방향을 바꾸기 위해서는 어떻게 하면 되는가?

① 전원 극성을 반대로 한다.
② 전류의 방향이니 계자의 극성을 비꾸면 된다.
③ 차동 복권을 가동복권으로 한다.
④ 발전기로 운전한다.

해설
직류 전동기의 회전 방향을 바꾸려면 계자의 자속을 반대로 한다.

05

보극이 없는 직류기의 운전 중 중성점의 위치가 변하지 않는 경우는?

① 무부하일 때 ② 전부하일 때
③ 중부하일 때 ④ 과부하일 때

해설
중성점의 위치가 변하는 경우 전기자 반작용 때문이지만 전기자에 전류가 흐르지 않을 경우 전기자 반작용이 생기지 않으므로 중성점의 위치가 변하지 않는다.

정답 01 ② 02 ② 03 ② 04 ② 05 ①

06

전 부하 슬립 5[%], 2차 저항손 5.26[kW]의 3상 유도전동기의 2차 입력은 몇 [kW]인가?

① 2.63 ② 5.26 ③ 105.2 ④ 226.5

해설

2차 입력 $P_2 = \frac{P_{c2}}{s} = \frac{5.26}{0.05} = 105.2$[kW]

2차 동손 $P_{c2} = sP_2$

07

직류 발전기에서 계자 철심에 잔류자기가 없어도 발전을 할 수 있는 발전기는?

① 분권 발전기 ② 직권 발전기
③ 복권 발전기 ④ 타여자 발전기

해설

잔류자기가 없으면 발전이 불가능한 발전기는 자여자 발전기이다.

08

정격 2차 전압 및 정격 주파수에 대한 출력[kW]과 전체 손실[kW]이 주어졌을 때 변압기의 규약 효율을 나타내는 식은?

① $\frac{입력}{입력-전체손실} \times 100[\%]$

② $\frac{출력}{출력+전체손실} \times 100[\%]$

③ $\frac{출력}{입력-철손-동손} \times 100[\%]$

④ $\frac{출력-철손-동손}{입력} \times 100[\%]$

해설

변압기의 규약 효율 $\eta = \frac{출력}{출력+전체손실} \times 100[\%]$

09

3상 유도 전동기의 원선도를 그리는 데 필요하지 않는 것은?

① 저항측정 ② 무부하 시험
③ 구속시험 ④ 슬립측정

해설

유도 전동기의 원선도 작성에 필요한 시험
- 저항측정 시험
- 무부하 시험

10

SCR 2개를 역 병렬로 접속한 그림과 같은 기호의 명칭은?

① SCR
② TRIAC
③ GTO
④ UJT

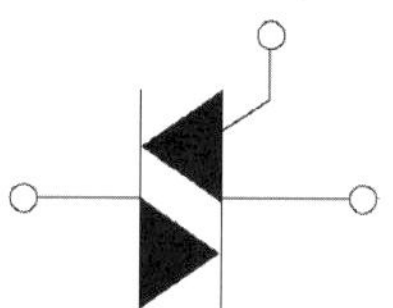

해설

SCR 2개를 역 병렬로 접속한 구조를 가지고 있는 소자는 TRIAC이다.

11

단상 유도 전동기를 기동하려고 할 때 다음 중 기동토크가 가장 작은 것은?

① 셰이딩 코일형 ② 반발 기동형
③ 콘덴서 기동형 ④ 분상 기동형

해설

단상 유도 전동기의 기동토크의 대소 관계
반발 기동형 > 반발 유도형 > 콘덴서 기동형 > 분상 기동형 > 셰이딩 코일형

정답 06 ③ 07 ④ 08 ② 09 ④ 10 ② 11 ①

12

10극의 직류 파권 발전기의 전기자 도체 수 400, 매 극의 자속 수 0.02[Wb], 회전수 600[rpm]일 때 기전력은 몇 [V]인가?

① 200 ② 220
③ 380 ④ 400

해설

직류 발전기의 유기기전력 $E=\frac{PZ\phi N}{60a}$[V]

파권의 경우 전기자 병렬 회로수 $a=2$

$E=\frac{PZ\phi N}{60a}=\frac{10\times400\times0.02\times600}{60\times2}=400$[V]

13

평행 2회선의 선로에서 단락 고장회선을 선택하는 데 사용하는 계전기는?

① 선택단락계전기
② 방향단락계전기
③ 차동단락계전기
④ 거리단락계전기

14

플레밍(Fleming)의 오른손 법칙에 따르는 기전력이 발생하는 기기는?

① 교류 발전기
② 교류 전동기
③ 교류 정류기
④ 교류 용접기

해설

플레밍의 오른손 법칙을 따르는 것은 발전기이며
플레밍의 왼손 법칙을 따르는 것은 전동기이다.

15

동기발전기의 권선을 분포권으로 사용하는 이유로 옳은 것은?

① 파형이 좋아진다.
② 권선의 누설리액턴스가 커진다.
③ 집중권에 비하여 합성 유기기전력이 높아진다.
④ 전기자 권선이 과열되어 소손되기 쉽다.

해설

분포권의 특징은 고조파를 감소하여 기전력의 파형을 개선하며, 누설리액턴스를 감소시킨다.

16

동기속도 1,800[rpm], 주파수 60[Hz]인 동기 발전기의 극수는 몇 극인가?

① 2 ② 4
③ 8 ④ 10

해설

동기속도 $N_s=\frac{120}{P}f$[rpm]

극수 $P=\frac{120}{N_s}f=\frac{120\times60}{1,800}=4$극

17

동기발전기의 무부하 포화곡선에 대한 설명으로 옳은 것은?

① 정격전류와 단자전압의 관계이다.
② 정격전류와 정격전압의 관계이다.
③ 계자전류와 정격전압과의 관계이다.
④ 계자전류와 유기기전력의 관계이다.

해설

발전기의 무부하 포화곡선은 유기기전력과 계자전류와의 관계 곡선을 말한다.

정답 12 ④ 13 ① 14 ① 15 ① 16 ② 17 ④

18

1차 권수 6,000회, 2차 권수 200회인 변압기의 변압비는?

① 30　　② 60
③ 90　　④ 120

해설

변압기의 권수비 $a = \frac{N_1}{N_2} = \frac{V_1}{V_2} = \frac{i_2}{i_1} = \sqrt{\frac{R_1}{R_2}} = \sqrt{\frac{Z_1}{Z_2}}$

$$a = \frac{6,000}{200} = 30$$

19

단중 중권의 극수가 P인 직류기에서 전기자 병렬 회로수 a는 어떻게 되는가?

① 극수 P와 무관하게 항상 2가 된다.
② 극수 P와 같게 된다.
③ 극수 P의 2배가 된다.
④ 극수 P의 3배가 된다.

해설

중권의 경우 전기자 병렬 회로수 a와 극수 P와 같다.

20

50[Hz]의 변압기에 60[Hz]의 전압을 가했을 때 자속밀도는 50[Hz]일 때의 몇 배인가?

① $\frac{6}{5}$배　　② $\frac{5}{6}$배
③ $\left(\frac{6}{5}\right)^2$배　　④ $\left(\frac{5}{6}\right)^2$배

해설

자속밀도 B는 주파수 f와 반비례한다.
그러므로 주파수가 증가하였으므로 자속밀도는 $\frac{5}{6}$배가 된다.

2007년 2회 기출문제

01

3상 유도 전동기에 공급전압이 일정하고 주파수가 정격값보다 수[%] 감소할 때 다음 현상 중 옳지 않은 것은?

① 동기속도가 감소한다.
② 철손이 증가한다.
③ 누설 리액턴스가 증가한다.
④ 역률이 나빠진다.

해설

주파수가 감소할 경우 동기속도는 감소하며 철손과 주파수는 서로 반비례 관계이다.
또한 리액턴스의 값은 주파수와 비례한다.

02

다음 중 단락비가 큰 동기 발전기를 설명하는 것으로 옳은 것은?

① 동기 임피던스가 작다.
② 단락 전류가 작다.
③ 전기자 반작용이 크다.
④ 전압 변동률이 크다.

해설

단락비가 큰 기계
- 안정도가 높다.
- 전압 변동률이 작다.
- 효율이 낮다.
- 동기 임피던스가 작다.

정답 18 ① 19 ② 20 ② / 01 ③ 02 ①

03

다음 정류 방식 중에서 맥동 주파수가 가장 많고 맥동률이 가장 작은 정류 방식은?

① 단상 반파식 ② 단상 전파식
③ 3상 반파식 ④ 3상 전파식

해설

맥동률이 가장 작은 정류 방식은 3상 전파로서 4[%]이다.

04

슬립 5[%]인 유도 전동기의 동기 부하 저항은 2차 저항의 몇 배인가?

① 5 ② 19 ③ 1.9 ④ 2.4

해설

유도 전동기의 정수

$$r=\left(\frac{1}{s}-1\right)r_2=\left(\frac{1}{0.05}-1\right)r_2=19r_2$$

05

유도 전동기에서 원선도 작성 시 필요하지 않은 시험은?

① 무부하 시험 ② 구속 시험
③ 저항측정 시험 ④ 슬립 측정

해설

유도 전동기의 원선도 작성 시 필요한 시험

- 저항측정 시험
- 무부하 시험

06

교류 전압의 실효값이 200[V]일 때 단상 반파 정류에 의하여 발생하는 직류 전압의 평균값은 약 몇 [V]인가?

① 45 ② 90
③ 105 ④ 110

해설

정현파의 평균값 $V_{av}=\frac{\sqrt{2}\,V}{\pi}=\frac{\sqrt{2}\times 200}{\pi}=90[\mathrm{V}]$

07

동기 전동기에서 난조를 방지하기 위하여 자극 면에 설치하는 권선을 무엇이라 하는가?

① 제동권선 ② 계자권선
③ 전기자권선 ④ 보상권선

해설

동기 전동기에서 난조를 방지하기 위해서 자극 면에 제동권선을 설치한다.

08

다음 중 변압기의 원리와 가장 관계가 있는 것은?

① 전자유도 작용 ② 표피작용
③ 전기자 반작용 ④ 편자작용

해설

변압기의 경우 1개의 철심에 두 개의 코일을 감고 한쪽 권선에 교류 전압을 가하면 철심에 교번 자계에 의한 자속이 흘러 다른 권선에 지나가면서 전자유도 작용에 의해 그 권선에 비례하여 유도 기전력이 발생한다.

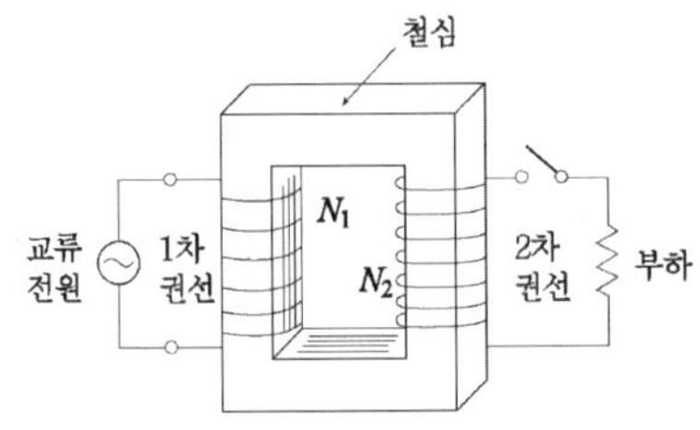

정답 03 ④ 04 ② 05 ④ 06 ② 07 ① 08 ①

09

반송보호 계전방식의 장점을 설명한 것으로 맞지 않은 것은?

① 다른 방식에 비해 장치가 간단하다.
② 고장 구간의 고속도 동시에 차단이 가능하다.
③ 고장 구간의 선택이 확실하다.
④ 동작을 예민하게 할 수 있다.

해설
반송보호 계전방식의 경우 고장의 선택이 매우 우수하며, 동작이 예민하다. 고장 구간을 고속도 차단할 수가 있다.

10

변압기유로 쓰이는 절연유에 요구되는 성질이 아닌 것은?

① 점도가 클 것
② 비열이 커서 냉각효과가 클 것
③ 절연 재료 및 금속 재료에 화학 작용을 일으키지 않을 것
④ 인화점이 높고 응고점이 낮을 것

해설
변압기 절연유 구비조건
- 절연내력이 클 것
- 인화점은 높고 응고점은 낮을 것
- 점도는 낮을 것
- 냉각효과는 클 것

11

직류기에서 전기자 반작용을 방지하기 위한 보상권선의 전류의 방향은 어떻게 되는가?

① 전기자 권선의 전류 방향과 같다.
② 전기자 권선의 전류 방향과 반대이다.
③ 계자권선의 전류 방향과 반대이다.
④ 계자전류의 방향과 반대이다.

해설
보상권선의 경우 전류의 방향은 전기자 권선의 전류의 반대 방향으로 한다.

12

어느 변압기의 백분율 전압강하가 2[%], 리액턴스 강하가 3[%]일 때 역률(지역률) 80[%]인 경우의 전압 변동률은 몇 %인가?

① 0.2 ② 1.6
③ 1.8 ④ 3.4

해설
전압 변동률 $\epsilon = p\cos\theta + q\sin\theta = 2\times0.8 + 3\times0.6 = 3.4[\%]$

13

동기 전동기를 송전선의 전압 조정 및 역률 개선에 사용한 것을 무엇이라 하는가?

① 동기 이탈 ② 동기조상기
③ 댐퍼 ④ 제동권선

해설
동기조상기의 경우 과여자 또는 부족 여자를 취하여 역률 개선을 위해 사용을 한다.

14

다음 중 자기 소호 제어용 소자는?

① SCR ② TRIAC
③ DIAC ④ GTO

해설
자기 소호 능력이 있는 제어용 소자는 GTO(Gate turn off)가 된다.

정답 09 ① 10 ① 11 ② 12 ④ 13 ② 14 ④

15

변압기의 여자전류가 일그러지는 이유는 무엇 때문인가?

① 외류(맴돌이전류) 때문에
② 자기포화와 히스테리시스 현상 때문에
③ 누설 리액턴스 때문에
④ 선간 정전 용량 때문에

해설
변압기 여자전류가 일그러지는 것은 자기포화 현상과 히스테리시스 현상 때문이다.

16

동기 발전기의 병렬 운전에 필요한 조건이 아닌 것은?

① 기전력의 주파수가 같을 것
② 기전력의 크기가 같을 것
③ 기전력의 용량이 같을 것
④ 기전력의 위상이 같을 것

해설
발전기의 병렬 운전 조건
- 기전력의 크기가 같을 것
- 기전력의 위상이 같을 것
- 기전력의 주파수가 같을 것
- 기전력의 파형이 같을 것

17

교류 동기 서보 모터에 비하여 효율이 훨씬 좋고 큰 토크를 발생하여 입력되는 각 전기신호에 따라 규정된 각도만큼씩 회전하여 회전자는 축 방향으로 자화된 영구 자석으로서 보통 50개 정도의 톱니로 만들어져 있는 것은?

① 전기 동력계 ② 유도 전동기
③ 직류 스테핑 모터 ④ 동기 전동기

18

유도 전동기에서 비례추이를 적용할 수 없는 것은?

① 토크 ② 1차 전류
③ 부하 ④ 역률

해설
- 비례추이 할 수 있는 것 : 토크, 1차・2차 전류, 역률, 동기와트
- 비례추이 할 수 없는 것 : 출력, 효율, 2차 동손

19

권수비 30의 변압기의 1차에 6,600[V]를 가할 때 2차 전압은 몇 [V]인가?

① 220 ② 380
③ 420 ④ 660

해설
변압기의 권수비 $a=\frac{N_1}{N_2}=\frac{V_1}{V_2}=\frac{i_2}{i_1}=\sqrt{\frac{R_1}{R_2}}=\sqrt{\frac{Z_1}{Z_2}}$

$$V_2=\frac{V_1}{a}=\frac{6,600}{30}=220[\text{V}]$$

20

중권의 극수 P인 직류기에서 전기자 병렬 회로수 a는 어떻게 되는가?

① $a=P$ ② $a=2$
③ $a=2P$ ④ $3P$

해설
중권의 경우 $a=p=b$가 된다.

정답 15 ② 16 ③ 17 ③ 18 ③ 19 ① 20 ①

2007년 3회 기출문제

01

직류 전동기의 규약효율을 표시하는 식은?

① $\frac{\text{출력}}{\text{출력}+\text{손실}}\times 100[\%]$

② $\frac{\text{출력}}{\text{입력}}\times 100[\%]$

③ $\frac{\text{입력}-\text{손실}}{\text{입력}}\times 100[\%]$

④ $\frac{\text{입력}}{\text{출력}+\text{손실}}\times 100[\%]$

해설

전동기의 규약효율 $\eta_{\text{전}}=\frac{\text{입력}-\text{손실}}{\text{입력}}\times 100[\%]$이다.

02

복권 발전기의 병렬 운전을 안전하게 하기 위해서 두 발전기의 전기자와 직권 권선의 접촉점에 연결해야 하는 것은?

① 균압선 ② 집 전환
③ 합성저항 ④ 브러시

해설

직권기와 복권기의 경우 병렬 운전 시 안정운전을 위해 균압선을 설치한다.

03

동기발전기를 병렬 운전하는 데 필요한 조건이 아닌 것은?

① 기전력의 파형이 작을 것
② 기전력의 위상이 같을 것
③ 기전력의 주파수가 같을 것
④ 기전력의 크기가 같을 것

해설

발전기의 병렬 운전 조건
- 기전력의 크기가 같을 것
- 기전력의 위상이 같을 것
- 기전력의 주파수가 같을 것
- 기전력의 파형이 같을 것

04

변압기 내부 고장 보호에 쓰이는 계전기로서 가장 적당한 것은?

① 차동 계전기 ② 접지 계전기
③ 과전류 계전기 ④ 역상 계전기

해설

변압기 내부 고장 보호에 사용되는 계전기
- 브흐홀쯔 계전기
- 비율차동 계전기
- 차동 계전기

05

3상 동기 발전기에 무부하 전압보다 90° 뒤진 전기자 전류가 흐를 때 전기자 반작용은?

① 감자 작용을 한다.
② 증자 작용을 한다.
③ 교차 자화 작용을 한다.
④ 자기 여자 작용을 한다.

해설

발전기의 경우 진상의 전류는 증자작용(직축 반작용)
지상의 전류는 감자작용(직축 반작용)

정답 01 ③ 02 ① 03 ① 04 ① 05 ①

06

E종 절연물의 최고 허용온도는 몇 [℃]인가?

① 40　　② 60
③ 120　　④ 155

해설

절연물의 허용온도

절연재료	Y	A	E	B	F	H	C
허용온도	90°	105°	120°	130°	155°	180°	180° 초과

07

동기조상기를 부족 여자로 운전하면 어떻게 되는가?

① 콘덴서로 작용　　② 뒤진 역률 보상
③ 리액터로 작용　　④ 저항손 보상

해설

동기조상기를 부족 여자로 운전할 경우 리액터 작용을 하며 앞선 여자로 운전할 경우 콘덴서 작용을 한다.

08

인버터의 스위칭 주기가 1[msec]이면 주파수는 몇 [Hz]인가?

① 20　　② 60
③ 100　　④ 1,000

해설

주기 $T = \frac{1}{f}$[sec]

주파수 $f = \frac{1}{T} = \frac{1}{1 \times 10^{-3}} = 1{,}000$[Hz]

09

200[V] 50[Hz] 8극 15[kW]의 3상 유도 전동기에서 전 부하 회전수가 720[rpm]이면 이 전동기의 2차에 효율은 몇 [%]인가?

① 86　　② 96
③ 98　　④ 100

해설

2차 효율 $\eta_2 = (1-s) = 1-0.04 = 0.96$

슬립 $s = \frac{N_s - N}{N_s} = \frac{750-720}{750} = 0.04$

동기속도 $N_s = \frac{120}{P}f = \frac{120}{8} \times 50 = 750$[rpm]

10

전기자 전압을 전원전압으로 일정히 유지하고, 계자 전류를 조정하여 자속 Φ[Wb]를 변화시킴으로써 속도를 제어하는 제어법은?

① 계자 제어법　　② 전기자 전압 제어법
③ 저항 제어법　　④ 전압 제어법

해설

계자 전류의 자속의 크기를 변화시켜 속도를 제어하는 방법을 계자 제어법이라 한다.

11

급정지하는 데 가장 좋은 제동법은?

① 발전제동　　② 회생제동
③ 단상제동　　④ 역전제동

해설

플러깅 제동이란 급정지 제동 시 많이 사용되며 역전 또는 역상제동이라고도 한다.

정답 06 ③　07 ③　08 ④　09 ②　10 ①　11 ④

12

3상 동기기에 제동권선을 설치하는 주된 목적은?

① 출력 증가 ② 효율 증가
③ 역률 개선 ④ 난조 방지

해설

동기기에 제동권선을 설치하는 경우 난조가 발생하는 것을 방지한다.

13

단상 반파 정류 회로에 전원 전압 200[V], 부하 저항 10[Ω]이면 부하 전류는 약 몇 [A]인가?

① 4 ② 9
③ 12 ④ 18

해설

단상 반파 정류 회로의 직류 전압 $E_d = 0.45E$[V]가 된다.
직류전압 $E_d = 0.45 \times 200 = 90$[V]
부하전류 $I = \frac{V}{R} = \frac{90}{10} = 9$[A]

14

각각 계자 저항기가 있는 직류 분권 전동기와 직류 분권 발전기가 있다. 이것을 직렬하여 전동 발전기로 사용하고자 한다. 이것을 가동할 때 계자 저항기의 저항은 각각 어떻게 조정하는 것이 가장 적합한가?

① 전동기 : 최대, 발전기 : 최소
② 전동기 : 중간, 발전기 : 최소
③ 전동기 : 최소, 발전기 : 최대
④ 전동기 : 최소, 발전기 : 중간

해설

기동 시의 전동기의 경우 계자 전류를 크게 하기 위해 계자 저항기의 위치를 최소에 놓고 발전기의 경우 기동전류를 작게 하기 위해 저항기의 위치를 최대에 놓는다.

15

농형 유도 전동기의 기동법이 아닌 것은?

① 기동 보상기에 의한 기동법
② 2차 저항 기동법
③ 리액터 기동법
④ Y-△ 기동법

해설

농형 유도 전동기의 기동법
- 전 전압 기동
- Y-△ 기동법
- 리액터 기동
- 기동 보상기법

16

단락비가 큰 동기 발전기를 설명하는 것으로 옳지 않은 것은?

① 동기 임피던스가 작다.
② 단락 전류가 크다.
③ 전기자 반작용이 크다.
④ 공극이 크고 전압변동률이 작다.

해설

단락비가 크다.
- 안정도가 높다.
- 전압변동률이 작다.
- 효율은 작다.
- 동기 임피던스가 작다.

17

변압기에서 전압 변동률이 최대가 되는 부하 역률은? (단, p : 퍼센트 저항 강하, q : 퍼센트 리액턴스 강하, $\cos\theta_m$: 역률)

① $\cos\theta_m = \frac{p}{\sqrt{p+q}}$ ② $\cos\theta_m = \frac{p}{\sqrt{p^2+q^2}}$
③ $\cos\theta_m = \frac{p}{p^{2+}q^2}$ ④ $\cos\theta_m = \frac{p}{p+q}$

정답 12 ④ 13 ② 14 ③ 15 ② 16 ③ 17 ②

제2과목 ✦ 전기기기

해설

$\cos\theta_m = \frac{p}{\sqrt{p^2+q^2}}$

18

변압기유의 열화 방지와 관계가 가장 먼 것은?

① 브리더 ② 콘서베이터
③ 불활성 질소 ④ 부싱

19

8극 파권 직류 발전기의 전기자 권선의 병렬 회로수 a는 얼마로 하고 있는가?

① 4 ② 2
③ 6 ④ 8

해설

파권의 경우 전기자 병렬 회로수 $a=2=b$가 된다.

20

제어 정류기의 용도는?

① 교류 – 교류 변환 ② 직류 – 교류 변환
③ 교류 – 직류 변환 ④ 직류 – 직류 변환

해설

교류를 직류로 변환하는 것을 정류라 한다.

2007년 4회 기출문제

01

동기기의 자기 여자 현상의 방지법이 아닌 것은?

① 단락비 증대 ② 리액턴스 접속
③ 발전기 직렬 연결 ④ 변압기 접속

해설

동기기의 자기 여자 현상 방지법
- 발전기를 병렬 운전한다.
- 병렬로 리액터를 설치한다.
- 변압기를 설치한다.
- 단락비가 큰 기기를 채택한다.

02

부흐홀쯔 계전기의 설치 위치로 가장 적당한 것은?

① 변압기 주 탱크 내부
② 콘서베이터 내부
③ 변압기 고압 측 부싱
④ 변압기 주 탱크와 콘서베이터 사이

해설

변압기 내부 고장 보호에 사용되는 부흐홀쯔 계전기는 변압기의 주 탱크와 콘서베이터 사이에 설치한다.

03

4극 60[Hz], 슬립 5[%]인 유도 전동기의 회전수는 몇 [rpm]인가?

① 1,836 ② 1,710
③ 1,540 ④ 1,200

정답 18 ④ 19 ② 20 ③ / 01 ③ 02 ④ 03 ②

해설

회전수 $N=(1-s)N_s$[rpm]

$N=(1-s)N_s=(1-0.05)\times 1,800=1,710$[rpm]

슬립 $s=\dfrac{N_s-N}{N_s}\times 100[\%]$

04

일정 전압 및 일정 파형에서 주파수가 상승하면 변압기 철손은 어떻게 변하는가?

① 증가한다.
② 감소한다.
③ 불변이다.
④ 어떤 기간 동안 증가한다.

해설

철손과 주파수는 서로 반비례 관계이다.

05

직류기에서 보극을 두는 가장 주된 목적은?

① 기동 특성을 좋게 한다.
② 전기자 반작용을 크게 한다.
③ 정류 작용을 돕고 전기자 반작용을 약화시킨다.
④ 전기자 자속을 증가시킨다.

해설

직류기에서 보극의 역할은 전기자 반작용을 줄이며 정류 작용을 돕는다.

06

효율 80[%], 출력 10[kW]일 때 입력은 몇 [kW]인가?

① 7.5　② 10
③ 12.5　④ 20

해설

효율 $\eta=\dfrac{\text{출력}}{\text{입력}}\times 100[\%]$

입력$=\dfrac{\text{출력}}{\eta}=\dfrac{10}{0.8}=12.5$[kW]

07

1차 권수 3,000, 2차 권수 100인 변압기에서 이 변압기의 전압비는 얼마인가?

① 20　② 30　③ 40　④ 50

해설

변압기의 권수비

$$a=\frac{N_1}{N_2}=\frac{V_1}{V_2}=\frac{i_2}{i_1}=\sqrt{\frac{R_1}{R_2}}=\sqrt{\frac{Z_1}{Z_2}}=\frac{3,000}{100}=30$$

08

전기자 저항이 0.1[Ω], 전기자 전류 104[A], 유도 기전력 110.4[V]인 직류 분권 발전기의 단자 전압은 몇 [V]인가?

① 98　② 100　③ 102　④ 105

해설

분권 발전기의 유기기전력 $E=V+I_aR_a$[V]

단자 전압 $V=E-I_aR_a=110.4-0.1\times 104=100$[V]

09

그림의 기호는?

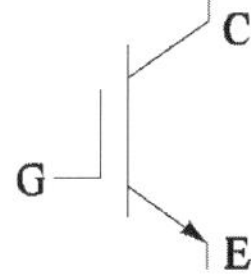

① SCR　② TRIAC
③ IGBT　④ GTO

정답 04 ② 05 ③ 06 ③ 07 ② 08 ② 09 ③

10

동기 발전기의 권선을 분포권으로 하면 어떻게 되는가?

① 권선의 리액턴스가 커진다.
② 파형이 좋아진다.
③ 난조를 방지한다.
④ 집중권에 비하여 합성 유도 기전력이 높아진다.

해설

분포권의 경우 고조파를 감소하여 기전력의 파형을 개선하며, 누설 리액턴스를 줄인다.

11

동기 발전기의 돌발 단락 전류를 주로 제한하는 것은?

① 권선 저항 ② 동기 리액턴스
③ 누설 리액턴스 ④ 역상 리액턴스

해설

동기 발전기의 순간이나 돌발 단락 전류를 주로 제한하는 것은 누설 리액턴스이다.

12

전압 제어에 의한 속도 제어가 아닌 것은?

① 정지형 레어너드 방식
② 일그너 방식
③ 직병렬 제어
④ 회생 제어

해설

회생 제어 방식이라는 속도 제어는 없다.

13

변압기유가 구비해야 할 조건은?

① 절연 내력이 클 것 ② 인화점이 낮을 것
③ 응고점이 높을 것 ④ 비열이 작을 것

해설

변압기유의 구비조건
- 절연 내력이 클 것
- 인화점은 높고 응고점은 낮을 것
- 점도는 낮을 것
- 냉각효과는 클 것

14

반도체 사이리스터에 의한 전동기의 속도 제어 중 주파수 제어는?

① 초퍼 제어 ② 인버터 제어
③ 컨버터 제어 ④ 브리지 정류 제어

해설

전동기의 속도 제어 중 주파수 제어는 VVVF 제어로서 이는 인버터 제어라고도 한다.

15

3상 유도 전동기의 회전 방향을 바꾸기 위한 방법으로 가장 옳은 것은?

① △-Y 결선
② 전원의 주파수를 바꾼다.
③ 전동기에 가해지는 3개의 단자 중 어느 2개의 단자를 서로 바꾸어 준다.
④ 기동 보상기를 사용한다.

해설

3상 유도 전동기의 회전 방향을 반대로 하려면 전원 3선 중 2선의 방향을 바꾸어 주면 된다.

정답 10 ② 11 ③ 12 ④ 13 ① 14 ② 15 ③

16

6극 전기자 도체수 400, 매극 자속 수 0.01[Wb], 회전수 600[rpm]인 파권 직류기의 유기 기전력은 몇 [V]인가?

① 120 ② 140
③ 160 ④ 180

해설

유기기전력 $E=\frac{PZ\phi N}{60a}=\frac{6\times400\times0.01\times600}{60\times2}=120[\text{V}]$

파권의 경우 전기자 병렬 회로수는 언제나 2이다.

17

단락비가 1.2인 동기 발전기의 %동기 임피던스는 약 몇 [%]인가?

① 68 ② 83
③ 100 ④ 120

해설

단락비 $k_s=\frac{1}{\%Z}\times100$

$\%Z=\frac{100}{K_s}=\frac{100}{1.2}=83[\%]$

18

다음 중 역률이 가장 좋은 단상 유도 전동기는?

① 셰이딩 코일형 ② 분상형 전동기
③ 반발형 전동기 ④ 콘덴서형 전동기

해설

단상 유도 전동기 중 역률이 가장 우수한 전동기는 콘덴서 기동형 전동기로서 가정용 전동기로 많이 사용이 된다.

19

2극 3,600[rpm]인 동기 발전기와 병렬 운전하려는 12극 동기 발전기의 회전수는 몇 [rpm]인가?

① 600 ② 1,200
③ 1,800 ④ 3,600

해설

발전기를 병렬 운전할 경우 주파수가 일정해야 한다.

2극의 3,600[rpm]의 발전기의 주파수

$f=\frac{N\times P}{120}=\frac{3,600\times2}{120}=60[\text{Hz}]$

12극의 동기 발전기의 회전수 $N_s=\frac{120}{P}f$

$=\frac{120}{12}\times60=600[\text{rpm}]$

20

분권 발전기는 전류 자속에 의해서 잔류 전압을 만들고 이때 여자 전류가 잔류자속을 증가시키는 방향으로 흐르면서, 여자 전류가 점차 증가하면서 단자 전압이 상승하게 된다. 이 현상을 무엇이라 하는가?

① 자기 포화 ② 여자 조절
③ 보상 전압 ④ 전압 확립

해설

분권 발전기의 경우 전류 자속에 의하여 잔류 전압을 만들 때, 여자 전류가 점차 증가하면서 단자 전압이 상승되는데 이를 전압 확립이라 한다.

정답 16 ① 17 ② 18 ④ 19 ① 20 ④

제2과목 전기기기 2008년 기출문제

2008년 1회 기출문제

01

교류 정류자 전동기가 아닌 것은?

① 만능 전동기　② 콘덴서 전동기
③ 직류 스테핑 모터　④ 반발 전동기

해설
콘덴서 전동기는 단상 유도 전동기이다.

02

자동제어 장치에 특수 전기기기로 사용되는 전동기는?

① 전기 동력계　② 3상 유도 전동기
③ 직류 스테핑 모터　④ 초동기 전동기

해설
자동제어 장치에는 서보전동기와 스테핑 모터 등이 사용된다.

03

유도 기전력이 110[V], 전기자 저항 및 계자 저항이 각각 0.05[Ω]인 직권 발전기가 있다. 부하 전류가 100[A]라면 단자 전압[V]는?

① 95　② 100
③ 105　④ 110

해설
유기기전력 $E=V+I_a(R_a+R_s)$
단자전압 $V=E-I_a(R_a+R_s)$
$V=110-100(0.05+0.05)=100[\text{V}]$

04

반도체 내에서 정공은 어떻게 생성되는가?

① 결합 전자의 이탈　② 자유 전자의 이동
③ 접합 불량　④ 확산 용량

해설
결합 전자의 이탈로 전자의 빈자리가 생길 경우 그 빈자리를 정공이라 한다.

05

다음 중 단상 유도 전동기의 기동 방법에 따른 분류에 속하지 않는 것은?

① 분상기동형　② 저항기동형
③ 콘덴서기동형　④ 세이딩코일형

해설
단상 유도 전동기의 기동법
- 반발기동형
- 반발유도형
- 콘덴서기동형
- 분상기동형
- 세이딩코일형

06

직류 분권 전동기의 기동 방법 중 가장 적당한 것은?

① 기동 저항기를 전기자와 병렬로 접속한다.
② 기동 토크를 작게 한다.
③ 계자 저항기의 저항값을 크게 한다.
④ 계자 저항기의 저항값을 0으로 한다.

정답 01 ② 02 ③ 03 ② 04 ① 05 ② 06 ④

해설

기동 시 계자 저항기의 저항값을 0으로 하여 계자전류의 값을 크게 하면 계자의 자속이 증가하여 기동토크는 커진다.

07

동기 발전기를 계통에 병렬로 접속시킬 때 관계없는 것은?

① 주파수 ② 위상
③ 전압 ④ 전류

해설

동기 발전기를 계통에 병렬로 접속할 경우 주파수, 위상, 전압 등이 동기화되어야 한다.

08

3상 변압기의 병렬운전이 불가능한 결선은?

① Y-Y 와 Y-Y ② Y-△ 와 Y-△
③ △-△ 와 Y-Y ④ △-△ 와 △-Y

해설

3상 변압기의 경우 병렬운전의 조건은 상 회전방향과 위상(변위)이 같아야 한다.

09

다음 변압기의 냉각 방식의 종류가 아닌 것은?

① 건식자냉식 ② 유입자냉식
③ 유입예열식 ④ 송유수냉식

해설

- 건식자냉식(AN)
- 유입자냉식(ONAN)
- 송유수냉식(OFWF)

10

유도 전동기의 동기속도를 N_s, 회전속도를 N이라 할 때 슬립은?

① $s=\dfrac{N_s-N}{N}$ ② $s=\dfrac{N-N_s}{N}$
③ $s=\dfrac{N_s-N}{N_s}$ ④ $s=\dfrac{N_s+N}{N_s}$

해설

슬립 $s=\dfrac{N_s-N}{N_s}$

11

3상 유도 전동기의 회전 원리를 설명한 것 중 틀린 것은?

① 회전자의 회전속도가 증가할수록 도체를 관통하는 자속수가 감소한다.
② 회전자의 회전속도가 증가할수록 슬립은 증가한다.
③ 부하를 회전시키기 위해서는 회전자의 속도는 동기속도 이하로 운전되어야 한다.
④ 3상 교류전압을 고정자에 공급하면 고정자 내부에서 회전자기장이 발생된다.

해설

슬립 $s=\dfrac{N_s-N}{N_s}$이므로 회전속도가 증가할수록 슬립은 작아진다.

12

선택지락계전기의 용도는?

① 단일회선에서 접지 전류의 대소의 선택
② 단일회선에서 접지 전류의 방향의 선택
③ 단일회선에서 접지 사고 지속시간의 선택
④ 다회선에서의 접지고장 회선의 선택

정답 07 ④ 08 ④ 09 ③ 10 ③ 11 ② 12 ④

해설

선택지락계전기(SGR)은 다회선에서의 접지고장 회선을 선택한다.

13

주파수 60[Hz]의 전원에 2극의 동기 전동기를 연결하면 회전수는 몇 [rpm]인가?

① 3,600 ② 1,800
③ 60 ④ 12

해설

기속도 $N_s = \frac{120}{P} f$[rpm]

$N_s = \frac{120 \times 60}{2} = 3,600$[rpm]

14

일반적으로 10[kW] 이하 소용량인 전동기는 동기속도의 몇 [%]에서 최대 토크를 발생시키는가?

① 2[%] ② 5[%]
③ 80[%] ④ 98[%]

해설

일반적으로 10[kW] 이하 소용량인 전동기는 동기속도의 80[%]에서 최대 토크를 발생시킨다.

15

직류기에서 브러시의 역할은?

① 기전력 유도
② 자속 생성
③ 정류작용
④ 전기자 권선과 외부회로의 접속

해설

브러시의 경우 전기자 권선과 외부회로를 접속한다.

16

전원전압 67[V]인 단상 전파 정류회로에서 $\alpha = 60°$일 때 정류 전압은 약 몇 [V]인가?

① 15 ② 22
③ 35 ④ 45

해설

전파정류 전압

$E_d = \frac{\sqrt{2}\,V}{\pi}(1+\cos\alpha) = \frac{\sqrt{2}\times 67}{\pi}(1+\cos 60°) = 45$[V]

17

워드레오나드 속도 제어는?

① 저항제어 ② 계자제어
③ 전압제어 ④ 직병렬제어

해설

전압제어법에는 워드레오나드 방식과 일그너 방식이 있다.

18

동기 발전기에서 난조 현상에 대한 설명으로 옳지 않은 것은?

① 부하가 급격히 변화하는 경우 발생할 수 있다.
② 제동권선을 설치하여 난조 현상을 방지한다.
③ 난조의 정도가 커지면 동기이탈 또는 탈조라 한다.
④ 난조가 생기면 바로 멈춰야 한다.

해설

난조의 경우 방지법인 제동권선을 설치하여야 한다.

정답 13 ① 14 ③ 15 ④ 16 ④ 17 ③ 18 ④

19

급전선의 전압강하 보상용으로 사용되는 것은?

① 분권기 ② 직권기
③ 과복권기 ④ 차동복권기

20

직류 전동기의 출력이 50[kW], 회전수가 1,800[rpm]일 때 토크는 약 몇 [kg · m]인가?

① 12 ② 23
③ 27 ④ 31

해설

토크 $T=0.975\frac{P}{N}$[kg · m]$=0.975\times\frac{50\times10^3}{1,800}=27.08$[kg · m]

2008년 2회 기출문제

01

다음 중 유도 전동기의 속도 제어에 사용되는 인버터 장치의 약호는?

① CVCF ② VVVF
③ CVVF ④ VVCF

해설

유도 전동기의 속도제어에 사용되는 것은 인버터이며, 약호로는 VVVF로 사용한다.

02

직류 복권 전동기를 분권 전동기로 사용하려면 어떻게 하여야 하는가?

① 분권 계자를 단락시킨다.
② 부하 단자를 단락시킨다.
③ 직권 계자를 단락시킨다.
④ 전기자를 단락시킨다.

해설

- 복권기를 분권 전동기로 사용하려면 직권 계자권선을 단락시킨다.
- 복권기를 직권 전동기로 사용하려면 분권 계자권선을 개방시킨다.

03

동기기의 전기자 반작용 중에서 전기자 전류에 의한 자기장의 축이 항상 주 자속의 축과 수직이 되면서 자극편 왼쪽에 있는 주 자속은 증가시키고, 오른쪽에 있는 주 자속은 감소시켜 편자작용을 하는 전기자 반작용은?

① 증자작용 ② 감자작용
③ 교차자화작용 ④ 직축 반작용

정답 19 ③ 20 ③ / 01 ② 02 ③ 03 ③

해설

전압과 전류가 동상인 전류는 횡축반작용(교차자화작용)

04

게이트(Gate)에 신호를 가해야만 동작하는 소자는?

① SCR　　② MPS
③ UJT　　④ DIAC

해설

SCR의 경우 게이트에 (+)트리거 펄스가 인가되면 통전상태가 되어 정류작용이 개시가 된다.

05

다음 중 전기 용접기용 발전기로 가장 적당한 것은?

① 직류 분권형 발전기　② 차동 복권형 발전기
③ 가동 복권형 발전기　④ 직류 타여자 발전기

해설

용접기용 발전기로 가장 적당한 발전기는 차동 복권 발전기를 말한다. 이는 수하특성을 가지고 있으며, 차동 복권 발전기가 이 특성에 속한다.

06

회전수 1,728[rpm]인 유도 전동기의 슬립[%]은? (단, 동기속도는 1,800[rpm]이다.)

① 2　　② 3
③ 4　　④ 5

해설

슬립 $s = \frac{N_s - N}{N_s} \times 100 = \frac{1,800 - 1,728}{1,800} \times 100 = 4[\%]$

07

동기기에서 난조(hunting)를 방지하기 위한 것은?

① 계자권선　　② 제동권선
③ 전기자 권선　　④ 난조 권선

해설

난조를 방지하기 위하여 회전 자극에 극 편의 홈을 파고, 이것이 유도 전동기의 농형 권선과 같이 권선을 설치한 구조의 제동권선(damper winding)으로 방지할 수 있다.

08

용량이 작은 변압기의 단락 보호용으로 주 보호 방식으로 사용되는 계전기는?

① 차동전류 계전방식　② 과전류 계전방식
③ 비율차동 계전방식　④ 기계적 계전방식

해설

과부하와 단락 보호용으로 과전류 계전방식이 사용된다.

09

동기 발전기 2대를 병렬 운전하고자 할 때 필요로 하는 조건이 아닌 것은?

① 발생 전압의 주파수가 서로 같아야 한다.
② 각 발전기에서 유도되는 기전력의 크기가 같아야 한다.
③ 발전기에서 유도된 기전력의 위상이 같아야 한다.
④ 발전기의 용량이 같아야 한다.

해설

동기 발전기의 병렬운전조건

- 기전력의 크기가 같을 것
- 기전력의 위상이 같을 것
- 기전력의 주파수가 같을 것
- 기전력의 파형이 같을 것

정답 04 ① 05 ② 06 ③ 07 ② 08 ② 09 ④

10

다음 중 단상 유도 전동기의 기동 방법 중 기동토크가 가장 큰 것은?

① 분상 기동형　　② 반발 유도형
③ 콘덴서 기동형　　④ 반발 기동형

해설

단상 유도 전동기의 기동토크가 큰 순서는 다음과 같다.
반발 기동형 – 반발 유도형 – 콘덴서 기동형 – 분상 기동형 – 셰이딩 코일형

11

동기발전기의 병렬운전에서 한쪽의 계자 전류를 증대시켜 유기기전력을 크게 하면 어떤 현상이 발생하는가?

① 한 쪽이 전동기가 된다.
② 아무 이상이 없다.
③ 고주파 전류가 흐른다.
④ 무효 순환 전류가 흐른다.

해설

동기발전기의 병렬운전 조건 중 기전력의 크기가 다른 경우 무효 순환 전류가 흐른다.

12

다음 중 변압기의 온도 상승 시험법으로 가장 널리 사용되는 것은?

① 반환부하법　　② 유도시험법
③ 절연전압시험법　　④ 고조파 억제법

해설

변압기 온도 상승 시험법으로는 반환부하법이 사용된다.

13

인버터의 용도로 가장 적합한 것은?

① 직류–직류 변환　　② 직류–교류 변환
③ 교류–증폭교류 변환　　④ 직류–증폭직류 변환

해설

인버터는 직류를 교류로 변환하는 전력 소자이다.

14

속도가 일정하고 구조가 간단하여 동기이탈이 없는 전동기로서 전기시계, 오실로스코프 등에 많이 사용되는 전동기는?

① 유도동기 전동기　　② 초 동기 전동기
③ 단상동기 전동기　　④ 반동 전동기

해설

직류여자권선을 갖지 않는 돌극형 동기전동기로서 출력이 작고 역률도 낮으나, 직류여자가 필요 없으며, 일단 동기 속도가 되면 쉽게 동기변위를 일으키지 않아, 오실로스코프, 콘택트메이커, 전기시계 등에 널리 사용되는 전동기를 반동 전동기라 한다.

15

동기기의 전기자 권선법이 아닌 것은?

① 2층 분포권　　② 단절권
③ 중권　　④ 전절권

해설

동기기의 전기자 권선법으로서는
- 전절권과 단절권 중에선 단절권을 채택하며,
- 집중권과 분포권의 경우 분포권을 채택한다.

정답 10 ④ 11 ④ 12 ① 13 ② 14 ④ 15 ④

16

철심에 권선을 감고 전류를 흘려서 공극(air gap)에 필요한 자속을 만드는 것은?

① 정류자 ② 계자
③ 회전자 ④ 전기자

해설
주 자속을 만드는 부분은 계자이다.

17

발전기의 전압 변동률을 표시하는 식은? (단, E_0 : 무부하전압, E_n : 정격전압)

① $\epsilon = \left(\frac{E_0}{E_n} - 1\right) \times 100[\%]$

② $\epsilon = \left(1 - \frac{E_0}{E_n}\right) \times 100[\%]$

③ $\epsilon = \left(\frac{E_n}{E_0} - 1\right) \times 100[\%]$

④ $\epsilon = \left(1 - \frac{E_n}{E_0}\right) \times 100[\%]$

해설
전압 변동률 $\epsilon = \frac{E_0 - E_n}{E_n} \times 100[\%] = \left(\frac{E_0}{E_n} - 1\right) \times 100[\%]$

18

회전자 입력이 10[kW], 슬립이 4[%]인 3상 유도전동기의 2차 동손은 몇 [kW]인가?

① 0.4 ② 1.8
③ 4.0 ④ 9.6

해설
전력 변환에 따라 2차 동손 $P_{c2} = sP_2$의 관계를 갖는다.
$P_{c2} = 0.04 \times 10 = 0.4[\text{kW}]$

19

변압기의 콘서베이터의 사용 목적은?

① 일정한 유압의 유지
② 과부하로부터 변압기의 보호
③ 냉각 장치의 효과를 높임
④ 변압기 기름의 열화방지

해설
변압기 열화현상 방지 대책으로 콘서베이터를 설치한다.

20

다음 제동 방법 중 급정지하는 데 가장 좋은 제동법은?

① 발전제동 ② 회생제동
③ 역전제동 ④ 단상제동

해설
급제동 시에 사용하는 방법으로는 플러깅 제동(역전)이 있으며, 전원 3선 중 2선의 방향을 바꾸어 급정지하는 데 사용되는 제동법을 말한다.

정답 16 ② 17 ① 18 ① 19 ④ 20 ③

2008년 3회 기출문제

01

동기발전기의 돌발 단락전류를 주로 제한하는 것은?

① 누설 리액턴스　② 역상 리액턴스
③ 동기 리액턴스　④ 권선 저항

해설

동기발전기의 지속 단락전류를 제한하는 것은 동기 리액턴스이며, 순간이나 돌발 단락전류를 제한하는 것은 누설 리액턴스이다.

02

보극이 없는 직류기의 운전 중 중성점의 위치가 변하지 않는 경우는?

① 무부하일 경우　② 전부하일 경우
③ 중부하일 경우　④ 과부하일 경우

해설

중성점의 위치가 변하는 것은 전기자 반작용 때문인데 무부하일 경우는 전류가 흐르지 않기 때문에 전기자 반작용이 존재하지 않는다.

03

6극 60[Hz] 3상 유도 전동기의 동기속도는 몇 [rpm]인가?

① 200　② 750
③ 1,200　④ 1,800

해설

동기속도 $N_s = \frac{120}{P}f$[rpm]

$$N_s = \frac{120 \times 60}{6} = 1,200[\text{rpm}]$$

04

60[Hz] 3상 반파 정류 회로의 맥동 주파수[Hz]는?

① 360　② 180
③ 120　④ 60

해설

맥동 주파수

- 단상 반파 정류 $f_0 = 60$[Hz]
- 단상 전파 정류 $f_0 = 2f = 120$[Hz]
- 3상 반파 정류 $f_0 = 3f = 180$[Hz]
- 3상 전파 정류 $f_0 = 6f = 360$[Hz]

05

4극 3상 유도전동기가 60[Hz]의 전원에 연결되어 4[%]의 슬립으로 회전할 때 회전수는 몇 [rpm]인가?

① 1,656　② 1,700
③ 1,728　④ 1,880

해설

회전자 속도 $s = \frac{N_s - N}{N}$

$N = (1-s)N_s$[rpm]

$N = \frac{120}{P}f(1-s) = \frac{120}{4} \times 60 \times (1-0.04) = 1,728$[rpm]

06

다음 중 자기 소호 제어용 소자는?

① SCR　② TRIAC
③ DIAC　④ GTO

해설

GTO의 경우 게이트에 흐르는 전류를 점호할 때의 전류와 반대 방향의 전류를 흐르게 함으로써 GTO를 소호시킬 수 있다.

정답 01 ① 02 ① 03 ③ 04 ② 05 ③ 06 ④

07

직류 전동기의 속도 제어법에서 정 출력 제어에 속하는 것은?

① 계자 제어법　② 전기자 저항 제어법
③ 전압 제어법　④ 워드레오너드 제어법

해설
직류 전동기의 속도 제어법
• 전압 제어법 : 광범위한 제어방법
• 계자 제어법 : 정 출력 제어
• 저항 제어

08

계기용 변압기의 2차측 단자에 접속하여야 할 것은?

① OCR　② 전압계
③ 전류계　④ 전열부하

해설
• 계기용 변압기 → 고전압을 저전압을 변성(전압계)
• 계기용 변류기 → 대 전류를 소 전류로 변류(전류계)

09

유입 변압기에 기름을 사용하는 목적이 아닌 것은?

① 열 방산을 좋게 하기 위하여
② 냉각을 좋게 하기 위하여
③ 절연을 좋게 하기 위하여
④ 효율을 좋게 하기 위하여

해설
절연유의 사용목적과 효율은 관계가 없다.

10

다음 중 농형 유도전동기의 기동법이 아닌 것은?

① Y-△ 기동법　② 리액터 기동법
③ 2차 저항법　④ 기동 보상기법

해설
(1) 농형 유도전동기의 기동법
　• 전 전압기동
　• Y-△ 기동법
　• 기동 보상기법
(2) 권선형 유도전동기의 기동법
　• 2차 저항법
　• 게르게스법

11

변압기유로 쓰이는 절연유에 요구되는 성질이 아닌 것은?

① 점도가 클 것
② 비열이 커 냉각 효과가 클 것
③ 절연재료 및 금속재료에 화학작용을 일으키지 않을 것
④ 인화점이 높고 응고점이 낮을 것

해설
절연유 구비조건
• 절연내력은 클 것
• 냉각 효과는 클 것
• 인화점은 높고, 응고점은 낮을 것
• 점도는 낮을 것
• 고온에서 산화하지 말고 석출물이 생기지 말 것

12

직류 발전기의 부하 포화 곡선은 다음 중 어느 것의 관계인가?

① 부하전류와 여자전류
② 단자전압과 부하전류
③ 단자전압과 계자전류
④ 부하전류와 유기기전력

정답 07 ① 08 ② 09 ④ 10 ③ 11 ① 12 ③

해설

직류 발전기의 특성

- 무부하 포화 곡선은 유기기전력과 계자전류와의 관계 곡선
- 부하 포화 곡선은 정격전압(단자전압)과 계자전류와의 관계 곡선
- 외부 특성 곡선은 단자전압과 부하전류와의 관계 곡선

13

동기 발전기의 병렬 운전에 필요한 조건이 아닌 것은?

① 기전력의 크기가 같을 것
② 기전력의 위상차가 최대가 될 것
③ 기전력의 주파수가 같을 것
④ 기전력의 파형을 같을 것

해설

동기발전기의 병렬 운전 조건은 다음과 같다.

- 기전력의 크기가 같을 것
- 기전력의 위상이 같을 것
- 기전력의 주파수가 같을 것
- 기전력의 파형이 같을 것
- 상회전 방향이 같을 것

14

4극 24홈 표준 농형 3상 유도 전동기의 매극매상당의 홈수는?

① 6　② 3
③ 2　④ 1

해설

매극매상당 홈수 $q = \frac{\text{홈수}}{\text{극수} \times \text{상수}} = \frac{24}{4 \times 3} = 2$

15

플레밍(fleming)의 오른손 법칙에 따르는 기전력이 발생하는 기기는?

① 교류 발전기　② 교류 전동기
③ 교류 정류기　④ 교류 용접기

해설

- 플레밍의 오른손 법칙은 발전기의 원리이다.
- 플레밍의 왼손 법칙은 전동기의 원리이다.

16

다음 중 SCR의 기호는?

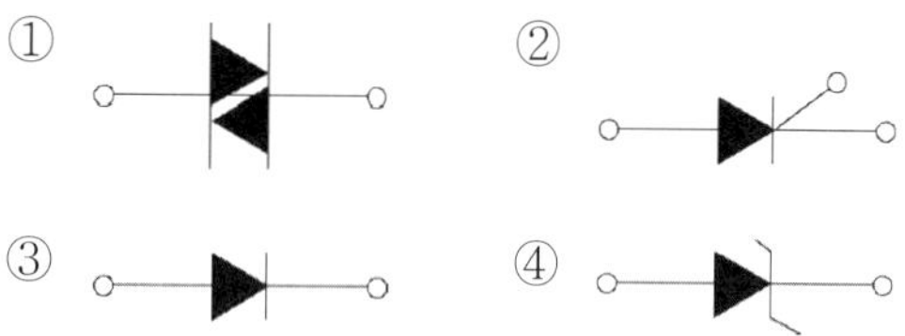

해설

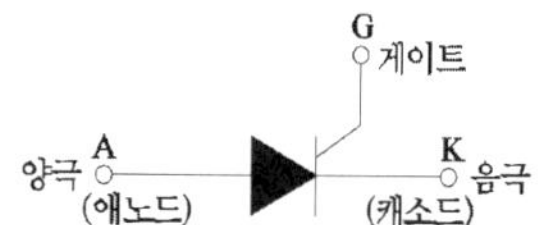

17

다른 중 변압기의 온도 상승 시험법으로 가장 널리 사용되는 것은?

① 반환부하법　② 극성시험
③ 절연내력시험　④ 무부하시험

해설

변압기의 온도 상승 시험법 → 반환부하법

정답 13 ② 14 ③ 15 ① 16 ② 17 ①

18

다음 그림의 전동기는 어떤 전동기인가?

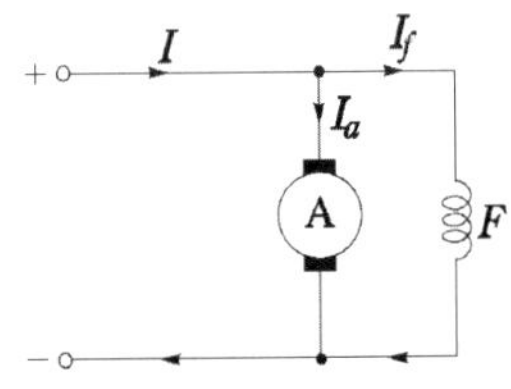

① 직권 전동기
② 타 여자 전동기
③ 분권 전동기
④ 복권 전동기

해설

• 계자권선과 전기자 권선이 직렬연결이면 직권
• 계자권선과 전기자 권선이 병렬연결이면 분권

19

단락비가 큰 동기기는?

① 안정도가 높다. ② 기계가 소형이다.
③ 전압변동률이 크다. ④ 전기자반작용이 크다.

해설

단락비가 큰 동기기는 철기계이며, 철기계의 특징은 안정도가 높으며, 전압변동률은 작다. 또한 기기는 대형이며, 효율은 나쁘다.

20

다음 중 토크(회전력)의 단위는?

① [rpm] ② [W]
③ [N・m] ④ [N]

2008년 4회 기출문제

01

3상 동기 발전기를 병렬 운전시키는 경우 고려하지 않아도 되는 것은?

① 주파수가 같을 것 ② 회전수가 같을 것
③ 위상이 같을 것 ④ 전압 파형이 같을 것

해설

동기발전기의 병렬 운전 조건
• 기전력의 크기가 같을 것
• 기전력의 위상이 같을 것
• 기전력의 주파수가 같을 것
• 기전력의 파형이 같을 것

02

다음 중 변압기의 온도 상승 시험법으로 가장 널리 사용되는 것은?

① 무부하 시험법 ② 절연내력 시험법
③ 단락 시험법 ④ 실부하법

해설

변압기의 온도 상승 시험법으로 널리 사용되고 있는 방법은 단락 시험법이다.

03

권선형에서 비례추이를 이용한 기동법은?

① 리액터 기동법 ② 기동 보상기법
③ 2차 저항법 ④ Y-△ 기동법

해설

비례추이가 가능한 전동기는 권선형 유도 전동기이다. 2차 저항의 값을 조절하여 슬립의 크기를 조절하는 것을 비례추이라 한다.

정답 18 ③ 19 ① 20 ③ / 01 ② 02 ③ 03 ③

04

전기자 저항 0.1[Ω], 전기자 전류 104[A], 유도 기전력 110.4[V]인 직류 분권 발전기의 단자전압[V]은?

① 98　② 100
③ 102　④ 106

해설

분권 발전기의 유기기전력 $E=V+I_aR_a$
단자전압의 경우 $V=E-I_aR_a$가 된다.
$V=110.4-(104\times0.1)=100[V]$

05

역저지 3단자에 속하는 것은?

① SCR　② SSS
③ SCS　④ TRIAC

해설

- SCR → 역저지 3단자 소자
- SSS → 쌍방향 2단자 소자
- SCS → 역저지 4단자 소자
- TRIAC → 쌍방향 3단자 소자

06

최소 동작값 이상의 구동 전기량이 주어지면 일정 시한으로 동작하는 계전기는?

① 반한시 계전기
② 정한시 계전기
③ 역한시 계전기
④ 반한시 - 정한시 계전기

해설

- 반한시 계전기 → 고장전류의 크기가 작은 경우 천천히 동작하며, 큰 경우 빨리 동작하는 계전기
- 정한시 계전기 → 고장전류의 크기에 관계없이 일정한 시간이 경과한 다음 동작하는 계전기

07

4극 60[Hz], 200[kW]의 유도 전동기의 전 부하 슬립이 2.5[%]일 때 회전수는 몇 [rpm]인가?

① 1,600　② 1,755
③ 1,800　④ 1,965

해설

슬립 $s=\frac{N_s-N}{N_s}\times100[\%]$

$N_s=\frac{120}{P}f=\frac{120\times60}{4}=1,800[\text{rpm}]$

회전속도 $N=(1-s)N_s[\text{rpm}]$

$N=(1-0.025)\times1,800=1,755[\text{rpm}]$

08

단락비가 1.25인 발전기의 % 동기임피던스는 얼마인가?

① 70　② 80
③ 90　④ 100

해설

단락비 $k_s=\frac{100}{\%Z_s}$ 이므로 $\%Z=\frac{100}{1.25}=80[\%]$

09

변압기의 무부하시험, 단락시험에서 구할 수 없는 것은?

① 동손　② 철손
③ 전압변동률　④ 절연 내력

해설

- 변압기 무부하시험 : 철손, 여자전류
- 단락시험 : 동손, 임피던스 전압

정답　04 ②　05 ①　06 ②　07 ②　08 ②　09 ④

제2과목 ✦ 전기기기

10

동기 발전기의 돌발 단락전류를 주로 제한하는 것은?

① 누설 리액턴스　② 동기 임피던스
③ 권선 저항　④ 동기 리액턴스

해설
동기 발전기의 지속 단락전류를 제한하는 것은 동기 리액턴스이며, 순간이나 돌발 단락전류를 제한하는 것은 누설 리액턴스이다.

11

3상 동기기의 제동권선의 역할은?

① 난조 방지　② 효율 증가
③ 출력 증가　④ 역률 개선

해설
회전자가 어떤 부하 각에서 새로운 부하 각으로 변화하는 도중에 관성에 의해 생기는 과도적인 진동을 난조라 하는데, 이것을 방지하기 위해 제동권선을 설치한다.

12

직류 전동기를 기동할 때 전기자 전류를 제한하는 가감저항기를 무엇이라 하는가?

① 단속기　② 제어기
③ 가속기　④ 기동기

13

출력 10[kW], 효율 90[%]인 기기의 손실은 약 몇 [kW]인가?

① 0.6　② 1.1
③ 2　④ 2.5

해설
효율 $\eta = \frac{출력}{입력} \times 100[\%]$, 입력$= \frac{출력}{\eta} = \frac{10}{0.9} = 11.11[kW]$
손실 = 입력 − 출력
$\therefore 11.11 - 10 = 1.11[kW]$

14

아크 용접용 발전기로 가장 적당한 것은?

① 타 여자기　② 분권기
③ 차동 복권기　④ 화동 복권기

해설
용접기용 발전기로 가장 적당한 발전기는 차동 복권 발전기를 말한다. 이는 수하특성을 가지고 있으며, 차동 복권 발전기가 이 특성에 속한다.

15

직류를 교류로 변환하는 장치는?

① 정류기　② 충전기
③ 순 변환 장치　④ 역 변환 장치

해설
- 교류를 직류로 변환하는 장치 : 순 변환 장치
- 직류를 교류로 변환하는 장치 : 역 변환 장치

16

유도 전동기의 무부하시의 슬립은 얼마인가?

① 4　② 3
③ 1　④ 0

해설
유도 전동기의 무부하시의 슬립 s는 $N_s = N$이므로 슬립은 0이다.

정답 10 ① 11 ① 12 ④ 13 ② 14 ③ 15 ④ 16 ④

17

정격전압 230[V], 정격전류 28[A]에서 직류 전동기의 속도가 1,680[rpm]이다. 무부하에서의 속도가 1,733[rpm]이라고 할 때 속도변동률[%]는 약 얼마인가?

① 6.1 ② 5.0
③ 4.6 ④ 3.2

해설

속도변동률 $\epsilon = \frac{N_0 - N}{N} \times 100[\%]$

여기서, N_0 : 무부하 속도, N : 정격 속도

$\epsilon = \frac{1,733 - 1,680}{1,680} \times 100 = 3.15[\%]$가 된다.

18

동기 전동기의 용도로 적합하지 않은 것은?

① 분쇄기 ② 압축기
③ 송풍기 ④ 크레인

해설

동기기의 특징은 속도가 일정하고, 불변이다. 부하에 따라 그 힘이 변화하는 크레인의 경우 동기기의 용도와는 거리가 멀다.

19

다음 중 접지저항을 측정하는 방법은?

① 휘스톤 브리지법
② 캘빈더블 브리지법
③ 콜라우시 브리지법
④ 테스터법

해설

- 휘스톤 브리지법 : 검류계의 내부저항
- 캘빈더블 브리지법 : 저 저항 측정
- 콜라우시 브리지법 : 접지저항 측정

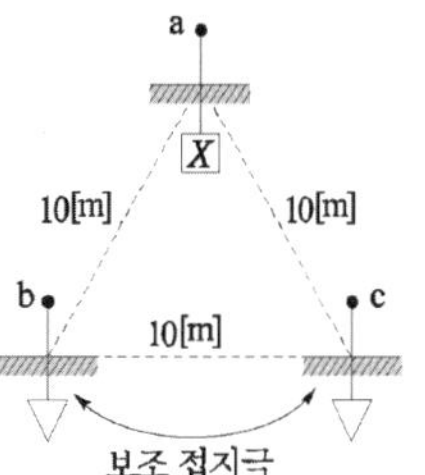

20

보호를 요하는 회로의 전류가 어떤 일정한 값(정정한) 이상으로 흘렀을 때 동작하는 계전기는?

① 과전류 계전기 ② 과전압 계전기
③ 차동 계전기 ④ 비율차동계전기

해설

- OCR(과전류 계전기) : 회로의 전류값이 일정값 이상으로 흘렀을 때 동작
- OVR(과전압 계전기) : 회로의 전압값이 일정값 이상으로 되었을 때 동작

정답 17 ④ 18 ④ 19 ③ 20 ①

전기기기 2009년 기출문제

2009년 1회 기출문제

01

변압기의 권선과 철심 사이의 습기를 제거하기 위하여 건조하는 방법이 아닌 것은?

① 열풍법　　② 단락법
③ 진공법　　④ 가압법

해설

가압법의 경우 절연내력 시험 방법에 해당된다.

02

E종 절연물의 최고 허용온도는 몇 [℃]인가?

① 40　② 60　③ 120　④ 155

해설

절연물의 허용온도

절연재료	Y	A	E	B	F	H	C
허용온도	90°	105°	120°	130°	155°	180°	180°초과

03

동기조상기를 부족여자로 운전하면 어떻게 되는가?

① 콘덴서로 작용한다.
② 리액터로 작용한다.
③ 여자 전압의 이상 상승이 발생한다.
④ 일부 부하에 대하여 뒤진 역률을 보상한다.

해설

동기조상기를 부족여자로 운전할 경우 리액터 작용을 하게 된다.
동기조상기를 과 여자로 운전 할 경우 콘덴서로 작용한다.

04

단락비가 1.2인 동기발전기의 %동기임피던스는 약 몇 [%]인가?

① 68　　② 83
③ 100　　④ 120

해설

단락비 $K_s = \frac{100}{Z_s} = \frac{100}{1.2} = 83[\%]$

05

직류기에서 보극을 두는 가장 주된 목적은?

① 기동 특성을 좋게 한다.
② 전기자 반작용을 크게 한다.
③ 정류작용을 돕고 전기자 반작용을 약화시킨다.
④ 전기자 자속을 증가시킨다.

해설

직류기에서 보극은 전압 정류의 역할과 전기자 반작용을 감소시키는 목적이 있다.

06

동기속도 3,600[rpm], 주파수 60[Hz]의 동기 발전기의 극수는?

① 2　　② 4
③ 6　　④ 8

정답 01 ④　02 ③　03 ②　04 ②　05 ③　06 ①

해설

동기속도 $N_s = \frac{120}{P}f$[rpm]

$\therefore P = \frac{120}{N_s}f = \frac{120}{3,600} \times 600 = 2$[극]이 된다.

07

직류 직권 전동기에서 벨트를 걸고 운전하면 안 되는 가장 큰 이유는?

① 벨트가 벗겨지면 위험 속도로 도달하므로
② 손실이 많아지므로
③ 직결하지 않으면 속도 제어가 곤란하므로
④ 벨트가 마멸보수가 곤란하므로

해설

- 직류 직권 전동기의 경우 무부하 하지 말 것과 벨트 운전을 하여서는 안 된다. 그 이유는 위험 속도에 도달하기 때문이다.
- 직류 분권 전동기는 무여자 하지 말 것과 계자 권선을 단선시켜서는 안 된다. 그 이유는 위험 속도에 도달하기 때문이다.

08

직류기의 3대 요소가 아닌 것은?

① 전기자　　② 계자
③ 공극　　④ 정류자

해설

직류기의 3요소
- 계자 : 주 자속을 만드는 부분
- 전기자 : 주 자속을 절단하여 기전력 발생
- 정류자 : 교류를 직류로 변환

09

P형 반도체의 전기 전도의 주된 역할을 하는 반송자는?

① 전자　　② 가전자
③ 불순물　　④ 정공

해설

- P형 반도체의 반송자는 정공이 된다.
- N형 반도체의 반송자는 전자가 된다.

10

유도 전동기의 동기속도가 1,200[rpm]이고 회전수가 1,176[rpm]일 경우 슬립은?

① 0.06　　② 0.04
③ 0.02　　④ 0.01

해설

슬립 $s = \frac{N_s - N}{N_s} \times 100 = \frac{1,200 - 1,176}{1,200} = 0.02[\%]$

11

농형 유도 전동기의 기동법이 아닌 것은?

① Y-△ 기동법
② 기동 보상기에 의한 방법
③ 전 전압기동법
④ 2차 저항기동법

해설

권선형 유도 전동기의 기동법
- 2차 저항기동법
- 게르게스법

정답 07 ① 08 ③ 09 ④ 10 ③ 11 ④

12

입력이 12.5[kW], 출력이 10[kW]의 경우 기기의 손실은 몇 [kW]인가?

① 2.5　　② 3
③ 4　　④ 5.5

해설

입력 = 출력 + 손실, 손실 = 입력 − 손실
∴ 손실 = 12.5 − 10 = 2.5[kW]

13

변전소의 전력기기를 시험하기 위하여 회로를 분리하거나 또는 계통의 접속을 바꾸거나 하는 경우에 사용되는 것은?

① 나이프 스위치　　② 차단기
③ 퓨즈　　④ 단로기

해설

단로기(DS : Disconnecting switch)의 경우 기기의 점검, 또는 회로를 분리하거나 계통의 접속을 바꿀 때 사용된다.

14

정속도 및 가변속도제어가 되는 전동기는?

① 직권기　　② 가동 복권기
③ 분권기　　④ 차동 복권기

해설

분권기의 가장 큰 특징은 정속도 전동기이다.

15

SCR의 특징 중 적합하지 않은 것은?

① PNPN 구조로 되어 있다.
② 정류 작용을 할 수 있다.
③ 정방향 및 역방향 제어 특성이 있다.
④ 고속도의 스위칭 작용을 할 수 있다.

해설

SCR의 경우 PNPN 구조의 소자이며, 정류 기능을 갖는 단방향성(역방향) 제어 특성을 가지고 있다.

16

3상 유도 전동기의 1차 입력 60[kW], 1차 손실 1[kW], 슬립 3[%]일 때 기계적 출력[kW]은?

① 57　　② 75
③ 95　　④ 100

해설

전력 변환에서 기계적인 출력 $P_0 = (1-s)P$
1차 입력이 60[kW], 1차 손실이 1[kW]이므로 2차 입력은 60 − 1 = 59[kW]가 된다.
기계적인 출력 $P_0 = (1-0.03) \times 59 = 57.23$[kW]

17

브흐홀쯔 계전기로 보호되는 기기는?

① 변압기　　② 유도 전동기
③ 직류 발전기　　④ 교류 발전기

해설

변압기 내부고장에 대해 보호로 사용되는 계전기
- 브흐홀쯔 계전기
- 비율차동 계전기
- 차동 계전기

정답 12 ① 13 ④ 14 ③ 15 ③ 16 ① 17 ①

18

난조 방지와 관계가 없는 것은?

① 제동권선을 설치한다.
② 전기자 권선의 저항을 작게 한다.
③ 축 세륜을 붙인다.
④ 조속기의 감도를 예민하게 한다.

해설
조속기의 감도가 예민할 경우 난조가 발생한다.

19

보호 계전기의 동작 원리에 따라 구분할 때 해당되지 않는 것은?

① 유도형 ② 정지형
③ 디지털형 ④ 저항형

해설
보호 계전기의 동작 원리
- 유도형
- 정지형
- 디지털형

20

다음과 같은 그림 기호의 명칭은?

――――――――――

① 노출배선 ② 바닥은폐배선
③ 지중매설배선 ④ 천장은폐배선

해설
- 천장은폐배선 ――――――――
- 바닥은폐배선 — — — — —
- 노출배선 - - - - - - - - - - - -

2009년 2회 기출문제

01

동기 발전기의 돌발 단락 전류를 주로 제한하는 것은?

① 권선저항 ② 동기 리액턴스
③ 누설 리액턴스 ④ 역상 리액턴스

해설
지속 단락 전류를 제한하는 것은 동기 리액턴스이며 순간이나 돌발 단락 전류를 제한하는 것은 누설 리액턴스이다.

02

변압기의 여자 전류가 일그러지는 이유는 무엇 때문인가?

① 와류(맴돌이 전류) 때문에
② 자기 포화와 히스테리시스 현상 때문에
③ 누설리액턴스 때문에
④ 선간의 정전용량 때문에

해설
자기 포화와 히스테리시스 현상 때문에 변압기의 여자 전류가 일그러진다.

03

유도 전동기에서 슬립이 0이란 것은 어느 것과 같은가?

① 유도 전동기가 동기속도로 회전한다.
② 유도 전동기가 정지 상태이다.
③ 유도 전동기가 전부하 운전상태이다.
④ 유도 제동기가 역할을 한다.

해설
유도 전동기의 슬립이 0이란 것은 동기속도일 때 슬립이 0이며, 정지 시에는 1이다.

정답 18 ④ 19 ④ 20 ④ / 01 ③ 02 ② 03 ①

04

인견 공업에 쓰이는 포트 전동기의 속도 제어는?

① 극수 변화에 의한 제어
② 1차 회전에 의한 제어
③ 주파수 변환에 의한 제어
④ 저항에 의한 제어

해설

전동기의 속도 제어
• 주파수 변환법 : 인견 공업의 포트 모터
• 극수 변환법 : 승강기
• 전압 제어법 : 탁상용 선풍기

05

동기 전동기의 용도가 아닌 것은?

① 분쇄기　　② 압축기
③ 송풍기　　④ 크레인

해설

동기기의 특징은 속도가 일정하고, 불변이다. 부하에 따라 그 힘이 변화하는 크레인의 경우 동기기의 용도와는 거리가 멀다.

06

직류 전동기의 속도제어 방법 중 속도제어가 원활하고 정 토크 제어가 되며 운전효율이 좋은 것은?

① 계자제어　　② 병렬 저항제어
③ 직렬 저항제어　　④ 전압제어

해설

전압제어는 다른 말로는 정 토크 제어라 하며, 운전효율이 양호하다.

07

동기발전기의 무부하 포화곡선에 대한 설명으로 옳은 것은?

① 정격전류와 단자전압의 관계이다.
② 정격전류와 정격전압의 관계이다.
③ 계자전류와 정격전압의 관계이다.
④ 계자전류와 유기기전력의 관계이다.

해설

무부하 포화곡선은 유기기전력과 계자전류와의 관계곡선이다.

08

같은 회로에 두 점에서 전류가 같을 때에는 동작하지 않으나 고장 시에 전류의 차가 생기면 동작하는 계전기는?

① 과전류 계전기
② 거리 계전기
③ 접지 계전기
④ 차동 계전기

해설

보호계전기
① 과전류 계전기 : 회로의 전류가 일정 값 이상으로 흘렀을 경우 동작하는 계전기
② 거리 계전기 : 계전기가 설치된 위치로부터 고장점까지 거리에 비례하여 한시동작
③ 접지 계전기 : 접지사고 검출
④ 차동 계전기 : 1차와 2차의 전류 차에 동작

정답 04 ③ 05 ④ 06 ④ 07 ④ 08 ④

09

브리지 정류회로로 알맞은 것은?

①
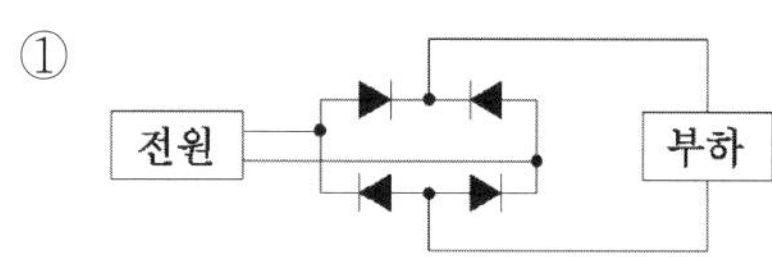

②
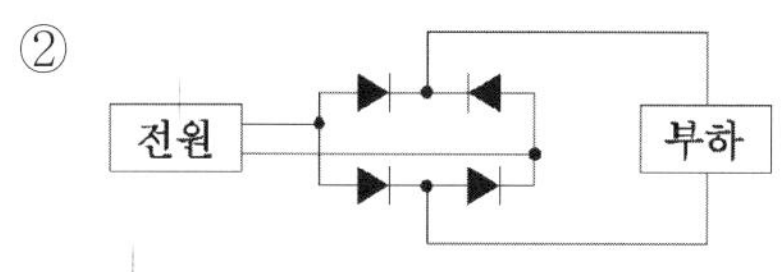

③
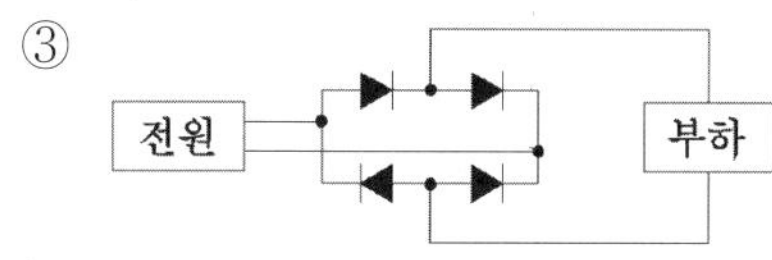

④
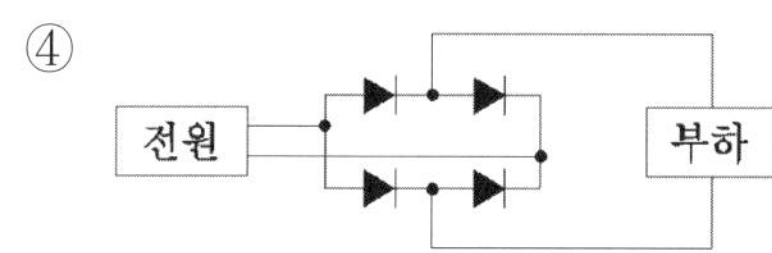

10

다음 중 역률이 가장 좋은 전동기는?

① 반발 기동형 전동기 ② 동기 전동기
③ 농형 유도 전동기 ④ 교류 정류자 전동기

해설

역률이 1인 전동기는 동기 전동기이다.

11

변압기유의 열화 방지를 위해 쓰이는 방법이 아닌 것은?

① 방열기 ② 브리이더
③ 콘서베이터 ④ 질소봉입

해설

변압기 열화 방지를 위한 방법으로 브리이더, 콘서베이터, 질소봉입이 있다.

12

동기 전동기를 자체 기동법으로 기동시킬 때 계자 회로는 어떻게 하여야 하는가?

① 단락시킨다. ② 개방시킨다.
③ 직류를 공급한다. ④ 단상교류를 공급한다.

해설

동기 전동기를 자기동시킬 경우 계자 회로를 단락시킨다.

13

6극 1,200[rpm] 동기 발전기로 병렬 운전하는 극수 4의 교류 발전기의 회전수는 몇 [rpm]인가?

① 3,600[rpm] ② 2,400[rpm]
③ 1,800[rpm] ④ 1,200[rpm]

해설

발전기의 병렬 운전 조건의 경우 주파수가 같아야 한다.

$$N_s = \frac{120}{P}f[\text{rpm}]$$

$$f = \frac{N \times P}{120} = \frac{1,200 \times 6}{120} = 60[\text{Hz}]$$

$$N_s = \frac{120}{P}f = \frac{120 \times 60}{4} = 1,800[\text{rpm}]$$

14

전기자 저항 0.1[Ω], 전기자 전류 104[A], 유도 기전력 110.4[V]인 직류 분권 발전기의 단자전압은 몇 [V]인가?

① 98[V] ② 100[V]
③ 102[V] ④ 105[V]

해설

직류 분권 발전기의 유기기전력 $E = V + I_a R_a[\text{V}]$

단자전압 $V = E - I_a R_a = 110.4 - (0.1 \times 104) = 100[\text{V}]$

정답 09 ① 10 ② 11 ① 12 ① 13 ③ 14 ②

15

보호 계전기의 시험을 하기 위한 유의 사항이 아닌 것은?

① 시험회로 결신 시 교류와 직류 확인
② 영점의 정확성 확인
③ 계전기 시험 장비의 오차 확인
④ 시험회로 결선 시 교류의 극성 확인

해설

보호 계전기 시험 시 유의 사항
• 시험회로 결선 시 교류와 직류 확인
• 영점의 정확성 확인
• 계전기 시험 장비의 오차 확인

16

일정 전압 및 일정 파형에서 주파수가 상승하면 변압기 철손은 어떻게 변하는가?

① 증가한다.
② 감소한다.
③ 불변이다.
④ 어떤 기간 동안 증가한다.

해설

주파수와 철손은 반비례 관계이다.

17

전 부하 슬립 5[%], 2차 저항손 5.26[kW]인 3상 유도 전동기의 2차 입력은 몇 [kW]인가?

① 2.63[kW] ② 5.26[kW]
③ 105.2[kW] ④ 226.5[kW]

해설

전력 변환
2차 동손 $P_{c2} = sP_2$

$$P_2 = \frac{P_{c2}}{s} = \frac{5.26}{0.05} = 105.2[\text{kW}]$$

18

다음 중 반도체 정류 소자로 사용할 수 없는 것은?

① 게르마늄 ② 비스무트
③ 실리콘 ④ 산화구리

해설

4가 원소가 아닌 소자는 비스무트이다.

19

타여자 발전기와 같이 전압변동률이 적고 자여자이므로 다른 여자 전원이 필요 없으며, 계자저항기를 사용하여 저항 조정이 가능하므로 전기화학용 전원, 전지의 충전용 동기기의 여자용으로 쓰이는 발전기는?

① 분권 발전기 ② 직권 발전기
③ 과복권 발전기 ④ 차동복권 발전기

해설

분권 발전기의 경우 계자 저항기를 사용하여 전압을 조정할 수 있으므로 전기 화학 공업용 전원, 축전지의 충전용, 동기기의 여자용 및 일반 직류 전원으로 사용된다.

정답 15 ④ 16 ② 17 ③ 18 ② 19 ①

2009년 3회 기출문제

01

무부하 시 유도전동기는 역률이 낮지만 부하가 증가하면 역률이 높아지는 이유로 가장 알맞은 것은?

① 전압이 떨어지므로
② 효율이 좋아지므로
③ 전류가 증가하므로
④ 2차 측 저항이 증가하므로

02

200[V], 10[kW], 3상 유도 전동기의 전 부하 전류는 약 [A]인가? (단, 효율과 역률은 각각 85[%]이다.)

① 30[A] ② 40[A]
③ 50[A] ④ 60[A]

해설

전력 $P=\sqrt{3}\,VI\cos\theta$[W]

$$I=\frac{P}{\sqrt{3}\,V\cos\theta\times\eta}=\frac{10\times10^3}{\sqrt{3}\times200\times0.85\times0.85}=40[A]$$

03

직류 발전기가 있다. 자극수는 6, 전기자 총 도체수 400, 매극당 자속 0.01[Wb], 회전수는 600[rpm]일 때 전기자에 유기되는 기전력은 몇 [V]인가? (단, 전기자 권선은 파권이다.)

① 40[V] ② 120[V]
③ 160[V] ④ 180[V]

해설

직류기의 유기기전력 $E=\frac{PZ\phi N}{60a}$[V]

$$\therefore E=\frac{6\times400\times0.01\times600}{60\times2}=120[V]$$

파권의 경우 전기자 병렬 회로수 $a=2$이다.

04

SCR 2개를 역 병렬로 접속한 그림과 같은 기호의 명칭은?

① SCR
② TRIAC
③ GTO
④ UJT

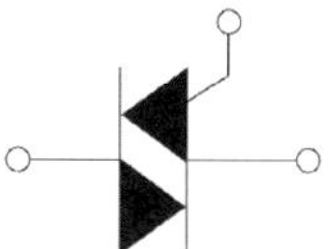

해설

SCR 2개를 역 병렬로 접속한 구조를 가지고 있는 소자는 TRIAC이다.

05

낙뢰, 수목 접촉, 일시적인 섬락 등 순간적인 사고로 계통에서 분리된 구간을 신속히 계통에 투입시킴으로써 계통의 안정도를 향상시키고 정전 시간을 단축시키기 위해 사용되는 계전기는?

① 차동 계전기 ② 과전류 계전기
③ 거리 계전기 ④ 재폐로 계전기

해설

재폐로 계전기는 고장 전류를 신속하게 차단 투입하여 안정도를 향상시킨다.

06

4극 동기전동기가 1,800[rpm]으로 회전할 때 전원 주파수는 몇 [Hz]인가?

① 50[Hz] ② 60[Hz]
③ 70[Hz] ④ 80[Hz]

해설

동기속도 $N_s=\frac{120}{P}f$[rpm]

주파수 $f=\frac{N_s\times P}{120}=\frac{1,800\times4}{120}=60$[Hz]

정답 01 ③ 02 ② 03 ② 04 ② 05 ④ 06 ②

제2과목 ✦ 전기기기

07

분권 발전기는 잔류 자속에 의해서 잔류 전압을 만들고 이때 여자 전류가 잔류 자속을 증가시키는 방향으로 흐르면, 여자 전류가 점차 증가하면서 단자 전압이 상승하게 된다. 이러한 현상을 무엇이라 하는가?

① 자기 포화 ② 여자 조절
③ 보상전압 ④ 전압 확립

해설
분권 발전기의 경우 잔류 자속에 의해 잔류 전압을 만들고 이때 전류가 잔류 자속을 증가시키는 방향으로 흐르면 단자 전압이 상승하게 되는데 이를 전압 확립이라 한다.

08

다음 중 변압기 무부하손의 대부분을 차지하는 것은?

① 유전체손 ② 동손
③ 철손 ④ 저항손

해설
- 변압기의 무부하손 : 철손
- 변압기의 부하손 : 동손

09

다음 중 2대의 동기발전기가 병렬운전하고 있을 때 무효횡류(무효순환전류)가 흐르는 경우는?

① 부하 분담의 차가 있을 때
② 기전력의 주파수에 차가 있을 때
③ 기전력의 위상의 차가 있을 때
④ 기전력의 크기의 차가 있을 때

해설
발전기의 병렬운전 조건
- 기전력의 크기가 같을 것
 (다를 경우 무효순환전류가 흐른다.)
- 기전력의 위상이 같을 것
 (다를 경우 유효순환전류가 흐른다.)
- 기전력의 주파수가 같을 것(다를 경우 난조 발생)
- 기전력의 파형이 같을 것
 (동 손실을 증가시키고 과열의 원인)

10

1차 전압 3,300[V], 2차 전압 220[V]인 변압기의 권수비(turn ratio)는 얼마인가?

① 15 ② 220
③ 3,300 ④ 7,260

해설
권수비 $a = \frac{N_1}{N_2} = \frac{V_1}{V_2} = \frac{i_2}{i_1} = \sqrt{\frac{Z_1}{Z_2}} = \sqrt{\frac{R_1}{R_2}} = \frac{3,300}{220} = 15$

11

그림과 같은 접속은 어떤 직류전동기의 접속인가?

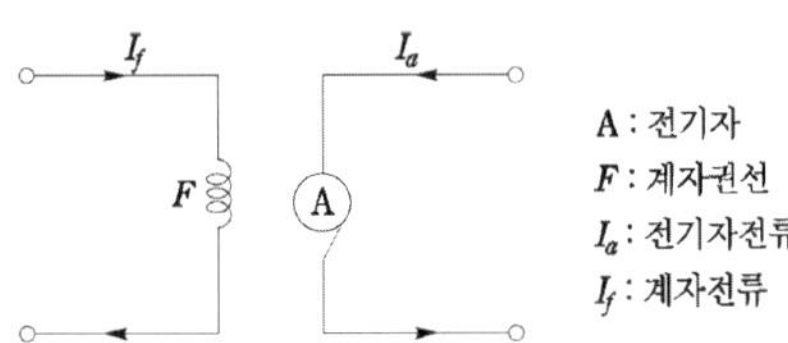

① 타여자전동기
② 분권전동기
③ 직권전동기
④ 복권전동기

해설
외부에서 별도의 독립된 전원에 의해 계자전류를 공급받는 전동기 방식은 타여자전동기이다.

정답 07 ④ 08 ③ 09 ④ 10 ① 11 ①

12

회전자 입력 10[kW], 슬립 4[%]인 3상 유도 전동기의 2차 동손은 약 몇 [kW]인가?

① 0.4[kW]　② 1.8[kW]
③ 4.0[kW]　④ 9.6[kW]

해설

전력 변환

2차 동손 $P_{c2} = P_2 - P_0 = sP_2$

$10 \times 0.04 = 0.4[\text{kW}]$

13

변압기를 △-Y 결선(delta-star connection)한 경우에 대한 설명으로 옳지 않은 것은?

① 1차 선간전압 및 2차 선간전압의 위상차는 60°이다.
② 제3고조파에 의한 장해가 적다.
③ 1차 변전소의 승압용으로 사용된다.
④ Y결선의 중성점을 접지할 수 있다.

해설

△-Y 결선의 특징은 △결선의 특징과 Y결선의 특징을 모두 가지고 있다.

다만 1차 선간전압과 2차 선간전압의 위상차는 30°이며, 한 상의 고장 시 송전이 불가능하다.

14

정류자에 접촉하여 전기자 권선과 외부 회로를 연결시켜 주는 것은?

① 전기자　② 계자
③ 브러시　④ 공극

해설

브러시의 경우 내부 회로와 외부 회로를 연결하는 부분이며, 항상 정류자와 단락이 되어 있다. 정류자 역시 항상 브러시와 단락이 되어 있다.

15

발전기를 정격전압 220[V]로 운전하다가 무부하로 운전하였더니, 단자전압이 253[V]가 되었다. 이 발전기의 전압변동률은 몇 [%]인가?

① 15[%]　② 25[%]
③ 35[%]　④ 45[%]

해설

전압변동률 $\epsilon_0 = \dfrac{\text{무부하전압}(V_0) - \text{정격전압}(V)}{\text{정격전압}(V)} \times 100[\%]$

$= \dfrac{253 - 220}{220} \times 100 = 15[\%]$

16

정지된 유도전동기가 있다. 1차 권선에서 1상의 직렬권선 회수가 100회이고, 1극당 평균 자속이 0.02[Wb], 주파수 60[Hz]이라고 하면, 1차 권선의 1상에 유도되는 기전력의 실효값은 약 몇 [V]인가? (단, 1차 권선계수는 1로 한다.)

① 377[V]　② 533[V]
③ 635[V]　④ 730[V]

해설

유기기전력 $E = 4.44 f \phi k_w \times w$

$E = 4.44 \times 60 \times 100 \times 1 \times 0.02 = 532.8[\text{V}]$

$\therefore$ 533[V]

17

변압기 외함 내에 들어 있는 기름을 펌프를 이용하여 외부에 있는 냉각 장치로 보내서 냉각시킨 다음 냉각된 기름을 다시 외부로 공급하는 방식으로 냉각 효과가 크기 때문에 30,000[kVA] 이상의 대용량 변압기에서 사용하는 냉각방식은?

① 건식풍냉식　② 유입자냉식
③ 유입풍냉식　④ 유입송유식

정답 12 ① 13 ① 14 ③ 15 ① 16 ② 17 ④

제2과목 ✦ 전기기기

해설

유입송유식(oil immersed forced oil circulating type)은 변압기 외함 상부의 가열된 변압기유를 펌프로 외부에 있는 냉각기로 보내어 냉각시켜서 이를 다시 외함 저부에 송입하는 냉각 방식이다.

18

3[kW], 1,500[rpm]인 유도 전동기의 토크[N · m]은 약 얼마인가?

① 1.91[N · m]　　② 19.1[N · m]
③ 29.1[N · m]　　④ 114.6[N · m]

해설

전동기 토크 $\tau = 0.975\frac{P}{N}[\text{kg}\cdot\text{m}]\times 9.8$

$$= 0.975\times\frac{3{,}000}{1{,}500}\times 9.8 = 19.11[\text{N}\cdot\text{m}]$$

19

다음 중 유도 전동기의 속도제어에 사용되는 인버터 장치의 약호는?

① CVCF　　② VVVF
③ CVVF　　④ VVCF

해설

유도 전동기 속도제어에는 VVVF방식이 사용되며, 이는 가변전압가변주파수 장치를 말한다.

20

게이트(gate)에 신호를 가해야만 작동하는 소자는?

① SCR　　② MPS
③ UJT　　④ DIAC

해설

SCR의 경우 게이트에 (+)트리거 펄스가 인가되어야만 통전상태가 되며 정류작용을 개시한다.

2009년 4회 기출문제

01

권수비 30인 변압기의 1차에 6,600[V]를 가할 때 2차 전압은?

① 220[V]　　② 380[V]
③ 420[V]　　④ 660[V]

해설

변압기 권수비 $a = \frac{N_1}{N_2} = \frac{V_1}{V_2} = \frac{i_2}{i_1} = \sqrt{\frac{Z_1}{Z_2}} = \sqrt{\frac{R_1}{R_2}}$

$$V_2 = \frac{V_1}{a} = \frac{6{,}600}{30} = 220[\text{V}]$$

02

3상 유도 전동기에서 원선도 작성에 필요한 시험은?

① 전력측정　　② 부하시험
③ 전압측정시험　　④ 무부하시험

해설

원선도 작성에 필요한 시험

- 저항측정시험
- 무부하시험
- 단락시험

03

반파 정류 회로에서 직류전압 100[V]를 얻는 데 필요한 변압기 2차 상전압은? (단, 부하는 순 저항이며, 변압기 내 전압강하는 무시하고 정류기 내 전압강하는 5[V]로 한다.)

① 약 100[V]　　② 약 105[V]
③ 약 222[V]　　④ 약 233[V]

정답 18 ② 19 ② 20 ① / 01 ① 02 ④ 03 ④

해설

단상 반파 정류 회로의 직류전압 $E_d = 0.45E - e$

여기서 교류전압 $E = \frac{E_d + e}{0.45} = \frac{100+5}{0.45} = 233[V]$

04

단상 유도 전압 조정기의 단락권선의 역할은?

① 철손 경감　　② 절연보호
③ 전압 조정 용이　　④ 전압강하 경감

해설

단상 유도 전압 조정기의 단락권선은 누설리액턴스에 의한 전압강하를 경감한다.

05

비 돌극형 동기 발전기의 단자 전압을 V, 유기기전력을 E, 동기 리액턴스를 X_s, 부하각을 δ라 하면 1상의 출력은?

① $\frac{E^2V}{X_s}\sin\delta$　　② $\frac{EV^2}{X_s}\sin\delta$
③ $\frac{EV}{X_s}\sin\delta$　　④ $\frac{EV}{X_s}\cos\delta$

해설

동기 발전기의 출력　$P = \frac{EV}{X_s}\sin\delta$

06

양방향성 3단자 사이리스터의 대표적인 것은?

① SCR　　② SSS
③ DIAC　　④ TRIAC

해설

TRIAC의 경우 대표적인 쌍방향성 3단자 소자이다.

07

200[V], 50[Hz], 8극, 15[kW] 3상 유도전동기에서 전부하 회전수가 720[rpm]이면 이 전동기의 2차 효율은?

① 86[%]　　② 96[%]
③ 98[%]　　④ 100[%]

해설

2차 효율 $\eta_2 = (1-s) = (1-0.04) = 96[\%]$

슬립 $s = \frac{N_s - N}{N_s} = \frac{750-720}{750} = 0.04$

동기속도 $N_s = \frac{120}{P}f = \frac{120}{8} \times 50 = 750[rpm]$

08

△결선 변압기의 한 대가 고장으로 제거되어 V결선으로 공급할 때 공급할 수 있는 전력은 고장 전 전력에 대하여 약 몇 [%]인가?

① 57.7[%]　　② 66.7[%]
③ 70.5[%]　　④ 86.6[%]

해설

V결선의 고장 전 출력비$= \frac{\sqrt{3}P}{3P} = \frac{\sqrt{3}}{3} = 0.577$

09

퍼센트 저항 강하가 3[%], 리액턴스 강하가 4[%]인 변압기의 최대 전압변동률은?

① 1[%]　　② 5[%]
③ 7[%]　　④ 12[%]

해설

최대 전압변동률 $\epsilon_{max} = \%Z$와 같으므로

$\sqrt{\%P^2 + \%X^2} = \sqrt{3^2 + 4^2} = 5[\%]$

정답 04 ④ 05 ③ 06 ④ 07 ② 08 ① 09 ②

10

직류 발전기에서 계자 철심에 잔류자기가 없어도 발전을 할 수 있는 발전기는?

① 분권 발전기 ② 직권 발전기
③ 복권 발전기 ④ 타여자 발전기

해설
철심에 잔류자기가 있어야 발전하는 발전기는 자여자 발전기(직권, 분권, 복권)가 되며, 타여자의 경우 외부로부터 계자 전류를 공급받으므로 잔류자기가 없어도 발전을 할 수가 있다.

11

인버터(inverter)에 대한 설명으로 알맞은 것은?

① 교류를 직류로 변환
② 교류를 교류로 변환
③ 직류를 교류로 변환
④ 직류를 직류로 변환

해설
인버터의 경우 직류를 교류로 변환한다.

12

직류기에서 브러쉬의 역할은?

① 기전력 유도
② 자속 생성
③ 정류 작용
④ 전기자 권선과 외부회로 접속

해설
직류기의 브러쉬는 내부회로와 외부회로를 연결해 주며 항상 정류자와 단락이 되어 있다.

13

직류 발전기를 정격속도, 정격부하전류에서 정격전압 V_n[V]를 발생하도록 한 다음, 계자 저항 및 회전 속도를 바꾸지 않고 무부하로 하였을 때의 단자전압을 V_0라 하면, 이 발전기의 전압 변동률 ϵ[%]는?

① $\frac{V_0 - V_n}{V_0} \times 100[\%]$

② $\frac{V_0 + V_n}{V_0} \times 100[\%]$

③ $\frac{V_0 - V_n}{V_n} \times 100[\%]$

④ $\frac{V_0 + V_n}{V_n} \times 100[\%]$

해설
전압변동률 $\epsilon = \frac{\text{무부하전압} - \text{정격전압}}{\text{정격전압}} \times 100[\%]$

14

교류 발전기의 동기 임피던스는 철심이 포화하면?

① 증가한다. ② 진동한다.
③ 포화된다. ④ 감소한다.

해설
동기 임피던스의 철심이 포화하는 경우 동기 임피던스는 감소한다.

15

단락비가 큰 동기기에 대한 설명으로 옳은 것은?

① 기계가 소형이다.
② 안정도가 높다.
③ 전압변동률이 크다.
④ 전기자 반작용이 크다.

정답 10 ④ 11 ③ 12 ④ 13 ③ 14 ④ 15 ②

해설

단락비가 크다.

- 안정도가 높다
- 전압변동률이 작다.
- 효율이 낮다.
- 기계가 대형이다.

16

3상 농형 유도전동기의 속도 제어에 주로 이용되는 것은?

① 사이리스터 제어
② 2차 저항 제어
③ 주파수 제어
④ 계자 제어

해설

유도전동기의 속도 제어 $N_s = \frac{120}{P}f$[rpm]

- 주파수 변환법
- 극수 변환법
- 전압 제어법

17

A, B의 동기 발전기를 병렬 운전 중 A기의 부하 분담을 크게 하려면?

① A기의 속도를 증가
② A기의 계자를 증가
③ B기의 속도를 증가
④ B기의 계자를 증가

해설

A기의 부하 분담을 크게 하려면 A기의 속도를 증가시킨다.

18

복권 발전기의 병렬 운전을 안전하게 하기 위해서는 두 발전기의 전기자와 직권 권선의 접속점에 연결해야 하는 것은?

① 균압선 ② 집전환
③ 안정저항 ④ 브러쉬

해설

직권기와 복권기의 병렬 운전의 경우 균압선이 필요하다. 즉 직권 계자권선이 있는 발전기는 안정운전을 위해서 균압선이 필요하다.

19

접지 전극과 대지 사이의 저항은?

① 고유저항 ② 대지전극저항
③ 접지저항 ④ 접촉저항

해설

일반적으로 접지 전극과 대지 사이의 저항을 접지저항이라 한다.

20

보호 계전기의 기능상 분류로 틀린 것은?

① 차동 계전기 ② 거리 계전기
③ 저항 계전기 ④ 주파수 계전기

해설

보호 계전기의 기능상 분류

- 차동 계전기 : 유입되는 전류와 유출되는 전류의 차에 의해 동작
- 거리 계전기 : 전압과 전류의 위상차를 이용하여 고정점까지의 거리를 측정
- 주파수 계전기

정답 16 ③ 17 ① 18 ① 19 ③ 20 ③

제2과목 전기기기 2010년 기출문제

2010년 1회 기출문제

01

$N_s=1,200$[rpm], $N=1,176$[rpm]일 때의 슬립은?

① 6[%] ② 5[%] ③ 3[%] ④ 2[%]

해설

슬립 $s=\frac{N_s-N}{N_s}\times 100=\frac{1,200-1,176}{1,200}\times 100=2[\%]$

02

보호 계전기를 동작 원리에 따라 구분할 때 입력된 전기량에 의한 전자력으로 회전 원판을 이동시켜 출력값을 얻는 계전기는?

① 유도형 ② 정지형
③ 디지털형 ④ 저항형

해설

회전 자계 또는 이동 자계 내에 주어진 두 도체 원판에 유도 작용으로 생기는 토크를 이용하는 계전기는 유도형이 된다.

03

그림은 동기기의 위상 특성 곡선을 나타낸 것이다. 전기자 전류가 가장 작게 흐를 때의 역률은?

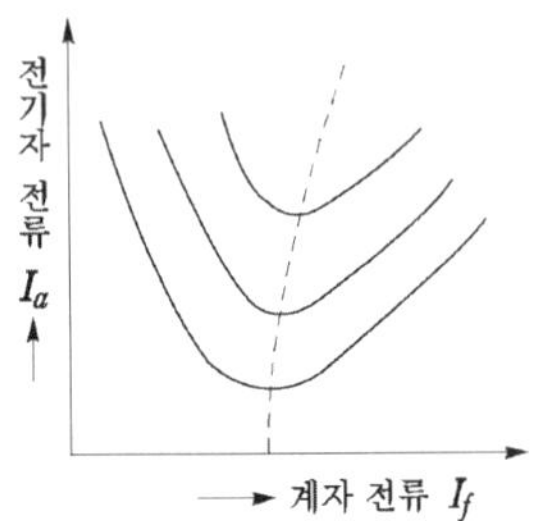

① 1 ② 0.9[진상]
③ 0.9[지상] ④ 0

해설

위상 특성(V) 곡선의 경우 전기자 전류가 최소가 될 때의 역률은 1이 된다.

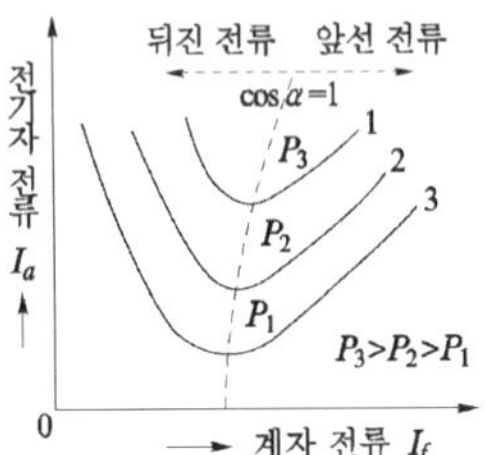

04

다음 중 토크(회전력)의 단위는?

① [rpm] ② [W]
③ [N·m] ④ [N]

해설

토크 τ의 단위는 [N·m]가 된다.

05

다음 그림에서 직류 분권 전동기의 속도 특성 곡선은?

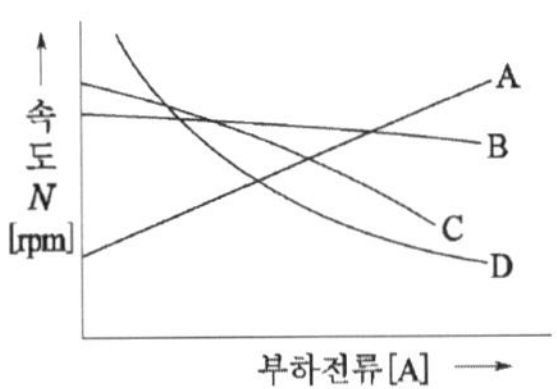

① A ② B
③ C ④ D

정답 01 ④ 02 ① 03 ① 04 ③ 05 ②

해설

- A곡선 : 차동 복권 전동기
- B곡선 : 분권 전동기
- C곡선 : 가동 복권 전동기
- D곡선 : 직권 전동기

06

직류 발전기의 전기자 반작용의 영향이 아닌 것은?

① 절연 내력의 저하　② 유도 기전력의 저하
③ 중성축의 이동　④ 자속의 감소

해설

전기자 반작용의 영향

- 감자작용
- 발전기의 경우 기전력 감소, 전동기의 경우 속도는 증가
- 중성축의 이동 및 국부적 섬락 발생

07

분권 발전기의 회전 방향을 반대로 하면?

① 전압이 유기된다.　② 발전기가 소손된다.
③ 고전압이 발생한다.　④ 잔류자기가 소멸된다.

해설

자여자 발전기의 경우 회전 방향을 반대로 하면 발전하지 않으며, 잔류자기가 소멸이 된다.

08

동기 임피던스 5[Ω]인 2대의 3상 동기 발전기의 유도 기전력에 100[V]의 전압 차이가 있다면 무효 순환 전류는?

① 10[A]　② 15[A]
③ 20[A]　④ 25[A]

해설

무효 순환전류 $I_c = \frac{E_r}{2Z_s} = \frac{100}{2\times 5} = 10[A]$

E_r : 전압차

09

1차 전압이 13,200[V], 무부하 전류 0.2[A], 철손 100[W]일 때 여자 어드미턴스는 약 몇 [℧]인가?

① 1.5×10^{-5}[℧]　② 3×10^{-5}[℧]
③ 1.5×10^{-3}[℧]　④ 3×10^{-3}[℧]

해설

$I = \frac{V}{Z} = YV$

$Y = \frac{I}{V} = \frac{0.2}{13,200} = 1.5\times 10^{-5}$[℧]

10

변압기 내부 고장 보호에 쓰이는 계전기로서 가장 알맞은 것은?

① 차동계전기　② 접지계전기
③ 과전류계전기　④ 역상계전기

해설

변압기 내부 고장 보호 계전기

- 브흐홀쯔계전기
- 비율차동계전기
- 차동계전기

11

동기 전동기의 전기자 반작용에 대한 설명이다. 공급 전압에 대한 앞선 전류의 전기자 반작용은?

① 감자작용　② 증자작용
③ 교차자화작용　④ 편자작용

해설

전동기의 경우 진상의 전류가 흐를 경우 감자작용
지상의 전류가 흐를 경우 증자작용

정답 06 ① 07 ④ 08 ① 09 ① 10 ① 11 ①

12

동기 전동기의 자기 기동에서 계자권선을 단락하는 이유는?

① 기동이 쉽다.
② 기동 권선을 이용한다.
③ 고전압이 유도된다.
④ 전기자 반작용을 방지한다.

해설

기동 시의 자기 기동에서 계자권선에 고전압이 유도되어 절연을 파괴하므로 방전 저항을 접속하여 단락상태로서 기동한다.

13

변압기에서 퍼센트 저항강하가 3[%], 리액턴스 강하가 4[%]일 때 역률 0.8(지상)에서의 전압변동률은?

① 2.4[%] ② 3.6[%]
③ 4.8[%] ④ 6.0[%]

해설

전압변동률 $\epsilon = \sqrt{\%p\cos\theta + \%q\sin\theta}$
$= \sqrt{3\times0.8+4\times0.6} = 4.8[\%]$

14

출력 10[kW], 효율이 80[%]인 기기의 손실은 약 몇 [kW]인가?

① 0.6[kW] ② 1.1[kW]
③ 2.0[kW] ④ 2.5[kW]

해설

효율 $\eta = \frac{\text{출력}}{\text{입력}}$

손실 = 입력 − 출력, 12.5 − 10 = 2.5[kW]

입력 $= \frac{\text{출력}}{\eta} = \frac{10}{0.8} = 12.5[\text{kW}]$

15

접지의 목적과 거리가 먼 것은?

① 감전의 방지
② 전로의 대지전압의 상승
③ 보호 계전기의 동작 확보
④ 이상전압의 억제

해설

접지의 목적
- 보호 계전기의 확실한 동작 확보
- 이상전압 억제
- 대지전압 저하

16

변압기의 부하전류 및 전압이 일정하고 주파수만 낮아지면?

① 철손이 증가한다.
② 동손이 증가한다.
③ 철손이 감소한다.
④ 동손이 감소한다.

해설

$\phi \propto B \propto I_0 \propto P_i \propto \frac{1}{f}$

즉, 주파수와 철손은 반비례 관계이다.

17

다음 그림에 대한 설명으로 틀린 것은?

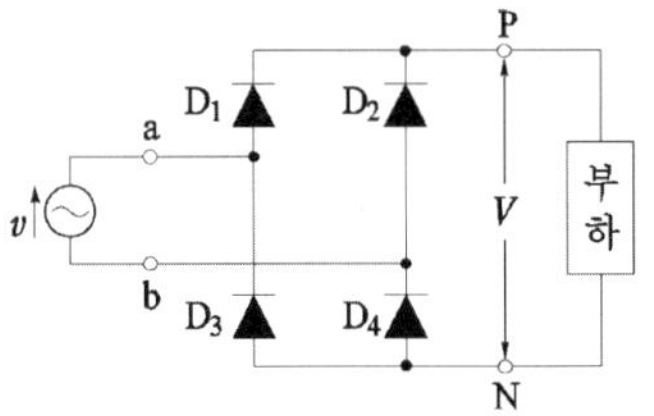

정답 12 ③ 13 ③ 14 ④ 15 ② 16 ① 17 ③

① 브리지(bridge)회로라고도 한다.
② 실제의 정류기로 널리 사용된다.
③ 전체 한 주기 파형 중 절반만 사용한다.
④ 전파 정류회로라고도 한다.

해설
그림은 전주기 동안에 파형이 나오므로 전파 정류가 된다.

18

다음 그림과 같은 기호의 소자 명칭은?

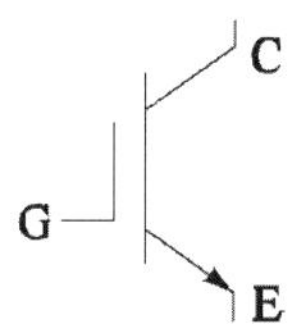

① SCR ② TRIAC
③ IGBT ④ GTO

19

단상 유도 전동기 중 ㉠ 반발 기동형, ㉡ 콘덴서 기동형, ㉢ 분상 기동형, ㉣ 셰이딩 코일형이라 할 때, 기동토크가 큰 것부터 옳게 나열한 것은?

① ㉠ > ㉡ > ㉢ > ㉣
② ㉠ > ㉣ > ㉡ > ㉢
③ ㉠ > ㉢ > ㉣ > ㉡
④ ㉠ > ㉡ > ㉣ > ㉢

해설
단상 유도 전동기 기동토크 큰 순서 → 작은 순서
반발 기동형 > 반발 유도형 > 콘덴서 기동형 > 분상 기동형 > 셰이딩 코일형

20

그림은 직류 전동기 속도제어 회로 및 트랜지스터의 스위칭 동작에 의하여 전동기에 가해진 전압의 그래프이다. 트랜지스터 도통시간 ㉠이 0.03초, 1주기 시간 ㉡이 0.05초 일 때, 전동기에 가해지는 전압의 평균은? (단, 전동기의 역률은 1이고 트랜지스터의 전압강하는 무시한다.)

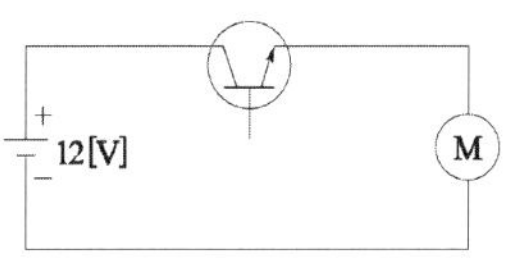

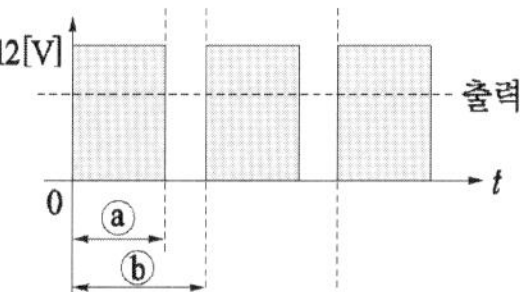

① 4.8[V] ② 6.0[V]
③ 7.2[V] ④ 8.0[V]

해설
평균값

$$V_{av} = \frac{1}{T}\int_0^T v dt = \frac{1}{0.05}\int_0^{0.03} 12 dt = \frac{1}{0.05}[12t]_0^{0.03}$$
$$= \frac{12 \times 0.03}{0.05} = 7.2[V]$$

정답 18 ③ 19 ① 20 ③

2010년 2회 기출문제

01

교류 전동기를 직류 전동기처럼 속도 제어하려면 가변 주파수의 전원이 필요하다. 주파수 f_1에서 직류로 변환하지 않고 바로 주파수 f_2로 변환하는 변환기는?

① 사이클로 컨버터
② 주파수원 인버터
③ 전압·전류원 인버터
④ 사이리스터 컨버터

해설
사이클로 컨버터는 교류를 교류로 변환하는 변환기로서 주파수 변환기를 말한다.

02

2[kV]의 전압을 충전하여 2[J]의 에너지를 축적하는 콘덴서의 정전용량은?

① $0.5[\mu F]$　② $1[\mu F]$
③ $2[\mu F]$　④ $4[\mu F]$

해설
콘덴서의 에너지 $W=\frac{1}{2}CV^2$이므로, 여기서 $C=\frac{2W}{V^2}$이 된다.
$C=\frac{2\times2}{(2\times10^3)^2}=1\times10^{-6}=1[\mu F]$

03

단상 유도 전동기의 기동 방법 중 기동 토크가 가장 큰 것은?

① 분상 기동형　② 반발 유도형
③ 콘덴서 기동형　④ 반발 기동형

해설
단상 유도 전동기의 기동 토크의 대소 관계
반발 기동형 > 반발 유도형 > 콘덴서 기동형 > 분상 기동형 > 셰이딩 코일형

04

동기 전동기의 용도로 적합하지 않은 것은?

① 송풍기　② 압축기
③ 크레인　④ 분쇄기

해설
동기 전동기는 비교적 송풍기, 압축기, 분쇄기 등에 사용된다. 크레인의 경우 3상 권선형 유도전동기가 사용된다.

05

분권전동기에 대한 설명으로 옳지 않은 것은?

① 토크는 전기자 전류의 자승에 비례한다.
② 부하전류에 따른 속도 변화가 거의 없다.
③ 계자회로에 퓨즈를 넣어서는 안 된다.
④ 계자권선과 전기자권선이 전원에 병렬로 접속되어 있다.

해설
분권전동기의 경우 토크 $\tau \propto I_a \propto \frac{1}{N}$의 관계를 가지고 있다.

06

절연물을 전극 사이에 삽입하고 전압을 가하면 전류가 흐르는데 이 전류는?

① 과전류　② 접촉전류
③ 단락전류　④ 누설전류

해설
절연물의 표면을 통해서 흐르는 전류를 누설전류라 한다.

정답 01 ①　02 ②　03 ④　04 ③　05 ①　06 ④

07

상전압 300[V]의 3상 반파 정류 회로의 직류 전압은 약 몇 [V]인가?

① 520[V] ② 350[V]
③ 260[V] ④ 50[V]

해설

3상 반파의 경우 직류 전압 $E_d = 1.17E$이므로
$1.17 \times 300 = 351[V]$

08

단상유도 전압조정기의 단락권선의 역할은?

① 절연 보호 ② 철손 경감
③ 전압강하 경감 ④ 전압조정 수월

해설

단상유도 전압조정기의 단락권선의 역할은 전압강하를 경감시키기 위함이다.

09

교류회로에서 양방향 점호(ON) 및 소호(OFF)를 이용하며, 위상제어를 할 수 있는 소자는?

① TRIAC ② SCR
③ GTO ④ IGBT

해설

TRIAC(Triode AC switch)

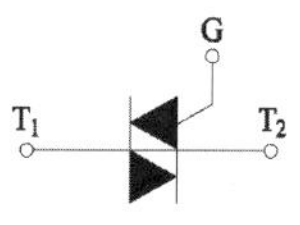

[기호]

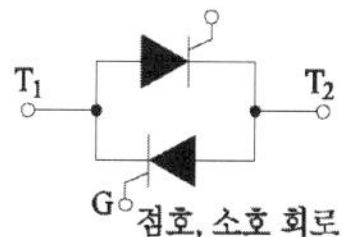

[등가 역 병렬 SCR]

10

전기기계의 철심을 성층하는 가장 적절한 이유는?

① 기계손을 적게 하기 위하여
② 표유부하손을 적게 하기 위하여
③ 히스테리시스 손을 적게 하기 위하여
④ 와류손을 적게 하기 위하여

해설

전기자 철심을 규소 강판을 사용하는 이유는 히스테리시스 손을 감소시키기 위함이며, 성층 철심을 사용하는 이유는 와류손을 감소시키기 위함이다.

11

2극 3,600[rpm]인 동기발전기와 병렬 운전하려는 12극 발전기의 회전수는?

① 600[rpm] ② 3,600[rpm]
③ 7,200[rpm] ④ 21,600[rpm]

해설

동기발전기를 병렬 운전하려면 주파수가 같아야 한다.
2극의 3,600[rpm]인 동기발전기의 주파수

$$f = \frac{N_s \times P}{120} = \frac{3,600 \times 2}{120} = 60[\text{Hz}]$$

12극 발전기의 회전수 $N_s = \frac{120}{P}f = \frac{120}{12} \times 60 = 600[\text{rpm}]$

12

3상 유도전동기의 원선도를 그리려면 등가회로의 정수를 구할 때 몇 가지 시험이 필요하다. 이에 해당되지 않는 것은?

① 무부하시험 ② 고정자 권선의 저항측정
③ 회전수 측정 ④ 구속시험

정답 07 ② 08 ③ 09 ① 10 ④ 11 ① 12 ③

해설

원선도 작성 시 필요한 시험

- 권선의 저항측정시험
- 무부하시험

13

220[V], 60[Hz], 4극의 3상 유도전동기가 있다. 슬립 5[%]로 회전할 때 출력 17[kW]를 낸다면, 이때의 토크는 약 몇 [N·m]인가?

① 56.2[N·m] ② 95.5[N·m]
③ 191[N·m] ④ 935.8[N·m]

해설

$\tau = 0.975\frac{P_0}{N}$[kg·m]$= 0.975 \times \frac{17\times10^3}{1,710} \times 9.8 = 95$[N·m]

회전속도 $N = (1-s)N_s = (1-s) \times \frac{120}{P}f$

$= (1-0.05) \times \frac{120}{4} \times 60 = 1,710$[rpm]

14

철심이 포화할 때 동기 발전기의 동기 임피던스는?

① 증가한다. ② 감소한다.
③ 일정하다. ④ 주기적으로 변한다.

해설

동기 발전기의 동기 임피던스는 철심이 포화하면 감소하게 된다.

15

전기기계의 효율 중 발전기의 규약 효율 η_G는? (단, 입력 P, 출력 Q, 손실 L로 표현한다.)

① $\eta_G = \frac{P-L}{P} \times 100[\%]$

② $\eta_G = \frac{P-L}{P+L} \times 100[\%]$

③ $\eta_G = \frac{Q}{P} \times 100[\%]$

④ $\eta_G = \frac{Q}{Q+L} \times 100[\%]$

해설

발전기의 규약 효율

$\eta_G = \frac{출력}{출력+손실} = \frac{Q}{Q+L} \times 100[\%]$이 된다.

16

기동전동기로써 유도전동기를 사용하려고 한다. 동기전동기의 극수가 10극인 경우 유도전동기의 극수는?

① 8극 ② 10극
③ 12극 ④ 14극

해설

동기전동기를 기동하기 위한 기동전동기로써 사용되는 유도전동기의 극수는 2극을 적게 한다. 그 이유는 동기속도 N_s보다 sN_s만큼 느리기 때문이다.

17

직류 분권전동기의 계자 저항을 운전 중에 증가시키면 회전속도는?

① 증가한다. ② 감소한다.
③ 변화 없다. ④ 정지한다.

해설

전동기의 경우 $\phi\downarrow$ 할 경우 속도는 증가한다.
자속의 크기는 계자 전류의 크기와 비례하므로
계자저항 $R_f\uparrow$ 할 경우 $I_f\downarrow$ 하며 $\phi\downarrow$ 속도는 증가한다.

정답 13 ② 14 ② 15 ④ 16 ① 17 ①

18

정격전압 220[V]의 동기발전기를 무부하로 운전하였을 때의 단자전압이 253[V]이었다. 이 발전기의 전압 변동률은?

① 13[%] ② 15[%]
③ 20[%] ④ 33[%]

해설

전압 변동률 $\epsilon = \dfrac{\text{무부하전압} - \text{정격전압}}{\text{정격전압}} \times 100[\%]$

$= \dfrac{V_0 - V}{V} \times 100[\%]$

$= \dfrac{253-220}{220} \times 100 = 15[\%]$

19

고장에 의하여 생긴 불평형의 전류차가 평형 전류의 어떤 비율 이상으로 되었을 때 동작하는 것으로 변압기 내부 고장의 보호용으로 사용되는 계전기는?

① 과전류 계전기 ② 방향 계전기
③ 비율차동 계전기 ④ 역상 계전기

해설

변압기 내부 고장 보호용 계전기
- 브흐홀쯔 계전기
- 비율차동 계전기
- 차동 계전기

20

다음 그림과 같은 기호가 나타내는 소자는?

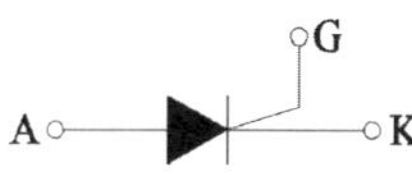

① SCR ② TRIAC
③ IGBT ④ Diode

2010년 3회 기출문제

01

8극 900[rpm]의 교류 발전기로 병렬 운전하는 극수 6극의 동기발전기의 회전수는?

① 675[rpm] ② 900[rpm]
③ 1,200[rpm] ④ 1,800[rpm]

해설

발전기를 병렬 운전할 경우 주파수가 일치해야 한다.
8극의 900[rpm]의 교류 발전기의 주파수

$f = \dfrac{N \times P}{120} = \dfrac{900 \times 8}{120} = 60[\text{Hz}]$

6극의 동기 발전기의 회전수

$N_s = \dfrac{120}{P} f = \dfrac{120 \times 60}{6} = 1,200[\text{rpm}]$

02

60[Hz], 4극, 슬립 5[%]인 유도 전동기의 회전수는?

① 1,710[rpm] ② 1,746[rpm]
③ 1,800[rpm] ④ 1,890[rpm]

해설

회전수 $N = (1-s)N_s$

$\therefore N = (1-0.05) \times 1,800 = 1,710[\text{rpm}]$

60[Hz], 4극일 경우의 동기속도

$N_s = \dfrac{120}{P} f = \dfrac{120 \times 60}{4} = 1,800[\text{rpm}]$

03

직류 전동기에 있어 무부하일 때의 회전수 N_0은 1,200[rpm], 정격부하일 때의 회전수 N_n은 1,150[rpm]이라 한다. 속도변동률은?

① 약 3.45[%] ② 약 4.16[%]
③ 약 4.35[%] ④ 약 5.0[%]

정답 18 ② 19 ③ 20 ① / 01 ③ 02 ① 03 ③

해설

속도변동률 $\epsilon = \frac{\text{무부하속도} - \text{정격속도}}{\text{정격속도}} \times 100[\%]$

$= \frac{1,200 - 1,150}{1,150} \times 100 = 4.35[\%]$

04

단상 유도 전동기의 기동법 중에서 기동 토크가 가장 작은 것은?

① 반발 유도형 ② 반발 기동형
③ 콘덴서 기동형 ④ 분상 기동형

해설

단상 유도 전동기 기동 토크의 대소 관계
반발 기동형 > 반발 유도형 > 콘덴서 기동형 > 분상 기동형 > 셰이딩 코일형

05

퍼센트 저항 강하 1.8[%] 및 퍼센트 리액턴스 강하 2[%]인 변압기가 있다. 부하의 역률이 1일 때의 전압 변동률은?

① 1.8[%] ② 2.0[%]
③ 2.7[%] ④ 3.8[%]

해설

전압변동률 $\epsilon = p\cos\theta + q\sin\theta = 1.8 \times 1 + 2 \times 0 = 1.8[\%]$
역률이 1인 경우 $\sin 0$이 되므로 전압변동률 $\epsilon = \%p$가 된다.

06

전동기의 제동에서 전동기가 가지는 운동에너지를 전기에너지로 변환시키고 이것을 전원에 변환하여 전력을 회생시킴과 동시에 제동하는 방법은?

① 발전제동(dynamic braking)
② 역전제동(pugging braking)
③ 맴돌이전류제동(eddy current braking)
④ 회생제동(regenerative braking)

해설

회생제동이란 운전 중인 전동기를 전원에서 분리하면 발전기로 동작하게 되는데 이때 발생된 전력을 제동용 전원으로 사용하면 회생제동이 된다.

07

인버터(inverter)란?

① 교류를 직류로 변환
② 직류를 교류로 변환
③ 교류를 교류로 변환
④ 직류를 직류로 변환

해설

인버터는 직류를 교류로 변환한다.

08

정지 상태에 있는 3상 유도전동기의 슬립값은?

① ∞ ② 0
③ 1 ④ -1

해설

유도전동기의 슬립은 $0 < s < 1$ 범위에 있으며,
$s = 1$인 경우 $N = 0$이 되므로 정지 상태가 된다.

09

다이오드를 사용한 정류회로에서 다이오드를 여러 개 직렬로 연결하여 사용하는 경우 설명으로 가장 옳은 것은?

① 다이오드를 과전류로부터 보호할 수 있다.
② 다이오드를 과전압으로부터 보호할 수 있다.
③ 부하출력의 맥동률을 감소시킬 수 있다.
④ 낮은 전압 전류에 적합하다.

정답 04 ④ 05 ① 06 ④ 07 ② 08 ③ 09 ②

해설

- 다이오드를 직렬로 연결할 경우 과전압에 대한 보호(직렬일 경우 전류 일정)
- 다이오드를 병렬로 연결할 경우 과전류에 대한 보호(병렬일 경우 전압 일정)

10

3상 동기 전동기의 토크에 대한 설명으로 옳은 것은?

① 공급 전압의 크기에 비례한다.
② 공급 전압의 크기의 제곱에 비례한다.
③ 부하각의 크기에 반비례한다.
④ 부하각 크기의 제곱에 비례한다.

해설

동기 전동기의 토크는 $\tau \propto V$의 관계식을 갖는다.

11

정격전압 250[V], 정격출력 50[kW]의 외 분권 복권 발전기가 있다. 분권계자 저항이 25[Ω]일 때 전기자 전류는?

① 10[A] ② 210[A]
③ 2,000[A] ④ 2,010[A]

해설

외 분권 발전기의 전류 $I_a = I + I_f$[A]가 된다.

부하 전류 $I = \frac{P}{V} = \frac{50 \times 10^3}{250} = 200[\text{A}]$

계자 전류 $I_f = \frac{V}{R_f} = \frac{250}{25} = 10[\text{A}]$

전기자 전류 $I_a = 200 + 10 = 210[\text{A}]$

12

변압기가 무부하인 경우 1차 권선에 흐르는 전류는?

① 정격 전류 ② 단락 전류
③ 부하 전류 ④ 여자 전류

해설

변압기가 무부하인 경우 1차 권선에 흐르는 전류를 여자 전류라 하며, 이때의 입력을 철손이라 한다.

13

권선 저항과 온도와의 관계는?

① 온도와는 무관하다.
② 온도가 상승함에 따라 권선 저항은 감소한다.
③ 온도가 상승함에 따라 권선 저항은 증가한다.
④ 온도가 상승함에 따라 권선의 저항은 증가와 감소를 반복한다.

해설

권선 저항의 경우 (+)온도계수를 갖는다.
(+)온도계수란 온도가 상승함에 따라 저항값도 증가한다.

14

유도 전동기의 회전자에 슬립 주파수의 전압을 공급하여 속도 제어를 하는 것은?

① 자극 수 변환법 ② 2차 여자법
③ 2차 저항법 ④ 인버터 주파수 변환법

해설

권선형 유도 전동기의 속도 제어법 중 2차 여자법은 2차 회전자에 2차 유기기전력과 같은 주파수를 갖는 전압을 가하여 속도 제어를 하는 방법을 말한다.

정답 10 ① 11 ② 12 ④ 13 ③ 14 ②

15

3상 동기 발전기를 병렬운전시키는 경우 고려하지 않아도 되는 조건은?

① 상 회전 방향이 같을 것
② 전압 파형이 같을 것
③ 회전수가 같을 것
④ 발생 전압이 같을 것

해설

3상 발전기 병렬운전 조건
- 기전력의 크기가 같을 것
- 기전력의 위상이 같을 것
- 기전력의 주파수가 같을 것
- 기전력의 파형이 같을 것
- 상 회전 방향이 같을 것

16

60[Hz], 3상 반파 정류 회로의 맥동 주파수는?

① 60[Hz] ② 120[Hz]
③ 180[Hz] ④ 360[Hz]

해설

맥동 주파수
- 단상 반파 정류 $f_0 = f = 60$[Hz]
- 단상 전파 정류 $f_0 = 2f = 120$[Hz]
- 3상 반파 정류 $f_0 = 3f = 180$[Hz]
- 3상 전파 정류 $f_0 = 6f = 360$[Hz]

17

일종의 전류 계전기로 보호 대상 설비에 유입되는 전류와 유출되는 전류의 차에 의해 동작하는 계전기는?

① 차동 계전기 ② 전류 계전기
③ 주파수 계전기 ④ 재폐로 계전기

해설

차동 계전기란 1차 전류와 2차 전류의 차에 의해 동작하는 계전기를 말한다.

18

직류 분권 전동기를 운전 중 계자 저항을 증가시켰을 때의 회전속도는?

① 증가한다. ② 감소한다.
③ 변함이 없다. ④ 정지한다.

해설

전동기의 경우 $\phi\downarrow$ 경우 속도는 증가한다.
계자 저항 $R_f\uparrow$ 라면 계자 전류 $I_f\downarrow$ 되므로 역시 자속도 $\phi\downarrow$ 하게 된다.

19

직류 직권 발전기에 있어서 전기자 반작용이 생기는 요인이 되는 전류는?

① 동선에 의한 전류
② 전기자 권선에 의한 전류
③ 계자 권선의 전류
④ 규소 강판에 의한 전류

해설

전기자 반작용이란 전기자 전류에 의해 발생한 자속이 계자에서 발생되는 자속에 영향을 주는 현상을 말한다.

20

50[Hz], 500[rpm]의 동기 전동기에 직결하여 이것을 기동하기 위한 유도 전동기의 적당한 극수는?

① 4극 ② 8극 ③ 10극 ④ 12극

해설

동기속도 $N_s = \frac{120}{P}f$[rpm]

극수 $P = \frac{120 \times f}{N_s} = \frac{120 \times 50}{500} = 12$[극]

동기 전동기를 기동하기 위해 사용하는 유도 전동기의 극수는 2극을 적게 설계한다.

정답 15 ③ 16 ③ 17 ① 18 ① 19 ② 20 ③

2010년 4회 기출문제

01

동기조상기를 부족 여자로 운전하면?

① 콘덴서로 작용　② 뒤진 역률 보상
③ 리액터로 작용　④ 저항손의 보상

해설
동기조상기를 부족 여자로 운전하면 리액터 작용을 하며 앞선 여자로 운전하면 콘덴서 작용을 한다.

02

3상 전파 정류회로에서 전원이 250[V]라면 부하에 나타나는 전압의 최대값은?

① 약 177[V]　② 약 292[V]
③ 약 354[V]　④ 약 433[V]

해설
3상 전파 정류회로에서의 직류전압 $E_d = 1.35E = 337.5[\mathrm{V}]$

03

SCR의 애노드 전류가 20[A]로 흐르고 있을 때 게이트 전류를 반으로 줄이면 애노드 전류는?

① 5[A]　② 10[A]
③ 20[A]　④ 40[A]

해설
SCR의 경우 일단 도통이 된 후에는 게이트에 유지전류 이상으로 전류가 유지되는 한 전류와 관계없이 항상 일정하게 흐르게 된다.

04

동기조상기가 전력용 콘덴서보다 우수한 점은?

① 손실이 적다.
② 보수가 적다.
③ 지상 역률을 얻는다.
④ 가격이 싸다.

해설
동기조상기의 경우 진상, 지상이 연속적으로 공급이 가능하다. 반면 전력용 콘덴서의 경우 진상의 역률만을 얻을 수 있다.

05

직류 전동기의 회전 방향을 바꾸려면?

① 전기자 전류의 방향과 계자 전류의 방향을 동시에 바꾼다.
② 발전기로 운전시킨다.
③ 계자 또는 전기자의 접속을 바꾼다.
④ 차동 복권을 가동 복권으로 바꾼다.

해설
전동기의 회전 방향을 바꾸려면 계자 권선의 자속을 반대로 한다.

06

변압기를 △-Y로 결선할 때 1차와 2차의 위상차는?

① 0°　② 30°
③ 60°　④ 90°

해설
변압기를 △-Y 결선할 경우 1차와 2차는 30°의 위상차를 갖는다.

정답 01 ③ 02 ③ 03 ③ 04 ③ 05 ③ 06 ②

제2과목 ✦ 전기기기

07

동기 발전기의 역률 및 계자 전류가 일정할 때 단자전압과 부하전류와의 관계를 나타내는 곡선은?

① 단락 특성 곡선
② 외부 특성 곡선
③ 토크 특성 곡선
④ 전압 특성 곡선

해설

외부 특성 곡선의 경우 단자전압[V]와 부하전류[I]와의 관계 곡선을 말한다.

08

농형 유도 전동기의 기동법과 가장 거리가 먼 것은?

① 기동보상기법
② 2차 저항 기동법
③ 전 전압 기동
④ Y-△ 기동

해설

농형 유도 전동기의 기동법
- 전 전압 기동
- Y-△ 기동
- 기동보상기법

09

극수가 10, 주파수가 50[Hz]인 동기기의 매분 회전수는?

① 300[rpm] ② 400[rpm]
③ 500[rpm] ④ 600[rpm]

해설

동기속도 $N_s = \frac{120}{P}f = \frac{120}{10} \times 50 = 600$[rpm]

10

변압기의 정격 1차 전압이란?

① 정격 출력일 때의 1차 전압
② 무부하에 있어서 1차 전압
③ 정격 2차 전압×권수비
④ 임피던스 전압×권수비

해설

변압기 권수비 $a = \frac{N_1}{N_2} = \frac{V_1}{V_2} = \frac{i_2}{i_1} = \sqrt{\frac{R_1}{R_2}} = \sqrt{\frac{Z_1}{Z_2}}$

$V_1 = aV_2$

11

변압기, 동기기 등의 층간 단락 등의 내부 고장 보호에 사용되는 계전기는?

① 차동 계전기 ② 접지 계전기
③ 과전압 계전기 ④ 역상 계전기

해설

변압기의 내부 고장을 보호하기 위해서 사용되는 계전기
- 브흐홀쯔 계전기
- 비율차동 계전기
- 차동 계전기

12

변압기에 콘서베이터(conservator)를 설치하는 목적은?

① 열화 방지 ② 코로나 방지
③ 강제 순환 ④ 통풍 장치

해설

콘서베이터의 경우 변압기 기름의 열화를 방지하기 위해 설치한다.

정답 07 ② 08 ② 09 ④ 10 ③ 11 ① 12 ①

13

변류기 개방 시 2차 측을 단락하는 이유는?

① 2차 측 절연 보호
② 2차 측 과전류 보호
③ 측정오차 감소
④ 변류비 유지

해설

일반적으로 변류기를 개방하는 경우는 과전압에 의한 2차 측 절연을 보호하기 위함이다.

14

권수비가 100인 변압기에 있어서 2차 측의 전류가 1,000[A]일 때, 이것을 1차 측으로 환산하면?

① 16[A] ② 10[A]
③ 9[A] ④ 6[A]

해설

권수비 $a=\frac{N_1}{N_2}=\frac{V_1}{V_2}=\frac{i_2}{i_1}=\sqrt{\frac{R_1}{R_2}}=\sqrt{\frac{Z_1}{Z_2}}$

$i_1=\frac{i_2}{a}=\frac{1,000}{100}=10[A]$

15

직류를 교류로 변환하는 것은?

① 다이오드 ② 사이리스터
③ 초퍼 ④ 인버터

해설

- 인버터 : 직류를 교류로 변환
- 컨버터 : 교류를 직류로 변환

16

단상 유도 전동기의 정회전 슬립이 s이면 역회전 슬립은?

① $1-s$ ② $1+s$
③ $2-s$ ④ $2+s$

해설

유도 전동기의 정회전 슬립은 $0<s<1$이 되며
역회전 시의 슬립은 $1<s<2\,(2-s)$이 된다.

17

2대의 동기 발전기의 병렬 운전 조건으로 같지 않아도 되는 것은?

① 기전력의 위상 ② 기전력의 주파수
③ 기전력의 임피던스 ④ 기전력의 크기

해설

발전기의 병렬 운전 조건
- 기전력의 크기가 같을 것
- 기전력의 위상이 같을 것
- 기전력의 주파수가 같을 것
- 기전력의 파형이 같을 것

18

전기 용접기용 발전기로 가장 적합한 것은?

① 직류 분권형 발전기 ② 차동 복권형 발전기
③ 가동 복권형 발전기 ④ 직류 타 여자식 발전기

해설

용접용 발전기에 가장 적합한 발전기는 수하 특성을 가지고 있어야 하며, 차동 복권 발전기의 경우 이에 속하는 발전기가 된다.

정답 13 ① 14 ② 15 ④ 16 ③ 17 ③ 18 ②

19

비례추이를 이용하여 속도제어가 되는 전동기는?

① 권신형 유도 전동기
② 농형 유도 전동기
③ 직류 분권 전동기
④ 동기 전동기

해설
비례추이란 2차 측의 저항값을 조정하여 슬립의 크기를 조정하는 것을 말하며, 이는 2차 회전자에 저항을 삽입할 수 있는 권선형 유도 전동기에서 가능하다.

20

직류기에 있어서 불꽃 없는 정류를 얻는 데 가장 유효한 방법은?

① 보극과 탄소브러쉬
② 탄소브러쉬와 보상권선
③ 보극과 보상권선
④ 자기포화와 브러쉬 이동

해설
불꽃 없는 정류를 얻기 위한 방법
• 전압정류 : 보극
• 저항정류 : 탄소브러쉬

정답 19 ① 20 ①

제2과목

전기기기 2011년 기출문제

2011년 1회 기출문제

01

양방향으로 전류를 흘릴 수 있는 양방향 소자는?

① SCR ② GTO
③ TRIAC ④ MOSFET

해설
TRIAC의 경우 양방향 소자이다.

02

정속도 전동기로 공작기계 등에 주로 사용되는 전동기는?

① 직류 분권 전동기
② 직류 직권 전동기
③ 직류 차동 복권 전동기
④ 단상 유도 전동기

해설
분권 전동기의 경우 정속도 전동기로서 주로 공작기계 등에 사용된다.

03

유도 전동기의 2차에 있어 E_2가 127[V], r_2가 0.03[Ω], x_2가 0.05[Ω], s가 5[%]로 운전하고 있다. 이 전동기의 2차 전류 I_2는? (단, s는 슬립, x_2는 2차 권선 1상의 누설리액턴스, r_2는 2차 권선 1상의 저항, E_2는 2차 권선 1상의 유기 기전력이다.)

① 약 201[A] ② 약 211[A]
③ 약 221[A] ④ 약 231[A]

해설
2차 전류 $I_2 = \dfrac{E_2}{\sqrt{\left(\dfrac{r_2}{s}\right)^2 + x_2^2}} = \dfrac{127}{\sqrt{\left(\dfrac{0.03}{0.05}\right)^2 + 0.05^2}} = 211.66$[A]

04

기중기로 100[t]의 하중을 2[m/min]의 속도로 권상할 때 소요되는 전동기의 용량은? (단, 기계 효율은 70[%]이다.)

① 약 47[kW] ② 약 94[kW]
③ 약 143[kW] ④ 약 286[kW]

해설
권상기 소요 용량 $P = \dfrac{MV}{6.12\eta} = \dfrac{100 \times 2}{6.12 \times 0.7} = 46.68$[kW]

05

유도 전동기에서 원선도 작성 시 필요하지 않은 시험은?

① 무부하 시험 ② 구속 시험
③ 저항 측정 ④ 슬립 측정

해설
유도 전동기의 원선도 작성 시 필요한 시험
- 저항 측정
- 무부하 시험
- 구속 시험

정답 01 ③ 02 ① 03 ② 04 ① 05 ④

06

3상 권선형 유도 전동기의 기동 시 2차 측에 저항을 접속하는 이유는?

① 기동 토크를 크게 하기 위해
② 회전수를 감소시키기 위해
③ 기동 전류를 크게 하기 위해
④ 역률을 개선하기 위해

해설

3상 권선형 유도 전동기의 기동 시 2차 측 저항을 접속시키는 이유는 슬립의 크기를 조절하여 기동 토크를 크게 하기 위함이다(비례추이).

07

계자 철심에 잔류자기가 없어도 발전되는 직류기는?

① 분권기　② 직권기
③ 복권기　④ 타여자기

해설

타여자기의 경우 계자전류를 외부에서 공급받는 형태로 계자 철심에 잔류자기가 없어도 발전할 수 있다.

08

스위칭 주기 10[μs], 온(ON)시간 5[μs]일 때 강압형 초퍼의 출력 전압 E_2와 입력 전압 E_1의 관계는?

① $E_2 = 3E_1$　② $E_2 = 2E_1$
③ $E_2 = E_1$　④ $E_2 = 0.5E_1$

해설

$$E_2 = \frac{T_0}{T}E_1 = \frac{5}{10}E_1$$

$$E_2 = 0.5E_1$$

09

직류 발전기의 철심을 규소 강판으로 성층하여 사용하는 주된 이유는?

① 브러쉬에서의 불꽃방지 및 정류개선
② 맴돌이 전류손과 히스테리시스손의 감소
③ 전기자 반작용의 감소
④ 기계적 강도 개선

해설

철심의 규소 강판을 사용하는 이유
- 히스테리시스손을 감소시키기 위함

철심을 성층 철심을 사용하는 이유
- 와류손을 감소시키기 위함

10

동기 발전기의 병렬 운전 중에 기전력의 위상차가 생기면?

① 위상이 일치하는 경우보다 출력이 감소한다.
② 부하 분담이 변한다.
③ 무효순환전류가 흘러 전기자 권선이 과열된다.
④ 동기 화력이 생겨 두 기전력의 위상이 동상이 되도록 작용한다.

해설

동기 발전기의 병렬 운전 조건
- 기전력의 크기가 같을 것 → 다를 경우 무효순환전류가 흐른다.
- 기전력의 위상이 같을 것 → 다를 경우 유효순환전류가 흐른다.
- 기전력의 주파수가 같을 것 → 난조가 발생한다.
- 기전력의 파형이 같을 것

정답 06 ① 07 ④ 08 ④ 09 ② 10 ④

11

3상 전원에서 2상 전원을 얻기 위한 변압기 결선 방법은?

① △ ② Y
③ V ④ T

해설
3상에서 2상 전원을 얻기 위한 변압기 결선 방법 : 스코트(T) 결선

12

접지사고 발생 시 다른 선로의 전압은 상전압 이상으로 되지 않으며, 이상전압의 위험도 없고 선로나 변압기의 절연 레벨을 저감시킬 수 있는 접지방식은?

① 저항 접지 ② 비접지
③ 직접 접지 ④ 소호 리액터 접지

해설
직접 접지의 경우 이상전압이 발생하지 않으며, 단절연이 가능하다.

13

주파수 60[Hz]의 회로에 접속되어 슬립 3[%], 회전수 1,164[rpm]으로 회전하고 있는 유도 전동기의 극수는?

① 5극 ② 6극
③ 7극 ④ 10극

해설
극수 $P=\frac{120}{N_s}f=\frac{120}{1,200}\times 60=6[\text{극}]$

슬립 $s=\frac{N_s-N}{N_s}\times 100[\%]$

동기속도 $N_s=\frac{N}{(1-s)}=\frac{1,164}{(1-0.03)}=1,200[\text{rpm}]$

14

직류 분권 전동기의 계자전류를 약하게 하면 회전수는?

① 감소한다. ② 정지한다.
③ 증가한다. ④ 변화 없다.

해설
계자전류가 약해지는 것은 결국 자속이 감소하는 경우이므로 회전수는 증가한다.

15

권수비 2, 2차 전압 100[V], 2차 전류 5[A], 2차 임피던스 20[Ω]인 변압기의 ㉠ 1차 환산 전압 및 ㉡ 1차 환산임피던스는?

① ㉠ 200[V], ㉡ 80[Ω]
② ㉠ 200[V], ㉡ 40[Ω]
③ ㉠ 50[V], ㉡ 10[Ω]
④ ㉠ 50[V], ㉡ 5[Ω]

해설
권수비 $a=\frac{N_1}{N_2}=\frac{V_1}{V_2}=\frac{i_2}{i_1}=\sqrt{\frac{Z_1}{Z_2}}$ $\quad a=\sqrt{\frac{Z_1}{Z_2}}$

$Z_1=a^2Z_2=2^2\times 20=80[\Omega]$

$V=aV_2=2\times 100=200[\text{V}]$

16

다음 설명 중 틀린 것은?

① 3상 유도 전압 조정기의 회전자 권선은 분로 권선이고, Y결선으로 되어 있다.
② 디이프 슬롯형 전동기는 냉각 효과가 좋아 기동 정지가 빈번한 중·대형 저속기에 적당하다.
③ 누설 변압기가 네온사인이나 용접기의 전원으로 알맞은 이유는 수하특성 때문이다.
④ 계기용 변압기의 2차 표준은 110/220[V]로 되어 있다.

정답 11 ④ 12 ③ 13 ② 14 ③ 15 ① 16 ④

해설

계기용 변압기의 2차 전압은 110[V]이다.

17

3상 유도전동기의 회전방향을 바꾸기 위한 방법은?

① 3상의 3선 접속을 모두 바꾼다.
② 3상의 3선 중 2선의 접속을 바꾼다.
③ 3상의 3선 중 1선에 리액턴스를 연결한다.
④ 3상의 3선 중 2선에 같은 값의 리액턴스를 연결한다.

해설

3상 유도전동기의 회전방향을 바꾸기 위해 사용되는 일반적인 방법은 전원 3선 중 2선의 접속방향을 바꿔준다.

18

동기 전동기에 대한 설명으로 틀린 것은?

① 정속도 전동기이고, 저속도에서 특히 효율이 좋다.
② 역률을 조정할 수 있다.
③ 난조가 일어나기 쉽다.
④ 직류 여자기가 필요하지 않다.

해설

동기 전동기 : 정속도 전동기로서 효율이 좋으며, 역률 조정이 가능하다. 하지만 난조가 발생하기 쉬우며, 별도의 여자기가 필요하다.

19

트라이액(TRIAC)의 기호는?

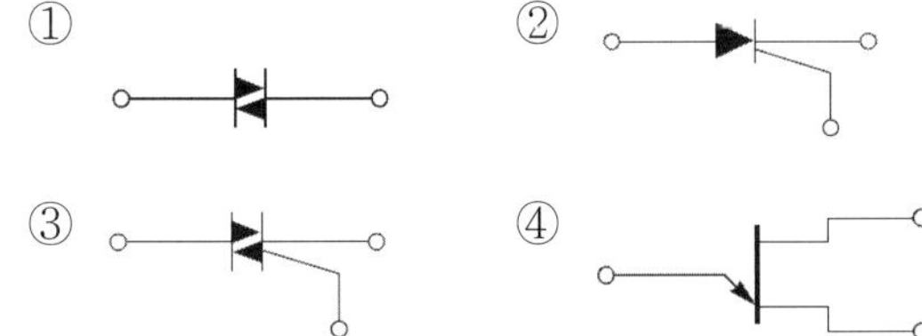

해설

트라이액의 경우 양방향성 3단자 소자이다.

20

3상 제어 정류회로에서 점호각의 최대값은?

① 30° ② 150°
③ 180° ④ 210°

해설

정류회로에서 점호각의 최대값 : 150°

정답 17 ② 18 ④ 19 ③ 20 ②

2011년 2회 기출문제

01

전기자 지름 0.2[m]의 직류 발전기가 1.5[kW]의 출력에서 1,800[rpm]으로 회전하고 있을 때 전기자 주변속도는 약 몇 [m/s]인가?

① 9.42 ② 18.84
③ 21.43 ④ 42.86

해설

전기자 주변속도 $v_s = \pi D \frac{N}{60} = \pi \times 0.2 \times \frac{1,800}{60} = 18.84$[m/s]

02

직류 직권 전동기를 사용하려고 할 때 벨트(belt)를 걸고 운전하면 안 되는 가장 타당한 이유는?

① 벨트가 기동할 때나 또는 갑자기 중 부하를 걸 때 미끄러지기 때문에
② 벨트가 벗겨지면 전동기가 갑자기 고속으로 회전하기 때문에
③ 벨트가 끊어졌을 때 전동기의 급정지 때문에
④ 부하에 대한 손실을 최대로 줄이기 위해서

해설

직류 직권 전동기의 경우 정격의 전압으로 운전 시 무부하 또는 벨트 운전을 하여서는 안 된다.
그 이유는 벨트가 벗겨지면 전동기가 위험 속도에 도달할 우려가 있기 때문이다.

03

단상 유도전동기의 정 회전 슬립이 s이면 역 회전 슬립은 어떻게 되는가?

① $1-s$ ② $2-s$
③ $1+s$ ④ $2+s$

해설

- 단상 유도전동기의 슬립 : $0 < s < 1$
- 역 회전 시 슬립 : $1 < s < 2$ 또는 $2-s$

04

측정이나 계산으로 구할 수 없는 손실로 부하 전류가 흐를 때 도체 또는 철심 내부에서 생기는 손실을 무엇이라 하는가?

① 구리손
② 히스테리시스손
③ 맴돌이 전류손
④ 표유부하손

해설

일반적으로 표유부하손의 경우 측정이나 계산으로 구할 수 없는 동손으로써 철심 내부에서 발생되는 손실이다.

05

다음 중 직류발전기의 전기자 반작용을 없애는 방법으로 옳지 않은 것은?

① 보상권선 설치
② 보극 설치
③ 브러시 위치를 전기적 중성점으로 이용
④ 균압환 설치

해설

전기자 반작용의 대책
- 보상권선 설치
- 보극의 설치
- 중성측의 이동

정답 01 ② 02 ② 03 ② 04 ④ 05 ④

06

일정한 주파수의 전원에서 운전하는 3상 유도전동기의 전원 전압이 80[%]가 되었다면 토크는 약 몇 [%]가 되는가? (단, 회전수는 변하지 않는 상태로 한다.)

① 55 ② 64
③ 76 ④ 82

해설
유도전동기의 토크 $T \propto V^2$
$0.8^2 = 0.64$

07

3상 전파 정류회로에서 출력전압의 평균전압은? (단, V는 선간전압의 실효값)

① $0.45V$[V] ② $0.9V$[V]
③ $1.17V$[V] ④ $1.35V$[V]

해설
3상 전파 정류회로의 출력전압의 평균값 $E_d = 1.35V$가 된다.

08

보호 계전기를 동작 원리에 따라 구분할 때 해당되지 않는 것은?

① 유도형 ② 정지형
③ 디지털형 ④ 저항형

09

3상 동기기에 제동권선을 설치하는 주된 목적은?

① 출력 증가 ② 효율 증가
③ 역률 개선 ④ 난조 방지

해설
동기기의 경우 난조를 방지하기 위하여 제동권선을 설치한다.

10

전동기에 접지공사를 하는 주된 이유는?

① 보안상 ② 미관상
③ 감전사고 방지 ④ 안전 운행

해설
접지의 주된 목적은 화재사고와 감전사고, 기기의 손상 방지 목적으로써 전동기의 외함 접지의 경우 감전사고 방지를 위한 목적이다.

11

전부하에서의 용량 10[kW] 이하인 소형 3상 유도전동기의 슬립은?

① 0.1~0.5[%] ② 0.5~5[%]
③ 1~10[%] ④ 25~50[%]

12

그림은 전동기 속도제어 회로이다. 〈보기〉에서 ㉠와 ㉡을 순서대로 나열한 것은?

보기
전동기를 기동할 때는 저항 R을 (㉠), 전동기를 운전할 때는 저항 R을 (㉡)로 한다.

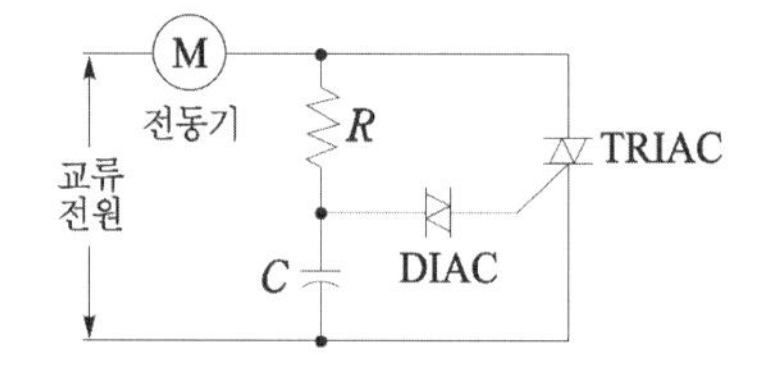

① ㉠ 최대, ㉡ 최대
② ㉠ 최소, ㉡ 최소
③ ㉠ 최대, ㉡ 최소
④ ㉠ 최소, ㉡ 최대

정답 06 ② 07 ④ 08 ④ 09 ④ 10 ③ 11 ③ 12 ③

해설

전동기의 기동 시 기동전류를 작게 하기 위해 기동저항 R은 최대로 하고, 운전할 경우 계자 전류를 크게 하기 위해 계자 저항기의 R은 최소로 한다.

13

다음 중에서 초퍼나 인버터용 소자가 아닌 것은?

① TRIAC ② GTO
③ SCR ④ BJT

14

변압기의 손실에 해당되지 않는 것은?

① 동손 ② 와전류손
③ 히스테리시스손 ④ 기계손

해설

변압기 손실
- 무부하손 : 철손(히스테리시스손 + 와류손)
- 부하손 : 동손

15

같은 회로의 두 점에서 전류가 같을 때에는 동작하지 않으나 고장 시에 전류의 차가 생기면 동작하는 계전기는?

① 과전류 계전기 ② 거리 계전기
③ 접지 계전기 ④ 차동 계전기

해설

차동 계전기 : 두 점의 전류 차에 동작하는 계전기

16

동기 발전기에서 전기자 전류가 무부하 유도 기전력보다 $\pi/2$[rad] 앞서있는 경우에 나타나는 전기자 반작용은?

① 증자 작용 ② 감자 작용
③ 교차 자화 작용 ④ 직축 반작용

해설

발전기의 경우 앞선 전류가 흐를 경우 증자 작용을 한다.

17

동기 발전기의 돌발 단락 전류를 주로 제한하는 것은?

① 누설 리액턴스 ② 동기 임피던스
③ 권선 저항 ④ 동기 리액턴스

해설

- 지속 단락 전류를 제한하는 것은 동기 임피던스
- 순간이나 돌발 단락 전류를 제한하는 것은 누설 리액턴스

18

6극 1,200[rpm]의 교류 발전기와 병렬 운전하는 극수 8의 동기 발전기의 회전수[rpm]는?

① 1,200 ② 1,000
③ 900 ④ 750

해설

발전기를 병렬 운전할 경우 주파수가 같아야 한다.
6극의 1,200[rpm]의 주파수

$$f=\frac{N_s \times P}{120}=\frac{1,200\times 6}{120}=60[\text{Hz}]$$

$$N_s=\frac{120}{P}f=\frac{120}{8}\times 60=900[\text{rpm}]$$

정답 13 ① 14 ④ 15 ④ 16 ① 17 ① 18 ③

19

변압기의 부하와 전압이 일정하고 주파수만 높아지면 어떻게 되는가?

① 철손 감소 ② 철손 증가
③ 동손 증가 ④ 동손 감소

해설

변압기의 경우 $\phi \propto B \propto P_i \propto I_0 \propto \frac{1}{f}$

20

3상 동기전동기의 단자전압과 부하를 일정하게 유지하고, 회전자 여자전류의 크기를 변화시킬 때 옳은 것은?

① 전기자 전류의 크기와 위상이 바뀐다.
② 전기자 권선의 역기전력은 변하지 않는다.
③ 동기전동기의 기계적 출력은 일정하다.
④ 회전속도가 바뀐다.

해설

위상 곡선의 경우 회전자 여자전류의 크기가 변화할 경우 전기자 전류의 크기와 위상이 변한다.

2011년 3회 기출문제

01

동기발전기의 무부하포화곡선을 나타낸 것이다. 포화계수에 해당하는 것은?

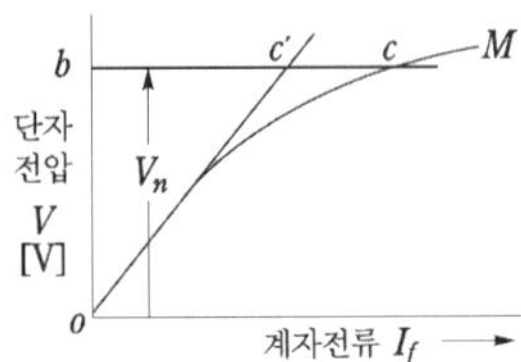

① $\frac{ob}{oc}$ ② $\frac{bc'}{bc}$
③ $\frac{cc'}{bc'}$ ④ $\frac{cc'}{bc}$

해설

포화율 $\delta = \frac{cc'}{bc'}$

02

부흐홀쯔 계전기의 설치 위치로 가장 적당한 곳은?

① 변압기 주 탱크 내부
② 콘서베이터 내부
③ 변압기 고압 측 부싱
④ 변압기 주 탱크와 콘서베이터 사이

해설

주변압기와 콘서베이터 사이에 설치하는 계전기는 부흐홀쯔 계전기이며, 이는 변압기의 내부고장을 보호한다.

정답 19 ① 20 ① / 01 ③ 02 ④

03

전동기의 회전 방향을 바꾸는 역회전의 원리를 이용한 제동 방법은?

① 역상제동 ② 유도제동
③ 발전제동 ④ 회생제동

해설

플러깅제동(역상) : 전원 3선 중 2선의 방향을 바꾸어 급격히 제동시키는 데 사용된다.

04

직류 분권발전기가 있다. 전기자 총 도체수 220, 매 극의 자속수 0.01[Wb], 극수 6, 회전수 1,500[rpm]일 때 유기기전력은 몇 [V]인가? (단, 전기자 권선은 파권이다.)

① 60 ② 120
③ 165 ④ 240

해설

유기기전력 $E=\dfrac{PZ\phi N}{60a}$[V] 파권의 경우 $a=2$

$=\dfrac{6\times 220\times 0.01\times 1,500}{60\times 2}=165$[V]

05

다음 회로도에 대한 설명으로 옳지 않은 것은?

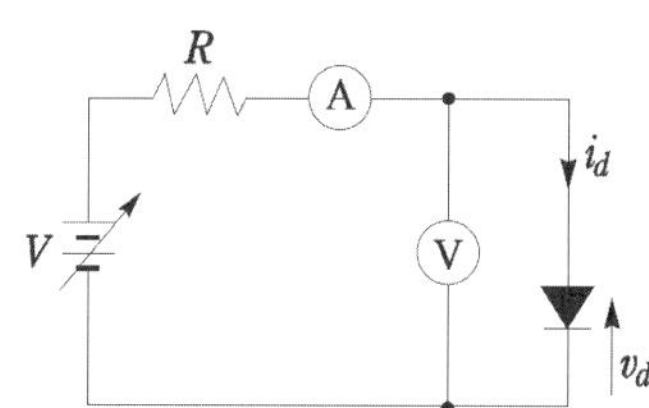

① 다이오드의 양극의 전압이 음극에 비하여 높을 때를 순방향 도통 상태라 한다.
② 다이오드의 양극의 전압이 음극에 비하여 낮을 때를 역방향 저지 상태라 한다.
③ 실제의 다이오드는 순방향 도통 시 양단자 간의 전압 강하가 발생하지 않는다.
④ 역방향 저지 상태에서는 역방향으로(음극에서 양극으로) 약간의 전류가 흐르는데 이를 누설 전류라 한다.

해설

다이오드의 경우 순방향 도통 시 양단자 간의 전압 강하가 일어난다.

06

3상 유도전동기의 토크는?

① 2차 유도기전력의 2승에 비례한다.
② 2차 유도기전력에 비례한다.
③ 2차 유도기전력과 무관하다.
④ 2차 유도기전력의 0.5승에 비례한다.

해설

3상 유도전동기의 토크

$T=k\dfrac{sE_2{}^2\cdot r_2}{(r_2)^2\cdot (sx_2)^2}$

07

다음 직류전동기에 대한 설명 중 옳은 것은?

① 전기철도용 전동기는 차동복권전동기이다.
② 분권전동기는 계자 저항기로 쉽게 회전속도를 조정할 수 있다.
③ 직권전동기에서는 부하가 줄면 속도가 감소한다.
④ 분권전동기는 부하에 따라 속도가 현저하게 변한다.

해설

- 전기철도용 전동기는 직류직권전동기이다.
- 직권전동기에서 부하가 줄면 속도가 증가한다.
- 분권전동기는 부하에 관계없이 정속도 운전을 하는 직류전동기이다.

정답 03 ① 04 ③ 05 ③ 06 ① 07 ②

08

접지 전극과 대지 사이의 저항은?

① 고유저항　② 대지진극저항
③ 접지저항　④ 접촉저항

해설

접지저항 : 접지 전극과 대지 사이의 저항을 말한다.

09

직류전동기의 속도특성 곡선을 나타낸 것이다. 직권전동기의 속도특성을 나타낸 것은?

① ⓐ
② ⓑ
③ ⓒ
④ ⓓ

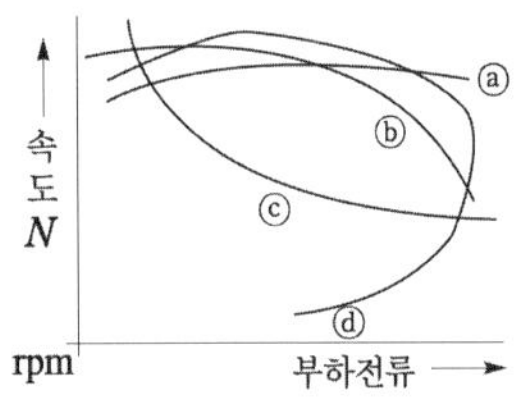

10

낙뢰, 수목의 접촉, 일시적인 섬락 등 순간적인 사고로 계통에서 분리된 구간을 신속히 계통에 투입시킴으로써 계통의 안정도를 향상시키고 정전 시간을 단축시키기 위해 사용되는 계전기는?

① 차동 계전기
② 과전류 계전기
③ 거리 계전기
④ 재폐로 계전기

해설

재폐로 계전기 : 순간적인 사고로 계통에서 분리된 구간을 신속히 계통에 투입시킴으로써 계통의 안정도를 향상시키고 정전 시간을 단축시키기 위해 사용되는 계전기

11

보극이 없는 직류기의 운전 중 중성점의 위치가 변하지 않는 경우는?

① 무부하　② 전부하
③ 중부하　④ 과부하

해설

전기자 반작용으로 인해 중성점의 위치가 변하므로, 중성점의 위치가 변하지 않는 경우는 무부하시를 말한다.

12

그림은 유도전동기 속도제어 회로 및 트렌지스터의 컬렉터 전류의 그래프이다. ⓐ와 ⓑ에 해당하는 트렌지스터는?

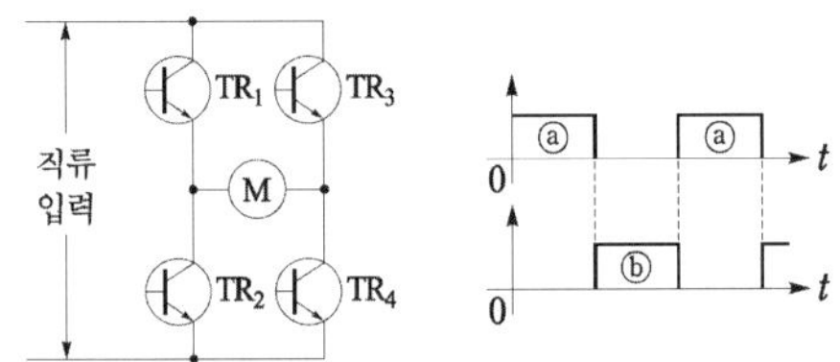

① ⓐ TR_1과 TR_2, ⓑ TR_3과 TR_4
② ⓐ TR_1과 TR_3, ⓑ TR_2과 TR_4
③ ⓐ TR_2와 TR_4, ⓑ TR_1과 TR_3
④ ⓐ TR_1과 TR_4, ⓑ TR_2와 TR_3

13

다음 중 변압기에서 자속과 비례하는 것은?

① 권수　② 주파수
③ 전압　④ 전류

해설

변압기의 유기기전력 $E=4.44f\phi N$

정답 08 ③ 09 ③ 10 ④ 11 ① 12 ④ 13 ③

14

비 돌극형 동기발전기의 단자전압(1상)을 V, 유도기전력(1상)을 E, 동기 리액턴스를 X_s, 부하각을 δ라고 하면, 1상의 출력[W]은? (단, 전기자 저항 등은 무시한다.)

① $\frac{EV}{X_s}\sin\delta$　　② $\frac{E^2}{2X_s}\cos\delta$

③ $\frac{EV}{X_s}\cos\delta$　　④ $\frac{E^2}{2X_s}\sin\delta$

해설

동기발전기의 1상의 출력

$P=\frac{EV}{X_s}\sin\delta$

15

3상 동기전동기 자기동법에 관한 사항 중 틀린 것은?

① 기동토크를 적당한 값으로 유지하기 위하여 변압기 탭에 의해 정격전압의 80[%] 정도로 저압을 가해 기동을 한다.

② 기동토크는 일반적으로 적고 전 부하 토크의 40~60[%] 정도이다.

③ 제동권선에 의한 기동토크를 이용하는 것으로 제동권선은 2차 권선으로서 기동토크를 발생한다.

④ 기동할 때에는 회전 자속에 의하여 계자 권선 안에는 고압이 유도되어 절연을 파괴할 우려가 있다.

16

유도전동기 권선법 중 맞지 않는 것은?

① 고정자 권선은 단층 파권이다.

② 고정자 권선은 3상 권선이 쓰인다.

③ 소형 전동기는 보통 4극이다.

④ 홈수는 24개 또는 36개이다.

해설

유도전동기 : 소형 전동기는 보통 4극이며, 홈수는 24개 또는 36개이다. 고정자 권선은 단층 중권이다.

17

3상 동기기의 제동권선의 역할은?

① 난조방지　　② 효율증가

③ 출력증가　　④ 역률개선

해설

제동권선 : 동기기의 경우 난조가 발생할 우려가 있는데 이것을 방지하기 위해 제동권선을 설치한다.

18

60[Hz], 20,000[kVA]의 발전기의 회전수가 900[rpm]이라면 이 발전기의 극수는 얼마인가?

① 8극　　② 12극

③ 14극　　④ 16극

해설

$N_s=\frac{120}{P}f$[rpm]

$P=\frac{120}{N_s}f=\frac{120}{900}\times 60=8$[극]

19

일반적으로 반도체의 저항값과 온도와의 관계가 바른 것은?

① 저항값은 온도에 비례한다.

② 저항값은 온도에 반비례한다.

③ 저항값은 온도의 제곱에 반비례한다.

④ 저항값은 온도의 제곱에 비례한다.

정답 14 ① 15 ① 16 ① 17 ① 18 ① 19 ②

해설

일반적으로 반도체의 경우 (-)온도계수를 갖는다.
즉, 온도가 증가할 경우 저항값은 감소한다.

20

출력에 대한 전 부하 동손이 2[%], 철손이 1[%]인 변압기의 전 부하 효율[%]은?

① 95
② 96
③ 97
④ 98

해설

변압기의 효율 $\eta = \frac{\text{출력}}{\text{출력}+\text{손실}} = \frac{100-3}{100} = \frac{97}{100} \times 100$

2011년 4회 기출문제

01

동기발전기의 전기자 반작용에 대한 설명으로 틀린 사항은?

① 전기자 반작용은 부하 역률에 따라 크게 변화된다.
② 전기자 전류에 의한 자속의 영향으로 감자 및 자화현상과 편자현상이 발생된다.
③ 전기자 반작용의 결과 감자현상이 발생될 때 반작용 리액턴스의 값은 감소된다.
④ 계자 자극의 중심축과 전기자 전류에 의한 자속이 전기적으로 90°를 이룰 때 편자현상이 발생된다.

해설

동기발전기의 전기자 반작용

- 전기자 반작용은 부하 역률에 따라 크게 변화한다.
- 전기자 전류에 의해 감자 및 자화현상 및 편자현상이 발생한다.

02

직류 전동기의 속도 제어법 중 전압 제어법으로 제철소의 압연기, 고속 엘리베이터의 제어에 사용되는 방법은?

① 워드 레오나드 방식
② 정지 레오나드 방식
③ 일그너 방식
④ 크래머 방식

해설

직류 전동기의 속도 제어법 중 제철소의 압연기, 고속 엘리베이터의 제어 방법으로는 일그너 방식을 사용한다.

정답 20 ③ / 01 ③ 02 ③

03

변압기 절연내력 시험과 관계 없는 것은?

① 가압시험 ② 유도시험
③ 충격시험 ④ 극성시험

해설

변압기 절연내력 시험 전압
- 가압시험
- 유도시험
- 충격시험

04

직류를 교류로 변환하는 장치는?

① 컨버터 ② 초퍼
③ 인버터 ④ 정류기

해설

- 인버터 : 직류를 교류로 변환
- 컨버터 : 교류를 직류로 변환

05

변압기의 임피던스 전압이란?

① 정격전류가 흐를 때 변압기 내의 전압강하
② 여자전류가 흐를 때 2차 측 단자전압
③ 정격전류가 흐를 때 2차 측 단자전압
④ 2차 단락전류가 흐를 때 변압기 내의 전압강하

해설

변압기의 임피던스 전압이란 정격전류가 흐를 때 변압기 내의 전압강하를 말한다.

06

4극 고정자 홈 수 36의 3상 유도전동기의 홈 간격은 전기각으로 몇 도인가?

① 5° ② 10°
③ 15° ④ 20°

해설

전기각=기계각$\times \frac{P}{2} = 360 \times \frac{4}{36 \times 2} = 20°$

07

동기전동기의 여자 전류를 변화시켜도 변하지 않는 것은? (단, 공급전압과 부하는 일정하다.)

① 역률 ② 역기전력
③ 속도 ④ 전기자전류

해설

동기전동기 : 속도가 일정한 역률 변화 장치이다.

08

절연물을 전극 사이에 삽입하고 전압을 가하면 전류가 흐르는데 이 전류는?

① 과전류 ② 접촉전류
③ 단락전류 ④ 누설전류

해설

절연물을 전극 사이에 삽입하고 전압을 가할 때 흐르는 전류를 누설전류라 한다.

정답 03 ④ 04 ③ 05 ① 06 ④ 07 ③ 08 ④

09

직류 발전기에서 유기기전력 E를 바르게 나타낸 것은? (단, 자속은 ϕ, 회전속도 n이다.)

① $E \propto \phi n$　　② $E \propto \phi n^2$

③ $E \propto \frac{\phi}{n}$　　④ $E \propto \frac{n}{\phi}$

해설

직류 발전기의 유기기전력 $E = k\phi N$[V]

10

정격 속도에 비하여 기동 회전력이 가장 큰 전동기는?

① 타 여자기　　② 직권기

③ 분권기　　④ 복권기

해설

직권기 : 직권기의 경우 기동의 토크가 클 때 정격의 속도가 작아 크레인, 전차 등에 이용이 된다.

11

동기 발전기를 계통에 접속하여 병렬 운전할 때 관계 없는 것은?

① 전류　　② 전압

③ 위상　　④ 주파수

해설

동기발전기의 병렬 운전 조건

- 기전력의 크기가 같을 것
- 기전력의 위상이 같을 것
- 기전력의 주파수가 같을 것
- 기전력의 파형이 같을 것

12

직류 직권전동기의 벨트 운전을 금지하는 이유는?

① 벨트가 벗겨지면 위험속도에 도달한다.

② 손실이 많아진다.

③ 벨트가 마모하여 보수가 곤란하다.

④ 직렬하지 않으면 속도제어가 곤란하다.

해설

직권전동기 : 직권전동기의 경우 무부하 및 벨트 운전을 하게 될 경우 위험속도에 도달할 수 있다.

13

단상 유도 전동기 중 ㉠ 반발 기동형, ㉡ 콘덴서 기동형, ㉢ 분상 기동형, ㉣ 셰이딩 코일형이 있을 때 기동 토크가 큰 것부터 옳게 나열한 것은?

① ㉠ > ㉡ > ㉢ > ㉣　　② ㉠ > ㉣ > ㉡ > ㉢

③ ㉠ > ㉢ > ㉣ > ㉡　　④ ㉠ > ㉡ > ㉣ > ㉢

해설

단상 유도 전동기의 기동토크의 대소관계

반발 기동형 > 반발 유도형 > 콘덴서 기동형 > 분상 기동형 > 셰이딩 코일형

14

보호 계전기 시험을 하기 위한 유의 사항이 아닌 것은?

① 시험회로 결선 시 교류와 직류 확인

② 영점의 정확성 확인

③ 계전기 시험 장비의 오차 확인

④ 시험 회로 결선 시 교류의 극성 확인

해설

보호 계전기 시험

- 시험회로 결선 시 교류와 직류 확인
- 영점의 정확성 확인
- 계전기의 시험 장비의 오차 확인

정답 09 ① 10 ② 11 ① 12 ① 13 ① 14 ④

15

단상 반파 정류 회로의 전원전압 200[V], 부하저항이 10[Ω]이면 부하 전류는 약 몇 [A]인가?

① 4　② 9
③ 13　④ 18

해설

단상 반파 정류 회로

$E_d = 0.45E = 0.45 \times 200 = 90$[V]

$I_d = \frac{E_d}{R} = \frac{90}{10} = 9$[A]

16

12극과 8극인 2개의 유도전동기를 종속법에 의한 직렬 종속법으로 속도 제어할 때 전원 주파수가 50[Hz]인 경우 무부하 속도 N은 몇 [rps]인가?

① 5　② 50
③ 300　④ 3,000

해설

직렬 종속법

$N_s = \frac{120}{P_1 + P_2} f = \frac{120}{12+8} \times 50 = 300$[rpm]$= \frac{300}{60} = 5$[rps]

17

3상 유도전동기의 최고 속도는 우리나라에서 몇 [rpm]인가?

① 3,600　② 3,000
③ 1,800　④ 1,500

해설

극수가 가장 작을 경우의 속도

$N_s = \frac{120}{P} f = \frac{120}{2} \times 60 = 3,600$[rpm]

18

변압기 내부 고장 보호에 쓰이는 계전기는?

① 접지 계전기　② 차동 계전기
③ 과전압 계전기　④ 역상 계전기

해설

변압기 내부 고장 보호용 계전기

• 부흐홀쯔 계전기　• 비율차동 계전기　• 차동 계전기

19

동기 전동기의 자기 기동에서 계자권선을 단락하는 이유는?

① 기동이 쉽다.
② 기동권선으로 이용한다.
③ 고전압 유도에 의한 절연파괴 위험을 방지한다.
④ 전기자 반작용을 방지한다.

해설

동기 전동기는 기동 특성이 나빠 자기 기동법으로써 제동권선을 사용하는데 고전압 유도를 방지하기 위해 계자권선을 단락한다.

20

그림과 같은 회로에서 사인파 교류입력 12[V](실효값)를 가했을 때, 저항 R 양단에 나타나는 전압[V]은?

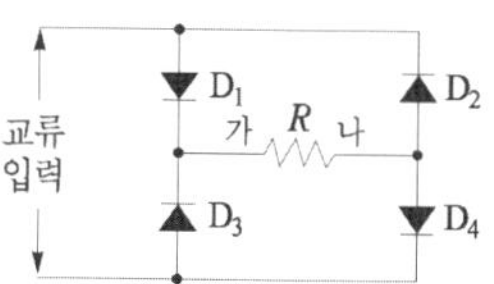

① 5.4[V]　② 6[V]
③ 10.8[V]　④ 12[V]

해설

단상 전파 회로

$E_d = 0.9E = 0.9 \times 12 = 10.8$[V]

정답 15 ② 16 ① 17 ① 18 ② 19 ③ 20 ③

제2과목

전기기기 2012년 기출문제

2012년 1회 기출문제

01

회전자 입력을 P_2, 슬립을 s라 할 때 3상 유도 전동기의 기계적 출력의 관계식은?

① sP_2
② $(1-s)P_2$
③ s^2P_2
④ $\frac{P_2}{s}$

해설

전력변환

- 입력 : $P_2 = P_0 + P_{c2} = P_0 + sP_2$
- 출력 : $P_0 = P_2 - P_{c2} = P_2 - sP_2 = (1-s)P_2$

02

농형 유도 전동기의 기동법이 아닌 것은?

① 전전압 기동법
② 저저항 2차 권선기동법
③ 기동보상기법
④ Y-△ 기동법

해설

농형 유도 전동기의 기동법

- 전전압 기동
- Y-△ 기동
- 기동보상기법

03

다음 중 SCR의 기호는?

①

②

③
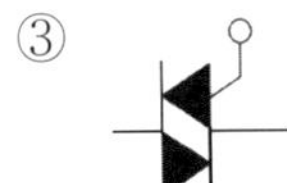
④
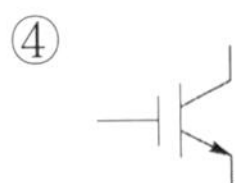

04

유도 전동기의 회전자에 슬립 주파수의 전압을 공급하여 속도제어를 하는 것은?

① 2차 저항법
② 2차 여자법
③ 자극수 변환법
④ 인버터 주파수 변환법

해설

2차 여자법 : 회전자에 슬립 주파수의 전압을 공급하여 속도를 제어하는 방식

05

보호 계전기의 기능상 분류로 틀린 것은?

① 차동 계전기　② 거리 계전기
③ 저항 계전기　④ 주파수 계전기

정답 01 ② 02 ② 03 ① 04 ② 05 ③

해설

보호 계전기의 기능상 분류
- 차동 계전기
- 거리 계전기
- 주파수 계전기

06

전력계통에 접속되어 있는 변압기나 장거리 송전 시 정전용량으로 인한 충전특성 등을 보상하기 위한 기기는?

① 유도 전동기 ② 동기 발전기
③ 유도 발전기 ④ 동기 조상기

해설

동기 조상기는 무부하로 운전 중인 동기 전동기로서 진상, 지상의 공급이 가능하다.

07

동기 발전기의 병렬 운전 조건이 아닌 것은?

① 기전력의 크기가 같을 것
② 기전력의 위상이 같을 것
③ 기전력의 주파수가 같을 것
④ 기전력의 용량이 같을 것

해설

발전기의 병렬 운전 조건
- 기전력의 크기가 같을 것
- 기전력의 위상이 같을 것
- 기전력의 주파수가 같을 것
- 기전력의 파형이 같을 것

08

동기 전동기의 전기자 전류가 최소일 때 역률은?

① 0.5 ② 0.707
③ 0.866 ④ 1.0

해설

동기 전동기는 전기자 전류가 최소일 때 역률은 1이 된다.

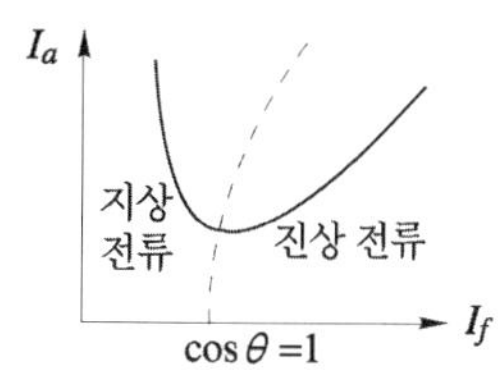

09

우산형 발전기의 용도는?

① 저속 대용량기
② 저속 소용량기
③ 고속 대용량기
④ 고속 소용량기

해설

수차 발전기는 저속도 대형기로서 우산형을 사용한다.

10

그림과 같은 분상 기동형 단상 유도 전동기를 역회전시키기 위한 방법이 아닌 것은?

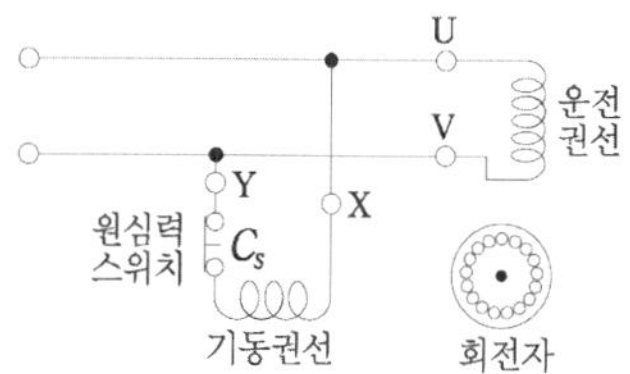

① 원심력 스위치를 개로 또는 폐로한다.
② 기동권선이나 운전권선의 어느 한 권선의 단자접속을 반대로 한다.
③ 기동권선의 단자접속을 반대로 한다.
④ 운전권선의 단자접속을 반대로 한다.

정답 06 ④ 07 ④ 08 ④ 09 ① 10 ①

11

다음 중 절연저항을 측정하는 것은?

① 캘빈더블브리지법
② 전압전류계법
③ 휘이스톤 브리지법
④ 메거

해설

절연저항 측정기 : 메거

12

실리콘 제어 정류기(SCR)에 대한 설명으로서 적합하지 않은 것은?

① 정류작용을 할 수 있다.
② P-N-P-N 구조로 되어 있다.
③ 정방향 및 역방향의 제어 특성이 있다.
④ 인버터 회로에 이용될 수 있다.

해설

SCR은 단방향(역저지) 3단자 소자이다.

13

반파 정류 회로에서 변압기 2차 전압의 실효치 E[V]라 하면 직류 전류 평균치는? (단, 정류기의 전압강하는 무시한다.)

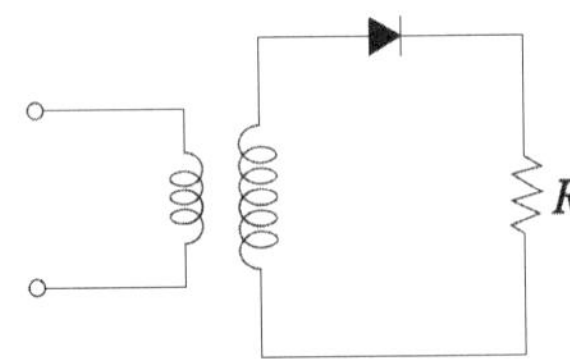

① $\frac{E}{R}$　② $\frac{1}{2} \cdot \frac{E}{R}$
③ $\frac{2\sqrt{2}}{\pi} \cdot \frac{E}{R}$　④ $\frac{\sqrt{2}}{\pi} \cdot \frac{E}{R}$

해설

단상 반파 정류 회로의 직류 전류

$I_d = \frac{E_d}{R} = \frac{0.45E}{R} = \frac{\sqrt{2}}{\pi} \cdot \frac{E}{R}$[A]

단상 반파 정류 회로의 직류 전압

$E_d = 0.45E$

14

부흐홀쯔 계전기의 설치 위치는?

① 변압기 주탱크 내부
② 콘서베이터 내부
③ 변압기의 고압 측 부싱
④ 변압기 본체와 콘서베이터 사이

해설

부흐홀쯔 계전기는 주변압기와 콘서베이터 사이에 설치하는 변압기 내부고장 보호 계전기이다.

15

정격전압 250[V], 정격출력 50[kW]의 외분권 복권 발전기가 있다. 분권계자 저항이 25[Ω]일 때 전기자 전류는?

① 100[A]　② 210[A]
③ 2,000[A]　④ 2,010[A]

해설

분권기의 전기자 전류

$I_a = I + I_f = \frac{P}{V} + \frac{V}{R_f} = \frac{50 \times 10^3}{250} + \frac{250}{25} = 210$[A]

정답 11 ④ 12 ③ 13 ④ 14 ④ 15 ②

16

무부하에서 119[V]되는 분권 발전기의 전압변동률이 6[%]이다. 정격 전부하 전압은 약 몇 [V]인가?

① 110.2 ② 112.3
③ 122.5 ④ 125.3

해설

전압변동률 $\epsilon = \dfrac{V_0 - V}{V} \times 100[\%]$

$V = \dfrac{V_0}{(\epsilon+1)} = \dfrac{119}{(1+0.06)} = 112.26[\text{V}]$

17

직류기의 전기자 철심을 규소 강판으로 성층하여 만드는 이유는?

① 가공하기 쉽다.
② 가격이 염가이다.
③ 철손을 줄일 수 있다.
④ 기계손을 줄일 수 있다.

해설

전기자 철심
- 규소 강판 : 히스테리시스손을 감소
- 성층 철심 : 와전류손 감소
- 철손 = 히스테리시스손 + 와류손

18

변압기의 규약 효율은?

① $\dfrac{\text{출력}}{\text{입력}} \times 100[\%]$

② $\dfrac{\text{출력}}{\text{출력}+\text{손실}} \times 100[\%]$

③ $\dfrac{\text{출력}}{\text{입력}-\text{손실}} \times 100[\%]$

④ $\dfrac{\text{입력}+\text{손실}}{\text{입력}} \times 100[\%]$

해설

변압기의 규약 효율

$= \dfrac{\text{손실}-\text{입력}}{\text{입력}} \times 100[\%] = \dfrac{\text{출력}}{\text{출력}+\text{손실}} \times 100[\%]$

19

5.5[kW], 200[V] 유도전동기의 전전압 기동 시의 기동전류가 150[A]이었다. 여기에 Y-△ 기동 시 기동전류는 몇 [A]가 되는가?

① 50 ② 70
③ 87 ④ 95

해설

Y-△ 기동을 채택하는 이유는 기동 시 기동전류가 $\dfrac{1}{3}$로 감소된다.

따라서, $I_Y = \dfrac{1}{3} \times 150 = 50[\text{A}]$

20

직류 전동기의 속도제어 방법이 아닌 것은?

① 전압제어 ② 계자제어
③ 저항제어 ④ 플러깅제어

해설

직류 전동기 속도제어 방법
- 전압제어
- 계자제어
- 저항제어

정답 16 ② 17 ③ 18 ② 19 ① 20 ④

2012년 2회 기출문제

01

직류기의 손실 중 기계손에 속하는 것은?

① 풍손 ② 와전류손
③ 히스테리시스손 ④ 표유 부하손

해설

직류기의 기계손 = 마찰손 + 베어링손 + 풍손

02

직류발전기를 구성하는 부분 중 정류자란?

① 전기자와 쇄교하는 자속을 만들어 주는 부분
② 자속을 끊어서 기전력을 유기하는 부분
③ 전기자 권선에서 생긴 교류를 직류로 바꾸어 주는 부분
④ 계자 권선과 외부 회로를 연결시켜 주는 부분

해설

직류발전기의 정류자란 교류를 직류로 변환하는 부분으로서 브러쉬와 단락이 되어 있다.

03

주파수 60[Hz]를 내는 발전용 원동기인 터빈 발전기의 최고 속도는 얼마인가?

① 1,800[rpm] ② 2,400[rpm]
③ 3,600[rpm] ④ 4,800[rpm]

해설

동기속도 $N_s = \frac{120}{P}f$[rpm]

동기속도의 최고 속도는 극수가 가장 작은 경우이므로

$N_s = \frac{120}{2} \times 60 = 3,600$[rpm]

04

변압기 내부 고장 시 발생하는 기름의 흐름변화를 검출하는 브흐홀쯔 계전기의 설치위치로 알맞은 것은?

① 변압기 본체
② 변압기의 고압 측 부싱
③ 콘서베이터 내부
④ 변압기 본체와 콘서베이터를 연결하는 파이프

해설

브흐홀쯔 계전기는 주변압기와 콘서베이터 사이에 설치되는 계전기이다.

05

분상기동형 단상 유도 전동기 원심개폐기의 작동 시기는 회전자 속도가 동기속도의 몇 [%] 정도인가?

① 10~30[%] ② 40~50[%]
③ 60~80[%] ④ 90~100[%]

06

유도 전동기에 대한 설명 중 옳은 것은?

① 유도 발전기일 때의 슬립은 1보다 크다.
② 유도 전동기의 회전자 회로의 주파수는 슬립에 반비례한다.
③ 전동기 슬립은 2차 동손을 2차 입력으로 나눈 것과 같다.
④ 슬립은 크면 클수록 2차 효율은 커진다.

해설

- 유도 발전기의 슬립 : $s<0$, 회전자 회로의 주파수 $f' = sf$
- $P_{c2} = sP_2$에서 $s = \frac{P_{c2}}{P_2}$ (여기서, P_{c2} : 2차 동손, P_2 : 2차 입력)
- 2차 효율 $\eta_2 = 1-s$

정답 01 ① 02 ③ 03 ③ 04 ④ 05 ③ 06 ③

07

동기 전동기를 자기 기동법으로 기동시킬 때 계자회로는 어떻게 하여야 하는가?

① 단락시킨다.
② 개방시킨다.
③ 직류를 공급한다.
④ 단상교류를 공급한다.

해설
제동권선 : 제동권선의 경우 난조를 방지하는 목적도 있지만 동기 전동기의 기동 시 기동토크를 발생시킨다. 이때 계자회로를 단락시켜 고전압이 유기되는 것을 방지한다.

08

직류 복권 발전기를 병렬 운전할 때 반드시 필요한 것은?

① 과부하 계전기
② 균압선
③ 용량이 같을 것
④ 외부특성 곡선이 일치할 것

해설
병렬 운전 : 직권 발전기와 복권 발전기의 경우 병렬 운전 시 균압선이 필요하다.

09

동기 전동기의 특징으로 잘못된 것은?

① 일정한 속도로 운전이 가능하다.
② 난조가 발생하기 쉽다.
③ 역률을 조정하기 힘들다.
④ 공극이 넓어 기계적으로 견고하다.

해설
동기 전동기의 경우 송전선로의 역률 조정기로서 진상과 지상의 전류를 연속적으로 공급 가능하다.

10

계자 권선이 전기자와 접속되어 있지 않은 직류기는?

① 직권기　② 분권기
③ 복권기　④ 타여자기

해설
타여자의 경우 계자전류를 외부에서 공급 받는 직류기이다.

11

동기기를 병렬 운전할 때 순환전류가 흐르는 원인은?

① 기전력의 저항이 다른 경우
② 기전력의 위상이 다른 경우
③ 기전력의 전류가 다른 경우
④ 기전력의 역률이 다른 경우

해설
발전기의 병렬 운전 조건
- 기전력의 크기가 같을 것 : 다를 경우 무효순환전류가 흐른다.
- 기전력의 위상이 같을 것 : 다를 경우 유효순환전류가 흐른다.
- 기전력의 주파수가 같을 것 : 다를 경우 난조 발생

12

3상 유도전동기의 슬립의 범위는?

① $0 < s < 1$　② $-1 < s < 0$
③ $1 < s < 2$　④ $0 < s < 2$

해설
유도전동기의 슬립 $0 < s < 1$

정답 07 ① 08 ② 09 ③ 10 ④ 11 ② 12 ①

13

반도체 정류 소자로 사용할 수 없는 것은?

① 게르마늄 ② 비스무트
③ 실리콘 ④ 산화구리

14

단상 전파 사이리스터정류 회로에서 부하가 큰 인덕턴스가 있는 경우, 점호각이 60°일 때의 정류 전압은 약 몇 [V]인가? (단, 전원 측 전압의 실효값은 100[V]이고 직류 측 전류는 연속이다.)

① 141 ② 100
③ 85 ④ 45

해설

$E_d = \frac{2\sqrt{2}\,V}{\pi}\cos\alpha = \frac{2\sqrt{2}\times 100}{\pi}\times\cos 60° = 45[\text{V}]$

15

변압기 철심에는 철손을 적게 하기 위하여 철이 몇 [%]인 강판을 사용하는가?

① 약 50~55[%] ② 약 60~70[%]
③ 약 76~86[%] ④ 약 96~97[%]

해설

변압기 철심의 규소의 함유량 3~4[%]
철의 함유량 96~97[%]

16

전기자 반작용이란 전기자 전류에 의해 발생한 기자력이 주자속에 영향을 주는 현상으로 다음 중 전기자 반작용의 영향이 아닌 것은?

① 전기적 중성축 이동에 의한 정류의 약화
② 기전력의 불균일에 의한 정류자편간 전압의 상승
③ 주자속 감소에 의한 기전력감소
④ 기전력의 파형에 차가 있을 때

해설

전기자 반작용이란 전기자 전류에 의한 전기자 기자력이 계자 기자력에 영향을 주어 주자속을 감소시키는 현상을 말한다.

17

2대의 동기 발전기가 병렬 운전하고 있을 때 동기화 전류가 흐르는 경우는?

① 기전력의 크기에 차가 있을 때
② 기전력의 위상에 차가 있을 때
③ 부하분담에 차가 있을 때
④ 기전력의 파형에 차가 있을 때

해설

발전기의 병렬 운전 조건
- 기전력의 크기가 같을 것 : 다를 경우 무효 순환전류가 흐른다.
- 기전력의 위상이 같을 것 : 다를 경우 유효 순환전류(동기화전류)가 흐른다.
- 기전력의 주파수가 같을 것 : 다를 경우 난조 발생

18

직류 전동기에서 전부하 속도가 1,500[rpm], 속도변동률이 3[%]일 때 무부하 회전속도는 몇 [rpm]인가?

① 1,455 ② 1,410
③ 1,545 ④ 1,590

해설

속도변동률 $\epsilon = \frac{N_0 - N}{N}\times 100[\%]$

무부하속도 $N_0 = (1+\epsilon)N = (1+0.03)\times 1{,}500 = 1{,}545[\text{rpm}]$

정답 13 ② 14 ④ 15 ④ 16 ④ 17 ② 18 ③

19

단상 전파 정류회로에서 직류 전압의 평균값으로 가장 적당한 것은? (단, E는 교류 전압의 실효값이다.)

① $1.35E$[V] ② $1.17E$[V]
③ $0.9E$[V] ④ $0.45E$[V]

해설

단상 전파 정류회로의 직류전압 $E_d = 0.9E$[V]

20

직류 발전기 전기자의 구성으로 옳은 것은?

① 전기자 철심, 정류자
② 전기자 권선, 전기자 철심
③ 전기자 권선, 계자
④ 전기자 철심, 브러시

해설

직류 발전기의 전기자 부분은 권선부분과 철심부분으로 나눌 수 있다.

2012년 3회 기출문제

01

동기 전동기의 특징과 용도에 대한 설명으로 잘못된 것은?

① 진상, 지상의 역률 조정이 된다.
② 속도 제어가 원활하다.
③ 시멘트 공장의 분쇄기 등에 사용된다.
④ 난조가 발생하기 쉽다.

해설

동기 전동기는 진상과 지상의 역률 조정이 가능하며, 속도 제어가 불가능하다.

02

직류 전동기의 최저 절연저항값은?

① $\dfrac{\text{정격전압[V]}}{1{,}000+\text{정격출력[kW]}}$

② $\dfrac{\text{정격출력[kW]}}{1{,}000+\text{정격입력[kW]}}$

③ $\dfrac{\text{정격입력[kW]}}{1{,}000+\text{정격전압[V]}}$

④ $\dfrac{\text{정격전압[V]}}{1{,}000+\text{정격입력[kW]}}$

해설

$\text{절연저항} = \dfrac{\text{정격전압[V]}}{1{,}000+\text{정격출력[kW]}}[\text{M}\Omega]$

03

단상 반파 정류 회로의 전원전압 200[V], 부하저항이 20[Ω]이면 부하 전류는 약 몇 [A]인가?

① 4 ② 4.5
③ 6 ④ 6.5

정답 19 ③ 20 ② / 01 ② 02 ① 03 ②

해설

직류전류 $I_d = \frac{E_d}{R} = \frac{0.45E}{R} = \frac{0.45 \times 200}{20} = 4.5[\text{A}]$

04

변압기 V결선의 특징으로 틀린 것은?

① 고장 시 응급처치 방법으로도 쓰인다.
② 단상변압기 2대로 3상 전력을 공급한다.
③ 부하증가가 예상되는 지역에 시설한다.
④ V결선 시 출력은 △결선 시 출력과 그 크기가 같다.

해설

V결선 : △결선 운전 중 변압기 1대가 고장이 날 경우 V결선으로 3상 전력을 공급할 수 있다. 이때 출력은 △결선의 출력에 57.7[%]가 된다.

05

직류 전동기의 속도 제어 방법 중 속도 제어가 원활하고 정토크 제어가 되며 운전 효율이 좋은 것은?

① 계자제어　② 병렬 저항제어
③ 직렬 저항제어　④ 전압제어

해설

직류 전동기의 속도제어
- 전압제어 : 가장 광범위한 제어(정토크 제어)
- 계자제어 : 정출력제어
- 저항제어 : 효율이 나쁘다.

06

직류 직권 전동기의 공급전압의 극성을 반대로 하면 회전방향은 어떻게 되는가?

① 변하지 않는다.　② 반대로 된다.
③ 회전하지 않는다.　④ 발전기로 된다.

해설

직권 전동기의 극성을 반대로 하면 계자권선과 전기자권선의 극성이 같이 바뀌므로 회전방향은 변하지 않는다.

07

인견 공업에 사용되는 포트 전동기의 속도제어는?

① 극수 변환에 의한 제어
② 1차 회전에 의한 제어
③ 주파수 변환에 의한 제어
④ 저항에 의한 제어

해설

교류기의 속도제어
주파수 제어 : 인견 공업의 포트모터 및 선박의 추진기 등에서 이용된다.

08

직류 발전기에서 브러시와 접촉하여 전기자권선에 유도되는 교류기전력을 정류해서 직류로 만드는 부분은?

① 계자　② 정류자
③ 슬립링　④ 전기자

해설

정류자 : 직류기의 정류자는 전기자권선에서 유도되는 교류전압을 직류로 변환하는 부분을 말한다.

09

권선형 유도전동기의 회전자에 저항을 삽입하였을 경우 틀린 사항은?

① 기동전류가 감소된다.
② 기동전압은 증가한다.
③ 역률이 개선된다.
④ 기동토크는 증가한다.

정답 04 ④ 05 ④ 06 ① 07 ③ 08 ② 09 ②

해설

권선형 유도전동기의 회전자에 저항을 삽입할 경우 기동토크를 증가시키며, 기동전류를 떨어뜨릴 수 있다.

10

보호 계전기의 배선 시험으로 옳지 않은 것은?

① 극성이 바르게 결선되었는가를 확인한다.
② 내부 단자와 각부 나사 조임 상태를 점검한다.
③ 회로의 배선이 정확하게 결선되었는지 확인한다.
④ 입력 배선 검사는 직류 전압으로 시험한다.

11

농형 회전자에 비뚤어진 홈을 쓰는 이유는?

① 출력을 높인다.
② 회전수를 증가시킨다.
③ 소음을 줄인다.
④ 미관상 좋다.

해설

농형 유도전동기의 회전자에 비뚤어진 홈을 쓸 경우 전동기의 소음을 경감시킬 수 있다.

12

전기자저항 0.1[Ω], 전기자 전류 104[A], 유도기전력 110.4[V]인 직류 분권 발전기의 단자전압[V]은?

① 110　② 106
③ 102　④ 100

해설

유기기전력 $E = V + I_a R_a$

$V = E - I_a R_a = 110.4 - 104 \times 0.1 = 100[\text{V}]$

13

단상 전파 정류회로에서 교류 입력이 100[V]이면 직류 출력은 약 몇 [V]인가?

① 45　② 67.5
③ 90　④ 135

해설

단상 전파 정류회로 $E_d = 0.9E$

$0.9 \times 100 = 90[\text{V}]$

14

동기발전기의 전기자 반작용 현상이 아닌 것은?

① 포화작용　② 증자작용
③ 감자작용　④ 교차자화작용

해설

전기자 반작용
- 직축 반작용 : 증자작용, 감자작용
- 횡축 반작용 : 교차자화작용

15

무부하 전압과 전부하 전압이 같은 값을 가지는 특성의 발전기는?

① 직권 발전기
② 차동복권 발전기
③ 평복권 발전기
④ 과복권 발전기

해설

평복권 발전기 $V_0 = V$

정답 10 ② 11 ③ 12 ④ 13 ③ 14 ① 15 ③

제2과목 ✦ 전기기기

16

60[Hz] 3상 반파 정류 회로의 맥동 주파수는?

① 60[Hz] ② 120[Hz]
③ 180[Hz] ④ 360[Hz]

해설

맥동 주파수 : 3상 반파의 맥동 주파수는 $60 \times 3 = 180$[Hz]가 된다.

17

회전계자형인 동기 전동기에 고정자인 전기자 부분도 회전자의 주위를 회전할 수 있도록 2중 베어링 구조로 되어 있는 전동기로 부하를 건 상태에서 운전하는 전동기는?

① 초 동기 전동기
② 반작용 동기 전동기
③ 동기형 교류 서보전동기
④ 교류 동기 전동기

18

동기 발전기의 병렬 운전 조건이 아닌 것은?

① 기전력의 주파수가 같을 것
② 기전력의 크기가 같을 것
③ 기전력의 위상이 같을 것
④ 발전기의 회전수가 같을 것

해설

발전기의 병렬 운전 조건
• 기전력의 크기가 같을 것
• 기전력의 위상이 같을 것
• 기전력의 주파수가 같을 것
• 기전력의 파형이 같을 것

19

아래 회로에서 부하에 최대 전력을 공급하기 위해서 저항 R 및 콘덴서 C의 크기는?

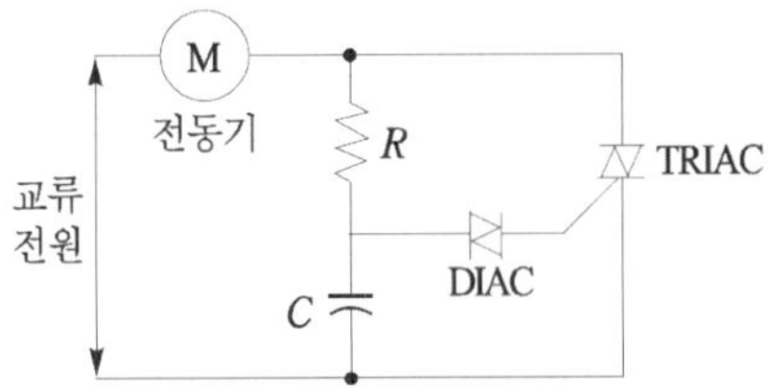

① R은 최대, C는 최대로 한다.
② R은 최소, C는 최소로 한다.
③ R은 최대, C는 최소로 한다.
④ R은 최소, C는 최대로 한다.

20

기동토크가 대단히 작고 역률과 효율이 낮으며 전축, 선풍기 등 수 10[kW] 이하의 소형 전동기로 널리 사용되는 단상 유도 전동기는?

① 반발 기동형 ② 세이딩 코일형
③ 모노사이클릭형 ④ 콘덴서형

해설

세이딩 코일형 전동기의 경우 기동토크와 역률, 효율이 매우 낮으며, 회전의 방향을 변화시킬 수 없는 전동기로서 전축, 선풍기 등에서 사용되는 전동기이다.

정답 16 ③ 17 ① 18 ④ 19 ② 20 ②

2012년 4회 기출문제

01

5.5[kW], 200[V] 유도전동기의 전전압 기동의 기동전류가 150[A]이었다. 여기에 Y-△ 기동 시 기동전류는?

① 50　　② 70
③ 87　　④ 95

해설

농형유도전동기의 기동법
Y-△ 기동을 할 경우 기동전류는 전전압 기동보다 1/3배로 감소한다.

$150 \times \frac{1}{3} = 50[A]$

02

출력 12[kW], 회전수 1,140[rpm]인 유도전동기의 동기와트는 약 몇 [kW]인가? (단, 동기속도 N_s는 1,200[rpm]이다.)

① 10.4　　② 11.5
③ 12.6　　④ 13.2

해설

- 출력 $P_0 = 2\pi \frac{N}{60} T$
- 동기와트 $P_2 = 2\pi \frac{N_s}{60} T = 2\pi \times \frac{N_s}{60} \times \frac{60 \times P_0}{2\pi \times N}$

$$= \frac{N_s}{N} \times P_0 = \frac{1,200}{1,140} \times 12 = 12.63[kW]$$

03

변압기의 절연내력 시험 중 유도시험에서의 시험시간은? (단, 유도시험의 계속시간은 시험전압 주파수가 정격주파수의 2배를 넘는 경우이다.)

① $60 \times \frac{2 \times 정격주파수}{시험주파수}$

② $120 - \frac{정격주파수}{시험주파수}$

② $60 \times \frac{2 \times 시험주파수}{정격주파수}$

④ $120 + \frac{정격주파수}{시험주파수}$

04

직류 전동기의 회전 방향을 바꾸는 방법으로 옳은 것은?

① 전기자 회로의 저항을 바꾼다.
② 전기자 권선의 접속을 바꾼다.
③ 정류자의 접속을 바꾼다.
④ 브러시의 위치를 조정한다.

해설

직류 전동기의 전기자 권선의 접속을 바꿀 경우 회전의 방향이 변한다.

05

동기발전기의 병렬 운전에 필요한 조건이 아닌 것은?

① 유기기전력의 주파수
② 유기기전력의 위상
③ 유기기전력의 역률
④ 유기기전력의 크기

해설

발전기의 병렬 운전 조건
- 기전력의 크기가 같을 것
- 기전력의 위상이 같을 것
- 기전력의 주파수가 같을 것
- 기전력의 파형이 같을 것

정답 01 ① 02 ③ 03 ① 04 ② 05 ③

06

단락비가 큰 동기기에 대한 설명으로 옳은 것은?

① 기계가 소형이다.
② 안정도가 높다.
③ 전압변동률이 크다.
④ 전기자 반작용이 크다.

해설

철 기계
- 단락비가 큰 동기기이며, 철의 함유량이 많고 동의 함유량이 적다.
- 안정도가 높으며, 전압변동률이 작고, 전기자 반작용이 작다.

07

유도전동기의 슬립을 측정하는 방법으로 옳은 것은?

① 전압계법 ② 전류계법
③ 평형 브리지법 ④ 스트로보법

해설

유도전동기의 슬립 측정법
- DC 볼트미터계법
- 스트로보법
- 수화기법

08

3상 동기전동기의 특징이 아닌 것은?

① 부하의 변화로 속도가 변하지 않는다.
② 부하의 역률을 개선할 수 있다.
③ 전부하 효율이 양호하다.
④ 공극이 좁으므로 기계적으로 견고하다.

해설

동기전동기 : 부하의 역률을 개선할 수 있으며, 전부하의 효율이 가장 양호하며, 속도가 변하지 않는다. 공극이 넓어 기계적으로 견고하다.

09

애벌런치 항복 전압은 온도 증가에 따라 어떻게 변화하는가?

① 감소한다. ② 증가한다.
③ 증가했다 감소한다. ④ 무관하다.

10

속도를 광범위하게 조정할 수 있으므로 압연기나 엘리베이터 등에 사용되는 직류 전동기는?

① 직권 전동기 ② 분권 전동기
③ 타여자 전동기 ④ 가동 복권 전동기

11

단상 전파 정류 회로에서 $\alpha=60^{\circ}$일 때 정류전압은? (단, 전원 측 실효값 전압은 100[V]이며, 유도성 부하를 가지는 제어정류기이다.)

① 약 15[V] ② 약 22[V]
③ 약 35[V] ④ 약 45[V]

해설

단상 전파 정류의 직류전압

$$E_d=\frac{2\sqrt{2}\,V}{\pi}\cos\alpha=\frac{2\sqrt{2}\times100}{\pi}\times\cos60°=45[\mathrm{V}]$$

12

부흐홀쯔 계전기의 설치 위치는?

① 변압기 본체와 콘서베이터 사이
② 콘서베이터 내부
③ 변압기의 고압 측 부싱
④ 변압기 주탱크 내부

정답 06 ② 07 ④ 08 ④ 09 ② 10 ③ 11 ④ 12 ①

해설

부흐홀쯔 계전기는 주변압기와 콘서베이터 사이에 설치되는 계전기이다.

13

용량이 작은 변압기의 단락 보호용으로 주 보호방식으로 사용되는 계전기는?

① 차동전류 계전방식
② 과전류 계전방식
③ 비율차동 계전방식
④ 기계적 계전방식

해설

- 비교적 용량이 작은 변압기의 단락 보호용에 사용되는 계전방식은 과전류 계전방식이다.
- 대용량 변압기의 내부고장 보호용으로는 비율차동 계전방식이 사용된다.

14

농형 유도전동기의 기동법이 아닌 것은?

① Y-△ 기동법
② 기동보상기에 의한 기동법
③ 2차 저항기법
④ 전전압 기동법

해설

농형 유도전동기의 기동법

- 전전압 기동법
- Y-△ 기동법
- 기동보상기에 의한 기동법

15

변압기의 2차 저항이 0.1[Ω]일 때 1차로 환산하면 360[Ω]이 된다. 이 변압기의 권수비는?

① 30　② 40
③ 50　④ 60

해설

변압기 권수비 $a=\sqrt{\frac{R_1}{R_2}}=\sqrt{\frac{360}{0.1}}=60$

16

다음 중 특수 직류기가 아닌 것은?

① 고주파 발전기　② 단극 발전기
③ 분권기　④ 복권기

해설

고주파 발전기는 직류기가 아니라 특수 동기기에 해당된다.

17

계자권선이 전기자에 병렬로만 접속된 직류기는?

① 타여자기　② 직권기
③ 분권기　④ 복권기

해설

- 직권기 : 계자권선과 전기자 권선이 직렬로 접속
- 분권기 : 계자권선과 전기자 권선이 병렬로 접속

정답 13 ② 14 ③ 15 ④ 16 ① 17 ③

18

반파 정류 회로에서 변압기 2차 전압의 실효치를 E [V]라 하면 직류 전류 평균치는? (단, 정류기의 전압 강하는 무시한다.)

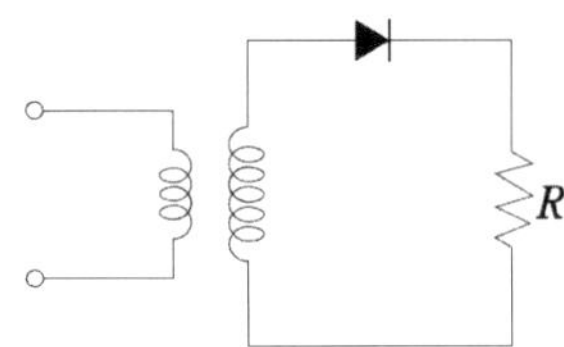

① $\frac{E}{R}$

② $\frac{1}{2} \times \frac{E}{R}$

③ $\frac{2\sqrt{2}}{\pi} \times \frac{E}{R}$

④ $\frac{\sqrt{2}}{\pi} \times \frac{E}{R}$

해설

단상 반파 정류의 직류 전압 $E_d = \frac{\sqrt{2}}{\pi} E$

직류 전류 $I_d = \frac{E_d}{R} = \frac{\sqrt{2}}{\pi} \frac{E}{R}$

19

직류 발전기의 무부하 특성곡선은?

① 부하전류와 무부하 단자전압과의 관계이다.

② 계자전류와 부하전류와의 관계이다.

③ 계자전류와 무부하 단자전압과의 관계이다.

④ 계자전류와 회전력과의 관계이다.

해설

발전기의 무부하 포화곡선은 무부하 단자전압과 계자전류와의 관계이다.

20

극수 10, 동기속도 600[rpm]인 동기 발전기에서 나오는 전압의 주파수는 몇 [Hz]인가?

① 50 ② 60

③ 80 ④ 120

해설

동기속도 $N_s = \frac{120}{P} f$[rpm]

$f = \frac{N_s \times P}{120} = \frac{600 \times 10}{120} = 50$[Hz]

정답 18 ④ 19 ③ 20 ①

제2과목 전기기기 2013년 기출문제

2013년 1회 기출문제

01

ON, OFF를 고속도로 변환할 수 있는 스위치이고 직류 변압기 등에 사용되는 회로는 무엇인가?

① 초퍼 회로 ② 인버터 회로
③ 컨버터 회로 ④ 정류기 회로

해설
고속도로 변환할 수 있는 스위치이며 직류 변압기 등에 이용되는 회로는 초퍼 회로이다.

02

직류 발전기의 전기자 반작용에 의하여 나타나는 현상은?

① 코일이 자극의 중성축에 있을 때도 브러시 사이에 전압을 유기시켜 불꽃을 발생한다.
② 주자속 분포를 찌그러뜨려 중성축을 고정시킨다.
③ 주자속을 감소시켜 유도 전압을 증가시킨다.
④ 직류 전압이 증가한다.

해설
전기자 반작용으로 인해 브러시 사이에 전압을 유기시켜 불꽃(섬락)이 발생한다.

03

그림은 교류전동기 속도제어 회로이다. 전동기 M의 종류로 알맞은 것은?

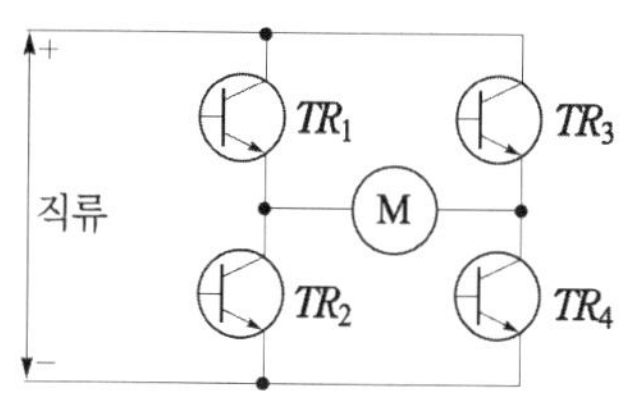

① 단상 유도전동기 ② 3상 유도전동기
③ 3상 동기전동기 ④ 4상 스텝전동기

04

동기발전기에서 전기자 전류가 기전력보다 90°만큼 위상이 앞설 때의 전기자 반작용은?

① 교차 자화 작용 ② 감자 작용
③ 편자 작용 ④ 증자 작용

해설
동기기의 전기자 반작용
- 발전기의 경우 기전력보다 위상이 앞설 경우 증자, 위상이 뒤질 경우 감자
- 전동기의 경우 기전력보다 위상이 앞설 경우 감자, 위상이 뒤질 경우 증자

05

변압기 기름의 구비조건이 아닌 것은?

① 절연내력이 클 것
② 인화점과 응고점이 높을 것
③ 냉각 효과가 클 것
④ 산화현상이 없을 것

정답 01 ① 02 ① 03 ① 04 ④ 05 ②

해설

절연유 구비조건
- 절연내력이 클 것
- 인화점은 높고 응고점은 낮을 것
- 점도는 낮을 것

06

직류를 교류로 변환하는 장치는?

① 정류기 ② 충전기
③ 순변환 장치 ④ 역변환 장치

해설

- 인버터 : 직류를 교류로 변환
- 컨버터 : 교류를 직류로 변환

07

병렬 운전 중인 동기발전기의 난조를 방지하기 위하여 자극 면에 유도전동기의 농형권선과 같은 권선을 설치하는데 이 권선의 명칭은?

① 계자권선 ② 제동권선
③ 전기자권선 ④ 보상권선

해설

제동권선 : 동기발전기의 난조를 방지하기 위해 사용된다.

08

동기속도 30[rps]인 교류 발전기 기전력의 주파수가 60[Hz]가 되려면 극수는?

① 2 ② 4
③ 6 ④ 8

해설

동기기의 극수
- 2극의 경우 3,600
- 4극의 경우 1,800
- 6극의 경우 1,200
- 8극의 경우 900

$N = \frac{1,800}{60} = 30$[rps]

09

직류기에서 전압 변동률이 (-)값으로 표시되는 발전기는?

① 분권 발전기 ② 과복권 발전기
③ 타여자 발전기 ④ 평복권 발전기

해설

전압 변동률이 (-)로 표시되는 발전기는 과복권
(+)로 표시되는 발전기는 분권, 타여자
(0)으로 표시되는 발전기는 평복권

10

권선 저항과 온도와의 관계는?

① 온도와는 무관하다.
② 온도가 상승함에 따라 권선 저항은 감소한다.
③ 온도가 상승함에 따라 권선 저항은 증가한다.
④ 온도가 상승함에 따라 권선의 저항은 증가와 감소를 반복한다.

해설

$R_2 = R_1[1 + \alpha_1(T_2 - T_1)]$
온도가 증가하면 저항도 증가한다.

11

전기 기기의 철심 재료로 규소 강판을 많이 사용하는 이유로 가장 적당한 것은?

① 와류손을 줄이기 위해
② 맴돌이 전류를 없애기 위해
③ 히스테리시스손을 줄이기 위해
④ 구리손을 줄이기 위해

정답 06 ④ 07 ② 08 ② 09 ② 10 ③ 11 ③

해설
- 규소강판 = 히스테리시스손 감소
- 성층철심 = 와류손 감소

12

3상 유도전동기의 1차 입력 60[W], 1차 손실 1[kW], 슬립 3[%]일 때 기계적 출력[kW]은?

① 62　　② 60
③ 59　　④ 57

해설
전력변환 기계적인 출력
$P_0=(1-s)P_2=(1-0.03)\times 60-1=57$

13

2차 전압 200[V], 2차 권선저항 0.03[Ω], 2차 리액턴스 0.04[Ω]인 유도전동기가 3[%]의 슬립으로 운전 중이라면 2차 전류[A]는?

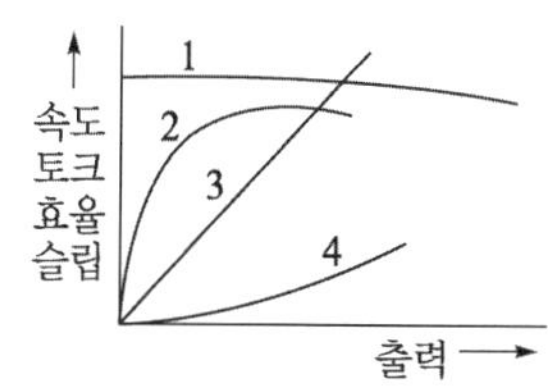

① 20　　② 100
③ 200　　④ 254

해설
2차 전류 $I_2=\dfrac{E_2}{\sqrt{\left(\dfrac{r_2}{s}\right)^2+X_2^2}}=\dfrac{200}{\sqrt{\left(\dfrac{0.03}{0.03}\right)^2+0.04^2}}=200$[A]

14

복권 발전기의 병렬 운전을 안전하게 하기 위해서 두 발전기의 전기자와 직권 권선의 접속점에 연결하여야 하는 것은?

① 집전환　　② 균압선
③ 안정저항　　④ 브러시

해설
균압선 : 직권–복권의 경우 병렬 운전할 경우 안정운전을 위해 균압선을 사용한다.

15

브흐홀쯔 계전기로 보호되는 기기는?

① 발전기　　② 변압기
③ 전동기　　④ 회전변류기

해설
브흐홀쯔 계전기는 변압기의 내부고장을 보호한다.

16

직류 전동기의 전기적 제동법이 아닌 것은?

① 발전제동　　② 회생제동
③ 역전제동　　④ 저항제동

해설
전동기 제동법 : 발전제동, 회생제동, 역전제동

17

출력 10[kW], 슬립 4[%]로 운전되고 있는 3상 유도전동기의 2차 동손은 약 몇 [W]인가?

① 250　　② 315
③ 417　　④ 620

해설
2차 동손
$P_{c2}=sP_2$　　$P_0=(1-s)P_2$
$\dfrac{10,000}{1-0.04}=10,416$　　$10,416\times 0.04=417$[W]

정답 12 ④ 13 ③ 14 ② 15 ② 16 ④ 17 ③

제2과목 ✦ 전기기기

18

동기 발전기의 병렬 운전 중 기전력의 위상차가 생기면 어떤 현상이 나타나는가?

① 전기자 반작용이 발생한다.
② 동기화 전류가 흐른다.
③ 단락사고가 발생한다.
④ 무효 순환전류가 흐른다.

해설

발전기 병렬 운전조건
기전력의 위상차가 생긴 경우 유효 순환전류(동기화 전류)가 흐른다.

19

단상 유도전동기 기동장치에 의한 분류가 아닌 것은?

① 분상 기동형 ② 콘덴서 기동형
③ 세이딩 코일형 ④ 회전계자형

해설

단상 유도전동기
• 반발 기동형 • 콘덴서 기동형
• 분상 기동형 • 세이딩 코일형

20

직류 발전기 전기자의 주된 역할은?

① 기전력을 유도한다.
② 자속을 만든다.
③ 정류작용을 한다.
④ 회전자와 외부회로를 접속한다.

해설

발전기의 전기자 : 계자에서 발생된 자속을 끊어 기전력을 유도시킨다.

2013년 2회 기출문제

01

동기전동기를 송전선의 전압 조정 및 역률 개선에 사용한 것을 무엇이라 하는가?

① 동기 이탈 ② 동기조상기
③ 댐퍼 ④ 제동권선

해설

동기조상기(동기전동기) : 송전선의 역률 개선 시 사용

02

변압기의 자속에 관한 설명으로 옳은 것은?

① 전압과 주파수에 반비례한다.
② 전압과 주파수에 비례한다.
③ 전압에 반비례하고 주파수에 비례한다.
④ 전압에 비례하고 주파수에 반비례한다.

03

직류전동기의 전기자에 가지는 단자전압을 변화하여 속도를 조정하는 제어법이 아닌 것은?

① 워드레오나드 방식 ② 일그너 방식
③ 직 · 병렬 제어 ④ 계자 제어

해설

직류전동기의 제어법
• 전압 제어(워드레오너드 방식, 일그너 방식, 직병렬 제어)
• 계자 제어
• 저항 제어

정답 18 ② 19 ④ 20 ① / 01 ② 02 ④ 03 ④

04

직류전동기 운전 중에 있는 기동 저항기에서 정전이 되거나 전원 전압이 저하되었을 때 핸들을 기동 위치에 두어 전압이 회복될 때 재기동할 수 있도록 역할을 하는 것은?

① 무전압계전기 ② 계자제어기
③ 기동저항기 ④ 과부하개방기

05

다음 중 거리 계전기의 설명으로 틀린 것은?

① 전압과 전류의 크기 및 위상차를 이용한다.
② 154[kV] 계통 이상의 송전선로 후비 보호를 한다.
③ 345[kV] 변압기의 후비 보호를 한다.
④ 154[kV] 및 345[kV] 모선 보호에 주로 사용된다.

06

전압을 일정하게 유지하기 위해서 이용되는 다이오드는?

① 발광 다이오드 ② 포토 다이오드
③ 제너 다이오드 ④ 바리스터 다이오드

해설

제너 다이오드 : 정전압 정류작용에 이용된다.

07

동기임피던스 5[Ω]인 2대의 3상 동기발전기의 유도기전력에 100[V]의 전압 차이가 있다면 무효순환전류[A]는?

① 10 ② 15
③ 20 ④ 25

해설

무효순환전류 $I=\frac{E_r}{2Z_s}=\frac{100}{2\times5}=10$

08

3상 66,000[kVA], 22,900[V] 터빈 발전기의 정격전류는 약 몇 [A]인가?

① 8,764 ② 3,367
③ 2,882 ④ 1,664

해설

발전기의 정격전류

$P=\sqrt{3}VI$

$I=\frac{P}{\sqrt{3}V}=\frac{66,000\times10^3}{\sqrt{3}\times22,900}=1,664[A]$

09

변압기의 권선 배치에서 저압 권선을 철심에 가까운 쪽에 배치하는 이유는?

① 전류 용량 ② 절연 문제
③ 냉각 문제 ④ 구조상 편의

해설

일반적으로 변압기 권선 배치의 경우 저압 권선을 철심에 가까운 쪽에 배치하는 이유는 절연성능을 향상시키기 위함이다.

10

6극 36슬롯 3상 동기 발전기의 매극매상당 슬롯수는?

① 2 ② 3
③ 4 ④ 5

해설

슬롯수 $=\frac{\text{전슬롯수}}{\text{상수}\times\text{극수}}=\frac{36}{6\times3}=2$

정답 04 ① 05 ④ 06 ③ 07 ① 08 ④ 09 ② 10 ①

11

동기속도 3,600[rpm], 주파수 60[Hz]의 동기 발전기의 극수는?

① 2극　② 4극
③ 6극　④ 8극

해설
동기기의 극수
• 2극 3,600[rpm]　• 4극 1,800[rpm]
• 6극 1,200[rpm]　• 8극 900[rpm]

12

다음 중 2단자 사이리스터가 아닌 것은?

① SCR　② DIAC
③ SSS　④ Diode

해설
SCR의 경우 단방향 3단자 소자이다.

13

유도 전동기에 기계적 부하를 걸었을 때 출력에 따라 속도, 토크, 효율, 슬립 등의 변화를 나타낸 출력특성 곡선에서 슬립을 나타내는 곡선은?

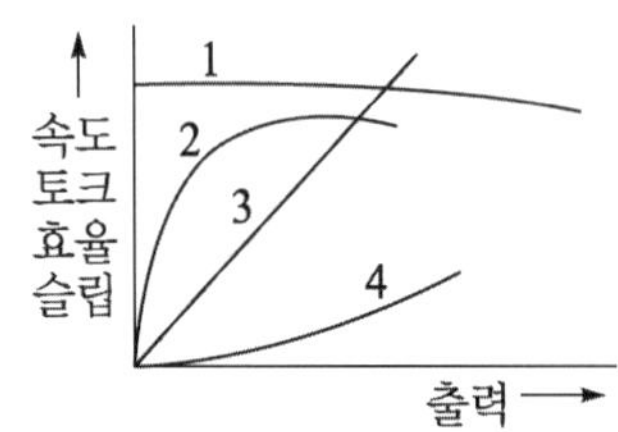

① 1　② 2
③ 3　④ 4

14

직류 직권 전동기의 회전수(N)와 토크(τ)와의 관계는?

① $\tau \propto \frac{1}{N}$　② $\tau \propto \frac{1}{N^2}$
③ $\tau \propto N$　④ $\tau \propto N^2$

해설
직권 전동기 $\tau \propto I^2 \propto \frac{1}{N^2}$

15

변압기를 운전하는 경우 특성의 악화, 온도상승에 수반되는 수명의 저하, 기기의 소손 등의 이유 때문에 지켜야 할 정격이 아닌 것은?

① 정격전류　② 정격전압
③ 정격저항　④ 정격용량

16

변압기 절연내력 시험 중 권선의 층간 절연시험은?

① 충격전압 시험　② 무부하 시험
③ 가압 시험　④ 유도 시험

해설
변압기 절연내력 시험법 = 유도 시험

17

직류발전기에서 전압정류의 역할을 하는 것은?

① 보극　② 탄소브러쉬
③ 전기자　④ 리액턴스 코일

정답 11 ① 12 ① 13 ④ 14 ② 15 ③ 16 ④ 17 ①

해설

직류기의 전압정류 = 보극
저항정류 = 탄소브러쉬

18

직류 복권 발전기의 직권 계자권선은 어디에 설치되어 있는가?

① 주자극 사이에 설치
② 분권 계자권선과 같은 철심에 설치
③ 주자극 표면에 홈을 파고 설치
④ 보극 표면에 홈을 파고 설치

해설

직류 복권 발전기의 직권 계자권선은 분권 계자권선과 같은 철심에 설치한다.

19

가정용 선풍기나 세탁기 등에 많이 사용되는 단상 유도 전동기는?

① 분상 기동형
② 콘덴서 기동형
③ 영구 콘덴서 전동기
④ 반발 기동형

20

변압기 내부고장에 대한 보호용으로 가장 많이 사용되는 것은?

① 과전류 계전기 ② 차동 임피던스
③ 비율차동 계전기 ④ 반발 기동형

해설

변압기 보호 계전기 : 부흐홀쯔 계전기, 비율차동 계전기

2013년 3회 기출문제

01

상전압이 300[V]의 3상 반파 정류회로의 직류 전압은 약 몇 [V]인가?

① 520[V] ② 350[V]
③ 260[V] ④ 50[V]

해설

3상 반파 $E = 1.17E = 1.17 \times 300 = 350[\text{V}]$

02

전기기기의 냉각 매체로 활용하지 않는 것은?

① 물 ② 수소
③ 공기 ④ 탄소

03

아크 용접용 변압기가 일반 전력용 변압기와 다른 점은?

① 권선의 저항이 크다.
② 누설 리액턴스가 크다.
③ 효율이 높다.
④ 역률이 좋다.

해설

아크 용접용 변압기 : 누설 리액턴스가 크고, 전압변동률이 크다.

정답 18 ② 19 ③ 20 ③ / 01 ② 02 ④ 03 ②

04

용량이 작은 전동기로 직류와 교류를 겸용할 수 있는 전동기는?

① 셰이딩전동기
② 단상반발전동기
③ 단상 직권 정류자 전동기
④ 리니어전동기

05

그림과 같은 전동기 제어회로에서 전동기 M의 전류 방향으로 올바른 것은? (단, 전동기의 역률은 100[%]이고, 사이리스터의 점호각은 0°라고 본다.)

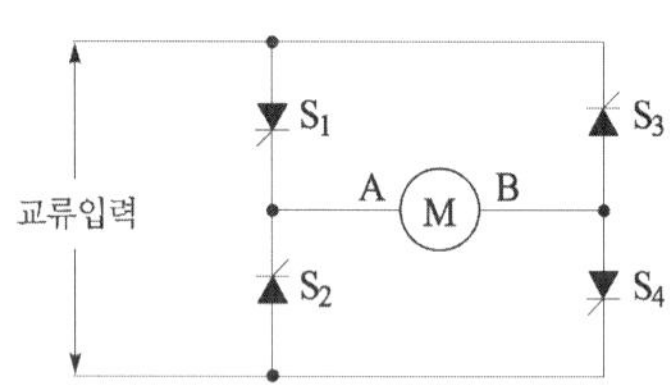

① 항상 "A"에서 "B"의 방향
② 항상 "B"에서 "A"의 방향
③ 입력의 반주기마다 "A"에서 "B"의 방향, "B"에서 "A"의 방향
④ S_1과 S_4, S_2와 S_3의 동작 상태에 따라 "A"에서 "B"의 방향, "B"에서 "A"의 방향

06

P형 반도체의 전기 전도의 주된 역할을 하는 반송자는?

① 전자 ② 정공
③ 가전자 ④ 5가불순물

해설
P형 반도체의 주된 반송자 = 정공

07

단상 유도전동기에 보조권선을 사용하는 주된 이유는?

① 역률개선을 한다. ② 회전자장을 얻는다.
③ 속도제어를 한다. ④ 기동 전류를 줄인다.

해설
단상 유도전동기의 보조권선의 역할은 회전자장을 얻을 수 있다.

08

동기전동기의 부하각(load angle)은?

① 공급전압 V와 역기전압 E와 위상각
② 역기전압 E와 부하전류 I와의 위상각
③ 공급전압 V와 부하전류 I와의 위상각
④ 3상 전압의 상전압과 선간전압과의 위상각

해설
동기전동기의 부하각은 공급전압과 역기전력과의 위상각을 나타낸다.

09

동기 전동기의 계자 전류를 가로축에, 전기자 전류를 세로축으로 하여 나타낸 V 곡선에 관한 설명으로 옳지 않은 것은?

① 위상 특성 곡선이라 한다.
② 부하가 클수록 V곡선은 아래쪽으로 이동한다.
③ 곡선의 최저점은 역률 1에 해당한다.
④ 계자 잔류를 조정하여 역률을 조정할 수 있다.

해설
V곡선은 위쪽으로 이동한다.

정답 04 ③ 05 ① 06 ② 07 ② 08 ① 09 ②

10

다음 중 전력 제어용 반도체 소자가 아닌 것은?

① LED　② TRIAC
③ GTO　④ IGBT

해설

LED는 발광소자이다.

11

수전단 발전소용 변압기 결선에 주로 사용하고 있으며 한쪽은 중성점을 접지할 수 있고 다른 한쪽은 3고조파에 의한 영향을 없애주는 장점을 가지고 있는 3상 결선 방식은?

① Y-Y　② △-△
③ Y-△　④ V

해설

Y-△ : 중성점을 접지할 수 있으며 3고조파를 제거할 수 있다.

12

동기 발전기의 병렬 운전 시 원동기에 필요한 조건으로 구성된 것은?

① 균일한 각속도와 기전력의 파형이 같을 것
② 균일한 각속도와 적당한 속도 조정률을 가질 것
③ 균일한 주파수와 적당한 속도 조정률을 가질 것
④ 균일한 주파수와 적당한 파형이 같을 것

해설

동기 발전기의 병렬 운전 조건
- 크기가 같을 것
- 위상이 같을 것
- 주파수가 같을 것
- 파형이 같을 것

13

단락비가 1.2인 동기발전기의 %동기 임피던스는 약 몇 [%]인가?

① 68　② 83
③ 100　④ 120

해설

단락비 $K_s = \frac{1}{\%Z_s} = \frac{1}{1.2} = 0.83 = 83[\%]$

14

직류 전동기에서 무부하가 되면 속도가 대단히 높아져서 위험하기 때문에 무부하 운전이나 벨트를 연결한 운전을 해서는 안 되는 전동기는?

① 직권 전동기　② 복권 전동기
③ 타여자 전동기　④ 분권 전동기

해설

직권 전동기 : 무부하가 되면 속도가 대단히 높아져서 위험하기 때문에 무부하 운전이나 벨트를 연결한 운전을 해서는 안 된다.

15

권선형 유도전동기 기동 시 회전자 측에 저항을 넣는 이유는?

① 기동 전류 증가
② 기동 토크 감소
③ 회전수 감소
④ 기동 전류 억제와 토크 증대

해설

권선형 유도전동기 : 기동 시 저항을 넣는 이유는 기동 토크를 크게 할 수 있으며, 기동 전류를 줄일 수 있다.

정답 10 ① 11 ③ 12 ④ 13 ② 14 ① 15 ④

16

15[kW], 50[Hz], 4극의 3상 유도전동기가 있다. 전부하가 걸렸을 때의 슬립이 4[%]라면 이때의 2차(회전자) 측 동손은 약 몇 [kW]인가?

① 1.2　　② 1.0
③ 0.8　　④ 0.6

해설

2차 동손

$$P_{c2} = \left(\frac{s}{1-s}\right)P_0 = \left(\frac{0.04}{1-0.04}\right) \times 15 = 0.625[\text{kW}]$$

17

보호를 요하는 회로의 전류가 어떤 일정한 값(정정값) 이상으로 흘렀을 때 동작하는 계전기는?

① 과전류 계전기　　② 과전압 계전기
③ 차동 계전기　　④ 비율 차동 계전기

해설

과전류 계전기 : 회로의 전류가 일정치 이상값으로 흘렀을 경우 동작한다.

18

변압기유가 구비해야 할 조건으로 틀린 것은?

① 점도가 낮을 것　　② 인화점이 높을 것
③ 응고점이 높을 것　　④ 절연내력이 클 것

해설

변압기 절연유 구비조건
- 절연내력이 클 것
- 인화점은 높고 응고점은 낮을 것
- 점도는 낮을 것

19

직류 분권 발전기의 병렬운전의 조건에 해당되지 않는 것은?

① 극성이 같을 것
② 단자전압이 같을 것
③ 외부특성곡선이 수하특성일 것
④ 균압모선을 접속할 것

해설

직류기의 병렬운전조건
- 극성이 같을 것
- 단자전압이 같을 것
- 외부특성 곡선이 수하특성일 것

정답 16 ④ 17 ① 18 ③ 19 ④

2013년 4회 기출문제

01

다음 중 기동 토크가 가장 큰 전동기는?

① 분상기동형 ② 콘덴서기동형
③ 세이딩코일형 ④ 반발기동형

해설
단상 유도전동기 기동 토크의 대소관계
반발기동 > 콘덴서기동 > 분상기동 > 세이딩코일형

02

변압기에서 철손은 부하전류와 어떤 관계인가?

① 부하전류에 비례한다.
② 부하전류의 자승에 비례한다.
③ 부하전류에 반비례한다.
④ 부하전류와 관계없다.

해설
철손의 경우 부하전류와 관계없이 항상 일정한 고정손이다.

03

$e=\sqrt{2}E\sin\omega t$[V]의 정현파 전압을 가했을 때 직류 평균값 $E_{d0}=0.45E$[V]인 회로는?

① 단상 반파 정류회로 ② 단상 전파 정류회로
③ 3상 반파 정류회로 ④ 3상 전파 정류회로

해설
- 단상 반파 정류회로 $E_d=0.45E$[V]
- 단상 전파 정류회로 $E_d=0.9E$[V]

04

직류 발전기 중 무부하 전압과 전부하 전압이 같도록 설계된 직류 발전기는?

① 분권 발전기 ② 직권 발전기
③ 평복권 발전기 ④ 차동복권 발전기

해설
평복권 발전기는 무부하 전압과 전부하 전압이 같다.

05

변압기의 백분율 저항강하가 2[%], 백분율 리액턴스 강하가 3[%]일 때 부하 역률이 0.8인 변압기의 전압 변동률[%]은?

① 1.2 ② 2.4 ③ 3.4 ④ 3.6

해설
변압기의 전압변동률
$\epsilon=p\cos\theta+q\sin\theta=2\times0.8+3\times0.6=3.4[\%]$

06

슬립 4[%]인 3상 유도전동기의 2차 동손이 0.4[kW]일 때 회전자 입력[kW]는?

① 6 ② 8 ③ 10 ④ 12

해설
출력 $P_0=\left(\frac{1-s}{s}\right)P_{c2}=\left(\frac{1-0.04}{0.04}\right)\times0.4=9.6[\text{kW}]$
입력=출력+동손 $=9.6+0.4=10[\text{kW}]$

07

6,600/220[V]인 변압기의 1차에 2,850[V]를 가하면 2차 전압[V]는?

① 90 ② 95 ③ 120 ④ 105

해설
$V_2=\frac{V_1}{a}=\frac{2,850}{30}=95[\text{V}]$

정답 01 ④ 02 ④ 03 ① 04 ③ 05 ③ 06 ③ 07 ②

08

세이딩코일형 유도전동기의 특징을 나타낸 것으로 틀린 것은?

① 역률과 효율이 좋고 구조가 간단하며 세탁기 등 가정용기기에 많이 쓰인다.
② 회전자는 농형이고 고정자는 성층철심은 몇 개의 돌극으로 되어 있다.
③ 기동 토크가 작고 출력이 수 10[kW] 이하의 소형 전동기에 주로 사용된다.
④ 운전 중에도 세이딩코일에 전류가 흐르고 속도변동률이 크다.

09

다음 중 제동권선에 의한 기동토크를 이용하여 동기전동기를 기동시키는 방법은?

① 저주파 기동법　② 고주파 기동법
③ 기동 전동기법　④ 자기 기동법

해설
- 자기동법 : 제동권선
- 타전동기법 : 유도전동기

10

동기 발전기의 병렬운전 중에 기전력의 위상차가 생기면?

① 위상이 일치하는 경우보다 출력이 감소한다.
② 부하 분담이 변한다.
③ 무효 순환전류가 흘러 전기자 권선이 과열된다.
④ 동기화력이 생겨 두 기전력의 위상이 동상이 되도록 작용한다.

해설
동기 발전기의 병렬운전조건
기전력의 위상차가 생길 경우 동기화력이 발생한다.

11

유도전동기의 동기속도 n_s, 회전속도 n일 때 슬립은?

① $s=\frac{n_s \quad n}{n}$　② $s=\frac{n-n_s}{n}$
③ $s=\frac{n_s-n}{n_s}$　④ $s=\frac{n_s+n}{n_s}$

해설
슬립 $s=\frac{n_s-n}{n_s}$

12

직류 전동기의 제어에 널리 응용되는 직류 – 직류 전압 제어장치는?

① 인버터　② 컨버터
③ 초퍼　④ 전파정류

13

보호구간에 유입하는 전류와 유출하는 전류의 차에 의해 동작하는 계전기는?

① 비율차동 계전기　② 거리 계전기
③ 방향 계전기　④ 부족전압 계전기

14

3상 유도전동기의 회전방향을 바꾸기 위한 방법으로 가장 옳은 것은?

① △-Y 결선으로 결선법을 바꾸어 준다.
② 전원의 전압과 주파수를 바꾸어 준다.
③ 전동기의 1차 권선에 있는 3개의 단자 중 어느 2개의 단자를 서로 바꾸어 준다.
④ 기동보상기를 사용하여 권선을 바꾸어 준다.

정답 08 ① 09 ④ 10 ④ 11 ③ 12 ③ 13 ① 14 ③

해설

3상 유도전동기의 회전방향을 바꾸는 가장 좋은 방법은 전원 3선 중 두 선의 접속을 바꾸어 제동한다.

15

직류 발전기의 정류를 개선하는 방법 중 틀린 것은?

① 코일의 자기 인덕턴스가 원인이므로 접촉저항이 작은 브러시를 사용한다.
② 보극을 설치하여 리액턴스 전압을 감소시킨다.
③ 보극 권선은 전기자 권선과 직렬로 접속한다.
④ 브러시를 전기적 중성 축을 지나서 회전방향으로 약간 이동시킨다.

해설

정류를 개선하기 위해서는 접촉저항이 큰 브러시를 사용한다.

16

동기전동기에 대한 설명으로 옳지 않은 것은?

① 정속도 전동기로 비교적 회전수가 낮고 큰 출력이 요구되는 부하에 이용된다.
② 난조가 발생하기 쉽고 속도제어가 간단하다.
③ 전력계통의 전류세기, 역률 등을 조정할 수 있는 동기조상기로 사용된다.
④ 가변 주파수에 의해 정밀속도 제어 전동기로 사용된다.

해설

동기 전동기는 속도제어가 불가능하다.

17

전기자 저항이 0.2[Ω], 전류 100[A], 전압 120[V]일 때 분권 전동기의 발생 동력[kW]은?

① 5 ② 10
③ 14 ④ 20

해설

기계적인 출력 $P = EI_a = 100 \times 100 = 10,000[W]$

$E = V - I_a R_a = 120 - 100 \times 0.2 = 100[V]$

18

직류전동기의 속도 제어에서 자속을 2배로 하면 회전수는?

① 1/2로 줄어든다. ② 변함이 없다.
③ 2배로 증가한다. ④ 4배로 증가한다.

해설

직류 전동기의 자속과 회전수는 반비례하므로 1/2배가 된다.

19

3상 변압기의 병렬운전이 불가능한 결선 방식으로 짝지은 것은?

① △-△와 Y-Y ② △-Y와 △-Y
③ Y-Y와 Y-Y ④ △-△와 △-Y

20

동기발전기의 공극이 넓을 때의 설명으로 잘못된 것은?

① 안정도가 증대된다. ② 단락비가 크다.
③ 여자전류가 크다. ④ 전압변동이 크다.

해설

동기발전기의 공극이 넓을 경우 전압변동이 작다.

정답 15 ① 16 ② 17 ② 18 ① 19 ④ 20 ④

전기기기 2014년 기출문제

2014년 1회 기출문제

01

계전기가 설치된 위치에서 고장점까지의 임피던스에 비례하여 동작하는 보호계전기는?

① 방향단락 계전기 ② 거리 계전기
③ 과전압 계전기 ④ 단락회로 선택 계전기

해설
거리 계전기 : 전압과 전류의 크기 및 위상차를 이용, 고장점까지의 거리를 측정하는 계전기로 송전 선로의 단락 보호에 적합하며 후비보호에 사용된다.

02

동기 발전기의 난조를 방지하는 가장 유효한 방법은?

① 회전자의 관성을 크게 한다.
② 제동권선을 자극면에 설치한다.
③ X_s를 작게 하고 동기화력을 크게 한다.
④ 자극수를 적게 한다.

해설
난조를 방지하기 위해 회전자극의 극편에 홈을 파고, 유도전동기의 농형 권선과 같이 권선을 설치한 구조를 제동권선(Damper Winding)이라 하며 난조 방지에 가장 효율이 높다.

03

직류발전기에서 계자의 주된 역할은?

① 기전력을 유도한다.
② 자속을 만든다.
③ 정류작용을 한다.
④ 정류자면에 접촉한다.

해설
- 계자 : 주자속을 발생하는 부분
- 전기자 : 기전력을 유기하는 부분
- 정류자 : 전기자에 의해 발전된 기전력을 직류로 변환하는 부분
- 브러시 : 내부회로와 외부회로를 전기적으로 연결하는 부분

04

다음은 3상 유도전동기 고정자 권선의 결선도를 나타낸 것이다. 맞는 사항을 고르면?

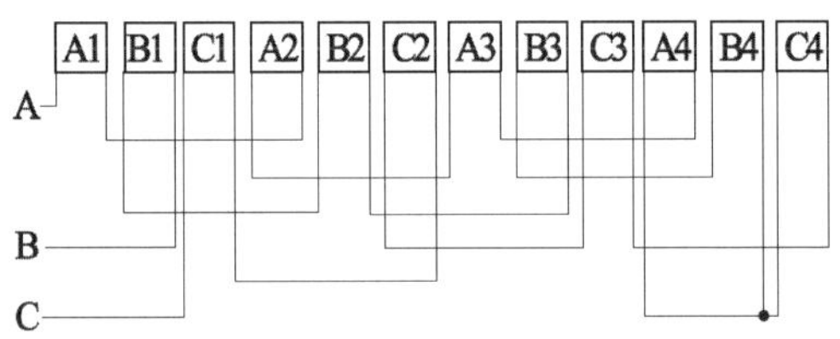

① 3상 2극, Y결선
② 3상 4극, Y결선
③ 3상 2극, △결선
④ 3상 4극, △결선

해설
3상(A, B, C) 4극(1, 2, 3, 4)이 하나의 접점에 연결되어 있으므로 Y결선

05

3상 동기 전동기의 토크에 대한 설명으로 옳은 것은?

① 공급전압 크기에 비례한다.
② 공급전압 크기의 제곱에 비례한다.
③ 부하각 크기에 반비례한다.
④ 부하각 크기의 제곱에 비례한다.

정답 01 ② 02 ② 03 ② 04 ② 05 ①

해설

$$\tau = \frac{V_l E_l}{\omega x_s} \sin\delta [\text{N} \cdot \text{m}] = \tau \propto V_l$$

(V_l : 선간전압, E_l : 선간기전력, ω : 각속도, δ : 부하각)

06

직류 전동기의 특성에 대한 설명으로 틀린 것은?

① 직권전동기는 가변 속도 전동기이다.
② 분권전동기에서는 계자 회로에 퓨즈를 사용하지 않는다.
③ 분권전동기는 정속도 전동기이다.
④ 가동 복권전동기는 기동 시 역회전할 염려가 있다.

해설

차동 복권전동기는 경우에 따라서 역회전할 위험이 있는 직류 전동기이다.

07

3상 동기 발전기에서 전기자 전류와 무부하 유도기전력보다 π/2[rad] 앞선 경우(X_c만의부하)의 전기자 반작용은?

① 횡축반작용　② 증자작용
③ 감자작용　④ 편자작용

해설

동기 발전기 : 전류가 기전력보다 $\frac{\pi}{2}$ 뒤지면 감자작용, $\frac{\pi}{2}$ 앞서는 경우 증자작용을 한다.

08

송배전계통에 거의 사용되지 않는 변압기 3상 결선방식은?

① Y-△　② Y-Y
③ △-Y　④ △-△

해설

Y-Y 결선 방법 : 기전력의 파형이 제3고조파를 포함한 왜형파가 되어, 중성점 접지 시 제3고조파전류가 흘러 통신선 유도 장해를 일으키므로 거의 사용되지 않는다.

09

변압기의 퍼센트 저항강하가 3[%], 퍼센트 리액턴스 강하가 4[%]이고, 역률이 80[%] 지상이다. 이 변압기의 전압변동률[%]은?

① 3.2　② 4.8
③ 5.0　④ 5.6

해설

전압변동률 $\epsilon = p\cos\theta + q\sin\theta = 3 \times 0.8 + 4 \times 0.6 = 4.8[\%]$

10

병렬 운전 중인 두 동기 발전기의 유도 기전력이 2,000[V], 위상차 60°, 동기 리액턴스 100[Ω]이다. 유효순환전류[A]는?

① 5　② 10
③ 15　④ 20

해설

유효순환전류

$$I_c = \frac{E\sin\frac{\delta}{2}}{Z_s} = \frac{2{,}000 \times \sin\frac{60°}{2}}{100} = 10[\text{A}]$$

정답　06 ④　07 ②　08 ②　09 ②　10 ②

11

전압변동률이 적고 자여자이므로 다른 전원이 필요 없으며, 계자저항기를 사용한 전압조정이 가능하므로 전기 화학용, 전지의 충전용 발전기로 가장 적합한 것은?

① 타여자 발전기　② 직류 복권발전기
③ 직류 분권발전기　④ 직류 직권발전기

해설

직류 분권발전기 : 전압변동률이 적고, 스스로 여자하므로 별도의 여자 전원이 필요 없다. 계자저항기를 사용하여 전압을 조정할 수 있어 전기 화학 공업용 전원, 축전지의 충전용, 동기기의 여자용 및 일반 직류 전원용으로 사용된다.

12

병렬운전 중인 동기 임피던스 5[Ω]인 2대의 3상 동기발전기의 유도기전력에 200[V]의 전압 차이가 있다면 무효순환 전류[A]는?

① 5　② 10
③ 20　④ 40

해설

무효순환 전류 $I_c = \dfrac{E_1 - E_2}{2Z_s} = \dfrac{E_r}{2Z_s}$

$\therefore I_c = \dfrac{E_r}{2Z_s} = \dfrac{200}{2\times5} = 20[\text{A}]$

13

변압기 절연물의 열화 정도를 파악하는 방법으로서 적절하지 않은 것은?

① 유전정접
② 유중가스분석
③ 접지저항측정
④ 흡수전류나 잔류전류측정

해설

접지저항측정 : 접지선 및 접지극 등의 저항값을 측정하기 위한 방법이다.

14

직류 분권발전기를 동일 극성의 전압을 단자에 인가하여 전동기로 사용하면?

① 동일 방향으로 회전한다.
② 반대 방향으로 회전한다.
③ 회전하지 않는다.
④ 소손된다.

해설

동일 극성의 전압을 인가 시 전류의 방향만 반대이므로 동일한 방향으로 회전한다.

15

3상 유도전동기의 회전원리를 설명한 것 중 틀린 것은?

① 회전자의 회전속도가 증가하면 도체를 관통하는 자속수는 감소한다.
② 회전자의 회전속도가 증가하면 슬립도 증가한다.
③ 부하를 회전시키기 위해서는 회전자의 속도는 동기속도 이하로 운전되어야 한다.
④ 3상 교류전압을 고정자에 공급하면 고정자 내부에서 회전 자기장이 발생된다.

해설

$s = \dfrac{n_s - n}{n_s}$

(슬립은 회전자의 회전속도가 증가할수록 작아진다.)

정답 11 ③ 12 ③ 13 ③ 14 ① 15 ②

16

다음 중 턴오프(소호)가 가능한 소자는?

① GTO ② TRIAC
③ SCR ④ LASCR

해설

GTO : 자기소호기능이 없는 SCR의 단점을 보안한 것으로 게이트에 흐르는 전류를 점호할 때의 반대 방향의 전류를 흐르게 함으로써 임의로 소호시킬 수 있다.

17

권수비 30인 변압기의 저압 측 전압이 8[V]인 경우 극성 시험에서 가극성과 감극성의 전압 차이는 몇 [V]인가?

① 24 ② 16
③ 8 ④ 4

해설

고압 측을 V_H, 저압 측을 V_L
감극성인 경우 : $V_1 = V_H - V_L$
가극성인 경우 : $V_2 = V_H + V_L$
∴ 전압차 $V = V_2 - V_1 = V_H + V_L - (V_H - V_L)$
$= 2V_L = 2 \times 8 = 16[V]$

18

2극의 직류발전기에서 코일변의 유효길이 l[m], 공극의 평균자속밀도 B[Wb/m²], 주변속도 v[m/s]일 때 전기자 도체 1개에 유도되는 기전력의 평균값 e[V]은?

① $e = Blv[V]$
② $e = \sin\omega t[V]$
③ $e = 2B\sin\omega t[V]$
④ $e = v^2Bl[V]$

해설

플레밍의 오른손 법칙에 의해 코일에 발생되는 기전력
$e = Blv[V]$

19

인버터(inverter)란?

① 교류를 직류로 변환
② 직류를 교류로 변환
③ 교류를 교류로 변환
④ 직류를 직류로 변환

해설

인버터 : 직류(DC)를 교류(AC)로 변환

정답 16 ① 17 ② 18 ① 19 ②

2014년 2회 기출문제

01

복잡한 전기회로를 등가 임피던스를 사용하여 간단히 변화시킨 회로는?

① 유도회로 ② 전개회로
③ 등가회로 ④ 단순회로

해설
등가회로 : 등가 임피던스를 사용하여 간단히 변화시킨 회로

02

3상 100[kVA], 13,200/200[V] 변압기의 저압 측 선전류의 유효분은 약 몇 [A]인가? (단, 역률은 80%이다.)

① 100 ② 173
③ 230 ④ 260

해설
저압 측 선전류 $I_2 = \frac{P}{\sqrt{3}\,V_2} = \frac{100 \times 10^3}{\sqrt{3} \times 200} = 288.68[\text{A}]$

$\therefore\ I = I_2 \cos\theta = 288.68 \times 0.8 = 230.94[\text{A}]$

03

3상 유도전동기의 1차 입력 60[kW], 1차 손실 1[kW], 슬립 3[%]일 때 기계적 출력은 약 몇 [kW]인가?

① 57 ② 75
③ 95 ④ 100

해설
$P_2 = P_1 - P_{l1} = 60 - 1 = 59[\text{kW}]$

$\therefore\ P_0 = (1-s)P_2 = (1-0.03) \times 59 = 57.23[\text{kW}]$

04

동기발전기에서 비돌극기의 출력이 최대가 되는 부하각(power angle)은?

① 0° ② 45° ③ 90° ④ 180°

해설
동기발전기의 출력 $P_s = \frac{E_l V_l}{Xs}\sin\delta$에서 $\sin 90° = 1$이므로

δ(부하각)$= 90°$일 때 최대가 된다.

05

3상 동기발전기 병렬 운전 조건이 아닌 것은?

① 전압의 크기가 같을 것
② 회전수가 같을 것
③ 주파수가 같을 것
④ 전압 위상이 같을 것

해설
동기발전기의 병렬 운전 조건
- 기전력의 크기가 같을 것
- 상회전이 일치하고, 기전력이 동위상일 것
- 기전력과 주파수가 같을 것
- 기전력과 파형이 같을 것

06

직류발전기에서 급전선의 전압강하 보상용으로 사용되는 것은?

① 분권기 ② 직권기
③ 과복권기 ④ 차동복권기

해설
과복권 발전기 : 가동 복권 발전기에서 직권 계자 권선의 기자력을 더 많게 하여 부하 전류 증대에 따른 전압강하보다 부하 시의 전압을 더 크게 하여 전압 변동률을 (−)로 설계한 발전기

정답 01 ③ 02 ③ 03 ① 04 ③ 05 ② 06 ③

07

통전 중인 사이리스터를 턴 오프(turn off)하려면?

① 순방향 Anode 전류를 유지전류 이하로 한다.
② 순방향 Anode 전류를 증가시킨다.
③ 게이트 전압을 0 또는 −로 한다.
④ 역방향 Anode 전류를 통전한다.

해설
유지전류 : 게이트 개방 상태에서 SCR이 도통되고 있을 때 그 상태를 유지하기 위한 최소의 순전류이며 유지전류 이하로 되면 턴 오프된다.

08

그림과 같은 전동기 제어회로에 대한 설명으로 잘못된 것은?

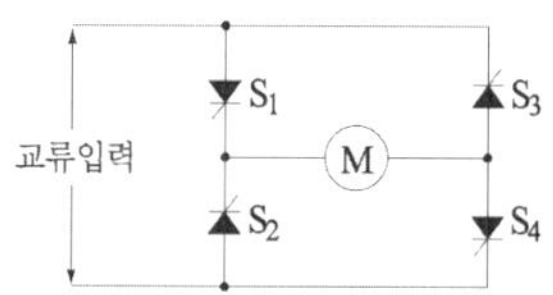

① 교류를 직류로 변환한다.
② 주파수를 변환하는 회로이다.
③ 사이리스터 위상제어 회로이다.
④ 전파 정류회로이다.

해설
사이리스터 위상제어를 이용한 전파 정류회로 정지 사이리스터 회로에 의해 전원 주파수와 다른 주파수의 전력으로 변환시키는 집적 회로 장치를 사이클로 컨버터라고 한다.

09

전기기계의 철심을 규소강판으로 성층하는 이유는?

① 동손 감소 ② 기계손 감소
③ 철손 감소 ④ 제작이 용이

해설
철손은 규소강판을 성층하면 철손(히스테리시스손과 와류손)이 경감한다.

10

동기 검정기로 알 수 있는 것은?

① 전압의 크기 ② 전압의 위상
③ 전류의 크기 ④ 주파수

해설
2개의 교류전원의 주파수와 위상이 일치하고 있는가를 검출하는 장치를 말한다.

11

변압기의 규약 효율은?

① $\dfrac{\text{출력}}{\text{입력}}$ ② $\dfrac{\text{출력}}{\text{출력}+\text{손실}}$
③ $\dfrac{\text{출력}}{\text{입력}+\text{손실}}$ ④ $\dfrac{\text{입력}-\text{손실}}{\text{입력}}$

해설
변압기의 규약 효율 $\eta = \dfrac{\text{출력}}{\text{출력}+\text{손실}} \times 100[\%]$

12

직류발전기에서 자속을 만드는 부분은 어느 것인가?

① 계자철심 ② 정류자
③ 브러시 ④ 공극

해설
계자 : 주자속을 발생하는 부분으로 계철, 계자철심, 자극편 및 계자권선으로 구성

정답 07 ① 08 ② 09 ③ 10 ② 11 ② 12 ①

13

전동기의 제동에서 전동기가 가지는 운동에너지를 전기에너지로 변화시키고 이것을 전원에 환원시켜 전력을 회생시킴과 동시에 제동하는 방법은?

① 발전제동(dynamic braking)
② 역전제동(plugging braking)
③ 맴돌이전류제동(eddy current braking)
④ 회생제동(regenerative braking)

해설
회생제동 : 운전 중인 전동기를 전원에서 분리하면 발전기로 동작한다. 이때 발생된 전력을 제동용 전원으로 사용하면 회생제동이라 한다.

14

변압기 명판에 표시된 정격에 대한 설명으로 틀린 것은?

① 변압기의 정격출력 단위는 kW이다.
② 변압기 정격은 2차 측을 기준으로 한다.
③ 변압기의 정격은 용량, 전류, 전압, 주파수 등으로 결정된다.
④ 정격이란 정해진 규정에 적합한 범위 내에서 사용할 수 있는 한도이다.

해설
변압기의 정격출력 단위 : [kVA]

15

보호계전기 시험을 하기 위한 유의사항이 아닌 것은?

① 시험회로 결선 시 교류와 직류 확인
② 시험회로 결선 시 교류의 극성 확인
③ 계전기 시험 장비의 오차 확인
④ 영점의 정확성 확인

해설
교류는 극성을 확인할 필요가 없다.

16

다음 설명 중 틀린 것은?

① 3상 유도 전압조정기의 회전자 권선은 분로권선이고, Y결선으로 되어 있다.
② 디프 슬롯형 전동기는 냉각효과가 좋아 기동 정지가 빈번한 중·대형 저속기에 적당하다.
③ 누설 변압기가 네온사인이나 용접기의 전원으로 알맞은 이유는 수하특성 때문이다.
④ 계기용 변압기의 2차 표준은 110/220[V]로 되어 있다.

해설
계기용 변압기의 2차 표준 : 110[V]
변류기의 2차 표준 : 5[A]

17

직류 전동기의 출력이 50[kW], 회전수가 1,800[rpm]일 때 토크는 약 몇 [kg·m]인가?

① 12　　② 23
③ 27　　④ 31

해설
토크 $T = 0.975 \times \frac{P}{N}$[kg·m]

$\therefore T = 0.975 \times \frac{50 \times 10^3}{1,800} = 27.08$[kg·m]

정답 13 ④ 14 ① 15 ② 16 ④ 17 ③

18

다음 중 정속도 전동기에 속하는 것은?

① 유도 전동기
② 직권 전동기
③ 분권 전동기
④ 교류 정류자 전동기

해설

분권 전동기는 $N=\dfrac{V-I_aR_a}{K_1\Phi}\propto(V-I_aR_a)$의 식에 의해 속도는 부하가 증가할수록 감소하는 특성을 가지나 이 감소는 크지 않으므로 타여자 전동기와 같이 정속도 특성을 나타낸다.

19

다음 사이리스터 중 3단자 형식이 아닌 것은?

① SCR　② GTO
③ DIAC　④ TRIAC

해설

DIAC은 2단자 형식이다.

20

유도전동기에서 슬립이 가장 큰 경우는?

① 기동시　② 무부하 운전시
③ 정격부하 운전시　④ 경부하 운전시

해설

유도전동기 슬립
- 정지시(기동시) : $s=1$
- 동기속도로 회전 : $s=0$
- 슬립 s로 회전 : $0 < s < 1$

2014년 3회 기출문제

01

3상 동기전동기의 출력(P)을 부하각으로 나타낸 것은? (단, V는 1상 단자전압, E는 역기전력, X_S는 동기 리액턴스, δ는 부하각이다.)

① $P=3VE\sin\delta[\mathrm{W}]$

② $P=\dfrac{3VE\sin\delta}{X_S}[\mathrm{W}]$

③ $P=\dfrac{3VE\cos\delta}{X_S}[\mathrm{W}]$

④ $P=3VE\cos\delta[\mathrm{W}]$

해설

$P=3EI\cos\theta\fallingdotseq\dfrac{3VE\sin\delta}{X_S}[\mathrm{W}]$

02

3권선 변압기에 대한 설명으로 옳은 것은?

① 한 개의 전기회로에 3개의 자기회로로 구성되어 있다.
② 3차권선에 조상기를 접속하여 송전선의 전압조정과 역률개선에 사용된다.
③ 3차권선에 단권변압기를 접속하여 송전선의 전압조정에 사용된다.
④ 고압배전선의 전압을 10[%] 정도 올리는 승압용이다.

해설

3권선 변압기 : 한 변압기의 철심에 3개의 권선이 있는 변압기라 칭하며 Y-Y-Δ에서 Δ의 제3권선은 일반 전열등 소내용 전압 공급, 또는 조상 설비로 사용되며 제3고조파를 제거한다.

정답 18 ③ 19 ③ 20 ① / 01 ② 02 ②

03

동기 전동기의 자기 기동법에서 계자권선을 단락하는 이유는?

① 기동이 쉽다.
② 기동권선으로 이용한다.
③ 고전압 유도에 의한 절연파괴 위험을 방지한다.
④ 전기자 반작용을 방지한다.

해설

계자권선을 개방하고 전기자에 전원을 가하면 계자권선에 높은 전압이 유기되어 계자 회로가 소손될 우려가 있기 때문이다.

04

3상 380[V], 60[Hz], 4P, 슬립 5[%], 55[kW] 유도 전동기가 있다. 회전자속도는 몇 [rpm]인가?

① 1,200　　② 1,526
③ 1,710　　④ 2,280

해설

$N_s = \dfrac{120f}{p}$,　$N_s = \dfrac{120 \times 60}{4} = 1,800[\text{rpm}]$

슬립이 5[%]인 경우 회전자속도는

$N = (1-S)N_s = (1-0.0.5) \times 1,800 = 1,710[\text{rpm}]$

05

전기기계에 있어 와전류손(eddy current loss)을 감소하기 위한 적합한 방법은?

① 규소강판에 성층철심을 사용한다.
② 보상권선을 설치한다.
③ 교류전원을 사용한다.
④ 냉각 압연한다.

해설

철심을 성층하여 와류손을 감소시키며 규소를 사용하여 자기 저항을 크게 하여 와류손 및 히스테리시스손을 감소시킴

06

변압기 내부고장 시 급격한 유류 또는 Gas의 이동이 생기면 동작하는 부흐홀쯔 계전기의 설치 위치는?

① 변압기 본체
② 변압기의 고압 측 부싱
③ 컨서베이터 내부
④ 변압기 본체와 콘서베이터를 연결하는 파이프

해설

부흐홀쯔 계전기 : 변압기 내부고장으로 발생하는 기름의 분해 가스, 증기, 유류를 이용하여 부저를 움직여 계전기의 접점을 닫는 것으로 변압기의 주탱크와 콘서베이터 연결관 사이에 설치한다.

07

회전수 1,728[rpm]인 유도전동기의 슬립[%]은? (단, 공기속도는 1,800[rpm]이다.)

① 2　　② 3
③ 4　　④ 5

해설

$s = \dfrac{N_s - N}{N_s} \times 100 = \dfrac{1,800 - 1,728}{1,800} \times 100 = 4[\%]$

08

주상변압기의 고압 측에 탭을 여러 개 만드는 이유는?

① 역률 개선　　② 단자 고장 대비
③ 선로 전류 조정　　④ 선로 전압 조정

해설

전원 전압의 변동이나 부하에 의한 변압기의 2차 측 전압 변동을 보상하여 2차 전압을 일정한 값으로 유지하기 위하여 탭을 설치한다.

정답 03 ③ 04 ③ 05 ① 06 ④ 07 ③ 08 ④

09

전기 철도에 사용하는 직류전동기로 가장 적합한 전동기는?

① 분권전동기 ② 직권전동기
③ 가동 복권전동기 ④ 차동 복권전동기

해설

직권전동기는 저속에서 큰 토크를 발생 ($\tau \propto \frac{1}{N^2}$)하므로 전기 철도용 전동기 등에 사용된다.

10

50[Hz], 6극인 3상 유도전동기의 전부하에서 회전수가 955[rpm]일 때 슬립[%]은?

① 4 ② 4.5
③ 5 ④ 5.5

해설

동기속도 $N_s = \frac{120f}{P} = \frac{120 \times 50}{6} = 1{,}000$[rpm]

슬립 $s = \frac{N_s - N}{N_s} \times 100 = \frac{1{,}000 - 955}{1{,}000} \times 100 = 4.5$[%]

11

슬립이 0.05이고 전원 주파수가 60[Hz]인 유도전동기의 회전자 회로의 주파수[Hz]는?

① 1 ② 2
③ 3 ④ 4

해설

유도전동기의 회전자 주파수 f_2는 슬립에 비례한다.

$\therefore f_2 = sf1 = 0.05 \times 60 = 3$[Hz]

12

동기기에서 사용되는 절연재료로 B종 절연물의 온도상승한도는 약 몇 [℃]인가? (단, 기준온도는 공기 중에서 40[℃]이다.)

① 65 ② 75
③ 90 ④ 120

해설

B종 절연물의 최고 허용 온도는 130[℃], 기준 온도가 40[℃]면 $130 - 40 = 90$[℃]이다.

13

직류 발전기에서 전기자 반작용을 없애는 방법으로 옳은 것은?

① 브러시 위치를 전기적 중성점이 아닌 곳으로 이동시킨다.
② 보극과 보상권선을 설치한다.
③ 브러시의 압력을 조정한다.
④ 보극은 설치하되 보상권선은 설치하지 않는다.

해설

전기자 반작용을 방지하기 위해서는 보상권선을 설치하거나, 브러시를 새로운 중성점으로 이동시킨다. 이 중 가장 유효한 방법은 보상권선을 설치하는 것이다.

14

동기전동기의 여자전류를 변화시켜도 변하지 않는 것은? (단, 공급전압과 부하는 일정하다.)

① 동기속도 ② 역기전력
③ 역률 ④ 전기자 전류

해설

$N_s = \frac{120f}{P}$[rpm]이므로 동기속도와 전류와는 관계가 없다.

정답 09 ② 10 ② 11 ③ 12 ③ 13 ② 14 ①

15

직권 발전기의 설명 중 틀린 것은?

① 계자권선과 전기자권선이 직렬로 접속되어 있다.
② 승압기로 사용되며 수전 전압을 일정하게 유지하고자 할 때 사용된다.
③ 단자전압을 V, 유기 기전력을 E, 부하전류를 I, 전기자 저항 및 직권 계자저항을 각각 R_a, R_s라 할 때 $V=E+I(R_a+R_s)$[V]이다.
④ 부하전류에 의해 여자되므로 무부하시 자기여자에 의한 전압확립은 일어나지 않는다.

해설

직권 발전기의 단자전압 $V=E-I(R_a+R_s)$[V]

16

동기발전기를 회전계자형으로 하는 이유가 아닌 것은?

① 고전압에 견딜 수 있게 전기자 권선을 절연하기가 쉽다.
② 전기자 단자에 발생한 고전압을 슬립링 없이 간단하게 외부회로에 인가할 수 있다.
③ 기계적으로 튼튼하게 만드는 데 용이하다.
④ 전기자가 고정되어 있지 않아 제작비용이 저렴하다.

해설

회전계자형(전기자는 고정)을 사용하는 이유

- 전기자 권선은 전압이 높고 결선이 복잡하며, 대용량으로 되면 전류도 커지고, 3상 권선의 경우에는 4개의 도선을 인출하여야 한다.
- 계자 회로는 직류의 저압 회로이므로 소요 동력도 작으며, 인출 도선이 2개만 있어도 되기 때문이다.
- 계자극은 기계적으로 튼튼하게 만드는 데 용이하기 때문이다.
- 회전자의 관성을 크게 하여 고장시 과도 안정도를 높이기 용이하기 때문이다.

17

어떤 변압기에서 임피던스 강하가 5[%]인 변압기가 운전 중 단락되었을 때 그 단락 전류는 정격전류의 몇 배인가?

① 5　　② 20
③ 50　　④ 200

해설

$I_{1s}=\frac{100}{\%Z}I_{1n}=\frac{100}{5}\times I_{1n}=20I_{1n}$

18

다음 중 유도전동기에서 비례추이를 할 수 있는 것은?

① 출력　　② 2차 동손
③ 효율　　④ 역률

해설

비례추이 할 수 있는 특성 : 1차 전류, 2차 전류, 역률, 동기와트

19

다음 그림에 대한 설명으로 틀린 것은?

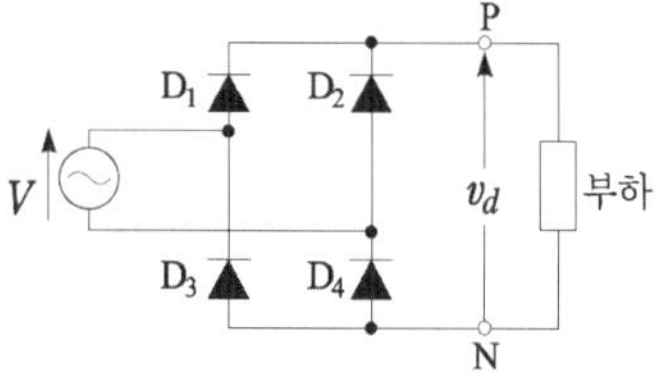

① 브리지(bridge) 회로라고도 한다.
② 실제의 정류기로 널리 사용된다.
③ 반파 정류회로라고도 한다.
④ 전파 정류회로라고도 한다.

정답　15 ③　16 ④　17 ②　18 ④　19 ③

해설

브리지 정류회로는 주기의 파형이 모두 나오므로 전파 정류라 한다.

20

변압기의 1차 권회수 80회, 2차 권회수 320회일 때 2차 측의 전압이 100[V]이면 1차 전압[V]은?

① 15 ② 25
③ 50 ④ 100

해설

$$a = \frac{N_1}{N_2} = \frac{V_1}{V_2} = \frac{I_2}{I_1}$$

$$\therefore V_1 = aV_2 = \frac{80}{320} \times 100 = 25[\mathrm{V}]$$

2014년 4회 기출문제

01

변압기의 정격출력으로 맞는 것은?

① 정격 1차 전압 × 정격 1차 전류
② 정격 1차 전압 × 정격 2차 전류
③ 정격 2차 전압 × 정격 1차 전류
④ 정격 2차 전압 × 정격 2차 전류

해설

변압기의 정격출력 = 정격 2차 전압 × 정격 2차 전류

02

동기기의 전기자 권선법이 아닌 것은?

① 전절권 ② 분포권
③ 2층권 ④ 중권

해설

동기기의 전기자 권선법 : 고상권, 폐로권, 이층권, 중권, 분포권

03

역률이 좋아 가정용 선풍기, 세탁기, 냉장고 등에 주로 사용되는 것은?

① 분상 기동형 ② 콘덴서 기동형
③ 반발 기동형 ④ 셰이딩 코일형

해설

콘덴서 기동형 : 역률이 좋아 가정용 전기기기 등에 사용된다.

정답 20 ② / 01 ④ 02 ① 03 ②

04

동기전동기의 공급전압이 앞선 전류는 어떤 작용을 하는가?

① 역률작용　② 교차자화작용
③ 증자작용　④ 감자작용

해설

- 동상일 경우 : 교차자화작용
- 앞선(진상) 전류 : 감자작용
- 뒤진(지상) 전류 : 증자작용

05

직류기에서 정류를 좋게 하는 방법 중 전압 정류의 역할은?

① 보극　② 탄소
③ 보상권선　④ 리액턴스 전압

해설

전압 정류 : 보극을 설치하여 정류 코일 내에 유기되는 리액턴스 전압과 반대 방향으로 정류 전압을 유기시켜 양호한 정류를 얻는 방법

06

기중기, 전기 자동차, 전기 철도와 같은 곳에 가장 많이 사용되는 전동기는?

① 가동 복권 전동기　② 차동 복권 전동기
③ 분권 전동기　④ 직권 전동기

해설

직권 전동기는 저속에서 큰 토크를 발생 ($\tau \propto \frac{1}{N^2}$)하므로 기중기, 전기 자동차, 전기 철도 전동기 등에 사용된다.

07

직류를 교류로 변환하는 기기는?

① 변류기　② 정류기
③ 초퍼　④ 인버터

해설

- 인버터 : 직류를 교류로 변환
- 컨버터 : 교류를 직류로 변환

08

그림의 정류회로에서 다이오드의 전압강하를 무시할 때 콘덴서 양단의 최대전압은 약 몇 [V]까지 충전되는가?

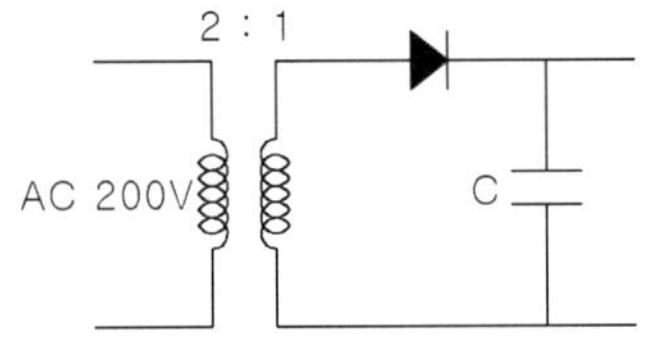

① 70　② 141
③ 280　④ 352

해설

단상 반파 정류회로 : 콘덴서 양단의 최대전압은 PIV(첨두역전압)을 말한다.

$PIV = \sqrt{2} \times E$[V]

여기서 입력과 출력의 권수비가 2 : 1이므로 출력은 절반이 된다.

$\therefore \ PIV = \sqrt{2} \times E \times \frac{1}{2} = \sqrt{2} \times 200 \times \frac{1}{2} \fallingdotseq 141$[V]

09

동기조상기를 과여자로 사용하면?

① 리액터로 작용
② 저항손의 보상
③ 일반부하의 뒤진 전류 보상
④ 콘덴서로 작용

정답 04 ④　05 ①　06 ④　07 ④　08 ②　09 ④

해설

동기조상기를 과여자로 운전하면 콘덴서로 작용하며 부족 여자로 운전할 시 리액터로 작용한다.

10

농형 유도전동기의 기동법이 아닌 것은?

① 전전압 기동
② Δ－Δ 기동
③ 기동보상기에 의한 기동
④ 리액터 기동

해설

농형 유도전동기의 기동법
직입기동(전전압 기동), Y－Δ 기동, 리액터 기동, 기동보상기에 의한 기동 등

11

직류 분권전동기의 회전방향을 바꾸기 위해 일반적으로 무엇의 방향을 바꾸어야 하는가?

① 전원 ② 주파수
③ 계자저항 ④ 전기자 전류

해설

직류 분권전동기의 경우 전원을 바꾸면 자기장의 전류가 모두 반전하므로 직류 분권전동기의 회전방향을 바꾸기 위해서는 전기자 전류의 방향을 바꿔야 한다.

12

회전수 540[rpm], 12극, 3상 유도전동기의 슬립[%]은? (단, 주파수는 60[Hz]이다.)

① 1 ② 4
③ 6 ④ 10

해설

$N_S = \frac{120f}{p} = \frac{120 \times 60}{12} = 600[\text{rpm}]$

$s = \frac{N_s - N}{N_s} = \frac{600 - 540}{540} = 0.1$

∴ 10[%]

13

3상 유도전동기의 토크는?

① 2차 유도기전력의 2승에 비례한다.
② 2차 유도기전력에 비례한다.
③ 2차 유도기전력과 무관하다.
④ 2차 유도기전력의 0.5승에 비례한다.

해설

3상 유도전동기의 최대출력은 전압의 2승에 비례하며 최대출력은 곧 토크이므로
∴ $\tau \propto V^2$ (토크는 전압의 2승에 비례한다.)

14

동기기 운전 시 안정도 증진법이 아닌 것은?

① 단락비를 크게 한다.
② 회전부의 관성을 크게 한다.
③ 속응여자방식을 채용한다.
④ 역상 및 영상임피던스를 작게 한다.

해설

안정도 증진법
• 단락비를 크게 한다.
• 회전부의 관성을 크게 한다.
• 속응 여자방식을 채택한다.

정답 10 ② 11 ④ 12 ④ 13 ① 14 ④

15

다음 중 변압기의 1차 측이란?

① 고압 측 ② 저압 측
③ 전원 측 ④ 부하 측

해설

변압기의 1차는 전원 측이다.

16

50[kW]의 농형 유도전동기를 기동하려고 할 때, 다음 중 가장 적당한 기동 방법은?

① 분상기동법 ② 기동보상기법
③ 권선형기동법 ④ 2차저항기동법

해설

농형 유도전동기의 기동법
- 5[kW] 이하 : 직입기동법
- 5~15[kW] : Y-Δ기동법
- 15[kW] 이상 : 기동보상기법

17

다음 중 변압기의 원리와 관계있는 것은?

① 전기자 반작용
② 전자 유도 작용
③ 플레밍의 오른손 법칙
④ 플레밍의 왼손 법칙

해설

변압기에 의해서 전압이 변성되는 것은 전자 유도 작용과 관계가 있다.

18

1차 전압 13,200[V], 2차 전압 220[V]인 단상변압기의 1차에 6,000[V]의 전압을 가하면 2차 전압은 몇 [V]인가?

① 100 ② 200
③ 50 ④ 250

해설

전압비 $a = \frac{13,200}{220} = 60$

∴ 2차 전압$= \frac{\text{입력전압}}{\text{전압비}} = \frac{6,000}{60} = 100$[V]

19

보극이 없는 직류기 운전 중 중성점의 위치가 변하지 않는 경우는?

① 과부하 ② 전부하
③ 중부하 ④ 무부하

해설

전기자 반작용은 부하전류에 의해서 발생되는 것이기 때문에 무부하 상태에서는 발생하지 않는다.

20

수・변전 설비의 고압회로에 걸리는 전압을 표시하기 위해 전압계를 시설할 때 고압회로와 전압계 사이에 시설하는 것은?

① 수전용 변압기 ② 계기용 변류기
③ 계기용 변압기 ④ 권선형 변류기

해설

계기용 변압기 : 수・변전 설비의 고압회로에 걸리는 전압을 표시하기 위해 전압계를 시설할 때 고압회로와 전압계 사이에 시설하여 계기에 적합한 전압으로 낮춰준다.

정답 15 ③ 16 ② 17 ② 18 ① 19 ④ 20 ③

전기기기 2015년 기출문제

2015년 1회 기출문제

01

3상 농형유도전동기의 Y−△ 기동시의 기동전류를 전전압 기동시와 비교하면?

① 전전압 기동전류의 1/3로 된다.
② 전전압 기동전류의 $\sqrt{3}$ 배로 된다.
③ 전전압 기동전류의 3배로 된다.
④ 전전압 기동전류의 9배로 된다.

02

선풍기, 가정용 펌프, 헤어 드라이기 등에 주로 사용되는 전동기는?

① 단상 유도전동기 ② 권선형 유도전동기
③ 동기전동기 ④ 직류 직권전동기

03

3상 전파 정류회로에서 전원 250[V]일 때 부하에 나타나는 전압[V]의 최대값은?

① 약 177 ② 약 292
③ 약 354 ④ 약 433

해설

3상 반파 : $E=1.17E_d$ 3상 전파 : $E=1.35E_d$

04

3단자 사이리스터가 아닌 것은?

① SCS ② SCR
③ TRIAC ④ GTO

해설

- SCR : 단방향성 3단자(G.T.O, LASCR)
- SCS : 단방향성 4단자
- SSS : 쌍방향성 2단자
- TRIAC : 쌍방향성 3단자

05

직류 직권전동기의 특징에 대한 설명으로 틀린 것은?

① 부하전류가 증가하면 속도가 크게 감소된다.
② 기동 토크가 작다.
③ 무부하 운전이나 벨트를 연결한 운전은 위험하다.
④ 계자권선과 전기자권선이 직렬로 접속되어 있다.

06

3상 유도전동기의 회전 방향을 바꾸려면?

① 전원의 극수를 바꾼다.
② 전원의 주파수를 바꾼다.
③ 3상 전원 3선 중 두 선의 접속을 바꾼다.
④ 계자권선과 전기자권선이 직렬로 접속되어 있다.

정답 01 ① 02 ① 03 ③ 04 ① 05 ② 06 ③

해설

3상 유도전동기의 회전 방향을 바꾸고 싶으면 전원 3개의 접속 중 임의의 두 개를 바꾸어 접속해 주면 된다.

07

동기전동기의 직류 여자전류가 증가될 때의 현상으로 옳은 것은?

① 진상 역률을 만든다.
② 지상 역률을 만든다.
③ 동상 역률을 만든다.
④ 진상·지상 역률을 만든다.

08

슬립이 4[%]인 유도전동기에서 동기속도가 1,200[rpm]일 때 전동기의 회전속도[rpm]는?

① 697 ② 1,051
③ 1,152 ④ 1,321

해설

N_s : 동기속도, N : 회전속도, $s = \frac{N_s - N}{N_s} \times 100$

$N = (1-s)N_s = (0.96) \times 1,200 = 1,152$

09

브흐홀쯔 계전기로 보호되는 기기는?

① 변압기 ② 유도 전동기
③ 직류 발전기 ④ 교류 발전기

해설

변압기 내부고장 보호에 사용되는 계전기
- 브흐홀쯔 계전기
- 비율차동 계전기
- 차동 계전기

10

34극 60[MVA], 역률 0.8, 60[Hz], 22.9[kV] 수차발전기의 전부하 손실이 1,600[kW]이면 전부하 효율[%]은?

① 90 ② 95
③ 97 ④ 99

해설

$\eta = \frac{출력}{입력} = \frac{출력}{출력+손실} \times 100[\%] = \frac{48}{49.6} \times 100 = 96.7[\%]$

출력 $= 60 \times 0.8 = 48[\text{MW}]$

입력 = 출력 + 손실 = $48 + 1.6 = 49.6[\text{MW}]$

11

주상변압기의 고압 측에 여러 개의 탭을 설치하는 이유는?

① 선로 고장대비 ② 선로 전압조정
③ 선로 역률개선 ④ 선로 과부하 방지

12

낮은 전압을 높은 전압으로 승압할 때 일반적으로 사용되는 변압기의 3상 결선방식은?

① △ − △ ② △ − Y
③ Y − Y ④ Y − △

13

정류자와 접촉하여 전기자 권선과 외부 회로를 연결하는 역할을 하는 것은?

① 계자 ② 전기자
③ 브러시 ④ 계자철심

정답 07 ① 08 ③ 09 ① 10 ③ 11 ② 12 ② 13 ③

14

사용 중인 변류기의 2차를 개방하면?

① 1차 전류가 감소한다.
② 2차 권선에 110[V]가 걸린다.
③ 개방단의 전압은 불변하고 안전하다.
④ 2차 권선에 고압이 유도된다.

15

변압기유의 구비조건으로 옳은 것은?

① 절연내력이 클 것 ② 인화점이 낮을 것
③ 응고점이 높을 것 ④ 비열이 작을 것

해설

변압기유(절연유)의 구비조건
- 절연내력이 클 것
- 인화점이 높을 것
- 응고점이 낮을 것

16

동기기에 제동권선을 설치하는 이유로 옳은 것은?

① 역률 개선 ② 출력 증가
③ 전압 조정 ④ 난조 방지

17

동기전동기에 관한 내용으로 틀린 것은?

① 기동토크가 작다.
② 역률을 조정할 수 없다.
③ 난조가 발생하기 쉽다.
④ 여자기가 필요하다.

18

유도전동기의 무부하시 슬립은?

① 4 ② 3
③ 1 ④ 0

19

직류발전기의 정격전압 100[V], 무부하 전압 109[V]이다. 이 발전기의 전압 변동률 ϵ[%]은?

① 1 ② 3
③ 6 ④ 9

해설

$$\epsilon = \frac{V_o - V_n}{V_n} \times 100$$

$$\epsilon = \frac{109 - 100}{100} \times 100 = 9$$

20

직류 스테핑 모터(DC stepping motor)의 특징이다. 다음 중 가장 옳은 것은?

① 교류 동기 서보 모터에 비하여 효율이 나쁘고 토크 발생도 작다.
② 입력되는 전기신호에 따라 계속하여 회전한다.
③ 일반적인 공작 기계에 많이 사용된다.
④ 출력을 이용하여 특수기계의 속도, 거리, 방향 등을 정확하게 제어할 수 있다.

정답 14 ④ 15 ① 16 ④ 17 ② 18 ④ 19 ④ 20 ④

2015년 2회 기출문제

01

직류 전동기의 규약 효율을 표시하는 식은?

① $\dfrac{출력}{출력+손실}\times 100[\%]$

② $\dfrac{출력}{입력}\times 100[\%]$

③ $\dfrac{입력-손실}{입력}\times 100[\%]$

④ $\dfrac{입력}{출력+손실}\times 100[\%]$

해설

$\eta_m = \dfrac{입력-손실}{입력}\times 100$

02

부하의 변동에 대하여 단자전압의 변화가 가장 적은 직류 발전기는?

① 직권　② 분권
③ 평복권　④ 과복권

해설

$\epsilon = \dfrac{V_O - V_N}{V_N}\times 100$

- $\epsilon(+)$: 분・타
- $\epsilon(0)$: 평복권
- $\epsilon(-)$: 직・복(과복권)

03

부하의 저항을 어느 정도 감소시켜도 전류는 일정하게 되는 수하특성을 이용하여 정전류를 만드는 곳이나 아크용접 등에 사용되는 직류 발전기는?

① 직권발전기　② 분권발전기
③ 가동복권발전기　④ 차동복권발전기

04

변압기유가 구비해야 할 조건 중 맞는 것은?

① 절연 내력이 작고 산화하지 않을 것
② 비열이 작아서 냉각 효과가 클 것
③ 인화점이 높고 응고점이 낮을 것
④ 절연재료나 금속에 접촉할 때 화학작용을 일으킬 것

해설

절연의 구비조건
- 절연 내력이 클 것
- 점도(점성)가 낮을 것
- 인화점이 높을 것
- 응고점이 낮을 것

05

다음 단상 유도 전동기 중 기동 토크가 큰 것부터 옳게 나열한 것은?

(ㄱ) 반발 기동형	(ㄴ) 콘덴서 기동형
(ㄷ) 분상 기동형	(ㄹ) 셰이딩 코일형

① (ㄱ) > (ㄴ) > (ㄷ) > (ㄹ)
② (ㄱ) > (ㄹ) > (ㄴ) > (ㄷ)
③ (ㄱ) > (ㄷ) > (ㄹ) > (ㄴ)
④ (ㄱ) > (ㄴ) > (ㄹ) > (ㄷ)

해설

단상 유도 전동기 : 토크 大 → 小
반발 기동형 → 반발 유도형 → 콘덴서 기동형 → 분산 기동형 → 셰이딩 코일형

정답　01 ③　02 ③　03 ④　04 ③　05 ①

06

유도전동기의 제동법이 아닌 것은?

① 3상제동　② 발전제동
③ 회생제동　④ 역상제동

해설

제동법
- 발전제동
- 회생제동 : 반환
- 역상(역전)제동 → 플러깅 제동

07

변압기, 동기기 등의 층간 단락 등의 내부 고장보호에 사용되는 계전기는?

① 차동 계전기　② 접지 계전기
③ 과전압 계전기　④ 역상 계전기

08

단상 전파 정류회로에서 전원이 220[V]이면 부하에 나타나는 전압의 평균값은 약 몇 [V]인가?

① 99　② 198
③ 257.4　④ 297

해설

(AC) → (DC)
1ϕ전파 전원 = 입력 = 교류 = 220[V]
$E_d = ?$
$E_d = 0.9E = 0.9 \times 220 = 198[\text{V}]$

09

PN 접합 정류소자의 설명 중 틀린 것은? (단, 실리콘 정류소자인 경우이다.)

① 온도가 높아지면 순방향 및 역방향 전류가 모두 감소한다.
② 순방향 전압은 P형에 (+), N형에 (−) 전압을 가함을 말한다.
③ 정류비가 클수록 정류특성은 좋다.
④ 역방향 전압에서는 극히 작은 전류만이 흐른다.

10

회전자 입력 10[kW], 슬립 3[%]인 3상 유도전동기의 2차 동손[W]은?

① 300　② 400
③ 500　④ 700

해설

$P_2 = 10[\text{kW}],\ S = 0.03,\ P_{2C}[\text{W}]$

$$S = \frac{N_S - N}{N_S} = \frac{E_{2S}}{E_2} = \frac{F_{2S}}{F_2} = \frac{P_{2C}}{P_2}$$

$P_{2C} = S \cdot P_2 = 0.03 \times 10 \times 10^3 = 300[\text{W}]$

11

변압기의 효율이 가장 좋을 때의 조건은?

① 철손 = 동손　② 철손 = 1/2동손
③ 동손 = 1/2철손　④ 동손 = 2철손

12

동기 발전기의 전기자 권선을 단절권으로 하면?

① 고조파를 제거한다.　② 절연이 잘 된다.
③ 역률이 좋아진다.　④ 기전력을 높인다.

해설

- 단절권 – 동량이 감소(전선이 절약)
  – 고조파를 제거하여 기전력의 파형 개선
- 분포전 – 누설 리액턴스 감소
  – 고조파를 제거하여 기전력의 파형 개선

정답 06 ① 07 ① 08 ② 09 ① 10 ① 11 ① 12 ①

13

전력계통에 접속되어 있는 변압기나 장거리 송전시 정전용량으로 인하 충전특성 등을 보상하기 위한 기기는?

① 유도 전동기 ② 동기 발전기
③ 유도 발전기 ④ 동기 조상기

14

전력 변환 기기가 아닌 것은?

① 변압기 ② 정류기
③ 유도 전동기 ④ 인버터

15

직류전동기의 속도제어법이 아닌 것은?

① 전압제어법 ② 계자제어법
③ 저항제어법 ④ 주파수제어법

해설

속도제어법
㉠ 계자제어법 : 정출력 제어
㉡ 전압제어법 : 속도 제어가 광범위, 운전 효율이 좋음
- 워어드 레오너드 방식
- 일그너 방식 : 속도 변동이 심한 곳

㉢ 저항제어법

16

동기 발전기의 병렬운전에서 기전력의 크기가 다를 경우 나타나는 현상은?

① 주파수가 변한다.
② 동기화 전류가 흐른다.
③ 난조 현상이 발생한다.
④ 무효순환전류가 흐른다.

해설

동기 발전기의 병렬운전 조건이 아닌 것 : 용량, 출력, 회전수
- 기전력의 크기가 같을 것 → 기전력의 크기가 같지 않으면 무효순환전류 발생
- 기전력의 위상이 같을 것 → 기전력의 위상이 같지 않으면 유효순환전류 발생
- 기전력의 주파수가 같을 것 → 기전력의 주파수가 같지 않으면 난조 발생, 난조 발생 방지(제동권선)
- 기전력의 파형이 같을 것
- 상회전 방향이 일치할 것

17

변압기에서 2차 측이란?

① 부하 측 ② 고압 측
③ 전원 측 ④ 저압 측

18

8극 파권 직류발전기의 전기자 권선의 병렬회로 수 a는 얼마로 하고 있는가?

① 1 ② 2
③ 6 ④ 8

해설

파권인 경우 극성과 관계없이 $a=2$이다.

정답 13 ④ 14 ③ 15 ④ 16 ④ 17 ① 18 ②

19

변압기의 절연내력 시험법이 아닌 것은?

① 유도시험 ② 가압시험
③ 단락시험 ④ 충격전압시험

해설

절연내력 시험법
① 유도시험
② 가압시험
④ 1단 접지 충격전압시험

20

동기전동기 중 안정도 증진법으로 틀린 것은?

① 전기자 저항 감소
② 관성 효과 증대
③ 동기 임피던스 증대
④ 속응 여자 채용

해설

단락비가 큰 기계(철극기 = 돌극기)의 특징
- 안정도가 증진된다.
- 전압 변동률이 작다.
- 용량이 커진다.
- 효율이 나쁘다.
- 동기 임피던스가 작다.

2015년 3회 기출문제

01

슬립이 일정한 경우 유도전동기의 공급 전압이 1/2로 감소되면 토크는 처음에 비해 어떻게 되는가?

① 2배가 된다. ② 1배가 된다.
③ 1/2로 줄어든다. ④ 1/4로 줄어든다.

해설

$$T \propto V^2 = \left(\frac{1}{2}\right)^2 = \frac{1}{4}$$

02

그림은 전력제어 소자를 이용한 위상제어 회로이다. 전동기의 속도를 제어하기 위해서 '가' 부분에 사용되는 소자는?

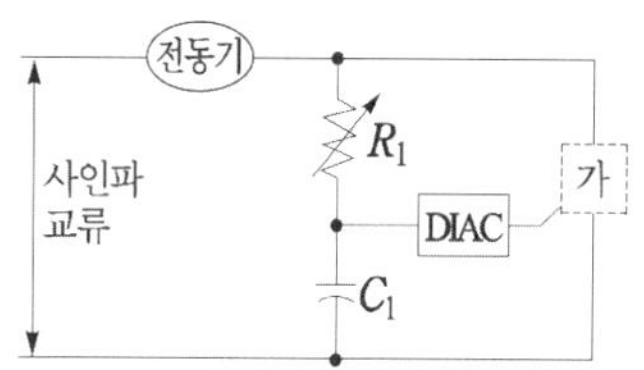

① 전력용 트랜지스터 ② 제너 다이오드
③ 트라이악 ④ 레귤레이터 78XX 시리즈

03

다음의 변압기 극성에 관한 설명에서 틀린 것은?

① 우리나라는 감극성이 표준이다.
② 1차와 2차권선에 유기되는 전압의 극성이 서로 반대이면 감극성이다.
③ 3상결선 시 극성을 고려해야 한다.
④ 병렬운전 시 극성을 고려해야 한다.

해설

감극성이 아니라 가극성이다.

정답 19 ③ 20 ③ / 01 ④ 02 ③ 03 ②

04

그림에서와 같이 ①, ②의 약 자극 사이에 정류자를 가진 코일을 두고 ③, ④에 직류를 공급하여, X, X'를 축으로 하여 코일을 시계 방향으로 회전시키고자 한다. ①, ②의 자극극성과 ③, ④의 전원극성을 어떻게 해야 되는가?

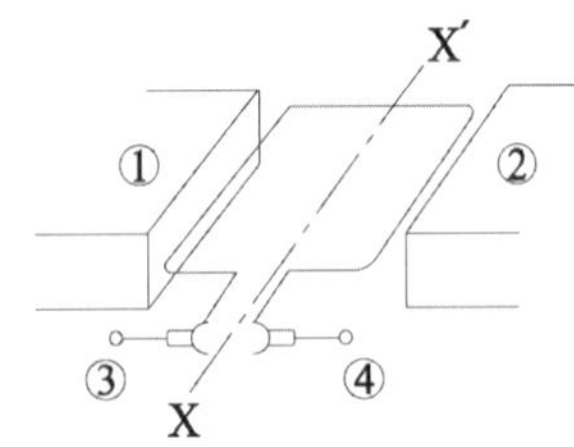

① ① N ② S ③ + ④ −
② ① N ② S ③ − ④ +
③ ① S ② N ③ + ④ −
④ ① S ② N ③ − ④ 극성에 무관

05

정격이 10,000[V], 500[A], 역률 90[%]의 3상 동기 발전기의 단락전류 I_S[A]는? (단, 단락비는 1.3으로 하고, 전기자저항은 무시한다.)

① 450 ② 550
③ 650 ④ 750

해설

$V_n = 10,000[\mathrm{V}], \quad 3\phi$

$I_n = 500[\mathrm{A}], \quad I_s = ?, \quad K_s = 1.3$

$\dfrac{1}{K_s} = \dfrac{I_n}{I_s}$

$I_s = K_s \times I_n = 1.3 \times \dfrac{\sqrt{3} \times 10,000 \times 500}{\sqrt{3} \times 10,000} = 650$

↓

$(I_n = \dfrac{P}{\sqrt{3}\,V}[\mathrm{A}])$

06

그림과 같은 분상 기동형 단상 유도 전동기를 역회전시키기 위한 방법이 아닌 것은?

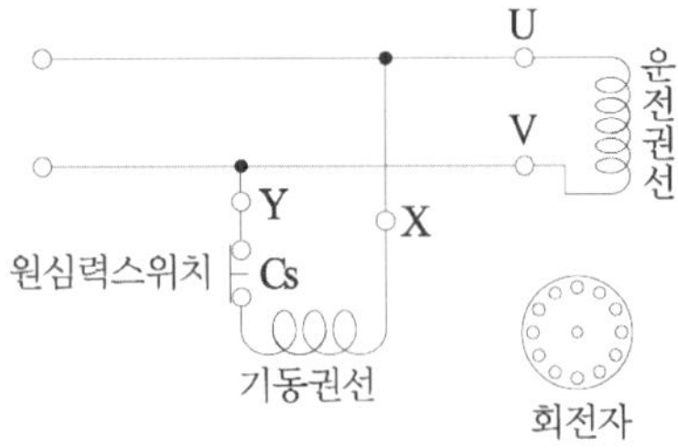

① 원심력스위치를 개로 또는 폐로한다.
② 기동권선이나 운전권선의 어느 한 권선의 단자접속을 반대로 한다.
③ 기동권선의 단자접속을 반대로 한다.
④ 운전권선의 단자접속을 반대로 한다.

07

다음 중 병렬운전 시 균압선을 설치해야 하는 직류 발전기는?

① 분권 ② 차동복권
③ 평복권 ④ 부족복권

08

2대의 동기 발전기 A, B가 병렬 운전하고 있을 때 A기의 여자 전류를 증가시키면 어떻게 되는가?

① A기의 역률은 낮아지고 B기의 역률은 높아진다.
② A기의 역률은 높아지고 B기의 역률은 낮아진다.
③ A, B 양 발전기의 역률이 높아진다.
④ A, B 양 발전기의 역률이 낮아진다.

해설

I_f(여자전류 증가), ϕ(자속 증가), E(기전력 증가), P(용량 증가)
A 발전기(역률 감소), B 발전기(역률 증가)

정답 04 ② 05 ③ 06 ① 07 ③ 08 ①

09

권선형에서 비례추이를 이용한 기동법은?

① 리액터 기동법　② 기동 보상기법
③ 2차 저항기동법　④ Y-△ 기동법

10

전력용 변압기의 내부 고장 보호용 계전방식은?

① 역상 계전기　② 차동 계전기
③ 접지 계전기　④ 과전류 계전기

11

다음의 정류곡선 중 브러시의 후단에서 불꽃이 발생하기 쉬운 것은?

① 직선정류　② 정현파정류
③ 과정류　④ 부족정류

12

동기 발전기에서 역률각이 90도 늦을 때의 전기자 반작용은?

① 증자 작용　② 편자 작용
③ 교차 작용　④ 감자 작용

13

유도 전동기가 회전하고 있을 때 생기는 손실 중에서 구리손이란?

① 브러시의 마찰손
② 베어링의 마찰손
③ 표유 부하손
④ 1차, 2차 권선의 저항손

해설

동손 $P_c = I^2R$(저항손)

14

변압기의 임피던스 전압이란?

① 정격전류가 흐를 때의 변압기 내의 전압 강하
② 여자전류가 흐를 때의 2차 측 단자 전압
③ 정격전류가 흐를 때의 2차 측 단자 전압
④ 2차 단락 전류가 흐를 때의 변압기 내의 전압 강하

해설

$\%Z = \dfrac{I_{1n} \cdot Z_1}{V_{1n}} \times 100 = \dfrac{V_{1s}}{V_{1n}} \times 100$ (V_{1s} : 임피던스 전압)

15

다음 그림의 직류 전동기는 어떤 전동기인가?

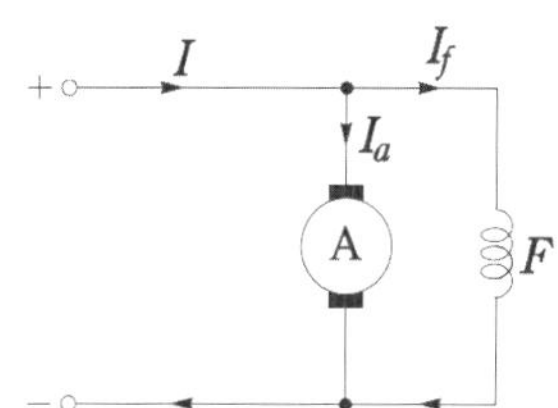

① 직권 전동기
② 타여자 전동기
③ 분권 전동기
④ 복권 전동기

해설

전기자와 계자가 병렬 : 분권

정답 09 ③ 10 ② 11 ④ 12 ④ 13 ④ 14 ① 15 ③

16

애벌런치 항복 전압은 온도 증가에 따라 어떻게 변화하는가?

① 감소한다.
② 증가한다.
③ 증가했다 감소한다.
④ 무관하다.

17

다음 그림은 단상 변압기 결선도이다. 1, 2차는 각각 어떤 결선인가?

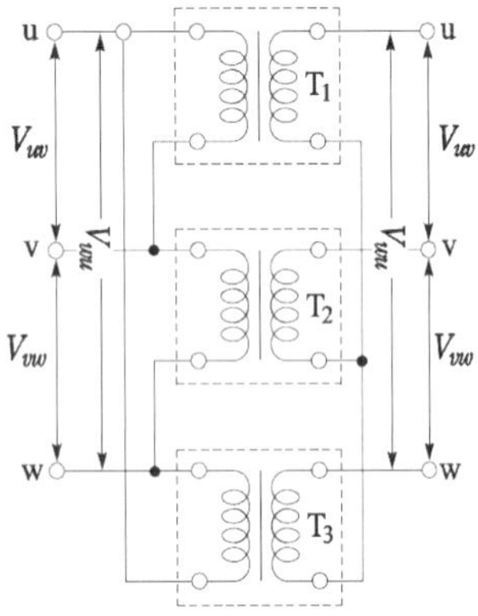

① Y - Y 결선
② △ - Y 결선
③ △ - △ 결선
④ Y - △ 결선

18

용량이 작은 유도 전동기의 경우 전부하에서의 슬립[%]은?

① 1~2.5 ② 2.5~4
③ 5~10 ④ 10~20

19

60[Hz], 20,000[kVA]의 발전기의 회전수가 1,200[rpm]이라면 이 발전기의 극수는 얼마인가?

① 6극 ② 8극
③ 12극 ④ 14극

해설

$N_S = \frac{120f}{P}$

$P = \frac{120f}{N_S} = \frac{120 \times 60}{1,200} = 6$[극]

20

변압기를 △ - Y로 연결할 때 1, 2차 간의 위상차는?

① 30° ② 45°
③ 60° ④ 90°

해설

△ - Y = 30°, Y - △ = 30°

정답 16 ② 17 ② 18 ③ 19 ① 20 ①

2015년 4회 기출문제

01

3상 유도 전동기의 2차 저항을 2배로 하면 그 값이 2배로 되는 것은?

① 슬립　② 토크
③ 전류　④ 역률

해설

$S \propto r_2$(슬립과 2차 저항은 비례)

T_m : 항상 일정

02

다음 제동 방법 중 급정지하는 데 가장 좋은 제동방법은?

① 발전제동　② 회생제동
③ 역상제동　④ 단상제동

03

슬립 $S=5[\%]$, 2차 저항 $r_2=0.1[\Omega]$인 유도 전동기의 등가 저항 $R[\Omega]$은 얼마인가?

① 0.4　② 0.5
③ 1.9　④ 2.0

해설

$S=0.05,\ r_2=0.1$

$R=r_2\left(\frac{1}{S}-1\right)=0.1\left(\frac{1}{0.05}-1\right)=1.9[\Omega]$

04

동기 전동기의 장점이 아닌 것은?

① 직류 여자가 필요하다.
② 전부하 효율이 양호하다.
③ 역률 1로 운전할 수 있다.
④ 동기 속도를 얻을 수 있다.

해설

동기기(회전 계자형, Y 결선), 동기속도 $N_S=\frac{120f}{P}$

05

부흐홀츠 계전기의 설치 위치는?

① 콘서베이터 내부
② 변압기 주탱크 내부
③ 변압기의 고압 측 부싱
④ 변압기 본체와 콘서베이터 사이

06

고압전동기 철심의 강판 홈(slot)의 모양은?

① 반폐형　② 개방형
③ 반구형　④ 밀폐형

07

다음 그림은 직류발전기의 분류 중 어느 것에 해당되는가?

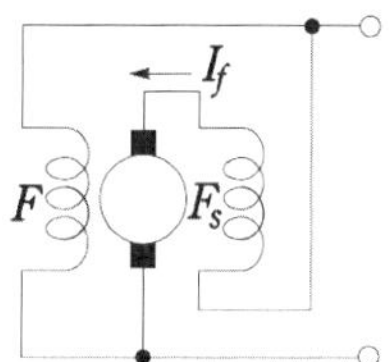

① 분권발전기　② 직권발전기
③ 자석발전기　④ 복권발전기

08

100[V], 10[A], 전기자저항 1[Ω], 회전수 1,800[rpm]인 전동기의 역기전력은 몇 [V]인가?

① 90　② 100
③ 110　④ 186

정답 01 ① 02 ③ 03 ③ 04 ① 05 ④ 06 ② 07 ④ 08 ①

해설

$E = V - I_a \cdot R_a = 100 - 10 \times 1 = 90[\mathrm{V}]$

09

유도전동기가 많이 사용되는 이유가 아닌 것은?

① 값이 저렴함
② 취급이 어려움
③ 전원을 쉽게 얻음
④ 구조가 간단하고 튼튼함

해설

취급이 쉽다.

10

정격속도로 운전하는 무부하 분권발전기의 계자 저항이 60[Ω], 계자 전류가 1[A], 전기자 저항이 0.5[Ω]라 하면 유도 기전력은 약 몇 [V]인가?

① 30.5 ② 50.5
③ 60.5 ④ 80.5

해설

$E = V + I_a \cdot R_a = 60 + 1 \times 0.5 = 60.5[\mathrm{V}]$

$I_a = I + If = \dfrac{P}{V} + \dfrac{V}{Rf}$

무부하시 $I = 0$: $I_a = If = 1$

: $V = If \cdot R = 1 \times 60 = 60[\mathrm{V}]$

11

변압기의 2차 측을 개방하였을 경우 1차 측에 흐르는 전류는 무엇에 의하여 결정되는가?

① 저항 ② 임피던스
③ 누설 리액턴스 ④ 여자 어드미턴스

해설

여자전류 $I_1 = I_0 = Y_0 V_1$

12

입력으로 펄스신호를 가해주고 속도를 입력펄스의 주파수에 의해 조절하는 전동기는?

① 전기동력계 ② 서보전동기
③ 스테핑전동기 ④ 권선형 유도전동기

13

농형 유도전동기의 기동법이 아닌 것은?

① 2차 저항기법 ② Y - △ 기동법
③ 전전압 기동법 ④ 기동보상기에 의한 기동법

해설

(1) 농형
- 직입 기동(전전압 기동)
- Y-△ 기동
- 리액터 기동
- 기동보상기 기동

(2) 권선형
- 2차 저항 기동
- 게르게스 기동

14

변압기 V결선의 특징으로 틀린 것은?

① 고장 시 응급처치 방법으로도 쓰인다.
② 단상변압기 2대로 3상 전력을 공급한다.
③ 부하증가가 예상되는 지역에 시설한다.
④ V결선 시 출력은 △결선 시 출력과 그 크기가 같다.

해설

V결선
- 용량 $P_n = \sqrt{3}P$
- 이용률 = $\dfrac{\sqrt{3}P}{2P} = 0.866 \fallingdotseq 86.6[\%]$
- 출력비= $\dfrac{\sqrt{3}P}{3P} = 0.577 \fallingdotseq 57.7[\%]$

정답 09 ② 10 ③ 11 ④ 12 ③ 13 ① 14 ④

15

직류 분권전동기에서 운전 중 계자권선의 저항을 증가하면 회전속도의 값은?

① 감소한다. ② 증가한다.
③ 일정하다. ④ 관계없다.

해설

$N = K \cdot \frac{E}{\phi}(\phi = If = \frac{V}{Rf})$

계자권선의 저항이 증가하면 회전속도는 증가한다.

16

직류 발전기 전기자 반작용의 영향에 대한 설명으로 틀린 것은?

① 브러시 사이에 불꽃을 발생시킨다.
② 주 자속이 찌그러지거나 감소된다.
③ 전기자 전류에 의한 자속이 주 자속에 영향을 준다.
④ 회전방향과 반대방향으로 자기적 중성축이 이동된다.

해설

- 전기자 반작용은 주자속에 영향을 준다.
- 영향
  ㉠ 편자작용 → 중성축 이동
  ㉡ 감자작용 → 기전력 감소
  ㉢ 불꽃 발생

17

반도체 사이리스터에 의한 전동기의 속도 제어 중 주파수 제어는?

① 초퍼제어
② 인버터 제어
③ 컨버터 제어
④ 브리지 정류 제어

18

변압기의 용도가 아닌 것은?

① 교류 전압의 변환
② 주파수의 변환
③ 임피던스의 변환
④ 교류 전류의 변환

해설

$a = \frac{E_1}{E_2} = \frac{V_1}{V_2} = \frac{N_1}{N_2} = \frac{I_2}{I_1} = \sqrt{\frac{Z_1}{Z_2}} = \sqrt{\frac{X_1}{X_2}} = \sqrt{\frac{R_1}{R_2}}$

19

변압기에 대한 설명 중 틀린 것은?

① 전압을 변성한다.
② 전력을 발생하지 않는다.
③ 정격출력은 1차 측 단자를 기준으로 한다.
④ 변압기의 정격용량은 피상전력으로 표시한다.

해설

정격출력은 2차 측 단자를 기준으로 한다.

20

동기 발전기의 병렬 운전 중 주파수가 틀리면 어떤 현상이 나타나는가?

① 무효 전력이 생긴다.
② 무효 순환전류가 흐른다.
③ 유효 순환전류가 흐른다.
④ 출력이 요동치고 권선이 가열된다.

해설

주파수가 틀리면 난조가 발생한다.

정답 15 ② 16 ④ 17 ② 18 ② 19 ③ 20 ④

제2과목 ✦ 전기기기

제2과목 전기기기 2016년 기출문제

2016년 1회 기출문제

01

3상 교류 발전기의 기전력에 대하여 90° 늦은 전류가 통할 때의 반작용 기자력은?

① 자극축과 일치하고 감자작용
② 자극축보다 90° 빠른 증자작용
③ 자극축보다 90° 늦은 감자작용
④ 자극축과 직교하는 교차자화작용

해설

동기기의 전기자 반작용
자극축과 일치하고 감자작용

02

반파 정류 회로에서 변압기 2차 전압의 실효치를 $E(V)$라 하면 직류 전류 평균치는? (단, 정류기의 전압강하는 무시한다.)

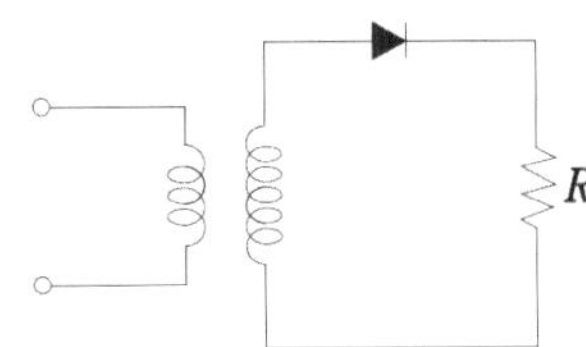

① $\frac{E}{R}$　　② $\frac{1}{2}\cdot\frac{E}{R}$
③ $\frac{2\sqrt{2}}{\pi}\cdot\frac{E}{R}$　　④ $\frac{\sqrt{2}}{\pi}\cdot\frac{E}{R}$

해설

1ϕ반파 $I_d=\frac{E_d}{R}=\frac{\frac{\sqrt{2}}{\pi}E}{R}=\frac{\sqrt{2}E}{\pi R}$

$E_d=\frac{\sqrt{2}}{\pi}E=0.45E$

03

1차 전압 6,300[V], 2차 전압 210[V], 주파수 60[Hz]의 변압기가 있다. 이 변압기의 권수비는?

① 30　　② 40
③ 50　　④ 60

해설

$a=\frac{E_1}{E_2}=\frac{N_1}{N_2}=\frac{V_1}{V_2}=\frac{I_2}{I_1}=\sqrt{\frac{R_1}{R_2}}=\sqrt{\frac{X_1}{X_2}}=\sqrt{\frac{Z_1}{Z_2}}$

$a=\frac{V_1}{V_2}=\frac{6,300}{210}=30$

04

동기 전동기를 송전선의 전압 조정 및 역률 개선에 사용한 것을 무엇이라 하는가?

① 댐퍼　　② 동기이탈
③ 제동권선　　④ 동기조상기

해설

전압 조정, 역률 개선 – 동기조상기

05

3상 동기 발전기의 상간 접속을 Y결선으로 하는 이유 중 틀린 것은?

① 중성점을 이용할 수 있다.
② 선간전압이 상전압의 $\sqrt{3}$ 배가 된다.
③ 선간전압에 제3고조파가 나타나지 않는다.
④ 같은 선간전압의 결선에 비하여 절연이 어렵다.

정답 01 ① 02 ④ 03 ① 04 ④ 05 ④

해설

- 중성점을 접지할 수 있어서 이상전압 방지가 가능하다.
- 계자를 회전자로 사용할 수 있다.
- 선간전압이 상전압의 $\sqrt{3}$ 배가 된다.

06

동기기의 손실에서 고정손에 해당되는 것은?

① 계자철심의 철손 ② 브러시의 전기손
③ 계자 권선의 저항손 ④ 전기자 권선의 저항손

해설

- 고정손(무부하손) : 철손
- 가변손(부하손) : 동손 $P_c = I^2R$

07

60[Hz], 4극 유도 전동기가 1,700[rpm]으로 회전하고 있다. 이 전동기의 슬립은 약 얼마인가?

① 3.42[%] ② 4.56[%]
③ 5.56[%] ④ 6.64[%]

해설

$$S = \frac{N_s - N}{N_s} = \frac{E_{2s}}{E_2} = \frac{f_{2s}}{f_2} = \frac{P_{2c}}{P_2}$$

$$S = \frac{N_s - N}{N_s} = \frac{1,800 - 1,700}{1,800} \times 100 \fallingdotseq 5.56[\%]$$

$$N_s = \frac{120f}{P} = \frac{120 \times 60}{4} = 1,800[\text{rpm}]$$

08

발전기 권선의 층간단락보호에 가장 적합한 계전기는?

① 차동 계전기 ② 방향 계전기
③ 온도 계전기 ④ 접지 계전기

해설

층간단락보호 – 차동 계전기

09

다음 중 ( ) 속에 들어갈 내용은?

> 유입변압기에 많이 사용되는 목면, 명주, 종이 등의 절연재료는 내열등급 ( )으로 분류되고, 장시간 지속하여 최고 허용온도 ( )[℃]를 넘어서는 안 된다.

① Y종 – 90 ② A종 – 105
③ E종 – 120 ④ B종 – 130

해설

A종, 105

10

퍼센트 저항강하 3[%], 리액턴스 강하 4[%]인 변압기의 최대 전압변동률[%]은?

① 1 ② 5
③ 7 ④ 12

해설

$$\epsilon_m = \%Z = \sqrt{P^2 + q^2} = \sqrt{3^2 + 4^2} = 5[\%]$$

11

다음 중 자기소호 기능이 가장 좋은 소자는?

① SCR ② GTO
③ TRIAC ④ LASCR

해설

GTO

정답 06 ① 07 ③ 08 ① 09 ② 10 ② 11 ②

12

3상 유도전동기의 속도 제어 방법 중 인버터(inverter)를 이용한 속도 제어법은?

① 극수 변환법 ② 전압 제어법
③ 초퍼 제어법 ④ 주파수 제어법

해설

인버터 – 주파수 제어법

13

회전 변류기의 직류 측 전압을 조정하려는 방법이 아닌 것은?

① 직렬 리액턴스에 의한 방법
② 여자 전류를 조정하는 방법
③ 동기 승압기를 사용하는 방법
④ 부하시 전압 조정 변압기를 사용하는 방법

해설

직류 측 전압을 조정하는 방법이 아닌 것은 두 가지가 있다.

- 여자 전류
- 저항 조정 방법

14

변압기의 규약 효율은?

① $\frac{출력}{입력}$ ② $\frac{출력}{입력-손실}$
③ $\frac{출력}{출력+손실}$ ④ $\frac{입력+손실}{입력}$

해설

변압기, 발전기 $\eta_{TR} = \eta_G = \frac{출력}{출력+손실}$

전동기 – $\eta_M = \frac{입력-손실}{입력}$

15

다음 중 권선저항 측정 방법은?

① 메거
② 전압 전류계법
③ 켈빈 더블 브리지법
④ 휘이스톤브리지법

해설

켈빈 더블 브리지법 : 저항을 정확하게 측정할 수 있는 직류 브리지의 일종이다.

16

직류 발전기의 병렬 운전 중 한쪽 발전기의 여자를 늘리면 그 발전기는?

① 부하 전류는 불변, 전압은 증가
② 부하 전류는 줄고, 전압은 증가
③ 부하 전류는 늘고, 전압은 증가
④ 부하 전류는 늘고, 전압은 불변

해설

$If\uparrow \phi\uparrow E\uparrow$ 전류 증가, 전압 증가

17

직류 전압을 직접 제어하는 것은?

① 브리지형 인버터 ② 단상 인버터
③ 3상 인버터 ④ 초퍼형 인버터

해설

전압 제어 방법

- 교류 : 위상 제어
- 직류 : 초퍼형 인버터

정답 12 ④ 13 ② 14 ③ 15 ③ 16 ③ 17 ④

18

전동기에 접지공사를 하는 주된 이유는?

① 보안상　　② 미관상
③ 역률 증가　　④ 감전사고 방지

해설

감전사고 방지

19

동기기를 병렬 운전 할 때 순환전류가 흐르는 원인은?

① 기전력의 저항이 다른 경우
② 기전력의 위상이 다른 경우
③ 기전력의 전류가 다른 경우
④ 기전력의 역률이 다른 경우

해설

(1) 동기발전기의 병렬 운전 조건이 아닌 것 = 용량, 출력, 회전수
(2) 동기발전기의 병렬 운전 조건
- 기전력의 크기가 같아야 한다(≠무효 순환전류).
- 기전력의 위상이 같아야 한다(≠유효 순환전류).

20

역률과 효율이 좋아서 가정용 선풍기, 전기세탁기, 냉장고 등에 주로 사용되는 것은?

① 분상 기동형 전동기
② 반발 기동형 전동기
③ 콘덴서 기동형 전동기
④ 셰이딩 코일형 전동기

해설

- 단상 유도 전동기의 종류
  반발 기동형 – 반발 유도형 – 콘덴서 기동형 – 분상 기동형 – 셰이딩 코일형
- 콘덴서 기동형 : 기동 토크가 크고, 역률이 우수, 소음이 적음, 가전제품에 많이 사용

2016년 2회 기출문제

01

3상 유도전동기의 회전방향을 바꾸기 위한 방법으로 옳은 것은?

① 전원의 전압과 주파수를 바꾸어 준다.
② △-Y 결선으로 결선법을 바꾸어 준다.
③ 기동보상기를 사용하여 권선을 바꾸어 준다.
④ 전동기의 1차 권선에 있는 3개의 단자 중 어느 2개의 단자를 서로 바꾸어 준다.

해설

전동기의 1차 권선에 있는 3개의 단자 중 어느 2개의 단자를 서로 바꾸어 준다.

02

발전기를 정격전압 220[V]로 전부하 운전하다가 무부하로 운전하였더니 단자 전압이 242[V]가 되었다. 이 발전기의 전압변동률[%]은?

① 10　　② 14
③ 20　　④ 25

해설

$$\epsilon = \frac{V_0 - V_n}{V_n} \times 100 = \frac{242 - 220}{220} \times 100 = 10[\%]$$

03

6극 직렬권 발전기의 전기자 도체 수 300, 매극 자속 0.02[Wb], 회전수 900[rpm]일 때 유도기전력[V]은?

① 90　　② 110
③ 220　　④ 270

정답 18 ④ 19 ② 20 ③ / 01 ④ 02 ① 03 ④

해설

$E = \frac{P}{a} Z\phi \frac{N}{60}$

중권$(a=p) = \frac{6}{2} \times 300 \times 0.02 \times \frac{900}{60} = 270$

파권$(a=Z)$ ⇔ 직렬권

04

동기조상기의 계자를 부족여자로 하여 운전하면?

① 콘덴서로 작용 ② 뒤진 역률 보상
③ 리액터로 작용 ④ 저항손의 보상

해설

동기조상기는 무부하 운전 중
- 과여자일 때는 진상작용을 하는 콘덴서로 동작을 한다.
- 부족여자일 때는 지상작용을 하는 리액터로 작용한다.

05

3상 교류 발전기의 기전력에 대하여 $\pi/2$[rad] 뒤진 전기자 전류가 흐르면 전기자 반작용은?

① 횡축 반작용으로 기전력을 증가시킨다.
② 증자 작용을 하여 기전력을 증가시킨다.
③ 감자 작용을 하여 기전력을 감소시킨다.
④ 교차 자화작용으로 기전력을 감소시킨다.

해설

동기발전기에 부하 전류가 흐를 때, 전기자 전류에 의한 회전 자기장이 회전자 극의 주자속에 대하여 일정한 크기의 영향을 주게 되는데, 이때 전기자 전류가

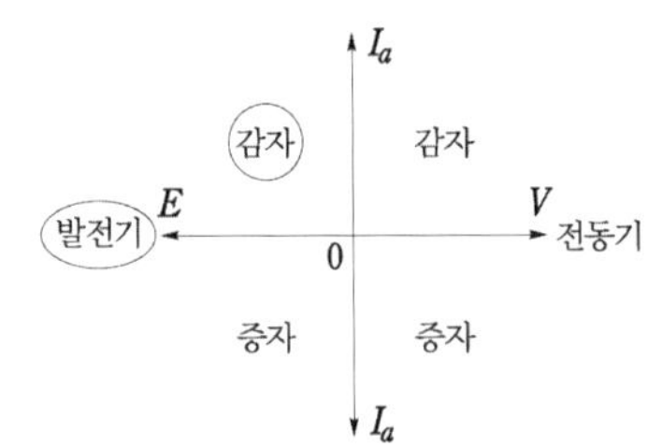

유도기전력보다 $\frac{\pi}{2}$[rad]만큼 뒤진(지상) 전기자전류(I_a)가 흐를 경우 감자작용이 일어나 기전력을 감소시킨다.

06

전기기기의 철심 재료로 규소강판을 많이 사용하는 이유로 가장 적당한 것은?

① 와류손을 줄이기 위해
② 구리손을 줄이기 위해
③ 맴돌이 전류를 없애기 위해
④ 히스테리시스손을 줄이기 위해

해설

철손
- 히스테리시스손 – 규소강판 사용
- 와류손 – 성층철심

07

역병렬 결합의 SCR의 특성과 같은 반도체 소자는?

① PUT ② UJT ③ Diac ④ Triac

해설

- Triac – 쌍방향 3단자 소자
- SCR– 단방향 3단자 소자

08

전기기계의 효율 중 발전기의 규약 효율 η_G는 몇 [%]인가? (단, P는 입력, Q는 출력, L은 손실이다.)

① $\eta_G = \frac{P-L}{P} \times 100$

② $\eta_G = \frac{P-L}{P+L} \times 100$

③ $\eta_G = \frac{Q}{P} \times 100$

④ $\eta_G = \frac{Q}{Q+L} \times 100$

해설

$\eta_G = \frac{출력}{출력+손실} = \frac{Q}{Q+L} \times 100$

정답 04 ③ 05 ③ 06 ④ 07 ④ 08 ④

09

20[kVA]의 단상 변압기 2대를 사용하여 V-V 결선으로 하고 3상 전원을 얻고자 한다. 이때 여기에 접속시킬 수 있는 3상 부하의 용량은 약 몇 [kVA]인가?

① 34.6 ② 44.6
③ 54.6 ④ 66.6

해설

$P_v = \sqrt{3}P_1 = \sqrt{3} \times 20 = 34.6$[kVA]

10

동기 발전기의 병렬 운전 조건이 아닌 것은?

① 유도 기전력의 크기가 같을 것
② 동기발전기의 용량이 같을 것
③ 유도 기전력의 위상이 같을 것
④ 유도 기전력의 주파수가 같을 것

해설

동기 발전기의 병렬 운전 조건이 아닌 것
– 용량, 출력, 회전수

11

직류 분권전동기의 기동방법 중 가장 적당한 것은?

① 기동 토크를 작게 한다.
② 계자 저항기의 저항값을 크게 한다.
③ 계자 저항기의 저항값을 0으로 한다.
④ 기동저항기를 전기자와 병렬접속한다.

해설

기동 시 운전조건
기동 시의 계자전류는 큰 것이 좋고, 기동 시의 계자저항은 작을수록 좋다.

12

극수 10, 동기속도 600[rpm]인 동기 발전기에서 나오는 전압의 주파수는 몇 [Hz]인가?

① 50 ② 60
③ 80 ④ 120

해설

$N_s = \frac{120f}{P}$ $f = \frac{N_s \cdot P}{120} = \frac{600 \times 10}{120} = 50$[Hz]

13

변압기유의 구비조건으로 틀린 것은?

① 냉각효과가 클 것
② 응고점이 높을 것
③ 절연내력이 클 것
④ 고온에서 화학반응이 없을 것

해설

절연유의 구비조건
- 절연내력이 클 것
- 점도가 낮을 것
- 인화점이 높을 것
- 응고점이 낮을 것

14

동기기 손실 중 무부하손(no load loss)이 아닌 것은?

① 풍손 ② 와류손
③ 전기자 동손 ④ 베어링 마찰 손

해설

- 고정손(무부하손) : 철손 ┬ 히스테리시스손 : 규소강판
  └ 와류손 : 성층철심
- 가변손(부하손) : 동손

정답 09 ① 10 ② 11 ③ 12 ① 13 ② 14 ③

15

직류 전동기의 제어에 널리 응용되는 직류-직류 전압 제어장치는?

① 초퍼　　② 인버터
③ 전파정류회로　　④ 사이크로 컨버터

해설

전압제어
- 교류 – 위상 제어
- 직류 – 초퍼형 인버터

16

동기 와트 P_2, 출력 P_0, 슬립 s, 동기속도 N_S, 회전속도 N, 2차 동손 P_{2c}일 때 2차 효율 표기로 틀린 것은?

① $1-s$　　② $\frac{P_{2c}}{P_2}$
③ $\frac{P_0}{P_2}$　　④ $\frac{N}{N_s}$

해설

$$\eta_2 = \frac{P_0}{P_2} = 1-S = \frac{N}{N_s} = \frac{\omega}{\omega_s}$$

$$\frac{P_{2C}}{P_2} \Rightarrow S$$

17

변압기의 결선에서 제3고조파를 발생시켜 통신선에 유도장해를 일으키는 3상 결선은?

① Y-Y　　② △-△
③ Y-△　　④ △-Y

해설

Y-Y 결선

18

부흐홀쯔 계전기의 설치 위치로 가장 적당한 곳은?

① 콘서베이터 내부
② 변압기 고압 측 부싱
③ 변압기 주 탱크 내부
④ 변압기 주 탱크와 콘서베이터 사이

해설

변압기 주 탱크와 콘서베이터 사이

19

3상 유도전동기의 운전 중 급속 정지가 필요할 때 사용하는 제동방식은?

① 단상 제동　　② 회생 제동
③ 발전 제동　　④ 역상 제동

해설

- 역상 제동 – 플러깅 제동
  3상 중에서 2상의 접속을 맞바꾼다.

20

슬립 4[%]인 유도 전동기의 등가 부하 저항은 2차 저항의 몇 배인가?

① 5　　② 19
③ 20　　④ 24

해설

$R = r_2\left(\frac{1}{S}-1\right)$ $4[\%] = 24r_2$, $5[\%] = 19r_2$

정답 15 ① 16 ② 17 ① 18 ④ 19 ④ 20 ④

2016년 3회 기출문제

01

3상 유도 전동기의 정격 전압을 V_n[V], 출력을 P[kW], 1차 전류를 I_1[A], 역률을 $\cos\theta$라 하면 효율을 나타내는 식은?

① $\dfrac{P \times 10^3}{3\,V_n I_1 \cos\theta} \times 100[\%]$

② $\dfrac{3\,V_n I_1 \cos\theta}{P \times 10^3} \times 100[\%]$

③ $\dfrac{P \times 10^3}{\sqrt{3}\,V_n I_1 \cos\theta} \times 100[\%]$

④ $\dfrac{\sqrt{3}\,V_n I_1 \cos\theta}{P \times 10^3} \times 100[\%]$

해설

$$\eta = \frac{출력}{입력} \times 100 = \frac{P \times 10^3[\mathrm{W}]}{\sqrt{3} \times V_n \cdot I_1 \cdot \cos\theta} \times 100$$

02

6극 36슬롯 3상 동기 발전기의 매극매상당 슬롯수는?

① 2 ② 3
③ 4 ④ 5

해설

$$q = \frac{S}{P \times m} = \frac{36}{6 \times 3} = 2[개]$$

03

주파수 60[Hz]의 회로에 접속되어 슬립 3[%], 회전수 1,164[rpm]으로 회전하고 있는 유도 전동기의 극수는?

① 4 ② 6
③ 8 ④ 10

해설

$$N = (1-S) \cdot N_s$$

$$N_s = \frac{N}{1-S} = \frac{1,164}{1-0.03} = 1,200[\mathrm{rpm}]$$

$$P = \frac{120f}{N_s} = \frac{120 \times 60}{1,200} = 6[극]$$

04

그림은 트랜지스터의 스위칭 작용에 의한 직류 전동기의 속도제어 회로이다. 전동기의 속도가 $N = K\dfrac{V - I_a R_a}{\Phi}$[rpm]이라고 할 때, 이 회로에서 사용한 전동기의 속도제어법은?

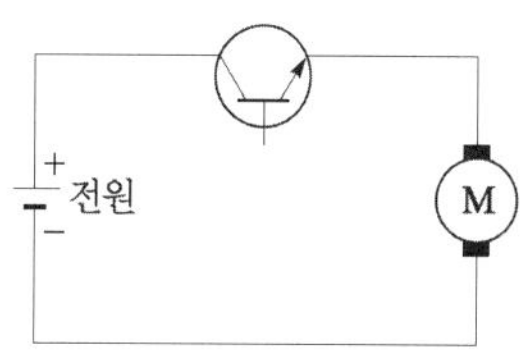

① 전압제어법
② 계자제어법
③ 저항제어법
④ 주파수제어법

해설

전압제어법

05

직류 전동기의 최저 절연저항값[MΩ]은?

① $\dfrac{정격전압[\mathrm{V}]}{1,000 + 정격출력[\mathrm{kW}]}$

② $\dfrac{정격출력[\mathrm{kW}]}{1,000 + 정격입력[\mathrm{kW}]}$

③ $\dfrac{정격입력[\mathrm{kW}]}{1,000 + 정격출력[\mathrm{kW}]}$

④ $\dfrac{정격전압[\mathrm{V}]}{1,000 + 정격입력[\mathrm{kW}]}$

해설

$$절연저항값 = \frac{정격전압[V]}{1{,}000 + 정격출력[kW]}[M\Omega]$$

06

동기 발전기의 병렬 운전 중 기전력의 크기가 다를 경우 나타나는 현상이 아닌 것은?

① 권선이 가열된다.
② 동기화 전력이 생긴다.
③ 무효 순환 전류가 흐른다.
④ 고압 측에 감자 작용이 생긴다.

해설

- 순환 전류가 흐른다.
- 권선이 가열된다.
- 감자 작용이 생긴다.
- 동기화 전력 – 위상차로부터 발생되는 것

07

전압을 일정하게 유지하기 위해서 이용되는 다이오드는?

① 발광 다이오드 ② 포토 다이오드
③ 제너 다이오드 ④ 바리스터 다이오드

해설

제너 다이오드 – 전압을 일정하게 유지

08

변압기의 무부하 시험, 단락 시험에서 구할 수 없는 것은?

① 동손 ② 철손
③ 절연 내력 ④ 전압 변동률

해설

- 무부하 시험 – 철손, 여자전류, 여자 어드미턴스
- 단락 시험 – 동손, 단락전류, 임피던스 전압, 임피던스 와트, 임피던스 동손
- 무부하 시의 전압과 부하를 걸었을 때의 정격 전압

09

대전류 · 고전압의 전기량을 제어할 수 있는 자기소호형 소자는?

① FET ② Diode
③ Triac ④ IGBT

해설

IGBT – 대전류 · 고전압의 전기량을 제어

10

1차 권수 6,000, 2차 권수 200인 변압기의 전압비는?

① 10 ② 30
③ 60 ④ 90

해설

$N_1 = 6{,}000,\quad N_2 = 200,\quad a = \frac{N_1}{N_2} = \frac{6{,}000}{200} = 30$

11

주파수 60[Hz]를 내는 발전용 원동기인 터빈 발전기의 최고 속도[rpm]는?

① 1,800 ② 2,400
③ 3,600 ④ 4,800

해설

$$N_s = \frac{120f}{P} = \frac{120 \times 60}{2} = 3{,}600[rpm]$$

정답 06 ② 07 ③ 08 ③ 09 ④ 10 ② 11 ③

12

변압기의 권수비가 60일 때 2차 측 저항이 0.1[Ω]이다. 이것을 1차로 환산하면 몇 [Ω]인가?

① 310 ② 360
③ 390 ④ 410

해설

$$a=\frac{E_1}{E_2}=\frac{N_1}{N_2}=\frac{V_1}{V_2}=\frac{I_2}{I_1}=\sqrt{\frac{R_1}{R_2}}=\sqrt{\frac{X_1}{X_2}}=\sqrt{\frac{Z_1}{Z_2}}$$

$a=\sqrt{\frac{R_1}{R_2}}$ (양변에 제곱을 곱한다.)

$a^2=\frac{R_1}{R_2}$, $R_1=a^2\cdot R_2=60^2\times 0.1=360[\Omega]$

13

직류기의 파권에서 극수에 관계없이 병렬 회로수 a는 얼마인가?

① 1 ② 2
③ 4 ④ 6

해설

파권 $a=2$, 중권 = 언제나 같다

14

단락비가 큰 동기 발전기에 대한 설명으로 틀린 것은?

① 단락 전류가 크다.
② 동기 임피던스가 작다.
③ 전기자 반작용이 크다.
④ 공극이 크고 전압 변동률이 작다.

해설

K_s ↑ 돌극기=철극기

$\%Z_s=\frac{1}{K_s}=\frac{I_n}{I_s}$, $K_s=\frac{I_s}{I_n}$

- 안정도 증진 - 단락비가 크기 때문
- 전압 변동률은 작아진다.
- 용량은 커진다.
- 동기 임피던스가 작아진다. - 손실이 작아진다.
- 효율이 나쁘다. - 철손이 크기 때문
- 전기자 반작용은 작아진다.

15

변압기의 철심에서 실제 철의 단면적과 철심의 유효면적과의 비를 무엇이라고 하는가?

① 권수비 ② 변류비
③ 변동률 ④ 점적률

해설

점적률(space factor)$=\frac{\text{철심의 유효면적}}{\text{실제 철의 단면적}}\times 100$

16

교류 전동기를 기동할 때 그림과 같은 기동 특성을 가지는 전동기는? (단, 곡선 (1)~(5)는 기동 단계에 대한 토크 특성 곡선이다.)

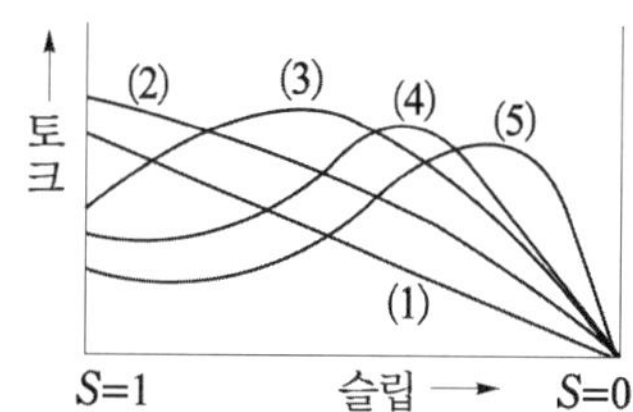

① 반발 유도 전동기
② 2중 농형 유도 전동기
③ 3상 분권 정류자 전동기
④ 3상 권선형 유도 전동기

해설

비례추이 : 3상 권선형 유도 전동기
↳ 속도-토크의 특성 곡선

정답 12 ② 13 ② 14 ③ 15 ④ 16 ④

17

고장 시의 불평형 차전류가 평형 전류의 어떤 비율 이상으로 되었을 때 동작하는 계전기는?

① 과전압 계전기
② 과전류 계전기
③ 전압 차동 계전기
④ 비율 차동 계전기

해설
비율 차동 계전기 - 전류차에 의해서 동작하는 계전기

18

단상 유도 전동기의 기동 방법 중 기동 토크가 가장 큰 것은?

① 반발 기동형 ② 분상 기동형
③ 반발 유도형 ④ 콘덴서 기동형

해설
단상유도 전동기 (기동 토크 大 → 小)
반발 기동형 – 반발 유도형 – 콘덴서 기동형 – 분상 기동형 – 셰이딩 코일형

19

전압 변동률 ϵ의 식은? (단, 정격 전압 V_n[V], 무부하 전압 V_0[V]이다.)

① $\epsilon = \frac{V_0 - V_n}{V_n} \times 100[\%]$

② $\epsilon = \frac{V_n - V_0}{V_n} \times 100[\%]$

③ $\epsilon = \frac{V_n - V_0}{V_0} \times 100[\%]$

④ $\epsilon = \frac{V_0 - V_n}{V_0} \times 100[\%]$

해설
전압 변동률 $\epsilon = \frac{V_0 - V_n}{V_n} \times 100$

20

계자 권선이 전기자와 접속되어 있지 않은 직류기는?

① 직권기 ② 분권기
③ 복권기 ④ 타여자기

해설
- 직권기 – 직렬연결
- 분권기 – 병렬연결
- 복권기 – 외분권, 내분권
- 타여자 - 외부로부터 전압을 공급

정답 17 ④ 18 ① 19 ① 20 ④

제 3 과목

전기설비

(2007~2016)
기출문제 및 해설

제3과목

전기설비 2007년 기출문제

2007년 1회 기출문제

01

전선의 굵기를 측정할 때 사용되는 것은?

① 와이어 게이지 ② 파이프 포트
③ 스패너 ④ 프레셔 툴

해설

전선의 굵기를 측정할 때 와이어 게이지를 사용한다.

02

절연전선을 서로 접속할 때 어느 접속기를 사용하면 접속 부분에 절연을 할 필요가 없는가?

① 전선 피박기 ② 박스형 커넥터
③ 전선 커버 ④ 특대

03

충전되어 있는 활선을 움직이거나 작업권 밖으로 밀어낼 때 사용되는 활선 장구는?

① 애자 커버 ② 데드앤드 커버
③ 와이어 통 ④ 활선 커버

해설

충전되어 있는 활선을 움직이거나 작업권 밖으로 밀어낼 때 사용되는 장구는 와이어 통이다.

04

다음 중 과전류 차단기를 설치해야 하는 곳은?

① 접지공사의 접지도체
② 인입선
③ 다선식 전로의 중성선
④ 저압 가공전선로의 접지 측 전선

해설

과전류 차단기 설치 제한장소
- 접지공사의 접지도체
- 다선식 전로의 중성선
- 전로 일부에 접지공사를 한 저압 가공전선로의 접지 측 전선

05

조명용 백열전등을 일반주택 및 아파트 각 호실에 설치할 때 전등은 최대 몇 분 이내에 소등이 되는 타임스위치를 시설하여야 하는가?

① 1 ② 2
③ 3 ④ 4

해설

- 주택 및 아파트의 타임스위치는 3분 이내에 소등되어야 한다.
- 관광업 및 숙박시설의 타임스위치는 1분 이내에 소등되어야 한다.

06

변전소의 역할로 볼 수 없는 것은?

① 전압의 변성 ② 전력의 생산
③ 전력의 집중과 배분 ④ 전력계통 보호

정답 01 ① 02 ② 03 ③ 04 ② 05 ③ 06 ②

해설

변전소란 전압을 변성, 또는 집중과 배분하는 곳이다. 다만, 전력을 생산하는 곳은 발전소이다.

07

자연 공기 내에서 개방할 때 접촉자가 떨어지면서 자연 소호되는 방식을 가진 차단기로 저압의 교류 또는 직류 차단기로 많이 사용되는 것은?

① 유입 차단기 ② 자기 차단기
③ 가스 차단기 ④ 기중 차단기

해설

저압의 차단기로서 자연 공기 내에 자연 소호되는 방식을 가진 차단기는 기중 차단기이다.

08

실내 전반조명을 하고자 한다. 작업대로부터 광원의 높이가 2.4[m]인 위치에 조명기구를 배치할 때 벽에서 한 기구 이상 떨어진 기구에서 기구 간의 거리는 일반적인 경우 최대 몇 [m]로 배치하여 설치하는가? (단 $s \leq 1.5H$를 사용하여 구하도록 한다.)

① 1.8 ② 2.4
③ 3.2 ④ 3.6

해설

등 기구 사이 간격은 $s \leq 1.5H$ 이하이므로
$s \leq 1.5H \times 2.4 = 3.6$[m]

09

지선의 중간에 넣는 애자의 명칭은?

① 구형애자 ② 곡핀애자
③ 인류애자 ④ 핀애자

해설

지선의 중간에 넣는 애자는 구형애자이다.

10

하나의 콘센트에 둘 또는 세 가지의 기계 기구를 끼워서 사용할 때 사용되는 것은?

① 노출형 콘센트 ② 키이리스 소켓
③ 멀티 탭 ④ 아이언 플러그

해설

멀티 탭은 하나의 콘센트에 둘 또는 세 가지의 기구를 끼워서 사용한다.

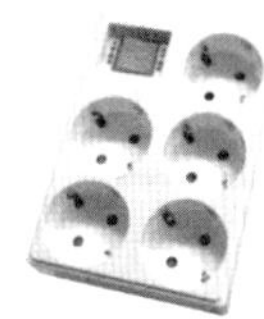

11

금속관에 나사를 내는 공구는?

① 오스터 ② 파이프 커터
③ 리머 ④ 스패너

해설

금속관에 나사를 낼 때 사용되는 공구는 오스터이다.

12

금속관공사를 할 때 앤트런스 캡의 사용으로 옳은 것은?

① 금속관이 고정되어 회전시킬 수 없을 때 사용
② 저압 가공 인입선의 인입구에 사용
③ 배관의 직각의 굴곡 부분에 사용
④ 조명기기가 무거울 때 조명기구의 부착 등에 사용

해설

앤트런스 캡은 옥외 공사의 노출부분에 금속관 인입구에 설치하여 빗물의 침입을 방지한다.

정답 07 ④ 08 ④ 09 ① 10 ③ 11 ① 12 ②

13

다음 중 지중전선로의 매설 방법이 아닌 것은?

① 관로식　　② 암거식
③ 직접 매설식　　④ 행거식

해설

지중전선로의 매설 방식
- 직접 매설식
- 관로식
- 암거식

14

접지공사를 다음과 같이 시행하였다. 잘못된 접지공사는?

① 접지극은 동봉을 사용하였다.
② 접지극은 75[cm] 이상 깊이에 매설하였다.
③ 지표, 지하 모두에 옥외용 비닐절연전선을 사용하였다.
④ 접지선과 접지극은 납땜을 하여 접속하였다.

해설

접지공사에 사용되는 배선은 절연전선, 캡타이어 케이블 또는 케이블이어야 한다. 단, 옥외용 비닐절연전선은 제외한다.

15

합성수지관 공사에서 옥외 등 온도 차가 큰 장소에 노출 배관을 할 때 사용하는 커플링은?

① 신축커플링(0C)
② 신축커플링(1C)
③ 신축커플링(2C)
④ 신축커플링(3C)

16

가정용 전등에 사용되는 점멸 스위치를 설치하여야 할 위치에 대한 설명으로 가장 적당한 것은?

① 접지 측 전선에 설치한다.
② 중성선에 설치한다.
③ 부하의 2차 측에 설치한다.
④ 전압 측에 설치한다.

해설

전등에 사용되는 점멸 스위치의 경우 전압 측 전선에 설치한다.

17

2종 금속 몰드의 구성 부품으로 조인트 금속의 종류가 아닌 것은?

① L형　　② T형
③ 플랫엘보　　④ 크로스형

※ 전기설비 기술기준의 판단기준 개정에 따라 삭제된 문제가 있어 20문항이 되지 않습니다.

정답 13 ④　14 ③　15 ④　16 ④　17 ③

2007년 2회 기출문제

01

다단의 크로스암이 설치되고 또한 장력이 크고 H주일 때 보통 2단 지선으로 부설하는 지선은?

① 보통지선 ② 공동지선
③ 궁지선 ④ Y지선

02

다음 중 접지의 목적으로 알맞지 않은 것은?

① 감전의 방지
② 전로의 대지 전압 상승
③ 보호계전기의 동작 확보
④ 이상전압의 억제

해설

접지의 목적
• 보호계전기의 동작 확보
• 이상전압 억제
• 감전사고 방지

03

화약고 등의 위험 장소의 배선 공사에서 전로의 대지 전압은 몇 [V] 이하로 하도록 되어 있는가?

① 300 ② 400
③ 500 ④ 600

해설

화약류 저장소의 전기설비의 시설의 경우 대지전압은 300[V] 이하로 하여야 한다.

04

한 수용 장소의 인입선에서 분기하여 지지물을 거치지 아니하고 다른 수용장소의 인입구에 이르는 부분의 전선을 무엇이라 하는가?

① 가공전선 ② 공동지선
③ 가공인입선 ④ 연접인입선

해설

연접인입선이라 함은 한 수용장소 인입선에서 분기하여 다른 지지물을 거치지 않고 다른 수용장소 인입구에 이르는 부분의 전선을 말한다.

05

전선을 기구 단자에 접속할 때 진동 등의 영향으로 헐거워질 우려가 있는 경우에 사용하는 것은?

① 압착단자 ② 코드 패스너
③ 십자머리 볼트 ④ 스프링 와셔

해설

진동이 있는 단자에 전선을 접속 시 스프링 와셔 또는 이중 너트를 사용한다.

06

다음 중 전선의 슬리브 접속에 있어서 펜치와 같이 사용되고 금속관 공사에서 로크너트를 조일 때 사용하는 공구는 어느 것인가?

① 펌프 플라이어(pump plier)
② 히키(hickey)
③ 비트 익스텐션(bit extension)
④ 크리퍼(clipper)

정답 01 ④ 02 ② 03 ① 04 ④ 05 ④ 06 ①

07

사람이 접촉될 우려가 있는 곳에 시설하는 경우 접지극은 지하 몇 [cm] 이상의 깊이에 매설하여야 하는가?

① 30 ② 45
③ 50 ④ 75

해설
접지공사의 접지극은 지하 75[cm] 이상 깊이에 매설하여야 한다.

08

배관의 직각 굴곡 부분에 사용하는 것은?

① 로크너트 ② 절연부싱
③ 플로어박스 ④ 노멀밴드

해설
노출 배관이며 직각의 굴곡 부분에 사용되는 것은 노멀밴드이다.

09

다음 중 인류 또는 내장주의 선로에서 활선공법을 할 때 작업자가 현수애자 등에 접촉되어 생기는 안전사고를 예방하기 위해 사용하는 것은?

① 활선 커버 ② 가스 개폐기
③ 데드엔드 커버 ④ 프로텍터 차단기

10

다음 철탑의 사용목적에 의한 분류에서 서로 인접하는 경간의 길이가 크게 달라 지나친 불평형 장력이 가해지는 경우 등에는 어떤 형의 철탑을 사용하여야 하는가?

① 직선형 ② 각도형
③ 인류형 ④ 내장형

해설
전선로의 양쪽에 지지물에 큰 곳에 사용하는 철탑은 내장형 철탑이다.

11

철근 콘크리트주에 완금을 고정시키려면 어떤 밴드를 사용하는가?

① 암 밴드 ② 지선 밴드
③ 래크 밴드 ④ 암타이 밴드

해설
완금을 고정하기 위해 사용되는 밴드는 암 밴드이다.

12

다음 기호의 명칭은?

————————

① 천장 은폐 배선 ② 바닥 은폐 배선
③ 노출 배선 ④ 바닥면 노출 배선

해설
- 천장 은폐 배선 ————————
- 바닥 은폐 배선 — — — — —
- 노출 배선 - - - - - - - - - - - -

13

다음 중 금속 전선관을 박스에 고정시킬 때 사용하는 것은?

① 새들 ② 부싱
③ 로크너트 ④ 클램프

해설

관을 박스에 고정할 때 사용하는 것은 로크너트이다.

정답 07 ④ 08 ④ 09 ③ 10 ④ 11 ① 12 ① 13 ③

14

조명 기구의 배광에 의한 분류 중 40~60[%] 정도는 빛이 위쪽과 아래쪽으로 고루 향하고 가장 일반적인 용도를 가지고 있으며 상하좌우로 빛이 모두 나오므로 부드러운 조명이 되는 조명방식은?

① 직접 조명방식
② 반 직접 조명방식
③ 전반 조명방식
④ 반 간접 조명방식

해설
- 직접 조명방식의 경우 하향광속은 90~100[%] 정도
- 반 직접 조명방식의 경우의 하향광속은 60~90[%] 정도
- 전반 조명방식의 경우의 하향광속은 40~60[%] 정도
- 반 간접 조명방식의 경우의 하향광속은 10~40[%] 정도
- 간접 조명방식의 경우의 하향광속은 0~10[%] 정도

15

절연 전선이 피복에 "15[kV] NRV"라고 표시되어 있다. 여기서 "NRV"는 무엇을 나타내는 약호인가?

① 형광등 전선
② 고무절연 폴리에틸렌 시스 네온전선
③ 고무절연 비닐 시스 네온전선
④ 폴리에틸렌 절연 비닐 시스 네온전선

해설
15[kV] NRV라는 것은
- N : 네온
- R : 고무
- V : 비닐을 나타낸다.

16

저압 배선 중 전압 강하는 간선 및 분기회로에서 각각 표준전압의 몇 [%] 이하로 하는 것을 원칙으로 하는가?

① 2　　② 4
③ 6　　④ 8

해설
저압 배선의 경우 전압 강하는 표준전압의 2[%] 이하로 하는 것을 원칙으로 한다.

※ 전기설비 기술기준의 판단기준 개정에 따라 삭제된 문제가 있어 20문항이 되지 않습니다.

정답 14 ③ 15 ③ 16 ①

2007년 3회 기출문제

01

구리 전선과 전기 기계 기구 단자를 접속하는 경우에 진동 등으로 인하여 헐거워질 염려가 있는 곳에는 어떤 것을 사용하여 접속하는가?

① 평와셔 2개를 끼운다.
② 스프링 와셔를 끼운다.
③ 코드 패스너를 끼운다.
④ 정 슬리브를 끼운다.

해설
진동이 있는 단자에 전선을 접속할 경우 스프링 와셔와 이중너트를 사용한다.

02

합성수지관 공사에 대한 설명 중 옳지 않은 것은?

① 습기가 많은 장소 또는 물기가 있는 장소에 시설하는 경우에는 방습 장치를 한다.
② 관 상호간 박스는 관을 삽입하는 길이를 관 바깥지름의 1.2배 이상으로 한다.
③ 관의 지지점간의 거리는 3[m] 이상으로 한다.
④ 합성수지관 안에는 전선의 접속점이 없도록 한다.

해설
합성수지관 공사의 경우 관의 지지점간의 거리는 1.5[m] 이하로 하여야 한다.

03

합성수지 몰드 배선의 사용전압은 몇 [V] 이하이어야 하는가?

① 400　② 600
③ 750　④ 800

해설
합성수지 몰드 배선 공사의 사용전압은 400[V] 이하이어야 한다.

04

셀룰로이드, 성냥, 석유류 및 기타 가연성 위험물질을 제조 또는 저장하는 장소의 배선으로 잘못된 배선은?

① 금속관 배선　② 합성수지관 배선
③ 플로어 덕트 배선　④ 케이블 배선

해설
가연성 분진, 석유류, 셀룰로이드의 위험물질을 제조 또는 저장하는 장소의 전기 배선 방법으로는 금속관, 케이블, 합성수지관 공사에 의하여야 한다.

05

다음 중 접지저항의 측정에 사용되는 측정기의 명칭은?

① 회로 시험기　② 변류기
③ 검류기　④ 어스테스터

해설
접지저항 측정기는 어스테스터이다.

06

폭발성 분진이 존재하는 곳의 금속관 공사에 있어서 관 상호 및 관과 박스 기타의 부속품이나 풀 박스 또는 전기 기계기구와의 접속은 몇 턱 이상의 나사 조임으로 접속하여야 하는가?

① 2턱　② 3턱
③ 4턱　④ 5턱

정답 01 ② 02 ③ 03 ① 04 ③ 05 ④ 06 ④

해설

폭연성 분진 또는 화약류 분말이 존재하는 곳의 전기 공작물의 경우 금속관, 케이블 공사에 의해 시행하여야 하는데 금속관의 경우 관 상호 및 관과 박스 등은 5턱 이상의 나사 조임으로 접속하여야 한다.

07

전선 6[mm^2] 이하 가는 단선을 직선 접속할 때 어느 방법으로 하여야 하는가?

① 브리타니어 접속 ② 트위스트 접속
③ 슬리브 접속 ④ 우산형 접속

08

저압 가공 인입선의 인입구에 사용하는 부속품은?

① 플로어 박스 ② 링리듀서
③ 앤트런스 캡 ④ 노멀 밴드

해설

앤트런스 캡의 경우 옥외용의 금속관 인입구에 사용한다.

09

다음 중 금속 덕트 공사 방법과 거리가 가장 먼 것은?

① 덕트의 말단은 열어 놓을 것
② 금속 덕트는 3[m] 이하의 간격으로 견고하게 지지할 것
③ 금속 덕트 뚜껑은 쉽게 열리지 않도록 시설할 것
④ 금속 덕트 상호는 견고하고 또한 전기적으로 완전하게 접속할 것

해설

금속 덕트 공사의 경우 관 단의 끝은 폐쇄시킨다.

10

고압 가공 전선로의 전선의 조수가 3조일 때 완금의 길이는?

① 1,200[mm] ② 1,400[mm]
③ 1,800[mm] ④ 2,400[mm]

11

금속 전선관 공사에 필요한 공구가 아닌 것은?

① 파이프 바이스 ② 스트리퍼
③ 리머 ④ 오스터

해설

와이어 스트리퍼란 절연전선의 피복 절연물을 벗기는 공구를 말한다.

12

습기가 많은 장소 또는 물기가 있는 장소의 바닥 위에서 사람이 접촉할 우려가 있는 장소에 시설하는 사용전압이 400[V] 이하인 전구선 및 이동전선은 최소 몇 [mm^2] 이상의 것을 사용하여야 하는가?

① 0.75 ② 1.25
③ 2.0 ④ 3.5

해설

저압 옥내 전구선 및 이동전선의 경우 최소 0.75[mm^2] 이상의 캡타이어 케이블을 사용한다.

정답 07 ② 08 ③ 09 ① 10 ③ 11 ② 12 ①

13

제2종 금속제 가요 전선관의 굵기(관의 호칭)가 아닌 것은?

① 10[mm] ② 12[mm]
③ 16[mm] ④ 24[mm]

해설
제2종 금속제 가요 전선관 호칭
10, 12, 15, 17, 24, 30, 38, 50, 63, 76, 83, 101[mm]

14

배선용 차단기의 심벌은?

① B ② E
③ BE ④ S

15

수변전 설비에서 차단기의 종류 중 가스 차단기에 들어가는 가스 종류는?

① CO_2 ② LPG
③ SF_6 ④ LNG

해설
수전설비의 가스 차단기에 사용되는 가스의 종류는 SF_6 가스를 사용한다.

16

600[V] 이하의 저압 회로에 사용하는 비닐절연 비닐시스 케이블의 약호로 맞는 것은?

① VV ② EV
③ FP ④ CV

해설
비닐절연 비닐시스 케이블의 약호는 VV가 된다.

17

다음 중 변류기의 약호는?

① CB ② CT
③ DS ④ COS

해설
계기용 변류기 CT(Current Transformer)가 된다.

※ 전기설비 기술기준의 판단기준 개정에 따라 삭제된 문제가 있어 20문항이 되지 않습니다.

정답 13 ③ 14 ① 15 ③ 16 ① 17 ②

2007년 4회 기출문제

01

다음 중 나전선 상호 간 또는 나전선과 절연 전선 접속 시 접속 부분의 전선의 세기는 일반적으로 어느 정도 유지해야 하는가?

① 80[%] 이상　② 70[%] 이상
③ 60[%] 이상　④ 50[%] 이상

해설

전선의 접속 시 유의 사항
전선의 세기를 80[%] 이상 유지해야 한다.

02

다음 중 옥내에 시설하는 저압 전로와 대지 사이의 절연저항 측정에 사용되는 계기는?

① 코올라시 브리지　② 메거
③ 어스 테스터　④ 마그넷 벨

해설

절연저항 측정기는 메거이다.

03

금속관 공사에서 관을 박스 내에 고정시킬 때 사용하는 것은?

① 부싱　② 로크너트
③ 새들　④ 커플링

해설

관을 박스에 고정시킬 때 로크너트를 사용한다.

04

다음 중 단선의 브리타니아 직선 접속에 사용되는 것은?

① 조인트선　② 파라핀선
③ 바인드선　④ 에나멜선

해설

브리타니어의 직선 접속에는 조인트선을 중간에 전선 접속 부분의 중앙에 댄다.

05

셀룰로이드, 성냥, 석유류 등 기타 가연성 위험 물질을 제조 또는 저장하는 장소에 시설해서는 안 되는 배선은?

① 애자 사용 배선
② 케이블 배선
③ 합성수지관 배선
④ 금속관 배선

해설

셀룰로이드, 성냥, 석유류 등의 물질을 제조하거나 저장하는 장소의 전기 공사는 합성수지관, 금속관, 케이블공사에 의해 시설한다.

06

작업면에서 천장까지의 높이가 3[m]일 때 직접 조명인 경우의 광원의 높이는 몇 [m]인가?

① 1　② 2
③ 3　④ 4

해설

등고란 피조물(작업면)로부터 광원까지의 거리를 말한다. 직접 조명의 경우 천정면에 광원이 있으므로 광원의 높이는 3[m]가 된다.

정답　01 ①　02 ②　03 ②　04 ①　05 ①　06 ③

07

다음 ⓒ 심벌의 명칭은?

① 과전압 계전기 ② 환풍기
③ 콘센트 ④ 룸 에어콘

08

배전반 및 분전반의 설치 장소로 적합하지 못한 것은?

① 전기회로를 쉽게 조작할 수 있는 장소
② 개폐기를 쉽게 조작할 수 있는 장소
③ 안정된 장소
④ 은폐된 장소

해설
배전반의 경우 은폐된 장소에는 시설할 수가 없다.

09

다음 중 차단기를 시설해야 하는 곳으로 가장 적당한 것은?

① 다선식 전로의 중성선
② 접지공사를 한 저압 가공전선로의 접지 측 전선
③ 고압에서 저압으로 변성하는 2차 측의 저압 측 전선
④ 접지공사의 접지도체

해설
과전류 차단기 설치 제한장소
- 접지공사의 접지도체
- 다선식 전로의 중성선
- 전로 일부에 접지공사를 한 저압 가공전선로의 접지 측 전선

10

플로어 덕트 공사의 설명 중 옳지 않은 것은?

① 덕트 상호 및 덕트와 박스 또는 인출구와 접속은 견고하고 전기적으로 완전하게 접속하여야 한다.
② 덕트의 끝부분은 막는다.
③ 덕트 및 박스 기타 부속품은 물이 고이는 부분이 없도록 시설하여야 한다.
④ 플로어 덕트는 접지공사로 하지 않아야 한다.

해설
플로어 덕트 공사의 경우 접지공사의 시설에 준하는 접지공사를 시행한다.

11

가스 절연 개폐기나 가스 차단기에 사용되는 가스인 SF_6의 성질이 아닌 것은?

① 연소하지 않는 성질이다.
② 색깔, 독성, 냄새가 없다.
③ 절연유의 1/140로 가볍지만 공기보다 5배 무겁다.
④ 공기의 25배 정도로 절연내력이 낮다.

해설
SF_6 가스의 성질
- 무색, 무취, 무해하다.
- 불연성으로 절연내력이 크다.
- 소호 능력이 크다.
- 절연내력은 공기의 2~3배 높다.

12

금속관을 조영재에 따라서 시설하는 경우 새들 또는 행거 등으로 견고하게 지지하고 그 간격을 몇 [m] 이하로 하는 것이 가장 바람직한가?

① 2 ② 3
③ 4 ④ 5

해설
금속관을 조영재에 따라 시설할 경우 지지점간의 거리는 2[m] 이하로 한다.

정답 07 ③ 08 ④ 09 ③ 10 ④ 11 ④ 12 ①

13

전선로의 종류가 아닌 것은?

① 옥측 전선로　　② 지중 전선로
③ 가공 전선로　　④ 산간 전선로

해설

전선로의 경우 산간 전선로라는 것은 없다.

14

중성점 접지 공사의 저항값을 결정하는 가장 큰 요인은?

① 변압기 용량
② 고압 가공전선로의 전선 연장
③ 변압기 1차 측에 넣은 퓨즈 용량
④ 변압기 고압 또는 특고압 측 전로의 1선 지락전류의 암페어수

해설

중성점의 접지저항값 $R_2 = \frac{150, 300, 600}{\text{1선 지락전류}}[\Omega]$

15

지선의 중간에 넣는 애자의 명칭은?

① 구형 애자　　② 곡핀 애자
③ 현수 애자　　④ 핀 애자

해설

지선의 중간에 넣는 애자의 명칭을 구형 애자라 한다.

16

무대, 무대 밑, 오케스트라 박스, 영사실, 기타 사람이나 무대 도구가 접촉할 우려가 있는 장소에 시설하는 저압 옥내 배선, 전구선 또는 이동전선은 최고 사용전압이 몇 [V] 이하이어야 하는가?

① 100　② 200　③ 400　④ 700

해설

무대, 무대 밑, 오케스트라, 박스 영사실의 전기공사의 경우 사용전압이 400[V] 이하이어야 한다.

17

가공 전선로의 지지물에 시설하는 지선의 안전율은 얼마 이상이어야 하는가?

① 3.5　　② 3.0
③ 2.5　　④ 1.0

해설

지선의 시설기준
- 지선의 안전율은 2.5 이상
- 허용인장 하중은 4.31[kN] 이상
- 소선수는 3가닥 이상

18

가요 전선관에 사용되는 부속품이 아닌 것은?

① 스플릿 커플링　　② 콤비네이션 커플링
③ 앵글박스 커플링　　④ 유니온 커플링

해설

유니온 커플링의 경우 전선관 양쪽을 돌려 끼울 수 없는 경우에 사용하는 금속관 부속품이다.

※ 전기설비 기술기준의 판단기준 개정에 따라 삭제된 문제가 있어 20문항이 되지 않습니다.

정답　13 ④　14 ④　15 ①　16 ③　17 ③　18 ④

전기설비 2008년 기출문제

2008년 1회 기출문제

01

합성수지관 배선에 대한 설명으로 틀린 것은?

① 합성수지관 배선은 절연전선을 사용한다.
② 합성수지관 내에서 전선의 접속점을 만들어서는 안 된다.
③ 합성수지관 배선은 중량물의 압력 또는 심한 기계적 충격을 받는 장소에 시설하여서는 안 된다.
④ 합성수지관의 배선에 사용되는 관 및 박스 기타 부속품은 온도변화에 의한 신축을 고려할 필요가 없다.

해설
합성수지관의 경우 외상을 받을 우려가 많으며, 고온 및 저온에서는 사용할 수가 없다.

02

PVC 전선관의 표준 규격품의 길이[m]는?

① 3 ② 3.6
③ 4 ④ 5

해설
PVC(경질비닐전선)관은 1본의 길이가 4[m]가 표준이다.

03

버스덕트 공사에 의한 저압 옥내배선공사에 대한 설명으로 틀린 것은?

① 덕트 상호간 및 전선 상호간은 견고하고 또한 전기적으로 완전하게 접속할 것
② 저압 옥내 배선의 사용전압이 400[V] 미만인 경우 덕트에는 접지공사를 하지 않을 것
③ 덕트(환기형의 것을 제외한다)의 끝 부분은 막을 것
④ 습기가 많은 장소 또는 물기가 있는 장소에 시설하는 경우 옥외용 버스덕트를 사용할 것

해설
덕트에는 접지공사 시설에 준하는 접지공사를 할 것

04

폭발성 분진이 있는 위험장소에 금속관 배선을 할 경우 관 상호 및 관과 박스 기타의 부속품이나 풀 박스 또는 전기기계기구는 몇 턱 이상의 나사 조임으로 접속하여야 하는가?

① 2턱 ② 3턱
③ 4턱 ④ 5턱

해설
폭연성 분진, 화약류 분말이 존재하는 곳의 전기 공사의 경우 금속관 공사를 시행하는 경우의 관 상호 및 관과 박스 등의 5턱 이상의 나사 조임으로 접속하여야 한다.

05

금속관 공사의 경우 관을 접지하는 데 사용하는 것은?

① 노출배관용 박스 ② 엘보우
③ 접지 클램프 ④ 터미널 캡

해설
금속관에 접지선을 연결하는 금구류는 접지 클램프이다.

정답 01 ④ 02 ③ 03 ② 04 ④ 05 ③

06

아웃렛박스 등의 녹아웃의 지름이 관지름보다 클 때 관을 고정시키기 위해 쓰는 재료의 명칭은?

① 터미널캡　② 링리듀서
③ 앤트랜스 캡　④ 유니버셜 엘보

해설
녹아웃이 로크너트보다 클 경우 링리듀서를 사용한다.

07

가연성 가스가 존재하는 장소의 저압 시설 공사 방법으로 옳은 것은?

① 가요 전선관 공사　② 합성 수지관 공사
③ 금속관 공사　④ 금속 몰드 공사

해설
폭연성 분진, 화약류 분말이 존재하는 곳, 가연성 가스 또는 인화성 물질이 체류하는 곳에서는 금속관 공사, 케이블 공사를 시행한다.

08

광산이나 갱도 내 가스 또는 먼지의 발생에 의해서 폭발할 우려가 있는 장소의 전기공사 방법 중 옳지 않은 것은?

① 금속관은 박강 전선관 또는 이와 동등 이상의 강도를 가지는 것일 것
② 전동기는 과전류가 생겼을 때에 폭연성 분진에 착화할 우려가 없도록 시설할 것
③ 이동전선은 제1종 캡타이어 케이블일 것
④ 백열전등 및 방전등용 전등 기구는 조영재에 직접 견고하게 붙이거나 또는 전등을 다는 관 등에 의하여 조영재에 견고하게 붙일 것

해설
이동전선은 0.6/1[kV] EP 고무절연 클로로프렌 캡타이어 케이블을 사용한다.

09

절연전선으로 가선된 배전 선로에서 활선 상태인 경우 전선의 피복을 벗기는 것은 매우 곤란한 작업이다. 이런 경우 활선 상태에서 전선의 피복을 벗기는 공구는?

① 전선 피박기　② 애자커버
③ 와이어 통　④ 데드엔드 커버

해설
활선 상태에서의 전선의 피복을 벗기는 공구는 전선 피박기이다.

10

한 수용장소의 인입구에서 분기하여 지지물을 거치지 아니하고 다른 수용장소 인입구에 이르는 부분의 전선을 무엇이라 하는가?

① 연접인입선　② 본딩선
③ 이동전선　④ 지중 인입선

해설
연접인입선이란 한 수용장소의 인입구에서 분기하여 지지물을 거치지 아니하고 다른 수용장소 인입구에 이르는 부분의 전선을 말한다.

11

전선로의 지선에 사용되는 애자는?

① 현수 애자　② 구형 애자
③ 인류 애자　④ 핀 애자

정답 06 ② 07 ③ 08 ③ 09 ① 10 ① 11 ②

해설

구형 애자는 지선의 중간에 넣는다.

12

다음 중 과전류 차단기를 설치하는 곳은?

① 간선의 전원 측 전선
② 접지공사의 접지도체
③ 다선식 전로의 중성선
④ 접지공사를 한 저압 가공전선로의 접지 측 전선

해설

과전류 차단기 설치 제한장소
- 접지공사의 접지도체
- 다선식 전로의 중성선
- 전로 일부의 접지공사를 한 저압 가공전선로의 접지 측 전선

13

가공 전선로의 지지물이 아닌 것은?

① 목주 ② 지선
③ 철근 콘크리트주 ④ 철탑

해설

지선의 경우 지지물의 강도를 보강한다.

14

콘크리트 직매용 케이블 배선에서 일반적으로 케이블을 구부릴 때는 피복이 손상이 되지 않도록 그 굴곡부 안쪽의 반경은 케이블 외경의 몇 배 이상으로 하여야 하는가? (단, 단심의 경우이다.)

① 4 ② 8
③ 10 ④ 12

15

한 분전반에 사용전압이 각각 다른 분기회로가 있을 때 분기회로를 쉽게 식별하기 위한 방법으로 가장 적합한 것은?

① 차단기별로 분리해 놓는다.
② 차단기나 차단기 가까운 곳에 각각 전압을 표시하는 명판을 붙여 놓는다.
③ 왼쪽은 고압 측, 오른쪽은 저압 측으로 분류해 놓고 전압을 표시하지 않는다.
④ 분전반을 철거하고 다른 분전반을 새로 설치한다.

※ 전기설비 기술기준의 판단기준 개정에 따라 삭제된 문제가 있어 20문항이 되지 않습니다.

정답 12 ① 13 ② 14 ② 15 ②

2008년 2회 기출문제

01

변전소의 역할에 대한 내용이 아닌 것은?

① 전압의 변성 ② 전력 생산
③ 전력의 집중과 배분 ④ 역률개선

해설

변전소의 역할
- 전압의 변성
- 전력을 배분과 연계
- 정전의 피해 억제
- 역률개선

02

금속관에 여러 가닥의 전선을 넣을 때 매우 편리하게 넣을 수 있는 방법으로 쓰이는 것은?

① 비닐전선 ② 철망 그리프
③ 접지선 ④ 호밍사

03

애자 사용 공사를 건조한 장소에 시설하고자 한다. 사용전압이 400[V] 이하인 경우 전선과 조영재 사이의 이격 거리는 최소 몇 [cm] 이상이어야 하는가?

① 2.5[cm] ② 4.5[cm]
③ 6[cm] ④ 12[cm]

해설

애자 사용 공사 시 전선과 조영재 사이의 이격 거리
- 400[V] 이하 건조한 장소 : 2.5[cm] 이상
- 400[V] 초과 습한 장소 : 4.5[cm](단, 건조한 장소일 경우 2.5[cm] 이상)

04

전선에 압착단자 접속 시 사용되는 공구는?

① 와이어 스트립퍼 ② 프레셔툴
③ 클리퍼 ④ 니퍼

해설

- 와이어 스트립퍼 → 절연 전선의 피복을 자동으로 벗기는 공구
- 프레셔툴 → 솔더리스 커넥터 또는 솔더리스 터미널을 압착하는 것
- 클리퍼 → 굵은 전선을 절단할 때 사용하는 공구
- 니퍼 → 피복을 잘라 내거나 전선을 절단할 때 사용

05

저압 가공 인입선의 인입구에 사용하며, 금속관 공사에서 끝 부분의 빗물의 침입을 방지하는 데 적당한 것은?

① 엔드 ② 엔트런스 캡
③ 부싱 ④ 라미플

해설

금속관 공사에서 끝 부분의 빗물의 침입을 방지하는 데 적당한 것은 엔트런스 캡이다.

06

차단기의 종류 중 ELB의 용어는?

① 유입 차단기 ② 진공 차단기
③ 배선용 차단기 ④ 누전 차단기

정답 01 ② 02 ② 03 ① 04 ② 05 ② 06 ④

해설

차단기의 종류
- OCB : 유입 차단기
- ABB : 공기 차단기
- GCB : 가스 차단기
- VCB : 진공 차단기
- MBB : 자기 차단기
- ELB : 누전 차단기
- MCCB : 배선용 차단기

07

인류하는 곳이나 분기하는 곳에 사용하는 애자는?

① 구형애자 ② 가지애자
③ 새클애자 ④ 현수애자

해설

- 구형애자 → 지선 중간에 넣는 것
- 가지애자 → 전선을 다른 방향으로 돌리는 부분에 사용

08

다음 중 저압 개폐기를 생략하여도 좋은 개소는?

① 부하 전류를 단속할 필요가 있는 개소
② 인입구 기타 고장, 점검, 측정 수리 등에서 개로 할 필요가 있는 개소
③ 퓨즈의 전원측으로 분기회로용 과전류 차단기 이후 퓨즈가 플러그 퓨즈와 같이 퓨즈 교환 시에 충전부에 접촉될 우려가 없는 경우
④ 퓨즈의 전원측

09

목장의 전기울타리에 사용하는 경동선의 지름은 최소 몇 [mm] 이상이어야 하는가?

① 1.6 ② 2.0
③ 2.6 ④ 3.2

해설

전기 울타리의 시설기준
- 1차 : 250[V] 이하, 2차 : 임펄스형
- 전선의 굵기 : 2[mm] 이상의 경동선
- 전선과 수목과의 이격거리 : 30[cm] 이상
- 전선의 지지 기둥과 이격거리 : 2.5[cm] 이상

10

합성 수지관 상호간을 연결하는 접속재가 아닌 것은?

① 로크너트 ② TS 커플링
③ 컴비네이션 커플링 ④ 2호 커넥터

해설

로크너트의 경우 금속관을 박스에 고정할 때 사용된다.

11

박스 내에서 가는 전선을 접속할 때에는 어떤 방법으로 접속하는가?

① 트위스트 접속 ② 쥐꼬리 접속
③ 브리타니어 접속 ④ 슬리브 접속

해설

가는 단선의 접속 시 사용되는 접속방법은 쥐꼬리 접속이다.

정답 07 ④ 08 ③ 09 ② 10 ① 11 ②

12

가공 전선로의 지지물에 시설하는 지선의 시설기준에 맞지 않는 것은?

① 지선의 안전율은 2.5 이상일 것
② 지선의 안전율은 2.5 이상일 경우에 허용 인장하중은 최저 4.31[kN]으로 한다.
③ 소선의 지름이 1.6[mm] 이상의 동선을 사용한 것일 것
④ 2.6[mm] 이상의 금속선을 3조 이상 꼬아 사용

해설
지선의 시설기준
• 안전율은 2.5 이상
• 허용인장하중은 4.31[kN] 이상일 것
• 소선 수는 3가닥 이상

13

다음 중 충전되어 있는 활선을 움직이거나 작업권 밖으로 밀어낼 때 또는 활선을 다른 장소로 옮길 때 사용되는 절연봉은?

① 애자커버　　② 전선커버
③ 와이어 통　　④ 금속피박기

해설
충전되어 있는 활선을 움직이거나 작업권 밖으로 밀어낼 때 사용되는 절연봉은 와이터 통이다.

14

저압 옥외 전기설비(옥측의 것을 포함한다)의 내염공사에서 설명이 잘못된 것은?

① 바인드선은 철재의 것을 사용하지 말 것
② 계량기함 등은 금속제를 사용할 것
③ 철제류 아연도금 또는 방청도장을 실시할 것
④ 나사못 류는 동 합금(놋쇠)제의 것 또는 아연도금한 것을 사용할 것

해설
내염공사의 경우 금속제를 사용하게 되면 부식될 우려가 있기 때문에 아연도금 등을 한 것을 사용해야 한다.

15

전선 접속에 관한 설명으로 틀린 것은?

① 접속 부분의 전기 저항을 증가시켜서는 안 된다.
② 전선의 세기를 20[%] 이상 유지해야 한다.
③ 접속 부분은 납땜을 해야 한다.
④ 절연은 원래의 효력이 있는 테이프로 충분히 한다.

해설
전선의 접속 시 유의 사항에서 전선의 세기는 20[%] 이상 유지가 아닌 20[%] 이상 감소시키지 말 것이다.

※ 전기설비 기술기준의 판단기준 개정에 따라 삭제된 문제가 있어 20문항이 되지 않습니다.

정답 12 ③ 13 ③ 14 ② 15 ②

2008년 3회 기출문제

01

2종 금속 몰드의 구성 부품에서 조인트 금속 부품이 아닌 것은?

① 노멀밴드형 ② L형
③ T형 ④ 크로스형

해설
2종 금속 몰드의 구성품 → L형, T형, 크로스형

02

주상변압기 설치 시 사용하는 것은?

① 완금밴드 ② 행거밴드
③ 지선밴드 ④ 암타이밴드

해설
주상변압기 설치 시 행거밴드를 사용한다.

03

수변전 설비의 인입구 개폐기로 많이 사용되고 있으며, 전력 퓨즈의 용단 시 결상을 방지하는 목적으로 사용되는 것은?

① 부하 개폐기
② 선로 개폐기
③ 자동 고장 구분 개폐기
④ 기중 부하 개폐기

해설
수전설비의 인입구 개폐기로 많이 사용되는 부하 개폐기 LBS(Load Breaker Switch)는 전력 퓨즈의 용단 시에 결상을 방지한다.

04

가공인입선 중 수용장소의 인입선에서 분기하여 다른 수용장소의 인입구에 이르는 전선을 무엇이라 하는가?

① 소주인입선 ② 연접인입선
③ 본주인입선 ④ 인입간선

해설
수용장소의 인입선에서 분기하여 다른 지지물을 거치지 않고 다른 수용장소의 인입구에 이르는 전선을 연접인입선이라 한다.

05

철근 콘크리트주의 길이가 14[m]이고, 설계하중이 9.8[kN] 이하일 경우, 땅에 묻히는 표준깊이는 몇 [m]이어야 하는가?

① 2[m] ② 2.3[m]
③ 2.5[m] ④ 2.7[m]

해설
설계하중이 9.8[kN] 이하의 경우 기본 매설깊이에 0.3[m]씩 가산한다.
기본 매설깊이는 전장의 길이가 15[m] 이하일 경우 1/6 이상 깊이에 매설하여 준다.
즉, $14\times\frac{1}{6}+0.3=2.63$[m]가 된다.

정답 01 ① 02 ② 03 ① 04 ② 05 ④

06

다음과 같은 그림의 기호의 명칭은?

―――――――――――

① 천장은폐배선　　② 노출배선
③ 지중매설배선　　④ 바닥은폐배선

해설

- 천장은폐배선 ―――――――
- 바닥은폐배선 ― ― ― ― ―
- 노출배선 - - - - - - - - - - - -

07

금속관 공사에서 금속 전선관에 나사를 낼 때 사용하는 공구는?

① 밴더　　② 커플링
③ 로크너트　　④ 오스터

해설

오스터의 경우 금속관의 나사를 낼 때 사용되는 공구를 말한다.

08

성냥, 석유류, 셀룰로이드 등의 기타 가연성 물질을 제조 또는 저장하는 장소의 배선 방법으로 적당하지 않은 공사는?

① 금속관 배선
② 애자 사용 배선
③ 케이블 배선
④ 합성수지관 배선

해설

가연성 물질의 제조 또는 저장하는 곳의 배선 방법에는 금속관, 케이블, 합성수지관이 있다.

09

$\frac{\text{부하의 평균전력(1시간 평균)}}{\text{최대수용전력(1시간 평균)}} \times 100[\%]$의 관계를 가지고 있는 것은?

① 부하율　　② 부등률
③ 수용률　　④ 설비율

해설

부하율 = $\frac{\text{부하의 평균전력(1시간 평균)}}{\text{최대수용전력(1시간 평균)}} \times 100[\%]$

부등률 = $\frac{\text{개별 수용최대전력의 합}}{\text{합성최대전력}}$

수용률 = $\frac{\text{최대전력}}{\text{설비용량}} \times 100[\%]$

10

1종 가요전선관을 구부릴 경우 곡률 반지름은 관 안지름의 몇 배 이상으로 하여야 하는가?

① 3　② 4　③ 5　④ 6

해설

가요전선관을 구부릴 경우 곡률 반지름은 관 안지름의 6배 이상으로 하여야 한다.

11

변전소에 사용되는 주요 기기로서 ABB는 무엇을 의미하는가?

① 유입차단기　　② 자기차단기
③ 공기차단기　　④ 진공차단기

해설

공기차단기(ABB : Air Blast Circuit Breaker) : 공기차단기는 개방할 때 접촉자가 떨어지면서 발생하는 아크를 강력한 압축공기 약 10~30[kg/cm^2 · g]을 불어 소호하는 방식으로서 유입차단기처럼 전류의 크기에 의해 소호 능력이 변하지 않고 일정한 소호 능력을 갖고 있다.

정답 06 ① 07 ④ 08 ② 09 ① 10 ④ 11 ③

12

다음 중 동전선의 접속에서 직선 접속에 해당하는 것은?

① 직선 맞대기용 슬리브(B형)에 대한 압착 접속
② 비틀어 꽂는 형의 전선접속기에 의한 접속
③ 종단 겹침용 슬리브(E형)에 의한 접속
④ 동선압착단자에 의한 접속

해설

동전선의 직선 접속에 해당하는 것은 직선 맞대기용 슬리브(B형)에 대한 압착 접속이다.

13

가스 절연 개폐기나 가스 차단기에 사용되는 가스인 SF_6의 성질이 아닌 것은?

① 연소하지 않는 성질이다.
② 색깔, 독성, 냄새가 없다.
③ 절연유의 1/140로 가볍지만 공기보다 5배 무겁다.
④ 공기의 25배 정도로 절연 내력이 낮다.

해설

SF_6 가스의 성질
- 무색, 무취, 무해하다.
- 절연 내력이 크다.
- 불연성이다.
- 소호능력이 대단이 크다.

14

옥내 배선의 박스(접속함) 내에서 가는 전선을 접속할 때 주로 어떤 방법을 사용하는가?

① 쥐꼬리 접속 ② 슬리브 접속
③ 트위스트 접속 ④ 브리타니어 접속

해설

쥐꼬리 접속은 박스(접속함) 내에서 가는 전선을 접속할 때 사용하는 방법이다.

15

폭발성 분진이 존재하는 곳의 금속관 공사에 있어서 관 상호 및 관과 박스 기타의 부속품이나 풀 박스 또는 전기 기계기구와의 접속은 몇 턱 이상의 나사 조임으로 접속하여야 하는가?

① 2턱 ② 3턱
③ 4턱 ④ 5턱

해설

폭연성 분진 또는 가연성의 가스 또는 인화성 물질의 증기가 세거나 체류하는 곳의 전기 공사는 금속관 공사 또는 케이블 공사에 의하는데, 금속관 공사를 할 경우 관 상호 및 박스 등은 5턱 이상의 나사 조임으로 접속하여야 한다.

16

합성수지관을 새들 등으로 지지하는 경우에는 그 지지점간의 거리를 몇 [m] 이하로 하여야 하는가?

① 1.5[m] ② 2.0[m]
③ 2.5[m] ④ 3.0[m]

해설

합성수지관의 경우 지지점간의 거리는 1.5[m] 이하로 하여야 한다.

※ 전기설비 기술기준의 판단기준 개정에 따라 삭제된 문제가 있어 20문항이 되지 않습니다.

정답 12 ① 13 ④ 14 ① 15 ④ 16 ①

2008년 4회 기출문제

01

저압 옥내 배선에서 합성수지관 공사에 대한 설명 중 잘못된 것은?

① 합성수지관 안에는 전선의 접속점이 없도록 한다.
② 합성수지관을 새들 등으로 지지하는 경우는 그 지지점간의 거리를 3[m] 이상으로 한다.
③ 합성수지관 상호 및 관과 박스는 접속 시에 삽입하는 깊이를 관 바깥지름의 1.2배 이상으로 한다.
④ 관 상호의 접속은 박스 또는 커플링(Coupling) 등을 사용하고 직접 접속하지 않는다.

해설

합성수지관 공사 시 지지점간의 거리는 1.5[m] 이하로 하며, 합성수지관 안에는 전선의 접속점이 없도록 한다.

02

가요전선관과 금속관의 상호 접속에 쓰이는 재료는?

① 스프리트 커플링
② 콤비네이션 커플링
③ 스트레이트 박스 커넥터
④ 앵글 박스 커넥터

해설

- 박스와 가요전선관 접속 시 : 스트레이트 박스 커넥터, 앵글 박스 커넥터
- 가요전선관 상호 접속 시 : 플렉시블 커플링
- 가요전선관과 금속관 접속 시 : 콤비네이션 커플링

03

흥행장의 저압 공사에서 잘못된 것은?

① 무대용의 콘센트 박스 플라이 덕트 및 보더라이트의 금속제 외함에는 접지공사를 하여야 한다.
② 무대 마루 밑 오케스트라 박스 및 영사실의 전로에는 전용 개폐기 및 과전류 차단기를 시설할 필요가 없다.
③ 플라이 덕트는 조영재 등에 견고하게 시설하여야 한다.
④ 플라이 덕트 내의 전선을 외부로 인출할 경우에는 제1종 캡타이어 케이블을 사용하여야 한다.

해설

흥행장의 금속제 외함에는 접지공사를 시행하며, 전로에는 전용의 개폐기 및 과전류 차단기를 시설하여야 한다.

04

교류 전등 공사에서 금속관 내에 전선을 넣어 연결한 방법 중 옳은 것은?

①
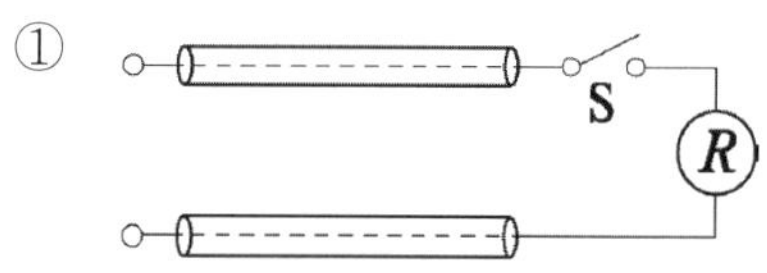

②
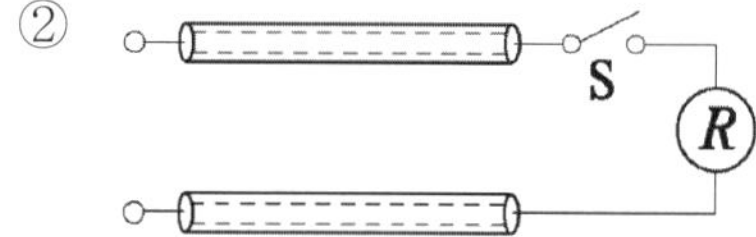

③
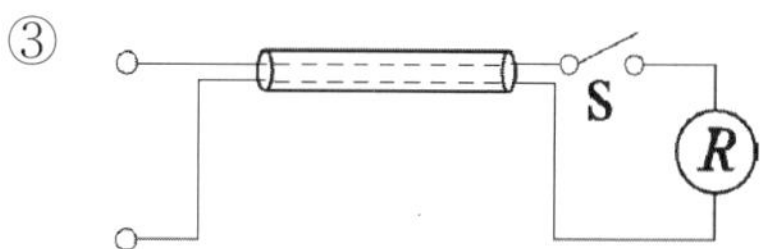

④
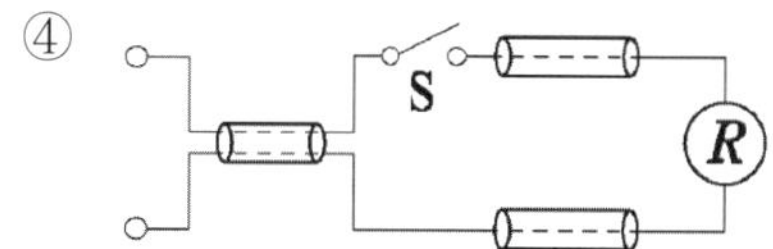

정답 01 ② 02 ② 03 ② 04 ③

제3과목 ✦ 전기설비

05

옥내배선의 접속함이나 박스 내에서 접속할 때 주로 사용하는 접속법은?

① 슬리브 접속 ② 쥐꼬리 접속
③ 트위스트 접속 ④ 브리타니아 접속

해설

접속함 내에서 사용하는 방법은 쥐꼬리 접속이다.

06

그림과 같은 심벌의 명칭은?

MD

① 금속덕트 ② 버스덕트
③ 피더 버스덕트 ④ 플러그인 버스덕트

해설

덕트 공사
- MD : 금속덕트
- FBD : 피더 버스덕트
- PBD : 플러그인 버스덕트
- TBD : 트롤리에 버스덕트

07

각 수용가의 최대 수용전력이 각각 5[kW], 10[kW], 15[kW], 22[kW]이고, 합성 최대 수용전력이 50[kW]이다. 이 수용가 간의 부등률은 얼마인가?

① 1.04 ② 2.34
③ 4.25 ④ 6.94

해설

$$\text{부등률} = \frac{\text{개별 수용 최대전력의 합[kW]}}{\text{합성 최대전력[kW]}} \times 100[\%]$$

$$= \frac{5+10+15+22}{50} = 1.04$$

08

박스에 금속관을 고정할 때 사용하는 것은?

① 유니온 커플링 ② 로크너트
③ 부싱 ④ C형 밸브

해설

박스에 금속관을 고정할 경우 사용되는 것은 로크너트이다.

09

MOF는 무엇의 약호인가?

① 계기용 변압기
② 전력수급용 계기용 변성기
③ 계기용 변류기
④ 시험용 변압기

해설

- MOF : 전력수급용 계기용 변성기
- PT : 계기용 변압기
- CT : 변류기 또는 계기용 변류기

10

가공 전선로의 지지물에 지선을 사용해서는 안 되는 곳은?

① 목주 ② A종 철근콘크리트주
③ A종 철주 ④ 철탑

해설

철탑의 경우 지선을 사용하여 그 강도를 분담시켜서는 아니 된다.

정답 05 ② 06 ① 07 ① 08 ② 09 ② 10 ④

11

부식성 가스 등이 있는 장소에서 시설이 허용되는 곳은?

① 과전류 차단기　　② 전등
③ 콘센트　　④ 개폐기

12

가공 전선로에 사용하는 지선의 안전율은 얼마 이상 이어야 하는가?

① 2　　② 2.5
③ 3　　④ 3.5

해설

지선의 시설기준
- 지선의 안전율은 2.5 이상
- 최소 허용인장하중은 4.31[kN] 이상
- 소선 수는 3가닥 이상의 연선일 것

13

어미자와 아들자의 눈금을 이용하여 두께, 깊이, 안지름 및 바깥지름 측정용에 사용하는 것은?

① 버니어 캘리퍼스
② 스패너
③ 와이어 스트립퍼
④ 잉글리시 스패너

해설

어미자와 아들자의 눈금을 이용하여 두께, 깊이, 안지름 및 바깥지름을 측정하는 데 사용되는 공구는 버니어 캘리퍼스이다.

14

다음 그림 중 천장은폐배선은?

① ————————
② — — — —
③ ---------------
④ ————●————

해설

- 천장은폐배선 ————————
- 바닥은폐배선 — — — — —
- 노출배선 ------------

15

다음 중 전선 및 케이블의 접속방법이 잘못된 것은?

① 전선의 세기를 30[%] 이상 감소시키지 않을 것
② 접속 부분은 접속관 기타의 기구를 사용하거나 납땜을 할 것
③ 코드 상호, 캡타이어 케이블 상호, 케이블 상호, 또는 이들 상호를 접속하는 경우에는 코드 접속기, 접속함 기타의 기구를 사용할 것
④ 도체에 알루미늄을 사용하는 전선과 동을 사용하는 전선을 접속하는 경우에는 접속 부분에 전기적인 부식이 생기지 않도록 할 것

해설

전선의 접속 시 유의사항
- 전선의 세기를 20[%] 이상 감소시키지 않을 것 (80[%] 이상 유지시킬 것)
- 접속 부분의 전기적 저항을 증가시키지 말 것
- 접속 부분은 납땜을 하거나 접속기를 이용할 것
- 접속 부분에 전기적 부식이 생기지 않도록 할 것

정답 11 ② 12 ② 13 ① 14 ① 15 ①

16

폭발성 분진이 있는 위험장소의 금속관 공사에 있어서 관 상호 및 관과 박스 기타 부속품이나 풀 박스 또는 전기기계기구는 몇 턱 이상의 나사 조임으로 시공해야 하는가?

① 2턱　　② 3턱
③ 4턱　　④ 5턱

해설

폭연성 분진, 화약류 분말이 존재하는 곳, 가연성의 가스 또는 인화성 물질의 증기가 새거나 체류하는 곳의 전기 공작물은 금속관 공사, 또는 케이블 공사에 의거하여야 하며, 금속관 공사를 하는 경우 관 상호 및 관과 박스 등은 5턱 이상의 나사 조임으로 접속하여야 한다.

17

고압 또는 특별고압 가공전선로에서 공급을 받는 수용장소의 인입구 또는 이와 근접한 곳에는 무엇을 시설하여야 하는가?

① 계기용 변성기　　② 과전류 계전기
③ 접지 계전기　　④ 피뢰기

해설

피뢰기 시설장소
- 발・변전소에 준하는 인입구 및 인출구
- 고압 및 특고압으로부터 수전 받는 수용가의 인입구
- 가공전선과 지중전선의 접속점
- 배전용 변압기의 고압측 및 특고압측

※ 전기설비 기술기준의 판단기준 개정에 따라 삭제된 문제가 있어 20문항이 되지 않습니다.

정답 16 ④ 17 ④

제3과목 전기설비 2009년 기출문제

2009년 1회 기출문제

01

직류 전동기 운전 중에 있는 기동 저항기에서 정전이나 전원 전압이 저하되었을 때 핸들을 정지위치에 두는 역할을 하는 것은?

① 무전압 계전기 ② 계자 제어
③ 기동저항 ④ 과부하계전기

02

지선 중간에 넣는 애자의 종류는?

① 저압 핀 애자 ② 구형 애자
③ 인류 애자 ④ 내장 애자

해설
지선 중간에 넣는 애자는 구형 애자이다.

03

저압 연접인입선 시설에서 제한 사항이 아닌 것은?

① 인입선의 분기점에서 100[m]를 초과하는 지역에 미치지 아니할 것
② 폭 5[m]를 넘는 도로를 횡단하지 말 것
③ 다른 수용가의 옥내를 관통하지 말 것
④ 지름 2.0[mm] 이하의 경동선을 사용하지 말 것

해설
연접인입선 시설기준
- 인입선에서 분기하는 점으로부터 100[m]를 넘는 지역에 미치지 아니할 것
- 폭 5[m]를 넘는 도로를 횡단하지 아니할 것
- 옥내를 통과하지 아니할 것
- 전선은 지름 2.6[mm] 경동선 사용
  (단, 경간이 15[m] 이하인 경우 2.0[mm] 경동선을 사용한다.)
- 저압에서만 사용

04

철근 콘크리트주에 완금을 고정시키려면 어떤 밴드를 사용하여야 하는가?

① 암타이 밴드 ② 지선 밴드
③ 래크 밴드 ④ 행거 밴드

해설
완금을 전주에 부착하였을 경우 그 경사를 방지하기 위하여 아래쪽에 비스듬히 받치는 부재로서 이것을 고정시키려면 암타이 밴드가 필요하다.

05

교류 단상 3선식 배전선로를 잘못 표현한 것은?

① 두 종류의 전압을 얻을 수 있다.
② 중성선에는 퓨즈를 사용하지 않고 동선으로 연결한다.
③ 개폐기는 동시에 개폐하는 것으로 한다.
④ 변압기 부하 측 중성선에는 접지공사를 하지 말아야 한다.

정답 01 ① 02 ② 03 ④ 04 ① 05 ④

해설

단상 3선식 시설기준
- 개폐기는 동시 동작형 개폐기를 시설한다.
- 중성선에는 퓨즈를 넣지 말고 직결한다.
- 중성선에는 접지공사를 한다.

06

전기공사에 사용하는 공구와 작업내용이 잘못된 것은?

① 토오치 램프 - 합성수지관 가공하기
② 홀소 - 분전반 구멍 뚫기
③ 와이어 스트리퍼 - 전선 피복 벗기기
④ 피시 테이프 - 전선관 보호

해설

피시 테이프는 전선 공사 시 여러 가닥을 넣을 때 쉽게 넣을 수 있는 공구를 말한다.

07

다음 중 단선의 브리타니아 직선 접속에 사용되는 것은?

① 조인트선 ② 파리핀선
③ 바인드선 ④ 에나멜선

해설

브리타니아 접속에 사용되는 것은 1.0~1.2[mm]의 조인트선이다.

08

셀룰로이드, 성냥, 석유류 등 기타 가연성 위험물질을 제조 또는 저장하는 장소의 배선으로 잘못된 것은?

① 금속관 배선 ② 합성수지관 배선
③ 플로어덕트 배선 ④ 케이블 배선

해설

셀룰로이드, 성냥, 석유류 등의 가연성 위험물질을 제조 또는 저장하는 곳의 배선 공사 방법으로는 금속관, 케이블, 합성수지관 공사로 시설한다.

09

과전류 차단기를 꼭 설치해야 하는 곳은?

① 접지공사의 접지도체
② 저압 옥내 간선의 전원 측 전로
③ 다선식 전로의 중성선
④ 전로의 일부에 접지공사를 한 저압 가공전선로의 접지 측 전선

해설

과전류 차단기 설치 제한장소
- 접지공사의 접지도체
- 다선식 전로의 중성선
- 전로 일부에 접지공사를 한 저압 가공전선로의 접지 측 전선

10

다음 중 접지의 목적으로 알맞지 않은 것은?

① 감전의 방지
② 전로의 대지 전압 상승
③ 보호계전기의 동작확보
④ 이상 전압의 억제

해설

접지공사의 목적
- 화재사고 방지
- 감전사고 방지
- 기기의 손상 방지
- 전로의 대지 전압 상승 억제

정답 06 ④ 07 ① 08 ③ 09 ② 10 ②

11

주상 변압기를 철근 콘크리트주에 설치할 때 사용되는 것은?

① 행거 ② 암 밴드
③ 암타이 밴드 ④ 행거 밴드

해설
주상 변압기를 철근 콘크리트 주에 설치할 때 사용되는 것은 행거 밴드이다.

12

케이블을 조영재에 지지하는 경우 이용되는 것으로 맞지 않는 것은?

① 새들 ② 클리트
③ 스테플러 ④ 터미널 캡

해설
터미널 캡의 경우 가공 인입선에서 금속관 공사로 옮겨지는 곳 또는 금속관으로부터 전선을 뽑아 전동기 단자 부분에 접속할 때 사용된다.

13

불연성 먼지가 많은 장소에 시설할 수 없는 저압 옥내배선의 방법은?

① 금속관 배선
② 두께가 1.2[mm]인 합성수지관 배선
③ 금속제 가요전선관 배선
④ 애자사용배선

해설
불연성 먼지가 많은 장소에서는 두께가 2[mm] 미만의 합성수지제 전선관 및 난연성이 없는 CD관은 사용할 수 없다.

14

다음 중 방수형 콘센트의 심벌은?

① ⦿ ② ●
③ ⦿WP ④ ⦿E

15

배전선로 보호를 위하여 설치하는 보호 장치는?

① 기중 차단기
② 진공 차단기
③ 자동 재폐로 차단기
④ 누전 차단기

해설
자동 재폐로 차단기는 누전이 발생하면 개방되고 누전이 해소되면 자동으로 차단기가 투입되는 장치로서 배전선로를 보호하기 위한 목적으로 설치한다.

16

노출장소 또는 점검 가능한 장소에서 제2종 가요전선관을 시설하고 제거하는 것이 자유로운 경우 곡률 반지름은 안지름의 몇 배 이상으로 하여야 하는가?

① 2배 ② 3배
③ 4배 ④ 6배

해설
전선관의 경우 구부러지는 쪽의 안쪽 지름을 가요전선관의 안지름의 3배 이상 구부려야 한다.

정답 11 ④ 12 ④ 13 ② 14 ③ 15 ③ 16 ②

17

저압 전로의 접지 측 전선을 식별하는 데 애자의 빛깔에 의하여 표시하는 경우 어떤 빛깔의 애자를 접지 측으로 하여야 하는가?

① 백색　② 청색
③ 갈색　④ 황갈색

18

부식성 가스 등이 있는 장소에서 시설이 허용되는 것은?

① 개폐기　② 콘센트
③ 과전류 차단기　④ 전등

※ 전기설비 기술기준의 판단기준 개정에 따라 삭제된 문제가 있어 20문항이 되지 않습니다.

2009년 2회 기출문제

01

돌침부에서 이온 또는 펄스를 발생시켜 뇌운의 전하와 작용하여 멀리 있는 뇌운의 방전을 유도하여 보호범위를 넓게 하는 방식은?

① 돌침 방식　② 용마루 위 도체 방식
③ 이온 방사형 피뢰방식　④ 케이지 방식

02

합성수지관 공사에 대한 설명 중 옳지 않은 것은?

① 습기가 많은 장소 또는 물기가 있는 장소에 시설하는 경우 방습 장치를 한다.
② 관 상호간 및 박스와는 관을 삽입하는 깊이를 관의 바깥 지름의 1.2배 이상으로 한다.
③ 관의 지지점간의 거리는 3[m] 이상으로 한다.
④ 합성수지관 안에는 전선에 접속점이 없도록 한다.

해설

합성수지관 공사의 경우 지지점간의 거리는 1.5[m] 이하를 유지하여야 한다.

03

한 분전반에 사용전압이 각각 다른 분기회로가 있을 때 분기회로를 쉽게 식별하기 위한 것으로 가장 적합한 것은?

① 차단기별로 분리해 놓는다.
② 과전류 차단기 가까운 곳에 각각 전압을 표시하는 명판을 붙여 놓는다.
③ 왼쪽은 고압 측, 오른쪽은 저압 측으로 분류해 놓고 전압 표시는 하지 않는다.
④ 분전반을 철거하고 다른 분전반을 새로 설치한다.

정답 17 ② 18 ④ / 01 ③ 02 ③ 03 ②

04

일정 값 이상의 전류가 흘렀을 때 동작하는 계전기는?

① OCR ② OVR
③ UVR ④ GR

해설

보호 계전기
① OCR : 과전류계전기
② OVR : 과전압계전기
③ UVR : 부족전압계전기
④ GR : 지락계전기

05

600[V] 이하의 저압 회로에 사용되는 비닐 절연 비닐 시스 케이블의 약칭으로 옳은 것은?

① VV ② EV
③ FP ④ CV

해설

VV(비닐 절연 비닐 시스 케이블)

06

나전선 상호 또는 나전선과 절연전선, 캡타이어 케이블 또는 케이블과 접속하는 경우 바르지 못한 방법은?

① 전선의 세기를 20[%] 이상 감소시키지 않을 것
② 알루미늄 전선과 구리 전선을 접속하는 경우에는 접속 부분에 전기적 부식이 생기지 않도록 할 것
③ 코드 상호, 캡타이어 케이블 상호, 케이블 상호, 또는 이들 상호를 접속하는 경우에는 코드 접속기, 접속함 기타의 기구를 사용할 것
④ 알루미늄 전선을 옥외에 사용하는 경우에는 반드시 트위스트 접속을 할 것

해설

전선의 접속 시 접속기를 사용하거나, 납땜 또는 한국 산업규격에 적합한 접속관 기타 기구를 사용할 것

07

다음 중 전선의 굵기를 측정하는 것은?

① 프레셔 툴 ② 스패너
③ 파이어포트 ④ 와이어 게이지

해설

와이어 게이지 : 전선의 굵기 측정

08

다음 중 전선의 접속 방법에 해당되지 않는 것은?

① 슬리브 접속 ② 직접 접속
③ 트위스트 접속 ④ 커넥터 접속

해설

전선의 접속 방법에는 직접 접속이 아닌 직선 접속 방법이 있다.

09

고압 가공전선로의 지지물로 철탑을 사용하는 경우 경간은 몇 [m] 이하이어야 하는가?

① 150[m] ② 300[m]
③ 500[m] ④ 600[m]

정답 04 ① 05 ① 06 ④ 07 ④ 08 ② 09 ④

해설

지지물의 표준 경간

지지물의 종류	표준 경간
목주, A종 철주, A종 철근 콘크리트주	150[m]
B종 철주, B종 철근 콘크리트주	250[m]
철탑	600[m]

10

다음 중 애자사용공사에 사용되는 애자의 구비조건과 거리가 먼 것은?

① 광택성　② 절연성
③ 난연성　④ 내수성

해설

애자는 다음과 같은 특성을 가져야 한다.
- 내수성
- 난연성
- 절연성

11

고압 가공전선로의 전선의 조수가 3조일 때 완금의 길이는?

① 1,200[mm]　② 1,400[mm]
③ 1,800[mm]　④ 2,400[mm]

해설

가공전선로의 완금의 표준길이
- 고압의 경우 전선이 2조일 경우 1,400[mm]
  3조일 경우 1,800[mm]

12

가스 증기 위험 장소의 배선 방법으로 적합하지 않은 것은?

① 옥내배선은 금속관 배선 또는 합성수지관 배선으로 할 것
② 전선관 부속품 및 전선 접속함에는 내압 방폭 구조의 것을 사용할 것
③ 금속관 배선으로 할 경우 관 상호 및 관과 박스는 5턱 이상의 나사 조임으로 견고하게 접속할 것
④ 금속관과 전동기의 접속 시 가요성을 필요로 하는 짧은 부분의 배선에는 안전 증가 방폭구조의 플레시블 피팅을 사용할 것

해설

가스 증기 위험 장소의 배선은 금속관, 케이블 공사에 의한다.

13

금속관을 가공할 때 절단된 내부를 매끈하게 하기 위하여 사용하는 공구의 명칭은?

① 리머　② 프레셔 투울
③ 오스터　④ 녹아웃펀치

해설

금속관 절단 후 관 안에 날카로운 것을 다듬는 공구는 리머이다.

14

자동화재탐지설비는 화재의 발생 초기에 자동적으로 탐지하여 소방대상물의 관계자에게 화재의 발생을 통보해주는 설비이다. 이러한 자동화재탐지설비의 구성요소가 아닌 것은?

① 수신기　② 비상경보기
③ 발신기　④ 중계기

해설

자동화재탐지설비의 구성요소
- 수신기　• 발신기
- 중계기　• 감지기

정답 10 ①　11 ③　12 ①　13 ①　14 ②

15

가요전선관의 상호 접속 시 사용되는 것은?

① 컴비네이션 커플링
② 스플릿 커플링
③ 더블 커넥팅
④ 앵글 커넥터

해설

가요전선관 상호 접속 시 사용되는 것은 스플릿 커플링이다.

16

어느 수용가의 설비용량이 각각 1[kW], 2[kW], 3[kW], 4[kW]인 부하 설비가 있다. 그 수용률이 60[%]인 경우, 최대 수용전력은 몇 [kW]인가?

① 3[kW] ② 6[kW]
③ 30[kW] ④ 60[kW]

해설

개별 수용 최대 전력의 합

설비용량×수용률 $= (1+2+3+4)\times 0.6 = 6[\mathrm{kW}]$

17

중성점 접지 공사의 저항값을 결정하는 가장 큰 원인은?

① 변압기 용량
② 고압 가공 전선로의 전선 연장
③ 변압기 1차 측에 넣는 퓨즈 용량
④ 변압기 고압 또는 특고압 측 전로의 1선 지락 전류의 암페어수

해설

중성점 접지 저항값 $R_2 = \dfrac{150,\,300,\,600}{1\text{선 지락전류}}[\Omega]$

18

다음 중 덕트 공사의 종류가 아닌 것은?

① 금속 덕트 공사
② 버스 덕트 공사
③ 케이블 덕트 공사
④ 플로어 덕트 공사

해설

덕트 공사의 종류
- 금속 덕트 공사
- 버스 덕트 공사
- 플로어 덕트 공사

※ 전기설비 기술기준의 판단기준 개정에 따라 삭제된 문제가 있어 20문항이 되지 않습니다.

정답 15 ② 16 ② 17 ④ 18 ③

2009년 3회 기출문제

01

다음 중 굵은 Al선을 박스 안에서 접속하는 방법으로 적합한 것은?

① 링 슬리브에 의한 접속
② 비틀어 꽂는 형의 전선 접속기에 의한 방법
③ C형 접속기에 의한 접속
④ 맞대기용 슬리브에 의한 압착접속

02

아웃렛 박스 등의 녹아웃의 지름이 관의 지름보다 클 때의 관을 박스에 고정시키기 위해 쓰는 재료의 명칭은?

① 터미널 캡　　② 링 리듀셔
③ 앤트런스 캡　　④ C형 엘보

해설

금속관 공사 시 관을 박스에 고정시키기 위해 사용되는 재료의 명칭은 링 리듀셔이다.

03

다음 그림 기호의 배선 명칭은?

————————

① 천장은폐배선　　② 바닥은폐배선
③ 노출배선　　④ 바닥면 노출배선

해설

- 천장은폐배선 ————————
- 바닥은폐배선 — — — — —
- 노출배선 - - - - - - - - - - - -

04

전선을 접속할 때 전선의 강도를 몇 [%] 이상 감소시키지 않아야 하는가?

① 10[%]　　② 20[%]
③ 30[%]　　④ 40[%]

해설

전선 접속 시 유의 사항
전선의 강도를 20[%] 이상 감소시키지 말 것(80[%] 이상 유지)

05

PVC(Polyvinyl chloride pipe)전선관의 표준 규격품 1본의 길이는 몇 [m]인가?

① 3.0[m]　　② 3.6[m]
③ 4.0[m]　　④ 4.5[m]

해설

합성수지관은 기본적으로 4[m]를 1본으로 한다.

06

1종 가요전선관을 구부릴 경우 곡률 반지름은 관 안지름의 몇 배 이상으로 하여야 하는가?

① 3배　　② 4배
③ 5배　　④ 6배

해설

1종 가요전선관을 구부릴 경우 곡률 반지름은 관 안지름의 6배 이상으로 하여야 한다.

정답 01 ③ 02 ② 03 ① 04 ② 05 ③ 06 ④

07

변류비 100/5[A]의 변류기(CT)와 5[A]의 전류계를 사용하여 부하전류를 측정한 경우 전류계의 지시가 4[A]이었다. 이 부하전류는 몇 [A]인가?

① 30[A] ② 40[A]
③ 60[A] ④ 80[A]

해설

부하전류 $I_1 = \text{CT비} \times I_2 = \frac{100}{5} \times 4 = 80[\text{A}]$

08

저압 가공전선과 고압 가공전선을 동일 지지물에 시설하는 경우 상호 이격 거리는 몇 [cm] 이상이어야 하는가?

① 20[cm] ② 30[cm]
③ 40[cm] ④ 50[cm]

해설

가공전선과 가공전선을 동일한 지지물에 시설하는 경우 병가라고 하며 저압 가공전선과 고압 가공전선을 동일 지지물에 시설할 경우 고압 가공전선을 저압 가공 전선 상부에 위치시키며 이격 거리는 50[cm] 이상으로 하여야 한다.

09

건물의 모서리(직각)에서 가요전선관을 금속관에 연결할 때 필요한 접속기는?

① 스트레이트 박스 커넥터
② 앵글 박스 커넥터
③ 플렉시블 커플링
④ 콤비네이션 커플링

해설

가요전선관과 금속관을 접속 시 콤비네이션 커플링을 이용한다.

10

전주의 길이별 땅에 묻히는 표준깊이에 관한 사항이다. 전주의 길이가 16[m]이고, 설계하중이 6.8[kN] 이하의 철근 콘크리트주를 시설할 때 땅에 묻히는 표준 깊이는 최소 얼마 이상이어야 하는가?

① 1.2[m] ② 1.4[m]
③ 2.0[m] ④ 2.5[m]

해설

지지물의 기본 매설깊이 : 6.8[kN] 이하의 지지물의 경우 전장의 1/6 이상 매설
단, 15[m]를 초과하는 지지물의 경우 2.5[m] 이상

11

조명기구의 용량 표시에 관한 사항이다. 다음 중 F40의 설명으로 알맞은 것은?

① 수은등 40[W]
② 나트륨등 40[W]
③ 메탈 할라이드등 40[W]
④ 형광등 40[W]

해설

조명기구의 기호
- H : 수은등
- N : 나트륨등
- M : 메탈 할라이드등
- F : 형광등

정답 07 ④ 08 ④ 09 ④ 10 ④ 11 ④

12

금속덕트 공사에 관한 사항이다. 다음 중 금속덕트의 시설로서 옳지 않은 것은?

① 덕트의 끝부분은 열어 놓을 것
② 덕트를 조영재에 붙이는 경우에는 덕트의 지지점간의 거리를 3[m] 이하로 하고 견고하게 붙일 것
③ 덕트의 뚜껑은 쉽게 열리지 않도록 시설할 것
④ 덕트 상호간은 견고하고 또한 전기적으로 완전하게 접속할 것

해설

금속덕트 시설기준
- 덕트 종단부는 폐쇄할 것
- 조영재에 따라 붙이는 경우 지지점간의 거리는 3[m] 이하로 한다.
- 뚜껑은 쉽게 열리지 않도록 하며, 상호간은 견고하고 전기적으로 완전하게 접속한다.

13

애자 사용공사를 건조한 장소에 시설하고자 한다. 사용 전압이 400[V] 이하인 경우 전선과 조영재 사이의 이격 거리는 최소 몇 [cm] 이상이어야 하는가?

① 2.5[cm] 이상 ② 4.5[cm] 이상
③ 6.0[cm] 이상 ④ 12[cm] 이상

해설

저압 애자공사의 시설기준
- 400[V] 이하인 경우 : 2.5[cm] 이상(단, 건조한 장소)
- 400[V] 초과인 경우 : 4.5[cm] 이상(단, 습한 장소)

14

가연성 분진(소맥분, 전분, 유황 기타 가연성 먼지 등)으로 인하여 폭발할 우려가 있는 저압 옥내 설비공사로 적절하지 않는 것은?

① 케이블 공사 ② 금속관 공사
③ 합성수지관 공사 ④ 플로어 덕트 공사

해설

가연성 분진이 착화하여 폭발할 우려가 있는 곳에 전기 공사 방법은 금속관 공사, 케이블 공사, 합성수지관 공사에 의한다.

15

다음 중 과전류 차단기를 설치하는 곳은?

① 간선의 전원 측 전선
② 접지공사의 접지도체
③ 다선식 전로의 중성선
④ 접지공사를 한 저압 가공전선로의 접지 측 전선

해설

과전류 차단기 설치 제한장소
- 접지공사의 접지도체
- 다선식 전로의 중성선
- 전로 일부에 접지공사를 한 저압 가공전선로의 접지 측 전선

16

다음 금속전선관 공사에서 나사내기에 사용되는 공구는?

① 토치램프 ② 벤더
③ 리머 ④ 오스터

해설

금속관 공사에서 나사내기에 사용되는 공구는 오스터이다.

정답 12 ① 13 ① 14 ④ 15 ① 16 ④

17

가공전선로의 지지물에 시설하는 지선의 시설에서 맞지 않는 것은?

① 지선의 안전율은 2.5 이상일 것
② 지선의 안전율은 2.5 이상일 경우에 허용 인장하중의 최저는 4.31[kN]으로 할 것
③ 소선의 지름이 1.6[mm] 이상의 동선을 사용한 것일 것
④ 지선에 연선을 사용할 경우에는 소선 3가닥 이상의 연선일 것

해설

지선의 시설기준

- 지선의 안전율은 2.5 이상일 것
- 지선의 허용 인장하중은 최저 4.31[kN] 이상일 것
- 소선은 2.6[mm] 이상의 동선을 사용할 것
- 소선수는 3가닥 이상

※ 전기설비 기술기준의 판단기준 개정에 따라 삭제된 문제가 있어 20문항이 되지 않습니다.

2009년 4회 기출문제

01

합성수지관 상호 및 관과 박스의 접속 시 삽입하는 깊이는 관 바깥지름의 몇 배 이상으로 하여야 하는가? (단, 접착제를 사용하는 경우이다.)

① 0.6배 ② 0.8배
③ 1.2배 ④ 1.6배

해설

합성수지관을 관과 박스의 접속 시 관과 바깥지름의 1.2배 이상(단, 접착제 사용할 경우 0.8배 이상)

02

지선을 사용 목적에 따라 형태별로 분류한 것으로, 비교적 장력이 적고 다른 종류의 지선을 시설할 수 없는 경우에 적용하며, 지선용 근가를 지지물 근원 가까이에 매설하여 시설하는 것은?

① 수평지선 ② 공통지선
③ 궁지선 ④ Y지선

해설

비교적 장력이 적고 타 종류의 지선을 시설할 수 없는 곳에 적용되는 지선은 궁지선이다.

03

화약고에 시설하는 전기설비에서 전로의 대지전압은 몇 [V] 이하로 하여야 하는가?

① 100[V] ② 150[V]
③ 300[V] ④ 400[V]

정답 17 ③ / 01 ② 02 ③ 03 ③

해설

화약고에 시설하는 전기설비의 대지전압은 300[V] 이하로 한다.

04

도로를 횡단하여 시설하는 지선의 높이는 지표상 몇 [m] 이상이어야 하는가?

① 5[m] ② 6[m]
③ 8[m] ④ 10[m]

해설

지선의 시설기준
지선이 도로를 횡단할 경우는 지표상 5[m] 이상이어야 하며, 단 교통에 지장을 줄 우려가 없는 경우 4.5[m] 이상이어야 한다.

05

금속덕트에 전광표시장치 또는 제어회로 등의 배선에 사용하는 전선만을 넣을 경우 금속덕트의 크기는 전선의 피복절연물을 포함한 단면적의 총 합계가 금속덕트 내의 단면적의 몇 [%] 이하가 되도록 선정하여야 하는가?

① 20[%] ② 30[%]
③ 40[%] ④ 50[%]

해설

금속덕트의 경우 전선의 단면적의 합계는 덕트 내 단면적의 20[%] 이하가 되어야 하며 단, 형광표시, 제어회로용의 경우 50[%] 이하가 되도록 한다.

06

터널 · 갱도 기타 유사한 장소에서 사람이 상시 통행하는 터널 내의 배선방법으로 적절하지 않은 것은?

① 라이팅덕트 배선
② 금속제 가요전선관 배선
③ 합성수지관 배선
④ 애자사용 배선

해설

사람이 상시 통행하는 터널 안 배선의 경우 저압으로만 시설할 수 있다.
이때의 배선 방법은 금속관 배선, 합성수지관, 금속제 가요전선관, 애자 배선, 케이블 배선이 가능하다.

07

다음 그림과 같이 금속관을 구부릴 때 일반적으로 A와 B의 관계식은?

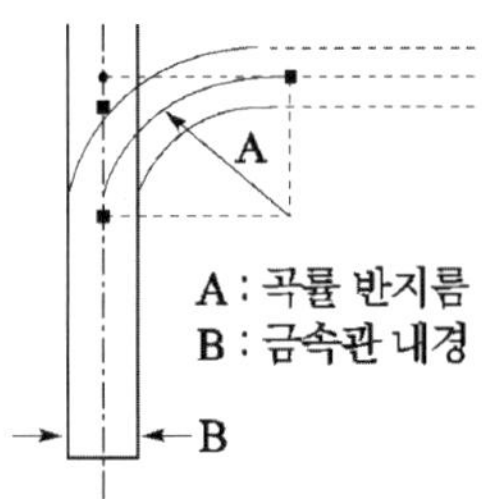

① $A = 2B$
② $A \geq B$
③ $A = 5B$
④ $A \geq 6B$

해설

금속관을 구부릴 경우 그 안측의 반지름은 관 안지름의 6배 이상이 되어야 한다.

정답 04 ① 05 ④ 06 ① 07 ④

08

다음 중 전선의 굵기를 측정할 때 사용되는 것은?

① 와이어 게이지 ② 파이어 포트
③ 스패너 ④ 프레셔 툴

해설

전선의 굵기를 측정할 때 사용되는 것은 와이어 게이지이다.

09

두 개 이상의 회로에서 선행동작 우선회로 또는 상대동작 금지회로인 동력배선의 제어회로는?

① 자기유지회로 ② 인터록회로
③ 동작지연회로 ④ 타이머회로

해설

인터록회로란 두 개 이상 회로에서 선행동작 우선 또는 상대동작 금지회로를 말한다.

10

공장 내 등에서 대지전압이 150[V]를 초과하고 300[V] 이하인 전로에 백열전등을 시설하는 경우 다음 중 잘못된 것은?

① 백열전등은 사람이 접촉될 우려가 없도록 시설하였다.
② 백열전등은 옥내배선과 직접 접속하지 않고 시설하였다.
③ 백열전등의 소켓은 키 및 점멸기구가 없는 것을 사용하였다.
④ 백열전등 회로에는 규정에 따라 누전 차단기를 설치하였다.

해설

백열전등 또는 방전등의 경우 옥내배선과 직접 접속하여 시설한다.

11

일반적으로 저압 가공인입선이 도로를 횡단하는 경우 노면상 높이는?

① 4[m] 이상 ② 5[m] 이상
③ 6[m] 이상 ④ 6.5[m] 이상

해설

가공인입선의 지표상 높이

구분 \ 전압	저압	고압
도로횡단	5[m] 이상	6[m] 이상
철도횡단	6.5[m] 이상	6.5[m] 이상
위험표시	×	3.5[m] 이상
횡단 보도교	3[m]	

12

박스 내에서 가는 전선을 접속할 때의 접속방법으로 가장 적합한 것은?

① 트위스트 접속
② 쥐꼬리 접속
③ 브리타니어 접속
④ 슬리브 접속

해설

쥐꼬리 접속의 경우 박스 내에 가는 전선을 접속할 때 사용이 된다.

정답 08 ① 09 ② 10 ② 11 ② 12 ②

13

경질 비닐 전선관의 호칭으로 맞는 것은?

① 굵기는 관 안지름의 크기에 가까운 짝수의 [mm]로 나타낸다.
② 굵기는 관 안지름의 크기에 가까운 홀수의 [mm]로 나타낸다.
③ 굵기는 관 바깥지름의 크기에 가까운 짝수의 [mm]로 나타낸다.
④ 굵기는 관 바깥지름의 크기에 가까운 홀수의 [mm]로 나타낸다.

해설

경질 비닐 전선관의 굵기는 관 안지름의 크기에 가까운 짝수의 [mm]로 나타낸다.

14

전선관 지지점간의 거리에 대한 설명으로 옳은 것은?

① 합성수지관을 새들 등으로 지지하는 경우 그 지지점간의 거리는 2.0[m] 이하로 한다.
② 금속관을 조영재에 따라 시설하는 경우 새들 등으로 견고하게 지지하고 그 간격을 2.5[m] 이하로 하는 것이 바람직하다.
③ 합성수지제 가요관을 새들 등으로 지지하는 경우 그 지지점간의 거리는 2.5[m] 이하로 하여야 한다.
④ 사람이 접촉될 우려가 있을 경우 가요전선관을 새들 등으로 지지하는 경우 그 지지점간의 거리는 1[m] 이하로 한다.

해설

가요전선관의 경우 그 지지점간의 거리는 1[m] 이하로 한다.

15

전선의 접속에 대한 설명으로 틀린 것은?

① 접속 부분의 전기적인 저항을 20[%] 이상 증가
② 접속 부분의 인장강도를 80[%] 이상 유지
③ 접속 부분의 전선 접속 기구를 사용함
④ 알루미늄전선과 구리선의 접속 시 전기적인 부식이 생기지 않도록 함

해설

전선의 접속 시 유의사항

- 전선의 세기를 20[%] 이상 감소시키지 않을 것(80[%] 이상 유지시킬 것)
- 접속 부분의 전기적 저항을 증가시키지 말 것
- 접속 부분은 납땜을 하거나 접속기를 이용할 것
- 접속 부분에 전기적 부식이 생기지 않도록 할 것

16

점착성이 없으나 절연성, 내온성 및 내유성이 있어 연피케이블 접속에 사용되는 테이프는?

① 고무테이프　② 리노테이프
③ 비닐테이프　④ 자기융착 테이프

※ 전기설비 기술기준의 판단기준 개정에 따라 삭제된 문제가 있어 20문항이 되지 않습니다.

정답 13 ① 14 ④ 15 ① 16 ②

제3과목

전기설비 2010년 기출문제

2010년 1회 기출문제

01

기중기로 200[t]의 하중을 1.5[m/min]의 속도로 권상할 때 소요되는 전동기 용량은? (단, 권상기의 효율은 70[%]이다.)

① 약 35[kW] ② 약 50[kW]
③ 약 70[kW] ④ 약 75[kW]

해설

권상기 출력 $P = \frac{WV}{6.12\eta} = \frac{200 \times 1.5}{6.12 \times 0.7} = 70.03[\text{kW}]$

02

코일 주위에 전기적 특성이 큰 에폭시 수지를 고진공으로 침투시키고, 다시 그 주위를 기계적 강도가 큰 에폭시 수지로 몰딩한 변압기는?

① 건식 변압기 ② 유입 변압기
③ 몰드 변압기 ④ 타이 변압기

해설

몰드 변압기의 가장 큰 특징은 환경오염 방지 및 난연성, 자기 소화성을 가지고 있어 화재발생 가능성을 최소화한 변압기이다.

03

부식성 가스 등이 있는 장소에 시설할 수 없는 배선은?

① 금속관 배선
② 제1종 금속제 가요전선관 배선
③ 케이블 배선
④ 캡타이어 케이블 배선

해설

부식성 가스가 체류하는 곳에 시설할 수 있는 배선은 제1종 금속제 가요전선관 배선이 아니라 제2종 금속제 가요전선관 배선이다.

04

저압 가공 인입선의 인입구에 사용하는 것은?

① 플로어 박스 ② 링리듀서
③ 엔트런스 캡 ④ 노말밴드

해설

인입구, 인출구의 관 단에 설치하는 것으로서 금속관에 접속하여 빗물을 막는 데 사용되는 것은 엔트런스 캡이다.

05

가공 전선로의 지지물에 시설하는 지선에 연선을 사용할 경우 소선 수는 몇 가닥 이상이어야 하는가?

① 3가닥 ② 5가닥
③ 7가닥 ④ 9가닥

해설

지선의 시설기준

- 안전율은 2.5 이상
- 최저 허용인장 하중은 4.31[kN] 이상
- 소선 수는 3가닥 이상

정답 01 ③ 02 ③ 03 ② 04 ③ 05 ①

06

상설 공연장에 사용하는 저압 전기설비 중 이동전선의 사용전압은 몇 [V] 이하이어야 하는가?

① 100[V] ② 200[V]
③ 400[V] ④ 600[V]

해설
저압 옥내배선·전구선 또는 이동전선은 사용전압이 400[V] 이하이어야 한다.

07

어미자와 아들자의 눈금을 이용하여 두께, 깊이, 안지름 및 바깥지름 측정용으로 사용하는 것은?

① 버니어 캘리퍼스 ② 채널 지그
③ 스트레인 게이지 ④ 스태핑 머신

해설
어미자와 아들자의 눈금을 이용하여 두께, 깊이, 안지름 및 바깥지름 측정용으로 사용되는 것은 버니어 캘리퍼스이다.

08

지선의 중간에 넣는 애자는?

① 저압 핀 애자 ② 구형 애자
③ 인류 애자 ④ 내장 애자

해설
지선 중간에 넣는 애자는 구형 애자이다.

09

역률개선의 효과로 볼 수 없는 것은?

① 감전사고 감소
② 전력손실 감소
③ 전압강하 감소
④ 설비용량의 이용률 증가

해설
역률개선 효과
- 전력손실 감소
- 전압강하 경감
- 설비 이용률 증가

10

전선과 기구 단자 접속 시 나사를 덜 죄었을 경우 발생할 수 있는 위험과 거리가 먼 것은?

① 누전 ② 화재의 위험
③ 과열 발생 ④ 저항 감소

해설
접속을 느슨히 할 경우 발열로 인한 전기화재 발생의 위험이 있다.

11

폭연성 분진 또는 화약류 분말에 전기설비가 발화원이 되어 폭발할 우려가 있는 곳에 시설하는 저압 옥내 전기 설비의 저압 옥내배선 공사는?

① 금속관 공사 ② 합성수지관 공사
③ 가요전선관 공사 ④ 애자 사용 공사

해설
폭연성 분진 또는 화약류 분말이 체류하는 곳의 전기 공작물은 금속관 공사, 케이블 공사를 시행한다.

정답 06 ③ 07 ① 08 ② 09 ① 10 ④ 11 ①

12

금속 전선관을 구부릴 때 금속관의 단면이 심하게 변형이 되지 않도록 구부려야 하며, 일반적으로 그 안측의 반지름은 관 안지름의 몇 배 이상이 되어야 하는가?

① 2배 ② 4배
③ 6배 ④ 8배

해설

금속관을 구부릴 때 굴곡 바깥지름은 관 안지름의 6배 이상이 되어야 한다.

13

진동이 심한 전기기계 기구에 전선을 접속할 때 사용되는 것은?

① 스프링 와셔 ② 커플링
③ 압착단자 ④ 링 슬리브

해설

진동이 심한 전기기계 기구에 전선을 접속할 때는 스프링 와셔를 사용한다.

14

연피케이블을 직접 매설식에 의하여 차량 기타 중량물의 압력을 받을 우려가 있는 장소에 시설하는 경우 매설 깊이는 몇 [m] 이상이어야 하는가?

① 0.6[m] ② 1.0[m]
③ 1.2[m] ④ 1.6[m]

해설

직접 매설식의 경우
- 차량 및 기타 중량물이 지나갈 우려가 있는 경우 : 1[m]
- 기타 : 0.6[m]

15

합성수지관을 새들 등으로 지지하는 경우 그 지지점 간의 거리는 몇 [m] 이하로 하여야 하는가?

① 0.8[m] ② 1.0[m]
③ 1.2[m] ④ 1.5[m]

해설

합성수지관의 시설기준
합성수지관을 새들 등으로 지지할 경우 지지점간의 거리는 1.5[m] 이하로 하여야 한다.

16

가요전선관과 금속관의 상호 접속에 쓰이는 것은?

① 스프리트 커플링
② 콤비네이션 커플링
③ 스트레이트 박스 커넥터
④ 앵글 박스 커넥터

해설

전선관과 금속관 상호 접속에는 콤비네이션 커플링이 사용된다.

17

배전용 기구인 COS(컷아웃스위치)의 용도로 알맞은 것은?

① 배전용 변압기의 1차 측에 시설하여 변압기의 단락 보호용으로 쓰인다.
② 배전용 변압기의 2차 측에 시설하여 변압기의 단락 보호용으로 쓰인다.
③ 배전용 변압기의 1차 측에 시설하여 배전 구역 전환용으로 쓰인다.
④ 배전용 변압기의 2차 측에 시설하여 배전 구역 전환용으로 설치한다.

정답 12 ③ 13 ① 14 ② 15 ④ 16 ② 17 ①

제3과목 ✦ 전기설비

해설

배전용 변압기에 1차 측 보호 → COS(컷아웃 스위치)
2차 측 보호 → 캐치홀더

18

절연전선을 동일 금속덕트 내에 넣을 경우 금속덕트의 크기는 전선의 피복절연물을 포함한 단면적의 총 합계가 금속덕트 내 단면적의 몇 [%] 이하가 되도록 선정하여야 하는가? (단, 제어회로 등의 배선에 사용하는 전선만을 넣는 경우이다.)

① 30[%] ② 40[%]
③ 50[%] ④ 60[%]

해설

금속덕트의 경우 덕트 내에 넣는 전선의 단면적은 20[%] 이하(단, 전광표시, 제어회로용의 경우 50[%] 이하)

※ 전기설비 기술기준의 판단기준 개정에 따라 삭제된 문제가 있어 20문항이 되지 않습니다.

2010년 2회 기출문제

01

옥내에 시설하는 사용전압이 400[V] 이상인 저압 이동전선은 0.6/1[kV] EP 고무 절연 클로로프렌 캡타이어 케이블로서 단면적이 몇 [mm^2] 이상이어야 하는가?

① 0.75[mm^2] ② 2[mm^2]
③ 5.5[mm^2] ④ 8[mm^2]

해설

옥내에 시설하는 사용전압이 400[V] 이상인 저압의 이동전선은 0.6/1[kV] EP 고무 절연 클로로프렌 캡타이어 케이블로서 단면적은 0.75[mm^2] 이상인 것이어야 한다.

02

무대 · 마루 밑 및 오케스트라 박스 · 영사실 · 기타 사람이나 무대 도구가 접촉할 우려가 있는 곳에 시설하는 저압 옥내배선 · 전구선 또는 이동전선은 사용 전압이 몇 [V] 이하이어야 하는가?

① 100[V] ② 200[V]
③ 300[V] ④ 400[V]

해설

무대, 마루 밑, 오케스트라 박스, 영사실, 기타 사람이나 무대 도구가 접촉할 우려가 있는 곳의 배선은 400[V] 이하이어야 한다.

03

일반적으로 저압 가공 인입선이 도로를 횡단하는 경우 노면상 설치 높이는 몇 [m] 이상이어야 하는가?

① 3[m] ② 4[m]
③ 5[m] ④ 6.5[m]

정답 18 ③ / 01 ① 02 ④ 03 ③

해설

가공 인입선의 지표상 높이

구분 \ 전압	저압	고압
도로횡단	5[m] 이상	6[m] 이상
철도횡단	6.5[m] 이상	6.5[m] 이상
위험표시	×	3.5[m] 이상
횡단 보도교	3[m]	

04

단선의 브리타니아(britania) 직선 접속 시 전선 피복을 벗기는 길이는 전선 지름의 약 몇 배로 하는가?

① 5배 ② 10배
③ 20배 ④ 30배

해설

1[mm] 정도 되는 조인트선의 중간을 전선 접속 부분의 중앙에 대고 2회 정도 성기게 감고 각각 양쪽을 조밀하게 감는다. 이때의 감은 전체의 길이가 전선 직경의 20배 정도가 되도록 한다.

05

철근콘크리트주가 원형의 것인 경우 갑종 풍압하중 [Pa]은? (단, 수직 수영면적 1[m^2]에 대한 풍압이다.)

① 588[Pa] ② 882[Pa]
③ 1,039[Pa] ④ 1,412[Pa]

해설

풍압하중 : 목주, 철주, 철근 콘크리트주(원형)의 경우 갑종 풍압하중은 588[Pa]이다.

06

폭발성 분진이 있는 위험장소에 금속관 배선에 의할 경우 관 상호 및 관과 박스 기타의 부속품이나 풀 박스 전기기계기구는 몇 턱 이상의 나사 조임으로 접속하여야 하는가?

① 2턱 ② 3턱
③ 4턱 ④ 5턱

해설

폭연성 분진 또는 화약류 분말이 존재하는 곳, 가연성 가스 또는 인화성 물질의 증기가 새거나 체류하는 곳의 전기 공사의 경우 금속관, 케이블 공사에 의하여 하며, 금속관 공사를 하는 경우 관 상호 간 및 관과 박스 등은 5턱 이상의 나사 조임으로 접속하여야 한다.

07

합성수지관이 금속관과 비교하여 장점으로 볼 수 없는 것은?

① 누전의 우려가 없다.
② 온도 변화에 따른 신축 작용이 크다.
③ 내식성이 있어 부식성 가스 등을 사용하는 사업장에 적당하다.
④ 관 자체를 접지할 필요가 없고, 무게가 가벼우며 시공하기 쉽다.

해설

합성수지관은 열과 기계적 충격 중량물의 압력에 매우 약하다.

정답 04 ③ 05 ① 06 ④ 07 ②

08

금속덕트에 넣는 전선의 단면적(절연피복의 단면적 포함)의 합계는 덕트 내부 단면적의 몇 [%] 이하로 하여야 하는가? (단, 전광표시장치 등 기타 이와 유사한 장치 또는 제어회로 등의 배선만을 넣는 경우가 아니다.)

① 20[%] ② 40[%]
③ 60[%] ④ 80[%]

해설
금속덕트 공사 : 금속덕트 내에 넣는 전선의 단면적은 20[%] 이하
단, 전광표시·제어회로용의 경우 50[%] 이하일 것

09

동력 배선에서 경보를 표시하는 램프의 일반적인 색깔은?

① 백색 ② 오렌지색
③ 적색 ④ 녹색

10

다음 중 교류 차단기의 단선도 심벌은?

①
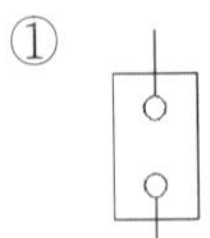
②
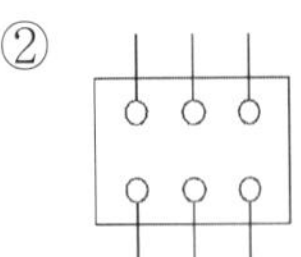
③
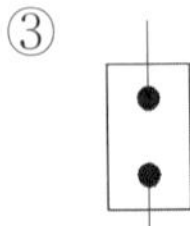
④
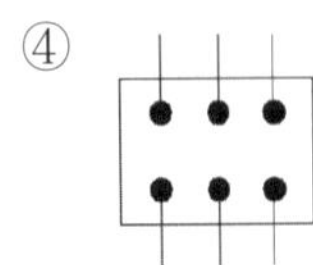

11

가연성 가스가 새거나 체류하여 전기설비가 발화원이 되어 폭발할 우려가 있는 곳에 있는 저압 옥내전기설비의 시설 방법으로 가장 적합한 것은?

① 애자사용 공사
② 가요전선관 공사
③ 셀룰러 덕트 공사
④ 금속관 공사

해설
가연성 가스가 착화되어 폭발할 우려가 있는 곳의 전기 공사는 금속관 공사, 케이블 공사로 시설한다.

12

애자 사용공사에 의한 저압 옥내배선에서 일반적으로 전선 상호간의 간격은 몇 [cm] 이상이어야 하는가?

① 2.5[cm] ② 6[cm]
③ 25[cm] ④ 60[cm]

해설
저압 옥내배선의 애자 사용공사 시 전선 상호간 이격 거리는 6[cm] 이상이 된다.

13

16[mm] 금속 전선관의 나사 내기를 할 때 반 직각 구부리기를 한 곳의 나사산은 몇 산 정도로 하는가?

① 3~4산 ② 5~6산
③ 8~10산 ④ 11~12산

정답 08 ① 09 ② 10 ① 11 ④ 12 ② 13 ①

14

주상 변압기의 1차 측 보호 장치로 사용하는 것은?

① 컷아웃 스위치　　② 유입 개폐기
③ 캐치홀더　　④ 리클로저

해설

주상 변압기 1차 측 보호용 → 컷아웃 스위치
2차 측 보호용 → 캐치홀더

15

수전전력 500[kW] 이상인 고압 수전설비의 인입구에 낙뢰나 혼촉 사고에 의한 이상전압으로부터 선로와 기기를 보호할 목적으로 시설하는 것은?

① 단로기(DS)
② 배선용 차단기(MCCB)
③ 피뢰기(LA)
④ 누전 차단기(ELB)

해설

피뢰기는 외부(뇌)이상전압으로부터 기계기구를 보호하는 목적으로 시설이 된다.

16

가정용 전등에 사용되는 점멸스위치를 설치하여야 할 위치에 대한 설명으로 가장 적당한 것은?

① 접지 측 전선에 설치한다.
② 중앙선에 설치한다.
③ 부하의 2차 측에 설치한다.
④ 전압 측 전선에 설치한다.

해설

전등에 사용되는 스위치는 전압 측 전선에 설치한다.

17

박스에 금속관을 고정할 때 사용되는 것은?

① 유니언 커플링　　② 로크너트
③ 부싱　　④ C형 엘보

해설

금속관에 박스를 고정할 때 사용되는 것은 로크너트이다.

18

금속제 가요전선관 공사 방법의 설명으로 옳은 것은?

① 가요전선관과 박스와의 직각부분에 연결하는 부속품은 앵글 박스 커넥터이다.
② 가요전선관과 금속관과의 접속에 사용하는 부속품은 스트레이트 박스 커넥터이다.
③ 가요전선관과 상호접속에 사용하는 부속품은 콤비네이션 커플링이다.
④ 스위치박스에는 콤비네이션 커플링을 사용하여 가요전선관과 접속한다.

해설

전선관과 박스와의 직각 부분에 연결하는 부속품은 앵글 박스 커넥터이다.

※ 전기설비 기술기준의 판단기준 개정에 따라 삭제된 문제가 있어 20문항이 되지 않습니다.

정답　14 ①　15 ③　16 ④　17 ②　18 ①

2010년 3회 기출문제

01

합성수지제 가요전선관(PF관 및 CD관)의 호칭에 포함되지 않는 것은?

① 16 ② 28
③ 38 ④ 42

해설
합성수지제 관의 전선관 규격
14[mm], 16[mm], 22[mm], 28[mm], 36[mm], 42[mm]

02

애자사용 공사에 의한 저압 옥내배선에서 전선 상호간의 간격은 몇 [cm] 이상이어야 하는가?

① 2.5[cm] ② 6[cm]
③ 10[cm] ④ 12[cm]

해설
애자사용 공사 시 저압 옥내배선에서 전선 상호간 이격 거리 전선과 전선 상호간은 6[cm] 이상 이격시킨다.

03

가공전선로의 지지물에 하중이 가하여지는 경우에 그 하중을 받는 지지물의 기초로 안전율은 일반적으로 얼마 이상이어야 하는가?

① 1.5 ② 2.0
③ 2.5 ④ 4.0

해설
지지물의 기초 안전율
가공전선로의 지지물의 기초 안전율은 2 이상(단, 이상시 상정하중에 대한 철탑의 기초 안전율은 1.33 이상)이어야 한다.

04

일반적으로 가공전선로의 지지물에 취급자가 오르고 내리는 데 사용하는 발판 볼트 등은 지표상 몇 [m] 미만에 시설하여서는 아니 되는가?

① 0.75[m] ② 1.2[m]
③ 1.8[m] ④ 2.0[m]

해설
가공전선로의 지지물에 취급자가 오르고 내리는 발판 볼트는 지표상 1.8[m] 이상에 시설한다.

05

금속 전선관을 직각 구부리기 할 때 굽힘 반지름 r은? (단, d는 금속 전선관의 안지름, D는 금속 전선관의 바깥지름이다.)

① $r = 6d + \frac{D}{2}$ ② $r = 6d + \frac{D}{4}$
③ $r = 2d + \frac{D}{6}$ ④ $r = 4d + \frac{D}{6}$

06

코드 상호, 캡타이어 케이블 상호 접속 시 사용하여야 하는 것은?

① 와이어 커넥터 ② 코드 접속기
③ 케이블타이 ④ 테이블 탭

해설
코드 또는 캡타이어 케이블 상호 접속 시 코드 접속기를 사용한다.

정답 01 ③ 02 ② 03 ② 04 ③ 05 ① 06 ②

07

접지공사에 사용하는 접지선을 사람이 접촉할 우려가 있는 곳에 시설하는 경우 접지극은 지하 몇 [cm] 이상의 깊이에 매설하여야 하는가?

① 30[cm] ② 60[cm]
③ 75[cm] ④ 95[cm]

해설

접지공사의 시설기준

- 접지극은 지하 75[cm] 이상의 깊이에 매설할 것
- 접지선은 지표상 60[cm]까지 절연전선 및 케이블을 사용할 것
- 접지선은 지하 75[cm]부터 지표상 2[m]까지는 합성수지관 또는 절연몰드 등으로 보호한다.
- 접지극은 지중에서 금속체와 1[m] 이상 이격할 것
  단, 접지선을 철주 기타의 금속체를 따라서 시설하는 경우는 접지극을 철주의 밑면으로부터 30[cm] 이상의 깊이에 매설한다.
- 발판못(= 폴스텝) 높이 : 1.8[m](취급자가 오르고 내리는 볼트)

08

수전설비의 저압 배전반 앞에서 계측기를 판독하기 위하여 앞면과 최소 몇 [m] 이상 유지하는 것을 원칙으로 하고 있는가?

① 0.6[m] ② 1.2[m]
③ 1.5[m] ④ 1.7[m]

09

가연성의 가스 또는 인화성 물질의 증기가 새거나 체류하여 전기설비가 발화원이 되어 폭발할 우려가 있는 곳에 있는 저압 옥내전기설비의 공사방법으로 가장 알맞은 것은?

① 금속관 공사 ② 가요전선관 공사
③ 플로어덕트 공사 ④ 애자 사용 공사

해설

가연성의 가스 또는 인화성 물질의 증기가 새거나 체류하는 곳의 전기 공사의 경우 금속관 공사 또는 케이블 공사를 시행한다.

10

노크아웃 펀치(knockout punch)와 같은 용도의 것은?

① 리머(reamer) ② 벤더(bender)
③ 클리퍼(cliper) ④ 홀쏘(hole saw)

해설

노크아웃 펀치는 분전반 또는 풀 박스 등의 전선관의 인출을 위한 인출 공을 뚫는 공구이다. 이와 같은 용도로 구멍을 뚫을 때 쓰이는 톱인 홀쏘가 있다.

11

전동기의 정 · 역 운전을 제어하는 회로에서 2개의 전자개폐기의 작동이 일어나지 않도록 하는 회로는?

① Y-△ 회로 ② 자기유지 회로
③ 촌동 회로 ④ 인터록 회로

해설

인터록 회로란 2개의 회로가 동시 투입을 방지하는 회로를 말한다.

12

옥내에서 두 개 이상의 전선을 병렬로 연결할 경우 동선은 각 전선의 굵기가 몇 [mm^2] 이상이어야 하는가?

① 50[mm^2] ② 70[mm^2]
③ 95[mm^2] ④ 150[mm^2]

정답 07 ③ 08 ③ 09 ① 10 ④ 11 ④ 12 ①

해설

두 개 이상의 전선을 병렬로 사용할 경우 전선의 굵기는 동일 경우 50[mm^2] 이상, 알루미늄의 경우 70[mm^2] 이상으로 하여야 한다.

13

특고압 수전설비의 결선 기호와 명칭으로 잘못된 것은?

① CB – 차단기　② DS – 단로기
③ LA – 피뢰기　④ LF – 전력퓨즈

해설

• CB : 차단기　• DS : 단로기
• LA : 피뢰기　• PF : 전력퓨즈

14

가스 절연 개폐기나 가스 차단기에 사용되는 가스인 SF_6의 성질이 아닌 것은?

① 같은 압력에서 공기의 2.5~3.5배의 절연내력이 있다.
② 무색, 무취, 무해 가스이다.
③ 가스 압력 3~4[kgf/cm^2]에서는 절연내력은 절연유 이상이다.
④ 소호능력은 공기보다 2.5배 정도 낮다.

해설

SF_6가스의 특징은 무색, 무취, 무해한 가스이며 소호능력은 공기보다 100배 이상의 능력을 갖고 있으며, 절연내력은 공기의 2~3배 정도가 된다.

15

플로어덕트 부속품 중 박스의 플러그 구멍을 메우는 것의 명칭은?

① 덕트서포트　② 아이언플러그
③ 덕트플러그　④ 인서트마커

해설

아이언플러그의 경우 전기다리미, 온탕기 등에 사용하는 것으로서 코드 한쪽은 꽂음 플러그로 되어 있어서 전원 콘센트에 연결하며, 한쪽은 아이언플러그가 달려서 전기기구용 콘센트에 끼울 수 있도록 되어 있다.

16

가요전선관 공사 방법에 대한 설명으로 잘못된 것은?

① 전선은 옥외용 비닐 절연전선을 제외한 절연전선을 사용한다.
② 일반적으로 전선은 연선을 사용한다.
③ 가요전선관 안에는 전선의 접속점이 없도록 한다.
④ 사용전압이 400[V] 이하의 저압의 경우에만 사용한다.

17

기구 단자에 전선 접속 시 진동 등으로 헐거워지는 염려가 있는 곳에 사용되는 것은?

① 스프링 와셔　② 2중 볼트
③ 삼각 볼트　④ 접속기

해설

진동이 있는 기구에 단자에 접속할 경우 스프링 와셔 또는 이중너트를 이용한다.

※ 전기설비 기술기준의 판단기준 개정에 따라 삭제된 문제가 있어 20문항이 되지 않습니다.

정답 13 ④ 14 ④ 15 ② 16 ④ 17 ①

2010년 4회 기출문제

01

피시 테이프(fish tape)의 용도는?

① 전선을 테이핑하기 위해 사용
② 전선관의 끝마무리를 위해서 사용
③ 전선관에 전선을 넣을 때 사용
④ 합성수지관을 구부릴 때 사용

해설
피시 테이프의 경우 전선관 공사 시 전선 여러 가닥을 쉽게 넣을 수 있는 공구를 말한다.

02

애자사용공사에 사용하는 애자가 갖추어야 할 성질과 가장 거리가 먼 것은?

① 절연성 ② 난연성
③ 내수성 ④ 내유성

해설
애자사용공사 시 애자는 난연성, 내수성, 절연성이 있는 것이어야 한다.

03

무효전력을 조정하는 전기기계기구는?

① 조상설비 ② 개폐설비
③ 차단설비 ④ 보상설비

해설
조상설비라 함은 무효전력을 조절하는 전기기계기구를 말한다.

04

전자 개폐기에 부착하여 전동기의 소손 방지를 위하여 사용되는 것은?

① 퓨즈 ② 열동 계전기
③ 배선용 차단기 ④ 수은 계전기

해설
전동기 과부하 보호 장치로서 전자 개폐기에 붙어 있으며 과부하가 되면 전자 개폐기를 차단하는 계전기를 열동 계전기라 한다.

05

지중 또는 수중에 시설되는 금속체의 부식을 방지하기 위한 전기 부식 방지용 회로의 사용전압은?

① 직류 60[V] 이하 ② 교류 60[V] 이하
③ 직류 750[V] 이하 ④ 교류 600[V] 이하

해설
전기 부식 방지 회로
• 사용전압은 직류 60[V] 이하
• 지표 또는 수중에서 1[m] 간격 임의의 두 점간의 전위차는 5[V] 이하

06

2개의 입력 가운데 앞서 동작한 쪽이 우선이고, 다른 쪽은 동작을 금지시키는 회로는?

① 자기유지회로 ② 한시운전회로
③ 인터록회로 ④ 비상운전회로

해설
인터록회로란 동시 투입 방지 회로를 말한다.

정답 01 ③ 02 ④ 03 ① 04 ② 05 ① 06 ③

제3과목 ✦ 전기설비

07

금속덕트 배선에서 금속덕트를 조영재에 붙이는 경우 지지점 간의 거리는?

① 0.3[m] 이하 ② 0.6[m] 이하
③ 2.0[m] 이하 ④ 3.0[m] 이하

해설

금속덕트 배선을 조영재에 붙이는 경우 지지점 간의 거리는 3[m] 이하로 하여야 하며 단, 취급자 이외의 자가 출입할 수 없도록 설비한 곳에서 수직으로 붙이는 경우에는 6[m] 이하로 한다.

08

다음과 같은 기호의 배선 명칭은?

―――――――

① 천장은폐배선 ② 바닥은폐배선
③ 노출배선 ④ 바닥면 노출 배선

해설

- 천장은폐배선 ―――――――
- 바닥은폐배선 ─ ─ ─ ─ ─
- 노출배선 ------------

09

고압 또는 특고압 가공전선로에서 공급을 받는 수용장소의 인입구 또는 이와 근접한 곳에 시설해야 하는 것은?

① 계기용 변성기 ② 과전류 계전기
③ 접지 계전기 ④ 피뢰기

해설

피뢰기 시설장소

- 발・변전소 인입구 및 인출구
- 고・특고압을 수전받는 수용가 인입구
- 가공전선로와 지중전선로의 접속점
- 배전용 변압기 고압 및 특고압 측

10

전압 22.9[kV-Y] 이하의 배전선로에서 수전하는 설비의 피뢰기 정격전압은 몇 [kV]로 적용하는가?

① 18[kV] ② 24[kV]
③ 144[kV] ④ 288[kV]

해설

피뢰기의 정격전압

- 345[kV] : 288[kV]
- 154[kV] : 144[kV]
- 66[kV] : 72[kV]
- 22.9[kV] : 21[kV](발・변전소용), 18[kV](배전선로)

11

연피케이블의 접속 시 반드시 사용되는 테이프는?

① 고무테이프 ② 비닐테이프
③ 리노테이프 ④ 자기융착테이프

해설

리노테이프의 경우 접착성은 없으나 절연성, 내온성, 내유성이 좋아 연피케이블에서 반드시 사용된다.

12

화약류 저장소의 백열전등이나 형광등 또는 이들에 전기를 공급하기 위한 전기설비를 시설하는 경우 대지전압은?

① 100[V] 이하 ② 150[V] 이하
③ 220[V] 이하 ④ 300[V] 이하

해설

화약류 저장소 안의 백열전등이나 형광등 또는 이에 전기를 공급하기 위한 공작물의 경우 전로의 대지전압은 300[V] 이하로 한다.

정답 07 ④ 08 ① 09 ④ 10 ① 11 ③ 12 ④

13

합성수지전선관의 장점이 아닌 것은?

① 절연이 우수하다.
② 기계적 강도가 높다.
③ 내부식성이 우수하다.
④ 시공하기 쉽다.

해설
합성수지관의 경우 절연 및 내식성이 우수하며 시공이 쉬우나 기계적 강도가 약하며, 온도에도 약하다.

14

전등 한 개를 2개소에서 점멸하고자 할 때 옳은 배선은?

①
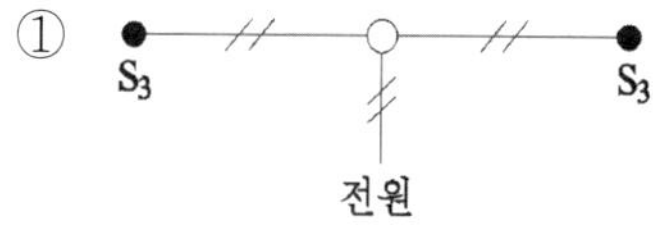

②
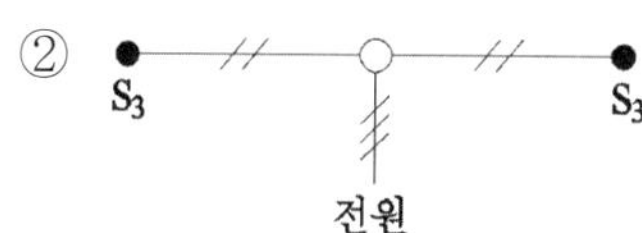

③
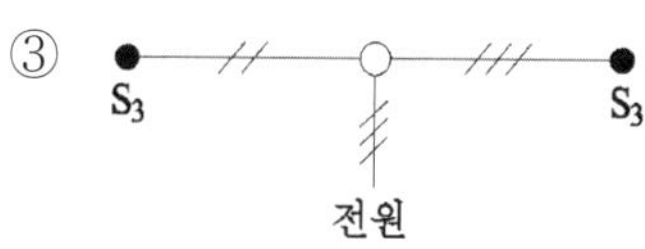

④
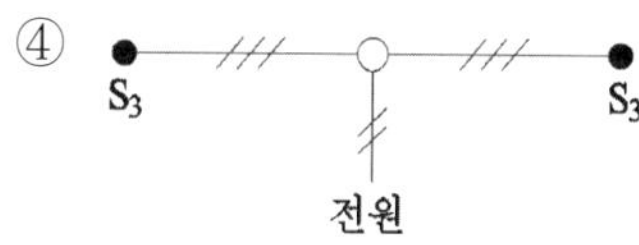

15

지중전선로를 직접 매설식에 의하여 시설하는 경우 차량 기타 중량물의 압력을 받을 우려가 있는 장소의 매설 깊이는?

① 0.6[m] 이상 ② 1.0[m] 이상
③ 1.5[m] 이상 ④ 2.0[m] 이상

해설
지중전선로의 직접 매설식의 경우
• 차량 및 기타 중량물이 지나갈 우려가 있는 경우 : 1[m] 이상 깊이에 매설
• 기타 : 0.6[m]

16

링리듀셔의 용도는?

① 박스 내의 전선 접속의 사용
② 노크 아웃 직경이 접속하는 금속관보다 큰 경우 사용
③ 노크 아웃 구멍을 막는데 사용
④ 로크 너트를 고정하는 사용

해설
링리듀셔는 노크 아웃의 직경이 금속관보다 클 때 사용한다.

17

건물의 모서리(직각)에서 가요 전선관을 박스에 연결할 때 필요한 접속기는?

① 스트레이트 박스 커넥터
② 앵글 박스 커넥터
③ 플렉시블 커플링
④ 콤비네이션 커플링

해설
전선관과 박스를 연결 시 직각 부분에 필요한 접속기는 앵글 박스 커넥터, 직선 부분의 경우 스트레이트 박스 커넥터를 사용한다.

정답 13 ② 14 ④ 15 ② 16 ② 17 ②

18

저 · 고압 가공전선이 도로를 횡단하는 경우 지표상 몇 [m] 이상으로 시설하는가?

① 4[m] ② 6[m]
③ 8[m] ④ 10[m]

해설

가공전선의 지표상 높이
저 · 고압 가공전선이 도로를 횡단하는 경우 지표상 6[m] 이상 높이에 시설한다.

19

부식성 가스 등이 있는 장소에 전기설비를 시설하는 방법으로 적합하지 않은 것은?

① 애자사용배선 시 부식성 가스의 종류에 따라 절연전선인 DV 전선을 사용한다.
② 애자사용배선에 의한 경우에는 사람이 쉽게 접촉될 우려가 없는 노출장소에 한한다.
③ 애자사용배선 시 부득이할 경우 나전선을 사용하는데 전선과 조영재와의 거리를 4.5[cm] 이상으로 한다.
④ 애자사용배선 시 전선의 절연물이 상해를 받는 장소는 나전선을 사용할 수 있으며, 이 경우는 바닥 위 2.5[m] 이상 높이에 시설한다.

해설

애자사용배선 시 사용되는 전선의 경우 절연전선이어야 한다. 단, 옥외용 비닐 절연전선(OW), 인입용 비닐 절연전선(DV) 전선은 제외한다.

※ 전기설비 기술기준의 판단기준 개정에 따라 삭제된 문제가 있어 20문항이 되지 않습니다.

정답 18 ② 19 ①

제3과목

전기설비 2011년 기출문제

2011년 1회 기출문제

01

저압 연접 인입선의 시설과 관련된 설명으로 틀린 것은?

① 옥내를 통과하지 아니할 것
② 전선의 굵기는 1.5[mm^2] 이하일 것
③ 폭 5[m]를 넘는 도로를 횡단하지 아니할 것
④ 인입선에서 분기하는 점으로부터 100[m]를 넘는 지역에 미치지 아니할 것

해설
연접 인입선의 시설 규정
- 분기점으로부터 100[m]를 넘는 지역에 미치지 아니할 것
- 폭이 5[m]를 넘는 도로를 횡단하지 말 것
- 옥내를 관통하지 말 것
- 저압에서만 가능
- 2.6[mm] 경동선을 사용하지만 긍장이 20[m] 이하인 경우 2.0[mm] 경동선도 가능하다.

02

소맥분, 전분 기타 가연성의 분진이 존재하는 곳의 저압 옥내 배선 공사 방법 중 적당하지 않은 것은?

① 애자 사용 공사 ② 합성수지관 공사
③ 케이블 공사 ④ 금속관 공사

해설
가연성 분진이 다량으로 체류하는 곳의 저압 옥내 배선 시설 공사의 경우
- 케이블 공사
- 금속관 공사
- 합성수지관 공사

03

전선과 기구단자 접속 시 누름나사를 덜 죌 때 발생할 수 있는 현상과 거리가 먼 것은?

① 과열 ② 화재
③ 절전 ④ 전파 잡음

해설
전기기구가 접속이 불안전한 경우 화재와 과열, 잡음을 일으킬 우려가 있지만 절전과는 관계없다.

04

가공전선의 지지물에 승탑 또는 승강용으로 사용하는 발판 볼트 등은 지표상 몇 [m] 미만에 시설하여서는 안 되는가?

① 1.2[m] ② 1.5[m]
③ 1.6[m] ④ 1.8[m]

해설
가공전선의 지지물의 발판 볼트의 지표상 높이는 1.8[m] 이상

05

녹아웃 펀치와 같은 용도로 배전반이나 분전반 등에 구멍을 뚫을 때 사용하는 것은?

① 클리퍼(Clipper)
② 홀소(hole saw)
③ 프레스 툴(pressure tool)
④ 드라이브이트 툴(drive it tool)

해설
녹아웃 펀치와 같은 용도의 배전반이나 분전반에 구멍을 뚫을 때 사용하는 것은 홀소이다.

정답 01 ② 02 ① 03 ③ 04 ④ 05 ②

06

전선로의 직선부분을 지지하는 애자는?

① 핀애사　　② 지지애자
③ 가지애자　　④ 구형애자

07

금속관 공사에서 금속관을 콘트리트에 매설할 경우 관의 두께는 몇 [mm] 이상의 것이어야 하는가?

① 0.8[mm]　　② 1.0[mm]
③ 1.2[mm]　　④ 1.5[mm]

해설

금속관 공사
- 콘크리트에 매설할 경우 두께는 1.2[mm] 이상
- 기타의 경우 1[mm] 이상

08

나전선 상호를 접속하는 경우 일반적으로 전선의 세기를 몇 [%] 이상 감소시키지 아니하여야 하는가?

① 2[%]　　② 3[%]
③ 20[%]　　④ 80[%]

해설

전선의 접속 시 유의사항
- 전선의 세기를 20[%] 이상 감소시키지 말 것
- 전선의 세기를 80[%] 이상 유지시킬 것

09

일반적으로 분기회로의 개폐기 및 과전류 차단기는 저압옥내간선과의 분기점에서 전선의 길이가 몇 [m] 이하의 곳에 시설하여야 하는가?

① 3[m]　　② 4[m]
③ 5[m]　　④ 8[m]

해설

분기회로의 개폐기 시설
분기회로의 개폐기 및 과전류 차단기의 경우 3[m] 이하인 곳에 시설한다.

10

조명용 백열전등을 관광업 및 숙박시설 객실의 입구에 설치할 때나 일반 주택 및 아파트 각 실의 현관에 설치할 때 사용되는 스위치는?

① 타임스위치　　② 누름버튼스위치
③ 토글스위치　　④ 로터리스위치

해설

관광업 및 숙박시설 객실의 입구에 설치할 때나 주택 및 아파트에 현관에 설치할 때 사용되는 스위치는 타임스위치이다.

11

저압옥외조명시설에 전기를 공급하는 가공전선 또는 지중전선에서 분기하여 전등 또는 개폐기에 이르는 배선에 사용하는 절연전선의 단면적은 몇 [mm^2] 이상이어야 하는가?

① 2.0[mm^2]　　② 2.5[mm^2]
③ 6[mm^2]　　④ 16[mm^2]

정답 06 ① 07 ③ 08 ③ 09 ① 10 ① 11 ②

12

절연전선으로 가선된 배전 선로에서 활선 상태인 경우 전선의 피복을 벗기는 것은 매우 곤란한 작업이다. 이런 경우 활선 상태에서 전선의 피복을 벗기는 공구는?

① 전선 피박기　② 애자 커버
③ 와이어 통　④ 데드앤드 커버

해설
활선 시 전선의 피복을 벗기는 공구의 명칭은 전선 피박기이다.

13

사람이 접촉될 우려가 있는 것으로서 가요전선관을 새들 등으로 지지하는 경우 지지점간의 거리는 얼마 이하이어야 하는가?

① 0.3[m] 이하　② 0.5[m] 이하
③ 1[m] 이하　④ 1.5[m] 이하

해설
사람이 접촉될 우려가 있는 것으로 가요전선관의 지지점간의 거리는 1[m] 이하

14

콘크리트 직매용 케이블 배선에서 일반적으로 케이블을 구부릴 때는 피복이 손상되지 않도록 그 굴곡부 안쪽의 반경은 케이블 외경의 몇 배 이상으로 하여야 하는가? (단, 단심이 아닌 경우이다.)

① 2배　② 3배　③ 6배　④ 12배

해설
- 단심일 경우 8배
- 기타의 경우 6배

※ 전기설비 기술기준의 판단기준 개정에 따라 삭제된 문제가 있어 20문항이 되지 않습니다.

2011년 2회 기출문제

01

자동화재탐지설비는 화재의 발생을 초기에 자동적으로 탐지하여 소방대상물의 관계자에게 화재의 발생을 통보해주는 설비이다. 이러한 자동화재탐지설비의 구성요소가 아닌 것은?

① 수신기　② 비상경보기
③ 발신기　④ 중계기

해설
자동화재탐지설비 구성요소 : 수신기, 발신기, 중계기

02

전력용 콘덴서를 회로로부터 개방하였을 때 전하가 잔류함으로써 일어나는 위험의 방지와 재투입을 할 때 콘덴서에 걸리는 과전압을 방지하기 위하여 무엇을 설치하는가?

① 직렬 리액터　② 전력용 콘덴서
③ 방전 코일　④ 피뢰기

해설
DC(방전 코일) : 방전 코일의 경우 잔류전하를 방전하여 인체의 감전 사고를 방지하고 전원 재투입 시 과전압이 발생되는 것을 방지하기 위해 설치한다.

03

지중배전선로에서 케이블을 개폐기와 연결하는 몸체는?

① 스틱형 접속단자　② 엘보 커넥터
③ 절연 캡　④ 접속플러그

정답 12 ① 13 ③ 14 ③ / 01 ② 02 ③ 03 ②

해설

지중에서 케이블을 개폐기와 연결하는 몸체는 엘보 커넥터이다.

04

전동기 과부하 보호장치에 해당되지 않는 것은?

① 전동기용 퓨즈
② 열동 계전기
③ 전동기보호용 배선용차단기
④ 전동기 기동장치

해설

전동기의 과부하 보호장치
- 전동기용 퓨즈
- 열동 계전기
- 전동기보호용 배선용차단기

05

저압개폐기를 생략하여도 무방한 개소는?

① 부하 전류를 끊거나 흐르게 할 필요가 있는 개소
② 인입구 기타 고장, 점검, 측정 수리 등에서 개로할 필요가 있는 개소
③ 퓨즈의 전원 측으로 분기회로용 과전류차단기 이후의 퓨즈가 플러그 퓨즈와 같이 퓨즈 교환 시에 충전부에 접촉될 우려가 없을 경우
④ 퓨즈에 근접하여 설치한 개폐기인 경우의 퓨즈 전원 측

06

전주의 길이가 15[m] 이하인 경우 땅에 묻히는 깊이는 전장의 얼마 이상인가?

① 1/8 이상　　② 1/6 이상
③ 1/4 이상　　④ 1/3 이상

해설

전장의 매설 깊이 : 전장의 길이에 1/6 이상 깊이의 매설

07

다음 중 금속관 공사의 설명으로 잘못된 것은?

① 교류회로는 1회로의 전선 전부를 동일한 관 내에 넣는 것을 원칙으로 한다.
② 교류회로에서 전선을 병렬로 사용하는 경우에는 관 내에 전자적 불평형이 생기지 않도록 시설한다.
③ 금속관 내에서는 절대로 전선접속점을 만들지 않아야 한다.
④ 관의 두께는 콘크리트에 매입하는 경우 1[mm] 이상이어야 한다.

해설

금속관 공사 : 콘크리트에 매입하는 경우 관의 두께는 1.2[mm] 이상이어야 한다.

08

전선과 기구 단자 접속 시 나사를 덜 죄었을 경우 발생할 수 있는 위험과 거리가 먼 것은?

① 누전　　② 화재 위험
③ 과열 발생　　④ 저항 감소

해설

전기기구의 접속 시 나사를 덜 죄었을 경우 발생할 위험은 누전과 화재의 위험, 과열 발생이며, 저항값은 증가하게 된다.

09

가공 인입선 중 수용장소의 인입선에서 분기하여 다른 수용장소 인입구에 이르는 전선을 무엇이라 하는가?

① 소주인입선　　② 연접인입선
③ 본주인입선　　④ 인입간선

정답 04 ④ 05 ③ 06 ② 07 ④ 08 ④ 09 ②

해설

연접인입선이란 수용장소 인입선에서 분기하여 다른 수용장소 인입구에 이르는 전선을 말한다.

10

옥내 배선의 은폐, 또는 건조하고 전개된 곳의 노출공사에 사용하는 애자는?

① 현수 애자 ② 놉(노브) 애자
③ 장간 애자 ④ 구형 애자

해설

옥내에 은폐, 건조하며 노출되는 곳에 사용되는 애자는 놉애자라 한다.

11

가공 전선로의 지지물을 지선으로 보강하여서는 안 되는 것은?

① 목주
② A종 철근콘크리트주
③ B종 철근콘크리트주
④ 철탑

해설

지선을 사용하지 않는 지지물은 철탑이다.

12

접착제를 사용하여 합성수지관을 삽입해 접속할 경우 관의 깊이는 합성수지관 외경의 최소 몇 배인가?

① 0.8배 ② 1.2배
③ 1.5배 ④ 1.8배

해설

합성수지관 공사 : 관을 박스 또는 상호 접속 시 1.2배 이상
단, 접착제 사용 시 0.8배 이상

13

설치 면적과 설치비용이 많이 들지만 가장 이상적이고 효과적인 진상용 콘덴서 설치 방법은?

① 수전단 모선에 설치
② 수전단 모선과 부하 측에 분산하여 설치
③ 부하 측에 분산하여 설치
④ 가장 큰 부하 측에만 설치

해설

전력용 콘덴서의 경우 부하 측에 각각 설치한다.

14

옥내배선에서 전선접속에 관한 사항으로 옳지 않은 것은?

① 전기저항을 증가시킨다.
② 전선의 강도를 20[%] 이상 감소시키지 않는다.
③ 접속슬리브, 전선접속기를 사용하여 접속한다.
④ 접속부분의 온도상승값이 접속부 이외의 온도상승값을 넘지 않도록 한다.

해설

전선의 접속 시 유의 사항
- 전선의 강도를 20[%] 이상 감소시키지 말 것
- 접속부분의 전기적 저항은 증가시키지 말 것
- 접속부분은 접속기 사용 혹은 납땜할 것
- 접속부분의 전기적 부식이 일어나지 말 것

15

다음 중 옥내에 시설하는 저압 전로와 대지 사이의 절연저항 측정에 사용되는 계기는?

① 멀티 테스터 ② 메거
③ 어스 테스터 ④ 훅 온 미터

해설

절연저항 측정 : 메거

정답 10 ② 11 ④ 12 ① 13 ③ 14 ① 15 ②

제3과목 ✦ 전기설비

16

금속전선관 공사에서 금속관과 접속함을 접속하는 경우 녹아웃 구멍이 금속관보다 클 때 사용하는 부품은?

① 록너트(로크너트) ② 부싱
③ 새들 ④ 링리듀셔

해설
금속관과 접속함을 접속할 경우 녹아웃 구멍이 금속관보다 클 때 사용하는 부품은 링리듀셔이다.

17

화약고 등의 위험장소의 배선 공사에서 전로의 대지 전압은 몇 [V] 이하이어야 하는가?

① 300[V] ② 400[V]
③ 500[V] ④ 600[V]

해설
화약고 등의 위험장소의 배선 공사의 대지 전압은 300[V] 이하이어야 한다.

※ 전기설비 기술기준의 판단기준 개정에 따라 삭제된 문제가 있어 20문항이 되지 않습니다.

2011년 3회 기출문제

01

정션 박스 내에서 절연전선을 쥐꼬리 접속한 후 접속과 절연을 위해 사용되는 재료는?

① 링형 슬리브 ② S형 슬리브
③ 와이어 커넥터 ④ 터미널 러그

해설
와이어 커넥터는 절연전선을 쥐꼬리 접속 후 절연을 위해 사용되는 재료를 말한다.

02

케이블 공사에 의한 저압 옥내배선에서 케이블을 조영재의 아랫면 또는 옆면에 따라 붙이는 경우 전선의 지지점간 거리는 몇 [m] 이하이어야 하는가?

① 0.5 ② 1 ③ 1.5 ④ 2

해설
케이블 공사 : 조영재를 따라 시설하는 경우 지지점간의 거리는 2[m] 이하이어야 한다.

03

분전반 및 배전반은 어떤 장소에 설치하는 것이 바람직한가?

① 전기회로를 쉽게 조작할 수 있는 장소
② 개폐기를 쉽게 개폐할 수 없는 장소
③ 은폐된 장소
④ 이동이 심한 장소

해설
배분전반의 시설장소
전기회로를 쉽게 조작할 수 있는 장소에 시설하여야 한다.

정답 16 ④ 17 ① / 01 ③ 02 ④ 03 ①

04

합성수지 몰드 공사는 사용전압이 몇 [V] 이하의 배선에 사용되는가?

① 200[V] ② 400[V]
③ 600[V] ④ 800[V]

해설
몰드 공사 : 400[V] 이하에서만 시설할 수 있다.

05

천장에 작은 구멍을 뚫어 그 속에 등 기구를 매입시키는 방식으로 건축의 공간을 유효하게 하는 조명방식은?

① 코브 방식 ② 코퍼 방식
③ 밸런스 방식 ④ 다운라이트 방식

해설
천장에 작은 구멍을 뚫어 그 속에 등 기구를 매입시키는 방식으로 건축의 공간을 유효하게 하는 조명방식을 다운라이트 방식이라 한다.

06

동전선의 접속방법에서 종단접속 방법이 아닌 것은?

① 비틀어 꽂는 형의 전선접속기에 의한 접속
② 종단 겹침용 슬리브(E형)에 의한 접속
③ 직선 맞대기용 슬리브(B형)에 의한 압착접속
④ 직선 겹침용 슬리브(P형)에 의한 접속

해설
동전선의 종단접속
- 비틀어 꽂는 형의 전선접속기의 접속
- 종단 겹침용 슬리브(E형)에 의한 접속
- 직선 겹침용 슬리브(P형)에 의한 접속

07

가연성 가스가 존재하는 저압 옥내전기설비 공사 방법으로 옳은 것은?

① 가요 전선관 공사 ② 합성 수지관 공사
③ 금속관 공사 ④ 금속 몰드 공사

해설
가연성 가스가 다량으로 체류하는 곳의 전기 공사 방법
- 케이블 공사
- 금속관 공사

08

소맥분, 전분 기타 가연성의 분진이 존재하는 곳의 저압 옥내배선 공사 방법에 해당되지 않는 것은?

① 케이블 공사 ② 금속관 공사
③ 애자사용 공사 ④ 합성수지관 공사

해설
가연성 분진의 저압 옥내배선 공사
- 금속관 공사
- 케이블 공사
- 합성수지관 공사

09

셀룰로이드, 성냥, 석유류 등 기타 가연성 위험물질을 제조 또는 저장하는 장소의 배선 방법이 아닌 것은?

① 배선은 금속관 배선, 합성수지관 배선 또는 케이블 배선에 의할 것
② 금속관은 박강 전선관 또는 이와 동등 이상의 강도가 있는 것을 사용할 것
③ 두께가 2[mm] 미만의 합성수지제 전선관을 사용할 것
④ 합성수지관배선에 사용하는 합성수지관 및 박스 기타 부속품은 손상될 우려가 없도록 시설할 것

정답 04 ② 05 ④ 06 ③ 07 ③ 08 ③ 09 ③

해설

셀룰로이드, 성냥, 석유류 등 가연성 위험물질 제조 또는 저장 장소의 배선
두께가 2[mm] 이상의 합성수지제 전선관을 사용

10

라이팅 덕트 공사에 의한 저압 옥내배선 시 덕트의 지지점간의 거리는 몇 [m] 이하로 해야 하는가?

① 1.0 ② 1.2
③ 2.0 ④ 3.0

해설

라이팅 덕트 공사 : 지지점간의 거리 2[m] 이하

11

지중전선로를 직접 매설식에 의하여 시설하는 경우 차량의 압력을 받을 우려가 있는 장소의 매설 깊이는?

① 0.6[m] 이상 ② 0.8[m] 이상
③ 1.0[m] 이상 ④ 1.2[m] 이상

해설

지중전선로 직접 매설식의 경우
- 차량 및 기타 중량물이 지나갈 우려가 있는 경우 : 1[m] 이상
- 기타 : 0.6[m]

12

철근 콘크리트 건물에 노출 금속관 공사를 할 때 직각으로 굽히는 곳에 사용되는 금속관 재료는?

① 엔트런스 캡 ② 유니버셜엘보
③ 4각 박스 ④ 터미널 캡

해설

- 노출 공사 – 유니버셜엘보
- 매입 공사 – 노멀밴드

13

접지를 하는 목적이 아닌 것은?

① 이상전압의 발생
② 전로의 대지전압의 저하
③ 보호계전기의 동작 확보
④ 감전의 방지

해설

접지의 목적
- 보호계전기의 동작 확보
- 이상전압 억제
- 대지전압 저하

14

가요전선관 공사에 다음의 전선을 사용하였다. 맞게 사용한 것은?

① 알루미늄 35[mm^2]의 단선
② 절연전선 16[mm^2]의 단선
③ 절연전선 10[mm^2]의 연선
④ 알루미늄 25[mm^2]의 단선

해설

가요전선관 공사
- 절연전선의 경우 10[mm^2] 이하
- 알루미늄선의 경우 16[mm^2] 이하

15

전주의 길이가 16[m]인 지지물을 건주하는 경우에 땅에 묻히는 최소 깊이는 몇 [m]인가? (단, 설계하중이 6.8[kN] 이하이다.)

① 1.5 ② 2
③ 2.5 ④ 3

정답 10 ③ 11 ③ 12 ② 13 ① 14 ③ 15 ③

해설

전장의 매설 깊이

- 15[m] 이하의 경우 : 전장의 길이에 $\frac{1}{6}$배 이상 매설
- 15[m] 초과의 경우 : 2.5[m]

16

하나의 수용장소의 인입선 접속점에서 분기하여 지지물을 거치지 아니하고 다른 수용장소의 인입선 접속점에 이르는 전선은?

① 가공 인입선　② 구내 인입선
③ 연접 인입선　④ 옥측 배선

해설

연접 인입선이란 수용장소의 인입선 접속점에서 분기하여 지지물을 거치지 아니하고 다른 수용장소의 인입선 접속점에 이르는 전선을 말한다.

17

가공전선로의 지선에 사용되는 애자는?

① 노브 애자　② 인류 애자
③ 현수 애자　④ 구형 애자

해설

가공전선로의 강도 보강에 사용되는 애자는 지선 애자 또는 구형 애자라 한다.

18

전기공사에서 접지저항을 측정할 때 사용하는 측정기는 무엇인가?

① 검류기　② 변류기
③ 메거　④ 어스테스터

해설

접지저항 측정기 : 어스테스터

19

다음 중 3로 스위치를 나타내는 그림 기호는?

① ●EX　② ●3
③ ●2P　④ ●15A

20

최대사용전압이 70[kV]인 중성점 직접 접지식 전로의 절연내력 시험전압은 몇 [V]인가?

① 35,000[V]　② 42,000[V]
③ 44,800[V]　④ 50,400[V]

해설

절연내력 시험전압

중성점 직접 접지공사 170,000[V] 이하 사용전압의 0.72배
170,000[V] 초과 사용전압의 0.64배

170,000[V] 이하이므로 70,000×0.72 = 50,400[V]

정답 16 ③ 17 ④ 18 ④ 19 ② 20 ④

2011년 4회 기출문제

01

엘리베이터장치를 시설할 때 승강기 내에서 사용하는 전등 및 전기기계기구에 사용할 수 있는 최대전압은?

① 110[V] 이하 ② 220[V] 이하
③ 400[V] 이하 ④ 440[V] 이하

해설
엘리베이터의 장치의 시설 : 전압은 400[V] 이하

02

애자사용 공사에서 전선의 지지점 간의 거리는 전선을 조영재의 윗면 또는 옆면에 따라 붙이는 경우에는 몇 [m] 이하인가?

① 1 ② 1.5
③ 2 ④ 3

해설
애자사용 공사 : 조영재를 따라 시설 시 지지점 간의 거리는 2[m] 이하

03

가요전선관의 상호 접속은 무엇으로 사용하는가?

① 컴비네이션 커플링 ② 스플릿 커플링
③ 더블 커넥터 ④ 앵글 커넥터

해설
가요전선관 : 관 상호 접속 시 사용되는 것은 스플릿 커플링이다.

04

전주의 길이가 15[m] 이하인 경우 땅에 묻히는 깊이는 전주 길이의 얼마 이상으로 하여야 하는가?

① 1/2 ② 1/3
③ 1/5 ④ 1/6

해설
전장의 매설 깊이
- 15[m] 이하 : 전장의 길이에 $\frac{1}{6}$ 이상 매설
- 15[m] 초과 : 2.5[m] 이상

05

배전선로 기기설치 공사에서 전주에 승주 시 발판 못 볼트는 지상 몇 [m] 지점에서 180° 방향에 몇 [m]씩 양쪽으로 설치하여야 하는가?

① 1.5[m], 0.3[m] ② 1.5[m], 0.45[m]
③ 1.8[m], 0.3[m] ④ 1.8[m], 0.45[m]

해설
전주의 승주 시 시설하는 발판 볼트
지표상 1.8[m] 이상 180°으로 0.45[m] 양쪽에 시설한다.

06

버스덕트 공사에서 덕트를 조영재에 붙이는 경우에는 덕트의 지지점간의 거리를 몇 [m] 이하로 하여야 하는가?

① 3 ② 4.5
③ 6 ④ 9

해설
버스덕트 공사 : 덕트 지지점간의 거리는 3[m] 이하

정답 01 ③ 02 ③ 03 ② 04 ④ 05 ④ 06 ①

07

도면과 같은 단상 3선식의 옥외 배선에서 중성선과 양외선 간에 각각 20[A], 30[A]의 전등 부하가 걸렸을 때, 인입 개폐기의 X점에서 단자가 빠졌을 경우 발생하는 현상은?

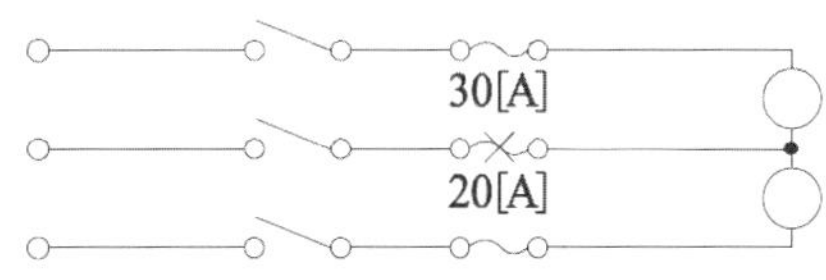

① 별 이상이 일어나지 않는다.
② 20[A] 부하의 단자전압이 상승한다.
③ 30[A] 부하의 단자전압이 상승한다.
④ 양쪽 부하에 전류가 흐르지 않는다.

해설

단상 3선식 : 중성선이 단선이 될 경우 경부하 측의 단자전압이 상승한다.

08

경질 비닐 전선관의 설명으로 틀린 것은?

① 1본의 길이는 3.6[m]가 표준이다.
② 굵기는 관 안지름의 크기에 가까운 짝수 [mm]로 나타낸다.
③ 금속관에 비해 절연성이 우수하다.
④ 금속관에 비해 내식성이 우수하다.

해설

경질 비닐 전선관
- 1본의 길이는 4[m]가 표준

금속관
- 1본의 길이는 3.66[m]가 표준

09

지중 또는 수중에 시설하는 양극과 피방식체 간의 전기부식 방지 시설에 대한 설명으로 틀린 것은?

① 사용전압은 직류 60[V] 초과일 것
② 지중에 매설하는 양극은 75[cm] 이상의 깊이일 것
③ 수중에 시설하는 양극과 그 주위 1[m] 안의 임의의 점과의 전위차는 10[V]를 넘지 않을 것
④ 지표에서 1[m] 간격의 임의의 2점 간의 전위차가 5[V]를 넘지 않을 것

해설

전기부식 방지 시설 : 사용전압은 직류 60[V] 이하

10

옥내에 저압전로와 대지 사이의 절연저항 측정에 알맞은 계기는?

① 회로 시험기　② 접지 측정기
③ 네온 검전기　④ 메거 측정기

해설

절연저항 측정기 : 메거

11

수변전 설비에서 차단기의 종류 중 가스 차단기에 들어가는 가스의 종류는?

① CO_2　② LPG
③ SF_6　④ LNG

해설

가스 차단기(GCB) : 소호 매질은 SF_6 가스를 사용한다.

정답 07 ② 08 ① 09 ① 10 ④ 11 ③ 12 ②

12

폭연성 분진이 존재하는 곳의 금속관 공사에 있어서 관 상호 간 및 관과 박스의 접속은 몇 턱 이상의 나사 조임으로 시공하여야 하는가?

① 3턱　② 5턱
③ 7턱　④ 9턱

해설
폭연성 분진 : 금속관 공사 시 5턱 이상 나사 조임을 해야 한다.

13

연접인입선 시설 제한규정에 대한 설명으로 잘못된 것은?

① 분기하는 점에서 100[m]를 넘지 않아야 한다.
② 폭 5[m]를 넘는 도로를 횡단하지 않아야 한다.
③ 옥내를 통과해서는 안 된다.
④ 분기하는 점에서 고압의 경우에는 200[m]를 넘지 않아야 한다.

해설
연접인입선
- 분기점으로부터 100[m]를 넘지 않아야 한다.
- 폭이 5[m] 넘는 도로를 횡단하지 않는다.
- 옥내를 관통하지 말아야 한다.
- 저압에서만 가능하다.

14

단면적 6[mm^2] 이하의 가는 단선(동전선)의 트위스트조인트에 해당되는 전선접속법은?

① 직선접속　② 분기접속
③ 슬리브접속　④ 종단접속

해설
전선의 접속법 : 단선의 트위스트조인트에 해당되는 전선접속법은 직선접속이다.

15

배전반 및 분전반을 넣은 강판제로 만든 함의 최소 두께는?

① 1.2[mm] 이상　② 1.5[mm] 이상
③ 2.0[mm] 이상　④ 2.5[mm] 이상

해설
배·분전반의 강판제의 최소 두께 : 1.2[mm] 이상

16

지중에 매설되어 있는 금속제 수도관로는 접지공사의 접지극으로 사용할 수 있다. 이때 수도관로는 대지와의 전기저항치가 얼마 이하여야 하는가?

① 1[Ω]　② 2[Ω]
③ 3[Ω]　④ 4[Ω]

해설
수도관 접지 : 3[Ω] 이하

17

각 수용가의 최대 수용전력이 각각 5[kW], 10[kW], 15[kW], 22[kW]이고 합성 최대 수용전력이 50[kW]이다. 수용가 상호간의 부등률은 얼마인가?

① 1.04　② 2.34
③ 4.25　④ 6.94

해설

$$\text{부등률} = \frac{\text{개별 수용 최대전력의 합[kW]}}{\text{합성 최대전력[kW]}}$$

$$= \frac{5+10+15+22}{50} = 1.04$$

정답 13 ④ 14 ① 15 ① 16 ③ 17 ①

18

캡타이어 케이블을 조영재에 시설하는 경우 그 지지점간의 거리는 얼마 이하로 하여야 하는가?

① 1[m] 이하 ② 1.5[m] 이하
③ 2.0[m] 이하 ④ 2.5[m] 이하

해설

캡타이어 케이블 : 전선을 조영재에 따라 시설하는 경우 지지점간의 거리는 1[m] 이하이어야 한다.

※ 전기설비 기술기준의 판단기준 개정에 따라 삭제된 문제가 있어 20문항이 되지 않습니다.

정답 18 ①

2012년 1회 기출문제

01

저압 연접 인입선은 인입선에서 분기하는 점으로부터 몇 [m]를 넘지 않는 지역에 시설하고 폭 몇 [m]를 넘는 도로를 횡단하지 않아야 하는가?

① 50[m], 40[m] ② 100[m], 5[m]
③ 150[m], 6[m] ④ 200[m], 8[m]

해설
100[m] 이내, 5[m] 이내

02

애자사용 공사의 저압 옥내배선에서 전선 상호간의 간격은 얼마 이상으로 하여야 하는가?

① 2[cm] ② 4[cm]
③ 6[cm] ④ 8[cm]

해설
저압 애자사용공사

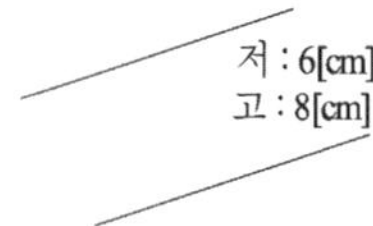

03

절연전선을 동일 금속덕트 내에 넣을 경우 금속덕트의 크기는 전선의 피복절연물을 포함한 단면적의 총합계가 금속덕트 내 단면적의 몇 [%] 이하가 되도록 선정하여야 하는가? (단, 제어회로 등의 배선에 사용하는 전선만을 넣은 경우이다.)

① 30[%] ② 40[%] ③ 50[%] ④ 60[%]

해설
금속덕트 : 20[%] 내
제어, 전광 : 50[%]

04

사람이 접촉될 우려가 있는 곳에서 시설하는 경우 접지극은 지하 몇 [cm] 이상의 깊이에 매설하여야 하는가?

① 30 ② 45 ③ 50 ④ 75

05

금속관에 나사를 내기 위한 공구는?

① 오스터 ② 토치램프
③ 펜치 ④ 유압식 벤더

해설
나사내기 : 오스터

06

진열장 안에 400[V] 이하인 저압 옥내배선 시 외부에서 보기 쉬운 곳에 사용하는 전선은 단면적이 몇 [mm^2] 이상의 코드 또는 캡타이어 케이블이어야 하는가?

① 0.75[mm^2] ② 1.25[mm^2]
③ 2[mm^2] ④ 3.5[mm^2]

해설
캡타이어 케이블 : 0.75[mm^2]

정답 01 ② 02 ③ 03 ③ 04 ④ 05 ① 06 ①

07

경질비닐전선관 1본의 표준길이는?

① 3[m] ② 3.6[m]
③ 4[m] ④ 4.6[m]

해설

경질비닐전선관 : 1본의 길이 4[m]
금속관 : 1본의 길이 3.66[m]

08

변압기 보호 및 개폐를 위해 사용되는 특고압 컷아웃 스위치는 변압기 용량의 몇 [kVA] 이하에 사용되는가?

① 100[kVA] ② 200[kVA]
③ 300[kVA] ④ 400[kVA]

해설

특고압 cos : 300[kVA] 이하
고압 cos : 150[kVA] 이하

09

화약류 저장소 안에는 백열전등이나 형광등 또는 이에 전기를 공급하기 위한 공작물에 한하여 전로의 대지 전압은 몇 [V] 이하의 것을 사용하는가?

① 100[V] ② 200[V]
③ 300[V] ④ 200[V]

해설

화약고 : 300[V] 이하

10

네온 검전기를 사용하는 목적은?

① 주파수 측정 ② 충전 유무 조사
③ 전류 측정 ④ 조도 조사

해설

네온검전기 : 충전 유무 조사

11

부식성 가스 등이 있는 장소에 시설할 수 없는 배선은?

① 애자사용 배선
② 제1종 금속제 가요전선관 배선
③ 케이블 배선
④ 캡타이어 케이블 배선

해설

부식성 가스가 있는 장소에서는 제1종 금속제 가요전선관을 사용할 수 없다.

12

합성수지제 가요전선관으로 옳게 짝지어진 것은?

① 후강전선관과 박강전선관
② PVC 전선관과 PF 전선관
③ PVC 전선관과 제2종 가요전선관
④ PF 전선관과 CD 전선관

해설

합성수지제 가요전선관 : PF, CD

13

옥외용 비닐 절연 전선의 약호(기호)는?

① W ② DV
③ OW ④ NR

해설

OW – 옥외용

정답 07 ③ 08 ③ 09 ③ 10 ② 11 ② 12 ④ 13 ③

제3과목 ✦ 전기설비

14

480[V] 가공인입선이 철도를 횡단할 때 레일면상의 최저 높이는 몇 [m]인가?

① 4[m] ② 4.5[m]
③ 5.5[m] ④ 6.5[m]

해설
철도, 레일상 : 6.5[m] 이상

15

케이블을 구부리는 경우는 피복이 손상되지 않도록 하고 그 굴곡부의 곡률반경은 원칙적으로 케이블이 단심인 경우 완성품 외경의 몇 배 이상이어야 하는가?

① 4 ② 6
③ 8 ④ 10

해설
케이블 단심 – 8배, 다심 – 6배

16

설비용량 600[kW], 부등률 1.2, 수용률 0.6일 때 합성최대전력[kW]은?

① 240[kW] ② 300[kW]
③ 432[kW] ④ 833[kW]

해설
합성최대전력

$$부등률 = \frac{개인수용가\ 최대전력}{합성최대전력}$$

*개인수용가 최대전력 = 수용률×설비용량

$$합성최대전력 = \frac{0.6 \times 600}{1.2} = 300[kW]$$

※ 전기설비 기술기준의 판단기준 개정에 따라 삭제된 문제가 있어 20문항이 되지 않습니다.

2012년 2회 기출문제

01

도로를 횡단하여 시설하는 지선의 높이는 지표상 몇 [m] 이상이어야 하는가?

① 5[m] ② 6[m] ③ 8[m] ④ 10[m]

해설
지선 : 지선이 도로를 횡단할 경우 5[m] 이상 높이에 시설하며, 단 교통에 지장을 줄 우려가 없을 경우 4.5[m] 이상 높이에 시설한다.

02

전선 약호가 CN-CV-W인 케이블의 품명은?

① 동심 중성선 수밀형 전력케이블
② 동심 중성선 차수형 전력케이블
③ 동심 중성선 수밀형 저독성 난연 전력케이블
④ 동심 중선선 차수형 저독성 난연 전력케이블

해설
CN-CV-W : 동심 중성선 수밀형 전력케이블

03

플로어 덕트 공사의 설명 중 옳지 않은 것은?

① 덕트 상호간 접속은 견고하고 전기적으로 완전하게 접속하여야 한다.
② 덕트의 끝 부분은 막는다.
③ 덕트 및 박스 기타 부속품은 물이 고이는 부분이 없도록 시설하여야 한다.
④ 플로어 덕트는 접지공사를 하지 않아야 한다.

해설
플로어 덕트는 접지공사에 준하는 접지공사를 하여야 한다.

정답 14 ④ 15 ③ 16 ② / 01 ① 02 ① 03 ④

04

500[kW]의 설비 용량을 갖춘 공장에서 정격전압 3상 24[kV], 역률 80[%]일 때의 차단기 정격 전류는 약 몇 [A]인가?

① 8[A] ② 15[A]
③ 25[A] ④ 30[A]

해설

차단기용량 $P=\sqrt{3}\,VI\cos\theta$

$$I=\frac{P}{\sqrt{3}\,V\cos\theta}=\frac{500}{\sqrt{3}\times24\times0.8}=15.035[A]$$

05

전선을 접속하는 방법으로 틀린 것은?

① 전기 저항이 증가되지 않아야 한다.
② 전선의 세기는 30[%] 이상 감소시키지 않아야 한다.
③ 접속 부분은 와이어 커넥터 등 접속 기구를 사용하거나 납땜을 한다.
④ 알루미늄을 접속할 때는 고시된 규격에 맞는 접속관 등의 접속 기구를 사용한다.

해설

전선의 접속 시 주의사항 중 전선의 세기는 20[%] 이상 감소 또는 80[%] 이상 유지시켜야 한다.

06

굵은 전선을 절단할 때 사용하는 전기공사용 공구는?

① 프레셔 툴 ② 녹 아웃 펀치
③ 파이프 커터 ④ 클리퍼

해설

굵은 전선을 절단할 때 사용하는 전기공사용 공구는 클리퍼이다.

07

실내 전체를 균일하게 조명하는 방식으로 광원을 일정한 간격으로 배치하며 공장, 학교, 사무실 등에서 채용되는 조명방식은?

① 국부조명 ② 전반조명
③ 직접조명 ④ 간접조명

해설

조명기구의 배치에 따른 조명방식
전반조명 : 전체 조도가 균일한 방식

08

무대, 무대 밑, 오케스트라 박스, 영사실 및 기타 사람이나 무대 도구가 접촉할 우려가 있는 장소에 시설하는 옥내배선, 전구선 또는 이동전선은 사용전압이 몇 [V] 이하이어야 하는가?

① 60[V] ② 110[V]
③ 220[V] ④ 400[V]

해설

옥내 전구선 또는 이동전선의 시설 : 사용전압은 400[V] 이하이어야 한다.

09

금속몰드 배선의 사용전압은 몇 [V] 이하이어야 하는가?

① 150 ② 220
③ 400 ④ 600

해설

몰드 공사는 400[V] 이하이어야 하며 점검할 수 있는 전개된 장소에 시행한다.

정답 04 ② 05 ② 06 ④ 07 ② 08 ④ 09 ③

10

다음의 심벌 명칭은 무엇인가?

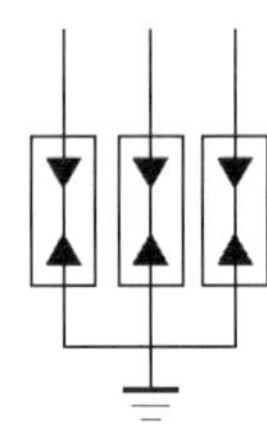

① 파워퓨즈
② 단로기
③ 피뢰기
④ 고압 컷아웃 스위치

11

캡타이어 케이블을 조영재의 옆면에 따라 시설하는 경우 지지점 간의 거리는 얼마 이하로 하는가?

① 2[m] ② 3[m]
③ 1[m] ④ 1.5[m]

해설
캡타이어 케이블을 조영재를 따라 지지할 경우 지지점 간의 거리는 1[m] 이하이어야 한다.

12

전로 이외에 흐르는 전류로서 전로의 절연체 내부 및 표면과 공간을 통하여 선간 또는 대지 사이를 흐르는 전류를 무엇이라 하는가?

① 지락전류 ② 누설전류
③ 정격전류 ④ 영상전류

해설
전로 이외에 흐르는 전류를 누설전류라고 한다.

13

배전용 전기기계기구인 COS(컷아웃스위치)의 용도로 알맞은 것은?

① 배전용 변압기의 1차 측에 시설하여 변압기의 단락 보호용으로 쓰인다.
② 배전용 변압기의 2차 측에 시설하여 변압기의 단락 보호용으로 쓰인다.
③ 배전용 변압기의 1차 측에 시설하여 배전 구역 전환용으로 쓰인다.
④ 배전용 변압기의 2차 측에 시설하여 배전 구역 전환용으로 쓰인다.

해설
주상변압기 보호설비 : 1차 측 COS, 2차 측 캐치홀더

14

구리 전선과 전기 기계기구 단자를 접속하는 경우에 진동 등으로 인하여 헐거워질 염려가 있는 곳에는 어떤 것을 사용하여 접속하여야 하는가?

① 평와셔 2개를 끼운다.
② 스프링 와셔를 끼운다.
③ 코드 스패너를 끼운다.
④ 정 슬리브를 끼운다.

해설
전선과 단자접속이 헐거워질 우려가 있는 경우 스프링 와셔를 끼운다.

15

금속관 공사에 사용되는 부품이 아닌 것은?

① 새들 ② 덕트
③ 로크 너트 ④ 링 리듀셔

해설
덕트의 경우 전선관 공사에 이용된다.

정답 10 ③ 11 ③ 12 ② 13 ① 14 ② 15 ②

16

수·변전 설비에서 전력퓨즈의 용단 시 결상을 방지하는 목적으로 사용하는 것은?

① 자동 고장 구분 개폐기
② 선로 개폐기
③ 부하 개폐기
④ 기중 부하 개폐기

해설

수변전 설비에서 전력퓨즈 용단 시 결상을 방지하기 위해 부하 개폐기를 사용한다.

17

합성수지관 상호 및 관과 박스의 접속 시에 삽입하는 깊이는 관 바깥지름의 몇 배 이상으로 하여야 하는가? (단, 접착제를 사용하지 않은 경우이다.)

① 0.2　　② 0.5
③ 1　　④ 1.2

해설

합성수지관 : 관 접속 시 1.2배 이상(단, 접착제를 사용할 경우 0.8배)

※ 전기설비 기술기준의 판단기준 개정에 따라 삭제된 문제가 있어 20문항이 되지 않습니다.

2012년 3회 기출문제

01

권상기, 기중기 등으로 물건을 내릴 때와 같이 전동기가 가지는 운동에너지를 발전기로 동작시켜 발생한 전력을 반환시켜서 제동하는 방식은?

① 역전제동　　② 발전제동
③ 회생제동　　④ 와류제동

해설

회생제동 : 전동기가 가지는 운동에너지를 발전기로 동작시켜 발생한 전력을 반환시켜서 제동하는 방식을 회생제동이라 한다.

02

터널, 갱도 기타 이와 유사한 장소에서 사람이 상시 통행하는 터널 내의 배선방법으로 적절하지 않은 것은? (단, 사용전압은 저압이다.)

① 라이팅덕트 배선　　② 금속제 가요전선관 배선
③ 합성수지관 배선　　④ 애자사용 배선

해설

사람이 상시 통행하는 터널 안 배선
금속제 가요전선관 배선, 합성수지관 배선, 애자사용 배선을 사용한다.

03

다음 중 방수형 콘센트의 심벌은?

①  E　　②
③  WP　　④

정답 16 ③ 17 ④ / 01 ③ 02 ① 03 ③

04

금속 전선관과 비교한 합성수지 전선관 공사의 특징으로 거리가 먼 것은?

① 내식성이 우수하다.
② 배관 작업이 용이하다.
③ 열에 강하다.
④ 절연성이 우수하다.

해설
합성수지관의 경우 금속관에 비해 절연 및 내식이 우수하고 배관 작업이 용이한 장점이 있으나 열에 매우 약하다.

05

폭발성 분진이 있는 위험장소의 금속관 공사에 있어서 관 상호 및 관과 박스 기타의 부속품이나 풀박스 또는 전기기계기구는 몇 턱 이상의 나사 조임으로 시공하여야 하는가?

① 2턱　② 3턱
③ 4턱　④ 5턱

해설
폭발성 분진이 다량으로 체류하는 곳의 금속관 공사의 경우 전기기계기구는 5턱 이상의 나사 조임으로 시공하여야 한다.

06

옥내에 시설하는 사용전압이 400[V] 이상인 저압의 이동전선은 0.6/1[kV] EP 고무 절연 클로로프렌 캡타이어 케이블로서 단면적이 몇 [mm^2] 이상이어야 하는가?

① 0.75[mm^2]　② 2[mm^2]
③ 5.5[mm^2]　④ 8[mm^2]

해설
저압 이동전선의 경우 사용전선은 0.75[mm^2] 이상의 캡타이어 케이블을 사용한다.

07

고압 가공인입선이 일반적인 도로 횡단 시 설치 높이는?

① 3[m] 이상　② 3.5[m] 이상
③ 5[m] 이상　④ 6[m] 이상

해설
고압 가공인입선이 도로를 횡단할 경우 6[m] 이상 높이에 시설한다.

08

400[V] 이하 옥내배선의 절연저항 측정에 가장 알맞은 절연저항계는?

① 250[V] 메거　② 500[V] 메거
③ 1,000[V] 메거　④ 1,500[V] 메거

09

가연성 가스가 새거나 체류하여 전기설비가 발화원이 되어 폭발할 우려가 있는 곳에 있는 저압 옥내전기설비의 시설 방법으로 가장 적합한 것은?

① 애자사용 공사　② 가요전선관 공사
③ 셀룰러 덕트 공사　④ 금속관 공사

해설
가연성 가스가 다량으로 체류하는 장소의 전기 공사 방법은 금속관 공사, 케이블 공사이다.

정답 04 ③ 05 ④ 06 ① 07 ④ 08 ② 09 ④

10

가요전선관 공사에서 가요전선관의 상호 접속에 사용하는 것은?

① 유니언 커플링 ② 2호 커플링
③ 콤비네이션 커플링 ④ 스플릿 커플링

해설
가요전선관 공사 : 가요전선관 상호를 접속 시 사용하는 것은 스플릿 커플링이다.

11

가공전선에 케이블을 사용하는 경우에는 케이블은 조가용선에 행거를 사용하여 조가한다. 사용전압이 고압일 경우 그 행거의 간격은?

① 50[cm] 이하 ② 50[cm] 이상
③ 75[cm] 이하 ④ 75[cm] 이상

해설
조가용선 : 케이블을 조가용선으로 지지 시 고압일 경우 행거의 간격은 50[cm] 이하이어야 한다.

12

분전반에 대한 설명으로 틀린 것은?

① 배선과 기구는 모두 전면에 배치하였다.
② 두께 1.5[mm] 이상의 난연성 합성수지로 제작하였다.
③ 강판제의 분전함은 두께 1.2[mm] 이상의 강판으로 제작하였다.
④ 배선은 모두 분전반 이면으로 하였다.

해설
배전반 및 분전반을 넣은 함은 분전반의 뒷면에는 배선 및 기구를 배치하지 아니한다. 다만, 쉽게 점검할 수 있는 구조이거나 카터(분전반의 소형 덕트) 내의 배선은 그러하지 아니하다.

13

폭연성 분진이 존재하는 곳의 금속관 공사 시 전동기에 접속하는 부분에서 가요성을 필요로 하는 부분의 배선에는 방폭형의 부속품 중 어떤 것을 사용하여야 하는가?

① 플렉시블 피팅
② 분진 플렉시블 피팅
③ 분진 방폭형 플렉시블 피팅
④ 안전 증가 플렉시블 피팅

14

전선 접속 방법 중 트위스트 직선 접속의 설명으로 옳은 것은?

① 6[mm^2] 이하의 가는 단선인 경우에 적용된다.
② 6[mm^2] 이상의 굵은 단선인 경우에 적용된다.
③ 연선의 직선 접속에 적용된다.
④ 연선의 분기 접속에 적용된다.

해설
트위스트 접속의 경우 6[mm^2] 이하의 가는 단선인 경우에 적용된다.

15

합성수지관 공사에서 관의 지지점간 거리는 최대 몇 [m]인가?

① 1 ② 1.2
③ 1.5 ④ 2

해설
합성수지관 공사에서 관의 지지점간 거리는 1.5[m] 이하이다.

정답 10 ④ 11 ① 12 ④ 13 ③ 14 ① 15 ③

16

폴리에틸렌 절연 비닐 시스 케이블의 약호는?

① DV ② EE
③ EV ④ OW

해설
E(폴리에틸렌) 절연 V(비닐) 시스 케이블

17

비교적 장력이 적고 다른 종류의 지선을 시설할 수 없는 경우에 적용하며 지선용 근가를 지지물 근원 가까이 매설하여 시설하는 지선은?

① Y지선 ② 궁지선
③ 공동지선 ④ 수평지선

해설
지선용 근가를 지지물 근원 가까이 매설하는 지선은 궁지선이다.

18

절연전선을 동일 금속 덕트 내에 넣을 경우 금속 덕트의 크기는 전선의 피복절연물을 포함한 단면적의 총 합계가 금속 덕트 내 단면적의 몇 [%] 이하로 하여야 하는가?

① 10 ② 20
③ 32 ④ 48

해설
금속 덕트 : 금속 덕트 내 전선 단면적은 20[%] 이하로 하여야 하며, 단 전광표시, 제어회로용의 경우 50[%] 이하로 한다.

※ 전기설비 기술기준의 판단기준 개정에 따라 삭제된 문제가 있어 20문항이 되지 않습니다.

2012년 4회 기출문제

01

가요전선관에 대한 설명으로 잘못된 것은?

① 가요전선관 상호접속은 커플링으로 한다.
② 가요전선관과 금속관 배선 등과 연결하는 경우 적당한 구조의 커플링으로 완벽하게 접속하여야 한다.
③ 가요전선관을 조영재의 측면에 새들로 지지하는 경우 지지점간의 거리는 1[m] 이하이어야 한다.
④ 1종 가요전선관을 구부리는 경우의 곡률 반지름은 관 안지름의 10배 이상으로 하여야 한다.

해설
1종 가요전선관을 구부릴 경우의 곡률 반지름은 관 안지름의 6배 이상으로 하여야 한다.

02

배전반을 나타내는 그림의 기호는?

①

②
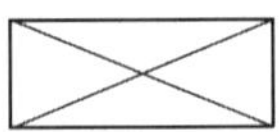
③

④
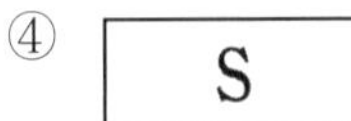

03

다음 중 차단기를 시설해야 하는 곳으로 가장 적당한 것은?

① 고압에서 저압으로 변성하는 2차 측의 저압 측 전선
② 제2종 접지공사를 한 저압 가공전선로의 접지 측 전선
③ 다선식 전로의 중성선
④ 접지공사의 접지도체

정답 16 ③ 17 ② 18 ② / 01 ④ 02 ② 03 ①

해설

과전류 차단기 설치 제한장소
- 접지공사의 접지도체
- 다선식 전로의 중성선
- 제2종 접지공사를 한 저압 가공전선로의 접지 측 전선

04

전등 한 개를 2개소에서 점멸하고자 할 때 옳은 배선은?

①
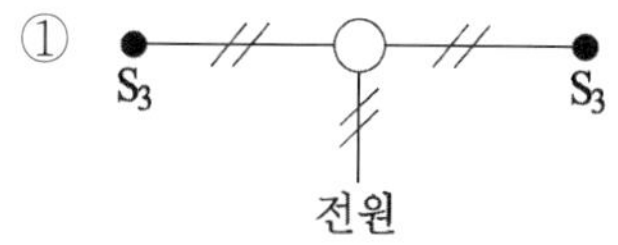

②
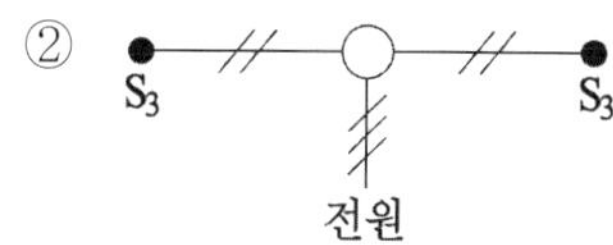

③
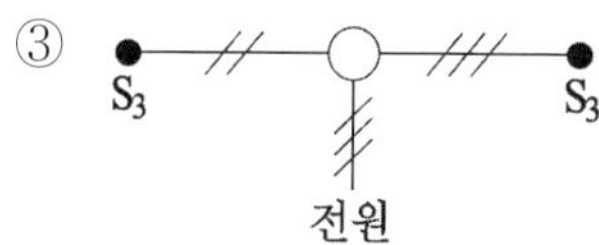

④
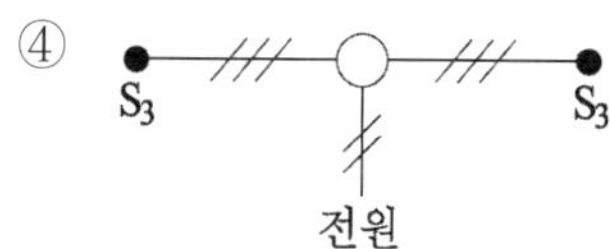

05

고압을 저압으로 변성하는 변압기의 중성점 접지공사용 동선의 최소 굵기는 몇 [mm²] 이상인가?

① 4 ② 6
③ 10 ④ 16

해설

중성점 접지공사의 접지선의 굵기
- 특고압 : 저압 16[mm²]
- 22.9[kV] 또는 고압 : 저압 6[mm²]

06

티탄을 제조하는 공장으로 먼지가 쌓여진 상태에서 착화된 때에 폭발할 우려가 있는 곳에 저압 옥내배선을 설치하고자 한다. 알맞은 공사 방법은?

① 합성수지 몰드공사 ② 라이팅 덕트공사
③ 금속몰드공사 ④ 금속관 공사

해설

폭발할 우려가 있는 분진이 있는 장소의 전기 배선공사
폭발할 우려가 있는 먼지가 착화되어 전기설비가 발화원이 될 우려가 있는 저압 옥내배선의 경우 금속관 공사와 케이블 공사를 시행한다.

07

기구 단자에 전선 접속 시 진동 등으로 헐거워지는 염려가 있는 곳에 사용되는 것은?

① 스프링 와셔 ② 2중 볼트
③ 삼각 볼트 ④ 접속기

해설

기구 단자의 전선의 접속이 진동 등으로 헐거워질 염려가 있는 곳에 사용되는 것은 스프링 와셔이다.

08

흥행장의 저압 공사에서 잘못된 것은?

① 무대, 무대 밑, 오케스트라 박스 및 영사실의 전로에는 전용 개폐기 및 과전류 차단기를 시설할 필요가 없다.
② 무대용의 콘센트, 박스, 플라이 덕트 및 보더 라이트의 금속제 외함에는 접지공사를 하여야 한다.
③ 플라이 덕트는 조영재 등에 견고하게 시설하여야 한다.
④ 사용전압 400[V] 이하의 이동전선은 0.6/1[kV] EP 고무 절연 클로로프렌 캡타이어 케이블을 사용한다.

정답 04 ④ 05 ② 06 ④ 07 ① 08 ①

해설

흥행장의 저압 공사
무대, 무대 밑, 오케스트라 박스 및 영사실의 전로에는 전용의 개폐기 및 과전류 차단기를 시설해야 한다.

09

손작업 쇠톱날의 크기(치수 : mm)가 아닌 것은?

① 200 ② 250
③ 300 ④ 550

해설

쇠톱날의 길이는 200[mm], 250[mm], 300[mm]의 3종류가 있다.

10

고압 보안공사 시 고압 가공전선로의 경간은 철탑의 경우 얼마 이하이어야 하는가?

① 100[m] ② 150[m]
③ 400[m] ④ 600[m]

해설

고압 보안공사 : 지지물로 A종 및 목주를 사용할 경우 100[m] 이하이어야 하며, B종의 경우 150[m] 이하, 철탑의 경우 400[m] 이하이어야 한다.

11

저압 가공전선 또는 고압 가공전선이 도로를 횡단하는 경우 전선의 지표상 최소 높이는?

① 2[m] ② 3[m]
③ 5[m] ④ 6[m]

해설

가공전선 : 저압 가공전선 또는 고압 가공전선이 도로를 횡단할 경우 지표상 최소 높이는 6[m] 이상이어야 한다.

12

정션 박스 내에서 전선을 접속할 수 있는 것은?

① S형 슬리브 ② 꽂음형 커넥터
③ 와이어 커넥터 ④ 매팅타이어

13

금속관을 구부리는 경우 굴곡의 안측 반지름은?

① 전선관 안지름의 3배 이상
② 전선관 안지름의 6배 이상
③ 전선관 안지름의 8배 이상
④ 전선관 안지름의 12배 이상

해설

금속관을 구부리는 경우 그 안측의 반지름은 전선관 안지름의 6배 이상 구부려야 한다.

14

저압 인입선의 접속점 선정으로 잘못된 것은?

① 인입선이 옥상을 가급적 통과하지 않도록 시설할 것
② 인입선이 약전류 전선로와 가까이 시설할 것
③ 인입선은 장력에 충분히 견딜 것
④ 가공배전선로에서 최단거리로 인입선이 시설될 수 있을 것

해설

저압 연접인입선
- 인입선이 옥상을 가급적 통과하지 않도록 시설할 것
- 인입선은 장력에 충분히 견딜 것
- 가공배전선로에서 최단거리로 인입선이 시설될 수 있을 것

정답 09 ④ 10 ③ 11 ④ 12 ③ 13 ② 14 ②

15

가연성 가스가 존재하는 저압 옥내전기설비 공사 방법으로 옳은 것은?

① 가요전선관 공사　　② 애자사용 공사
③ 금속관 공사　　④ 금속 몰드 공사

해설

가연성 가스가 다량으로 체류하고 있는 장소의 전기 배선공사
가연성 가스가 다량으로 체류하고 있는 장소의 전기설비가 발화원이 될 우려가 있는 저압 옥내배선의 경우 금속관 공사와 케이블 공사를 시행한다.

16

금속전선관 공사 시 로크아웃 구멍이 금속관보다 클 때 사용되는 접속 기구는?

① 부싱　　② 링 리듀셔
③ 로크너트　　④ 앤트런스 캡

해설

금속전선관 공사 시 로크아웃 구멍이 금속관보다 클 때 사용되는 접속 기구는 링 리듀셔이다.

17

A종 철근 콘크리트주의 전장이 15[m]인 경우에 땅에 묻히는 깊이는 최소 몇 [m] 이상으로 해야 하는가? (단, 설계하중은 6.8[kN] 이하이다.)

① 2.5　　② 3.0
③ 3.5　　④ 4.0

해설

지지물의 매설깊이

- 700[kg] 이하의 지지물의 경우 전장의 길이의 1/6배 이상 매설한다.
- $15 \times \frac{1}{6} = 2.5$[m] 이상

18

합성수지 몰드공사의 시공에서 잘못된 것은?

① 사용전압이 400[V] 이하에 사용
② 점검할 수 있고 전개된 장소에 사용
③ 베이스를 조영재에 부착하는 경우 1[m] 간격마다 나사 등으로 견고하게 부착
④ 베이스와 캡이 완전하게 결합하여 충격으로 이탈되지 않을 것

해설

합성수지 몰드공사
사용전압이 400[V] 이하이어야 하며, 점검할 수 있고 전개된 장소에 한한다. 베이스와 캡이 완전하게 결합하여 충격으로 이탈되지 않아야 한다.

19

케이블을 조영재에 지지하는 경우에 이용되는 것이 아닌 것은?

① 터미널 캡　　② 클리트(Cleat)
③ 스테이플　　④ 새들

해설

터미널 캡 : 서비스 캡이라 하며 노출 배관에서 금속관 배관으로 할 때 관단에 사용되는 재료를 말한다.

※ 전기설비 기술기준의 판단기준 개정에 따라 삭제된 문제가 있어 20문항이 되지 않습니다.

정답 15 ③ 16 ② 17 ① 18 ③ 19 ①

제3과목 전기설비 2013년 기출문제

2013년 1회 기출문제

01

저압 연접인입선의 시설 방법으로 틀린 것은?

① 인입선에서 분기되는 점에서 150[m]를 넘지 않도록 할 것
② 일반적으로 인입선 접속점에서 인입구장치까지의 배선은 중도에 접속점을 두지 않도록 할 것
③ 폭 5[m]를 넘는 도로를 횡단하지 않도록 할 것
④ 옥내를 통과하지 않도록 할 것

해설

연접인입선
- 분기점으로부터 100[m]를 넘지 않도록 할 것
- 폭이 5[m]인 도로를 횡단하지 말 것
- 옥내를 관통하지 말 것

02

애자사용공사에 대한 설명 중 틀린 것은?

① 사용전압이 400[V] 이하이면 전선과 조영재의 간격은 2.5[cm] 이상일 것
② 사용전압이 400[V] 이하이면 전선 상호간의 간격은 6[cm] 이상일 것
③ 사용전압이 220[V]이면 전선과 조영재의 이격거리는 2.5[cm] 이상일 것
④ 전선을 조영재의 옆면을 따라 붙일 경우 전선 지지점간의 거리는 3[m] 이하일 것

해설

애자사용공사
- 저압의 경우 전선간격은 6[cm] 이상
- 400[V] 이하의 경우 전선과 조영재 거리는 2.5[cm] 이상
- 400[V] 초과의 경우 전선과 조영재 거리는 4.5[cm] 이상

03

절연 전선을 서로 접속할 때 사용하는 방법이 아닌 것은?

① 커플링에 의한 접속
② 와이어 커넥터에 의한 접속
③ 슬리브에 의한 접속
④ 압축 슬리브에 의한 접속

해설

커플링은 관을 접속시킬 경우 사용된다.

04

60[cd]의 점광원으로부터 2[m]의 거리에서 그 방향과 직각인 면과 30° 기울어진 평면 위에 조도[lx]는?

① 11　　② 13
③ 15　　④ 19

해설

조도 $E = \frac{I}{r^2}\cos\theta = \frac{60}{2^2} \times \cos 30 = 13[\text{lx}]$

05

220[V] 옥내 배선에서 백열전구를 노출로 설치할 때 사용하는 기구는?

① 리셉터클　　② 테이블 탭
③ 콘센트　　④ 코드 커넥터

해설

백열전구를 노출시킬 경우 사용되는 기구는 리셉터클이다.

정답 01 ① 02 ④ 03 ① 04 ② 05 ①

06

사용전압이 35[kV] 이하인 특고압 가공전선과 220[V] 가공전선을 병가할 때, 가공선로 간의 이격거리는 몇 [m] 이상이어야 하는가?

① 0.5 ② 0.75
③ 1.2 ④ 1.5

해설

병가
35[kV] 이하인 가공전선과 저, 고압을 병가할 경우 1.2[m] 이상을 이격시킨다.
단, 케이블은 0.5

07

가공 전선로의 지지물이 아닌 것은?

① 목주 ② 지선
③ 철근 콘크리트주 ④ 철탑

해설

지선은 지지물의 강도를 보강한다.

08

폭발성 분진이 존재하는 곳의 금속관 공사에 있어서 관 상호 및 관과 박스 기타의 부속품이나 풀박스 또는 전기기기계기구와의 접속은 몇 턱 이상의 나사 조임으로 접속하여야 하는가?

① 2턱 ② 3턱
③ 4턱 ④ 5턱

해설

풀박스 또는 전기기계기구와의 접속은 5턱 이상의 나사조임으로 접속한다.

09

논이나 기타 지반이 약한 곳에 건주 공사 시 전주의 넘어짐을 방지하기 위해 시설하는 것은?

① 완금 ② 근가
③ 완목 ④ 행거밴드

해설

지반이 약한 곳에서 전주의 넘어짐을 방지하기 위해 설치하는 것은 근가이다.

10

금속덕트 배선에 사용하는 금속덕트의 철판 두께는 몇 [mm] 이상이어야 하는가?

① 0.8 ② 1.2
③ 1.5 ④ 1.8

11

단선의 굵기가 6[mm^2] 이하인 전선을 직선 접속할 때 주로 사용하는 접속법은?

① 트위스트 접속
② 브리타니아 접속
③ 쥐꼬리 접속
④ T형 커넥터 접속

해설

6[mm^2] 이하의 가는 전선을 접속할 경우 트위스트 접속을 사용한다.

정답 06 ③ 07 ② 08 ④ 09 ② 10 ② 11 ①

제3과목 ✦ 전기설비

12

주위온도가 일정 상승률 이상이 되는 경우에 작동하는 것으로서 일정한 장소의 열에 의하여 작동하는 화재 감지기는?

① 차동식 스포트형 감지기
② 차동식 분포형 감지기
③ 광전식 연기 감지기
④ 이온화식 연기 감지기

13

아래 그림기호가 나타내는 것은?

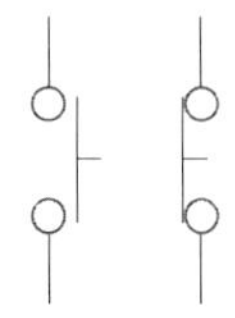

① 한시 계전기 접점
② 전자 접촉기 접점
③ 수동 조작 접점
④ 조작 개폐기 잔류 접점

14

수변전 설비의 고압회로에 걸리는 전압을 표시하기 위해 전압계를 시설할 때 고압회로와 전압계 사이에 시설하는 것은?

① 관통형 변압기 ② 계기용 변류기
③ 계기용 변압기 ④ 권선형 변류기

해설

고압회로와 전압계 사이에 설치하는 것은 계기용 변압기이다.

15

합성수지제 가요전선관의 규격이 아닌 것은?

① 14 ② 22
③ 36 ④ 52

16

합성수지관 공사의 특징 중 옳은 것은?

① 내열성 ② 내한성
③ 내부식성 ④ 내충격성

해설

합성수지관은 추위와 더위에 매우 약하며 충격효과도 좋지 못하다.

※ 전기설비 기술기준의 판단기준 개정에 따라 삭제된 문제가 있어 20문항이 되지 않습니다.

정답 12 ① 13 ③ 14 ③ 15 ④ 16 ③

2013년 2회 기출문제

01

금속 덕트 공사에 있어서 전광표시장치 등 제어회로용 배선만을 공사할 때 절연전선의 단면적은 금속 덕트 내 몇 [%] 이하이어야 하는가?

① 80 ② 70
③ 60 ④ 50

해설

금속 덕트의 전선 단면적
- 일반적인 경우 20[%] 이하
- 전광표시, 제어회로용 전선의 경우 50[%] 이하

02

주상 작업을 할 때 안전 허리띠용 로프는 허리 부분보다 위로 약 몇 [°] 정도 높게 걸어야 가장 안전한가?

① 5~10° ② 10~15°
③ 15~20° ④ 20~30°

03

저압 가공 인입선의 인입구에 사용하며 금속관 공사에서 끝 부분의 빗물 침입을 방지하는 데 적당한 것은?

① 플로어 박스 ② 엔트런스 캡
③ 부싱 ④ 터미널 캡

해설

인입구에 빗물의 침입을 방지하기 위하여 엔트런스 캡을 사용한다.

04

옥내 분전반의 설치에 관한 내용 중 틀린 것은?

① 분전반에서 분기회로를 위한 배관의 상승 또는 하강이 용이한 곳에 설치한다.
② 분전반에 넣는 금속제의 함 및 이를 지지하는 구조물은 접지를 하여야 한다.
③ 각 층마다 하나 이상을 설치하나, 회로수가 6 이하인 경우 2개 층을 담당할 수 있다.
④ 분전반에서 최종 부하까지의 거리는 40[m] 이내로 하는 것이 좋다.

05

합성수지제 전선관의 호칭에서 관 굵기는 무엇으로 표시하는가?

① 홀수인 안지름 ② 짝수인 바깥지름
③ 짝수인 안지름 ④ 홀수인 바깥지름

해설

합성수지관의 호칭은 관단의 짝수 안지름으로 표시한다.

06

단면적 6[mm^2]의 가는 단선의 직선 접속 방법은?

① 트위스트 접속
② 종단 접속
③ 종단 겹침용 슬리브 접속
④ 꽂음형 커넥터 접속

해설

단면적 6[mm^2]의 가는 단선의 직선 접속 방법은 트위스트 접속을 사용한다.

정답 01 ④ 02 ② 03 ② 04 ④ 05 ③ 06 ①

07

지선의 시설에서 가공 전선로의 직선부분이란 수평각도 몇 도까지인가?

① 2　② 3
③ 5　④ 6

해설
지선의 경우 직선부분은 수평각도 5도까지의 부분을 말한다.

08

접착력은 떨어지나 절연성, 내온성, 내유성이 좋아 연피케이블의 접속에 사용되는 테이프는?

① 고무 테이프　② 리노 테이프
③ 비닐 테이프　④ 자기 융착 테이프

09

간선에서 분기하여 분기 과전류 차단기를 거쳐 부하에 이르는 사이의 배선을 무엇이라 하는가?

① 간선　② 인입선
③ 중성선　④ 분기회로

10

저압 옥내 간선으로부터 분기하는 곳에 설치하여야 하는 것은?

① 지락 차단기　② 과전류 차단기
③ 누전 차단기　④ 과전압 차단기

해설
옥내 간선으로 분기하는 곳에 설치하는 것은 과전류 차단기이다.

11

전등 1개를 2개소에서 점멸하고자 할 때 필요한 3로 스위치는 최소 몇 개인가?

① 1개　② 2개
③ 3개　④ 4개

12

그림의 전자계전기 구조는 어떤 형의 계전기인가?

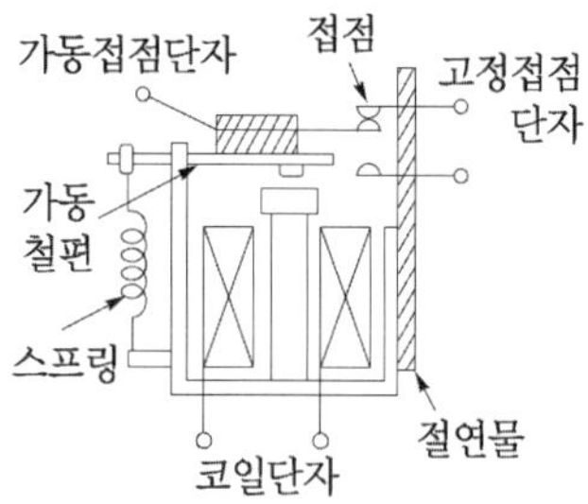

① 힌지형
② 플런저형
③ 가동코일형
④ 스프링형

13

해안지방의 송전용 나전선에 가장 적당한 것은?

① 철선　② 강심알루미늄선
③ 동선　④ 알루미늄합금선

해설
해안지방에 주로 사용되는 나전선으로는 동선이 적당하다.

정답 07 ③ 08 ② 09 ④ 10 ② 11 ② 12 ① 13 ③

14

성냥을 제조하는 공장의 공사 방법으로 적당하지 않은 것은?

① 금속관 공사 ② 케이블 공사
③ 합성수지관 공사 ④ 금속 몰드 공사

해설

가연성이 있는 경우의 공사 방법
금속관, 케이블, 합성수지관

※ 전기설비 기술기준의 판단기준 개정에 따라 삭제된 문제가 있어 20문항이 되지 않습니다.

2013년 3회 기출문제

01

금속 전선관 공사에서 사용되는 후강 전선관의 규격이 아닌 것은?

① 16 ② 28
③ 36 ④ 50

02

금속관 공사를 노출로 시공할 때 직각으로 구부러지는 곳에는 어떤 배선기구를 사용하는가?

① 유니온 커플링 ② 아웃렛 박스
③ 픽스쳐 하키 ④ 유니버셜 엘보우

해설

노출공사의 경우 직각으로 구부러지는 곳에 사용하는 기구는 유니버셜 엘보우이다.

03

일반적으로 과전류 차단기를 설치하여야 할 곳은?

① 접지공사의 접지도체
② 다선식 전로의 중성선
③ 송배전선의 보호용, 인입선 등 분기선을 보호하는 곳
④ 저압 가공전선로의 접지 측 전선

해설

과전류 차단기 설치 제한장소
- 접지공사의 접지도체
- 다선식 전로의 중성선
- 전로 일부에 접지공사를 한 저압 가공전선로의 접지 측 전선

정답 14 ④ / 01 ④ 02 ④ 03 ③

04

다음 중 금속 전선관 부속품이 아닌 것은?

① 록너트 ② 노말 밴드
③ 커플링 ④ 앵글 커넥터

05

저압 옥내 분기회로에 개폐기 및 과전류 차단기를 시설하는 경우 원칙적으로 분기점에서 몇 [m] 이하에 시설하여야 하는가?

① 3 ② 5 ③ 8 ④ 12

해설
개폐기 및 과전류차단기
저압 옥내배선의 분기회로는 분기점으로부터 3[m] 이내 지역에 시설한다.

06

옥내배선에서 주로 사용하는 직선 접속 및 분기 접속 방법은 어떤 것을 사용하여야 접속하는가?

① 동선압착단자 ② 슬리브
③ 와이어 커넥터 ④ 꽂음형 커넥터

해설
옥내배선의 직선 및 분기 접속방법에는 슬리브접속이 있다.

07

가스 차단기에 사용되는 가스인 SF_6의 성질이 아닌 것은?

① 같은 압력에서 공기의 2.5~3.5배의 절연내력이 있다.
② 무색, 무취, 무해 가스이다.
③ 가스 압력 3~4[kgf/cm^2]에서 절연내력은 절연유 이상이다.
④ 소호능력은 공기보다 2.5배 정도 낮다.

해설
SF_6 가스 : 소호능력이 공기보다 약 100배 정도이다.

08

물체의 두께, 깊이, 안지름 및 바깥지름 등을 모두 측정할 수 있는 공구의 명칭은?

① 버니어 캘리퍼스 ② 마이크로미터
③ 다이얼 게이지 ④ 와이어 게이지

09

저압 가공인입선이 횡단보도교 위에 시설되는 경우 노면상 몇 [m] 이상의 높이에 설치되어야 하는가?

① 3 ② 4
③ 5 ④ 6

해설
저압 가공인입선이 횡단보도교 위에 시설될 경우 노면상 3[m] 이상 높이에 설치한다.

10

설계하중 6.8[kN] 이하인 철근 콘크리트 전주의 길이가 7[m]인 지지물을 건주하는 경우 땅에 묻히는 깊이로 가장 옳은 것은?

① 1.2[m] ② 1.0[m]
③ 0.8[m] ④ 0.6[m]

해설
지지물의 매설깊이
15[m] 이하의 지지물은 전장의 길이 $\times \frac{1}{6} = 7 \times \frac{1}{6} = 1.16$[m]

정답 04 ④ 05 ① 06 ② 07 ④ 08 ① 09 ① 10 ①

11

60[cd]의 점광원으로부터 2[m]의 거리에서 그 방향과 직각인 면과 30° 기울어진 평면 위의 조도[lx]는?

① 7.5　② 10.8
③ 13.0　④ 13.8

해설

조도 $E = \frac{I}{r^2}\cos\theta = \frac{60}{2^2}\cos 30° = 12.99$[lx]

12

한 개의 전등을 두 곳에서 점멸할 수 있는 배선으로 옳은 것은?

①
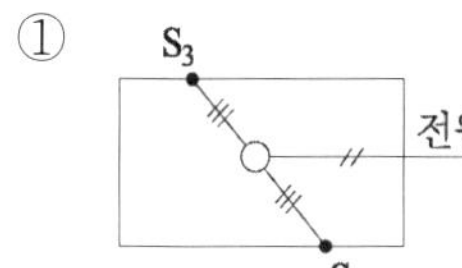

②
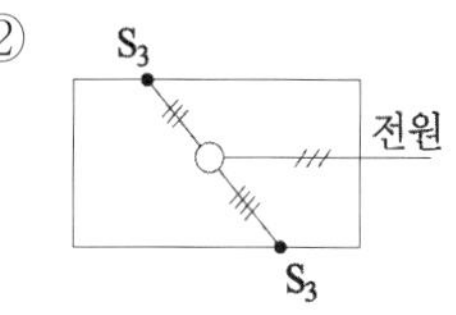

③
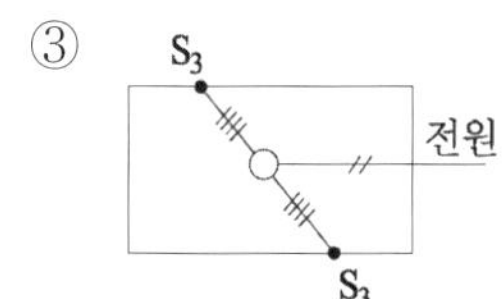

④
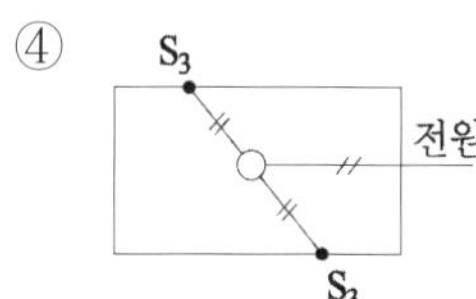

13

다음 [보기] 중 금속관, 애자, 합성수지 및 케이블공사가 모두 가능한 특수 장소를 옳게 나열한 것은?

보기
㉠ 화약고 등의 위험 장소
㉡ 부식성 가스가 있는 장소
㉢ 위험물 등이 존재하는 장소
㉣ 불연성 먼지가 많은 장소
㉤ 습기가 많은 장소

① ㉠, ㉡, ㉢　② ㉡, ㉢, ㉣
③ ㉡, ㉣, ㉤　④ ㉠, ㉣, ㉤

14

주로 저압 가공전선로 또는 인입선에 사용되는 애자로서 주로 앵글베이스 스트랩과 스트랩볼트 인류바인드선(비닐절연 바인드선)과 함께 사용하는 애자는?

① 고압 핀 애자
② 저압 인류 애자
③ 저압 핀 애자
④ 라인포스트 애자

15

전선의 공칭단면적에 대한 설명으로 옳지 않은 것은?

① 소선 수와 소선 지름으로 나타낸다.
② 단위는 [mm^2]로 표시한다.
③ 전선의 실제단면적과 같다.
④ 연선의 굵기를 나타내는 것이다.

16

코드 상호간 또는 캡타이어 케이블 상호간을 접속하는 경우 가장 많이 사용되는 기구는?

① T형 접속기　② 코드 접속기
③ 와이어 커넥터　④ 박스용 커넥터

해설

코드 및 케이블 상호 접속에 가장 많이 사용되는 것은 코드 접속기이다.

※ 전기설비 기술기준의 판단기준 개정에 따라 삭제된 문제가 있어 20문항이 되지 않습니다.

정답 11 ③　12 ①　13 ③　14 ②　15 ③　16 ②

제3과목 전기설비

2013년 4회 기출문제

01

단선의 직선접속 방법 중에서 트위스트 직선접속을 할 수 있는 최대 단면적은 몇 [mm^2] 이하인가?

① 2.5 ② 4 ③ 6 ④ 10

해설
트위스트 접속은 6[mm^2] 이하의 가는 단선을 접속시킬 때 사용한다.

02

아래 심벌이 나타내는 것은?

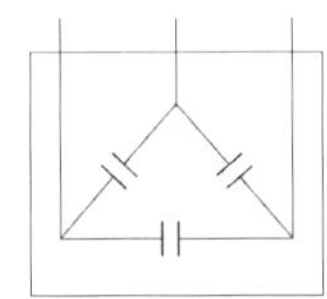

① 저항 ② 진상용콘덴서
③ 유입 개폐기 ④ 변압기

03

부식성 가스 등이 있는 장소에 전기설비를 시설하는 방법으로 적합하지 않은 것은?

① 애자사용배선 시 부식성 가스의 종류에 따라 절연전선인 DV 전선을 사용한다.
② 애자사용배선에 의한 경우에는 사람이 쉽게 접촉될 우려가 없는 노출장소에 한한다.
③ 애자사용배선 시 부득이 나전선을 사용하는 경우에는 전선과 조영재와의 거리를 4.5[cm] 이상으로 한다.
④ 애자사용배선 시 전선의 절연물이 상해를 받는 장소는 나전선을 사용할 수 있으며, 이 경우는 바닥 위 2.5[m] 이상 높이에 시설한다.

해설
애자사용 공사의 경우 DV 전선과 OW 전선은 사용하지 않는다.

04

금속몰드 배선시공 시 사용전압은 몇 [V] 이하이어야 하는가?

① 100 ② 200 ③ 300 ④ 400

해설
몰드공사는 400[V] 이하의 공사에서 시행할 수 있다.

05

지중전선로에 사용되는 케이블 중 고압용 케이블은?

① 콤바인덕트(CD) 케이블 ② 폴리에틸렌 외장케이블
③ 클로로프렌 외장케이블 ④ 비닐 외장케이블

해설
지중전선로에 사용되는 케이블은 콤바인덕트 케이블이다.

06

셀룰러 덕트 공사 시 덕트 상호간을 접속하는 것과 셀룰러 덕트 끝에 접속하는 부속품에 대한 설명으로 적합하지 않은 것은?

① 알루미늄 판으로 특수 제작할 것
② 부속품의 판 두께는 1.6[mm] 이상일 것
③ 덕트 끝과 내면은 전선의 피복이 손상하지 않도록 매끈한 것일 것
④ 덕트의 내면과 외면은 녹을 방지하기 위하여 도금 또는 도장을 한 것일 것

07

교통신호등의 제어장치로부터 신호등의 전구까지의 전로에 사용하는 전압은 몇 [V] 이하인가?

① 60 ② 100 ③ 300 ④ 440

해설
교통신호등 제어장치의 전로는 300[V] 이하이다.

정답 01 ③ 02 ② 03 ① 04 ④ 05 ① 06 ① 07 ③

08

옥내배선공사 중 금속관 공사에 사용되는 공구의 설명으로 잘못된 것은?

① 전선관의 굽힘 작업에 사용하는 공구는 토치램프나 스프링 벤더를 사용한다.
② 전선관에 나사를 내는 작업에는 오스터를 사용한다.
③ 전선관을 절단하는 공구에는 쇠톱 또는 파이프 커터를 사용한다.
④ 아우트렛 박스의 천공작업에 사용되는 공구는 녹아웃 펀치를 사용한다.

09

OW전선을 사용하는 저압 구내 가공인입선으로 전선의 길이가 15[m]를 초과하는 경우 그 전선의 지름은 몇 [mm] 이상을 사용하여야 하는가?

① 1.6 ② 2.0 ③ 2.6 ④ 3.2

10

석유류를 저장하는 장소의 공사 방법 중 틀린 것은?

① 케이블 공사 ② 애자사용 공사
③ 금속관 공사 ④ 합성수지관 공사

11

다음 중 가요전선관 공사로 적당하지 않는 것은?

① 옥내의 천장 은폐배선으로 8각 박스에서 형광등기구에 이르는 짧은 부분의 전선관 공사
② 프레스 공작기계 등의 굴곡개소가 많아 금속관 공사가 어려운 부분의 전선관 공사
③ 금속관에서 전동기부하에 이르는 짧은 부분의 전선관 공사
④ 수변전실에서 배전반에 이르는 부분의 전선관 공사

12

무대, 무대 밑, 오케스트라 박스, 영사실 기타 사람이나 무대 도구가 접촉될 우려가 있는 장소에 시설하는 저압 옥내배선, 전구선 또는 이동전선은 사용전압이 몇 [V] 이하이어야 하는가?

① 400 ② 500 ③ 600 ④ 700

해설

무대 및 오케스트라 박스, 영사실의 경우 사용전압은 400[V] 이하이어야 한다.

13

전주의 길이가 16[m]인 지지물을 건주하는 경우에 땅에 묻히는 최소 깊이는 몇 [m]인가? (단, 설계하중이 6.8[kN] 이하이다.)

① 1.5 ② 2.0 ③ 2.5 ④ 3.5

해설

15[m]를 초과하는 지지물은 2.5[m] 이상 묻어준다.

14

다음 중 배전반 및 분전반의 설치 장소로 적합하지 않은 곳은?

① 전기 회로를 쉽게 조작할 수 있는 장소
② 개폐기를 쉽게 개폐할 수 있는 장소
③ 노출된 장소
④ 사람이 쉽게 조작할 수 없는 장소

※ 전기설비 기술기준의 판단기준 개정에 따라 삭제된 문제가 있어 20문항이 되지 않습니다.

정답 08 ① 09 ③ 10 ② 11 ④ 12 ① 13 ③ 14 ④

제3과목 ✦ 전기설비

제3과목 전기설비 2014년 기출문제

2014년 1회 기출문제

01

계기용 변류기의 약호는?

① CT　　② WH
③ CB　　④ DS

해설
- CT(변류기)
- WH(전력량계)
- CB(차단기)
- DS(단로기)

02

저압크레인 또는 호이스트 등의 트롤리선을 애자사용공사에 의하여 옥내의 노출장소에 시설하는 경우 트롤리선의 바닥에서의 최소 높이는 몇 [m] 이상으로 설치하는가?

① 2　　② 2.5　　③ 3　　④ 3.5

해설
트롤리선을 애자사용배선에 의하여 옥내의 노출장소에 설치하는 경우
트롤리선의 바닥에서의 높이는 3.5[m] 이상으로 하고, 또한 사람의 접촉 우려가 없도록 시설할 것

03

가공전선로의 지지물에서 다른 지지물을 거치지 아니하고 수용장소의 인입선 접속점에 이르는 가공전선을 무엇이라 하는가?

① 옥외 전선　　② 연접 인입선
③ 가공 인입선　　④ 관등회로

해설
가공 인입선 : 가공전선로의 지지물에서 다른 지지물을 거치지 아니하고 수용장소의 인입선 접속점에 이르는 가공전선이다.

04

동전선의 직선접속(트위스트조인트)은 몇 [mm^2] 이하의 전선이어야 하는가?

① 2.5　　② 6
③ 10　　④ 16

해설
동선의 직선접속은 6[mm^2] 이하의 단선인 경우에 적용되며, 피복을 벗긴 두 전선을 120°각도로 교차시키고 피복의 끝에서 교차점까지의 길이는 약 30~35[mm]로 한다.

05

사용전압 15[kV] 이하의 특고압 가공전선로의 중성선의 접지선을 중성선으로부터 분리하였을 경우 각 접지점의 대지 전기저항값이 1[km]마다의 중성선과 대지 사이의 합성 전기저항값은 몇 [Ω] 이하로 하여야 하는가?

① 30　　② 100
③ 150　　④ 300

해설

사용전압	각 접지점의 대지 저항치	1[Km]마다의 합성 전기 저항치
15[KV] 이하	300[Ω]	30[Ω]

정답 01 ① 02 ④ 03 ③ 04 ② 05 ①

06

일반적으로 학교 건물이나 은행 건물 등의 간선의 수용률은 얼마인가?

① 50[%] ② 60[%]
③ 70[%] ④ 80[%]

해설
보통 학교, 사무실, 은행 등의 수용률은 70[%]이다.

07

옥내배선 공사 작업 중 접속함에 쥐꼬리 접속을 할 때 필요한 것은?

① 커플링 ② 와이어 커넥터
③ 로크너트 ④ 부싱

해설
정션 박스 내에서 전선을 접속 : 와이어 커넥터

08

교류 차단기에 포함되지 않는 것은?

① GCB ② HSCB
③ VCB ④ ABB

해설
HSCB : 직류 고속도 차단기로 사고 검출과 차단기능을 동시에 갖는다.

09

연선 결정에 있어서 중심 소선을 뺀 총수가 2층이다. 소선의 총수 N은 얼마인가?

① 45 ② 39
③ 19 ④ 9

해설
총 소선수 $N=3n(n+1)+1$
n : 층수(가운데 한 가닥은 층수에 포함되지 않는다.)
$\therefore N=3n(n+1)+1=3\times2\times(2+1)+1=19$가닥

10

펜치로 절단하기 힘든 굵은 전선의 절단에 사용되는 공구는?

① 파이프 렌치 ② 파이프 커터
③ 클리퍼 ④ 와이어 게이지

해설
클리퍼 : 굵은 전선을 절단할 때 사용하는 가위

11

불연성 먼지가 많은 장소에서 시설할 수 없는 옥내 배선 공사 방법은?

① 금속관 공사
② 금속제 가요전선관 공사
③ 두께가 1.2[mm]인 합성수지관 공사
④ 애자 사용 공사

해설
두께가 1.2[mm]인 합성수지관 공사는 불연성 먼지가 많은 곳에 시설할 수 없다.

정답 06 ③ 07 ② 08 ② 09 ③ 10 ③ 11 ③

12

애자사용 공사에서 전선의 지지점 간의 거리는 전선을 조영재의 윗면 또는 옆면에 따라 붙이는 경우에는 몇 [m] 이하인가?

① 1　　② 2
③ 2.5　　④ 3

해설
애자사용 공사에서 전선을 조영재의 윗면 또는 옆면에 따라 붙이는 경우 전선의 지지점 간의 거리는 2[m] 이하로 하여야 한다.

13

자가용 전기설비의 보호 계전기의 종류가 아닌 것은?

① 과전류 계전기　　② 과전압 계전기
③ 부족전압 계전기　　④ 부족전류 계전기

해설
부족전류 계전기는 보호 목적보다는 주로 제어용으로 사용한다.

14

토지의 상황이나 기타 사유로 인하여 보통지선을 시설할 수 없을 때 전주와 전주 간 또는 전주와 지주 간에 시설할 수 있는 지선은?

① 보통지선　　② 수평지선
③ Y지선　　④ 궁지선

해설
수평지선 : 토지의 상황이나 기타 사유로 인하여 보통지선을 시설할 수 없는 경우 시설

15

차량, 기타 중량물의 하중을 받을 우려가 있는 장소에 지중선로를 직접 매설식으로 매설하는 경우 매설 깊이는?

① 60[cm] 미만　　② 60[cm] 이상
③ 120[cm] 미만　　④ 100[cm] 이상

해설
직접 매설식으로 시공할 경우 매설 깊이
- 중량물의 압력이 있는 곳 : 1[m]
- 기타 : 0.6[m]

16

경질 비닐 전선관 1본의 표준 길이[m]는?

① 3　　② 3.6
③ 4　　④ 5.5

해설
일반적으로 경질 비닐 전선관 1본의 길이는 4[m]가 표준이며, 굵기는 관 안지름의 크기에 가까운 짝수의 [mm]로 나타낸다.

17

옥외용 비닐절연전선의 약호는?

① OW　　② DV
③ NR　　④ FTC

해설
- OW(옥외용 비닐절연전선)
- DV(인입용 비닐절연전선)
- NR(450/750[V] 일반용 단심 비닐 절연선)
- FTC(300/300[V] 평형 금사코드)

정답 12 ② 13 ④ 14 ② 15 ④ 16 ③ 17 ①

18

관을 시설하고 제거하는 것이 자유롭고 점검 가능한 은폐장소에서 가요전선관을 구부리는 경우 곡률 반지름은 2종 가요전선관 안지름의 몇 배 이상으로 하여야 하는가?

① 10　② 9
③ 6　④ 3

해설

가요전선관의 곡률 반지름
2종 가요전선관을 구부릴 경우 노출장소 또는 점검 가능한 장소에 시설 제거하는 것이 자유로운 경우 관 안지름의 3배 이상으로 하여야 하며, 노출장소 또는 점검이 가능한 은폐장소에서 시설하고 제거하는 것이 부자유하거나 또는 점검이 불가능할 경우는 관 안지름의 6배 이상으로 한다.

※ 전기설비 기술기준의 판단기준 개정에 따라 삭제된 문제가 있어 20문항이 되지 않습니다.

2014년 2회 기출문제

01

제1종 가요전선관을 구부릴 경우의 곡률 반지름은 관 안지름의 몇 배 이상으로 하여야하는가?

① 3배　② 4배
③ 6배　④ 8배

해설

1종 가요전선관을 구부릴 경우 곡률 반지름은 관 안지름의 6배 이상으로 하여야 한다.

02

저압 옥내배선에서 애자사용 공사를 할 때 올바른 것은?

① 전선 상호간의 간격은 6[cm] 이상
② 440[V] 초과하는 경우 전선과 조영재 사이의 이격거리는 2.5[cm] 미만
③ 전선의 지지점간의 거리는 조영재의 윗면 또는 옆면에 따라 붙일 경우에는 3[m] 이상
④ 애자사용공사에 사용되는 애자는 절연성·난연성 및 내수성과 무관

해설

애자를 사용하는 저압 옥내배선 공사에서 전선 상호간의 간격은 6[cm] 이상일 것

03

저압 옥배내선 시설 시 캡타이어 케이블을 조영재의 아랫면 또는 옆면에 따라 붙이는 경우 전선의 지지점간의 거리는 몇 [m] 이하로 하여야 하는가?

① 1　② 1.5
③ 2　④ 2.5

정답 18 ④ / 01 ③ 02 ① 03 ①

해설

전선을 조영재의 아랫면 또는 옆면에 따라 붙이는 경우에는 전선의 지지점 간의 거리를 케이블은 2[m]로 하여야 한다.

04

가공전선로의 지지물에 시설하는 지선은 지표상 몇 [cm]까지의 부분에 내식성이 있는 것 또는 아연도금을 한 철봉을 사용하여야 하는가?

① 15　② 20

③ 30　④ 50

해설

지선은 지중부분 및 지표상 30[cm]까지의 부분에는 내식성이 있는 것 또는 아연도금 한 철봉을 사용하고 쉽게 부식되지 아니하는 근가에 견고하게 붙여야 한다.

05

접지저항 저감 대책이 아닌 것은?

① 접지봉의 연결개수를 증가시킨다.

② 접지판의 면적을 감소시킨다.

③ 접지극을 깊게 매설한다.

④ 토양의 고유저항을 화학적으로 저감시킨다.

해설

접지저항 저감법

- 접지극의 길이를 길게 한다.
- 접지극을 병렬접속한다.
- 접지봉의 매설 깊이를 깊게 한다.
- 심타공법으로 시공한다.
- 접지저항 저감제를 사용한다.

06

다음 중 300/500V 기기 배선용 유연성 단심 비닐절연전선을 나타내는 약호는?

① NFR　② NFI

③ NR　④ NRC

해설

NFI : 300/500[V] 기기 배선용 유연성 단심 비닐절연전선

07

다음 중 금속덕트 공사의 시설방법으로 틀린 것은?

① 덕트 상호간은 견고하고 또한 전기적으로 완전하게 접속할 것

② 덕트 지지점 간의 거리는 3[m] 이하로 할 것

③ 덕트의 끝부분은 열어 둘 것

④ 저압 옥내배선의 사용전압이 400[V] 미만인 경우에는 덕트에 제3종 접지공사를 할 것

해설

금속덕트 공사에서 덕트의 끝부분은 막아야 한다.

08

금속 전선관의 종류에서 후강 전선관 규격[mm]이 아닌 것은?

① 16　② 19

③ 28　④ 36

해설

후강 전선관의 안지름의 크기(짝수)

16, 22, 28, 36, 42, 54, 70, 82, 92, 104[mm]

정답 04 ③ 05 ② 06 ② 07 ③ 08 ②

09

수변전 설비 중에서 동력설비 회로의 역률을 개선할 목적으로 사용되는 것은?

① 전력 퓨즈 ② MOF
③ 지락 계전기 ④ 진상용 콘덴서

해설
진상용 콘덴서 : 역률 개선을 목적으로 사용하며 부하와 병렬로 접속한다.

10

조명설계 시 고려해야 할 사항 중 틀린 것은?

① 적당한 조도일 것
② 휘도 대비가 높을 것
③ 균등한 광속 발산도 분포일 것
④ 적당한 그림자가 있을 것

해설
휘도 : 눈부심 정도를 나타내며, 휘도 대비가 크면 불쾌감을 느낄 수 있다.

11

전선 접속 시 사용되는 슬리브(Sleeve)의 종류가 아닌 것은?

① D형 ② S형
③ E형 ④ P형

해설
- S형 : 매킹타이어 슬리브
- E형 : 종단겹침용 슬리브
- P형 : 직선겹침용 슬리브

12

인입 개폐기가 아닌 것은?

① ASS ② LBS
③ LS ④ UPS

해설
UPS는 무정전 전원 공급장치이다.

13

전기 배선용 도면을 작성할 때 사용하는 콘센트 도면 기호는?

① ◐: ② ●
③ ○ ④ ▣

해설
콘센트의 기호 : ◐:

14

사람의 접촉 우려가 있는 합성수지제 몰드는 홈의 폭 및 깊이가 (㉠)[cm] 이하로, 두께는 (㉡)[mm] 이상의 것이어야 한다. ( ) 안에 들어갈 내용으로 알맞은 것은?

① ㉠ 3.5, ㉡ 1
② ㉠ 5, ㉡ 13
③ ㉠ 3.5, ㉡ 2
④ ㉠ 5, ㉡ 2

해설
합성수지 몰드는 폭 및 깊이가 3.5[cm] 이하로, 두께는 2[mm] 이상으로 할 것

정답 09 ④ 10 ② 11 ① 12 ④ 13 ① 14 ③

15

폭연성 분진이 존재하는 곳의 금속관 공사에 관 상호 및 관과 박스의 접속은 몇 턱 이상의 조임 나사로 시공하여야 하는가?

① 6턱 ② 5턱
③ 4턱 ④ 3턱

해설

폭연성 분진이 있는 곳의 공사
금속관 공사, 또는 케이블 공사(캡타이어 케이블을 제외한다)에 의하여야 하며 금속관 공사를 하는 경우 관 상호 및 관과 박스 등은 5턱 이상의 나사 조임으로 접속하여야 한다.

16

일반적으로 저압 가공 인입선이 도로를 횡단하는 경우 노면상 시설하여야 할 높이는?

① 4[m] 이상 ② 5[m] 이상
③ 6[m] 이상 ④ 6.5[m] 이상

해설

판단기준 제100조(저압 인입선의 시설)
저압 가공 인입선이 도로를 횡단하는 경우 노면상 5[m] 이상으로 한다.

17

가공케이블 시설 시 조가용선에 금속테이프 등을 사용하여 케이블 외장을 견고하게 붙여 조가하는 경우 나선형으로 금속테이프를 감는 간격은 몇 [cm] 이하를 확보하여 감아야 하는가?

① 50 ② 30 ③ 20 ④ 10

해설

판단기준 제6조, 제106조(가공 케이블의 시설)
조가용선을 케이블에 접촉시켜 금속테이프를 감는 경우에는 20[cm] 이하의 간격으로 나선상으로 한다.

18

지중에 매설되어 있는 금속제 수도관로는 대지와의 전기 저항값이 얼마 이하로 유지되어야 접지극으로 사용할 수 있는가?

① 1[Ω] ② 3[Ω]
③ 4[Ω] ④ 5[Ω]

해설

지중에 매설되고 대지 사이의 전기 저항값이 3[Ω] 이하인 값을 유지하고 있는 금속제 수도관로는 접지공사의 접지극에 사용할 수 있다.

19

가공배전선로 시설에는 전선을 지지하고 각종 기기를 설치하기 위한 지지물이 필요하다. 이 지지물 중 가장 많이 사용되는 것은?

① 철주 ② 철탑
③ 강관 전주 ④ 철근콘크리트주

해설

철근콘크리트주 : 무거워서 운반이나 건주에 힘이 들지만 겉모양이 좋고 수명이 반영구적이므로 많이 사용한다.

※ 전기설비 기술기준의 판단기준 개정에 따라 삭제된 문제가 있어 20문항이 되지 않습니다.

정답 15 ② 16 ② 17 ③ 18 ② 19 ④

2014년 3회 기출문제

01

단선의 직선접속 시 트위스트 접속을 할 경우 적합하지 않은 전선규격[mm^2]은?

① 2.5　② 4.0
③ 6.0　④ 10

해설
트위스트 직선 접속 : 6[mm^2] 이하의 단선인 경우에 적용

02

사용전압 400[V] 초과, 건조한 장소로 점검할 수 있는 은폐된 곳에 저압 옥내배선 시 공사할 수 있는 방법은?

① 합성수지 몰드공사　② 금속 몰드공사
③ 버스 덕트공사　④ 라이팅 덕트공사

해설
사용전압 400[V], 점검할 수 있는 건조한 장소에 시공할 수 있는 방법
애자사용공사, 금속덕트공사, 버스덕트공사 등

03

무대, 오케스트라 박스 등 흥행장의 저압 옥내배선 공사의 사용전압은 몇 [V] 이하인가?

① 200　② 300
③ 400　④ 600

해설
무대, 오케스트라 박스, 영사실 기타 사람이나 무대 도구가 접촉할 우려가 있는 곳에 시설하는 저압 옥내배선, 전구선 또는 이동전선은 사용전압이 400[V] 이하일 것

04

금속 전선관 작업에서 나사를 낼 때 필요한 공구는 어느 것인가?

① 파이프 벤더　② 볼트클리퍼
③ 오스터　④ 파이프 렌치

해설
오스터 : 금속관 끝에 나사를 내는 공구

05

배전반 및 분전반의 설치 장소로 적합하지 않은 곳은?

① 접근이 어려운 장소
② 전기회로를 쉽게 조작할 수 있는 장소
③ 개폐기를 쉽게 개폐할 수 있는 장소
④ 안정된 장소

해설
배전반 및 분전반은 다음과 같은 장소에 시설하여야 한다.
- 전기회로를 쉽게 조작할 수 있는 장소
- 개폐기를 쉽게 개폐할 수 있는 장소
- 노출된 장소
- 안정된 장소

06

저압 옥내용 기기에 접지공사를 하는 주된 목적은?

① 이상 전류에 의한 기기의 손상 방지
② 과전류에 의한 감전 방지
③ 누전에 의한 감전 방지
④ 누전에 의한 기기의 손상 방지

해설
저압 옥내용 기기의 누전으로 인한 감전 방지

정답 01 ④ 02 ③ 03 ③ 04 ③ 05 ① 06 ③

07

알루미늄전선과 전기기계기구 단자의 접속 방법으로 틀린 것은?

① 전선을 나사로 고정하는 경우 나사가 진동 등으로 헐거워질 우려가 있는 장소는 2중 너트 등을 사용할 것
② 전선에 터미널러그 등을 부착하는 경우는 도체에 손상을 주지 않도록 피복을 벗길 것
③ 나사 단자에 전선을 접속하는 경우는 전선을 나사의 홈에 가능한 한 밀착하여 3/4바퀴 이상 1바퀴 이하로 감을 것
④ 누름나사단자 등에 전선을 접속하는 경우는 전선을 단자 깊이의 2/3 위치까지만 삽입할 것

해설

전선과 전기기계기구 단자와의 접속은 접촉이 완전하고, 헐거워질 우려가 없도록 하여야 된다.

08

저압 연접인입선의 시설과 관련된 설명으로 잘못된 것은?

① 옥내를 통과하지 아니할 것
② 전선의 굵기는 1.5[mm^2] 이하일 것
③ 폭 5[m]를 넘는 도로를 횡단하지 아니할 것
④ 인입선에서 분기하는 점으로부터 100[m]를 넘는 지역에 미치지 아니할 것

해설

판단기준 제101조(저압 연접인입선의 시설)
- 인입선에서 분기하는 점으로부터 100[m]를 넘지 않는 지역이어야 한다.
- 폭 5[m]를 초과하는 도로를 횡단하지 말 것
- 옥내를 통과하지 말 것

09

전선접속 시 S형 슬리브 사용에 대한 설명으로 틀린 것은?

① 전선의 끝은 슬리브의 끝에서 조금 나오는 것이 바람직하다.
② 슬리브 전선의 굵기에 적합한 것을 선정한다.
③ 열린 쪽 홈의 측면을 고르게 눌러서 밀착시킨다.
④ 단선은 사용가능하나 연선접속 시에는 사용하지 않는다.

해설

S형 슬리브 : 단선, 연선 어느 것에도 사용가능하다.

10

인입용 비닐절연전선의 공칭단면적 8[mm^2]되는 연선의 구성은 소선의 지름이 1.2[mm]일 때 소선수는 몇 가닥으로 되어 있는가?

① 3 ② 4
③ 6 ④ 7

해설

소선의 단면적 $a=\frac{\pi d^2}{4}=\frac{\pi\times1.2^2}{4}\fallingdotseq1.13$[$mm^2$]
연선의 단면적 $A=Na$[mm^2]
∴ 소선의 총수 $N=\frac{A}{a}=\frac{8}{1.13}\fallingdotseq7$가닥

11

라이팅덕트를 조영재에 따라 부착할 경우 지지점간의 거리는 몇 [m] 이하로 하여야 하는가?

① 1.0 ② 1.2
③ 1.5 ④ 2.0

해설

라이팅덕트 지지점간의 거리는 2[m] 이하일 것

정답 07 ④ 08 ② 09 ④ 10 ④ 11 ④

12

고압전로에 지락사고가 생겼을 때 지락전류를 검출하는 데 사용하는 것은?

① CT ② ZCT ③ MOF ④ PT

해설

영상변류기(ZCT) : 고압모선이나 부하기기에 지락사고가 생겼을 때 흐르는 영상전류(지락전류)를 검출하여 접지 계전기에 의하여 차단기를 동작시켜 사고 범위를 최소화시킴

13

고압 가공전선로의 지지물 중 지선을 사용해서는 안 되는 것은?

① 목주 ② 철탑
③ A종 철주 ④ A종 철근콘크리트주

해설

가공전선로의 지지물로 사용하는 철탑은 지선을 사용하여 그 강도를 분담시켜서는 안 된다.

14

특고압(22.9kV-Y) 가공전선로의 완금 접지 시 접지선은 어느 곳에 연결하여야 하는가?

① 변압기 ② 전주
③ 지선 ④ 중성선

해설

22.9[kV-Y] 가공전선로의 완금 접지 시 접지선은 중성선에 연결하여야 한다.

15

화약고 등의 위험장소에서 전기설비 시설에 관한 내용으로 옳은 것은?

① 전로의 대지전압은 400[V] 이하일 것
② 전기기계기구는 전폐형을 사용할 것
③ 화약고 내의 전기설비는 화약고 장소에 전용개폐기 및 과전류차단기를 시설할 것
④ 개폐기 및 과전류차단기에서 화약고 인입구까지의 배선은 케이블 배선으로 노출로 시설할 것

해설

화약고에 시설하는 전기기계기구는 전폐형을 사용할 것

16

전기공사 시공에 필요한 공구사용법 설명 중 잘못된 것은?

① 콘크리트에 구멍을 뚫기 위한 공구로 타격용 임팩트 전기드릴을 사용한다.
② 스위치박스에 전선관용 구멍을 뚫기 위해 녹아웃 펀치를 사용한다.
③ 합성수지 가요전선관의 굽힘 작업을 위해 토치램프를 사용한다.
④ 금속 전선관의 굽힘 작업을 위해 파이프 밴더를 사용한다.

해설

토치램프(Torch Lamp) : 전선 접속의 납땜과 합성수지관의 가공에 열을 가할 때 사용하는 것

17

지지물의 지선에 연선을 사용하는 경우 소선 몇 가닥 이상의 연선을 사용하는가?

① 1 ② 2 ③ 3 ④ 4

해설

지선은 안전율 2.5 이상, 1가닥 허용 인장 하중 4.31[kN] 이상이고, 2.6[mm] 이상의 금속선은 3조 이상 꼬아서 만든다.

※ 전기설비 기술기준의 판단기준 개정에 따라 삭제된 문제가 있어 20문항이 되지 않습니다.

정답 12 ② 13 ② 14 ④ 15 ② 16 ③ 17 ③

2014년 4회 기출문제

01

자속밀도 0.8[Wb/m^2]인 자계에서 길이 50[cm]인 도체가 30[m/s]로 회전할 때 유기되는 기전력[V]은?

① 8　② 12　③ 15　④ 25

해설

유기 기전력의 식 $e = B \times \ell \times v$ (B : 자속밀도, ℓ : 자계의 길이, v : 회전 속도)

∴ $e = 0.8 \times 0.5 \times 30 = 12[\text{V}]$

02

전선의 접속이 불완전하여 발생할 수 있는 사고로 볼 수 없는 것은?

① 감전　② 누전
③ 화재　④ 절전

해설

전선의 접속이 불완전할 경우 화재, 누전, 감전 사고가 발생할 수 있다.

03

가연성 분진에 전기설비가 발화원이 되어 폭발의 우려가 있는 곳에 시설하는 저압 옥내배선 공사방법이 아닌 것은?

① 금속관 공사　② 케이블 공사
③ 애자사용 공사　④ 합성수지관 공사

해설

가연성 분진이 있는 곳의 공사
가연성 분진에 전기설비가 발화원이 되어 폭발의 우려가 있는 곳에 시설하는 저압 옥내배선 공사방법은 금속관 공사, 케이블 공사, 합성수지관 공사에 의한다.

04

나전선 등의 금속선에 속하지 않는 것은?

① 경동선(지름 12[mm] 이하의 것)
② 연동선
③ 동합금선(단면적 35[mm^2] 이하의 것)
④ 경알루미늄선(단면적 35[mm^2] 이하의 것)

해설

나전선에 포함된 동합금선은 지름 5[mm] 이하의 것에 한한다.

05

저압 구내 가공인입선으로 DV전선 사용 시 전선의 길이가 15[m] 이하인 경우 사용할 수 있는 최소 굵기는 몇 [mm] 이상인가?

① 1.5　② 2.0
③ 2.6　④ 4.0

해설

저압 구내 가공인입선으로 DV전선 사용 시 길이가 15[m] 이하일 경우 : 2.0[mm] 이상

06

배선용 차단기의 심벌은?

① [B]　② [E]
③ [BE]　④ [S]

해설

배선용 차단기 : [B]

정답　01 ②　02 ④　03 ③　04 ③　05 ②　06 ①

07

무대 · 오케스트라 박스 · 영사실 기타 사람이나 무대 도구가 접촉될 우려가 있는 장소에 시설하는 저압 옥내배선의 사용전압은?

① 400[V] 이하　② 500[V] 이상
③ 600[V] 미만　④ 700[V] 이상

해설

흥행장소 : 저압옥내배선, 전구선 또는 이동 전선은 사용전압이 400[V] 이하이어야 한다.

08

옥내의 건조하고 전개된 장소에서 사용전압이 400[V] 초과인 경우에는 시설할 수 없는 배선공사는?

① 애자사용공사　② 금속덕트공사
③ 버스덕트공사　④ 금속몰드공사

해설

사용전압 400[V] 초과, 건조하고 전개된 장소의 옥내 배선공사에서 금속몰드공사는 할 수 없다.

09

금속관 공사에 의한 저압 옥내배선에서 잘못된 것은?

① 전선은 절연전선일 것
② 금속관 안에서는 전선의 접속점이 없도록 할 것
③ 알루미늄 전선은 단면적 16[mm^2] 초과 시 연선을 사용할 것
④ 옥외용 비닐절연전선을 사용할 것

해설

저압 옥내배선공사에서 옥외용 비닐 절연전선은 사용하면 아니 된다.

10

조명기구를 반간접 조명방식으로 설치하였을 때 위(상방향)로 향하는 광속의 양[%]은?

① 0~10[%]　② 10~40[%]
③ 40~60[%]　④ 60~90[%]

해설

반간접 조명방식
- 상향 : 60~90[%]
- 하향 : 10~40[%]

11

전주의 길이가 16[m]이고, 설계하중이 6.8[kN] 이하의 철근콘크리트주를 시설할 때 땅에 묻히는 깊이는 몇 [m] 이상이어야 하는가?

① 1.2　② 1.4
③ 2.0　④ 2.5

해설

전주의 길이가 16[m]이고, 설계하중이 6.8[kN] 이하의 철근콘크리트주를 시설 시 2.5[m] 이상 깊이로 매설해야 한다.

12

다음 (　) 안에 알맞은 내용은?

> "고압 및 특고압용 기계기구의 시설에 있어 고압은 지표상 (㉠) 이상(시가지에 시설하는 경우), 특고압은 지표상 (㉡) 이상의 높이에 설치하고 사람이 접촉될 우려가 없도록 시설하여야 한다."

① ㉠ 3.5[m], ㉡ 4[m]
② ㉠ 4.5[m], ㉡ 5[m]
③ ㉠ 5.5[m], ㉡ 6[m]
④ ㉠ 5.5[m], ㉡ 7[m]

정답 07 ① 08 ④ 09 ④ 10 ④ 11 ④ 12 ②

제3과목 ✦ 전기설비

해설

고압 및 특고압용 기계기구의 시설에 있어 고압은 지표상 4.5[m] 이상(시가지에 시설하는 경우), 특고압은 지표상 5[m] 이상의 높이에 설치하고 사람이 접촉될 우려가 없도록 시설하여야 한다.

13

알루미늄전선의 접속방법으로 적합하지 않은 것은?

① 직선접속 ② 분기접속
③ 종단접속 ④ 트위스트접속

해설

알루미늄전선의 접속 시 트위스트접속은 하지 않는다.

14

하나의 콘센트에 두 개 이상의 플러그를 꽂아 사용할 수 있는 기구는?

① 코드 접속기 ② 멀티 탭
③ 테이블 탭 ④ 아이언 플러그

해설

하나의 콘센트에 두 개 이상의 플러그를 꽂아 사용할 수 있는 기구는 멀티 탭이다.

15

전선을 접속하는 경우 전선의 강도는 몇 [%] 이상 감소시키지 않아야 하는가?

① 10 ② 20 ③ 40 ④ 80

해설

전선의 접속 시 전선의 강도를 20[%] 이상 감소시켜서는 안 된다.

16

배전반 및 분전반과 연결된 배관을 변경하거나 이미 설치되어 있는 캐비닛에 구멍을 뚫을 때 필요한 공구는?

① 오스터 ② 클리퍼
③ 토치램프 ④ 녹아웃펀치

해설

녹아웃펀치 : 배전반 및 분전반과 연결된 배관을 변경하거나 이미 설치되어 있는 캐비닛에 구멍을 뚫을 때 사용한다.

17

저압 인입선 공사 시 저압 가공인입선이 철도 또는 궤도를 횡단하는 경우 레일면상에서 몇 [m] 이상 시설하여야 하는가?

① 3 ② 4 ③ 5.5 ④ 6.5

해설

저압 인입선 공사 시 저압 가공인입선이 철도 또는 궤도를 횡단하는 경우 : 6.5[m] 이상

18

150[kW]의 수전설비에서 역률을 80[%]에서 95[%]로 개선하려고 한다. 이때 전력용 콘덴서의 용량은 약 몇 [kVA]인가?

① 63.2 ② 126.4
③ 133.5 ④ 157.6

해설

$$Q = P(\tan\theta_1 - \tan\theta_2) = P\left(\frac{\sin\theta_1}{\cos\theta_1} - \frac{\sin\theta_2}{\cos\theta_2}\right)$$

$$= P\left(\frac{\sqrt{1-\cos^2\theta_1}}{\cos\theta_1} - \frac{\sqrt{1-\cos^2\theta_2}}{\cos\theta_2}\right)$$

$$= 150 \times \left(\frac{\sqrt{1-0.8^2}}{0.8} - \frac{\sqrt{1-0.95^2}}{0.95}\right)$$

$$\fallingdotseq 63.2[\text{kVA}]$$

※ 전기설비 기술기준의 판단기준 개정에 따라 삭제된 문제가 있어 20문항이 되지 않습니다.

정답 13 ④ 14 ② 15 ② 16 ④ 17 ④ 18 ①

제3과목 전기설비 2015년 기출문제

2015년 1회 기출문제

01

S형 슬리브를 사용하여 전선을 접속하는 경우의 유의사항이 아닌 것은?

① 전선은 연선만 사용이 가능하다.
② 전선의 끝은 슬리브의 끝에서 조금 나오는 것이 좋다.
③ 슬리브는 전선의 굵기에 적합한 것을 사용한다.
④ 도체는 샌드페이퍼 등으로 닦아서 사용한다.

02

가공전선의 지지물에 승탑 또는 승강용으로 사용하는 발판 볼트 등은 지표상 몇 [m] 미만에 시설하여서는 안 되는가?

① 1.2　② 1.5
③ 1.6　④ 1.8

해설
가공전선의 지지물에 발판 볼트는 지표상 1.8[m] 이상

03

조명기구를 배광에 따라 분류하는 경우 특정한 장소만을 고조도로 하기 위한 조명 기구는?

① 직접 조명기구
② 전반확산 조명기구
③ 광천장 조명기구
④ 반직접 조명기구

04

고압 이상에서 기기의 점검, 수리 시 무전압, 무전류 상태로 전로에서 단독으로 전로의 접속 또는 분리하는 것을 주목적으로 사용되는 수·변전기기는?

① 기중부하 개폐기　② 단로기
③ 전력퓨즈　④ 컷아웃 스위치

05

지중전선로 시설 방식이 아닌 것은?

① 직접 매설식　② 관로식
③ 트라이식　④ 암거식

해설
지중전선로 시설 방식에는 3가지가 있다.
- 직접 매설식
- 관로식
- 암거식

06

화약류의 분말에 전기설비가 발화원이 되어 폭발할 우려가 있는 곳에 시설하는 저압 옥내배선의 공사 방법으로 가장 알맞은 것은?

① 금속관 공사　② 애자 사용 공사
③ 버스덕트 공사　④ 합성수지몰드 공사

해설
폭연성 분진, 화약류 분말 존재, 가연성 가스 또는 인화성 물질이 체류하는 곳 : 금속관 공사, 케이블 공사를 시행

정답　01 ①　02 ④　03 ①　04 ②　05 ③　06 ①

07

금속관을 절단할 때 사용되는 공구는?

① 오스터 ② 녹아웃 펀치
③ 파이프 커터 ④ 파이프 렌치

해설
- 오스터 : 금속관 끝에 나사를 내는 공구
- 녹아웃 펀치 : 캐비닛에 구멍을 뚫을 때 사용
- 파이프 렌치 : 금속관을 커플링으로 접속 시 금속관 커플링을 죄는 것

08

합성수지 몰드 공사에서 틀린 것은?

① 전선은 절연전선일 것
② 합성수지 몰드 안에는 접속점이 없도록 할 것
③ 합성수지 몰드는 홈의 폭 및 깊이가 6.5[cm] 이하일 것
④ 합성수지 몰드와 박스 기타의 부속품과는 전선이 노출되지 않도록 할 것

해설
합성수지 몰드 공사는 홈의 폭 및 깊이가 3.5[cm] 이하일 것
(단, 사람과 접촉하지 않는 곳에 있을 때에는 5[cm] 이하)

09

배전반 및 분전반을 넣은 강판제로 만든 함의 두께는 몇 [mm] 이상인가? (단, 가로 세로의 길이가 30[cm] 초과한 경우이다.)

① 0.8 ② 1.2
③ 1.5 ④ 2.0

해설
배・분전반의 강판제의 최소 두께 : 1.2[mm] 이상

10

실링・직접부착등을 시설하고자 한다. 배선도에 표기할 그림으로 옳은 것은?

① ├─(N) ②
③ (CL) ④ (R)

11

저압 가공전선이 철도 또는 궤도를 횡단하는 경우에는 레일면상 몇 [m] 이상이어야 하는가?

① 3.5 ② 4.5
③ 5.5 ④ 6.5

해설

구분 \ 전압	저압	고압
도로횡단	5[m] 이상	6[m] 이상
철도횡단	6.5[m] 이상	6.5[m] 이상
위험표시	×	3.5[m] 이상
횡단 보도교	3[m]	

12

인입용 비닐절연전선을 나타내는 약호는?

① OW ② EV
③ DV ④ NV

해설
- 인입용 비닐절연전선 : DV
- 옥외용 비닐절연전선 : OW

정답 07 ③ 08 ③ 09 ② 10 ③ 11 ④ 12 ③

13

애자사용 공사에서 전선 상호 간의 간격은 몇 [cm] 이상이어야 하는가?

① 4　② 5
③ 6　④ 8

해설
애자사용 공사 시 전선 상호간의 간격 : 6[cm] 이상

14

옥내배선의 접속함이나 박스 내에서 접속할 때 주로 사용하는 접속법은?

① 슬리브 접속　② 쥐꼬리 접속
③ 트위스트 접속　④ 브리타니아 접속

15

위험물 등이 있는 곳에서의 저압 옥내배선 공사 방법이 아닌 것은?

① 케이블 공사　② 합성수지관 공사
③ 금속관 공사　④ 애자사용 공사

16

금속몰드의 지지점간의 거리는 몇 [m] 이하로 하는 것이 가장 바람직한가?

① 1　② 1.5
③ 2　④ 3

해설
금속몰드공사 지지점간의 거리 : 1.5[m] 이하

17

정격전압 3상 24[kV], 정격차단전류 300[A]인 수전설비의 차단용량은 몇 [MVA]인가?

① 17.26　② 28.34
③ 12.47　④ 24.94

해설
정격 차단용량 $P_s = \sqrt{3} \times 24 \times 10^3 \times 300 \times 10^{-6} = 12.47$[MVA]

18

합성수지관 상호 및 관과 박스는 접속 시에 삽입하는 깊이를 관 바깥지름의 몇 배 이상으로 하여야 하는가? (단, 접착제를 사용하지 않은 경우이다.)

① 0.2　② 0.5
③ 1　④ 1.2

해설
합성수지관 공사에서 관의 삽입 깊이는 바깥지름의 1.2배 이상(단, 접착제를 사용할 경우 0.8배 이상)

※ 전기설비 기술기준의 판단기준 개정에 따라 삭제된 문제가 있어 20문항이 되지 않습니다.

정답 13 ③ 14 ② 15 ④ 16 ② 17 ③ 18 ④

2015년 2회 기출문제

01

금속관을 구부릴 때 금속관의 단면이 심하게 변형되지 아니하도록 구부려야 하며, 그 안쪽의 반지름은 관 안지름의 몇 배 이상이 되어야 하는가?

① 6　　② 8
③ 10　　④ 12

해설

$r \geq 6d + \frac{D}{2}$

02

금속관 배관공사를 할 때 금속관을 구부리는 데 사용하는 공구는?

① 하키(hickey)
② 파이프렌치(pipe wrench)
③ 오스터(oster)
④ 파이프 커터(pipe cutter)

해설

관공사 시 금속관을 구부리는 공구 : 하키(히키)

03

접지 저항값에 가장 큰 영향을 주는 것은?

① 접지선 굵기　　② 접지전극 크기
③ 온도　　④ 대지저항

04

접지공사에서 접지선을 철주, 기타 금속체를 따라 시설하는 경우 접지극은 지중에서 그 금속체로부터 몇 [cm] 이상 떼어 매설하는가?

① 30　　② 60
③ 75　　④ 100

해설

접지공사 시설기준
접지극은 지중에서 금속체와 1[m] 이상 이격한다.

05

금속관 공사에서 노크아웃의 지름이 금속관의 지름보다 큰 경우에 사용하는 재료는?

① 로크너트　　② 부싱
③ 콘넥터　　④ 링 리듀서

해설

링 리듀서 : 노크아웃의 지름이 금속관 지름보다 큰 경우 사용한다.

06

애자 사용 배선공사 시 사용할 수 없는 전선은?

① 고무 절연전선
② 폴리에틸렌 절연전선
③ 플루오르 수지 절연전선
④ 인입용 비닐 절연전선

해설

애자공사 시 인입용 비닐 절연전선은 사용하지 않는다.

정답 01 ① 02 ① 03 ④ 04 ④ 05 ④ 06 ④

07

전선의 재료로서 구비해야 할 조건이 아닌 것은?

① 기계적 강도가 클 것
② 가요성이 풍부할 것
③ 고유저항이 클 것
④ 비중이 작을 것

해설
고유저항은 작아야 한다.

08

화재 시 소방대가 조명 기구나 파괴용 기구, 배연기 등 소화 활동 및 인명 구조 활동에 필요한 전원으로 사용하기 위해 설치하는 것은?

① 사용전원장치　② 유도등
③ 비상용 콘센트　④ 비상등

09

가공 전선 지지물의 기초 강도는 주체(主體)에 가하여 지는 곡하중(穀下重)에 대하여 안전율은 얼마 이상으로 하여야 하는가?

① 1.0　② 1.5　③ 1.8　④ 2.0

해설
지지물의 기초 안전율 : 2 이상

10

전선의 접속에 대한 설명으로 틀린 것은?

① 접속 부분의 전기저항을 20[%] 이상 증가되도록 한다.
② 접속 부분의 인장강도를 80[%] 이상 유지되도록 한다.
③ 접속 부분에 전선 접속 기구를 사용한다.
④ 알루미늄전선과 구리선의 접속 시 전기적인 부식이 생기지 않도록 한다.

해설
전기저항과 관계없다.

11

전주 외등 설치 시 백열전등 및 형광등의 조명기구를 전주에 부착하는 경우 부착한 점으로부터 돌출되는 수평거리는 몇 [m] 이내로 하여야 하는가?

① 0.5　② 0.8
③ 1.0　④ 1.2

12

전선 약호가 VV인 케이블의 종류로 옳은 것은?

① 0.6/1 kV 비닐절연 비닐시스 케이블
② 0.6/1 kV EP 고무절연 클로로프렌시스
③ 0.6/1 kV EP 고무절연 비닐시스 케이블
④ 0.6/1 kV 비닐절연 비닐캡타이어 케이블

13

저압 2조의 전선을 설치 시, 크로스 완금의 표준 길이 [mm]는?

① 900　② 1,400
③ 1,800　④ 2,400

해설

	2조	3조
저압	900	1,400
고압	1,400	1,800

정답 07 ③ 08 ③ 09 ④ 10 ① 11 ③ 12 ① 13 ①

14

전등 1개를 2개소에서 점멸하고자 할 때 3로스위치는 최소 몇 개 필요한가?

① 4개 ② 3개
③ 2개 ④ 1개

해설
2개소 점멸 시 3로스위치가 2개 요구된다.

15

수변전설비 구성기기의 계기용 변압기(PT) 설명으로 맞는 것은?

① 높은 전압을 낮은 전압으로 변성하는 기기이다.
② 높은 전류를 낮은 전류로 변성하는 기기이다.
③ 회로에 병렬로 접속하여 사용하는 기기이다.
④ 부족전압 트립코일의 전원으로 사용된다.

해설
- PT = 2차(110[V])
- CT = 2차(5[A])

16

폭연성 분진이 존재하는 곳의 저압 옥내배선 공사 시 공사 방법으로 짝지어진 것은?

① 금속관 공사, MI 케이블 공사, 개장된 케이블 공사
② CD 케이블 공사, MI 케이블 공사, 금속관 공사
③ CD 케이블 공사, MI 케이블 공사, 제1종 캡타이어 케이블 공사
④ 개장된 케이블 공사, CD 케이블 공사, 제1종 캡타이어 케이블 공사

해설
폭연성 분진이 존재하는 곳의 저압 옥내배선공사
금속관, 케이블, MI케이블 공사

17

22.9kV-Y 가공전선의 굵기는 단면적이 몇 [mm^2] 이상이어야 하는가? (단, 동선의 경우이다.)

① 22 ② 32
③ 40 ④ 50

※ 전기설비 기술기준의 판단기준 개정에 따라 삭제된 문제가 있어 20문항이 되지 않습니다.

정답 14 ③ 15 ① 16 ① 17 ①

2015년 3회 기출문제

01

전선을 접속할 경우의 설명으로 틀린 것은?

① 접속 부분의 전기 저항이 증가되지 않아야 한다.
② 전선의 세기를 80[%] 이상 감소시키지 않아야 한다.
③ 접속 부분은 접속 기구를 사용하거나 납땜을 하여야 한다.
④ 알루미늄 전선과 동선을 접속하는 경우, 전기적 부식이 생기지 않도록 해야 한다.

해설
전선의 세기를 20[%] 이상 감소시키지 않아야 한다.

02

전기 난방 기구인 전기담요나 전기장판의 보호용으로 사용되는 퓨즈는?

① 플러그퓨즈　② 온도퓨즈
③ 절연퓨즈　④ 유리관퓨즈

03

가공전선로의 지지물에서 다른 지지물을 거치지 아니하고 수용장소의 인입선 접속점에 이르는 가공전선을 무엇이라 하는가?

① 연접인입선　② 가공인입선
③ 구내전선로　④ 구내인입선

해설
가공인입선 : 지지물에서 출발하여 다른 지지물을 거치지 아니하고 수용장소 인입구에 이르는 전선을 말한다.

04

합성수지관 공사의 설명 중 틀린 것은?

① 관의 지지점 간의 거리는 1.5[m] 이하로 할 것
② 합성수지관 안에는 전선에 접속점이 없도록 할 것
③ 전선은 절연전선(옥외용 비닐 절연전선을 제외한다)일 것
④ 관 상호간 및 박스와는 관을 삽입하는 깊이를 관의 바깥 지름의 1.5배 이상으로 할 것

해설
관 상호간 및 박스와는 관을 삽입하는 깊이를 관의 바깥 지름의 1.2배 이상으로 할 것

05

화약류 저장소에서 백열전등이나 형광등 또는 이들에 전기를 공급하기 위한 전기설비를 시설하는 경우 전로의 대지전압[V]은?

① 100[V] 이하　② 150[V] 이하
③ 220[V] 이하　④ 300[V] 이하

해설
화약류 저장소의 전기설비의 경우 대지전압 300[V] 이하

06

저압 연접 인입선의 시설규정으로 적합한 것은?

① 분기점으로부터 90[m] 지점에 시설
② 6[m] 도로를 횡단하여 시설
③ 수용가 옥내를 관통하여 시설
④ 지름 1.5[mm] 인입용 비닐절연전선을 사용

정답　01 ②　02 ②　03 ②　04 ④　05 ④　06 ①

제3과목 ✦ 전기설비

해설

- 분기점으로부터 100[m] 이내 지점에 시설
- 5[m] 도로를 횡단하여 시설
- 수용가 옥내를 관통할 수 없다.
- 지름 1.5[mm] 인입용 비닐절연전선을 사용할 수 없다.

07

다음 중 버스덕트가 아닌 것은?

① 플로어 버스덕트　② 피더 버스덕트
③ 트롤리 버스덕트　④ 플러그인 버스덕트

해설

버스덕트의 종류
피더 버스딕트, 트롤리 버스덕트, 플리그인 버스덕트

08

큰 건물의 공사에서 콘크리트에 구멍을 뚫어 드라이브 핀을 경제적으로 고정하는 공구는?

① 스패너　② 드라이브이트 툴
③ 오스터　④ 록 아웃 펀치

09

동전선의 직선접속에서 단선 및 연선에 적용되는 접속 방식은?

① 직선맞대기용 슬리브에 의한 압착접속
② 가는 단선(2.6[mm] 이상)의 분기접속
③ S형 슬리브에 의한 분기접속
④ 터미널 러그에 의한 접속

10

지중전선로를 직접매설식에 의하여 시설하는 경우 차량, 기타 중량물의 압력을 받을 우려가 있는 장소의 매설 깊이[m]는?

① 0.6[m] 이상　② 1[m] 이상
③ 1.5[m] 이상　④ 2.0[m] 이상

해설

압력을 받을 우려가 있는 장소 1[m], 기타의 경우 0.6[m]

11

접지저항 측정방법으로 가장 적당한 것은?

① 절연 저항계
② 전력계
③ 교류의 전압, 전류계
④ 코올라우시 브리지

12

전자접촉기 2개를 이용하여 유도전동기 1대를 정·역 운전하고 있는 시설에서 전자접촉기 2개가 동시에 여자되어 상간 단락되는 것을 방지하기 위하여 구성하는 회로는?

① 자기유지회로　② 순차제어회로
③ Y-△ 기동 회로　④ 인터록회로

해설

인터록회로 : 2개의 회로가 동시에 투입되는 것을 방지한다.

정답 07 ① 08 ② 09 ① 10 ② 11 ④ 12 ④

13

연피없는 케이블을 배선할 때 직각 구부리기(L형)는 대략 굴곡 반지름을 케이블의 바깥지름의 몇 배 이상으로 하는가?

① 3　　② 4
③ 6　　④ 10

※ 전기설비 기술기준의 판단기준 개정에 따라 삭제된 문제가 있어 20문항이 되지 않습니다.

2015년 4회 기출문제

01

연피케이블을 직접 매설식에 의하여 차량, 기타 중량물의 압력을 받을 우려가 있는 장소에 시설하는 경우 매설 깊이는 몇 [m] 이상이어야 하는가?

① 0.6　　② 1.0
③ 1.2　　④ 1.6

해설
중량물의 압력을 받을 우려가 있는 장소에 시설하는 경우 매설 깊이는 1[m] 이상이고, 기타의 경우는 0.6[m] 이상이다.

02

하나의 콘센트에 둘 또는 세 가지의 기계기구를 끼워서 사용할 때 사용되는 것은?

① 노출형 콘센트　　② 키이리스 소켓
③ 멀티 탭　　④ 아이언 플러그

해설
멀티 탭 : 하나의 콘센트에 여러 기구를 끼워 사용하는 것

03

배전반 및 분전반의 설치장소로 적합하지 않은 곳은?

① 안정된 장소
② 밀폐된 장소
③ 개폐기를 쉽게 개폐할 수 있는 장소
④ 전기회로를 쉽게 조작할 수 있는 장소

해설
배, 분전반은 조작이 쉬운 장소를 택한다.

정답 13 ③ / 01 ② 02 ③ 03 ②

04

주상 변압기의 1차 측 보호 장치로 사용하는 것은?

① 컷아웃 스위치 ② 자동구분개폐기
③ 캐치홀더 ④ 리클로저

해설

1차 측 : 컷아웃 스위치, 2차 측 : 캐치홀더

05

일반적으로 정크션 박스 내에서 사용되는 전선 접속 방식은?

① 슬리이브 ② 코오드놋트
③ 코오드파아스너 ④ 와이어커넥터

해설

박스 내에서 사용되는 전선의 접속 방식은 와이어커넥터이다.

06

합성수지관 배선에서 경질비닐전선관의 굵기에 해당되지 않는 것은?

① 14 ② 16
③ 18 ④ 22

07

저압 옥내 간선으로부터 분기하는 곳에 설치하여야 하는 것은?

① 과전압 차단기 ② 과전류 차단기
③ 누전 차단기 ④ 지락 차단기

해설

과전류 차단기 : 전선과 기계기구 보호

08

전주를 건주할 경우에 A종 철근콘크리트주의 길이가 10[m]이면 땅에 묻는 표준 깊이는 최저 약 몇 [m]인가? (단, 설계하중이 6.8[kN] 이하이다.)

① 2.5 ② 3.0
③ 1.7 ④ 2.4

해설

6.8[kN] : 15[m] 이하인 경우 전장의 $\frac{1}{6}$ 이상

$10 \times \frac{1}{6} = 1.666$

09

전로에 지락이 생겼을 경우에 부하 기기, 금속제 외함 등에 발생하는 고장전압 또는 지락전류를 검출하는 부분과 차단기 부분을 조합하여 동적으로 전로를 차단하는 장치는?

① 누전차단장치 ② 과전류차단기
③ 누전경보장치 ④ 배선용차단기

10

소맥분, 전분 기타 가연성의 분진이 존재하는 곳의 저압 옥내 배선 공사 방법에 해당되는 것으로 짝지어진 것은?

① 케이블 공사, 애자 사용 공사
② 금속관 공사, 콤바인 덕트관, 애자 사용 공사
③ 케이블 공사, 금속관 공사, 애자 사용 공사
④ 케이블 공사, 금속관 공사, 합성수지관 공사

해설

가연성 분진이 존재하는 곳의 저압 옥내배선공사
금속관, 케이블, 합성수지관 공사

정답 04 ① 05 ④ 06 ③ 07 ② 08 ③ 09 ① 10 ④

11

가로 20[m], 세로 18[m], 천정의 높이 3.85[m], 작업면의 높이 0.85[m], 간접조명 방식인 호텔 연회장의 실지수는 약 얼마인가?

① 1.16 ② 2.16
③ 3.16 ④ 4.16

해설

$$K=\frac{XY}{H(X+Y)}=\frac{20\times18}{(3.85-0.85)\times(20+18)}=3.16$$

12

굵은 전선이나 케이블을 절단할 때 사용되는 공구는?

① 클리퍼 ② 펜치
③ 나이프 ④ 플라이어

해설

굵은 전선이나 케이블을 절단하는 경우 클리퍼를 사용한다.

13

ACSR 약호의 품명은?

① 경동연선 ② 중공연선
③ 알루미늄선 ④ 강심알루미늄 연선

해설

ACSR : 강심알루미늄 연선

14

물탱크의 물의 양에 따라 동작하는 자동스위치는?

① 부동스위치 ② 압력스위치
③ 타임스위치 ④ 3로스위치

해설

물의 양에 따라 동작하는 스위치는 부동스위치이다.

15

후강 전선관의 관 호칭은 ㈀ 크기로 정하여 ㈁로 표시하는데, ㈀과 ㈁에 들어갈 내용으로 옳은 것은?

① ㈀ 안지름 ㈁ 홀수
② ㈀ 안지름 ㈁ 짝수
③ ㈀ 바깥지름 ㈁ 홀수
④ ㈀ 바깥지름 ㈁ 짝수

해설

후강 전선관은 안지름으로 그 크기를 정하며 짝수로 표시한다.

16

노출장소 또는 점검 가능한 은폐장소에서 제2종 가요전선관을 시설하고 제거하는 것이 부자유하거나 점검 불가능한 경우의 곡률 반지름은 안지름의 몇 배 이상으로 하여야 하는가?

① 2 ② 3
③ 5 ④ 6

해설

곡률 반지름은 안지름의 6배 이상으로 하여야 한다.

17

저고압 가공전선이 철도 또는 궤도를 횡단하는 경우 높이는 궤조면상 몇 [m] 이상이어야 하는가?

① 10 ② 8.5
③ 7.5 ④ 6.5

해설

저・고압 가공전선이 철도 또는 궤도를 횡단하는 경우 지표상 6.5[m] 이상이어야 한다.

※ 전기설비 기술기준의 판단기준 개정에 따라 삭제된 문제가 있어 20문항이 되지 않습니다.

정답 11 ③ 12 ① 13 ④ 14 ① 15 ② 16 ④ 17 ④

제3과목 ✦ 전기설비

제3과목

전기설비 2016년 기출문제

2016년 1회 기출문제

01

3상 4선식 280/220[V] 전로에서 전원의 중성극에 접속된 전선을 무엇이라 하는가?

① 접지선 ② 중성선 ③ 전원선 ④ 접지측선

해설

① 접지선 : 대지 또는 이에 해당한 금속체에 접속하기 위한 선
② 중성선 : 다선식전로에서 전원의 중성극에 접속된 전원
③ 전원선 : 전력을 공급하는 선
④ 접지측선 : 저압전로에서 기술상의 필요에 따라 접지한 중성선 또는 접지된 전선

02

자동화재탐지설비의 구성 요소가 아닌 것은?

① 비상콘센트 ② 발신기
③ 수신기 ④ 감지기

해설

자동화재탐지설비 구성요소로는 수신기, 중계기, 감지기, 발신기 등이 있다.

03

셀룰로이드, 성냥, 석유류 등 기타 가연성 위험물질을 제조 또는 저장하는 장소의 배선으로 틀린 것은?

① 금속관 배선
② 케이블 배선
③ 플로어덕트 배선
④ 합성수지관(CD관 제외) 배선

해설

위험물 저장 장소의 저압배선(셀룰로이드, 성냥, 석유류)의 공사는 금속관 공사, 케이블 공사, 합성수지관 공사(두께 2[mm] 미만의 합성수지 전선관 및 콤바인 덕트관을 사용하는 것을 제외한다)에 의한다.

04

합성수지관을 새들 등으로 지지하는 경우 지지점간의 거리는 몇 [m] 이하인가?

① 1.5 ② 2.0 ③ 2.5 ④ 3.0

해설

합성수지관 공사(관 및 부속품의 연결과 지지)는 그 지지점간의 거리를 1.5[m] 이하로 하고, 또한 그 지지점은 관단, 관과 박스와의 접속점 및 관 상호 접속점에서 가까운 곳에 시설한다. 가까운 곳이라 함은 0.3[m] 정도가 바람직하다.

05

금속관 공사를 할 경우 케이블 손상방지용으로 사용하는 부품은?

① 부싱 ② 엘보
③ 커플링 ④ 로크너트

해설

① 부싱 : 전선(電線)을 벽에 관통시킬 때에 절연하기 위하여 끼우는 원통 모양의 얇은 절연체이다.
② 엘보 : 배관 작업 시 굴곡(직각) 조인트(Joint)에 사용된다.
③ 커플링 : 금속관 상호 접속 또는 관과 노멀밴드와의 접속에 사용되고 내면에 나사가 나 있으며 관의 양측을 돌리어 사용할 수 없는 경우 유니온 커플링을 사용한다.
④ 로크너트 : 관과 박스를 접속할 경우 파이프 나사를 죄어 고정시키는 데 사용한다.

정답 01 ② 02 ① 03 ③ 04 ① 05 ①

06

부하의 역률이 규정값 이하인 경우 역률 개선을 위하여 설치하는 것은?

① 저항 ② 리액터
③ 컨덕턴스 ④ 진상용 콘덴서

해설

① 저항 : 도체(導體)에 전류가 흐르는 것을 방해하는 물질
② 리액터 : 전자기 에너지의 축적에 의하여 교류 전류 또는 전류의 급격한 변화에 대해서 큰 저항을 나타나게 한 전기 기기
③ 컨덕턴스 : 전기회로에서 회로 저항의 역수
④ 진상용 콘덴서 : 역률 개선을 목적으로 부하와 병렬로 접속하여 사용

07

전선을 종단겹침용 슬리브에 의해 종단 접속할 경우 소정의 압축공구를 사용하여 보통 몇 개소를 압착하는가?

① 1 ② 2
③ 3 ④ 4

해설

전선을 종단겹침용 슬리브에 의해 종단 접속할 경우 압착공구를 사용하여 보통 2개소를 압착한다.

08

사람이 상시 통행하는 터널 내 배선의 사용전압이 저압일 때 배선 방법으로 틀린 것은?

① 금속관 배선 ② 금속덕트 배선
③ 합성수지관 배선 ④ 금속제 가요전선관 배선

해설

사람이 상시 통행하는 터널 안의 전선로 사용전압은 저압 또는 고압일 경우 : 애자사용 공사(2.5[m] 이상), 합성수지관 공사, 금속관 공사, 가요전선관 공사, 케이블 공사

09

변압기 중성점에 접지공사를 하는 이유는?

① 전류 변동의 방지 ② 전압 변동의 방지
③ 전력 변동의 방지 ④ 고저압 혼촉 방지

해설

고압 또는 특별고압과 저압의 혼촉에 의한 위험 방지를 위해 고압·특별고압전로와 저압전로를 결합하는 변압기의 저압 측의 중성점에는 접지공사를 하여야 한다.

10

어느 가정집이 40[W] LED등 10개, 1[kW] 전자레인지 1개, 100[W] 컴퓨터 세트 2대, 1[kW] 세탁기 1대를 사용하고, 하루 평균사용 시간이 LED등은 5시간, 전자레인지 30분, 컴퓨터 5시간, 세탁기 1시간이라면 1개월(30일)간의 사용전력량[kWh]은?

① 115 ② 135
③ 155 ④ 175

해설

사용기구	소비전력[W] × 기구수 × 사용시간[H]	사용전력[kW]
LED등	$40 \times 10^{-3} \times 10 \times 5$	2
전자레인지	$1 \times 1 \times 0.5$	0.5
컴퓨터	$100 \times 10^{-3} \times 2 \times 5$	1
세탁기	$1 \times 1 \times 1$	1
	1일 사용전력량	4.5

한 달 사용전력량은 4.5[kW]×30일=135[kWh]

11

고압 가공전선로의 지지물로 철탑을 사용하는 경우 경간은 몇 [m] 이하로 제한하는가?

① 150 ② 300
③ 500 ④ 600

정답 06 ④ 07 ② 08 ② 09 ④ 10 ② 11 ④

해설

고압 가공전선로 경간의 제한

지지물의 종류	경간
목주, A종 철주 또는 A종 철근 콘크리트주	150[m] 이하
B종 철주 또는 B종 철근 콘크리트주	250[m] 이하
철탑	600[m] 이하

12

금속관 구부리기에 있어서 관의 굴곡이 3개소가 넘거나 관의 길이가 30[m]를 초과하는 경우 적용하는 것은?

① 커플링　② 풀박스
③ 로크너트　④ 링 리듀서

해설

아웃렛박스 사이 또는 전선인입구를 가지는 기구 사이의 금속관에는 3개소를 초과하는 직각 또는 직각에 가까운 굴곡개소를 만들지 않는다. 굴곡개소가 많은 경우 또는 관의 길이가 30[m]를 초과하는 경우에는 풀박스를 설치한다.

13

옥내배선공사할 때 연동선을 사용할 경우 전선의 최소 굵기[mm^2]는?

① 1.5　② 2.5
③ 4　④ 6

해설

옥내배선공사에 사용하는 연동선은 최소 2.5[mm^2] 이상의 것을 사용한다.

14

연선 결정에 있어서 중심 소선을 뺀 층수가 3층이다. 전체 소선수는?

① 91　② 61
③ 37　④ 19

해설

소선수 : $N=3n(n+1)+1$(n=중심 소선을 뺀 층수)
그러므로 $N=3\times3\times(3+1)+1=37$가닥

15

접지전극의 매설 깊이는 몇 [m] 이상인가?

① 0.6　② 0.65
③ 0.7　④ 0.75

해설

접지선은 지하 75[m] 이상의 깊이에 매설할 것

16

금속관 절단구에 대한 다듬기에 쓰이는 공구는?

① 리머　② 홀소
③ 프레셔 툴　④ 파이프 렌치

해설

① 리머 : 금속관을 자른 후 관 안을 다듬는 데 사용
② 홀소 : 배전반, 분전반 등의 캐비닛에 구멍을 뚫을 때 사용
③ 프레셔 툴 : 솔더리스커넥터 또는 솔더리스터미널을 압착할 때 사용
④ 파이프 렌치 : 관을 설치할 때 관의 나사를 돌리는 공구

정답 12 ② 13 ② 14 ③ 15 ④ 16 ①

17

동전선의 종단접속 방법이 아닌 것은?

① 동선압착단자에 의한 접속
② 종단겹침용 슬리브에 의한 접속
③ C형 전선접속기 등에 의한 접속
④ 비틀어 꽂는 형의 전선접속기에 의한 접속

해설

동전선의 종단접속은 가는 단선(4[mm^2] 이하)의 종단접속, 동선압착단자에 의한 접속, 비틀어 꽂는 형의 전선접속기에 의한 접속, 종단겹침용 슬리브(E형)에 의한 접속 방법이 있다. C형 전선접속기 등에 의한 접속은 알루미늄전선의 접속의 종단접속에 사용하는 방법이다.

18

합성수지관 상호 접속 시에 관을 삽입하는 깊이는 관 바깥지름의 몇 배 이상으로 하여야 하는가?

① 0.6　　② 0.8
③ 1.0　　④ 1.2

해설

관 상호간 및 박스와는 관을 삽입하는 깊이를 관의 바깥지름의 1.2배(접착제를 사용하는 경우에는 0.8배) 이상으로 하고 또한 꽂은 접속에 의하여 견고하게 접속한다.

※ 전기설비 기술기준의 판단기준 개정에 따라 삭제된 문제가 있어 20문항이 되지 않습니다.

2016년 2회 기출문제

01

역률개선의 효과로 볼 수 없는 것은?

① 전력손실 감소
② 전압강하 감소
③ 감전사고 감소
④ 설비 용량의 이용률 증가

해설

- 수용가 : 설비용량의 여유 증가, 전압강하 경감, 변압기 및 배전선의 전력손실 경감, 전기요금 경감
- 전력회사 : 전력계통 안정, 전력손실 감소, 설비용량의 효율적 운용, 투자비 경감

02

옥내배선 공사에서 절연전선의 피복을 벗길 때 사용하면 편리한 공구는?

① 드라이버　　② 플라이어
③ 압착펜치　　④ 와이어스트리퍼

03

전기설비기술기준의 판단기준에 의하여 애자사용 공사를 건조한 장소에 시설하고자 한다. 사용전압이 400[V] 이하인 경우 전선과 조영재 사이의 이격거리는 최소 몇 [cm] 이상이어야 하는가?

① 2.5　　② 4.5
③ 6.0　　④ 12

정답 17 ③ 18 ④ / 01 ③ 02 ④ 03 ①

해설

애자사용 공사에 의한 저압 옥내배선은 다음에 따라 시설하여야 한다.

- 전선 상호간의 간격은 6[m] 이상일 것
- 전선과 조영재 사이의 이격거리는 사용전압이 400[V] 이하인 경우에는 2.5[cm] 이상, 400[V] 초과인 경우에는 4.5[cm](건조한 장소에 시설하는 경우에는 2.5[cm]) 이상일 것(이하 생략)

04

전선 접속 방법 중 트위스트 직선 접속의 설명으로 옳은 것은?

① 연선의 직선 접속에 적용된다.
② 연선의 분기 접속에 적용된다.
③ 6[mm^2] 이하의 가는 단선인 경우에 적용된다.
④ 6[mm^2] 초과의 굵은 단선인 경우에 적용된다.

해설

트위스트 직선 접속은 6[mm^2] 이하의 가는 단선인 경우에 적용된다.

05

건축물에 고정되는 본체부와 제거할 수 있거나 개폐할 수 있는 커버로 이루어지며 절연전선, 케이블 및 코드를 완전하게 수용할 수 있는 구조의 배선설비의 명칭은?

① 케이블 래더 ② 케이블 트레이
③ 케이블 트렁킹 ④ 케이블 브라킷

06

금속전선관 공사에서 금속관에 나사를 내기 위해 사용하는 공구는?

① 리머 ② 오스터
③ 프레서 툴 ④ 파이프 벤더

해설

① 리머 : 미리 드릴로 뚫어 놓은 구멍을 정확한 치수의 지름으로 넓히거나 또는 구멍의 내면을 깨끗하게 다듬질하는 데 사용하는 공구
② 오스터 : 금속관에 나사를 내는 공구
③ 프레서 툴 : 터미널을 안착
④ 파이프 벤더 : 관을 소정의 각도로 구부리는 기계

07

성냥을 제조하는 공장의 공사 방법으로 틀린 것은?

① 금속관 공사
② 케이블 공사
③ 금속 몰드 공사
④ 합성수지관 공사(두께 2[mm] 미만 및 난연성이 없는 것은 제외)

해설

- 폭연성 분진 또는 화약류의 분말에 전기설비가 발화원이 되어 폭발할 우려가 있는 곳에 시설하는 저압 옥내 전기설비를 할 경우 저압 옥내배선, 저압 관등회로 배선, 소세력 회로의 전선 등은 금속관 공사 또는 케이블 공사(캡타이어 케이블을 사용하는 것을 제외한다)에 의할 것
- 가연성 분진에 전기설비가 발화원이 되어 폭발할 우려가 있는 곳에 시설하는 저압 옥내 전기설비는 저압 옥내배선의 경우 합성수지관공사(두께 2[mm] 미만의 합성수지 전선관 및 난연성이 없는 콤바인 덕트관을 사용하는 것을 제외한다) · 금속관 공사 또는 케이블 공사에 의할 것

08

콘크리트 조영재에 볼트를 시설할 때 필요한 공구는?

① 파이프 렌치 ② 볼트 클리퍼
③ 노크아웃 펀치 ④ 드라이브 이트

정답 04 ③ 05 ③ 06 ② 07 ③ 08 ④

해설

① 파이프 렌치 : 배관의 이음에서 소켓·유니언 등을 끼울 때 그 외 배관의 접속작업 시에 배관을 고정 또는 돌려서 나사 이음하는 데 사용된다.

② 볼트 클리퍼 : 2개의 날을 맞대어 절단하는 구조로 되어 있으며, 굵은 철선도 쉽게 절단할 수 있으므로 철선이나 전선의 절단에 많이 사용된다.

④ 드라이브 이트 : 경화 후의 콘크리트에 볼트나 특수못 등을 박아 넣는 공구로 대형의 권총형을 하고 있다.

09

실내 면적 100[m^2]인 교실에 전광속이 2500[lm]인 40[W] 형광등을 설치하여 평균조도를 150[lx]로 하려면 몇 개의 등을 설치하면 되겠는가? (단, 조명률은 50[%], 감광 보상률은 1.25로 한다.)

① 15개　② 20개
③ 25개　④ 30개

해설

FNU=EAD에서

$$\text{전등 개수} = \frac{\text{광속 감광 보상률} \times \text{조도} \times \text{면적}}{\text{광속} \times \text{조명률}}$$

$$\text{전등 개수[N]}\ N = \frac{EAD}{FU} = \frac{150 \times 100 \times 1.25}{2500 \times 0.5} = 15[\text{등}]$$

10

교류 배전반에서 전류가 많이 흘러 전류계를 직접 주회로에 연결할 수 없을 때 사용하는 기기는?

① 전류 제한기　② 계기용 변압기
③ 계기용 변류기　④ 전류계용 절환 개폐기

해설

계기용 변류기 : 교류 전류계의 측정 범위를 확대하기 위해 사용되는 측정용 또는 제어용 변압기를 말한다. 보통 CT라는 약어로 부르며, 고전압의 전류를 저전압의 전류로 변성하는 경우에도 사용된다. 배율은 권수비의 역수와 같다.

11

진동이 심한 전기 기계·기구의 단자에 전선을 접속할 때 사용되는 것은?

① 커플링　② 압착단자
③ 링 슬리브　④ 스프링 와셔

해설

스프링 와셔 : 끊어져 비틀어진 모양을 한 코일 형상의 와셔로, 진동에 의한 나사의 풀림을 방지한다.

12

전기설비기술기준의 판단기준에 의하여 가공전선에 케이블을 사용하는 경우 케이블은 조가용선에 행거로 시설하여야 한다. 이 경우 사용전압이 고압인 때에는 그 행거의 간격은 몇 [cm] 이하로 시설하여야 하는가?

① 50　② 60　③ 70　④ 80

해설

케이블은 조가용선에 행거로 시설할 것. 이 경우에는 사용전압이 고압인 때에는 그 행거의 간격을 50[cm] 이하로 시설하여야 한다.

13

라이팅 덕트 공사에 의한 저압 옥내배선의 시설기준으로 틀린 것은?

① 덕트의 끝부분은 막을 것
② 덕트는 조영재에 견고하게 붙일 것
③ 덕트의 개구부는 위로 향하여 시설할 것
④ 덕트는 조영재를 관통하여 시설하지 아니할 것

해설

덕트의 개구부는 아래로 향하여 시설할 것. 다만, 사람이 쉽게 접촉할 우려가 없는 장소에서 덕트의 내부에 먼지가 들어가지 아니하도록 시설하는 경우에 한하여 옆으로 향하여 시설할 수 있다.

정답 09 ① 10 ③ 11 ④ 12 ① 13 ③

14

전기설비기술기준의 판단기준에 의한 고압 가공전선로 철탑의 경간은 몇 [m] 이하로 제한하고 있는가?

① 150 ② 250
③ 500 ④ 600

해설

고압 가공전선로의 경간
- 목주 · A종 철주 또는 A종 철근 콘크리트주 : 150[m] 이하
- B종 철주 또는 B종 철근 콘크리트주 : 250[m] 이하
- 철탑 : 600[m] 이하

15

A종 철근 콘크리트주의 길이가 9[m]이고, 설계하중이 6.8[kN]인 경우 땅에 묻히는 깊이는 최소 몇 [m] 이상이어야 하는가?

① 1.2 ② 1.5
③ 1.8 ④ 2.0

해설

강관을 주체로 하는 철주(이하 "강관주"라 한다) 또는 철근 콘크리트주로서 그 전체 길이가 16[m] 이하, 설계하중이 6.8[kN] 이하인 것 또는 목주를 다음에 의하여 시설하는 경우
- 전체의 길이가 15[m] 이하인 경우는 땅에 묻히는 깊이를 전체 길이의 6분의 1 이상으로 할 것
- 전체의 길이가 15[m]를 초과하는 경우는 땅에 묻히는 깊이를 2.5[m] 이상으로 할 것

$\therefore\ 9 \times \frac{1}{6} = 1.5[\text{m}]$

16

전선의 접속법에서 두 개 이상의 전선을 병렬로 사용하는 경우의 시설기준으로 틀린 것은?

① 각 전선의 굵기는 구리인 경우 $50[\text{mm}^2]$ 이상이어야 한다.
② 각 전선의 굵기는 알루미늄인 경우 $70[\text{mm}^2]$ 이상이어야 한다.
③ 병렬로 사용하는 전선은 각각에 퓨즈를 설치할 것
④ 도극의 각 전선은 동일한 터미널러그에 완전히 접속할 것

해설

병렬로 사용하는 전선에는 각각에 퓨즈를 설치하지 말 것

※ 전기설비 기술기준의 판단기준 개정에 따라 삭제된 문제가 있어 20문항이 되지 않습니다.

정답 14 ④ 15 ② 16 ③

2016년 3회 기출문제

01

450/750[V] 일반용 단심 비닐절연전선의 약호는?

① NRI ② NF
③ NFI ④ NR

해설
배선용 비닐절연전선의 약호
- NR : 450/750[V] 일반용 단심 비닐절연전선
- NRI(70) : 300/500[V] 기기 배선용 단심 비닐절연전선(70°)
- NRI(90) : 300/500[V] 기기 배선용 단심 비닐절연전선(90°)
- NF : 450/750[V] 일반용 유연성 비닐절연전선
- NFI(70) : 300/500[V] 기기 배선용 유연성 단심 비닐절연전선(70°)
- NFI(90) : 300/500[V] 기기 배선용 유연성 단심 비닐절연전선(90°)

02

최대 사용전압이 220[V]인 3상 유도 전동기가 있다. 이것의 절연내력 시험전압은 몇 [V]로 하여야 하는가?

① 330 ② 500
③ 750 ④ 1050

해설
회전기(발전기,전동기) 절연내력 시험전압
7,000[V] 이하 : 최대 사용전압×1.5배(최저 500[V])
7,000[V] 초과 : 최대 사용전압×1.25배
시험전압 = 200×1.5 = 330[V], 최저 500[V]로 시험

03

금속 전선관 공사에서 사용되는 후강전선관의 규격이 아닌 것은?

① 16 ② 28
③ 36 ④ 50

해설
- 후강전선관 : 내경 짝수(호칭), 16, 22, 28, 36, 42, 54, 70, 82, 92, 104[mm]
- 박강전선관 : 외경 홀수(호칭), 15, 19, 25, 31, 39, 51, 63, 75[mm]

04

금속관을 구부릴 때 그 안쪽의 반지름은 관 안지름의 최소 몇 배 이상이 되어야 하는가?

① 4 ② 6
③ 8 ④ 10

해설
구부러진 금속관 내경은 금속관 안지름의 6배 이상으로 해야 한다.

05

피뢰기의 약호는?

① LA ② PF
③ SA ④ COS

해설
① LA : 천둥에 의한 충격이나 기타의 이상 전압을 대지에 방전하여 기기의 단자 전압을 내전압 이하로 저감하여 기기의 절연 파괴를 방지하기 위해 사용하는 장치
② PF(Power Fuse) : 전력용 퓨즈 고압 및 특별고압 기기의 단락보호용
③ SA(Surge Absorber) : 서지흡수기로 주로 개폐서지 보호용으로 사용되며, 순간적으로 발생하는 저압파를 흡수하기 위한 장치
④ COS(컷아웃스위치) : 주요 변압기 1차 측에 설치하여 변압기의 보호와 단로를 위한 목적으로 사용

정답 01 ④ 02 ② 03 ④ 04 ② 05 ①

06

차단기 문자 기호 중 "OCB"는?

① 진공차단기　　② 기중치단기
③ 자기차단기　　④ 유입차단기

해설

- 공기차단기(ABB) : 가압공기
- 기중차단기 : 압축공기를 사용하여 아크를 끄는 전기개폐장치
- 자기차단기(MBB) : 자기장
- 유입차단기(OCB) : 기름
- 진공차단기(VCB) : 진공

07

전기설비기술기준의 판단기준에서 교통신호등 회로의 사용전압이 몇 [V]를 초과하는 경우에는 지락 발생 시 자동적으로 전로를 차단하는 장치를 시설하여야 하는가?

① 50　　② 100
③ 150　　④ 200

해설

교통신호등 회로의 사용전압이 150[V]를 초과하는 경우에는 전로에 지락이 생겼을 때에 자동적으로 전로를 차단하는 장치를 시설해야 한다.

08

케이블 공사에서 비닐 외장 케이블을 조영재의 옆면에 따라 붙이는 경우 전선의 지지점 간의 거리는 최대 몇 [m]인가?

① 1.0　　② 1.5
③ 2.0　　④ 2.5

해설

전선을 조영재의 윗면 또는 옆면에 따라 붙일 경우 전선의 지지점 간의 거리는 2[m] 이하일 것

09

누전차단기의 설치목적은 무엇인가?

① 단락　　② 단선
③ 지락　　④ 과부하

해설

누전차단기 : 전로에서 지락사고로 누전이 발생하였을 때 자동으로 차단

10

금속덕트를 조영재에 붙이는 경우에는 지지점 간의 거리는 최대 몇 [m] 이하로 하여야 하는가?

① 1.5　　② 2.0
③ 3.0　　④ 3.5

해설

금속덕트에서 조영재에 붙이는 경우 3[m] 이하의 간격으로 견고하게 지지(취급자만 출입가능하고 수직으로 설치 시 6[m] 이하)

11

절연물 중에서 가교폴리에틸렌(XLPE)과 에틸렌프로필렌고무혼합물(EPR)의 허용온도[℃]는?

① 70 (전선)　　② 90 (전선)
③ 95 (전선)　　④ 105 (전선)

해설

절연물의 최대 허용온도

- 염화비닐 : 70[℃]
- 가교폴리에틸렌(XLPE), 에틸렌프로필렌고무혼합물(EPR) : 90[℃]
- 무기물(PVC 피복, 나도체가 인체 접촉할 우려가 있을 것) : 70[℃]
- 무기물(접촉하지 않고, 가연성물질과 접촉할 우려가 없는 나도체) : 105[℃]

정답 06 ④　07 ③　08 ③　09 ③　10 ③　11 ②

12

완전 확산면은 어느 방향에서 보아도 무엇이 동일한가?

① 광속 ② 휘도
③ 조도 ④ 광도

해설

① 광속 : 광원으로부터 나오는 빛의 양
② 휘도 : 발광면의 어떤 방향에서 본 단위 투영 면적당 그 방향의 강도로 광원의 빛나는 정도
③ 조도 : 어떤 면에 광속이 도달하여 밝아졌을 때 그 면에서의 밝기
④ 광도 : 광원이 어떤 방향에 대하여 발생하는 빛의 세기

완전 확산면 : 확산면을 바라보는 방향에 관계없이 모든 방향으로의 휘도가 동일한 발광면을 의미한다.

13

합성수지 전선관 공사에서 관 상호간 접속에 필요한 부속품은?

① 커플링 ② 커넥터
③ 리머 ④ 노멀 밴드

해설

합성수지관의 부속품
① 커플링 : 전선관 상호 연결
② 커넥터 : 전선관과 박스의 연결
③ 리머 : 주로 금속관을 자른 후 관 안을 다듬는 데 사용
④ 노멀 밴드 : 전선관의 직각 연결

14

배전반을 나타내는 그림 기호는?

① 
② 
③ 
④ 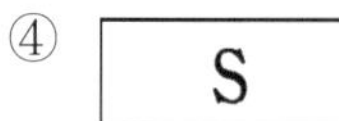

해설

① 분전반
② 배전반
③ 제어반

15

조명공학에서 사용되는 칸델라[cd]는 무엇의 단위인가?

① 광도 ② 조도
③ 광속 ④ 휘도

16

옥내 배선을 합성수지관 공사에 의하여 실시할 때 사용할 수 있는 단선의 최대 굵기[mm^2]는?

① 4 ② 6
③ 10 ④ 16

해설

옥내 배선을 합성수지관 공사에 의하여 실시할 때 사용할 수 있는 단선의 최대 굵기는 단면적 10[mm^2](알루미늄선은 단면적 16[mm^2]) 이하의 것

17

다음 중 배선기구가 아닌 것은?

① 배전반 ② 개폐기
③ 접속기 ④ 배선용 차단기

해설

배전반은 발전소나 변전소, 건물 등에서 전류를 받고 보내는 등의 관리를 하는 장치가 되어 있는 판을 말한다.

정답 12 ② 13 ① 14 ② 15 ① 16 ③ 17 ①

제3과목 ✦ 전기설비

18

전기설비기술기준의 판단기준에서 가공전선로의 지지물에 하중이 가하여지는 경우에 그 하중을 받는 지지물의 기초의 안전율은 얼마 이상인가?

① 0.5　　② 1
③ 1.5　　④ 2

해설
가공전선로의 지지물에 하중이 가하여지는 경우에 그 하중을 받는 지지물의 기초의 안전율은 2 이상이어야 한다.

19

흥행장의 저압 옥내배선, 전구선 또는 이동전선의 사용전압은 최대 몇 [V] 이하인가?

① 400　　② 440
③ 450　　④ 750

해설
무대, 무대마루 밑, 오케스트라박스, 영사실 기타 사람이나 무대도구가 접촉할 우려가 있는 곳에 시설하는 저압 옥내배선, 전구선 또는 이동전선은 사용전압이 400[V] 이하일 것

20

구리 전선과 전기 기계기구 단자를 접속하는 경우에 진동 등으로 인하여 헐거워질 염려가 있는 곳에는 어떤 것을 사용하여 접속하여야 하는가?

① 정 슬리브를 끼운다.
② 평와셔 2개를 끼운다.
③ 코드 패스너를 끼운다.
④ 스프링 와셔를 끼운다.

해설
스프링 와셔 : 끊어져 비틀어진 모양을 한 코일 형상의 와셔로, 진동에 의한 나사의 풀림을 방지한다.

정답 18 ④ 19 ① 20 ④

부록

CBT 복원 기출문제

2016년 CBT 복원 기출문제

※ 2016~2020년 기출문제는 한국전기설비규정의 개정에 따라 삭제된 문제가 있어 60문항이 되지 않습니다.

2016년 CBT 복원문제 5회

01

그림과 같은 회로에서 합성저항은 몇 [Ω]인가?

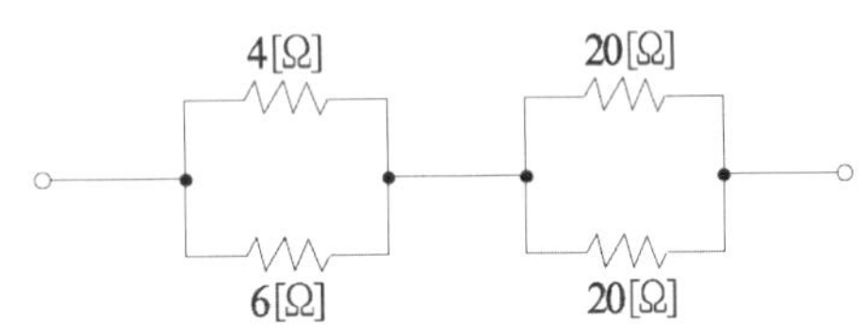

① 6.6　　② 12.4
③ 8.7　　④ 9.4

해설

먼저 4[Ω]과 6[Ω]이 병렬 연결되었을 경우 합성저항은

$R_1 = \frac{4\times6}{4+6} = 2.4$[Ω]이며

20[Ω]과 20[Ω]이 병렬 연결되었을 경우 합성저항은

$R_2 = \frac{20\times20}{20+20} = 10$[Ω]이다.

그러므로 합성저항 $R_0 = 2.4+10 = 12.4$[Ω]

02

자장 내에 있는 도체에 전류를 흘리면 힘(전자력)이 작용하는데, 이 힘의 방향을 어떤 법칙으로 정하는가?

① 플레밍의 오른손 법칙
② 플레밍의 왼손 법칙
③ 렌츠의 법칙
④ 앙페르의 오른나사 법칙

해설

자장 내에 있는 도체에 전류를 흘리면 힘이 작용하는데 그 힘의 방향을 결정하는 것은 플레밍의 왼손 법칙이다.

03

히스테리시스 곡선이 횡축과 만나는 점의 값은 무엇을 나타내는가?

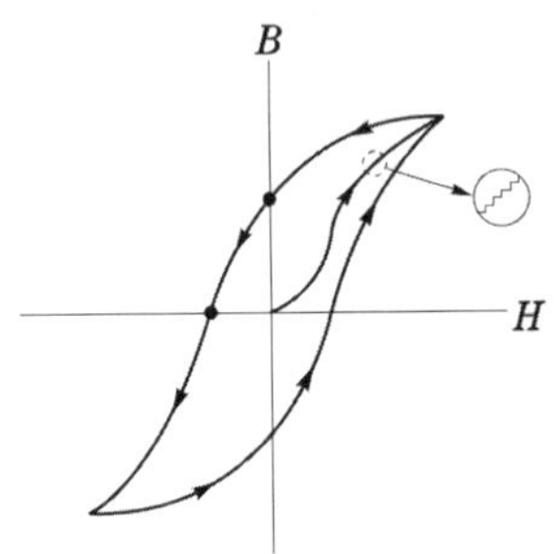

① 자속밀도　　② 자화력
③ 보자력　　④ 잔류자기

해설

히스테리시스 곡선에서 횡축과 만나는 점은 보자력, 종축과 만나는 점은 잔류자기가 된다.

04

3상 교류회로의 선간전압이 13,200[V], 선전류가 800[A], 역률 80[%] 부하의 소비전력은 약 몇 [MW]인가?

① 4.88　　② 8.45
③ 14.63　　④ 25.34

해설

- 3상전력

$P = \sqrt{3}\, V_l I_l \cos\theta = \sqrt{3}\times13,200\times800\times0.8$

$= 14,632,365.22$[W] ≒ 14.63[MW]

정답 01 ② 02 ② 03 ③ 04 ③

05

$m_1 = 4\times10^{-5}$[Wb], $m_2 = 6\times10^{-3}$[Wb], $r = 10$[cm]이면, 두 자극 m_1, m_2 사이에 작용하는 힘은 약 몇 [N]인가?

① 1.52　② 2.4
③ 24　④ 152

해설

$$F=\frac{m_1\cdot m_2}{4\pi\mu_0 r^2}=6.33\times10^4\times\frac{m_1\cdot m_2}{r^2}$$

$$=6.33\times10^4\times\frac{4\times10^{-5}\times6\times10^{-3}}{0.1^2}=1.519[\mathrm{N}]$$

06

평형 3상 교류 회로에서 △부하의 한 상의 임피던스가 $Z_\triangle$일 때, 등가 변환한 Y부하의 한 상의 임피던스 Z_Y는 얼마인가?

① $Z_Y=\sqrt{3}Z_\triangle$　② $Z_Y=3Z_\triangle$
③ $Z_Y=\frac{1}{\sqrt{3}}Z_\triangle$　④ $Z_Y=\frac{1}{3}Z_\triangle$

해설

(1) △결선에서 → Y결선으로 변경할 때
- 임피던스 : $\frac{1}{3}$배
- 선전류 : $\frac{1}{3}$배
- 소비전력 : $\frac{1}{3}$배

 임피던스 : $Z_Y=\frac{Z_\triangle}{3}$

(2) Y결선에서 → △결선으로 변경할 때
- 임피던스 : 3배
- 선전류 : 3배
- 소비전력 3배

 임피던스 : $Z_\triangle=3Z_Y$

07

전기장의 세기 단위로 옳은 것은?

① H/m　② F/m　③ AT/m　④ V/m

해설

전기장의 세기 : E[V/m]
자기장의 세기 : H[AT/m]

08

평행한 두 도선 간의 전자력은?

① 거리 r에 비례한다.
② 거리 r에 반비례한다.
③ 거리 r^2에 비례한다.
④ 거리 r^2에 반비례한다.

해설

두 도선 간의 길이당 힘 $F=\frac{2i_1 i_2\times10^{-7}}{r}$　$\therefore F\propto\frac{1}{r}$

09

정전용량이 같은 콘덴서 10개가 있다. 이것을 직렬 접속할 때의 값은 병렬 접속할 때의 값보다 어떻게 되는가?

① $\frac{1}{10}$배로 감소한다.　② $\frac{1}{100}$배로 감소한다.
③ 10배로 증가한다.　④ 100배로 증가한다.

해설

직렬 합성 용량 : $C_s=\frac{1}{n}C$
병렬 합성 용량 : $C_p=nC$

$$\therefore \frac{C_s}{C_p}=\frac{\frac{C}{n}}{nC}=\frac{1}{n^2}$$

콘덴서의 개수는 $\frac{1}{n^2}$가 되므로, 콘덴서가 10개인 경우 $\frac{1}{100}$배로 감소한다.

정답 05 ① 06 ④ 07 ④ 08 ② 09 ②

CBT 복원

10

자체 인덕턴스가 L_1, L_2인 두 코일을 직렬로 접속하였을 때 합성 인덕턴스를 나타내는 식은? (단, 두 코일간의 상호 인덕턴스는 M이다.)

① $L_1 + L_2 \pm M$　　② $L_1 - L_2 \pm M$
③ $L_1 + L_2 \pm 2M$　　④ $L_1 - L_2 \pm 2M$

해설

두 코일을 직렬로 접속하였을 경우 합성 인덕턴스 L_0는
$L_0 = L_1 + L_2 \pm 2M$
(M의 부호는 가동 결합이면 +, 차동 결합이면 – 이다.)

11

반지름 0.2[m], 권수가 50회의 원형 코일이 있다. 코일 중심의 자기장의 세기가 850[AT/m]이었다면 코일에 흐르는 전류의 크기는?

① 0.68[A]　　② 6.8[A]
③ 10[A]　　④ 20[A]

해설

원형 코일 중심의 자계의 세기

$H = \frac{NI}{2a}$

$I = \frac{2aH}{N} = \frac{2 \times 0.2 \times 850}{50} = 6.8[A]$

12

그림과 같이 공기 중에 놓인 2×10^{-8}[C]의 전하에서 2[m] 떨어진 점 P와 1[m] 떨어진 점 Q와의 전위차는?

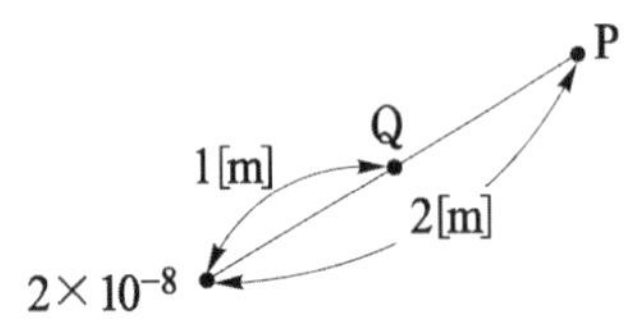

① 80[V]　　② 90[V]
③ 100[V]　　④ 110[V]

해설

전위차 $V = V_1 - V_2 = \frac{Q}{4\pi\epsilon_0 r_1} - \frac{Q}{4\pi\epsilon_0 r_2} = \frac{Q}{4\pi\epsilon_0}\left(\frac{1}{r_1} - \frac{1}{r_2}\right)$

$= 9 \times 10^9 \times 2 \times 10^{-8}\left(\frac{1}{1} - \frac{1}{2}\right) = 9 \times 10 = 90[V]$

13

1차 전지로 가장 많이 사용되는 것은?

① 니켈–카드뮴전지　　② 연료전지
③ 망간전지　　④ 납축전지

해설

- 1차 전지 : 망간전지, 알칼라인 전지 등
- 2차 전지 : 니켈 – 카드뮴, 리튬이온, 니켈 – 수소, 리튬 폴리머 등

14

저항 R=6[Ω], 용량성 리액턴스 X_c=8[Ω]이 직렬로 접속되어 회로에 I=10[A]의 전류가 흐른다면 전압[V]은?

① $60 + j80$　　② $60 - j80$
③ $100 + j150$　　④ $100 - j150$

해설

$Z = R - j\frac{1}{\omega C} = R - jX_c = 6 - j8,\ \ I = 10[A]$

$V = Z \cdot I = (6 - j8) \times 10 = 60 - j80$

15

다음 전압과 전류의 위상차는 어떻게 되는가?

$$v = \sqrt{2}\, V \sin(\omega t - \frac{\pi}{3})[V],$$
$$i = \sqrt{2}\, I \sin(\omega t - \frac{\pi}{6})[A]$$

정답 10 ③ 11 ② 12 ② 13 ③ 14 ② 15 ④

① 전류가 $\frac{\pi}{3}$ 만큼 앞선다.

② 전압이 $\frac{\pi}{3}$ 만큼 앞선다.

③ 전압이 $\frac{\pi}{6}$ 만큼 앞선다.

④ 전류가 $\frac{\pi}{6}$ 만큼 앞선다.

해설

실효값 전압 $V\angle -\frac{\pi}{3} = V\angle -60°$

실효값 전류 $I\angle -\frac{\pi}{6} = I\angle -30°$

위상차 $\theta = |-60-(-30°)| = 30°$

전압이 30° 뒤지므로 전류는 30° 앞선다.

16

어떤 전지에서 5[A]의 전류가 10분간 흘렀다면 이 전지에서 나온 전기량은?

① 0.83[C] ② 50[C]
③ 250[C] ④ 3,000[C]

해설

$Q = ne = I \cdot t = C \cdot V$[C]

$Q = I \cdot t = 5 \times 10 \times 60 = 3{,}000$[A · s]

17

비정현파의 실효값을 나타낸 것은?

① 최대파의 실효값
② 각 고조파의 실효값의 합
③ 각 고조파의 실효값의 합의 제곱근
④ 각 고조파의 실효값의 제곱의 합의 제곱근

해설

$v = \sqrt{2}\,V_1 \cdot \sin\omega t + \sqrt{2}\,V_2 \cdot \sin 2\omega t + \sqrt{2}\,V_3 \cdot \sin 3\omega t + ...$

$V = \sqrt{V_1^2 + V_2^2 + V_3^2 + ...}$

18

1.5[kW]의 전열기를 정격 상태에서 30분간 사용할 때의 발열량은 몇 [kcal]인가?

① 648 ② 1,290
③ 1,500 ④ 2,700

해설

발열량

$Q = 0.24Pt = 0.24 \times 1{,}500 \times 30 \times 60 \times 10^{-3} = 648$[kcal]

19

저항 $R = 15$[Ω], 자체 인덕턴스 $L = 35$[mH], 정전용량 $C = 300$[μF]의 직렬회로에서 공진 주파수 f_r는 약 몇 [Hz]인가?

① 40 ② 50
③ 60 ④ 70

해설

공진 주파수

$f_r = \frac{1}{2\pi\sqrt{LC}} = \frac{1}{2\pi \times \sqrt{35 \times 10^{-3} \times 300 \times 10^{-6}}} = 50$[Hz]

20

P-N 접합 정류기는 무슨 작용을 하는가?

① 증폭작용 ② 제어작용
③ 정류작용 ④ 스위치작용

해설

P-N 접합 정류기는 정류작용을 한다.

정답 16 ④ 17 ④ 18 ① 19 ② 20 ③

21

동기기 손실 중 무부하손(no load loss)이 아닌 것은?

① 풍손　② 와류손
③ 전기자 동손　④ 베어링 마찰손

해설

• 고정손(무부하손) : 철손 ─ 히스테리시스손 : 규소강판 / 와류손 : 성층철심
• 가변손(부하손) : 동손

22

60[Hz], 4극 유도전동기가 1,700[rpm]으로 회전하고 있다. 이 전동기의 슬립은 약 얼마인가?

① 3.42[%]　② 4.56[%]
③ 5.56[%]　④ 6.64[%]

해설

$S=\frac{N_s-N}{N_s}=\frac{E_{2s}}{E_2}=\frac{f_{2s}}{f_2}=\frac{P_{2c}}{P_2}$

$S=\frac{N_s-N}{N_s}=\frac{1,800-1,700}{1,800}\times 100 \fallingdotseq 5.56[\%]$

$N_s=\frac{120f}{P}=\frac{120\times 60}{4}=1,800[\text{rpm}]$

23

농형 유도전동기의 기동법이 아닌 것은?

① 2차 저항기법
② Y - △ 기동법
③ 전전압 기동법
④ 기동보상기에 의한 기동법

해설

(1) 농형
① 직입 기동(전전압기동)
② Y-△ 기동
③ 리액터 기동
④ 기동보상기 기동
(2) 권선형
① 2차 저항 기동
② 게르게스 기동

24

변압기의 임피던스 전압이란?

① 정격전류가 흐를 때의 변압기 내의 전압 강하
② 여자전류가 흐를 때의 2차 측 단자 전압
③ 정격전류가 흐를 때의 2차 측 단자 전압
④ 2차 단락전류가 흐를 때의 변압기 내의 전압 강하

해설

$\%Z=\frac{I_{1n}\cdot Z_1}{V_{1n}}\times 100=\frac{V_{1s}}{V_{1n}}\times 100$ (V_{1s} : 임피던스 전압)

25

8극 파권 직류발전기의 전기자 권선의 병렬회로 수 a는 얼마로 하고 있는가?

① 1　② 2　③ 6　④ 8

해설

파권인 경우 극과 관계없이 $a=2$이다.

26

낮은 전압을 높은 전압으로 승압할 때 일반적으로 사용되는 변압기의 3상 결선방식은?

① △ - △　② △ - Y
③ Y - Y　④ Y - △

정답 21 ③　22 ③　23 ①　24 ①　25 ②　26 ②

27

3상 전파 정류회로에서 전원 250[V]일 때 부하에 나타나는 전압[V]의 최대값은?

① 약 177　② 약 292
③ 약 354　④ 약 433

해설

3상 반파 : $E=1.17E_d$　3상 전파 : $E=1.35E_d$

28

3상 유도전동기의 토크는?

① 2차 유도기전력의 2승에 비례한다.
② 2차 유도기전력에 비례한다.
③ 2차 유도기전력과 무관하다.
④ 2차 유도기전력의 0.5승에 비례한다.

해설

3상 유도전동기의 최대 출력은 전압의 2승에 비례하며 최대출력은 곧 토크이므로
$\therefore \tau \propto V^2$ (토크는 전압의 2승에 비례한다.)

29

변압기 내부고장 시 급격한 유류 또는 Gas의 이동이 생기면 동작하는 부흐홀츠 계전기의 설치 위치는?

① 변압기 본체
② 변압기의 고압 측 부싱
③ 컨서베이터 내부
④ 변압기 본체와 콘서베이터를 연결하는 파이프

해설

부흐홀츠 계전기 : 변압기 내부 고장으로 발생하는 기름의 분해 가스, 증기, 유류를 이용하여 부저를 움직여 계전기의 접점을 닫는 것으로 변압기의 주탱크와 콘서베이터 연결관 사이에 설치한다.

30

변압기의 규약 효율은?

① $\dfrac{출력}{입력}$　② $\dfrac{출력}{출력+손실}$
③ $\dfrac{출력}{입력+손실}$　④ $\dfrac{입력-손실}{입력}$

해설

변압기의 규약 효율 $\eta=\dfrac{출력}{출력+손실}\times 100[\%]$

31

동기발전기에서 비돌극기의 출력이 최대가 되는 부하각(power angle)은?

① 0°　② 45°
③ 90°　④ 180°

해설

동기발전기의 출력 $P_s=\dfrac{E_l V_l}{Xs}\sin\delta$ 에서 $\sin 90°=1$이므로
δ(부하각)$=90°$일 때 최대가 된다.

32

직류발전기에서 계자의 주된 역할은?

① 기전력을 유도한다.
② 자속을 만든다.
③ 정류작용을 한다.
④ 정류자면에 접촉한다.

해설

- 계자 : 주 자속을 발생하는 부분
- 전기자 : 기전력을 유기하는 부분
- 정류자 : 전기자에 의해 발전된 기전력을 직류로 변환하는 부분
- 브러시 : 내부회로와 외부회로를 전기적으로 연결하는 부분

정답 27 ③ 28 ① 29 ④ 30 ② 31 ③ 32 ②

33

동기전동기에 대한 설명으로 옳지 않은 것은?

① 정속도 전동기로 비교적 회전수가 낮고 큰 출력이 요구되는 부하에 이용된다.
② 난조가 발생하기 쉽고 속도제어가 간단하다.
③ 전력계통의 전류세기, 역률 등을 조정할 수 있는 동기조상기로 사용된다.
④ 가변 주파수에 의해 정밀속도 제어 전동기로 사용된다.

해설

동기전동기 : 속도제어가 불가능하다.

34

권선형 유도전동기 기동 시 회전자 측에 저항을 넣는 이유는?

① 기동전류 증가
② 기동토크 감소
③ 회전수 감소
④ 기동전류 억제와 토크 증대

해설

권선형 유도전동기 : 기동 시 저항을 넣는 이유는 기동토크를 크게 할 수 있으며, 기동전류를 줄일 수 있다.

35

단락비가 1.2인 동기발전기의 %동기 임피던스는 약 몇 [%]인가?

① 68　　② 83
③ 100　　④ 120

해설

단락비 $K_s = \frac{1}{\%Z_s} = \frac{1}{1.2} = 0.83 = 83[\%]$

36

직류 직권 전동기의 회전수(N)와 토크(τ)와의 관계는?

① $\tau \propto \frac{1}{N}$　　② $\tau \propto \frac{1}{N^2}$
③ $\tau \propto N$　　④ $\tau \propto N^2$

해설

직권 전동기 $\tau \propto I^2 \propto \frac{1}{N^2}$

37

동기발전기에서 전기자 전류가 기전력보다 90°만큼 위상이 앞설 때의 전기자 반작용은?

① 교차 자화 작용　　② 감자 작용
③ 편자 작용　　④ 증자 작용

해설

동기기의 전기자 반작용
- 발전기의 경우 기전력보다 위상이 앞설 경우 증자
  위상이 뒤질 경우 감자
- 전동기의 경우 기전력보다 위상이 앞설 경우 감자
  위상이 뒤질 경우 증자

38

반파 정류 회로에서 변압기 2차 전압의 실효치를 E[V]라 하면 직류 전류 평균치는? (단, 정류기의 전압강하는 무시한다.)

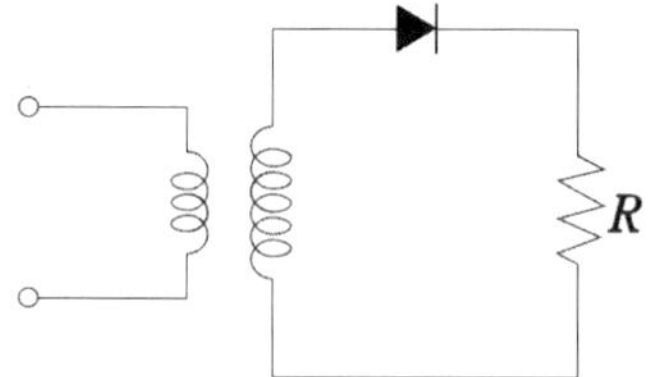

① $\frac{E}{R}$　　② $\frac{1}{2} \times \frac{E}{R}$
③ $\frac{2\sqrt{2}}{\pi} \times \frac{E}{R}$　　④ $\frac{\sqrt{2}}{\pi} \times \frac{E}{R}$

정답 33 ② 34 ④ 35 ② 36 ② 37 ④ 38 ④

해설

단상 반파정류의 직류 전압 $E_d = \frac{\sqrt{2}}{\pi}E$

직류 전류 $I_d = \frac{E_d}{R} = \frac{\sqrt{2}}{\pi} \times \frac{E}{R}$

39

변압기의 2차 저항이 0.1[Ω]일 때 1차로 환산하면 360[Ω]이 된다. 이 변압기의 권수비는?

① 30 ② 40
③ 50 ④ 60

해설

변압기 권수비 $a = \sqrt{\frac{R_1}{R_2}} = \sqrt{\frac{360}{0.1}} = 60$

40

동기발전기의 병렬 운전 조건이 아닌 것은?

① 기전력의 주파수가 같을 것
② 기전력의 크기가 같을 것
③ 기전력의 위상이 같을 것
④ 발전기의 회전수가 같을 것

해설

발전기의 병렬 운전 조건
① 기전력의 크기가 같을 것
② 기전력의 위상이 같을 것
③ 기전력의 주파수가 같을 것
④ 기전력의 파형이 같을 것

41

교류 배전반에서 전류가 많이 흘러 전류계를 직접 주회로에 연결할 수 없을 때 사용하는 기기는?

① 전류 제한기 ② 계기용 변압기
③ 계기용 변류기 ④ 전류계용 절환 개폐기

해설

계기용 변류기 : 교류 전류계의 측정범위를 확대하기 위해 사용되는 측정용 또는 제어용 변압기. 보통 CT라는 약어로 부르며, 고전압의 전류를 저전압의 전류로 변성하는 경우에도 사용된다. 배율은 권수비의 역수와 같다.

42

금속관 절단구에 대한 다듬기에 쓰이는 공구는?

① 리머 ② 홀소
③ 프레셔 툴 ④ 파이프 렌치

해설

① 리머 : 금속관을 자른 후 관 안을 다듬는 데 사용
② 홀소 : 배전반, 분전반 등의 캐비닛에 구멍을 뚫을 때 사용
③ 프레셔 툴 : 솔더리스커넥터 또는 솔더리스터미널을 압착할 때 사용
④ 파이프 렌치 : 관을 설치할 때 관의 나사를 돌리는 공구

43

고압 가공전선로의 지지물로 철탑을 사용하는 경우 경간은 몇 [m] 이하로 제한하는가?

① 150 ② 300
③ 500 ④ 600

해설

고압 가공전선로 경간의 제한

지지물의 종류	경간
목주 A종 철주 또는 A종 철근콘크리트주	150[m] 이하
B종 철주 또는 B종 철근콘크리트주	250[m] 이하
철탑	600[m] 이하

정답 39 ④ 40 ④ 41 ③ 42 ① 43 ④

44

가로 20[m], 세로 18[m], 천정의 높이 3.85[m], 작업면의 높이 0.85[m], 간접조명 방식인 호텔 연회장의 실지수는 약 얼마인가?

① 1.16　② 2.16
③ 3.16　④ 4.16

해설

$$K=\frac{XY}{H(X+Y)}=\frac{20\times 18}{(3.85-0.85)\times(20+18)}=3.16$$

45

주상 변압기의 1차 측 보호 장치로 사용하는 것은?

① 컷아웃 스위치　② 자동구분개폐기
③ 캐치홀더　④ 리클로저

해설

1차 측 : 컷아웃 스위치, 2차 측 : 캐치홀더

46

큰 건물의 공사에서 콘크리트에 구멍을 뚫어 드라이브 핀을 경제적으로 고정하는 공구는?

① 스패너
② 드라이브이트 툴
③ 오스터
④ 록 아웃 펀치

47

금속관 공사에서 노크아웃의 지름이 금속관의 지름보다 큰 경우에 사용하는 재료는?

① 로크너트　② 부싱
③ 콘넥터　④ 링 리듀셔

해설

관공사 시 노크아웃의 지름이 관 지름보다 큰 경우 사용되는 재료는 링 리듀셔이다.

48

인입용 비닐절연전선을 나타내는 약호는?

① OW　② EV
③ DV　④ NV

해설

- 인입용 비닐절연전선 : DV
- 옥외용 비닐절연전선 : OW

49

알루미늄전선의 접속방법으로 적합하지 않은 것은?

① 직선접속　② 분기접속
③ 종단접속　④ 트위스트접속

해설

알루미늄전선의 접속 시 트위스트접속은 하지 않는다.

정답 44 ③ 45 ① 46 ② 47 ④ 48 ③ 49 ④

50

배선용 차단기의 심벌은?

① B　② E
③ BE　④ S

해설
배선용 차단기 : B

51

지지물의 지선에 연선을 사용하는 경우 소선 몇 가닥 이상의 연선을 사용하는가?

① 1　② 2
③ 3　④ 4

해설
지선은 안전율 2.5 이상, 1가닥 허용 인장 하중 4.31[kN] 이상이고, 2.6[mm] 이상의 금속선은 3조 이상 꼬아서 만든다.

52

무대, 오케스트라박스 등 흥행장의 저압 옥내배선 공사의 사용전압은 몇 [V] 이하인가?

① 200　② 300
③ 400　④ 600

해설
무대, 오케스트라박스, 영사실 기타 사람이나 무대 도구가 접촉할 우려가 있는 곳에 시설하는 저압 옥내배선, 전구선 또는 이동전선은 사용전압이 400[V] 이하일 것

53

폭연성 분진이 존재하는 곳의 금속관 공사에 관 상호 및 관과 박스의 접속은 몇 턱 이상의 나사 조임으로 시공하여야 하는가?

① 6턱　② 5턱
③ 4턱　④ 3턱

해설
폭연성 분진이 있는 곳의 공사
금속관 공사, 또는 케이블 공사(캡타이어 케이블을 제외한다)에 의하여야 하며 금속관 공사를 하는 경우 관 상호 및 관과 박스 등은 5턱 이상의 나사 조임으로 접속하여야 한다.

54

차량, 기타 중량물의 하중을 받을 우려가 있는 장소에 지중선로를 직접 매설식으로 매설하는 경우 매설 깊이는?

① 60[cm] 미만　② 60[cm] 이상
③ 120[cm] 미만　④ 100[cm] 이상

해설
직접 매설식으로 시공할 경우 매설 깊이
• 중량물의 압력이 있는 곳 : 1[m] 이상
• 기타 : 0.6[m] 이상

55

교류 차단기에 포함되지 않는 것은?

① GCB　② HSCB
③ VCB　④ ABB

해설
HSCB : 직류 고속도 차단기로 사고 검출과 차단기능을 동시에 갖는다.

정답 50 ① 51 ③ 52 ③ 53 ② 54 ④ 55 ②

2017년 CBT 복원문제 1회

01

△결선의 전원에서 선 전류가 40[A]이고 선간전압이 220[V]일 경우 상전류는?

① 13[A]　② 23[A]
③ 69[A]　④ 120[A]

해설
△결선의 경우 상전압 V_p와 선간전압 V_l은 같다. 하지만 선 전류 $I_l = \sqrt{3} I_p$가 된다.

$$I_p = \frac{I_l}{\sqrt{3}} = \frac{40}{\sqrt{3}} = 23.09[\text{A}]$$

02

다음 중 반자성체는?

① 안티몬　② 알루미늄
③ 코발트　④ 니켈

해설
반자성체 : 은(Ag), 구리(Cu), 비스무트(Bi), 물(H_2O), 안티몬(sb)

03

그림과 같은 회로를 고주파 브리지로 인덕턴스를 측정하였더니 그림 (a)는 40[mH], 그림 (b)는 24[mH]이었다. 이 회로의 상호 인덕턴스 M은?

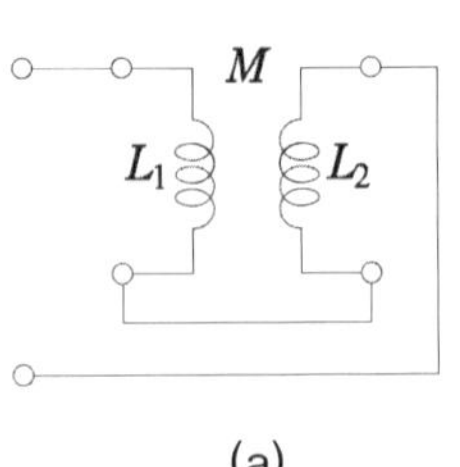

(a)

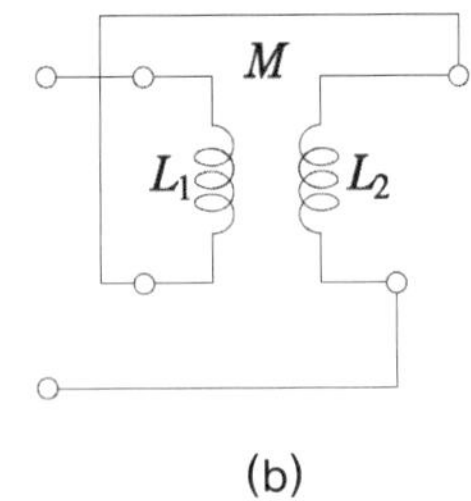

(b)

① 2[mH]　② 4[mH]
③ 6[mH]　④ 8[mH]

해설
상호 인덕턴스 M은
(a) 가동결합 $40 = L_1 + L_2 + 2M$
(b) 차동결합 $24 = L_1 + L_2 - 2M$
(a), (b)로부터 $M = \frac{1}{4}(40-24) = 4[\text{mH}]$

04

전기분해에 의해서 구리를 정제하는 경우, 음극에서 구리 1[kg]을 석출하기 위해서는 200[A]의 전류를 약 몇 시간[h] 흘려야 하는가? (단, 전기화학 당량은 0.3293×10^{-3}[g/C]임)

① 2.11[h]　② 4.22[h]
③ 8.44[h]　④ 12.65[h]

해설
패러데이의 전기 분해 법칙 $W = KQ = KIt$[g]

$$t = \frac{W}{KI} = \frac{1,000}{0.3293 \times 10^{-3} \times 200} = 15,183.72[\text{s}]$$

시간 $h = \frac{15,183.72}{3,600} = 4.22[\text{h}]$

정답 01 ② 02 ① 03 ② 04 ②

05

자기저항의 단위는?

① [AT/m]　② [Wb/AT]
③ [AT/Wb]　④ [Ω/AT]

해설

전기저항 $R=\frac{V}{I}[\Omega]$

자기저항 $R_m=\frac{F}{\phi}=\frac{NI}{\phi}$[AT/Wb]

06

3상 교류회로에 2개의 전력계 W_1, W_2로 측정해서 W_1의 지시값이 P_1, W_2의 지시값이 P_2라고 하면 3상 전력은 어떻게 표현되는가?

① P_1-P_2　② $3(P_1-P_2)$
③ P_1+P_2　④ $3(P_1+P_2)$

해설

2전력계법 $P=P_1+P_2$

$$\cos\theta=\frac{P_1+P_2}{2\sqrt{P_1^2+P_2^2-P_1P_2}}$$

07

어떤 3상 회로에서 선간전압이 200[V], 선 전류 25[A], 3상 전력이 7[kW]였다. 이때의 역률은?

① 약 60[%]　② 약 70[%]
③ 약 80[%]　④ 약 90[%]

해설

3상의 전력 $P=\sqrt{3}\,V_l I_l\cos\theta$

$$\cos\theta=\frac{P}{\sqrt{3}\,V_l I_l}=\frac{7000}{\sqrt{3}\times200\times25}\times100=80[\%]$$

08

용량을 변화시킬 수 있는 콘덴서는?

① 바리콘 콘덴서　② 마일러 콘덴서
③ 전해 콘덴서　④ 세라믹 콘덴서

해설

용량을 변화시킬 수 있는 콘덴서는 바리콘 콘덴서이다.

09

$e=141\sin(120\pi t-\frac{\pi}{3})$[V] 전압 파형의 주파수는 몇 [Hz]인가?

① 10　② 15　③ 30　④ 60

해설

$\omega=2\pi f$

$f=\frac{\omega}{2\pi}=\frac{120\pi}{2\pi}=60$[Hz]

10

직류 250[V]의 전압에 두 개의 150[V]용 전압계를 직렬로 접속하여 측정하면 각 계기의 지시값 V_1, V_2는 각각 몇 [V]인가? (단, 전압계 V_1, V_2의 내부저항은 각각 6[kΩ], 4[kΩ]이다.)

① $V_1=250,\ V_2=150$
② $V_1=150,\ V_2=100$
③ $V_1=100,\ V_2=150$
④ $V_1=150,\ V_2=250$

해설

전압 분배 법칙에 의해 구한다.

$$V_1=\frac{R_1}{R_1+R_2}\times V=\frac{6}{6+4}\times250=150[\text{V}]$$

$$V_2=\frac{R_2}{R_1+R_2}\times V=\frac{4}{6+4}\times250=100[\text{V}]$$

정답 05 ③ 06 ③ 07 ③ 08 ① 09 ④ 10 ②

11

3상 유도전동기의 출력이 5[HP], 전압 200[V], 효율 90[%], 역률 85[%]일 때, 이 전동기에 유입되는 선전류는 약 몇 [A]인가?

① 4　② 6
③ 8　④ 14

해설

$$I_l = \frac{P}{\sqrt{3}\,V_l \cos\theta\,\eta} = \frac{5\times746}{\sqrt{3}\times200\times0.85\times0.9} = 14$$

12

전압계의 측정범위를 넓히는 데 사용되는 기기는?

① 배율기　② 분류기
③ 정압기　④ 정류기

해설

- 배율기 : 전압의 측정범위를 확대하기 위하여 저항을 직렬로 연결한다.
- 분류기 : 전류의 측정범위를 확대하기 위하여 저항을 병렬로 연결한다.

13

14[C]의 전기량이 이동해서 560[J]의 일을 했을 때 기전력은 얼마인가?

① 40[V]　② 140[V]
③ 200[V]　④ 240[V]

해설

Q[C]의 전기량 이동 시 에너지[일] $W = Q \cdot V$[J]에서

기전력 $V = \frac{W}{Q} = \frac{560}{14} = 40[V]$

14

반도체로 만든 PN접합은 무슨 작용을 하는가?

① 정류 작용　② 발진 작용
③ 증폭 작용　④ 변조 작용

15

반지름 50[cm], 권수 10[회]인 원형 코일에 0.1[A]의 전류가 흐를 때, 이 코일 중심의 자계의 세기 H는?

① 1[AT/m]　② 2[AT/m]
③ 3[AT/m]　④ 4[AT/m]

해설

원형 코일 중심의 자계의 세기

$H = \frac{NI}{2r} = \frac{10\times0.1}{2\times0.5} = 1$[AT/m]

16

최대값이 110[V]인 사인파 교류 전압이 있다. 평균값은 약 몇 [V]인가?

① 30[V]　② 70[V]
③ 100[V]　④ 110[V]

해설

정현파(사인파)의 실효값 $V = \frac{V_m}{\sqrt{2}}$

정현파(사인파)의 평균값 $V_{av} = \frac{2}{\pi}V_m = \frac{2}{\pi}\times110 = 70[V]$

17

역률 0.8, 유효전력 4,000[kW]인 부하의 역률을 100[%]로 하기 위한 콘덴서의 용량[kVA]은?

① 3,200　② 3,000
③ 2,800　④ 2,400

정답 11 ④ 12 ① 13 ① 14 ① 15 ① 16 ② 17 ②

해설

역률 개선용 콘덴서 용량

$Q=P\times(\tan\theta_1-\tan\theta_2)=P\times\left(\frac{\sin\theta_1}{\cos\theta_1}-\frac{\sin\theta_2}{\cos\theta_2}\right)$

$=4,000\times\left(\frac{0.6}{0.8}-\frac{0}{1}\right)=3,000[\text{kVA}]$

18

어떤 콘덴서에 V[V]의 전압을 가해서 Q[C]의 전하를 충전할 때 저장되는 에너지[J]는?

① $2QV$　　② $2QV^2$

③ $\frac{1}{2}QV$　　④ $\frac{1}{2}QV^2$

해설

콘덴서에 저장되는 에너지 $W=\frac{1}{2}CV^2=\frac{Q^2}{2C}=\frac{1}{2}QV$[J]

19

$\omega L=5[\Omega]$, $1/\omega C=25[\Omega]$의 LC 직렬회로에서 100[V]의 교류를 가할 때 전류[A]는?

① 3.3[A], 유도성　　② 5[A], 유도성

③ 3.3[A], 용량성　　④ 5[A], 용량성

해설

$Z=X_c-X_L=25-5=20[\Omega]$(용량성)

$\therefore I=\frac{V}{Z}=\frac{100}{20}=5[\text{A}]$

20

저항이 있는 도선에 전류가 흐르면 열이 발생한다. 이와 같이 전류의 열작용과 가장 관계가 깊은 법칙은?

① 패러데이의 법칙　　② 키르히호프의 법칙

③ 줄의 법칙　　④ 옴의 법칙

21

그림은 동기기의 위상 특성 곡선을 나타낸 것이다. 전기자전류가 가장 작게 흐를 때의 역률은?

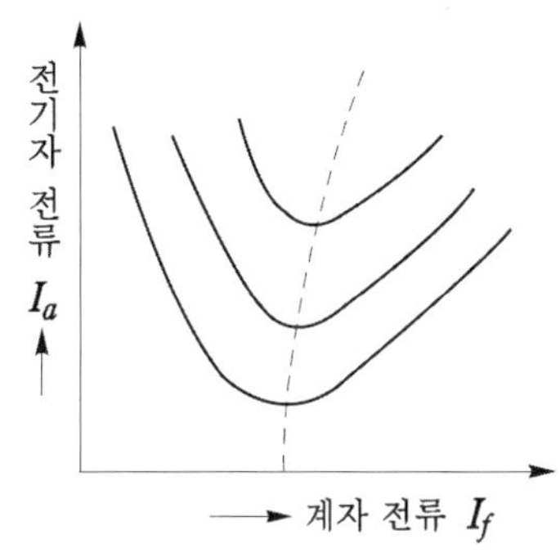

① 1　　② 0.9[진상]

③ 0.9[지상]　　④ 0

해설

위상 특성(V) 곡선의 경우 전기자전류가 최소가 될 때의 역률은 1이 된다.

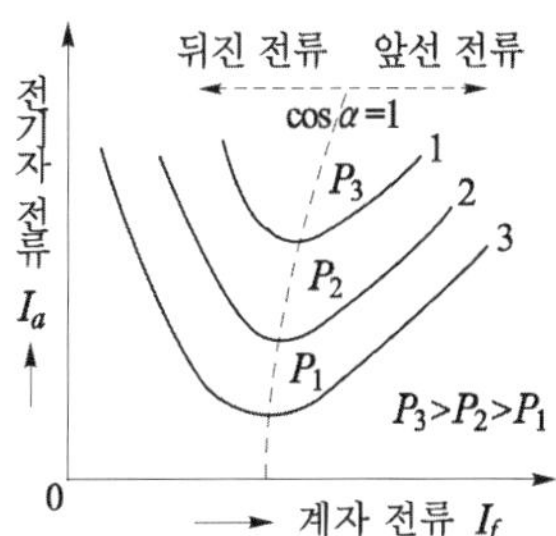

22

단상 유도전동기의 기동 방법 중 기동토크가 가장 큰 것은?

① 분상 기동형　　② 반발 유도형

③ 콘덴서 기동형　　④ 반발 기동형

정답 18 ③　19 ④　20 ③　21 ①　22 ④

해설

단상 유도전동기의 기동토크의 대소 관계
반발 기동형 > 반발 유도형 > 콘덴서 기동형 > 분상 기동형 > 세이딩 코일형

23

전동기의 제동에서 전동기가 가지는 운동에너지를 전기에너지로 변환시키고 이것을 전원에 변환하여 전력을 회생시킴과 동시에 제동하는 방법은?

① 발전제동(dynamic braking)
② 역전제동(pugging braking)
③ 맴돌이전류제동(eddy current braking)
④ 회생제동(regenerative braking)

해설

회생제동이란 운전 중인 전동기를 전원에서 분리하면 발전기로 동작하게 되는데 이때 발생된 전력을 제동용 전원으로 사용하면 회생제동이 된다.

24

직류 분권 전동기를 운전 중 계자저항을 증가시켰을 때의 회전속도는?

① 증가한다. ② 감소한다.
③ 변함이 없다. ④ 정지한다.

해설

전동기의 경우 $\phi\downarrow$ 경우 속도는 증가한다.
계자저항 $R_f\uparrow$ 라면 계자 전류 $I_f\downarrow$ 되므로 역시 자속도 $\phi\downarrow$ 된다.

25

유도전동기의 2차에 있어 E_2가 127[V], r_2가 0.03[Ω], x_2가 0.05[Ω], s가 5[%]로 운전하고 있다. 이 전동기의 2차 전류 I_2는? (단, s는 슬립, x_2는 2차 권선 1상의 누설리액턴스, r_2는 2차 권선 1상의 저항, E_2는 2차 권선 1상의 유기 기전력이다.)

① 약 201[A] ② 약 211[A]
③ 약 221[A] ④ 약 231[A]

해설

2차 전류 $I_2 = \dfrac{E_2}{\sqrt{\left(\dfrac{r_2}{s}\right)^2 + x_2^2}} = \dfrac{127}{\sqrt{\left(\dfrac{0.03}{0.05}\right)^2 + 0.05^2}} = 211.66[A]$

26

변류기 개방 시 2차 측을 단락하는 이유는?

① 2차 측 절연보호 ② 2차 측 과전류 보호
③ 측정오자 감소 ④ 변류비 유지

해설

일반적으로 변류기를 개방하는 경우는 과전압에 의한 2차 측 절연을 보호하기 위함이다.

27

트라이액(TRIAC)의 기호는?

① ②

③ ④

해설

트라이액의 경우 양방향성 3단자 소자이다.

정답 23 ④ 24 ① 25 ② 26 ① 27 ③

28

전기자 지름 0.2[m]의 직류 발전기가 1.5[kW]의 출력에서 1,800[rpm]으로 회전하고 있을 때 전기자 주변속도는 약 몇 [m/s]인가?

① 9.42　　② 18.84
③ 21.43　　④ 42.86

해설

전기자 주변속도 $v_s = \pi D\frac{N}{60} = \pi \times 0.2 \times \frac{1,800}{60} = 18.84$[m/s]

29

비돌극형 동기발전기의 단자전압(1상)을 V, 유도기전력 (1상)을 E, 동기 리액턴스 X_s, 부하각을 δ라고 하면, 1상의 출력[W]은? (단, 전기자 저항 등은 무시한다.)

① $\frac{EV}{X_s}\sin\delta$　　② $\frac{E^2}{2X_s}\cos\delta$
③ $\frac{EV}{X_s}\cos\delta$　　④ $\frac{E^2}{2X_s}\sin\delta$

해설

동기발전기의 1상의 출력

$P = \frac{EV}{X_s}\sin\delta$

30

직류 직권전동기의 벨트 운전을 금지하는 이유는?

① 벨트가 벗겨지면 위험속도에 도달한다.
② 손실이 많아진다.
③ 벨트가 마모하여 보수가 곤란하다.
④ 직렬하지 않으면 속도제어가 곤란하다.

해설

직권전동기 : 직권전동기의 경우 무부하 및 벨트 운전을 하게 될 경우 위험속도에 도달할 수 있다.

31

무부하에서 119[V]되는 분권발전기의 전압변동률이 6[%]이다. 정격 전부하 전압은 약 몇 [V]인가?

① 110.2　　② 112.3
③ 122.5　　④ 125.3

해설

전압변동률 $\epsilon = \frac{V_0 - V}{V} \times 100[\%]$

$V = \frac{V_0}{(\epsilon + 1)} = \frac{119}{(1 + 0.06)} = 112.26$[V]

32

전기자 반작용이란 전기자 전류에 의해 발생한 기자력이 주자속에 영향을 주는 현상으로 다음 중 전기자 반작용의 영향이 아닌 것은?

① 전기적 중성축 이동에 의한 정류의 약화
② 기전력의 불균일에 의한 정류자편간 전압의 상승
③ 주자속 감소에 의한 기전력 감소
④ 기전력의 파형에 차가 있을 때

해설

전기자 반작용이란 전기자 전류에 의한 전기자 기자력이 계자 기자력에 영향을 주어 주자속을 감소시키는 현상을 말한다.

33

무부하 전압과 전부하 전압이 같은 값을 가지는 특성의 발전기는?

① 직권 발전기　　② 차동복권 발전기
③ 평복권 발전기　　④ 과복권 발전기

해설

평복권 발전기 $V_0 = V$

정답 28 ② 29 ① 30 ① 31 ② 32 ④ 33 ③

CBT 복원

34

단상 전파 정류 회로에서 $\alpha=60^\circ$일 때 정류전압은? (단, 진원 측 실효값 전압은 100[V]이며, 유도성 부하를 가지는 제어정류기이다.)

① 약 15[V] ② 약 22[V]
③ 약 35[V] ④ 약 45[V]

해설

단상 전파 정류의 직류전압

$E_d=\dfrac{2\sqrt{2}\,V}{\pi}\cos\alpha=\dfrac{2\sqrt{2}\times100}{\pi}\times\cos60°=45[\mathrm{V}]$

35

농형 유도전동기의 기동법이 아닌 것은?

① Y-△ 기동법
② 기동보상기에 의한 기동법
③ 2차 저항기법
④ 전전압 기동법

해설

농형유도전동기의 기동법
① 전전압 기동법
② Y-△ 기동법
③ 기동보상기에 의한 기동법

36

계전기가 설치된 위치에서 고장점까지의 임피던스에 비례하여 동작하는 보호계전기는?

① 방향단락 계전기 ② 거리 계전기
③ 과전압 계전기 ④ 단락회로 선택 계전기

해설

거리 계전기 : 전압과 전류의 크기 및 위상차를 이용, 고장점까지의 거리를 측정하는 계전기로 송전 선로의 단락 보호에 적합하며 후비보호에 사용된다.

37

직류 전동기의 출력이 50[kW], 회전수가 1,800[rpm]일 때 토크는 약 몇 [kg · m]인가?

① 12 ② 23
③ 27 ④ 31

해설

토크 $T=0.975\times\dfrac{P}{N}$[kg · m]

$\therefore\ T=0.975\times\dfrac{50\times10^3}{1,800}=27.08$[kg · m]

38

다음 중 유도전동기에서 비례추이를 할 수 있는 것은?

① 출력 ② 2차 동손
③ 효율 ④ 역률

해설

비례추이 할 수 있는 특성 : 1차 전류, 2차 전류, 역률, 동기와트

39

1차 전압 13,200[V], 2차 전압 220[V]인 단상변압기의 1차에 6,000[V]의 전압을 가하면 2차 전압은 몇 [V]인가?

① 100 ② 200
③ 50 ④ 250

해설

전압비 $a=\dfrac{13,200}{220}=60$

$\therefore$ 2차 전압$=\dfrac{\text{입력전압}}{\text{전압비}}=\dfrac{6,000}{60}=100[\mathrm{V}]$

정답 34 ④ 35 ③ 36 ② 37 ③ 38 ④ 39 ①

40

변압기의 무부하 시험, 단락 시험에서 구할 수 없는 것은?

① 동손
② 철손
③ 절연 내력
④ 전압변동률

해설

- 무부하 시험 – 철손, 여자전류, 여자 어드미턴스
- 단락 시험 – 동손, 단락전류, 임피던스 전압, 임피던스 와트, 임피던스 동손
- 무부하 시의 전압과 부하를 걸었을 때의 정격 전압

41

가연성 가스가 새거나 체류하여 전기설비가 발화원이 되어 폭발할 우려가 있는 곳에 있는 저압 옥내전기설비의 시설 방법으로 가장 적합한 것은?

① 애자사용 공사
② 가요전선관 공사
③ 셀룰러 덕트 공사
④ 금속관 공사

해설

가연성 분진이 또는 기타 먼지가 공중에 떠다니는 상태에서 착화되어 폭발할 우려가 있는 곳의 전기 공사는 금속관 공사, 케이블 공사, 합성수지관 공사로 시설한다.

42

폭발성 분진이 있는 위험장소에 금속관 배선에 의할 경우 관 상호 및 관과 박스 기타의 부속품이나 풀 박스 전기기계기구는 몇 턱 이상의 나사 조임으로 접속하여야 하는가?

① 2턱 ② 3턱
③ 4턱 ④ 5턱

해설

폭연성 분진 또는 화약류 분말이 존재하는 곳, 가연성 가스 또는 인화성 물질의 증기가 세거나 체류하는 곳의 전기 공사의 경우, 금속관, 케이블 공사에 의하여 하며, 금속관 공사를 하는 경우 관 상호 간 및 관과 박스 등은 5턱 이상의 나사 조임으로 접속하여야 한다.

43

가스 절연 개폐기나 가스 차단기에 사용되는 가스인 SF_6의 성질이 아닌 것은?

① 같은 압력에서 공기의 2.5~3.5배의 절연내력이 있다.
② 무색, 무취, 무해 가스이다.
③ 가스 압력 3~4[kgf/cm^2]에서는 절연내력은 절연유 이상이다.
④ 소호능력은 공기보다 2.5배 정도 낮다.

해설

SF_6가스의 특징은 무색, 무취, 무해한 가스이며 소호능력은 공기보다 100배 이상의 능력을 갖고 있고, 절연내력은 공기의 2~3배 정도가 된다.

정답 40 ③ 41 ④ 42 ④ 43 ④

CBT 복원

44

녹아웃 펀치와 같은 용도로 배전반이나 분전반 등에 구멍을 뚫을 때 사용하는 것은?

① 클리퍼(Clipper)
② 홀소(hole saw)
③ 프레셔 툴(pressure tool)
④ 드라이브이트 툴(drive it tool)

해설

녹아웃 펀치와 같은 용도의 배전반이나 분전반에 구멍을 뚫을 때 사용하는 것은 홀소이다.

45

가공인입선 중 수용장소의 인입선에서 분기하여 다른 수용장소 인입구에 이르는 전선을 무엇이라 하는가?

① 소주인입선 ② 연접인입선
③ 본주인입선 ④ 인입간선

해설

연접인입선이란 수용장소 인입선에서 분기하여 다른 수용장소 인입구에 이르는 전선을 말한다.

46

접착제를 사용하여 합성수지관을 삽입해 접속할 경우 관의 깊이는 합성수지관 외경의 최소 몇 배인가?

① 0.8배 ② 1.2배
③ 1.5배 ④ 1.8배

해설

합성수지관 공사 : 관을 박스 또는 상호 접속 시 1.2배 이상 단, 접착제 사용 시 0.8배 이상

47

동전선의 접속방법에서 종단접속 방법이 아닌 것은?

① 비틀어 꽂는 형의 전선접속기에 의한 접속
② 종단 겹침용 슬리브(E형)에 의한 접속
③ 직선 맞대기용 슬리브(B형)에 의한 압착접속
④ 직선 겹침용 슬리브(P형)에 의한 접속

해설

동전선의 종단접속
- 비틀어 꽂는 형의 전선접속기에 의한 접속
- 종단 겹침용 슬리브(E형)에 의한 접속
- 직선 겹침용 슬리브(P형)에 의한 접속

48

지중에 매설되어 있는 금속제 수도관로는 접지공사의 접지극으로 사용할 수 있다. 이때 수도관로는 대지와의 전기저항치가 얼마 이하여야 하는가?

① 1[Ω] ② 2[Ω]
③ 3[Ω] ④ 4[Ω]

해설

수도관 접지 : 3[Ω] 이하

정답 44 ② 45 ② 46 ① 47 ③ 48 ③

49

설비용량 600[kW], 부등률 1.2, 수용률 0.6일 때 합성최대전력[kW]은?

① 240[kW] ② 300[kW]
③ 432[kW] ④ 833[kW]

해설

합성최대전력

$$부등률 = \frac{개인수용가\ 최대전력}{합성최대전력}$$

* 개인수용가 최대전력 = 수용률×설비용량

$$합성최대전력 = \frac{0.6 \times 600}{1.2} = 300[kW]$$

50

굵은 전선을 절단할 때 사용하는 전기공사용 공구는?

① 프레셔 툴 ② 녹아웃 펀치
③ 파이프 커터 ④ 클리퍼

해설

굵은 전선을 절단할 때 사용되는 전기공사용 공구는 클리퍼이다.

51

합성수지관 공사에서 관의 지지점 간 거리는 최대 몇 [m]인가?

① 1 ② 1.2
③ 1.5 ④ 2

해설

합성수지관의 관 지지점 간의 거리는 1.5[m] 이하이다.

52

배전반을 나타내는 그림의 기호는?

①  ② 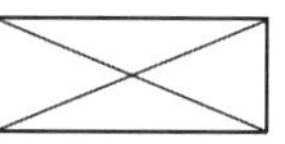

③ ④ S

53

정션 박스 내에서 전선을 접속할 수 있는 것은?

① S형 슬리브 ② 꽂음형 커넥터
③ 와이어 커넥터 ④ 매팅타이어

54

합성수지제 전선관의 호칭은 관 굵기는 무엇으로 표시하는가?

① 홀수인 안지름 ② 짝수인 바깥지름
③ 짝수인 안지름 ④ 홀수인 바깥지름

해설

합성수지관의 호칭은 관단의 짝수 안지름으로 표시한다.

55

성냥을 제조하는 공장의 공사 방법으로 적당하지 않은 것은?

① 금속관 공사 ② 케이블 공사
③ 합성수지관 공사 ④ 금속 몰드 공사

정답 49 ② 50 ④ 51 ③ 52 ② 53 ③ 54 ③ 55 ④

CBT 복원

해설

가연성이 있는 경우의 공사방법 : 금속관, 케이블, 합성수지관 공사

56

배전반 및 분전반의 설치 장소로 적합하지 않은 곳은?

① 접근이 어려운 장소
② 전기회로를 쉽게 조작할 수 있는 장소
③ 개폐기를 쉽게 개폐할 수 있는 장소
④ 안정된 장소

해설

배전반 및 분전반은 다음과 같은 장소에 시설하여야 한다.
- 전기회로를 쉽게 조작할 수 있는 장소
- 개폐기를 쉽게 개폐할 수 있는 장소
- 노출된 장소
- 안정된 장소

2017년 CBT 복원문제 2회

※ 해당 회부터는 이론, 기기, 공사 문제가 혼합되어 출제가 됩니다.

01

차단기 문자 기호 중 "OCB"는?

① 진공 차단기 ② 기중 차단기
③ 자기 차단기 ④ 유입 차단기

해설

- 공기 차단기(ABB) : 가압공기
- 자기 차단기(MBB) : 자기장
- 유입 차단기(OCB) : 기름
- 진공 차단기(VCB) : 진공

02

어떤 전지에서 5[A]의 전류가 10분간 흘렀다면 이 전지에서 나온 전기량은?

① 0.83[C] ② 50[C]
③ 250[C] ④ 3,000[C]

해설

전기량 $Q = I \cdot t = 5 \times 10 \times 60 = 3{,}000$[C]

정답 56 ① / 01 ④ 02 ④

03

그림의 브리지 회로에서 평형이 되었을 때의 C_X는?

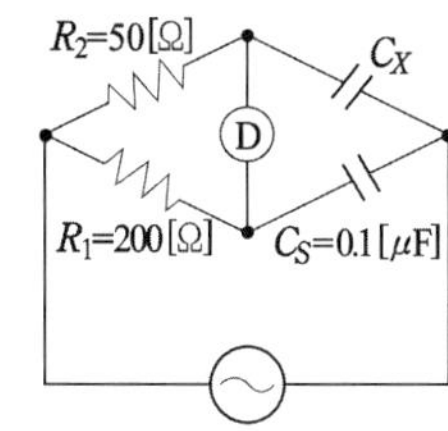

① 0.1[μF] ② 0.2[μF]
③ 0.3[μF] ④ 0.4[μF]

해설

브리지 평형 상태에서

$R_1 \times \frac{1}{j\omega C_X} = R_2 \times \frac{1}{j\omega C_S}$ $\frac{R_1}{C_X} = \frac{R_2}{C_S}$

$C_X = \frac{R_1}{R_2} \times C_S = \frac{200}{50} \times 0.1 = 0.4$

04

직류 발전기의 부하 포화 곡선은 다음 중 어느 것의 관계인가?

① 부하전류와 여자전류
② 단자전압과 부하전류
③ 단자전압과 계자전류
④ 부하전류와 유기기전력

해설

직류 발전기의 특성은

- 무부하 포화 곡선은 유기기전력과 계자전류와의 관계 곡선
- 부하 포화 곡선은 정격전압(단자전압)과 계자전류와의 관계 곡선
- 외부 특성 곡선은 단자전압과 부하전류와의 관계 곡선

05

주상변압기 설치 시 사용하는 것은?

① 완금밴드 ② 행거밴드
③ 지선밴드 ④ 암타이밴드

해설

주상변압기 설치 시 행거밴드를 사용한다.

06

부흐홀츠 계전기의 설치 위치는?

① 콘서베이터 내부
② 변압기 주탱크 내부
③ 변압기의 고압 측 부싱
④ 변압기 본체와 콘서베이터 사이

07

전기기기의 철심 재료로 규소강판을 많이 사용하는 이유로 가장 적당한 것은?

① 와류손을 줄이기 위해
② 맴돌이 전류를 없애기 위해
③ 히스테리시스손을 줄이기 위해
④ 구리손을 줄이기 위해

해설

- 규소강판 = 히스테리시스손 감소
- 성층철심 = 와류손 감소

08

애자사용공사에 대한 설명 중 틀린 것은?

① 사용전압이 400[V] 이하이면 전선과 조영재의 간격은 2.5[cm] 이상일 것
② 사용전압이 400[V] 이하이면 전선 상호간의 간격은 6[cm] 이상일 것
③ 사용전압이 220[V]이면 전선과 조영재의 이격거리는 2.5[cm] 이상일 것
④ 전선을 조영재의 옆면을 따라 붙일 경우 전선 지지점 간의 거리는 3[m] 이하일 것

정답 03 ④ 04 ③ 05 ② 06 ④ 07 ③ 08 ④

해설

애자사용공사
- 저압의 경우 전선간격은 6[cm] 이상
- 400[V] 이하의 경우 전선과 조영재 거리는 2.5[cm] 이상
- 400[V] 초과의 경우 전선과 조영재 거리는 4.5[cm] 이상

09

다음 물질 중 강자성체로만 짝지어진 것은?

① 철, 니켈, 아연, 망간
② 구리, 비스무트, 코발트, 망간
③ 철, 구리, 니켈, 아연
④ 철, 니켈, 코발트

해설

강자성체 : 철(Fe), 니켈(Ni), 코발트(Co)

10

△ 결선에서 선전류가 $10\sqrt{3}$ [A]이면 상전류는?

① 5[A] ② 10[A]
③ $10\sqrt{3}$ [A] ④ 30[A]

해설

△결선 : 선간전압 = 상전압, 선전류 = $\sqrt{3}$ ×상전류
선전류를 I_l, 상전류를 I_p일 때 $I_l = \sqrt{3} I_p$이므로

$$\therefore I_p = \frac{I_l}{\sqrt{3}} = \frac{10\sqrt{3}}{\sqrt{3}} = 10[\text{A}]$$

11

금속관 공사를 노출로 시공할 때 직각으로 구부러지는 곳에는 어떤 배선기구를 사용하는가?

① 유니온 커플링 ② 아웃렛 박스
③ 픽스쳐 하키 ④ 유니버셜 엘보우

해설

노출공사의 경우 직각으로 구부러지는 곳에 사용하는 기구는 유니버셜 엘보우이다.

12

10극의 직류 파권 발전기의 전기자 도체 수 400, 매극의 자속 수 0.02[Wb], 회전수 600[rpm]일 때 기전력은 몇 [V]인가?

① 200 ② 220
③ 380 ④ 400

해설

직류 발전기의 유기기전력 $E = \frac{PZ\phi N}{60a}$[V]

파권의 경우 전기자 병렬 회로수 $a = 2$

$$E = \frac{PZ\phi N}{60a} = \frac{10 \times 400 \times 0.02 \times 600}{60 \times 2} = 400[\text{V}]$$

13

3상 동기발전기를 병렬 운전시키는 경우 고려하지 않아도 되는 조건은?

① 상회전 방향이 같을 것
② 전압 파형이 같을 것
③ 회전수가 같을 것
④ 발생 전압이 같을 것

해설

3상 발전기 병렬 운전 조건
1) 기전력의 크기가 같을 것
2) 기전력의 위상이 같을 것
3) 기전력의 주파수가 같을 것
4) 기전력의 파형이 같을 것
5) 상회전 방향이 같을 것

정답 09 ④ 10 ② 11 ④ 12 ④ 13 ③

14

$R=5[\Omega]$, $L=30[\text{mH}]$의 RL 직렬회로에 $V=200[\text{V}]$, $f=60[\text{Hz}]$의 교류전압을 가할 때 전류의 크기는 약 몇 [A]인가?

① 8.67　② 11.42
③ 16.17　④ 21.25

해설

R　L

$Z=Z_1+Z_2=R+j\omega L=5+j11.3$

$(\omega L=2\pi fL=2\pi\times60\times30\times10^{-3}=11.3)$

$I=\dfrac{V}{Z}=\dfrac{200}{(5+j11.3)}=\dfrac{200}{\sqrt{5^2+11.3^2}}=16.17[\text{A}]$

15

인버터(inverter)란?

① 교류를 직류로 변환
② 직류를 교류로 변환
③ 교류를 교류로 변환
④ 직류를 직류로 변환

해설

인버터는 직류를 교류로 변환한다.

16

파고율, 파형률이 모두 1인 파형은?

① 사인파　② 고조파
③ 구형파　④ 삼각파

해설

- 파형률 : 파형의 기울기 정도(=실효값/평균값)
- 파고율 : 파형의 날카로운 정도(=최대값/실효값)

파형	최대값	실효값	평균값	파형률	파고율
구형파 (직사각형파)	V_m	V_m	V_m	1	1
사인파 (정현파)	V_m	$\dfrac{V_m}{\sqrt{2}}$	$\dfrac{2V_m}{\pi}$	1.11	1.414
삼각파	V_m	$\dfrac{V_m}{\sqrt{3}}$	$\dfrac{V_m}{2}$	1.155	1.732

17

일반적으로 과전류 차단기를 설치하여야 할 곳은?

① 접지공사의 접지도체
② 다선식 전로의 중성선
③ 송배전선의 보호용, 인입선 등 분기선을 보호하는 곳
④ 저압 가공전선로의 접지 측 전선

해설

과전류 차단기 시설 제한장소

- 접지공사의 접지도체
- 다선식 전로의 중성선
- 전로일부에 접지공사를 한 저압 가공전선로의 접지 측 전선

18

접지저항 저감 대책이 아닌 것은?

① 접지봉의 연결개수를 증가시킨다.
② 접지판의 면적을 감소시킨다.
③ 접지극을 깊게 매설한다.
④ 토양의 고유저항을 화학적으로 저감시킨다.

해설

접지저항 저감법

- 접지극의 길이를 길게 한다.
- 접지극을 병렬접속한다.
- 접지봉의 매설깊이를 깊게 한다.
- 접지봉의 매설깊이를 깊게 한다.
- 심타공법으로 시공한다.
- 접지저항 저감제를 사용한다.

정답 14 ③ 15 ② 16 ③ 17 ③ 18 ②

CBT 복원

19

3상 동기발전기에서 전기자 전류와 무부하 유도기전력보다 π/2[rad] 앞선 경우(X_c만의 부하)의 전기자 반작용은?

① 횡축반작용　　② 증자작용
③ 감자작용　　④ 편자작용

해설
동기발전기
전류가 기전력보다 $\frac{\pi}{2}$ 뒤지면 감자작용, $\frac{\pi}{2}$ 앞서는 경우 증자작용을 한다.

20

평균 반지름이 10[cm]이고 감은 횟수 10회의 원형 코일에 5[A]의 전류를 흐르게 하면 코일중심의 자장의 세기[AT/m]는?

① 250　　② 500
③ 750　　④ 1,000

해설
원형 코일 중심의 자계세기
$H=\frac{NI}{2r}=\frac{10\times5}{2\times0.1}=250$[AT/m]

21

회로망의 임의의 접속점에 유입되는 전류는 $\sum I=0$ 라는 법칙은?

① 쿨롱의 법칙
② 패러데이의 법칙
③ 키르히호프의 제1법칙
④ 키르히호프의 제2법칙

해설
- 키르히호프의 제1법칙(전류법칙)
  임의의 한 접속점에 들어오는 전류의 합은 흘러 나가는 전류의 합과 같다. (즉 Σ유입전류 = Σ유출전류)
- 키르히호프의 제2법칙(전압법칙)
  임의의 회로망 속의 폐회로에 들어 있는 저항에 생기는 전압 강하의 합은 그 폐회로 속에 들어 있는 기전력의 합과 같다. (즉 Σ전압강하 = Σ기전력)

22

다음 자기 소호 제어용 소자는?

① SCR　　② TRIAC
③ DIAC　　④ GTO

해설
GTO의 경우 게이트에 흐르는 전류를 점호할 때의 전류와 반대 방향의 전류를 흐르게 함으로써 GTO를 소호시킬 수 있다.

23

하나의 콘센트에 두 개 이상의 플러그를 꽂아 사용할 수 있는 기구는?

① 코드 접속기
② 멀티 탭
③ 테이블 탭
④ 아이언 플러그

해설
멀티 탭
하나의 콘센트에 두 개 이상의 플러그를 꽂아 사용할 수 있다.

정답 19 ② 20 ① 21 ③ 22 ④ 23 ②

24

합성수지관을 새들 등으로 지지하는 경우 지지점 간의 거리는 몇 [m] 이하인가?

① 1.5　　② 2.0
③ 2.5　　④ 3.0

해설

합성수지관 공사(관 및 부속품의 연결과 지지)는 그 지지점 간의 거리를 1.5[m] 이하로 하고, 또한 그 지지점은 관단, 관과 박스와의 접속점 및 관상호 접속점에서 가까운 곳에 시설한다. 가까운 곳이라 함은 0.3[m] 정도가 바람직하다.

25

전력량의 단위는?

① [C]　　② [W]
③ [W·s]　　④ [Ah]

해설

전력량 $W = P \times t$[W·s]

26

코일이 접속되어 있을 때, 누설 자속이 없는 이상적인 코일간의 상호 인덕턴스는?

① $M = \sqrt{L_1 + L_2}$

② $M = \sqrt{L_1 - L_2}$

③ $M = \sqrt{L_1 L_2}$

④ $M = \sqrt{\dfrac{L_1}{L_2}}$

해설

이상적인 결합의 경우 결합계수 $k=1$이므로
$M = k\sqrt{L_1 L_2} = \sqrt{L_1 L_2}$

27

비례추이를 이용하여 속도제어가 되는 전동기는?

① 권선형 유도전동기
② 농형 유도전동기
③ 직류 분권전동기
④ 동기전동기

해설

비례추이란 2차 측의 저항값을 조정하여 슬립의 크기를 조정하는 것을 말하며, 이는 2차 회전자에 저항을 삽입할 수 있는 권선형 유도전동기에서 가능하다.

28

다음 중 직류발전기의 전기자 반작용을 없애는 방법으로 옳지 않은 것은?

① 보상권선 설치
② 보극 설치
③ 브러시 위치를 전기적 중성점으로 이용
④ 균압환 설치

해설

전기자 반작용의 대책
- 보상권선 설치
- 보극의 설치
- 중성축의 이동

정답 24 ① 25 ③ 26 ③ 27 ① 28 ④

29

전류계의 측정범위를 확대시키기 위하여 전류계와 병렬로 접속하는 것은?

① 분류기 ② 배율기
③ 검류계 ④ 전위차계

해설

- 분류기 = 전류의 측정범위를 확대시키기 위해 저항을 병렬로 연결
- 배율기 = 전압의 측정범위를 확대시키기 위해 저항을 직렬로 연결

30

다음 중 정속도 전동기에 속하는 것은?

① 유도전동기
② 직권 전동기
③ 분권 전동기
④ 교류 정류자 전동기

해설

분권 전동기는 $N = \frac{V - I_a R_a}{K_1 \Phi} \propto (V - I_a R_a)$의 식에 의해 속도는 부하가 증가할수록 감소하는 특성을 가지나 이 감소는 크지 않으므로 타여자 전동기와 같이 정속도 특성을 나타낸다.

31

450/750[V] 일반용 단심 비닐절연전선의 약호는?

① NRI ② NF
③ NFI ④ NR

해설

배선용 비닐절연전선의 약호

- NR : 450/750[V] 일반용 단심 비닐절연전선
- NRI(70) : 300/500[V] 기기 배선용 단심 비닐절연전선(70°)
- NRI(90) : 300/500[V] 기기 배선용 단심 비닐절연전선(90°)
- NF : 450/750[V] 일반용 유연성 비닐절연전선
- NFI(70) : 300/500[V] 기기 배선용 유연성 단심 비닐절연전선(70°)
- NFI(90) : 300/500[V] 기기 배선용 유연성 단심 비닐절연전선(90°)

32

실내 면적 100[m²]인 교실에 전광속이 2,500[lm]인 40[W] 형광등을 설치하여 평균조도를 150[lx]로 하려면 몇 개의 등을 설치하면 되겠는가? (단, 조명률은 50[%], 감광 보상률은 1.25로 한다.)

① 15개 ② 20개
③ 25개 ④ 30개

해설

FNU=EAD에서

$$\text{전등 개수} = \frac{\text{광속 감광 보상률} \times \text{조도} \times \text{면적}}{\text{광속} \times \text{조명률}}$$

$$\text{전등 개수[N]}\ N = \frac{EAD}{FU} = \frac{150 \times 100 \times 1.25}{2{,}500 \times 0.5} = 15[\text{개}]$$

33

공기 중에서 자속밀도 2[Wb/m²]의 평등 자계 내에 5[A]의 전류가 흐르고 있는 길이 60[cm]의 직선 도체를 자계의 방향에 대하여 60°의 각을 이루도록 놓았을 때 이 도체에 작용하는 힘은?

① 약 1.7[N] ② 약 3.2[N]
③ 약 5.2[N] ④ 약 8.6[N]

해설

도체에 작용하는 힘

$F = BIl\sin\theta = 2 \times 5 \times 0.6 \times \sin 60° = 5.19[\text{N}]$

정답 29 ① 30 ③ 31 ④ 32 ① 33 ③

34

퍼센트 저항강하 3[%], 리액턴스 강하 4[%]인 변압기의 최대 전압변동률[%]은?

① 1 ② 5 ③ 7 ④ 12

해설

$\epsilon_m = \%Z = \sqrt{P^2 + q^2} = \sqrt{3^2 + 4^2} = 5[\%]$

35

변압기의 결선에서 제3고조파를 발생시켜 통신선에 유도장해를 일으키는 3상 결선은?

① Y-Y ② △-△
③ Y-△ ④ △-Y

해설

Y-Y 결선

36

권수가 150인 코일에서 2초간에 1[Wb]의 자속이 변화한다면, 코일에 발생되는 유도 기전력의 크기는 몇 [V]인가?

① 50 ② 75 ③ 100 ④ 150

해설

$dt = 2, \quad d\phi = 1[\text{Wb}]$

$e = \left| -N\frac{d\phi}{dt} \right| = 150 \times \frac{1}{2} = 75[\text{V}]$

37

쿨롱의 법칙에서 2개의 점전하 사이에 작용하는 정전력의 크기는?

① 두 전하의 곱에 비례하고 거리에 반비례한다.
② 두 전하의 곱에 반비례하고 거리에 비례한다.
③ 두 전하의 곱에 비례하고 거리의 제곱에 비례한다.
④ 두 전하의 곱에 비례하고 거리의 제곱에 반비례한다.

해설

쿨롱의 법칙 : $F = \frac{Q_1 \cdot Q_2}{4\pi\varepsilon r^2}$

38

주상변압기의 고압 측에 탭을 여러 개 만드는 이유는?

① 역률 개선 ② 단자 고장 대비
③ 선로 전류 조정 ④ 선로 전압 조정

해설

전원 전압의 변동이나 부하에 의한 변압기의 2차 측 전압 변동을 보상하여 2차 전압을 일정한 값으로 유지하기 위하여 탭을 설치한다.

39

코드 상호간 또는 캡타이어 케이블 상호간을 접속하는 경우 가장 많이 사용되는 기구는?

① T형 접속기 ② 코드 접속기
③ 와이어 커넥터 ④ 박스용 커넥터

해설

코드 및 케이블 상호 접속에 가장 많이 사용되는 것은 코드 접속기이다.

40

전기분해를 통하여 석출되는 물질의 양은 통과한 전기량 및 화학당량과 어떤 관계인가?

① 전기량과 화학당량에 비례한다.
② 전기량과 화학당량에 반비례한다.
③ 전기량에 비례하고 화학당량에 반비례한다.
④ 전기량에 반비례하고 화학당량에 비례한다.

해설

$w = KQ = KIt[\text{g}]$

정답 34 ② 35 ① 36 ② 37 ④ 38 ④ 39 ② 40 ①

CBT 복원

41

동기발전기의 권선을 분포권으로 사용하는 이유로 옳은 것은?

① 파형이 좋아진다.
② 권선의 누설리액턴스가 커진다.
③ 집중권에 비하여 합성 유기기전력이 높아진다.
④ 전기자 권선이 과열되어 소손되기 쉽다.

해설
분포권의 특징은 고조파를 감소하여 기전력의 파형을 개선하며, 누설리액턴스를 감소시킨다.

42

3상 동기전동기의 출력(P)을 부하각으로 나타낸 것은? (단, V는 1상 단자전압, E는 역기전력, X_S는 동기리액턴스, δ는 부하각이다.)

① $P=3VE\sin\delta$[W]
② $P=\dfrac{3VE\sin\delta}{X_S}$[W]
③ $P=\dfrac{3VE\cos\delta}{X_S}$[W]
④ $P=3VE\cos\delta$[W]

해설
$P=3EI\cos\theta \fallingdotseq \dfrac{3VE\sin\delta}{X_S}$[W]

43

어떤 도체의 길이를 2배로 하고 단면적을 1/3로 했을 때의 저항은 원래 저항의 몇 배가 되는가?

① 3배　　② 4배
③ 6배　　④ 9배

해설
$R=\rho\dfrac{l}{A}$,　$R'=\rho\dfrac{2l}{\frac{1}{3}A}$,　$R'=(2\times3)\times\rho\dfrac{l}{A}=6R$

44

금속전선관 공사 시 로크아웃 구멍이 금속관보다 클 때 사용되는 접속 기구는?

① 부싱　　② 링 리듀셔
③ 로크너트　　④ 앤트런스 캡

해설
금속전선관 공사 시 로크아웃 구멍이 금속관보다 클 때 사용되는 접속 기구는 링 리듀셔이다.

45

권수 200회의 코일에 5[A]의 전류가 흘러서 0.025[Wb]의 자속이 코일을 지난다고 하면, 이 코일의 자체 인덕턴스는 몇 [H]인가?

① 2　　② 1　　③ 0.5　　④ 0.1

해설
인덕턴스 $L=\dfrac{N\phi}{I}=\dfrac{200\times0.025}{5}=1$[H]

46

직류기에서 정류를 좋게 하는 방법 중 전압정류의 역할은?

① 보극　　② 탄소
③ 보상권선　　④ 리액턴스 전압

해설
전압정류 : 보극을 설치하여 정류 코일 내에 유기되는 리액턴스 전압과 반대 방향으로 정류전압을 유기시켜 양호한 정류를 얻는 방법

정답 41 ①　42 ②　43 ③　44 ②　45 ②　46 ①

47

경질 비닐 전선관 1본의 표준 길이[m]는?

① 3 ② 3.6
③ 4 ④ 5.5

해설

일반적으로 경질 비닐 전선관 1본의 길이는 4[m]가 표준이며, 굵기는 관 안지름의 크기에 가까운 짝수의 [mm]로 나타낸다.

48

변압기의 2차 측을 개방하였을 경우 1차 측에 흐르는 전류는 무엇에 의하여 결정되는가?

① 저항 ② 임피던스
③ 누설 리액턴스 ④ 여자 어드미턴스

해설

여자전류 $I_1 = I_0 = Y_0 V_1$

49

$R-L$ 직렬회로의 시정수 τ[s]는?

① $\frac{R}{L}$[s] ② $\frac{L}{R}$[s]
③ RL[s] ④ $\frac{1}{RL}$[s]

해설

$R-L$ 직렬회로의 시정수 $\tau = \frac{L}{R}$[sec]

50

R[Ω]인 저항 3개가 Δ 결선으로 되어 있는 것을 Y결선으로 환산하면 1상의 저항[Ω]은?

① $\frac{1}{3}R$ ② $\frac{1}{3R}$
③ $3R$ ④ R

해설

임피던스 변환

$\Delta \rightarrow$ Y

- 선전류 $\frac{1}{3}$배
- 소비전력 $\frac{1}{3}$배
- 임피던스 $\frac{1}{3}$배

Y $\rightarrow \Delta$

- 선전류 3배
- 소비전력 3배
- 임피던스 3배

51

3상 유도전동기의 슬립의 범위는?

① $0 < s < 1$ ② $-1 < s < 0$
③ $1 < s < 2$ ④ $0 < s < 2$

해설

유도전동기의 슬립 $0 < s < 1$

52

가공전선로의 지지물에 하중이 가하여지는 경우에 그 하중을 받는 지지물의 기초 안전율은 일반적으로 얼마 이상이어야 하는가?

① 1.5 ② 2.0
③ 2.5 ④ 4.0

해설

지지물의 기초 안전율

가공전선로의 지지물의 기초 안전율은 2 이상(단, 이상시 상정하중에 대한 철탑의 기초 안전율은 1.33 이상)이어야 한다.

정답 47 ③ 48 ④ 49 ② 50 ① 51 ① 52 ②

CBT 복원

53

피시 테이프(fish tape)의 용도는?

① 전선을 테이핑하기 위해 사용
② 전선관의 끝마무리를 위해서 사용
③ 전선관에 전선을 넣을 때 사용
④ 합성수지관을 구부릴 때 사용

해설
피시 테이프의 경우 전선관 공사 시 전선을 여러 가닥 넣을 경우 이를 쉽게 넣을 수 있는 공구를 말한다.

54

다음 중 제동권선에 의한 기동토크를 이용하여 동기전동기를 기동 시키는 방법은?

① 저주파 기동법　② 고주파 기동법
③ 기동 전동기법　④ 자기 기동법

해설
동기기의 기동법
- 자기동법 : 제동권선
- 타전동기법 : 유도전동기

55

두 금속을 접속하여 여기에 전류를 흘리면, 줄열 외에 그 접점에서 열의 발생 또는 흡수가 일어나는 현상은?

① 줄 효과　② 홀 효과
③ 제어벡 효과　④ 펠티어 효과

해설
(1) 전기 → 열
- 톰슨 효과(금속의 종류가 같을 때)
- 펠티어 효과(금속의 종류가 다를 때)

(2) 열 → 전기 : 제어벡 효과

2017년 CBT 복원문제 3회

01

박스에 금속관을 고정할 때 사용하는 것은?

① 유니온 커플링　② 로크너트
③ 부싱　④ C형 밸브

해설

박스에 금속관을 고정할 경우 사용되는 것은 로크너트이다.

02

가연성의 가스 또는 인화성 물질의 증기가 새거나 체류하여 전기설비가 발화원이 되어 폭발할 우려가 있는 곳에 있는 저압 옥내전기설비의 공사방법으로 가장 알맞은 것은?

① 금속관 공사　② 가요전선관 공사
③ 플로어덕트 공사　④ 애자 사용 공사

해설
가연성의 가스 또는 인화성 물질의 증기가 새거나 체류하는 곳의 전기 공사의 경우 금속관 공사, 또는 케이블 공사를 시행한다.

03

자체 인덕턴스 40[mH]의 코일에서 0.2초 동안에 10[A]의 전류가 변화하였다. 코일에 유도되는 기전력은?

① 1　② 2
③ 3　④ 4

정답 53 ③ 54 ④ 55 ④ / 01 ② 02 ① 03 ②

해설

유도 법칙에 대한 기전력

$e=\left|-L\frac{di}{dt}\right|=40\times10^{-3}\times\frac{10}{0.2}=2[\text{V}]$

04

그림과 같은 회로에서 합성저항은 몇 [Ω]인가?

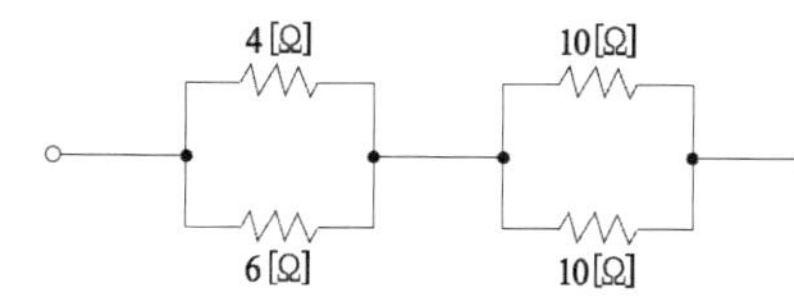

① 6.6[Ω] ② 7.4[Ω]
③ 8.7[Ω] ④ 9.4[Ω]

해설

먼저 4[Ω]과 6[Ω]이 병렬 연결되었을 경우 합성저항

$R_1=\frac{4\times6}{4+6}=2.4[\Omega]$이며

10[Ω]과 10[Ω]이 병렬 연결되었을 경우 합성저항

$R_2=\frac{10}{2}=5[\Omega]$이다.

그러므로 합성저항 $R_0=2.4+5=7.4[\Omega]$

05

다음 중 변압기의 원리와 가장 관계가 있는 것은?

① 전자유도 작용 ② 표피작용
③ 전기자 반작용 ④ 편자작용

해설

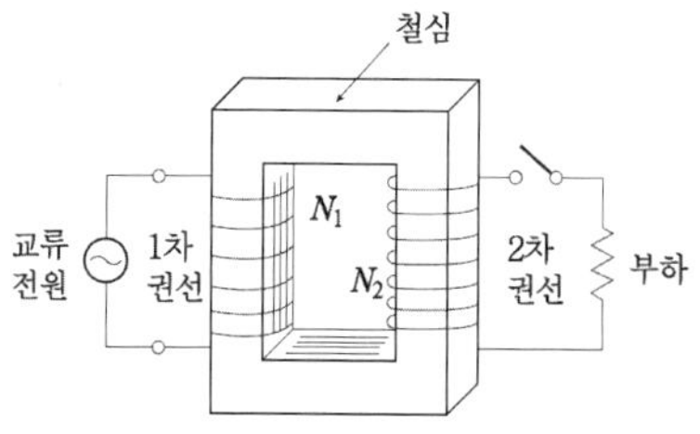

변압기의 경우 1개의 철심에 두 개의 코일을 감고 한쪽 권선에 교류 전압을 가하면 철심에 교번 자계에 의한 자속이 흘러 다른 권선에 지나가면서 전자유도 작용에 의해 그 권선에 비례하여 유도 기전력이 발생한다.

06

2극 3,600[rpm]인 동기발전기와 병렬 운전하려는 12극 발전기의 회전수는?

① 600[rpm] ② 3,600[rpm]
③ 7,200[rpm] ④ 21,600[rpm]

해설

동기발전기를 병렬 운전하려면 주파수가 같아야 한다.

2극의 3,600[rpm]인 동기발전기의 주파수

$f=\frac{N_s\times P}{120}=\frac{3,600\times2}{120}=60[\text{Hz}]$

12극 발전기의 회전수 $N_s=\frac{120}{P}f=\frac{120}{12}\times60=600[\text{rpm}]$

07

1[cm]당 권선수가 10인 무한 길이 솔레노이드에 1[A]의 전류가 흐르고 있을 때 솔레노이드 외부 자계의 세기[AT/m]는?

① 0 ② 5
③ 10 ④ 20

해설

무한장 솔레노이드

- 내부 : $H=\frac{NI}{l}=\frac{N}{l}I=nI[\text{AT/m}]$
- 외부 : $H=0$

정답 04 ② 05 ① 06 ① 07 ①

08

동기발전기의 무부하포화 곡선을 나타낸 것이다. 포화계수에 해당하는 것은?

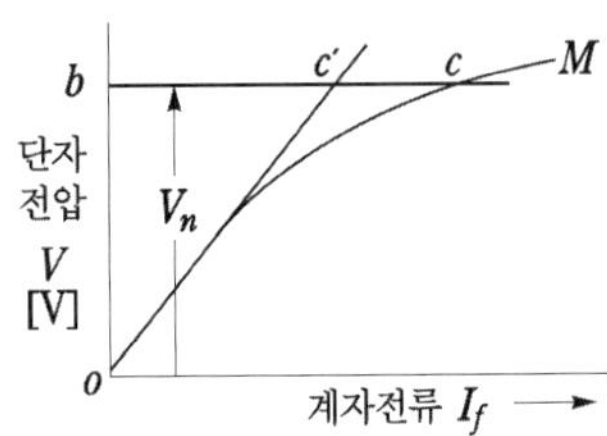

① $\frac{ob}{oc}$ ② $\frac{bc'}{bc}$
③ $\frac{cc'}{bc'}$ ④ $\frac{cc'}{bc}$

해설

포화율 $\delta = \frac{cc'}{bc'}$

09

단선의 직선접속 시 트위스트 접속을 할 경우 적합하지 않은 전선규격[mm^2]은?

① 2.5 ② 4.0
③ 6.0 ④ 10

해설

트위스트 직선접속 : 6[mm^2] 이하의 단선인 경우에 적용

10

3상 유도전동기의 2차 저항을 2배로 하면 그 값이 2배로 되는 것은?

① 슬립 ② 토크
③ 전류 ④ 역률

해설

$S \propto r_2$(슬립과 2차 저항은 비례) T_m : 항상 일정

11

다음은 정전 흡인력에 대한 설명이다. 옳은 것은?

① 정전 흡인력은 전압의 제곱에 비례한다.
② 정전 흡인력은 극판 간격에 비례한다.
③ 정전 흡인력은 극판 면적의 제곱에 비례한다.
④ 정전 흡인력은 쿨롱의 법칙으로 직접 계산한다.

해설

정전 에너지 $W = \frac{1}{2}CV^2 = \frac{\epsilon s V^2}{2d}$[J] $(C = \frac{\epsilon s}{d})$

정전 흡인력 $F = \frac{W}{d} = \frac{\epsilon s V^2}{2d^2}$[N]

12

100[V]의 전위차로 가속된 전자의 운동 에너지는 몇 [J]인가?

① 1.6×10^{-20}[J] ② 1.6×10^{-19}[J]
③ 1.6×10^{-18}[J] ④ 1.6×10^{-17}[J]

해설

에너지 $W = QV = eV = 1.602 \times 10^{-19} \times 100 = 1.602 \times 10^{-17}$[J]

13

전력용 콘덴서를 회로로부터 개방하였을 때 전하가 잔류함으로써 일어나는 위험의 방지와 재투입을 할 때 콘덴서에 걸리는 과전압을 방지하기 위하여 무엇을 설치하는가?

① 직렬 리액터 ② 전력용 콘덴서
③ 방전코일 ④ 피뢰기

해설

DC(방전코일) : 방전코일의 경우 잔류전하를 방전하여 인체의 감전 사고를 방지하고 전원 재투입 시 과전압이 발생되는 것을 방지하기 위해 설치한다.

정답 08 ③ 09 ④ 10 ① 11 ① 12 ④ 13 ③

14

직류 복권 발전기를 병렬 운전할 때 반드시 필요한 것은?

① 과부하 계전기
② 균압선
③ 용량이 같을 것
④ 외부 특성 곡선이 일치할 것

해설
병렬 운전 : 직권 발전기와 복권 발전기의 경우 병렬 운전 시 균압선이 필요하다.

15

기동토크가 대단히 작고 역률과 효율이 낮으며 전축, 선풍기 등 수 10[kW] 이하의 소형 전동기로 널리 사용되는 단상 유도전동기는?

① 반발 기동형　② 세이딩 코일형
③ 모노사이클릭형　④ 콘덴서형

해설
세이딩 코일형 전동기의 경우 기동토크와 역률, 효율이 매우 낮으며, 회전의 방향을 변화시킬 수 없는 전동기로서 전축, 선풍기 등에서 사용되는 전동기이다.

16

가요전선관과 금속관의 상호 접속에 쓰이는 것은?

① 스프리트 커플링
② 콤비네이션 커플링
③ 스트레이트 복스커넥터
④ 앵글 복스 커넥터

해설
전선관과 금속관 상호 접속에는 콤비네이션 커플링이 사용된다.

17

정전용량이 같은 콘덴서 10개가 있다. 이것을 병렬 접속할 때의 값은 직렬 접속할 때의 값보다 어떻게 되는가?

① $\frac{1}{10}$로 감소한다.　② $\frac{1}{100}$로 감소한다.
③ 10배로 증가한다.　④ 100배로 증가한다.

해설

$$\frac{C_{병}}{C_{직}} = \frac{10C}{\frac{C}{10}} = 10^2[배]$$

18

가공전선로의 지지물을 지선으로 보강하여서는 안 되는 것은?

① 목주
② A종 철근콘크리트주
③ B종 철근콘크리트주
④ 철탑

해설
지선을 사용하지 않는 지지물은 철탑이다.

19

Y-Y 평형 회로에서 상전압 V_P가 100[V], 부하 $Z = 8 + j6[\Omega]$이면 선전류 I_l의 크기는 몇 [A]인가?

① 2　② 5
③ 7　④ 10

해설
Y결선

$V_l = \sqrt{3}\, V_P$,　$I_l = I_P$

$$I_l = I_P = \frac{V_P}{Z} = \frac{100}{\sqrt{8^2+6^2}} = 10[A]$$

정답 14 ② 15 ② 16 ② 17 ④ 18 ④ 19 ④

20

1차 전압 6,300[V], 2차 전압 210[V], 주파수 60[Hz]의 변압기가 있다. 이 변압기의 권수비는?

① 30　② 40
③ 50　④ 60

해설

$$a = \frac{E_1}{E_2} = \frac{N_1}{N_2} = \frac{V_1}{V_2} = \frac{I_2}{I_1}$$

$$= \sqrt{\frac{R_1}{R_2}} = \sqrt{\frac{X_1}{X_2}}$$

$$= \sqrt{\frac{Z_1}{Z_2}}$$

$$a = \frac{V_1}{V_2} = \frac{6,300}{210} = 30$$

21

직류 전압을 직접 제어하는 것은?

① 브리지형 인버터
② 단상 인버터
③ 3상 인버터
④ 초퍼형 인버터

해설

전압 제어 방법

- 교류 : 위상 제어
- 직류 : 초퍼형 인버터

22

변압기 2대를 V결선했을 때의 이용률은 몇 [%]인가?

① 57.7[%]
② 70.7[%]
③ 86.6[%]
④ 100[%]

해설

V결선

- 출력 = $\sqrt{3}P_a$
- 이용률 = $\frac{\sqrt{3}P_a}{2P_a} = \frac{\sqrt{3}}{2} = 86.6[\%]$
- 출력비 = $\frac{\sqrt{3}P_a}{3P_a} = \frac{\sqrt{3}}{3} = 57.7[\%]$

23

다음 중 강자성체에 포함되지 않는 것은 어느 것인가?

① 철
② 코발트
③ 니켈
④ 텅스텐

해설

- 강자성체 : 코발트, 니켈, 철

정답 20 ① 21 ④ 22 ③ 23 ④

24

변압기 기름의 구비조건이 아닌 것은?

① 절연내력이 클 것
② 인화점과 응고점이 높을 것
③ 냉각 효과가 클 것
④ 산화현상이 없을 것

해설

절연유 구비조건
- 절연내력이 클 것
- 인화점은 높고 응고점은 낮을 것
- 점도는 낮을 것

25

인입 개폐기가 아닌 것은?

① ASS ② LBS
③ LS ④ UPS

해설

UPS는 무정전 전원 공급장치이다.

26

화약고 등의 위험장소에서 전기설비 시설에 관한 내용으로 옳은 것은?

① 전로의 대지전압을 400[V] 이하일 것
② 전기기계기구는 전폐형을 사용할 것
③ 화약고 내의 전기설비는 화약고 장소에 전용개폐기 및 과전류 차단기를 시설할 것
④ 개폐기 및 과전류 차단기에서 화약고 인입구까지의 배선은 케이블 배선으로 노출로 시설할 것

해설

화약고에 시설하는 전기기계 기구는 전폐형을 사용할 것

27

저항 8[Ω]과 코일이 직렬로 접속된 회로에 200[V]의 교류 전압을 가하면 20[A]의 전류가 흐른다. 코일의 리액턴스는 몇 [Ω]인가?

① 2 ② 4
③ 6 ④ 8

해설

coil : R–L 직렬

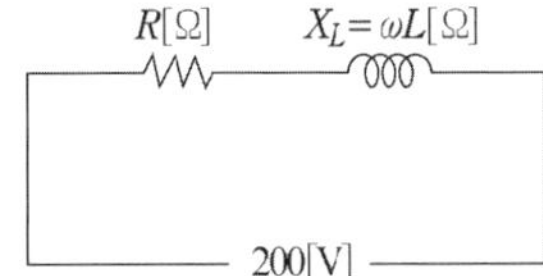

$Z = \frac{V}{I} = \frac{200}{20} = 10$ ······ (1)

$Z = R + j\omega L = R + jX_L$ ······ (2)

(1) = (2) 에서 $\sqrt{R^2 + X_L^2} = 10$

$\sqrt{8^2 + X_L^2} = 10$

$X_L = 6$

28

전기력선의 성질 중 맞지 않는 것은?

① 전기력선은 양(+)전하에서 나와 음(−)전하에서 끝난다.
② 전기력선의 접선방향이 전장의 방향이다.
③ 전기력선은 도중에 만나거나 끊어지지 않는다.
④ 전기력선은 등전위면과 교차하지 않는다.

해설

전기력선과 등전위면에 수직이다.

정답 24 ② 25 ④ 26 ② 27 ③ 28 ④

29

정격속도로 운전하는 무부하 분권발전기의 계자저항이 60[Ω], 계자 전류가 1[A], 전기자 저항이 0.5[Ω]라 하면 유도 기전력은 약 몇 [V]인가?

① 30.5　② 50.5
③ 60.5　④ 80.5

해설

$E = V + I_a \cdot R_a = 60 + 1 \times 0.5 = 60.5[\text{V}]$

$I_a = I + If = \dfrac{P}{V} + \dfrac{V}{Rf}$

무부하 시 $I = 0$　: $I_a = If = 1$

: $V = If \cdot R = 1 \times 60 = 60[\text{V}]$

30

3상 동기발전기의 상간 접속을 Y결선으로 하는 이유 중 틀린 것은?

① 중성점을 이용할 수 있다.
② 선간전압이 상전압의 $\sqrt{3}$ 배가 된다.
③ 선간전압에 제3고조파가 나타나지 않는다.
④ 같은 선간전압의 결선에 비하여 절연이 어렵다.

해설

- 중성점을 접지할 수 있어서 이상전압 방지가 가능하다.
- 계자를 회전자로 사용할 수 있다.
- 선간전압이 상전압의 $\sqrt{3}$ 배가 된다.

31

일정 값 이상의 전류가 흘렀을 때 동작하는 계전기는?

① OCR　② OVR　③ UVR　④ GR

해설

보호 계전기
① OCR : 과전류 계전기
② OVR : 과전압 계전기
③ UVR : 부족전압 계전기
④ GR : 지락 계전기

32

다음 금속전선관 공사에서 나사내기에 사용되는 공구는?

① 토치램프　② 벤더
③ 리머　④ 오스터

해설

금속관 공사에서 나사내기에 사용되는 공구는 오스터이다.

33

E종 절연물의 최고 허용온도는 몇 [℃]인가?

① 40　② 60
③ 120　④ 155

해설

절연물의 허용온도

절연재료	Y	A	E	B	F	H	C
허용온도	90°	105°	120°	130°	155°	180°	180°초과

34

자기저항의 단위는?

① AT/m　② Wb/m
③ AT/Wb　④ Ω/AT

해설

자기저항 $R_m = \dfrac{l}{\mu A}$[AT/Wb]

$R_m = \dfrac{F}{\phi} = \dfrac{NI}{\phi}$[AT/Wb]

정답　29 ③　30 ④　31 ①　32 ④　33 ③　34 ③

35

△ 결선으로 된 부하에 각 상의 전류가 10[A]이고 각 상의 저항이 4[Ω], 리액턴스가 3[Ω]이라 하면 전체 소비전력은 몇 [W]인가?

① 2,000 ② 1,800 ③ 1,500 ④ 1,200

해설

$P=3I^2R=3\times10^2\times4=1,200[\mathrm{W}]$

36

3상 유도전동기의 1차 입력 60[kW], 1차 손실 1[kW], 슬립 3[%]일 때 기계적 출력[kW]은?

① 57 ② 75 ③ 95 ④ 100

해설

전력 변환에서 기계적인 출력 $P_0=(1-s)P$

1차 입력이 60[kW], 1차 손실이 1[kW]이므로 2차 입력은 60−1=59[kW]가 된다.

기계적인 출력 $P_0=(1-0.03)\times59=57.23[\mathrm{kW}]$

37

가공전선로의 지지물에 시설하는 지선의 시설기준으로 맞지 않는 것은?

① 지선의 안전율은 2.5 이상일 것
② 지선의 안전율이 2.5 이상일 경우에 허용인장하중의 최저는 4.31[kN]으로 할 것
③ 소선의 지름이 1.6[mm] 이상의 동선을 사용한 것일 것
④ 지선에 연선을 사용할 경우에는 소선 3가닥 이상의 연선일 것

해설

지선의 시설기준

- 지선의 안전율은 2.5 이상일 것
- 지선의 허용인장하중은 최저 4.31[kN] 이상일 것
- 소선은 2.6[mm] 이상의 동선을 사용할 것
- 소선수는 3가닥 이상

38

보호계전기 시험을 하기 위한 유의사항이 아닌 것은?

① 시험회로 결선 시 교류와 직류 확인
② 시험회로 결선 시 교류의 극성 확인
③ 계전기 시험 장비의 오차 확인
④ 영점의 정확성 확인

해설

교류는 극성을 확인할 필요가 없다.

39

인견 공업에 쓰이는 포트 전동기의 속도 제어는?

① 극수 변화에 의한 제어
② 1차 회전에 의한 제어
③ 주파수 변환에 의한 제어
④ 저항에 의한 제어

해설

전동기의 속도 제어

- 주파수 변환법 : 인견 공업의 포트 모터
- 극수 변환법 : 승강기
- 전압 제어법 : 탁상용 선풍기

40

변전소에 사용되는 주요 기기로서 ABB는 무엇을 의미하는가?

① 유입 차단기 ② 자기 차단기
③ 공기 차단기 ④ 진공 차단기

해설

공기 차단기(ABB : Air Blast Circuit Breaker) : 공기 차단기는 개방할 때 접촉자가 떨어지면서 발생하는 아크를 강력한 압축공기 약 10~30[kg/cm²・g]을 불어 소호하는 방식으로서 유입 차단기처럼 전류의 크기에 의해 소호 능력이 변하지 않고 일정한 소호 능력을 갖고 있다.

정답 35 ④ 36 ① 37 ③ 38 ② 39 ③ 40 ③

CBT 복원

41

각 수용가의 최대 수용전력이 각각 5[kW], 10[kW], 15[kW], 22[kW]이고, 합성 최대 수용전력이 50[kW]이다. 이 수용가 간의 부등률은 얼마인가?

① 1.04　② 2.34
③ 4.25　④ 6.94

해설

$$\text{부등률} = \frac{\text{개별 수용 최대전력의 합[kW]}}{\text{합성 최대전력[kW]}} = \frac{5+10+15+22}{50} = 1.04$$

42

전류의 발열 작용에 관한 법칙으로 가장 알맞은 것은?

① 옴의 법칙　② 패러데이의 법칙
③ 줄의 법칙　④ 키르히호프의 법칙

해설

열량 $Q = 0.24Pt$[cal]
줄의 법칙은 전기적 에너지를 열 에너지로 변화한 것을 나타낸 것으로 이 열 에너지는 전등, 전기용접, 전열기 등에 자주 이용이 된다.

43

환상철심의 평균자로길이 l[m], 단면적 A[m^2], 비투자율 μ_s, 권수 N_1, N_2인 두 코일의 상호 인덕턴스는?

① $\dfrac{2\pi\mu_s l N_1 N_2}{A} \times 10^{-7}$[H]
② $\dfrac{A N_1 N_2}{2\pi\mu_s l} \times 10^{-7}$[H]
③ $\dfrac{4\pi\mu_s A N_1 N_2}{l} \times 10^{-7}$[H]
④ $\dfrac{4\pi^2\mu_s N_1 N_2}{A l} \times 10^{-7}$[H]

해설

자기(자체) 인덕턴스 $L = \dfrac{\mu A N^2}{l}$[H]

상호 인덕턴스 $M = \dfrac{\mu A N_1 N_2}{l} = \dfrac{4\pi\mu_s A N_1 N_2}{l} \times 10^{-7}$[H]

44

직류 발전기에서 계자 철심에 잔류자기가 없어도 발전을 할 수 있는 발전기는?

① 분권 발전기　② 직권 발전기
③ 복권 발전기　④ 타여자 발전기

해설

잔류자기가 없으면 발전이 불가능한 발전기는 자여자 발전기이다.

45

금속덕트에 전광표시장치 또는 제어회로 등의 배선에 사용하는 전선만을 넣을 경우 금속덕트의 크기는 전선의 피복절연물을 포함한 단면적의 총 합계가 금속덕트 내의 단면적의 몇 [%] 이하가 되도록 선정하여야 하는가?

① 20[%]　② 30[%]
③ 40[%]　④ 50[%]

해설

금속덕트의 경우 전선의 단면적의 합계는 덕트 내 단면적의 20[%] 이하가 되어야 하며 단, 전광표시, 제어회로용의 경우 50[%] 이하가 되도록 한다.

정답 41 ① 42 ③ 43 ③ 44 ④ 45 ④

46

20분간에 876,000[J]의 일을 할 때 전력은 몇 [kW]인가?

① 0.73 ② 7.3
③ 73 ④ 730

해설

$P = VI = I^2R = \frac{V^2}{R}$[W]

$W = Pt = VIt = I^2Rt = \frac{V^2}{R}t$[J]

$P = \frac{W}{t} = \frac{876,000}{20 \times 60} \times 10^{-3}$[kW]$= 0.73$[kW]

47

전선과 기구 단자 접속 시 나사를 덜 죄었을 경우 발생할 수 있는 위험과 거리가 먼 것은?

① 누전 ② 화재의 위험
③ 과열 발생 ④ 저항 감소

해설

접속을 느슨히 할 경우 발열로 인한 전기화재 발생의 위험이 있다.

48

다음 중 특수 직류기가 아닌 것은?

① 고주파 발전기 ② 단극 발전기
③ 분권기 ④ 복권기

해설

고주파 발전기는 직류기가 아니라 특수 동기기에 해당된다.

49

니켈의 원자가는 2.0이고 원자량은 58.70이다. 이때 화학당량의 값은?

① 117.4 ② 60.70
③ 56.70 ④ 29.35

해설

화학당량 $K = \frac{원자량}{원자가} = \frac{58.7}{2} = 29.35$

50

옥내에서 두 개 이상의 전선을 병렬로 연결할 경우 동선은 각 전선의 굵기가 몇 [mm²] 이상이어야 하는가?

① 50[mm²] ② 70[mm²]
③ 95[mm²] ④ 150[mm²]

해설

두 개 이상의 전선을 병렬로 사용할 경우 전선의 굵기는 동일 경우 50[mm²] 이상, 알루미늄의 경우 70[mm²] 이상으로 하여야 한다.

51

$v = V_m \sin(\omega t + 30°)$[V], $i = I_m \sin(\omega t - 30°)$[A] 일 때 전압을 기준으로 할 때 전류의 위상차는?

① 60° 뒤진다. ② 60° 앞선다.
③ 30° 뒤진다. ④ 30° 앞선다.

해설

위상차 $v = V_m \sin(\omega t + 30°)$

$i = I_m \sin(\omega t - 30°)$

$\theta = 30° - (-30°) = 60°$

정답 46 ① 47 ④ 48 ① 49 ④ 50 ① 51 ①

52

변압기의 부하와 전압이 일정하고 주파수만 높아지면 어떻게 되는가?

① 철손 감소　② 철손 증가
③ 동손 증가　④ 동손 감소

해설

변압기의 경우 $\phi \propto B \propto P_i \propto I_0 \propto \frac{1}{f}$

53

변압기의 손실에 해당되지 않는 것은?

① 동손　② 와전류손
③ 히스테리시스 손　④ 기계손

해설

변압기 손실
- 무부하손 : 철손(히스테리시스 손 + 와류손)
- 부하손 : 동손

54

동기전동기의 자기 기동법에서 계자권선을 단락하는 이유는?

① 기동이 쉽다.
② 기동권선으로 이용한다.
③ 고전압 유도에 의한 절연파괴 위험을 방지한다.
④ 전기자 반작용을 방지한다.

해설

계자권선을 개방하고 전기자에 전원을 가하면 계자권선에 높은 전압이 유기되어 계자 회로가 소손될 우려가 있기 때문이다.

55

4×10^{-5}[C]과 6×10^{-5}[C]의 두 전하가 자유공간에 2[m]의 거리에 있을 때 그 사이에 작용하는 힘은?

① 5.4[N], 흡입력이 작용한다.
② 5.4[N], 반발력이 작용한다.
③ 7/9[N], 흡인력이 작용한다.
④ 7/9[N], 반발력이 작용한다.

해설

진공 중 두 점전하 사이에 작용하는 힘은

$$F = 9 \times 10^9 \times \frac{Q_1 Q_2}{r^2}$$

$$\therefore F = 9 \times 10^9 \times \frac{4 \times 10^{-5} \times 6 \times 10^{-5}}{2^2} = 5.4[\mathrm{N}]$$

(전하의 부호가 같으므로 반발력이 작용한다.)

56

서로 다른 종류의 안티몬과 비스무트의 두 금속을 접속하여 여기에 전류를 통하면, 그 접점에서 열의 발생 또는 흡수가 일어난다. 줄열과 달리 전류의 방향에 따라 열의 흡수와 발생이 다르게 나타나는 이 현상은?

① 펠티어 효과
② 제어벡 효과
③ 제3금속의 법칙
④ 열전 효과

해설

펠티어 효과 : 서로 다른 두 종류의 도체를 결합하고 전류를 흐르도록 할 때, 한쪽의 접점은 발열하여 온도가 상승하고 다른 쪽의 접점에서는 흡열하여 온도가 낮아지는 현상

정답 52 ① 53 ④ 54 ③ 55 ② 56 ①

57

자동화재탐지설비는 화재의 발생을 초기에 자동적으로 탐지하여 소방대상물의 관계자에게 화재의 발생을 통보해주는 설비이다. 이러한 자동화재탐지설비의 구성요소가 아닌 것은?

① 수신기　② 비상경보기
③ 발신기　④ 중계기

해설

자동화재탐지설비 구성요소 : 수신기, 발신기, 중계기

58

접지저항 측정방법으로 가장 적당한 것은?

① 절연 저항계
② 전력계
③ 교류의 전압, 전류계
④ 코올라우시 브리지

2017년 CBT 복원문제 4회

01

피뢰기의 약호는?

① LA　② PF
③ SA　④ COS

해설

① LA(Lighting Arrester) : 천둥에 의한 충격이나 기타의 이상 전압을 대지에 방전하여 기기의 단자 전압을 내전압 이하로 저감하여 기기의 절연 파괴를 방지하기 위해 사용하는 장치
② PF(Power Fuse) : 전력용 퓨즈 고압 및 특별고압 기기의 단락보호용
③ SA(Surge Absorber) : 서지흡수기로 주고 개폐서지 보호용 사용되며, 순간적으로 발생하는 저압파를 흡수하기 위한 장치
④ COS(컷아웃스위치) : 주요 변압기 1차 측에 설치하여 변압기의 보호와 단로를 위한 목적으로 사용

02

동기전동기의 특징과 용도에 대한 설명으로 잘못된 것은?

① 진상, 지상의 역률 조정이 된다.
② 속도 제어가 원활하다.
③ 시멘트 공장의 분쇄기 등에 사용된다.
④ 난조가 발생하기 쉽다.

해설

동기전동기는 지상과 지상의 역률 조정이 가능하며, 속도 제어가 불가능하다.

CBT 복원

정답 57 ② 58 ④ / 01 ① 02 ②

03

자기 인덕턴스에 축적되는 에너지에 대한 설명으로 가장 옳은 것은?

① 자기 인덕턴스 및 전류에 비례한다.
② 자기 인덕턴스 및 전류에 반비례한다.
③ 자기 인덕턴스와 전류의 제곱에 반비례한다.
④ 자기 인덕턴스에 비례하고 전류의 제곱에 비례한다.

해설

자기 인덕턴스에 축적되는 에너지 $W=\frac{1}{2}LI^2$[J]
축적 에너지는 자기 인덕턴스(L)에 비례하고, 전류(I)의 제곱에 비례한다.

04

합성수지관 상호 접속 시에 관을 삽입하는 깊이는 관 바깥지름의 몇 배 이상으로 하여야 하는가?

① 0.6　② 0.8
③ 1.0　④ 1.2

해설

관 상호간 및 박스와는 관을 삽입하는 깊이를 관의 바깥지름의 1.2배(접착제를 사용하는 경우에는 0.8배) 이상으로 하고 또한 꽂음 접속에 의하여 견고하게 접속한다.

05

전원과 부하가 다같이 △ 결선된 3상 평형회로가 있다. 상전압이 200[V], 부하 임피던스가 $Z=6+j8$[Ω]인 경우 선전류는 몇 [A]인가?

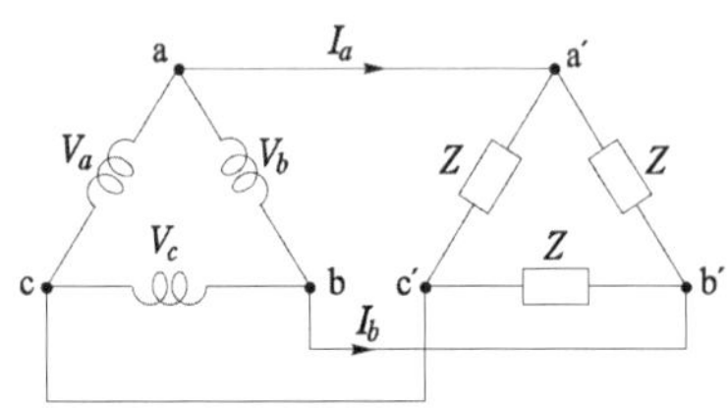

① 20　② $\frac{20}{\sqrt{3}}$
③ $20\sqrt{3}$　④ $10\sqrt{3}$

해설

△결선 : $V_p=V_l$, $I_l=\sqrt{3}I_p$,
임피던스 크기 $Z=\sqrt{6^2+8^2}=10$
상전류 : $I_p=\frac{V_P}{Z}=\frac{200}{10}=20$
선전류 : $I_l=\sqrt{3}I_P=20\sqrt{3}$

06

직류 직권 전동기를 사용하려고 할 때 벨트(belt)를 걸고 운전하면 안 되는 가장 타당한 이유는?

① 벨트가 기동할 때나 또는 갑자기 중 부하를 걸 때 미끄러지기 때문에
② 벨트가 벗겨지면 전동기가 갑자기 고속으로 회전하기 때문에
③ 벨트가 끊어졌을 때 전동기의 급정지 때문에
④ 부하에 대한 손실을 최대로 줄이기 위해서

해설

직류 직권 전동기의 경우 정격의 전압으로 운전 시 무부하 또는 벨트 운전을 하여서는 안 된다.
그 이유는 벨트가 벗겨지면 전동기가 위험 속도에 도달할 우려가 있기 때문이다.

07

공기 중에서 m[Wb]의 자극으로부터 나오는 자속수는?

① m　② $\mu_0 m$
③ $\frac{1}{m}$　④ $\frac{m}{\mu_0}$

해설

- 자속선수 $=m$
- 자력선수 $=\frac{m}{\mu_0}$

정답 03 ④　04 ④　05 ③　06 ②　07 ①

08

셀룰로이드, 성냥, 석유류 등 기타 가연성 위험물질을 제조 또는 저장하는 장소의 배선으로 틀린 것은?

① 금속관 배선
② 케이블 배선
③ 플로어덕트 배선
④ 합성수지관(CD관 제외) 배선

해설

위험물 저장 장소의 저압배선(셀룰로이드, 선량, 석유류)의 공사는 금속관 공사, 케이블 공사, 합성수지관 공사(두께 2[mm] 미만의 합성수지 전선관 및 콤바인 덕트관을 사용하는 것을 제외한다)

09

다음 설명 중 틀린 것은?

① 3상 유도 전압 조정기의 회전자 권선은 분로 권선이고, Y결선으로 되어 있다.
② 디이프 슬롯형 전동기는 냉각 효과가 좋아 기동 정지가 빈번한 중·대형 저속기에 적당하다.
③ 누설 변압기가 네온사인이나 용접기의 전원으로 알맞은 이유는 수하특성 때문이다.
④ 계기용 변압기의 2차 표준은 110/220[V]로 되어 있다.

해설

계기용 변압기의 2차 전압은 110[V]이다.

10

직류 전동기에서 전부하 속도가 1,500[rpm], 속도변동률이 3[%]일 때 무부하 회전속도는 몇 [rpm]인가?

① 1,455 ② 1,410
③ 1,545 ④ 1,590

해설

속도변동률 $\epsilon = \frac{N_0 - N}{N} \times 100[\%]$

무부하속도 $N_0 = (1+\epsilon)N = (1+0.03) \times 1,500 = 1,545[\text{rpm}]$

11

저압 인입선 공사 시 저압 가공인입선이 철도 또는 궤도를 횡단하는 경우 레일면상에서 몇 [m] 이상 시설하여야 하는가?

① 3 ② 4
③ 5.5 ④ 6.5

해설

저압 인입선 공사 시 저압 가공인입선이 철도 또는 궤도를 횡단하는 경우 : 6.5[m]

12

비사인파 교류회로의 전력에 대한 설명으로 옳은 것은?

① 전압의 제3고조파와 전류의 제3고조파 성분 사이에서 소비전력이 발생한다.
② 전압의 제2고조파와 전류의 제3고조파 성분 사이에서 소비전력이 발생한다.
③ 전압의 제3고조파와 전류의 제5고조파 성분 사이에서 소비전력이 발생한다.
④ 전압의 제5고조파와 전류의 제7고조파 성분 사이에서 소비전력이 발생한다.

해설

- 비정현파의 소비전력

$$P = P_1 + P_2 + P_3 + \cdots$$
$$= V_1 I_1 \cos\theta_1 + V_2 I_2 \cos\theta_2 + V_3 I_3 \cos\theta_3 + \cdots$$

정답 08 ③ 09 ④ 10 ③ 11 ④ 12 ①

CBT 복원

13

병렬운전 중인 동기 임피던스 5[Ω]인 2대의 3상 동기발전기의 유도기전력에 200[V]의 전압차이가 있다면 무효순환 전류[A]는?

① 5　　② 10
③ 20　　④ 40

해설

무효순환 전류 $I_c = \dfrac{E_1 - E_2}{2Z_s} = \dfrac{E_r}{2Z_s}$

$\therefore I_c = \dfrac{E_r}{2Z_s} = \dfrac{200}{2\times 5} = 20[\mathrm{A}]$

14

정전용량 C_1, C_2가 병렬 접속되어 있을 때의 합성정전용량은?

① $C_1 + C_2$　　② $\dfrac{1}{C_1} + \dfrac{1}{C_2}$
③ $\dfrac{C_1 C_2}{C_1 + C_2}$　　④ $\dfrac{1}{C_1 + C_2}$

해설

- 콘덴서 병렬 연결 시 합성정전용량 : $C = C_1 + C_2$
- 콘덴서 직렬 연결 시 합성정전용량 : $C = \dfrac{C_1 C_2}{C_1 + C_2}$

15

옥내에 시설하는 사용전압이 400[V] 이상인 저압의 이동전선은 0.6/1[kV] EP 고무 절연 클로로프렌 캡타이어 케이블로서 단면적이 몇 [mm^2] 이상이어야 하는가?

① 0.75[mm^2]　　② 2[mm^2]
③ 5.5[mm^2]　　④ 8[mm^2]

해설

저압 이동전선의 경우 사용전선은 0.75[mm^2] 이상의 캡타이어 케이블을 사용한다.

16

회로에서 검류계의 지시가 0일 때 저항 X는 몇 [Ω]인가?

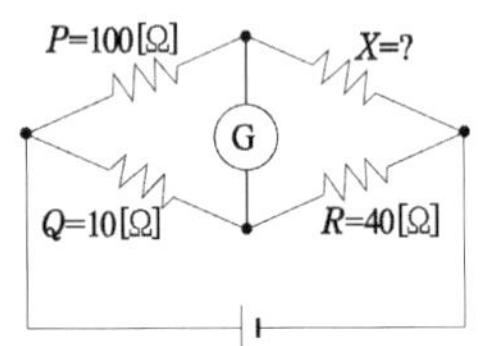

① 10[Ω]　　② 40[Ω]
③ 100[Ω]　　④ 400[Ω]

해설

브리지 평형상태에서

$100 \times 40 = 10X$

$X = \dfrac{100 \times 40}{10} = 400[\Omega]$

17

직류 분권전동기의 기동방법 중 가장 적당한 것은?

① 기동토크를 작게 한다.
② 계자저항기의 저항값을 크게 한다.
③ 계자저항기의 저항값을 0으로 한다.
④ 기동저항기를 전기자와 병렬접속한다.

해설

- 기동 시 운전조건
  기동 시의 계자전류는 큰 것이 좋고, 계자저항은 작을수록 좋다(0).

정답　13 ③　14 ①　15 ①　16 ④　17 ③

18

단선의 굵기가 6[mm^2] 이하인 전선을 직선접속할 때 주로 사용하는 접속법은?

① 트위스트 접속　② 브리타니어 접속
③ 쥐꼬리 접속　④ T형 커넥터 접속

해설

6[mm^2] 이하의 가는 전선을 접속할 경우 트위스트 접속을 사용한다.

19

3상 유도전동기의 회전방향을 바꾸기 위한 방법으로 옳은 것은?

① 전원의 전압과 주파수를 바꾸어 준다.
② Δ-Y 결선으로 결선법을 바꾸어 준다.
③ 기동보상기를 사용하여 권선을 바꾸어 준다.
④ 전동기의 1차 권선에 있는 3개의 단자 중 어느 2개의 단자를 서로 바꾸어 준다.

해설

전동기의 1차 권선에 있는 3개의 단자 중 어느 2개의 단자를 서로 바꾸어 준다.

20

2전력계법으로 3상 전력을 측정할 때 지시값이 $P_1=$ 200[W], $P_2=$200[W]일 때 부하전력[W]은?

① 200　② 400
③ 600　④ 800

해설

$P=P_1+P_2=200+200=400$

21

저압 옥내 간선으로부터 분기하는 곳에 설치하여야 하는 것은?

① 과전압 차단기　② 과전류 차단기
③ 누전 차단기　④ 지락 차단기

22

슬립이 0.05이고 전원 주파수가 60[Hz]인 유도전동기의 회전자 회로의 주파수[Hz]는?

① 1　② 2
③ 3　④ 4

해설

유도전동기의 회전자 주파수 f_2는 슬립에 비례한다.

$\therefore f_2=sf1=0.05\times60=3$[Hz]

23

패러데이의 전자 유도 법칙에서 유도 기전력의 크기는 코일을 지나는 (㉠)의 매초 변화량과 코일의 (㉡)에 비례한다. ㉠, ㉡으로 알맞은 것은?

① ㉠ 자속, ㉡ 굵기
② ㉠ 자속, ㉡ 권수
③ ㉠ 전류, ㉡ 권수
④ ㉠ 전류, ㉡ 굵기

해설

$e=-N\frac{d\phi}{dt}$

정답 18 ① 19 ④ 20 ② 21 ② 22 ③ 23 ②

24

옥내배선 공사에서 절연전선의 피복을 벗길 때 사용하면 편리한 공구는?

① 드라이버　② 플라이어
③ 압착펜치　④ 와이어 스트리퍼

해설
와이어 스트리퍼는 절연전선의 피복을 자동으로 벗기는 공구를 말한다.

25

200[V], 500[W]의 전열기를 220[V] 전원에 사용하였다면 이때의 전력은?

① 400[W]　② 500[W]
③ 550[W]　④ 605[W]

해설
전력은 전압의 자승에 비례하므로 전력 $P=\dfrac{V^2}{R}$에서 P와 V^2를 비례식으로 계산하면

$200^2 : 220^2 = 500 : P'$

$P' = \dfrac{220^2 \times 500}{200^2} = 605[\text{W}]$

26

동기조상기를 부족여자로 운전하면 어떻게 되는가?

① 콘덴서로 작용한다.
② 리액터로 작용한다.
③ 여자 전압의 이상 상승이 발생한다.
④ 일부 부하에 대하여 뒤진 역률을 보상한다.

해설
동기조상기를 부족여자로 운전할 경우 리액터 작용을 하며 과여자로 운전할 경우 콘덴서 작용을 한다.

27

다음 중 옥내에 시설하는 저압 전로와 대지 사이의 절연저항 측정에 사용되는 계기는?

① 멀티 테스터　② 매거
③ 어스 테스터　④ 훅 온 미터

해설
절연저항 측정 : 매거

28

3상 유도전동기의 속도제어 방법 중 인버터(inverter)를 이용한 속도 제어법은?

① 극수 변환법　② 전압 제어법
③ 초퍼 제어법　④ 주파수 제어법

해설
인버터 – 주파수 제어법

29

자극의 세기 4[Wb], 자축의 길이 10[cm]의 막대자석이 100[AT/m]의 평등 자장 내에서 20[N · m]의 회전력을 받았다면 이때 막대자석과 자장과의 이루는 각도는?

① 0°　② 30°
③ 60°　④ 90°

해설
$T = MH\sin\theta = mlH\sin\theta$

$\sin\theta = \dfrac{T}{mlH} = \dfrac{20}{4\times0.1\times100} = \dfrac{1}{2}$

$\therefore\ \theta = 30°$

정답 24 ④ 25 ④ 26 ② 27 ② 28 ④ 29 ②

30

반지름 r[m], 권수 N회의 환상 솔레노이드에 I[A]의 전류가 흐를 때, 그 내부의 자장의 세기 H[AT/m]는 얼마인가?

① $\frac{NI}{r^2}$　② $\frac{NI}{2\pi}$
③ $\frac{NI}{4\pi r^2}$　④ $\frac{NI}{2\pi r}$

해설

평균 반지름 r[m]인 환상 솔레노이드의 자장의 세기

$H = \frac{N \cdot I}{2\pi r}$[AT/m]

31

직류기의 손실 중 기계손에 속하는 것은?

① 풍손　② 와전류손
③ 히스테리시스손　④ 표유 부하손

해설

직류기의 기계손 = 마찰손 + 베어링손 + 풍손

32

금속전선관 공사에서 금속관과 접속함을 접속하는 경우 녹아웃 구멍이 금속관보다 클 때 사용하는 부품은?

① 록너트(로크너트)　② 부싱
③ 새들　④ 링 리듀셔

해설

금속관과 접속함을 접속할 경우 녹아웃 구멍이 금속관보다 클 때 사용하는 부품은 링 리듀셔라 한다.

33

동기발전기를 회전계자형으로 하는 이유가 아닌 것은?

① 고전압에 견딜 수 있게 전기자 권선을 절연하기가 쉽다.
② 전기자 단자에 발생한 고전압을 슬립링 없이 간단하게 외부회로에 인가할 수 있다.
③ 기계적으로 튼튼하게 만드는 데 용이하다.
④ 전기자가 고정되어 있지 않아 제작비용이 저렴하다.

해설

회전계자형(전기자는 고정)을 사용하는 이유

- 전기자 권선은 전압이 높고 결선이 복잡하며, 대용량으로 되면 전류도 커지고, 3상 권선의 경우에는 4개의 도선을 인출하여야 한다.
- 계자 회로는 직류의 저압 회로이므로 소요 동력도 작으며, 인출 도선이 2개만 있어도 되기 때문
- 계자극은 기계적으로 튼튼하게 만드는 데 용이하기 때문이다.
- 회전자의 관성을 크게 하여 고장시 과도 안정도를 높이기 용이하기 때문

34

변압기, 동기기 등의 층간 단락 등의 내부고장 보호에 사용되는 계전기는?

① 차동 계전기　② 접지 계전기
③ 과전압 계전기　④ 역상 계전기

해설

발전기, 변압기 내부고장 시 동작하여 보호하는 보호계전기는 차동 계전기를 말한다.

정답 30 ④　31 ①　32 ④　33 ④　34 ①

35

전동기 과부하 보호 장치에 해당되지 않는 것은?

① 전동기용 퓨즈
② 열동 계전기
③ 전동기 보호용 배선용 차단기
④ 전동기 기동장치

해설
전동기의 과부하 보호 장치
- 전동기용 퓨즈
- 열동 계전기
- 전동기 보호용 배선용 차단기

36

아래 심벌이 나타내는 것은?

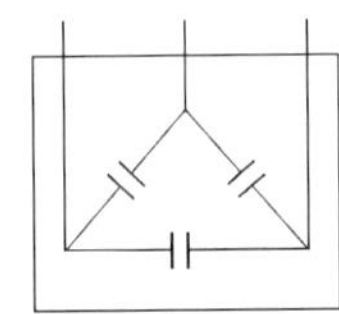

① 저항　　② 진상용콘덴서
③ 유입 개폐기　　④ 변압기

37

200[V]의 교류전원에 선풍기를 접속하고 전력과 전류를 측정하였더니 600[W], 5[A]이었다. 이 선풍기의 역률은?

① 0.5　　② 0.6
③ 0.7　　④ 0.8

해설
$P = VI\cos\theta$ 에서 $\therefore \cos\theta = \frac{P}{VI} = \frac{600}{200 \times 5} = 0.6$

38

비유전율 2.5의 유전체 내부의 전속밀도가 2×10^{-6}[C/m²] 되는 점의 전기장 세기는 약 몇 [V/m]인가?

① 18×10^4　　② 9×10^4
③ 6×10^4　　④ 3.6×10^4

해설
전속밀도 $D = \epsilon E$에서
전기장의 세기 $E = \frac{D}{\epsilon} = \frac{D}{\epsilon_0 \epsilon_s} = \frac{2 \times 10^{-6}}{8.855 \times 10^{-12} \times 2.5}$
$= 9 \times 10^4$[V/m]

39

20[kVA]의 단상 변압기 2대를 사용하여 V-V 결선으로 하고 3상 전원을 얻고자 한다. 이때 여기에 접속시킬 수 있는 3상 부하의 용량은 약 몇 [kVA]인가?

① 34.6　② 44.6　③ 54.6　④ 66.6

해설
$P_v = \sqrt{3} P_1 = \sqrt{3} \times 20 = 34.6$[kVA]

40

그림과 같은 회로에서 저항 R_1에 흐르는 전류는?

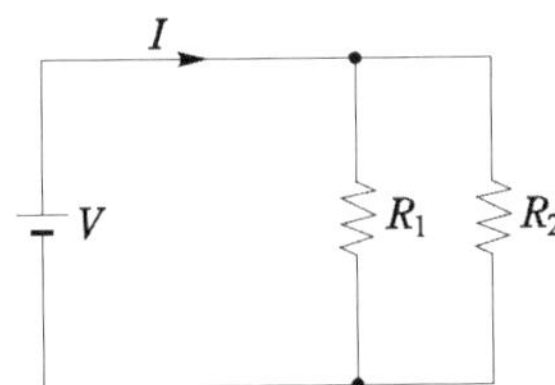

① $(R_1 + R_2)I$　　② $\frac{R_2}{R_1 + R_2} I$
③ $\frac{R_1}{R_1 + R_2} I$　　④ $\frac{R_1 R_2}{R_1 + R_2} I$

해설
저항의 병렬연결에서 분배 전류는
$I_1 = \frac{R_2}{R_1 + R_2} \times I$

정답 35 ④ 36 ② 37 ② 38 ② 39 ① 40 ②

41

직류기에 있어서 불꽃 없는 정류를 얻는 데 가장 유효한 방법은?

① 보극과 탄소브러쉬
② 탄소브러쉬와 보상권선
③ 보극과 보상권선
④ 자기포화와 브러쉬 이동

해설

불꽃 없는 정류를 얻기 위한 방법
① 전압정류 : 보극
② 저항정류 : 탄소브러쉬

42

어떤 변압기에서 임피던스 강하가 5[%]인 변압기가 운전 중 단락되었을 때 그 단락전류는 정격전류의 몇 배인가?

① 5 ② 20
③ 50 ④ 200

해설

$I_{1s} = \frac{100}{\%Z} I_{1n} = \frac{100}{5} \times I_{1n} = 20 I_{1n}$

43

3상 380[V], 60[Hz], 4P, 슬립 5[%], 55[kW] 유도전동기가 있다. 회전자 속도는 몇 [rpm]인가?

① 1,200 ② 1,526
③ 1,710 ④ 2,280

해설

$N_s = \frac{120f}{P}$, $N_s = \frac{120 \times 60}{4} = 1,800$[rpm]

슬립이 5[%]인 경우 회전자 속도는

$N = (1-S)N_s = (1-0.0.5) \times 1,800 = 1,710$[rpm]

44

하나의 수용장소의 인입선 접속점에서 분기하여 지지물을 거치지 아니하고 다른 수용장소의 인입선 접속점에 이르는 전선은?

① 가공인입선 ② 구내 인입선
③ 연접인입선 ④ 옥측 배선

해설

연접인입선이란 수용장소의 인입선 접속점에서 분기하여 지지물을 거치지 아니하고 다른 수용장소의 인입선 접속점에 이르는 전선을 말한다.

45

수변전 설비에서 차단기의 종류 중 가스 차단기에 들어가는 가스의 종류는?

① CO_2 ② LPG
③ SF_6 ④ LNG

해설

가스 차단기(GCB) : 소호 매질은 SF_6 가스를 사용한다.

46

임피던스 $Z = 6 + j8$[Ω]에서 컨덕턴스는?

① 0.06[℧] ② 0.08[℧]
③ 0.1[℧] ④ 1.0[℧]

정답 41 ① 42 ② 43 ③ 44 ③ 45 ③ 46 ①

해설

컨덕턴스 $G=\frac{1}{R}[℧]$

어드미턴스 $Y=G+jB=\frac{1}{Z}$

$$=\frac{1}{6+j8}=\frac{6-j8}{(6+j8)(6-j8)}=0.06-j0.08[℧]$$

47

진공 중에 10^{-6}[C], 10^{-4}[C]의 두 점전하가 1[m]의 간격을 두고 놓여 있다. 두 전하 사이에 작용하는 힘은?

① 9×10^{-2}[N] ② 18×10^{-2}[N]
③ 9×10^{-1}[N] ④ 18×10^{-1}[N]

해설

쿨롱의 법칙

$$F=\frac{Q_1Q_2}{4\pi\epsilon_0 r^2}[\text{N}]=9\times10^9\times\frac{Q_1Q_2}{r^2}$$
$$=9\times10^9\times\frac{1\times10^{-6}\times1\times10^{-4}}{1^2}=9\times10^{-1}[\text{N}]$$

48

동기기 운전 시 안정도 증진법이 아닌 것은?

① 단락비를 크게 한다.
② 회전부의 관성을 크게 한다.
③ 속응여자방식을 채용한다.
④ 역상 및 영상임피던스를 작게 한다.

해설

안정도 증진법
- 단락비를 크게 한다.
- 회전부의 관성을 크게 한다.
- 속응여자방식을 채택한다.

49

주로 정전압 다이오드로 사용되는 것은?

① 터널 다이오드
② 제너 다이오드
③ 쇼트키베리어 다이오드
④ 바렉터 다이오드

해설

정전압 정류에 사용되는 다이오드는 제너 다이오드이다.

50

물체의 두께, 깊이, 안지름 및 바깥지름 등을 모두 측정할 수 있는 공구의 명칭은?

① 버니어 캘리퍼스
② 마이크로미터
③ 다이얼 게이지
④ 와이어 게이지

해설

버니어 캘리퍼스 : 물체의 두께 및 깊이, 안지름, 바깥지름을 모두 측정할 수 있다.

51

제1종 가요전선관을 구부릴 경우의 곡률 반지름은 관 안지름의 몇 배 이상으로 하여야 하는가?

① 3배 ② 4배
③ 6배 ④ 8배

해설

1종 가요전선관을 구부릴 경우 곡률 반지름은 관 안지름의 6배 이상으로 하여야 한다.

정답 47 ③ 48 ④ 49 ② 50 ① 51 ③

52

자극 가까이에 물체를 두었을 때 자화되는 물체와 자석이 그림과 같은 방향으로 자화되는 자성체는?

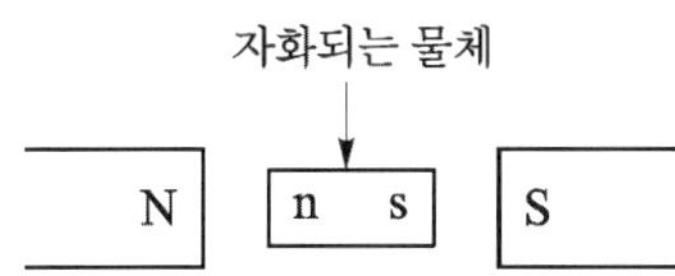

① 상자성체 ② 반자성체
③ 강자성체 ④ 비자성체

해설

- 상자성체 : 자석에 접근시킬 때 반대의 극이 생겨 서로 당기는 금속(공기, 주석, 산소, 백금, 알루미늄)
- 강자성체 : 상자성체 중에서 자화강도가 큰 금속(니켈, 코발트, 철)
- 반자성체 : 자석에 접근시킬 때 같은 극이 생겨 서로 반발하는 금속(비무스트, 탄소, 인, 금, 은, 구리, 안티몬)

53

다음 중 변압기의 온도 상승 시험법으로 가장 널리 사용되는 것은?

① 반환부하법 ② 극성시험
③ 절연내력시험 ④ 무부하시험

해설

변압기의 온도 상승 시험법 → 반환부하법

54

3단자 사이리스터가 아닌 것은?

① SCS ② SCR
③ TRIAC ④ GTO

해설

사이리스터

- SCR : 단방향성 3단자(G.T.O, LASCR)
- SCS : 단방향성 4단자
- SSS : 쌍방향성 2단자
- TRIAC : 쌍방향성 3단자

55

발전기의 유도 전압의 방향을 나타내는 법칙은?

① 패러데이의 법칙
② 렌츠의 법칙
③ 오른나사의 법칙
④ 플레밍의 오른손 법칙

해설

- 발전기 : 플레밍의 오른손 법칙
- 전동기 : 플레밍의 왼손 법칙

56

자속밀도 0.5[Wb/m^2]의 자장 안에 자장과 직각으로 20[cm]의 도체를 놓고 이것에 10[A]의 전류를 흘릴 때 도체가 50[cm] 운동한 경우의 한 일은 몇 [J]인가?

① 0.5 ② 1
③ 1.5 ④ 5

해설

힘 $F = IBl\sin\theta = 10 \times 0.5 \times 0.2 \times \sin 90° = 1[N]$

$\therefore \ W = F \times L = 1 \times 0.5 = 0.5[J]$

정답 52 ② 53 ① 54 ① 55 ④ 56 ①

57

전선을 접속하는 경우 전선의 강도는 몇 [%] 이상 감소시키지 않아야 하는가?

① 10　　② 20
③ 40　　④ 80

해설

전선의 접속 시 전선의 강도를 20[%] 이상 감소시켜서는 안 된다.

58

접지공사에서 접지선을 철주, 기타 금속체를 따라 시설하는 경우 접지극은 지중에서 그 금속체로부터 몇 [cm] 이상 떼어 매설하는가?

① 30　　② 60
③ 75　　④ 100

59

직류 전동기의 최저 절연저항값[MΩ]은?

① $\dfrac{\text{정격전압[V]}}{1{,}000+\text{정격출력[kW]}}$

② $\dfrac{\text{정격출력[kW]}}{1{,}000+\text{정격입력[kW]}}$

③ $\dfrac{\text{정격입력[kW]}}{1{,}000+\text{정격출력[kW]}}$

④ $\dfrac{\text{정격전압[V]}}{1{,}000+\text{정격입력[kW]}}$

해설

$$\text{절연저항값[M}\Omega\text{]} = \dfrac{\text{정격전압[V]}}{1{,}000+\text{정격출력[kW]}}$$

정답 57 ② 58 ④ 59 ①

2018년 CBT 복원 기출문제

2018년 CBT 복원문제 1회

01

$v = V_m \cos(\omega t - \frac{\pi}{6})$[V]보다 30도 늦은 전류는 실효값은 10[A]인 전류의 순시값 표현이 올바른 것은?

① $i = 141.4\sin(\omega t - \frac{\pi}{6})$
② $i = 141.4\sin\omega t$
③ $i = 14.14\sin(\omega t + \frac{\pi}{6})$
④ $i = 14.14\sin\omega t$

해설

코사인파를 먼저 사인파로 바꾸면

$v = V_m\cos(\omega t - \frac{\pi}{6}) = V_m\sin(\omega t - \frac{\pi}{6} + \frac{\pi}{2}) = V_m\sin(\omega t + \frac{\pi}{3})$

가 되므로

$i = 10\sqrt{2}\sin(\omega t + \frac{\pi}{6})$가 되어야 전류가 30도 늦다.

02

동기속도 3,600[rpm], 주파수 60[Hz]의 동기발전기의 극수는?

① 2　② 4
③ 6　④ 8

해설

동기속도 $N_s = \frac{120}{P}f$[rpm]

극수 $P = \frac{120}{N_s}f = \frac{120}{3600} \times 60 = 2$

03

다음은 3상 유도전동기 고정자 권선의 결선도를 나타낸 것이다. 맞는 사항을 고르면?

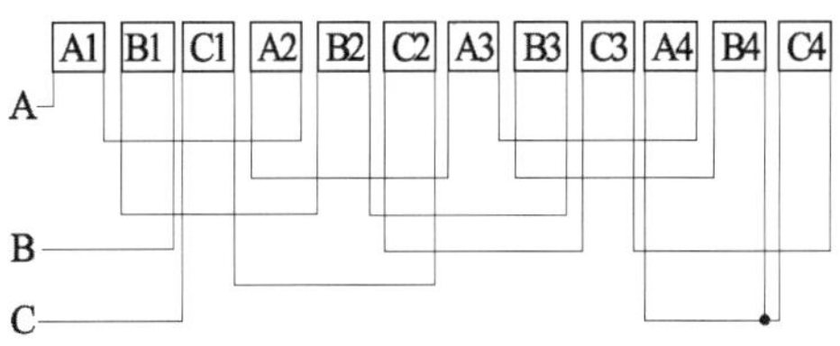

① 3상 2극 Y결선
② 3상 2극 △결선
③ 3상 4극 Y결선
④ 3상 4극 △결선

해설

3상(A, B, C) 4극(1, 2, 3, 4)이 하나의 접점에 연결되어 있으므로 Y결선

04

직류기에서 불꽃 없는 정류를 얻는 데 가장 유효한 방법은?

① 탄소 brush와 보상권선
② 자기포화와 brush의 이동
③ 보극과 보상권선
④ 보극과 탄소 brush

해설

양호한 정류의 조건 : 보극과 탄소브러쉬

정답 01 ③ 02 ① 03 ③ 04 ④

05

변전소의 역할로 볼 수 없는 것은?

① 전력의 생산
② 전압의 변성
③ 전력의 집중과 배분
④ 전력계통의 보호

해설

변전소의 역할
- 전압의 변성
- 전력의 집중 및 배분
- 계통을 보호

06

전기 울타리 시설 시 전선의 굵기는 몇 [mm] 이상이어야 하는가?

① 1.6 ② 2
③ 2.6 ④ 3.2

해설

전기 울타리의 시설기준
전선의 굵기는 2[mm] 이상이어야 한다.

07

금속관 공사에 절연 부싱을 쓰는 목적은?

① 관의 끝이 터지는 것을 방지
② 박스 내에서 전선의 접속방지
③ 관의 단구에서 조영재의 접속을 방지
④ 관의 단구에서 전선 손상을 방지

해설

절연 부싱의 목적 : 관의 단구에서 전선의 손상을 방지한다.

08

1차 전압 13,200[V], 2차 전압 220[V]인 단상변압기의 1차에 6,000[V]의 전압을 가하면 2차 전압은 몇 [V]인가?

① 100 ② 200
③ 50 ④ 250

해설

변압기 권수비 $a = \frac{V_1}{V_2}$

$a = \frac{13,200}{220} = 60,\ \ V_2 = \frac{V_1}{a} = \frac{6,000}{60} = 100$

09

분전반에 대한 설명으로 틀린 것은?

① 배선과 기구는 모두 전면에 배치하였다.
② 두께 1.5[mm] 이상의 난연성 합성수지로 제작하였다.
③ 강판제의 분전함은 두께 1.2[mm] 이상의 강판으로 제작하였다.
④ 배선은 모두 분전반 이면으로 하였다.

해설

분전반의 시설 : 배전반 및 분전반을 넣은 함은 분전반의 뒷면에는 배선 및 기구를 배치하지 아니한다. 다만, 쉽게 점검할 수 있는 구조이거나 카터(분전반의 소형 덕트) 내의 배선은 그러하지 아니하다.

10

동기기의 전기자 권선법이 아닌 것은?

① 단절권 ② 분포권
③ 중권 ④ 전절권

해설

동기기의 전기자 권선법 : 중권, 분포권, 단절권

정답 05 ① 06 ② 07 ④ 08 ① 09 ④ 10 ④

11

단상 유도전동기 기동법 중 기동토크가 가장 큰 것은 무엇인가?

① 반발 기동형　② 분상 기동형
③ 세이딩 코일형　④ 콘덴서 기동형

해설

단상 유도전동기의 기동토크가 큰 순서는 다음과 같다.
① 반발 기동형
② 반발 유도형
③ 콘덴서 기동형
④ 분상 기동형
⑤ 세이딩 코일형

12

30[W] 전열기 10개를 20시간 동안 사용하였을 때 전력사용량은 몇 [kWh]인가?

① 6　② 60
③ 8　④ 80

해설

전력사용량 $W = Pt = (30 \times 10) \times 20 = 6,000 \times 10^{-3}$[kWh]

13

전기분해에 의하여 석출된 물질의 양을 W[g], 시간을 t[sec], 전류를 I[A]라 하면 패러데이 법칙은 어느 것인가?

① $W = Kt$　② $W = KIt$
③ $W = KIt^2$　④ $W = KI^2t^2$

해설

패러데이 법칙은 전기분해에 의하여 석출된 물질의 양을 W[g], 시간을 t[sec], 전류를 I[A]라 하면 $W = KQ = KIt$이다.

14

두 평행도선의 전류가 동일 방향으로 흐를 때 작용하는 힘은?

① 반발력이 작용한다.
② 흡인력이 작용한다.
③ 회전력이 작용한다.
④ 변함이 없다.

해설

평행도선에 작용하는 힘은 전류가 동일 방향일 때 흡인력, 반대 방향일 때 반발력이 작용한다.

15

동기발전기의 공극이 넓을 때의 설명으로 잘못된 것은?

① 안정도가 증대된다.
② 단락비가 크다.
③ 여자전류가 크다.
④ 전압변동이 크다.

해설

동기발전기의 경우 공극이 넓은 경우(수차기에 가깝다) 전압변동이 작다.

16

자체 인덕턴스 L_1, L_2, 상호 인덕턴스 M인 코일이 자기적으로 결합했을 때 합성 인덕턴스는?

① $L_1 + L_2 + M$　② $L_1 + L_2 \pm 2M$
③ $L_1 + L_2 - M$　④ $L_1 + L_2 \pm M$

해설

직렬연결은 같은 방향 접속을 가동 $L_1 + L_2 + 2M$[H], 반대 방향 접속을 차동 $L_1 + L_2 - 2M$ [H]이다.

정답 11 ① 12 ① 13 ② 14 ② 15 ④ 16 ②

17

직류 분권전동기에 대한 설명 중 틀린 것은?

① 정속도 전동기에 해당한다.
② 계자회로에 퓨즈를 삽입하면 안 된다.
③ 정격으로 운전 중 무여자하면 안 된다.
④ 토크가 전기자 전류에 제곱에 비례한다.

해설

분권전동기 : 분권전동기의 경우 토크 T와 전기자전류 I_a는 비례한다.

18

수용장소에서 출발하여 다른 지지물을 거치지 않고 다른 수용가 인입구에 이르는 전선을 무엇이라 하는가?

① 연접인입선
② 가공인입선
③ 구내전선로
④ 구내인입선

해설

연접인입선의 정의
수용장소에서 출발하여 다른 지지물을 거치지 않고 다른 수용가 인입구에 이르는 전선을 연접인입선이라 한다.

19

전등을 3개소 점멸할 때 필요한 3로스위치와 4로스위치 수는?

① 3로 1개, 4로 2개
② 3로 2개, 4로 1개
③ 3로 3개, 4로 1개
④ 3로 1개, 4로 1개

해설

3개소 점멸 : 3로 2개, 4로 1개

20

어떤 물질이 정상 상태보다 전자의 수가 많거나 적어졌을 경우를 무엇이라 하는가?

① 방전　　② 전기량
③ 대전　　④ 전하

해설

전자 수가 많아지면 음(−)전하 상태가 되고, 전자 수가 적으면 양(+)전하 상태가 되는 것을 대전 상태라 한다.

정답 17 ④　18 ①　19 ②　20 ③

21

5[Ω]저항 4개, 10[Ω]저항 2개, 100[Ω]저항 1개를 직렬연결 시 합성저항 R[Ω]은?

① 100 ② 120
③ 140 ④ 160

해설

합성저항 $R=(5\times4)+(10\times2)+100=140[\Omega]$

22

$v=V_m\sin(\omega t+\frac{\pi}{6})$[V]일 때 순시값과 최대값이 같아질 때 ωt는 얼마인가?

① 60° ② 30°
③ 90° ④ 0°

해설

$\sin 90°=1$일 때 $v=V_m$이므로 $\omega t=60°$일 때
$\sin(60°+30°)=\sin 90°=1$

23

변압기 보호계전기 중 브흐홀쯔 계전기의 설치위치는?

① 변압기 주 탱크 내부
② 콘서베이터 내부
③ 변압기 고압 측 부싱
④ 변압기 주 탱크와 콘서베이터 사이

해설

브흐홀쯔 계전기 : 브흐홀쯔 계전기는 변압기의 내부고장을 보호하는 기계적 보호 대책으로 주변압기와 콘서베이터 사이에 설치된다.

24

무대, 오케스트라박스 등 흥행장의 저압 옥내배선 공사의 사용전압은 몇 [V] 이하이어야 하는가?

① 200 ② 300
③ 400 ④ 600

해설

흥행장의 저압 옥내배선 공사 : 사용전압은 400[V] 이하이어야 한다.

25

화약고 등의 위험장소에서 전기설비 시설에 관련된 내용으로 틀린 것은?

① 전기기계기구는 전폐형을 사용할 것
② 애자 공사를 시행할 것
③ 케이블을 배선으로 지중으로 시설할 것
④ 대지전압은 300[V] 이하일 것

해설

화약류 저장고의 시설기준
화약류 저장고의 시설 시 애자 공사를 시행하여서는 안 된다.

26

일정 값 이상의 전류가 흘렀을 때 동작하는 계전기는?

① OCR ② OVR
③ UVR ④ GR

해설

과전류 계전기(OCR : Over Current Relay)
정정치 이상의 전류가 흐르게 될 경우 동작한다.

정답 21 ③ 22 ① 23 ④ 24 ③ 25 ② 26 ①

27

전기자저항 0.1[Ω], 전기자 전류 104[A], 유도기전력 110.4[V]인 직류 분권발전기의 단자전압[V]은?

① 110　② 106
③ 102　④ 100

해설

직류 분권발전기의 단자전압

$E = V + I_a R_a$

$V = E - I_a R_a = 110.4 - (104 \times 0.1) = 100[V]$

28

도선의 길이 1[m]인 저항 20[Ω]을 2[m]로 길이를 잡아 늘리면 저항[Ω]은? (단, 전선의 체적은 일정)

① 20　② 40
③ 60　④ 80

해설

체적불변이므로 길이를 n배로 잡아 늘리면 면적은 $\frac{1}{n}$배로 줄어들기 때문에

$R = \frac{\rho n l}{\frac{1}{n} S} = n^2 \frac{\rho l}{S}$ [Ω]이므로 n^2배가 된다.

$\therefore\ n^2 R = \left(\frac{2}{1}\right)^2 \times R = 4 \times 20 = 80$

29

V결선 시 변압기의 이용률은 몇 [%]인가?

① 57.7　② 70
③ 86.6　④ 98

해설

V결선의 이용률$= \frac{\sqrt{3}}{2} = 0.866$이므로 86.6[%]

30

4[μF]의 콘덴서를 4[kV]로 충전하면 저장되는 에너지[J]는?

① 12　② 24　③ 32　④ 64

해설

콘덴서 축적 에너지 $W = \frac{1}{2} CV^2 = \frac{1}{2} \times 4 \times 10^{-6} \times 4{,}000^2 = 32$

31

푸리에 급수에 의한 비정현파의 성분이 아닌 것은?

① 삼각파　② 직류분
③ 기본파　④ 고조파

해설

푸리에의 급수의 비정현파 = 직류분 + 기본파 + 고조파

32

20[kVA] 변압기 2대를 이용하여 V-V 결선하는 경우 출력은 어떻게 되는가?

① $10\sqrt{3}$　② $20\sqrt{3}$
③ $40\sqrt{3}$　④ 40

해설

V결선 출력 $P_V = \sqrt{3} P = \sqrt{3} \times 20$

33

면적 24[m²], 비투자율 1,000, 권수가 500회인 철심에 0.5[A]를 흘렸을 때 기자력은?

① 250　② 2,50
③ 2,500　④ 25,000

해설

기자력 $F = NI = 500 \times 0.5 = 250[A]$

정답 27 ④ 28 ④ 29 ③ 30 ③ 31 ① 32 ② 33 ①

34

병렬 운전 중인 동기발전기의 난조를 방지하기 위하여 자극 면에 유도전동기의 농형권선과 같은 권선을 설치하는데 이 권선의 명칭은?

① 제동권선　　② 계자권선
③ 전기자권선　　④ 보상권선

해설
난조의 방지 대책
제동권선 : 동기발전기의 난조를 방지하기 위해 사용된다.

35

가요전선관을 구부러지는 쪽의 안쪽 반지름을 가요전선관 안지름의 몇 배 이상으로 하여야 하는가?

① 3　　② 4
③ 5　　④ 6

36

평형 3상 Δ 결선의 선전류 I_l과 상전류 I_P와의 관계는?

① $I_l = I_P$　　② $I_l = 3I_P$
③ $I_l = \sqrt{3}I_P$　　④ $I_l = 2I_P$

해설
△결선의 전압과 전류의 관계는 $V_l = V_p$, $I_l = \sqrt{3}I_P$ 이다.

37

두 종류의 금속의 접합부에 온도차를 주면 전기를 발생하는 현상은?

① 렌츠 법칙　　② 제어벡 효과
③ 톰슨 효과　　④ 홀 효과

해설
두 종류의 금속의 접합부에 온도차를 주면 전기(기전력)를 발생하는 현상은 제어벡 효과이다.

38

자기 인덕턴스 8[H]의 코일에 5[A]의 전류가 흐를 때 저축되는 에너지[J]는?

① 10　　② 100
③ 1000　　④ 10000

해설
코일 에너지 $W = \frac{1}{2}LI^2 = \frac{1}{2} \times 8 \times 5^2 = 100$

39

저압 애자 옥내공사에서 전선과 전선 상호간 이격거리는 몇 [cm] 이상인가?

① 3　　② 5
③ 6　　④ 8

해설
저압 애자 공사 : 전선과 전선 상호 이격거리는 6[cm] 이상이다.

40

변압기의 주파수가 감소하면 철손은 어떻게 되는가?

① 감소한다.
② 증가한다.
③ 변함없다.
④ 어떤 기간 동안 감소한다.

해설
변압기 주파수와 철손은 반비례한다.

정답　34 ①　35 ④　36 ③　37 ②　38 ②　39 ③　40 ②

CBT 복원

41

3상 유도전동기의 원선도를 그리는 데 필요하지 않는 시험은?

① 저항측정 ② 무부하시험
③ 구속시험 ④ 슬립측정

해설

원선도의 시험법
원선도를 그리기 위해 필요한 시험은 저항측정시험, 무부하시험, 구속시험이다.

42

반지름 r[m]의 환상 솔레노이드에 전류 I[A]가 흐를 때 중심의 자계의 세기가 H[AT/m]일 때 권수 N은?

① $\frac{2\pi r}{HI}$ ② $\frac{2\pi r I}{H}$
③ $2\pi r HI$ ④ $\frac{2\pi r H}{I}$

해설

환상 솔레노이드 자계 $H=\frac{NI}{2\pi r}$[AT/m]이므로

권수 $N=\frac{2\pi r H}{I}$

43

전류에 의한 자장에 관련이 없는 법칙은?

① 암페어 오른손 법칙
② 플레밍의 왼손 법칙
③ 비오-샤바르 법칙
④ 줄의 법칙

해설

줄의 법칙은 발열 법칙으로 열량에 관한 법칙이다.

44

$v=10\sqrt{2}\sin\omega t+30\sqrt{2}\sin(3\omega t+60°)$[V]일 때 실효값은?

① 21.6 ② 31.6
③ 41.6 ④ 51.6

해설

비정현파의 실효값은
$V=\sqrt{V_1^2+V_2^2+\cdots}=\sqrt{10^2+30^2}=31.6$

45

3상 동기발전기에 무부하 전압보다 90° 뒤진 전기자 전류가 흐를 때 전기자 반작용은?

① 감자 작용을 한다.
② 증자 작용을 한다.
③ 교차 자화 작용을 한다.
④ 자기 여자 작용을 한다.

해설

전기자 반작용 : 발전기의 경우 90° 뒤진 전류가 흐를 경우 전기자 반작용은 감자 작용을 한다.

46

다음 중 반도체 소자가 아닌 것은?

① LED ② TRIAC
③ GTO ④ SCR

47

다음 중 승압 결선은 무엇인가?

① △-△ ② Y-Y
③ Y-△ ④ △-Y

정답 41 ④ 42 ④ 43 ④ 44 ② 45 ① 46 ① 47 ④

48

전압계와 전류계의 측정범위를 확대하기 위한 배율기와 분류기의 접속방법은?

① 배율기만 전압계와 전류계에 연결
② 분류기만 전압계와 전류계에 연결
③ 분류기는 전류계와 병렬로, 배율기는 전압계와 직렬로 연결
④ 분류기는 전류계와 직렬로, 배율기는 전압계와 병렬로 연결

해설

배율기는 전압의 측정범위를 확대하기 위해 전압계와 직렬 연결하고, 분류기는 전류의 측정범위를 확대하기 위해 전류계와 병렬 연결한다.

49

저압 연접인입선의 시설과 관련된 설명으로 잘못된 것은?

① 횡단보도교 횡단 시 3.5[m] 이상이어야 한다.
② 폭 5[m] 넘는 도로를 횡단할 수 없다.
③ 분기점으로부터 100[m] 넘는 지역에 미치지 말아야 한다.
④ 옥내를 관통할 수 없다.

해설

연접인입선의 시설기준

- 분기점으로부터 100[m] 넘는 지역에 미치지 말 것
- 폭이 5[m]를 넘는 도로를 횡단하지 말 것
- 옥내를 관통하지 말 것
- 저압만 가능할 것

50

피시테이프의 용도는?

① 전선관에 전선을 넣을 때
② 전선을 테이핑하기 위해
③ 전선관의 끝 마무리를 위해서 사용
④ 합성수지관을 구부릴 때 사용

해설

피시테이프 : 피시테이프는 전선관에 전선을 넣을 때 사용한다.

51

동기발전기의 병렬 운전 중 동기화전류가 흐르는 경우는 어떤 경우인가?

① 기전력의 파형이 다른 경우
② 기전력의 주파수가 다른 경우
③ 기전력의 위상이 다른 경우
④ 기전력의 크기가 다른 경우

해설

동기발전기의 병렬 운전 조건

- 기전력의 크기가 같을 것 : 다를 경우 무효순환전류가 흐른다.
- 기전력의 위상이 같을 것 : 다를 경우 유효순환전류(동기화전류)가 흐른다.
- 기전력의 주파수가 같을 것 : 다를 경우 난조가 발생한다.

52

유도전동기의 동기속도를 N_s, 회전자 속도를 N이라 할 때 2차 효율은?

① N_sN
② $\frac{N}{N_s}$
③ $\frac{N_s}{N}$
④ $(s-1)$

해설

유도전동기의 2차 효율 η_2

$\eta_s = (1-s) = \frac{N}{N_s}$

정답 48 ③ 49 ① 50 ① 51 ③ 52 ②

53

반도체 내에서 정공은 어떻게 생성되는가?

① 결합 전자의 이탈 ② 자유 전자의 이동
③ 접합 불량 ④ 확산 용량

해설

정공 : 결합 전자의 이탈에 의하여 생성된다.

54

접지저항 측정방법으로 가장 적당한 것은?

① 절연 저항계
② 전력계
③ 교류의 전압, 전류계
④ 콜라우시 브리지법

해설

접지저항 측정방법 : 콜라우시 브리지법

55

지중에 시설되는 접지극은 몇 [cm] 이상 깊이에 매설해야만 하는가?

① 지하 60[cm] 이상 깊이에 매설할 것
② 지하 70[cm] 이상 깊이에 매설할 것
③ 지하 75[cm] 이상 깊이에 매설할 것
④ 지하 90[cm] 이상 깊이에 매설할 것

해설

접지공사의 시설기준
접지극은 지하 75[cm] 이상 깊이에 매설

2018년 CBT 복원문제 2회

01

자속밀도 B[Wb/m^2]의 평등자장 중에 길이 l[m]의 도선을 자장의 방향과 직각으로 놓고 이 도체에 I[A]의 전류가 흐르면 도선에 작용하는 힘은 몇 [N]인가?

① $\frac{B}{Il}$ ② $\frac{l}{BI}$
③ BIl ④ B^2Il

해설

플레밍의 왼손 법칙에서 힘 $F = BIl\sin\theta$[N]
이때 각이 직각 90도이므로 $\sin 90° = 1$

02

유도전동기의 동기속도가 1,200[rpm]이고 회전수가 1,176[rpm]일 경우 슬립은?

① 0.06 ② 0.04
③ 0.02 ④ 0.01

해설

슬립 $s = \frac{N_s - N}{N_s} \times 100 = \frac{1,200 - 1,176}{1,200} \times 100 = 2[\%]$

03

주상변압기의 중성점을 접지하는 목적은 무엇인가?

① 과전압에 대한 보호
② 과전류에 대한 보호
③ 뇌격에 의한 보호
④ 고저압 혼촉 시 저압측의 전위상승 억제

정답 53 ① 54 ④ 55 ③ / 01 ③ 02 ③ 03 ④

해설

주상변압기의 중성점 접지의 목적 : 고·저압 혼촉 시 저압측의 전위상승 억제

04

조명설계 시 방의 단위면적당 빛의 밝기를 나타내는 것을 무엇이라 하는가?

① 휘도 ② 조도
③ 광속 ④ 광속발산도

해설

- 조도 : 단위면적당 빛의 밝기
- 광속 : 광원의 빛의 양
- 광속발산도 : 물체의 표면의 밝기
- 휘도 : 눈부심의 정도

05

제1종 금속 몰드 배선 공사 시 동일 몰드 내에 넣는 전선의 최대는 몇 본 이하로 하는가?

① 3 ② 5
③ 10 ④ 12

해설

몰드공사 : 몰드공사 시 전선은 10본 이하로 한다.

06

600[V] 이하의 저압회로에서 사용되는 비닐 절연 비닐 시스 케이블의 약호는 무엇인가?

① VV ② EV
③ FP ④ CV

해설

전선의 명칭
VV전선의 경우 비닐 절연 비닐 시스 케이블을 말한다.

07

패러데이의 법칙의 전극에서 석출되는 물질의 양을 바르게 설명한 것은?

① 통과한 전기량에 비례한다.
② 통과한 전기량에 반비례한다.
③ 통과한 전기량의 제곱에 비례한다.
④ 통과한 전기량의 제곱에 반비례한다.

해설

패러데이 법칙은 전기분해에 의하여 석출된 물질의 양을 W[g], 시간을 t[sec], 전류를 I[A], 전기량 Q[C]라 하면 $W=KQ=KIt$이다.

08

줄의 법칙에서 발열량 계산식이 맞는 것은?

① $H=0.024I^2Rt$ ② $H=0.024I^2R$
③ $H=0.24I^2Rt$ ④ $H=0.24I^2R$

해설

열량 $H=0.24Pt=0.24I^2Rt$[cal]

09

정현파 교류의 주기가 20[ms]일 때 주파수 f는 몇 [Hz]인가?

① 10 ② 20
③ 40 ④ 50

해설

주파수 $f=\frac{1}{T}=\frac{1}{20\times10^{-3}}=\frac{1,000}{20}=50$[Hz]

정답 04 ② 05 ③ 06 ① 07 ① 08 ③ 09 ④

CBT 복원

10

직류 직권전동기에 대한 설명 중 틀린 것은?

① 부하가 증가하면 속도는 감소한다.
② 토크가 작다.
③ 정격으로 운전 중 무부하 운전하지 말아야 한다.
④ 부하에 벨트를 걸어 운전하지 말아야 한다.

해설

직류 직권전동기 : 직류 직권전동기의 경우 토크가 크다.

11

권수가 50인 코일에 5[A]의 전류가 흐를 때 10^{-3}[Wb]의 자속이 쇄교하였을 때 코일 L[mH]은?

① 10　　② 20
③ 30　　④ 40

해설

인덕턴스 기본식 $LI = N\Phi$ 에서

$L = \frac{N\Phi}{I} = \frac{50 \times 10^{-3}}{5} = 10 \times 10^{-3}$[H]

12

보호를 요하는 회로의 전류가 어떤 일정치 (정정한) 이상으로 흘렀을 때 동작하는 계전기는?

① 과전류 계전기
② 과전압 계전기
③ 차동 계전기
④ 비율차동 계전기

해설

OCR : 과전류 계전기의 경우 회로의 전류가 일정치 이상으로 흐를 경우 동작하여 차단기의 트립 코일을 여자시킨다.

13

목장의 전기 울타리에 공급되는 전압은 몇 [V] 이하인가?

① 200　　② 250
③ 300　　④ 400

해설

전기 울타리의 시설 : 1차 공급전압은 250[V] 이하가 된다.

14

콘덴서 C_1, C_2를 직렬연결하고 양단에 전압 V[V]를 걸었다면 C_1에 걸리는 전압 V_1[V]은?

① $\frac{C_1}{C_1 + C_2}V$　　② $\frac{C_2}{C_1 + C_2}V$
③ $\frac{C_1 + C_2}{C_1}V$　　④ $\frac{C_1 + C_2}{C_2}V$

15

다음 중 양방향성으로 전류를 흘릴 수 있는 양방향성 소자는?

① SCR　　② TRIAC
③ GTO　　④ MOSFET

해설

SCR, GTO, MOSFET 모두 단방향소자이며, 양방향성 소자는 TRIAC이다.

정답 10 ② 11 ① 12 ① 13 ② 14 ② 15 ②

16

R_1, R_2, R_3 저항 3개가 병렬로 연결되었을 때 합성 저항은 얼마인가?

① $\dfrac{R_1R_2R_3}{R_1+R_2+R_3}$

② $\dfrac{R_1^2R_2^2R_3^2}{R_1+R_2+R_3}$

③ $\dfrac{R_1R_2R_3}{R_1R_2+R_2R_3+R_3R_1}$

④ $\dfrac{R_1+R_2R_3}{R_1+R_2+R_3}$

해설

저항 3개가 병렬

$$R=\frac{1}{\frac{1}{R_1}+\frac{1}{R_2}+\frac{1}{R_3}}=\frac{1}{\frac{R_1R_2+R_2R_3+R_3R_1}{R_1R_2R_3}}$$

$$=\frac{R_1R_2R_3}{R_1R_2+R_2R_3+R_3R_1}$$

17

내부저항 0.1[Ω], 전압 1.5[V]인 전지 10개를 직렬연결하고 전구의 저항이 19[Ω]을 연결 시 흐르는 전류는?

① 0.55 ② 0.75
③ 1.25 ④ 1.55

해설

전지의 직렬연결 시 내부저항 $r=0.1\times10=1[\Omega]$이고,
전압 $V=1.5\times10=15[\text{V}]$
여기에 19[Ω]을 직렬연결하면 합성저항은
$R=r+19=1+19=20[\Omega]$이므로
전류 $I=\dfrac{V}{R}=\dfrac{15}{20}=0.75[\text{A}]$

18

다음 중 단락비가 큰 동기발전기에 대한 설명으로 옳은 것은?

① 전압변동률이 크다.
② 동기 임피던스가 크다.
③ 안정도가 높다.
④ 전기자 반작용이 크다.

해설

단락비가 클 경우
- 안정도가 높다.
- 동기 임피던스가 작다.
- 전압변동률이 작다.
- 전기자 반작용이 작다.

19

전선의 접속에 대한 설명으로 틀린 것은?

① 접속 부분의 전기 저항을 증가시켜서는 아니 된다.
② 접속 부분은 납땜을 한다.
③ 절연은 원래의 효력이 있는 테이프로 충분히 한다.
④ 전선의 세기를 20[%] 이상 유지해야 한다.

해설

전선의 접속 : 전선의 접속 시 전선의 세기는 20[%] 이상 감소시키면 안 된다.

20

슬립이 3[%], 유도전동기의 2차 동손이 300[W]인 3상 유도전동기의 입력[kW]은?

① 8.5 ② 9
③ 10 ④ 12.5

해설

유도전동기의 2차 입력

$s=\dfrac{P_{c2}}{P_2}$, $P_2=\dfrac{P_{c2}}{s}=\dfrac{300}{0.03}=10{,}000[\text{W}]=10[\text{kW}]$

정답 16 ③ 17 ② 18 ③ 19 ④ 20 ③

CBT 복원

21

다음 중 동기발전기의 권선법이 아닌 것은?

① 단절권 ② 중권
③ 전절권 ④ 분포권

해설

동기기의 권선법 : 동기발전기의 경우 전절권은 사용하지 않는다.

22

교류 전압 $v = 100\sqrt{2}\sin(\omega t + \frac{\pi}{2})$[V]일 때 복소수 표현은?

① $j100$ ② 100
③ $100 + j100$ ④ $100 - j100$

해설

$v = 100\sqrt{2}\sin(\omega t + \frac{\pi}{2}) = 100\angle\frac{\pi}{2} = 100(\cos\frac{\pi}{2} + j\sin\frac{\pi}{2})$

$= 100(0 + j1) = j100$

23

다음 중 반도체 소자로 사용할 수 없는 것은?

① 게르마늄 ② 비스무트
③ 실리콘 ④ 산화구리

24

면적 10[m^2]의 면을 수직으로 5×10^{-5}[Wb]의 자속이 지날 때 자속밀도 B[Wb/m^2]는?

① 5×10^{-1} ② 5×10^{-2}
③ 5×10^{-5} ④ 5×10^{-6}

해설

자속밀도 $B = \mu H = \frac{\phi}{S}$ 에서

$B = \frac{\phi}{S} = \frac{5\times10^{-5}}{10} = 5\times10^{-6}$[Wb/$m^2$]

25

전류를 흐르게 하는 능력을 무엇이라 하는가?

① 전기량 ② 기전력
③ 양성자 ④ 저항

해설

전류를 흐르게 하는 능력은 전압을 계속 유지하는 힘인 기전력이다.

26

자기 인덕턴스 L_1, L_2가 같은 방향으로 서로 자기력선 속의 영향을 미치지 않게 직렬연결하면 합성 인덕턴스 L[H]는? (단, M은 상호 인덕턴스이다.)

① $L_1 + L_2 - M$ ② $L_1 + L_2 - 2M$
③ $L_1 + L_2 + 2M$ ④ $L_1 + L_2$

해설

서로 같은 방향으로 직렬연결의 합성 인덕턴스는
$L = L_1 + L_2 + 2M$[H]가 된다.
그러나 자기력선 속의 영향을 미치지 않으며 상호 인덕턴스 $M = 0$이므로 합성 인덕턴스 $L = L_1 + L_2$[H]이다.

27

슬립이 4[%]이고, 4극의 60[Hz]의 유도전동기의 회전수는 몇 [rpm]이 되는가?

① 1,728 ② 2,000
③ 1,800 ④ 1,710

정답 21 ③ 22 ① 23 ② 24 ④ 25 ② 26 ④ 27 ①

해설

유도전동기의 회전수

$N=(1-s)N_s=(1-0.04)\times 1,800=1,728$[rpm]

28

지지물에서 출발하여 다른 지지물을 거치지 않고 한 수용가의 인입구에 이르는 전선을 무엇이라 하는가?

① 연접인입선 ② 가공전선

③ 가공인입선 ④ 가공지선

해설

가공인입선 : 지지물에서 출발하여 다른 지지물을 거치지 않고 한 수용가 인입구에 이르는 전선을 말한다.

29

화약류 저장소 안에 백열전등이나 형광등 또는 이에 전기를 공급하기 위한 시설에 한하여 전로의 대지전압은 몇 [V] 이하의 것을 사용하는가?

① 100 ② 200 ③ 300 ④ 400

해설

화약류 저장소의 시설 : 대지전압은 300[V] 이하로 하며 전선은 케이블을 사용하여 지중으로 시설한다.

30

콘덴서 C[F]에 전압 V[V]을 인가하면 콘덴서에 축적되는 에너지가 W[J]이 되었다면, 전압 V는?

① $\frac{2W}{C}$ ② $\frac{2W^2}{C}$

③ $\sqrt{\frac{2W}{C^2}}$ ④ $\sqrt{\frac{2W}{C}}$

해설

콘덴서 축적에너지 $W=\frac{1}{2}CV^2$에서

$V^2=\frac{2W}{C}$, $V=\sqrt{\frac{2W}{C}}$[V]

31

다음 중 유도전동기의 속도 제어에 사용되는 인버터 장치의 약호는?

① CVCF ② VVVF

③ CVVF ④ VVCF

해설

인버터 장치의 약호(VVVF : 가변전압 가변주파수제어)

32

2[Ω]과 3[Ω]의 저항이 직렬연결일 때 합성 컨덕턴스는 얼마인가?

① 0.4[℧] ② 0.3[℧]

③ 0.2[℧] ④ 0.1[℧]

해설

저항 $R=2+3=5$[Ω]이고

컨덕턴스 $G=\frac{1}{R}=\frac{1}{5}=0.2$[℧]

33

2극 3,600[rpm]인 동기발전기와 병렬 운전하려는 12극 동기발전기의 회전수는 몇 [rpm]인가?

① 3,600 ② 7,200

③ 21,600 ④ 600

해설

동기기의 병렬 운전 조건의 경우 주파수가 일치해야 한다. 이에 2극과 12극의 동기발전기는 주파수가 일치하므로 2극의 3,600[rpm]인 동기기는 주파수가 60[Hz]이므로

$\frac{120}{P}\times f=\frac{120}{12}\times 60=600$[rpm]

정답 28 ③ 29 ③ 30 ④ 31 ② 32 ③ 33 ④

34

60[Hz]의 3상 전파정류의 회로의 맥동주파수는?

① 60　② 120
③ 180　④ 360

해설
맥동주파수 : 3상 전파 $f_0 = f \times 6 = 60 \times 6 = 360$[Hz]

35

환상솔레노이드의 코일 자체 인덕턴스의 설명 중 맞는 것은?

① 투자율에 반비례
② 권수의 제곱에 비례
③ 길이에 비례
④ 면적에 반비례

해설
환상솔레노이드 $L = \frac{\mu S N^2}{l}$[H]이므로 투자율과 면적에 비례하고, 권수의 제곱에 비례하며 자로길이에 반비례한다.

36

저항 8[Ω], 리액턴스 6[Ω]의 직렬회로에 전압 $v = 200\sqrt{2}\sin\omega t$[V]를 가하면 흐르는 전류 I[A]는?

① 20　② 40
③ 60　④ 80

해설
전압의 실효값은 200[V]이고 $Z = 8 + j6$이므로
절대값 $|Z| = \sqrt{8^2 + 6^2} = 10$, $I = \frac{200}{10} = 20$

37

발전기를 정격전압 220[V]로 운전하다가 무부하로 운전하였더니, 단자전압이 253[V]가 되었다. 이 발전기의 전압변동률은 몇 [%]인가?

① 15[%]　② 25[%]
③ 35[%]　④ 45[%]

해설
전압변동률 $\epsilon = \frac{V_0 - V}{V} \times 100 = \frac{253 - 220}{220} \times 100 = 15[\%]$

38

DV전선이라 함은 무엇인가?

① 옥외용 비닐절연전선
② 인입용 비닐절연전선
③ 형광등 전선
④ 450/750 단심 비닐절연전선

해설
DV전선(인입용 비닐절연전선)

39

접지의 목적과 거리가 먼 것은?

① 감전의 방지
② 보호계전기의 동작 확보
③ 이상전압의 억제
④ 전로의 대지전압의 상승

해설
접지의 목적 : 보호계전기의 확실한 동작 확보, 이상전압 억제, 대지전압 저하

정답 34 ④ 35 ② 36 ① 37 ① 38 ② 39 ④

40

3상 △결선에서 Y결선으로 바꾸면 전력은 얼마의 배수가 되는가?

① 3배
② 9배
③ $\frac{1}{3}$배
④ $\frac{1}{9}$배

해설
- △결선에서 Y결선으로 바꾸면 전력, 임피던스, 전류 모두 $\frac{1}{3}$배가 된다.
- Y결선에서 △결선으로 바꾸면 전력, 임피던스, 전류 모두 3배가 된다.

41

변압기의 1차 권수를 80, 2차 권수를 320회라 하면 2차 측의 전압이 100[V]이면 1차 전압[V]는?

① 15 ② 25
③ 50 ④ 100

해설
변압기의 1차 전압

$$a = \frac{N_1}{N_2} = \frac{V_1}{V_2} = \frac{80}{320} = 0.25$$

$$V_1 = aV_2 = 0.25 \times 100 = 25[\mathrm{V}]$$

42

펜치로 절단이 곤란한 경우 굵은 전선을 절단하는 데 사용하는 공구의 명칭은?

① 파이프 렌치
② 파이프 커터
③ 클리퍼
④ 와이어 게이지

해설
배선 공구 : 굵은 전선을 절단하는 데 사용하는 공구는 클리퍼이다.

43

합성수지관 공사에서 관의 지지점 간 거리는 최대 몇 [m]인가?

① 1 ② 1.2
③ 1.5 ④ 2

해설
합성수지관의 시설 : 관의 지지점 간 거리는 1.5[m] 이하마다 지지한다.

정답 40 ③ 41 ② 42 ③ 43 ③

44

연접인입선에 대한 시설 규정 중 잘못된 것은?

① 분기점으로부터 100[m]를 넘지 않았다.
② 폭이 5[m] 넘는 도로 횡단을 하지 않았다.
③ 옥내를 관통해서는 안 된다.
④ 고압의 경우 200[m]를 넘으면 안 된다.

해설

연접인입선의 시설규정
- 분기점으로부터 100[m] 넘는 지역이 미치지 말 것
- 폭이 5[m] 넘는 도로 횡단하지 말 것
- 옥내를 관통하지 말 것
- 저압만 가능
- 2.6[mm] 이상의 전선을 사용하나 경간이 15[m]이라 하면 2.0[mm]도 가능

45

10[A]의 전류가 흘렀을 때의 전력이 100[W]인 저항에 20[A]를 흘렸을 때의 전력은 몇 [W]인가?

① 100 ② 200
③ 300 ④ 400

해설

전력 $P = I^2R$[W]에서 전류의 제곱에 비례하므로

$P' = \left(\frac{20}{10}\right)^2 P = 4 \times 100 = 400$[W]

46

브흐홀쯔 계전기는 어떠한 기계기구를 보호하는가?

① 직류발전기 ② 동기발전기
③ 유도전동기 ④ 변압기

해설

브흐홀쯔 계전기 : 주변압기와 콘서베이터 사이에 설치되는 계전기로 변압기 내부고장을 보호한다.

47

직류 전동기의 속도변동률이 4.35[%]이다. 정격 부하의 회전수를 1,150[rpm]이라고 하면 무부하 회전수는 어떻게 되는가?

① 1,120 ② 1,200
③ 1,250 ④ 1,400

해설

속도변동률 $\frac{N_0 - N}{N} \times 100$

무부하 속도 $N_0 = (\varepsilon + 1)N = (0.0435 + 1) \times 1,150 = 1,200$[rpm]

48

유도전동기가 회전 시 생기는 손실 중 구리손이란?

① 브러시의 마찰손
② 베어링의 마찰손
③ 표유 부하손
④ 1차, 2차 권선의 저항손

해설

구리손이랑 저항손을 말한다.

49

가우스 정리를 이용하여 구하는 것은?

① 전기장의 세기 ② 전류
③ 자기장의 세기 ④ 기자력

해설

가우스 정리는 전기장과 전하와의 상관관계 및 각 도체의 전기장의 세기를 구하는 공식이다.

정답 44 ④ 45 ④ 46 ④ 47 ② 48 ④ 49 ①

50

농형 유도전동기의 기동법이 아닌 것은?

① 리액터 기동법
② 기동보상기에 의한 기동법
③ 2차 저항기법
④ 전전압 기동법

해설

농형 유도전동기의 기동법
- 전전압 기동법
- 기동 리액터 기동법
- 기동보상기법 등

51

100[kVA]의 용량을 갖는 2대의 변압기를 이용하여 V-V결선하는 경우 출력은 어떻게 되는가?

① 100　　② $100\sqrt{3}$
③ 200　　④ 300

해설

V결선 시 용량 $P=\sqrt{3}P_n=\sqrt{3}\times100$

52

성냥, 석유류, 셀룰로이드 등의 기타 가연성 물질을 제조 또는 저장하는 장소의 배선 방법으로 적당하지 않은 것은?

① 애자 공사　　② 합성수지관공사
③ 금속관공사　　④ 케이블 공사

해설

가연성 물질을 제조하는 곳의 배선공사 : 금속관공사, 케이블 공사, 합성수지관공사

53

권수가 5회, 0.1[sec] 동안에 0.1[Wb]에서 0.2[Wb]로 변하였을 때 유기되는 기전력은 몇 V[V]인가?

① 2.5　　② 5
③ 7.8　　④ 10

해설

패러데이 유기기전력 $e=-N\frac{d\phi}{dt}=-5\times\frac{0.2-0.1}{0.1}=-5$[V]이며 크기일 때는 부호는 생략한다.

54

전기설비기술기준 및 판단기준에서 가공전선로의 지지물에 하중이 가하여지는 경우 지지물의 기초 안전율은 몇 이상인가?

① 1.1　　② 1.33
③ 1.5　　④ 2

해설

지지물의 기초 안전율은 2 이상으로 한다.

55

차단기의 문자 중 ACB는 무엇인가?

① 진공 차단기　　② 기중 차단기
③ 가스 차단기　　④ 공기 차단기

해설

차단기의 기호
- VCB : 진공 차단기
- ABB : 공기 차단기
- ACB : 기중 차단기
- GCB : 가스 차단기

정답 50 ③ 51 ② 52 ① 53 ② 54 ④ 55 ②

2018년 CBT 복원문제 3회

01

저항 8[Ω], 리액턴스 6[Ω]의 직렬회로에 전압 $v = 200\sqrt{2}\sin\omega t$[V]를 가하면 흐르는 전류 I[A]는?

① 20 ② 40
③ 60 ④ 80

해설
전압의 실효값은 200[V]이고, $Z = 8 + j6$ 이므로
절대값 $|Z| = \sqrt{8^2 + 6^2} = 10$, $I = \frac{200}{10} = 20$

02

동기발전기의 병렬 운전에 필요한 조건이 아닌 것은?

① 기전력의 크기가 같을 것
② 기전력의 위상이 같을 것
③ 기전력의 파형이 같을 것
④ 기전력의 임피던스가 같을 것

해설
동기발전기의 병렬 운전 조건
- 기전력의 크기가 같을 것
- 기전력의 위상이 같을 것
- 기전력의 주파수가 같을 것
- 기전력의 파형이 같을 것
- 상회전 방향이 같을 것

03

단락비가 작은 동기발전기의 특징으로 틀린 것은?

① 단락전류가 작다.
② 동기임피던스가 크다.
③ 전기자 반작용이 크다.
④ 전압변동률이 작다.

해설
단락비가 큰 경우
- 안정도가 높다.
- 동기임피던스가 작다.
- 전기자 반작용이 작다.
- 전압변동률이 작다.
- 단락전류가 크다.
- 과부하 내량이 크다.

04

화약고 등의 위험장소의 배선 공사에 대한 전로의 대지전압은 몇 [V] 이하로 하도록 되어 있는가?

① 150 ② 200
③ 300 ④ 400

해설
화약고 등의 배선 공사 : 대지전압은 300[V] 이하로 시설하여야 한다.

05

단면적 6[mm^2] 이하의 가는 단선을 접속하는 방법은?

① 브리타니어 접속
② 트위스트 접속
③ 종단 접속
④ 분기접속

해설
단선의 접속
- 6[mm^2] 이하의 가는 단선 : 트위스트 접속
- 10[mm^2] 이상의 굵은 단선 : 브리타니어 접속

정답 01 ① 02 ④ 03 ④ 04 ③ 05 ②

06

가공인입선 중 수용장소의 인입선에서 분기하여 다른 수용장소의 인입구에 이르는 전선을 무엇이라 하는가?

① 소주인입선 ② 연접인입선
③ 본주인입선 ④ 인입간선

해설

연접인입선 : 연접인입선이란 수용장소의 인입구에서 분기하여 다른 지지물을 거치지 않고 다른 수용장소의 인입구에 이르는 전선을 말한다.

07

전류가 흐르려면 전압을 계속 가하는 힘이 필요한데 이 힘을 무엇이라 하는가?

① 기자력 ② 기전력
③ 자기장 ④ 자속밀도

해설

전위차 즉, 전압을 계속 유지하는 힘을 기전력이라 한다.

08

내부저항 0.1[Ω], 전압 1.5[V] 전지를 10개 직렬접속하고 여기에 14[Ω]의 저항을 직렬연결 시 흐르는 전류는 몇 [A]인가?

① 0.5 ② 1
③ 1.5 ④ 2

해설

내부저항 $r=0.1\times10=1$, 전지 $1.5\times10=15$[V]
여기에 14[Ω] 직렬연결하면
전체 저항 $R=1+14=15$

$\therefore I=\frac{V}{R}=\frac{15}{15}=1$

09

직류 직권전동기를 벨트를 걸어 운전하면 안 되는 이유는 무엇인가?

① 벨트가 마모되어 보수가 곤란하므로
② 부하와 직결하지 않으면 속도제어가 곤란하므로
③ 손실이 많아지므로
④ 벨트가 벗겨지면 위험속도에 도달하므로

해설

직권전동기 : 직류 직권전동기는 정격운전 중 무부하 운전을 하면 안 된다. 또는 벨트를 걸고 운전하면 안 된다. 이유는 벨트가 벗겨지면 위험속도에 도달하기 때문이다.

10

3상 변압기 전압이 6,600[V]이며 용량이 1,000[kVA]라면 이 변압기에 흐르는 전류[A]는?

① 75 ② 87 ③ 96 ④ 104

해설

3상 변압기의 전류

$I=\frac{P}{\sqrt{3}\,V}=\frac{1,000\times10^3}{\sqrt{3}\times6,600}=87.47$[A]

11

폭발성 분진이 체류하는 곳의 금속관 공사에 있어서 관 상호 및 관과 박스 기타의 부속품이나 풀 박스 또는 전기 기계기구와의 접속은 몇 턱 이상의 나사 조임으로 하여야 하는가?

① 2턱 ② 5턱 ③ 6턱 ④ 8턱

해설

폭연성 분진 또는 화약류 분말이 존재하는 곳의 전기 공작물의 경우 관 상호 및 관과 박스 등은 5턱 이상의 나사 조임으로 접속해야만 한다.

정답 06 ② 07 ② 08 ② 09 ④ 10 ② 11 ②

12

교류 전동기를 기동할 때 그림과 같은 기동특성을 가지는 전동기는? (단, 곡선 (1)~(5)는 기동단계에 대한 토크 특성 곡선이다.)

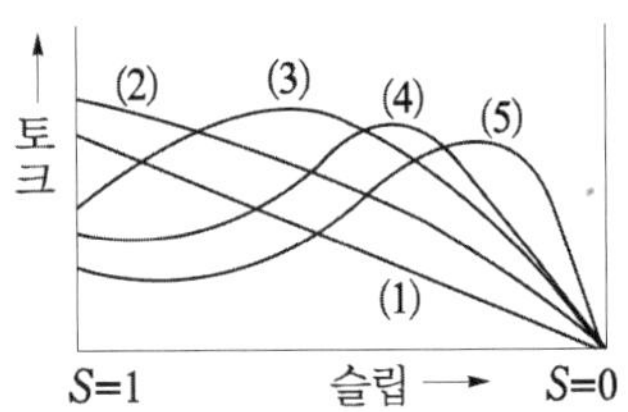

① 3상 권선형 유도전동기
② 반발 유도전동기
③ 3상 분권 정류자 전동기
④ 2중 농형 유도전동기

해설

비례추이 : 그림의 곡선은 비례추이 곡선을 말하며 권선형 유도전동기를 말한다.

13

일반적으로 큐비클형이라고도 하며, 점유 면적이 좁고 운전, 보수에 용이하며 공장, 빌딩 등 전기실에 많이 사용되는 조립형, 장갑형이 있는 배전반은?

① 데드 프런트식 배전반
② 철제 수직형 배전반
③ 라이브 프런트식 배전반
④ 폐쇄식 배전반

해설

큐비클형 : 가장 많이 사용되는 유형으로 폐쇄식 배전반이라고도 하며 공장, 빌딩 등의 전기실에 널리 이용된다.

14

직류 분권전동기의 계자저항을 운전 중에 증가시키면 회전속도는 어떻게 되는가?

① 감소한다. ② 변함없다.
③ 전동기가 정지한다. ④ 증가한다.

해설

전동기의 경우 $\phi \propto \frac{1}{N}$의 관계를 갖는다.
계자저항이 증가하면 계자전류가 감소하므로 이는 자속의 감소로 이어진다.
따라서 속도는 증가한다.

15

다음 중 자기 소호 제어용 소자는?

① SCR ② TRIAC
③ DIAC ④ GTO

해설

GTO(Gate Turn Off)의 경우 자기 소호 능력이 있는 제어소자이다.

16

전류가 도선에 흐를 때 작용하는 힘을 응용한 것은?

① 발전기 ② 전동기
③ 마이크로폰 ④ 전계

해설

전동기는 플레밍의 왼손 법칙인 전류가 도선에 흐를 때 작용하는 힘을 이용한다.

정답 12 ① 13 ④ 14 ④ 15 ④ 16 ②

17

다음 식에서 열량 H[cal]식이 맞는 것은?

① $H=0.024I^2Rt$　　② $H=0.024I^2R$

③ $H=0.24I^2Rt$　　④ $H=0.24I^2R$

해설

열량 $H=0.24Pt=0.24I^2Rt$ [cal]

18

R_1, R_2, R_3 저항 3개가 병렬로 연결되었을 때 합성 저항은 얼마인가?

① $\dfrac{R_1R_2R_3}{R_1+R_2+R_3}$

② $\dfrac{R_1^2R_2^2R_3^2}{R_1+R_2+R_3}$

③ $\dfrac{R_1R_2R_3}{R_1R_2+R_2R_3+R_3R_1}$

④ $\dfrac{R_1+R_2R_3}{R_1+R_2+R_3}$

해설

저항 3개 병렬

$$R=\frac{1}{\frac{1}{R_1}+\frac{1}{R_2}+\frac{1}{R_3}}=\frac{1}{\frac{R_1R_2+R_2R_3+R_3R_1}{R_1R_2R_3}}$$

$$=\frac{R_1R_2R_3}{R_1R_2+R_2R_3+R_3R_1}$$

19

인덕턴스 L_1, L_2가 직렬 연결 시 합성 인덕턴스 L[H]는? (단, 두 인덕턴스는 같은 방향 접속임)

① L_1+L_2+2M

② L_1+L_2-2M

③ L_1+L_2

④ L_1-L_2

20

부흐홀쯔 계전기의 설치 위치는 어디인가?

① 콘서베이터 내부

② 변압기 주탱크과 콘서베이터 사이

③ 변압기 주탱크

④ 변압기 저압 측 부싱

해설

부흐홀쯔 계전기 : 부흐홀쯔 계전기는 변압기 내부고장의 보호계전기로서 주변압기와 콘서베이터 사이에 설치한다.

정답 17 ③ 18 ③ 19 ① 20 ②

21

다음 중 전기기계기구의 와류손(eddy current loss)을 줄이기 위한 효과적인 방법은 무엇인가?

① 보상권선을 설치한다.
② 교류전원을 사용한다.
③ 냉각 압연한다.
④ 규소강판에 성층철심을 사용한다.

해설
전기기기의 철심은 성층하여 와류손을 줄인다.

22

권선형 유도전동기 기동 시 회전자 측에 저항을 넣는 이유는 무엇인가?

① 기동토크 감소 ② 회전수 감소
③ 기동전류 증가 ④ 기동토크 증대

해설
기동 시 저항을 넣는 이유는 기동토크를 크게 하고, 기동전류를 감소시킬 수 있기 때문이다.

23

다음 중 지중전선로의 매설 방법이 아닌 것은?

① 관로식 ② 암거식
③ 행거식 ④ 직접매설식

해설
지중전선로의 매설 방법
• 직접매설식
• 관로식
• 암거식

24

고·저압선을 병가 시 저압선의 위치는 어떻게 되는가?

① 고압선의 하부에 시설한다.
② 동일 완금류에 시설한다.
③ 고압선의 상부에 시설한다.
④ 옆쪽으로 나란히 시설한다.

해설
고·저압선의 병가 : 고·저압선의 병가 시 저압선의 위치는 고압선의 하부에 시설한다.

25

가공전선로에 사용하는 지선의 안전율은 얼마 이상으로 하여야만 하는가?

① 1.2 ② 2
③ 2.5 ④ 3

해설
지선의 시설기준 : 지선의 안전율은 2.5 이상이어야만 한다.

26

수전단 발전소용 변압기 결선에 주로 사용하고 있으며 한쪽은 중성점을 접지할 수 있고 다른 한쪽은 3고조파에 의한 영향을 없애주는 장점을 가지고 있는 3상 결선방식은?

① Y-Y ② △-△
③ Y-△ ④ V

해설
위 방식은 Y결선과 △결선의 장점을 모두 갖는 방식을 말한다.

정답 21 ④ 22 ④ 23 ③ 24 ① 25 ③ 26 ③

27

전선의 굵기를 측정할 때 사용되는 것은?

① 프레셔 툴 ② 와이어 게이지
③ 메거 ④ 노크아웃 펀치

해설

와이어 게이지는 전선의 굵기 측정에 사용된다.

28

직류 전동기의 규약효율을 표시하는 식은?

① $\frac{\text{입력}-\text{손실}}{\text{입력}} \times 100[\%]$

② $\frac{\text{출력}+\text{손실}}{\text{출력}} \times 100[\%]$

③ $\frac{\text{출력}}{\text{입력}} \times 100[\%]$

④ $\frac{\text{입력}}{\text{출력}+\text{손실}} \times 100[\%]$

해설

전동기의 규약효율 $\eta_{\text{전}} = \frac{\text{입력}-\text{손실}}{\text{입력}} \times 100[\%]$

29

공기 중에서 자속밀도 B[Wb/m^2]의 평등자장 중에 길이 l[m]의 도선을 자장의 방향과 직각으로 놓고 이 도체에 I[A]의 전류가 흐르면 도선에 작용하는 힘은 몇 [N]인가?

① $\frac{B}{Il}$ ② $\frac{l}{BI}$
③ BIl ④ B^2Il

해설

플레밍의 왼손 법칙에서 힘 $F = BIl\sin\theta$[N]
이때 각이 직각 90도이므로 $\sin 90° = 1$

30

3상 △결선에서 Y결선으로 바꾸면 전력은 얼마의 배수가 되는가?

① 3배 ② 9배
③ $\frac{1}{3}$배 ④ $\frac{1}{9}$배

해설

- △결선에서 Y결선으로 바꾸면 전력, 임피던스, 전류 모두 1/3배가 된다.
- Y결선에서 △결선으로 바꾸면 전력, 임피던스, 전류 모두 3배가 된다.

31

콘덴서 C_1, C_2를 직렬연결하고 양단에 전압 V[V]를 걸었다면 C_1에 걸리는 전압 V_1[V]은?

① $\frac{C_1}{C_1+C_2}V$ ② $\frac{C_2}{C_1+C_2}V$
③ $\frac{C_1+C_2}{C_1}V$ ④ $\frac{C_1+C_2}{C_2}V$

32

가우스 정리를 이용하여 구하는 것은?

① 전기장의 세기 ② 전류
③ 자기장의 세기 ④ 기자력

해설

가우스 정리는 전기장과 전하와의 상관관계 및 각 도체의 전기장의 세기를 구하는 공식이다.

정답 27 ② 28 ① 29 ③ 30 ③ 31 ② 32 ①

CBT 복원

33

권수 50회, 3초 동안에 자속이 1[Wb]에서 10[Wb]로 변화하였다면 이때 유기되는 기전력은?

① 100 ② 150
③ 200 ④ 250

해설

자속변화의 유기기전력의 크기는

$e = -N\frac{d\Phi}{dt} = -50 \times \frac{(10-1)}{3} = -150[V]$

34

콘덴서 C[F]에 전압 V[V]을 인가하면 콘덴서에 축적되는 에너지가 W[J]이 되었다면 전압 V는?

① $\frac{2W}{C}$ ② $\frac{2W^2}{C}$
③ $\sqrt{\frac{2W}{C^2}}$ ④ $\sqrt{\frac{2W}{C}}$

해설

콘덴서 축적에너지 $W = \frac{1}{2}CV^2$에서

$V^2 = \frac{2W}{C}$, $V = \sqrt{\frac{2W}{C}}$[V]

35

다음 중 2대의 동기발전기를 병렬운전 중 기전력의 위상의 차가 발생하였을 경우 나타나는 현상은 무엇인가?

① 무효순환전류가 흐른다.
② 난조가 발생한다.
③ 유효순환전류가 흐른다.
④ 고조파 무효순환전류가 흐른다.

해설

동기기의 병렬운전조건
기전력의 위상의 차가 발생할 경우 유효순환전류(유효횡류, 동기화전류)가 흐르게 된다.

36

다음 중 회전의 방향을 바꿀 수 없는 단상 유도전동기는 무엇인가?

① 반발 기동형
② 콘덴서 기동형
③ 분상 기동형
④ 셰이딩 코일형

해설

셰이딩 코일형 : 셰이딩 코일형의 경우 회전의 방향을 바꿀 수 없는 전동기이다.

37

전등 한 개를 2개소에서 점멸하고자 할 때 옳은 배선 방법은?

①
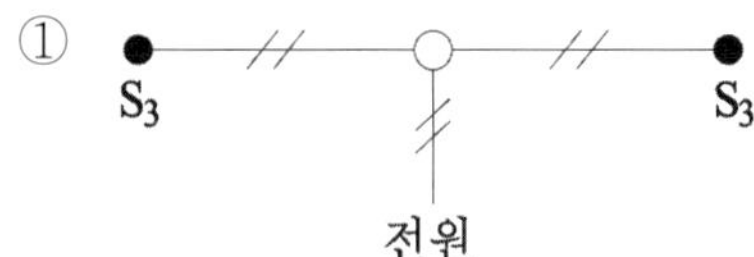

②
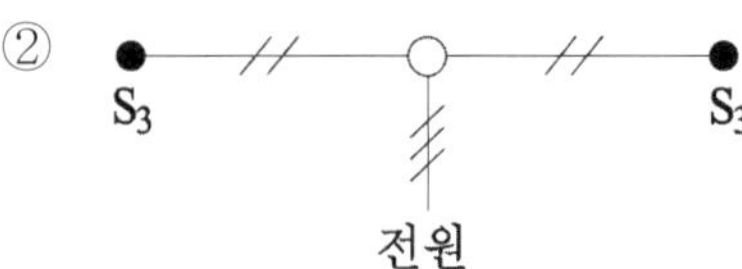

③

④
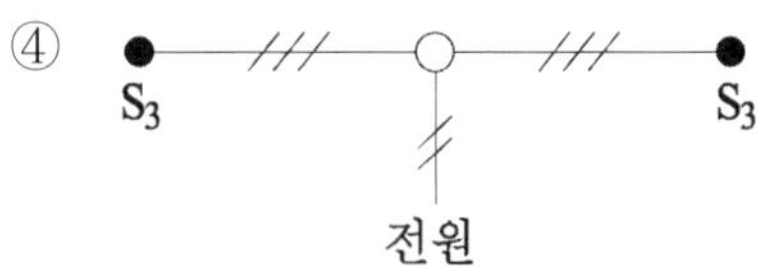

해설

2개소 점멸의 경우 3로 스위치 2개를 사용한다.
이 경우 전원은 앞은 2가닥, 3로 스위치 앞은 3가닥이 된다.

정답 33 ② 34 ④ 35 ③ 36 ④ 37 ④

38

권수가 100회이고 인덕턴스 50[H]의 자속이 10[Wb]가 되고자 한다면 이때 흐르는 전류는 얼마인가?

① 10　② 20
③ 30　④ 40

해설

인덕턴스 기본식 $LI=N\Phi$ 에서 $I=\frac{N\Phi}{L}=\frac{100\times10}{50}=20[A]$

39

발전기의 정격전압이 100[V]로 운전하다 무부하 시의 운전전압이 104[V]가 되었다. 이 발전기의 전압변동률은 몇 [%]인가?

① 4　② 8
③ 11　④ 14

해설

전압변동률 $\epsilon=\frac{V_0-V_n}{V_n}\times100=\frac{104-100}{100}\times100=4[\%]$

40

동기발전기의 전기자 반작용의 경우 공급전압보다 전기자 전류의 위상이 앞선 경우 어떤 반작용이 일어나는가?

① 교차 자화 작용　② 증자 작용
③ 감자 작용　④ 횡축 반작용

해설

동기발전기의 전기자 반작용
발전기의 경우 유기기전력보다 전기자 전류의 위상이 앞선 경우 증자 작용이 발생한다.
유기기전력보다 전기자 전류의 위상이 뒤진 경우 감자 작용이 발생한다.

41

2[Ω]과 8[Ω]의 저항이 직렬연결일 때 합성 컨덕턴스는 얼마인가?

① 0.4[℧]　② 0.3[℧]
③ 0.2[℧]　④ 0.1[℧]

해설

저항 $R=2+8=10[\Omega]$이고, 컨덕턴스 $G=\frac{1}{R}=\frac{1}{10}=0.1[℧]$

42

다음 중 변압기는 어떤 원리를 이용한 기계기구인가?

① 전기자반작용　② 전자유도작용
③ 정전유도작용　④ 교차자화작용

해설

변압기의 원리 : 변압기는 철심에 두 개의 코일을 감고 한쪽 권선에 교류전압을 인가 시 철심의 자속이 흘러 다른 권선을 지나가면서 전자유도작용에 의해 유도기전력이 발생된다.

43

절연전선으로 가선된 배전 선로에서 활선 상태인 경우 전선의 피복을 벗기는 것은 매우 곤란하다. 이런 경우 활선 상태에서 전선의 피복을 벗기는 공구는?

① 전선 피박기　② 애자 커버
③ 와이어 통　④ 데드엔드 커버

해설

전선 피박기 : 활선 시 전선의 피복을 벗기는 공구를 말한다.

정답 38 ② 39 ① 40 ② 41 ④ 42 ② 43 ①

CBT 복원

44

합성수지관 상호 접속 시 관을 삽입하는 깊이는 관 바깥지름의 몇 배 이상으로 하여야 하는가?

① 0.6 ② 0.8
③ 1.0 ④ 1.2

해설

합성수지관 공사 : 관 상호간 및 박스와의 삽입 깊이는 관 바깥지름의 1.2배(접착제를 사용 시 0.8배) 이상으로 하여야 하며 또한 꽂음 접속에 의하여 견고하게 접속한다.

45

패러데이의 법칙의 전극에서 석출되는 물질의 양을 바르게 설명한 것은?

① 통과한 전기량에 비례한다.
② 통과한 전기량에 반비례한다.
③ 통과한 전기량의 제곱에 비례한다.
④ 통과한 전기량의 제곱에 반비례한다.

해설

패러데이 법칙은 전기분해에 의하여 석출된 물질의 양을 W[g], 시간을 t[sec], 전류를 I[A], 전기량을 Q[C]이라 하면 $W=KQ=KIt$이다.

46

보호를 요하는 회로의 전류가 일정한 값 이상으로 흘렀을 때 동작하는 계전기는 무엇인가?

① 과전류 계전기 ② 과전압 계전기
③ 비율차동 계전기 ④ 차동 계전기

해설

OCR(Over Current Relay) : 과전류 계전기는 회로의 전류 값이 설정치 이상의 전류 인가 시 동작한다.

47

어느 교류파의 주기가 100[ms]일 때 주파수 f는 몇 [Hz]인가?

① 10 ② 1
③ 0.1 ④ 0.01

해설

주파수 $f=\frac{1}{T}=\frac{1}{100\times10^{-3}}=10[\text{Hz}]$

48

면적 20[m^2], 투자율 200인 철심에서 자속이 100[Wb]일 때 자속밀도 B[Wb/m^2]은?

① 2 ② 3
③ 4 ④ 5

해설

자속밀도 $B=\mu H=\frac{\Phi}{S}$에서 $B=\frac{\Phi}{S}$를 적용하면 되므로

$B=\frac{100}{20}=5$

49

환상솔레노이드의 설명 중 맞는 것은?

① 자계는 전류에 비례한다.
② 자계는 전류에 반비례한다.
③ 자계는 전류의 제곱에 비례한다.
④ 자계는 전류의 제곱에 반비례한다.

해설

암페어의 오른손 법칙에 의해 $Hl=NI$이다.

정답 44 ④ 45 ① 46 ① 47 ① 48 ④ 49 ①

50

다음 중 금속관을 박스에 고정시킬 때 사용되는 것은 무엇이라 하는가?

① 로크너트 ② 엔트런스 캡
③ 터미널 ④ 부싱

해설
금속관의 부품 : 로크너트는 관을 박스에 고정시킬 때 사용되는 부속품을 말한다.

51

합성수지 몰드공사의 공사 방법 중 틀린 것은?

① 전선은 절연전선이어야 한다.
② 몰드 내의 접속은 하지 않는다.
③ 몰드 상호 및 몰드와 박스 접속은 전선이 노출되지 않도록 접속한다.
④ 점검할 수 없는 은폐된 장소에 시설한다.

해설
합성수지 몰드공사 : 400[V] 이하의 점검이 가능한 전개된 장소에 시설한다.

52

정류방식 중 3상 전파방식의 직류전압의 평균값은 얼마인가? (단, V는 실효값을 말한다.)

① 0.45[V] ② 0.9[V]
③ 1.17[V] ④ 1.35[V]

해설
3상 전파방식의 직류전압
$E_d = 1.35E$ (단, E는 교류전압)

53

평형 3상 △결선의 상전압 V_P와 선간전압 V_l과의 관계는?

① $V_P = V_l$ ② $V_P = \sqrt{3}\,V_l$
③ $V_P = 3\,V_l$ ④ $\sqrt{3}\,V_P = V_l$

해설
△결선의 전압과 전류의 관계는 $V_l = V_p$, $I_l = \sqrt{3}\,I_P$이다.

54

병렬 운전 중인 두 동기발전기의 유도기전력이 2,000[V], 위상차 60°, 동기 리액턴스를 100[Ω]이라면 유효순환전류는?

① 5 ② 10
③ 15 ④ 20

해설
유효순환전류 $I_c = \frac{E}{Z_s}\sin\frac{\delta}{2} = \frac{2,000}{100}\sin\frac{60}{2} = 10[A]$
동기기의 경우 동기 임피던스는 동기 리액턴스로 실용상 같게 해석한다.

55

일반적으로 가공전선로의 지지물에 취급자가 오르고 내리는 데 필요한 발판 볼트는 지표상 몇 [m] 미만에 시설되어서는 아니 되는가?

① 0.75 ② 1.2
③ 1.8 ④ 2.0

해설
발판못의 높이 : 1.8[m] 이상에 시설한다.

정답 50 ① 51 ④ 52 ④ 53 ① 54 ② 55 ③

2018년 CBT 복원문제 4회

01

$R=4[\Omega]$, $X_L=20[\Omega]$, $X_C=17[\Omega]$의 RLC 직렬회로에 교류 전압 100[V]를 가하면 흐르는 전류 I[A]는?

① 200 ② 100
③ 10 ④ 20

해설
직렬 임피던스 $Z=R+j(X_L-X_C)=4+j(20-17)=4+j3$ [Ω]이므로
크기 $|Z|=\sqrt{4^2+3^2}=5[\Omega]$, 전류 $I=\frac{V}{Z}=\frac{100}{5}=20[A]$

02

20[kVA] 단상 변압기 2대를 사용하여 V-V결선으로 하고 3상 전원을 얻고자 한다. 이때 여기에 접속시킬 수 있는 3상 부하용량은 몇 [kVA]인가?

① 17.3 ② 20
③ 34.6 ④ 66.6

해설
V결선 출력 $P_V=\sqrt{3}P_n=\sqrt{3}\times 20=34.6[kVA]$

03

분기회로에 설치하여 개폐 및 고장을 차단할 수 있는 것은 무엇인가?

① 전력퓨즈 ② COS
③ 배선용 차단기 ④ 피뢰기

해설
분기회로를 개폐하고 고장을 차단하기 위해 설치하는 것은 배선용 차단기이다.

04

도선의 길이를 n배로 늘렸다면 처음의 저항은 몇 배로 변하겠는가? (단, 도선의 체적은 일정하다.)

① n ② n^2
③ $\frac{1}{n}$ ④ $\frac{1}{n^2}$

해설
체적일정이므로 길이를 n배로 잡아 늘리면 면적은 $\frac{1}{n}$배로 줄기 때문에 $R=\frac{\rho nl}{\frac{1}{n}S}=n^2\frac{\rho l}{S}[\Omega]$이므로 n^2배가 된다.

05

무한장 직선도체에 전류 I[A]가 흐를 때 r[m]만큼 떨어진 지점의 자기장 H[A/m]는?

① $\frac{I}{2\pi r^2}$ ② $\frac{I}{4\pi r^2}$
③ $\frac{I}{2\pi r}$ ④ $\frac{I}{4\pi r}$

해설
무한장 직선도체의 자계 $H=\frac{I}{2\pi r}$[A/m]

06

다음 전기력선의 성질 중 맞는 것은?

① 전위가 낮은 곳에서 높은 곳으로 향한다.
② 등전위면과 전기력선은 교차하지 않는다.
③ 대전 전하는 도체 내부에만 존재한다.
④ 전기력선의 접선 방향이 전장의 방향이다.

정답 01 ④ 02 ③ 03 ③ 04 ② 05 ③ 06 ④

해설
- 전기력선은 전위가 높은 곳에서 낮은 곳으로 향한다.
- 전기력선은 등전위면과 수직으로 교차한다.
- 대전 전하는 도체 표면에만 존재한다.
- 전기력선의 접선 방향이 전장의 방향이다.

07

유도전동기의 동기속도를 N_s, 회전속도를 N이라 할 때 슬립은?

① $s = \frac{N_s - N}{N}$

② $s = \frac{N - N_s}{N}$

③ $s = \frac{N_s - N}{N_s}$

④ $s = \frac{N_s + N}{N_s}$

해설
유도기의 슬립 $s = \frac{N_s - N}{N_s}$

08

다음 중 나전선 상호간 또는 나전선과 절연전선을 접속 시 접속부분의 전선의 세기는 일반적으로 몇 [%] 이상 감소하여서는 아니 되는가?

① 15　　② 20
③ 30　　④ 80

해설
전선의 접속 시 유의사항 : 전선의 세기를 20[%] 이상 감소시켜서는 안 된다.

09

합성수지관 상호 및 관과 박스의 접속 시 삽입하는 깊이는 관 바깥지름의 몇 배 이상으로 하여야 하는가? (단, 접착제를 사용하는 경우가 아니다.)

① 0.6배　　② 0.8배
③ 1.2배　　④ 1.6배

해설
합성수지관을 관과 박스의 접속 시 관 바깥지름의 1.2배 이상으로 삽입하여야 한다. (단, 접착제를 사용할 경우 0.8배 이상)

10

저압 구내 가공인입선으로 DV전선 사용 시 전선의 길이가 15[m]를 초과하는 경우 사용할 수 있는 전선의 굵기는 몇 [mm] 이상이어야 하는가?

① 1.5　　② 2.0
③ 2.6　　④ 4.0

해설
저압가공인입선 : 전선의 굵기는 2.6[mm] 이상이어야 한다. (단, 경간이 15[m] 이하의 경우 2.0[mm] 이상)

11

3상 유도전동기의 1차 입력 60[kW], 1차 손실 1[kW], 슬립 3[%]일 때 기계적 출력[kW]은?

① 57　　② 75
③ 95　　④ 100

해설
유도전동기의 기계적출력 P_0
$P_0 = (1-s)P_2 = (1-0.03) \times 59 = 57.23$[kW]
P_2는 2차 입력을 말하며 이는 1차 입력 − 1차 손실 = P_2이므로
$P_2 = 60 - 1 = 59$[kW]

정답 07 ③ 08 ② 09 ③ 10 ③ 11 ①

12

진공 중의 두 전하 Q_1, Q_2가 거리 r 사이에서 작용하는 정전력 F[N]일 때 거리 r[m]은?

① $\sqrt{6.33 \times 10^4 \times \frac{Q_1 Q_2}{F}}$

② $\sqrt{6.33 \times 10^4 \times \frac{F}{Q_1 Q_2}}$

③ $\sqrt{9 \times 10^9 \times \frac{Q_1 Q_2}{F}}$

④ $\sqrt{9 \times 10^9 \times \frac{F}{Q_1 Q_2}}$

해설

두 전하 사이의 작용하는 힘 $F = \frac{Q_1 Q_2}{4\pi\varepsilon_0 r^2} = 9 \times 10^9 \times \frac{Q_1 Q_2}{r^2}$ [N]이므로

거리 $r = \sqrt{9 \times 10^9 \times \frac{Q_1 Q_2}{F}}$ [m]이다.

13

줄의 법칙에서 발열량 계산식을 옳게 표현한 것은 어느 것인가? (단, I : 전류, R : 저항, t : 시간을 나타낸다.)

① $H = 0.24 I^2 R$　　② $H = 0.24 I^2 R^2$

③ $H = 0.24 I^2 R t^2$　　④ $H = 0.24 I^2 R t$

해설

발열량 $H = 0.24 I^2 R t$ [cal]

14

동일한 인덕턴스 L[H]의 두 코일을 같은 방향으로 직렬 접속했을 때의 합성 인덕턴스는? (단, 두 코일의 결합 계수는 0.5이다.)

① L　　② $2L$

③ $3L$　　④ $4L$

해설

같은 방향의 합성 인덕턴스

$L = L_1 + L_2 + 2M = L_1 + L_2 + 2k\sqrt{L_1 L_2}$ [H]에서

$L_1 = L_2 = L$이고 결합 계수는 0.5이므로

$L_T = L + L + 2 \times 0.5 \times \sqrt{L \times L} = 3L$[H]

15

전기회로에 과전압을 보호하는 계전기는 무엇인가?

① OCR　　② OVR

③ UVR　　④ GR

해설

과전압 계전기

OVR(Over Voltage Relay) : 과전압 계전기는 설정치 이상의 전압이 인가 시 동작하여 과전압에 대한 보호를 한다.

16

동기기를 기동 시 제동권선에서 발생되는 토크를 이용하여 기동하는 방법을 무엇이라 하는가?

① 기동 저항기법　　② 가감 저항기법

③ 자기 기동법　　④ 타 전동기법

해설

동기기의 기동법 : 동기기를 기동 시 제동권선에서 발생되는 토크를 이용하는 방법은 자기 기동법을 말한다.

17

디지털(Digital Relay)형 계전기의 장점이 아닌 것은?

① 진동에 매우 강하다.

② 고감도, 고속도 처리가 가능하다.

③ 자기 진단 기능이 있으며 오차가 적다.

④ 소형화가 가능하다.

정답　12 ③　13 ④　14 ③　15 ②　16 ③　17 ①

해설

디지털형 계전기의 특징 : 고감도, 고속도 처리가 가능하여 신뢰성이 매우 우수하고 자기 진단 기능이 있다. 또한 소형화가 가능하다.

18

다음 중 유도전동기의 속도제어법이 아닌 것은?

① 주파수제어　② 극수제어
③ 일그너제어　④ 2차 저항제어

해설

유도전동기의 속도제어법 : 일그너제어는 직류기의 속도제어법을 말한다.

19

발전기를 정격전압 100[V]로 운전하다가 무부하로 운전하였더니 전압이 104[V]가 되었다. 이 발전기의 전압변동률은 몇 [%]인가?

① 4　② 7
③ 9　④ 10

해설

전압변동률 $\epsilon = \frac{V_0 - V_n}{V_n} \times 100 = \frac{104-100}{100} \times 100 = 4[\%]$

20

변압기의 경우 일정 전압 및 일정 파형에서 주파수가 감소하면 변압기에 어떤 변화가 있는가?

① 동손 감소　② 철손 감소
③ 동손 증가　④ 철손 증가

해설

변압기의 주파수 $f \propto \frac{1}{P_i}$ 로서 주파수가 감소하면 철손(P_i)은 증가한다.

21

흥행장의 저압 옥내배선, 전구선 또는 이동전선의 사용전압은 최대 몇 [V] 이하인가?

① 400　② 440
③ 450　④ 750

해설

흥행장의 시설공사 : 무대, 무대마루 밑, 오케스트라박스, 영사실 기타 사람이나 무대도구가 접촉할 우려가 있는 곳에 시설하는 저압 옥내배선, 전구선 또는 이동전선은 400[V] 이하일 것

22

L 만의 회로에서 전류의 위상은 전압보다 어떤 관계인가?

① 전류가 전압보다 90° 뒤진다.
② 전류가 전압보다 90° 앞선다.
③ 전류와 전압은 동상이다.
④ 전류와 전압은 위상관계가 없다.

해설

R 만의 회로는 전류와 전압이 동상, L만의 회로는 전류가 전압보다 90° 뒤지며, C 만의 회로는 전류가 전압보다 90° 앞선다.

23

셀룰로이드, 성냥, 석유류 등 기타 가연성 위험물질을 제조 또는 저장하는 장소의 배선으로 가능한 공사 방법은?

① 애자 공사　② 금속관 공사
③ 가요전선관 공사　④ 플로어덕트 공사

정답 18 ③ 19 ① 20 ④ 21 ① 22 ① 23 ②

해설

셀룰로이드, 성냥, 석유류 등 기타 가연성 위험물질을 제조 또는 저장하는 장소의 배선으로 금속관, 케이블, 합성수지관 공사가 가능하다.

24

전등 한 개를 2개소에서 점멸하고자 할 때 옳은 배선 방법은?

①
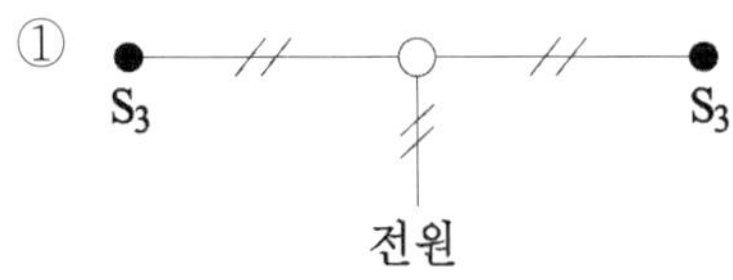

②
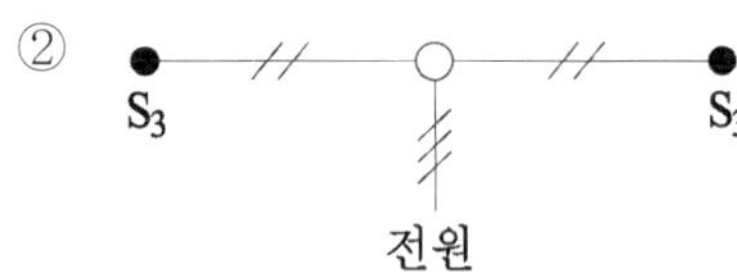

③

④

해설

2개소 점멸의 경우 3로 스위치 2개를 사용한다.
이 경우 전원은 앞은 2가닥, 3로 스위치 앞은 3가닥이 된다.

25

배전반 및 분전반의 설치 장소로 적합하지 못한 것은?

① 전기회로를 쉽게 조작할 수 있는 장소
② 개폐기를 쉽게 조작할 수 있는 장소
③ 안정된 장소
④ 은폐된 장소

해설

배전반 및 분전반의 시설장소
배전반이나 분전반은 조작이 쉬운 장소, 즉 접근성이 편리한 곳에 시설하여야 한다.

26

100[V], 10[A], 전기자저항 1[Ω], 회전수가 1,800[rpm]인 전동기의 역기전력은 몇 [V]인가?

① 90　　② 100
③ 110　　④ 186

해설

전동기의 역기전력　$E = V - I_a R_a = 100 - (10 \times 0.1) = 90[\text{V}]$

27

동기발전기의 돌발단락전류를 주로 제한하는 것은?

① 누설 리액턴스　　② 동기 리액턴스
③ 권선 저항　　④ 역상 리액턴스

해설

동기발전기의 순간, 돌발단락전류를 제한하는 것은 누설 리액턴스이다.

28

용량 100[kVA]의 단상 변압기 3대로 3상 전력을 공급하던 중 1대의 고장으로 V결선하려고 한다. V결선의 출력 P_V[kVA]는?

① 100　　② 141
③ 173　　④ 282

해설

V결선의 출력 $P_V = \sqrt{3} P_1 = \sqrt{3} \times 100 = 173[\text{kVA}]$

정답　24 ④　25 ④　26 ①　27 ①　28 ③

29

전자석의 재료로서 적당한 것은?

① 잔류자기가 크고 보자력이 작을 것
② 잔류자기가 적고 보자력이 클 것
③ 잔류자기와 보자력이 모두 작을 것
④ 잔류자기와 보자력이 모두 클 것

해설

전자석은 잔류자기가 크고 보자력이 작은 재료를 사용한다.

30

C_1과 C_2의 직렬회로에서 양단에 V[V]의 전압을 가할 때 C_1에 걸리는 전압 V_1[V]은?

① $V_1 = \frac{C_1}{C_1 + C_2} V$

② $V_1 = \frac{C_2}{C_1 + C_2} V$

③ $V_1 = \frac{C_1 + C_2}{C_1} V$

④ $V_1 = \frac{C_1 + C_2}{C_2} V$

31

다음 중 전기 용접기용 발전기로 가장 적당한 것은?

① 직류 분권형 발전기
② 차동 복권형 발전기
③ 가동 복권형 발전기
④ 직류 타 여자 발전기

해설

차동 복권형 발전기 : 용접기용 발전기로 가장 적당한 발전기는 차동 복권형 발전기를 말한다. 이는 수하특성이 가장 우수하다.

32

동기기의 위상 특성 곡선에서 전기자전류가 가장 작게 흐를 때의 역률은 어떻게 되는가?

① 1
② 0.9[진상]
③ 0.9[지상]
④ 0

해설

동기기의 위상 특성 곡선 : 전기자전류가 가장 작을 경우 이 때의 역률은 1이 된다.

33

두 대의 동기발전기가 병렬운전하고 있을 때 동기화 전류가 흐르는 경우는?

① 기전력의 크기의 차가 있을 때
② 기전력의 위상에 차가 있을 때
③ 부하분담에 차가 있을 때
④ 기전력의 파형의 차가 있을 때

해설

동기기의 병렬운전조건

- 기전력의 크기가 같을 것 → 일치하지 않는 경우 : 무효순환전류가 흐른다.
- 기전력의 위상이 같을 것 → 일치하지 않는 경우 : 유효순환전류(동기화전류)가 흐른다.
- 기전력의 주파수가 같을 것 → 일치하지 않는 경우 : 난조 발생
- 기전력의 파형이 같을 것 → 일치하지 않는 경우 : 고조파 무효순환전류가 흐른다.

정답 29 ① 30 ② 31 ② 32 ① 33 ②

CBT 복원

34

배전선로의 보안장치로서 주상변압기의 2차 측, 저압 분기회로에서 분기점 등에 설치되는 것은?

① 콘덴서　② 캐치홀더
③ 컷아웃 스위치　④ 피뢰기

해설
배전선로의 주상변압기 보호장치
- 1차 측 : COS(컷아웃 스위치)
- 2차 측 : 캐치홀더

35

$v = 30\sqrt{2}\sin\omega t + 40\sqrt{2}\cos(3\omega t + 30°)$[V]의 비정현파 전압에 대한 실효값 V[V]는?

① 50　② 100
③ 150　④ 200

해설
비정현파의 실효값은 각 파의 실효값의 제곱의 합의 제곱근이므로
$V = \sqrt{V_1^2 + V_2^2 + \cdots} = \sqrt{30^2 + 40^2} = 50[\text{V}]$

36

전압계의 측정범위를 확대하기 위하여 전압계와 직렬 접속하는 것은?

① 배율기　② 분류기
③ 변압기　④ 검류계

해설
- 배율기는 전압계의 측정범위를 확대하기 위하여 전압계와 직렬 접속한다.
- 분류기는 전류계의 측정범위를 확대하기 위하여 전류계와 병렬 접속한다.

37

평형 3상의 전원과 부하를 △ 결선을 하였을 때 맞는 것은? (단, V_p : 상전압, V_l : 선간전압, I_p : 상전류, I_l : 선전류이다.)

① $V_l = V_p,\ I_l = I_p$
② $V_l = V_p,\ I_l = \sqrt{3}I_p$
③ $V_l = \sqrt{3}V_p,\ I_l = I_p$
④ $V_l = \sqrt{3}V_p,\ I_l = \sqrt{3}I_p$

해설
△결선의 전압과 전류의 관계는 $V_l = V_p,\ I_l = \sqrt{3}I_P$ 이다.

38

직류전동기를 기동할 경우 전기자전류를 제한하는 저항기를 무엇이라 하는가?

① 단속저항기　② 제어저항기
③ 가속저항기　④ 기동저항기

해설
직류전동기의 기동 : 직류전동기의 기동 시 전기자전류의 크기를 제한하는 저항기는 기동저항기를 말한다.

39

변압기의 1차 권회수 80회, 2차 권회수 320회일 때 2차 측 전압이 100[V]라면 1차 전압[V]은?

① 15　② 25
③ 50　④ 100

해설
변압기의 권수비 a
$a = \frac{N_1}{N_2} = \frac{V_1}{V_2}$,　$V_1 = aV_2 = \frac{80}{320} \times 100 = 25[\text{V}]$

정답　34 ②　35 ①　36 ①　37 ②　38 ④　39 ②

40

다음은 전기 부식 방지설비에 대한 내용을 말한다. 이 중 잘못된 것은 무엇인가?

① 사용전압은 직류 60[V] 초과
② 지표 또는 수중에서 1[m] 간격 임의의 두점 간의 전위차 5[V] 이하
③ 지중에 매설하는 양극은 75[cm] 이상 깊이일 것
④ 수중에서 1[m] 간격의 임의의 2점 간의 전위차가 10[V]를 넘지 않을 것

해설
전기 부식 방지설비 : 사용전압은 직류 60[V] 이하이어야 한다.

41

옥내배선 공사에서 절연전선의 피복을 벗길 때 사용하면 편리한 공구는?

① 드라이버
② 플라이어
③ 압착펜치
④ 와이어 스트리퍼

해설
전기공사용 공구 : 와이어 스트리퍼는 절연전선의 피복을 자동으로 벗길 때 사용하는 공구이다.

42

3상 농형유도전동기의 Y-△ 기동 시의 기동전류를 전전압 기동 시와 비교하면?

① 전전압 기동전류의 1/3로 된다.
② 전전압 기동전류의 $\sqrt{3}$ 배가 된다.
③ 전전압 기동전류의 3배로 된다.
④ 전전압 기동전류의 9배로 된다.

해설
Y-△ 기동 : Y-△ 기동 시 전류는 전전압 기동에 $\frac{1}{3}$배가 되며, 기동토크 역시 $\frac{1}{3}$배가 된다.

43

1종 가요전선관을 구부릴 경우 곡률 반지름은 관 안지름의 몇 배 이상으로 하여야 하는가?

① 3	② 4
③ 5	④ 6

해설
가요전선관을 구부릴 경우 곡률 반지름은 관 안지름의 6배 이상으로 하여야 한다.

CBT 복원

정답 40 ① 41 ④ 42 ① 43 ④

44

전류에 의한 자장의 방향을 결정하는 것은 무슨 법칙인가?

① 암페어 오른손 법칙 ② 플레밍의 왼손 법칙
③ 줄의 법칙 ④ 패러데이 법칙

해설
전류에 의한 자장의 방향을 결정하는 법칙은 암페어 오른손 법칙이고, 전류에 의한 자장의 크기를 결정하는 법칙은 비오-샤바르 법칙이다.

45

3[℧]와 6[℧]의 컨덕턴스를 직렬 접속하고 여기에 100[V]의 전압을 가했을 때 흐르는 전체 전류는 몇 [A]인가?

① 200 ② 400
③ 600 ④ 900

해설
전류 $I=\frac{V}{R}=GV$[A]
직렬연결의 합성 컨덕턴스는 $G=\frac{3\times 6}{3+6}=2$[℧]이므로
$I=GV=2\times 100=200$[A]

46

단상 전파 정류회로에서 직류전압의 평균값으로 가장 적당한 것은? (단, V는 교류전압의 실효값을 나타낸다.)

① 0.45V ② 0.9V
③ 1.17V ④ 1.35V

해설
정류회로의 직류전압
① 단상 반파 : 0.45V
② 단상 전파 : 0.9V
③ 3상 반파 : 1.17V
④ 3상 전파 : 1.35V

47

부하의 전압과 전류를 측정할 때 전압계와 전류계를 연결하는 방법이 옳은 것은?

① 전압계와 전류계를 모두 병렬연결한다.
② 전압계와 전류계를 모두 직렬연결한다.
③ 전압계는 병렬연결, 전류계는 직렬연결한다.
④ 전압계는 직렬연결, 전류계는 병렬연결한다.

48

저압 가공인입선이 횡단보도교를 횡단할 경우 높이는 몇 [m] 이상 높이여야만 하는가?

① 3 ② 4
③ 5 ④ 6

해설
저압 가공인입선 : 횡단보도교 횡단 시 높이는 3[m] 이상 높이여야만 한다.

49

변압기에 대한 설명 중 틀린 것은?

① 전압을 변성한다.
② 전력을 발생하지 않는다.
③ 정격출력은 1차 측 단자를 기준으로 한다.
④ 변압기의 정격용량은 피상전력으로 표시한다.

해설
변압기 : 변압기의 정격용량은 피상전력으로 표시한다. 또한 전력을 발생하지 않으며, 전압을 변성한다.

정답 44 ① 45 ① 46 ② 47 ③ 48 ① 49 ③

50

다음 중 자기 소호 제어용 소자는?

① SCR ② TRIAC
③ DIAC ④ GTO

해설
GTO(Gate Trun Off) 소자의 경우 자기 소호 능력이 있는 소자이다.

51

굵은 전선을 절단할 때 사용하는 전기공사용 공구는?

① 프레셔 툴 ② 녹아웃 펀치
③ 클리퍼 ④ 파이프 커터

해설
클리퍼 : 펜치로 절단이 어려운 굵은 전선을 절단할 때 사용한다.

52

50회 감은 권수의 코일에 5[A]의 전류를 흘렸을 때 10^{-3}[wb]의 자속이 코일에 쇄교하였다면 이 코일에 자체 인덕턴스 L[mH]는?

① 1 ② 10
③ 100 ④ 1,000

해설
인덕턴스 기본식 $LI = N\phi$에 의해서

$L = \frac{N\phi}{I} = \frac{50 \times 10^{-3}}{5} = 10 \times 10^{-3}$[H]

53

연선 결정에 있어서 중심 소선을 뺀 층수가 3층이다. 전체 소선수는?

① 91 ② 61 ③ 37 ④ 19

해설
소선수 $N = 3n(n+1)+1 = 3 \times 3(3+1)+1 = 37$
여기서 n은 층수를 말한다.

54

진공 중의 투자율 μ_0와 진공 중의 유전율 ϵ_0의 단위가 각각 맞는 것은?

① [H/m], [F/m] ② [H/m^2], [F/m]
③ [H/m], [F/m^2] ④ [H/m^2], [F/m^2]

55

10회를 감은 어떤 코일에 기자력이 100[AT]이었다면 이때 흐르는 전류 I[A]는?

① 1,000 ② 100
③ 10 ④ 1

해설
기자력 $F = NI$[AT]에서 전류 $I = \frac{F}{N} = \frac{100}{10} = 10$[A]이다.

56

다음 공사 방법 중 옳은 것은 무엇인가?

① 금속 몰드 공사 시 몰드 내부에서 전선을 접속하였다.
② 합성수지관 공사 시 몰드 내부에서 전선을 접속하였다.
③ 합성수지 몰드 공사 시 몰드 내부에서 전선을 접속하였다.
④ 접속함 내부에서 전선을 쥐꼬리 접속을 하였다.

해설
전선의 접속 : 전선의 접속 시 몰드나, 관, 덕트 내부에서는 시행하지 않는다. 접속은 접속함에서 이루어져야 한다.

정답 50 ④ 51 ③ 52 ② 53 ③ 54 ① 55 ③ 56 ④

CBT 복원

2019년 CBT 복원 기출문제

2019년 CBT 복원문제 1회

01

100[Ω]인 저항 2개, 50[Ω]인 저항 3개, 20[Ω]인 저항 10개를 직렬연결 시 전체 합성저항은 얼마인가?

① 350　　② 450
③ 550　　④ 650

해설

합성저항 (100 × 2) + (50 × 3) + (20 × 10) = 550

02

동일 저항 R[Ω]이 4개 있다. 일정한 전압에서 소비전력이 최소가 되는 저항의 조합은 어느 것인가?

① 저항 4개를 모두 병렬연결한다.
② 저항 3개를 병렬연결하고 여기에 1개의 저항을 직렬연결한다.
③ 저항 2개를 병렬연결하고 여기에 2개의 저항을 직렬연결한다.
④ 저항 4개를 모두 직렬연결한다.

해설

전압이 일정할 때 전력 $P=\frac{V^2}{R}$[W]이므로 저항과 전력과의 관계는 서로 반비례하므로 저항이 클수록 소비전력이 작아진다.

①번의 합성저항은 $\frac{R}{4}$

②번의 합성저항은 $\frac{R}{3}+R=\frac{4R}{3}$

③번의 합성저항은 $\frac{R}{2}+2R=\frac{5R}{2}$

④번의 합성저항은 $4R$

03

4[Ω]과 6[Ω]의 병렬회로에서 4[Ω]에 흐르는 전류가 3[A]이라면 전체 전류는?

① 5　　② 6
③ 10　　④ 12

해설

병렬의 분배 전류 $I_4=\frac{R_6}{R_4+R_6}I$ 이므로

전체전류 $I=\frac{I_4(R_4+R_6)}{R_6}=\frac{3(4+6)}{6}=5$[A]

04

두 종류의 금속의 접합부에 전류를 흘리면 전류의 방향에 따라 줄열 이외의 열의 흡수 또는 발생현상이 생긴다. 이러한 현상을 무엇이라 하는가?

① 제어벡 효과
② 페란티 효과
③ 펠티어 효과
④ 줄 효과

해설

- 제어벡 효과 – 두 종류의 금속의 접합점에 온도를 가하면 양단에 기전력이 발생
- 페란티 효과 – 송전 전압보다 수전 전압이 높아지는 현상
- 펠티어 효과 – 두 종류의 금속의 접합부에 전류를 흘리면 열의 흡수 발생
- 줄 효과 – 발열 작용 법칙

정답 01 ③　02 ④　03 ①　04 ③

05

옴의 법칙을 설명한 것 중 잘못된 것은?

① 전압과 전류는 비례한다.
② 전류는 저항에 비례한다.
③ 저항은 전류에 반비례한다.
④ 전압은 저항에 비례한다.

해설

옴의 법칙 $V=IR$, $I=\frac{V}{R}$, $R=\frac{V}{I}$

06

전장 중에 단위 전하를 놓았을 때 그것에 작용하는 힘은 어느 것인가?

① 전계의 세기 ② 쿨롱의 법칙
③ 전속밀도 ④ 전위

해설

전기장 중에 단위 전하를 놓았을 때 그것에 작용하는 힘을 전계(전장)의 세기라 한다.

$E=\frac{F}{Q}$[V/m]

07

두 콘덴서 $C_1=$20[F], $C_2=$10[F]의 병렬회로에 양단에 전압 $V=$100[V]를 가했을 때 C_1의 분배 전하 Q_1[C]은 얼마인가?

① 1,000 ② 1,500
③ 2,000 ④ 2,500

해설

합성 콘덴서는 30[F]의 총 전하량은

$Q=CV=30\times100=3,000$[C]이므로

C_1의 분배 받은 Q_1의 전하량은

$Q_1=\frac{C_1}{C_1+C_2}Q=\frac{20}{20+10}\times3,000=2,000$[C]

08

어떤 콘덴서에 전압 V[V]를 가할 때 전하 Q[C]가 축적되었다면 이때 축적되는 에너지는 몇 [J]인가?

① $W=\frac{QV}{2}$ ② $W=\frac{1}{2}QV^2$
③ $W=\frac{Q^2V}{2}$ ④ $W=QV$

해설

콘덴서의 축적에너지 $W=\frac{1}{2}CV^2=\frac{Q^2}{2C}=\frac{1}{2}QV$[J]

CBT 복원

09

진공 중에서 두 자극 m_1, m_2[Wb] 사이에 작용하는 힘 F[N]는? (단, K는 상수이다.)

① $F=K\frac{m_1m_2}{r}$ ② $F=K\frac{m_1m_2}{r^2}$
③ $F=K\frac{m_1m_2}{r^3}$ ④ $F=Km_1m_2r$

해설

쿨롱의 법칙 $F=\frac{m_1m_2}{4\pi\mu_0r^2}$[N]에서 $\frac{1}{4\pi\mu_0}=K$를 상수로 본다.

10

전류에 의한 자기장의 방향을 결정하는 법칙은?

① 패러데이 법칙
② 플레밍의 오른손 법칙
③ 앙페르의 오른손 법칙
④ 플레밍의 왼손 법칙

정답 05 ② 06 ① 07 ③ 08 ① 09 ② 10 ③

해설

- 유기기전력 – 패러데이 법칙, 렌츠 법칙, 플레밍의 오른손 법칙
- 전동기 – 플레밍의 왼손 법칙
- 발전기 – 플레밍의 오른손 법칙

11

자기저항의 단위는 어느 것인가?

① [AT/N] ② [AT/Wb]
③ [Wb/AT] ④ [AT/m]

해설

자기저항 $R_m = \frac{NI}{\phi}$[AT/Wb]

12

평행한 두 도선에 떨어진 거리 1[m]에 두 도선에 동일전류 1[A]가 흐른다면 단위 길이 당 작용하는 힘 F[N/m]은?

① 1×10^{-7} ② 2×10^{-7}
③ 3×10^{-7} ④ 4×10^{-7}

해설

평행 도선에 작용하는 힘

$F = \frac{2I_1 I_2}{r}\times10^{-7} = \frac{2\times1\times1}{1}\times10^{-7} = 2\times10^{-7}$

13

히스테리시스 곡선에서 종축과 만나는 점의 값은 무엇인가?

① 잔류자기 ② 자속밀도
③ 보자력 ④ 자계

해설

히스테리시스 곡선에서 종축은 자속밀도 축이며 이와 만나는 것은 잔류자기이다.
횡축은 자계(자기장) 축이며 이와 만나는 것은 보자력이다.

14

다음 중 강자성체로만 되어 있는 것은?

① 철, 니켈, 코발트
② 니켈, 구리, 코발트
③ 철, 은, 구리
④ 니켈, 비스무트, 알루미늄

해설

상자성체($\mu_s > 1$) : 공기, 주석, 산소, 백금, 알루미늄
강자성체($\mu_s \gg 1$) : 니켈, 코발트, 철
역자성체($\mu_s < 1$) : 은, 구리, 비스무트, 물

15

전압의 실효값이 100[V], 주파수 60[Hz]를 교류 순시값으로 표시한 것 중 맞는 것은?

① $v = 100\sin 60\pi t$[V]
② $v = 100\sqrt{2}\sin 120\pi t$[V]
③ $v = 100\sin 120\pi t$[V]
④ $v = 100\sin 60t$[V]

해설

교류의 순시값은 최대값과 파형의 조합으로 이루어져 있으므로
최대값 $V_m = \sqrt{2}V = 100\sqrt{2}$
파형은 정현파 $\sin\omega t = \sin 2\pi f t = \sin 2\times60\pi t = \sin 120\pi t$
그러므로 $v = 100\sqrt{2}\sin 120\pi t$[V]이다.

정답 11 ② 12 ② 13 ① 14 ① 15 ②

16

실효값이 100[V]인 경우 교류의 최대값[V]은?

① 90　　② 100
③ 141.4　　④ 173.2

해설

정현파의 실효값 $V = \frac{V_m}{\sqrt{2}}$,
최대값 $V_m = \sqrt{2}\,V = \sqrt{2} \times 100 = 141.4$

17

우리가 사용하는 백열등의 전압이 220[V]일 때 이 전압의 평균값은 얼마인가?

① 328　　② 278
③ 228　　④ 198

해설

우리가 쓰는 전압(정현파)은 실효값이므로
최대값 $V_m = \sqrt{2}\,V$ 이며
평균값 $V_a = \frac{2V_m}{\pi} = \frac{2\sqrt{2}\,V}{\pi} = \frac{2\sqrt{2} \times 220}{\pi} \fallingdotseq 198[\mathrm{V}]$

18

L만의 회로에서 전압과 전류의 위상 관계는?

① 전류가 전압보다 90° 앞선다.
② 전류와 전압은 동상이다.
③ 전압이 전류보다 90° 앞선다.
④ 전압이 전류보다 90° 뒤진다.

해설

R저항만의 회로는 전압과 전류가 동상
L만의 회로는 전류가 전압보다 90° 뒤진다(전압이 전류보다 90° 앞선다).
C만의 회로는 전류가 전압보다 90° 앞선다(전압이 전류보다 90° 뒤진다).

19

단상 교류의 무효전력을 나타내는 것은?

① $P_r = VI\cos\theta[\mathrm{Var}]$
② $P_r = VI\cos\theta[\mathrm{W}]$
③ $P_r = VI\sin\theta[\mathrm{Var}]$
④ $P_r = VI\sin\theta[\mathrm{W}]$

해설

피상전력 $P_a = VI[\mathrm{VA}]$, 유효전력 $P = VI\cos\theta[\mathrm{W}]$, 무효전력 $P_r = VI\sin\theta[\mathrm{Var}]$

20

용량 20[kVA]의 단상변압기 3대로 3상 평형 부하에 전력을 공급하던 중 1대가 고장으로 V결선하였다. 이 때 공급할 수 있는 전력은 얼마인가?

① $20\sqrt{3}$　　② 20
③ $10\sqrt{3}$　　④ 10

해설

단상변압기 3대로 운전 중 1대 고장 시 3상 전력 공급은 V결선을 의미한다.
V결선의 출력 $P_V = \sqrt{3}\,P_1 = \sqrt{3} \times 20 = 20\sqrt{3}[\mathrm{kVA}]$

정답 16 ③ 17 ④ 18 ③ 19 ③ 20 ①

21

보극이 없는 직류기의 운전 중 중성점의 위치가 변하지 않는 경우는?

① 무부하일 때 ② 전부하일 때
③ 중부하일 때 ④ 과부하일 때

해설
중성점의 위치가 변하는 경우는 전기자 반작용 때문이지만 전기자에 전류가 흐르지 않을 경우 전기자 반작용이 생기지 않으므로 중성점의 위치가 변하지 않는다.

22

슬립 $s=5$[%], 2차 저항 $r_2=0.1$[Ω]인 유도전동기의 등가 저항 r[Ω]은 얼마인가?

① 0.4 ② 0.5
③ 1.9 ④ 2.0

해설
유도전동기의 등가저항
$R_2=r_2\left(\frac{1}{s}-1\right)=0.1\times\left(\frac{1}{0.05}-1\right)=1.9[\Omega]$

23

동기기의 전기자 권선법이 아닌 것은?

① 분포권 ② 전절권
③ 중권 ④ 단절권

해설
동기기의 전기자 권선법
• 전절권과 단절권 중 단절권을 채택
• 집중권과 분포권 중 집중권을 채택

24

다음 중 3단자 소자가 아닌 것은?

① SCS ② SCR
③ TRIAC ④ GTO

해설
반도체 소자
SCR, GTO의 경우 단방향 3단자 소자이며, TRIAC는 쌍방향 3단자 소자이다.
SCS는 단방향성 4단자 소자이다.

25

같은 회로에 두 점에서 전류가 같을 때에는 동작하지 않으나 고장 시에 전류의 차가 생기면 동작하는 계전기는?

① 과전류계전기 ② 거리계전기
③ 접지계전기 ④ 차동계전기

해설
보호계전기
1) 과전류계전기 : 회로의 전류가 일정 값 이상으로 흘렀을 경우 동작하는 계전기
2) 거리계전기 : 계전기가 설치된 위치로부터 고장점까지 거리에 비례하여 동작
3) 접지계전기 : 접지사고 검출
4) 차동계전기 : 1차와 2차의 전류차에 의해 동작

26

낙뢰, 수목의 접촉, 일시적 섬락 등으로 순간적인 사고로 계통에서 분리된 구간을 신속히 계통에 투입시킴으로써 계통의 안정도를 향상시키고 정전 시간을 단축시키기 위해 사용되는 계전기는?

① 차동 계전기 ② 과전류 계전기
③ 거리 계전기 ④ 재폐로 계전기

정답 21 ① 22 ③ 23 ② 24 ① 25 ④ 26 ④

해설

재폐로 계전기 : 고장 시 고장구간을 일시적으로 분리하고 일정시간 경과 후에 다시 투입하여 계통의 안정도 향상에 기여한다.

27

단상 유도 전압 조정기의 단락 권선의 역할은?

① 철손 경감 ② 절연 보호
③ 전압 조정 용이 ④ 전압 강하 경감

해설

단상 유도 전압 조정기의 단락권선은 누설리액턴스에 의한 전압강하를 경감한다.

28

직류를 교류로 변환하는 것을 무엇이라고 하는가?

① 컨버터 ② 정류기
③ 변류기 ④ 인버터

해설

인버터는 직류를 교류로 변환한다.

29

동기전동기의 자기기동에서 계자권선을 단락하는 이유는?

① 기동이 쉽다.
② 고전압이 유도된다.
③ 기동 권선을 이용한다.
④ 전기자 반작용을 방지한다.

해설

동기전동기의 기동법
자기기동 시 계자권선에 고전압이 유도되어 절연이 파괴될 우려가 있으므로 방전저항을 접속 단락상태로 기동한다.

30

변압기의 권수비가 60일 때 2차 측 저항이 0.1[Ω]이다. 이것을 1차로 환산하면 몇 [Ω]인가?

① 310 ② 360
③ 390 ④ 410

해설

권수비 $a=\sqrt{\frac{R_1}{R_2}}$, $a^2=\frac{R_1}{R_2}$, $R_1=a^2R_2$, $60^2\times0.1=360[\Omega]$

31

동기발전기에서 전기자 전류가 무부하 유도기전력보다 $\frac{\pi}{2}$[rad] 앞서는 경우에 나타나는 전기자 반작용은?

① 증자 작용 ② 감자 작용
③ 교차 자화 작용 ④ 직축 반작용

해설

동기발전기의 전기자 반작용
발전기의 경우 전기자 전류가 유도기전력보다 위상이 앞서는 경우 증자 작용이 나타난다.

32

계자권선이 전기자 권선과 병렬로 접속되어 있는 직류기는?

① 직권기 ② 분권기
③ 복권기 ④ 타여자기

해설

분권기의 경우 계자와 전기자가 병렬로 연결된 직류기를 말한다.

정답 27 ④ 28 ④ 29 ② 30 ② 31 ① 32 ②

CBT 복원

33

직류발전기의 전기자의 주된 역할은?

① 기전력을 유도한다.
② 자속을 만든다.
③ 정류작용을 한다.
④ 회전자와 외부회로를 접속한다.

해설

발전기의 구조
전기자의 경우 계자에서 발생된 자속을 끊어 기전력을 유도한다.

34

변압기의 본체와 콘서베이터 사이에 설치되며 변압기 내부고장 발생 시 급격한 유류 또는 gas의 이동이 생기면 이를 검출 동작하여 보호하는 계전기는 무엇인가?

① 과부하 계전기 ② 비율차동 계전기
③ 브흐홀쯔 계전기 ④ 지락 계전기

해설

브흐홀쯔 계전기는 주변압기와 콘서베이터 사이에 설치되어, 변압기 내부고장 시 발생되는 기름의 분해가스, 증기, 유류를 이용해 부저를 움직여 계전기의 접점을 닫아 변압기를 보호한다.

35

다음의 변압기 극성에 관한 설명에서 틀린 것은?

① 우리나라는 감극성이 표준이다.
② 1차와 2차 권선에 유기되는 전압의 극성이 서로 반대이면 감극성이다.
③ 3상결선 시 극성을 고려해야 한다.
④ 병렬운전 시 극성을 고려해야 한다.

해설

변압기의 감극성 : 1차 측 전압과 2차 측 전압의 발생 방향이 같을 경우 감극성이라고 한다.

36

회전수 1,728[rpm]인 유도전동기의 슬립[%]은? (단, 동기속도 1,800[rpm]이다.)

① 3 ② 4
③ 6 ④ 7

해설

유도전동기의 슬립

$$s=\frac{N_s-N}{N_s}\times 100=\frac{1,800-1,728}{1,800}\times 100=4[\%]$$

37

주파수 60[Hz]의 회로에 접속되어 슬립 3[%], 회전수 1,164[rpm]으로 회전하고 있는 유도전동기의 극수는?

① 4 ② 6
③ 8 ④ 10

해설

유도전동기의 극수

$$N=(1-s)N_s$$

$$N_s=\frac{N}{1-s}=\frac{1,164}{1-0.03}=1,200[\text{rpm}]$$

$$P=\frac{120}{N_s}f=\frac{120\times 60}{1,200}=6[\text{극}]$$

38

유도전동기의 2차 측 저항을 2배로 하면 그 최대 회전력은 어떻게 되는가?

① $\sqrt{2}$ 배 ② 변하지 않는다.
③ 2배 ④ 4배

해설

비례추이 2차 측의 저항 증가 시 기동토크가 커지고 기동의 전류가 작아진다. 그러나 최대 토크는 불변이다.

정답 33 ① 34 ③ 35 ② 36 ② 37 ② 38 ②

39

100[kVA] 변압기 2대를 V결선 시 출력은 몇 [kVA]가 되는가?

① 200 ② 86.6
③ 173.2 ④ 300

해설

V결선 시 출력 $P_V = \sqrt{3}P_n = \sqrt{3} \times 100 = 173.2$[kVA]

40

직류 분권전동기를 운전 중 계자저항을 증가시켰을 때의 회전속도는?

① 증가한다. ② 감소한다.
③ 변함이 없다. ④ 정지한다.

해설

직류전동기 : $E = k\phi N$으로 자속과 속도는 반비례한다. 여기서 계자전류의 크기가 자속의 크기를 결정하므로 계자저항이 증가할 경우 계자전류가 감소하므로 자속도 감소하게 된다. 따라서 속도는 증가한다.

41

저압 옥내 배선에서 합성수지관 공사에 대한 설명 중 잘못된 것은?

① 합성수지관 안에는 전선의 접속점이 없도록 한다.
② 합성수지관을 새들 등으로 지지하는 경우는 그 지지점 간의 거리를 3[m] 이상으로 한다.
③ 합성수지관 상호 및 관과 박스는 접속 시에 삽입하는 깊이를 관과 바깥지름의 1.2배 이상으로 한다.
④ 관 상호의 접속은 박스 또는 커플링 등을 사용하고 직접 접속하지 않는다.

해설

합성수지관을 지지하는 경우 지지점 간의 거리는 1.5[m] 이하로 하여야만 한다.

42

가요전선관과 금속관의 상호 접속에 쓰이는 재료는?

① 콤비네이션 커플링
② 스프리트 커플링
③ 앵글복스 커넥터
④ 스트레이드 복스커넥터

해설

가요전선관의 재료

- 가요전선관 상호 접속 시 : 스프리트 커플링
- 가요전선관과 금속관 접속 시 : 콤비네이션 커플링

43

옥내배선의 접속함이나 박스 내에서 접속할 때 주로 사용하는 접속법은?

① 슬리브 접속
② 트위스트 접속
③ 브리타니아 접속
④ 쥐꼬리 접속

해설

접속함이나 박스 내에서 접속할 때 주로 사용되는 방법은 쥐꼬리 접속이다.

정답 39 ③ 40 ① 41 ② 42 ① 43 ④

44

가공전선로의 지지물에 시설하는 지선에 연선을 사용할 경우 소선수는 몇 가닥 이상이어야 하는가?

① 3가닥　　② 5가닥
③ 7가닥　　④ 9가닥

해설

지선의 시설기준
1) 안전율은 2.5 이상
2) 허용인장하중은 4.31[kN] 이상
3) 소선수는 3가닥 이상

45

합성수지관의 장점이 아닌 것은?

① 절연이 우수하다.
② 기계적 강도가 높다.
③ 내부식성이 우수하다.
④ 시공하기 쉽다.

해설

합성수지관의 특징
합성수지관은 비교적 열에 약하고 기계적인 강도는 약하나 중량이 가볍고 시공이 편리하며, 내식성이 우수하고 가격이 저렴하다.

46

전등 한 개를 2개소에서 점멸하고자 할 때 옳은 배선은?

①

②
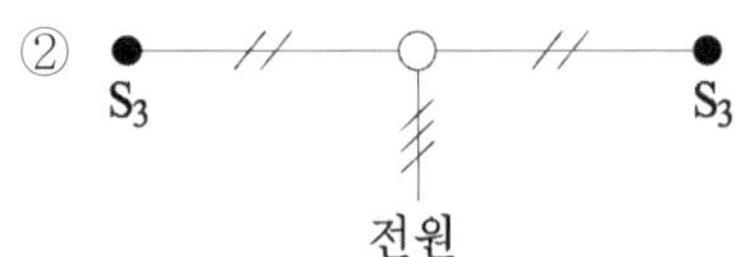

③
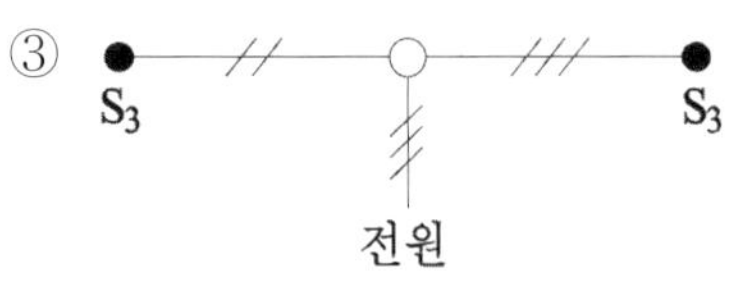

④
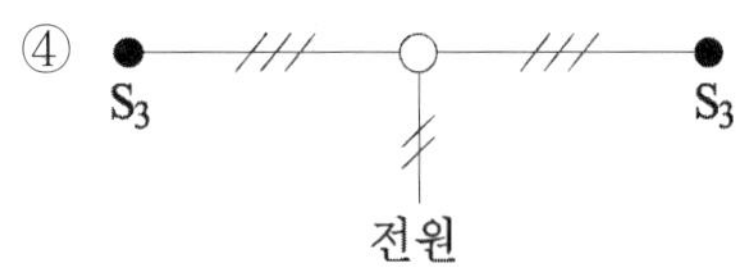

해설

2개소 점멸의 경우 3로 스위치 2개를 사용한다.
이 경우 전원은 앞은 2가닥, 3로 스위치 앞은 3가닥이 된다.

47

전기공사에서 접지저항을 측정할 때 사용하는 측정기는 무엇인가?

① 검류기　　② 변류기
③ 메거　　④ 어스테스터

해설

접지저항 측정기는 어스테스터이다.

정답 44 ① 45 ② 46 ④ 47 ④

48

화약류 저장장소의 배선공사에서 전용 개폐기에서 화약류 저장소의 인입구까지는 어떤 공사를 하여야 하는가?

① 금속관을 사용한 지중 전선로
② 금속관을 사용한 옥측 전선로
③ 케이블을 사용한 지중 전선로
④ 케이블을 사용한 옥측 전선로

해설

화약류 저장고의 배선공사 시 케이블을 사용하여 지중 전선로로 공사를 하여야만 한다.

49

금속전선관에서 사용되는 후강전선관의 규격이 아닌 것은?

① 16　② 20
③ 28　④ 36

해설

후강전선관의 규격으로는 16, 22, 28, 36, 42, 54, 70, 82, 92, 104가 된다.

50

설계하중 6.8[kN] 이하인 철근콘크리트 전주의 길이가 7[m]인 지지물을 건주할 경우 땅에 묻히는 깊이로 가장 옳은 것은?

① 0.6[m]　② 0.8[m]
③ 1.0[m]　④ 1.2[m]

해설

지지물의 매설깊이는 15[m] 이하의 지지물의 경우 전장의 길이에 $\frac{1}{6}$배 이상 깊이에 매설한다.

$7 \times \frac{1}{6} = 1.16$[m] 이상 매설해야만 한다.

51

코드 상호간 또는 캡타이어 케이블 상호간을 접속하는 경우 가장 많이 사용되는 기구는?

① T형 접속기　② 코드 접속기
③ 박스용 커넥터　④ 와이어 커넥터

해설

코드 상호 또는 캡타이어 케이블 상호를 접속 시 가장 많이 사용되는 기구는 코드 접속기이다.

52

고압전로에 지락사고가 생겼을 때 지락전류를 검출하는 데 사용하는 것은?

① CT　② ZCT
③ MOF　④ PT

해설

영상변류기는 고압전로에 지락이 발생하였을 때 흐르는 영상전류를 검출하는 목적으로 사용된다.

53

가공전선의 지지물에 승탑 또는 승강용으로 사용하는 발판 볼트 등은 지표상 몇 [m] 미만에 시설하여서는 아니 되는가?

① 1.2　② 1.5
③ 1.6　④ 1.8

해설

지지물에 시설되는 발판 볼트는 지표상 1.8[m] 이상 높이여야만 한다.

정답 48 ③ 49 ② 50 ④ 51 ② 52 ② 53 ④

54

저압 애자사용 공사에서 전선 상호간의 간격은 몇 [cm] 이상이어야 하는가?

① 4 ② 5
③ 6 ④ 10

해설
애자 공사 시 전선 상호간격은 6[cm] 이상으로 하여야만 한다.

55

옥내배선 공사에서 절연전선의 피복을 벗길 때 사용하면 편리한 공구는?

① 드라이버
② 플라이어
③ 압착펜치
④ 와이어 스트리퍼

해설
와이어 스트리퍼는 절연전선의 피복을 벗길 때 사용되는 공구이다.

56

다음 중 분기회로의 개폐 및 보호를 하기 위하여 시설되는 차단기는 무엇인가?

① 유입차단기 ② 진공차단기
③ 가스차단기 ④ 배선용차단기

해설
분기회로의 개폐 및 이를 보호하기 위하여 시설되는 차단기는 배선용차단기이다.

57

다음은 무엇을 나타내는가?

① 접지단자 ② 전류 제한기
③ 누전 경보기 ④ 지진 감지기

해설
심벌의 경우 지진 감지기를 말한다.

정답 54 ③ 55 ④ 56 ④ 57 ④

2019년 CBT 복원문제 2회

01

옴의 법칙을 옳게 설명한 것은?

① 전압은 컨덕턴스와 전류의 곱에 비례한다.
② 전압은 컨덕턴스에 반비례하고 전류에 비례한다.
③ 전류는 컨덕턴스에 반비례하고 전압에 비례한다.
④ 전류는 컨덕턴스와 전압의 곱에 반비례한다.

해설

컨덕턴스는 저항의 역수인 값이므로 $G=\frac{1}{R}$이다.
옴의 법칙 $V=IR=\frac{I}{G}$, $I=\frac{V}{R}=GV$, $R=\frac{V}{I}$, $G=\frac{I}{V}$ 관계이다.

02

동일 저항 $R[\Omega]$이 10개 있다. 이 저항을 병렬로 합성할 때의 저항은 직렬로 합성할 때의 저항에 몇 배가 되는가?

① 10배　② 100배
③ $\frac{1}{10}$배　④ $\frac{1}{100}$배

해설

직렬 합성 : $nR=10R$, 병렬 합성 : $\frac{R}{n}=\frac{R}{10}$

$$\frac{\text{병렬합성저항}}{\text{직렬합성저항}}=\frac{\frac{R}{10}}{10R}=\frac{1}{100}\text{배}$$

03

일정한 직류 전원에 저항을 접속하여 전류를 흘릴 때 저항을 20[%] 감소시키면 전류는 어떻게 되겠는가?

① 25[%] 증가　② 25[%] 감소
③ 11[%] 증가　④ 11[%] 감소

해설

전류와 저항은 반비례하므로 $I\propto\frac{1}{R}=\frac{1}{0.8}=1.25$

04

200[W] 전열기 2대와 30[W] 백열전구 3등을 하루 중에 10시간만 사용한다면 하루의 소비전력량[kWh]은?

① 4.1　② 4.5
③ 4.9　④ 5.2

해설

소비전력량은
$P\times$ 대수$\times$시간$=(200\times2+30\times3)\times10=4{,}900=4.9$[kWh]

05

전기 냉동기에 이용하는 효과로서 서로 다른 금속의 접합부에 전류를 흘리면 전류의 방향에 따라 줄열 이외의 열의 흡수 또는 발생 현상이 생기는 효과는?

① 제어벡 효과　② 펠티어 효과
③ 핀치 효과　④ 표피 효과

06

100[V]의 전압을 측정하고자 10[V]의 전압계를 사용할 때 배율기의 저항은 전압계 내부 저항에 몇 배로 하면 되는가?

① 3　② 6
③ 9　④ 12

정답 01 ② 02 ④ 03 ① 04 ③ 05 ② 06 ③

해설

배율기 : $V_2 = V_1\left(1+\frac{R_m}{R}\right)$

$$100 = 10\times\left(1+\frac{R_m}{R}\right),\quad 9 = \frac{R_m}{R},\quad R_m = 9R$$

07

전기장 중에 단위 전하를 놓았을 때 그것에 작용하는 힘을 무엇이라 하는가?

① 전장의 세기　② 기자력
③ 전속밀도　④ 전위

해설

전기장(전계) 중에 단위 전하를 놓았을 때 작용하는 힘은 전계(전기장, 전장)의 세기이다.

08

다음 전기력선의 성질 중 맞지 않는 것은?

① 전기력선의 밀도는 전계의 세기와 같다.
② 전기력선은 전위가 높은 곳에서 낮은 곳으로 향한다.
③ 전기력선의 수직 방향이 전장의 방향이다.
④ 전기력선은 양전하에서 나와 음전하에서 끝난다.

해설

전기력선의 법선 방향이 전장의 방향이다.

09

두 콘덴서 C_1과 C_2가 직렬연결하고 양단에 V[V]의 전압을 가할 때 C_1에 걸리는 전압 V_1[V]은?

① $\frac{C_1}{C_1+C_2}V$　② $\frac{C_2}{C_1+C_2}V$
③ $\frac{C_1+C_2}{C_1}V$　④ $\frac{C_1+C_2}{C_2}V$

해설

콘덴서 직렬연결 전압 분배

$V_1 = \frac{C_2}{C_1+C_2}V$[V],　$V_2 = \frac{C_1}{C_1+C_2}V$[V]

10

권수가 100회, 반지름이 1[m]인 원형 코일에 전류 2[A]가 흐를 때 원형 코일 중심의 자계의 세기는 몇 [AT/m]인가?

① 50　② 70
③ 100　④ 150

해설

원형 코일 중심 $H=\frac{NI}{2a}=\frac{100\times 2}{2\times 1}=100$

11

길이가 1[m]의 균일한 자로에 도선을 1,000회 감고 2[A]의 전류를 흘릴 경우 자로의 자계의 세기[AT/m]는 어떻게 되는가?

① 400　② 4,000
③ 200　④ 2,000

해설

$Hl = NI$에서 $H=\frac{NI}{l}=\frac{1,000\times 2}{1}=2,000$[AT/m]

12

평행한 두 도선에 떨어진 거리 r[m]에 두 도선에 동일전류 I[A]가 흐른다면 단위 길이당 작용하는 힘 F[N/m]은?

① $\frac{2I^2}{r^2}\times 10^{-7}$　② $\frac{2I^2}{r}\times 10^{-7}$
③ $\frac{2I^2}{r^2}\times 10^{-4}$　④ $\frac{2I^2}{r}\times 10^{-4}$

정답 07 ① 08 ③ 09 ② 10 ③ 11 ④ 12 ②

해설

평행도선의 작용하는 힘 $F = \frac{2I_1 I_2}{r} \times 10^{-7}$

여기서 두 전류가 동일하므로 $I_1 = I_2 = I$,

$F = \frac{2I_1 I_2}{r} \times 10^{-7} = \frac{2I^2}{r} \times 10^{-7}$[N/m]

13

영구자석의 재료로 적당한 것은?

① 잔류자기와 보자력이 모두 큰 것
② 잔류자기와 보자력이 모두 작은 것
③ 잔류자기가 크고 보자력이 작은 것
④ 잔류자기가 작고 보자력이 큰 것

해설

영구자석은 보자력과 잔류자기가 모두 크고 전자석은 잔류자기만 크다.

14

자기 인덕턴스가 L_1, L_2, 상호 인덕턴스가 M, 결합계수가 0.9일 때의 다음 관계식 중 맞는 것은?

① $M = 0.9\sqrt{L_1 \times L_2}$
② $M = 0.9(L_1 \times L_2)$
③ $M = 0.9\frac{L_1}{L_2}$
④ $M = 0.9\sqrt{\frac{L_1}{L_2}}$

해설

상호 인덕턴스 $M = k\sqrt{L_1 L_2} = 0.9\sqrt{L_1 L_2}$[H]

15

1[A]의 전류가 흐르는 코일에 저축된 전자 에너지를 10[J]로 하기 위한 인덕턴스[H]는 얼마인가?

① 10 ② 20
③ 0.1 ④ 0.2

해설

코일에너지 $W = \frac{1}{2}LI^2$, $L = \frac{2W}{I^2} = \frac{2 \times 10}{1} = 20$[H]

16

교류 삼각파의 최대값이 100[V]이다. 삼각파의 파고율은?

① 17.3 ② 8.7
③ 1.73 ④ 0.87

해설

삼각파의 파고율 $\frac{\text{최대값}}{\text{실효값}} = \frac{V_m}{\frac{V_m}{\sqrt{3}}} = \sqrt{3} = 1.732$

17

저항 6[Ω], 유도성 리액턴스 10[Ω], 용량성 리액턴스 2[Ω]의 RLC 직렬회로에 교류 전압 200[V]를 가할 때 흐르는 전류[A]는?

① 5 ② 10
③ 15 ④ 20

해설

임피던스 $Z = 6 + j(10-2) = 6 + j8$, 크기는 $|Z| = 10$

$I = \frac{V}{Z} = \frac{200}{10} = 20$[A]

정답 13 ① 14 ① 15 ② 16 ③ 17 ④

18

△ 결선의 전원이 있다. 선전류가 I_l[A], 선간전압이 V_l[V]일 때 전원의 상전압 V_P[V]와 상전류 I_P[A]는 얼마인가?

① V_l, $\sqrt{3}\,I_l$　　② $\sqrt{3}\,V_l$, $\sqrt{3}\,I_l$

③ V_l, $\dfrac{I_l}{\sqrt{3}}$　　④ $\dfrac{V_l}{\sqrt{3}}$, I_l

해설

△결선은 $V_l = V_P$, $I_l = \sqrt{3}\,I_P$이므로

상전압과 상전류는 $V_P = V_l$, $I_P = \dfrac{I_l}{\sqrt{3}}$이다.

19

어떤 평형 3상 부하에 전압 200[V]를 가하니 전류가 10[A]가 흐른다. 이 부하의 역률이 80[%]일 때 3상 전력은 몇 [W]인가?

① 771　② 1,771　③ 2,771　④ 3,771

해설

$P = \sqrt{3}\,VI\cos\theta = \sqrt{3}\times 200\times 10\times 0.8 = 2771.28$[W]

20

비정현파의 왜형률이란 무엇인가?

① 고조파만의 실효값을 기본파의 실효값으로 나눈 값이다.
② 기본파의 실효값을 고조파만의 실효값으로 나눈 값이다.
③ 고조파만의 실효값을 제3고조파의 실효값으로 나눈 값이다.
④ 고조파만의 실효값을 제5고조파의 실효값으로 나눈 값이다.

해설

왜형률= $\dfrac{\text{고조파만의 실효값}}{\text{기본파의 실효값}}$

21

다음 중 자기 소호 제어용 소자는?

① SCR　② TRIAC
③ DIAC　④ GTO

해설

GTO(Gate Turn Off) : 자기소호용 제어소자는 GTO가 된다.

22

직류전동기의 규약효율을 표시하는 식은?

① $\dfrac{\text{출력}}{\text{출력+손실}}\times 100[\%]$

② $\dfrac{\text{출력}}{\text{입력}}\times 100[\%]$

③ $\dfrac{\text{입력}-\text{손실}}{\text{입력}}\times 100[\%]$

④ $\dfrac{\text{입력}}{\text{출력+손실}}\times 100[\%]$

해설

직류전동기의 규약효율 $\eta = \dfrac{\text{입력}-\text{손실}}{\text{입력}}\times 100[\%]$

23

동기발전기를 병렬 운전하는 데 필요한 조건이 아닌 것은?

① 기전력의 파형이 같을 것
② 기전력의 위상이 같을 것
③ 기전력의 임피던스가 같을 것
④ 기전력의 크기가 같을 것

정답 18 ③　19 ③　20 ①　21 ④　22 ③　23 ③

해설

동기발전기의 병렬 운전 조건
1) 기전력의 크기가 같을 것
2) 기전력의 위상이 같을 것
3) 기전력의 주파수가 같을 것
4) 기전력의 파형이 같을 것

24

3상 동기발전기에 무부하 전압보다 90°보다 앞선 전기자전류가 흐를 때 전기자 반작용은?

① 감자작용을 한다.
② 증자작용을 한다.
③ 교차 자화작용을 한다.
④ 자기 여자작용을 한다.

해설

동기발전기의 전기자 반작용
1) 유기기전력보다 위상이 앞선 경우 : 증자작용
2) 유기기전력보다 위상이 뒤진 경우 : 감자작용

25

유도기전력이 110[V], 전기자 저항 및 계자저항이 각각 0.05[Ω]인 직권발전기가 있다. 부하전류가 100[A]라면 단자 전압[V]는?

① 95　② 100
③ 105　④ 110

해설

유기기전력

$E = V + I_a(R_a + R_s)$

$V = E - I_a(R_a + R_s) = 110 - 100 \times (0.05 + 0.05) = 100[\text{V}]$

26

동기발전기의 병렬 운전 중 기전력의 위상차가 생기면?

① 위상이 일치하는 경우보다 출력이 감소한다.
② 부하분담이 변한다.
③ 무효 순환전류가 흘러 전기자 권선이 가열된다.
④ 동기화력이 생겨 두 기전력의 위상이 동상이 되도록 작용한다.

해설

동기발전기의 병렬 운전
기전력의 위상차가 발생 시 동기화력이 생겨 두 기전력의 위상이 동상이 되도록 작용한다.

27

직류 분권전동기의 계자저항을 운전 중에 증가시키면 회전속도는?

① 증가한다.　② 감소한다.
③ 변화 없다.　④ 정지한다.

해설

전동기의 경우 $\phi \propto \frac{1}{N}$이므로 계자저항 R_f 증가 시 I_f가 감소하므로 ϕ도 감소하여 속도는 증가한다.

28

3상 권선형 유도전동기의 기동 시 2차 측에 저항을 접속하는 이유는?

① 기동토크를 크게 하기 위해
② 회전수를 감소시키기 위해
③ 기동전류를 크게 하기 위해
④ 역률을 개선하기 위해

해설

3상 권선형 유도전동기 : 2차 측에 저항을 접속시키는 이유는 기동전류를 작게 하고 기동토크를 크게 하기 위함이다.

정답 24 ② 25 ② 26 ④ 27 ① 28 ①

29

직류 직권 전동기를 사용하려고 할 때 벨트를 걸고 운전하면 안 되는 가장 타당한 이유는?

① 벨트가 기동할 때나 또는 갑자기 중부하를 걸 때 미끄러지기 때문에
② 벨트가 벗겨지면 전동기가 갑자기 고속으로 회전하기 때문에
③ 벨트가 끊어졌을 때 전동기의 급정지 때문에
④ 부하에 대한 손실을 최대로 줄이기 위해

해설
직류 직권 전동기는 벨트를 걸어 운전 시 전동기가 무부하가 되어 위험속도에 도달할 우려가 있다.

30

3상 전파 정류회로에서 출력전압의 평균전압은? (단, V는 선간전압의 실효값이다.)

① 0.45V[V] ② 0.9V[V]
③ 1.17V[V] ④ 1.35V[V]

해설
3상 전파 정류회로 $E_d = 1.35E$

31

직류를 교류로 변환하는 장치는?

① 컨버터 ② 초퍼
③ 인버터 ④ 정류기

해설
인버터는 직류를 교류로 변환하는 장치이다.

32

전기기기의 철심 재료로 규소 강판을 많이 사용하는 이유로 가장 적당한 것은?

① 와류손을 줄이기 위해
② 맴돌이 전류를 없애기 위해
③ 히스테리시스손을 줄이기 위해
④ 구리손을 줄이기 위해

해설
철심의 재료
• 규소강판 : 히스트레시스손을 줄이기 위해 사용한다.
• 성층철심 : 와류손을 줄이기 위해 사용한다.

33

전압이 13,200/220[V]인 변압기의 부하 측에 흐르는 전류가 120[A]이다. 1차 측에 흐르는 전류는 얼마인가?

① 2 ② 20
③ 60 ④ 120

해설
변압기의 1차 측 전류
$a = \frac{V_1}{V_2} = \frac{I_2}{I_1} = \frac{13,200}{220} = 60$이므로 $I = \frac{120}{60} = 2$[A]가 된다.

34

보호를 요하는 회로의 전류가 어떤 일정값 이상으로 흘렀을 경우 동작하는 계전기는?

① 과전류 계전기
② 과전압 계전기
③ 차동 계전기
④ 비율 차동 계전기

정답 29 ② 30 ④ 31 ③ 32 ③ 33 ① 34 ①

해설

과전류 계전기(OCR : Over Current Relay)
정정치 이상의 전류가 흘렀을 경우 동작하는 계전기는 과전류 계전기를 말한다.

35

병렬 운전 중인 두 동기발전기의 유도 기전력이 2,000[V], 위상차 60°, 동기 리액턴스가 100[Ω]이다. 유효순환전류[A]는?

① 5 ② 10
③ 15 ④ 20

해설

유효순환전류

$$I_c = \frac{E\sin\frac{\delta}{2}}{Z_s} = \frac{2{,}000\times\sin\frac{60°}{2}}{100} = 10[\text{A}]$$

36

유도전동기의 주파수가 60[Hz]에서 운전하다 50[Hz]로 감소 시 회전속도는 몇 배가 되는가?

① 0.83 ② 1
③ 1.2 ④ 1.4

해설

유도전동기의 속도 $N \propto \frac{1}{f} = \frac{50}{60} = 0.83$

37

다음 중 회전의 방향을 바꿀 수 없는 전동기는?

① 분상 기동형 전동기
② 반발 기동형 전동기
③ 콘덴서 기동형 전동기
④ 셰이딩 코일형 전동기

해설

셰이딩 코일형은 모터 제작 시 코일의 방향이 고정되어 회전의 방향을 바꿀 수 없다.

38

교류전동기를 기동할 때 그림과 같은 기동 특성을 가지는 전동기는? (단, 곡선 (1)~(5)는 기동 단계에 대한 토크 특성 곡선이다.)

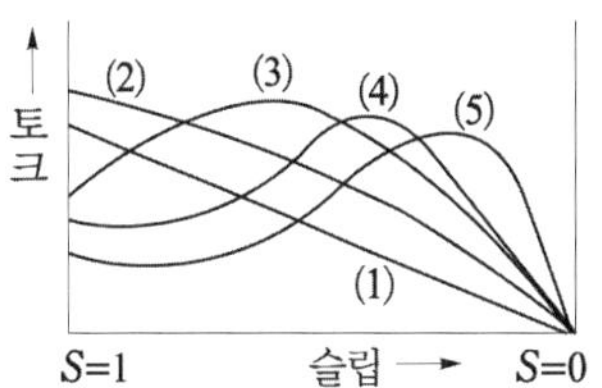

① 반발 유도전동기
② 2중 농형 유도전동기
③ 3상 분권 정류자 전동기
④ 3상 권선형 유도전동기

해설

비례추이 곡선 : 3상 권선형 유도전동기의 특징을 나타낸다.

39

무부하에서 119[V]되는 분권발전기의 전압변동률이 6[%]이다. 정격 전부하 전압은 약 몇 [V]인가?

① 110.2 ② 112.3
③ 122.5 ④ 125.3

해설

전압변동률 $\epsilon = \frac{V_0 - V}{V}\times 100[\%]$

$$V = \frac{V_0}{(\epsilon+1)} = \frac{119}{1+0.06} = 112.26[\text{V}]$$

정답 35 ② 36 ① 37 ④ 38 ④ 39 ②

40

농형 유도전동기의 기동법이 아닌 것은?

① Y-△ 기동법
② 기동보상기에 의한 기동법
③ 2차 저항기법
④ 전전압 기동법

해설

농형 유도전동기의 기동법
1) 전전압 기동
2) Y-△ 기동
3) 기동보상기법
4) 리액터 기동

41

지선의 중간에 넣는 애자의 명칭은?

① 구형애자
② 곡핀애자
③ 인류애자
④ 핀애자

해설

지선의 시설 : 지선의 중간에 넣는 애자는 구형애자이다.

42

금속관에 나사를 내는 공구는?

① 오스터
② 파이프 커터
③ 리머
④ 스패너

해설

오스터 : 금속관에 나사를 낼 때 사용되는 공구이다.

43

화약고 등의 위험 장소의 배선공사에서 전로의 대지 전압은 몇 [V] 이하로 하도록 되어 있는가?

① 300　② 400
③ 500　④ 600

해설

화약류 저장고의 시설기준 : 대지전압은 300[V] 이하이어야 한다.

정답 40 ③ 41 ① 42 ① 43 ①

44

고압 가공전선로의 전선의 조수가 3조일 경우 완금의 길이는?

① 1,200[mm] ② 1,400[mm]
③ 1,800[mm] ④ 2,400[mm]

해설
완금의 길이 : 고압의 경우 전선의 조수가 3조일 경우 1,800[mm]가 된다.

45

450/750 일반용 단심 비닐절연전선의 약호는?

① RI ② DV
③ NR ④ ACSR

해설
NR전선 : 450/750 일반용 단심 비닐절연전선을 말한다.

46

절연전선을 동일 금속덕트 내에 넣을 경우 금속덕트의 크기는 전선의 피복절연물을 포함한 단면적의 총합계가 금속덕트 내의 단면적의 몇 [%] 이하가 되도록 선정하여야 하는가?

① 20 ② 30
③ 40 ④ 50

해설
덕트 내의 단면적 : 일반적인 경우 덕트 내 단면적의 20[%] 이하가 되어야 하며, 전광표시, 제어회로용의 경우 50[%] 이하가 되도록 한다.

47

애자사용 공사에 의한 저압옥내배선에서 전선 상호간의 간격은 몇 [cm] 이상이어야 하는가?

① 2.5 ② 6
③ 10 ④ 12

해설
저압 옥내애자 공사 : 전선 상호간 간격은 6[cm] 이상이어야만 한다.

48

승강기 및 승강로 등에 사용되는 전선이 케이블이며 이동용 전선이라면 그 전선의 굵기는 몇 [mm^2] 이상이어야 하는가?

① 0.55 ② 0.75
③ 1.2 ④ 1.5

해설
승강기 및 승강로에 사용되는 전선 : 이동용 케이블의 경우 0.75[mm^2] 이상이어야만 한다.

49

접착제를 사용하여 합성수지관을 삽입해 접속할 경우 관의 깊이는 합성수지관 외경의 최소 몇 배인가?

① 0.8 ② 1.2
③ 1.5 ④ 18

해설
합성수지관 공사 : 관 삽입 깊이는 1.2배 이상, 단 접착제 사용 시 0.8배 이상

정답 44 ③ 45 ③ 46 ① 47 ② 48 ② 49 ①

50

셀룰로이드, 성냥, 석유류 등 기타 가연성 위험물질을 제조 또는 저장하는 장소의 배선공사 방법으로 적당하지 않은 것은?

① 케이블 공사
② 합성수지관공사(두께 2[mm] 이상의 것을 한한다.)
③ 가요전선관공사
④ 금속관공사

해설
가연성 위험물질의 제조공사 : 금속관, 케이블, 합성수지관(두께 2[mm] 이상의 것)공사

51

DV전선이라 함은 어떠한 전선을 말하는가?

① 옥외용 비닐 절연전선
② 인입용 비닐 절연전선
③ 450/750 일반용 단심 비닐 절연전선
④ 고무 비닐 절연전선

해설
DV전선 : 인입용 비닐 절연전선을 말한다.

52

나전선 등의 금속선에 속하지 않는 것은?

① 경동선(지름 12[mm] 이하의 것)
② 연동선
③ 동합금선(단면적 35[mm^2] 이하의 것)
④ 경알루미늄선(단면적 35[mm^2] 이하의 것)

해설
나전선 : 동합금선의 경우 25[mm^2] 이하의 것에 한한다.

53

철근콘크리트주의 길이가 12[m]인 지지물을 건주하는 경우에는 땅에 묻히는 최소 길이는 얼마인가?

① 1.0[m] ② 1.2[m]
③ 1.5[m] ④ 2.0[m]

해설
전주의 근입 깊이 : 15[m] 이하의 경우
전장의 길이 $\times \frac{1}{6}$이므로 $12 \times \frac{1}{6} = 2$[m]가 된다.

54

전력용 콘덴서를 회로로부터 개방하였을 때 전하가 잔류함으로써 일어나는 위험의 방지와 재투입을 할 때 콘덴서에 걸리는 과전압을 방지하기 위하여 무엇을 설치하는가?

① 직렬리액터 ② 전력용 콘덴서
③ 방전코일 ④ 피뢰기

해설
방전코일 : 콘덴서에 축적되는 잔류전하를 방전함으로써 인체의 감전사고를 보호한다.

55

옥내배선 공사에서 절연전선의 피복을 벗길 때 사용하면 편리한 공구는?

① 드라이버 ② 플라이어
③ 압착펜치 ④ 와이어 스트리퍼

해설
와이어 스트리퍼 : 절연전선의 피복을 벗기는 데 편리한 공구이다.

정답 50 ③ 51 ② 52 ③ 53 ④ 54 ③ 55 ④

56

전원의 380/220[V] 중성극에 접속된 전선을 무엇이라 하는가?

① 접지선　② 중성선
③ 전원선　④ 접지측선

해설
중성선 : 다선식전로의 중성극에 접속된 전선을 말한다.

57

조명기구의 배광에 의한 분류 중 하향광속이 90~100[%] 정도의 빛이 나는 조명방식은?

① 직접조명　② 반직접조명
③ 반간접조명　④ 간접조명

해설
배광에 의한 분류 : 직접 조명의 경우 하향광속의 비율이 90~100[%]가 된다.

58

옥내 배선의 박스(접속함) 내에서 가는 전선을 접속할 때 주로 어떤 방법을 사용하는가?

① 쥐꼬리 접속　② 슬리브 접속
③ 트위스트 접속　④ 브리타니어 접속

해설
접속함 내의 접속 : 박스 내에서 전선의 접속 시 주로 쥐꼬리 접속이 사용된다.

59

과전류 차단기를 꼭 설치해야 하는 곳은?

① 접지공사의 접지도체
② 저압 옥내 간선의 전원 측 전로
③ 다선식 전로의 중성선
④ 전로의 일부에 접지 공사를 한 저압 가공 전로의 접지 측 전선

해설
과전류 차단기 시설제한장소
1) 접지공사의 접지도체
2) 다선식 전로의 중성선
3) 전로의 일부에 접지 공사를 한 저압 가공전선로의 접지 측 전선

60

역률개선의 효과로 볼 수 없는 것은?

① 감전사고 감소
② 전력손실 감소
③ 전압강하 감소
④ 설비용량의 이용률 증가

해설
역률의 개선 시 효과
1) 전력손실 감소
2) 전압강하 감소
3) 전기요금 절감
4) 설비용량의 이용률 증대

정답 56 ② 57 ① 58 ① 59 ② 60 ①

2019년 CBT 복원문제 3회

01

어느 도체에 1.6[A]의 전류를 10초간 흘렸을 때 이동된 전자 수는 몇 개인가? (단, 1개의 전자량은 $e = 1.6\times10^{-19}$[C]이다.)

① 10^{21} ② 10^{20}
③ 10^{19} ④ 10^{-21}

해설
전하량 $Q=It=ne$[C]
전자 개수 $n=\dfrac{It}{e}=\dfrac{1.6\times10}{1.6\times10^{-19}}=10^{20}$

02

6[V]의 기전력으로 120[C]의 전기량이 이동할 때 몇 [J]의 일을 하게 되는가?

① 20 ② 72
③ 200 ④ 720

해설
이동에너지 $W=QV$[J]이므로 $W=120\times6=720$[J]

03

다음은 저항에 대한 설명이다. 옳은 것은?

① 전선의 지름의 제곱에 반비례한다.
② 고유저항에 반비례하고 도전율에 비례한다.
③ 전선의 면적에 비례한다.
④ 전선의 길이에 비례하고 반지름에 반비례한다.

해설
반지름 r, 지름 d일 때 면적 $S=\pi r^2=\dfrac{\pi d^2}{4}$[m²]
저항 $R=\dfrac{\rho l}{S}=\dfrac{\rho l}{\pi r^2}=\dfrac{\rho l}{\pi\dfrac{d^2}{4}}$

04

3[Ω]과 6[Ω]의 저항을 병렬연결할 경우는 직렬연결할 경우에 대하여 몇 배인가?

① 6.5 ② $\dfrac{1}{6.5}$
③ $\dfrac{1}{4.5}$ ④ 4.5

해설
$\dfrac{병렬R}{직렬R}=\dfrac{\dfrac{3\times6}{3+6}}{3+6}=\dfrac{2}{9}=\dfrac{1}{4.5}$

05

서로 다른 금속을 접합하여 두 접합점에 온도차를 주면 전기가 발생하는 현상은?

① 펠티어 효과 ② 제어벡 효과
③ 핀치 효과 ④ 표피 효과

06

전압 1.5[V], 내부저항 $r=0.5$[Ω]인 전지 10개를 직렬연결하고 전지의 양단을 단락시킬 때 흐르는 전류는 몇 [A]인가?

① 1 ② 2
③ 3 ④ 4

정답 01 ② 02 ④ 03 ① 04 ③ 05 ② 06 ③

해설

동일 전지 n개를 직렬연결하면 내부저항은 nR, 전지의 전압은 nV가 된다.

∴ 전류 $I=\frac{nV}{nR}=\frac{10\times1.5}{10\times0.5}=\frac{15}{5}=3$

07

진공 중에 10^{-4}[C]과 10^{-5}[C]의 두 전하를 거리 1[m] 간격에 놓았을 때 그 사이에 작용하는 힘은 몇 [N]인가?

① 9　② 90
③ 900　④ 9,000

해설

두 전하 사이에 작용하는 힘

$$F=\frac{Q_1Q_2}{4\pi\epsilon_0 r^2}=9\times10^9\times\frac{Q_1Q_2}{r^2}=9\times10^9\times\frac{10^{-4}\times10^{-5}}{1^2}=9[\text{N}]$$

08

다음 전기력선의 성질 중 맞는 것은?

① 전기력선은 자신만으로 폐곡선이 될 수 있다.
② 전기력선은 전위가 낮은 곳에서 높은 곳으로 향한다.
③ 전기력선의 법선 방향이 전장의 방향이다.
④ 전기력선은 음전하에서 나와 양전하에서 끝난다.

해설

전기력선은 자신만으로 폐곡선이 될 수 없고, 전위가 높은 곳에서 낮은 곳으로 향하며, 양전하에서 나와 음전하로 끝난다. 전기력선의 법선 방향이 전기장의 방향이다.

09

콘덴서에 전압 100[V]를 가할 때 전하량이 200[C]가 축적되었다면 이때 축적되는 에너지는 몇 [J]인가?

① 1×10^3　② 1×10^4
③ 2×10^3　④ 2×10^4

해설

콘덴서 축적에너지

$$W=\frac{1}{2}CV^2=\frac{Q^2}{2C}=\frac{1}{2}QV$$

$$W=\frac{1}{2}QV=\frac{1}{2}\times200\times100=10{,}000=1\times10^4[\text{J}]$$

10

같은 크기의 콘덴서 두 개를 병렬로 연결하면 직렬로 연결할 때보다 몇 배가 되는가?

① 2배　② 3배
③ 4배　④ 5배

해설

같은 크기의 콘덴서가 병렬연결일 때 합성 콘덴서는 nC이고 직렬연결일 때 합성 콘덴서는 $\frac{C}{n}$이므로 $\frac{C_{병}}{C_{직}}=\frac{2C}{\frac{C}{2}}=4$

11

유기기전력에 관련이 없는 법칙은?

① 플레밍의 오른손 법칙
② 암페어의 오른손 법칙
③ 패러데이의 법칙
④ 렌츠의 법칙

해설

암페어의 오른손 법칙은 전류에 의한 자계 방향에 관련된 법칙이다.

정답 07 ① 08 ③ 09 ② 10 ③ 11 ②

12

반지름 r[m], 권수가 N회 감긴 환상 솔레노이드가 있다. 코일에 전류 I[A]를 흘릴 때 환상 솔레노이드의 외부의 자계는 얼마인가?

① 0
② $\dfrac{NI}{2r}$
③ $\dfrac{NI}{2\pi r}$
④ $\dfrac{NI}{4\pi r}$

해설

환상 솔레노이드의 외부자계는 0이며 내부의 자계는 $H=\dfrac{NI}{2\pi r}$이다.

13

현재 계전기 분야에 사용되고 있는 전자석 재료로 적당한 것은?

① 잔류자기와 보자력이 모두 크고 히스테리시스 면적도 클 것
② 잔류자기와 보자력이 모두 작고 히스테리시스 면적도 작을 것
③ 잔류자기는 작고 보자력은 크고 히스테리시스 면적도 작을 것
④ 잔류자기는 크고 보자력은 작고 히스테리시스 면적도 작을 것

해설

영구자석은 보자력과 잔류자기가 모두 크고 전자석은 잔류자기만 크며 보자력과 히스테리시스 면적이 작다.

14

자기회로에서 철심에 코일의 감은 권수와 코일에 흐르는 전류의 곱이며 자속을 만드는 원동력이 되는 것을 무엇이라 하는가?

① 기전력
② 기자력
③ 정전력
④ 전기력

해설

기자력 $F=NI$[AT]

15

코일 권수 100회인 코일 면에 수직으로 0.1초 동안에 자속이 0.6[Wb]에서 0.2[Wb]로 변화했다면 이때 코일에 유도되는 기전력[V]은?

① 100
② 200
③ 300
④ 400

해설

권수와 시간변화에 의한 유기기전력 $e=-N\dfrac{d\phi}{dt}$[V]

$e=-N\dfrac{d\phi}{dt}=-100\times\dfrac{(0.2-0.6)}{0.1}=-100\times\dfrac{-0.4}{0.1}=400$

16

교류 전압 $v=100\sqrt{2}\sin\omega t$[V]을 인가했을 때 흐르는 전류가 $i=10\sqrt{2}\sin\omega t$[A]가 흘렀다면 다음 중 잘못된 것은?

① 전압의 실효값은 100[V]이다.
② 전류의 실효값은 10[A]이다.
③ 전압과 전류의 위상은 동상이다.
④ 전력은 $1{,}000\sqrt{2}$[W]이다.

해설

전력의 전압과 전류는 실효값이므로

$P=VI\cos\theta=100\times10\times\cos0°=1{,}000$[W]

정답 12 ① 13 ④ 14 ② 15 ④ 16 ④

17

어떤 교류 전압의 평균값이 382[V]일 때 실효값은 약 몇 [V]가 되는가?

① 424　② 324
③ 212　④ 106

해설

교류 정현파의 평균값은 $V_a = \dfrac{2V_m}{\pi}$[V], 실효값은 $V = \dfrac{V_m}{\sqrt{2}}$[V]이므로

평균값을 이용하여 최대값을 구하면 $V_m = \dfrac{\pi V_a}{2}$[V]

실효값에 대입하면 $V = \dfrac{V_m}{\sqrt{2}} = \dfrac{\pi V_a}{2\sqrt{2}} = \dfrac{\pi \times 382}{2\sqrt{2}} = 424$[V]

18

저항 6[Ω]과 용량성 리액턴스 8[Ω]의 직렬 회로에 10[A]의 전류가 흐른다면 이때 가해 준 교류 전압은 몇 [V]인가?

① $60+j80$　② $60-j80$
③ $80+j60$　④ $80-j60$

해설

RC 직렬 회로의 임피던스 $Z = R - jX_C = 6 - j8$[Ω]

전압 $V = IZ = 10 \times (6 - j8) = 60 - j80$[V]

19

100[kVA]의 단상 변압기 3대로 △결선으로 운전 중 한 대 고장으로 2대로 V결선하려 할 때 공급할 수 있는 3상 전력은 몇 [kVA]인가?

① 100　② 200
③ $100\sqrt{3}$　④ $200\sqrt{3}$

해설

V결선의 출력 $P_V = \sqrt{3}P_1 = \sqrt{3} \times 100$[kVA]

20

△결선에서 상전압 200[V]와 상전류가 10[A]이라면 선에 흐르는 선전류와 선간전압은 각각 얼마인가?

① 선간전압 : 200[V], 선전류 : $10\sqrt{3}$[A]
② 선간전압 : $200\sqrt{3}$[V], 선전류 : $10\sqrt{3}$[A]
③ 선간전압 : $200\sqrt{3}$[V], 선전류 : 10[A]
④ 선간전압 : 200[V], 선전류 : 10[A]

해설

△결선의 선간전압 V_l, 선전류 I_l, 상전압 V_P, 상전류 I_P의 관계는 $V_l = V_P$, $I_l = \sqrt{3}I_P$이므로

$V_l = 200$[V], $I_l = \sqrt{3} \times 10$[A]이다.

CBT 복원

정답 17 ① 18 ② 19 ③ 20 ①

21

보극이 없는 직류기의 운전 중 중성점의 위치가 변하지 않는 경우는?

① 전부하일 때 ② 중부하일 때
③ 과부하일 때 ④ 무부하일 때

해설
전기자 반작용에 의해 운전 중 중성점의 위치가 변화한다. 하지만 전기자에 전류가 흐르지 않는 상태인 무부하일 경우는 중성점의 위치가 변하지 않는다.

22

인버터의 용도로 가장 적합한 것은?

① 직류 – 직류 변환
② 직류 – 교류 변환
③ 교류 – 증폭교류 변환
④ 직류 – 증폭직류 변환

해설
인버터 : 직류를 교류로 변환하는 장치를 말한다.

23

다음과 같은 그림 기호의 명칭은?

————————

① 노출배선 ② 바닥은폐배선
③ 지중매설배선 ④ 천장은폐배선

해설
• 천장은폐배선 ————
• 바닥은폐배선 — — — — —
• 노출배선 - - - - - - - - - - - -

24

낙뢰 수목 접촉, 일시적인 섬락 등 순간적인 사고로 계통에서 분리된 구간을 신속히 계통에 투입시킴으로써 계통의 안정도를 향상시키고 정전 시간을 단축시키기 위해 사용되는 계전기는?

① 차동 계전기 ② 과전류 계전기
③ 거리 계전기 ④ 재폐로 계전기

해설
재폐로 계전기(Reclosing Relay) : 재폐로 계전기란 고장구간을 신속히 개방 후 일정시간 후 재투입함으로써 계통의 안정도 향상 및 신뢰도를 향상시키며 복구 운전원의 노력을 경감한다.

25

단상 유도 전압 조정기의 단락권선의 역할은?

① 철손 경감 ② 절연 보호
③ 전압 조정 용이 ④ 전압 강하 경감

해설
단상 유도 전압 조정기의 단락권선은 누설리액턴스에 의한 전압 강하를 경감하기 위함이다.

26

동기전동기의 자기기동에서 계자권선을 단락하는 이유는?

① 기동이 쉽다.
② 기동 권선을 이용한다.
③ 고전압이 유도된다.
④ 전기자 반작용을 방지한다.

해설
자기기동 시 계자권선을 단락하는 이유는 계자권선에 고전압이 유도되어 절연이 파괴될 우려가 있으므로 방전저항을 접속하여 단락상태로서 기동한다.

정답 21 ④ 22 ② 23 ④ 24 ④ 25 ④ 26 ③

27

동기발전기에서 전기자 전류가 무부하 유도 기전력보다 $\frac{\pi}{2}$[rad] 앞서 있는 경우에 나타나는 전기자 반작용은?

① 증자 작용　　② 감자 작용
③ 교차 자화 작용　　④ 직축 반작용

해설

동기발전기의 전기자 반작용
유기기전력보다 앞선 전류가 흐를 경우 전기자 반작용은 증자작용이 나타난다.

28

계자권선과 전기자 권선이 병렬로 접속되어 있는 직류기는?

① 직권기　　② 분권기
③ 복권기　　④ 타여자기

해설

분권기 : 분권의 경우 계자와 전기자가 병렬로 연결된 직류기를 말한다.

29

다음 중 3단자 사이리스터가 아닌 것은?

① SCR　　② SCS
③ GTO　　④ TRIAC

해설

SCS의 경우 단방향 4단자 소자를 말한다.

30

변압기 내부고장 시 급격한 유류 또는 Gas의 이동이 생기면 동작하는 브흐홀쯔 계전기의 설치 위치는?

① 변압기 본체
② 변압기의 고압 측 부싱
③ 컨서베이터 내부
④ 변압기의 본체와 콘서베이터를 연결하는 파이프

해설

브흐홀쯔 계전기 : 변압기 내부고장으로 발생하는 기름의 분해 가스, 증기, 유류를 이용하여 부저를 움직여 계전기의 접점을 닫는 것으로 변압기의 주탱크와 콘서베이터 연결관 사이에 설치한다.

31

동기기의 전기자 권선법이 아닌 것은?

① 전층권　　② 분포권
③ 2층권　　④ 중권

해설

동기기의 전기자 권선법 : 2층권, 중권, 분포권, 단절권

32

변압기, 동기기 등 층간 단락 등의 내부고장 보호에 사용되는 계전기는?

① 차동 계전기　　② 접지 계전기
③ 과전압 계전기　　④ 역상 계전기

해설

차동 계전기란 변압기나 발전기의 내부고장을 보호하는 계전기를 말한다.

정답 27 ① 28 ② 29 ② 30 ④ 31 ① 32 ①

33

다음 변압기 극성에 관한 설명에서 틀린 것은?

① 우리나라는 감극성이 표준이다.
② 1차와 2차 권선에 유기되는 전압의 극성이 서로 반대이면 감극성이다.
③ 3상결선 시 극성을 고려해야 한다.
④ 병렬운전 시 극성을 고려해야 한다.

해설
변압기의 감극성 : 1차 측 전압과 2차 측 전압의 발생 방향이 같을 경우 감극성이라고 한다.

34

슬립 $s=5$[%], 2차 저항 $r_2=0.1$[Ω]인 유도전동기의 등가 저항 R[Ω]은 얼마인가?

① 0.4　② 0.5
③ 1.9　④ 2.0

해설
등가 저항
$$R_2 = r_2\left(\frac{1}{s}-1\right) = 0.1\times\left(\frac{1}{0.05}-1\right) = 1.9[\Omega]$$

35

변압기의 권수비가 60일 때 2차 측 저항이 0.1[Ω]이다. 이것을 1차로 환산하면 몇 [Ω]인가?

① 310　② 360
③ 390　④ 410

해설
변압기의 권수비
$$a=\sqrt{\frac{R_1}{R_2}},\quad R_1 = a^2R_2 = 60^2\times 0.1 = 360[\Omega]$$

36

3상 유도전동기에서 2차 측 저항을 2배로 하면 그 최대 토크는 어떻게 되는가?

① 변하지 않는다.　② 2배로 된다.
③ $\sqrt{2}$ 배로 된다.　④ $\frac{1}{2}$ 배로 된다.

해설
3상 권선형 유도전동기의 최대 토크는 2차 측의 저항을 2배로 하더라도 변하지 않는다.

37

100[kVA]의 용량을 갖는 2대의 변압기를 이용하여 V-V결선하는 경우 출력은 어떻게 되는가?

① 100　② $100\sqrt{3}$
③ 200　④ 300

해설
V결선 시 출력 $P_V=\sqrt{3}P_n=\sqrt{3}\times 100$

38

유도전동기의 회전수가 1,175[rpm]일 경우 슬립이 2[%]이었다. 이 전동기의 극수는? (단, 주파수는 60[Hz]라고 한다.)

① 2　② 4
③ 6　④ 8

해설
동기속도 $N_s=\frac{N}{1-s}=\frac{1,175}{1-0.02}=1,200$[rpm]
$$P=\frac{120}{N_s}f=\frac{120}{1,200}\times 60=6$$

정답　33 ②　34 ③　35 ②　36 ①　37 ②　38 ③

39

사용 중인 변류기의 2차 측을 개방하면?

① 1차 전류가 감소한다.
② 2차 권선에 110[V]가 걸린다.
③ 개방단의 전압은 불변하고 안전하다.
④ 2차 권선에 고압이 유도된다.

해설
변류기의 2차 측 개방 시 고전압이 유도되어 2차 측 기기의 절연이 파괴될 우려가 있다.

40

직류전동기의 속도제어법이 아닌 것은?

① 전압제어법　② 계자제어법
③ 저항제어법　④ 주파수제어법

해설
직류전동기의 속도제어법
1) 전압제어
2) 계자제어
3) 저항제어

41

금속관에 나사를 내는 공구는?

① 오스터　② 파이프 커터
③ 리머　④ 스패너

해설
오스터는 금속관에 나사를 낼 때 사용되는 공구를 말한다.

42

한 수용장소의 인입선에서 분기하여 지지물을 거치지 아니하고 다른 수용장소의 인입구에 이르는 부분의 전선을 무엇이라 하는가?

① 가공전선
② 공동지선
③ 가공인입선
④ 연접인입선

해설
연접인입선이란 한 수용장소의 인입선에서 분기하여 지지물을 거치지 아니하고 다른 수용장소의 인입구에 이르는 부분의 전선을 말한다.

43

아웃렛박스 등의 녹아웃의 지름이 관지름보다 클 때 관을 고정시키기 위해 쓰는 재료의 명칭은?

① 터미널 캡
② 링 리듀서
③ 앤트랜스 캡
④ 유니버셜 엘보

해설
링 리듀셔란 녹아웃의 지름이 관지름보다 클 때 관을 고정시키기 위해 사용하는 재료를 말한다.

정답 39 ④ 40 ④ 41 ① 42 ④ 43 ②

44

전선의 접속에 관한 설명으로 틀린 것은?

① 전선의 세기를 20[%] 이상 감소하여야 한다.
② 접속 부분의 전기저항을 증가시켜서는 안 된다.
③ 접속 부분은 납땜을 해야 한다.
④ 절연은 원래의 효력이 있는 테이프로 충분히 한다.

해설
전선의 접속 시 유의사항의 경우 전선의 세기를 20[%] 이상 감소시키지 말아야 한다.

45

가연성 분진(소맥분, 전분, 유황 기타 가연성 먼지 등)으로 인하여 폭발할 우려가 있는 저압 옥내 설비공사로 적절하지 않은 것은?

① 케이블 공사 ② 금속관 공사
③ 합성수지관 공사 ④ 플로어덕트 공사

해설
가연성 분진이 착화하여 폭발할 우려가 있는 곳에 전기 공사 방법은 금속관 공사, 케이블 공사, 합성수지관 공사에 의한다.

46

주상변압기의 1차 측 보호 장치로 사용하는 것은?

① 컷아웃 스위치 ② 유입 개폐기
③ 캐치홀더 ④ 리클로저

해설
주상변압기의 1차 측을 보호하는 장치는 COS(컷아웃 스위치)이며, 2차 측을 보호하는 장치는 캐치홀더이다.

47

설치 면적이 넓고 설치비용이 많이 들지만 가장 이상적이고 효과적인 진상용 콘덴서 설치 방법은?

① 수전단 모선과 부하 측에 분산하여 설치
② 수전단 모선에 설치
③ 부하 측에 분산하여 설치
④ 가장 큰 부하 측에만 설치

해설
전력용 콘덴서의 경우 가장 이상적이고 효과적인 설치 방법은 부하 측에 각각에 설치하여 주는 경우이다.

48

최대사용전압이 70[kV]인 중성점 직접 접지식 전로의 절연내력 시험전압은 몇 [V]인가?

① 35,000[V] ② 42,000[V]
③ 44,800[V] ④ 50,400[V]

해설
중성접 직접 접지식 전로의 절연내력 시험전압 170[kV] 이하의 경우 $V \times 0.72 = 70,000 \times 0.72 = 50,400$[V]가 된다.

49

굵은 전선을 절단할 때 사용하는 전기공사용 공구는?

① 프레셔 툴 ② 녹 아웃 펀치
③ 파이프 커터 ④ 클리퍼

해설
클리퍼란 펜치로 절단하기 어려운 굵은 전선을 절단할 때 사용되는 전기공사용 공구를 말한다.

정답 44 ① 45 ④ 46 ① 47 ③ 48 ④ 49 ④

50

금속관 공사를 노출로 시공할 때 직각으로 구부러지는 곳에는 어떤 배선기구를 사용하는가?

① 유니온 커플링 ② 아웃렛 박스
③ 픽스쳐 하키 ④ 유니버셜 엘보우

해설

유니버셜 엘보우란 노출 공사로서 관이 직각으로 구부러지는 곳에 사용하는 배선기구를 말한다.

51

전선 접속 시 사용되는 슬리브의 종류가 아닌 것은?

① D ② S
③ E ④ P

해설

슬리브의 종류
S형 : 매킹타이어 슬리브
E형 : 종단겹침용 슬리브
P형 : 직선겹침용 슬리브

52

전주의 외등 설치 시 조명기구를 전주에 부착하는 경우 설치 높이는 몇 [m] 이상으로 하여야 하는가?

① 3.5 ② 4 ③ 4.5 ④ 5

해설

전주의 외등 설치 시 그 높이는 4.5[m] 이상으로 하여야 한다.

53

주로 가요성이 좋으며 옥내배선에서 사용되는 전선은 어떠한 전선을 말하는가?

① 연동선 ② 경동선
③ ACSR ④ 아연도강연선

해설

연동선은 가요성이 풍부하여 주로 옥내배선에서 사용되는 전선이다.

54

가공전선로의 지지물이 아닌 것은?

① 목주 ② 지선
③ 철근콘크리트주 ④ 철탑

해설

지선은 지지물이 아니며 지지물의 강도를 보강한다.

55

옥외용 비닐 절연전선의 약호는?

① OW ② DV
③ NR ④ FTC

해설

OW(옥외용 비닐 절연전선)

정답 50 ④ 51 ① 52 ③ 53 ① 54 ② 55 ①

2019년 CBT 복원문제 4회

01

2[Ω], 4[Ω], 10[Ω]의 저항 3개를 직렬연결하고 양단에 200[V]의 전압을 가할 때 10[Ω]의 전압강하는 몇 [V]인가?

① 100 ② 125 ③ 150 ④ 175

해설

직렬연결 회로에서 전류일정, 전압분배가 되므로

$$V_3 = \frac{R_3}{R_1+R_2+R_3} \times V = \frac{10}{2+4+10} \times 200 = 125[\mathrm{V}]$$

02

일정한 직류 전원에 저항을 접속하여 전류를 흘릴 때 이 전류값을 10[%] 감소시키려면 저항은 처음의 저항에 몇 [%]가 되어야 하는가?

① 10[%] 감소 ② 11[%] 감소
③ 10[%] 증가 ④ 11[%] 증가

해설

저항과 전류는 반비례 관계이다.

$R \propto \frac{1}{I} = \frac{1}{0.9} = 1.11$이므로 11[%] 증가되면 전류는 10[%] 감소하여 흐른다.

03

다음은 축전지 중에서 납(연) 축전기의 설명이다. 잘못된 것은?

① 납 축전지의 양극재료는 PbO(산화연)을 사용한다.
② 묽은 황산의 비중은 1.2~1.3 정도이다.
③ 방전 시 양극과 음극 모두 $PbSO_4$(황산연)이 된다.
④ 공칭전압은 2[V]이다.

해설

납(연) 축전지 특성

① 공칭전압은 2[V], 공칭용량은 10[Ah]
② 양극재료 : PbO_2(이산화연), 음극재료 : Pb
③ 묽은 황산의 비중은 약 1.2~1.3 정도
④ 방전 시 양극과 음극 모두 $PbSO_4$(황산연)이 되며 H_2O의 부산물이 생성된다.

04

전압계의 측정범위를 확대하기 위해 배율기를 직렬로 연결하였다. 전압을 10배로 측정하기 위하여 배율기의 저항은 전압계의 내부 저항에 몇 배로 하면 되는가?

① 1/9배 ② 7배
③ 9배 ④ 1/7배

해설

배율기 : $V_2 = V_1\left(1+\frac{R_m}{R}\right)$

배율 : $m = \frac{V_2}{V_1} = 1+\frac{R_m}{R}$ $10 = 1+\frac{R_m}{R}$, $9 = \frac{R_m}{R}$, $R_m = 9R$

05

발열 작용에 관련된 법칙은?

① 암페어 오른손 법칙
② 줄의 법칙
③ 플레밍의 왼손 법칙
④ 플레밍의 오른손 법칙

해설

암페어 오른손 법칙은 전류에 의한 자기장의 방향과의 관계된 법칙이다.
플레밍의 왼손 법칙은 자기장 내에 전류가 흐르면 힘이 발생하는 법칙으로 전동기 원리이다.
플레밍의 오른손 법칙은 유기기전력 관련 법칙으로 발전기 원리이다.

정답 01 ② 02 ④ 03 ① 04 ③ 05 ②

06

100[V] 전압을 공급하여 일정한 저항에서 소비되는 전력이 1[kW]였다. 전압을 200[V]를 가하면 소비되는 전력은 몇 [kW]인가?

① 8 ② 6
③ 4 ④ 2

해설

전력에서 일정한 저항일 때 관련 공식을 이용한다.

$P=\frac{V^2}{R}$, $P \propto V^2$ 관계이므로 $P : P' = V^2 : V'^2$

$P' = \left(\frac{200}{100}\right)^2 \times 1 = 4$[kW]

07

진공 중에 Q_1[C]과 Q_2[C]의 두 전하를 거리 d[m] 간격에 놓았을 때 그 사이에 작용하는 힘은 몇 [N]인가?

① $9 \times 10^9 \times \frac{Q_1 Q_2}{d^2}$

② $9 \times 10^{-9} \times \frac{Q_1 Q_2}{d^2}$

③ $6.33 \times 10^4 \times \frac{Q_1 Q_2}{d^2}$

④ $6.33 \times 10^{-4} \times \frac{Q_1 Q_2}{d^2}$

해설

두 전하에 작용하는 힘 $F=\frac{Q_1 Q_2}{4\pi\epsilon_0 d^2}=9\times 10^9 \times \frac{Q_1 Q_2}{d^2}$[N]

08

진공 중에 놓인 반지름 r[m]의 도체구에 Q[C]의 전하를 주었을 때 전기장의 세기[V/m]는?

① $\frac{r^2}{4\pi\varepsilon_0 Q}$ ② $\frac{Q}{4\pi\varepsilon_0 r}$
③ $\frac{Q}{4\pi\varepsilon_0 r^2}$ ④ $\frac{Q^2}{4\pi\varepsilon_0 r}$

해설

도체구의 전계(전기장)의 세기 $E=\frac{Q}{4\pi\varepsilon_0 r^2}$[V/m]

09

3[F]과 6[F] 콘덴서를 직렬로 접속하고 전체 전하량이 400[C]이 되었다면 두 콘덴서의 양단에 얼마의 전압을 인가한 것인가?

① 100[V] ② 200[V]
③ 300[V] ④ 400[V]

해설

콘덴서의 직렬 연결 합성은 $C=\frac{C_1 C_2}{C_1+C_2}$[F]이므로

$V=\frac{Q}{C}=\frac{400}{\frac{3\times 6}{3+6}}=200$[V]

10

10[AT/m]의 자계 중에 어떤 자극을 놓았을 때 300[N]의 힘을 받는다고 한다. 이때의 자극의 세기[Wb]는?

① 10 ② 20
③ 30 ④ 40

해설

자극 m[Wb]에 작용하는 힘 $F=mH$[N]에서

$m=\frac{F}{H}=\frac{300}{10}=30$[Wb]

11

단위 길이당 권수가 100회인 무한장 솔레노이드에 100[A]의 전류가 흐를 때 솔레노이드의 내부의 자계[AT/m]는?

① 1,000 ② 10,000
③ 100 ④ 200

정답 06 ③ 07 ① 08 ③ 09 ② 10 ③ 11 ②

해설

무한장 솔레노이드의 자기장

$H = nI = 100 \times 100 = 10{,}000$[AT/m]

12

환상 철심에 코일 권수를 N회 감고 철심의 자기저항은 R_m[AT/Wb]이라면 환상 철심의 인덕턴스 L[H]의 관계식으로 맞는 것은?

① $\frac{N^2}{R_m}$ ② $N^2 R_m$

③ $\frac{N}{R_m}$ ④ NR_m

해설

자기회로의 기자력 $F = NI = \phi R_m$, $\phi = \frac{NI}{R_m}$이고

인덕턴스 $L = \frac{N\phi}{I} = \frac{N}{I} \times \frac{NI}{R_m} = \frac{N^2}{R_m}$이 된다.

13

r[m] 떨어진 두 평행 도체에 각각 I_1, I_2[A]의 전류가 같은 방향으로 흐를 때 전선의 단위길이당 작용하는 힘[N/m]은?

① $\frac{I_1 I_2}{2r} \times 10^{-7}$, 흡인력

② $\frac{I_1 I_2}{2r} \times 10^{-7}$, 반발력

③ $\frac{2I_1 I_2}{r} \times 10^{-7}$, 흡인력

④ $\frac{2I_1 I_2}{r} \times 10^{-7}$, 반발력

해설

평행도선의 작용력은 전류가 서로 같은 방향으로 흐르면 흡인력, 서로 반대방향으로 흐르면 반발력이 작용한다.

14

동일한 인덕턴스 L[H]인 두 코일을 같은 방향으로 감고 직렬 연결했을 때의 합성 인덕턴스[H]는? (단, 두 코일의 결합계수는 0.5이다.)

① $2L$ ② $3L$

③ $4L$ ④ $5L$

해설

두 코일의 같은 방향은 가동 접속이므로

$L = L_1 + L_2 + 2M = L_1 + L_2 + 2k\sqrt{L_1 L_2}$[H]

이때 인덕턴스는 $L_1 = L_2 = L$이므로

$L_T = L + L + 2 \times 0.5 \times \sqrt{L \times L} = 3L$

15

교류 전압의 최대값이 1[V]일 때 교류 정현파의 실효값 V[V]와 평균값 V_a[V]는?

① $\frac{\pi}{2}$, $\frac{1}{\sqrt{2}}$ ② $\frac{1}{\sqrt{2}}$, $\frac{1}{\pi}$

③ $\frac{2}{\pi}$, $\frac{1}{2}$ ④ $\frac{1}{\sqrt{2}}$, $\frac{2}{\pi}$

해설

정현파의 실효값 $V = \frac{V_m}{\sqrt{2}} = \frac{1}{\sqrt{2}}$[V]

평균값 $V_a = \frac{2V_m}{\pi} = \frac{2 \times 1}{\pi} = \frac{2}{\pi}$[V]

16

어떤 코일에 50[Hz]의 교류 전압을 가하니 유도성 리액턴스가 314[Ω]이었다. 이 코일의 자체 인덕턴스[H]는?

① 20 ② 10

③ 2 ④ 1

정답 12 ① 13 ③ 14 ② 15 ④ 16 ④

해설

유도성 리액턴스 $X_L = \omega L = 2\pi f L[\Omega]$

여기서 인덕턴스 $L = \frac{X_L}{2\pi f} = \frac{314}{2\pi \times 50} = 1[\text{H}]$

17

RLC 직렬 회로의 합성 임피던스의 크기는?

① $\sqrt{R^2 + \left(\omega L - \frac{1}{\omega C}\right)^2}$

② $\sqrt{R^2 + \left(\omega C - \frac{1}{\omega L}\right)^2}$

③ $\sqrt{\left(\frac{1}{R}\right)^2 + \left(\omega L - \frac{1}{\omega C}\right)^2}$

④ $\sqrt{R^2 + \left(\omega L + \frac{1}{\omega C}\right)^2}$

해설

RLC 직렬 회로의

임피던스 $Z = R + j\left(\omega L - \frac{1}{\omega C}\right)[\Omega]$

임피던스 크기는 $|Z| = \sqrt{R^2 + \left(\omega L - \frac{1}{\omega C}\right)^2}$

18

한 상의 저항 6[Ω]과 리액턴스 8[Ω]인 평형 3상 △ 결선의 선간전압이 100[V]일 때 선전류는 몇 [A]인가?

① $20\sqrt{3}$　② $10\sqrt{3}$
③ $2\sqrt{3}$　④ $100\sqrt{3}$

해설

한 상의 임피던스 $Z = 6 + j8[\Omega]$

크기는 $|Z| = \sqrt{6^2 + 8^2} = 10[\Omega]$

△결선의 선전류는

$I_l = \sqrt{3}\, I_P = \sqrt{3} \times \frac{V_P}{|Z|} = \sqrt{3} \times \frac{100}{10} = 10\sqrt{3}\,[\text{A}]$

19

2전력계법을 이용하여 평형 3상 전력을 측정하였더니 전력계의 지시가 400[W], 800[W]가 지시되었다면 소비전력[W]은 얼마인가?

① 400　② 600
③ 1,200　④ 2,400

해설

2전력계법의 유효전력 $P = P_1 + P_2 = 400 + 800 = 1{,}200[\text{W}]$

20

전압 $v = 10\sqrt{2}\sin(\omega t + 60°) + 20\sqrt{2}\sin 3\omega t[\text{V}]$ 이고, 전류 $i = 5\sqrt{2}\sin(\omega t + 60°) + 30\sqrt{2}\sin(5\omega t + 30°)$[A]이면 소비전력[W]은?

① 50　② 250
③ 400　④ 650

해설

비정현파의 전력은 같은 파형끼리만 계산된다.
즉, $P = V_1 I_1 \cos\theta_1 + V_2 I_2 \cos\theta_2 + V_3 I_3 \cos\theta_3 + \cdots[\text{W}]$이므로 기본파는 전력계산이 되나 3고조파와 5고조파의 전력은 계산되지 않는다. 따라서 $P = V_1 I_1 \cos\theta_1 = 10 \times 5 \times \cos 0° = 50[\text{W}]$이다.

CBT 복원

정답 17 ① 18 ② 19 ③ 20 ①

21

1차 측의 권수가 3,300회, 2차 권수가 330회라면 변압기의 권수비는?

① 33　　② 10
③ $\frac{1}{33}$　　④ $\frac{1}{10}$

해설

변압기 권수비 $a = \frac{N_1}{N_2} = \frac{3,300}{330} = 10$

22

다음 중 자기 소호 제어용 소자는?

① TRIAC　　② SCR
③ GTO　　④ DIAC

해설

GTO : 자기 소호용 제어 소자는 GTO(Gate Turn Off)가 된다.

23

직류 전동기의 규약효율을 표시하는 식은?

① $\frac{\text{입력}}{\text{출력}+\text{손실}} \times 100[\%]$

② $\frac{\text{입력}}{\text{출력}} \times 100[\%]$

③ $\frac{\text{입력}-\text{손실}}{\text{입력}} \times 100[\%]$

④ $\frac{\text{출력}}{\text{입력}} \times 100[\%]$

해설

전동기의 규약효율 $\eta_{\text{전}} = \frac{\text{입력}-\text{손실}}{\text{입력}} \times 100[\%]$

24

동기발전기의 병렬운전 시 필요한 조건이 아닌 것은?

① 기전력의 크기가 같을 것
② 기전력의 위상이 같을 것
③ 기전력의 주파수가 같을 것
④ 기전력의 임피던스가 같을 것

해설

동기발전기의 병렬운전조건
1) 기전력의 크기가 같을 것
2) 기전력의 위상이 같을 것
3) 기전력의 주파수가 같을 것
4) 기전력의 파형이 같을 것

25

변압기유의 열화 방지와 관계가 먼 것은?

① 콘서베이터　　② 브리더
③ 불활성 질소　　④ 부싱

해설

변압기유의 열화 방지책
1) 콘서베이터
2) 브리더
3) 질소봉입방식

26

부흐홀쯔 계전기의 설치 위치로 가장 적당한 것은?

① 변압기 주 탱크 내부
② 콘서베이터 내부
③ 변압기 고압 측 부싱
④ 변압기 주 탱크와 콘서베이터 사이

해설

부흐홀쯔 계전기는 변압기의 내부고장 대책으로 변압기 주 탱크와 콘서베이터 사이에 설치된다.

정답 21 ② 22 ③ 23 ③ 24 ④ 25 ④ 26 ④

27

직류직권 전동기에서 벨트를 걸고 운전하면 안 되는 가장 큰 이유는?

① 손실이 많아지므로
② 벨트가 벗겨지면 위험속도에 도달하므로
③ 벨트가 마멸보수가 곤란하므로
④ 직렬하지 않으면 속도 제어가 곤란하므로

해설

직권 전동기는 무부하 또는 벨트를 걸고 운전 시 벨트가 벗겨지면 무부하 운전되므로 위험속도에 도달할 우려가 있다.

28

직류 분권전동기의 계자저항을 운전 중에 증가시키면 회전속도는?

① 감소한다. ② 변함이 없다.
③ 증가한다. ④ 정지한다.

해설

전동기의 경우 $\phi\downarrow$ 할 경우 $N\uparrow$ 한다.
계자저항인 $R_f\uparrow$ 시 $\phi\downarrow$ 하므로 속도 N은 증가한다.

29

3상 전파 정류회로에서 출력전압의 평균값은? (단, E는 선간전압의 실효값이다.)

① $0.45E$ ② $0.9E$
③ $1.17E$ ④ $1.35E$

해설

3상 전파 정류회로의 출력전압의 평균값 $E_d = 1.35E$ 가 된다.

30

3상 권선형 유도전동기의 회전자에 저항을 삽입하는 이유는?

① 기동전류 증가 ② 기동토크 증가
③ 회전수 감소 ④ 기동토크 감소

해설

권선형 유도전동기의 회전자에 저항을 삽입하는 이유는 기동토크를 크게 하며, 기동전류를 떨어뜨리기 위함이다.

31

13,200/220[V]인 변압기의 부하 측 조명설비에 120[A]의 전류가 흘렀다면 전원 측 전류는?

① 120 ② 0.12
③ 2 ④ 1

해설

변압기의 전원 측 전류 $a = \frac{V_1}{V_2} = \frac{13,200}{220} = 60$이므로

$a = \frac{I_2}{I_1}$, $I_1 = \frac{120}{a} = \frac{120}{60} = 2$[A]가 된다.

32

3상 동기발전기에서 전기자 전류와 무부하 유도기전력보다 $\pi/2$[rad] 앞선 경우의 전기자 반작용은?

① 교차 자화 작용 ② 횡축 반작용
③ 감자 작용 ④ 증자 작용

해설

동기발전기의 전기자 반작용
동기발전기의 유기기전력보다 위상이 앞선 전류가 흐를 경우 증자 작용이 일어난다.

정답 27 ② 28 ③ 29 ④ 30 ② 31 ③ 32 ④

33

병렬 운전 중인 두 동기발전기의 유도 기전력이 2,000[V], 위상차 60°, 동기 리액턴스 100[Ω]이다. 유효순환전류[A]는?

① 5　　② 10
③ 15　　④ 20

해설

유효순환전류 $I_c = \dfrac{E\sin\dfrac{\delta}{2}}{Z_s} = \dfrac{2{,}000 \times \sin\dfrac{60°}{2}}{100} = 10[A]$

34

전기기계의 철심을 규소강판으로 성층하는 이유는?

① 철손 감소　　② 동손 감소
③ 기계손 감소　　④ 제작 용이

해설

철심의 구조 : 철심을 규소강판으로 성층된 철심을 사용하는 이유는 철손을 감소하기 때문이다.

35

직류발전기의 정격전압이 100[V], 무부하전압이 104[V]라면 이 발전기의 전압변동률 ϵ[%]은?

① 2　　② 4
③ 6　　④ 8

해설

전압변동률 $\epsilon = \dfrac{V_0 - V_n}{V_n} \times 100 = \dfrac{104-100}{100} \times 100 = 4[\%]$

36

유도전동기의 주파수가 60[Hz]에서 운전하다 50[Hz]로 감소 시 회전속도는 몇 배가 되는가?

① 변함이 없다.　　② 1.2배로 증가
③ 1.4배로 증가　　④ 0.83배로 감소

해설

유도전동기의 속도 $N \propto \dfrac{1}{f} = \dfrac{50}{60} = 0.83$배로 감소된다.

37

교류전동기를 기동할 때 그림과 같은 기동 특성을 가지는 전동기는? (단, 곡선 (1)~(5)는 기동 단계에 대한 토크 특성 곡선이다.)

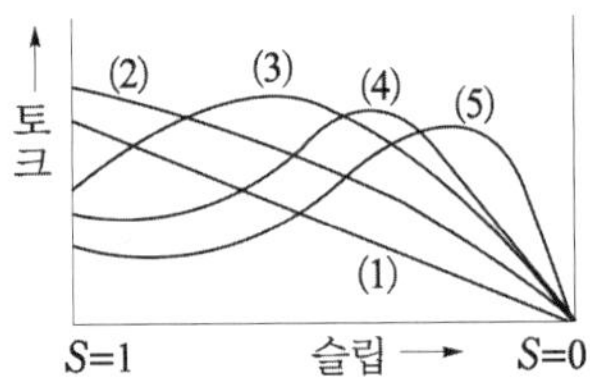

① 반발 유도전동기
② 2중 농형 유도전동기
③ 3상 분권 정류자 전동기
④ 3상 권선형 유도전동기

해설

비례추이 곡선 : 3상 권선형 유도전동기의 특징을 나타낸다.

38

3상 전원에서 2상 전원을 얻기 위한 변압기 결선 방법은?

① V　　② T　　③ △　　④ Y

해설

3상에서 2상 전원을 얻기 위한 변압기 결선은 T결선(스코트)이라 한다.

정답 33 ② 34 ① 35 ② 36 ④ 37 ④ 38 ②

39

동기조상기를 부족여자로 하면?

① 저항손의 보상
② 콘덴서로 작용
③ 리액터로 작용
④ 뒤진 역률 보상

해설
동기조상기의 운전 : 부족여자 시 리액터로 작용한다.

40

다음 중 회전의 방향을 바꿀 수 없는 전동기는?

① 분상 기동형 전동기
② 반발 기동형 전동기
③ 콘덴서 기동형 전동기
④ 셰이딩 코일형 전동기

해설
셰이딩 코일형은 모터 제작 시 코일의 방향이 고정되어 회전의 방향을 바꿀 수 없다.

41

녹아웃의 지름이 관지름보다 클 때 관을 고정시키기 위해 쓰는 재료의 명칭은?

① 링 리듀셔　② 터미널 캡
③ 앤트론스 캡　④ 로크너트

해설
녹아웃의 지름이 관지름보다 클 경우 관을 고정시키기 위해 링 리듀셔를 사용한다.

42

다음 전선의 접속 시 유의사항으로 옳은 것은?

① 전선의 강도를 5[%] 이상 감소시키지 말 것
② 전선의 강도를 10[%] 이상 감소시키지 말 것
③ 전선의 강도를 20[%] 이상 감소시키지 말 것
④ 전선의 강도를 40[%] 이상 감소시키지 말 것

해설
전선의 접속 시 유의사항 : 전선의 강도를 20[%] 이상 감소시키지 말 것

43

점착성이 없으나 절연성, 내온성 및 내유성이 있어 연피케이블 접속에 사용되는 테이프는?

① 고무테이프
② 리노테이프
③ 비닐테이프
④ 자기융착테이프

해설
리노테이프 : 절연성, 내온성, 내유성이 뛰어나며 연피케이블에 접속된다.

정답 39 ③ 40 ④ 41 ① 42 ③ 43 ②

44

금속전선관을 구부릴 때 금속관은 단면이 심하게 변형이 되지 않도록 구부려야 하며, 일반적으로 그 안 측의 반지름은 관 안지름의 몇 배 이상이 되어야 하는가?

① 2배 ② 4배
③ 6배 ④ 8배

해설
금속관을 구부릴 경우 굴곡 바깥지름은 관 안지름의 6배 이상이 되어야 한다.

45

전기설비기술기준 및 판단기준에서 정한 애자 공사의 경우 저압 옥내배선 시 일반적으로 전선 상호 간격은 몇 [cm] 이상이어야 하는가?

① 2.5[cm] ② 6[cm]
③ 25[cm] ④ 60[cm]

해설
저압 옥내배선의 애자사용 공사 시 전선 상호간 이격거리 전선 상호 간격은 6[cm] 이상 이격하여야 한다.

46

셀룰로이드, 성냥, 석유류 등 기타 가연성 위험물질을 제조 또는 저장하는 장소의 배선 방법이 아닌 것은?

① 배선은 금속관 배선, 합성수지관 배선 또는 케이블에 의할 것
② 합성수지관 배선에 사용하는 합성수지관 및 박스 기타 부속품은 손상될 우려가 없도록 시설할 것
③ 두께가 2[mm] 미만의 합성수지제 전선관을 사용할 것
④ 금속관은 박강 전선관 또는 이와 동등 이상의 강도가 있는 것을 사용할 것

해설
셀룰로이드, 성냥, 석유류 등 가연성 위험물질 제조 또는 저장 장소에서는 배선두께가 2[mm] 이상의 합성수지제 전선관을 사용하여야 한다.

47

설치 면적이 넓고 설치비용이 많이 들지만 가장 이상적이고 효과적인 진상용 콘덴서 설치 방법은?

① 수전단 모선과 부하 측에 분산하여 설치
② 수전단 모선에 설치
③ 부하 측에 분산하여 설치
④ 가장 큰 부하 측에만 설치

해설
전력용 콘덴서의 경우 가장 이상적이고 효과적인 설치 방법은 부하 측에 각각에 설치하여 주는 경우이다.

48

옥외용 비닐 절연전선의 약호는?

① OW ② W
③ NR ④ DV

해설
옥외용 비닐 절연선선의 약호는 OW이다.

49

굵은 전선을 절단할 때 사용하는 전기공사용 공구는?

① 프레셔 툴 ② 녹 아웃 펀치
③ 파이프 커터 ④ 클리퍼

해설
클리퍼 : 펜치로 절단하기 어려운 굵은 전선을 절단할 때 클리퍼를 사용한다.

정답 44 ③ 45 ② 46 ③ 47 ③ 48 ① 49 ④

50

고압 전선로에서 사용되는 옥외용 가교폴리에틸렌 절연전선은?

① DV ② OW
③ OC ④ NR

해설
옥외용 가교폴리에틸렌 절연전선의 약호는 OC이다.

51

주위온도가 일정 상승률 이상이 되는 경우에 작동하는 것으로 일정한 장소의 열에 의하여 작동하는 화재 감지기는?

① 차동식 분포형 감지기
② 광전식 연기 감지기
③ 이온화식 연기 감지기
④ 차동식 스포트형 감지기

해설
차동식 스포트형 감지기는 온도상승률이 어느 한도 이상일 때 작동하는 감지기이다.

52

조명기구를 배광에 따라 분류하는 경우 특정한 장소만을 고조도로 하기 위한 조명기구는?

① 직접 조명기구
② 전반확산 조명기구
③ 광천장 조명기구
④ 반직접 조명기구

해설
특정 장소만을 고조도로 하기 위한 조명기구는 직접 조명기구이다.

53

교류 배전반에서 전류가 많이 흘러 전류계를 직접 주회로에 연결할 수 없을 때 사용하는 기기는?

① 전류계용 절환개폐기
② 계기용 변류기
③ 전압계용 절환개폐기
④ 계기용 변압기

해설
CT(계기용 변류기) : 교류 전류계의 측정범위를 확대하기 위해 사용되며, 대전류를 소전류로 변류한다.

CBT 복원

54

피뢰기의 약호는?

① SA ② COS
③ SC ④ LA

해설
피뢰기는 뇌격 시에 기계기구를 보호하며 LA(Lighting Arrester)라고 한다.

55

일정값 이상의 전류가 흘렀을 때 동작하는 계전기는?

① OCR ② UVR
③ GR ④ OVR

해설
OCR(Over Current Relay) : 과전류계전기
설정치 이상의 전류가 흘렀을 때 동작하여 차단기를 동작시킨다.

정답 50 ③ 51 ④ 52 ① 53 ② 54 ④ 55 ①

56

주상변압기의 1차 측 보호로 사용하는 것은?

① 리클로지 ② 섹서널라이저
③ 캐치홀더 ④ 컷아웃스위치

해설
주상변압기 보호장치
1) 1차 측 : 컷아웃스위치
2) 2차 측 : 캐치홀더

57

다음 중 경질비닐전선관의 규격이 아닌 것은?

① 14 ② 28
③ 36 ④ 50

해설
경질비닐전선관의 규격[mm] : 14, 16, 22, 28, 36, 42, 54, 70 등이 있다.

정답 56 ④ 57 ④

2020년 CBT 복원 기출문제

2020년 CBT 복원문제 1회

전기이론

01

R_1, R_2, R_3의 저항 3개를 직렬연결하고 양단에 V[V]의 전압을 가할 때 R_2의 저항에 걸리는 전압[V]은?

① $\dfrac{R_1}{R_1+R_2+R_3}V$　　② $\dfrac{R_2}{R_1+R_2+R_3}V$

③ $\dfrac{R_1R_2}{R_1+R_2+R_3}V$　　④ $\dfrac{R_3}{R_1+R_2+R_3}V$

해설

직렬은 전체 전류가 일정하고 해당 저항에 전압은

$$V_2 = IR_2 = \frac{V}{R_1+R_2+R_3}R_2[\text{V}]$$

02

반지름이 r[m]의 면적이 S[m^2]인 원형도체의 전선의 고유저항은 ρ[Ω·m]이다. 전선 길이가 l[m]이라면 저항 R[Ω]은?

① $R=\dfrac{\rho l}{4\pi r}$　　② $R=\dfrac{4\rho l}{\pi r^2}$

③ $R=\dfrac{\rho l}{2\pi r}$　　④ $R=\dfrac{\rho l}{\pi r^2}$

해설

저항 $R=\dfrac{\rho l}{S}=\dfrac{\rho l}{\pi r^2}[\Omega]$

03

전기사용기구의 전압은 모두 220[V]이다. 전등 30[W] 10개, 전열기 2[kW] 1대, 전동기 1[kW] 1대를 하루 중 10시간 동안 사용한다면 전력량[kWh]은?

① 33　　② 3.3

③ 1.1　　④ 11

해설

전력량 = 전력사용합계[W]×시간[h]

= (30 × 10) + (2,000 × 1) + (1,000 × 1) × 10

= 33,000[Wh] = 33[kWh]

04

전압계와 전류계의 측정범위를 확대하기 위하여 배율기와 분류기의 접속방법은?

① 배율기는 전압계와 직렬로, 분류기는 전류계와 직렬로 연결

② 배율기는 전압계와 병렬로, 분류기는 전류계와 병렬로 연결

③ 배율기는 전압계와 직렬로, 분류기는 전류계와 병렬로 연결

④ 배율기는 전압계와 병렬로, 분류기는 전류계와 직렬로 연결

해설

회로에 전류계는 직렬로 연결되며 전류계의 측정범위를 확대하기 위하여 전류계와 병렬로 연결한다.

회로에 전압계는 병렬로 연결되며 전압계의 측정범위를 확대하기 위하여 전압계와 직렬로 연결한다.

정답 01 ② 02 ④ 03 ① 04 ③

05

전기의 기전력 15[V], 내부저항이 3[Ω]인 전지의 양단을 단락시키면 흐르는 전류 I[A]는?

① 5 ② 4
③ 3 ④ 2

해설

$I = \frac{V}{R} = \frac{15}{3} = 5$[A]

06

공기 중에 $Q = 16\pi$[C]의 점전하에서 거리가 각각 1[m], 2[m]일 때의 전속밀도 D[C/m^2]은?

① 1, 4 ② 4, 1
③ 2, 3 ④ 3, 2

해설

점(구) 전하의 전계 $E = \frac{Q}{4\pi\epsilon_0 r^2}$[V/m]이고

전속밀도 $D = \epsilon_0 E = \epsilon_0 \frac{Q}{4\pi\epsilon_0 r^2} = \frac{Q}{4\pi r^2}$[C/m^2]

그러므로 1[m]일 때 $D = \frac{16\pi}{4\pi \times 1^2} = 4$[C/m^2],

2[m]일 때 $D = \frac{16\pi}{4\pi \times 2^2} = 1$[C/m^2]

07

콘덴서 C[F]에 전압 V[V]을 인가하여 콘덴서에 축적되는 에너지가 W[J]이 되었다면 전압 V[V]는?

① $\frac{2W}{C}$ ② $\frac{2W}{C^2}$
③ $\sqrt{\frac{2W}{C}}$ ④ $\sqrt{\frac{W}{C}}$

해설

콘덴서의 축적에너지 $W = \frac{1}{2}CV^2$에서

$V^2 = \frac{2W}{C}$, $V = \sqrt{\frac{2W}{C}}$[V]

08

다음은 전기력선의 설명이다. 맞는 것은?

① 전기력선의 접선방향이 전기장의 방향이다.
② 전기력선은 낮은 곳에서 높은 곳으로 향한다.
③ 전기력선은 등전위면과 교차하지 않는다.
④ 전기력선은 대전된 도체표면에서 내부로 향한다.

09

콘덴서 C_1, C_2를 직렬로 연결하고 양단에 전압 V[V]를 걸었을 때 C_1에 걸리는 전압이 V_1이었다면 양단의 전체 전압 V[V]는?

① $V = \frac{C_2}{C_1 + C_2} V_1$ ② $V = \frac{C_1}{C_1 + C_2} V_1$
③ $V = \frac{C_1 + C_2}{C_2} V_1$ ④ $V = \frac{C_1 + C_2}{C_1 C_2} V_1$

해설

V_1에 걸리는 전압 $V_1 = \frac{C_2}{C_1 + C_2} V$이므로

$V = \frac{C_1 + C_2}{C_2} V_1$이 된다.

10

평행왕복도선에 작용하는 힘과 떨어진 거리 r[m]와의 관계는?

① 흡인력이 작용하며 r에 비례한다.
② 반발력이 작용하며 r에 반비례한다.
③ 흡인력이 작용하며 r에 반비례한다.
④ 반발력이 작용하며 r에 제곱비례한다.

해설

평행도선의 작용힘 $F = \frac{2I_1I_2}{r} \times 10^{-7}$[N/m]이므로 r에 반비례하며 동일방향으로 전류가 흐를 경우는 흡인력, 전류가 반대방향 및 왕복일 경우는 반발력이 작용한다.

정답 05 ① 06 ② 07 ③ 08 ① 09 ③ 10 ②

11

전자 유도 현상에 의하여 생기는 유기기전력의 방향을 정한 법칙은?

① 플레밍의 오른손 법칙
② 플레밍의 왼손 법칙
③ 렌츠의 법칙
④ 암페어 오른손 법칙

해설

유기기전력의 크기는 패러데이 법칙이며, 유기기전력의 방향은 렌츠의 법칙이다.

12

히스테리시스 곡선에서 종축과 횡축은 무엇을 나타내는가?

① 자기장과 전류밀도
② 자속밀도와 자기장
③ 전류와 자기장
④ 자속밀도와 전속밀도

해설

종축은 자속밀도, 횡축은 자기장을 의미한다.

13

공기 중의 자속밀도 B[Wb/m^2]는 기름의 비투자율이 5인 경우의 자속밀도에 몇 배인가?

① 1/5배　　② 5배
③ 1/25배　　④ 25배

해설

자속밀도 $B=\mu H$[Wb/m^2]이므로 투자율에 비례한다.

그러므로 $\dfrac{\text{공기일 때}(\mu_s=1)\text{자속밀도}}{\text{기름일 때}(\mu_s=5)\text{자속밀도}}=\dfrac{1}{5}$배

14

자기저항 R_m= 100[AT/Wb]인 회로에 코일의 권수를 100회 감고 전류 10[A]를 흘리면 자속 ϕ[Wb]는?

① 0.1　　② 1　　③ 10　　④ 100

해설

기자력 $F=NI=\phi R_m$[AT]이므로

자속 $\phi=\dfrac{NI}{R_m}=\dfrac{100\times10}{100}=10$[Wb]이다.

15

동일한 인덕턴스 L[H]인 두 코일을 같은 방향으로 감고 직렬 연결했을 때의 합성 인덕턴스[H]는? (단, 두 코일의 결합계수는 1이다.)

① 2L　　② 3L　　③ 4L　　④ 5L

해설

동일 방향이므로 가동접속의 합성 인덕턴스이다.

$L_T=L_1+L_2+2\times k\sqrt{L_1\times L_2}$

$=L+L+2\times1\times\sqrt{L\times L}=4L$

16

어느 소자에 $v=V_m\cos(\omega t-\dfrac{\pi}{6})$[V]의 교류전압을 인가했더니 전류가 $i=I_m\sin\omega t$[A]가 흘렀다면 전압과 전류의 위상차는?

① 15도　　② 30도
③ 45도　　④ 60도

해설

전압을 먼저 사인파로 환산하면

$v=V_m\cos(\omega t-\dfrac{\pi}{6})=V_m\sin(\omega t-30^\circ+90^\circ)$

$=V_m\sin(\omega t+60^\circ)$[V]이므로

전압과 전류의 위상차 $\theta=60^\circ-0^\circ=60^\circ$이다.

정답 11 ③ 12 ② 13 ① 14 ③ 15 ③ 16 ④

17

어떤 정현파 교류의 최대값이 628[V]이면 평균값 V_a[V]는?

① 100　② 200　③ 300　④ 400

해설

정현파의 평균값은 $V_a = \frac{2V_m}{\pi} = \frac{2 \times 628}{3.14} = 400[\text{V}]$이다.

18

저항 6[Ω], 유도성 리액턴스 8[Ω]가 직렬 연결되어 있을 때 어드미턴스 Y[℧]는?

① 0.06 − j0.08　② 0.06 + j0.08
③ 60 + j80　④ 0.008 − j0.06

해설

직렬 임피던스 $Z = 6 + j8[\Omega]$에서 어드미턴스 $Y = \frac{1}{Z}$이므로

$$Y = \frac{1}{6+j8} \times \frac{(6-j8)}{(6-j8)} = \frac{6-j8}{6^2+8^2} = \frac{6-j8}{100}$$
$$= 0.06 - j0.08[℧]$$이다.

19

3상 Y결선의 각 상의 임피던스가 20[Ω]일 때 △결선으로 변환하면 각 상의 임피던스는 얼마인가?

① 30[Ω]　② 60[Ω]　③ 90[Ω]　④ 120[Ω]

해설

Y결선을 △결선으로 변환하면 임피던스는 3배가 되므로 60[Ω]이 된다.

20

다음 중 비정현파의 푸리에 급수 성분이 아닌 것은?

① 기본파　② 직류분　③ 삼각파　④ 고조파

해설

비정현파 = 직류분 + 기본파 + 고조파

전기기기

21

직류기의 정류작용에서 전압정류의 역할을 하는 것은?

① 탄소 brush　② 보극
③ 리액턴스 코일　④ 보상권선

해설

정류
전압정류 : 보극
저항정류 : 탄소브러쉬

22

동기발전기의 전기자권선을 분포권으로 하면?

① 집중권에 비하여 합성 유기기전력이 높아진다.
② 권선의 리액턴스가 커진다.
③ 파형이 좋아진다.
④ 난조를 방지한다.

해설

동기발전기의 분포권
고조파를 감소시켜 기전력의 파형을 개선한다.

23

동기발전기의 돌발단락전류를 주로 제한하는 것은?

① 동기 리액턴스　② 누설 리액턴스
③ 권선저항　④ 역상 리액턴스

해설

돌발단락전류
돌발단락전류를 제한하는 것은 누설 리액턴스이다.

정답 17 ④ 18 ① 19 ② 20 ③ 21 ② 22 ③ 23 ②

24

발전기 권선의 층간단락보호에 가장 적합한 계전기는?

① 과부하계전기　② 차동계전기
③ 접지계전기　④ 온도계전기

해설

발전기의 내부고장 보호
권선의 층간단락보호에 적용되는 계전기는 차동계전기이다.

25

주상변압기의 냉각방식은 무엇인가?

① 유입 자냉식　② 유입 수냉식
③ 송유 풍냉식　④ 유입 풍냉식

해설

주상변압기의 경우 유입 자냉식(ONAN)을 사용하고 있으며 이는 보수가 간단하여 가장 널리 쓰이는 방식이기도 하다.

26

변압기의 병렬운전이 불가능한 3상 결선은?

① $Y-Y$와 $Y-Y$
② $\Delta-\Delta$와 $Y-Y$
③ $\Delta-\Delta$와 $\Delta-Y$
④ $\Delta-Y$와 $\Delta-Y$

해설

변압기 병렬운전 불가능 결선
$\Delta-\Delta$와 $\Delta-Y$
$\Delta-\Delta$와 $Y-\Delta$
$\Delta-Y$와 $\Delta-\Delta$
$Y-\Delta$와 $\Delta-\Delta$

27

일정 전압 및 일정 파형에서 주파수가 상승하면 변압기 철손은 어떻게 변하는가?

① 증가한다.
② 감소한다.
③ 불변이다.
④ 어떤 기간 동안 증가한다.

해설

변압기의 경우 철손과 주파수는 반비례한다.
따라서 주파수 상승 시 철손은 감소한다.

28

다음 중 전기 용접기용 발전기로 가장 적당한 것은?

① 직류 분권형 발전기　② 직류 타여자 발전기
③ 가동 복권형 발전기　④ 차동 복권형 발전기

해설

용접기용 발전기
차동 복권의 경우 수하특성이 매우 우수한 발전기이다.

29

3상 유도전동기의 1차 입력 60[kW], 1차 손실 1[kW], 슬립이 3[%]라면 기계적 출력은 약 몇 [kW]인가?

① 57　② 62
③ 59　④ 75

해설

기계적인 출력 $P_0=(1-s)P$
1차 입력이 60[kW], 손실이 1[kW]이므로
60 − 1 = 59[kW]가 2차 입력이 된다.
따라서 $P_0=(1-0.03)\times 59=57.23$[kW]

정답 24 ② 25 ① 26 ③ 27 ② 28 ④ 29 ①

30

변압기에서 퍼센트 저항강하가 3[%], 리액턴스강하가 4[%]일 때 역률 0.8(지상)에서의 전압변동률[%]은?

① 2.4 ② 3.6
③ 4.8 ④ 6.0

해설

변압기 전압변동률 ϵ

$\epsilon = \%p\cos\theta + \%x\sin\theta$

$= 3\times0.8 + 4\times0.6 = 4.8[\%]$가 된다.

31

3상 동기발전기를 병렬운전시키는 경우 고려하지 않아도 되는 조건은?

① 상회전 방향이 같을 것
② 전압 파형이 같을 것
③ 회전수가 같을 것
④ 발생 전압이 같을 것

해설

동기발전기의 병렬운전조건
1) 기전력의 크기가 같을 것
2) 기전력의 위상이 같을 것
3) 기전력의 주파수가 같을 것
4) 기전력의 파형이 같을 것
5) 상회전 방향이 같을 것

32

3상 전파 정류회로에서 출력전압의 평균전압은? (단, V는 선간전압의 실효값)

① 0.45V[V] ② 0.9V[V]
③ 1.17V[V] ④ 1.35V[V]

해설

3상 전파 정류회로
$E_d = 1.35E$가 된다.

33

보호를 요하는 회로의 전류가 어떤 일정한 값(정정값) 이상으로 흘렀을 때 동작하는 계전기는?

① 과전류 계전기 ② 과전압 계전기
③ 차동 계전기 ④ 비율 차동 계전기

해설

과전류 계전기(OCR)
설정치 이상의 과전류(과부하, 단락)가 흐를 경우 동작하는 계전기를 말한다.

34

다음 중 제동권선에 의한 기동토크를 이용하여 동기전동기를 기동 시키는 방법은?

① 고주파 기동법 ② 저주파 기동법
③ 기동전동기법 ④ 자기기동법

해설

동기전동기의 기동법
1) 자기기동법 : 제동권선
2) 타전동기법 : 유도전동기

35

회전변류기의 직류 측 전압을 조정하려는 방법이 아닌 것은?

① 직렬 리액턴스에 의한 방법
② 부하 시 전압조정 변압기를 사용하는 방법
③ 동기 승압기를 사용하는 방법
④ 여자 전류를 조정하는 방법

해설

회전변류기의 직류 측 전압조정방법
1) 직렬 리액턴스에 의한 방법
2) 유도 전압조정기에 의한 방법
3) 동기 승압기에 의한 방법
4) 부하 시 전압조정 변압기에 의한 방법

정답 30 ③ 31 ③ 32 ④ 33 ① 34 ④ 35 ④

36

60[Hz], 4극 슬립 5[%]인 유도전동기의 회전수는?

① 1,710[rpm] ② 1,746[rpm]
③ 1,800[rpm] ④ 1,890[rpm]

해설

유도전동기의 회전수 N

$N=(1-s)N_s$

$=(1-0.05)\times 1,800=1,710$[rpm]

$N_s=\frac{120}{P}f=\frac{120}{4}\times 60=1,800$[rpm]

37

직류 분권전동기의 계자전류를 약하게 하면 회전수는?

① 감소한다. ② 정지한다.
③ 증가한다. ④ 변화없다.

해설

분권전동기의 계자전류

계자전류와 N은 반비례한다.

$\phi\propto\frac{1}{N}$이기 때문에 계자전류의 크기가 작아진다는 것은 $\phi\downarrow$가 되므로 $N\uparrow$이 된다.

38

변압기의 손실에 해당되지 않는 것은?

① 동손 ② 와전류손
③ 히스테리시스손 ④ 기계손

해설

변압기의 손실

1) 무부하손 : 철손(히스테리시스손 + 와류손)

2) 부하손 : 동손

기계손의 경우 회전기의 손실에 해당된다.

39

직류발전기의 전기자의 역할은?

① 기전력을 유도한다.
② 자속을 만든다.
③ 정류작용을 한다.
④ 회전자와 외부회로를 접속한다.

해설

발전기의 전기자

계자에서 발생된 자속을 끊어 기전력을 유도시킨다.

40

수전단 발전소용 변압기의 결선에 주로 사용하고 있으며 한쪽은 중성점을 접지할 수 있고 다른 한쪽은 3고조파에 의한 영향을 없애주는 장점을 가지고 있는 3상 결선 방식은?

① $Y-Y$ ② $\Delta-\Delta$
③ $Y-\Delta$ ④ $\Delta-Y$

해설

변압기의 결선

중성점 접지가 가능하며 3고조파 제거가 가능하다는 것은 $Y-\Delta$결선을 말한다.

CBT 복원

정답 36 ① 37 ③ 38 ④ 39 ① 40 ③

전기설비

41

하나의 콘센트에 둘 또는 세 가지의 기구를 사용할 때 끼우는 플러그는?

① 테이블탭　② 멀티탭
③ 코드 접속기　④ 아이언플러그

해설
멀티탭
하나의 콘센트에 둘 또는 세 가지 기구를 접속할 때 사용된다.

42

단상 3선식 전원(100/200[V])에 100[V]의 전구와 콘센트 및 200[V]의 모터를 시설하고자 한다. 전원 분배가 옳게 결선된 회로는?

①
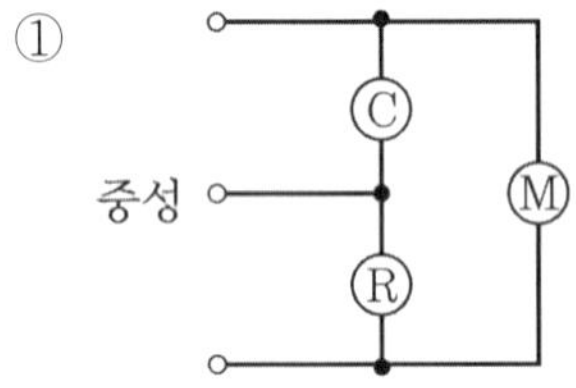

②
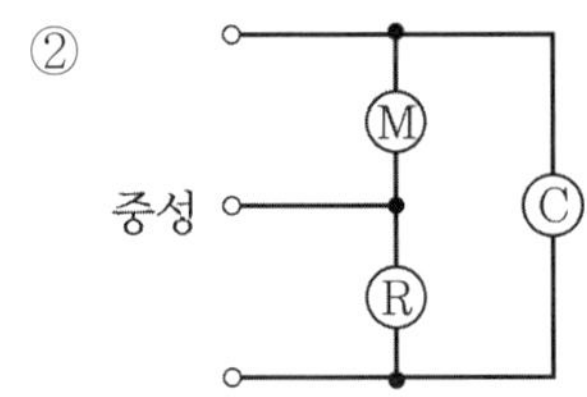

③
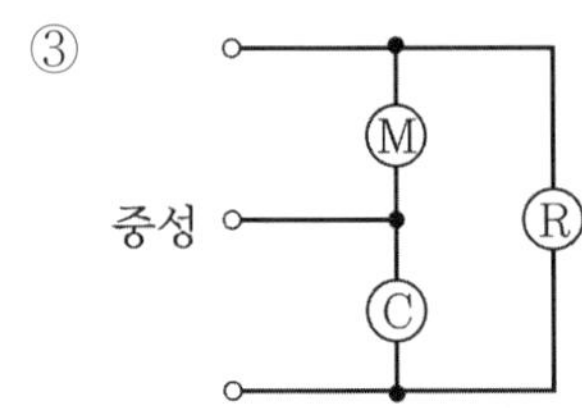

④
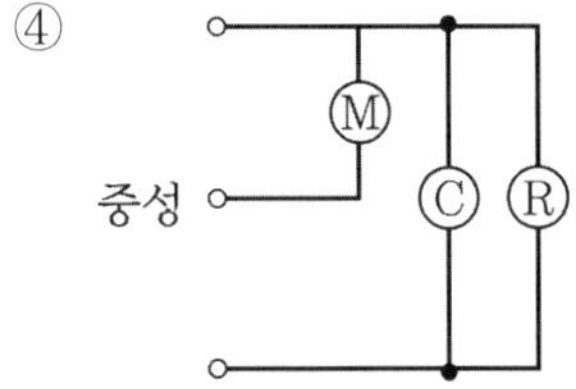

해설
단상 3선식
모터의 경우(200[V]) 선과 선 사이 양단에 걸려야 하므로 1번이 옳은 결선이 된다.

43

전선 $6[mm^2]$ 이하의 가는 단선을 직선접속할 때 어느 접속 방법으로 하여야 하는가?

① 브리타니어 접속　② 우산형 접속
③ 슬리브 접속　④ 트위스트 접속

해설
전선의 접속
$6[mm^2]$ 이하의 가는 단선 접속 시 트위스트 접속방법을 사용한다.

44

한 수용가의 인입선에서 분기하여 지지물을 거치지 아니하고 다른 수용장소의 인입구에 이르는 부분의 전선을 무엇이라 하는가?

① 가공인입선　② 옥외 배선
③ 연접인입선　④ 연접가공선

해설
연접인입선
한 수용가의 인입선에서 분기하여 다른 지지물을 거치지 아니하고 다른 수용장소의 인입구에 이르는 전선을 말한다.

45

지선에 사용되는 애자는 무엇인가?

① 인류애자　② 핀애자
③ 구형애자　④ 저압 옥애자

정답　41 ②　42 ①　43 ④　44 ③　45 ③

해설

구형애자
지선의 중간에 넣어서 사용되는 애자를 구형애자 또는 지선 애자라고 한다.

46

다음 중 과전류 차단기를 설치해야 하는 곳은?

① 접지공사의 접지도체
② 인입선
③ 다선식 전로의 중성선
④ 저압가공전선로의 접지 측 전선

해설

과전류 차단기 시설제한장소
1) 접지공사의 접지도체
2) 다선식 전로의 중성선
3) 전로 일부에 접지공사를 한 저압가공전선로의 접지 측 전선

47

활선 상태에서 전선의 피복을 벗기는 공구는?

① 전선 피박기 ② 애자커버
③ 와이어통 ④ 데드엔드 커버

해설

전선 피박기
활선 시 전선의 피복을 벗기는 공구는 전선 피박기이다.

48

두 개 이상의 회로에서 선행 동작 우선회로 또는 상대 동작 금지회로인 동력배선의 제어회로는?

① 자기유지회로 ② 인터록회로
③ 동작지연회로 ④ 타이머회로

해설

인터록회로
두 개 이상의 회로에서 선행 동작 우선회로 또는 상대 동작 금지회로를 말한다.

49

최대사용전압이 70[kV]인 중성점 직접 접지식 전로의 절연내력 시험전압은 몇 [V]인가?

① 35,000[V] ② 42,000[V]
③ 44,800[V] ④ 50,400[V]

해설

절연내력 시험전압
직접 접지이며 170[kV] 이하이므로
$V \times 0.72$, $70 \times 10^3 \times 0.72 = 50,400$[[V]

50

물체의 두께, 깊이, 안지름 및 바깥지름 등을 모두 측정할 수 있는 공구의 명칭은?

① 버니어 켈리퍼스 ② 마이크로미터
③ 다이얼 게이지 ④ 와이어 게이지

해설

버니어 켈리퍼스
버니어 켈리퍼스는 물체의 두께, 깊이, 안지름 및 바깥지름 등을 모두 측정할 수 있는 공구이다.

51

다음 [보기] 중 금속관, 애자, 합성수지 및 케이블 공사가 모두 가능한 특수 장소를 옳게 나열한 것은?

보기
① 화약고 등의 위험장소
② 부식성 가스가 있는 장소
③ 위험물 등이 존재하는 장소
④ 불연성 먼지가 많은 장소
⑤ 습기가 많은 장소

① ①, ②, ③ ② ②, ③, ④
③ ②, ④, ⑤ ④ ①, ④, ⑤

정답 46 ② 47 ① 48 ② 49 ④ 50 ① 51 ③

해설

여러 장소의 공사
위 언급된 공사 중 애자 공사는 화약고 또는 위험물이 존재하는 장소는 시설이 불가하다.

52

450/750[V] 일반용 단심 비닐절연전선의 약호는?

① NR ② IR
③ IV ④ NRI

해설

NR
450/750 일반용 단심 비닐절연전선의 약호를 말한다.

53

박강전선관에서 그 호칭이 잘못된 것은?

① 19[mm] ② 22[mm]
③ 25[mm] ④ 51[mm]

해설

박강전선관
박강전선관의 호칭은 홀수가 된다.

54

지선의 허용 최저 인장하중은 몇 [kN] 이상인가?

① 2.31 ② 3.41
③ 4.31 ④ 5.21

해설

지선의 시설기준
허용 최저 인장하중은 4.31[kN] 이상이어야만 한다.

55

특고압 수전설비의 결선 기호와 명칭으로 잘못된 것은?

① CB - 차단기 ② DS - 단로기
③ LA - 피뢰기 ④ LF - 전력퓨즈

해설

특고압 수전설비의 기호
전력퓨즈의 경우 PF가 되어야 한다.

56

저압 가공인입선의 인입구에 사용하며 금속관 공사에서 끝 부분의 빗물 침입을 방지하는 데 적당한 것은?

① 플로어 박스 ② 엔트런스 캡
③ 부싱 ④ 터미널 캡

해설

엔트런스 캡
인입구에 빗물의 침입을 방지하기 위하여 사용된다.

57

금속 전선관 작업에서 나사를 낼 때 필요한 공구는 어느 것인가?

① 파이프 벤더 ② 볼트클리퍼
③ 오스터 ④ 파이프 렌치

해설

금속관 작업공구
오스터의 경우 금속관 작업 시 나사를 낼 때 필요한 공구를 말한다.

정답 52 ① 53 ② 54 ③ 55 ④ 56 ② 57 ③

58

금속덕트를 조영재에 붙이는 경우 지지점 간의 거리는 최대 몇 [m] 이하로 하여야 하는가?

① 1.5　② 2.0
③ 3.0　④ 3.5

해설

금속덕트의 지지점 간의 거리
조영재 시설 시 3.0[m] 이하 간격으로 견고하게 지지한다.

2020년 CBT 복원문제 2회

전기이론

01

어느 도체에 3[A]의 전류를 1시간 동안 흘렸다. 이동된 전기량 Q[C]은 얼마인가?

① 180[C]　② 1,800[C]
③ 10,800[C]　④ 28,000[C]

해설

전기량 $Q=It$[C]이므로
$Q=3[\mathrm{A}]\times 3{,}600[\mathrm{sec}]=10{,}800[\mathrm{C}]$이다.

02

300[Ω]의 저항 3개를 사용하여 가장 작은 합성저항을 얻는 경우는 몇 [Ω]인가?

① 10　② 50
③ 100　④ 500

해설

저항을 직렬 연결할 경우 nR값으로 커지고 병렬 연결할 경우 $\frac{R}{n}$값으로 작아지게 된다. 직병렬을 혼합할 경우는 전체 병렬보다는 커진다. 그러므로 가장 작은 값은 병렬 시 $R=\frac{300}{3}=100[\Omega]$이다.

03

기전력 1.5[V], 내부 저항 0.1[Ω]인 전지 10개를 직렬 연결하고 전지 양단에 외부저항 9[Ω]를 연결하였을 때 전류[A]는?

① 1.0　② 1.5
③ 2.0　④ 2.5

정답 58 ③ / 01 ③ 02 ③ 03 ②

해설

전원 측의 전지의 전압은 $E=nV=10\times1.5=15[\text{V}]$이고 내부저항 $r=10\times0.1=1[\Omega]$이고 여기에 양단에 외부저항을 연결 시 직렬의 합성저항은 $R=r+R=1+9=10[\Omega]$이다.

전류 $I=\dfrac{V}{R}=\dfrac{15}{10}=1.5[\text{A}]$

04

50[V]를 가하여 30[C]을 3초 걸려서 이동하였다. 이 때의 전력은 몇 [kW]인가?

① 1.5　② 1.0
③ 0.5　④ 0.1

해설

전력 $P=\dfrac{W}{t}=\dfrac{QV}{t}=\dfrac{30\times50}{3}=500[\text{kW}]=0.5[\text{kW}]$

05

전류의 열작용과 관계가 있는 것은 어느 것인가?

① 키리히호프의 법칙　② 줄의 법칙
③ 패러데이 법칙　④ 렌츠의 법칙

해설

저항에 전류를 흘렸을 경우 발생하는 열을 줄 열이라고 한다.

06

콘덴서 C_1, C_2를 직렬로 연결하고 양단에 전압 V[V]를 걸었을 때 C_1에 걸리는 전압이 V_1이었다면 양단의 전체 전압 V[V]는?

① $V=\dfrac{C_2}{C_1+C_2}V_1$　② $V=\dfrac{C_1}{C_1+C_2}V_1$
③ $V=\dfrac{C_1+C_2}{C_2}V_1$　④ $V=\dfrac{C_1+C_2}{C_1C_2}V_1$

해설

V_1에 걸리는 전압 $V_1=\dfrac{C_2}{C_1+C_2}V$이므로

$V=\dfrac{C_1+C_2}{C_2}V_1$이 된다.

07

용량이 같은 콘덴서가 10개 있다. 이것을 직렬로 접속할 때의 값은 병렬로 접속할 때의 값보다 어떻게 되는가?

① 1/10배로 감소한다.　② 1/100배로 감소한다.
③ 10배로 증가한다.　④ 100배로 증가한다.

해설

직렬 합성 용량은 $C_{직}=\dfrac{C}{n}$, 병렬 합성 용량은 $C_{병}=nC$ 이므로 $\dfrac{C_{직}}{C_{병}}=\dfrac{\frac{C}{n}}{nC}=\dfrac{1}{n^2}$가 되므로 $\dfrac{1}{10^2}=\dfrac{1}{100}$배로 감소한다.

08

다음은 전기력선의 설명이다. 틀린 것은?

① 전기력선의 접선방향이 전기장의 방향이다.
② 전기력선은 높은 곳에서 낮은 곳으로 향한다.
③ 전기력선은 등전위면과 수직으로 교차한다.
④ 전기력선은 대전된 도체 표면에서 내부로 향한다.

09

일정한 직류 전원에 저항을 접속하여 전류를 흘릴 때 이 전류값을 10[%] 감소시키려면 저항은 처음의 저항에 몇 [%]가 되어야 하는가?

① 10[%] 감소　② 11[%] 감소
③ 10[%] 증가　④ 11[%] 증가

정답 04 ③ 05 ② 06 ③ 07 ② 08 ④ 09 ④

해설

저항과 전류는 반비례 관계이다.

$R \propto \frac{1}{I} = \frac{1}{0.9} = 1.11$이므로 11[%] 증가되면 전류는 10[%] 감소하여 흐른다.

10

평행한 두 도선이 같은 방향으로 전류가 흐를 때에 작용하는 힘과 떨어진 거리 r[m]와의 관계는?

① 흡인력이 작용하며 r에 비례한다.
② 반발력이 작용하며 r에 반비례한다.
③ 흡인력이 작용하며 r에 반비례한다.
④ 반발력이 작용하며 r에 제곱비례한다.

해설

평행도선의 작용힘 $F = \frac{2I_1I_2}{r} \times 10^{-7}$[N/m]이므로 r에 반비례하며 동일방향으로 전류가 흐를 경우는 흡인력, 전류가 반대방향 및 왕복일 경우는 반발력이 작용한다.

11

도체가 운동하여 자속을 끊었을 때 기전력의 방향을 알아내는 데 관계된 법칙은?

① 플레밍의 오른손 법칙
② 플레밍의 왼손 법칙
③ 렌츠의 법칙
④ 암페어 오른손 법칙

해설

도체가 운동하여 자속을 끊었을 때 기전력의 방향을 알아내는 데 관계된 법칙은 플레밍의 오른손 법칙이다. 이때 운동하는 속도는 엄지, 자속방향은 검지, 기전력은 중지를 가리킨다.

12

히스테리시스 곡선에서 종축과 만나는 것은 무엇을 나타내는가?

① 자기장　　② 잔류자기
③ 전속밀도　　④ 보자력

해설

히스테리시스 곡선의 종축은 자속밀도, 횡축은 자기장을 의미한다. 그리고 종축과 만나는 것은 전류자기, 횡축과 만나는 것은 보자력이다.

13

어떤 코일에 전류가 0.2초 동안에 2[A] 변화하여 기전력이 4[V]가 유기되었다면 이 회로의 자기 인덕턴스는 몇 [H]인가?

① 0.1　　② 0.2
③ 0.3　　④ 0.4

해설

인덕턴스의 유기기전력 $e = L\frac{di}{dt}$[V]이므로

$L = e \times \frac{dt}{di} = 4 \times \frac{0.2}{2} = 0.4$[H]

14

자기저항 R_m=100[AT/Wb]인 회로에 코일의 권수를 100회 감고 전류 10[A]를 흘리면 자속 ϕ[Wb]는?

① 0.1　　② 1
③ 10　　④ 100

해설

기자력 $F = NI = \phi R_m$[AT]이므로

자속 $\phi = \frac{NI}{R_m} = \frac{100 \times 10}{100} = 10$[Wb]이다.

정답 10 ③ 11 ① 12 ② 13 ④ 14 ③

CBT 복원

15

자기 인덕턴스가 L_1, L_2, 상호 인덕턴스가 M의 결합계수가 1일 때의 관계식으로 맞는 것은?

① $L_1L_2 > M$　② $L_1L_2 < M$
③ $\sqrt{L_1L_2} = M$　④ $\sqrt{L_1L_2} > M$

해설

상호 인덕턴스 $M = k\sqrt{L_1L_2}$[H]에서 결합계수가 1이므로 $\sqrt{L_1L_2} = M$

16

$i = 100\sqrt{2}\sin(377t - \frac{\pi}{6})$[A]인 교류 전류가 흐를 때 실효전류 I[A]와 주파수 f[Hz]가 맞는 것은?

① $I = 100[A]$, $f = 60[Hz]$
② $I = 100\sqrt{2}[A]$, $f = 60[Hz]$
③ $I = 100\sqrt{2}[A]$, $f = 377[Hz]$
④ $I = 100[A]$, $f = 377[Hz]$

해설

최대전류가 $I_m = 100\sqrt{2}$ 이므로

실효전류 $I = \frac{I_m}{\sqrt{2}} = \frac{100\sqrt{2}}{\sqrt{2}} = 100$[A]이다.

각속도 $\omega = 2\pi f = 377$이므로 $f = \frac{377}{2\pi} = 60$[Hz]

17

파형률의 정의식이 맞는 것은?

① $\frac{실효값}{평균값}$　② $\frac{실효값}{최대값}$
③ $\frac{최대값}{평균값}$　④ $\frac{최대값}{실효값}$

해설

파고율 $= \frac{최대값}{실효값}$, 파형률 $= \frac{실효값}{평균값}$

18

각 상의 임피던스가 $Z = 6 + j8$[Ω]인 평형 Y부하에 선간전압 200[V]인 대칭 3상 전압이 가해졌을 때 선전류 I[A]는 얼마인가?

① $\frac{20}{\sqrt{2}}$　② $\frac{20}{\sqrt{3}}$
③ $20\sqrt{3}$　④ $20\sqrt{2}$

해설

3상 Y결선은

$$I_l = I_p = \frac{V_p}{|Z|} = \frac{\frac{V_l}{\sqrt{3}}}{|Z|} = \frac{\frac{200}{\sqrt{3}}}{\sqrt{6^2+8^2}} = \frac{20}{\sqrt{3}}\text{[A]}$$

19

100[kVA]의 변압기 3대로 △ 결선하여 사용 중 한 대의 고장으로 V결선하였을 때 변압기 2개로 공급할 수 있는 3상 전력 P[kVA]는?

① 300　② $300\sqrt{3}$
③ $100\sqrt{3}$　④ 100

해설

V결선의 출력 $P_V = \sqrt{3}P_1$ (P_1 : 변압기 1대 용량)

$P_V = \sqrt{3} \times 100 = 100\sqrt{3}$[kVA]

20

전류 $i = 30\sqrt{2}\sin\omega t + 40\sqrt{2}\sin(3\omega t + \frac{\pi}{4})$[A]의 비정현파의 실효전류 I[A]는?

① 20　② 30
③ 40　④ 50

해설

비정현파의 실효값 전류

$I = \sqrt{I_1^2 + I_3^2} = \sqrt{30^2 + 40^2} = 50$[A]

정답 15 ③ 16 ① 17 ① 18 ② 19 ③ 20 ④

전기기기

21

다음 중 제동권선에 의한 기동토크를 이용하여 동기 전동기를 기동 시키는 방법은?

① 고주파 기동법　② 저주파 기동법
③ 기동전동기법　④ 자기기동법

해설

동기전동기의 기동법
1) 자기기동법 : 제동권선
2) 타전동기법 : 유도전동기

22

3상 유도전동기의 1차 입력 60[kW], 1차 손실 1[kW], 슬립이 3[%]라면 기계적 출력은 약 몇 [kW]인가?

① 57　② 75
③ 85　④ 100

해설

기계적인 출력 $P_0 = (1-s)P$
P 2차 입력이나 1차 입력이 60[kW], 손실이 1[kW]이므로 60 − 1 = 59[kW]가 2차 입력이 된다.
따라서 $P_0 = (1-0.03) \times 59 = 57.23$[kW]

23

일정 전압 및 일정 파형에서 주파수가 상승하면 변압기 철손은 어떻게 변하는가?

① 증가한다.
② 감소한다.
③ 불변이다.
④ 어떤 기간 동안 증가한다.

해설

변압기의 경우 철손과 주파수는 반비례한다.
따라서 주파수 상승 시 철손은 감소한다.

24

동기발전기의 돌발단락전류를 주로 제한하는 것은?

① 동기 리액턴스　② 누설 리액턴스
③ 권선저항　④ 역상 리액턴스

해설

돌발단락전류
돌발단락전류를 제한하는 것은 누설 리액턴스이다.

25

다음 중 자기 소호 제어용 소자는?

① SCR　② TRIAC
③ DIAC　④ GTO

해설

자기 소호 능력이 있는 제어용 소자는 GTO(Gate Trun Off)이다.

26

유도전동기의 동기속도를 N_s, 회전속도를 N이라 할 때 슬립은?

① $s = \dfrac{N_s - N}{N_s}$　② $s = \dfrac{N - N_s}{N}$
③ $s = \dfrac{N_s - N}{N}$　④ $s = \dfrac{N_s + N}{N_s}$

해설

유도전동기의 슬립 s

$$s = \frac{N_s - N}{N_s}$$

정답 21 ④ 22 ① 23 ② 24 ② 25 ④ 26 ①

CBT 복원

27

직류전동기를 기동할 때 흐르는 전기자 전류를 제한하는 가감저항기를 무엇이라 하는가?

① 단속저항기 ② 제어저항기
③ 가속저항기 ④ 기동저항기

해설

기동 시 전기자 전류를 제한하는 가감저항기를 기동저항기라고 한다.

28

그림은 동기기의 위상 특성 곡선을 나타낸 것이다. 전기자 전류가 가장 작게 흐를 때의 역률은?

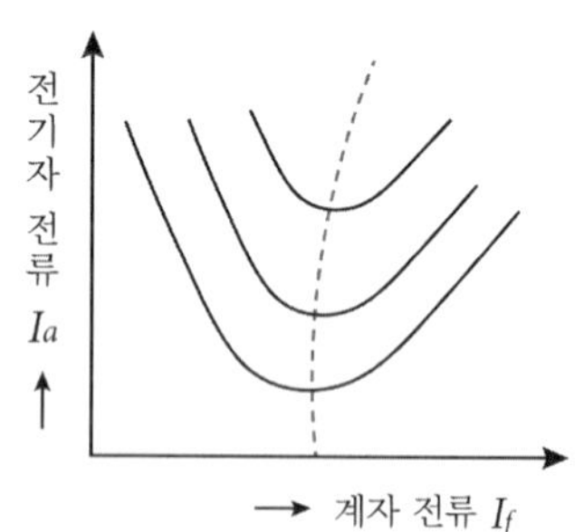

① 1 ② 0.9[진상]
③ 0.9[지상] ④ 0

해설

위상 특성 곡선의 전기자 전류가 최소가 될 때의 역률은 1이다.

29

단상 반파 정류회로에서 직류전압의 평균값으로 가장 적당한 것은? (단, E는 교류전압의 실효값)

① $0.45E[V]$ ② $0.9E[V]$
③ $1.17E[V]$ ④ $1.35E[V]$

해설

단상 반파 정류회로의 직류전압 $E_d = 0.45E[\mathrm{V}]$

30

3상 100[kVA], 13,200/200[V] 변압기의 저압 측 선전류의 유효분은 약 몇 [A]인가? (단, 역률은 0.8이다.)

① 100 ② 173
③ 230 ④ 260

해설

변압기 저압 측의 선전류의 유효분
$I = I_2 \cos\theta = 288.68 \times 0.8 = 230.94[\mathrm{A}]$

저압 측 선전류 $I_2 = \dfrac{P}{\sqrt{3}\,V_2} = \dfrac{100 \times 10^3}{\sqrt{3} \times 200} = 288.68[\mathrm{A}]$

31

변압기에 대한 설명 중 틀린 것은?

① 변압기의 정격용량은 피상전력으로 표시한다.
② 전력을 발생하지 않는다.
③ 전압을 변성한다.
④ 정격출력은 1차 측 단자를 기준으로 한다.

해설

변압기의 정격출력은 2차 측 단자를 기준으로 한다.

32

직류발전기의 무부하전압이 104[V], 정격전압이 100[V]이다. 이 발전기의 전압변동률 ϵ[%]은?

① 1 ② 3
③ 4 ④ 9

해설

전압변동률 $\epsilon = \dfrac{V_0 - V_n}{V_n} \times 100$

$= \dfrac{104 - 100}{100} \times 100 = 4[\%]$

정답 27 ④ 28 ① 29 ① 30 ③ 31 ④ 32 ③

33

100[V], 10[A], 전기자저항 1[Ω], 회전수 1,800[rpm]인 전동기의 역기전력은 몇 [V]인가?

① 80 ② 90
③ 100 ④ 110

해설

전동기의 역기전력 E

$E = V - I_a R_a = 100 - 10 \times 1 = 90[\mathrm{V}]$

34

유도전동기의 속도제어방법이 아닌 것은?

① 극수제어 ② 2차 저항제어
③ 일그너 제어 ④ 주파수제어

해설

유도전동기의 속도제어

주어진 조건의 극수제어, 주파수제어의 경우 농형 유도전동기의 속도제어가 되며, 2차 저항제어는 권선형 유도전동기의 속도제어 방법이다. 다만 일그너 제어의 경우 직류 전동기의 속도제어 방법이다.

35

전기설비에 사용되는 과전압 계전기는?

① OVR ② OCR
③ UVR ④ GR

해설

과전압 계전기

설정치 이상의 전압이 가해졌을 경우 동작하는 계전기로서 OVR(Over Voltage Relay)이라고도 한다.

36

3상 농형유도전동기의 $Y-\Delta$ 기동 시의 기동전류와 기동토크를 전전압 기동 시와 비교하면?

① 전전압 기동의 1/3배로 된다.
② 전전압 기동의 $\sqrt{3}$ 배가 된다.
③ 전전압 기동의 3배로 된다.
④ 전전압 기동의 9배로 된다.

해설

$Y-\Delta$ 기동

$Y-\Delta$ 기동 시 전류는 전전압 기동의 $\frac{1}{3}$ 배가 되며, 기동토크 역시 $\frac{1}{3}$ 배가 된다.

37

디지털(Digital Relay)형 계전기의 장점이 아닌 것은?

① 진동에 매우 강하다.
② 고감도, 고속도 처리가 가능하다.
③ 자기 진단 기능이 있으며 오차가 적다.
④ 소형화가 가능하다.

해설

디지털형 계전기의 특징

고감도, 고속도 처리가 가능하여 신뢰성이 매우 우수하고 자기 진단 기능이 있다. 또한 소형화가 가능하다.

38

계자권선과 전기자 권선이 병렬로 접속되어 있는 직류기는?

① 직권기 ② 분권기
③ 복권기 ④ 타여자기

정답 33 ② 34 ③ 35 ① 36 ① 37 ① 38 ②

해설

분권기
분권의 경우 계자와 전기자가 병렬로 연결된 직류기를 말한다.

39

전기기기의 철심 재료로 규소강판을 많이 사용하는 이유로 가장 적당한 것은?

① 와류손을 줄이기 위해
② 맴돌이 전류를 없애기 위해
③ 히스테리시스손을 줄이기 위해
④ 구리손을 줄이기 위해

해설

철심의 재료
규소강판 : 히스트레시스손을 줄이기 위해 사용한다.
성층철심 : 와류손을 줄이기 위해 사용한다.

40

동기조상기를 부족여자로 하면?

① 저항손의 보상 ② 콘덴서로 작용
③ 뒤진 역률 보상 ④ 리액터로 작용

해설

동기조상기의 운전
부족여자 시 리액터로 작용한다.

전기설비

41

다음 중 금속 전선관을 박스에 고정시킬 때 사용하는 것은?

① 새들 ② 부싱
③ 로크너트 ④ 클램프

해설

로크너트
관을 박스에 고정시킬 때 사용되는 것은 로크너트이다.

42

배전반 및 분전반의 설치 장소로 적합하지 못한 것은?

① 안정된 장소
② 전기회로를 쉽게 조작할 수 있는 장소
③ 개폐기를 쉽게 조작할 수 있는 장소
④ 은폐된 장소

해설

배・분전반의 경우 은폐된 장소에는 시설하지 않는다.

43

가연성 분진(소맥분, 전분, 유황 기타 가연성 먼지 등)으로 인하여 폭발할 우려가 있는 저압 옥내 설비공사로 적절한 것은?

① 금속관 공사 ② 애자 공사
③ 가요전선관 공사 ④ 금속 몰드 공사

해설

가연성 분진이 착화하여 폭발할 우려가 있는 곳에 전기 공사 방법은 금속관, 케이블, 합성수지관 공사에 의한다.

정답 39 ③ 40 ④ 41 ③ 42 ④ 43 ①

44

합성수지관 상호 및 관과 박스 접속 시 삽입하는 깊이는 관 바깥 지름의 몇 배 이상으로 하여야 하는가? (단, 접착제를 사용하지 않는 경우이다.)

① 0.6배　　② 0.8배
③ 1.2배　　④ 1.6배

해설

합성수지관의 접속
관 상호 또는 관과 박스 접속 시 삽입 깊이는 관 바깥 지름의 1.2배 이상이어야 한다. 다만 접착제를 사용 시 0.8배이다.

45

다음 중 전선의 굵기를 측정할 때 사용되는 것은?

① 와이어 게이지　　② 파이어 포트
③ 스패너　　④ 프레셔 툴

해설

와이어 게이지
전선의 굵기를 측정할 때 사용된다.

46

나전선 상호를 접속하는 경우 일반적으로 전선의 세기를 몇 [%] 이상 감소시키지 아니하여야 하는가?

① 2[%]　　② 10[%]
③ 20[%]　　④ 80[%]

해설

전선의 접속 시 유의사항
전선의 세기를 20[%] 이상 감소시키지 말 것
전선의 세기를 80[%] 이상 유지할 것

47

지중 또는 수중에 시설하는 양극과 피방식체 간의 전기부식 방지 시설에 대한 설명으로 틀린 것은?

① 지중에 매설하는 양극은 75[cm] 이상의 깊이일 것
② 수중에 시설하는 양극과 그 주위 1[m] 안의 임의의 점과의 전위차는 10[V]를 넘지 않을 것
③ 사용전압은 직류 60[V]를 초과할 것
④ 지표에서 1[m] 간격의 임의의 2점 간의 전위차가 5[V]를 넘지 않을 것

해설

전기부식방지설비
사용전압은 직류 60[V] 이하이어야 한다.

48

굵은 전선을 절단할 때 사용하는 전기공사용 공구는?

① 클리퍼　　② 녹아웃 펀치
③ 프레셔 툴　　④ 파이프 커터

해설

클리퍼
클리퍼는 펜치로 절단하기 어려운 굵은 전선을 절단 시 사용된다.

49

저압 가공인입선이 횡단보도교 위에 시설되는 경우 노면상 몇 [m] 이상의 높이에 설치되어야 하는가?

① 3　　② 4
③ 5　　④ 6

해설

저압 가공인입선의 높이
횡단보도교 횡단 시 노면상 3[m] 이상 높이에 시설하여야만 한다.

정답 44 ③ 45 ① 46 ③ 47 ③ 48 ① 49 ①

CBT 복원

50

연선 결정에 있어서 중심 소선을 뺀 총수가 3층이다. 소선의 총수 N은 얼마인가?

① 9 ② 19
③ 37 ④ 45

해설

연선의 총 소선수

$N = 3n(n+1)+1$

$= 3\times3\times(3+1)+1 = 37$

51

옥내배선 공사에서 절연전선의 피복을 벗길 때 사용하면 편리한 공구는?

① 드라이버 ② 플라이어
③ 압착펜치 ④ 와이어 스트리퍼

해설

와이어 스트리퍼
옥내배선 공사 시 전선의 피복을 벗길 때 사용되는 공구를 말한다.

52

가요전선관을 구부러지는 쪽의 안쪽 반지름을 가요전선관 안지름의 몇 배 이상으로 하여야 하는가?

① 3배 ② 4배
③ 5배 ④ 6배

해설

가요전선관의 경우 구부러지는 쪽의 안쪽 반지름을 가요전선관의 안지름의 6배 이상 구부려야 한다.

53

일반적으로 큐비클형이라고도 하며, 점유 면적이 좁고 운전, 보수에 용이하며 공장, 빌딩 등 전기실에 많이 사용되는 조립형, 장갑형이 있는 배전반은?

① 데드 프런트식 배전반
② 철제 수직형 배전반
③ 라이브 프런트식 배전반
④ 폐쇄식 배전반

해설

큐비클형
가장 많이 사용되는 유형으로 폐쇄식 배전반이라고도 하며 공장, 빌딩 등의 전기실에 널리 이용된다.

54

분기회로에 설치하여 개폐 및 고장을 차단할 수 있는 것은 무엇인가?

① 전력퓨즈 ② COS
③ 배선용 차단기 ④ 피뢰기

해설

분기회로를 개폐하고 고장을 차단하기 위해 설치하는 것은 배선용 차단기이다.

55

다음 공사 방법 중 옳은 것은 무엇인가?

① 금속 몰드 공사 시 몰드 내부에서 전선을 접속하였다.
② 합성수지관 공사 시 몰드 내부에서 전선을 접속하였다.
③ 합성수지 몰드 공사 시 몰드 내부에서 전선을 접속하였다.
④ 접속함 내부에서 전선을 쥐꼬리 접속을 하였다.

정답 50 ③ 51 ④ 52 ④ 53 ④ 54 ③ 55 ④

해설

전선의 접속

전선의 접속 시 몰드나, 관, 덕트 내부에서는 시행하지 않는다. 접속은 접속함에서 이루어져야 한다.

56

저압 구내 가공인입선으로 DV전선 사용 시 전선의 길이가 15[m]를 초과하는 경우 사용할 수 있는 전선의 굵기는 몇 [mm] 이상이어야 하는가?

① 1.5　② 2.0
③ 2.6　④ 4.0

해설

저압 가공인입선

전선의 굵기는 2.6[mm] 이상이어야 한다. (단, 경간이 15[m] 이하의 경우 2.0[mm] 이상)

57

전원의 380/220[V] 중성극에 접속된 전선을 무엇이라 하는가?

① 접지선　② 중성선
③ 전원선　④ 접지측선

해설

중성선

다선식전로의 중성극에 접속된 전선을 말한다.

2020년 CBT 복원문제 3회

전기이론

01

3[℧]와 6[℧]의 컨덕턴스 두 개를 직렬연결하고 양단의 전압이 300[V]이었다. 3[℧]에 걸리는 단자 전압은 몇 [V]인가?

① 50[V]　② 100[V]
③ 200[V]　④ 250[V]

해설

컨덕턴스 직렬회로에서 한 단자에 걸리는 전압은

$$V_3 = \frac{G_6}{G_3 + G_6} \times V = \frac{6}{3+6} \times 300 = 200[\mathrm{V}]$$

02

200[V], 2[kW]의 전열기 2개를 같은 전압에서 직렬로 접속하는 경우의 전력은 병렬로 접속하는 경우의 전력에 몇 배가 되는가?

① 1/2배로 줄어든다.　② 1/4배로 줄어든다.
③ 2배로 증가된다.　④ 4배로 증가된다.

해설

전열기의 저항을 구하면 $P = \frac{V^2}{R}$ 에서

$$R = \frac{V^2}{P} = \frac{200^2}{2,000} = 20[\Omega]$$

직렬 연결일 때 $P_1 = \frac{V^2}{R} = \frac{200^2}{20+20} = 1,000[\mathrm{W}]$

병렬 연결일 때 $P_2 = \frac{V^2}{R} = \frac{200^2}{(\frac{20}{2})} = 4,000[\mathrm{W}]$이므로

직렬의 경우가 병렬의 경우보다 1/4배로 줄어든다.

정답 56 ③　57 ②　/　01 ③　02 ②

03

10[Ω]의 저항과 R[Ω]의 저항이 병렬로 접속되어 있고, 10[Ω]에는 5[A]가 흐르고 R[Ω]에는 2[A]가 흐른다면 저항 R[Ω]은 얼마인가?

① 20 ② 25
③ 30 ④ 35

해설
병렬 연결은 전압이 일정하고 10[Ω]에 전류가 5[A]이므로 $V=IR=5\times10=50$[V]이며 R[Ω]의 양단의 전압과 같다.
그러므로 2[A]가 흐르는 저항 $R=\frac{V}{I}=\frac{50}{2}=25$[Ω]

04

임의의 폐회로에서 키르히호프의 제2법칙을 잘 나타낸 것은?

① 전압강하의 합 = 합성저항의 합
② 합성저항의 합 = 유입전류의 합
③ 기전력의 합 = 전압강하의 합
④ 기전력의 합 = 합성저항의 합

해설
제2법칙은 전압 법칙으로서 임의의 폐회로에서 전압강하의 총합은 기전력의 합과 같다.

05

저항의 병렬접속에서 합성저항을 구하는 설명으로 맞는 것은?

① 연결되는 저항을 모두 합하면 된다.
② 각 저항값의 역수에 대한 합을 구하면 된다.
③ 각 저항값을 모두 합하고 각 저항의 개수로 나누면 된다.
④ 저항값의 역수에 대한 합을 구하고 이를 다시 역수를 취하면 된다.

해설
병렬접속의 합성저항 $R=\frac{1}{\frac{1}{R_1}+\frac{1}{R_2}+\frac{1}{R_3}+\cdots}$[Ω]

06

전기장에 대한 설명으로 옳지 않은 것은?

① 대전된 무한장 원통의 내부 전기장은 0이다.
② 대전된 구의 내부 전기장은 0이다.
③ 대전된 도체 내부의 전하 및 전기장은 모두 0이다.
④ 도체 표면에서 외부로 향하는 전기장은 그 표면에 평행하다.

해설
전기장 즉, 전기력선은 도체 표면에서 외부로 수직으로 나간다.

07

0.02[μF], 0.03[μF] 2개의 콘덴서를 병렬로 접속할 때의 합성용량은 몇 [μF]인가?

① 0.01 ② 0.05
③ 0.1 ④ 0.5

해설
콘덴서의 병렬접속의 합성용량은 $C=C_1+C_2$이므로
$C=0.02+0.03=0.05$

08

다음은 전기력선의 설명이다. 틀린 것은?

① 전기력선의 접선방향이 전기장의 방향이다.
② 전기력선은 높은 곳에서 낮은 곳으로 향한다.
③ 전기력선은 등전위면과 수직으로 교차한다.
④ 전기력선은 대전된 도체 표면에서 내부로 향한다.

정답 03 ② 04 ③ 05 ④ 06 ④ 07 ② 08 ④

09

평행판 콘덴서 C[F]에 일정 전압을 가하고 처음의 극판 간격을 2배로 증가시켰다면 평행판 콘덴서는 처음의 몇 배가 되는가?

① 2배로 증가된다. ② 4배로 증가된다.
③ 1/2배로 줄어든다. ④ 1/4배로 줄어든다.

해설

평행판 콘덴서 $C=\frac{\varepsilon S}{d}$[F]에서 간격과 반비례하므로 1/2배로 줄어든다.

10

전류에 의해 발생되는 자장의 크기는 전류의 크기와 전류가 흐르고 있는 도체와 고찰하려는 점까지의 거리에 의해 결정되는 관계 법칙은?

① 비오-샤바르의 법칙
② 플레밍의 오른손 법칙
③ 패러데이의 법칙
④ 쿨롱의 법칙

해설

비오-샤바르의 법칙으로 $dH=\frac{Idl\sin\theta}{4\pi r^2}$[AT/m]

11

물질에 따라 자석에 반발하는 물체를 무엇이라 하는가?

① 반자성체 ② 상자성체
③ 강자성체 ④ 가역성체

해설

반자성체는 자석을 가까이 하면 반발하는 물체로서 자성화되지 않는다.

12

공기 중에서 반지름이 1[m]인 원형 도체에 2[A]의 전류가 흐르면 원형 코일 중심의 자장의 크기[AT/m]는?

① 0.5 ② 1
③ 1.5 ④ 2

해설

원형 코일 중심의 자계의 세기 $H=\frac{NI}{2a}=\frac{1\times 2}{2\times 1}=1$[AT/m]

13

자기 인덕턴스가 0.4[H]인 어떤 코일에 전류가 0.2초 동안에 2[A] 변화하여 유기되는 전압[V]은?

① 1 ② 2
③ 3 ④ 4

해설

인덕턴스의 유기기전력

$e=-L\frac{di}{dt}[V]=-0.4\times\frac{2}{0.2}=-4$[V]

14

두 개의 자체 인덕턴스를 직렬로 접속하여 합성 인덕턴스를 측정하였더니 95[H]이다. 한 쪽 인덕턴스를 반대로 접속하여 측정하였더니 합성 인덕턴스가 15[H]가 되었다. 이 두 코일의 상호 인덕턴스 M[H]는?

① 40 ② 30
③ 20 ④ 10

해설

처음 조건은 가동접속이므로 $95=L_1+L_2+2M$,
두 번째 조건은 차동접속이므로 $15=L_1+L_2-2M$이다.
이 두 식을 빼면 (95 − 15) = 4M, $M=\frac{95-15}{4}=20$[H]

정답 09 ③ 10 ① 11 ① 12 ② 13 ④ 14 ③

15

10[Ω]의 저항 회로에 $v = 100\sin(377t + \frac{\pi}{3})$[V]의 전압을 인가했을 때 전류의 순시값은?

① $i = 10\sin(377t + \frac{\pi}{6})$[A]

② $i = 10\sin(377t + \frac{\pi}{3})$[A]

③ $i = 10\sqrt{2}\sin(377t + \frac{\pi}{6})$[A]

④ $i = 10\sqrt{2}\sin(377t + \frac{\pi}{3})$[A]

해설

$i = \frac{v}{R} = \frac{100}{10}\sin(377t + \frac{\pi}{3}) = 10\sin(377t + \frac{\pi}{3})$ [A]이다.

16

세 변의 저항 $R_a = R_b = R_c = 15$[Ω]인 △ 결선을 Y 결선으로 변환할 경우 각 변의 저항은?

① 5[Ω] ② 6[Ω]
③ 7.5[Ω] ④ 45[Ω]

해설

△ 결선을 Y결선으로 변환할 경우 저항은 1/3배가 되므로

$15 \times \frac{1}{3} = 5$[Ω]

17

어떤 정현파의 교류의 최대값이 100[V]이면 평균값 V_a[V]는?

① $\frac{200}{\pi}$ ② $\frac{200\sqrt{2}}{\pi}$
③ 200π ④ $200\sqrt{2}\pi$

해설

평균값 $V_a = \frac{2V_m}{\pi} = \frac{2 \times 100}{\pi} = \frac{200}{\pi}$[V]

18

220[V]용 100[W] 전구와 200[W] 전구를 직렬로 연결하여 전압을 인가하면 어떻게 되겠는가?

① 두 전구의 밝기는 같다.
② 100[W]의 전구가 더 밝다.
③ 200[W]의 전구가 더 밝다.
④ 두 전구 모두 점등되지 않는다.

해설

직렬 연결은 전류가 일정하므로 저항이 큰 것이 전구 밝기가 크다.

100[W] 전구의 저항값은

$P = \frac{V^2}{R}$, $R = \frac{220^2}{100} = 484$[Ω]

200[W] 전구의 저항값은

$P = \frac{V^2}{R}$, $R = \frac{220^2}{200} = 161.3$[Ω]

그러므로 100[W]의 전구가 더 밝다.

19

교류 단상 전원 100[V]에 500[W] 전열기를 접속하였더니 흐르는 전류가 10[A]였다면 이 전열기의 역률은?

① 0.8 ② 0.7
③ 0.5 ④ 0.4

해설

교류전력 $P = VI\cos\theta$[W]에서

역률 $\cos\theta = \frac{P}{VI} = \frac{500}{100 \times 10} = 0.5$

정답 15 ② 16 ① 17 ① 18 ② 19 ③

20

RLC 직렬회로에서 전압과 전류가 동상이 되기 위한 조건은?

① $\omega^2 = LC$　　② $\omega = \sqrt{LC}$
③ $\omega L^2 C = 1$　　④ $\omega^2 LC = 1$

해설

RLC 직렬회로에서 전압과 전류가 동상이 되려면 공진일 때이다.

그러므로 $\omega L = \frac{1}{\omega C}$, $\omega^2 LC = 1$일 때 동상이 된다.

전기기기

21

3상 유도전동기의 원선도를 그리는 데 필요하지 않는 시험은?

① 저항측정　　② 무부하시험
③ 구속시험　　④ 슬립측정

해설

원선도를 그리기 위한 시험법
1) 저항측정시험
2) 무부하시험
3) 구속시험

22

단상 유도전동기를 기동하려고 할 때 다음 중 기동토크가 가장 큰 것은?

① 셰이딩 코일형　　② 반발 기동형
③ 콘덴서 기동형　　④ 분상 기동형

해설

단상유도전동기의 기동토크의 대소 관계
반발 기동형 > 반발 유도형 > 콘덴서 기동형 > 분상 기동형 > 셰이딩 코일형

23

동기속도 1,800[rpm], 주파수 60[Hz]인 동기발전기의 극수는 몇 극인가?

① 2　　② 4
③ 8　　④ 10

정답 20 ④ 21 ④ 22 ② 23 ②

CBT 복원

해설

동기속도 N_s

$$N_s = \frac{120}{P}f[\text{rpm}]$$

극수 $P = \frac{120}{N_s}f$

$$= \frac{120 \times 60}{1,800} = 4[\text{극}]$$

24

부흐홀쯔 계전기의 설치 위치로 가장 적당한 것은?

① 변압기 주 탱크 내부
② 콘서베이터 내부
③ 변압기 고압 측 부싱
④ 변압기 주탱크와 콘서베이터 사이

해설

부흐홀쯔 계전기의 설치 위치
변압기 내부고장을 보호하는 부흐홀쯔 계전기는 주변압기와 콘서베이터 사이에 설치한다.

25

전기자 저항이 0.1[Ω], 전기자전류 104[A], 유도기전력 110.4[V]인 직류 분권발전기의 단자전압은 몇 [V]인가?

① 98　② 100
③ 102　④ 105

해설

분권발전기의 단자전압
분권발전기의 유기기전력 $E = V + I_a R_a$
단자전압 $V = E - I_a R_a$

$$= 110.4 - 104 \times 0.1 = 100[\text{V}]$$

26

6극의 1,200[rpm]인 동기발전기와 병렬운전하려는 8극 동기발전기의 회전수는 몇 [rpm]인가?

① 600　② 900
③ 1,200　④ 1,800

해설

동기발전기의 병렬운전
병렬운전 시 주파수가 일치하여야 하므로 양 발전기의 주파수는 같다.

따라서 $f = \frac{N_s \times P}{120} = \frac{1,200 \times 6}{120} = [\text{Hz}]$

8극의 동기발전기의 회전수

$$N_s = \frac{120}{P}f = \frac{120}{8} \times 60 = 900[\text{rpm}]$$

27

반도체 내에서 정공은 어떻게 생성되는가?

① 접합 불량　② 자유전자의 이동
③ 결합 전자의 이탈　④ 확산 용량

해설

결합 전자의 이탈로 전자의 빈자리가 생길 경우 그 빈자리를 정공이라 한다.

28

동기기의 전기자 권선법이 아닌 것은?

① 전절권　② 2층 분포권
③ 단절권　④ 중권

해설

동기기의 전기자 권선법
동기발전기의 경우 전기자 권선법은 중권을 채택하며, 분포권, 단절권을 채택한다.

정답 24 ④　25 ②　26 ②　27 ③　28 ①

29

2대의 동기발전기가 병렬운전하고 있을 때 동기화 전류가 흐르는 경우는?

① 기전력의 크기에 차가 있을 때
② 기전력의 파형에 차가 있을 때
③ 부하분담에 차가 있을 때
④ 기전력의 위상차가 있을 때

해설

동기발전기의 병렬운전조건
기전력의 위상차가 다를 경우 동기화전류가 흐르게 된다.

30

다음 중 전력 제어용 반도체 소자가 아닌 것은?

① TRIAC ② GTO
③ IGBT ④ LED

해설

전력 제어용 반도체 소자
LED는 발광소자이다.

31

6,600/200[V]인 변압기의 1차에 2,850[V]를 가하면 2차 전압[V]는?

① 90 ② 95
③ 120 ④ 105

해설

변압기 권수비

$$a = \frac{V_1}{V_2} = \frac{6,600}{220} = 30$$

따라서 $V_2 = \frac{V_1}{a} = \frac{2,850}{30} = 95[\text{V}]$

32

계전기가 설치된 위치에서 고장점까지의 임피던스에 비례하여 동작하여 보호하는 보호계전기는?

① 과전압 계전기 ② 단락회로 선택 계전기
③ 방향 단락계전기 ④ 거리 계전기

해설

거리 계전기
거리 계전기란 전압, 전류, 위상차 등을 이용하여 고장점까지의 거리를 전기적인 거리(임피던스)로 측정하여 보호하는 보호계전기를 말한다. 주로 송전선로의 단락보호에 적합하며 후비보호로 사용된다.

33

다음은 3상 유도전동기 고정자 권선의 결선도를 나타낸 것이다. 맞는 사항을 고르시오.

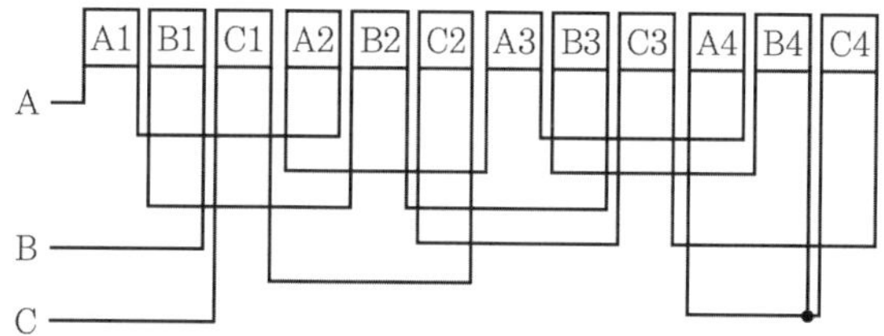

① 3상 4극, Δ결선 ② 3상 2극, Δ결선
③ 3상 4극, Y결선 ④ 3상 2극, Y결선

해설

그림은 3상(A, B, C) 4극(1, 2, 3, 4)이 하나의 접점에 연결되어 있으므로 Y결선이다.

34

1차 전압 13,200[V], 2차 전압 220[V]인 단상변압기의 1차에 6,000[V]의 전압을 가하면 2차 전압은 몇 [V]인가?

① 100 ② 200
③ 50 ④ 250

정답 29 ④ 30 ④ 31 ② 32 ④ 33 ③ 34 ①

해설

변압기의 권수비 a

$a = \frac{V_1}{V_2} = \frac{13,200}{220} - 60$

$V_2 = \frac{V_1}{a} = \frac{6,000}{60} = 100[V]$

35

20[kVA]의 단상 변압기 2대를 사용하여 V-V결선으로 하고 3상 전원을 얻고자 한다. 이때 여기에 접속시킬 수 있는 3상 부하의 용량은 약 몇 [kVA]인가?

① 34.6 ② 40
③ 44.6 ④ 66.6

해설

변압기 V결선

$P_V = \sqrt{3} \times P$

$= \sqrt{3} \times 20 = 34.6[kVA]$

36

동기속도 N_s[rpm], 회전속도 N[rpm], 슬립을 s라 하였을 때 2차 효율은?

① $(s-1) \times 100$ ② $(1-s)N_s \times 100$
③ $\frac{N}{N_s} \times 100$ ④ $\frac{N_s}{N} \times 100$

해설

유도전동기의 2차 효율 η_2

$\eta_2 = (1-s) \times 100 = \frac{N}{N_s} \times 100$

37

직류분권전동기의 특징이 아닌 것은?

① 정격으로 운전 중 무여자 운전하면 안 된다.
② 계자권선에 퓨즈를 넣으면 안 된다.
③ 전기자전류가 토크의 제곱에 비례한다.
④ 계자권선과 전기자권선이 병렬로 연결되었다.

해설

직류분권전동기

전기자 전류 I_a는 토크에 비례한다.

38

다음 중 승압용 결선으로 알맞은 것은?

① $\Delta - \Delta$ ② $Y - Y$
③ $Y - \Delta$ ④ $\Delta - Y$

해설

변압기의 승압용 결선

승압용이 되려면 결선이 $\Delta - Y$결선이 되어야 한다.

39

직류발전기에서 전압정류의 역할을 하는 것은?

① 보극 ② 탄소브러쉬
③ 전기자 ④ 리액턴스코일

해설

직류발전기의 전압정류

1) 전압정류 = 보극
2) 저항정류 = 탄소브러쉬

40

직류복권발전기를 병렬운전할 때 반드시 필요한 것은?

① 과부하 계전기 ② 균압선
③ 용량이 같을 것 ④ 외부특성곡선이 일치할 것

해설

직류발전기의 병렬운전조건

직권발전기와 복권발전기는 병렬운전 시 균압선이 필요하다.

정답 35 ① 36 ③ 37 ③ 38 ④ 39 ① 40 ②

전기설비

41

지선의 중간에 넣는 애자의 명칭은?

① 곡핀애자 ② 인류애자
③ 구형애자 ④ 핀애자

해설

지선
지선의 중간에 넣는 애자는 구형애자이다.

42

화약고 등의 위험 장소의 배선 공사에서 전로의 대지전압은 몇 [V] 이하로 하도록 되어 있는가?

① 100 ② 220
③ 300 ④ 400

해설

화약고 등의 시설기준
대지전압은 300[V] 이하로 하여야 한다.

43

셀룰로이드, 성냥, 석유류 및 기타 가연성 위험물질을 제조 또는 저장하는 장소의 배선으로 잘못된 것은?

① 케이블 배선 ② 플로어덕트 배선
③ 금속관 배선 ④ 합성수지관 배선

해설

셀룰로이드, 성냥, 석유류 및 기타 가연성 위험물질을 제조 또는 저장하는 장소의 배선은 금속관, 케이블, 합성수지관 배선에 의하여야 한다.

44

고압 가공전선로의 전선의 조수가 3조일 때 완금의 길이는 몇 [mm]인가?

① 1,200 ② 1,400
③ 1,800 ④ 2,400

해설

완금의 길이
고압이며 3조인 경우 1,800[mm]가 된다.

45

전선을 압착시킬 때 사용되는 공구는?

① 와이어 트리퍼 ② 프레셔 툴
③ 클리퍼 ④ 오스터

해설

프레셔 툴
솔더리스 커넥터 또는 솔더리스 터미널을 압착하는 것

46

접착제를 사용하는 합성수지관 상호 및 관과 박스는 접속 시 삽입하는 깊이는 관 바깥지름의 몇 배 이상으로 하여야 하는가?

① 0.8배 ② 1배
③ 1.2배 ④ 1.6배

해설

합성수지관의 접속
관과 박스의 접속 시 관 바깥지름의 1.2배 이상이어야 한다.
(단, 접착제 사용 시 0.8배)

정답 41 ③ 42 ③ 43 ② 44 ③ 45 ② 46 ①

47

전선의 접속에 대한 설명으로 틀린 것은?

① 접속 부분의 전기적인 저항을 20[%] 증가
② 접속 부분의 인장강도를 80[%] 이상 유지
③ 접속 부분의 전선 접속기구를 사용함
④ 알루미늄전선과 구리선의 접속 시 전기적인 부식이 생기지 않도록 함

해설

전선의 접속 시 유의사항
전선의 세기를 20[%] 이상 감소시켜서는 아니 되며, 접속부분의 전기적인 저항이 증가되어서는 안 된다.

48

금속덕트에 넣는 전선의 단면적(절연피복의 단면적 포함)의 합계는 덕트 내부 단면적의 몇 [%] 이하로 하여야 하는가? (단, 전광표시장치, 기타 이와 유사한 장치 또는 제어회로등의 배선만을 넣는 경우가 아니다.)

① 20 ② 40
③ 60 ④ 80

해설

덕트 내에 넣는 전선의 단면적의 합계는 덕트 내부 단면적에 20[%] 이하로 하여야 한다. (단, 전광표시, 제어회로용의 경우 50[%] 이하)

49

옥내에 저압전로와 대지 사이의 절연저항 측정에 알맞은 계기는?

① 회로 시험기 ② 접지 측정기
③ 네온 검전기 ④ 메거 측정기

해설

절연저항 측정기는 메거라고 한다.

50

조명기구의 배광에 의한 분류 중 하향광속이 90~100[%] 정도의 빛이 나는 조명방식은?

① 직접조명 ② 반직접조명
③ 반간접저명 ④ 간접조명

해설

배광에 의한 분류
직접조명의 경우 하향광속의 비율이 90~100[%]가 된다.

51

정션 박스 내에서 전선을 접속할 수 있는 것은?

① S형 슬리브 ② 꽂음형 커넥터
③ 와이어 커넥터 ④ 매팅타이어

해설

와이어 커넥터는 박스 내에 전선을 접속함에 있어 별도의 테이프나 납땜이 필요 없는 것을 말한다.

52

일반적으로 과전류 차단기를 설치하여야 할 곳은?

① 접지공사의 접지도체
② 다선식 전로의 중성선
③ 저압 가공전로의 접지 측 전선
④ 송배전선의 보호용, 인입선 등 분기선을 보호하는 곳

해설

과전류 차단기 시설제한장소
1) 접지공사의 접지도체
2) 다선식 전로의 중성선
3) 전로일부에 접지공사를 한 저압 가공전선로의 접지 측 전선

정답 47 ① 48 ① 49 ④ 50 ① 51 ③ 52 ④

53

철근콘크리트주의 길이가 12[m]인 지지물을 건주하는 경우에는 땅에 묻히는 최소 길이는 얼마인가? (단, 6.8[kN] 이하의 것을 말한다.)

① 1.0[m] ② 1.2[m]
③ 1.5[m] ④ 2.0[m]

해설

전주의 근입 깊이

15[m] 이하의 경우 전장의 길이 $\times \frac{1}{6}$ 이므로

$12 \times \frac{1}{6} = 2$[m]가 된다.

54

인입용 비닐절연전선의 약호는?

① OW ② DV
③ NR ④ FTC

해설

인입용 비닐절연전선의 약호는 DV전선을 말한다.

55

전원의 380/220[V] 중성극에 접속된 전선을 무엇이라 하는가?

① 접지선 ② 중성선
③ 전원선 ④ 접지측선

해설

중성선

다선식 전로의 중성극에 접속된 전선을 말한다.

56

450/750[V] 일반용 단심 비닐절연전선의 약호는?

① NR ② IR
③ IV ④ NRI

해설

NR

450/750 일반용 단심 비닐절연전선의 약호를 말한다.

57

금속관의 배관을 변경하거나 캐비닛의 구멍을 넓히기 위한 공구는 어느 것인가?

① 체인 파이프 렌치 ② 녹아웃 펀치
③ 프레셔 툴 ④ 잉글리스 스패너

해설

녹아웃 펀치

배전반, 분전반에 배관 변경 또는 이미 설치된 캐비닛에 구멍을 뚫을 때 필요로 한다.

58

승강기 및 승강로 등에 사용되는 전선이 케이블이며 이동용 전선이라면 그 전선의 굵기는 몇 [mm^2] 이상이어야 하는가?

① 0.55 ② 0.75
③ 1.2 ④ 1.5

해설

승강기 및 승강로에 사용되는 전선

이동용 케이블의 경우 0.75[mm^2] 이상이어야만 한다.

정답 53 ④ 54 ② 55 ② 56 ① 57 ② 58 ②

CBT 복원

2020년 CBT 복원문제 4회

전기이론

01

다음 설명 중 잘못된 것은?

① 저항은 전선의 길이에 비례한다.
② 저항은 전선의 단면적의 반지름에 반비례한다.
③ 저항은 전선의 고유저항에 비례한다.
④ 저항은 전선의 단면적에 반비례한다.

해설

저항 $R=\frac{\rho l}{S}=\frac{l}{kS}=\frac{\rho l}{\pi r^2}[\Omega]$이므로 단면적의 반지름 제곱에 반비례한다.

02

전압이 100[V], 내부저항이 1[Ω]인 전지 5개를 병렬 연결하면 전지의 전체 전압은 몇 [V]인가?

① 20　② 40
③ 80　④ 100

해설

동일 전기를 m개 병렬 연결하면 내부저항은 $\frac{r}{m}[\Omega]$이 되고 전압은 동일한 V[V]이다.

03

일정한 직류 전원에 저항을 접속하여 전류를 흘릴 때 전류를 10[%] 증가시키려면 저항은 어떻게 되겠는가?

① 약 9[%] 감소　② 약 9[%] 증가
③ 약 10[%] 감소　④ 약 10[%] 증가

해설

전류와 저항은 반비례하므로

$R\propto\frac{1}{I}=\frac{1}{1.1}=0.909 \fallingdotseq 0.91$이므로 약 9[%] 감소

04

어느 전기기구의 소비전력량이 2[kWh]를 10시간 사용한다면 전력은 몇 [W]인가?

① 100　② 150
③ 200　④ 250

해설

전력량 $W=Pt$[J]에서 전력 $P=\frac{W}{t}=\frac{2\times10^3}{10}=200$[W]

05

서로 다른 금속을 접합하여 두 접합점에 온도차를 주면 전기가 발생하는 현상을 이용하여 열전대에 사용하는 효과는?

① 펠티어 효과　② 제어벡 효과
③ 핀치 효과　④ 표피 효과

06

10[C]의 전자량을 이동시키는 데 200[J]의 일이 발생하였다면 이때 인가한 전압은 얼마인가?

① 2,000　② 200
③ 20　④ 2

해설

이동에너지 $W=QV$[J]이므로

전압 $V=\frac{W}{Q}=\frac{200}{10}=20$[V]이다.

정답 01 ② 02 ④ 03 ① 04 ③ 05 ② 06 ③

07

진공 중의 어느 한 지점의 전장의 세기가 100[V/m]일 때 5[m] 떨어진 지점의 전위[V]는?

① 500 ② 50
③ 200 ④ 20

해설

전계와 전위의 관계는 $V=Ed$[V]이므로
$V=100\times5=500$[V]이다.

08

다음 전기력선의 성질 중 맞지 않은 것은?

① 전기력선은 전위가 높은 곳에서 낮은 곳으로 향한다.
② 전기력선의 밀도는 전계의 세기와 같다.
③ 전기력선의 법선 방향이 전장의 방향이다.
④ 전기력선은 음전하에서 나와 양전하에서 끝난다.

해설

전기력선은 양전하에서 나와 음전하에서 끝난다.

09

동일한 콘덴서 C[F]의 콘덴서가 10개 있다. 이를 직렬연결하면 병렬연결할 때보다 몇 배가 되겠는가?

① 0.1배 ② 0.01배
③ 10배 ④ 100배

해설

동일 콘덴서를 직렬연결하면 $\frac{C}{m}=\frac{C}{10}$

병렬연결하면 $mC=10C$이다.

그러므로 $\frac{\text{직렬}C}{\text{병렬}C}=\frac{\frac{C}{10}}{10C}=0.01$배가 된다.

10

진공 중의 투자율 μ_0[H/m] 값은 얼마인가?

① $\mu_0=8.855\times10^{-12}$ ② $\mu_0=6.33\times10^4$
③ $\mu_0=4\pi\times10^{-7}$ ④ $\mu_0=9\times10^9$

해설

진공 중의 투자율은 $\mu_0=4\pi\times10^{-7}$[H/m]이다.

11

자기장 내에 전류가 흐르는 도선을 놓았을 때 작용하는 힘은 다음 중 어느 법칙인가?

① 플레밍의 오른손 법칙
② 플레밍의 왼손 법칙
③ 암페어의 오른손 법칙
④ 패러데이 법칙

12

반지름이 r[m]인 환상솔레노이드에 권수 N회를 감고 전류 I[A]를 흘리면 자장의 세기는 몇 H[AT/m]인가?

① $\frac{NI}{2r}$ ② $\frac{NI}{2\pi r}$
③ $\frac{NI}{4r}$ ④ $\frac{NI}{4\pi r}$

해설

환상솔레노이드의 자계 $H=\frac{NI}{2\pi r}$이다.

정답 07 ① 08 ④ 09 ② 10 ③ 11 ② 12 ②

CBT 복원

13

전류가 각각 I_1, I_2가 흐르는 평행한 두 도선이 거리 r[m]만큼 떨어져 있을 때 단위 길이당 작용하는 힘 F[N/m]은?

① $\dfrac{2I_1I_2}{r}\times10^{-7}$　② $\dfrac{2I_1I_2}{r^2}\times10^{-7}$

③ $\dfrac{I_1I_2}{r}\times10^{-7}$　④ $\dfrac{I_1I_2}{r^2}\times10^{-7}$

14

자기 인덕턴스가 $L_1=10$[H], $L_2=40$[H] 두 코일을 직렬 가동 접속하면 합성 인덕턴스는 몇 L[H]인가? (단, 상호 인덕턴스가 $M=1$[H]이다.)

① 52　② 48

③ 51　④ 47

해설

인덕턴스의 직렬 가동 접속의 합성 인덕턴스는

$L=L_1+L_2+2M$이다.

$L=L_1+L_2+2M=10+40+2\times1=52$[H]

15

코일 권수 100회인 코일 면에 수직으로 1초 동안에 자속이 0.5[Wb]가 변화했다면 이때 코일에 유도되는 기전력[V]은?

① 5　② 50

③ 500　④ 5,000

해설

유기기전력 $e=-N\dfrac{d\phi}{dt}=-100\times\dfrac{0.5}{1}=-50$[V]

절대값은 50[V]이다.

16

어느 교류 정현파의 최대값이 1[V]일 때 실효값 V[V]과 평균값 V_a[V]은 각각 얼마인가?

① $V=\dfrac{1}{2},\ V_a=\dfrac{2}{\pi}$

② $V=\dfrac{1}{\sqrt{2}},\ V_a=\dfrac{1}{\pi}$

③ $V=\dfrac{1}{\sqrt{2}},\ V_a=\dfrac{2}{\pi}$

④ $V=\dfrac{1}{\sqrt{3}},\ V_a=\dfrac{2}{\pi}$

해설

실효값 $V=\dfrac{V_m}{\sqrt{2}}$, 평균값 $V_a=\dfrac{2V_m}{\pi}$이므로

$V=\dfrac{1}{\sqrt{2}},\ V_a=\dfrac{2\times1}{\pi}=\dfrac{2}{\pi}$이다.

17

코일 L만의 교류회로가 있다. 여기에 $v=V_m\sin\omega t$ [V]의 전압을 인가하여 전류가 흐를 때 전류의 위상은 어떻게 되는가?

① 동상이다.　② 60도 앞선다.

③ 90도 앞선다.　④ 90도 뒤진다.

해설

교류전류 $i=\dfrac{v}{Z}=\dfrac{V_m\sin\omega t}{\omega L\angle90^\circ}=\dfrac{V_m}{\omega L}\sin(\omega t-90^\circ)$[A]가 되므로 전류가 전압보다 90도 뒤진다.

정답 13 ① 14 ① 15 ② 16 ③ 17 ④

18

3상 Y결선의 전원이 있다. 선전류가 I_l[A], 선간전압이 V_l[V]일 때 전원의 상전압 V_P[V]와 상전류 I_P[A]는 얼마인가?

① V_l, $\sqrt{3}\,I_l$　　② $\sqrt{3}\,V_l$, $\sqrt{3}\,I_l$

③ V_l, $\dfrac{I_l}{\sqrt{3}}$　　④ $\dfrac{V_l}{\sqrt{3}}$, I_l

해설

Y결선은 선전류와 상전류가 같고 선간전압이 상전압보다 $\sqrt{3}$ 만큼 크다.

즉, $I_l = I_P$, $V_l = \sqrt{3}\ V_P$ 이므로 $V_P = \dfrac{V_l}{\sqrt{3}}$, $I_P = I_l$이다.

19

100[kVA]의 단상 변압기 3대로 △ 결선으로 운전 중 한 대 고장으로 2대로 V결선하려 할 때 공급할 수 있는 3상 전력은 몇 [kVA]인가?

① 141　② 241　③ 173　④ 273

해설

V결선 $P_V = \sqrt{3}\,P_1$이므로

$P_V = \sqrt{3}\,P_1 = \sqrt{3} \times 100 = 173$[kVA]

20

비정현파의 전력을 계산하고자 한다. 어느 경우에 전력 계산이 가능한가?

① 제3고조파의 전류와 제3고조파의 전압이 있는 경우

② 제3고조파의 전류와 제5고조파의 전압이 있는 경우

③ 제5고조파의 전류와 제3고조파의 전압이 있는 경우

④ 제3고조파의 전류와 제4고조파의 전압이 있는 경우

해설

비정현파 전력

$P = V_1 I_1 \cos\theta_1 + V_2 I_2 \cos\theta_2 + V_3 I_3 \cos\theta_3 + \cdots$[W]로서 전압과 전류가 동일 고조파에서만 전력계산이 가능하다.

전기기기

21

주파수 60[Hz]의 회로에 접속되어 슬립 3[%], 회전수 1,164[rpm]으로 회전하고 있는 유도전동기의 극수는?

① 2　② 4

③ 6　④ 10

해설

유도전동기의 극수

$N = (1-s)N_s$

$N_s = \dfrac{N}{1-s} = \dfrac{1{,}164}{1-0.03} = 1{,}200$[rpm]

$P = \dfrac{120}{N_s} f = \dfrac{120 \times 60}{1{,}200} = 6$[극]

22

직류발전기의 전기자의 주된 역할은?

① 기전력을 유도한다.

② 자속을 만든다.

③ 정류작용을 한다.

④ 회전자와 외부회로를 접속한다.

해설

발전기의 구조

전기자의 경우 계자에서 발생된 자속을 끊어 기전력을 유도한다.

23

무부하에서 119[V]되는 분권발전기의 전압변동률이 6[%]이다. 정격 전 부하 전압은 약 몇 [V]인가?

① 110.2　② 112.3

③ 122.5　④ 125.3

정답 18 ④ 19 ③ 20 ① 21 ③ 22 ① 23 ②

해설

전압변동률

$\epsilon = \frac{V_0 - V}{V} \times 100[\%]$

$V = \frac{V_0}{(\epsilon + 1)} = \frac{119}{1 + 0.06} = 112.26[V]$

24

3상 전파 정류회로에서 출력전압의 평균전압은? (단, V는 선간전압의 실효값이다.)

① 0.45V[V] ② 0.9V[V]
③ 1.17V[V] ④ 1.35V[V]

해설

3상 전파 정류회로

$E_d = 1.35E$

25

전압이 13,200/220[V]인 변압기의 부하 측에 흐르는 전류가 120[A]이다. 1차 측에 흐르는 전류는 얼마인가?

① 2 ② 20
③ 60 ④ 120

해설

변압기의 1차 측 전류

$a = \frac{V_1}{V_2} = \frac{I_2}{I_1}$

$= \frac{13,200}{220} = 60$이므로 $I = \frac{120}{60} = 2[A]$가 된다.

26

직류 전동기의 규약효율을 표시하는 식은?

① $\frac{입력}{출력+손실} \times 100[\%]$

② $\frac{입력}{출력} \times 100[\%]$

③ $\frac{입력-손실}{입력} \times 100[\%]$

④ $\frac{출력}{입력} \times 100[\%]$

해설

전동기의 규약효율

$\eta_{전} = \frac{입력-손실}{입력} \times 100[\%]$

27

100[kVA]의 용량을 갖는 2대의 변압기를 이용하여 V-V결선하는 경우 출력은 어떻게 되는가?

① 100 ② $100\sqrt{3}$
③ 200 ④ 300

해설

V결선 시 출력

$P_V = \sqrt{3}P_n = \sqrt{3} \times 100$

28

동기기의 전기자 권선법이 아닌 것은?

① 전층권 ② 분포권
③ 2층권 ④ 중권

해설

동기기의 전기자 권선법

2층권, 중권, 분포권, 단절권

정답 24 ④ 25 ① 26 ③ 27 ② 28 ①

29

인버터의 용도로 가장 적합한 것은?

① 직류 – 직류 변환
② 직류 – 교류 변환
③ 교류 – 증폭교류 변환
④ 직류 – 증폭직류 변환

해설

인버터
직류를 교류로 변환하는 장치를 말한다.

30

동기발전기에서 전기자 전류가 무부하 유도 기전력보다 $\frac{\pi}{2}$[rad] 앞서 있는 경우에 나타나는 전기자 반작용은?

① 증자 작용 ② 감자 작용
③ 교차 자화 작용 ④ 직축 반작용

해설

동기발전기의 전기자 반작용
유기기전력보다 앞선 전류가 흐를 경우 전기자 반작용은 증자작용이 나타난다.

31

변압기의 손실에 해당되지 않는 것은?

① 동손 ② 와전류손
③ 히스테리시스손 ④ 기계손

해설

변압기의 손실
1) 무부하손 : 철손(히스테리시스손 + 와류손)
2) 부하손 : 동손
기계손의 경우 회전기의 손실이 된다.

32

변압기에서 퍼센트 저항강하가 3[%], 리액턴스강하가 4[%]일 때 역률 0.8(지상)에서의 전압변동률[%]은?

① 2.4 ② 3.6
③ 4.8 ④ 6.0

해설

변압기 전압변동률 ϵ
$\epsilon = \%p\cos\theta + \%x\sin\theta$
$= 3\times0.8 + 4\times0.6 = 4.8[\%]$가 된다.

33

직류기의 정류작용에서 전압정류의 역할을 하는 것은?

① 탄소 brush ② 보극
③ 리액턴스 코일 ④ 보상권선

해설

정류
전압정류 : 보극
저항정류 : 탄소브러쉬

34

유도전동기의 동기속도를 N_s, 회전속도를 N이라 할 때 슬립은?

① $s = \frac{N_s - N}{N_s}\times100$ ② $s = \frac{N - N_s}{N}\times100$
③ $s = \frac{N_s - N}{N}\times100$ ④ $s = \frac{N_s + N}{N_s}\times100$

해설

유도전동기의 슬립 s

$$s = \frac{N_s - N}{N_s}\times100$$

정답 29 ② 30 ① 31 ④ 32 ③ 33 ② 34 ①

35

전기기계의 철심을 규소강판으로 성층하는 이유는?

① 철손 감소 ② 동손 감소
③ 기계손 감소 ④ 제작 용이

해설

철심의 구조
규소강판으로 성층된 철심을 사용하는 이유는 철손을 감소하기 때문이다.

36

3상 유도전동기의 원선도를 그리는 데 필요하지 않은 시험은?

① 저항측정 ② 무부하시험
③ 구속시험 ④ 슬립측정

해설

원선도를 그리기 위한 시험법
1) 저항측정시험
2) 무부하시험
3) 구속시험

37

변압기, 동기기 등 층간 단락 등의 내부고장 보호에 사용되는 계전기는?

① 차동 계전기 ② 접지 계전기
③ 과전압 계전기 ④ 역상 계전기

해설

차동 계전기
차동 계전기란 변압기나 발전기의 내부고장을 보호하는 계전기를 말한다.

38

직류 분권전동기의 계자전류를 약하게 하면 회전수는?

① 감소한다. ② 정지한다.
③ 증가한다. ④ 변화없다.

해설

분권전동기의 계자전류
계자전류와 N은 반비례한다.
$\phi \propto \frac{1}{N}$이기 때문에 계자전류의 크기가 작아진다는 것은 $\phi\downarrow$ 가 되므로 $N\uparrow$ 이 된다.

39

3상 동기발전기를 병렬운전시키는 경우 고려하지 않아도 되는 조건은?

① 상회전 방향이 같을 것
② 전압 파형이 같을 것
③ 크기가 같을 것
④ 회전수가 같을 것

해설

동기발전기의 병렬운전조건
1) 기전력의 크기가 같을 것
2) 기전력의 위상이 같을 것
3) 기전력의 주파수가 같을 것
4) 기전력의 파형이 같을 것
5) 상회전 방향이 같을 것

정답 35 ① 36 ④ 37 ① 38 ③ 39 ④

40

다음은 3상 유도전동기 고정자 권선의 결선도를 나타낸 것이다. 맞는 사항을 고르시오.

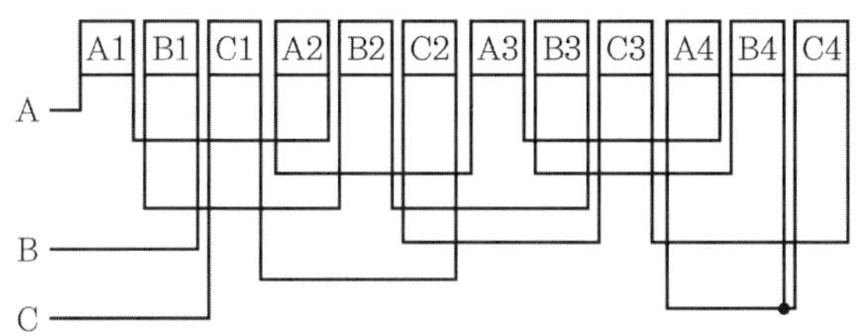

① 3상 4극, Δ결선
② 3상 2극, Δ결선
③ 3상 4극, Y결선
④ 3상 2극, Y결선

해설
그림은 3상(A, B, C) 4극(1, 2, 3, 4)이 하나의 접점에 연결되어 있으므로 Y결선이다.

전기설비

41

가공전선로의 지지물에 시설하는 지선에 연선을 사용할 경우 소선수는 몇 가닥 이상이어야 하는가?

① 3가닥　　② 5가닥
③ 7가닥　　④ 9가닥

해설
지선의 시설기준
1) 안전율은 2.5 이상
2) 허용인장하중은 4.31[kN] 이상
3) 소선수는 3가닥 이상

42

화약고 등의 위험 장소의 배선공사에서 전로의 대지전압은 몇 [V] 이하로 하도록 되어 있는가?

① 300　　② 400
③ 500　　④ 600

해설
화약류 저장고의 시설기준
대지전압은 300[V] 이하이어야 한다.

43

절연전선을 동일 금속덕트 내에 넣을 경우 금속덕트의 크기는 전선의 피복절연물을 포함한 단면적의 총합계가 금속덕트 내의 단면적의 몇 [%] 이하가 되도록 선정하여야 하는가?

① 20　　② 30
③ 40　　④ 50

정답 40 ③　41 ①　42 ①　43 ①

CBT 복원

해설

덕트 내의 단면적
일반적인 경우 덕트 내 단면적의 20[%] 이하가 되어야 하며, 선광표시, 제어회로용의 경우 50[%] 이하가 되도록 한다.

44

옥내배선 공사에서 절연전선의 피복을 벗길 때 사용하면 편리한 공구는?

① 드라이버
② 플라이어
③ 압착펜치
④ 와이어 스트리퍼

해설

와이어 스트리퍼
절연전선의 피복을 벗기는 데 편리한 공구이다.

45

설치 면적이 넓고 설치비용이 많이 들지만 가장 이상적이고 효과적인 진상용 콘덴서 설치 방법은?

① 수전단 모선과 부하 측에 분산하여 설치
② 수전단 모선에 설치
③ 부하 측에 분산하여 설치
④ 가장 큰 부하 측에만 설치

해설

전력용 콘덴서의 경우 가장 이상적이고 효과적인 설치 방법은 부하 측에 각각 설치하는 경우이다.

46

점착성이 없으나 절연성, 내온성 및 내유성이 있어 연피케이블 접속에 사용되는 테이프는?

① 고무테이프　　② 리노테이프
③ 비닐테이프　　④ 자기융착 테이프

해설

리노테이프
절연성, 내온성, 내유성이 뛰어나며 연피케이블에 접속된다.

47

전기공사에서 접지저항을 측정할 때 사용하는 측정기는 무엇인가?

① 검류기　　② 변류기
③ 메거　　④ 어스테스터

해설

접지저항 측정기는 어스테스터를 말한다.

48

옥외용 비닐 절연전선의 약호는?

① OW　　② W
③ NR　　④ DV

해설

옥외용 비닐 절연선선의 약호는 OW이다.

49

피뢰기의 약호는?

① SA　　② COS
③ SC　　④ LA

정답 44 ④ 45 ③ 46 ② 47 ④ 48 ① 49 ④

해설

피뢰기는 뇌격 시에 기계기구를 보호하며 LA(Lighting Arrester)라고 한다.

50

물체의 두께, 깊이, 안지름 및 바깥지름 등을 모두 측정할 수 있는 공구의 명칭은?

① 버니어 켈리퍼스 ② 마이크로미터
③ 다이얼 게이지 ④ 와이어 게이지

해설

버니어 켈리퍼스
버니어 켈리퍼스는 물체의 두께, 깊이, 안지름 및 바깥지름 등을 모두 측정할 수 있는 공구이다.

51

한 수용가의 인입선에서 분기하여 지지물을 거치지 아니하고 다른 수용장소의 인입구에 이르는 부분의 전선을 무엇이라 하는가?

① 가공인입선 ② 옥외 배선
③ 연접인입선 ④ 연접가공선

해설

연접인입선
한 수용가의 인입선에서 분기하여 다른 지지물을 거치지 아니하고 다른 수용장소의 인입구에 이르는 전선을 말한다.

52

활선 상태에서 전선의 피복을 벗기는 공구는?

① 전선 피박기 ② 애자커버
③ 와이어통 ④ 데드엔드 커버

해설

전선 피박기
활선 시 전선의 피복을 벗기는 공구는 전선 피박기를 말한다.

53

가연성 분진(소맥분, 전분, 유황 기타 가연성 먼지 등)으로 인하여 폭발할 우려가 있는 저압 옥내 설비공사로 적절한 것은?

① 금속관 공사 ② 애자 공사
③ 가요전선관 공사 ④ 금속 몰드 공사

해설

가연성 분진이 착화하여 폭발할 우려가 있는 곳의 전기 공사 방법은 금속관, 케이블, 합성수지관 공사에 의한다.

54

다음 중 금속 전선관을 박스에 고정시킬 때 사용하는 것은?

① 새들 ② 부싱
③ 로크너트 ④ 클램프

해설

로크너트
관을 박스에 고정시킬 때 사용되는 것은 로크너트이다.

55

주상변압기의 1차 측 보호로 사용하는 것은?

① 리클로저 ② 섹셔널라이저
③ 캐치홀더 ④ 컷아웃스위치

해설

주상변압기 보호장치
1) 1차 측 : 컷아웃스위치
2) 2차 측 : 캐치홀더

정답 50 ① 51 ③ 52 ① 53 ① 54 ③ 55 ④

56

조명기구의 배광에 의한 분류 중 하향광속이 90~100[%] 정도의 빛이 나는 조명방식은?

① 직접조명 ② 반직접조명
③ 반간접조명 ④ 간접조명

해설

배광에 의한 분류
직접조명의 경우 하향광속의 비율이 90~100[%]가 된다.

57

설계하중 6.8[kN] 이하인 철근콘크리트 전주의 길이가 7[m]인 지지물을 건주할 경우 땅에 묻히는 깊이로 가장 옳은 것은?

① 0.6[m] ② 0.8[m]
③ 1.0[m] ④ 1.2[m]

해설

지지물의 매설깊이는 15[m] 이하의 지지물의 경우 전장의 길이에 $\frac{1}{6}$배 이상 깊이에 매설한다.

$7 \times \frac{1}{6} = 1.16[\mathrm{m}]$ 이상 매설해야만 한다.

정답 56 ① 57 ④

2021년 CBT 복원 기출문제

2021년 CBT 복원문제 1회

전기이론

01

굵기가 일정한 직선도체의 체적은 일정하다고 할 때 이 직선도체를 길게 늘여 지름이 절반이 되게 하였다. 이 경우 길게 늘인 도체의 저항값은 원래 도체의 저항값의 몇 배가 되는가?

① 4배 ② 8배
③ 16배 ④ 24배

해설

직선도체의 체적은 지름이 d일 때 체적 $v = \frac{\pi d^2}{4} l$이므로 지름을 절반으로 하면 $v = \frac{\pi (\frac{d}{2})^2}{4} l$이 된다. 이때 체적 $v = \frac{\pi d^2}{4} l$의 원래식이 되려면 길이가 4배가 되어야 한다.

그러므로 저항 $R = \frac{\rho l}{S} = \rho \frac{l}{\frac{\pi d^2}{4}}$에서

$$R' = \rho \frac{4l}{\frac{\pi (\frac{d}{2})^2}{4}} = \rho \frac{4l}{\frac{\pi d^2}{4} \times \frac{1}{4}} = 16R$$

02

저항 R_1[Ω]과 R_2[Ω]을 직렬 접속하고 V[V]의 전압을 인가할 때 저항 R_1의 양단의 전압은?

① $\frac{R_2}{R_1 + R_2} V$ ② $\frac{R_1 R_2}{R_1 + R_2} V$
③ $\frac{R_1}{R_1 + R_2} V$ ④ $\frac{R_1 + R_2}{R_1} V$

해설

$$V_1 = \frac{R_1}{R_1 + R_2} V, \quad V_2 = \frac{R_2}{R_1 + R_2} V$$

03

10[A]의 전류를 흘렸을 때 전력이 50[W]인 저항에 20[A]를 흘렸을 때의 전력은 몇 [W]인가?

① 100 ② 200
③ 300 ④ 400

해설

$P = I^2 R$[W]에서 $P \propto I^2$이므로

$P_1 : P_2 = I_1^2 : I_2^2$, $50 : P_2 = 10^2 : 20^2$

$P_2 = \frac{20^2 \times 50}{10^2} = 200$[W]이다.

04

임의의 한 점에 유입하는 전류의 대수합이 0이 되는 법칙은?

① 플레밍의 법칙
② 패러데이의 법칙
③ 키르히호프의 법칙
④ 옴의 법칙

해설

키르히호프의 제1법칙은 전류법칙으로 임의의 한 점에 유입·유출하는 전류의 합은 0이다.

정답 01 ③ 02 ③ 03 ② 04 ③

05

다음 서로 상호관계가 바르게 연결된 것은?

① 저항열 - 제어벡 효과
② 전기냉동장치 - 펠티어 효과
③ 전기분해 - 톰슨 효과
④ 열전쌍 - 줄의 법칙

해설
저항열은 줄의 법칙, 전기분해는 패러데이 법칙, 열전쌍은 제어벡 효과이다.

06

저항 R_1과 R_2를 병렬 접속하여 여기에 전압 100[V]를 가할 때 R_1에 소비전력을 P_1[W], R_2에 소비전력을 P_2[W]라면 $\frac{P_1}{P_2}$의 비는 얼마인가?

① $\frac{R_2}{R_1}$ ② $\frac{R_1}{R_2}$
③ $\frac{R_2+R_1}{R_1}$ ④ $\frac{R_2}{R_1+R_2}$

해설
소비전력 $P=\frac{V^2}{R}$[W]이므로
$P_1=\frac{100^2}{R_1}$[W], $P_2=\frac{100^2}{R_2}$[W]이므로
$\frac{P_1}{P_2}=\frac{\frac{100^2}{R_1}}{\frac{100^2}{R_2}}=\frac{R_2}{R_1}$이다.

07

정전용량의 단위 [F]과 같은 것은? (단, [V]는 전위, [C]은 전기량, [N]은 힘, [m]은 길이이다.)

① [V/m] ② [C/V]
③ [N/V] ④ [N/C]

해설
콘덴서 충전 전하량 $Q=CV$에서 $C=\frac{Q}{V}$[C/V]이다.

08

공기 중에 2개의 같은 점전하가 간격 1[m] 사이에 작용하는 힘이 9×10^{11}[N]이다. 하나의 점전하는 몇 [C]인가?

① 1,000 ② 500
③ 100 ④ 10

해설
쿨롱의 법칙
힘 $F=9\times10^9\times\frac{Q_1Q_2}{r^2}$[N]이다.
두 전하가 같으므로
$F=9\times10^9\times\frac{Q^2}{r^2}$, $Q^2=\frac{F\times r^2}{9\times10^9}=\frac{9\times10^{11}\times1^2}{9\times10^9}=10^2$
그러므로 $Q=10$[C]이다.

09

콘덴서 $C_1=3$[F], $C_2=6$[F]를 직렬로 연결하면 합성 정전용량 C[F]은 얼마인가?

① $C=3+6$ ② $C=\frac{1}{3}+\frac{1}{6}$
③ $C=\frac{1}{\frac{1}{3}+\frac{1}{6}}$ ④ $C=3+\frac{1}{6}$

해설
$C=\frac{1}{\frac{1}{C_1}+\frac{1}{C_2}}=\frac{C_1C_2}{C_1+C_2}$[F]이다.

정답 05 ② 06 ① 07 ② 08 ④ 09 ③

10

상호 인덕턴스가 10[H], 두 코일의 자기인덕턴스는 각각 20[H], 80[H]일 경우 결합계수는 얼마인가?

① 0.125 ② 0.25
③ 0.5 ④ 0.75

해설

상호 인덕턴스 $M = k\sqrt{L_1 L_2}$[H]에서

$k = \frac{M}{\sqrt{L_1 L_2}} = \frac{10}{\sqrt{20 \times 80}} = 0.25$

11

자속밀도 5[Wb/m²]의 자계 중에 20[cm]의 도체를 자계와 직각으로 100[m/s]의 속도로 움직였다면 이 때 도체에 유기되는 기전력[V]은?

① 100 ② 1,000
③ 200 ④ 2,000

해설

유기기전력

$e = vBl\sin\theta = 100 \times 5 \times 0.2 \times \sin 90° = 100$[V]

12

발전기의 원리로 적용되는 법칙은?

① 플레밍의 왼손 법칙
② 플레밍의 오른손 법칙
③ 패러데이의 법칙
④ 렌츠의 법칙

해설

플레밍의 왼손 법칙은 전동기 원리, 플레밍의 오른손 법칙은 발전기 원리이다.

13

환상솔레노이드의 코일의 권수를 4배로 증가시키면 인덕턴스는 몇 배가 되는가?

① 2배 ② 4배
③ 8배 ④ 16배

해설

인덕턴스 $L = \frac{\mu S N^2}{l}$[H]이므로 $L \propto N^2 = (4N)^2 = 16N^2$

14

$i = 100\sqrt{2}\sin(120\pi t + \frac{\pi}{6})$[A]의 교류 전류에서 주기는 몇 [sec]인가?

① $\frac{1}{50}$ ② $\frac{1}{60}$
③ $\frac{1}{90}$ ④ $\frac{1}{120}$

해설

$\omega = 2\pi f = 120\pi$ 이므로 주파수 $f = 60$[Hz]이므로

주기 $T = \frac{1}{f} = \frac{1}{60}$[sec]이다.

15

인덕턴스 L만의 회로에 기본 교류 전압을 가할 때 전류의 위상은?

① 동상이다. ② $\frac{\pi}{2}$ 만큼 앞선다.
③ $\frac{\pi}{2}$ 만큼 뒤진다. ④ $\frac{\pi}{3}$ 만큼 앞선다.

해설

L만의 회로에서 기본 교류 전압을 인가하면 전류는 90도 뒤진다.

정답 10 ② 11 ① 12 ② 13 ④ 14 ② 15 ③

16

RLC 직렬회로에서 공진에 대한 설명으로 맞는 것은?

① 임피던스는 최소가 되어 전류는 최대로 흐른다.
② 전압과 전류의 위상차는 90도이다.
③ 직렬 공진이 되면 리액턴스는 증가한다.
④ 직렬 공진 시 역률는 약 0.8이 된다.

해설
공진이 되면 허수부가 0이 되므로 임피던스는 최소가 되어 전류는 최대로 흐르며 전압과 전류의 위상은 동상이 되고 리액턴스가 0이 되므로 역률은 1이 된다.

17

전압이 100[V], 전류가 3[A]이고 역률이 0.8일 때 유효전력은 몇 [W]인가?

① 200　　② 220
③ 240　　④ 260

해설
유효전력 $P = VI\cos\theta = 100 \times 3 \times 0.8 = 240$[W]이다.

18

3상 Y결선 회로에서 상전압의 위상은 선간전압에 대하여 어떠한가?

① 상전압은 $\frac{\pi}{6}$만큼 앞선다.
② 상전압은 $\frac{\pi}{6}$만큼 뒤진다.
③ 상전압은 $\frac{\pi}{3}$만큼 앞선다.
④ 상전압은 $\frac{\pi}{3}$만큼 뒤진다.

해설
3상 Y결선의 선간전압은 $V_l = \sqrt{3}\,V_P \angle 30^\circ$[V]이므로 선간전압이 상전압보다 30도만큼 앞선다. 그러므로 상전압은 빈대로 선간전압보디 30도만큼 뒤진다.

19

변압기를 V결선했을 때 이용률은 얼마인가?

① $\frac{\sqrt{3}}{2}$　　② $\frac{\sqrt{3}}{3}$
③ $\frac{\sqrt{2}}{2}$　　④ $\frac{\sqrt{2}}{3}$

해설
V결선 시 이용률은 0.866이다.

20

전력계 두 대로 3상 전력을 측정할 때의 지시가 $W_1 = 300$[W], $W_2 = 300$[W]이라면 유효전력은 몇 [W]인가?

① 300　　② $300\sqrt{3}$
③ 600　　④ $600\sqrt{3}$

해설
2전력계법의 유효전력은
$P = W_1 + W_2 = 300 + 300 = 600$[W]이다.

정답 16 ① 17 ③ 18 ② 19 ① 20 ③

전기기기

21

다음 그림과 같은 기호의 명칭은?

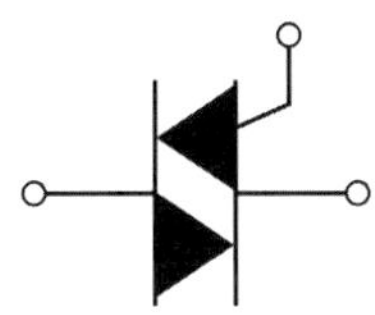

① UJT　② SCR
③ TRIAC　④ GTO

해설

TRIAC
SCR 2개를 역병렬로 접속한 구조를 가지고 있는 소자를 말한다.

22

변압기의 1차 전압이 3,300[V]이며, 2차전압은 330[V]이다. 변압비는 얼마인가?

① $\frac{1}{10}$　② 10
③ $\frac{1}{100}$　④ 100

해설

변압기의 변압비

$$a = \frac{V_1}{V_2} = \frac{3,300}{330} = 10$$

23

변압기를 $\Delta - Y$결선(delta-star connection)한 경우에 대한 설명으로 옳지 않은 것은?

① 1차 변전소의 승압용으로 사용된다.
② 1차 선간전압 및 2차 선간전압의 위상차는 60°이다.
③ 제3고조파에 의한 장해가 적다.
④ Y결선의 중성점을 접지할 수 있다.

해설

$\Delta - Y$결선
델타와 Y결선의 특징을 모두 갖고 있는 방식으로 1차 선간전압과 2차 선간전압의 위상차는 30°이며, 한 상의 고장 시 송전이 불가능하다.

24

발전기를 정격전압 100[V]로 운전하다가 무부하로 운전하였더니, 단자 전압이 103[V]가 되었다. 이 발전기의 전압변동률은 몇 [%]인가?

① 1　② 2
③ 3　④ 4

해설

전압변동률 ϵ

$$\epsilon = \frac{V_0 - V_n}{V_n} \times 100[\%]$$

$$= \frac{103 - 100}{100} \times 100 = 3[\%]$$

25

직류분권전동기의 계자저항을 운전 중에 증가시키면 회전속도는?

① 증가한다.　② 감소한다.
③ 변화 없다.　④ 정지한다.

해설

직류전동기의 회전속도 N

직류전동기의 경우 $\phi \propto \frac{1}{N}$이 된다.

계자저항이 증가하면 계자전류가 감소하게 되며, 자속도 감소하므로 속도는 증가한다.

정답 21 ③ 22 ② 23 ② 24 ③ 25 ①

CBT 복원

26

3상 반파 정류회로에서 직류전압의 평균전압은?

① 0.45V ② 0.9V
③ 1.17V ④ 1.35V

해설
3상 반파 정류회로에서 직류전압
$E_d = 1.17E$

27

동기발전기에서 전기자 전류가 무부하 유도기전력보다 $\frac{\pi}{2}$[rad] 앞서 있는 경우에 나타나는 전기자 반작용은?

① 증자작용 ② 감자작용
③ 교차 자화작용 ④ 직축 반작용

해설
동기발전기의 전기자 반작용
유기기전력보다 전기자 전류의 위상이 앞선 경우 증자작용이 나타난다.

28

직류전동기의 속도제어방법이 아닌 것은?

① 전압제어 ② 계자제어
③ 위상제어 ④ 저항제어

해설
직류전동기의 속도제어방법
① 전압제어
② 계자제어
③ 저항제어

29

브흐홀쯔 계전기로 보호되는 기기는?

① 발전기 ② 변압기
③ 전동기 ④ 회전변류기

해설
브흐홀쯔 계전기
주변압기와 콘서베이터 사이에 설치되는 계전기로서 변압기 내부고장을 보호한다.

30

어떤 변압기에서 임피던스 강하가 5[%]인 변압기가 운전 중 단락되었을 때 그 단락전류는 정격전류의 몇 배인가?

① 5 ② 20 ③ 50 ④ 500

해설
변압기의 단락전류 I_s
$I_s = \frac{100}{\%Z} I_n = \frac{100}{5} \times I_n$이므로
$I_s = 20 I_n$이 된다.

31

3상 농형유도전동기의 $Y-\Delta$기동 시 기동전류와 기동토크가 전전압 기동 시 몇 배가 되는가?

① 전전압 기동보다 3배가 된다.
② 전전압 기동보다 $\frac{1}{3}$배가 된다.
③ 전전압 기동보다 $\sqrt{3}$배가 된다.
④ 전전압 기동보다 $\frac{1}{\sqrt{3}}$배가 된다.

해설
$Y-\Delta$기동(전전압 기동대비)
기동전류는 $\frac{1}{3}$배가 되며, 기동토크도 $\frac{1}{3}$배가 된다.

정답 26 ③ 27 ① 28 ③ 29 ② 30 ② 31 ②

32

동기발전기의 전기자 권선을 단절권으로 하면?

① 고조파를 제거한다. ② 절연이 잘된다.
③ 역률이 좋아진다. ④ 기전력을 높인다.

해설

동기발전기의 전기자 권선법
단절권의 경우 기전력의 파형을 개선하며, 고조파를 제거하고 동량이 절약된다.

33

3상 유도전동기의 운전 중 전압이 90[%]로 저하되면 토크는 몇 [%]가 되는가?

① 90 ② 81
③ 72 ④ 64

해설

유도전동기의 토크
토크와 전압은 제곱에 비례하므로
$T' = (0.9)^2 T$
$= 0.81T$

34

변압기의 퍼센트 저항강하가 3[%], 퍼센트 리액턴스 강하가 4[%]이다. 역률이 80[%]라면 이 변압기의 전압변동률[%]은?

① 3.2 ② 4.8
③ 5.0 ④ 5.6

해설

변압기의 전압변동률 ϵ
$\epsilon = \%p\cos\theta \pm \%q\sin\theta$
$= 3 \times 0.8 + 4 \times 0.6 = 4.8[\%]$

35

다음 중 정속도 전동기에 속하는 것은?

① 유도전동기 ② 직권 전동기
③ 분권 전동기 ④ 교류 정류자 전동기

해설

분권 전동기
$N = k\dfrac{V - I_a R_a}{\phi}$ 로서 속도는 부하가 증가할수록 감소하는 특성을 가지나 이 감소가 크지 않아 정속도 특성을 나타낸다.

36

농형 유도전동기의 기동법이 아닌 것은?

① 전전압 기동
② $\Delta - \Delta$ 기동
③ 기동보상기에 의한 기동
④ 리액터 기동

해설

농형 유도전동기의 기동
1) 전전압 기동
2) $Y - \Delta$ 기동
3) 기동보상기에 의한 기동
4) 리액터 기동

37

직류전동기의 규약 효율을 표시하는 식은?

① $\dfrac{출력}{출력+손실} \times 100[\%]$
② $\dfrac{출력}{입력} \times 100[\%]$
③ $\dfrac{입력-손실}{입력} \times 100[\%]$
④ $\dfrac{입력}{출력+손실} \times 100[\%]$

정답 32 ① 33 ② 34 ② 35 ③ 36 ② 37 ③

해설

직류전동기의 규약 효율

$\eta = \frac{출력}{입력} = \frac{입력 - 손실}{입력} \times 100[\%]$

38

변압기의 임피던스 전압이란?

① 정격전류가 흐를 때의 변압기 내의 전압 강하
② 여자전류가 흐를 때의 2차 측 단자 전압
③ 정격전류가 흐를 때의 2차 측 단자 전압
④ 2차 단락전류가 흐를 때의 변압기 내의 전압 강하

해설

변압기의 임피던스 전압

$\%Z = \frac{IZ}{E} \times 100[\%]$에서 IZ의 크기를 말하며, 정격전류가 흐를 때 변압기 내의 전압 강하를 말한다.

39

기계적인 출력을 P_0, 2차 입력을 P_2, 슬립을 s라고 하면 유도전동기의 2차 효율은?

① $\frac{P_2}{P_0}$　　② $1+s$
③ $\frac{sP_0}{P_2}$　　④ $1-s$

해설

2차 효율 η_2

$\eta_2 = \frac{P_0}{P_2} = (1-s) = \frac{N}{N_s}$

40

2대의 동기발전기의 병렬운전조건으로 같지 않아도 되는 것은?

① 기전력의 위상
② 기전력의 주파수
③ 기전력의 임피던스
④ 기전력의 크기

해설

동기발전기의 병렬운전조건
1) 기전력의 크기가 같을 것
2) 기전력의 위상이 같을 것
3) 기전력의 주파수가 같을 것
4) 기전력의 파형이 같을 것

정답 38 ① 39 ④ 40 ③

전기설비

41

한국전기설비규정에서 정한 저압 애자사용 공사의 경우 전선 상호간의 거리는 몇 [m]인가?

① 0.025　　② 0.06
③ 0.12　　④ 0.25

해설

애자사용 공사
저압의 경우 전선 상호간의 이격거리는 0.06[m] 이상이어야만 한다.
고압의 경우 전선 상호간의 이격거리는 0.08[m] 이상이어야만 한다.

42

합성수지관을 새들 등으로 지지하는 경우에는 그 지지점 간의 거리를 몇 [m] 이하로 하여야 하는가?

① 1.5　　② 2.0
③ 2.5　　④ 3.0

해설

합성수지관 공사
지지점 간의 거리는 1.5[m] 이하이어야만 한다.

43

노출장소 또는 점검 가능한 장소에서 제2종 가요전선관을 시설하고 제거하는 것이 자유로운 경우 곡률 반지름은 안지름의 몇 배 이상으로 하여야 하는가?

① 2배　　② 3배
③ 4배　　④ 6배

해설

가요전선관 공사
가요전선관의 경우 노출장소 또는 점검이 가능한 장소에 시설 및 제거하는 것이 자유로운 경우 관 안지름에 3배 이상으로 하여야 하며, 노출장소 또는 점검이 가능한 은폐장소에서 시설 및 제거하는 것이 부자유하거나 또는 점검이 불가능할 경우 관 안지름의 6배 이상으로 한다.

44

다음은 변압기 중성점 접지저항을 결정하는 방법이다. 여기서 k의 값은? (단, I_g란 변압기 고압 또는 특고압 전로의 1선지락전류를 말하며, 자동차단장치는 없도록 한다.)

$$R = \frac{k}{I_g}\,[\Omega]$$

① 75　　② 150
③ 300　　④ 600

해설

변압기중성점 접지저항

$$R = \frac{150, 300, 600}{1\text{선지락전류}}\,[\Omega]$$

① 150[V] : 아무 조건이 없는 경우(자동차단장치가 없는 경우)
② 300[V] : 2초 이내에 자동차단하는 장치가 있는 경우
③ 600[V] : 1초 이내에 자동차단하는 장치가 있는 경우

45

다음 중 과전류 차단기를 설치하는 곳은?

① 간선의 전원 측 전선
② 접지공사의 접지도체
③ 다선식 전로의 중성선
④ 접지공사를 한 저압 가공전선로의 접지 측 전선

정답 41 ② 42 ① 43 ② 44 ② 45 ①

CBT 복원

해설

과전류 차단기 시설제한장소
① 접지공사의 접지도체
② 다선식 전로의 중성선
③ 접지공사를 한 저압 가공전선로의 접지 측 전선

46

점착성이 없으나 절연성, 내온성 및 내유성이 있어 연피케이블 접속에 사용되는 테이프는?

① 고무테이프 ② 자기융착 테이프
③ 비닐테이프 ④ 리노테이프

해설

리노테이프
점착성이 없으나 절연성, 내열성 및 내유성이 있어 연피케이블 접속에 주로 사용된다.

47

피시 테이프(fish tape)의 용도는?

① 전선을 테이핑하기 위해 사용
② 전선관의 끝 마무리를 위해서 사용
③ 전선관에 전선을 넣을 때 사용
④ 합성수지관을 구부릴 때 사용

해설

피시 테이프
배관 공사 시 전선을 넣을 때 사용한다.

48

한국전기설비규정에서 정한 가공전선로의 지지물에 승탑 또는 승강용으로 사용하는 발판볼트 등은 지표상 몇 [m] 미만에 시설하여서는 안 되는가?

① 1.2 ② 1.5
③ 1.6 ④ 1.8

해설

발판볼트
지지물에 시설하는 발판볼트의 경우 1.8[m] 이상 높이에 시설한다.

49

동전선의 접속방법에서 종단접속 방법이 아닌 것은?

① 비틀어 꽂는 형의 전선접속기에 의한 접속
② 종단 겹침용 슬리브(E형)에 의한 접속
③ 직선 맞대기용 슬리브(B형)에 의한 압착접속
④ 직선 겹침용 슬리브(P형)에 의한 접속

해설

동전선의 종단접속
① 비틀어 꽂는 형의 전선접속기에 의한 접속
② 종단 겹침용 슬리브(E형)에 의한 접속
③ 직선 겹침용 슬리브(P형)에 의한 접속

50

금속관 공사에 대한 설명으로 잘못된 것은?

① 금속관을 콘크리트에 매설할 경우 관의 두께는 1.0[mm] 이상일 것
② 금속관 안에는 전선의 접속점이 없도록 할 것
③ 교류회로에서 전선을 병렬로 사용하는 경우 관 내에 전자적 불평형이 생기지 않도록 할 것
④ 관의 호칭에서 후강전선관은 짝수, 박강전선관은 홀수로 표시할 것

해설

금속관 공사
콘크리트에 매설되는 경우 관의 두께는 1.2[mm] 이상이어야 한다.

정답 46 ④ 47 ③ 48 ④ 49 ③ 50 ①

51

가공케이블 시설 시 조가용선에 금속테이프 등을 사용하여 케이블 외장을 견고하게 붙여 조가하는 경우 나선형으로 금속테이프를 감는 간격은 몇 [m] 이하를 확보하여 감아야 하는가?

① 0.5 ② 0.3
③ 0.2 ④ 0.1

해설
조가용선의 시설
금속테이프의 경우 0.2[m] 이하 간격으로 감아야 한다.

52

한국전기설비규정에서 정한 무대, 오케스트라박스 등 흥행장의 저압 옥내배선 공사의 사용전압은 몇 [V] 이하인가?

① 200 ② 300
③ 400 ④ 600

해설
무대, 오케스트라박스 등의 흥행장의 저압 공사 시 사용전압은 400[V] 이하이어야만 한다.

53

단로기에 대한 설명 중 옳은 것은?

① 전압 개폐 기능을 갖는다.
② 부하전류 차단 능력이 있다.
③ 고장전류 차단 능력이 있다.
④ 전압, 전류 동시 개폐기능이 있다.

해설
단로기
단로기란 무부하 상태에서 전로를 개폐하는 역할을 한다. 기기의 점검 및 수리 시 전원으로부터 이들 기기를 분리하기 위해 사용한다.
단로기는 전압 개폐 능력만 있다.

54

한국전기설비 규정에서 정한 아래 그림 같이 분기회로 (S_2)의 보호장치 (P_2)는 (P_2)의 전원 측에서 분기점(O) 사이에 다른 분기회로 또는 콘센트의 접속이 없고, 단락의 위험과 화재 및 인체에 대한 위험성이 최소화되도록 시설된 경우, 분기회로의 보호장치 (P_2)는 몇 [m]까지 이동 설치가 가능한가?

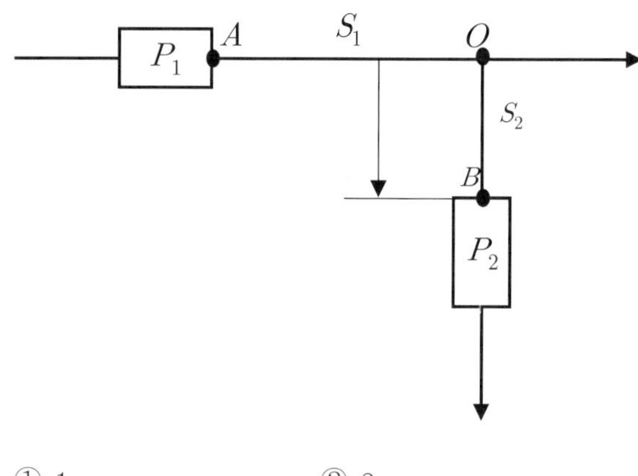

① 1 ② 2
③ 4 ④ 3

해설
분기회로 보호장치
분기회로의 보호장치 (P_2)는 분기회로의 분기점(O)으로부터 3[m]까지 이동하여 설치할 수 있다.

55

한국전기설비규정에서 정한 변압기 중성점 접지도체는 7[kV] 이하의 전로에서는 몇 [mm^2] 이상이어야 하는가?

① 6 ② 10
③ 16 ④ 25

정답 51 ③ 52 ③ 53 ① 54 ④ 55 ①

해설

중성점 접지도체의 굵기

중성점 접지용 지도체는 공칭단면적 16[mm²] 이상의 연동선 또는 동등 이상의 단면적 및 세기를 가져야 한다. 다만, 다음의 경우에는 공칭단면적 6[mm²] 이상의 연동선 또는 동등 이상의 단면적 및 강도를 가져야 한다.

① 7[kV] 이하의 전로

② 사용전압이 25[kV] 이하인 특고압 가공전선로. 다만, 중성선 다중접지식의 것으로서 전로에 지락이 생겼을 때 2초 이내에 자동적으로 이를 전로로부터 차단하는 장치가 되어 있는 것

56

한국전기설비규정에서 정한 전선의 식별에서 N의 색상은?

① 흑색　　② 적색
③ 갈색　　④ 청색

해설

전선의 식별

L1 : 갈색, L2 : 흑색, L3 : 회색,
N : 청색, 보호도체 : 녹색 – 노란색

57

한국전기설비규정에서 정한 전선접속 방법에 관한 사항으로 옳지 않은 것은?

① 전선의 세기를 80[%] 이상 감소시키지 아니할 것

② 접속부분은 접속관 기타의 기구를 사용할 것

③ 도체에 알미늄을 사용하는 전선과 동을 사용하는 전선을 접속하는 등 전기화학적 성질이 다른 도체를 접속하는 경우에는 접속부분에 전기적 부식이 생기지 않도록 할 것

④ 코드 상호, 캡타이어 케이블 상호 또는 이들 상호를 접속하는 경우에는 코드접속기, 접속함 기타의 기구를 사용할 것

해설

전선의 접속

전선의 세기를 20[%] 이상 감소시키지 아니할 것

58

금속관을 절단할 때 사용되는 공구는?

① 오스터　　② 녹아웃 펀치
③ 파이프 커터　　④ 파이프렌치

해설

금속관의 공구

금속관을 절단 시 사용되는 공구는 파이프 커터이다.

59

옥외용 비닐 절연전선의 약호(기호)는?

① W　　② DV
③ OW　　④ NR

해설

옥외용 비닐 절연전선(OW)

정답 56 ④　57 ①　58 ③　59 ③

2021년 CBT 복원문제 2회

전기이론

01

저항 R_1, R_2, R_3의 세 개의 저항을 병렬 연결하면 합성저항 R[Ω]은?

① $\dfrac{R_1+R_2+R_3}{R_1R_2+R_2R_3+R_3R_1}$

② $\dfrac{R_1R_2R_3}{R_1R_2+R_2R_3+R_3R_1}$

③ $\dfrac{R_1R_2R_3}{R_1+R_2+R_3}$

④ $\dfrac{R_1+R_2+R_3}{R_1R_2R_3}$

해설

합성저항

$$R=\frac{1}{\frac{1}{R_1}+\frac{1}{R_2}+\frac{1}{R_3}}=\frac{1}{\frac{R_1R_2+R_2R_3+R_3R_1}{R_1R_2R_3}}$$

$$=\frac{R_1R_2R_3}{R_1R_2+R_2R_3+R_3R_1}[\Omega]$$

02

체적이 일정한 도선의 길이가 l[m]인 저항 R이 있다. 이 도선의 길이를 n배 잡아 늘리면 저항은 처음 저항의 몇 배가 되겠는가?

① n배　② $\dfrac{1}{n}$배

③ n^2배　④ $\dfrac{1}{n^2}$배

해설

체적이 일정하므로 도선의 길이를 n배 잡아 늘리면 도선의 면적이 $\frac{1}{n}$배로 줄어든다.

그러므로 $R'=\dfrac{\rho nl}{\frac{1}{n}S}=n^2\dfrac{\rho l}{S}=n^2R$이다.

03

내부저항 0.5[Ω], 전압 10[V]인 전지 양단에 저항 1.5[Ω]을 연결하면 흐르는 전류는 몇 [A]인가?

① 5　② 10

③ 15　④ 20

해설

저항 $R=0.5+1.5=2[\Omega]$이 되므로

전류 $I=\dfrac{V}{R}=\dfrac{10}{2}=5$[A]

04

1[kW]의 전열기를 10분간 사용할 때 발생한 열량은 몇 [kcal]인가?

① 121　② 124

③ 144　④ 244

해설

발열량

$H=0.24Pt=0.24\times1{,}000\times(10\times60)=144{,}000$

$=144$[Kcal]

정답　01 ②　02 ③　03 ①　04 ③

05

100[V]의 직류전원에 10[Ω]의 저항만이 연결된 회로의 설명 중 맞는 것은?

① 저항에 흐르는 전류는 0.1[A]이다.
② 회로를 개방하고 전원 양단의 전압을 측정하면 0[V]이다.
③ 회로를 개방하고 전원 양단의 전압을 측정하면 100[V]이다.
④ 10[Ω] 저항의 양단의 전압은 90[V]이다.

해설

전류 $I=\dfrac{V}{R}=\dfrac{100}{10}=10$[A]이다. 회로를 개방하고 전원 양단의 전압을 측정하면 100[V] 상태이고 회로가 연결된 상태의 10[Ω] 저항의 양단의 전압은 100[V]이다.

06

4[F]과 6[F]의 콘덴서를 직렬연결하고 양단에 100[V]의 전압을 인가할 때 4[F]에 걸리는 전압[V]은?

① 60　② 40
③ 20　④ 10

해설

4[F]에 걸리는 전압

$$V_1=\frac{C_2}{C_1+C_2}V=\frac{6}{4+6}\times 100=60[\text{V}]$$

07

전기력선의 성질에 대한 설명으로 틀린 것은?

① 전기력선은 양전하에서 나와 음전하로 끝난다.
② 전기력선은 도체 표면과 내부에 존재한다.
③ 전기력선의 밀도는 전장의 세기이다.
④ 전기력선은 등전위면과 수직이다.

해설

전기력선은 도체 내부에 존재하지 않는다.

08

정전용량 10[μF]인 콘덴서 양단에 100[V]의 전압을 가했을 때 콘덴서에 축적되는 에너지는?

① 50　② 5
③ 0.5　④ 0.05

해설

콘덴서 축적에너지

$$W=\frac{1}{2}CV^2=\frac{1}{2}\times 10\times 10^{-6}\times 100^2=0.05$$

09

자극의 세기 1[Wb], 길이가 10[cm]인 막대 자석을 100[AT/m]의 평등 자계 내에 자계와 수직으로 놓았을 때 회전력은 몇 [N·m]인가?

① 1　② 10
③ 100　④ 100

해설

막대자석의 회전력

$$T=mlH\sin\theta=1\times 10\times 10^{-2}\times 100\times \sin 90^\circ$$
$$=10[\text{N}\cdot\text{m}]$$

10

전류에 의한 자계의 방향을 결정하는 것은?

① 렌츠의 법칙　② 암페어의 법칙
③ 비오샤바르의 법칙　④ 패러데이의 법칙

해설

- 렌츠의 법칙 – 유기기전력의 방향 결정
- 비오샤바르의 법칙 – 전류에 의한 자계의 크기를 결정
- 패러데이의 법칙 – 유기기전력의 크기 결정

정답 05 ③　06 ①　07 ②　08 ④　09 ②　10 ②

11

간격 1[m], 전류가 각각 1[A]인 왕복 평행도선에 1[m]당 작용하는 힘 F[N]은?

① 2×10^{-7}[N], 반발력
② 2×10^{-7}[N], 흡인력
③ 20×10^{-7}[N], 반발력
④ 20×10^{-7}[N], 흡인력

해설

평행도선에 작용하는 힘

$F=\dfrac{2I_1I_2}{r}\times10^{-7}=\dfrac{2\times1\times1}{1}\times10^{-7}=2\times10^{-7}$이고

전류가 같은 방향일 때는 흡인력이 작용하고 반대방향 또는 왕복일 때는 반발력이 작용한다.

12

권수가 N인 코일이 있다. t[sec] 사이에 자속 ϕ[Wb]가 변하였다면 유기기전력 e[V]는?

① $e=-\dfrac{1}{N}\dfrac{d\phi}{dt}$
② $e=-N\dfrac{d\phi}{dt}$
③ $e=-N^2\dfrac{d\phi}{dt}$
④ $e=-N\dfrac{d\phi^2}{dt}$

해설

패러데이의 유기기전력 $e=-N\dfrac{d\phi}{dt}$[V]이다.

13

자체 인덕턴스 L_1, L_2, 상호 인덕턴스 M인 코일을 같은 방향으로 직렬 연결할 경우 합성 인덕턴스 L[H]는?

① $L=L_1+L_2+M$
② $L=L_1+L_2-M$
③ $L=L_1+L_2-2M$
④ $L=L_1+L_2+2M$

해설

같은 방향의 직렬 연결은 가동 접속이므로 $L=L_1+L_2+2M$[H]이다.

14

전압 $v=V_m\sin(\omega t+30^\circ)$[V], 전류 $i=I_m\cos(\omega t-60^\circ)$[A]일 때 전류는 전압보다 위상은?

① 전압보다 30도만큼 앞선다.
② 전압과 동상이 된다.
③ 전압보다 30도만큼 뒤진다.
④ 전압보다 60도만큼 뒤진다.

해설

전류 $i=I_m\cos(\omega t-60^\circ)$

$=I_m\sin(\omega t-60^\circ+90^\circ)$

$=I_m\sin(\omega t+30^\circ)$[A]이므로

전압과 전류는 동상이 된다.

15

RLC 직렬회로의 공진주파수 f[Hz]는?

① $f=\dfrac{\sqrt{LC}}{2\pi}$[Hz]
② $f=\dfrac{2\pi}{\sqrt{LC}}$[Hz]
③ $f=\dfrac{1}{2\pi\sqrt{LC}}$[Hz]
④ $f=\dfrac{1}{\pi\sqrt{LC}}$[Hz]

해설

공진주파수 $f=\dfrac{1}{2\pi\sqrt{LC}}$[Hz]이다.

정답 11 ① 12 ② 13 ④ 14 ② 15 ③

CBT 복원

16

저항 6[Ω], 유도리액턴스 10[Ω], 용량리액턴스 2[Ω]인 직렬회로의 임피던스의 값은?

① 10[Ω] ② 8[Ω]
③ 6[Ω] ④ 5[Ω]

해설
$Z=\sqrt{R^2+(X_L-X_C)^2}=\sqrt{6^2+(10-2)^2}=10[\Omega]$

17

△ 결선 한 변의 저항이 90[Ω]이다. 이를 Y결선으로 변환하면 한 변의 저항은 몇 [Ω]인가?

① 10 ② 20
③ 30 ④ 40

해설
△ 결선을 Y결선으로 변환하면 저항은 1/3배가 되므로 30[Ω]이 된다.

18

부하 한 상의 임피던스가 6 + j8[Ω]인 3상 △ 결선회로에 100[V]의 전압을 인가할 때 선전류[A]는?

① 10 ② $10\sqrt{3}$
③ 20 ④ $20\sqrt{3}$

해설
△ 결선은 선간전압과 상전압이 같고 전류가 $I_l=\sqrt{3}\,I_P$이다.
임피던스 크기는 $\sqrt{6^2+8^2}=10$이므로
$I_l=\sqrt{3}\,I_P=\sqrt{3}\times\frac{V_P}{|Z|}=\sqrt{3}\times\frac{100}{10}=10\sqrt{3}$

19

비정현파의 왜형률이란?

① $\frac{\text{전고조파의 실효값}}{\text{기본파의 실효값}}$
② $\frac{\text{전고조파의 실효값}}{\text{기본파의 평균값}}$
③ $\frac{\text{전고조파의 평균값}}{\text{기본파의 평균값}}$
④ $\frac{\text{전고조파의 평균값}}{\text{기본파의 실효값}}$

해설
왜형률 $=\frac{\text{전고조파의 실효값}}{\text{기본파의 실효값}}$

20

전압 100[V], 전류 5[A]이고 역률이 0.8이라면 유효전력은 몇 [W]인가?

① 200 ② 300
③ 400 ④ 500

해설
유효전력 $P=VI\cos\theta=100\times5\times0.8=400[\mathrm{W}]$

정답 16 ① 17 ③ 18 ② 19 ① 20 ③

전기기기

21

전부하에서 슬립이 4[%], 2차 저항손이 0.4[kW]이다. 3상 유도전동기의 2차 입력은 몇 [kW]인가?

① 8 ② 10
③ 11 ④ 14

해설

2차 입력

$P_2 = \frac{P_{c2}}{s} = \frac{0.4}{0.04} = 10[\text{kW}]$

22

60[Hz]의 변압기에 50[Hz] 전압을 가했을 때 자속밀도는 몇 배가 되는가?

① 1.2배 증가 ② 0.8배 증가
③ 1.2배 감소 ④ 0.8배 감소

해설

변압기의 주파수와 자속밀도

$E = 4.44f\phi N$으로서 $f \propto \frac{1}{\phi} \propto \frac{1}{B}$ (여기서 B는 자속밀도)가 된다.

따라서 주파수가 감소하였으므로 자속밀도는 1.2배로 증가한다.

23

다음 중 변압기는 어떤 원리를 이용한 기계기구인가?

① 표피작용 ② 전자유도작용
③ 전기자 반작용 ④ 편자작용

해설

변압기의 원리

변압기는 1개의 철심에 두 개의 코일을 감고 한쪽 권선에 교류 전압을 가하면 철심에 교번자계에 의한 자속이 흘러 다른 권선에 지나가면서 전자유도작용에 의해 그 권선에 비례하여 유도 기전력이 발생한다.

24

제동방법 중 급정지하는 데 가장 좋은 제동법은?

① 발전제동 ② 회생제동
③ 단상제동 ④ 역전제동

해설

역전제동

급정지 제동에 많이 사용되며, 플러깅 또는 역상제동이라고도 한다.

25

3상 동기기에 제동권선을 설치하는 주된 목적은?

① 난조 방지 ② 출력 증가
③ 효율 증가 ④ 역률 개선

해설

제동권선

난조 발생을 방지한다.

26

부흐홀쯔 계전기의 설치 위치로 가장 적당한 것은?

① 주변압기와 콘서베이터 사이
② 변압기 주 탱크 내부
③ 콘서베이터 내부
④ 변압기 고압 측 부싱

정답 21 ② 22 ① 23 ② 24 ④ 25 ① 26 ①

해설

부흐홀쯔 계전기
변압기 내부 고장 보호에 사용되는 부흐홀쯔 계전기는 주변압기와 콘서베이터 사이에 설치한다.

27

직류 무부하 분권발전기의 계자저항이 50[Ω]이다. 계자에 흐르는 전류가 2[A]이며, 전기자 저항은 5[Ω]이다. 유기기전력은?

① 120　　② 110
③ 100　　④ 90

해설

분권발전기의 유기기전력 E

$E = V + I_a R_a$ 　여기서 $I_a = I + I_f$이나 무부하이므로 $I = 0$

$= 100 + 2 \times 5 = 110[\mathrm{V}]$

$I_f = \dfrac{V}{R_f}$

$V = I_f R_f = 2 \times 50 = 100[\mathrm{V}]$

28

동기기의 전기자 반작용 중에서 전기자 전류에 의한 자기장의 축이 항상 주 자속의 축과 수직이 되면서 자극편 왼쪽에 있는 주 자속은 증가시키고, 오른쪽에 있는 주 자속은 감소시켜 편자작용을 하는 전기자 반작용은?

① 감자작용　　② 증자작용
③ 직축 반작용　　④ 교차 자화 작용

해설

교차 자화 작용
횡축 반작용을 말하며, 전압과 전류가 동상인 경우를 말한다.

29

다음 중 변압기 무부하손의 대부분을 차지하는 것은?

① 동손　　② 철손
③ 유전체손　　④ 저항손

해설

철손
변압기의 무부하 시의 손실 중 대부분을 차지하는 것은 철손을 말한다. 반면 부하 시의 대부분의 손실은 동손(저항손)을 말한다.

30

동기 임피던스 5[Ω]인 2대의 3상 동기발전기의 유도기전력에 100[V]의 전압 차이가 있다면 무효순환전류는?

① 10[A]　　② 15[A]
③ 20[A]　　④ 25[A]

해설

무효순환전류 $I_c = \dfrac{E_c}{2Z_s} = \dfrac{100}{2 \times 5} = 10[\mathrm{A}]$ (단, E_c : 양기기간 전압차)

31

교류회로에서 양방향 점호(ON) 및 소호(OFF)를 이용하여 위상제어를 할 수 있는 소자는?

① SCR　　② GTO
③ TRIAC　　④ IGBT

해설

TRIAC
양방향성 3단자 소자로 위상제어가 가능하다.

정답 27 ② 28 ④ 29 ② 30 ① 31 ③

32

변류기 개방 시 2차 측을 단락하는 이유는?

① 2차 측 과전류 보호 ② 2차 측 절연 보호
③ 측정오차 감소 ④ 변류비 유지

해설
변압기의 개방 시 2차 측의 단락이유
2차 측에 과전압에 의한 2차 측 절연을 보호하기 위함이다.

33

직류 발전기의 철심을 규소강판으로 성층하는 주된 이유는?

① 브러쉬에서의 불꽃 방지 및 정류 개선
② 기계적 강도 개선
③ 전기자 반작용 감소
④ 맴돌이 전류손과 히스테리시스손의 감소

해설
철심을 규소강판으로 성층하는 이유
철손을 감소시키기 위한 주된 목적으로 히스테리시스손(규소강판)과 맴돌이 전류손(성층철심)을 감소시키기 위함이다.

34

변류기 2차 측에 설치되어 부하의 과부하나 단락사고를 보호하는 기기를 무엇이라 하는가?

① 과전압계전기 ② 과전류계전기
③ 지락계전기 ④ 단로기

해설
과전류계전기(OCR)
부하의 과부하나 단락사고를 보호하는 기기로서 변류기 2차 측에 설치된다.

35

동기전동기의 전기자 전류가 최소일 때 역률은?

① 0.5 ② 0.707
③ 1 ④ 1.5

해설
위상특성곡선
동기전동기의 전기자 전류가 최소일 경우 역률은 1이 된다.

36

직류 직권전동기의 회전수가 $\frac{1}{3}$배로 감소하였다. 토크는 몇 배가 되는가?

① 3배 ② $\frac{1}{3}$배
③ 9배 ④ $\frac{1}{9}$배

해설
직권전동기의 토크와 회전수
$T \propto \frac{1}{N^2} = \frac{1}{(\frac{1}{3})^2} = 9$배가 된다.

37

다음 그림은 직류발전기의 분류 중 어느 것에 해당되는가?

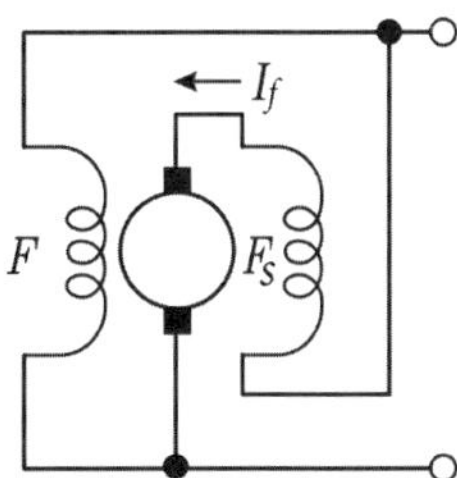

① 분권발전기 ② 직권발전기
③ 자석발전기 ④ 복권발전기

정답 32 ② 33 ④ 34 ② 35 ③ 36 ③ 37 ④

38

변압기의 규약효율은?

① $\frac{\text{출력}}{\text{입력}}$ ② $\frac{\text{출력}}{\text{출력}+\text{손실}}$
③ $\frac{\text{출력}}{\text{입력}+\text{손실}}$ ④ $\frac{\text{입력}-\text{손실}}{\text{입력}}$

해설

변압기의 규약효율

$\eta_t = \frac{\text{출력}}{\text{출력}+\text{손실}}$

39

전압을 일정하게 유지하기 위해서 이용되는 다이오드는?

① 제너 다이오드 ② 발광 다이오드
③ 바리스터 다이오드 ④ 포토 다이오드

해설

제너 다이오드
정전압을 위해 사용되는 다이오드이다.

40

변압기 내부고장 보호에 쓰이는 계전기는?

① 접지 계전기 ② 차동 계전기
③ 과전압 계전기 ④ 역상 계전기

해설

변압기 내부고장 보호계전기
차동 또는 비율 차동 계전기는 발전기, 변압기의 내부고장 보호에 사용되는 계전기를 말한다.

전기설비

41

일반적으로 큐비클형(cubicle type)이라 하며, 점유 면적이 좁고 운전, 보수에 안전하므로 공장, 빌딩 등 전기실에 많이 사용되는 조립형, 장갑형이 있는 배전반은?

① 데드 프런트식 배전반
② 폐쇄식 배전반
③ 철제 수직형 배전반
④ 라이브 프런트식 배전반

해설

폐쇄식 배전반
큐비클형이라고 하며, 안정성이 매우 우수하여 공장, 빌딩 등의 전기실에 많이 사용된다.

42

저압 옥내배선을 보호하는 배선용 차단기의 약호는?

① ACB ② ELB
③ VCB ④ MCCB

해설

배선용 차단기
옥내배선에서 사용하는 대표적 과전류보호 장치로서 MCCB라고도 한다.

43

전선의 굵기를 측정할 때 사용되는 것은?

① 와이어 게이지 ② 파이프 포트
③ 스패너 ④ 프레셔 툴

해설

와이어 게이지
전선의 굵기를 측정한다.

정답 38 ② 39 ① 40 ② 41 ② 42 ④ 43 ①

44

다음 중 과전류 차단기를 시설해야 하는 장소로 옳은 것은?

① 접지공사의 접지도체
② 다선식 전로의 중성선
③ 저압가공전선로의 접지 측 전선
④ 인입선

해설

과전류 차단기의 시설제한장소
1) 접지공사의 접지도체
2) 다선식 전로의 중성선
3) 전로 일부에 접지공사를 한 저압가공전선로의 접지 측 전선

45

한국전기설비규정에서 정한 사람이 접촉될 우려가 있는 곳에 시설하는 접지극은 지하 몇 [cm] 이상의 깊이에 매설하여야 하는가?

① 30 ② 45
③ 50 ④ 75

해설

접지극의 시설기준
접지극의 경우 지하 75[cm] 이상 깊이에 매설한다.

46

4심 캡타이어 케이블의 심선의 색상으로 옳은 것은?

① 흑, 적, 청, 녹 ② 흑, 청, 적, 황
③ 흑, 적, 백, 녹 ④ 흑, 녹, 청, 백

해설

4심 캡타이어 케이블의 색상
흑, 백, 적, 녹

47

가연성 가스가 존재하는 장소의 저압 시설 공사방법으로 옳은 것은?

① 가요전선관 공사 ② 금속관 공사
③ 금속 몰드 공사 ④ 합성수지관 공사

해설

가연성 가스
가연성 가스가 체류하는 곳에서의 전기공사는 금속관, 케이블 공사에 의한다.

48

절연전선으로 가선된 배전 선로에서 활선 상태인 경우 전선의 피복을 벗기는 것은 매우 곤란한 작업이다. 이런 경우 활선 상태에서 전선의 피복을 벗기는 공구는?

① 전선피박기 ② 애자커버
③ 와이어통 ④ 데드엔트커버

해설

전선피박기
활선 상태에서 전선의 피복을 벗기는 공구를 말한다.

49

노출장소 또는 점검이 가능한 장소에서 제2종 가요전선관을 시설하고 제거하는 것이 자유로운 경우 곡률 반지름은 안지름의 몇 배 이상으로 하여야 하는가?

① 2배 ② 3배
③ 4배 ④ 6배

해설

가요전선관
노출장소, 점검 가능한 장소에서 시설 제거하는 것이 자유로운 경우 관 안지름의 3배 이상으로 하여야 한다.

정답 44 ④ 45 ④ 46 ③ 47 ② 48 ① 49 ②

50

버스덕트의 종류가 아닌 것은?

① 피더 버스덕트
② 플러그인 버스덕트
③ 플로어 버스덕트
④ 트롤리 버스덕트

해설

버스덕트의 종류
1) 피더 버스덕트
2) 플러그인 버스덕트
3) 트롤리 버스덕트

51

특고압 수전설비의 결선 기호와 명칭으로 잘못된 것은?

① CB - 차단기　② DS - 단로기
③ LA - 피뢰기　④ LF - 전력퓨즈

해설

수전설비의 명칭
전력퓨즈의 경우 PF를 말한다.

52

조명용 백열전등을 호텔 또는 여관 객실의 입구에 설치할 때나 일반 주택 및 아파트 각 호실의 현관에 설치할 때 사용되는 스위치는?

① 누름버튼 스위치　② 타임스위치
③ 토글스위치　④ 로터리스스위치

해설

타임스위치
호텔 또는 여관 객실의 입구, 주택 및 아파트 현관에 설치할 때 사용되는 스위치를 말한다.

53

분전반에 대한 설명으로 틀린 것은?

① 배선과 기구는 모두 전면에 배치하였다.
② 두께 1.5[mm] 이상의 난연성 합성수지로 제작하였다.
③ 강판제의 분전함은 두께 1.2[mm] 이상의 강판으로 제작하였다.
④ 배선은 모두 분전반 이면으로 하였다.

해설

분전반
분전반의 뒷면에는 배선 및 기구를 배치하지 아니하며, 다만 쉽게 점검이 가능한 구조, 카터 내의 배선은 그러하지 아니하다.

54

저압 가공인입선의 인입구에 사용하며 금속관 공사에서 끝 부분의 빗물 침입을 방지하는 데 적당한 것은?

① 플로어 박스　② 엔트런스 캡
③ 부싱　④ 터미널 캡

해설

엔트런스 캡
인입구에 빗물의 침입을 방지하기 위해 사용한다.

55

설계하중이 6.8[kN] 이하인 철근콘크리트주의 전주의 길이가 10[m]인 지지물을 건주할 경우 묻히는 최소 매설깊이는 몇 [m] 이상인가?

① 1.67[m]　② 2[m]
③ 3[m]　④ 3.5[m]

해설

지지물의 매설깊이 15[m] 이하의 경우

길이 $\times \frac{1}{6} = 10 \times \frac{1}{6} = 1.67$[m]

정답 50 ③ 51 ④ 52 ② 53 ④ 54 ② 55 ①

56

가공케이블 시설 시 조가용선에 금속테이프 등을 사용하여 케이블 외장을 견고하게 붙여 조가하는 경우 나선형으로 금속테이프를 감는 간격은 몇 [cm] 이하를 확보하여 감아야 하는가?

① 50 ② 30
③ 20 ④ 10

해설

조가용선의 시설
조가용선을 케이블에 접촉시켜 금속테이프를 감는 경우 20[cm] 이하 간격으로 나선상으로 한다.

57

저압 구내 가공인입선에서 사용할 수 있는 전선의 최소 굵기는 몇 [mm] 이상인가? (단, 경간이 15[m]를 초과하는 경우이다.)

① 2.0 ② 2.6
③ 4 ④ 6

해설

저압 가공인입선의 최소 굵기
2.6[mm] 이상의 경동선(단, 15[m] 이하 시 2.0[mm] 이상)

58

배전반 및 분전반과 연결된 배관을 변경하거나 이미 설치되어 있는 캐비닛에 구멍을 뚫을 때 필요한 공구는?

① 오스터 ② 클리퍼
③ 토치램프 ④ 녹아웃펀치

해설

녹아웃펀치
배전반 및 분전반과 연결된 배관을 변경하거나 이미 설치되어 있는 캐비닛에 구멍을 뚫을 때 사용한다.

59

화약류 저장고 내에 조명기구의 전기를 공급하는 배선의 공사방법은?

① 합성수지관공사 ② 금속관공사
③ 버스덕트공사 ④ 합성수지몰드공사

해설

화약류 저장고 내의 조명기구의 전기공사
금속관공사 또는 케이블 공사에 의한다.

60

1종 가요전선관을 시설할 수 있는 장소는?

① 점검할 수 없는 장소
② 전개되지 않는 장소
③ 전개된 장소로서 점검이 불가능한 장소
④ 점검할 수 있는 은폐장소

해설

1종 가요전선관의 시설가능 장소
가요전선관의 경우 2종 금속제 가요전선관이어야 하나 다음의 경우 1종 가요전선관을 사용할 수 있다.
1) 전개된 장소
2) 점검할 수 있는 은폐장소

정답 56 ③ 57 ② 58 ④ 59 ② 60 ④

2021년 CBT 복원문제 3회

전기이론

01

옴의 법칙에 대하여 맞는 것은?

① 전류는 저항에 비례한다.
② 전압은 전류에 비례한다.
③ 저항은 전압에 반비례한다.
④ 전압은 전류에 반비례한다.

해설

옴의 법칙은 $V = IR$[V], $I = \frac{V}{R}$[A], $R = \frac{V}{I}$[Ω]이다.

02

전기량 1[Ah]는 몇 [C]인가?

① 60 ② 600
③ 360 ④ 3,600

해설

전기량 $Q = It$[A·sec] = [C]이므로
1[Ah] = 1[A·3,600sec] = 1 × 3,600[C]이다.

03

내부저항 r[Ω]인 전지 10개가 있다. 이 전지 10개를 연결하여 가장 작은 합성 내부저항을 만들면 얼마인가?

① $\frac{r}{10}$ ② $10r$
③ r ④ $\frac{r}{2}$

해설

가장 작은 합성 내부저항을 만들려면 전지를 모두 병렬 접속할 때 얻어지므로 병렬의 합성 내부저항 $R = \frac{r}{n} = \frac{r}{10}$이 된다.

04

열작용에 관련 법칙은?

① 줄의 법칙 ② 패러데이 법칙
③ 비오샤바르의 법칙 ④ 플레밍의 법칙

해설

전류의 발열작용 법칙은 줄의 법칙이다.

05

1차 전지로 가장 많이 사용되는 전지는?

① 니켈전지 ② 이온전지
③ 폴리머전지 ④ 망간전지

해설

니켈전지, 이온전지, 폴리머전지는 모두 2차 전지로서 축전지용이며, 1차 전지는 망간전지이다.

06

두 개의 서로 다른 금속의 접속점에 온도차를 주면 기전력이 생기는 현상은?

① 제어벡 효과 ② 펠티어 효과
③ 톰슨 효과 ④ 호올 효과

해설

두 종류의 금속을 접속하고 그 접속점에 온도를 주면 두 금속 양단에서 기전력이 발생하는 효과는 제어벡 효과로서 열전대에 사용된다.

정답 01 ② 02 ④ 03 ① 04 ① 05 ④ 06 ①

07

용량을 변화시킬 수 있는 콘덴서는?

① 마일러 콘덴서 ② 바리콘
③ 전해 콘덴서 ④ 세라믹 콘덴서

해설

바리콘은 가변 콘덴서라고도 불리며 주로 주파수 조정 등에 사용된다.

08

같은 콘덴서가 10개 있다. 이것을 병렬로 접속할 때의 값은 직렬로 접속할 때의 값에 몇 배가 되는가?

① 1배 ② 10배
③ 100배 ④ 1,000배

해설

동일 콘덴서의 직렬 합성은 $\frac{C}{n}$[F]이고 병렬 합성은 nC[F]이므로 $\frac{C_{병렬}}{C_{직렬}} = \frac{nC}{\frac{C}{n}} = n^2$배가 된다. 그러므로 $10^2 = 100$배가 된다.

09

다음 중 전기력선의 성질이 맞지 않는 것은?

① 전기력선은 등전위면과 수직교차한다.
② 전기력선은 상호간에 교차한다.
③ 전기력선의 접선 방향은 전계의 방향이다.
④ 전기력선은 높은 곳에서 낮은 곳으로 향한다.

해설

전기력선은 서로 교차할 수 없다.

10

영구 자석으로 알맞은 물질 특성은?

① 잔류자기는 크고 보자력은 작아야 한다.
② 잔류자기는 작고 보자력은 커야 한다.
③ 잔류자기와 보자력 모두 커야 한다.
④ 잔류자기와 보자력 모두 작아야 한다.

해설

영구 자석의 물질은 히스테리시스 곡선에서 잔류자기와 보자력 모두 커야 한다.

11

다음 중 비유전율이 가장 작은 것은?

① 산화티탄자기 ② 종이
③ 공기 ④ 운모

해설

비유전율은 산화티탄자기(115~5,000), 종이(2~2.6), 운모(5.5~6.6)이며 공기는 1이다.

12

평행하게 같은 방향으로 전류가 흐르는 도선이 1[m] 떨어져 있을 때 작용하는 힘 $F = 8 \times 10^{-7}$[N]이라면 전류는 몇 [A]인가?

① 1 ② 2
③ 3 ④ 4

해설

평행도선

힘 $F = \frac{2I_1I_2}{r} \times 10^{-7} = \frac{2I^2}{r} \times 10^{-7}$[N]이므로

$I = \sqrt{\frac{F \times r}{2 \times 10^{-7}}} = \sqrt{\frac{8 \times 10^{-7} \times 1}{2 \times 10^{-7}}} = 2$[A]이다.

정답 07 ② 08 ③ 09 ② 10 ③ 11 ③ 12 ②

CBT 복원

13

자기저항의 단위는?

① AT/Wb ② AT/m
③ H/m ④ Wb/AT

해설
자기저항은 기자력 $F = NI = \phi R_m$[AT]에서
$R_m = \frac{NI}{\phi}$[AT/Wb]이다.

14

공기 중에서 자기장의 크기가 1,000[AT/m]이라면 자속밀도 B[Wb/m²]는?

① $4\pi \times 10^{-3}$ ② $4\pi \times 10^{-4}$
③ $4\pi \times 10^{3}$ ④ $4\pi \times 10^{4}$

해설
자속밀도
$B = \mu_0 H = 4\pi \times 10^{-7} \times 1{,}000 = 4\pi \times 10^{-4}$[Wb/m²]이다.

15

발전기의 유도 전압을 구하는 법칙은 어느 것인가?

① 플레밍의 오른손 법칙
② 플레밍의 왼손 법칙
③ 암페어의 오른손 법칙
④ 패러데이의 법칙

해설
발전기의 유기기전력은 플레밍의 오른손 법칙으로서 유기기전력은
$e = vBl\sin\theta$[V]이다.

16

어드미턴스의 실수부분은?

① 인덕턴스 ② 서셉턴스
③ 컨덕턴스 ④ 리액턴스

해설
어드미턴스 $Y = G + jB$[℧]에서 실수부 G는 컨덕턴스이고 허수부 B는 서셉턴스이다.

17

전력계 두 대로 3상전력을 측정하여 전력계 두 대의 지시값이 각각 200[W]와 600[W]가 되었다면 유효전력은 몇 [W]인가?

① 300 ② 600
③ 800 ④ 900

해설
2전력계법의 유효전력은 두 전력계의 합성이므로
$P = P_1 + P_2 = 200 + 600 = 800$[W]

18

단상 유도전동기에 220[V]의 전압을 공급하여 전류가 10[A]가 흐를 때 전력이 2[kW]가 되었다면 전동기의 역률은 몇 [%]가 되는가?

① 70.5 ② 80.9
③ 85.7 ④ 90.9

해설
단상전력 $P = VI\cos\theta$[W]에서
역률 $\cos\theta = \frac{P}{VI} = \frac{2 \times 10^3}{220 \times 10} = 0.909$이다.

정답 13 ① 14 ② 15 ① 16 ③ 17 ③ 18 ④

19

비정현파 전압이 $v = 10 + 30\sqrt{2}\sin\omega t + 40\sqrt{2}\sin 3\omega t$[V]일 때 실효전압 V[V]는?

① 약 41　　② 약 51
③ 약 61　　④ 약 71

해설

비정현파 실효전압은 $V = \sqrt{V_0^2 + V_1^2 + V_3^2}$ 이므로

$V = \sqrt{10^2 + 30^2 + 40^2} = 50.99[V]$

20

3상 △결선 부하에 선간전압 200[V]를 인가하여 선전류 10[A]가 흘렀다면 상전압과 상전류는 각각 얼마인가?

① 200[V], $10\sqrt{3}$[A]
② $200\sqrt{3}$[V], 10[A]
③ 200[V], $\frac{10}{\sqrt{3}}$[A]
④ $\frac{200}{\sqrt{3}}$[V], 10[A]

해설

△결선은 선간전압과 상전압이 같고 선전류는 상전류보다 $\sqrt{3}$ 배만큼 크다.
그러므로 상전압은 선간전압과 같이 200[V]이고 상전류는 $\frac{10}{\sqrt{3}}$ 이 된다.

전기기기

21

변압기 내부고장 보호에 쓰이는 계전기로서 가장 적당한 것은?

① 차동계전기　　② 접지계전기
③ 과전류계전기　　④ 역상계전기

해설

변압기 내부고장 보호계전기
1) 부흐홀쯔 계전기
2) 비율차동 계전기
3) 차동계전기

22

부흐홀쯔 계전기의 설치 위치로 가장 적당한 것은?

① 변압기 주 탱크 내부
② 콘서베이터 내부
③ 변압기 고압 측 부싱
④ 변압기 주 탱크와 콘서베이터 사이

해설

부흐홀쯔 계전기의 설치 위치
변압기 내부고장 보호에 사용되는 부흐홀쯔 계전기의 설치 위치는 변압기의 주 탱크와 콘서베이터 사이에 설치한다.

23

다음 중 변압기의 온도 상승 시험법으로 가장 널리 사용되는 것은?

① 반환부하법　　② 유도시험법
③ 절연내력시험법　　④ 고조파 억제법

정답 19 ② 20 ③ 21 ① 22 ④ 23 ①

해설

변압기의 온도 상승 시험

동일 정격의 변압기가 2대 이상이 있을 경우 채용되며, 전력소비가 적으며, 철손과 동손을 따로 공급하는 것으로서 가장 널리 사용된다.

24

회전자 입력이 10[kW], 슬립이 4[%]인 3상 유도전동기의 2차 동손은 몇 [W]인가?

① 400 ② 300
③ 500 ④ 1,000

해설

유도전동기의 2차 동손

$P_{c2} = sP_2$

$= 0.04 \times 10 = 0.4$[kW]

$= 400$[W]

25

6극의 72홈, 농형 3상 유도전동기의 매극 매상당의 홈수는?

① 2 ② 3
③ 4 ④ 12

해설

매극 매상당 슬롯수 q

$q = \dfrac{s}{P \times m}$ (s : 슬롯수, P : 극수, m : 상수)

$= \dfrac{72}{6 \times 3} = 4$

26

단락비가 큰 동기기는?

① 안정도가 높다. ② 기계가 소형이다.
③ 전압변동률이 크다. ④ 전기자 반작용이 크다.

해설

단락비가 큰 동기기

1) 안정도가 높다.
2) 전기자 반작용이 작다.
3) 동기임피던스가 작다.
4) 전압변동률이 작다.
5) 단락전류가 크다.
6) 기계가 대형이며, 무겁고, 가격이 비싸고 효율이 나쁘다.

27

직류발전기가 있다. 자극수는 6, 전기자 총도체수는 400, 회전수는 600[rpm]이다. 전기자에 유도되는 기전력이 120[V]라고 하면, 매극 매상당 자속[Wb]는? (단, 전기자 권선은 파권이다.)

① 0.01 ② 0.02
③ 0.05 ④ 0.19

해설

직류발전기의 유기기전력

$E = \dfrac{PZ\phi N}{60a}$ (파권이므로 $a = 2$)

여기서 $\phi = \dfrac{E \times 60a}{PZN}$[Wb]

$= \dfrac{120 \times 60 \times 2}{6 \times 400 \times 600} = 0.01$[Wb]

28

낙뢰, 수목 접촉, 일시적인 섬락 등 순간적인 사고로 계통에서 분리된 구간을 신속히 계통에 투입시킴으로써 계통의 안정도를 향상시키고 정전 시간을 단축시키기 위해 사용되는 계전기는?

① 차동 계전기 ② 과전류 계전기
③ 거리 계전기 ④ 재폐로 계전기

정답 24 ① 25 ③ 26 ① 27 ① 28 ④

해설

재폐로 계전기

고장 구간을 잠시 차단 후 일정시간 후 재투입함으로써 정전시간 및 안정도를 향상시키는 역할을 한다.

29

다음 그림에서 직류 분권 전동기의 속도 특성 곡선은?

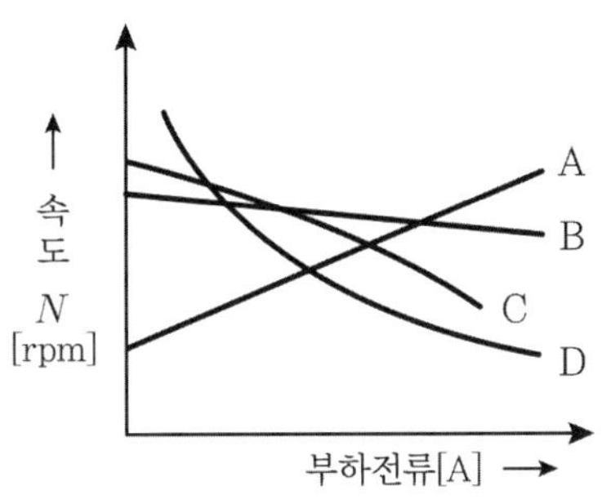

① A　② B

③ C　④ D

해설

전동기의 속도 특성 곡선

1) A : 차동복권

2) B : 분권

3) C : 가동복권

4) D : 직권

30

분권전동기의 토크와 속도(N)는 어떤 관계를 갖는가?

① $T \propto N$　② $T \propto \frac{1}{N}$

③ $T \propto N^2$　④ $T \propto \frac{1}{N^2}$

해설

분권전동기의 특성

분권전동기의 토크 $T \propto \frac{1}{N}$의 관계를 갖는다.

31

전기기계의 철심을 성층하는 이유는?

① 히스테리시스손을 적게 하기 위하여

② 기계손을 적게 하기 위하여

③ 표유부하손을 적게 하기 위하여

④ 맴돌이손을 적게 하기 위하여

해설

규소강판 성층철심

전기기계의 철심을 규소강판을 사용하는 이유는 히스테리시스손을 감소하기 위함이며, 이를 성층하는 이유는 와류(맴돌이)손을 줄이기 위함이다.

32

동기조상기가 전력용 콘덴서보다 우수한 점은?

① 진상, 지상역률을 얻는다.

② 손실이 적다.

③ 가격이 싸다.

④ 유지보수가 적다.

해설

동기조상기

동기조상기는 과여자, 부족여자를 통하여 진상, 지상역률을 얻을 수 있다. 다만 전력용 콘덴서는 진상역률만을 얻을 수 있다.

33

3상 유도전동기의 회전방향을 바꾸기 위한 방법은?

① 3상의 3선 중 2선의 접속을 바꾼다.

② 3상의 3선 접속을 모두 바꾼다.

③ 3상의 3선 중 1선에 리액턴스를 연결한다.

④ 3상의 3선 중 2선에 같은 값의 리액턴스를 연결한다.

정답 29 ② 30 ② 31 ④ 32 ① 33 ①

34

단상 전파 사이리스터 정류회로에서 부하가 큰 인덕턴스가 있는 경우, 점호각이 60°일 때 정류전압은 약 몇 [V]인가? (단, 전원 측 전압의 실효값은 100[V]이고 직류 측 전류는 연속이다.)

① 141 ② 100
③ 85 ④ 45

해설

단상 전파정류회로의 정류전압

$$E_d = \frac{2\sqrt{2}E}{\pi}\cos\alpha = \frac{2\sqrt{2}\times 100}{\pi}\cos 60 = 45[\text{V}]$$

35

유도전동기의 슬립을 측정하는 방법으로 옳은 것은?

① 전압계법 ② 스트로보법
③ 평형 브리지법 ④ 전류계법

해설

슬립측정법
1) DC 볼트미터계법
2) 스트로보법
3) 수화기법

36

동기발전기를 회전계자형으로 하는 이유가 아닌 것은?

① 고전압에 견딜 수 있게 전기자 권선을 절연하기가 쉽다.
② 전기자 단자에 발생한 고전압을 슬립링 없이 간단하게 외부회로에 인가할 수 있다.
③ 기계적으로 튼튼하게 만드는 데 용이하다.
④ 전기자가 고정되어 있지 않아 제작비용이 저렴하다.

해설

회전계자형을 사용하는 이유
1) 전기자 권선은 전압이 높고 결선이 복잡하여, 절연이 용이하다.
2) 기계적으로 튼튼하게 만드는 데 용이하다.
3) 전기자 단자에 발생된 고전압을 슬립링 없이 간단하게 외부로 인가할 수 있다.

37

34극 60[MVA], 역률 0.8, 60[Hz], 22.9[kV]의 수차 발전기의 전부하 손실이 1,600[kW]라면 전부하 시 효율[%]은?

① 90 ② 95
③ 97 ④ 99

해설

발전기의 효율 η

$$\eta = \frac{\text{출력}}{\text{출력}+\text{손실}} = \frac{48}{48+1.6}\times 100 = 96.7[\%]$$

$\text{출력} = 60\times 0.8 = 48[\text{MW}]$

38

1차 전압 6,300[V], 2차 전압 210[V], 주파수 60[Hz]의 변압기가 있다. 이 변압기의 권수비는?

① 30 ② 40
③ 50 ④ 60

해설

변압기 권수비 a

$$a = \frac{V_1}{V_2} = \frac{6,300}{210} = 30$$

정답 34 ④ 35 ② 36 ④ 37 ③ 38 ①

39

직류를 교류로 변환하는 기기는?

① 변류기 ② 정류기
③ 초퍼 ④ 인버터

해설

인버터
직류를 교류로 변환하는 역할을 한다.

40

다음 중 2대의 동기발전기가 병렬운전하고 있을 때 무효횡류(무효순환전류)가 흐르는 경우는?

① 부하 분담의 차가 있을 때
② 기전력의 주파수에 차가 있을 때
③ 기전력의 위상의 차가 있을 때
④ 기전력의 크기의 차가 있을 때

해설

동기발전기의 병렬운전조건
기전력의 크기가 다를 경우 무효횡류가 흐르게 된다.

전기설비

41

한국전기설비규정에 따라 관광업 및 숙박업 등에 객실의 입구에 백열 전등을 설치할 경우 몇 분 이내에 소등되는 타임스위치를 시설하여야 하는가?

① 1 ② 2 ③ 3 ④ 4

해설

타임스위치의 시설
1) 관광업 및 숙박업의 경우 1분 이내 소등
2) 주택 및 아파트의 경우 3분 이내 소등

42

구리 전선과 전기 기계 기구 단자를 접속하는 경우에 진동 등으로 인하여 헐거워질 염려가 있는 곳에는 어떤 것을 사용하여 접속하는가?

① 평와서 2개를 끼운다.
② 스프링 와셔를 끼운다.
③ 코드 패스너를 끼운다.
④ 정 슬리브를 끼운다.

해설

스프링 와셔
진동이 있는 단자에 전선을 접속할 경우 스프링 와셔를 사용한다.

43

한국전기설비규정에 따라 저압전로에 사용하는 배선용 차단기(산업용)의 정격전류가 30[A]이다. 여기에 39[A]의 전류가 흐를 때 동작시간은 몇 분 이내가 되어야 하는가?

① 30분 ② 60분 ③ 90분 ④ 120분

CBT 복원

정답 39 ④ 40 ④ 41 ① 42 ② 43 ②

해설

배선용 차단기 정격(산업용)

정격전류	동작시간	부동작전류	동작전류
63[A] 이하	60분	1.05배	1.3배
63[A] 초과	120분	1.05배	1.3배

44

노출장소 또는 점검 가능한 장소에서 제2종 가요전선관을 시설하고 제거하는 것이 자유로운 경우 곡률 반지름은 안지름의 몇 배 이상으로 하여야 하는가?

① 2배 ② 3배
③ 4배 ④ 6배

해설

가요전선관의 시설
2종 가요전선관을 구부릴 경우 노출장소 또는 점검 가능한 장소에서 시설 제거하는 것이 자유로운 경우 관 안지름의 3배 이상으로 하여야 한다.

45

고압 가공전선로의 지지물로 철탑을 사용하는 경우 경간은 몇 [m] 이하이어야 하는가?

① 150[m] ② 300[m]
③ 500[m] ④ 600[m]

해설

가공전선로의 경간

지지물의 종류	표준경간
목주, A종 철주, A종 철근콘크리트주	150[m] 이하
B종 철주, B종 철근콘크리트주	250[m] 이하
철탑	600[m] 이하

46

가연성분진(소맥분, 전분, 유황 기타 가연성 먼지 등)으로 인하여 폭발할 우려가 있는 저압 옥내 설비공사로 적절하지 않은 것은?

① 케이블 공사 ② 금속관 공사
③ 합성수지관 공사 ④ 플로어덕트 공사

해설

가연성 분진의 시설
금속관, 케이블, 합성수지관 공사에 의한다.

47

한국전기설비규정에 따라 사람이 상시 통행하는 터널 내의 공사방법으로 적절하지 않은 것은?

① 금속관 공사
② 합성수지관 공사
③ 금속제 가요전선관 공사
④ 금속몰드 공사

해설

사람이 상시 통행하는 터널 안 공사방법
금속관, 합성수지관, 금속제 가요전선관, 케이블, 애자 공사에 의한다.

48

특고압 수전설비의 결선 기호와 명칭으로 잘못된 것은?

① CB – 차단기 ② DS – 단로기
③ LA – 피뢰기 ④ LF – 전력퓨즈

해설

전력퓨즈의 경우 약호로 PF가 된다.

정답 44 ② 45 ④ 46 ④ 47 ④ 48 ④

49

나전선 상호를 접속하는 경우 일반적으로 전선의 세기를 몇 [%] 이상 감소시키지 아니하여야 하는가?

① 2 ② 3
③ 20 ④ 80

해설

전선의 접속 시 유의사항
전선의 세기를 20[%] 이상 감소시키지 말 것

50

폴리에틸렌 절연 비닐 시스 케이블의 약호는?

① DV ② EE
③ EV ④ OW

해설

케이블의 약호
EV : 폴리에틸렌 절연 비닐 시스 케이블

51

후강전선관의 호칭은 (ㄱ) 크기로 정하여 (ㄴ)로 표시한다. (ㄱ)과 (ㄴ)에 들어갈 내용으로 옳은 것은?

① (ㄱ) 안지름 (ㄴ) 짝수
② (ㄱ) 바깥지름 (ㄴ) 짝수
③ (ㄱ) 바깥지름 (ㄴ) 홀수
④ (ㄱ) 안지름 (ㄴ) 홀수

해설

후강전선관의 호칭
안지름을 기준으로 짝수로 표시한다.

52

옥내배선 공사에서 절연전선의 피복을 벗길 때 사용하면 편리한 공구는?

① 드라이버 ② 플라이어
③ 압착펜치 ④ 와이어 스트리퍼

해설

와이어 스트리퍼
전선의 피복을 벗길 때 자동으로 벗기는 공구를 말한다.

53

한국전기설비규정에 따라 교통신호등 회로의 사용전압이 몇 [V]를 초과하는 경우에는 지락 발생 시 자동적으로 전로를 차단하는 누전차단기를 시설하여야 하는가?

① 50 ② 100
③ 150 ④ 200

해설

교통신호등
사용전압이 150[V]를 초과하는 경우 전로에 지락이 생겼을 때 이를 자동적으로 차단하는 누전차단기를 시설하여야 한다.

54

아웃렛 박스 등의 녹아웃의 지름이 관의 지름보다 클 때 관을 박스에 고정시키기 위해 쓰이는 재료의 명칭은?

① 터미널 캡 ② 링 리듀셔
③ 앤트런스 캡 ④ C형 엘보

해설

링 리듀셔
금속관 공사 시 녹아웃의 지름이 관 지름보다 클 때 관을 박스에 고정하기 위해 사용되는 재료를 말한다.

정답 49 ③ 50 ③ 51 ① 52 ④ 53 ③ 54 ②

55

일반적으로 큐비클형(cubicle type)이라 하며, 점유 면적이 좁고 운전, 보수에 안전하므로 공장, 빌딩 등 전기실에 많이 사용되는 조립형, 장갑형이 있는 배전반은?

① 폐쇄식 배전반
② 데드 프런트식 배전반
③ 철제 수직형 배전반
④ 라이브 프런트식 배전반

해설
큐비클형
폐쇄식 배전반을 말하며 점유 면적이 좁고 운전, 보수에 안전하므로 공장, 빌딩 등 전기실에 많이 사용되는 조립형, 장갑형이 있는 배전반이다.

56

ACB의 약호는?

① 기중차단기 ② 유입차단기
③ 공기차단기 ④ 진공차단기

해설
차단기의 약호
1) 기중차단기(ACB)
2) 유입차단기(OCB)
3) 공기차단기(ABB)
4) 진공차단기(VCB)

57

가공전선의 지지물에 지선으로 그 강도를 분담하여서는 안 되는 곳은?

① 목주 ② 철주
③ 철탑 ④ 철근콘크리트주

해설
지선의 시설기준
철탑의 경우 지선을 사용하여 그 강도를 분담하여서는 아니 된다.

58

한국전기설비규정에 따라 아래 그림 같이 분기회로 (S_2)의 보호장치 (P_2)는 (P_2)의 전원 측에서 분기점 (O) 사이에 다른 분기회로 또는 콘센트의 접속이 없고, 단락의 위험과 화재 및 인체에 대한 위험성이 최소화되도록 시설된 경우, 분기회로의 보호장치 (P_2)는 몇 [m]까지 이동 설치가 가능한가?

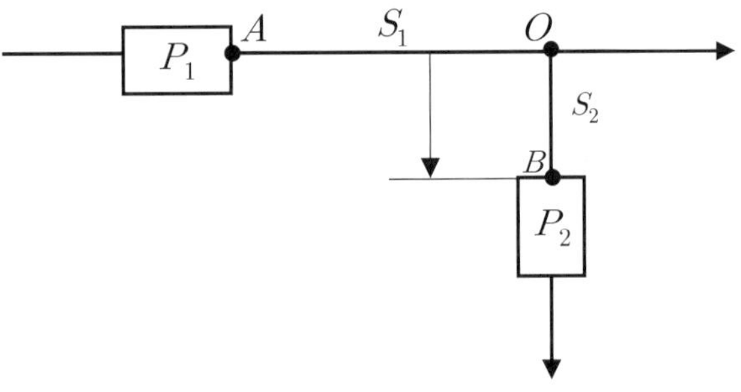

① 1 ② 2
③ 4 ④ 3

해설
분기회로 보호장치
분기회로의 보호장치 (P_2)는 분기회로의 분기점(O)으로부터 3[m]까지 이동하여 설치할 수 있다.

정답 55 ① 56 ① 57 ③ 58 ④

59

한국전기설비규정에 따라 변압기 중성점 접지도체는 몇 [mm^2] 이상이어야 하는가? (단, 사용전압이 25[kV] 이하인 특고압 가공전선로. 다만, 중성선 다중접지식의 것으로서 전로에 지락이 생겼을 때 2초 이내에 자동적으로 이를 전로로부터 차단하는 장치가 되어 있는 것을 말한다.)

① 6 ② 10
③ 16 ④ 25

해설

중성점 접지도체의 굵기

중성점 접지용 도체는 공칭단면적 16[mm^2] 이상의 연동선 또는 동등 이상의 단면적 및 세기를 가져야 한다. 다만, 다음의 경우에는 공칭단면적 6[mm^2] 이상의 연동선 또는 동등 이상의 단면적 및 강도를 가져야 한다.

1) 7[kV] 이하의 전로
2) 사용전압이 25[kV] 이하인 특고압 가공전선로. 다만, 중성선 다중접지식의 것으로서 전로에 지락이 생겼을 때 2초 이내에 자동적으로 이를 전로로부터 차단하는 장치가 되어 있는 것

60

연선의 층수를 n이라 하였을 때 총소선수 N은?

① $N=3n(n+1)+1$
② $N=3n(n+2)+1$
③ $N=3n(n+1)$
④ $N=3n(n+2)$

해설

연선의 총소선수 N

$N=3n(n+1)+1$

2021년 CBT 복원문제 4회

전기이론

01

전기량 $Q=25$[C]을 이동시키는 데 100[J]이 필요하였다. 이때의 기전력은 몇 [V]인가?

① 2 ② 4
③ 6 ④ 8

해설

기전력 $V=\dfrac{W}{Q}$[V]이므로 $V=\dfrac{100}{25}=4$[V]이다.

02

동일 저항 R[Ω]을 n개 접속한 회로에 전압 V[V]를 인가하였다. 다음 설명 중 틀린 것은?

① 동일 저항을 직렬로 접속하면 합성저항은 nR이 된다.
② 동일 저항을 병렬로 접속하면 합성저항은 $\dfrac{R}{n}$이 된다.
③ 동일 저항을 직렬로 접속하면 각 저항에 전압과 전류는 분배가 된다.
④ 동일 저항을 병렬로 접속하면 각 저항의 전압은 일정하게 된다.

해설

동일 저항을 직렬로 접속하면 각 저항에 흐르는 전류는 일정해지고, 전압이 분배가 된다.

정답 59 ① 60 ① / 01 ② 02 ③

03

저항 6[Ω]과 3[Ω]이 병렬 접속된 회로에 전압 100[V]을 인가하면 흐르는 전체 전류는 몇 [A]인가?

① 5　② 50
③ 25　④ 90

해설

병렬 합성저항은 $R = \frac{6\times3}{6+3} = \frac{18}{9} = 2[\Omega]$이므로

전류 $I = \frac{V}{R} = \frac{100}{2} = 50$[A]이다.

04

전열기에 전압 V[V]을 인가하여 I[A] 전류를 t[sec] 동안 흘렸다. 발생하는 열량[cal]은?

① $0.24V^2It$　② $0.24VI^2t$
③ $0.24VIt$　④ $0.24VIt^2$

해설

발열량

$H = 0.24Pt = 0.24VIt = 0.24I^2Rt = 0.24\frac{V^2}{R}t$[cal]

05

어떤 저항에 10[A]의 전류가 흐를 때의 전력이 50[W]였다면 전류를 20[A]를 흘리면 전력은 몇 [W]가 되는가?

① 50　② 150
③ 200　④ 250

해설

전류와 저항과의 관계의 전력 $P = I^2R$[W]이므로 $P \propto I^2$관계이다. 그러므로

$50 : 10^2 = P' : 20^2$, $P = \frac{20^2}{10^2}\times 50 = 200$[W]가 된다.

06

전극에서 석출되는 물질의 양은 통과한 전기량에 비례하고 전기화학당량에 비례하는 법칙은?

① 패러데이의 법칙　② 가우스의 법칙
③ 암페어의 법칙　④ 플레밍의 법칙

해설

석출량 $W = kQ = kIt$[g]은 패러데이의 법칙이다.

07

진공 중의 두 점전하 $+Q_1$[C], $+Q_2$[C]이 거리 r[m] 사이에 작용하는 정전력 F[N]는?

① $F = 9\times10^9\times\frac{Q_1Q_2}{r}$[N], 흡인력

② $F = 9\times10^9\times\frac{Q_1Q_2}{r^2}$[N], 반발력

③ $F = 9\times10^9\times\frac{Q_1Q_2}{r}$[N], 반발력

④ $F = 9\times10^9\times\frac{Q_1Q_2}{r^2}$[N], 흡인력

해설

두 전하 사이의 힘은 서로 동일 부호는 반발력, 서로 다른 부호는 흡인력이 생긴다.

두 전하 사이에 작용하는 힘 $F = 9\times10^9\times\frac{Q_1Q_2}{r^2}$[N]이다.

08

전기력선 밀도는 무엇과 같은가?

① 전위차　② 전속밀도
③ 정전력　④ 전계의 세기

해설

전기력선 성질 중에서 전기력선 밀도는 전계의 세기와 같다.

정답 03 ② 04 ③ 05 ③ 06 ① 07 ② 08 ④

09

간격 d[m], 평행판 면적이 S[m^2]인 평행 평판 콘덴서가 있다. 여기서 간격을 2배로 하면 처음의 콘덴서보다 몇 배가 되는가?

① 변하지 않는다. ② $\frac{1}{2}$배
③ 2배 ④ 4배

해설

평행판 콘덴서 $C=\frac{\varepsilon S}{d}$[F]이므로 $C\propto\frac{1}{d}$이다. 그러므로 간격이 두 배가 되면 콘덴서는 $\frac{1}{2}$배가 된다.

10

자기장의 세기가 100[AT/m]인 곳에 2[Wb]의 자극을 놓았을 때 작용하는 힘 F[N]는?

① 100 ② 200
③ 50 ④ 2,000

해설

힘 $F=mH=2\times100=200$[N]이다.

11

자기저항이 100[AT/Wb]인 환상 솔레노이드에 200회 감아 자속이 10[Wb]가 발생하려면 몇 [A]의 전류를 흘려야 하는가?

① 5 ② 50
③ 2 ④ 20

해설

기자력 $F=NI=\phi R_m$[AT]이므로

전류 $I=\frac{\phi R_m}{N}=\frac{10\times100}{200}=5$[A]이다.

12

전자유도의 현상에 의해 유기기전력이 만들어진다. 유기기전력에 관한 법칙과 거리가 먼 것은?

① 패러데이의 법칙 ② 플레밍의 왼손 법칙
③ 렌츠의 법칙 ④ 플레밍의 오른손 법칙

해설

플레밍의 왼손 법칙은 전동기의 원리이며 전자력 힘의 법칙이다.

13

동일한 인덕턴스 L[H]인 두 코일을 같은 방향으로 직렬 접속하면 합성 인덕턴스는? (단, 결합계수는 0.5이다.)

① 0.5L ② L
③ 2L ④ 3L

해설

두 코일의 같은 방향 직렬 접속 합성 인덕턴스
$L=L_1+L_2+2M$[H]이다.
여기서 $L_1=L_2=L$이고,
상호 인덕턴스는 $M=k\sqrt{L_1L_2}=0.5\times\sqrt{L\times L}=0.5L$이므로
합성 인덕턴스 $L_1+L_2+2M=L+L+2\times0.5L=3L$이다.

14

정현파의 교류 최대 전압이 300[V]이면 평균전압은 몇 [V]인가?

① 181 ② 191
③ 211 ④ 221

해설

정현파의 평균전압 $V_a=\frac{2V_m}{\pi}=\frac{2\times300}{\pi}=191$[V]

정답 09 ② 10 ② 11 ① 12 ② 13 ④ 14 ②

15

교류 전압을 인가할 때 전류에 대한 설명으로 맞는 것은?

① L만의 회로는 전류가 전압보다 위상은 90도 앞선다.
② L만의 회로는 전압과 전류의 위상은 동상이 된다.
③ C만의 회로는 전압보다 전류의 위상은 90도 앞선다.
④ C만의 회로는 전압과 전류의 위상은 동상이 된다.

해설

L만의 회로는 전류가 전압보다 90도 뒤지고(지상), C만의 회로는 전류가 전압보다 90도 앞선다(진상).

16

저항 6[Ω], 유도리액턴스 8[Ω]을 직렬 접속시키고 100[V]의 교류전압을 인가하면 소비 전력은?

① 600[W] ② 1,200[W]
③ 800[W] ④ 1,600[W]

해설

교류전력

$P = I^2R = (\frac{V}{Z})^2R = \left(\frac{100}{\sqrt{6^2+8^2}}\right)^2 \times 6 = 600[\text{W}]$이다.

17

△ 결선 변압기가 한 대 고장 시 V결선하여 3상 전력을 공급하였을 때 이용률은 몇 [%]인가?

① 57.7 ② 75
③ 86.6 ④ 96

해설

V결선 이용률$=\frac{V\text{결선 시 용량}}{\text{변압기 2대의 용량}} = \frac{\sqrt{3}P}{2P} = 0.866$이다.

18

선간전압이 $100\sqrt{3}$[V]인 3상 평형 Y결선일 때 상전압의 크기는 몇 [V]인가?

① $100\sqrt{3}$ ② 100
③ 200 ④ $200\sqrt{3}$

해설

Y결선의 선간전압과 상전압과의 관계는 $V_l = \sqrt{3}\,V_p$이므로 상전압 $V_p = \frac{V_l}{\sqrt{3}} = \frac{100\sqrt{3}}{\sqrt{3}} = 100[\text{V}]$이다.

19

다음 중 비정현파의 푸리에 급수 성분이 맞는 것은?

① 직류분 + 기본파 + 고조파
② 직류분 − 기본파 − 고조파
③ 직류분 + 기본파 − 고조파
④ 직류분 − 기본파 + 고조파

해설

비정현파의 푸리에 급수는 직류분 + 기본파 + 고조파이다.

20

3상 △결선의 각 상의 임피던스가 30[Ω]일 때 Y결선으로 변환하면 각 상의 임피던스는 얼마인가?

① 90 ② 30
③ 10 ④ 3

해설

각 상의 임피던스가 같은 조건에서 △결선을 Y결선으로 바꾸면 $\frac{1}{3}$으로 감소하므로 $\frac{30}{3} = 10[\Omega]$이 된다.

정답 15 ③ 16 ① 17 ③ 18 ② 19 ① 20 ③

전기기기

21

직류 발전기에서 계자 철심에 잔류자기가 없어도 발전할 수 있는 발전기는?

① 분권 발전기　② 직권 발전기
③ 복권 발전기　④ 타여자 발전기

해설

타여자 발전기
타여자 발전기의 경우 잔류자기가 없어도 발전이 가능한 특성을 갖는다.

22

동기발전기의 권선을 분포권으로 사용하는 이유로 옳은 것은?

① 권선의 누설리액턴스가 커진다.
② 전기자 권선이 과열이 되어 소손되기 쉽다.
③ 파형이 좋아진다.
④ 집중권에 비하여 합성 유기전력이 높아진다.

해설

분포권
동기발전기의 권선을 분포권으로 선택할 경우 기전력의 파형이 개선되며, 누설리액턴스를 감소시킨다.

23

1차 권수 6,000회, 2차 권수 200회인 변압기의 변압비는?

① 30　② 60　③ 90　④ 120

해설

변압기의 변압비

$$a = \frac{N_1}{N_2} = \frac{V_1}{V_2} = \frac{I_2}{I_1}$$

$$= \frac{6,000}{20} = 30$$

24

다음 중 단락비가 큰 동기발전기의 경우 그 값이 작아지는 경우는?

① 동기임피던스와 단락전류
② 기기의 중량
③ 공극
④ 전압변동률과 전기자 반작용

해설

동기발전기의 단락비
단락비가 큰 경우 다음과 같은 특성을 갖는다.
1) 안정도가 높다.
2) 동기임피던스가 작다.
3) 전기자 반작용이 작다.
4) 전압변동률이 작다.
5) 단락전류가 크다.
6) 기기의 중량이 크고 효율이 떨어지며, 철기계에 해당한다.

25

교류 전압의 실효값이 200[V]일 때 단상 반파정류에 의하여 발생하는 직류전압의 평균값은 약 몇 [V]인가?

① 45　② 90
③ 105　④ 110

해설

단상 반파정류회로
직류전압 $E_d = 0.45E$

$$= 0.45 \times 200 = 90[\mathrm{V}]$$

26

변압기유로 쓰이는 절연유에 요구되는 성질인 것은?

① 인화점은 높고 응고점이 낮을 것
② 점도가 클 것
③ 비열이 커서 냉각효과가 적을 것
④ 절연 재료 및 금속 재료에 화학 작용을 일으킬 것

정답 21 ④　22 ③　23 ①　24 ④　25 ②　26 ①

CBT 복원

해설

변압기유의 특성
1) 절연내력이 클 것
2) 점도는 낮을 것
3) 인화점은 높고 응고점은 낮을 것
4) 냉각효과는 클 것

27

변압기 내부고장 보호에 쓰이는 계전기로서 가장 적당한 것은?

① 차동계전기　② 접지계전기
③ 과전류계전기　④ 역상계전기

해설

변압기 내부고장 보호계전기
1) 브흐홀쯔계전기
2) 비율차동계전기
3) 차동계전기

28

브리지 정류회로로 알맞은 것은?

①

②

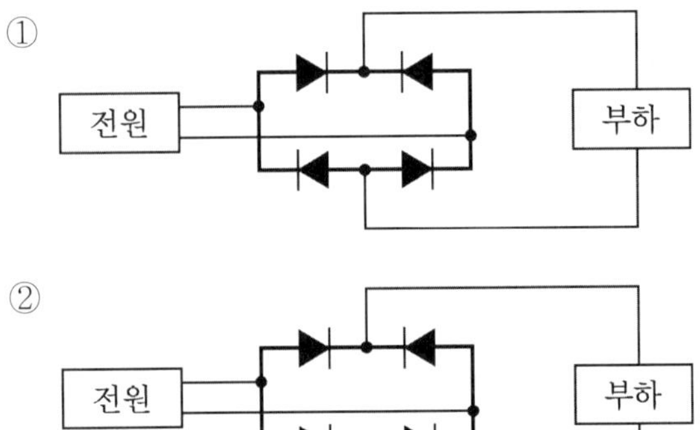

③

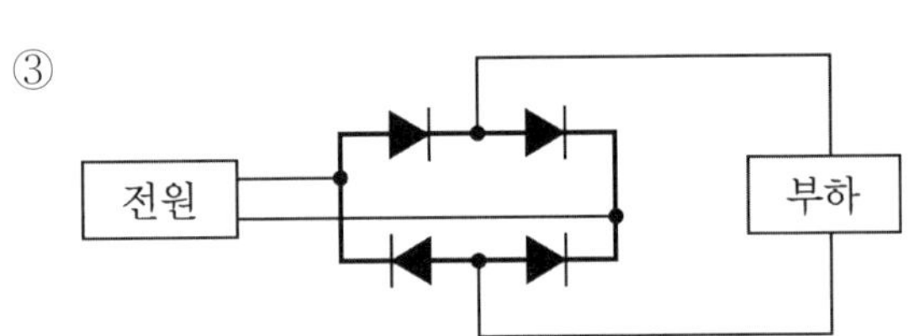

④

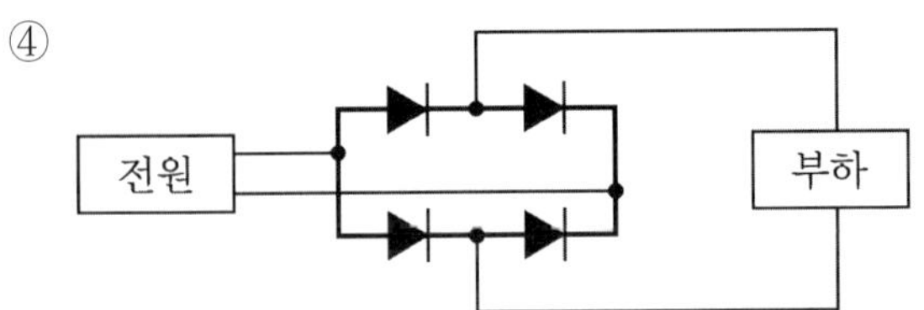

29

보호계전기의 시험을 하기 위한 유의 사항이 아닌 것은?

① 시험회로 결선 시 교류와 직류 확인
② 영점의 정확성 확인
③ 계전기 시험 장비의 오차 확인
④ 시험회로 결선 시 교류의 극성 확인

해설

보호계전기 시험 시 유의 사항
1) 영점의 정확성 확인
2) 계전기 시험 장비의 오차 확인
3) 시험회로 결선 시 교류와 직류 확인

30

타여자 발전기와 같이 전압변동률이 적고 자여자이므로 다른 여자 전원이 필요 없고, 계자저항기를 사용하여 저항 조정이 가능하므로 전기화학용 전원, 전지의 충전용, 동기기의 여자용으로 쓰이는 발전기는?

① 분권발전기　② 직권발전기
③ 과복권 발전기　④ 차동복권 발전기

해설

분권발전기
분권발전기는 계자저항기를 사용하여 전압을 조정할 수 있으므로 전기화학 공업용 전원, 축전지의 충전용, 동기기의 여자용 및 일반 직류 전원으로 사용된다.

정답 27 ① 28 ① 29 ④ 30 ①

31

변류기 개방 시 2차 측을 단락하는 이유는?

① 2차 측 절연 보호　② 2차 측 과전류 보호
③ 측정오차 감소　④ 변류비 유지

해설

변류기의 2차 측을 단락하는 이유
2차 측을 단락하는 이유는 과전압에 따른 절연을 보호하기 때문이다.

32

보호를 요하는 회로의 전류가 어떤 일정한 값(정정값) 이상으로 흘렀을 때 동작하는 계전기는?

① 비율차동계전기　② 과전류계전기
③ 차동계전기　④ 과전압계전기

해설

과전류계전기(OCR)
설정치 이상의 전류가 인가되면 동작하여 차단기를 트립시킨다.

33

전기기계의 철심을 규소강판으로 성층하는 이유는?

① 제작이 용이　② 동손 감소
③ 철손 감소　④ 기계손 감소

해설

규소강판을 성층하는 이유
철손은 히스테리시스손과 와류손으로 구분된다. 전기기계 기구를 규소강판을 사용 시 히스테리시스손을 감소하며, 성층철심을 사용하는 경우 와류손을 감소시킨다.

34

낮은 전압을 높은 전압으로 승압할 때 일반적으로 사용되는 변압기의 3상 결선방식은?

① $\Delta-\Delta$　② $\Delta-Y$
③ $Y-Y$　④ $Y-\Delta$

해설

승압결선
Δ결선은 선간전압과 상전압이 같다. Y결선은 선간전압이 상전압에 $\sqrt{3}$배가 되므로 승압결선이 되어야 한다면 $\Delta-Y$결선을 말한다.

35

100[kVA]의 단상 변압기 2대를 사용하여 V–V결선으로 3상 전원을 얻고자 한다. 이때 여기에 접속시킬 수 있는 3상 부하의 용량은 약 몇 [kVA]인가?

① 34.6　② 300
③ 100　④ 173.2

해설

V결선 출력
$P_V = \sqrt{3}P_n = \sqrt{3}\times 100 = 173.2$[kVA]

36

동기발전기에서 앞선 전류가 흐를 때 어느 것이 옳은가?

① 감자작용을 받는다.
② 증자작용을 받는다.
③ 속도가 상승한다.
④ 효율이 좋아진다.

해설

동기발전기의 전기자 반작용
앞선 전류가 흐를 경우 증자작용을 받는다.

정답　31 ①　32 ②　33 ③　34 ②　35 ④　36 ②

CBT 복원

37

직류발전기에서 자극수 6, 전기자 도체수 400, 각 극의 유효자속 수 0.01[Wb], 회전수 600[rpm]인 경우 유기기전력은? (단, 전기자권선은 파권이다.)

① 90 ② 120
③ 150 ④ 180

해설
유기기전력
$E=\frac{PZ\phi N}{60a}$[V] (파권이므로 $a=2$)
$=\frac{6\times 400\times 0.01\times 600}{60\times 2}=120$[V]

38

유도전동기의 원선도를 작성하는 데 필요한 시험이 아닌 것은?

① 저항측정 ② 슬립측정
③ 개방시험 ④ 구속시험

해설
유도전동기의 원선도를 그리는 데 필요한 시험
1) 저항시험
2) 무부하시험
3) 구속시험

39

직류발전기의 구조 중 전기자 권선에서 생긴 교류를 직류로 바꾸어 주는 부분을 무엇이라 하는가?

① 계자 ② 전기자
③ 브러쉬 ④ 정류자

해설
정류자
직류발전기의 정류자는 교류를 직류로 변환하는 부분으로서 브러쉬와 단락되이 있다.

40

전기자 저항이 0.1[Ω], 전기자 전류 100[A], 유도기전력이 110[V]인 직류 분권발전기의 단자전압[V]은?

① 110 ② 106
③ 102 ④ 100

해설
분권발전기의 단자전압
$V=E-I_aR_a=110-(100\times 0.1)=100$[V]

정답 37 ② 38 ② 39 ④ 40 ④

전기설비

41

전선의 굵기를 측정할 때 사용되는 것은?

① 와이어 게이지　② 파이프 포트
③ 스패너　④ 프레셔 툴

해설
와이어 게이지
전선의 굵기를 측정 시 사용된다.

42

사람이 접촉될 우려가 있는 곳에 시설하는 경우 접지극은 지하 몇 [cm] 이상의 깊이에 매설하여야 하는가?

① 30　② 45
③ 50　④ 75

해설
접지극의 매설기준
접지극은 지하 75[cm] 이상 깊이에 매설하여야만 한다.

43

가연성 가스가 존재하는 장소의 저압 시설 공사 방법으로 옳은 것은?

① 가요전선관 공사　② 합성수지관 공사
③ 금속관 공사　④ 금속 몰드 공사

해설
가연성 가스가 존재하는 장소의 전기공사
1) 금속관 공사
2) 케이블 공사

44

절연전선으로 가선된 배전 선로에서 활선 상태인 경우 전선의 피복을 벗기는 것은 매우 곤란한 작업이다. 이런 경우 활선 상태에서 전선의 피복을 벗기는 공구는?

① 전선피박기　② 애자커버
③ 와이어 통　④ 데드엔드 커버

해설
전선피박기
활선 시 전선의 피복을 벗기는 공구를 말한다.

45

가공전선로의 지지물이 아닌 것은?

① 목주　② 지선
③ 철근콘크리트주　④ 철탑

해설
지지물의 종류
1) 목주
2) 철주
3) 철근콘크리트주
4) 철탑

46

노출장소 또는 점검이 가능한 장소에서 제2종 가요전선관을 시설하고 제거하는 것이 자유로운 경우 곡률 반지름은 안지름의 몇 배 이상으로 하여야 하는가?

① 2배　② 3배
③ 4배　④ 6배

해설
가요전선관의 시설
2종 가요전선관을 구부릴 경우 노출장소 또는 점검이 가능한 장소에서 시설 제거하는 것이 자유로운 경우는 안지름의 3배 이상으로 한다.

정답　41 ①　42 ④　43 ③　44 ①　45 ②　46 ②

CBT 복원

47

한국전기설비규정에서 정한 가공전선로의 지지물에 승탑 또는 승강용으로 사용하는 발판볼트 등은 지표상 몇 [m] 미만에 시설하여서는 안 되는가?

① 1.2 ② 1.5
③ 1.6 ④ 1.8

해설

발판볼트
지지물에 시설하는 발판볼트의 경우 1.8[m] 이상 높이에 시설한다.

48

특고압 수전설비의 결선 기호와 명칭으로 잘못된 것은?

① CB – 차단기 ② LF – 전력퓨즈
③ LA – 피뢰기 ④ DS – 단로기

해설

수전설비의 기호
전력퓨즈의 경우 PF를 말한다.

49

분전반에 대한 설명으로 틀린 것은?

① 배선과 기구는 모두 전면에 배치하였다.
② 두께 1.5[mm] 이상의 난연성 합성수지로 제작하였다.
③ 강판제의 분전함은 두께 1.2[mm] 이상의 강판으로 제작하였다.
④ 배선은 모두 분전반 뒷면에 배치하였다.

해설

분전반의 시설
배선과 기구는 분전반 뒷면에 배치하면 안 된다.

50

다음 중 차단기를 시설해야 하는 곳으로 가장 적당한 것은?

① 고압에서 저압으로 변성하는 2차 측의 저압 측 전선
② 접지공사를 한 저압가공전선로의 접지 측 전선
③ 접지공사의 접지도체
④ 다선식 전로의 중성선

해설

과전류 차단기 시설제한장소
1) 접지공사의 접지도체
2) 다선식 전로의 중성선
3) 전로일부에 접지공사를 한 저압가공전선로의 접지 측 전선

51

정션 박스 내에서 전선을 접속할 수 있는 것은?

① s형 슬리브 ② 꽂음형 커넥터
③ 와이어 커넥터 ④ 매팅타이어

해설

와이어 커넥터
박스 내에서 전선의 접속 시 사용된다.

52

저압 구내 가공인입선의 경우 전선의 굵기는 몇 [mm] 이상이어야 하는가? (단, 전선의 길이가 15[m]를 초과하는 경우를 말한다.)

① 1.6 ② 2.0
③ 2.6 ④ 3.2

해설

저압 가공인입선
전선의 굵기는 2.6[mm] 이상의 경동선일 것. (단, 15[m] 이하 시 2.0[mm]도 가능하다.)

정답 47 ④ 48 ② 49 ④ 50 ① 51 ③ 52 ③

53

다음 중 버스덕트가 아닌 것은?

① 플로어 버스덕트 ② 피더 버스덕트
③ 트롤리 버스덕트 ④ 플러그인 버스덕트

해설

버스덕터의 종류
플로어 덕트는 덕트의 종류이며, 버스덕트의 종류가 아니다.

54

일반적으로 큐비클형(cubicle type)이라 하며, 점유 면적이 좁고 운전, 보수에 안전하므로 공장, 빌딩 등 전기실에 많이 사용되는 조립형, 장갑형이 있는 배전반은?

① 데드 프런트식 배전반
② 폐쇄식 배전반
③ 철제 수직형 배전반
④ 라이브 프런트식 배전반

해설

폐쇄식 배전반
큐비클형이라고 하며, 안정성이 매우 우수하여 공장, 빌딩 등의 전기실에 많이 사용된다.

55

저압 옥내배선을 보호하는 배선용 차단기의 약호는?

① ACB ② ELB
③ VCB ④ MCCB

해설

배선용 차단기
옥내배선에서 사용하는 대표적 과전류보호 장치로서 MCCB라고도 한다.

56

1종 가요전선관을 시설할 수 있는 장소는?

① 점검할 수 없는 장소
② 전개되지 않는 장소
③ 전개된 장소로서 점검이 불가능한 장소
④ 점검할 수 있는 은폐장소

해설

1종 가요전선관의 시설가능 장소
가요전선관의 경우 2종 금속제 가요전선관이어야 하나 다음의 경우 1종 가요전선관을 사용할 수 있다.
1) 전개된 장소
2) 점검할 수 있는 은폐장소

CBT 복원

57

화약류 저장고 내에 조명기구의 전기를 공급하는 배선의 공사방법은?

① 합성수지관공사 ② 금속관공사
③ 버스덕트공사 ④ 합성수지몰드공사

해설

화약류 저장고 내의 조명기구의 전기공사
금속관 공사 또는 케이블 공사에 의한다.

58

설계하중이 6.8[kN] 이하인 철근콘크리트주의 전주의 길이가 10[m]인 지지물을 건주할 경우 묻히는 최소 매설깊이는 몇 [m] 이상인가?

① 1.67[m] ② 2[m]
③ 3[m] ④ 3.5[m]

해설

지지물의 매설깊이
15[m] 이하의 경우 길이$\times \frac{1}{6} = 10 \times \frac{1}{6} = 1.67$[m]

정답 53 ① 54 ② 55 ④ 56 ④ 57 ② 58 ①

59

4심 캡타이어 케이블의 심선의 색상으로 옳은 것은?

① 흑, 석, 청, 녹　　② 흑, 청, 직, 황
③ 흑, 백, 적, 녹　　④ 흑, 녹, 청, 백

해설

4심 캡타이어 케이블의 색상
흑, 백, 적, 녹

60

한국전기설비규정에 따라 교통신호등 회로의 사용전압이 몇 [V]를 초과하는 경우에는 지락 발생 시 자동적으로 전로를 차단하는 누전차단기를 시설하여야 하는가?

① 50　　② 100
③ 150　　④ 200

해설

교통신호등
사용전압이 150[V]를 초과하는 경우 전로에 지락이 생겼을 때 이를 자동적으로 차단하는 누전차단기를 시설하여야 한다.

정답 59 ③ 60 ③

2022년 CBT 복원 기출문제

2022년 CBT 복원문제 1회

전기이론

01

전류를 흐르게 하는 능력을 무엇이라 하는가?

① 전기량　② 기전력
③ 기자력　④ 전자력

해설

전류를 흐르게 하는 능력을 기전력이라 한다.

02

동일 저항 4개를 합성하여 양단에 일정 전압을 인가할 때 소비 전력이 가장 커지게 되는 저항 합성은?

① 저항 두 개씩 병렬조합하고 직렬로 조합할 때
② 저항 세 개를 병렬조합하고 하나를 직렬로 조합할 때
③ 저항 네 개를 모두 병렬로 조합할 때
④ 저항 네 개를 모두 직렬로 조합할 때

해설

전압을 일정하게 인가할 때 저항에 의한 전력은 $P=\frac{V^2}{R}$[W]이므로 합성저항이 작은 조합일 때 소비 전력이 가장 커진다. 따라서 저항 네 개를 모두 병렬로 조합할 때이다.

03

저항 2[Ω]과 8[Ω]을 병렬연결하고 여기에 10[Ω]을 직렬연결하면 전체 합성저항은 몇 [Ω]인가?

① 10.6　② 11.6
③ 12.6　④ 20

해설

병렬 합성저항은 $R=\frac{2\times 8}{2+8}=\frac{16}{10}=1.6$[Ω]이므로 여기에 10[Ω]을 직렬연결하면 합성저항은 1.6 + 10 = 11.6[Ω]이다.

04

5[Ω], 6[Ω], 9[Ω]의 저항 3개가 직렬 접속된 회로에 5[A]의 전류가 흐르면 전체 전압은 몇 [V]인가?

① 200　② 150
③ 100　④ 50

해설

전압 $V=IR$
$\therefore\ 5\times(5+6+9)=100$[V]

05

두 종류의 금속의 접합부에 전류를 흘리면 전류의 방향에 따라 줄열 이외에 열의 흡수 또는 발생 현상이 생긴다. 이 현상을 무슨 효과라 하는가?

① 펠티어 효과　② 제어벡 효과
③ 볼타 효과　④ 톰슨 효과

해설

펠티어 효과란 서로 다른 두 종류의 금속을 접합하여 접합부에 전류를 흘리면 열의 흡수 또는 발생 현상이 생기는 것을 말한다.

정답 01 ② 02 ③ 03 ② 04 ③ 05 ①

06

10[F], 5[F]인 콘덴서 두 개를 병렬연결하고 양단에 100[V]의 전압을 인가할 때 10[F]에 충전되는 전하량[C]은 얼마인가?

① 1,000　　② 500
③ 2,000　　④ 1,500

해설
병렬연결에 인가되는 전압은 일정하므로 충전되는 전하량은 해당 콘덴서에 $Q=CV$[C]이다.
그러므로 $Q=CV=10\times100=1{,}000$[C]이다.

07

2[F]의 콘덴서에 100[V]의 전압을 인가하면 콘덴서에 축적되는 에너지는 몇 [J]인가?

① 2×10^4　　② 1×10^4
③ 4×10^4　　④ 3×10^4

해설
콘덴서 축적 에너지
$W=\frac{1}{2}CV^2=\frac{1}{2}\times2\times100^2=10{,}000$[J]

08

진공 중의 두 자극 사이에 작용하는 힘은 몇 [N]인가? (단, m_1, m_2 : 자극의 세기, r : 자극 간의 거리, K : 진공 중의 비례상수)

① $F=K\frac{m_1m_2}{r}$　　② $F=K\frac{m_1^2m_2}{r^2}$
③ $F=K\frac{m_1^2m_2^2}{r}$　　④ $F=K\frac{m_1m_2}{r^2}$

해설
두 자극 사이에 작용하는 힘은 쿨롱의 법칙
$F=\frac{m_1m_2}{4\pi\mu_0r^2}=\frac{1}{4\pi\mu_0}\times\frac{m_1m_2}{r^2}=K\frac{m_1m_2}{r^2}$[N]

09

자극의 세기가 m[Wb]이고 길이가 l[m]인 자석의 자기 모멘트[Wb · m]는?

① ml^2　　② ml
③ $\frac{m}{l}$　　④ $\frac{m^2}{l}$

해설
자기 모멘트 또는 자기쌍극자 모멘트 $M=ml$이다.

10

전류에 의한 자장의 방향을 결정하는 것은 무슨 법칙인가?

① 비오-사바르 법칙
② 앙페르의 오른손 법칙
③ 플레밍의 왼손 법칙
④ 렌쯔의 법칙

해설
전류에 의한 자장의 방향을 결정하는 법칙은 앙페르의 오른손 법칙이다.

11

히스테리시스 곡선의 종축과 만나는 점은 무엇을 나타내는가?

① 잔류자기　　② 보자력
③ 기자력　　④ 자기저항

해설
히스테리시스 곡선의 횡축은 자계, 종축은 자속밀도 항목일 때 자성체의 포화곡선을 그려보면 횡축과 만나는 점은 보자력, 종축과 만나는 점은 잔류자기를 나타낸다.

정답 06 ① 07 ② 08 ④ 09 ② 10 ② 11 ①

12

각각 1[A]의 전류가 흐르는 두 평행 도선에 작용하는 힘이 2×10^{-7}[N/m]이라면 두 도선의 떨어진 거리는 몇 [m]인가?

① 0.5 ② 1
③ 1.5 ④ 2.0

해설

두 평행 도선에 작용하는 힘 $F=\frac{2I_1I_2}{r}\times10^{-7}$[N/m]이므로 두 평행 도선의 떨어진 거리는 1[m]이다.

13

10[Wb/m²]의 평등 자장 중에 길이 2[m]의 도선을 자장의 방향과 30°의 각도로 놓고 이 도체에 10[A]의 전류가 흐르면 도선에 작용하는 힘은 몇 [N]인가?

① 1,000 ② 500
③ 200 ④ 100

해설

자기장 안에 전류가 흐르는 도선을 놓으면 작용하는 힘은 플레밍의 왼손 법칙이다.
그러므로 힘 $F=IBl\sin\theta=10\times10\times2\times\sin30^\circ=$ 100[N]이다.

14

자로 길이가 ℓ[m], 면적이 A[m²]인 철심의 투자율이 μ라면 자기저항 R_m[AT/Wb]은?

① $\frac{l^2}{\mu A}$ ② $\frac{l}{\mu A}$
③ $\frac{\mu l}{A}$ ④ $\frac{lA}{\mu}$

해설

자기저항 $R_m=\frac{l}{\mu A}$[AT/Wb]이다.

15

교류 실효 전압 100[V], 주파수 60[Hz]인 교류 순시값 전압 표현으로 맞는 것은?

① $v=100\sin120\pi t$[V]
② $v=100\sqrt{2}\sin60\pi t$[V]
③ $v=100\sqrt{2}\sin120\pi t$[V]
④ $v=100\sin60\pi t$[V]

해설

교류 전압의 순시값은
$v=V_m\sin\omega t=\sqrt{2}\,V\sin(2\pi f)t=100\sqrt{2}\sin(120\pi)t$ [V]이다.

16

어떤 정현파 교류 평균 전압이 191[V]이면 실효값은 몇 [V]인가?

① 212 ② 300
③ 119 ④ 416

해설

평균값 $V_a=\frac{2V_m}{\pi}$에서

최대값 $V_m=\frac{V_a\times\pi}{2}=\frac{191\times\pi}{2}\fallingdotseq300$[V]이다.

그러므로 실효값 $V=\frac{V_m}{\sqrt{2}}=\frac{300}{\sqrt{2}}\fallingdotseq212$[V]이다.

17

10[W]의 백열 전구에 100[V]의 교류 전압을 사용하고 있다. 이 교류 전압의 최대값은 몇 [V]인가?

① 200 ② 164
③ 141 ④ 70

정답 12 ② 13 ④ 14 ② 15 ③ 16 ① 17 ③

해설

문제에서 사용하고 있는 전압은 실효 전압을 의미하므로 $V=\frac{V_m}{\sqrt{2}}$[V]에서 최대 전압 $V_m=\sqrt{2}\,V=\sqrt{2}\times 100$[V]이다.

18

대칭 3상의 주파수와 전압이 같다면 각 상이 이루는 위상차는 몇 라디안[rad]인가?

① 2π　② $\frac{2\pi}{3}$

③ π　④ $\frac{3\pi}{2}$

해설

대칭 3상의 각 상의 위상차는 120°이므로 $120^\circ=\frac{2\pi}{3}$이다.

19

비정현파의 일그러짐율을 나타내는 왜형률은?

① $\frac{\text{전고조파의 실효값}}{\text{기본파의 실효값}}$

② $\frac{\text{기본파의 실효값}}{\text{전고조파의 실효값}}$

③ $\frac{\text{전고조파의 실효값}}{\text{제3고조파의 실효값}}$

④ $\frac{\text{전고조파의 평균값}}{\text{기본파의 평균값}}$

해설

왜형률 $=\frac{\text{전고조파의 실효값}}{\text{기본파의 실효값}}$

20

용량 100[kVA]인 단상 변압기 3대로 △결선하여 3상 전력을 공급하던 중 1대가 고장으로 V결선하였다면 3상 전력 공급은 몇 [kVA]인가?

① 100　② $100\sqrt{2}$

③ $100\sqrt{3}$　④ 300

해설

V결선의 출력 $P_V=\sqrt{3}\,P=\sqrt{3}\times 100$[kVA]이다.

정답 18 ② 19 ① 20 ③

전기기기

21

변압기 내부고장 보호에 쓰이는 계전기는?

① 접지 계전기　② 차동 계전기
③ 과전압 계전기　④ 역상 계전기

해설

변압기 내부고장 보호 계전기
차동 또는 비율차동 계전기의 경우 발전기, 변압기의 내부 고장 보호에 사용되는 계전기를 말한다.

22

정류방식 중 3상 반파방식의 직류전압의 평균값은 얼마인가? (단, V는 실효값을 말한다.)

① 0.45V　② 0.9V
③ 1.17V　④ 1.35V

해설

3상 전파방식의 직류전압
$E_d = 1.17E$(단, E는 교류전압)

23

보호를 요하는 회로의 전압이 일정한 값 이상으로 인가되었을 때 동작하는 계전기는 무엇인가?

① 과전류 계전기　② 과전압 계전기
③ 비율차동 계전기　④ 차동 계전기

해설

OVR(Over Voltage Relay)
과전압 계전기는 회로의 전압이 설정치 이상으로 인가 시 동작한다.

24

발전기의 정격전압이 100[V]로 운전하다 무부하시의 운전전압이 103[V]가 되었다. 이 발전기의 전압변동률은 몇 [%]인가?

① 4　② 3　③ 11　④ 14

해설

전압변동률

$$\epsilon = \frac{V_0 - V_n}{V_n} \times 100 = \frac{103-100}{100} \times 100 = 3[\%]$$

25

동기발전기의 전기자 반작용에서 공급전압보다 전기자 전류의 위상이 앞선 경우 어떤 반작용이 일어나는가?

① 교차 자화작용　② 증자 작용
③ 감자 작용　④ 횡축 반작용

해설

동기발전기의 전기자 반작용
발전기의 경우 유기기전력보다 전기자 전류의 위상이 앞선 경우 증자 작용이 발생한다.
유기기전력보다 전기자 전류의 위상이 뒤진 경우 감자 작용이 발생한다.

26

직류 분권전동기의 자속이 감소하면 회전속도는 어떻게 되는가?

① 감소한다.　② 변함없다.
③ 전동기가 정지한다.　④ 증가한다.

해설

전동기의 경우 $\phi \propto \frac{1}{N}$의 관계를 갖는다.
따라서 자속이 감소하면 속도는 증가한다.

정답 21 ② 22 ③ 23 ② 24 ② 25 ② 26 ④

CBT 복원

27

직류전동기의 속도제어법이 아닌 것은?

① 전압제어법 ② 계자제어법
③ 저항제어법 ④ 위상제어법

해설

직류전동기의 속도제어법
- 전압제어
- 계자제어
- 저항제어

28

1차측의 권수가 3,300회, 2차측 권수가 330회라면 변압기의 변압비는?

① 33 ② 10
③ $\frac{1}{33}$ ④ $\frac{1}{10}$

해설

변압기 권수비

$$a = \frac{N_1}{N_2} = \frac{3,300}{330} = 10$$

29

100[kVA] 변압기 2대를 V결선 시 출력은 몇 [kVA]가 되는가?

① 200 ② 86.6
③ 173.2 ④ 300

해설

V결선 시 출력

$$P_V = \sqrt{3}P_n = \sqrt{3} \times 100 = 173.2[\text{kVA}]$$

30

3상 농형 유도전동기의 $Y-\Delta$ 기동 시의 기동전류와 기동토크를 전전압 기동 시와 비교하면?

① 전전압 기동의 1/3로 된다.
② 전전압 기동의 $\sqrt{3}$ 배가 된다.
③ 전전압 기동의 3배로 된다.
④ 전전압 기동의 9배로 된다.

해설

$Y-\Delta$ 기동

$Y-\Delta$ 기동 시 기동전류는 전전압 기동의 $\frac{1}{3}$ 이 되며, 기동토크 역시 $\frac{1}{3}$ 이 된다.

31

동기속도 N_s[rpm], 회전속도 N[rpm], 슬립을 s 라 하였을 때 2차효율은?

① $(s-1)\times 100$ ② $(1-s)N_s \times 100$
③ $\frac{N}{N_s}\times 100$ ④ $\frac{N_s}{N}\times 100$

해설

유도전동기의 2차효율 η_2

$$\eta_2 = (1-s)\times 100 = \frac{N}{N_s}\times 100$$

32

다음 그림과 같은 기호의 명칭은?

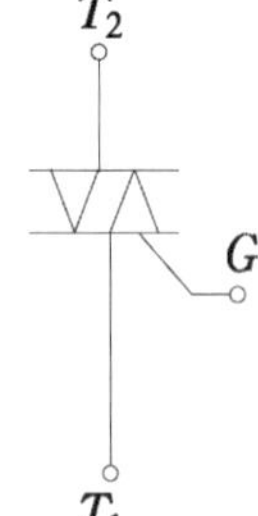

① UJT
② SCR
③ TRIAC
④ GTO

해설

TRIAC

SCR 2개를 역병렬로 접속한 구조를 가지고 있는 소자를 말한다.

정답 27 ④ 28 ② 29 ③ 30 ① 31 ③ 32 ③

33

변압기를 $\Delta - Y$결선(delta-star connection)한 경우에 대한 설명으로 옳지 않은 것은?

① 1차 변전소의 승압용으로 사용된다.
② 1차 선간전압 및 2차 선간전압의 위상차는 60°이다.
③ 제3고조파에 의한 장해가 적다.
④ Y결선의 중성점을 접지할 수 있다.

해설
$\Delta - Y$결선
델타와 Y결선의 특징을 모두 갖고 있는 방식으로 1차 선간전압과 2차 선간전압의 위상차는 30°이며, 한 상의 고장 시 송전이 불가능하다.

34

어떤 변압기에서 임피던스 강하가 5[%]인 변압기가 운전 중 단락되었을 때 그 단락전류는 정격전류의 몇 배인가?

① 5 ② 20
③ 50 ④ 500

해설
변압기의 단락전류 I_s
$I_s = \dfrac{100}{\%Z} I_n = \dfrac{100}{5} \times I_n$이므로
$I_s = 20 I_n$이 된다.

35

동기발전기의 전기자 권선을 단절권으로 하면?

① 고조파를 제거한다.
② 절연이 잘 된다.
③ 역률이 좋아진다.
④ 기전력을 높인다.

해설
동기발전기의 전기자 권선법
단절권의 경우 기전력의 파형을 개선하고, 고조파를 제거하며, 동량이 절약된다.

36

3상 유도전동기의 운전 중 전압이 90[%]로 저하되면 토크는 몇 [%]가 되는가?

① 90 ② 81
③ 72 ④ 64

해설
유도전동기의 토크
토크와 전압은 제곱에 비례하므로
$T' = (0.9)^2 T$
$= 0.81 T$

37

다음 중 정속도 전동기에 속하는 것은?

① 유도전동기 ② 직권전동기
③ 분권전동기 ④ 교류 정류자전동기

해설
분권전동기
$N = k\dfrac{V - I_a R_a}{\phi}$로서 속도는 부하가 증가할수록 감소하는 특성을 가지나 이 감소가 크지 않아 정속도 특성을 나타낸다.

38

농형 유도전동기의 기동법이 아닌 것은?

① 전전압 기동
② $\Delta - \Delta$기동
③ 기동보상기에 의한 기동
④ 리액터 기동

정답 33 ② 34 ② 35 ① 36 ② 37 ③ 38 ②

해설

농형 유도전동기의 기동법
- 전전압 기동
- $Y-\Delta$ 기동
- 기동보상기에 의한 기동
- 리액터 기동

39

변압기의 임피던스 전압이란?

① 정격전류가 흐를 때의 변압기 내의 전압강하
② 여자전류가 흐를 때의 2차측 단자전압
③ 정격전류가 흐를 때의 2차측 단자전압
④ 2차 단락전류가 흐를 때의 변압기 내의 전압강하

해설

변압기의 임피던스 전압
$\%Z = \frac{IZ}{E} \times 100[\%]$에서 IZ의 크기를 말하며, 정격의 전류가 흐를 때 변압기 내의 전압강하를 말한다.

40

다음은 분권발전기를 말한다. 전기자 전류는 100[A]이다. 이때 계자에 흐르는 전류가 6[A]라면 부하에 흐르는 전류는 어떻게 되는가?

① 106 ② 100
③ 94 ④ 90

해설

분권발전기의 부하전류
$I_a = I + I_f$이므로 $I_a = 100[\text{A}]$이다.
따라서 $I = 100 - 6 = 94[\text{A}]$가 된다.

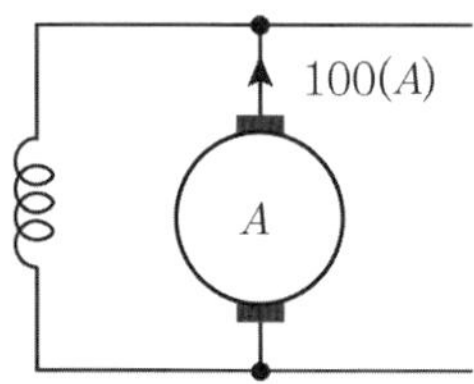

전기설비

41

일반적으로 큐비클형(cubicle type)이라 하며, 점유면적이 좁고 운전, 보수에 안전하므로 공장, 빌딩 등 전기실에 많이 사용되는 조립형, 장갑형이 있는 배전반은?

① 데드 프런트식 배전반
② 폐쇄식 배전반
③ 철제 수직형 배전반
④ 라이브 프런트식 배전반

해설

폐쇄식 배전반
큐비클형이라고 하며, 안정성이 매우 우수하여 공장, 빌딩 등의 전기실에 많이 사용된다.

42

노출장소 또는 점검이 가능한 장소에서 제2종 가요전선관을 시설하고 제거하는 것이 부자유로운 경우 곡률 반지름은 안지름의 몇 배 이상으로 하여야 하는가?

① 2배 ② 3배 ③ 4배 ④ 6배

해설

가요전선관
노출장소, 점검 가능한 장소에 시설 제거하는 것이 부자유로운 경우 관 안지름의 6배 이상으로 하여야 한다.

43

저압 구내 가공인입선에서 사용할 수 있는 전선의 최소 굵기는 몇 [mm] 이상인가? (단, 경간이 15[m]를 초과하는 경우이다.)

① 2.0 ② 2.6 ③ 4 ④ 6

정답 39 ① 40 ③ / 41 ② 42 ④ 43 ②

해설

저압 가공인입선의 최소 굵기
2.6[mm] 이상의 경동선(단, 15[m] 이하 시 2.0[mm] 이상)

44

다음 중 금속관을 박스에 고정시킬 때 사용되는 것은 무엇이라 하는가?

① 로크너트 ② 엔트런스캡
③ 터미널 ④ 부싱

해설

금속관의 부품
로크너트는 관을 박스에 고정시킬 때 사용되는 부속품을 말한다.

45

합성수지관 상호 접속 시 관을 삽입하는 깊이는 관 바깥지름의 몇 배 이상으로 하여야 하는가?

① 0.6 ② 0.8
③ 1.0 ④ 1.2

해설

합성수지관 공사
관 상호 간 및 박스와의 삽입 깊이는 관 바깥지름의 1.2배(접착제를 사용 시 0.8배) 이상으로 하여야 하며 또한 꽂은 접속에 의하여 견고하게 접속한다.

46

옥내배선 공사에서 절연전선의 피복을 벗길 때 사용하면 편리한 공구는?

① 드라이버 ② 플라이어
③ 압착펜치 ④ 와이어 스트리퍼

해설

와이어 스트리퍼
절연전선의 피복을 벗기는 데 편리한 공구이다.

47

가연성 분진(소맥분, 전분, 유황 기타 가연성 먼지 등)으로 인하여 폭발할 우려가 있는 곳에서의 저압 옥내 설비공사로 옳은 것은?

① 애자 공사 ② 금속관 공사
③ 버스덕트 공사 ④ 플로어덕트 공사

해설

가연성 분진이 착화하여 폭발할 우려가 있는 곳에서의 전기공사 방법은 금속관 공사, 케이블 공사, 합성수지관 공사에 의한다.

48

굵은 전선을 절단할 때 사용하는 전기공사용 공구는?

① 프레셔 툴 ② 녹 아웃 펀치
③ 파이프 커터 ④ 클리퍼

해설

클리퍼란 펜치로 절단하기 어려운 굵은 전선을 절단할 때 사용되는 전기공사용 공구를 말한다.

49

다음 전선의 접속 시 유의사항으로 옳은 것은?

① 전선의 강도를 5[%] 이상 감소시키지 말 것
② 전선의 강도를 10[%] 이상 감소시키지 말 것
③ 전선의 강도를 20[%] 이상 감소시키지 말 것
④ 전선의 강도를 40[%] 이상 감소시키지 말 것

해설

전선의 접속 시 유의사항
전선의 강도를 20[%] 이상 감소시키지 말 것

정답 44 ① 45 ④ 46 ④ 47 ② 48 ④ 49 ③

CBT 복원

50

배전반 및 분전반의 설치 장소로 적합하지 못한 것은?

① 안정된 장소
② 전기회로를 쉽게 조작할 수 있는 장소
③ 개폐기를 쉽게 조작할 수 있는 장소
④ 은폐된 장소

해설

배・분전반의 경우 은폐된 장소에는 시설하지 않는다.

51

지중 또는 수중에 시설하는 양극과 피방식체 간의 전기부식 방지 시설에 대한 설명으로 틀린 것은?

① 지중에 매설하는 양극은 75[cm] 이상의 깊이일 것
② 수중에 시설하는 양극과 그 주위 1[m] 안의 임의의 점과의 전위차는 10[V]를 넘지 않을 것
③ 사용전압은 직류 60[V]를 초과할 것
④ 지표에서 1[m] 간격의 임의의 2점 간의 전위차가 5[V]를 넘지 않을 것

해설

전기부식 방지 설비
사용전압은 직류 60[V] 이하이어야 한다.

52

저압 가공인입선이 횡단보도교 위에 시설되는 경우 노면상 몇 [m] 이상의 높이에 설치되어야 하는가?

① 3　　② 4
③ 5　　④ 6

해설

저압 가공인입선의 높이
횡단보도교 횡단 시 노면상 3[m] 이상의 높이에 시설하여야만 한다.

53

분기회로에 설치하여 개폐 및 고장을 차단할 수 있는 것은 무엇인가?

① 전력퓨즈　　② COS
③ 배선용 차단기　　④ 피뢰기

해설

분기회로를 개폐하고 고장을 차단하기 위해 설치하는 것은 배선용 차단기를 말한다.

54

다음 공사 방법 중 옳은 것은 무엇인가?

① 금속몰드 공사 시 몰드 내부에서 전선을 접속하였다.
② 합성수지관 공사 시 관 내부에서 전선을 접속하였다.
③ 합성수지 몰드 공사 시 몰드 내부에서 전선을 접속하였다.
④ 접속함 내부에서 전선을 쥐꼬리 접속을 하였다.

해설

전선의 접속
전선의 접속 시 몰드나 관, 덕트 내부에서는 시행하지 않는다. 접속은 접속함에서 이루어져야 한다.

55

연선 결정에 있어서 중심 소선을 뺀 총수가 3층이다. 소선의 총수 N은 얼마인가?

① 9　　② 19
③ 37　　④ 45

해설

연선의 총 소선수

$$N = 3n(n+1)+1 = 3\times 3\times (3+1)+1 = 37$$

정답 50 ④ 51 ③ 52 ① 53 ③ 54 ④ 55 ③

56

배전선로의 보안장치로서 주상변압기의 2차측, 저압 분기회로에서 분기점 등에 설치되는 것은?

① 콘덴서 ② 캐치홀더
③ 컷아웃 스위치 ④ 피뢰기

해설

배전선로의 주상변압기 보호장치
- 1차측 : COS(컷아웃 스위치)
- 2차측 : 캐치홀더

57

0.2[kW]를 초과하는 전동기의 과부하 보호장치를 생략할 수 있는 조건으로 몇 [A] 이하의 배선용 차단기를 시설하는 경우 과부하 보호장치를 생략할 수 있는가?

① 16 ② 20
③ 25 ④ 30

해설

전동기의 과부하 보호장치 생략조건
20[A] 이하의 배선용 차단기 또는 16[A] 이하의 과전류 차단기 시설 시 생략이 가능하다.

58

한국전기설비규정에서 정한 가공전선로의 지지물에 승탑 또는 승강용으로 사용하는 발판볼트 등은 지표상 몇 [m] 미만에 시설하여서는 안 되는가?

① 1.2 ② 1.5
③ 1.6 ④ 1.8

해설

발판볼트
지지물에 시설하는 발판볼트의 경우 1.8[m] 이상 높이에 시설한다.

59

사람이 접촉될 우려가 있는 곳에 시설하는 경우 접지극은 지하 몇 [cm] 이상의 깊이에 매설하여야 하는가?

① 30 ② 45
③ 50 ④ 75

해설

접지극의 매설기준
접지극은 지하 75[cm] 이상의 깊이에 매설하여야만 한다.

60

한국전기설비규정에서 정한 무대, 오케스트라박스 등 흥행장의 저압 옥내배선 공사 시 사용전압은 몇 [V] 이하인가?

① 200 ② 300
③ 400 ④ 600

해설

무대, 오케스트라박스 등 흥행장의 저압 공사 시 사용전압은 400[V] 이하이어야만 한다.

정답 56 ② 57 ② 58 ④ 59 ④ 60 ③

2022년 CBT 복원문제 2회

전기이론

01

다음 중 가장 무거운 것은?

① 양성자의 질량과 중성자의 질량의 합
② 양성자의 질량과 전자의 질량의 합
③ 원자핵의 질량과 전자의 질량의 합
④ 중성자의 질량과 전자의 질량의 합

해설

원자핵은 양성자와 중성자가 모두 포함되어 있다. 그러므로 원자핵과 전자의 질량의 합이 가장 무겁다.

질량 : 양성자(1.673×10^{-27}[kg]), 중성자(1.675×10^{-27}[kg]),
전자(9.109×10^{-31}[kg])

02

저항 R_1[Ω], R_2[Ω] 두 개를 병렬연결하면 합성 저항은 몇 [Ω]인가?

① $\dfrac{1}{R_1+R_2}$　② $\dfrac{R_1}{R_1+R_2}$
③ $\dfrac{R_1R_2}{R_1+R_2}$　④ $\dfrac{R_2}{R_1+R_2}$

해설

저항 병렬의 합성 저항은 $R=\dfrac{1}{\dfrac{1}{R_1}+\dfrac{1}{R_2}}=\dfrac{R_1R_2}{R_1+R_2}$[Ω]이다.

03

저항 2[Ω]과 8[Ω]의 저항을 직렬 연결하였다. 이때 합성 콘덕턴스는 몇 [℧]인가?

① 10　② 0.1
③ 4　④ 1.6

해설

직렬 합성 저항은 $R=2+8=10$[Ω]이고

콘덕턴스 $G=\dfrac{1}{R}=\dfrac{1}{10}=0.1$[℧]이다.

04

1[m]의 전선의 저항은 10[Ω]이다. 이 전선을 2[m]로 잡아 늘리면 처음의 저항보다 얼마의 저항으로 변하게 되는가? (단, 전선의 체적은 일정하다.)

① 40[Ω]　② 20[Ω]
③ 10[Ω]　④ 0.1[Ω]

해설

전선의 체적이 일정한 상태에서 길이를 n배 늘리면 변화 저항은 $R'=n^2R$이 된다.

즉, 전선의 길이가 늘어나면서 면적은 상대적으로 줄어들기 때문이다.

그러므로 $R'=n^2R=2^2\times10=40$[Ω]이 된다.

05

두 종류의 금속의 접합부에 전류를 흘리면 전류의 방향에 따라 줄열 이외의 열의 흡수 또는 발생 현상이 생긴다. 이 현상을 무슨 효과라 하는가?

① 펠티어 효과　② 제어벡 효과
③ 볼타 효과　④ 톰슨 효과

해설

펠티어 효과란 서로 다른 두 종류의 금속을 접합하여 접합부에 전류를 흘리면 열의 흡수 또는 발생 현상이 생기는 것을 말한다.

정답 01 ③ 02 ③ 03 ② 04 ① 05 ①

06

220[V], 100[W] 백열전구와 220[V], 200[W] 백열전구를 직렬 연결하고 220[V] 전원에 연결할 때 어느 전구가 더 밝은가?

① 100[W] 백열전구가 더 밝다.
② 200[W] 백열전구가 더 밝다.
③ 같은 밝기다.
④ 수기로 변동한다.

해설

전력 $P=\frac{V^2}{R}$[W]에서 $R=\frac{V^2}{P}$[Ω]이므로

100[W] 전구 저항 $R_1=\frac{220^2}{100}=484$[Ω],

200[W] 전구 저항 $R_2=\frac{220^2}{200}=242$[Ω]이다.

백열전구 두 개를 직렬 연결하면 전류는 일정하므로 소비전력 $P=I^2R$[W]에서 저항이 클수록 소비전력이 크고 더 밝다.

07

비유전율이 큰 산화티탄 등을 유전체로 사용한 것으로 극성이 없으며 가격에 비해 성능이 우수하여 널리 사용되고 있는 콘덴서의 종류는?

① 마일러 콘덴서　② 마이카 콘덴서
③ 세라믹 콘덴서　④ 전해 콘덴서

해설

마일러 콘덴서 : 필름 콘덴서의 한 종류로서 극성이 없어 직류 교류 모두 사용가능
마이카 콘덴서 : 전기 용량을 크게 하기 위하여 금속판 사이에 운모를 끼운 콘덴서
전해 콘덴서 : 전기 분해하여 금속의 표면에 산화 피막을 만들어 이것을 이용

08

다음 중 큰 값일수록 좋은 것은?

① 접지 저항　② 접촉 저항
③ 도체 저항　④ 절연 저항

해설

도체 저항, 접촉 저항, 접지 저항은 낮을수록 좋으며 절연 저항은 클수록 좋다.

09

평행 평판 도체의 정전 용량에 대한 설명 중 틀린 것은?

① 평행 평판 간격에 비례한다.
② 평행 평판 사이의 유전율에 비례한다.
③ 평행 평판 면적에 비례한다.
④ 평행 평판 비유전율에 비례한다.

해설

평행판 콘덴서의 $C=\frac{\varepsilon S}{d}$[F]이다.

10

전류에 의한 자기장의 방향을 결정하는 법칙은?

① 플레밍의 오른손 법칙
② 암페어의 오른손 법칙
③ 플레밍의 왼손 법칙
④ 렌쯔 법칙

해설

플레밍의 오른손 법칙 : 도체 운동에 의한 기전력 방향 결정
플레밍의 왼손 법칙 : 전류에 의한 힘의 방향 결정
렌츠의 법칙 : 전자 유도에 의한 기전력 방향 결정

CBT 복원

정답 06 ① 07 ③ 08 ④ 09 ① 10 ②

11

전류 I[A]의 전류가 흐르고 있는 도체의 미소 부분 $\triangle l$의 전류에 의해 이 부분이 r[m] 떨어진 지점의 미소 자기장 $\triangle H$[AT/m]를 구하는 비오-샤바르 법칙은?

① $\triangle H = \dfrac{I\triangle l}{4\pi r^2}\sin\theta$　② $\triangle H = \dfrac{I\triangle l}{4\pi r^2}\cos\theta$

③ $\triangle H = \dfrac{I\triangle l}{4\pi r}\sin\theta$　④ $\triangle H = \dfrac{I\triangle l}{4\pi r}\cos\theta$

해설

비오-샤바르의 미소 자기장 $\triangle H = \dfrac{I\triangle l}{4\pi r^2}\sin\theta$[AT/m]이다.

12

자기장 안에 전류가 흐르는 도선을 놓으면 힘이 작용하는데 이 전자력을 응용한 대표적인 것은?

① 전열기　② 전동기

③ 축전지　④ 전등

해설

전자력은 플레밍의 왼손 법칙이고 전동기의 원리이다.

13

B[Wb/m²]의 평등 자장 중에 길이 l[m]의 도선을 자장의 방향과 직각으로 놓고 이 도체에 I[A]의 전류가 흐르면 도선에 작용하는 힘은 몇 [N]인가?

① $\dfrac{I}{Bl}$　② $\dfrac{1}{IBl}$

③ I^2Bl　④ IBl

해설

자기장 안에 전류가 흐르는 도선을 놓으면 작용하는 힘은 플레밍의 왼손 법칙이다.
그러므로 힘 $F = IBl\sin\theta = IBl \times \sin 90° = IBl$[N]이다.

14

2개의 코일을 서로 근접시켰을 때 한 쪽 코일의 전류가 변화하면 다른 쪽 코일에 유도기전력이 발생하는 현상을 무엇이라 하는가?

① 상호 결합　② 상호 유도

③ 자체 유도　④ 자체 결합

해설

한 코일에서 발생한 자속이 다른 코일에 쇄교하는 것을 상호 유도 작용이라 한다.

15

비투자율 100인 철심에 자속밀도가 1[Wb/m²]이었다면 단위 체적당 에너지 밀도[J/m³]은?

① $\dfrac{10^5}{2\pi}$　② $\dfrac{10^5}{4\pi}$

③ $\dfrac{10^5}{8\pi}$　④ $\dfrac{10^5}{16\pi}$

해설

단위 체적당 에너지 밀도 $W = \dfrac{1}{2}\mu H^2 = \dfrac{B^2}{2\mu} = \dfrac{1}{2}HB$[J/m³]

이므로 $W = \dfrac{B^2}{2\mu} = \dfrac{1^2}{2\mu_0\mu_s} = \dfrac{1}{2\times 4\pi\times 10^{-7}\times 100} = \dfrac{10^5}{8\pi}$

[J/m³]이다.

16

매초 1[A]의 비율로 전류가 변하여 100[V]의 기전력이 유도될 때 코일의 자기인덕턴스는 몇 [H]인가?

① 100　② 10

③ 1　④ 0.1

해설

유기기전력 $e = -L\dfrac{di}{dt}$[V]에서

$L = \left| e\times\dfrac{dt}{di}\right| = 100\times\dfrac{1}{1} = 100$[H]이다.

정답 11 ① 12 ② 13 ④ 14 ② 15 ③ 16 ①

17

자기 인덕턴스 L_1[H]의 코일에 전류 I_1[A]를 흘릴 때 코일 축적에너지가 W_1[J]이었다. 전류를 $I_2=3I_1$[A]으로 흘리고 축적에너지를 일정하게 하려면 L_2[H]는 얼마인가?

① $L_2=\frac{1}{9}L_1$　② $L_2=\frac{1}{3}L_1$
③ $L_2=9L_1$　④ $L_2=3L_1$

해설

처음의 코일 축적에너지 $W_1=\frac{1}{2}L_1I_1^2$[H]이고 전류 변화 후 $W_2=\frac{1}{2}L_2I_2^2=\frac{1}{2}L_2(3I_1)^2$이므로 $L_2=\frac{1}{9}L_1$이어야 처음의 축적에너지와 같아진다.

18

△ 결선된 3대의 변압기로 공급되는 전력에서 1대를 없애고 V결선으로 바꾸어 전력을 공급하면 출력비는 몇 [%]인가?

① 47.7　② 57.7
③ 67.7　④ 86.6

해설

V결선의 출력비 $=\frac{V\text{결선 출력}}{\triangle\text{결선 출력}}=\frac{\sqrt{3}P_1}{3P_1}=0.577$

19

비정현파를 여러 개의 정현파의 합으로 표시하는 방법은?

① 푸리에 분석　② 키르히호프의 법칙
③ 노튼의 정리　④ 테일러의 분석

해설

비사인파 교류를 직류분+기본파+고조파로 표시하는 방법은 푸리에 분석이다.

20

△ 결선의 전원에서 선전류가 40[A]이고 선간전압이 220[V]일 때의 상전류[A]는?

① 약 13[A]　② 약 23[A]
③ 약 42[A]　④ 약 64[A]

해설

△ 결선의 선전류 $I_l=\sqrt{3}\,I_P$이므로

$I_P=\frac{I_l}{\sqrt{3}}=\frac{40}{\sqrt{3}}\fallingdotseq 23$[A]

CBT 복원

정답 17 ① 18 ② 19 ① 20 ②

전기기기

21

다음 중 자기 소호 능력이 우수한 제어용 소자는?

① SCR ② TRIAC
③ DIAC ④ GTO

해설
GTO(Gate Turn Off)
게이트를 이용한 자기소호능력이 있다.

22

직류전동기의 규약효율을 표시하는 식은?

① $\frac{\text{출력}}{\text{출력}+\text{손실}} \times 100[\%]$
② $\frac{\text{출력}}{\text{입력}} \times 100[\%]$
③ $\frac{\text{입력}}{\text{출력}+\text{손실}} \times 100[\%]$
④ $\frac{\text{입력}-\text{손실}}{\text{입력}} \times 100[\%]$

해설
직류전동기의 규약효율

$$\eta_{\text{전}} = \frac{\text{입력}-\text{손실}}{\text{입력}} \times 100[\%]$$

23

변압기유의 열화 방지와 관계가 가장 먼 것은?

① 브리더방식 ② 불활성 질소
③ 콘서베이터 ④ 부싱

해설
변압기유의 열화방지대책
1) 콘서베이터
2) 불활성 질소
3) 브리더

24

부흐홀쯔 계전기의 설치 위치로 가장 적당한 것은?

① 변압기 주 탱크 내부
② 콘서베이터 내부
③ 변압기 고압 측 부싱
④ 변압기 주 탱크와 콘서베이터 사이

해설
부흐홀쯔 계전기 설치 위치
주변압기와 콘서베이터 사이에 설치되는 계전기로서 변압기 내부고장을 보호한다.

25

반도체로 만든 PN접합은 주로 무슨 작용을 하는가?

① 변조작용 ② 발진작용
③ 증폭작용 ④ 정류작용

해설
PN접합
PN접합은 정류작용을 한다.

26

직류 직권전동기에서 벨트를 걸고 운전하면 안 되는 이유는?

① 벨트가 마멸보수가 곤란하므로
② 벨트가 벗겨지면 위험 속도에 도달하므로
③ 손실이 많아지므로
④ 직결하지 않으면 속도 제어가 곤란하므로

해설
직류 직권전동기의 운전
정격전압으로 운전 중 무부하 운전, 또는 부하와 벨트 운전을 하면 안 된다. 벨트가 마모되어 벗겨지면 무부하 상태가 되므로 위험속도에 도달할 우려가 있기 때문이다.

정답 21 ④ 22 ④ 23 ④ 24 ④ 25 ④ 26 ②

27

직류 분권전동기의 계자 저항을 운전 중에 증가시키면 회전속도는?

① 증가한다. ② 감소한다.
③ 변화없다. ④ 정지한다.

해설

계자 저항과 회전속도

$\phi \propto \frac{1}{N}$의 관계를 갖는다.

계자 저항이 증가하면 계자에 흐르는 전류는 감소하므로 자속이 감소하여 속도는 증가한다.

28

3상 권선형 유도전동기의 기동 시 2차측에 저항을 접속하는 이유는?

① 기동 토크를 크게 하기 위해
② 회전수를 감소시키기 위해
③ 기동 전류를 크게 하기 위해
④ 역률을 개선하기 위해

해설

권선형 유도전동기의 운전
2차측에 저항을 접속시키는 이유는 슬립을 조정하여 기동 토크를 크게 하기 위해서이다.

29

동기발전기의 병렬운전 중에 기전력의 위상차가 생기면?

① 위상이 일치하는 경우보다 출력이 감소한다.
② 부하 분담이 변한다.
③ 무효순환전류가 흘러 전기자 권선이 과열된다.
④ 유효순환전류가 흐른다.

해설

동기발전기의 병렬운전조건
1) 기전력의 크기가 같을 것→ 다를 경우 무효순환전류가 흐른다.
2) 기전력의 위상이 같을 것→ 다를 경우 유효순환전류가 흐른다.
3) 기전력의 주파수가 같을 것→ 다를 경우 난조가 발생한다.
4) 기전력의 파형이 같을 것→ 다를 경우 고조파 무효순환전류가 흐른다.

30

3상 전파 정류회로에서 출력전압의 평균값은? (단, V는 선간전압의 실효값이다.)

① $0.45\,V$ ② $0.9\,V$
③ $1.17\,V$ ④ $1.35\,V$

해설

3상 전파 정류회로의 평균값
$E_d = 1.35\,V$

31

동기발전기에서 전기자 전류가 무부하 유도기전력보다 $\frac{\pi}{2}$rad 앞서는 경우에 나타나는 전기자 반작용은?

① 증자 작용 ② 감자 작용
③ 교차 자화 작용 ④ 직축 반작용

해설

동기발전기의 전기자 반작용
앞선전류, 진상전류, 진전류가 흐를 경우 증자 작용을 받는다.
뒤진전류, 지상전류, 지전류가 흐를 경우 감자 작용을 받는다.

CBT 복원

정답 27 ① 28 ① 29 ④ 30 ④ 31 ①

32

전기기계에서 있어 와전류손(eddy current loss)을 감소하기 위한 적절한 방법은?

① 보상권선을 설치한다.
② 규소강판을 성층철심을 사용한다.
③ 교류전원을 사용한다.
④ 냉각 압연한다.

해설

와전류손

철심을 성층함으로서 와전류손을 감소시킬 수 있다.

33

동기발전기의 병렬 운전에 필요한 조건이 아닌 것은?

① 기전력의 크기가 같을 것
② 기전력의 위상이 같을 것
③ 기전력의 파형이 같을 것
④ 기전력의 임피던스가 같을 것

해설

동기발전기의 병렬 운전 조건

1) 기전력의 크기가 같을 것
2) 기전력의 위상이 같을 것
3) 기전력의 주파수가 같을 것
4) 기전력의 파형이 같을 것
5) 상회전 방향이 같을 것

34

발전기의 정격전압이 100[V]로 운전하다 무부하시의 운전전압이 103[V]가 되었다. 이 발전기의 전압변동률은 몇 [%]인가?

① 3 ② 6
③ 8 ④ 10

해설

전압변동률

$$\epsilon = \frac{V_0 - V_n}{V_n} \times 100 = \frac{103-100}{100} \times 100 = 3[\%]$$

35

병렬 운전 중인 두 동기발전기의 유도기전력이 2,000[V], 위상차 60°, 동기 리액턴스를 100[Ω]이라면 유효순환전류는?

① 5 ② 10
③ 15 ④ 20

해설

유효순환전류

$$I_c = \frac{E}{Z_s} \sin\frac{\delta}{2}$$

$$= \frac{2000}{100} \sin\frac{60}{2} = 10[\text{A}]$$

동기기의 경우 동기 임피던스는 동기 리액턴스를 실용상 같게 해석한다.

36

다음 중 회전의 방향을 바꿀 수 없는 단상 유도전동기는 무엇인가?

① 반발 기동형 ② 콘덴서 기동형
③ 분상 기동형 ④ 셰이딩 코일형

해설

셰이딩 코일형

셰이딩 코일형의 경우 회전의 방향을 바꿀 수 없는 전동기이다.

정답 32 ② 33 ④ 34 ① 35 ② 36 ④

37

교류 전동기를 기동할 때 그림과 같은 기동특성을 가지는 전동기는? (단, 곡선 (1)~(5)는 기동단계에 대한 토크 특성 곡선이다.)

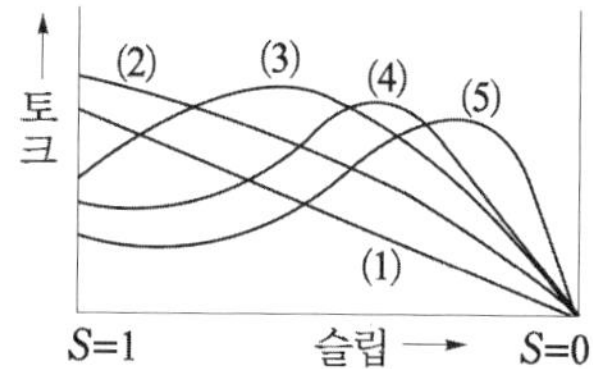

① 3상 권선형 유도전동기
② 반발 유도전동기
③ 3상 분권 정류자 전동기
④ 2중 농형 유도 전동기

해설

비례추이

그림의 곡선은 비례추이 곡선을 말하며 권선형 유도전동기를 말한다.

38

13,200/220인 단상 변압기가 있다. 조명부하에 전원을 공급하는데 2차측에 흐르는 전류가 120[A]라고 한다. 1차측에 흐르는 전류는 몇 [A]인가?

① 2　② 20
③ 60　④ 120

해설

변압기의 1차측에 흐르는 전류

$a = \frac{V_1}{V_2} = \frac{13,200}{220} = 60$

$I_1 = \frac{I_2}{a} = \frac{120}{60} = 2[A]$

39

유도전동기의 주파수가 60[Hz]에서 운전하다 50[Hz]로 감소 시 회전속도는 몇 배가 되는가?

① 변함이 없다.　② 1.2배로 증가
③ 1.4배로 증가　④ 0.83배로 감소

해설

유도전동기의 속도

$N \propto \frac{1}{f} = \frac{50}{60} = 0.83$ 배로 감소된다.

40

1차측의 권수가 3,300회, 2차측의 권수가 330회라면 변압기의 권수비는?

① 33　② 10
③ $\frac{1}{33}$　④ $\frac{1}{10}$

해설

변압기 권수비

$a = \frac{N_1}{N_2} = \frac{3,300}{330} = 10$

정답 37 ① 38 ① 39 ④ 40 ②

전기설비

41

450/750 일반용 단심 비닐절연전선의 약호는?

① RI ② DV
③ NR ④ ACSR

해설

NR전선
450/750 일반용 단심 비닐절연전선을 말한다.

42

지선의 중간에 넣는 애자의 명칭은?

① 구형애자 ② 곡핀애자
③ 인류애자 ④ 핀애자

해설

지선의 시설
지선의 중간에 넣는 애자는 구형애자를 말한다.

43

과전류 차단기를 꼭 설치해야 하는 곳은?

① 접지공사의 접지도체
② 저압 옥내 간선의 전원측 전로
③ 다선식 전로의 중성선
④ 전로의 일부에 접지 공사를 한 저압 가공전선로의 접지측 전선

해설

과전류 차단기 시설제한장소
1) 접지공사의 접지도체
2) 다선식 전로의 중성선
3) 전로의 일부에 접지 공사를 한 저압 가공전선로의 접지측 전선

44

최대사용전압이 70[kV]인 중성점 직접 접지식 전로의 절연내력 시험전압은 몇 [V]인가?

① 35,000[V] ② 42,000[V]
③ 44,800[V] ④ 50,400[V]

해설

중성점 직접 접지식 전로의 절연내력 시험전압
170[kV] 이하의 경우
$V \times 0.72 = 70{,}000 \times 0.72 = 50{,}400$[V]가 된다.

45

전주의 외등 설치 시 조명기구를 전주에 부착하는 경우 설치 높이는 몇 [m] 이상으로 하여야 하는가?

① 3.5 ② 4
③ 4.5 ④ 5

해설

전주의 외등 설치 시 그 높이는 4.5[m] 이상으로 하여야 한다.

46

활선 상태에서 전선의 피복을 벗기는 공구는?

① 전선 피박기 ② 애자커버
③ 와이어 통 ④ 데드엔드 커버

해설

전선피박기
활선 시 전선의 피복을 벗기는 공구는 전선 피박기이다.

정답 41 ③ 42 ① 43 ② 44 ④ 45 ③ 46 ①

47

박강전선관에서 그 호칭이 잘못된 것은?

① 19[mm]　　② 16[mm]
③ 25[mm]　　④ 31[mm]

해설

박강전선관
박강전선관의 호칭은 홀수가 된다.

48

하나의 콘센트에 둘 또는 세 가지의 기구를 사용할 때 끼우는 플러그는?

① 테이블탭　　② 멀티탭
③ 코드 접속기　　④ 아이언플러그

해설

멀티탭
하나의 콘센트에 둘 또는 세 가지 기구를 접속할 때 사용된다.

49

단상 3선식 전원(100/200[V])에 100[V]의 전구와 콘센트 및 200[V]의 모터를 시설하고자 한다. 전원 분배가 옳게 결선된 회로는?

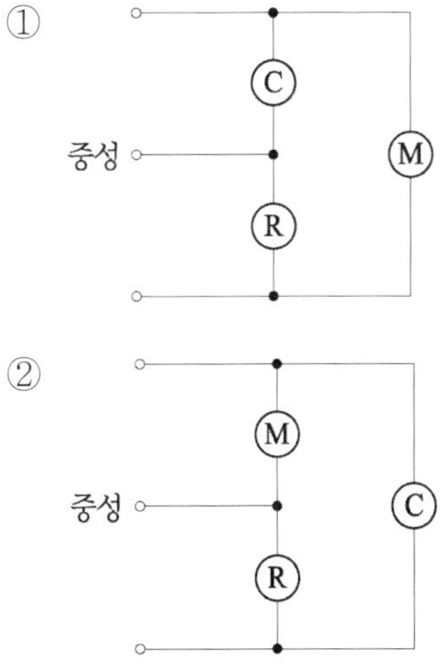

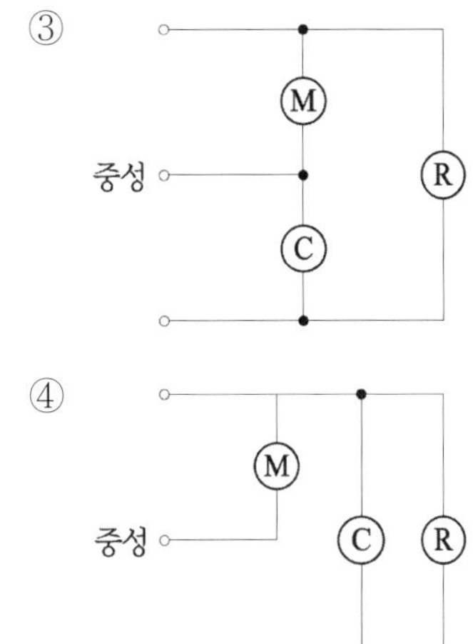

해설

단상 3선식
모터의 경우(200[V]) 선과 선 사이 양단에 걸려야 하므로 ①이 옳은 결선이 된다.

50

가공전선로의 지지물에서 출발하여 다른 지지물을 거치지 아니하고 수용장소의 인입구에 이르는 부분의 전선을 무엇이라 하는가?

① 가공 인입선　　② 옥외 배선
③ 연접 인입선　　④ 연접 가공선

해설

가공인입선
지지물에서 출발하여 다른 지지물을 거치지 않고 한 수용장소 인입구에 이르는 전선을 가공 인입선이라 한다.

51

전선 6[mm^2] 이하의 가는 단선을 직선 접속할 때 어느 접속 방법으로 하여야 하는가?

① 브리타니어 접속　　② 우산형 접속
③ 트위스트 접속　　④ 슬리브 접속

정답 47 ② 48 ② 49 ① 50 ① 51 ③

해설

전선의 접속

6[mm^2] 이하의 가는 단선 접속 시 트위스트 접속방법을 사용한다.

52

가공전선로에 사용되는 지선의 안전율은 2.5 이상이어야 한다. 이때 사용되는 지선의 허용 최저 인장하중은 몇 [kN] 이상인가?

① 2.31 ② 3.41
③ 4.31 ④ 5.21

해설

지선의 시설기준

허용 최저 인장하중은 4.31[kN] 이상이어야만 한다.

53

다음 [보기] 중 금속관, 애자, 합성수지 및 케이블공사가 모두 가능한 특수 장소를 옳게 나열한 것은?

[보 기]

① 화약고 등의 위험장소
② 부식성 가스가 있는 장소
③ 위험물 등이 존재하는 장소
④ 습기가 많은 장소

① ①, ② ② ②, ④
③ ②, ③ ④ ①, ④

해설

여러 공사의 시설

[보기] 조건에서 애자공사의 경우 화약고 및 위험물 등이 존재하는 장소에 시설이 불가하다.

54

전주에서 cos 완철 설치 시 최하단 전력용 완철에서 몇 [m] 하부에 설치하여야 하는가?

① 1.2 ② 0.9
③ 0.75 ④ 0.3

해설

cos 완철의 설치

최하단 전력용 완철에서 0.75[m] 하부에 설치하여야 한다.

55

접지저항 측정방법으로 가장 적당한 것은?

① 절연저항계 ② 전력계
③ 교류의 전압, 전류계 ④ 콜라우시 브리지

해설

접지저항 측정법

접지저항을 측정하기 위한 방법은 어스테스터 또는 콜라우시 브리지법을 말한다.

56

커플링을 사용하여 금속관을 서로 접속할 경우 사용되는 공구는?

① 파이프커터 ② 파이프바이스
③ 파이프벤더 ④ 파이프렌치

해설

파이프렌치

커플링 사용 시 조이는 공구를 말한다.

정답 52 ③ 53 ② 54 ③ 55 ④ 56 ④

57

가연성 분진(소맥분, 전분, 유황 기타 가연성 먼지 등)으로 인하여 폭발할 우려가 있는 저압 옥내 설비공사로 적절한 것은?

① 금속관 공사 ② 애자 공사
③ 가요전선관 공사 ④ 금속 몰드 공사

해설
가연성 분진이 착화하여 폭발할 우려가 있는 곳에 전기 공사 방법은 금속관, 케이블, 합성수지관공사에 의한다.

58

보호를 요하는 회로의 전류가 어떤 일정한 값 이상으로 흘렀을 때 동작하는 계전기는?

① 과전류계전기 ② 과전압계전기
③ 차동계전기 ④ 비율차동계전기

해설
과전류계전기(OCR)
정정치 이상의 전류가 흘렀을 때 동작하는 계전기를 말한다.

59

불연성 먼지가 많은 장소에서 시설할 수 없는 저압 옥내배선 방법은?

① 플로어 덕트공사
② 금속관 공사
③ 금속덕트 공사
④ 애자 공사

해설
불연성 먼지가 많은 장소의 시설
금속관 공사, 금속덕트 공사, 애자 공사, 케이블 공사가 가능하다.

60

다음 중 소세력회로의 전선을 조영재에 붙여 시설할 경우 옳지 않은 것은?

① 전선이 손상을 받을 우려가 있는 곳에 시설하는 경우 적절한 방호장치를 할 것
② 전선은 금속제의 수관 및 가스관 또는 이와 유사한 것과 접촉되지 않아야 한다.
③ 전선은 케이블인 경우 이외에 공칭 단면적 2.5[mm^2] 이상의 연동선 또는 이와 동등 이상의 세기 또는 굵기일 것
④ 전선은 금속망 또는 금속판을 목조 조영재에 시설하는 경우 전선을 방호장치에 넣어 시설할 것

해설
소세력회로의 시설
전선의 경우 공칭 단면적 1[mm^2] 이상의 연동선 또는 이와 동등 이상의 세기 및 굵기일 것

정답 57 ① 58 ① 59 ① 60 ③

2022년 CBT 복원문제 3회

전기이론

01

저항이 $R[\Omega]$인 도체의 반지름을 $\frac{1}{2}$ 배로 할 때의 저항을 $R_1[\Omega]$이라고 한다면 R_1과 R의 관계는?

① $R_1 = R$　　② $R_1 = 2R$
③ $R_1 = 4R$　　④ $R_1 = 11R$

해설

저항 $R = \frac{\rho l}{S} = \frac{\rho l}{\pi r^2}$ 이므로 저항은 반지름에 $R \propto \frac{1}{r^2}$ 관계이다.

그러므로 $R : \frac{1}{r^2} = R_1 : \frac{1}{(\frac{1}{2}r)^2}$

$R : \frac{1}{r^2} = R_1 : \frac{4}{r^2}$, $R : 1 = R_1 : 4$, $R_1 = 4R$ 이다.

02

어떤 물질을 서로 마찰시키면 물질의 전자의 수가 많아지거나 적어지는 현상이 생긴다. 이를 무엇이라 하는가?

① 방전　　② 충전
③ 대전　　④ 감전

해설

물질의 전자가 정상상태에서 마찰에 의해 전자수가 많아지거나 적어지는 현상을 대전이라 한다.

03

전압과 전류의 측정범위를 높이기 위해 배율기와 분류기를 사용한다면 전압계와 전류계에 연결 방법 중 맞는 것은?

① 배율기는 전압계와 병렬연결, 분류기는 전류계와 직렬연결한다.
② 배율기는 전압계와 직렬연결, 분류기는 전류계와 병렬연결한다.
③ 배율기는 전압계와 직렬연결, 분류기도 전류계와 직렬연결한다.
④ 배율기는 전압계와 병렬연결, 분류기도 전류계와 병렬연결한다.

해설

배율기는 전압계와 직렬연결, 분류기는 전류계와 병렬연결한다.

04

용량 120[Ah]의 축전지가 있다. 10[A] 전류를 사용하는 부하가 있다면 몇 시간을 사용할 수 있는가?

① 12[h]　　② 10[h]
③ 6[h]　　④ 4[h]

해설

축전지 용량[Ah]은 방전전류[A]와 방전시간[h]의 곱이므로

$$시간 = \frac{용량}{전류} = \frac{120}{10} = 12[h]$$

정답 01 ③ 02 ③ 03 ② 04 ①

05

두 종류의 금속의 접합부에 전류를 흘리면 전류의 방향에 따라 줄열 이외의 열의 흡수 또는 발생 현상이 생긴다. 이 현상을 무슨 효과라 하는가?

① 톰슨 효과 ② 제어벡 효과
③ 볼타 효과 ④ 펠티어 효과

해설

펠티어 효과란 서로 다른 두 종류의 금속을 접합하여 접합부에 전류를 흘리면 열의 흡수 또는 발생 현상이 생기는 것을 말한다.

06

220[V], 50[W] 백열전구 10개를 하루에 10시간만 사용하였다면 일일 전력량은 몇 [kWh]인가?

① 5 ② 10
③ 15 ④ 20

해설

전력량 $W=Pt$[Wsec]이므로
일일 전력량 $W=Pt=50\times10\times10=5{,}000=5$[kWh]이다.

07

내부저항이 0.5[Ω], 전압 1.5[V]인 전지 5개를 직렬연결하고 양단에 외부저항 2.5[Ω]을 연결하면 흐르는 전류는 몇 [A]인가?

① 1.0 ② 1.25
③ 1.5 ④ 2.0

해설

전지를 n개 직렬연결하면 전압 nV, 내부저항 nr이 되며 여기에 외부저항 R을 연결하면
이때 전류 $I=\frac{nV}{nr+R}=\frac{5\times1.5}{5\times0.5+2.5}=\frac{7.5}{5}=1.5$[A]이다.

08

전기장의 세기의 단위는?

① H/m ② F/m
③ N/m ④ V/m

해설

전계(전기장, 전장)의 세기의 단위는 [N/C] 또는 [V/m]이다.

09

평행 평판 도체의 정전용량을 증가시키는 방법 중 잘못된 것은?

① 평행 평판 사이의 유전율을 감소시킨다.
② 평행 평판 면적을 증가시킨다.
③ 평행 평판 사이의 간격을 감소시킨다.
④ 평행 평판 사이의 비유전율이 큰 것을 사용한다.

해설

평행판 콘덴서의 $C=\frac{\varepsilon S}{d}$[F]이므로 면적과 유전율을 증가시키고, 간격을 줄이면 정전용량은 커진다.

10

임의의 도체를 접지된 다른 도체가 완전 포위시켜 정전유도 현상을 완전 차단하는 것을 무엇이라 하는가?

① 전자차폐 ② 정전차폐
③ 자기차폐 ④ 전파차폐

해설

정전유도 현상을 완전 차단하는 것을 정전차폐라 한다.

정답 05 ④ 06 ① 07 ③ 08 ④ 09 ① 10 ②

11

정전용량이 7[F]과 3[F]인 콘덴서 두 개를 병렬연결하고 양단에 1,000[V]를 인가하면 전기량 Q[C]은 얼마인가?

① 1×10^{4}　② 1×10^{-4}
③ 1×10^{2}　④ 1×10^{-2}

해설
콘덴서 두 개를 병렬연결하면
합성 $C=C_1+C_2=7+3=10$[F]이 된다.
따라서 전기량 $Q=CV=10\times1{,}000=1\times10^4$[C]이다.

12

물질을 자계 안에 놓았는데 아무 반응이 없었다. 이 물질은 어느 자성체인가?

① 강자성체　② 반자성체
③ 상자성체　④ 반강자성체

해설
물질을 자계 안에 놓았을 때 아무 반응이 없는 물질은, 비자성체로서 '반자성체' 또는 '역자성체'라고 한다.

13

히스테리시스 곡선에서 종축과 횡축의 항목으로 맞는 것은?

① 종축 : 자속밀도와 잔류자기, 횡축 : 자계와 보자력
② 종축 : 자계와 보자력, 횡축 : 자속밀도와 잔류자기
③ 종축 : 전속밀도와 잔류자기, 횡축 : 전계와 보자력
④ 종축 : 전계와 보자력, 횡축 : 전속밀도와 잔류자기

해설
히스테리시스 곡선의 종축은 자속밀도와 잔류자기, 횡축은 자계와 보자력을 뜻한다.

14

2개의 코일을 서로 근접시켰을 때 한 쪽 코일의 전류가 변화하면 다른 쪽 코일에 유도 기전력이 발생하는 현상을 무엇이라 하는가?

① 상호 결합　② 상호 유도
③ 자체 유도　④ 자체 결합

해설
한 코일에서 발생한 자속이 다른 코일에 쇄교하는 것을 상호 유도 작용이라 한다.

15

코일의 권수가 100회인 코일에 1초 동안 자속이 0.8[Wb]가 변하였다면 코일에 유기되는 기전력은 몇 [V]인가?

① 40　② 60
③ 80　④ 100

해설
권수와 자속에 의한 유기기전력은 $e=-N\frac{d\phi}{dt}$[V]이다.
$e=-100\times\frac{0.8}{1}=-80$[V]이고 절댓값은 80[V]이다.

16

인덕턴스가 100[H]인 코일에 전류 I[A]를 흘려 전자에너지가 800[J]이 되었다면 이에 해당하는 전류는 몇 [A]인가?

① 1　② 2
③ 4　④ 8

해설
전자에너지 $W=\frac{1}{2}LI^2$[J]이므로
전류 $I=\sqrt{\frac{2W}{L}}=\sqrt{\frac{2\times800}{100}}=4$[A]이다.

정답 11 ①　12 ②　13 ①　14 ②　15 ③　16 ③

17

교류 30[W], 220[V] 백열전구를 사용하고 있다. 이 백열전구의 평균값은 몇 [V]인가?

① 198 ② 220
③ 238 ④ 298

해설

220[V]는 실효값을 의미하고 평균값 $V_a = \frac{2I_m}{\pi}$ 이므로

$V_a = \frac{2V_m}{\pi} = \frac{2\times\sqrt{2}V}{\pi} = \frac{2\sqrt{2}\times 220}{\pi} = 198$[V]이다.

18

파형률의 공식으로 맞는 것은?

① $\frac{\text{평균값}}{\text{실효값}}$ ② $\frac{\text{실효값}}{\text{평균값}}$
③ $\frac{\text{최댓값}}{\text{실효값}}$ ④ $\frac{\text{최댓값}}{\text{평균값}}$

해설

파형률 $= \frac{\text{실효값}}{\text{평균값}}$, 파고율 $= \frac{\text{최댓값}}{\text{실효값}}$

19

RL 직렬회로에 직류전압 100[V]을 인가했을 때 전류 25[A]가 흘렀다. 여기에 교류전압 250[V]를 인가했을 때 전류 50[A]가 흘렀다. 저항 R[Ω]과 X_L[Ω]은 각각 얼마인가?

① $R=4,\ X_L=3$ ② $R=3,\ X_L=4$
③ $R=5,\ X_L=4$ ④ $R=8,\ X_L=6$

해설

직류전압을 인가하면 저항만의 회로가 되므로

$V=IR,\ R=\frac{V}{I}=\frac{100}{25}=4$[Ω]이 된다.

교류전압을 인가하면 임피던스 회로가 되므로

$V=I|Z|,\ |Z|=\frac{V}{I}=\frac{250}{50}=5$[Ω]이 되고

$|Z|=\sqrt{R^2+X_L^2},\ 5=\sqrt{4^2+X_L^2},\ X_L=3$[Ω]이다.

20

비정현파의 실효값은?

① 최댓값의 실효값
② 각 고조파의 실효값의 합
③ 각 고조파 실효값의 합의 제곱근
④ 각 파의 실효값의 제곱의 합의 제곱근

해설

비정현파의 실효값은 $V=\sqrt{V_1^2+V_2^2+V_3^2+\cdots}$ 이다.

정답 17 ① 18 ② 19 ① 20 ④

CBT 복원

전기기기

21

다음 중 반도체 소자가 아닌 것은?

① LED ② TRIAC
③ GTO ④ SCR

해설

반도체 소자
LED의 경우 발광 소자를 말한다.

22

변압기 보호계전기 중 브흐홀쯔 계전기의 설치위치는?

① 변압기 주 탱크 내부
② 콘서베이터 내부
③ 변압기 고압 측 부싱
④ 변압기 주 탱크와 콘서베이터 사이

해설

브흐홀쯔 계전기
브흐홀쯔 계전기는 변압기의 내부고장을 보호하는 기계적 보호 대책으로 주변압기와 콘서베이터 사이에 설치된다.

23

동기발전기의 돌발단락전류를 주로 제한하는 것은?

① 누설 리액턴스 ② 동기 리액턴스
③ 권선 저항 ④ 역상 리액턴스

해설

동기발전기의 순간, 돌발단락전류를 제한하는 것은 누설 리액턴스이다.

24

발전기 권선의 층간단락보호에 가장 적합한 계전기는?

① 과부하계전기 ② 차동계전기
③ 접지계전기 ④ 온도계전기

해설

발전기의 내부고장 보호
권선의 층간단락보호에 적용되는 계전기로 가장 적당한 것은 차동계전기이다.

25

보호를 요하는 회로의 전류가 어떤 일정한 값(정정값) 이상으로 흘렀을 때 동작하는 계전기는?

① 과전류 계전기 ② 과전압 계전기
③ 차동 계전기 ④ 비율 차동 계전기

해설

과전류 계전기(OCR)
설정치 이상의 과전류(과부하, 단락)가 흐를 경우 동작하는 계전기를 말한다.

26

동기발전기의 전기자 권선을 단절권으로 하면?

① 기전력을 높인다.
② 절연이 잘 된다.
③ 역률이 좋아진다.
④ 고조파를 제거한다.

해설

동기발전기의 전기자 권선법
단절권의 경우 기전력의 파형을 개선하며, 고조파를 제거하고, 동량이 절약된다.

정답 21 ① 22 ④ 23 ① 24 ② 25 ① 26 ④

27

3상 유도전동기의 운전 중 전압이 80[%]로 저하되면 토크는 몇 [%]가 되는가?

① 90　② 81
③ 72　④ 64

해설

유도전동기의 토크

토크와 전압은 제곱에 비례한다.

$T' = (0.8)^2 T = 0.64T$

28

직류발전기가 있다. 자극 수는 6, 전기자 총도체수는 400, 회전수는 600[rpm]이다. 전기자에 유도되는 기전력이 120[V]라고 하면, 매극 매상당 자속[Wb]는? (단, 전기자 권선은 파권이다.)

① 0.01　② 0.02
③ 0.05　④ 0.19

해설

직류발전기의 유기기전력

$E = \frac{PZ\phi N}{60a}$(파권이므로 $a = 2$)

여기서 $\phi = \frac{E \times 60a}{PZN}$[Wb] $= \frac{120 \times 60 \times 2}{6 \times 400 \times 600} = 0.01$[Wb]

29

동기전동기의 자기기동에서 계자권선을 단락하는 이유는?

① 기동이 쉽다.
② 고전압이 유도된다.
③ 기동 권선을 이용한다.
④ 전기자 반작용을 방지한다.

해설

동기전동기의 기동법

자기기동 시 계자권선에 고전압이 유도되어 절연이 파괴될 우려가 있으므로 방전저항을 접속 단락상태로 기동한다.

30

유도전동기의 2차 측 저항을 2배로 하면 그 최대 회전력은 어떻게 되는가?

① $\sqrt{2}$ 배　② 변하지 않는다.
③ 2배　④ 4배

해설

비례추이

2차 측의 저항을 증가 시 기동토크가 커지고 기동의 전류가 작아진다. 그러나 최대 토크는 불변이다.

31

다음 중 변압기는 어떤 원리를 이용한 기계기구인가?

① 전기자반작용　② 전자유도작용
③ 정전유도작용　④ 교차자화작용

해설

변압기의 원리

변압기는 철심에 두 개의 코일을 감고 한쪽 권선에 교류전압을 인가 시 철심의 자속이 흘러 다른 권선을 지나가면서 전자유도작용에 의해 유도기전력이 발생된다.

32

50[Hz]의 변압기에 60[Hz] 전압을 가했을 때 자속밀도는 50[Hz]일 때의 몇 배가 되는가?

① 1.2배 증가　② 0.83배 증가
③ 1.2배 감소　④ 0.83배 감소

해설

변압기의 주파수와 자속밀도

$E = 4.44 f\phi N$으로서 $f \propto \frac{1}{\phi} \propto \frac{1}{B}$(여기서 B는 자속밀도)가 된다.

따라서 주파수가 증가하였으므로 자속밀도는 0.83배로 감소한다.

정답 27 ④ 28 ① 29 ② 30 ② 31 ② 32 ④

33

직류전동기 중 무부하 운전이나 벨트운전을 하면 안 되는 전동기는?

① 직권 ② 가동복권
③ 분권 ④ 차동복권

해설

직권전동기

직권전동기는 정격전압으로 운전 중 무부하 또는 벨트운전을 하게 될 경우 위험속도에 도달할 우려가 있다.

34

속도를 광범위하게 조정할 수 있으므로 압연기나 엘리베이터 등에 사용되는 직류전동기는?

① 직권전동기 ② 분권전동기
③ 타여자전동기 ④ 가동 복권전동기

해설

타여자전동기

속도를 광범위하게 조정가능하며, 압연기, 엘리베이터 등에 사용된다.

35

변압기 V결선의 특징으로 틀린 것은?

① V결선 시 출력은 Δ결선 시 출력과 그 크기가 같다.
② 단상 변압기 2대로 3상 전력을 공급한다.
③ V결선 시 이용률은 86.6[%]이다.
④ 고장 시 응급처치 방법으로도 쓰인다.

해설

V결선

$\Delta-\Delta$ 운전 중 1대가 고장이 날 경우 V결선으로 3상 전력을 공급할 수 있다. 이때 출력은 Δ결선 시의 57.7[%]가 된다.

36

농형 회전자에 비뚤어진 홈을 쓰는 이유는?

① 출력을 높인다. ② 회전수를 증가시킨다.
③ 미관상 좋다. ④ 소음을 줄인다.

해설

농형 유도전동기

회전자에 비뚤어진 홈을 쓰는 이유는 전동기의 소음을 경감시키기 위함이다.

37

15[kW], 50[Hz], 4극의 3상 유도전동기가 있다. 전부하가 걸렸을 때의 슬립이 4[%]라면 이때의 2차(회전자) 측 동손은 몇 [W]인가?

① 625 ② 1,000
③ 417 ④ 250

해설

2차 동손

$P_{c2} = sP_2 = 0.04 \times 15{,}625 = 625[\mathrm{W}]$

출력 $P_0 = (1-s)P_2$이므로

$$P_2 = \frac{15 \times 10^3}{(1-0.04)} = 15{,}625[\mathrm{W}]$$

38

복잡한 전기회로를 등가 임피던스를 사용하여 간단히 변화시킨 회로는?

① 유도회로 ② 전개회로
③ 등가회로 ④ 단순회로

해설

등가회로

등가 임피던스를 이용하여 복잡한 전기회로를 간단히 변화시킨 회로를 말한다.

정답 33 ① 34 ③ 35 ① 36 ④ 37 ① 38 ③

39

6,600/220[V]인 변압기의 1차에 2,850[V]를 가하면 2차 전압[V]는?

① 90 ② 95
③ 120 ④ 105

해설

변압기 권수비

$$a=\frac{V_1}{V_2}=\frac{6,600}{220}=30$$

따라서 $V_2=\frac{V_1}{a}=\frac{2,850}{30}=95[\mathrm{V}]$

40

실리콘 제어 정류기(SCR)의 게이트는 어떤 형의 반도체인가?

① N형 ② P형
③ NP형 ④ PN형

해설

SCR의 게이트

P형 반도체를 말한다.

전기설비

41

굵은 전선을 절단할 때 사용하는 전기공사용 공구는?

① 프레셔 툴 ② 녹아웃 펀치
③ 클리퍼 ④ 파이프 커터

해설

클리퍼

펜치로 절단이 어려운 굵은 전선을 절단할 때 사용한다.

42

점착성이 없으나 절연성, 내온성 및 내유성이 있어 연피케이블 접속에 사용되는 테이프는?

① 고무테이프 ② 리노테이프
③ 비닐테이프 ④ 자기융착테이프

해설

리노테이프

절연성, 내온성, 내유성이 뛰어나며 연피케이블에 접속된다.

43

일반적으로 큐비클형(cubicle type)이라 하며, 점유면적이 좁고 운전, 보수에 안전하므로 공장, 빌딩 등 전기실에 많이 사용되는 조립형, 장갑형이 있는 배전반은?

① 데드 프런트식 배전반
② 폐쇄식 배전반
③ 철제 수직형 배전반
④ 라이브 프런트식 배전반

해설

폐쇄식 배전반

큐비클형이라고 하며, 안정성이 매우 우수하여 공장, 빌딩 등의 전기실에 많이 사용된다.

정답 39 ② 40 ② / 41 ③ 42 ② 43 ②

CBT 복원

44

다음 전선의 접속 시 유의사항으로 옳은 것은?

① 전선의 강도를 5[%] 이상 감소시키지 말 것
② 전선의 강도를 10[%] 이상 감소시키지 말 것
③ 전선의 강도를 20[%] 이상 감소시키지 말 것
④ 전선의 강도를 40[%] 이상 감소시키지 말 것

해설

전선의 접속 시 유의사항
전선의 강도를 20[%] 이상 감소시키지 말 것

45

지지물에 완금, 완목, 애자 등의 장치를 하는 것을 무엇이라 하는가?

① 목주 ② 건주
③ 장주 ④ 가선

해설

장주
지지물에 완금, 완목, 애자 등을 장치하는 것을 말한다.

46

한국전기설비규정에서 정한 저압 애자사용 공사의 경우 전선 상호 간의 거리는 몇 [m]인가?

① 0.025 ② 0.06
③ 0.12 ④ 0.25

해설

애자사용 공사
저압의 경우 전선 상호 간의 이격거리는 0.06[m] 이상이어야만 한다.
고압의 경우 전선 상호 간의 이격거리는 0.08[m] 이상이어야만 한다.

47

주위온도가 일정 상승률 이상이 되는 경우에 작동하는 것으로 일정한 장소의 열에 의하여 작동하는 화재 감지기는?

① 차동식 분포형 감지기
② 광전식 연기 감지기
③ 이온화식 연기 감지기
④ 차동식 스포트형 감지기

해설

차동식 스포트형 감지기
차동식 스포트형 감지기는 온도상승률이 어느 한도 이상일 때 동작하는 감지기를 말한다.

48

조명기구를 배광에 따라 분류하는 경우 특정한 장소만을 고조도로 하기 위한 조명기구는?

① 직접 조명기구 ② 전반확산 조명기구
③ 광천장 조명기구 ④ 반직접 조명기구

해설

특정 장소만을 고조도로 하기 위한 조명기구는 직접 조명기구를 말한다.

49

교류 배전반에서 전류가 많이 흘러 전류계를 직접 주회로에 연결할 수 없을 때 사용하는 기기는?

① 전류계용 전환개폐기 ② 계기용 변류기
③ 전압계용 전환개폐기 ④ 계기용 변압기

해설

CT(계기용 변류기)
교류 전류계의 측정범위를 확대하기 위해 사용되며, 대전류를 소전류로 변류한다.

정답 44 ③ 45 ③ 46 ② 47 ④ 48 ① 49 ②

50

아웃렛 박스 등의 녹아웃의 지름이 관의 지름보다 클 때 관을 박스에 고정시키기 위해 쓰이는 재료의 명칭은?

① 터미널 캡　　② 링 리듀셔
③ 앤트런스 캡　　④ C형 엘보

해설

링 리듀셔
금속관 공사 시 녹아웃의 지름이 관 지름보다 클 때 관을 박스에 고정하기 위해 사용되는 재료를 링 리듀셔라 한다.

51

1종 가요전선관을 시설할 수 있는 장소는?

① 점검할 수 없는 장소
② 전개되지 않는 장소
③ 전개된 장소로서 점검이 불가능한 장소
④ 점검할 수 있는 은폐장소

해설

1종 가요전선관의 시설가능 장소
가요전선관의 경우 2종 금속제 가요전선관이어야 하나 다음의 경우 1종 가요전선관을 사용할 수 있다.
1) 전개된 장소
2) 점검할 수 있는 은폐장소

52

다음 중 경질비닐전선관의 규격이 아닌 것은?

① 22　　② 36
③ 50　　④ 70

해설

경질비닐전선관의 규격[mm]
14, 16, 22, 28, 36, 42, 54, 70 등이 있다.

53

금속전선관을 구부릴 때 금속관은 단면이 심하게 변형이 되지 않도록 구부려야 하며, 일반적으로 그 안 측의 반지름은 관 안지름의 몇 배 이상이 되어야 하는가?

① 2배　　② 4배
③ 6배　　④ 8배

해설

금속관을 구부릴 경우 굴곡 바깥지름은 관 안지름의 6배 이상이 되어야 한다.

54

셀룰로이드, 성냥, 석유류 등 기타 가연성 위험물질을 제조 또는 저장하는 장소의 배선 방법이 아닌 것은?

① 배선은 금속관 배선, 합성수지관 배선 또는 케이블에 의할 것
② 합성수지관 배선에 사용하는 합성수지관 및 박스 기타 부속품은 손상될 우려가 없도록 시설할 것
③ 금속관은 박강 전선관 또는 이와 동등 이상의 강도가 있는 것을 사용할 것
④ 두께가 2[mm] 미만의 합성수지제 전선관을 사용할 것

해설

셀룰로이드, 성냥, 석유류 등 가연성 위험물질 제조 또는 저장장소의 배선 방법
두께가 2[mm] 이상의 합성수지제 전선관을 사용하여야 한다.

55

고압 전선로에서 사용되는 옥외용 가교폴리에틸렌 절연전선의 약칭은?

① DV　　② OW
③ OC　　④ HIV

해설

옥외용 가교폴리에틸렌 절연전선의 약호는 OC가 된다.

정답 50 ② 51 ④ 52 ③ 53 ③ 54 ④ 55 ③

CBT 복원

56

절연전선 중 OW전선이라 함은?

① 옥외용 비닐절연전선
② 인입용 비닐절연전선
③ 450/750[V] 일반용 단심비닐절연전선
④ 내열용 비닐절연전선

해설

OW전선
옥외용 비닐절연전선의 약호를 말한다.

57

한국전기설비규정에 따라 캡타이어 케이블을 조영재에 시설하는 경우 그 지지점 간의 거리는 얼마 이하로 하여야 하는가?

① 1.0[m] 이하　② 1.5[m] 이하
③ 2.0[m] 이하　④ 2.5[m] 이하

해설

캡타이어 케이블의 시설
캡타이어 케이블을 조영재를 따라 시설할 경우 1[m] 이하마다 지지한다.

58

가공전선에 케이블을 사용할 경우 케이블은 조가용선으로 지지하고자 한다. 이때 조가용선은 몇 [mm^2] 이상이어야 하는가? (단, 조가용선은 아연도강연선이다.)

① 22　② 50
③ 100　④ 120

해설

조가용선의 시설
굵기의 경우 22[mm^2] 이상의 아연도금강연선일 것

59

접지시스템의 종류가 아닌 것은?

① 단독접지　② 동합접지
③ 공통접지　④ 보호접지

해설

접지시스템의 종류
1) 단독접지
2) 공통접지
3) 통합접지

60

대지와의 사이의 전기저항값이 몇 [Ω] 이하인 값을 유지하는 건축물·구조물의 철골 기타의 금속제는 접지공사의 접지극으로 사용할 수 있는가?

① 2　② 3
③ 10　④ 100

해설

철골접지
2[Ω] 이하를 유지하는 건축물·구조물의 철골 기타의 금속제는 접지공사의 접지극으로 사용할 수 있다.

정답　56 ①　57 ①　58 ①　59 ④　60 ①

2022년 CBT 복원문제 4회

전기이론

01

전선에 일정량 이상의 전류가 흘러서 온도가 높아지면 절연물은 열화되고 나빠진다. 각 전선 도체에는 안전하게 흘릴 수 있는 최대전류가 있다. 이 전류를 무엇이라 하는가?

① 평형 전류 ② 허용 전류
③ 불평형 전류 ④ 줄 전류

해설
전선에 안전하게 흘릴 수 있는 최대전류를 허용 전류라 한다.

02

다음 설명 중 잘못된 것은?

① 양전하를 많이 가진 물질은 전위가 낮다.
② 1초 동안에 1[C]의 전기량이 이동하면 전류는 1[A]이다.
③ 전위차가 높으면 높을수록 전류는 잘 흐른다.
④ 직류에서 전류의 방향은 전자의 이동방향과는 반대 방향이다.

해설
양전하를 많이 가진 물질은 전위가 높다.

03

20[Ω], 30[Ω], 60[Ω]의 저항 3개를 병렬로 접속하고 여기에 60[V]의 전압을 가했을 때, 이 회로에 흐르는 전체 전류는 몇 [A]인가?

① 3[A] ② 6[A]
③ 30[A] ④ 60[A]

해설
병렬의 합성 저항은 $R=\dfrac{1}{\dfrac{1}{20}+\dfrac{1}{30}+\dfrac{1}{60}}=10[\Omega]$이고

여기에 60[V]의 전압을 가하면 전류 $I=\dfrac{V}{R}=\dfrac{60}{10}=6[A]$이다.

04

기전력 1.5, 내부저항 0.1[Ω]인 전지 10개를 직렬로 연결하여 2[Ω]의 저항을 가진 전구에 연결할 때 전구에 흐르는 전류는 몇 [A]인가?

① 2 ② 3
③ 4 ④ 5

해설
전지 직렬 연결 시 흐르는 전류 $I=\dfrac{nE}{nr+R}[A]$이므로

$I=\dfrac{10\times 1.5}{10\times 0.1+2}=5[A]$

05

20분간에 876,000[J]의 일을 할 때 전력은 몇 [kW]인가?

① 0.73 ② 90
③ 120 ④ 135

해설
전력량에서 전력은 $W=Pt$, $P=\dfrac{W}{t}=\dfrac{876,000}{20\times 60}=730[W]$

정답 01 ② 02 ① 03 ② 04 ④ 05 ①

CBT 복원

06

정격전압에서 1[kW]의 전력을 소비하는 저항에 정격의 90[%] 전압을 가했을 때, 전력은 몇 [W]가 되는가?

① 630[W]　② 780[W]
③ 810[W]　④ 900[W]

해설

저항과 전압관계의 전력은 $P=\frac{V^2}{R}$[W]이므로 $P\propto V^2$이다.

$P : V^2 = P' : V'^2$, $1{,}000 : V^2 = P' : (0.9V)^2$,

$P' = 1{,}000\times 0.81 = 810$[W]

07

4×10^{-5}[C]과 6×10^{-5}[C]의 두 전하가 자유공간에 2[m]의 거리에 있을 때, 그 사이에 작용하는 힘은?

① 5.4[N], 흡입력이 작용한다.
② 5.4[N], 반발력이 작용한다.
③ 7/9[N], 흡인력이 작용한다.
④ 7/9[N], 반발력이 작용한다.

해설

두 전하사이에 작용하는 힘 $F=9\times10^9\times\frac{Q_1Q_2}{r^2}=9\times10^9\times\frac{4\times10^{-5}\times6\times10^{-5}}{2^2}=5.4$[N]이고 동일부호이므로 힘은 반발력이 작용한다.

08

전기장에 대한 설명으로 옳지 않은 것은?

① 대전된 무한장 원통의 내부 전기장은 0이다.
② 대전된 구의 내부 전기장은 0이다.
③ 대전된 도체내부의 전하 및 전기장은 모두 0이다.
④ 도체표면의 전기장은 그 표면에 평행이다.

해설

도체표면의 전기장은 그 표면에 수직방향이다.

09

2[μF]과 3[μF]의 직렬회로에서 3[μF]의 양단에 60[V]의 전압이 가해졌다면, 이 회로의 전 전기량은 몇 [μC]인가?

① 60　② 180
③ 24　④ 360

해설

직렬회로에서는 전기량이 일정하므로 $Q=C_1V_1=C_2V_2$[C]이 된다.

$Q=C_2V_2=3\times10^{-6}\times60=180[\mu C]$

10

C_1, C_2를 직렬로 접속한 회로에 C_3를 병렬로 접속하였다. 이 회로의 합성 정전용량[F]은?

① $\frac{1}{\frac{1}{C_1}+\frac{1}{C_2}}+C_3$　② $\frac{1}{\frac{1}{C_2}+\frac{1}{C_3}}+C_1$

③ $\frac{C_1+C_2}{C_3}$　④ $C_1+C_2+\frac{1}{C_3}$

해설

C_1, C_2를 직렬로 접속한 회로를 먼저 합성하면 $\frac{1}{\frac{1}{C_1}+\frac{1}{C_2}}$이 되고

여기에 C_3를 병렬로 접속하면 $\frac{1}{\frac{1}{C_1}+\frac{1}{C_2}}+C_3$이 된다.

정답 06 ③ 07 ② 08 ④ 09 ② 10 ①

11

공기 중에서 m[Wb]로부터 나오는 자력선의 총수는?

① $\dfrac{\mu_0}{m}$ ② $\dfrac{m}{\mu_s}$

③ $\dfrac{m}{\mu_0}$ ④ $\mu_0 m$

해설

공기주이므로 투자율 μ_0이므로 자기력선 수 $N=\dfrac{m}{\mu_0}$

12

무한장 솔레노이드의 단위길이당 권수가 n[회/m]이고 전류가 I[A]가 흐르면 솔레노이드 중심의 자계 H[AT/m]는?

① $\dfrac{I}{n}$ ② nI

③ $\dfrac{n}{I}$ ④ nI^2

해설

무한장 솔레노이드 $H=\dfrac{NI}{l}=nI$ (여기서 $\dfrac{N}{l}=n$은 단위길이당 권수이다.)

13

"자기저항은 자기회로의 길이에 (ⓐ) 하고 자로의 단면적과 투자율의 곱에 (ⓑ)한다." ( ) 안에 들어갈 말은?

① ⓐ 비례, ⓑ 반비례 ② ⓐ 반비례, ⓑ 비례

③ ⓐ 비례, ⓑ 비례 ④ ⓐ 반비례, ⓑ 반비례

해설

자기저항 공식은 $R_m=\dfrac{l}{\mu S}$[AT/Wb]이므로 길이에 비례하고 단면적과 투자율의 곱에 반비례한다.

14

평등자장 내에 있는 도선에 전류가 흐를 때 자장의 방향과 어떤 각도로 되어 있으면 작용하는 힘이 최대가 되는가?

① 30° ② 45°

③ 60° ④ 90°

해설

전자력 $F=IBl\sin\theta$이므로 $\sin 90°=1$일 때가 최대가 된다. 따라서, 90°일 때 최대가 된다.

15

전기저항 25[Ω]에 50[V]의 사인파 전압을 가할 때 전류의 순시값은? (단, 각속도 ω=377[rad/sec]임)

① $2\sin 377t$ ② $2\sqrt{2}\sin 377t$

③ $4\sin 377t$ ④ $4\sqrt{2}\sin 377t$

해설

실효전류 $I=\dfrac{V}{R}=\dfrac{50}{25}=2$[A]이므로

순시값 $i=I_m\sin\omega t=\sqrt{2}I\sin\omega t=2\sqrt{2}\sin 377t$[A]

16

전압 $v=\sqrt{2}V\sin(\omega t-\dfrac{\pi}{3})$[V]를 공급하여 전류가 $i=\sqrt{2}I\sin(\omega t-\dfrac{\pi}{6})$[A]가 흘렀다면 위상차는 어떻게 되는가?

① 전류가 $\pi/3$만큼 앞선다.

② 전압이 $\pi/3$만큼 앞선다.

③ 전압이 $\pi/6$만큼 앞선다.

④ 전류가 $\pi/6$만큼 앞선다.

정답 11 ③ 12 ② 13 ① 14 ④ 15 ② 16 ④

해설
위상차 $\theta=-60°-(-30°)=-30°$이므로 전압은 전류보다 30도 뒤지고, 전류는 전압보다 30도 앞선다.

17

저항 8[Ω]과 코일이 직렬로 접속된 회로에 200[V]의 교류 전압을 가하면, 20[A]의 전류가 흐른다. 코일의 리액턴스는 몇 [Ω]인가?

① 2 ② 4
③ 6 ④ 8

해설
임피던스 $Z=\frac{V}{I}=\frac{200}{20}=10[\Omega]$이므로 RL직렬회로의 임피던스 크기는
$Z=\sqrt{R^2+X_L^2}$, $10=\sqrt{8^2+X_L^2}$ 이므로 $X_L=6[\Omega]$

18

200[V]의 교류전원에 선풍기를 접속하고 전력과 전류를 측정하였더니 600[W], 5[A]이었다. 이 선풍기의 역률은?

① 0.5 ② 0.6
③ 0.7 ④ 0.8

해설
유효전력 $P=VI\cos\theta$[W]이므로
역률 $\cos\theta=\frac{P}{VI}=\frac{600}{200\times5}=0.6$

19

평형 3상 교류회로의 Y회로로부터 Δ회로로 등가 변환하기 위해서는 어떻게 하여야 하는가?

① 각 상의 임피던스를 3배로 한다.
② 각 상의 임피던스를 $\sqrt{3}$ 배로 한다.
③ 각 상의 임피던스를 $\sqrt{2}$ 배로 한다.
④ 각 상의 임피던스를 1/3로 한다.

해설
$Y\rightarrow\Delta$ 변환하면 임피던스, 전류, 전력 모두 3배가 된다.
또한 $\Delta\rightarrow Y$ 변환하면 모두 1/3배가 된다.

20

어느 회로의 전류가 다음과 같을 때, 이 회로에 대한 전류의 실효값은?

$$i=3+10\sqrt{2}\sin\omega t+5\sqrt{2}\sin3\omega t\text{[A]}$$

① 11.6 ② 22.3
③ 44 ④ 50.6

해설
비정현파의 전류 실효값
$I=\sqrt{I_0^2+I_1^2+I_2^2}=\sqrt{3^2+10^2+5^2}=11.6$[A]

정답 17 ③ 18 ② 19 ① 20 ①

전기기기

21

동기속도 1,800[rpm], 주파수 60[Hz]인 동기발전기의 극수는 몇 극인가?

① 10　　② 8
③ 4　　ㅂ④ 2

해설

동기발전기의 극수

동기속도 $N_s = \dfrac{120}{P}f$로서

극수 $P = \dfrac{120}{N_s}f = \dfrac{120}{1,800} \times 60 = 4$극

22

부흐홀츠 계전기의 설치 위치로 가장 적당한 것은?

① 변압기 주 탱크 내부
② 콘서베이터 내부
③ 변압기 고압 측 부싱
④ 변압기 주 탱크와 콘서베이터 사이

해설

부흐홀츠 계전기

변압기 내부 고장 보호에 사용되는 부흐홀츠 계전기는 변압기의 주 탱크와 콘서베이터 사이에 설치한다.

23

1차 전압 13,200[V], 2차 전압 220[V]인 단상 변압기의 1차에 6,000[V]의 전압을 가하면 2차 전압은 몇 [V]인가?

① 100　　② 200
③ 50　　④ 250

해설

변압기의 권수비

$a = \dfrac{V_1}{V_2} = 60$

$V_2 = \dfrac{V_1}{a} = \dfrac{6,000}{60} = 100[\mathrm{V}]$

24

분권전동기에 대한 설명으로 옳지 않은 것은?

① 계자회로에 퓨즈를 넣어서는 안 된다.
② 부하전류에 따른 속도 변화가 거의 없다.
③ 토크는 전기자 전류의 자승에 비례한다.
④ 계자권선과 전기자권선이 전원에 병렬로 접속되어 있다.

해설

분권전동기

토크와 전기자 전류는 비례한다.

25

다음 중 단상 유도전동기의 기동 방법 중 기동 토크가 가장 큰 것은?

① 분상 기동형　　② 반발 유도형
③ 콘덴서 기동형　　④ 반발 기동형

해설

단상 유도전동기의 기동 토크가 큰 순서

반발 기동형 > 반발 유도형 > 콘덴서 기동형 > 분상 기동형 > 셰이딩 코일형

정답　21 ③　22 ④　23 ①　24 ③　25 ④

26

동기기의 전기자 권선법이 아닌 것은?

① 2층권 ② 단절권
③ 중권 ④ 전절권

해설
동기기의 전기자 권선법 : 고상권, 폐로권, 이층권, 중권, 분포권, 단절권

27

6극 1,200[rpm] 동기발전기로 병렬 운전하는 극수 8극의 교류 발전기의 회전수는 몇 [rpm]인가?

① 3,600 ② 1,800
③ 900 ④ 750

해설
동기발전기의 병렬 운전
병렬운전시 주파수가 같아야 하므로 6극과 8극의 발전기는 주파수가 같다.

따라서 $N_s = \frac{120}{P}f$

여기서 $f = \frac{N_s \times P}{120} = \frac{1,200 \times 6}{120} = 60[\text{Hz}]$

8극의 회전수 $N_s = \frac{120}{P}f = \frac{120}{8} \times 60 = 900[\text{rpm}]$

28

반도체 내에서 정공은 어떻게 생성되는가?

① 결합 전자의 이탈 ② 자유 전자의 이동
③ 접합 불량 ④ 확산 용량

해설
결합 전자의 이탈로 전자의 빈자리가 생길 경우 그 빈자를 정공이라 한다.

29

2대의 동기발전기가 병렬운전하고 있을 때 동기화 전류가 흐르는 경우는?

① 기전력의 크기에 차가 있을 때
② 기전력의 위상에 차가 있을 때
③ 부하분담에 차가 있을 때
④ 기전력의 파형에 차가 있을 때

해설
동기발전기의 병렬운전조건
기전력의 위상에 차가 발생할 경우 동기화 전류가 흐르게 된다.

30

다음 중 전력 제어용 반도체 소자가 아닌 것은?

① TRIAC ② LED
③ IGBT ④ GTO

해설
② LED의 경우 발광소자이다.

31

다음은 3상 유도전동기의 고정자 권선의 결선도를 나타낸 것이다. 옳은 것은?

① 3상 4극, Δ결선 ② 3상 2극, Δ결선
③ 3상 4극, Y결선 ④ 3상 2극, Y결선

정답 26 ④ 27 ③ 28 ① 29 ② 30 ② 31 ③

32

변압기의 1차 권회수 80회, 2차 권회수 320회 일 때 2차측 전압이 100[V]이면 1차 전압은?

① 15　② 25
③ 50　④ 100

해설

변압기의 권수비

$a = \frac{N_1}{N_2} = \frac{80}{320} = 0.25$

$a = \frac{V_1}{V_2}$이므로 $V_1 = a \times V_2 = 0.25 \times 100 = 25[\mathrm{V}]$

33

전기자 저항이 0.1[Ω], 전기자 전류 104[A], 유도 기전력 110.4[V]인 직류 분권발전기의 단자전압은 몇 [V]인가?

① 98　② 100
③ 102　④ 105

해설

직류 분권발전기의 단자전압

$V = E - I_a R_a = 110.4 - 104 \times 0.1 = 100[\mathrm{V}]$

34

직류발전기의 구조 중 전기자 권선에서 생긴 교류를 직류로 바꾸어 주는 부분을 무엇이라 하는가?

① 계자　② 전기자
③ 브러쉬　④ 정류자

해설

정류자

직류발전기의 정류자는 교류를 직류로 변환하는 부분으로서 브러쉬와 단락되어 있다.

35

20[kVA]의 단상 변압기 2대를 사용하여 V-V결선으로 하고 3상 전원을 얻고자 한다. 이때 여기에 접속시킬 수 있는 3상 부하의 용량은 약 몇 [kVA]인가?

① 34.6　② 44.6
③ 54.6　④ 66.6

해설

V결선 출력

$P_V = \sqrt{3} P_1 = \sqrt{3} \times 20 = 34.6[\mathrm{kVA}]$

36

보호를 요하는 회로의 전류가 어떤 일정한 값(정정값) 이상으로 흘렀을 때 동작하는 계전기는?

① 비율차동 계전기　② 과전류 계전기
③ 차동 계전기　④ 과전압 계전기

해설

과전류 계전기(OCR)

설정치 이상의 전류가 인가되면 동작하여 차단기를 트립시킨다.

37

동기속도 N_s[rpm], 회전속도 N[rpm], 슬립을 s라 하였을 때 2차 효율은?

① $(s-1) \times 100$　② $(1-s)N_s \times 100$
③ $\frac{N}{N_s} \times 100$　④ $\frac{N_s}{N} \times 100$

해설

유도전동기의 2차 효율 η_2

$\eta_2 = (1-s) \times 100 = \frac{N}{N_s} \times 100$

정답　32 ②　33 ②　34 ④　35 ①　36 ②　37 ③

38

3상 유도전동기의 원선도를 그리는 데 필요하지 않는 것은?

① 저항측정 ② 무부하시험
③ 구속시험 ④ 슬립측정

해설

유도전동기의 원선도를 그리기 위해 필요한 시험
1) 저항시험
2) 무부하시험
3) 구속시험

39

일반적으로 전압을 높은 전압으로 승압할 때 사용되는 변압기의 3상 결선방식은?

① $\Delta-\Delta$ ② $\Delta-Y$
③ $Y-Y$ ④ $Y-\Delta$

해설

승압결선
2차측 결선이 Y결선이어야 한다.

40

농형 유도전동기의 기동법이 아닌 것은?

① 전전압 기동
② $\Delta-\Delta$ 기동
③ 기동보상기에 의한 기동
④ 리액터 기동

해설

농형 유도전동기의 기동
1) 전전압 기동
2) $Y-\Delta$ 기동
3) 기동보상기에 의한 기동
4) 리액터 기동

전기설비

41

다음 중 지중전선로의 매설 방법이 아닌 것은?

① 관로식 ② 암거식
③ 행거식 ④ 직접매설식

해설

지중전선로의 매설 방법
1) 직접매설식
2) 관로식
3) 암거식

42

한국전기설비규정에 따라 합성수지관 상호 접속시 관을 삽입하는 깊이는 관 바깥지름의 몇 배 이상으로 하여야 하는가? (단, 접착제를 사용하는 경우가 아니다.)

① 0.6 ② 0.8
③ 1.0 ④ 1.2

해설

합성수지관 공사
관 상호간 및 박스와의 삽입 깊이는 관 바깥지름의 1.2배(접착제를 사용시 0.8배) 이상으로 하여야 하며 또한 꽂은 접속에 의하여 견고하게 접속한다.

43

금속관에 나사를 내는 공구는?

① 오스터 ② 파이프 커터
③ 리머 ④ 스패너

해설

금속관에 나사를 낼 때 사용되는 공구는 오스터이다.

정답 38 ④ 39 ② 40 ② / 41 ③ 42 ④ 43 ①

44

한국전기설비규정에 따라 저압전로에 사용하는 배선용 차단기(산업용)의 정격전류가 30[A]이다. 여기에 39[A]의 전류가 흐를 때 동작시간은 몇 분 이내가 되어야 하는가?

① 30분　② 60분
③ 90분　④ 120분

해설

배선용 차단기 정격(산업용)

정격전류	동작시간	부동작전류	동작전류
63[A] 이하	60분	1.05배	1.3배
63[A] 초과	120분	1.05배	1.3배

45

고압 가공전선로의 지지물로 철탑을 사용하는 경우 경간은 몇 [m] 이하이어야 하는가?

① 150[m]　② 300[m]
③ 500[m]　④ 600[m]

해설

가공전선로의 경간

지지물의 종류	표준경간
목주, A종 철주, A종 철근콘크리트주	150[m] 이하
B종 철주, B종 철근콘크리트주	250[m] 이하
철탑	600[m] 이하

46

금속관 공사에 대한 설명으로 잘못된 것은?

① 금속관을 콘크리트에 매설할 경우 관의 두께는 1.0[mm] 이상일 것
② 금속관 안에는 전선의 접속점이 없도록 할 것
③ 교류회로에서 전선을 병렬로 사용하는 경우 관내에 전자적 불평형이 생기지 않도록 할 것
④ 관의 호칭에서 후강전선관은 짝수, 박강전선관은 홀수로 표시할 것

해설

금속관 공사
콘크리트에 매설되는 경우 관의 두께는 1.2[mm] 이상이어야 한다.

47

옥외용 비닐 절연전선의 약호(기호)는?

① W　② DV
③ OW　④ NR

해설

옥외용 비닐 절연전선의 기호는 OW이다.

48

대지와의 사이에 전기저항값이 몇 [Ω] 이하인 값을 유지하는 건축물·구조물의 철골 기타의 금속제는 접지공사의 접지극으로 사용할 수 있는가?

① 2　② 3
③ 10　④ 100

해설

철골접지
2[Ω] 이하를 유지하는 건축물·구조물의 철골 기타의 금속제는 접지공사의 접지극으로 사용할 수 있다.

49

동전선 접속에 S형 슬리브를 직선 접속할 경우 전선을 몇 회 이상 비틀어 사용하여야 하는가?

① 2회　② 4회
③ 5회　④ 7회

해설

동전선의 S형 슬리브의 직선 접속
전선을 2회 이상 비틀어 접속한다.

정답 44 ② 45 ④ 46 ① 47 ③ 48 ① 49 ①

CBT 복원

50

터널 · 갱도 기타 유사한 장소에서 사람이 상시 통행하는 터널 내의 배선방법으로 적절하지 않는 것은? (단, 저압의 경우를 말한다.)

① 라이팅 덕트배선
② 금속제 가요전선관 배선
③ 합성수지관 배선
④ 애자사용 배선

해설
사람이 상시 통행하는 터널 안 배선
금속관, 합성수지관, 금속제 가요전선관, 애자, 케이블배선이 가능하다.

51

저압 가공 인입선이 도로를 횡단하는 경우 노면상 높이는 몇 [m] 이상인가?

① 4[m] ② 5[m]
③ 6[m] ④ 6.5[m]

해설
저압 가공 인입선의 지표상 높이
도로 횡단시 5[m] 이상 높이에 시설하여야 한다.

52

수전전력 500[kW] 이상인 고압 수전설비의 인입구에 낙뢰나 혼촉 사고에 의한 이상전압으로부터 선로와 기기를 보호할 목적으로 시설하는 것은?

① 피뢰기 ② 단로기
③ 누전차단기 ④ 배선용차단기

해설
피뢰기(LA)는 이상전압(뇌)으로부터 기계기구를 보호할 목적으로 시설이 된다.

53

티탄을 제조하는 공장으로 먼지가 쌓여진 상태에서 착회된 때에 폭발할 우려가 있는 곳에 저압 옥내배선을 설치하고자 한다. 알맞은 공사방법은?

① 합성수지 몰드공사 ② 라이팅 덕트공사
③ 금속몰드공사 ④ 금속관 공사

해설
폭연성 분진의 시설 : 금속관, 케이블공사

54

큰 건물의 공사에서 콘크리트에 구멍을 뚫어 드라이브 핀을 경제적으로 고정하는 공구는?

① 스패너 ② 드라이브이트 툴
③ 오스터 ④ 록 아웃 펀치

해설
드라이브이트 툴 : 콘크리트에 구멍을 뚫어 드라이브 핀을 고정하는 공구를 말한다.

55

한국전기설비규정에 따라 전원측에서 분기점 사이에 다른 분기회로 또는 콘센트의 접속이 없고, 단락의 위험과 화재 및 인체에 대한 위험성이 최소화되도록 시설되는 경우, 분기회로의 보호장치는 분기회로의 분기점으로부터 몇 [m]까지 이동하여 설치할 수 있는가?

① 2 ② 3
③ 4 ④ 5

해설
과부하 보호장치의 설치 위치
전원측에서 분기점 사이에 다른 분기회로 또는 콘센트의 접속이 없고, 단락의 위험과 화재 및 인체에 대한 위험성이 최소화 되도록 시설되는 경우, 분기회로의 보호장치는 분기회로의 분기점으로부터 3[m]까지 이동하여 설치할 수 있다.

정답 50 ① 51 ② 52 ① 53 ④ 54 ② 55 ②

56

한국 전기설비규정에 의해 저압전로 중의 전동기 보호용 과전류 차단기의 시설에서 과부하 보호장치와 단락보호 전용 퓨즈를 조합한 장치는 단락보호 전용 퓨즈의 정격전류는 어떻게 되어야 하는가?

① 과부하 보호장치의 설정 전류값 이하가 되도록 시설한 것일 것
② 과부하 보호장치의 설정 전류값 이상이 되도록 시설한 것일 것
③ 과부하 보호장치의 설정 전류값 미만이 되도록 시설한 것일 것
④ 과부하 보호장치의 설정 전류값 초과가 되도록 시설한 것일 것

해설

저압전로 중의 전동기 보호용 과전류 보호장치의 시설
저압전로 중의 전동기 보호용 과전류 차단기의 시설에서 과부하 보호장치와 단락보호 전용 퓨즈를 조합한 장치는 단락보호 전용 퓨즈의 정격전류가 과부하 보호장치의 설정 전류값 이하가 되도록 시설한 것일 것

57

한국전기설비규정에 의해 교통신호등 제어장치의 2차측 배선의 최대 사용전압은 몇 [V] 이하이어야 하는가?

① 150　　② 200
③ 300　　④ 400

해설

교통신호등 : 제어장치의 2차측 배선의 최대 사용전압은 300[V] 이하이어야 한다.

58

옥내의 건조한 콘크리트 또는 신더 콘크리트 플로어 내에 매입할 경우에 시설할 수 있는 공사방법은?

① 라이팅 덕트　　② 플로어 덕트
③ 버스 덕트　　④ 금속 덕트

해설

플로어덕트
옥내의 건조한 콘크리트 또는 신더 콘크리트 플로어 내에 매입할 경우에 시설할 수 있는 공사방법이다.

59

다음 중 금속관을 박스에 고정시킬 때 사용되는 것은 무엇이라 하는가?

① 로크너트　　② 엔트런스캡
③ 터미널　　④ 부싱

해설

금속관의 부품 : 로크너트의 경우 관을 박스에 고정시킬 때 사용되는 부속품을 말한다.

60

배전선로의 보안장치로서 주상변압기의 2차측, 저압 분기회로에서 분기점 등에 설치되는 것은?

① 콘덴서　　② 캐치홀더
③ 컷아웃 스위치　　④ 피뢰기

해설

배전선로의 주상변압기 보호장치
1) 1차측 : COS(컷아웃 스위치)
2) 2차측 : 캐치홀더

정답 56 ① 57 ③ 58 ② 59 ① 60 ②

2023년 CBT 복원 기출문제

2023년 CBT 복원문제 1회

01

1[℧]인 컨덕턴스 3개를 직렬연결한 후 양단에 전압 120[V]를 가하면 흐르는 전류는 몇 [A]인가?

① 40 ② 140
③ 230 ④ 360

해설

동일 컨덕턴스를 직렬연결하면 $G_n = \frac{G}{n} = \frac{1}{3}[℧]$이므로 전류 $I = \frac{V}{R} = GV = \frac{1}{3} \times 120 = 40[A]$이다.

02

저항 10[Ω], 20[Ω] 두 개를 직렬연결하고 여기에 30[Ω]을 병렬로 연결하면 합성 저항은 몇 [Ω]인가?

① 5 ② 10
③ 15 ④ 20

해설

저항 10[Ω], 20[Ω] 두 개를 직렬연결하면 $R = 10 + 20 = 30[Ω]$, 여기에 30[Ω]을 병렬로 연결하면 합성 저항 $R = \frac{30 \times 30}{30 + 30} = 15[Ω]$이다.

03

기전력이 3[V], 내부저항이 0.1[Ω]인 전지 10개를 직렬연결 후 양단에 외부저항 2[Ω]을 연결하면 흐르는 전류는 몇 [A]인가?

① 5 ② 10
③ 15 ④ 20

해설

동일 전지 10개를 직렬연결하면 전압은 nV, 내부저항은 nr이 되므로 $V = 10 \times 3 = 30[V]$, $r = 10 \times 0.1 = 1[Ω]$이 된다.

여기에 2[Ω]을 직렬연결하면 전류 $I = \frac{nV}{nr + R} = \frac{30}{1 + 2} = 10[A]$이다.

04

다음 중 전류의 발열작용을 이용한 것이 아닌 것은?

① 전기난로 ② 토스터기
③ 다리미 ④ 전자기 모터

해설

전류의 발열작용을 이용하는 것은 전기난로, 토스터기, 다리미이고, 전자기 모터는 전류의 자기작용을 이용한다.

05

전기장 내에 1[C]의 전하를 놓았을 때 그것에 200[N]의 힘이 작용하였다면 전계의 세기[V/m]는?

① 200 ② 400
③ 20 ④ 40

해설

전계의 세기 E

$E = \frac{F}{Q} = \frac{200}{1} = 200[V/m]$

정답 01 ① 02 ③ 03 ② 04 ④ 05 ①

06

어떤 물체에 충격 또는 마찰에 의해 전자들이 이동하여 전기를 띠게 되는 현상을 무엇이라 하는가?

① 대전 ② 기자력
③ 전위 ④ 기전력

해설

어떤 물체에 충격 또는 마찰에 의해 전자들이 이동하여 전기를 띠게 되는 현상을 대전이라 한다.

07

유전율이 큰 재료를 사용하며 전극에 극성이 없고 온도특성과 고주파에 대한 특성이 우수하여 온도보상용으로 많이 사용되는 콘덴서는?

① 바리콘 콘덴서 ② 마이카 콘덴서
③ 세라믹 콘덴서 ④ 전해 콘덴서

해설

- 바리콘 콘덴서 : 공기를 유전체로 사용한 가변 용량 콘덴서
- 마이카 콘덴서 : 전기 용량을 크게 하기 위하여 금속판 사이에 운모를 끼운 콘덴서
- 전해 콘덴서 : 전기 분해하여 금속의 표면에 산화 피막을 만들어 이것을 이용한 콘덴서

08

저항 R[Ω], 유도성 리액턴스 X_L[Ω], 용량성 리액턴스 X_C[Ω]를 직렬로 연결하면 합성 임피던스 Z[Ω]의 크기는?

① $\sqrt{R^2+(X_L+X_C^2)}$
② $\sqrt{R^2+(X_L+X_C)^2}$
③ $\sqrt{R^2+(X_C-X_L^2)}$
④ $\sqrt{R^2+(X_L-X_C)^2}$

해설

RLC 직렬회로의 임피던스 $Z=R+j(\omega L-\frac{1}{\omega C})$
$=R+j(X_L-X_C)[\Omega]$
그러므로 $|Z|=\sqrt{R^2+(X_L-X_C)^2}\,[\Omega]$

09

같은 크기의 두 개의 인덕턴스를 같은 방향으로 직렬연결, 합성 인덕턴스와 반대 방향으로 직렬연결하면 두 합성 인덕턴스의 차는 얼마인가?

① M ② $2M$
③ $3M$ ④ $4M$

해설

같은 방향은 가동 접속이므로 $L_{가동}=L_1+L_2+2M$,
반대 방향은 차동 접속이므로 $L_{차동}=L_1+L_2-2M$이다.
그러므로 두 합성 인덕턴스의 차는 $L_{가동}-L_{차동}=4M$이 된다.

10

자기 인덕턴스가 각각 L_1, L_2이고 결합계수가 1일 때 상호 인덕턴스 M[H]를 만족하는 것은?

① $M=\sqrt{L_1-L_2}$ ② $M=\sqrt{L_1\times L_2}$
③ $M=L_1\times L_2$ ④ $M=2\sqrt{L_1\times L_2}$

해설

상호 인덕턴스 $M=k\sqrt{L_1\times L_2}$[H]
결합계수 $k=1$일 때 $M=\sqrt{L_1\times L_2}$

CBT 복원

정답 06 ① 07 ③ 08 ④ 09 ④ 10 ②

11

다음은 자기회로와 전기회로의 대응 관계이다. 잘못 짝지은 것은?

① 투자율 – 유전율　② 자기저항 – 전기저항
③ 기자력 – 기전력　④ 자속 – 전류

해설

자기회로의 투자율에 대응하는 것은 전기회로의 도전율이다.

전기저항 : $R=\rho \cdot \frac{\ell}{s}=\frac{\ell}{ks}$

자기저항 : $R_m=\frac{\ell}{\mu s}$

12

다음 중 유효전력은 어느 것인가? (단, 전압 E[V], 전류 I[A], 역률 $\cos\theta$, 무효율 $\sin\theta$이다.)

① $P=EI$　② $P=EI\cos\theta$
③ $P=EI\sin\theta$　④ $P=EI^2\cos\theta$

해설

유효전력 $P=EI\cos\theta$[W]

13

R=40[Ω], L=80[mH]인 직렬회로에 주파수 60[Hz]인 전압 200[V]를 인가하면 흐르는 전류는 몇 [A]인가?

① 1　② 2
③ 3　④ 4

해설

RL 직렬회로의 임피던스

$Z=R+j\omega L=40+j(2\pi\times 60\times 80\times 10^{-3})$
$=40+j30[\Omega]$

∴ 전류 $I=\frac{V}{|Z|}=\frac{200}{\sqrt{40^2+30^2}}=4$[A]

14

공기 중에 어느 지점의 자계의 세기가 200[A/m]이라면 자속밀도 B[Wb/m²]은?

① $4\pi\times 10^{-5}$　② $8\pi\times 10^{-5}$
③ $2\pi\times 10^{-7}$　④ $6\pi\times 10^{-7}$

해설

공기 중의 자속밀도 B

$B=\mu_0 H=4\pi\times 10^{-7}\times 200=8\pi\times 10^{-5}$[Wb/m²]

15

진공 중의 투자율 값은 몇 [H/m]인가?

① 8.855×10^{-12}　② 9×10^{9}
③ $4\pi\times 10^{-7}$　④ 6.33×10^{4}

해설

진공 중의 투자율 μ_0

$\mu_0=4\pi\times 10^{-7}$[H/m]

16

자극의 세기가 m[Wb], 길이가 l[m]인 자석의 자기 모멘트 M[Wb·m]는?

① ml　② ml^2
③ $\frac{m}{l}$　④ $\frac{l}{m}$

해설

자기 쌍극자 모멘트 $M=ml$[Wb·m]

정답 11 ① 12 ② 13 ④ 14 ② 15 ③ 16 ①

17

200회를 감은 어떤 코일에 2,000[AT]의 기자력이 생겼다면 흐른 전류는 몇 [A]인가?

① 10 ② 20
③ 30 ④ 40

해설

기자력 $F = NI$[AT]

전류 $I = \frac{F}{N} = \frac{2,000}{200} = 10$[A]

18

저항 3[Ω], 유도성 리액턴스 X_L[Ω]인 직렬회로에 $v = 100\sqrt{2}\sin\omega t$[V]의 교류전압을 인가하였을 때 20[A]의 전류가 흘렀다면 X_L[Ω]은 얼마인가?

① 2 ② 4
③ 20 ④ 40

해설

교류전압에서 실효전압은 100[V], RL 직렬회로의 임피던스 크기는 $Z = \sqrt{R^2 + X_L^2}$

교류전압 $V = IZ$, $100 = 20 \times \sqrt{3^2 + X_L^2}$ 이므로

$X_L = 4$[Ω]

19

RLC 직렬회로의 공진 조건이 아닌 것은?

① $\omega L = \omega C$ ② $\omega L = \frac{1}{\omega C}$
③ $\omega^2 LC = 1$ ④ $\omega L - \frac{1}{\omega C} = 0$

해설

RLC 직렬회로의 임피던스 $Z = R + j(\omega L - \frac{1}{\omega C})$[Ω]에서

$\omega L - \frac{1}{\omega C} = 0$일 때 공진이 된다.

20

어떤 평형 3상 부하에 220[V]의 3상을 가하니 전류는 10[A]가 흘렀다. 역률이 0.8일 때 피상전력은 약 몇 [VA]인가?

① 2,700 ② 3,810
③ 4,320 ④ 6,710

해설

3상 피상전력 P_a

$P_a = \sqrt{3}\ VI = \sqrt{3} \times 220 \times 10 = 3,811$[VA]

21

동기속도 1,800[rpm], 주파수 60[Hz]인 동기발전기의 극수는 몇 극인가?

① 2 ② 4
③ 8 ④ 10

해설

동기속도 $N_s = \frac{120}{P} f$[rpm]

극수 $P = \frac{120}{N_s} f$

$= \frac{120}{1,800} \times 60$

$= 4$[극]

22

슬립이 5[%], 2차 저항 $r_1 = 0.1$[Ω]인 유도전동기의 등가저항 r[Ω]은 얼마인가?

① 0.4 ② 0.5
③ 1.9 ④ 2.0

정답 17 ① 18 ② 19 ① 20 ② 21 ② 22 ③

CBT 복원

해설

$$R = r_2(\frac{1}{s} - 1)$$
$$= 0.1 \times (\frac{1}{0.05} - 1)$$
$$= 1.9[\Omega]$$

23

변압기유로 쓰이는 절연유에 요구되는 성질이 아닌 것은?

① 점도가 클 것
② 인화점이 높고 응고점이 낮을 것
③ 절연내력이 클 것
④ 비열이 커서 냉각효과가 클 것

해설

변압기유의 구비조건
- 절연내력이 클 것
- 점도는 낮을 것
- 인화점은 높고 응고점은 낮을 것
- 냉각효과가 클 것

24

농형 유도전동기의 기동법이 아닌 것은?

① 기동 보상기에 의한 기동법
② 2차 저항 기동법
③ 리액터 기동법
④ Y-Δ 기동법

해설

농형 유도전동기의 기동법
- 전전압 기동법
- Y-Δ 기동법
- 리액터 기동법
- 기동 보상기에 의한 기동법

25

동기발전기의 돌발 단락전류를 주로 제한하는 것은?

① 권선 저항　② 동기리액턴스
③ 누설리액턴스　④ 역상리액턴스

해설

동기발전기의 돌발 단락전류
순간이나 돌발 단락전류를 제한하는 것은 누설리액턴스이다.

26

전기자를 고정자로 하고 자극 N, S를 회전시키는 동기발전기를 무엇이라 하는가?

① 회전전기자형　② 회전계자형
③ 유도자형　④ 회전발전기형

해설

회전계자형
동기발전기의 경우 전기자를 고정자로 하고 계자를 회전자로 사용하는 동기발전기를 회전계자형기기라고 한다.

27

양방향으로 전류를 흘릴 수 있는 소자는?

① SCR　② GTO
③ MOSFET　④ TRIAC

해설

양방향 소자는 TRIAC이고, SCR, GTO, MOSFET 모두 단방향 소자이다.

정답 23 ① 24 ② 25 ③ 26 ② 27 ④

28

변압기를 Δ-Y결선(Delta-star connection)한 경우에 대한 설명으로 옳지 않은 것은?

① 1차 선간전압 및 2차 선간전압의 위상차는 60°이다.
② 1차 변전소의 승압용으로 사용된다.
③ 제3고조파에 의한 장해가 적다.
④ Y결선의 중성점을 접지할 수 있다.

해설

변압기를 Δ-Y결선한 경우 1차 선간전압과 2차 선간전압의 위상차는 30°이다.

29

직류 전동기에 있어서 무부하일 때의 회전수 n_0은 1,200[rpm], 정격부하일 때의 회전수 n_n은 1,150[rpm]이라 한다. 속도변동률은 약 몇 [%]인가?

① 3.45　　② 4.16
③ 4.35　　④ 5

해설

속도변동률 ϵ

$$\epsilon = \frac{N_0 - N_n}{N_n} \times 100[\%] = \frac{1,200 - 1,150}{1,150} \times 100 = 4.35[\%]$$

30

권선저항과 온도와의 관계는?

① 온도가 상승함에 따라 권선의 저항은 감소한다.
② 온도가 상승함에 따라 권선의 저항은 증가한다.
③ 온도와 무관하다.
④ 온도가 상승함에 따라 권선의 저항은 증가와 감소를 반복한다.

해설

권선의 저항의 온도계수

(+) 온도계수를 갖으며, 온도가 상승하면 저항이 증가한다.

31

측정이나 계산으로 구할 수 없는 손실로 부하전류가 흐를 때 도체 또는 철심의 내부에서 생기는 손실을 무엇이라 하는가?

① 구리손　　② 표류부하손
③ 맴돌이 전류손　　④ 히스테리시스손

해설

표류부하손

측정이나 계산으로 구할 수 없는 손실로 부하전류가 흐를 때 도체 또는 철심의 내부에서 생기는 손실을 말한다.

32

그림과 같은 분상 기동형 단상 유도전동기를 역회전시키기 위한 방법이 아닌 것은?

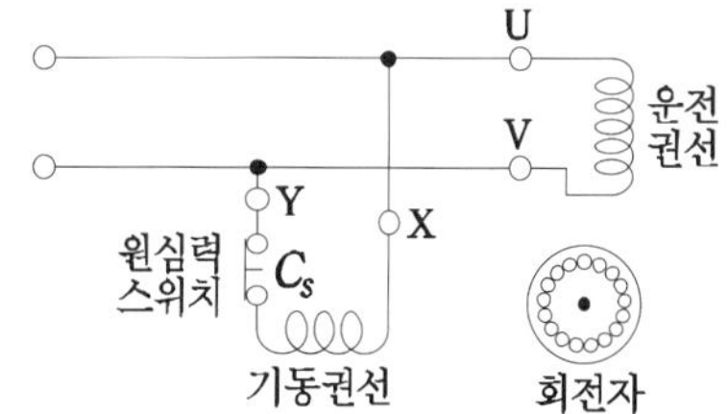

① 기동권선을 반대로 접속한다.
② 운전권선의 접속을 반대로 한다.
③ 기동권선이나 운전권선의 어느 한 권선의 단자의 접속을 반대로 한다.
④ 원심력 스위치를 개로 또는 폐로한다.

해설

분상 기동형 전동기의 역회전 방법

기동권선이나 운전권선의 어느 한 권선의 단자의 접속을 반대로 한다.

정답　28 ①　29 ③　30 ②　31 ②　32 ④

33

병렬운전 중인 동기발전기의 난조를 방지하기 위하여 자극 면에 유도전동기의 농형권선과 같은 권선을 설치하는데 이 권선의 명칭은 무엇인가?

① 계자권선 ② 제동권선
③ 전기자권선 ④ 보상권선

해설

제동권선
동기발전기의 난조를 방지하기 위해 자극 면에 제동권선을 설치한다.

34

3상 유도전동기의 토크를 일정하게 하고 2차 저항을 2배로 하면 슬립은 몇 배가 되는가?

① $\sqrt{2}$ 배 ② 2배
③ $\sqrt{3}$ 배 ④ 3배

해설

2차 저항과 슬립
2차 저항과 슬립은 비례관계이므로 저항이 2배가 되면 슬립도 2배가 된다.

35

일정 방향으로 일정 값 이상의 전류가 흐를 때 동작하는 계전기는?

① 방향 단락 계전기 ② 비율 차동 계전기
③ 거리 계전기 ④ 과전압 계전기

해설

방향 단락 계전기
일정한 방향으로 일정 값 이상의 고장전류가 흐를 때 동작한다.

36

어느 단상 변압기의 2차 무부하전압이 104[V]이며, 정격의 부하시 2차 단자전압이 100[V]이었다. 전압변동률은 몇 [%]인가?

① 2 ② 3
③ 4 ④ 5

해설

전압변동률 ϵ

$$\epsilon = \frac{V_{20} - V_{2n}}{V_{2n}} \times 100$$
$$= \frac{104 - 100}{100} \times 100$$
$$= 4[\%]$$

37

TRIAC의 기호는?

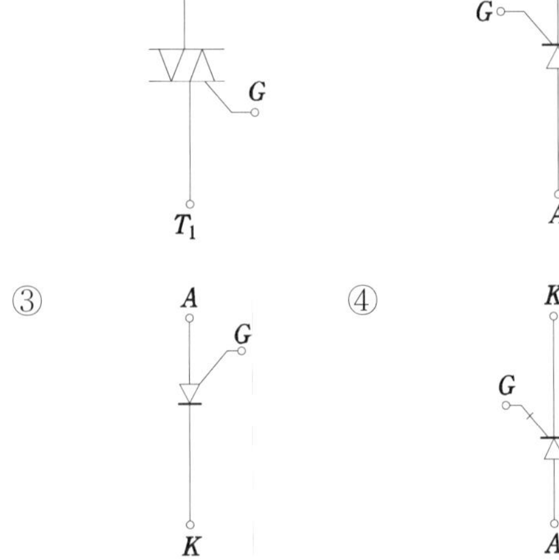

해설

TRIAC는 양방향성 3단자 소자를 말한다.

정답 33 ② 34 ② 35 ① 36 ③ 37 ①

38

자속을 흐르게 하는 원동력은?

① 전자력 ② 정전력
③ 기자력 ④ 기전력

해설

기자력
자속을 발생시키는 원동력을 말한다.

39

직류전동기의 규약효율을 표시하는 식은?

① $\frac{\text{출력}}{\text{출력}+\text{손실}} \times 100[\%]$

② $\frac{\text{출력}}{\text{입력}} \times 100[\%]$

③ $\frac{\text{입력}-\text{손실}}{\text{입력}} \times 100[\%]$

④ $\frac{\text{입력}}{\text{출력}+\text{손실}} \times 100[\%]$

해설

직류전동기의 규약효율 η

$$\eta = \frac{\text{입력}-\text{손실}}{\text{입력}} \times 100[\%]$$

40

3상 동기발전기 병렬운전 조건이 아닌 것은?

① 전압의 크기가 같을 것
② 회전수가 같을 것
③ 주파수가 같을 것
④ 전압의 위상이 같을 것

해설

동기발전기의 병렬운전 조건
- 기전력의 크기가 같을 것
- 기전력의 위상이 같을 것
- 기전력의 주파수가 같을 것
- 기전력의 파형이 같을 것

41

접지의 목적과 거리가 먼 것은?

① 감전의 방지
② 보호계전기의 확실한 동작 확보
③ 이상전압의 억제
④ 송전용량의 증대

해설

접지의 목적
접지를 하는 이유는 안전을 확보하기 위함이며 용량 증대와는 무관하다.

42

점유면적이 좁고 운전 및 보수에 안전하므로 공장 등의 전기실에서 많이 사용되는 배전반은?

① 큐비클형 배전반
② 철제 수직형 배전반
③ 데드프런트식 배전반
④ 라이브 프런트식 배전반

해설

큐비클형 배전반
폐쇄식 배전반이라고도 하며, 운전 및 보수에 안전하여 공장 등의 전기실에서 널리 사용된다.

43

작업대로부터 광원의 높이가 2.4[m]인 위치에 조명기구를 배치할 경우 등과 등 사이 간격은 최대 몇 [m]로 배치하여 설치하는가?

① 1.8 ② 2.4 ③ 3.6 ④ 4.8

해설

등과 등 사이 간격 s
등과 등 사이 간격은 등고의 1.5배 이하가 되어야 하므로, 등 사이 간격 $s = 2.4 \times 1.5 = 3.6$[m]이다.

정답 38 ③ 39 ③ 40 ② 41 ④ 42 ① 43 ③

44

셀룰로이드, 성냥, 석유류 및 기타 가연성 위험물질을 제조 또는 저장하는 장소의 공사 방법으로 잘못된 것은?

① 금속관 공사
② 두께 2[mm] 이상의 합성수지관 공사
③ 플로어덕트 공사
④ 케이블 공사

해설

위험물을 제조하는 장소의 전기공사

- 금속관 공사
- 케이블 공사
- 합성수지관 공사(두께 2[mm] 이상이어야만 한다)

45

한국전기설비규정에 의한 사용전압이 400[V] 이하의 애자사용 공사를 할 경우 전선과 조영재 사이의 이격거리는 최소 몇 [mm] 이상이어야만 하는가?

① 15　② 25
③ 45　④ 120

해설

400[V] 이하의 애자 공사
전선과 조영재와의 이격거리는 2.5[cm] 이상이어야만 한다.

46

합성수지관 상호 및 관과 박스를 접속시 삽입하는 깊이는 관 바깥지름의 몇 배 이상으로 하여야 하는가? (단, 접착제를 사용하는 경우가 아니다.)

① 0.6배　② 0.8배
③ 1.2배　④ 1.6배

해설

합성수지관의 접속
합성수지관 상호 및 관과 박스를 삽입할 경우 삽입하는 깊이는 관 바깥지름의 1.2배 이상이어야만 한다(단, 접착제를 사용할 경우 0.8배 이상).

47

터널 · 갱도 기타 유사한 장소에서 사람이 상시 통행하는 터널 내의 공사방법으로 적절하지 않는 것은?

① 금속제 가요전선관 공사
② 금속관 공사
③ 합성수지관 공사
④ 금속몰드 공사

해설

사람이 상시 통행하는 터널 내 공사
금속관 공사, 합성수지관 공사, 금속제 가요전선관 공사, 케이블 공사, 애자 공사가 가능하다.

48

합성수지제 가요전선관의 호칭은?

① 홀수인 안지름　② 짝수인 바깥지름
③ 짝수인 안지름　④ 홀수인 바깥지름

해설

합성수지제 가요전선관의 호칭
안지름의 크기를 기준으로 한 짝수호칭을 갖는다(14, 16, 22, 28 등).

49

금속덕트 내에 절연전선을 넣을 경우 금속덕트의 크기는 전선의 피복절연물을 포함한 단면적의 총 합계가 금속덕트 내 단면적의 몇 [%] 이하가 되도록 선정하여야 하는가?

① 20　② 32
③ 48　④ 50

정답 44 ③ 45 ② 46 ③ 47 ④ 48 ③ 49 ①

해설

덕트 내에 전선의 단면적

덕트 내에 넣는 전선의 단면적은 20[%] 이하이어야 한다(단, 전광표시, 제어회로용의 경우 50[%]).

50

관광업 및 숙박시설의 객실 입구 등을 시설하는 경우 몇 분 이내에 소등되는 타임스위치를 시설하여야만 하는가?

① 1분 ② 2분

③ 3분 ④ 5분

해설

타임스위치의 시설

관광업 및 숙박시설의 객실 입구 등을 시설하는 경우 1분 이내에 소등되는 타임스위치를 시설한다.

51

고압 가공인입선이 도로를 횡단할 경우 설치 높이는?

① 3[m] 이상 ② 3.5[m] 이상

③ 5[m] 이상 ④ 6[m] 이상

해설

고압 가공인입선

도로를 횡단할 경우 6[m] 이상이어야만 한다.

52

금속전선관 공사에서 사용하는 후강전선관의 규격이 아닌 것은?

① 16 ② 22

③ 28 ④ 48

해설

후강전선관의 규격[mm]

16, 22, 28, 36, 42, 54, 70 등이 있다.

53

배전반 및 분전반과 연결된 배관을 변경하거나 이미 설치되어 있는 캐비닛에 구멍을 뚫을 때 필요한 공구는?

① 오스터 ② 클리퍼

③ 토치램프 ④ 녹아웃펀치

해설

녹아웃펀치

배전반 및 분전반과 연결된 배관을 변경하거나 이미 설치되어 있는 캐비닛에 구멍을 뚫을 때 사용한다.

54

옥내배선 공사에서 절연전선의 피복을 벗길 때 사용하면 편리한 공구는?

① 와이어 스트리퍼 ② 롱로즈

③ 압착펜치 ④ 플라이어

해설

와이어 스트리퍼

전선의 피복을 벗기는 경우 편리하게 사용할 수 있는 공구이다.

55

한국전기설비규정에 의하여 가공전선에 케이블을 사용하는 경우 케이블은 조가용선에 시설하여야 한다. 조가용선의 굵기는 몇 [mm^2] 이상이어야만 하는가?

① 16 ② 20

③ 22 ④ 24

해설

조가용선의 굵기

22[mm^2] 이상의 아연도강연선을 사용한다.

정답 50 ① 51 ④ 52 ④ 53 ④ 54 ① 55 ③

56

450/750[V] 일반용 단심 비닐절연전선의 약호는?

① NRI ② NR
③ OW ④ OC

해설

NR

450/750[V] 일반용 단심 비닐절연전선을 말한다.

57

무대 · 무대마루 밑, 오케스트라 박스 및 영사실의 전로에는 전용의 개폐기 및 과전류 차단기를 시설하여야 한다. 이때 비상조명을 제외한 조명용 분기회로 및 정격 32[A] 이하의 콘센트용 분기회로는 정격 감도전류[mA] 몇 이하의 누전차단기로 보호하여야 하는가?

① 20 ② 30
③ 40 ④ 100

해설

개폐기 및 과전류 차단기의 시설

무대 · 무대마루 밑, 오케스트라 박스 및 영사실의 전로에는 전용의 개폐기 및 과전류 차단기를 시설하여야 한다. 이때 비상조명을 제외한 조명용 분기회로 및 정격 32[A] 이하의 콘센트용 분기회로는 정격 감도전류 30[mA] 이하의 누전차단기로 보호한다.

58

전동기의 과부하, 결상, 구속운전에 대해 보호하며, 차단 등의 시간특성이 조절이 가능한 보호설비는 무엇인가?

① 과전압 계전기 ② 전자식 과전류 계전기
③ 온도 계전기 ④ 압력 계전기

해설

전자식 과전류 계전기(EOCR)

전동기의 과부하, 결상, 구속운전에 대해 보호하며, 차단 등의 시간특성이 조절이 가능한 보호설비이다.

59

세탁기에 사용하는 콘센트로 적합한 것은?

① 접지극이 없는 15[A]의 2극 콘센트
② 접지극이 있는 15[A]의 2극 콘센트
③ 접지극이 없는 15[A]의 3극 콘센트
④ 접지극이 있는 15[A]의 3극 콘센트

해설

콘센트의 시설

주택의 옥내전로에는 접지극이 있는 콘센트를 사용하며, 가정용의 경우 2극 콘센트를 사용한다.

60

UPS에 대한 설명으로 옳은 것은?

① 교류를 직류로 변환하는 장치이다.
② 직류를 교류로 변환하는 장치이다.
③ 무정전전원 공급장치이다.
④ 회전수를 조절하는 장치이다.

해설

UPS

무정전전원을 공급하는 장치를 말한다.

정답 56 ② 57 ② 58 ② 59 ② 60 ③

2023년 CBT 복원문제 2회

01

저항 2[Ω]과 6[Ω]을 직렬연결하고 r[Ω]의 저항을 추가로 직렬연결하였다. 이 회로 양단에 전압 100[V]를 인가하였더니 10[A]의 전류가 흘렀다면 r[Ω]의 값은?

① 2 ② 4
③ 6 ④ 8

해설

직렬 합성저항은 2 + 6 + r = 8 + r[Ω]

전류 $I = \frac{V}{R} = \frac{100}{8+r} = 10$[A]

∴ 저항 r = 2[Ω]

02

저항이 R[Ω]인 전선을 3배로 잡아 늘리면 저항은 몇 배가 되는가? (단, 전선의 체적은 일정하다.)

① 3배 감소 ② 3배 증가
③ 9배 감소 ④ 9배 증가

해설

전선의 체적이 일정하므로 전선의 길이를 n배로 하면 전선의 단면적은 $\frac{1}{n}$배가 된다.

저항 $R = \frac{\rho l}{S}$에서 $R = \frac{\rho \times nl}{\frac{1}{n}S} = n^2\frac{\rho l}{S}$[Ω]이 되므로

n^2배가 된다.

따라서 $3^2 = 9$배 증가한다.

03

전류계와 전압계의 측정범위를 확대하기 위해 전류계에는 분류기를, 전압계에는 배율기를 연결하려고 할 때 맞는 연결은?

① 분류기는 전류계와 직렬연결, 배율기는 전압계와 병렬연결
② 분류기는 전류계와 병렬연결, 배율기는 전압계와 직렬연결
③ 분류기는 전류계와 직렬연결, 배율기는 전압계와 직렬연결
④ 분류기는 전류계와 병렬연결, 배율기는 전압계와 병렬연결

해설

회로에 전류계는 직렬연결하고 분류기는 전류계와 병렬연결, 회로에 전압계는 병렬연결하고 배율기는 전압계와 직렬연결하여 각각의 측정범위를 확대한다.

04

전극에서 석출되는 물질의 양은 통과한 전기량에 비례하고 전기화학당량에 비례한다는 법칙은?

① 패러데이의 법칙
② 가우스의 법칙
③ 암페어의 법칙
④ 플레밍의 법칙

해설

석출량 $W = kQ = kIt$[g]은 패러데이의 법칙이다.

정답 01 ① 02 ④ 03 ② 04 ①

05

200[V] 전압을 공급하여 일정한 저항에서 소비되는 전력이 1[kW]였다. 전압을 300[V]를 가하면 소비되는 전력은 몇 [kW]인가?

① 1　② 1.5
③ 2.25　④ 3.6

해설

전력 $P=\frac{V^2}{R}$, $P\propto V^2$관계이므로

$P: P' = V^2: V'^2$, $P'=(\frac{300}{200})^2\times 1 = 2.25$[kW]

06

콘덴서 3[F]과 6[F]을 직렬연결하고 양단에 300[V]의 전압을 가할 때 3[F]에 걸리는 전압 V_1[V]은?

① 100　② 200
③ 450　④ 600

해설

콘덴서를 직렬연결했을 때 전압분배 $V_1=\frac{C_2}{C_1+C_2}V$[V]

$\therefore\ V_1=\frac{6}{3+6}\times 300 = 200$[V]

07

콘덴서 C[F]이란?

① 전기량×전위차　② $\frac{\text{전위차}}{\text{전기량}}$
③ $\frac{\text{전기량}}{\text{전위차}}$　④ 전기량×전위차^2

해설

콘덴서의 전기량 $Q=CV$[C]

$\therefore\ C=\frac{Q}{V}=\frac{\text{전기량}}{\text{전위차}}$[F]

08

용량이 같은 콘덴서가 10개 있다. 이것을 병렬로 접속할 때의 값은 직렬로 접속할 때의 값보다 어떻게 되는가?

① 1/10배로 감소한다.　② 1/100배로 감소한다.
③ 10배로 증가한다.　④ 100배로 증가한다.

해설

직렬 합성용량은 $C_{\text{직}}=\frac{C}{n}$, 병렬 합성용량은 $C_{\text{병}}=nC$

$\frac{C_{\text{병렬}}}{C_{\text{직렬}}}=\frac{nC}{\frac{C}{n}}=n^2$배가 되므로 $10^2=100$배로 증가한다.

09

진공 중에 Q_1[C]과 Q_2[C]의 두 전하를 거리 d[m] 간격에 놓았을 때 그 사이에 작용하는 힘은 몇 [N]인가?

① $9\times10^9\times\frac{Q_1Q_2}{d^2}$　② $9\times10^9\times\frac{Q_1Q_2}{d}$
③ $9\times10^9\times\frac{Q_1^2Q_2}{d}$　④ $9\times10^9\times Q_1Q_2d$

해설

진공 중의 두 전하에 작용하는 힘

$F=\frac{Q_1Q_2}{4\pi\varepsilon_0 d^2}=9\times10^9\times\frac{Q_1Q_2}{d^2}$[N]

10

10[AT/m]의 자계 중에 자극의 세기가 50[Wb]인 자극을 놓았을 때 힘 F[N]은 얼마인가?

① 150　② 300
③ 500　④ 750

정답 05 ③ 06 ② 07 ③ 08 ④ 09 ① 10 ③

해설

자계 중에 자극을 놓았을 때 작용하는 힘

$F=mH=50\times10=500[\text{N}]$

11

반지름이 r[m], 권수가 N회 감긴 환상 솔레노이드가 있다. 코일에 전류 I[A]를 흘릴 때 환상 솔레노이드의 자계 H[AT/m]는?

① 0 ② $\dfrac{NI}{2r}$

③ $\dfrac{NI}{2\pi r}$ ④ $\dfrac{NI}{4\pi r}$

해설

환상 솔레노이드 자계의 세기 H = $\dfrac{NI}{2\pi r}$[AT/m]

12

동일한 인덕턴스 L[H]인 두 코일을 같은 방향으로 감고 직렬연결했을 때의 합성 인덕턴스[H]는? (단, 두 코일의 결합계수는 0.5이다.)

① 2L ② 3L

③ 4L ④ 5L

해설

동일 방향이므로 가동접속의 합성 인덕턴스이다.

$L_T=L_1+L_2+2\times k\sqrt{L_1\times L_2}$

$=L+L+2\times0.5\times\sqrt{L\times L}=3L$

13

1[A]의 전류가 흐르는 코일의 인덕턴스가 20[H]일 때 이 코일에 저축된 전자 에너지는 몇 [J]인가?

① 10 ② 20

③ 0.1 ④ 0.2

해설

코일 축적에너지 W

$W=\dfrac{1}{2}LI^2=\dfrac{1}{2}\times20\times1^2=10[\text{J}]$

14

파형률이란 무엇인가?

① $\dfrac{\text{최댓값}}{\text{평균값}}$ ② $\dfrac{\text{실효값}}{\text{최댓값}}$

③ $\dfrac{\text{실효값}}{\text{평균값}}$ ④ $\dfrac{\text{평균값}}{\text{실효값}}$

해설

파형률 = $\dfrac{\text{실효값}}{\text{평균값}}$, 파고율 = $\dfrac{\text{최댓값}}{\text{실효값}}$을 뜻한다.

15

교류 순시전압 $v=100\sqrt{2}\sin(100\pi t-\dfrac{\pi}{6})$[V]일 때 다음 설명 중 틀린 것은?

① 실효전압 V=100[V]이다.

② 주파수는 50[Hz]이다.

③ 전압의 위상은 30도 뒤진다.

④ 주기는 0.2[sec]이다.

해설

실효전압 $V=\dfrac{V_m}{\sqrt{2}}=\dfrac{100\sqrt{2}}{\sqrt{2}}=100[\text{V}]$,

주파수는 $\omega=2\pi f=100\pi$, $f=\dfrac{100\pi}{2\pi}=50[\text{Hz}]$,

위상은 (−)이므로 30도 뒤지며, 주기는 $T=\dfrac{1}{f}=\dfrac{1}{50}=0.02$[sec]이다.

CBT 복원

정답 11 ③ 12 ② 13 ① 14 ③ 15 ④

16

저항 6[Ω]과 용량성 리액턴스 8[Ω]의 직렬회로에 전류가 10[A]가 흘렀다면 이 회로 양단에 인가된 교류전압은 몇 [V]인가?

① $60-j80$　　② $60+j80$
③ $80-j60$　　④ $80+j60$

해설

교류전압 $V=IZ$[V], 임피던스 $Z=R-j\frac{1}{\omega C}=6-j8[\Omega]$

$\therefore\ V=10\times(6-j8)=60-j80$[V]

17

단상 교류 피상전력 P_a, 무효전력 P_r일 때 유효전력 P[W]는?

① $\sqrt{P_a^2-P_r^2}$　　② $\sqrt{P_a^2+P_r^2}$
③ $\sqrt{P_r^2-P_a^2}$　　④ $\sqrt{P_r^2+P_a^2}$

해설

피상전력 $P_a=\sqrt{P^2+P_r^2}$ [VA]이므로

$P_a^2=P^2+P_r^2$[W]

$\therefore\ P=\sqrt{P_a^2-P_r^2}$

18

한 상의 저항 6[Ω]과 리액턴스 8[Ω]인 평형 3상 △ 결선의 선간전압이 100[V]일 때 선전류는 몇 [A]인가?

① $20\sqrt{3}$　　② $10\sqrt{3}$
③ $2\sqrt{3}$　　④ $100\sqrt{3}$

해설

△ 결선의 선전류 I_l

$I_l=\sqrt{3}\,I_P=\sqrt{3}\times\frac{V_P}{Z}=\sqrt{3}\times\frac{100}{10}=10\sqrt{3}$

19

3상 △ 결선의 각 상의 임피던스가 30[Ω]일 때 Y결선으로 변환하면 각 상의 임피던스는 얼마인가?

① 10[Ω]　　② 30[Ω]
③ 60[Ω]　　④ 90[Ω]

해설

△ 결선을 Y결선으로 변환하면 임피던스는 $\frac{1}{3}$배가 되므로

$30\times\frac{1}{3}=10[\Omega]$이 된다.

20

비정현파 전압 $v=30\sin\omega t+40\sin3\omega t$ [V]의 실효전압은 몇 [V]인가?

① 50　　② $\frac{50}{\sqrt{2}}$
③ $50\sqrt{2}$　　④ 25

해설

비정현파의 실효전압 V

$V=\sqrt{V_1^2+V_3^2}=\sqrt{(\frac{30}{\sqrt{2}})^2+(\frac{40}{\sqrt{2}})^2}=\frac{50}{\sqrt{2}}$ [V]

21

유도전동기의 속도 제어 방법이 아닌 것은?

① 극수 제어　　② 2차 저항 제어
③ 일그너 제어　　④ 주파수 제어

해설

유도전동기의 속도 제어

극수 제어, 주파수 제어의 경우 농형 유도전동기의 속도 제어 방법이며, 2차 저항 제어는 권선형 유도전동기의 속도 제어 방법이다. 다만 일그너 제어의 경우 직류전동기의 속도 제어 방법에 해당한다.

정답 16 ① 17 ① 18 ② 19 ① 20 ② 21 ③

22

동기 전동기의 자기기동에서 계자권선을 단락하는 이유는?

① 기동이 쉽다.
② 기동 권선을 이용한다.
③ 고전압이 유도된다.
④ 전기자 반작용을 방지한다.

해설

자기기동시 계자권선을 단락하는 이유는 계자권선에 고전압이 유도되어 절연이 파괴될 우려가 있으므로 방전저항을 접속하여 단락상태로서 기동하는 것이다.

23

변압기, 동기기 등 층간 단락 등의 내부고장 보호에 사용되는 계전기는?

① 역상 계전기　② 접지 계전기
③ 과전압 계전기　④ 차동 계전기

해설

변압기 내부고장 보호 계전기
차동 또는 비율 차동 계전기는 발전기, 변압기의 내부고장 보호에 사용되는 계전기이다.

24

인버터의 용도로 가장 적합한 것은?

① 직류 - 직류 변환
② 직류 - 교류 변환
③ 교류 - 증폭교류 변환
④ 직류 - 증폭직류 변환

해설

인버터
직류를 교류로 변환하는 장치를 말한다.

25

낙뢰, 수목 접촉, 일시적인 섬락 등 순간적인 사고로 계통에서 분리된 구간을 신속히 계통에 투입시킴으로써 계통의 안정도를 향상시키고 정전 시간을 단축시키기 위해 사용되는 계전기는?

① 차동 계전기　② 과전류 계전기
③ 거리 계전기　④ 재폐로 계전기

해설

재폐로 계전기(Reclosing Relay)
고장구간을 신속히 개방 후 일정시간 후 재투입함으로써 계통의 안정도 및 신뢰도를 향상시키며 복구 운전원의 노력을 경감한다.

26

단상 유도 전압 조정기의 단락권선의 역할은?

① 철손 경감　② 절연 보호
③ 전압조정 용이　④ 전압강하 경감

해설

단상 유도 전압 조정기의 단락권선은 누설리액턴스에 의한 전압강하를 경감하기 위함이다.

27

200[kVA] 단상 변압기 2대를 이용하여 V-V결선하여 3상 전력을 공급할 경우 공급 가능한 최대전력은 몇 [kVA]가 되는가?

① 173.2　② 200
③ 346.41　④ 400

해설

V결선 출력

$$P_V = \sqrt{3}\,P_1$$
$$= \sqrt{3} \times 200 = 346.41[\text{kVA}]$$

정답 22 ③ 23 ④ 24 ② 25 ④ 26 ④ 27 ③

28

변압기 내부고장시 급격한 유류 또는 Gas의 이동이 생기면 동작하는 브흐홀쯔 계전기의 설치 위치는?

① 변압기 본체
② 변압기의 고압측 부싱
③ 콘서베이터 내부
④ 변압기의 본체와 콘서베이터를 연결하는 파이프

해설

브흐홀쯔 계전기
변압기 내부고장으로 발생하는 기름의 분해가스, 증기, 유류를 이용하여 부저를 움직여 계전기의 접점을 닫는 것으로 변압기의 주탱크와 콘서베이터 연결관 사이에 설치한다.

29

계자 권선과 전기자 권선이 병렬로 접속되어 있는 직류기는?

① 직권기　② 분권기
③ 복권기　④ 타여자기

해설

분권기
분권의 경우 계자와 전기자가 병렬로 연결된 직류기를 말한다.

30

다음 중 3단자 사이리스터가 아닌 것은?

① SCR　② SCS
③ GTO　④ TRIAC

해설

SCS
단방향 4단자 소자를 말한다.

31

동기발전기에서 전기자 전류가 무부하 유도기전력보다 $\frac{\pi}{2}$[rad] 앞서있는 경우에 나타나는 전기자 반작용은?

① 증자 작용　② 감자 작용
③ 교차 자화 작용　④ 직축 반작용

해설

동기발전기의 전기자 반작용
유기기전력보다 앞선 전류가 흐를 경우 전기자 반작용 증자 작용이 나타난다.

32

동기기의 전기자 권선법이 아닌 것은?

① 전층권　② 분포권
③ 2층권　④ 중권

해설

동기기의 전기자 권선법
2층권, 중권, 분포권, 단절권

33

변압기의 임피던스 전압이란?

① 정격전류가 흐를 때의 변압기 내의 전압강하
② 여자전류가 흐를 때의 2차측 단자전압
③ 정격전류가 흐를 때의 2차측 단자전압
④ 2차 단락전류가 흐를 때의 변압기 내의 전압강하

해설

변압기의 임피던스 전압
$\%Z = \frac{IZ}{E} \times 100[\%]$에서 IZ의 크기를 말하며, 정격의 전류가 흐를 때 변압기 내의 전압강하를 말한다.

정답 28 ④ 29 ② 30 ② 31 ① 32 ① 33 ①

34

슬립 $s=5$[%], 2차 저항 $r_2=0.1[\Omega]$인 유도전동기의 등가저항 $R[\Omega]$은 얼마인가?

① 0.4 ② 0.5
③ 1.9 ④ 2.0

해설

등가저항

$$R_2=r_2(\frac{1}{s}-1)$$
$$=0.1\times(\frac{1}{0.05}-1)=1.9[\Omega]$$

35

변압기의 권수비가 60일 때 2차측 저항이 0.1[Ω]이다. 이것을 1차로 환산하면 몇 [Ω]인가?

① 310 ② 360
③ 390 ④ 41

해설

변압기의 권수비

$$a=\sqrt{\frac{R_1}{R_2}}$$
$$R_1=a^2R_2$$
$$=60^2\times0.1=360[\Omega]$$

36

3상 유도전동기에서 2차측 저항을 2배로 하면 그 최대 토크는 어떻게 되는가?

① 변하지 않는다. ② 2배로 된다.
③ $\sqrt{2}$ 배로 된다. ④ $\frac{1}{2}$ 배로 된다.

해설

3상 권선형 유도전동기의 최대 토크는 2차측의 저항을 2배로 하더라도 변하지 않는다.

37

100[kVA]의 용량을 갖는 2대의 변압기를 이용하여 V-V결선하는 경우 출력은 어떻게 되는가?

① 100 ② $100\sqrt{3}$
③ 200 ④ 300

해설

V결선시 출력

$$P_V=\sqrt{3}P_n=\sqrt{3}\times100$$

38

유도전동기의 회전수가 1,164[rpm]일 경우 슬립이 3[%]이었다. 이 전동기의 극수는? (단, 주파수는 60[Hz]라고 한다.)

① 2 ② 4
③ 6 ④ 8

해설

동기속도 $N_s=\frac{N}{1-s}=\frac{1{,}164}{1-0.03}=1{,}200[\text{rpm}]$

$$P=\frac{120}{N_s}f=\frac{120}{1{,}200}\times60=6$$

39

다음의 변압기 극성에 관한 설명에서 틀린 것은?

① 우리나라는 감극성이 표준이다.
② 1차와 2차 권선에 유기되는 전압의 극성이 서로 반대이면 감극성이다.
③ 3상 결선시 극성을 고려해야 한다.
④ 병렬운전시 극성을 고려해야 한다.

해설

변압기의 감극성

1차측 전압과 2차측 전압의 발생 방향이 같을 경우 감극성이라고 한다.

정답 34 ③ 35 ② 36 ① 37 ② 38 ③ 39 ②

40

일정 방향으로 일정 값 이상의 전류가 흐를 때 동작하는 계전기는?

① 방향 단락 계전기 ② 비율 차동 계전기
③ 거리 계전기 ④ 과전압 계전기

해설

방향 단락 계전기
일정한 방향으로 일정 값 이상의 고장전류가 흐를 때 동작한다.

41

단로기에 대한 설명 중 옳은 것은?

① 전압 개폐 기능을 갖는다.
② 부하전류 차단 능력이 있다.
③ 고장전류 차단 능력이 있다.
④ 전압, 전류 동시 개폐기능이 있다.

해설

단로기
단로기란 무부하 상태에서 전로를 개폐하는 역할을 한다. 기기의 점검 및 수리시 전원으로부터 이들 기기를 분리하기 위해 사용한다. 단로기는 전압 개폐 능력만 있다.

42

합성수지관을 새들 등으로 지지하는 경우에는 그 지지점 간의 거리를 몇 [m] 이하로 하여야 하는가?

① 1.5 ② 2.0
③ 2.5 ④ 3.0

해설

합성수지관 공사
지지점 간의 거리는 1.5[m] 이하이어야만 한다.

43

노출장소 또는 점검 가능한 장소에서 제2종 가요전선관을 시설하고 제거하는 것이 자유로운 경우 곡률 반지름은 안지름의 몇 배 이상으로 하여야 하는가?

① 2배 ② 3배
③ 4배 ④ 6배

해설

가요전선관 공사
가요전선관의 경우 노출장소 또는 점검이 가능한 장소에서 시설 및 제거하는 것이 자유로운 경우 관 안지름의 3배 이상으로 하여야 하며, 노출장소 또는 점검이 가능한 은폐장소에서 시설 및 제거하는 것이 부자유하거나 또는 점검이 불가능할 경우 관 안지름의 6배 이상으로 한다.

44

한국전기설비규정에서 정한 가공전선로의 지지물에 승탑 또는 승강용으로 사용하는 발판 볼트 등은 지표상 몇 [m] 미만에 시설하여서는 안 되는가?

① 1.2 ② 1.5
③ 1.6 ④ 1.8

해설

발판 볼트
지지물에 시설하는 발판 볼트의 경우 1.8[m] 이상 높이에 시설한다.

45

다음 중 과전류 차단기를 설치하는 곳은?

① 간선의 전원측 전선
② 접지공사의 접지도체
③ 다선식 전로의 중성선
④ 접지공사를 한 저압 가공전선로의 접지측 전선

정답 40 ① 41 ① 42 ① 43 ② 44 ④ 45 ①

해설

과전류 차단기 시설 제한 장소
- 접지공사의 접지도체
- 다선식 전로의 중성선
- 접지공사를 한 저압 가공전선로의 접지측 전선

46

점착성이 없으나 절연성, 내온성 및 내유성이 있어 연피케이블 접속에 사용되는 테이프는?

① 고무테이프 ② 자기융착 테이프
③ 비닐테이프 ④ 리노테이프

해설

리노테이프
점착성이 없으나 절연성, 내열성 및 내유성이 있어 연피케이블 접속에 주로 사용된다.

47

피시 테이프(fish tape)의 용도는?

① 전선을 테이핑하기 위해 사용
② 전선관의 끝 마무리를 위해서 사용
③ 전선관에 전선을 넣을 때 사용
④ 합성수지관을 구부릴 때 사용

해설

피시 테이프(fish tape)
배관 공사시 전선을 넣을 때 사용한다.

48

다음은 변압기 중성점 접지저항을 결정하는 방법이다. 여기서 k의 값은? (단, I_g란 변압기 고압 또는 특고압 전로의 1선 지락전류를 말하며, 자동차단장치는 없도록 한다.)

$$R=\frac{k}{I_g}[\Omega]$$

① 75 ② 150
③ 300 ④ 600

해설

변압기 중성점 접지저항 R

$$R=\frac{150, 300, 600}{1\text{선 지락전류}}[\Omega]$$

- 150[V] : 아무 조건이 없는 경우(자동차단장치가 없는 경우)
- 300[V] : 2초 이내에 자동차단하는 장치가 있는 경우
- 600[V] : 1초 이내에 자동차단하는 장치가 있는 경우

49

동전선의 접속방법에서 종단접속 방법이 아닌 것은?

① 비틀어 꽂는 형의 전선접속기에 의한 접속
② 종단 겹침용 슬리브(E형)에 의한 접속
③ 직선 맞대기용 슬리브(B형)에 의한 압착접속
④ 직선 겹침용 슬리브(P형)에 의한 접속

해설

동전선의 종단접속
- 비틀어 꽂는 형의 전선접속기에 의한 접속
- 종단 겹침용 슬리브(E형)에 의한 접속
- 직선 겹침용 슬리브(P형)에 의한 접속

정답 46 ④ 47 ③ 48 ② 49 ③

50

은행, 상점에서 사용하는 표준부하[VA/m²]는?

① 5 ② 10
③ 20 ④ 30

해설

표준부하

은행, 상점 사무실, 이발소, 미장원 등의 표준부하는 30 [VA/m²]이다.

51

가공케이블 시설시 조가용선에 금속테이프 등을 사용하여 케이블 외장을 견고하게 붙여 조가하는 경우 나선형으로 금속테이프를 감는 간격은 몇 [m] 이하를 확보하여 감아야 하는가?

① 0.5 ② 0.3
③ 0.2 ④ 0.1

해설

조가용선의 시설

금속테이프의 경우 0.2[m] 이하 간격으로 감아야 한다.

52

한국전기설비규정에서 정한 무대, 오케스트라박스 등 흥행장의 저압 옥내배선 공사의 사용전압은 몇 [V] 이하인가?

① 200 ② 300
③ 400 ④ 600

해설

무대, 오케스트라박스 등 흥행장의 저압 공사시 사용전압은 400[V] 이하이어야 한다.

53

한국전기설비규정에서 정한 저압 애자사용 공사의 경우 전선 상호 간의 거리는 몇 [m]인가?

① 0.025 ② 0.06
③ 0.12 ④ 0.25

해설

애자사용 공사

- 저압의 경우 전선 상호 간의 이격거리는 0.06[m] 이상이어야만 한다.
- 고압의 경우 전선 상호 간의 이격거리는 0.08[m] 이상이어야만 한다.

54

한국전기설비규정에서 정한 아래 그림 같이 분기회로 (S_2)의 보호장치 (P_2)는 (P_2)의 전원 측에서 분기점 (O) 사이에 다른 분기회로 또는 콘센트의 접속이 없고, 단락의 위험과 화재 및 인체에 대한 위험성이 최소화되도록 시설된 경우, 분기회로의 보호장치 (P_2)는 몇 [m]까지 이동 설치가 가능한가?

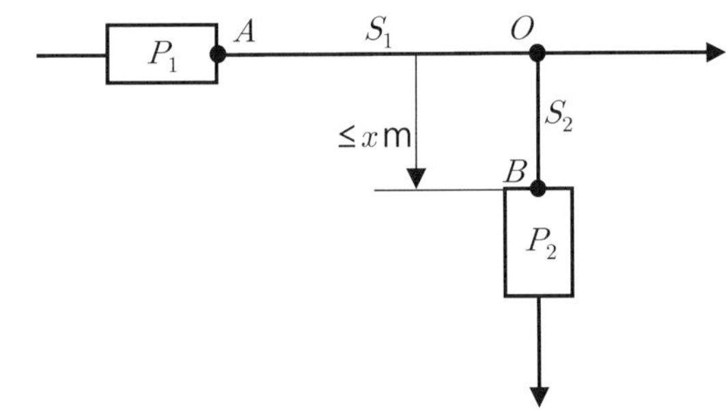

① 1 ② 2
③ 4 ④ 3

해설

분기회로 보호장치

분기회로의 보호장치 (P_2)는 분기회로의 분기점(O)으로부터 3[m]까지 이동하여 설치할 수 있다.

정답 50 ④ 51 ③ 52 ③ 53 ② 54 ④

55

저압 가공인입선이 횡단보도교 위에 시설되는 경우 노면상 몇 [m] 이상의 높이에 설치되어야 하는가?

① 3 ② 4
③ 5 ④ 6

해설

저압 가공인입선의 높이
횡단보도교 횡단시 노면상 3[m] 이상 높이에 시설하여야만 한다.

56

한국전기설비규정에서 정한 변압기 중성점 접지도체는 7[kV] 이하의 전로에서는 몇 [mm^2] 이상이어야 하는가?

① 6 ② 10
③ 16 ④ 25

해설

중성점 접지도체의 굵기
중성점 접지용 접지도체는 공칭단면적 16[mm^2] 이상의 연동선 또는 동등 이상의 단면적 및 세기를 가져야 한다. 다만, 다음의 경우에는 공칭단면적 6[mm^2] 이상의 연동선 또는 동등 이상의 단면적 및 강도를 가져야 한다.

- 7[kV] 이하의 전로
- 사용전압이 25[kV] 이하인 특고압 가공전선로. 다만, 중성선 다중접지식의 것으로서 전로에 지락이 생겼을 때 2초 이내에 자동적으로 이를 전로로부터 차단하는 장치가 되어 있는 것

57

한국전기설비규정에서 정한 전선 접속 방법에 관한 사항으로 옳지 않은 것은?

① 도체에 알미늄을 사용하는 전선과 동을 사용하는 전선을 접속하는 등 전기화학적 성질이 다른 도체를 접속하는 경우에는 접속 부분에 전기적 부식이 생기지 않도록 할 것
② 접속 부분은 접속관 기타의 기구를 사용할 것
③ 전선의 세기를 80[%] 이상 감소시키지 아니할 것
④ 코드 상호, 캡타이어 케이블 상호 또는 이들 상호를 접속하는 경우에는 코드접속기, 접속함 기타의 기구를 사용할 것

해설

전선의 접속 방법
전선의 세기를 20[%] 이상 감소시키지 아니할 것

58

금속관을 절단할 때 사용되는 공구는?

① 오스터 ② 녹아웃 펀치
③ 파이프 커터 ④ 파이프렌치

해설

금속관의 공구
금속관을 절단할 때 사용되는 공구는 파이프 커터이다.

정답 55 ① 56 ① 57 ③ 58 ③

59

인입용 비닐 절연전선의 약호(기호)는?

① W ② DV
③ OW ④ NR

해설

인입용 비닐 절연전선 : DV

60

금속관 공사에 대한 설명으로 잘못된 것은?

① 교류회로에서 전선을 병렬로 사용하는 경우 관내에 전자적 불평형이 생기지 않도록 할 것
② 금속관 안에는 전선의 접속점이 없도록 할 것
③ 금속관을 콘크리트에 매설할 경우 관의 두께는 1.0[mm] 이상일 것
④ 관의 호칭에서 후강전선관은 짝수, 박강전선관은 홀수로 표시할 것

해설

금속관 공사
콘크리트에 매설되는 경우 관의 두께는 1.2[mm] 이상이어야 한다.

2023년 CBT 복원문제 3회

01

파형률은 어느 것인가?

① $\frac{평균값}{실효값}$ ② $\frac{실효값}{최댓값}$
③ $\frac{실효값}{평균값}$ ④ $\frac{최댓값}{실효값}$

해설

파형률과 파고율
- 파형률 $= \frac{실효값}{평균값}$
- 파고율 $= \frac{최댓값}{실효값}$

02

Y결선에서 상전압이 220[V]이면 선간전압은 약 몇 [V]인가?

① 110 ② 220
③ 380 ④ 440

해설

Y결선의 경우 전류가 일정하다. $I_l = I_P$
전압의 경우, 선간전압 $V_l = \sqrt{3}\, V_P$가 된다.
그러므로 $V_l = \sqrt{3} \times 220 = 380$[V]이다.

03

저항 9[Ω], 용량 리액턴스 12[Ω]인 직렬회로의 임피던스는 몇 [Ω]인가?

① 3 ② 15
③ 21 ④ 32

정답 59 ② 60 ③ / 01 ③ 02 ③ 03 ②

해설

직렬회로의 임피던스 $Z=\sqrt{R^2+X^2}$

$\therefore\ Z=\sqrt{9^2+12^2}=15[\Omega]$

04

출력 P[kVA]의 단상 변압기 전원 2대를 V결선한 때의 3상 출력[kVA]은?

① P ② $\sqrt{3}P$
③ $2P$ ④ $3P$

해설

V결선의 출력 $P_V=\sqrt{3}P_n$

$\therefore\ P_n$: 변압기 1대 용량[kVA]

05

2[Ω]의 저항과 3[Ω]의 저항을 직렬로 접속할 때 합성 컨덕턴스는 몇 [℧]인가?

① 5 ② 2.5
③ 1.5 ④ 0.2

해설

합성저항 $R_0=2+3=5[\Omega]$

컨덕턴스 $G=\dfrac{1}{R}=\dfrac{1}{5}=0.2[℧]$

06

플레밍의 왼손 법칙에서 엄지손가락이 뜻하는 것은?

① 자기력선속의 방향 ② 힘의 방향
③ 기전력의 방향 ④ 전류의 방향

해설

플레밍의 왼손 법칙(전동기)

- 엄지 : 운동(힘)의 방향
- 인지 : 자속의 방향
- 중지 : 전류의 방향

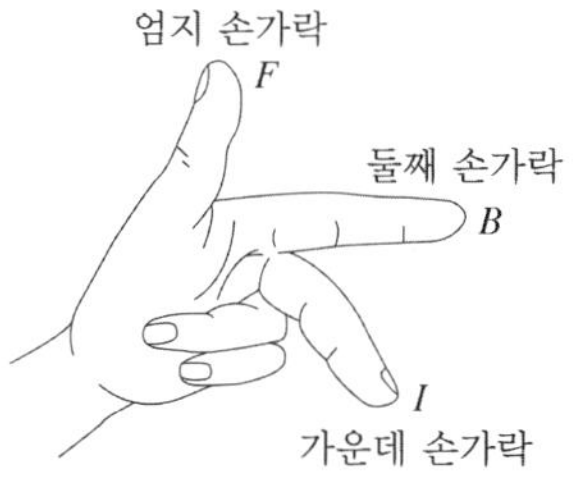

07

기전력 4[V], 내부저항 0.2[Ω]의 전지 10개를 직렬로 접속하고 두 극 사이에 부하저항을 접속하였더니 4[A]의 전류가 흘렀다. 이때의 외부저항은 몇 [Ω]이 되겠는가?

① 6 ② 7
③ 8 ④ 9

해설

기전력이 4[V]인 전지 10개를 직렬로 연결하였으므로 전압은 40[V]가 된다.

전류 $I=\dfrac{4\times10}{R+0.2\times10}=4$[A]가 되므로

저항 $R=\dfrac{4\times10}{4}-(0.2\times10)=8[\Omega]$

08

최댓값이 V_m[V]인 사인파 교류에서 평균값 V_a[V] 값은?

① $0.557V_m$ ② $0.637V_m$
③ $0.707V_m$ ④ $0.866V_m$

해설

정현파의 경우 실효값은 $\dfrac{V_m}{\sqrt{2}}$이며, 평균값은 $\dfrac{2V_m}{\pi}$이다.

09

전류를 계속 흐르게 하려면 전압을 연속적으로 만들어주는 어떤 힘이 필요하게 되는데, 이 힘을 무엇이라 하는가?

① 자기력 ② 전자력
③ 기전력 ④ 전기장

정답 04 ② 05 ④ 06 ② 07 ③ 08 ② 09 ③

CBT 복원

해설

기전력

전하를 이동시켜 연속적으로 전위를 발생시켜 전류를 흐르게 해주는 것을 기전력이라 한다.

10

30[μF]과 40[μF]의 콘덴서를 병렬로 접속한 다음 100[V]의 전압을 가했을 때 전 전하량은 몇 [C]인가?

① 17×10^{-4}　② 34×10^{-4}

③ 56×10^{-4}　④ 70×10^{-4}

해설

병렬접속이므로 합성 정전용량 $C = C_1 + C_2 = 30 + 40 = 70$ [μF]

∴ 전하량 $Q = CV = 70 \times 10^{-6} \times 100 = 70 \times 10^{-4}$[C]

11

비오-사바르의 법칙은 어떤 관계를 나타낸 것인가?

① 기전력과 회전력　② 기자력과 자화력

③ 전류와 자장의 세기　④ 전압과 전장의 세기

해설

$dH = \frac{Idl sin\theta}{4\pi r^2}$ [AT/m]

전류에 의해 발생되는 자장의 크기는 전류의 크기와 전류가 흐르고 있는 도체와의 고찰하려는 점까지의 거리에 의해 결정되는 관계식은 비오－사바르의 법칙이다.

12

규격이 같은 축전지 2개를 병렬로 연결하였다. 다음 설명 중 옳은 것은?

① 용량과 전압이 모두 2배가 된다.

② 용량과 전압이 모두 1/2배가 된다.

③ 용량은 불변이고 전압은 2배가 된다.

④ 용량은 2배가 되고 전압은 불변이다.

해설

- 축전지를 병렬로 연결할 경우 : 용량은 2배, 전압은 일정
- 축전지를 직렬로 연결할 경우 : 용량은 일정, 전압은 2배

13

다음 중 도전율의 단위는?

① [Ω · m]　② [℧ · m]

③ [Ω/m]　④ [℧/m]

해설

도전율 σ[℧/m]

14

100[μF]의 콘덴서에 1,000[V]의 전압을 가하여 충전한 뒤 저항을 통하여 방전시키면 저항에 발생하는 열량은 몇 [cal]인가?

① 3[cal]　② 5[cal]

③ 12[cal]　④ 43[cal]

해설

콘덴서의 에너지 $W = \frac{1}{2}CV^2$[J], 1[J] = 0.24[cal]

$W = \frac{1}{2} \times 100 \times 10^{-6} \times 1{,}000^2 = 50$[J]

∴ 열량 $Q = 0.24W = 0.24 \times 50 = 12$[cal]

15

용량이 45[Ah]인 납축전지에서 3[A]의 전류를 연속하여 얻는다면 몇 시간 동안 축전지를 이용할 수 있는가?

① 10시간　② 15시간

③ 30시간　④ 45시간

정답 10 ④　11 ③　12 ④　13 ④　14 ③　15 ②

해설

시간 $h=\frac{\text{용량}}{\text{전류}}=\frac{45}{3}=15$시간

16

0.02[μF], 0.03[μF] 2개의 콘덴서를 병렬로 접속할 때의 합성용량은 몇 [μF]인가?

① 0.05[μF] ② 0.012[μF]
③ 0.06[μF] ④ 0.016[μF]

해설

콘덴서의 병렬연결은 저항의 직렬연결과 같다.

$\therefore C_0=C_1+C_2=0.02\times10^{-6}+0.03\times10^{-6}=0.05[\mu\text{F}]$

17

전류에 의해 만들어지는 자기장의 자력선의 방향을 간단하게 알아보는 법칙은?

① 앙페르의 오른 나사의 법칙
② 플레밍의 오른손 법칙
③ 플레밍의 왼손 법칙
④ 렌쯔의 법칙

해설

전류가 흐르면 자계가 형성되며, 도체가 수직인 평면상에 오른 나사가 진행하는 방향으로 자계가 발생하는데, 이것을 앙페르의 오른 나사의 법칙이라 한다.

18

평행판 전극에 일정 전압을 가하면서 극판의 간격을 2배로 하면 내부 전기장의 세기는 몇 배가 되는가?

① 4배로 커진다. ② $\frac{1}{2}$로 작아진다.
③ 2배로 커진다. ④ $\frac{1}{4}$로 작아진다.

해설

평행판 전극의 전계의 세기는 극판의 간격 d와 반비례하므로 $\frac{1}{2}$배가 된다.

19

공기 중에 10[μC]과 20[μC]를 1[m] 간격으로 놓을 때 발생되는 정전력[N]은?

① 1.8[N] ② 2×10^{-10}[N]
③ 200[N] ④ 98×10^{9}[N]

해설

쿨롱의 법칙 $F=\frac{Q_1Q_2}{4\pi\varepsilon_0 r^2}$

$=9\times10^9\times\frac{Q_1Q_2}{r^2}[\text{N}]$

$=9\times10^9\times\frac{10\times10^{-6}\times20\times10^{-6}}{1^2}$

$=1.8[\text{N}]$

20

두 코일이 있다. 한 코일에 매초 전류가 150[A]의 비율로 변할 때 다른 코일에 60[V]의 기전력이 발생하였다면, 두 코일의 상호 인덕턴스는 몇 [H]인가?

① 0.4[H] ② 2.5[H]
③ 4.0[H] ④ 25[H]

해설

기전력 $e=M\frac{di}{dt}$

상호 인덕턴스 $M=\frac{dt}{di}e=\frac{1}{150}\times60=0.4[\text{H}]$

정답 16 ① 17 ① 18 ② 19 ① 20 ①

21

직류발전기의 단자전압을 조정하려면 어느 것을 조정하여야 하는가?

① 기동저항 ② 계자저항
③ 방전저항 ④ 전기자저항

해설

발전기의 전압조정

발전기의 전압을 조정하려면 계자에 흐르는 전류를 조정하여야 하므로 계자저항을 조정하여야 한다.

22

동기전동기의 자기기동에서 계자권선을 단락하는 이유는?

① 기동이 쉽다.
② 기동권선을 이용한다.
③ 고전압이 유도되어 절연파괴 우려가 있다.
④ 전기자 반작용을 방지한다.

해설

자기기동시 계자권선을 단락하는 이유는 계자권선에 고전압이 유도되어 절연이 파괴될 우려가 있으므로 방전저항을 접속하여 단락상태로서 기동한다.

23

슬립 $s=5$[%], 2차 저항 $r_2=0.1[\Omega]$인 유도전동기의 등가저항 $R[\Omega]$은 얼마인가?

① 0.4 ② 0.3
③ 1.9 ④ 2.5

해설

등가저항 R

$$R_2=r_2\left(\frac{1}{s}-1\right)=0.1\times\left(\frac{1}{0.05}-1\right)=1.9[\Omega]$$

24

동기발전기에서 전기자 전류가 무부하 유도기전력보다 $\frac{\pi}{2}$[rad] 앞서있는 경우에 나타나는 전기자 반작용은?

① 증자 작용 ② 감자 작용
③ 교차 자화 작용 ④ 직축 반작용

해설

동기발전기의 전기자 반작용

유기기전력보다 앞선 전류가 흐를 경우 전기자 반작용 증자작용이 나타난다.

25

일정 방향으로 정정값 이상의 전류가 흐를 때 동작하는 계전기는?

① 방향 단락 계전기 ② 브흐홀쯔 계전기
③ 거리 계전기 ④ 과전압 계전기

해설

방향 단락 계전기

일정한 방향으로 정정값 이상의 고장전류가 흐를 때 동작한다.

26

다음 중 3단자 사이리스터가 아닌 것은?

① SCR ② TRIAC
③ GTO ④ SCS

해설

SCS

SCS의 경우 단방향 4단자 소자를 말한다.

정답 21 ② 22 ③ 23 ③ 24 ① 25 ① 26 ④

27

다이오드 중 디지털 계측기, 탁상용 계산기 등에 숫자 표시기 등으로 사용되는 것은 무엇인가?

① 터널 다이오드 ② 제너 다이오드
③ 광 다이오드 ④ 발광 다이오드

해설

발광 다이오드

발광 다이오드의 경우 가시광을 방사하여 디지털 계측기, 탁상용 계산기 등에 숫자 표시기 등으로 사용된다.

28

변압기 내부고장시 급격한 유류 또는 Gas의 이동이 생기면 동작하는 브흐홀쯔 계전기의 설치 위치는?

① 변압기 본체
② 변압기의 고압측 부싱
③ 콘서베이터 내부
④ 변압기의 본체와 콘서베이터를 연결하는 파이프

해설

브흐홀쯔 계전기

변압기 내부고장으로 발생하는 기름의 분해가스, 증기, 유류를 이용하여 부저를 움직여 계전기의 접점을 닫는 것으로 변압기의 주탱크와 콘서베이터 연결관 사이에 설치한다.

29

계자 권선과 전기자 권선이 병렬로 접속되어 있는 직류기는?

① 직권기 ② 복권기
③ 분권기 ④ 타여자기

해설

분권기

분권의 경우 계자와 전기자가 병렬로 연결된 직류기를 말한다.

30

다음의 변압기 극성에 관한 설명에서 틀린 것은?

① 3상 결선시 극성을 고려해야 한다.
② 1차와 2차 권선에 유기되는 전압의 극성이 서로 반대이면 감극성이다.
③ 우리나라는 감극성이 표준이다.
④ 병렬운전시 극성을 고려해야 한다.

해설

변압기의 감극성

1차측 전압과 2차측 전압의 발생 방향이 같을 경우 감극성이라고 한다.

31

인버터의 용도로 가장 적합한 것은?

① 직류 – 직류 변환
② 직류 – 교류 변환
③ 교류 – 증폭교류 변환
④ 직류 – 증폭직류 변환

해설

인버터

직류를 교류로 변환하는 장치를 말한다.

32

변압기의 권수비가 60일 때 2차측 저항이 0.1[Ω]이다. 이것을 1차로 환산하면 몇 [Ω]인가?

① 310 ② 360 ③ 390 ④ 41

해설

변압기의 권수비

$$a = \sqrt{\frac{R_1}{R_2}}$$

$$R_1 = a^2 R_2 = 60^2 \times 0.1 = 360[\Omega]$$

정답 27 ④ 28 ④ 29 ③ 30 ② 31 ② 32 ②

33

변압기, 발전기의 층간 단락 및 상간 단락 보호에 사용되는 계전기는?

① 역상 계전기 ② 접지 계전기
③ 과전압 계전기 ④ 차동 계전기

해설
차동 계전기
변압기나 발전기의 내부고장을 보호하는 계전기를 말한다.

34

보극이 없는 직류기의 운전 중 중성점의 위치가 변하지 않은 경우는?

① 무부하일 때 ② 중부하일 때
③ 과부하일 때 ④ 전부하일 때

해설
전기자 반작용
전기자 반작용에 의해 운전 중 중성점의 위치가 변화한다. 하지만 전기자에 전류가 흐르지 않는 상태인 무부하일 경우는 중성점의 위치가 변하지 않는다.

35

동기기의 전기자 권선법이 아닌 것은?

① 전층권 ② 분포권
③ 2층권 ④ 중권

해설
동기기의 전기자 권선법
2층권, 중권, 분포권, 단절권

36

3상 유도전동기에서 2차측 저항을 2배로 하면 그 최대 토크는 어떻게 되는가?

① 2배로 된다. ② 변하지 않는다.
③ $\sqrt{2}$ 배로 된다. ④ $\frac{1}{2}$ 배로 된다.

해설
3상 권선형 유도전동기의 최대 토크는 2차측의 저항을 2배로 하더라도 변하지 않는다.

37

100[kVA]의 용량을 갖는 2대의 변압기를 이용하여 V-V결선하는 경우 출력은 어떻게 되는가?

① 100 ② $100\sqrt{3}$
③ 200 ④ 300

해설
V결선시 출력
$P_V = \sqrt{3}P_n = \sqrt{3}\times 100$

38

유도전동기의 회전수가 1,164[rpm]일 경우 슬립이 3[%]이었다. 이 전동기의 극수는? (단, 주파수는 60[Hz]라고 한다.)

① 2 ② 4
③ 6 ④ 8

해설
동기속도 $N_s = \frac{N}{1-s} = \frac{1,164}{1-0.03} = 1,200$[rpm]

$P = \frac{120}{N_s}f = \frac{120}{1,200}\times 60 = 6$

정답 33 ④ 34 ① 35 ① 36 ② 37 ② 38 ③

39

단상 유도 전압 조정기의 단락권선의 역할은?

① 전압조정 용이 ② 절연 보호
③ 철손 경감 ④ 전압강하 경감

해설

단상 유도 전압 조정기의 단락권선은 누설리액턴스에 의한 전압강하를 경감하기 위함이다.

40

낙뢰, 수목 접촉, 일시적인 섬락 등 순간적인 사고로 계통에서 분리된 구간을 신속히 계통에 투입시킴으로써 계통의 안정도를 향상시키고 정전 시간을 단축시키기 위해 사용되는 계전기는?

① 재폐로 계전기 ② 과전류 계전기
③ 거리 계전기 ④ 차동 계전기

해설

재폐로 계전기(Reclosing Relay)
고장구간을 신속히 개방 후 일정시간 후 재투입함으로써 계통의 안정도 및 신뢰도를 향상시키며 복구 운전원의 노력을 경감한다.

41

다음은 소세력회로의 전선을 조영재를 붙여 시설할 경우 옳지 않은 것은?

① 전선은 케이블인 경우 이외에 공칭단면적 2.5[mm^2] 이상의 연동선 또는 이와 동등 이상의 세기 또는 굵기일 것
② 전선은 금속제의 수관 및 가스관 또는 이와 유사한 것과 접촉되지 않을 것
③ 전선이 손상을 받을 우려가 있는 곳에 시설하는 경우 적절한 방호장치를 할 것
④ 전선은 금속망 또는 금속판을 목조 조영재에 시설하는 경우 전선을 방호장치에 넣어 시설할 것

해설

소세력회로의 시설
전선의 경우 공칭단면적 1[mm^2] 이상의 연동선 또는 이와 동등 이상의 세기 및 굵기일 것

42

한국전기설비규정에 따라 폭연성, 가연성 분진을 제외한 장소로서 먼지가 많은 장소에서 시설할 수 없는 저압 옥내배선 방법은?

① 애자 공사 ② 금속관 공사
③ 금속덕트 공사 ④ 플로어덕트 공사

해설

먼지가 많은 장소의 시설
금속관 공사, 금속덕트 공사, 애자 공사, 케이블 공사가 가능하다.

43

전주에서 cos 완철 설치시 최하단 전력용 완철에서 몇 [m] 하부에 설치하여야 하는가?

① 0.9 ② 0.95
③ 0.8 ④ 0.75

해설

cos 완철의 설치
최하단 전력용 완철에서 0.75[m] 하부에 설치하여야 한다.

44

접지저항 측정방법으로 가장 적당한 것은?

① 전력계 ② 절연저항계
③ 콜라우시 브리지 ④ 교류의 전압, 전류계

정답 39 ④ 40 ① 41 ① 42 ④ 43 ④ 44 ③

해설

발판볼트

접지저항을 측정하기 위한 방법에는 어스테스터 또는 콜라우시 브리지법이 적당하다.

45

커플링을 사용하여 금속관을 서로 접속할 경우 사용되는 공구는?

① 파이프 렌치 ② 파이프 바이스
③ 파이프 벤더 ④ 파이프 커터

해설

파이프 렌치

커플링 사용시 조이는 공구를 말한다.

46

단상 3선식 전원(100/200[V])에 100[V]의 전구와 콘센트 및 200[V]의 모터를 시설하고자 한다. 전원 분배가 옳게 결선된 회로는?

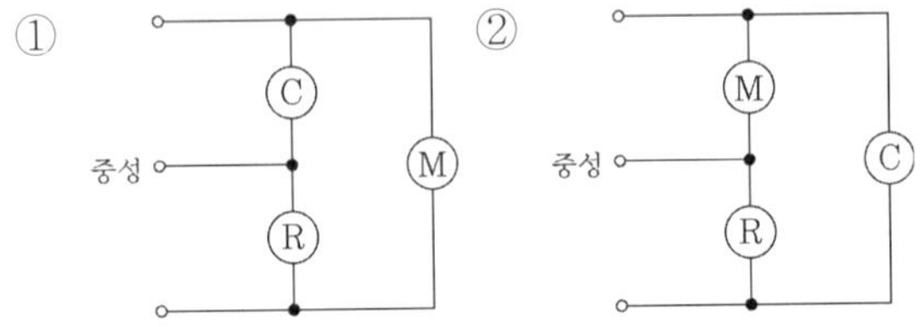

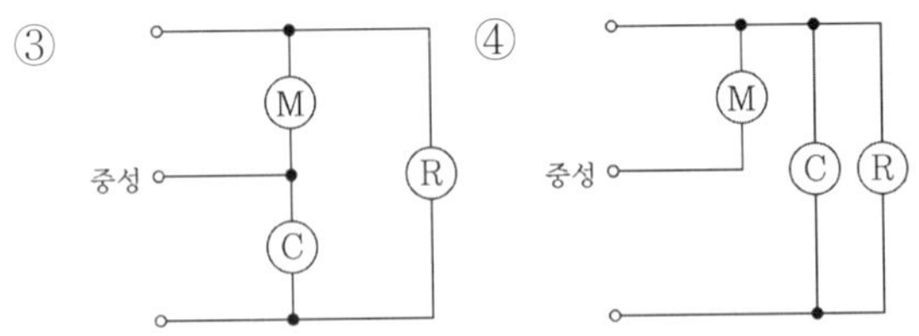

해설

단상 3선식

모터의 경우(200[V]) 선과 선 사이 양단에 걸려야 하므로 1번이 옳은 결선이 된다.

47

활선 상태에서 전선의 피복을 벗기는 공구는?

① 데드엔드 커버 ② 애자커버
③ 와이어 통 ④ 전선 피박기

해설

전선 피박기

활선시 전선의 피복을 벗기는 공구이다.

48

지선의 중간에 넣는 애자의 명칭은?

① 곡핀애자 ② 구형애자
③ 인류애자 ④ 핀애자

해설

지선의 시설

지선의 중간에 넣는 애자는 구형애자이다.

49

450/750 일반용 단심 비닐 절연전선의 약호는?

① RI ② NR
③ DV ④ ACSR

해설

NR전선

450/750 일반용 단심 비닐 절연전선을 말한다.

50

전주의 외등 설치시 조명기구를 전주에 부착하는 경우 설치 높이는 몇 [m] 이상으로 하여야 하는가?

① 3.5 ② 4
③ 4.5 ④ 5

정답 45 ① 46 ① 47 ④ 48 ② 49 ② 50 ③

해설

전주의 외등 설치시 그 높이는 4.5[m] 이상으로 하여야 한다.

51

하나의 콘센트에 여러 기구를 사용할 때 끼우는 플러그는?

① 테이블탭　② 코드 접속기
③ 멀티탭　④ 아이언플러그

해설

멀티탭
하나의 콘센트에 둘 또는 세 가지 기구를 접속할 때 사용된다.

52

가공전선로에 사용되는 지선의 안전율은 2.5 이상이어야 한다. 이때 사용되는 지선의 허용 최저 인장하중은 몇 [kN] 이상인가?

① 2.31　② 3.41
③ 4.31　④ 5.21

해설

지선의 시설기준
허용 최저 인장하중은 4.31[kN] 이상이어야 한다.

53

다음 [보기] 중 금속관, 애자, 합성수지 및 케이블 공사가 모두 가능한 특수 장소를 옳게 나열한 것은?

보기
Ⓐ 화약고 등의 위험장소
Ⓑ 위험물 등이 존재하는 장소
Ⓒ 부식성 가스가 있는 장소
Ⓓ 습기가 많은 장소

① Ⓐ, Ⓑ　② Ⓐ, Ⓒ
③ Ⓒ, Ⓓ　④ Ⓑ, Ⓓ

해설

여러 공사의 시설
[보기]에서 애자 공사의 경우 화약고 및 위험물 등이 존재하는 장소에서는 시설이 불가하다.

54

동 전선 6[mm^2] 이하의 가는 단선을 직선 접속할 때 어느 접속 방법으로 하여야 하는가?

① 브리타니어 접속　② 우산형 접속
③ 트위스트 접속　④ 슬리브 접속

해설

전선의 접속
6[mm^2] 이하의 가는 단선 접속시 트위스트 접속 방법을 사용한다.

55

가공전선로의 지지물에서 출발하여 다른 지지물을 거치지 아니하고 수용장소의 인입구에 이르는 부분의 전선을 무엇이라 하는가?

① 가공인입선　② 옥외배선
③ 연접인입선　④ 연접가공선

해설

가공인입선
지지물에서 출발하여 다른 지지물을 거치지 않고 한 수용장소의 인입구에 이르는 전선을 말한다.

CBT 복원

정답 51 ③ 52 ③ 53 ③ 54 ③ 55 ①

56

과전류 차단기를 꼭 설치해야 하는 곳은?

① 접지공사의 접지도체
② 전로의 일부에 접지공사를 한 저압 가공전선로의 접지측 전선
③ 다선식 전로의 중성선
④ 저압 옥내 간선의 전원측 전로

해설

과전류 차단기 시설 제한 장소
- 접지공사의 접지도체
- 다선식 전로의 중성선
- 전로의 일부에 접지공사를 한 저압 가공전선로의 접지측 전선

57

최대 사용전압이 70[kV]인 중성점 직접 접지식 전로의 절연내력 시험전압은 몇 [V]인가?

① 35,000[V]　② 42,000[V]
③ 44,800[V]　④ 50,400[V]

해설

중성접 직접 접지식 전로의 절연내력 시험전압
170[kV] 이하의 경우 $V \times 0.72 = 70{,}000 \times 0.72 = 50{,}400$[V]가 된다.

58

박강전선관에서 그 호칭이 잘못된 것은?

① 19[mm]　② 31[mm]
③ 25[mm]　④ 16[mm]

해설

박강전선관
박강전선관의 호칭은 홀수가 된다.

59

코드 및 캡타이어 케이블을 전기기계 기구와 접속시 연선의 경우 몇 [mm^2]를 초과하는 경우 터미널러그(압착단자)를 접속하여야 하는가?

① 2.5　② 4
③ 6　④ 16

해설

코드 및 캡타이어 케이블과 전기기계 기구와의 접속
연선의 경우 6[mm^2]를 초과하는 경우 터미널러그에 접속하여야 한다.

60

저압 가공인입선에서 금속관으로 옮겨지는 곳 또는 금속관으로부터 전선을 뽑아 전동기 단자부분에 접속할 때 사용하는 것은 무엇인가?

① 유니버셜 엘보　② 유니온 커플링
③ 터미널캡　④ 픽스쳐스터드

해설

터미널캡
저압 가공인입선에서 금속관으로 옮겨지는 곳 또는 금속관으로부터 전선을 뽑아 전동기 단자 부분에 접속할 때 사용한다.

정답 56 ④ 57 ④ 58 ④ 59 ③ 60 ③

2023년 CBT 복원문제 4회

01

그림과 같은 회로를 고주파 브리지로 인덕턴스를 측정하였더니 그림 (a)는 40[mH], 그림 (b)는 24[mH]이었다. 이 회로의 상호 인덕턴스 M은?

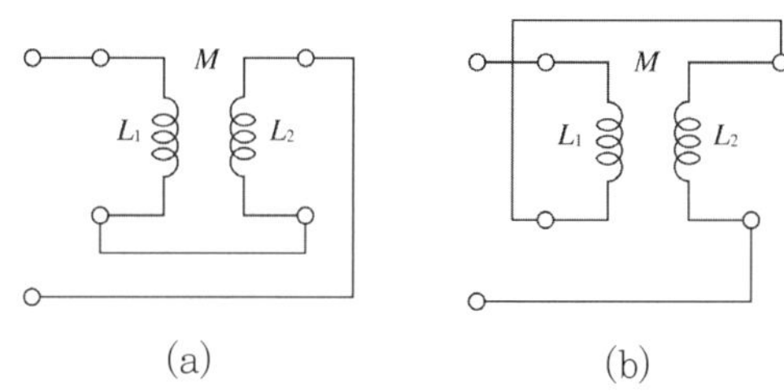

① 2[mH] ② 4[mH]
③ 6[mH] ④ 8[mH]

해설

상호 인덕턴스 M은

(a) 가동결합 $40 = L_1 + L_2 + 2M$

(b) 차동결합 $24 = L_1 + L_2 - 2M$

(a), (b)로부터 $M = \frac{1}{4}(40-24) = 4$[mH]

02

길이 1[m]인 도선의 저항값이 20[Ω]이었다. 이 도선을 고르게 2[m]로 늘렸을 때 저항값은?

① 10[Ω] ② 40[Ω]
③ 80[Ω] ④ 140[Ω]

해설

저항 $R = \rho\frac{l}{A}[\Omega]$, $A = 2\pi r = 2r$

길이가 2배, 부피는 그대로이므로 지름은 1/2배가 된다.

$R' = \frac{2}{\frac{1}{2}} = 4$배, $R' = 4 \times 20 = 80[\Omega]$

03

어떤 전지에서 5[A]의 전류가 10분간 흘렀다면 이 전지에서 나온 전기량은?

① 0.83[C] ② 50[C]
③ 250[C] ④ 3,000[C]

해설

전기량 Q

$Q = I \cdot t = 5 \times 10 \times 60 = 3{,}000$[C]

04

△결선의 전원에서 선전류가 40[A]이고 선간전압이 220[V]일 경우 상전류는?

① 13[A] ② 23[A]
③ 69[A] ④ 120[A]

해설

△결선의 경우 상전압 V_p와 선간전압 V_l은 같다.

하지만 선전류 $I_l = \sqrt{3}\,I_p$가 된다.

05

$R = 10[\Omega]$, $X = 3[\Omega]$인 R-L-C 직렬회로에서 5[A]의 전류가 흘렀다면 이때의 전압은?

① 15[V] ② 20[V]
③ 25[V] ④ 125[V]

해설

R-L-C 직렬회로

$I = \frac{V}{Z}$[A]

$V = I \cdot Z = 5 \times \sqrt{4^2 + 3^2} = 25$[V]

정답 01 ② 02 ③ 03 ④ 04 ② 05 ③

06

길이 5[cm]의 균일한 자로에 10회의 도선을 감고 1[A]의 전류를 흘릴 때 자로의 자장의 세기[AT/m]는?

① 5[AT/m] ② 50[AT/m]
③ 200[AT/m] ④ 500[AT/m]

해설

솔레노이드의 자장의 세기

$H=\frac{NI}{l}=\frac{10}{5\times10^{-2}}\times1=200[\text{AT/m}]$

07

내부 저항이 0.1[Ω]인 전지 10개를 병렬연결하면, 전체 내부 저항은?

① 0.01[Ω] ② 0.05[Ω]
③ 0.1[Ω] ④ 1[Ω]

해설

동일 크기의 전지를 병렬연결할 경우 합성저항

$R=\frac{r}{n}=\frac{0.1}{10}=0.01[\Omega]$

08

1[Ω · m]는?

① $10^3[\Omega\cdot\text{cm}]$ ② $10^6[\Omega\cdot\text{cm}]$
③ $10^3[\Omega\cdot\text{mm}^2/\text{m}]$ ④ $10^6[\Omega\cdot\text{mm}^2/\text{m}]$

해설

$1[\Omega\cdot\text{m}]=10^6[\Omega\cdot\text{mm}^2/\text{m}]$

09

종류가 다른 두 금속을 접합하여 폐회로를 만들고 두 접합점의 온도를 다르게 하면 이 폐회로에 기전력이 발생하여 전류가 흐르게 되는데 이 현상을 지칭하는 것은?

① 줄의 법칙(Joule's law)
② 톰슨 효과(Thomson effect)
③ 펠티어 효과(Peltier effect)
④ 제어벡 효과(Seeback effect)

해설

서로 다른 두 종류의 금속을 접합하여 온도차를 주면 기전력이 발생하는 현상을 제어벡 효과라고 한다.

10

$Z_1=2+j11[\Omega]$, $Z_2=4-j3[\Omega]$의 직렬회로에서 교류전압 100[V]를 가할 때 합성 임피던스는?

① 6[Ω] ② 8[Ω]
③ 10[Ω] ④ 14[Ω]

해설

직렬일 경우 합성 임피던스 $Z_0=Z_1+Z_2$

$Z_0=(2+j11)+(4-j3)=6+j8=\sqrt{6^2+8^2}=10[\Omega]$

11

다음 중 반자성체는?

① 안티몬 ② 알루미늄
③ 코발트 ④ 니켈

해설

반자성체

은(Ag), 구리(Cu), 비스무트(Bi), 물(H_2O), 안티몬(sb)

정답 06 ③ 07 ① 08 ④ 09 ④ 10 ③ 11 ①

12

$R=4[\Omega]$, $X_L=8[\Omega]$, $X_C=5[\Omega]$가 직렬로 연결된 회로에 100[V]의 교류를 가했을 때 흐르는 ㉠ 전류와 ㉡ 임피던스는?

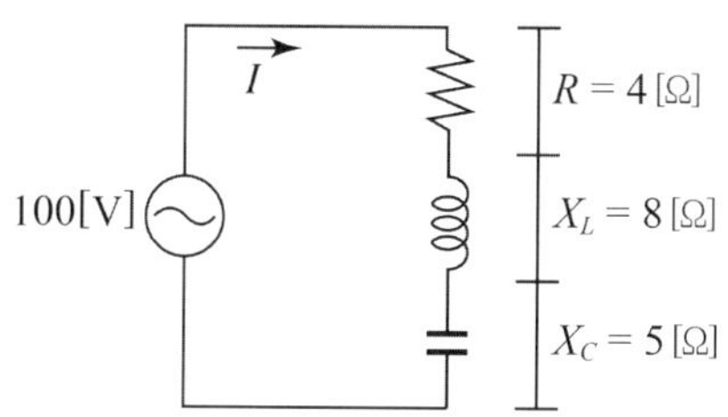

① ㉠ 5.9[A], ㉡ 용량성
② ㉠ 5.9[A], ㉡ 유도성
③ ㉠ 20[A], ㉡ 용량성
④ ㉠ 20[A], ㉡ 유도성

해설

㉠ 전류

$$I=\frac{V}{Z}=\frac{100}{\sqrt{R^2+(X_L-X_c)^2}}=\frac{100}{\sqrt{4^2+(8-5)^2}}$$

$$=\frac{100}{5}=20[\text{A}]$$

㉡ 합성 임피던스

$$Z=R+j(X_L-X_c)$$

$$=4+j(8-5)=4+j3[\Omega]\ (\text{유도성})$$

13

그림에서 a–b 간의 합성 정전용량은 10[μF]이다. C_x의 정전용량은?

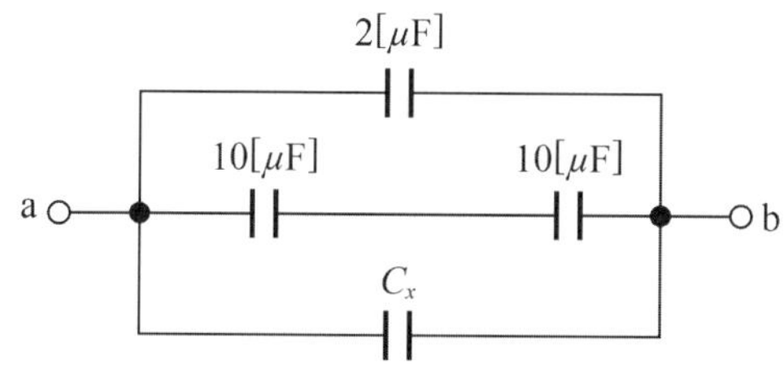

① 3[μF] ② 4[μF]
③ 5[μF] ④ 6[μF]

해설

콘덴서를 직렬로 연결할 경우 정전용량은 저항의 병렬연결과 같으며, 콘덴서를 병렬로 연결할 경우 정전용량은 저항의 직렬연결과 같다. 직렬연결의 정전용량을 C_a라 하고, 병렬연결의 저항을 C_b라고 한다면

$$C_a=\frac{C_1\times C_2}{C_1+C_2}[\text{F}],\ C_b=C_1+C_2$$

$$C_{ab}=10=2+\frac{10\times 10}{10+10}+C_x$$

$$\therefore\ C_x=3[\mu\text{F}]$$

14

용량이 250[kVA]인 단상 변압기 3대를 △결선으로 운전 중 1대가 고장나서 V결선으로 운전하는 경우 출력은 약 몇 [kVA]인가?

① 144[kVA] ② 353[kVA]
③ 433[kVA] ④ 525[kVA]

해설

V결선시 출력 $P_V=\sqrt{3}P_n=\sqrt{3}\times 250=433[\text{kVA}]$

15

세 변의 저항 $R_a=R_b=R_c=15[\Omega]$인 Y결선 회로가 있다. 이것과 등가인 △결선 회로의 각 변의 저항은?

① $\frac{15}{\sqrt{3}}[\Omega]$ ② $\frac{15}{3}[\Omega]$
③ $15\sqrt{3}[\Omega]$ ④ $45[\Omega]$

해설

Y → △로 등가변환할 경우 저항은 3배가 된다.

$\therefore\ 15\times 3=45[\Omega]$

정답 12 ④ 13 ① 14 ③ 15 ④

16

비유전율 2.5의 유전체 내부의 전속밀도가 2×10^{-6} [C/m^2]되는 점의 전기장의 세기는?

① 18×10^4[V/m] ② 9×10^4[V/m]
③ 6×10^4[V/m] ④ 3.6×10^4[V/m]

해설
전속밀도 $D=\varepsilon E=\varepsilon_0\varepsilon_s E$
전기장의 세기
$$E=\frac{D}{\varepsilon_0\varepsilon_s}=\frac{2\times10^{-6}}{8.855\times10^{-12}\times2.5}=9\times10^4[\text{V/m}]$$

17

자체 인덕턴스 20[mH]의 코일에 30[A]의 전류를 흘릴 때 저축되는 에너지는?

① 1.5[J] ② 3[J]
③ 9[J] ④ 18[J]

해설
코일의 에너지 $W=\frac{1}{2}LI^2=\frac{1}{2}\times0.02\times30^2=9[\text{J}]$

18

히스테리시스 곡선의 ㉠ 가로축(횡축)과 ㉡ 세로축(종축)은 무엇을 나타내는가?

① ㉠ 자속밀도, ㉡ 투자율
② ㉠ 자기장의 세기, ㉡ 자속밀도
③ ㉠ 자화의 세기, ㉡ 자기장의 세기
④ ㉠ 자기장의 세기, ㉡ 투자율

해설
히스테리시스 곡선의 ㉠ 횡축은 보자력(자기장의 세기), ㉡ 종축은 잔류자기(자속밀도)를 나타낸다.

19

PN접합 다이오드의 대표적 응용 작용은?

① 증폭 작용 ② 발진 작용
③ 정류 작용 ④ 변조 작용

해설
PN접합 다이오드의 가장 큰 특징은 정류 작용을 한다는 것이다.

20

비사인파 교류의 일반적인 구성이 아닌 것은?

① 기본파 ② 직류분
③ 고조파 ④ 삼각파

해설
비정현파 교류의 구성은 기본파 + 고조파 + 직류분이다.

21

전부하시 슬립이 4[%], 2차 동손이 0.4[kW]인 3상 유도전동기의 2차 입력은 몇 [kW]인가?

① 0.1 ② 10
③ 20 ④ 30

해설
유도전동기의 2차 입력
$$P_2=\frac{P_{c2}}{s}=\frac{0.4}{0.04}=10[\text{kW}]$$

정답 16 ② 17 ③ 18 ② 19 ③ 20 ④ 21 ②

22

다음 중 변압기의 원리와 관계있는 것은?

① 전기자 반작용
② 전자 유도 작용
③ 플레밍의 오른손 법칙
④ 플레밍의 왼손 법칙

해설

변압기는 전자 유도 작용을 이용한 기계기구를 말한다.

23

3상 동기기에 제동권선을 설치하는 주된 목적은?

① 출력 증가　② 효율 증가
③ 난조 방지　④ 역률 개선

해설

제동권선은 난조가 발생하는 것을 방지한다.

24

동기기의 전기자 반작용 중에서 전기자 전류에 의한 자기장의 축이 항상 주자속의 축과 수직이 되면서 자극편 왼쪽에 있는 주자속은 증가시키고, 오른쪽에 있는 주자속은 감소시켜 편자 작용을 하는 것은?

① 증자 작용　② 감자 작용
③ 교차 자화 작용　④ 직축 반작용

해설

교차 자화 작용
주자속 축과 수직이 되는 것을 말하며 횡축 반작용이라고도 한다.

25

제동 방법 중 급정지하는 데 가장 좋은 제동법은?

① 발전제동　② 단상제동
③ 단상제동　④ 역전제동

해설

역전(역상, 플러깅)제동
전동기 급제동시 사용되는 방법으로 전원 3선 중 2선의 방향을 바꾸어 급정지하는 데 사용되는 제동법을 말한다.

26

변전소의 전력기기를 시험하기 위하여 회로를 분리하거나 또는 계통의 접속을 바꾸는 경우에 사용되는 것은?

① 단로기　② 퓨즈
③ 나이프스위치　④ 차단기

해설

단로기
단로기는 기기의 점검 및 수리 등 회로를 분리하거나 계통의 접속을 바꿀 때 사용한다.

27

같은 회로에 두 점에서 전류가 같을 때에는 동작하지 않으나 고장시에 전류의 차가 생기면 동작하는 계전기는?

① 과전류 계전기　② 거리 계전기
③ 접지 계전기　④ 차동 계전기

해설

차동 계전기
차동 계전기는 1차와 2차의 전류 차에 의해 동작한다.

정답　22 ②　23 ③　24 ③　25 ④　26 ①　27 ④

CBT 복원

28

다음 중 변압기 무부하손의 대부분을 차지하는 것은?

① 유전체손　　② 철손
③ 동손　　④ 저항손

해설

변압기의 손실
- 무부하손 : 철손
- 부하손 : 동손

29

교류회로에서 양방향 점호(ON)가 가능하며, 위상제어를 할 수 있는 소자는?

① TRIAC　　② SCR
③ GTO　　④ IGBT

해설

TRIAC
양방향 점호가 가능하다.

30

그림은 동기기의 위상 특성 곡선을 나타낸 것이다. 전기자 전류가 가장 작게 흐를 때의 역률은?

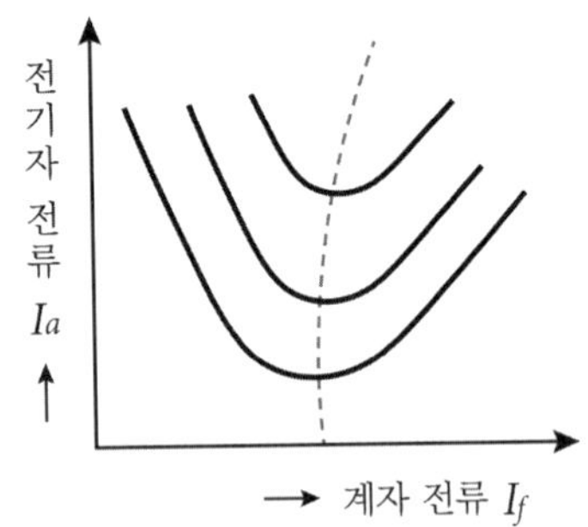

① 1　　② 0.9[진상]
③ 0.9[지상]　　④ 0

해설

위상 특성 곡선
전기자 전류가 최소가 될 때 역률은 1이 된다.

31

동기 임피던스가 5[Ω]인 2대의 3상 동기발전기의 유도기전력에 100[V]의 전압 차이가 있다면 무효 순환 전류는?

① 10[A]　　② 15[A]
③ 20[A]　　④ 25[A]

해설

무효 순환 전류

$$I_c = \frac{E_c}{2Z_s} = \frac{100}{2 \times 5} = 10[A]$$

32

발전기를 정격전압 100[V]로 운전하다가 무부하로 운전하였더니, 단자전압이 103[V]가 되었다. 이 발전기의 전압변동률은 몇 [%]인가?

① 1　　② 2
③ 3　　④ 4

해설

전압변동률 ϵ

$$\epsilon = \frac{V_0 - V_n}{V_n} \times 100[\%]$$

$$= \frac{103 - 100}{100} \times 100 = 3[\%]$$

정답 28 ② 29 ① 30 ① 31 ① 32 ③

33

직류발전기의 철심을 규소 강판으로 성층하여 사용하는 주된 이유는?

① 브러쉬에서의 불꽃 방지 및 정류 개선
② 전기자 반작용의 감소
③ 기계적 강도 개선
④ 맴돌이 전류손과 히스테리시스손의 감소

해설

철심의 특징
규소 강판으로 성층하는 이유는 철손을 감소하기 위한 것으로 맴돌이 전류손과 히스테리시스손의 감소가 주된 이유이다.

34

변압기 Y-Y결선의 특징이 아닌 것은?

① 고조파 포함　　② 절연 용이
③ V-V결선 가능　　④ 중성점 접지

해설

Y-Y결선
V결선의 경우 $\Delta-\Delta$결선이 가능하다.

35

다음 그림은 직류발전기의 분류 중 어느 것에 해당되는가?

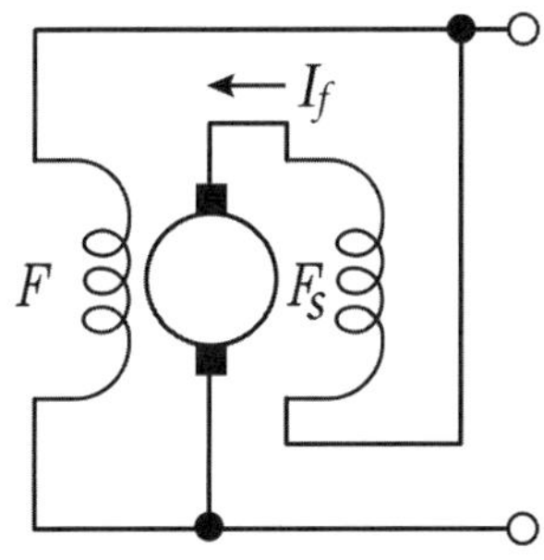

① 분권발전기　　② 직권발전기
③ 자속발전기　　④ 복권발전기

해설

복권발전기
그림은 복권발전기에 해당한다.

36

무부하 분권발전기의 계자저항이 50[Ω]이며, 계자전류는 2[A], 전기자 저항이 5[Ω]이라 하였을 때 유도기전력은 약 몇 [V]인가?

① 100　　② 110
③ 120　　④ 130

해설

분권발전기의 유도기전력 E
$E=V+I_aR_a=100+2\times5=110[V]$
$I_a=I+I_f$ (무부하이므로 $I=0$)
$V=I_fR_f=2\times50=100[V]$

37

동기발전기의 전기자 권선을 단절권으로 하면?

① 고조파를 제거한다.　　② 절연이 잘된다.
③ 역률이 좋아진다.　　④ 기전력을 높인다.

해설

동기발전기의 전기자 권선법
단절권의 경우 기전력의 파형을 개선하며, 고조파를 제거하고, 동량이 절약된다.

38

직류 직권전동기의 회전수가 $\frac{1}{3}$배로 감소하였다. 토크는 몇 배가 되는가?

① 3배　　② $\frac{1}{3}$배
③ 9배　　④ $\frac{1}{9}$배

정답 33 ④ 34 ③ 35 ④ 36 ② 37 ① 38 ③

CBT 복원

해설

직권전동기의 토크와 회전수

$T \propto \frac{1}{N^2} = \frac{1}{(\frac{1}{3})^2} = 9$배가 된다.

39

유도전동기 기동시 회전자 측에 저항을 넣는 이유는 무엇인가?

① 기동토크 감소 ② 회전수 감소
③ 기동전류 감소 ④ 역률 개선

해설

기동시 회전자에 저항을 넣는 이유

기동시 기동전류를 감소하고, 기동토크를 크게 하기 위함이다.

40

기계적인 출력을 P_0, 2차 입력을 P_2, 슬립을 s라고 하면 유도전동기의 2차 효율은?

① $\frac{P_2}{P_0}$ ② $1+s$
③ $\frac{sP_0}{P_2}$ ④ $1-s$

해설

2차 효율 η_2

$\eta_2 = \frac{P_0}{P_2} = (1-s) = \frac{N}{N_s}$

41

합성수지관 공사에 대한 설명 중 옳지 않은 것은?

① 습기가 많은 장소 또는 물기가 있는 장소에 시설하는 경우에는 방습 장치를 한다.
② 관 상호 간 및 박스와는 관을 삽입하는 길이를 관 바깥지름의 1.2배 이상으로 한다.
③ 관의 지지점 간의 거리는 3[m] 이하로 한다.
④ 합성수지관 안에는 전선의 접속점이 없도록 한다.

해설

합성수지관 공사

관의 지지점 간의 거리는 1.5[m] 이하로 하여야 한다.

42

한국전기설비규정에서 정하는 접지공사에 대한 보호도체의 색상은?

① 흑색 ② 회색
③ 녹색-노란색 ④ 녹색-흑색

해설

접지공사에 대한 보호도체의 색상 : 녹색 – 노란색

43

다음 중 후강전선관의 호칭이 아닌 것은?

① 36 ② 28
③ 20 ④ 16

해설

후강전선관의 호칭

16, 22, 28, 36 등이 있다.

정답 39 ③ 40 ④ 41 ③ 42 ③ 43 ③

44

가공전선로의 지지물에 시설하는 지선에 연선을 사용할 경우 소선 수는 몇 가닥 이상이어야 하는가?

① 3가닥 ② 5가닥
③ 7가닥 ④ 9가닥

해설

지선의 시설
지선의 경우 소선 수는 3가닥 이상이어야만 한다.

45

건축물의 종류가 사무실, 은행, 상점인 경우 표준부하는 몇 [VA/m^2]인가?

① 10 ② 20
③ 30 ④ 40

해설

표준부하
사무실, 은행, 상점의 경우 표준부하는 30[VA/m^2]이다.

46

가요전선관과 금속관의 상호 접속에 쓰이는 것은?

① 스프리트 커플링
② 앵글 박스 커넥터
③ 스트레이트 박스 커넥터
④ 콤비네이션 커플링

해설

콤비네이션 커플링
가요전선관과 금속관 상호 접속에 사용된다.

47

가공전선로의 지지물에 취급자가 오르고 내리는 데 사용하는 발판 볼트 등은 지표상 몇 [m] 이상 높이에 시설하여야만 하는가?

① 0.75 ② 1.2
③ 1.8 ④ 2.0

해설

발판 볼트의 높이
지표상 1.8[m] 이상 높이에 시설하여야만 한다.

48

코드 상호, 캡타이어 케이블 상호 접속시 사용하여야 하는 것은?

① 와이어 커넥터 ② 코드 접속기
③ 케이블타이 ④ 테이블 탭

해설

코드 접속기
코드 및 캡타이어 케이블 상호 접속시 사용하는 것을 말한다.

49

합성수지관의 장점이 아닌 것은?

① 기계적 강도가 높다
② 절연이 우수하다.
③ 시공이 쉽다.
④ 내부식성이 우수하다.

해설

합성수지관의 특징
절연성과 내부식성이 우수하고 시공이 쉬우나 기계적 강도는 약하다.

정답 44 ① 45 ③ 46 ④ 47 ③ 48 ② 49 ①

50

한 개의 전등을 두 곳에서 점멸할 수 있는 배선으로 옳은 것은?

①
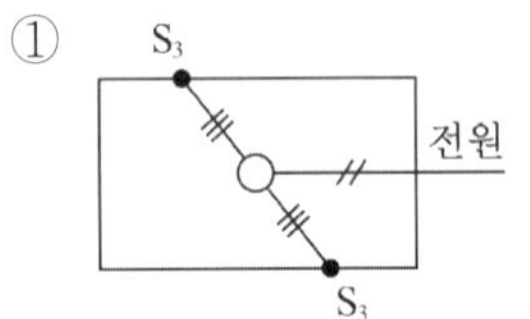

②
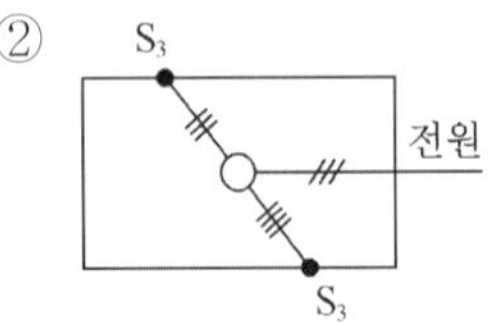

③
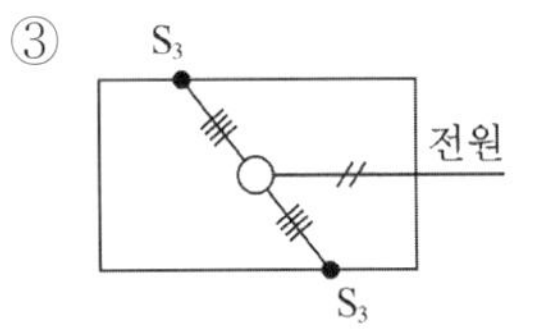

④
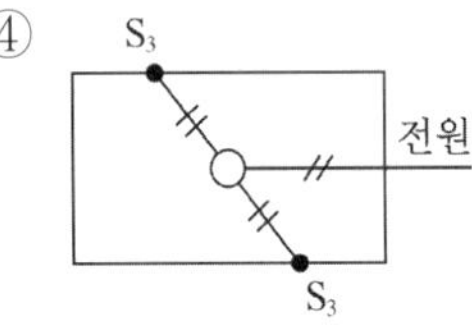

해설

2개소 점멸로 올바른 결선은 1번이다.

51

주로 변류기 2차측에 접속되어 과부하에 대한 사고나 단락 등에 동작하는 계전기는 무엇을 말하는가?

① 과전압 계전기 ② 지락 계전기
③ 과전류 계전기 ④ 거리 계전기

해설

과전류 계전기
변류기 2차측에 접속되며 과부하, 단락사고를 보호한다.

52

고압전로에 지락사고가 생겼을 때 지락전류를 검출하는 데 사용하는 것은?

① CT ② ZCT
③ MOF ④ PT

해설

ZCT(영상변류기)
비접지 회로에 지락사고시 지락전류를 검출한다.

53

접지저항을 측정하는 방법으로 가장 적당한 것은?

① 절연 저 항계 ② 교류의 전압, 전류계
③ 전력계 ④ 콜라우시 브리지

해설

접지저항 측정법
콜라우시 브리지법은 접지저항을 측정한다.

54

옥내배선 공사에서 절연전선의 피복을 벗길 때 사용하면 편리한 공구는?

① 드라이버 ② 플라이어
③ 압착펜치 ④ 와이어 스트리퍼

해설

와이어 스트리퍼
전선의 피복을 벗길 때 사용하면 편리한 공구이다.

55

화약류 저장고 내의 조명기구의 전기를 공급하는 배선의 공사방법은?

① 합성수지관 공사 ② 금속관 공사
③ 버스덕트 공사 ④ 합성 수지몰드 공사

해설

화약류 저장고 내의 조명기구의 전기 공사는 금속관 공사 또는 케이블 공사에 의한다.

정답 50 ① 51 ③ 52 ② 53 ④ 54 ④ 55 ②

56

분기회로에 사용되는 것으로서 개폐기와 자동차단기의 역할을 하는 것은 무엇인가?

① 유입 차단기　② 컷아웃 스위치
③ 배선용 차단기　④ 통형 퓨즈

해설

배선용 차단기
분기회로의 보호장치로서 개폐기 및 자동차단기의 역할을 한다.

57

다음은 무엇을 나타내는가?

① 접지단자　② 전류 제한기
③ 누전 경보기　④ 지진 감지기

해설

지진 감지기를 나타낸다.

58

철근 콘크리트 전주의 길이가 7[m]인 지지물을 건주할 경우 땅에 묻히는 깊이로 가장 옳은 것은? (단, 설계하중은 6.8[kN] 이하이다.)

① 0.6[m]　② 0.8[m]
③ 1.0[m]　④ 1.2[m]

해설

지지물의 매설깊이
지지물의 매설깊이는 15[m] 이하의 지지물의 경우 전장의 길이의 $\frac{1}{6}$배 이상 깊이에 매설한다.

따라서 $7\times\frac{1}{6}=1.16$[m] 이상 매설해야만 한다.

59

박스나 접속함 내에서 전선의 접속시 사용되는 방법은?

① 슬리브 접속　② 트위스트 접속
③ 종단 접속　④ 브리타니어 접속

해설

종단 접속
박스나 접속함 내에서 전선의 접속시 사용된다.

60

옥외 백열전등의 인하선의 경우 2.5[m] 미만 부분의 경우 몇 [mm^2] 이상의 전선을 사용하여야 하는가? (단, 옥외용 비닐 절연전선은 제외한다.)

① 1.5　② 2.5
③ 4　④ 6

해설

옥외 백열전등 인하선의 시설
2.5[mm^2] 이상의 전선을 사용하여야 한다.

정답 56 ③ 57 ④ 58 ④ 59 ③ 60 ②

단끝 전기기능사

필기 과년도 기출문제집

제2판 인쇄 2024. 2. 20. | 제2판 **발행** 2024. 2. 26. | **편저자** 정용걸

발행인 박 용 | **발행처** (주)박문각출판 | **등록** 2015년 4월 29일 제2015-000104호

주소 06654 서울시 서초구 효령로 283 서경 B/D 4층 | **팩스** (02)584-2927

전화 교재 문의 (02)6466-7202

정가 36,000원

ISBN 979-11-6987-746-6

Memo